山东省建设工程质量监督机构人员考核培训教材

建设工程质量监督管理

（上册）

王金玉　主　编

中国矿业大学出版社

内 容 提 要

本书根据《房屋建筑和市政基础设施工程质量监督管理规定》和《建设工程质量监督机构和人员考核管理办法》的要求,参考了大量最新的标准、规范及质量管理的相关法律、法规编写。全书分上、下两册。上册主要介绍了工程质量监督管理基本常识,下册主要介绍了工程质量监督技术标准。内容包括:建设工程质量监督管理概论,责任主体和有关机构质量行为监督,工程验收,工程质量监督报告及档案管理,工程质量投诉及事故的处理,建设工程质量相关法律法规文件,土建工程质量监督,安装工程质量监督,市政、园林工程质量监督,以及常用建筑结构设计基础知识等。

本书主要作为质量监督机构人员的考核培训教材,也可供广大建设工程设计、施工、监理技术人员参考使用。

图书在版编目(C I P)数据

建设工程质量监督管理 / 王金玉主编.—徐州:
中国矿业大学出版社,2011.1
ISBN 978 - 7 - 5646 - 0896 - 5

Ⅰ.①建… Ⅱ.①王… Ⅲ.①建筑工程—工程质量—
监督管理 Ⅳ.①TU712

中国版本图书馆 CIP 数据核字(2010)第 239612 号

书　　名	建设工程质量监督管理	
主　　编	王金玉	
责任编辑	吴学兵　　王江涛	
出版发行	中国矿业大学出版社有限责任公司	
	（江苏省徐州市解放南路　邮编 221008）	
营销热线	(0516)83885307　83884995	
出版服务	(0516)83885767　83884920	
网　　址	http://www.cumtp.com　　E-mail:cumtpvip@cumtp.com	
印　　刷	淮安市亨达印业有限公司	
开　　本	787×1092　1/16　总印张 45　总字数 1123 千字	
版次印次	2011 年 1 月第 1 版　2011 年 1 月第 1 次印刷	
总 定 价	138.00 元(共两册)	

（图书出现印装质量问题,本社负责调换）

本书编委会

前　言

　　为了加强山东省建设工程质量监督机构和人员的管理,规范建设工程质量监督工作,提高质量监督人员的素质,保证工程质量监管的成效,根据住房和城乡建设部令第 5 号《房屋建筑和市政基础设施工程质量监督管理规定》和建设部建质〔2007〕184 号文《建设工程质量监督机构和人员考核管理办法》的要求,省建设行政主管部门将从 2010 年底开始,在全省范围内开展工程质量监督机构和人员的考核认定工作。

　　为了保证考核认定工作的顺利开展,通过培训考核全面提升山东省工程质量监督人员的政策水平和业务能力,统一标准,统一要求,省建设工程质量监督总站组织部分市地质监站人员,参考相关资料,编写了《山东省建设工程质量监督机构人员考核培训大纲》和考核培训教材《建设工程质量监督管理》(上、下两册),供工程质量监督人员学习和参考。教材上册主要为工程质量监督管理基本常识,下册主要为工程质量监督技术标准。内容包括:建设工程质量监督管理概论,责任主体和有关机构质量行为监督,工程验收,工程质量监督报告及档案管理,工程质量投诉及事故的处理,建设工程质量相关法律法规文件,土建工程质量监督,安装工程质量监督,市政、园林工程质量监督,以及常用建筑结构设计基础知识等。考核培训大纲则对重点内容做了要求。

　　因时间紧、任务重,加之水平有限,难免有不足和疏漏之处,敬请广大读者给予批评指正。各单位在使用本书过程中有何意见和建议,请反馈给山东省工程质量监督总站(地址:山东省济南市正觉寺小区一区一号,邮编:250011),以便再版时进行更正。

本书编委会

2010 年 11 月

目　录

上　册

下　册

第一章　建设工程质量监督管理概论

第一节　建设工程质量监督管理概念

一、质量监督

（一）质量监督概念

质量监督是指根据国家法律、法规规定，对产品、工程、服务质量和企业保证质量所具备的条件进行监督检查的活动。

（二）质量监督的方针和工作原则

质量监督作为管理的职能之一，其方针原则既要符合客观规律的要求，又要体现管理目标、计划。

1. 质量监督方针

质量监督方针是指质量监督活动的宗旨。主要有以下三条：

（1）为经济建设服务的方针。

（2）坚持公正科学监督的方针。

（3）坚持以规范、标准为依据，公正执法，站在维护国家、人民利益的立场，第三方公正的立场。

2. 质量监督工作的原则

（1）统一管理与分级分工管理相结合的原则。

（2）对生产、施工和流通领域的产（商）品质量监督一齐抓的原则。

（3）突出重点、宽严适度的监督原则。

（4）质量监督检查后，要及时进行处理。

（三）质量监督的职能和作用

1. 质量监督职能

（1）预防职能。提前排除问题和潜在的危险，并弄清原因，采取措施，防止实现质量目标过程中出现大的失误。

（2）补救职能。排除产生质量缺陷的因素和弥补其后果。

（3）完善职能。发现和利用提高质量的现有潜力，对不断完善整个社会经济活动作出积极的贡献。

（4）参与解决职能。指导企业的生产检验工作，协助群众或社团参与质量监督活动，促进产品质量和企业管理水平的提高。

（5）评价职能。证实和估价取得的质量成果和存在的问题，以便给予奖惩或仲裁。

（6）情报职能。向决策部门提供制定决策所需要的质量信息。

（7）教育职能。宣传社会主义经济工作方针、原则和质量目标要求，提高全民的质量意识，推广正面的经验和吸取反面的教训。

2. 质量监督工作主要作用

（1）在经济活动中采取有力手段，对忽视质量，粗制滥造，以次充好，甚至弄虚作假、欺骗用户，损害消费者和国家的利益现象进行揭露曝光。质量监督就是发现和纠正这些危害质量的做法。

（2）是保证实现国民经济计划质量目标的重要措施。

（3）发展进出口贸易，提高我国出口产品质量，以提高我国产品在国际上的竞争能力；同时限制低劣商品进口，保障我国的经济权益。

（4）是维护消费者利益和保障人民权益的需要。

（5）是贯彻质量法规和技术标准，建立社会主义商品经济秩序的重要保证。

（6）是促进企业提高素质、健全质量体系的重要条件。

（7）是经济信息的重要渠道，是客观可信的质量信息源；发现技术标准本身的缺陷和不足，为修订标准和制定新标准以及改进标准化工作提供依据。

二、建设工程质量监督

（一）建设工程质量监督管理概念

工程质量监督管理是指主管部门依据有关法律法规和工程建设强制性标准，对工程实体质量和工程建设、勘察、设计、施工、监理单位（以下简称工程质量责任主体）和质量检测等单位的工程质量行为实施监督。

县级以上地方人民政府建设主管部门负责本行政区域内工程质量监督管理工作，具体工作可以由县级以上地方人民政府建设主管部门委托所属的工程质量监督机构实施。

（二）我国的建设工程质量监督事业现状

20多年来，我国的建设工程质量监督事业快速发展，取得了显著成绩：一是建立了多层次的、内容比较全面的工程质量法规制度体系；完善了以《建筑法》、《建设工程质量管理条例》、《建设工程勘察设计管理条例》等法律法规为核心，以有关勘察质量管理、施工图设计文件审查、竣工验收备案、质量检测、质量保修等为部门规章和规范性文件的质量法律法规体系，为工程质量管理提供了有效的制度保障。二是建立了一支机构健全、结构合理的工程质量监督队伍。三是完善了覆盖全面、科学公正的工程质量监管体系。除农民自建低层住宅和临时性建筑外，绝大部分限额以上建设工程都纳入了正常的工程质量监管范围，监管手段从最初的眼看、手摸，发展成为现在的各种现代化仪器、信息化技术广泛应用，备案制、质量巡查等多种监管模式的实行和推广，使监管工作更加公正高效。

（三）《工程质量监督工作导则》（建质[2003]162号）与《房屋建筑和市政基础设施工程质量监督管理规定》（住房和城乡建设部令第5号）的过渡关系

住房和城乡建设部第5号令——《房屋建筑和市政基础设施工程质量监督管理规定》（以下简称《规定》）2010年8月1日颁布，并于2010年9月1日起正式施行，《工程质量监督工作导则》（建质[2003]162号，以下简称《导则》）同时废止。

国务院2000年出台的《建设工程质量管理条例》，明确规定国家实行建设工程质量监督管理制度，从行政法规层面确立了质量监督工作的法律地位。2003年，建设部发布了《导则》，但《导则》作为规范性文件，法律层级较低，指导性和约束力不足，已不能完全适应工作实践中面临的新形势和新问题，无法为质量监督工作提供有力的法律支撑。为进一步强化工程质量监督的法律地位和执法属性，改进监督方式方法，加强监督队伍建设,提高监督工作效能,住房与城乡建设部在广泛调研、征求意见的基础上,制定并出台了《规定》。

《导则》虽然已经废止,但其中有关质量控制点设置、监督抽查重点内容、监督检测主要项目等技术要求对我们的监督工作仍有重要指导意义。因此,在本培训教材的编写过程中,仍引用了《导则》中的若干技术要求,以提高具体监督工作的可操作性。

第二节　工程质量监督机构

建设工程质量监督机构(以下简称监督机构)是指受县级以上地方人民政府建设主管部门或有关部门委托,经省级人民政府建设主管部门或国务院有关部门考核认定,依据国家的法律、法规和工程建设强制性标准,对工程建设实施过程中各参建责任主体和有关单位的质量行为及工程实体质量进行监督管理的具有独立法人资格的单位。监督机构经考核合格后,方可依法对工程实施质量监督,并对工程质量监督承担监督责任。

一、监督机构应当具备下列条件

(1)具有符合《房屋建筑工程和市政基础设施工程质量监督管理规定》第十三条规定的监督人员。人员数量由县级以上地方人民政府建设主管部门根据实际需要确定。监督人员应当占监督机构总人数的 75% 以上。

(2)有固定的工作场所和满足工程质量监督检查工作需要的仪器、设备和工具等。

(3)有健全的质量监督工作制度,具备与质量监督工作相适应的信息化管理条件。

二、主要工作内容

工程质量监督管理应当包括下列内容:

(一)执行法律法规和工程建设强制性标准的情况

(1)对工程质量责任主体及质量检测单位执行有关法律法规和工程建设强制性标准的情况进行监督检查。

(2)对工程项目采用的材料、设备是否符合强制性标准的规定实施监督检查。

(3)对工程实体的质量是否符合强制性标准的规定实施监督检查。

(二)抽查涉及主体结构安全和主要使用功能的工程实体质量

(1)对工程实体质量的监督采取抽查施工作业面的施工质量与对关键部位重点监督相结合的方式。

(2)检查结构质量、环境质量和重要使用功能,其中重点监督检查工程地基基础、主体结构和其他涉及结构安全的关键部位。

(3)抽查涉及结构安全和使用功能的主要材料、构配件和设备的出厂合格证、试验报告、见证取样送检资料及结构实体检测报告。

(4)抽查结构混凝土及承重砌体施工过程的质量控制情况。

(5)实体质量检查要辅以必要的监督检测,由监督人员根据结构部位的重要程度及施工现场质量情况进行随机抽检。

(6)监督机构经监督检测发现工程质量不符合工程建设强制性标准或对工程质量有怀疑的,应责成有关单位委托有资质的检测单位进行检测。

（三）抽查工程质量责任主体和质量检测等单位的工程质量行为

（1）抽查责任主体和检测机构履行质量责任的情况。

（2）抽查责任主体和有关机构质量管理体系的建立和运行情况。

（3）发现存在违法违规行为的，按建设行政主管部门委托的权限对违法违规事实进行调查取证，对责任单位、责任人提出处罚建议或按委托权限实施行政处罚。

（四）抽查主要建筑材料、建筑构配件的质量

（1）检查材料和预制构件的外观质量、尺寸、性状、数量等。

（2）检查材料和预制构件的质量证明文件和进场验收、复试资料。

（3）检查材料和预制构件的性能是否符合设计要求。

（4）检查材料、构件的现场存放保管情况。

（五）对工程竣工验收进行监督

（1）对建设单位组织的工程竣工验收进行监督检查。

（2）在规定时间内完成工程质量监督报告，并提交备案管理机构。

（六）组织或者参与工程质量事故的调查处理

（1）负责该项目的监督工程师应将工程建设质量事故及时向质量监督机构负责人汇报并参与调查、搜集和整理与事故有关的资料。

（2）质量监督机构将事故报告、处理方案、处理结果等有关资料整理好，存入监督档案。

（七）定期对本地区工程质量状况进行统计分析

（1）根据工程质量监督管理的需求，确定质量信息收集的类别和内容。

（2）用数据统计方法进行整理加工，为有关部门宏观控制管理提供依据。

（八）依法对违法违规行为实施处罚

（1）发现有影响工程质量的问题时，发出"责令整改通知单"，限期进行整改。

（2）对责任单位、责任人按建设行政主管部门的委托对违规违法行为进行调查取证和核实，提出处罚建议，报上级主管部门进行处罚。

（3）对责任单位、责任人按建设行政主管部门委托的权限实施行政处罚。

三、工程项目质量监督管理制度

（一）建设工程质量监督注册（登记）制度

（1）建设工程质量监督注册（登记）是指对新建、改建、扩建的房屋建筑和市政基础设施工程，建设单位在申领建设工程施工许可证前，应按规定向工程质量监督机构办理的工程质量监督注册（登记）手续。

（2）办理手续时应向监督机构提交《建设工程质量监督登记表》等相关表格，施工、监理中标通知书和施工、监理合同，施工图设计文件审查报告和批准书，施工组织设计和监理规划（监理实施细则）及其他文件资料。

（3）《建设工程质量监督登记表》等相关表格由工程建设各责任主体填写并加盖公章。

（4）工程质量监督机构根据建设单位提交的《建设工程质量监督登记表》等相关表格，审核工程有关文件、资料，办理监督注册（登记）手续。

（5）工程质量监督注册（登记）手续办理完毕后，监督机构应将监督的工作要求，书面通知建设单位，开始实施质量监督工作。

（6）未办理工程质量监督注册（登记）手续的工程项目，不得进行施工。

（二）建设工程质量监督方案

建设工程质量监督方案是指监督机构针对工程项目的特点、根据有关法律法规和工程建设强制性标准编制的、对该工程实施质量监督活动的指导性文件。

（1）对一般工程，宜制定工程质量监督方案；对一些重点工程和政府投资的公共工程，工程质量监督工程师应制定工程质量监督方案。

（2）监督方案应根据受监工程的规模和特点、投资形式、责任主体和有关机构的质量信誉及质量保证能力、设计图纸以及有关文件而制定，并根据监督检查中发现问题的情况及时作出调整。

（3）在监督方案的编制中应明确以下几点：

① 工程概况；

② 监督人员配备；

③ 监督方式；

④ 重点监督检查的责任主体和有关机构质量行为；

⑤ 工程实体质量监督检查的重点部位（包括监督检测）；

⑥ 工程竣工验收的重点监督内容。

（4）监督方案由项目监督工程师编制，重点工程监督方案报监督机构负责人或技术负责人审定，一般工程监督方案报监督科室负责人审定。监督方案的主要内容应书面告知参建各方责任主体。

（三）建设工程质量监督交底

建设工程质量监督交底是工程质量监督机构根据相关法律、法规、规范、工程建设标准强制性条文、地方标准等文件而编制，发给工程项目参建各方责任主体，用以解决工程项目常见质量问题、防治质量通病、规范参建各方主体质量行为的交底通知。交底的主要内容包括：

（1）对工程参建各方主体质量行为监督的内容。

（2）对建设工程实体质量监督的方式、方法。

（3）工程竣工验收监督的要求。

（4）工程检测及原材料、半成品、构配件的检验要求。

（5）监督工作的主要职责。

（6）明确工程参建各方责任、义务及罚则。

（四）现场监督检查工作程序

1. 对责任主体和有关机构质量行为的监督

工程质量行为监督是指主管部门对工程质量责任主体和质量检测等单位履行法定质量责任和义务的情况实施监督。

（1）监督检查的责任主体和有关机构主要是：

① 工程项目的建设单位；

② 工程项目的勘察、设计单位；

③ 工程项目的施工单位；

④ 工程项目的监理单位；

⑤ 参与工程项目的质量检测机构；

⑥ 参与工程项目的施工图审查机构。

（2）监督检查责任主体和有关机构质量行为，检查内容见第二章。

2．工程实体质量监督

工程实体质量监督是指主管部门对涉及工程主体结构安全、主要使用功能的工程实体质量情况实施监督。

（1）监督机构对工程实体质量的监督应遵守以下一般规定：

① 对工程实体质量的监督采取抽查施工作业面的施工质量与对关键部位重点监督相结合的方式；

② 重点检查结构质量、环境质量和重要使用功能，其中重点监督工程地基基础、主体结构和其他涉及结构安全的关键部位；

③ 抽查涉及结构安全和使用功能的主要材料、构配件和设备的出厂合格证、试验报告、见证取样送检资料及结构实体检测报告；

④ 抽查结构混凝土及承重砌体施工过程的质量控制情况；

⑤ 实体质量检查要辅以必要的监督检测，由监督人员根据结构部位的重要程度及施工现场质量情况进行随机抽检。

（2）监督机构应对地基基础工程的验收进行监督，并对下列内容进行重点抽查：

① 桩基、地基处理的施工质量及检测报告、验收记录、验槽记录；

② 防水工程的材料和施工质量；

③ 地基基础子分部、分部工程的质量验收资料。

（3）监督机构应对主体结构工程的验收进行监督，并对下列内容进行重点抽查：

① 钢结构、混凝土结构等重要部位及有特殊要求部位的质量及隐蔽验收；

② 混凝土、钢筋及砌体等工程关键部位，必要时进行现场监督检测；

③ 主体结构子分部、分部工程的质量验收资料。

（4）监督机构应根据实际情况对有关装饰装修、建筑节能工程、安装工程的下列部分内容进行抽查：

① 幕墙工程、外墙粘（挂）饰面工程、大型灯具等涉及安全和使用功能的重点部位施工质量的监督抽查；

② 建筑物的围护结构（含墙体、屋面、门窗、玻璃幕墙等）、供热采暖和制冷系统、照明和通风等电器设备的节能情况；

③ 安装工程使用功能的检测及试运行记录；

④ 工程的观感质量；

⑤ 分部（子分部）工程的施工质量验收资料。

（5）监督机构应根据实际情况对有关工程使用功能和室内环境质量的下列部分内容进行抽查：

① 有环保要求材料的检测资料；

② 室内环境质量检测报告；

③ 绝缘电阻、防雷接地及工作接地电阻的检测资料（必要时可进行现场测试）；

④ 屋面、外墙、卫生间和淋浴室等有防水要求的房间及卫生器具防渗漏试验的记录（必要时可进行现场抽查）；

⑤ 各种承压管道系统水压试验的检测资料。

（6）监督机构可对涉及结构安全、使用功能、关键部位的实体质量或材料进行监督检测，检测记录应列入质量监督报告。

（7）监督检测的项目和数量应根据工程的规模、结构形式、施工质量等因素确定。

（8）监督检测的项目宜包括：

① 承重结构混凝土强度；

② 受力钢筋数量、位置及混凝土保护层厚度；

③ 现浇楼板厚度；

④ 砌体结构承重墙柱的砌筑砂浆强度；

⑤ 安装工程中涉及安全及功能的重要项目；

⑥ 钢结构的重要连接部位；

⑦ 节能保温材料与系统节能性能；

⑧ 其他需要检测的项目。

（9）监督机构经监督检测发现工程质量不符合工程建设强制性标准或对工程质量有怀疑的，应责成有关单位委托有资质的检测单位进行检测。

（五）对责任主体及有关机构违反规定的处理

（1）发现有影响工程质量的问题时，发出"责令整改通知单"，限期进行整改。

（2）对责任单位及责任人，按建设行政主管部门的委托，对违规违法行为进行调查取证和核实，提出处罚建议，报上级主管部门进行处罚。

（3）对责任单位及责任人按建设行政主管部门委托的权限实施行政处罚。

（六）工程竣工验收监督

（1）建设单位应当在工程竣工验收 5 个工作日前，将验收的时间、地点及验收组名单，书面通知负责监督该工程的工程质量监督机构。

（2）质量监督机构在对建设工程竣工验收实施监督时，重点对工程竣工验收的组织形式、验收程序、执行验收规范、标准等情况实行监督，对违规行为责令改正，当参与各方对竣工验收结果达不成统一意见时进行协调。

（3）建设工程质量监督机构在对建设工程竣工验收实施监督时，应对工程实体质量进行抽测，对观感质量进行检查。

（4）竣工验收完毕后 7 个工作日内，监督机构向备案部门提交工程质量监督报告。

（七）工程质量监督报告

工程质量监督报告，是指监督机构在建设单位组织的工程竣工验收合格后向备案机关提交的、在监督检查（包括工程竣工验收监督）过程中形成的、评估各方责任主体和有关机构履行质量责任、执行工程建设强制性标准的情况以及工程是否符合备案条件的综合性文件。

（1）监督机构对符合施工验收标准的工程应在工程竣工验收合格后 5 个工作日内向备案部门提交工程质量监督报告。

（2）建设工程质量监督报告应由负责该项目的质量监督工程师编写、有关专业监督人员签认、工程质量监督机构负责人审查签字并加盖公章。

（3）工程质量监督报告应根据监督抽查情况，客观反映责任主体和有关机构履行质量责任的行为及工程实体质量的情况。

（4）工程质量监督报告应包括以下内容：

① 工程概况和监督工作概况；

② 对责任主体和有关机构质量行为及执行工程建设强制性标准的检查情况；

③ 工程实体质量监督抽查（包括监督检测）情况；

④ 工程质量技术档案和施工管理资料抽查情况；

⑤ 工程质量问题的整改和质量事故处理情况；

⑥ 各方质量责任主体及相关有资格人员的不良行为记录内容；

⑦ 工程质量竣工验收监督记录；

⑧ 对工程竣工验收备案的建议。

（八）混凝土预制构件及预拌混凝土质量监督检查程序

（1）抽查生产厂家主管部门颁发的资质证书。

（2）抽查生产厂家相应的生产设备、质量检查仪器、持证上岗人员等生产条件。

（3）检查混凝土生产企业试验室的设立情况，检测设备、检测人员是否齐全。

（4）抽查原材料，检查原材料是否符合有关标准的规定，是否按有关标准的规定进行检验、复试，存放留样是否符合要求。

（5）监督检查混凝土配合比是否符合有关标准及产品性能的要求。

（6）检查预拌混凝土的制备、运输及检测是否符合标准要求。

（7）监督检查有关制度及质量保证体系和落实情况。

（8）监督检查出厂产品质量及有关质量控制资料和质量检测数据。

（九）建设工程质量检测机构监督管理程序及内容

（1）山东省建筑工程管理局（简称省建管局）负责对全省建设工程质量检测活动实施监督管理和检测机构资质审批。省外注册的检测机构在山东省行政区域内承揽工程质量检测项目的，应到省建管局进行备案，未经备案不得在山东省行政区域内承担检测业务。

（2）省建设行政主管部门所属的建设工程质量监督机构，负责对建设工程质量检测机构资质审批和备案的具体工作，对检测活动进行监督检查。设区的市、县（市）建设行政主管部门可委托其所属的工程质量监督机构负责对本行政区域内的建设工程质量检测活动实施监督管理。

（3）检测机构是具有独立法人资格的中介机构，应取得省级及以上技术质量监督机构计量认证证书及相应的资质证书。

（4）检测机构不得与行政机关，法律、法规授权的具有管理公共事务职能的组织以及所检测工程项目相关的设计单位、施工单位、监理单位有隶属关系或者其他利害关系，且不得转包检测业务。

（5）各级建设行政主管部门应当加强对检测机构的监督检查，主要检查下列内容：

① 是否符合本办法规定的资质标准；

② 是否超出资质范围从事质量检测活动；

③ 是否有涂改、倒卖、出租、出借或者以其他形式非法转让资质证书的行为；

④ 是否按规定在检测报告上签字盖章，检测报告是否真实；

⑤ 检测机构是否按有关技术标准和规定进行检测；

⑥ 仪器设备及环境条件是否符合计量认证要求；

⑦ 法律、法规规定的其他事项。

（6）建设主管部门实施监督检查时，有权采取下列措施：

① 要求检测机构或者委托方提供相关的文件和资料；

② 进入检测机构的工作场地（包括施工现场）进行抽查；

③ 组织进行比对试验以验证检测机构的检测能力；

④ 发现有不符合国家有关法律、法规和工程建设标准要求的检测行为时，责令改正。

（7）各级建设主管部门在监督检查中为收集证据的需要，可以对有关试样和检测资料采取抽样取证的方法；在证据可能灭失或者以后难以取得的情况下，经部门负责人批准，可以先行登记保存有关试样和检测资料，并应当在 7 日内及时做出处理决定，在此期间，当事人或者有关人员不得销毁或者转移有关试样和检测资料。

（8）各级建设主管部门在监督检查中发现检测人员未严格按照国家规范、规程、技术标准的要求从事检测工作，未严格实行管理手册制度，应记入管理手册，情节严重或拒不纠正错误的，收回管理手册，检测人员不得继续进行检测工作，具体违规行为包括：

① 超越从业资格项目范围从事检测工作；

② 不按国家、省技术标准进行检测和严重违反操作规程；

③ 伪造检测数据、出具虚假检测报告；

④ 未按要求参加专业教育培训；

⑤ 其他违反国家和省有关规定的行为。

四、房屋建筑和市政基础设施工程质量监督管理规定

房屋建筑工程和市政基础设施工程质量监督管理规定

中华人民共和国住房和城乡建设部令第 5 号

第一条　为加强房屋建筑和市政基础设施工程质量监督，保护人民生命和财产安全，规范住房和城乡建设主管部门及工程质量监督机构（以下简称主管部门）的质量监督行为，根据《中华人民共和国建筑法》、《建设工程质量管理条例》等有关法律法规，制订本规定。

第二条　在中华人民共和国境内主管部门实施对新建、扩建、改建房屋建筑和市政基础设施工程质量监督管理的，适用本规定。

第三条　国务院建设主管部门负责全国房屋建筑和市政基础设施工程（以下简称工程）质量监督管理工作。

县级以上人民政府建设主管部门负责本行政区内工程质量实施监督管理工作。

工程质量监督管理的具体工作可以有县级以上地方人民政府建设主管部门委托所属的工程质量监督机构（以下简称监督机构）实施。

第四条　本规定所称工程质量监督管理，是指主管部门依据有关法律法规和工程建设强制标准，对工程实体质量和工程建设、勘察、设计、施工、监理单位（以下简称工程质量责任主体）和质量检测单位的工程质量行为实施监督。

本规定所称工程实体质量监督，是指主管部门对涉及工程主体结构安全、主要使用功能的工程实体质量情况实施监督。

第五条　工程质量监督管理应当包括下列内容：

（一）执行法律法规和工程建设强制性标准的情况；

（二）抽查涉及工程主体结构安全和主要使用功能的工程实体质量；

（三）抽查工程质量责任主体和质量检测等单位的工程质量行为；

（四）抽查主要建筑材料、建筑构配件的质量；

（五）对工程竣工验收进行监督；

（六）组织或者参与工程质量事故的调查处理；

（七）定期对本地区工程质量状况进行统计分析；

（八）依法对违法违规行为实施处罚。

第六条 对工程项目实施质量监督，应当依照下列升序进行：

（一）受理建设单位办理质量监督手续；

（二）制定工作计划并组织实施；

（三）对工程实体质量、工程质量责任主体和质量检测等单位的工程质量行为进行抽查、抽测；

（四）监督工作竣工验收，重点对验收的组织形式、程序等是否符合有关规定进行监督；

（五）形成工程质量监督报告；

（六）建立工程质量监督档案。

第七条 工程竣工验收合格后，建设单位应当在建筑物明显部位设置永久性标牌，载明建设、勘察、设计、施工、监理单位等工程质量责任主体的名称和主要责任人姓名。

第八条 主管部门实施监督检查时，有权采取下列措施：

（一）要求被检查单位提供有关工程质量的文件和资料；

（二）进入被检查单位的施工现场进行检查；

（三）发现有影响工程质量的问题时，责令改正。

第九条 县级以上地方人民政府建设主管部门应当根据本地区的工程质量状况，逐步建立工程质量信用档案。

第十条 县级以上地方人民政府建设主管部门应当将工程质量监督中发现的涉及主体结构安全和主要使用功能的工程质量问题及整改情况，及时向社会公布。

第十一条 省、自治区、直辖市人民政府建设主管部门应当按照国家有关规定，对本行政区域内监督机构每三年进行一次考核。

监督机构经考核合格后，方可依法对工程实施质量监督，并对工程质量监督承担监督责任。

第十二条 监督机构应当具备下列条件：

（一）具有符合本规定第十三条规定的监督人员。人员数量由县级以上地方人民政府建设主管部门根据实际需要确定。监督人员应当占监督机构总人数的75％以上；

（二）有固定的工作场所和满足工程质量监督检查工作需要的仪器、设备和工具等；

（三）有健全的质量监督工作制度，具备与质量监督工作相适应的信息化管理条件。

第十三条 监督人员应当具备下列条件：

（一）具有工程类专业大学专科以上学历或者工程类执业注册资格；

（二）具有三年以上工程质量管理或者设计、施工、监理等工作经历；

（三）熟悉掌握相关法律法规和工程建设强制性标准；

（四）具有一定的组织协调能力和良好的职业道德。

监督人员符合上述条件经考核合格后,方可从事工程质量监督工作。

第十四条　监督机构可以聘请中级职称以上的工程类专业技术人员协助实施工程质量监督。

第十五条　省、自治区、直辖市人民政府建设主管部门应当每两年对监督人员进行一次岗位考核,每年进行一次法律法规、业务知识培训,并适时组织开展继续教育培训。

第十六条　国务院住房和城乡建设主管部门对监督机构和监督人员的考核情况进行监督抽查。

第十七条　主管部门工作人员玩忽职守、滥用职权、徇私舞弊,构成犯罪的,依法追究刑事责任;尚不构成犯罪的,依法给予行政处分。

第十八条　抢险救灾工程、临时性房屋建筑工程和农民自建底层住宅工程,不适用本规定。

第十九条　省、自治区、直辖市人民政府建设主管部门可以根据本规定制定具体实施办法。

关于贯彻实施《房屋建筑和市政基础设施工程质量监督管理规定》的通知

建质〔2010〕159 号

各省、自治区住房和城乡建设厅,直辖市建委(建交委、规委),新疆生产建设兵团建设局:

《房屋建筑和市政基础设施工程质量监督管理规定》(住房和城乡建设部令第 5 号,以下简称《规定》)已于 2010 年 9 月 1 日起正式施行。为全面贯彻实施《规定》,进一步加强房屋建筑和市政基础设施工程质量监督管理工作,现就有关事项通知如下:

一、充分认识贯彻实施《规定》的重要意义

工程质量监督制度是我国工程质量管理方面的一项基本制度,是政府对工程质量实施监管的主要手段,对督促工程参建各方认真执行有关法律法规和工程建设强制性标准、确保我国工程质量具有重要作用。《规定》是规范工程质量监督工作的重要部门规章。贯彻实施好《规定》,是新形势下加强和改进工程质量监督工作的迫切需要,是加强工程质量管理制度建设和完善工程质量管理体系的重要举措,是推动我国工程质量水平不断提高和促进工程建设又好又快发展的重要保障,是当前工程质量监督系统的一项重要任务。各级建设主管部门要从全面落实科学发展观和保障民生的高度,充分认识贯彻实施《规定》的重要意义,把这项工作放到突出位置抓紧抓好。

二、认真组织开展学习培训和宣传工作

各级建设主管部门要高度重视《规定》的学习培训和宣传工作,积极营造浓厚的宣传贯彻氛围。要抓好住房城乡建设系统工作人员特别是工程质量监督人员的学习培训,通过宣传贯彻会、专题讲座、集中研讨、培训班等多种形式,使每一位干部职工都能系统学习《规定》内容,深刻领会并准确把握各项规定的精神实质,增强贯彻落实的自觉性和主动性,提高依法行政能力和水平。要统筹策划,充分利用电视、报刊、杂志、网络等媒体,广泛深入宣传《规定》,积极扩大其社会影响力。要切实提高宣传工作的针对性,增强广大群众以及社会各界对工程质量监督工作的理解和支持,为推动工程质量监督工作的发展营造良好的社会氛围。

三、抓紧完善相关配套制度和政策

各级建设主管部门要抓紧完善相关配套制度和政策,确保《规定》的顺利贯彻执行。省级住房城乡建设主管部门要结合本地实际尽快制定出台具体实施办法,进一步细化工程质量监督工作的内容、程序以及监督机构和人员的考核管理等规定,增强《规定》可操作性。各地要依法对本地区现行的工程质量监督管理有关文件进行一次全面清理,凡是与《规定》要求不一致的,要及时予以修订或废止。要加强调查研究,认真总结工作实践中积累的有益经验,在做好《规定》贯彻落实工作的同时,不断探索创新,深化改革,完善制度,共同推动工程质量监督工作的持续健康发展。

四、全面加强和改进工程质量监督工作

各级建设主管部门要认真贯彻《规定》要求,全面加强和改进工程质量监督工作,不断提高监督工作水平。要严格执行《规定》的工程质量监督内容和程序,加快建立健全以抽查为主要方式、以行政执法为基本特征的工程质量监督模式,切实加大监督执法力度,增强监督工作的权威性和威慑力。要积极推行差别化监管,根据工程类别、重要性及工程参与单位的业绩、信誉、质量保证能力等情况实施分类监督,着力增强监督工作的针对性和有效性,提高监督效能。要大力加强工程质量不良记录管理,加快建立本地区工程质量信用档案,认真执行在建筑物明显部位设置永久性标牌、及时公布工程质量问题及整改情况等规定,强化对违法违规行为的信用惩戒,充分发挥市场机制的约束作用。

五、进一步强化工程质量监督队伍建设

各级建设主管部门要进一步强化工程质量监督队伍建设,为做好工程质量监督工作提供有效的组织保障。要按照履行行政执法职责的要求,积极稳妥推进工程质量监督机构编制定位和经费保障工作,特别是仍没有落实工作经费的地区,要主动加强与同级编制、财政部门的沟通,抓紧解决财政保障工作经费的问题。要严格执行关于工程质量监督机构及人员条件的规定,加强考核管理,确保队伍基本素质。要大力加强工程质量监督人员的业务培训和作风建设,不断提高队伍的执法能力和水平。要逐步健全工程质量监督责任追究制度,规范和强化责任追究,增强监督人员的责任意识和法制意识,确保严格依法履行监督职责。

自本通知发布之日起,《工程质量监督工作导则》(建质[2003]162号)同时废止。

关于印发吴慧娟司长在《房屋建筑和市政基础设施工程质量监督管理规定》宣贯会上讲话的通知

建质质函〔2010〕70号

各省、自治区住房和城乡建设厅,直辖市建委(建交委、规委),新疆生产建设兵团建设局,计划单列市建设局(建委):

2010年9月14日,《房屋建筑和市政基础设施工程质量监督管理规定》宣贯会在太原召开,现将吴慧娟司长在会议上的讲话予以印发。

中华人民共和国住房和城乡建设部工程质量安全监管司

二〇一〇年十月十一日

吴慧娟司长在《房屋建筑和市政基础设施工程质量监督管理规定》宣贯会上的讲话

同志们：

经过近两年的努力，住房和城乡建设部第 5 号令——《房屋建筑和市政基础设施工程质量监督管理规定》今年 8 月 1 日颁布，并于 9 月 1 日起正式施行。贯彻实施好 5 号部令是工程质量监督战线当前一项重要任务。今天召开这次宣贯会，就是要通过对部令的宣贯，以及对贯彻实施具体意见和建议的研讨，进一步提高对工程质量重要性的认识，更加扎实有效地开展好部令贯彻实施工作，全面推进和加强工程质量监督的各项工作，促进工程质量总体水平的不断提升。下面，我讲三个方面的意见：

一、当前工程质量监督工作面临的形势以及 5 号部令出台的背景

《房屋建筑和市政基础设施工程质量监督管理规定》的出台，是为了适应当前工程质量监督工作面临的新形势和新任务、加强和改进工程质量监督工作的一项重要举措，是规范质量监督工作一部重要部门规章。因此，要准确把握部令的内容和意义，首先要对形势有科学明晰的分析和判断。当前我国工程质量监督工作面临的形势主要有 3 个方面的特点：

一是任务重。当前我国正处在全面建设小康社会、加速推进城镇化的关键时期，工程建设事业蓬勃发展，工程建设规模大幅增加，质量技术难度不断加大。2009 年我国全社会固定资产投资 22.5 万亿元，比上年增长 30.1%；全国建筑业总产值为 75 864 亿元，比上年增长 22.3%，达到 2000 年的 6 倍；房屋建筑施工总面积 58.7 亿平方米，比上年增长 10.7%，达到 2000 年的 3.7 倍；城镇 50 万元以上施工项目数 46.2 万个，比上年增长 28.5%。今年上半年，根据国家统计局初步统计，我国全社会固定资产投资 11.4 万亿元，比上年增长 25.0%；全国建筑业总产值达到 34 193 亿元，同比增长 24.3%；房屋建筑施工面积达到 45.5 亿平方米，同比增长 18.5%。可以看出，我们目前的工程建设每年都保持了 20% 左右的增长速度，整体规模不断达到历史新高。而且随着经济的发展，工程项目中超高层、大跨度、结构复杂的建筑日益增多，工程建设水平和要求不仅创造了我国工程建设的记录，也跻身世界前列。在这种形势下做好工程质量监督工作，任务很重。

二是要求高。经济的快速发展、社会的不断进步对工程质量提出了更高的要求。近年来，我国每年固定资产投资的 60% 要通过建筑活动转化为社会财富，工程质量的好坏，直接影响到这些资产的价值，从而影响到国民经济发展的质量和效益。更重要的是，建筑工程涉及公共利益和公众安全，工程质量直接影响人民群众生活质量和生命财产安全，关系人民群众最现实、最关心、最直接的利益。因此，在当前深入贯彻落实科学发展观、以提高经济发展质量和效益与改善民生为主线的经济建设中，工程质量的重要性越来越突出，全社会对工程质量的关注和要求也越来越高。

三是问题多。客观地说，当前的工程质量状况总体受控、稳中有升，但我们也必须清醒地认识到，工程质量问题仍然存在，总体上还不能满足经济社会发展的要求，主要体现在两个方面：一方面，虽然目前重大工程质量事故已经基本得到遏制，房屋结构安全性能够得到有效保证，但是工程质量通病仍然普遍存在。另一方面，工程质量在不同经济发展水平、不同行政级别城市等方面存在不平衡，存在较大的地域差别和城乡差别。根据去年全国建设工程质量监督执法检查情况，人均 GDP 小于 20 000 元地区所有检查项的不符合率是人均

GDP 大于 40 000 元地区的 1.6 倍,而县级城市的不符合率是直辖市的 6.7 倍。

新的形势给工程质量监督工作提出了新的要求。工程质量监督是我国工程质量管理体系的一项基本制度,至今已走过了 26 年的发展历程,期间经过不断探索和创新,完成了监督方式从核验制到备案制、监督机构从责任主体到执法主体等重大转变,监督效能不断提高,对于规范工程建设各方主体质量行为、确保我国工程质量起到了重要作用。但是相对于当前的新形势和新要求,工程质量监督工作还存在一些不适应、不完善的问题,制约了监督作用的进一步发挥和监督工作的可持续发展。主要体现在 4 个方面:

一是法规体系需要进一步完善。国务院 2000 年出台的《建设工程质量管理条例》,明确规定国家实行建设工程质量监督管理制度,从行政法规层面确立了质量监督工作的法律地位。2003 年,我部发布了《工程质量监督导则》,但《导则》作为规范性文件,法律层级较低,指导性和约束力不足,已不能完全适应工作实践中面临的新形势和新问题,无法为质量监督工作提供有力的法律支撑。

二是监督机构性质需要进一步明确。由于《建设工程质量管理条例》规定监督机构是受建设主管部门委托执法,且长期以来,质量监督机构被定为自收自支的事业单位,靠收取监督费开展监督工作。这导致社会上对工程质量监督的性质存在一定误解,把工程质量监督等同于类似工程监理的一般中介服务,甚至把质量监督机构看作工程质量责任主体之一,给质量监督工作的正常开展带来了不利影响。

三是监督方式需要进一步改进。目前,工程质量监督在一定程度上还是沿袭了十几年前的做法,实行以工程项目为单位、以定点监督为主的监督模式。具体表现为:对每个工程平均使用监督资源,由于监督力量不足,对需重点监督的工程投入不足;对工程各方主体质量行为监督不严;对单个工程的质量问题关注得多,对整个地区宏观质量形势把握不够;对具体的监督检查工作花大力气,对构建监管工作长效机制着力不多等。这种模式往往导致监督工作陷于微观,既不能充分体现政府质量监督的行政执法特性,也无法有效提高监督效率。

四是监督队伍建设需要进一步加强。随着监督工作量的大幅增加,目前大部分地区尤其是大中城市的监督力量严重不足,人均监督面积已从 90 年代初的 3 万平米增加到当前的几十万甚至上百万平米,人员紧缺的问题相当突出。同时,存在队伍素质良莠不齐的现象:有的监督机构制度建设不完善,有的基层监督机构由于各种原因接收过多的非专业人员,专业能力不足;有的监督人员对质量管理法律法规、工程建设强制性标准及监督规定不熟悉,业务水平较低,也有少数监督人员工作责任心不强。这些问题的存在,严重削弱了监督队伍的战斗力,影响了监督工作质量。

因此,做好新形势下的质量监督工作,迫切需要进一步强化工程质量监督的法律地位和执法属性,改进监督方式方法,加强监督队伍建设,提高监督工作效能。同时,2008 年底取消建设工程质量监督费以来,不少地方反映在落实工作经费和机构改革过程中,面临法律依据不足、机构性质不清等问题,使得完善工程质量监督制度的任务更为紧迫。

在这种情况下,我们于 2008 年 10 月份开始启动部令的起草工作,期间召开多次座谈会,进行了深入调研,并充分征求了财政部、中编办等部门和各地住房城乡建设主管部门以及工程质量监督机构的意见。应该说,部令的出台是方方面面共同努力的结果,凝聚了大家的心血和智慧,对加强质量监督工作意义重大。

二、5 号部令的主要内容

5 号部令是根据《建设工程质量管理条例》制定的,既充分考虑了政策的连续性,也兼顾各地现有做法,从监督机构定位、监督工作内容、监督工作程序到监督机构和人员的考核管理等方面,对工程质量监督作了比较系统、科学的规定,提出了要求。主要体现在六个方面:

(一)关于工程质量监督机构定位

工程质量监督是为保证公共利益和公众安全,对工程是否执行国家有关法律法规和工程建设强制性标准进行的监督,是政府监管工程质量的重要手段。因此,工程质量监督机构虽然是受政府委托实施质量监督,但履行的是行政管理职能,本质上仍然属于行政执法机构。

部令第一条将住房城乡建设主管部门和工程质量监督机构统称为主管部门,体现了对监督机构行政执法地位的认可。第三条规定"工程质量监督管理的具体工作可以由县级以上地方人民政府建设主管部门委托所属的工程质量监督机构实施。"这遵循了《建设工程质量管理条例》"可以委托"的规定,同时把工程质量监督机构限定为建设主管部门所属,明确了工程质量监督机构是各级建设主管部门下属的单位,是政府机构的一部分,而非社会上的一般中介机构。当然,地方法规也可以作出更明确的规定,如《陕西省建设工程质量和安全生产管理条例》就明确规定"县级以上人民政府建设行政主管部门对行政区域内建设工程质量和安全实施监督管理,其所属的建设工程质量安全监督机构负责具体监督管理工作"。

应该说,2009 年初取消建设工程质量监督费,也为监督机构的"正名"提供了一个有利契机,大部分监督机构由此被调整为全额拨款的事业单位,向明确其执法属性迈出了坚实的一步。目前,已有少数监督机构实现了参公管理,从国家事业单位分类改革的大趋势看,这是监督机构今后发展的方向。

(二)关于工程质量监督方式

为进一步提高监督效率,适应行政执法的特点和要求,部令规定了以抽查、抽测为主的工程质量监督方式,这在第五条和第六条中均有体现。抽查可以从两个层面来理解,一是在所监督工程中抽查某一个或几个工程,二是对一个具体工程抽查某一项或几项内容。

对工程的抽查类似于交警执法,是指在一定时间由主管部门统一组织,通过巡视随机确定受检工程的工程质量检查活动。通过随机抽查工程,事先不定点、不定期、不定检查内容,不提前告知,一是可以避免受检单位做表面文章,监督人员更容易看到真实的情况,从而增强监督检查的有效性和威慑力。二是可以更加灵活、合理地配置监督资源,在一定程度上缓解监督工作量不断增大与监督力量严重不足之间的矛盾,提高监督效率。

对内容的抽查是指主管部门在检查一项工程时,根据有关工程技术标准及规定,对工程参与单位履行质量责任的行为以及有关工程质量的文件、资料和工程实体质量等进行随机抽样检查活动。监督人员到现场不是代替企业直接控制工程质量或进行质量把关,而是进行执法监督检查。严格执行有关法律法规和工程建设强制性标准,是工程参建各方的职责,监督人员不可能对工程的各个方面全面检查,只能通过抽查部分环节,发现有关责任主体和责任人存在的违法违规行为,责令改正,并依法进行处罚,以督促其自觉履行质量责任。

与抽查方式相适应,监督机构可遵循差别化监督原则,根据工程类别、重要性及工程参与单位的业绩、信誉、质量保证能力等情况实施分类监督。对重要工程、住宅工程特别是保障性住房和信誉差、质量保证能力弱的企业,要加大抽查频次;对带有普遍性和比较严重的质量问题,要加大抽查力度。

（三）关于工程质量监督内容和程序

部令规定了8项监督内容:一是监督各方执行法律法规和工程建设强制性标准的情况;二是抽查涉及工程主体结构安全和主要使用功能的工程实体质量;三是抽查工程质量责任主体和质量检测等单位的工程质量行为;四是抽查主要建筑材料、建筑构配件的质量,比如钢筋、混凝土等;五是对工程竣工验收进行监督;六是组织或者参与工程质量事故的调查处理;七是定期对本地区工程质量状况进行统计分析;八是依法对违法违规行为实施处罚。部令还规定了对具体工程项目实施质量监督的6项程序:一是受理建设单位办理质量监督手续;二是制订工作计划并组织实施;三是对工程实体质量、工程质量责任主体和质量检测等单位的工程质量行为进行抽查、抽测;四是监督工程竣工验收;五是形成工程质量监督报告;六是建立工程质量监督档案。对每个工程,都要严格按照上述内容和程序认真做好监督工作。在此,要特别强调以下两点:

一是关于办理质量监督手续。部令规定对工程项目实施质量监督,首先要受理建设单位办理质量监督手续。对于没有办理监督手续擅自开工建设的工程,有些同志认为不必再进行监督,这种认识是不正确的。质量监督是一种执法活动,维护的是公共利益,不应存在执法盲区。建设单位不履行告知义务,不办理质量监督手续,是一种故意逃避政府监管的违法行为,《建设工程质量管理条例》专门设定了相应的处罚条款,质量监督机构绝不能放任、纵容这种行为。因此,我们在日常抽查中,不能将范围仅仅局限在已经办理监督手续的工程,而应是监管区域内所有房屋和市政基础设施在建工地,一旦发现这类行为,必须依法严肃查处。

二是关于竣工验收的监督。在规定以抽查为主要监督方式的同时,部令还要求对所有工程竣工验收进行到位监督,重点监督验收程序及组织实施情况,并抽查有关质量验收资料,这也是《建设工程质量管理条例》的要求。监督有关单位在重要环节的质量行为是必不可少的监督形式,主要是为了督促各方主体严格履行基本建设程序,落实质量责任,同时避免出现监管真空,弥补抽查方式的不足。因此,监督工作应当将监督抽查与竣工验收监督结合起来,在对工程实体质量和各方质量行为加强日常监督抽查的同时,认真做好竣工验收监督工作。

（四）关于工程质量监督责任

随着政府问责制的建立和责任追究力度的不断加大,工程质量监督责任问题日益成为大家关注的焦点。部令第十一条第二款专门规定了监督机构对工程质量监督承担监督责任。那么,应如何看待监督责任?一方面,要把监督责任与企业的主体责任区分开来,工程参建单位的有关人员按各自职责对工程质量负终身责任,而政府的质量监督则是对监督行为负责任。不能认为只要出了质量问题,监督人员就必须承担责任。另一方面,监督责任作为一种政府监管责任,如果存在失职渎职行为,就必然要被追责。对此,部令第十七条规定主管部门工作人员玩忽职守、滥用职权、徇私舞弊,构成犯罪的,依法追究刑事责任;尚不构成犯罪的,依法给予行政处分。

在实践中,还存在监督责任的界定问题。应该做的工作没有做到位,不应该做的事情乱作为,都会带来责任风险。因此,为建立完善工程质量监督责任制,首先要科学合理地界定工程质量监督工作的职责,同时要严格按照规定开展工作,既不能缺位,也不要越位,做到尽职尽责。

（五）关于不良行为记录管理

为进一步提高监督工作成效，部令加强了关于不良行为记录管理方面的规定，第七条、第九条、第十条分别规定了设置永久性标牌、建立工程质量信用档案以及向社会公布在检查中发现的有关质量问题及整改情况，都涉及到不良行为记录管理及信用评价的要求。对此应该从以下三个方面来认识：

一是实施抽查和差别化监管的需要。把工程建设各方责任主体的违法违规质量行为记录在案，为掌握、判断企业质量保证能力和信誉提供第一手资料，是实施抽查和差别化监管的重要依据。同时对发现的重大问题及时进行公示，能够充分体现、有效保证抽查的效果和权威性。

二是加强诚信体系建设的需要。强化不良行为记录管理工作，建立规范、统一的诚信信息平台，通过公告、公示进行信用惩戒和社会监督，是促进各方主体自觉规范质量行为、落实质量责任的重要手段。有些企业不怕罚款，就怕公示，监管部门要充分利用好这个手段，加大公示力度，充分发挥市场机制对工程质量责任主体的约束作用。

三是落实工程质量终身责任制的需要。工程项目在设计使用年限内，工程各参建单位的法定代表人、工程项目负责人、工程技术负责人、注册执业人员要按各自职责对工程质量负终身责任。工程竣工验收合格后，在建筑物明显部位设置永久性标牌，载明建设、勘察、设计、施工、监理单位等工程质量责任主体的名称和主要责任人姓名，可促进对有关单位和人员终身质量责任的追究。

（六）关于工程质量监督机构和人员考核管理

做质量监督工作，首先要搞好自身队伍的建设。部令规定省级建设主管部门对监督机构每三年进行一次考核。监督机构的条件有 3 个，包括人员、场所以及制度和信息化方面的要求，其中规定监督人员应当占总人数的 75% 以上。这就要求我们的监督机构要以专业人员为主，其他非专业人员必须控制在 25% 以内，这是人员编制方面的基本要求，要克服困难落实好。部令第十三条规定了监督人员具备的 4 个条件，第十四条则是一项创新的规定，即监督机构可以聘请中级职称以上的工程类专业技术人员协助实施工程质量监督。这主要是考虑到当前工程量大、技术难度高，比如地铁工程专业性很强，监督机构很难在短期内具备足够的监督能力，这条规定就为我们聘请专业人员，采用政府购买服务方式提供了依据、创造了条件，有利于更好地开展监督工作。

在 2007 年制定的《建设工程质量监督机构和人员考核管理办法》的基础上，部令对监督机构和人员的考核管理做出明确规定，提升了法律层次，为开展好这项工作提供了更加有力的支撑。按照部令要求，我部也将适时对各地监督机构和人员的考核情况进行监督抽查。

三、几点要求

（一）认真做好 5 号部令的贯彻实施工作

各地要抓紧组织开展部令的贯彻实施工作，加强对实施工作的组织领导，结合本省实际尽快提出贯彻实施部令的工作计划和目标。要加强宣贯，组织多层次的学习、培训，开展专题研讨与经验交流，使我们质量监督系统的每一位同志都能充分学习领会部令的精神和内容。要通过网络、报刊等新闻媒体加大宣传力度，增强社会各界对部令的关注和了解。要加强调查研究，尽快制定部令具体实施办法，积极稳妥地推进贯彻实施部令的各项工作。

（二）着力加强工程质量监督队伍建设

做好监督工作，建设一支高素质的监督队伍至关重要。各级建设主管部门一定要把监督队伍建设放到重要位置，常抓不懈，抓出实效。要按照部令要求，进一步加强工程质量监督机构和人员的考核管理，确保监督队伍基本素质。要搞好继续教育培训，努力提高队伍的业务水平。要规范和加强监督责任的落实，增强监督人员的责任意识和法制意识，提高依法行政能力。

（三）切实做好工程质量监督工作经费保障工作

近两年来，经过各方面共同努力，工程质量监督工作经费的保障取得了积极进展，据不完全统计，目前全国约有 50％ 的监督机构已基本落实财政拨款。但是由于种种原因，仍有部分地区没有落实工作经费，已严重影响到监督工作的正常开展。5 号部令的出台，为工程质量监督机构的职责定位提供了更加明确的法律依据，各地要充分利用好这一有利机会，主动加强与编制、财政部门的沟通，争取他们的理解和支持，尽快解决质量监督工作经费的保障问题。

（四）不断探索和创新工程质量监督工作

部令是在大家多年工作实践的基础上出台的，解决了我们工作中遇到的一些问题，为进一步加强和改进工程质量监督工作提供了目标和方向。我们仍要进一步加强调查研究，不断完善法规制度体系，构筑质量监督长效机制。也希望各地在实践中继续探索，积极创新，通过不断地完善和提高，共同推动质量监督工作的持续健康发展。

同志们，工程质量监督工作能否做好，直接涉及广大人民群众的利益，涉及我国经济建设的可持续发展，任重而道远。希望大家继续努力，充分认清当前形势，以部令的出台为契机，全面推进制度建设，加强监督执法，提高监督效能，推动我国工程质量监督工作迈上一个新的台阶。

第三节　工程质量监督人员的基本要求

一、工程质量监督人员概念

建设工程质量监督人员（以下简称监督人员）是指经省级人民政府建设主管部门或国务院有关部门考核认定，依法从事建设工程质量监督工作的专业技术人员。监督人员应当具备下列条件：

（1）具有工程类专业大学专科以上学历或者工程类执业注册资格；

（2）具有三年以上工程质量管理或者设计、施工、监理等工作经历；

（3）熟悉掌握相关法律法规和工程建设强制性标准；

（4）具有一定的组织协调能力和良好的职业道德。

监督人员符合上述条件经考核合格后，方可从事工程质量监督工作。监督机构也可以聘请中级职称以上的工程类专业技术人员协助实施工程质量监督。

二、工程质量监督人员岗位职责

（1）监督人员应当具备一定的专业技术能力和监督执法知识，熟悉掌握国家有关的法律、法规和工程建设强制性标准，具有良好的职业道德。

（2）编制工程质量监督工作方案。

（3）负责对分管的受监工程参建各方质量行为的监督，收集、整理、填写受监工程责任主体和有关机构的质量信誉管理记录。

（4）对地基基础、主体结构等部位实施重点监督，对隐蔽工程进行监督检查；对涉及结构安全、使用功能、关键部位的实体质量或材料进行监督检测，并填写监督记录。

（5）下发质量整改通知、局部停工整改等通知书，按相关程序报批后实施。

（6）对建设各方责任主体及有关机构的违法违规行为进行调查取证和核实，提出处罚建议。

（7）参与工程质量事故的调查处理。

（8）依据国家工程质量验收规范，监督建设单位组织的工程竣工验收，审查组织形式、验收程序、参验人员资格、抽查质量评定文件和参与实体质量检查。

（9）负责质量监督报告的审查、审签，对内容真实性负责。

（10）负责受监工程监督档案的整理、审核及归档工作。

（11）完成领导交办的其他工作。

第四节　建设工程质量监督信息管理

建设工程质量监督管理具有很强的权威性，国家强制建设工程参建各方要服从政府委托的质量监督机构实施建设工程质量监督，任何单位和个人从事建设工程活动都应当服从这种监督管理。建设工程质量监督不是局部的，而是对工程全过程、全面的监督，涉及参建各方主体。

建设工程质量监督的信息管理，要随着政府职能的转变而改进，不能沿用过去传统的、落后的管理方式和管理办法。随着信息化进程的发展，信息管理也成为建设工程质量监督管理的一个主要内容。

一、质量监督信息管理系统的建立

各级建设工程质量信息系统的建立是关系到全面有效的开展质量信息工作的关键问题，是项复杂而细致的工作，应该统筹规划、合理设计，从而为质量信息管理工作打下良好的基础，建立质量信息管理系统应注意以下几个原则：

（1）满足工程质量监督实际工作的需求。

（2）满足工程质量监督系统管理的需要。

（3）工程质量监督系统的信息管理要坚持经济可行和有效性。

（4）工程质量监督信息管理要逐步发展。

二、工程质量信息管理的职能

（1）提出并确定对信息的要求。

（2）实现信息的闭环管理。

（3）确定信息流程各环节的工作程序和要求。

（4）制定信息管理的规章制度。

（5）对信息工作人员进行培训。

（6）考核和评估信息工作的有效性。

三、建设工程质量监督信息的内容

在工程质量监督过程中,涉及的信息量大、面广,质量监督机构应当根据不同的要求,对相关工程质量监督信息进行收集。工程质量监督信息除国家和本地区有关工程质量的法律、法规、规范性文件和强制性标准外,主要还有以下几方面的内容:

(1)建设单位质量管理信息包括:规划许可证、施工许可证、施工图设计文件审查意见、工程竣工报告、土地使用证、规划、公安消防、环保等部门出具的认可文件或者准许使用文件以及法规、规章规定的其他有关文件。

(2)勘察、设计单位质量信息包括:勘察、设计单位的资质等级证书,注册建筑师、注册结构工程师等注册执业人员的执业证书,勘察单位有关地质、测量、水文等勘察信息,设计单位有关初步设计、技术设计和施工图设计信息,在施工过程中的有关设计洽商和变更信息,设计单位对工程质量事故作出的技术处理方案等。

(3)施工单位的质量信息包括:施工单位的资质等级证书,施工单位质量、技术管理负责人资格,建设单位与总承包单位合同书、总承包企业与分包企业的施工分包合同书,施工中的质量责任制和建立健全质量管理和质量保证体系信息,施工组织设计信息,施工技术资料信息,建筑材料、配构件、设备和商品混凝土的检验信息,建设工程质量检验和隐蔽工程检查记录,涉及结构安全的试块、试件以及有关材料进行检测的信息,不合格工程或质量事故信息,施工单位参加工程竣工验收资料,施工企业人员教育培训信息,施工企业创建设工程鲁班奖、国优、省、市优质工程等奖项信息等。

(4)监理单位的质量信息包括:监理单位的资质证书,监理单位质量、技术负责人资格,建设单位与监理单位的合同书,施工阶段实施监理职责有关资料,驻施工现场监理负责人月报,工程质量记录、整改措施,工程竣工阶段资料等。

(5)质量监督机构的信息包括:

① 在监工程的质量监督机构的设置情况;

② 质量监督机构负责人及质量监督员基本情况;

③ 在监督工程中质量监督人员对工程参建各方责任主体质量行为及对工程实体质量的监督意见;

④ 在工程抽查中,质量监督人员做的质量监督记录、工程质量整改通知书及企业整改情况;

⑤ 行政管辖区域内在建工程及主体、装饰阶段工程数量统计情况;

⑥ 对违反有关法律、法规、规范性文件和技术标准的,质量监督机构向建设行政主管部门提交的建议、行政处罚的报告;

⑦ 质量监督机构在工程竣工验收后,向建设行政主管部门提交的工程质量情况的报告;

⑧ 质量监督机构对用户关于工程质量低劣的单位和个人的投诉、控告、检举处理情况。

四、工程质量信息的工作流程

(一)信息的收集

(1)工程质量信息收集应注意及时性、准确性、完整性、连续性。这四个环节把握好,才能保证工程质量信息收集的质量,才能为下一项工作打好基础。

(2)信息收集的基本程序包括:

① 确定信息收集的类别和内容；

② 选择信息的来源和收集方式；

③ 编制规范化的信息收集表格。

（二）信息的加工处理

（1）对信息加工处理的基本要求有：真实准确、实用、系统、浓缩、简明、经济。

（2）信息加工处理的一般程序和内容包括：

① 信息的审查和筛选；

② 分类和排序；

③ 确定分析内容进行分析；

④ 分析判断；

⑤ 编写报告及数据传送。

（3）工程质量信息的分类加工处理包括：

① 对工程质量信息进行数据统计和整理；

② 对工程质量信息进行有重点的筛选分析，形成有关部门决策的辅助信息；

③ 对各项质量信息进行综合分析，应用数学模型统计等方法，进行专题研究，提供重大决策信息。

（三）信息的存贮

（1）对信息存贮的基本要求为：在信息贮存期内，应能安全、可靠、完整地保存好各类信息；在需要信息时，能方便地进行信息的查询和检索，保证信息的可追溯性。

（2）信息贮存的方式有：文件、微缩胶片、电子数据和声像胶片等。

（四）信息的反馈和交换

（1）信息反馈是把决策信息实施结果输送回来，以便再输出新的信息用于修正决策目标和控制、调节受控系统的活动，使其有效运行的过程。

（2）信息交换是各质量信息管理部门之间的相互提供彼此所需信息的过程。

五、信息的传递

信息传递是信息的重要特征，任何形式的信息收集、反馈与交换都是通过信息传递实现，只有通过信息传递才能实现信息的价值。质量信息的传递是实现工程质量信息活动的必要手段，也是联系质量管理有机整体的纽带。

信息传递方式主要包括：直接传递、邮寄传递、电讯传递、传真传递和网络传递。

六、质量监督机构的信息管理

（1）监督机构应加强工程质量监督的信息化建设，运用工程质量监督信息系统，实现监督注册、行为监督、实体质量监督、不良行为记录、竣工验收备案等工作的在线作业。

（2）监督机构应建立工程质量监督信息数据库，将工程建设责任主体和有关机构信息、在建及竣工工程信息、监督检查中发现的工程建设责任主体违规和违反强制性标准信息、工程质量状况统计信息、工程竣工验收备案信息等纳入数据库。

（3）市（地）级以上工程质量监督机构及有条件的县（市）级监督机构应设置质量信息局域网，其设置应满足上级部门对质量信息管理及数据传递的要求。

（4）监督机构应将所发现的工程建设各方责任主体和有关机构的不良行为进行记录、核实，按规定的程序和权限，通过信息系统向社会公示并向上级有关部门传递。

第二章 责任主体和有关机构质量行为监督

工程参建的建设、勘察、设计、施工、监理单位和相关施工图审查机构、工程质量检测机构均为建设工程不良质量行为的责任主体。

第一节 建设单位质量行为监督

建设单位是建设工程质量的第一责任人,对工程质量有着不可推卸的责任和义务。

一、建设单位质量责任和义务

(1)建设单位应将工程发包给具有相应资质等级的单位。建设单位不得将建设工程肢解发包。

建设单位发包工程时,应该根据工程特点,以有利于工程质量、进度、成本控制为原则,合理划分标段,不得肢解发包工程。肢解发包是指建设单位将应当由一个承包单位完成的建设工程分解成若干部分发包给不同的承包单位的行为。

(2)建设单位应依法对工程建设项目的勘察、设计、施工、监理以及与工程建设有关的重要设备、材料等的采购进行招标。

招标采购包括公开招标和邀请招标。根据《中华人民共和国招标投标法》第三条的规定,在中华人民共和国境内进行下列工程建设项目的勘察、设计、施工、监理以及与工程建设有关的重要设备、材料等的采购,必须进行招标:

① 大型基础设施、公用事业等关系社会公共利益、公众安全的项目;

② 全部或者部分使用国有资金投资或者国家融资的项目;

③ 使用国际组织或者外国政府贷款、援助资金的项目。

(3)建设单位必须向有关的勘察、设计、施工、监理等单位提供与建设工程有关的原始资料。原始资料必须真实、准确、齐全。

建设单位作为建设活动的总负责方,向有关的勘察单位、设计单位、施工单位、工程监理单位提供原始资料,并保证这些资料的真实、准确、齐全,是其基本的责任和义务。一般情况下,建设单位根据委托任务必须向勘察单位提供如勘察任务书、项目规划总平面图、地下管线、地下构筑物、地形地貌等在内的基础资料;向设计单位提供政府有关部门批准的项目建设书、可行性研究报告等立项文件,设计任务,有关城市规划、专业规划设计条件,勘察成果及其他基础资料;向施工单位提供概算批准文件,建设项目正式列入国家、部门或地方的年度固定资产投资计划,建设用地的征用资料,有能够满足施工需要的施工图纸及技术资料,建设资金和主要建筑材料、设备的来源落实资料,建设项目所在地规划部门批准文件,施工现场完成"三通一平"的平面图等资料;向工程监理单位提供的原始资料除包括给施工单位的资料外,还要有建设单位与施工单位签订的承包合同文本。

(4)建设工程发包单位不得迫使承包方以低于成本价格竞标,不得任意压缩合理工期。

建设单位不得迫使承包方以低于成本价格竞标,这里的承包方包括勘察、设计、施工和工程监理单位。建设单位不得任意压缩合理工期,这里的合理工期是指在正常建设条件下,采取科学合理的施工工艺和管理方法,以现行的建设行政主管部门颁布的工期定额为基础,结合项目建设的具体情况而确定的使投资方、各参建单位均获得满意的经济效益的工期。

(5) 建设单位不得明示或暗示设计单位或施工单位违反工程建设强制性标准。

按照国家有关规定,保障建筑物结构安全和功能的标准大多数属强制性标准。这些强制性标准包括:

① 工程建设勘察、规划、设计、施工(包括安装)及验收通用的综合标准和重要的通用质量标准;

② 工程建设通用的有关安全、卫生和环境保护的标准;

③ 工程建设重要的通用术语、符号、代号、量与单位、建筑模数和制图方法的标准;

④ 工程建设重要的通用试验、检验和评定方法等的标准;

⑤ 工程建设重要的通用信息技术标准;

⑥ 国家需要控制的其他工程建设通用的标准。

强制性标准是保证建设工程结构安全可靠的基础性要求,违反了这类标准,必然会给建设工程带来重大质量隐患。强制性标准以外的标准是推荐性标准,对于这类标准,甲乙双方可根据情况选用,并在合同中约定,一经约定,甲乙双方在勘察、设计、施工中也要严格执行。

(6) 建设单位应当将施工图设计文件报县级以上人民政府建设行政主管部门或者其他有关部门审查。施工图设计文件未经审查批准的,不得使用。

施工图设计文件审查是基本建设的一项法定程序。建设单位必须在施工前将施工图设计文件送政府有关部门审查,未经审查或审查不合格的不准使用,否则,将追究建设单位的法律责任。

按照《建筑工程施工图设计文件审查暂行办法》(建设〔2000〕41 号)的规定,施工图由建设行政主管部门委托有关审查机构审查。审查的主要内容为:

① 建筑物的稳定性、安全性审查,包括地基基础和主体结构体系是否安全、可靠;

② 是否符合消防、节能、环保、抗震、卫生、人防等有关强制性标准、规范;

③ 施工图是否能达到规定的深度要求;

④ 是否损害公众利益。

(7) 实行监理的建设工程,建设单位应当委托具有相应资质等级的工程监理单位进行监理,也可以委托具有工程监理相应资质等级并与被监理工程的施工承包单位没有隶属关系或者其他利害关系的该工程的设计单位进行监理。

下列建设工程必须监理:

① 国家重点建设工程;

② 大中型公用事业工程;

③ 成片开发建设的住宅小区工程;

④ 利用外国政府或者国际组织贷款、援助资金的工程;

⑤ 国家规定必须监理的其他工程。

(8) 建设单位在领取施工许可证或者开工报告之前,应当按照国家有关规定办理工程质量监督手续。

根据《建筑工程施工许可管理办法》(建设部 71 号部令)规定,在中华人民共和国境内从事各类房屋建筑及其附属设施的建造、装修装饰和与其配套的线路、管道、设备的安装,以及城镇市政基础设施工程的施工,工程投资额在30万元以上或者建筑面积在300 m² 以上的建筑工程,必须申请办理施工许可证(按照国务院规定的权限和程序批准开工报告的建筑工程不再领取施工许可证)。建设单位在开工前应当依照规定,向工程所在地的县级以上人民政府建设行政主管部门申请领取施工许可证。必须申请领取施工许可证的建筑工程未取得施工许可证的,一律不得开工。

(9) 建设单位在领取施工许可证或者开工报告之前,应当按照国家有关规定,到建设行政主管部门或国务院铁路、交通、水利等有关部门或其委托的建设工程质量监督机构或专业工程质量监督机构(简称为工程质量监督机构)办理工程质量监督手续,接受政府部门的工程质量监督管理。

(10) 按照合同约定,由建设单位采购建筑材料、建筑构配件和设备的,建设单位应当保证建筑材料、建筑构配件和设备符合设计文件和合同要求。建设单位不得明示或者暗示施工单位使用不合格的建筑材料、建筑构配件和设备。

(11) 涉及建筑主体和承重结构变动的装修工程,建设单位应当在施工前委托原设计单位或者具有相应资质等级的设计单位提出设计方案;没有设计方案的,不得施工。

(12) 建设单位收到建设工程竣工报告后,应当组织设计、施工、工程监理等有关单位进行竣工验收。建设工程经验收合格的,方可交付使用。

建设工程竣工验收应当具备下列条件:

① 完成建设工程设计和合同约定的各项内容;

② 有完整的技术档案和施工管理资料;

③ 有工程使用的主要建筑材料、建筑构配件和设备的进场试验报告;

④ 有勘察、设计、施工、工程监理等单位分别签署的质量合格文件;

⑤ 有施工单位签署的工程保修书。

(13) 建设单位应按规定向建设行政主管部门委托的管理部门备案。

(14) 建设单位应当严格按照国家有关档案管理的规定,及时收集、整理建设项目各环节的文件资料,建立、健全建设项目档案,并在建设工程竣工验收后,及时向建设行政主管部门或者其他有关部门移交建设项目档案。

二、房地产开发企业市场准入管理

根据《房地产开发企业资质管理规定》(建设部令第77号)和《山东省城市房地产开发企业资质管理规定》(鲁建发〔2005〕11号),房地产开发企业按照企业条件分为一、二、三、四、暂定资质5个资质等级。一级资质的房地产开发企业承担房地产项目的建设规模不受限制,可以在全国范围承揽房地产开发项目。二级资质开发企业可承担20公顷以下的土地和建筑面积25万平方米以下的居住区以及与其投资能力相当的工业、商业等建设项目的开发建设,可以在全省范围承揽房地产开发项目。三级资质开发企业可承担建筑面积15万平方米以下的住宅区的土地、房屋以及与其投资能力相当的工业、商业等建设项目的开发建设,可以在全省范围承揽房地产开发项目。四级资质开发企业可承担建筑面积10万平方米以下的住宅区的土地、房屋以及与其投资能力相当的工业、商业等建设项目的开发建设,仅能在所在地城市范围承揽房地产开发项目。暂定资质开发企业可承担的开发项目规模,原则上按与其注册资本和人员结构等资质等级条件相应开发企业可承担的开发项目规模来确定，仅能在所在地城市范围承揽房地产开发项目（注：二级资质及二级资质以下的房地产开发企业承担业务的具体范围由省、自治区、直辖市人民政府建设行政主管部门确定）。各资质等级企业应当在规定的业务范围内从事房地产开发经营业务，不得越级承担任务。

三、建设单位质量不良行为记录

根据《建设工程质量责任主体和有关机构不良记录管理办法（试行）》（建质〔2003〕113号），勘察、设计、施工、施工图审查、工程质量检测、监理等单位的不良记录应作为建设行政主管部门对其进行年检和资质评审的重要依据。其中建设单位对以下情况应予以记录：

（1）施工图设计文件应审查而未经审查批准，擅自施工的；设计文件在施工过程中有重大设计变更，未将变更后的施工图报原施工图审查机构进行审查并获批准，擅自施工的。

（2）采购的建筑材料、建筑构配件和设备不符合设计文件和合同要求的；明示或者暗示施工单位使用不合格的建筑材料、建筑构配件和设备的。

（3）明示或者暗示勘察、设计单位违反工程建设强制性标准，降低工程质量的。

（4）涉及建筑主体和承重结构变动的装修工程，没有经原设计单位或具有相应资质等级的设计单位提出设计方案，擅自施工的。

（5）其他影响建设工程质量的违法违规行为。

第二节　勘察单位质量行为监督

建设工程勘察，是指根据建设工程的要求，查明、分析、评价建设场地的地质地理环境特征和岩土工程条件，编制建设工程勘察文件的活动。

从事建设工程勘察活动，应当坚持先勘察、后设计、再施工的原则。

一、勘察企业市场准入及人员资格管理

工程勘察资质分为工程勘察综合资质、工程勘察专业资质、工程勘察劳务资质。工程勘察综合资质只设甲级；工程勘察专业资质设甲级、乙级，根据工程性质和技术特点，部分专业可以设丙级；工程勘察劳务资质不分等级。

建设工程勘察单位应当在其资质等级许可的范围内承揽建设工程勘察业务。禁止建设工程勘察单位超越其资质等级许可的范围或者以其他建设工程勘察单位的名义承揽建设工程勘察业务。禁止建设工程勘察单位允许其他单位或者个人以本单位的名义承揽建设工程勘察业务。取得工程勘察综合资质的企业，可以承接各专业（海洋工程勘察除外）、各等级工程勘察业务；取得工程勘察专业资质的企业，可以承接相应等级、相应专业的工程勘察业务；取得工程勘察劳务资质的企业，可以承接岩土工程治理、工程钻探、凿井等工程勘察劳务业务。

国家对从事建设工程勘察活动的专业技术人员，实行执业资格注册管理制度。未经注册的建设工程勘察人员，不得以注册执业人员的名义从事建设工程勘察活动。

建设工程勘察注册执业人员和其他专业技术人员只能受聘于一个建设工程勘察单位；未受聘于建设工程勘察单位的，不得从事建设工程的勘察活动。

二、勘察单位质量责任和义务

（1）工程勘察企业必须依法取得工程勘察资质证书，并在资质等级许可的范围内承揽勘察业务。

工程勘察企业不得超越其资质等级许可的业务范围或者以其他勘察企业的名义承揽勘察业务,不得允许其他企业或者个人以本企业的名义承揽勘察业务,不得转包或者违法分包所承揽的勘察业务。

(2)工程勘察企业应当健全勘察质量管理体系和质量责任制度。

(3)工程勘察企业应当拒绝用户提出的违反国家有关规定的不合理要求,有权提出保证工程勘察质量所必需的现场工作条件和合理工期。

(4)工程勘察企业应当参与施工验槽,及时解决工程设计和施工中与勘察工作有关的问题。

(5)工程勘察企业应当参与建设工程质量事故的分析,并对因勘察原因造成的质量事故,提出相应的技术处理方案。

(6)工程勘察项目负责人、审核人、审定人及有关技术人员应当具有相应的技术职称或者注册资格。

(7)项目负责人应当组织有关人员做好现场踏勘、调查,按照要求编写《勘察纲要》,并对勘察过程中各项作业资料验收和签字。

(8)工程勘察企业的法定代表人、项目负责人、审核人、审定人等相关人员,应当在勘察文件上签字或者盖章,并对勘察质量负责。

工程勘察企业法定代表人对本企业勘察质量全面负责,项目负责人对项目的勘察文件负主要质量责任,项目审核人、审定人对其审核、审定项目的勘察文件负审核、审定的质量责任。

(9)工程勘察工作的原始记录应当在勘察过程中及时整理、核对,确保取样、记录的真实和准确,严禁离开现场追记或者补记。

(10)工程勘察企业应当确保仪器、设备的完好。钻探、取样的机具设备、原位测试、室内试验及测量仪器等应当符合有关规范、规程的要求。

(11)工程勘察企业应当加强职工技术培训和职业道德教育,提高勘察人员的质量责任意识。观测员、试验员、记录员、机长等现场作业人员应当接受专业培训方可上岗。

(12)工程勘察企业应当加强技术档案的管理工作。工程项目完成后,必须将全部资料分类编目,装订成册,归档保存。

三、勘察单位质量不良行为记录

根据《建设工程质量责任主体和有关机构不良记录管理办法(试行)》(建质〔2003〕113号),勘察、设计、施工、施工图审查、工程质量检测、监理等单位的不良记录应作为建设行政主管部门对其进行年检和资质评审的重要依据。其中勘察单位存在下列行为的,应予以记录:

(1)未按照政府有关部门的批准文件要求进行勘察、设计的。

(2)设计单位未根据勘察文件进行设计的。

(3)未按照工程建设强制性标准进行勘察、设计的。

(4)勘察、设计中采用可能影响工程质量和安全,且没有国家技术标准的新技术、新工艺、新材料,未按规定审定的。

(5)勘察、设计文件没有责任人签字或者签字不全的。

(6)勘察原始记录不按照规定进行记录或者记录不完整的。

（7）勘察、设计文件在施工图审查批准前，经审查发现质量问题，进行 1 次以上修改的。

（8）勘察、设计文件经施工图审查未获批准的。

（9）勘察单位不参加施工验槽的。

（10）在竣工验收时未出具工程质量评估意见的。

（11）设计单位对经施工图审查批准的设计文件，在施工前拒绝向施工单位进行设计交底的；拒绝参与建设工程质量事故分析的。

（12）其他可能影响工程勘察、设计质量的违法违规行为。

第三节　设计单位质量行为监督

一、设计企业市场准入及人员资格管理

（一）建设工程设计

建设工程设计是指根据建设工程的要求，对建设工程所需的技术、经济、资源、环境等条件进行综合分析、论证，编制建设工程设计文件的活动。从事建设工程设计活动，应当坚持先勘察、后设计、再施工的原则。

建设工程设计单位应当在其资质等级许可的范围内承揽建设工程设计业务。禁止建设工程设计单位超越其资质等级许可的范围或者以其他建设工程设计单位的名义承揽建设工程设计业务。禁止建设工程设计单位允许其他单位或者个人以本单位的名义承揽建设工程设计业务。

（二）资质分类

工程设计资质分为工程设计综合资质、工程设计行业资质、工程设计专业资质和工程设计专项资质。工程设计综合资质只设甲级，工程设计行业资质、工程设计专业资质和工程设计专项资质设甲级、乙级。根据工程性质和技术特点，个别行业、专业、专项资质可以设丙级，建筑工程专业资质可以设丁级。

取得工程设计综合资质的企业，可以承接各行业、各等级的建设工程设计业务；取得工程设计行业资质的企业，可以承接相应行业、相应等级的工程设计业务及本行业范围内同级别的相应专业、专项工程设计业务（设计施工一体化资质除外）；取得工程设计专业资质的企业，可以承接本专业相应等级的专业工程设计业务及同级别的相应专项工程设计业务（设计施工一体化资质除外）；取得工程设计专项资质的企业，可以承接本专项相应等级的专项工程设计业务。

（1）工程设计综合资质。

工程设计综合资质是指涵盖 21 个行业的设计资质。

（2）工程设计行业资质。

工程设计行业资质是指涵盖某个行业资质标准中的全部设计类型的设计资质。

（3）工程设计专业资质。

工程设计专业资质是指某个行业资质标准中的某一个专业的设计资质。

（4）工程设计专项资质。

工程设计专项资质是指为适应和满足行业发展的需求，对已形成产业的专项技术独立进行设计以及设计、施工一体化而设立的资质。

建筑工程设计范围包括建设用地规划许可证范围内的建筑物、构筑物设计,室外工程设计,民用建筑修建的地下工程设计,住宅小区、工厂厂前区、工厂生活区、小区规划设计和单体设计等,以及所包含的相关专业的设计内容(总平面布置、竖向设计、各类管网管线设计、景观设计、室内外环境设计及建筑装饰、道路、消防、智能、安保、通信、防雷、人防、供配电、照明、废水治理、空调设施、抗震加固设计等)。

(三)人员资格要求

国家对从事建设工程设计活动的专业技术人员,实行执业资格注册管理制度。未经注册的建设工程设计人员,不得以注册执业人员的名义从事建设工程设计活动。建设工程设计注册执业人员和其他专业技术人员只能受聘于一个建设工程设计单位;未受聘于建设工程设计单位的,不得从事建设工程的设计活动。取得资格证书的人员,应受聘于一个具有建设工程勘察、设计、施工、监理、招标代理、造价咨询等一项或多项资质的单位,经注册后方可从事相应的执业活动。注册工程师的执业范围如下:

(1)工程勘察或者本专业工程设计。

(2)本专业工程技术咨询。

(3)本专业工程招标、采购咨询。

(4)本专业工程的项目管理。

(5)对工程勘察或者本专业工程设计项目的施工进行指导和监督。

(6)国务院有关部门规定的其他业务。

二、设计单位质量责任和义务

(1)从事建设工程勘察、设计活动的企业,申请资质升级、资质增项,在申请之日起前1年内有下列情形之一的,资质许可机关不予批准企业的资质升级申请和增项申请:企业相互串通投标或者与招标人串通投标承揽工程勘察、工程设计业务的;将承揽的工程勘察、工程设计业务转包或违法分包的;注册执业人员未按照规定在勘察设计文件上签字的;违反国家工程建设强制性标准的;因勘察设计原因造成过重大生产安全事故的;设计单位未根据勘察成果文件进行工程设计的;设计单位违反规定指定建筑材料、建筑构配件的生产厂、供应商的;无工程勘察、工程设计资质或者超越资质等级范围承揽工程勘察、工程设计业务的;涂改、倒卖、出租、出借或者以其他形式非法转让资质证书的;允许其他单位、个人以本单位名义承揽建设工程勘察、设计业务的;其他违反法律、法规行为的。

(2)有下列情形之一的,资质许可机关或者其上级机关,根据利害关系人的请求或者依据职权,可以撤销工程勘察、工程设计资质:资质许可机关工作人员滥用职权、玩忽职守作出准予工程勘察、工程设计资质许可的;超越法定职权作出准予工程勘察、工程设计资质许可的;违反资质审批程序作出准予工程勘察、工程设计资质许可的;对不符合许可条件的申请人作出工程勘察、工程设计资质许可的;依法可以撤销资质证书的其他情形。

三、设计单位质量不良行为记录

根据《建设工程质量责任主体和有关机构不良记录管理办法(试行)》(建质〔2003〕113号),勘察、设计、施工、施工图审查、工程质量检测、监理等单位的不良记录应作为建设行政主管部门对其进行年检和资质评审的重要依据。其中设计单位存在下列行为的,应予以记录:

(1)未按照政府有关部门的批准文件要求进行勘察、设计的。

（2）设计单位未根据勘察文件进行设计的。

（3）未按照工程建设强制性标准进行勘察、设计的。

（4）勘察、设计中采用可能影响工程质量和安全，且没有国家技术标准的新技术、新工艺、新材料，未按规定审定的。

（5）勘察、设计文件没有责任人签字或者签字不全的。

（6）勘察原始记录不按照规定进行记录或者记录不完整的。

（7）勘察、设计文件在施工图审查批准前，经审查发现质量问题，进行一次以上修改的。

（8）勘察、设计文件经施工图审查未获批准的。

（9）勘察单位不参加施工验收的。

（10）在竣工验收时未出据工程质量评估意见的。

（11）设计单位对经施工图审查批准的设计文件，在施工前拒绝向施工单位进行设计交底的；拒绝参与建设工程质量事故分析的。

（12）其他可能影响工程勘察、设计质量的违法、违规行为。

第四节　施工单位质量行为监督

一、施工企业市场准入及人员资格管理

（一）施工企业市场准入管理

《中华人民共和国建筑法》规定：从事建筑活动的建筑施工企业，按照其拥有的注册资本、专业技术人员、技术装备和已完成的建筑工程业绩等资质条件，划分为不同的资质等级，经资质审查合格，取得相应等级的资质证书后，方可在其资质等级许可的范围内从事建筑活动。

根据《建筑业企业资质管理规定》（建设部令第159号），建筑业企业资质分为施工总承包、专业承包和劳务分包三个序列。施工总承包资质企业，可以对工程实行施工总承包或者对主体工程实行施工承包。承担施工总承包的企业可以对所承接的工程全部自行施工，也可以将非主体工程或者劳务作业分包给具有相应专业承包资质或者劳务分包资质的其他建筑业企业。专业承包资质企业，可以承接施工总承包企业分包的专业工程或者建设单位按照规定发包的专业工程。专业承包企业可以对所承接的工程全部自行施工，也可以将劳务作业分包给具有相应劳务分包资质的劳务分包企业。劳务分包资质企业，可以承接施工总承包企业或者专业承包企业分包的劳务作业。

根据《建筑业企业资质等级标准》（建建〔2001〕82号），工程施工总承包企业资质等级分为特级、一级、二级、三级。特级企业指可承担各类房屋建筑工程的施工。一级企业指可承担单项建安合同额不超过企业注册资本金5倍的下列房屋建筑工程的施工：40层及以下、各类跨度的房屋建筑工程；高度240 m及以下的构筑物；建筑面积20万 m² 及以下的住宅小区或建筑群体。二级企业指可承担单项建安合同额不超过企业注册资本金5倍的下列房屋建筑工程的施工：28层及以下、单跨跨度36 m及以下的房屋建筑工程；高度120 m及以下的构筑物；建筑面积12万 m² 及以下的住宅小区或建筑群体。三级企业指可承担单项建安合同额不超过企业注册资本金5倍的下列房屋建筑工程的施工：14层及以下、单跨跨度24 m及以下的房屋建筑工程；高度70 m及以下的构筑物；建筑面积6万 m² 及以下的住宅

小区或建筑群体。

（二）项目经理资格管理

工程施工实行项目经理负责制。根据《建筑业企业资质等级标准》和《注册建造师管理规定》（建设部令第153号），项目经理必须由具有施工资质的企业受聘，取得注册建造师职业资格的人员承担。

一级建造师可以承担特级、一级建筑业企业资质的建设工程项目施工的项目经理；二级建造师可以承担二级及以下建筑业企业资质的建设工程项目施工的项目经理。

二、施工单位质量责任和义务

（1）施工单位应当依法取得相应等级的资质证书，并在其资质等级许可的范围内承揽工程。禁止施工单位超越本单位资质等级许可的业务范围或者以其他施工单位的名义承揽工程。禁止施工单位允许其他单位或者个人以本单位名义承揽工程。施工单位不得转包或者违法分包工程。

（2）施工单位对建设工程的施工质量负责。施工单位应当建立质量责任制，确定工程项目的项目经理、技术负责人和施工管理负责人。建设工程实行总承包的，总承包单位应当对全部建设工程质量负责；建设工程勘察、设计、施工、设备采购的一项或者多项实行总承包的，总承包单位应当对其承包的建设工程或者采购的设备的质量负责。

（3）总承包单位依法将建设工程分包给其他单位的，分包单位应当按照合同的约定对其分包工程的质量承担连带责任。

（4）施工单位必须按照工程设计图纸和施工技术标准施工，不得擅自修改工程设计，不得偷工减料。施工单位在施工过程中发现设计文件和图纸有差错的，应当及时提出意见和建议。

（5）施工单位必须按照工程设计要求、施工技术标准和合同约定，对建筑材料、建筑构配件、设备和商品混凝土进行检验，检验应当有书面记录和专人签字；未经检验和检验不合格的，不得使用。

（6）施工单位必须建立健全施工质量的检验制度，严格工序管理，做好隐蔽工程的质量检查和记录。隐蔽工程在隐蔽前，施工单位应当通知建设单位和建设工程质量监督机构。

（7）施工人员对涉及结构安全的试块、试件以及有关材料，应当在建设单位或者工程监理单位监督下现场取样，并送具有相应资质等级的质量检测单位进行检测。

（8）施工人员对施工出现质量问题的建设工程或者竣工验收不合格的建设工程，应当负责返修。

（9）施工单位应当建立健全教育培训制度，加强对职工的教育培训；未经培训或者考核不合格的人员，不得上岗作业

三、施工单位质量不良行为记录

根据《建设工程质量责任主体和有关机构不良记录管理办法（试行）》（建质〔2003〕113号），勘察、设计、施工、施工图审查、工程质量检测、监理等单位的不良记录应作为建设行政主管部门对其进行年检和资质评审的重要依据。其中施工单位以下情况应予以记录：

（1）未按照经施工图审查批准的施工图或施工技术标准施工的。

（2）未按规定对建筑材料、建筑构配件、设备和商品混凝土进行检验，或检验不合格，擅自使用的。

（3）未按规定对隐蔽工程的质量进行检查和记录的。

（4）未按规定对涉及结构安全的试块、试件以及有关材料进行现场取样，未按规定送交工程质量检测机构进行检测的。

（5）未经监理工程师签字，进入下一道工序施工的。

（6）施工人员未按规定接受教育培训、考核，或者培训、考核不合格，擅自上岗作业的。

（7）施工期间，因为质量原因被责令停工的。

（8）其他可能影响施工质量的违法、违规行为。

第五节　监理单位质量行为监督

工程建设监理是指针对工程项目建设社会化、专业化的工程建设监理单位，接受业主的委托和授权，根据国家批准的工程项目建设文件，有关工程建设的法律、法规和工程建设监理合同以及其他工程建设合同所进行的旨在实现项目投资目的的微观监督管理活动。

一、监理企业市场准入及人员资格管理

（一）监理企业市场准入管理

根据《工程监理企业资质管理规定》（建设部令第158号），工程监理企业资质分为综合资质、专业资质和事务所资质。综合资质、事务所资质不分级别。专业资质分为甲级、乙级；其中，房屋建筑、水利水电、公路和市政公用专业资质可设立丙级。

综合资质企业可以承担所有专业工程类别建设工程项目的工程监理业务。房屋建筑工程专业甲级资质企业可承担房屋建筑工程类别所有建设工程项目的工程监理业务。房屋建筑工程专业乙级资质企业可承担房屋建筑工程类别二级以下（含二级）建设工程项目的工程监理业务。房屋建筑工程专业丙级资质企业可承担相应房屋建筑工程三级建设工程项目的工程监理业务。事务所资质企业可承担三级建设工程项目的工程监理业务，但是，国家规定必须实行强制监理的工程除外。

（二）监理企业人员资格管理

根据《关于进一步推动建设监理行业规范发展的意见》和《山东省工程项目监理机构建设标准》（鲁建发〔2009〕3号），工程监理实行项目总监负责制，项目总监理工程师必须取得国家监理工程师执业注册证书，必须具有三年以上同类工程监理经验，经企业法人书面授权，对具体项目的监理工作负全部责任。一名总监理工程师只宜担任一项委托监理合同的项目总监工作。对依法必须监理的工程，项目总监不得同时在其他项目任职；项目总监确需同时在其他工程任职的，需征得同期服务的所有建设单位同意，且最多不得超过二项；总监理工程师不得同时在跨设区市的两个及以上工程任职。项目总监要切实履行主持编写监理规划及实施细则、签发项目监理机构文件和指令、主持召开监理例会以及审查施工单位开工报告、施工组织设计、技术方案、进度计划等职责。

专业监理工程师必须取得国家监理工程师执业注册证书，具有一年以上同类工程监理工作经验。专业监理工程师和监理员不得同时在两个及以上工程项目从事监理工作。

监理人员要有强烈的责任心和责任感，工程实施阶段，专业监理工程师和监理员必须常驻施工现场，坚守工作岗位，严格按照监理工作程序客观、公正地履行监理职责。凡需要监理方签字的各类文件、表格、资料，项目总监或专业监理工程师在根据职责权限签字认可的同时,必须加盖本人执业印章,不得由监理员代签。

二、监理单位质量责任和义务

监理单位对施工质量承担监理责任,主要有违法责任和违约责任两个方面。如果监理单位故意弄虚作假,降低工程质量标准,造成质量事故的,要按照《中华人民共和国建筑法》及《建设工程质量管理条例》的规定,承担相应的法律责任。根据《建设工程质量管理条例》第六十、第六十八条对监理单位的违法责任的规定,工程监理单位与承包单位串通,谋取非法利益,给建设单位造成损失的,应当与承包单位承担连带赔偿责任。如果监理单位在责任期内,不按照监理合同约定履行监理职责,给建设单位或其他单位造成损失的,属违约责任,应当向建设单位赔偿。

工程监理单位受建设单位委托进行监督,其本身行为也应受到规范和限制。

(1) 工程监理单位应当依法取得相应等级的资质证书,并在其资质等级许可的范围内承担工程监理业务。禁止工程监理单位超越本单位资质等级许可的范围或者以其他工程监理单位的名义承担工程监理业务,禁止工程监理单位允许其他单位或者个人以本单位的名义承担工程监理业务。工程监理单位不得转让工程监理业务。

(2) 工程监理单位应客观、公正地执行监理任务。监理单位必须实事求是,遵循客观规律,按工程建设的科学要求进行监理活动。监理单位执行监理任务时要公平正直,平等地对待各方当事人,没有偏私,真实、合理地进行监督检查,提出意见,为建设单位服务。这是对工程监理单位执行监理任务的基本要求。

(3) 由于工程监理单位与被监理工程的承包单位以及建筑材料、建筑构配件和设备供应单位之间是一种监督与被监督的关系,为了保证工程监理单位能客观、公正地执行监理任务,工程监理单位不得与被监理工程的承包单位以及建筑材料、建筑构配件和设备供应单位有隶属关系或者其他利害关系。

(4) 工程监理单位应当依照法律、法规以及有关技术标准、设计文件和建设工程承包合同,代表建设单位对施工质量实施监理,并对施工质量承担监理责任。

(5) 工程监理单位应当选派具有相应资格的总监理工程师进驻施工现场。未经监理工程师签字,建筑材料、建筑构配件、设备不得在工程上使用或者安装,施工单位不得进行下一道工序的施工。未经总监理工程师签字,建设单位不得拨付工程款,不得进行竣工验收。

(6) 监理工程师应当按照工程监理规范,采取旁站、巡视和平行检验等形式,对建设工程实施监理。所谓"旁站",是指对工程施工中有关地基和结构安全的关键工序和关键施工过程,进行连续不断地监督检查或检验的监理活动,有时甚至连续跟班监理。"巡视"主要是强调除了关键点的质量控制外,监理工程师还应对施工现场进行面上的巡查监理。"平行检验"主要是强调监理单位对施工单位已经检验的工程及时进行检验。

根据《房屋建筑工程施工旁站监理管理办法(试行)》(建市〔2002〕189号),需要监理旁站的关键部位、关键工序,基础工程方面包括:土方回填,混凝土灌注桩浇筑,地下连续墙、土钉墙、后浇带及其他结构混凝土、防水混凝土浇筑,卷材防水层细部构造处理,钢结构安装;主体结构工程方面包括:梁柱节点钢筋隐蔽过程,混凝土浇筑,预应力张拉,装配式结构安装,钢结构安装,网架结构安装,索膜安装。

(7) 工程监理单位必须全面、正确地履行监理合同约定的监理义务,对应当监督检查的项目认真、全面地按规定进行检查,发现问题及时要求施工单位改正。工程监理单位不按照委托监理合同的约定履行监理义务,对应当监督检查的项目不检查或者不按规定检查,给建设单位造成损失的,应当承担相应赔偿责任。

三、监理单位质量不良行为记录

根据《建设工程质量责任主体和有关机构不良记录管理办法(试行)》(建质〔2003〕113号),勘察、设计、施工、施工图审查、工程质量检测、监理等单位的不良记录应作为建设行政主管部门对其进行年检和资质评审的重要依据。其中监理单位以下情况应予以记录:

(1)未按规定选派具有相应资格的总监理工程师和监理工程师进驻施工现场的。

(2)监理工程师和总监理工程师未按规定进行签字的。

(3)监理工程师未按规定采取旁站、巡视和平行检验等形式进行监理的。

(4)未按法律、法规以及有关技术标准和建设工程承包合同对施工质量实施监理的。

(5)未按经施工图审查批准的设计文件以及经施工图审查批准的设计变更文件对施工质量实施监理的。

(6)在竣工验收时未出具工程质量评估报告的。

(7)其他可能影响监理质量的违法、违规行为。

第六节 施工图审查机构质量行为监督

一、施工图审查机构市场准入及人员资格管理

施工图审查,是指建设主管部门认定的施工图审查机构(以下简称审查机构)按照有关法律、法规,对施工图涉及公共利益、公众安全和工程建设强制性标准的内容进行的审查。施工图未经审查合格的,不得使用。

审查机构是不以营利为目的的独立法人。

审查机构按承接业务范围分两类:一类机构承接房屋建筑、市政基础设施工程的施工图审查业务范围不受限制;二类机构可以承接二级及以下房屋建筑、市政基础设施工程的施工图审查。

二、施工图审查机构质量责任和义务

(1)建设单位应当将施工图送审查机构审查。建设单位可以自主选择审查机构,但是审查机构不得与所审查项目的建设单位、勘察设计企业有隶属关系或者其他利害关系。

(2)县级以上人民政府建设主管部门应当加强对审查机构的监督检查,主要检查下列内容:是否符合规定的条件;是否超出认定的范围从事施工图审查;是否使用不符合条件的审查人员;是否按规定上报审查过程中发现的违法、违规行为;是否按规定在审查合格书和施工图上签字盖章;施工图审查质量;审查人员的培训情况。

建设主管部门实施监督检查时,有权要求被检查的审查机构提供有关施工图审查的文件和资料。

(3)审查机构违反本办法规定,有下列行为之一的,县级以上地方人民政府建设主管部门责令改正,处1万元以上3万元以下的罚款;情节严重的,省、自治区、直辖市人民政府建设主管部门撤销对审查机构的认定;超出认定的范围从事施工图审查的;使用不符合条件审查人员的;未按规定上报审查过程中发现的违法违规行为的;未按规定在审查合格书和施工图上签字盖章的;未按规定的审查内容进行审查的。

三、施工图审查机构质量不良行为记录

根据《建设工程质量责任主体和有关机构不良记录管理办法（试行）》（建质〔2003〕113号），勘察、设计、施工、施工图审查、工程质量检测、监理等单位的不良记录应作为建设行政主管部门对其进行年检和资质评审的重要依据。其中施工图审查机构以下情况应予以记录：

（1）未经建设行政主管部门核准备案，擅自从事施工图审查业务活动的。

（2）超越核准的等级和范围从事施工图审查业务活动的。

（3）未按国家规定的审查内容进行审查，存在错审、漏审的。

（4）其他可能影响审查质量的违法、违规行为。

第七节　检测机构质量行为监督

一、检测机构市场准入及人员资格管理

建设工程质量检测是指工程质量检测机构接受委托，依据国家有关法律、法规和工程建设强制性标准，对涉及结构安全项目的抽样检测和对进入施工现场的建筑材料、构配件的见证取样检测。

检测机构是具有独立法人资格的中介机构。检测机构从事《建设工程质量检测管理办法》附件一规定的质量检测业务，应当依据该办法取得相应的资质证书。检测机构资质按照其承担的检测业务内容分为专项检测机构资质和见证取样检测机构资质。检测机构未取得相应的资质证书，不得承担该办法规定的质量检测业务。

二、检测机构质量责任和义务

（1）任何单位和个人不得涂改、倒卖、出租、出借或者以其他形式非法转让资质证书。

（2）该办法规定的质量检测业务，由工程项目建设单位委托具有相应资质的检测机构进行检测。委托方与被委托方应当签订书面合同。

（3）检测结果利害关系人对检测结果发生争议的，由双方共同认可的检测机构复检，复检结果由提出复检方报当地建设主管部门备案。

（4）质量检测试样的取样应当严格执行有关工程建设标准和国家有关规定，在建设单位或者工程监理单位监督下现场取样。提供质量检测试样的单位和个人，应当对试样的真实性负责。

（5）检测机构完成检测业务后，应当及时出具检测报告。检测报告经检测人员签字、检测机构法定代表人或者其授权的签字人签署，并加盖检测机构公章或者检测专用章后方可生效。检测报告经建设单位或者工程监理单位确认后，由施工单位归档。见证取样检测的检测报告中应当注明见证人单位及姓名。

（6）任何单位和个人不得明示或者暗示检测机构出具虚假检测报告，不得篡改或者伪造检测报告。

（7）检测人员不得同时受聘于两个或者两个以上的检测机构。

（8）检测机构和检测人员不得推荐或者监制建筑材料、构配件和设备。

（9）检测机构不得与行政机关，法律、法规授权的具有管理公共事务职能的组织以及所检测工程项目相关的设计单位、施工单位、监理单位有隶属关系或者其他利害关系。

（10）检测机构不得转包检测业务。

（11）检测机构跨省、自治区、直辖市承担检测业务的，应当向工程所在地的省、自治区、直辖市人民政府建设主管部门备案。

（12）检测机构应当对其检测数据和检测报告的真实性和准确性负责。

（13）检测机构违反法律、法规和工程建设强制性标准，给他人造成损失的，应当依法承担相应的赔偿责任。

（14）检测机构应当将检测过程中发现的建设单位、监理单位、施工单位违反有关法律、法规和工程建设强制性标准的情况，以及涉及结构安全检测结果的不合格情况，及时报告工程所在地建设主管部门。

（15）检测机构应当建立档案管理制度。检测合同、委托单、原始记录、检测报告应当按年度统一编号，编号应当连续，不得随意抽撤、涂改。

（16）检测机构应当单独建立检测结果不合格项目台账。

（17）检测机构在资质证书有效期内有下列行为之一的，原审批机关不予延期：超出资质范围从事检测活动的；转包检测业务的；涂改、倒卖、出租、出借或者以其他形式非法转让资质证书的；未按照国家有关工程建设强制性标准进行检测，造成质量安全事故或致使事故损失扩大的；伪造检测数据，出具虚假检测报告或者鉴定结论的。

三、质量检测机构质量不良行为记录

根据《建设工程质量责任主体和有关机构不良记录管理办法（试行）》（建质〔2003〕113号），勘察、设计、施工、施工图审查、工程质量检测、监理等单位的不良记录应作为建设行政主管部门对其进行年检和资质评审的重要依据。其中工程质量检测机构以下情况应予以记录：

（1）未经批准擅自从事工程质量检测业务活动的。

（2）超越核准的检测业务范围从事工程质量检测业务活动的。

（3）出具虚假报告，以及检测报告数据和检测结论与实测数据严重不符的。

（4）其他可能影响检测质量的违法、违规行为。

第三章 工 程 验 收

第一节 统 一 标 准

一、概述

《建筑工程施工质量验收统一标准》（GB 50300—2001）是用技术立法的形式，统一建筑工程施工质量验收的方法、内容和质量指标，统一验收组织和程序，促进企业加强管理，保证工程质量，提高社会效益。坚持了"验评分离、强化验收、完善手段、过程控制"的指导思想。统一标准规定了建设工程验收的基本条件和要求，是过程的要求也是对各专业验收规范的指导和要求。其有以下几个主要作用：

① 统一整个"验收规范"，将其中的重要思路给予明确，对保证质量验收的有关方面，提出要求；

② 提出了全过程进行质量控制的主导思路；

③ 将检验批的检验项目抽样方案给予了原则提示。

（一）适用范围及主要内容

（1）适用于建筑工程施工质量的验收，不包括设计及使用中的质量问题，建筑工程包括10个分部：

① 地基与基础工程；

② 主体结构工程；

③ 建筑装饰装修工程；

④ 建筑屋面工程；

⑤ 建筑给水、排水及采暖工程；

⑥ 建筑电气工程；

⑦ 通风与空调工程 ；

⑧ 电梯工程；

⑨ 智能建筑工程；

⑩ 建筑节能工程。

（2）主要内容：

① 对房屋建筑工程各专业工程施工质量验收规范编制的统一准则作了规定；

② 直接规定了单位工程（子单位工程）的验收，从单位工程的划分和组成，质量指标的设置，到验收程序都做了具体规定。

（二）统一标准的编制依据及与各专业验收规范的关系

（1）依据《中华人民共和国标准化法》、《中华人民共和国标准化法实施条例》、《工程建设标准管理办法》、《中华人民共和国建筑法》、《建设工程质量管理条例》、《建筑结构可靠度设计统一标准》及其他有关设计规范的规定；

（2）统一标准是规定质量验收程序及组织的规定和单位（子单位）工程的验收指标，各

相应标准是各分项工程质量验收指标的具体内容,因此二者必须相互协调、配套使用。图3-1是工程质量验收规范体系示意图:

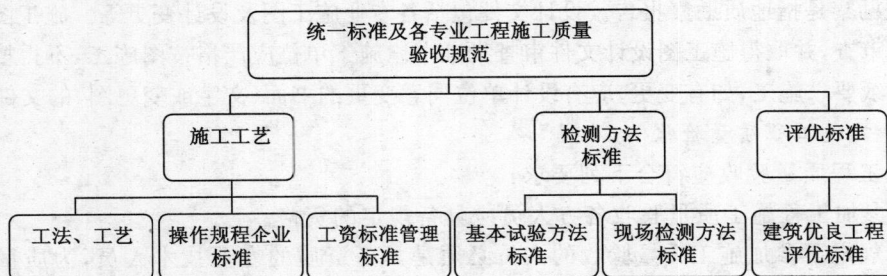

图 3-1　工程质量验收规范体系示意图

二、建筑工程质量验收基本规定

（一）施工单位的质量管理

（1）相应的施工技术标准

包括施工企业依据有关国家标准、行业推荐性标准、检验方法标准、结合企业实际所编制的施工工艺、施工操作规程以及达到相应的质量控制指标的措施等。

（2）健全的质量管理体系

包括原材料、工艺流程、施工操作控制。

（3）施工质量检验制度

包括每道工序质量检查、各相关工序的交接检验、各专业工种之间等中间环节的质量管理和控制要求以及满足设计施工图和功能要求的抽样检验测试制度。

（4）综合施工质量水平考核制度

应从施工技术、管理制度、工程质量控制和工程质量等方面制定对施工企业综合质量控制水平的指标。

（二）建筑工程施工质量控制

建筑安装工程应按照下列规定进行施工质量控制:

（1）建筑工程采用的主要原材料、半成品、成品、构配件、器具及设备应进行现场验收。凡涉及安全、功能的产品应按各专业验收规范进行复验,并经监理工程师（建设单位技术负责人）检查认可。

（2）各工序应按施工技术标准进行质量控制,每道工序完成后应进行工序交接检验。未经监理工程师签字,不得进行下道工序施工。

（3）相关各专业工程之间,应进行中间交接检验,并形成记录。

（三）建筑工程验收依据

建筑工程应依据下列文件（强制性条文）进行验收:

（1）《建筑工程施工质量验收统一标准》和相关专业验收规范的规定。

建筑工程施工质量验收应依据《建筑工程施工质量验收》和各专业验收规范所规定的程序、方法、内容和质量标准。检验批、分项工程的质量验收应符合专业验收规范的要求,并应符合《建筑工程施工质量验收》的规定;单位工程质量验收应符合《建筑工程施工质量验收统一标准》的规定。

（2）建筑工程施工应符合工程勘察、设计文件的要求。

工程勘察是指地质勘察报告。设计文件包括各专业施工图及设计变更等。施工图设计文件应经过审查，并取得施工图设计文件审查批准书。施工单位应严格按图施工，不得擅自变更或不按图纸要求施工，如有变更，应有设计单位同意变更的书面（文字或变更图）的文件。

（四）建筑工程质量验收

建筑工程质量验收应符合下列要求：

（1）参加工程施工质量验收各方人员应具备规定的资格。

本条规定了参加施工质量验收的人员必须是具备资质的专业技术人员，为质量验收的正确提出了基本要求，来保证整个质量验收过程的质量。

（2）工程质量的验收均应在施工单位自行检查评定的基础上进行。

工程质量验收的基础是检验批分项工程，验收前应由施工企业先行自检评定，检查结果能够满足设计和相关专业验收规范的规定，达到合格质量标准后，方可提交建设或监理单位进行验收。分清生产、验收两个质量阶段，将质量落实到企业，谁生产谁负责。

（3）隐蔽工程在隐蔽前应由施工单位通知有关单位进行验收，并应形成验收文件。

作为施工过程的重要控制点，隐蔽工程的验收，建设单位可以按照合同约定由监理单位代为验收，并形成验收文件，供检验批、分项、分部（子分部）验收时备查。对于隐蔽工程中的地基验收的隐蔽检查，按照建设部（1999）176 号通知的要求，勘察和设计单位也应参加工程地基基础检验。

（4）涉及结构安全的试块、试件以及有关材料，应按规定进行见证取样检测。

见证检验是指在建设单位或工程监理单位人员见证下，由施工单位的现场试验人员对工程中涉及结构安全的试块、试件和材料在现场取样，并送至经过省级以上建设行政主管部门对其资质认可和质量技术监督部门对其计量认证的质量检测单位进行检测。根据建设部（2000）211 号通知中规定的见证检验项目有：

① 用于承重结构的混凝土试块、砂浆试块、钢筋及连接接头试件、砖和混凝土小型砌块、混凝土中使用的掺加料；

② 用于拌制混凝土和砌筑砂浆的水泥，地下、屋面、厕浴间使用的防水材料等。

（5）检验批的质量应按主控项目和一般项目验收。

① 主控项目：对材料、构配件或建筑工程项目的质量起决定性影响的检验项目。也就是这些检验项目如不符合规定的质量标准，将会直接影响结构安全或使用功能；影响到工程的合理使用年限，因此必须从严要求；

② 一般项目：对材料、构配件或建筑工程项目的质量不起决定性作用的检验项目。其抽检结果允许有轻微缺陷，但不允许有严重缺陷，因为其会显著降低基本性能，甚至引起失效，故必须加以限制。检查合格的条件为，检查结果偏差在允许偏差范围以内，但偏差不允许有超过极限偏差的情况。允许偏差及极限偏差由各专业工程质量验收规范根据检查项目的性质及其对基本质量的影响程度确定。

（6）对涉及结构安全和使用功能的重要分部工程应进行抽样检测。

这保证了在合理使用寿命内地基基础和主体结构的质量，满足不漏、不裂、不堵等使用功能要求，具体的检验和抽样检测项目在各专业验收规范中予以确定。

（7）承担见证取样检测及有关结构安全检测的单位应具备相应资质。

进行抽样检测的单位应通过省级以上建设行政主管部门对其资质认可和质量技术监督部门对其计量的认证。这是保证见证取样检测、结构安全检测工作正常进行，数据准确的必要条件。特别是对竣工后的抽样检测，更为重要。

（8）工程的观感质量应由验收人员通过现场检查，并应共同确认。

单位工程观感质量验收是评价工程所达到的质量水平。建设单位应组织勘察、设计、施工、监理等单位和其他有关方面的专家组成验收组，制定验收方案，进行竣工验收。同时，验收人员应通过现场检查共同对工程的观感质量予以确认，作出正确的综合评价。这是一种专家评分共同确认的评价方法，但人员应符合有关的规定，以保证观感检查的质量。

三、建筑工程质量验收的划分

工程质量验收应划分为单位（子单位）工程、分部（子分部）工程、分项工程、检验批。

（一）单位工程划分原则

（1）具备独立施工条件并能形成独立使用功能的建筑物及构筑物为一个单位工程。

（2）建筑规模较大的单位工程，可将其能形成独立使用功能的某一部分为子单位工程。

子单位工程的划分一般可根据工程的建筑设计分区、结构缝的设置位置，使用功能显著差异等实际情况，在施工前由建设、监理、施工单位共同商定，并据此收集整理施工技术资料和验收。

（二）分部（子分部）工程划分原则

（1）分部工程的划分应按专业性质、建筑部位、材料及施工特点或施工顺序划分。

（2）当分部工程较大或较复杂时，可按照材料种类、施工特点、施工顺序、专业系统及类别等划分为若干个子分部工程。（具体划分按照本标准附录B采用）

（3）当分部工程量很大且较复杂时，将其中相同部分的分部工程或能够形成独立专业系统的工程划分为子分部工程。

（三）分项工程划分原则

应该按照主要工种、材料、施工工艺及设备类别等进行划分；分项工程可由一个或若干个检验批组成。（具体划分按照本标准附录B采用）

（四）检验批的划分原则

由各专业验收规范确定，并根据施工及质量控制和专业验收需要按楼层、施工段、变形缝或专业系统等进行划分，也可以在施工前由建设、监理、施工单位根据工程实际情况和验收规范的原则要求共同商定。经确定后的检验批，施工单位应按规定自检评定，建设、监理单位进行随机抽样验收。

（五）室外工程划分原则

可根据专业类别和工程规模划分单位（子单位）工程。（具体划分按照按本标准附录C采用）

四、建筑工程质量验收

（一）单位（子单位）工程质量验收合格应符合的条件

（1）单位（子单位）工程所含分部（子分部）验收合格。

① 核查各分部工程中所含的子分部工程是否齐全；

② 核查各分部、子分部工程质量验收记录表的质量评价是否完善，有无分部、子分部工

程质量的综合评价、质量控制资料的评价、地基与基础、主体结构和设备安装分部、子分部工程规定的有关安全及功能的检测和抽测项目的检测记录,以及分部、子分部观感质量的评价等;

③ 核查各分部、子分部工程工程质量验收记录表的验收人员是否是规定的有相应资质的技术人员,并进行了评价和签认。

(2)质量控制资料应完整。可以按照表 G.0.1—2 进行核查。

(3)单位(子单位)所含分部工程有关安全和功能的检测资料应完整。

可以按照表 G.0.1—3 进行核查。不仅要全面检查其完整性(不得有漏检缺项),而且对分部工程验收时补充进行的见证试验报告也要复核。

(4)主要功能项目抽查结果符合相关专业质量验收规范规定,可以按照表 G.0.1—3 进行。

(5)观感质量验收应符合要求。

由参加验收的各方人员共同进行观感质量综合评价,可以按照表 G.0.1—4 进行。

(二)建筑工程质量不符合要求,返工后的验收

(1)经返工重做或更换机具、设备的检验批应重新进行验收;

(2)经有资质的检测单位检测鉴定能够到达设计要求的检验批,应予以验收;

(3)经有资质的检测单位检测鉴定达不到设计要求,但经原设计单位核算认可能够满足结构安全和使用功能的检验批,可予以验收;

(4)经返修或加固处理的分项、分部工程,虽改变外形尺寸但仍能满足安全使用要求,可按技术处理方案和协商文件进行验收。

(5)强制性条文通过返修或加固处理仍不能满足安全和使用要求的分部工程、单位(子单位)工程,严禁验收。

这种情况通常是在制定加固方案之前,就知道加固补强的效果不会太好,或是加固费用太高不值得加固处理,或是加固后仍达不到保证安全、功能的情况,对这些情况就应该坚决拆掉,不要再花大的代价来加固补强。

五、单位工程质量验收的程序和组织(强制性条文)

(1)单位工程完工后,施工单位自行组织有关人员进行检查、评定,并向建设单位提交工程验收报告。

本条规定体现施工单位对承担施工的工程质量负责的条文,施工单位应自行检查达到合格,才能提交监理(建设)单位验收。施工单位应进行的程序,用强制性条文的形式规定下来,便于对施工行为的检查和考核。这也有利于分清质量责任,严格建设程序。

竣工验收的资料主要有十项:工程项目竣工报告;分项、分部和单位工程技术人员名单;图纸会审和技术交底记录;设计变更通知单,技术变更核算单;工程质量事故质量分析调查和处理资料;材料、设备、构配件的质量合格证明资料及检验报告;隐蔽验收记录;施工日志;竣工图等。

(2)建设单位收到工程验收报告,应由建设单位(项目)负责人组织施工单位(含分包单位)、设计、监理等单位(项目)负责人进行单位(子单位)工程验收。

① 成立建设、监理、施工、设计、勘察五方的验收机构,验收会议上宣布验收机构成员名单及验收程序等。

② 工程质量监督部门对验收组织形式、程序及执行验收规范的情况进行现场监督。

③ 工程有分包单位施工时,分包单位对工程项目应按照统一标准规定的程序检查评定,总包单位派人参加。分包工程完成后,将工程有关资料交总包单位。

④ 当参加验收各方对工程质量验收意见不一致时,可请当地建设行政主管部门或工程质量监督机构协调处理。

(3)单位工程验收合格后,建设单位在规定时间内报建设行政管理部门备案。

本条体现了建设单位对工程项目负责的条文,体现了一个工程建设过程的全面完成,是法律、法规规定工程启用的必要条件,也便于对建设单位质量行为的检查。是确保工程质量安全的一个重要程序,也是最后一道程序。在规定时间内不向建设行政主管部门备案,或资料不全备案的单位工程是不予验收的,以及边备案就开始使用的,更严重的不备案就使用的,都是违法的,应判定为不符合要求。

第二节 工程施工过程验收

工程质量验收是在施工企业自行质量检查评定的基础上,参与建设活动的有关单位共同对检验批、分项、分部、单位工程的质量进行抽样复验,根据相关标准以书面形式对工程质量达到合格与否做出确认。

建设工程质量责任主体是指参与工程建设项目的建设单位、勘察单位、设计单位、施工单位、监理单位和检测机构。工程质量验收主要由以上责任主体参加并评定等级,监督机构对责任主体的质量行为和实体质量进行监督。

一、工程质量验收

(一)检验批应按下列规定进行验收

1. 资料检查

建筑材料、成品、半成品、建筑构配件、器具和设备的质量证明书及进场的检(试)验报告;按专业质量验收规范规定的抽样试验报告;隐蔽工程检查记录;施工过程检查记录;质量管理资料及施工单位操作依据等。

2. 实体质量检验

对检验批的主控项目和一般项目应根据专业工程质量验收规范规定的抽样方案,进行计量、计数等检验。

根据强化验收、完善手段和过程控制的原则,规定了验收批的检验方法。检验批按资料检查和实体质量检查两种方式进行。检验的基础是施工单位在施工过程中对各工序的检查,并由监理方会同有关人员共同确认而加以验收。

资料检查的内容包括原材料、构配件及器具设备等的质量证明以及进厂复检报告;施工过程中形成的各工序检查记录;检验批内按规定抽样检验的试验报告;对结构安全有影响的见证检验报告;隐蔽工程检查记录以及施工单位的企业标准及操作规程等。这些资料反映了施工过程中质量控制情况。

实体质量检验是反映验收批实际质量的直接手段。通过抽样试验测定子样的某些性能,从而从计量、计数的角度反映验收批相应性能的质量状况,这是最真实而可靠的方法。当然根据不同性能对于验收批基本质量的影响,上述检验分为主控项目和一般项目,并对验收批的验收结果起不同的控制作用。实体质量检验的抽样方案和检验方法由各专业工程质量验收规范确定。

（二）检验批合格质量应符合的规定

（1）主控项目经抽样检验必须符合相关专业质量验收规范的规定。

（2）一般项目经抽样检验应符合相关专业质量验收规范的规定。其中,有允许偏差的项目按抽样确定的部位(点、处)的实测值应符合允许偏差的要求,且不应超过极限偏差值的要求。

（3）质量控制资料和文件应完整。

（4）检验批质量评定与验收的说明。

① 对原材料、半成品、成品、构配件、器具、设备等产品的进场验收应符合下列要求:

a. 进场产品应有合格证明书和产品识别标志,并应有进场记录;

b. 产品进场应分批存放,其数量、种类、规格等应与合同约定相符合;

c. 凡涉及安全、功能的有关产品,应按各专业工程质量验收规范规定或合同约定的抽样方案按批进行复验并合格。

② 建筑工程中的各分项工程,应根据施工实际情况划分检验批,检验批的验收应符合下列要求:

a. 应有完整的施工过程操作依据和质量检查记录以及质量管理资料;

b. 检验批中主控项目和一般项目的质量,应经抽样检验评定合格。

③ 检验批中的主控项目和一般项目的质量检验评定所用的抽样方案,根据检验项目的特点可在下列方案中进行选择:

a. 各检验项目可选用计量、计数或计量－计数等抽样检验方法,根据抽样的次数还可选用一次、二次或多次抽样方案;根据生产连续性和生产控制稳定性情况,尚可采用调整型抽样方案;

b. 对重要的检验项目,且可采用简易快速的非破损检验方法时,可选用全数检验方案;

c. 对几何尺寸偏差或外观缺陷方面的检验项目,宜选用一次或二次的计数抽样方案。

④ 经实践检验而行之有效的经验性抽样方案;

⑤ 抽样方案中采用的生产方风险概率(或错判概率)和使用方风险概率(或漏判概率)宜按下列规定取用:

a. 主控项目:对应于合格质量水平的生产方风险概率及对应于极限质量水平的使用方风险概率均不宜超过 5%。

b. 一般项目:对应于合格质量水平的生产方风险概率不宜超过 5%;对应于极限质量水平的使用方风险概率不宜超过 10%。

⑥ 当见证检验采用与检验批相同的抽样方案时,在符合统一标准规定的条件下,该检验批应予以验收。

（5）检验批合格质量的要求。

检验批的合格质量主要取决于对主控项目和一般项目的检验结果。主控项目是对检验批的基本质量起决定性影响的检验项目,因此必须全部符合有关专业工程验收规范的规定。这意味着不允许有不符合要求的检验结果,即这种项目的检查具有否决权。鉴于主控项目对基本质量的决定性影响,从严要求是必需的。

一般项目的抽查结果允许有轻微缺陷,因为其对验收批的基本性能仅造成轻微影响,但不允许有严重缺陷,因为其会显著降低基本性能,甚至引起失效,故必须加以限制。体现为抽样检验对于计量、计数检查项目,各专业工程质量验收规范均应给出允许偏差及极限偏差。检查合格条件为,检查结果偏差在允许偏差范围以内,但偏差不允许有超过极限偏差的情况。因为对于超过极限的偏差,即使是少数,也足以严重影响验收批的基本质量,甚至引起安全或使用功能失效。允许偏差及极限偏差由各专业工程质量验收规范根据检查项目的性质及其对基本质量影响的程度确定。

(三)分项工程质量验收合格应符合的规定

(1)各检验批均应符合合格质量的规定;

(2)各检验批记录应完整;

(3)分项工程验收可以按照附录 E 进行;

(4)分项工程的验收在检验批的基础上进行。一般情况下,两者具有相同或相近的性质,只是批量的大小不同而已。因此,将有关的检验批汇集即可构成分项工程。分项工程合格质量的条件比较简单:只要构成分项工程的各检验批的验收资料文件完整,并且均已验收合格,则分项工程就合格验收。

(四)分部(子分部)工程质量验收合格应符合的规定

(1)各分项工程的质量均应验收合格;

(2)工程质量控制资料和文件应完整;

(3)地基基础、主体结构和设备安装分部等有关安全及功能的检验和抽样检测结果应符合有关规定;

(4)观感质量验收符合要求可以按照附录 F 进行。

分部工程的验收在构成其他各分项工程验收的基础上进行。统一标准给出了分部工程验收合格的条件。

首先,构成分部工程的各分项工程必须已验收合格且相应的质量控制资料文件必须完整,这是验收的基本条件。此外,由于各分项工程的性质不尽相同,因此作为分部工程不能简单地组合而加以验收,尚须增加以下两类检查。

涉及安全和使用功能的地基基础、主体结构、有关安全及重要使用功能的安装分部工程应进行有关见证检验或检测。此外还须由有关方面人员参加观感质量综合评价。这类检查往往难以定量,只能以观察、触摸或简单量测的方式进行,并由各个人的主观印象判断,检查结果并不给出"合格"或"不合格"的结论,而是综合各检查人员的意见给出"好"、"一般"、"差"的质量评价。对于"差"的检查点应通过返修处理及时补救。

(五)单位(子单位)工程质量竣工验收应符合的规定

(1)各分部(子分部)工程的质量均应验收合格;

(2)质量控制资料和文件应完整;

(3)各分部工程有关安全和功能的检验和检测资料应完整;

(4)主要使用功能项目的抽查结果应符合相关专业质量验收规范的规定;

(5)观感质量验收符合要求。

工程竣工验收合格的条件有五个,除构成单位工程的各分部工程应该合格,有关的资料文件应完整以外,还须进行以下三个方面的检查。

首先,对涉及安全和使用功能的分部工程应进行检验资料的复查。不仅要全面检查其完整性(不得有漏检缺项),而且对分部工程验收时补充进行的见证试验报告也要复核。这种强化验收的手段体现了对安全和主要使用功能的重视。

其次,对主要使用功能还须进行抽查。使用功能的检查是对土建工程和设备安装工程最终质量的综合检验,这也是用户最为关心的内容。因此,在分项、分部工程验收合格的基础上,竣工验收时再作全面检查。抽查项目是在检查资料文件的基础上由参加验收的各方人员商定并随机抽样确定检查部位(地点)。检查要求按有关的专业工程质量验收规范的要求进行。

最后,还须由参加验收的各方人员共同进行观感质量综合评价。

二、工程质量施工验收程序和组织

(一)检验批和分项工程的质量验收程序和组织

检验批及分项工程应由监理工程师或建设单位(项目)技术负责人组织施工单位工程项目技术负责人等进行验收。

(1)检验批和分项工程验收突出了监理工程师和施工者负责的原则。

《建筑工程质量管理条例》第三十七条规定:"……未经监理工程师签字……施工单位不得进行下一道工序的施工"。对没有实行监理的工程,可由建设单位(项目)技术负责人组织施工单位工程项目技术负责人等进行验收。施工过程的每道工序,各个环节每个检验批对工程质量的把关的作用,首先应由施工单位的项目技术负责人组织自检评定,在符合设计要求和规范规定的合格质量要求后,应提交监理工程师或建设单位项目技术负责人进行验收。

(2)监理工程师拥有对每道施工工序的施工检查权,并根据检查结果决定是否允许进行下道工序的施工。对于不符合规范和质量标准的验收批,有权要求施工单位停工整改、返工。

(3)分项工程施工过程中,应对关键部位随时进行抽查。所有分项工程施工,施工单位应在自检合格后,填写分项工程报验申请表,并附上分项工程评定表。属隐蔽工程,还应将隐检单报监理单位,监理工程师必须组织施工单位的工程项目负责人和有关人员严格按每道工序进行检查验收,合格者,签发分项工程验收单。

(二)分部工程质量验收的程序和组织

分部工程应由总监理工程师或建设单位项目负责人组织施工单位项目负责人和技术、质量负责人等进行验收。地基基础、主体结构、幕墙等分部工程的勘察、设计单位工程项目负责人和施工单位技术、质量部门的负责人也应参加相关分部工程验收。

(1)分部工程是单位工程的组成部分。因此分部工程完成后,在施工单位项目负责人组织自检评定合格后,向监理单位(或建设单位项目负责人)提出分部工程验收的报告,其中地基基础、主体工程、幕墙等分部,还应由施工单位的技术、质量部门配合项目负责人作好检查评定工作,监理单位的总监理工程师(没有实行监理的单位应由建设单位项目负责人)组织施工单位的项目负责人和技术、质量负责人等有关人员进行验收。工程监理实行总监理工程师负责制,总监理工程师享有合同赋予监理单位的全部权利,全面负责受监委托的监理工作。因为地基基础、主体结构和幕墙工程的主要技术资料和质量问题是归技术部门和质量部门掌握,所以规定施工单位的项目技术、质量负责人参加验收是符合实际的。目的是督促参建单位的技术、质量负责人加强整个施工过程的质量管理。

（2）鉴于地基基础、主体结构和幕墙等分部工程在单位工程中所处的重要地位，结构技术性能要求严格，技术性强，关系到整个单位工程的建筑结构安全和重要使用功能，规定这些分部工程的勘察、设计单位工程项目负责人和施工单位的技术、质量部门负责人也应参加相关分部工强质量的验收。

（三）单位工程质量竣工验收的程序和组织

具体内容见本章第一节第五条。

三、工程竣工验收有关责任主体提供质量文件审查

1．施工单位工程竣工报告审查

（1）工程的基本情况、工程名称、工程地点、建筑面积、结构类型等是否与有关文件相符。

（2）符合设计文件及合同履约情况。

（3）工程建设各环节执行法律、法规情况。

（4）工程建设各环节执行国家强制性标准情况。

（5）有关质量验收文件、质量证明文件等技术资料完整情况。

（6）施工单位自评结论及项目经理签章。

（7）总监理工程师意见及签章。

2．勘察、设计单位工程质量检查报告审查

（1）施工图审查机构在施工图审查报告中，对勘察设计单位提出的整改意见落实情况。

（2）工程中勘察、设计变更文件，变更程序是否符合要求，涉及主体结构重大变更等是否有施工图审查补审。

（3）勘察、设计单位质量检查的总体评价，实体质量是否满足工程结构安全及设计要求。

（4）勘察、设计单位及项目负责人的签章。

3．监理单位质量评估报告审查

（1）参建各方单位资质和人员岗位资格是否符合要求，质量行为是否符合有关规定，工程技术资料是否完整。

（2）是否按照设计文件内容组织施工，是否遵守国家相关技术标准和强制性条文。

（3）工程实体质量情况，是否满足设计要求，符合现行质量验收规范的规定，符合施工合同的约定。

（4）地基基础、主体结构、装饰装修、屋面、建筑给排水及采暖、电气、智能建筑、通风与空调、电梯等分部是否合格，质量控制资料是否完整。

（5）监理单位的评估结论。

四、工程竣工验收组成员及验收方案审查

1．验收组主要成员

（1）建设单位：单位（项目）负责人。

（2）勘察单位：单位（项目）负责人。

（3）设计单位：单位（项目）负责人。

（4）施工单位：项目经理、单位质量、技术负责人。

（5）监理单位：项目总监理工程师。

（6）其他人员。

2．验收方案审查

（1）工程概况介绍：工程名称、地址、结构、面积等。

（2）验收依据：建筑工程相关的法律、法规、工程技术标准、工程设计资料等。

（3）时间、地点、验收组成人员。

（4）工程竣工验收主持人和参建各方汇报工程情况。

（5）验收程序和组成形式。

五、工程竣工验收报告

工程竣工验收合格后，建设单位应当及时提出工程竣工验收报告。工程竣工验收报告主要包括工程概况，建设单位执行基本建设程序情况，对工程勘察、设计、施工、监理等方面的评价，工程竣工验收时间、程序、内容和组织形式，工程竣工验收意见等内容。

工程竣工验收报告还应附有下列文件：

（1）施工许可证。

（2）施工图设计文件审查意见。

（3）施工单位在工程完工后对工程质量进行了检查，确认工程质量符合有关法律、法规和工程建设强制性标准，符合设计文件及合同要求，并提出工程竣工报告。工程竣工报告应经项目经理和施工单位有关负责人审核签字。

（4）对于委托监理的工程项目，监理单位对工程进行了质量评估，具有完整的监理资料，并提出工程质量评估报告。工程质量评估报告应经总监理工程师和监理单位有关负责人审核签字。

（5）勘察、设计单位对勘察、设计文件及施工过程中由设计单位签署的设计变更通知书进行了检查，并提出质量检查报告。质量检查报告应经该项目勘察、设计负责人和勘察、设计单位有关负责人审核签字。

（6）城乡规划行政主管部门对工程是否符合规划设计要求进行检查，并出具认可文件。

（7）由公安消防部门出具的对大型的人员密集场所和其他特殊建设工程验收合格的证明文件。

（8）市政基础设施工程应附有质量检测和功能性试验资料。

（9）施工单位签署的工程质量保修书。

（10）法规、规章规定的其他有关文件。

第三节　工程竣工验收监督

建设工程质量监督机构，在监督竣工验收时，重点对工程竣工验收的组织形式、验收程序、执行验收规范标准情况等实行监督。发现有违反建设工程质量管理规定行为和违反强制性标准条文的，责令改正，并将工程竣工验收的监督情况列为工程质量监督报告的重要内容。

一、工程竣工验收监督

《工程质量监督导则》对工程竣工验收监督概念作了明确解释：本导则所称的工程竣

工验收监督,是指监督机构通过对建设单位组织的工程竣工验收程序进行监督,对经过勘察、设计、监理、施工各方责任主体签字认可的质量文件进行查验,对工程实体质量进行现场抽查,以监督责任主体和有关机构履行质量责任,执行工程建设强制性标准情况的活动。

《房屋建筑工程和市政基础设施工程竣工验收暂行规定》第二条规定:凡在中华人民共和国境内新建、扩建、改建的各类房屋和市政基础设施工程的竣工验收(以下简称工程竣工验收),应当遵守本规定。

二、工程竣工验收监督基本条件

(1)完成工程设计和合同约定的各项内容。

(2)施工单位在工程完工后对工程质量进行了检查,确认工程质量符合有关法律、法规和工程建设强制性标准,符合设计文件及合同要求,并提出工程竣工报告。工程竣工报告应经项目经理和施工单位有关负责人审核签字。

(3)对于委托监理的工程项目,监理单位对工程进行了质量评估,具有完整的监理资料,并提出工程质量评估报告。工程质量评估报告应经总监理工程师和监理单位有关负责人审核签字。

(4)勘察、设计单位对勘察、设计文件及施工过程中由设计单位签署的设计变更通知书进行了检查,并提出质量检查报告。质量检查报告应经该项目勘察、设计负责人和勘察、设计单位有关负责人审核签字。

(5)有完整的技术档案和施工管理资料。

(6)有工程使用的主要建筑材料、建筑构配件和设备的进场试验报告。

(7)建设单位已按合同约定支付工程款。

(8)有施工单位签署的工程质量保修书。

(9)城乡规划行政主管部门对工程是否符合规划设计要求进行检查,并出具认可文件。

(10)由公安消防部门出具的对大型的人员密集场所和其他特殊建设工程验收合格的证明文件。

(11)建设行政主管部门及其委托的工程质量监督机构等有关部门责令整改的问题全部整改完毕。

三、工程竣工验收监督的程序(图3-2)

(1)建设、勘察、设计、施工、监理单位分别汇报工程合同履约情况和在工程建设各个环节执行法律、法规和工程建设强制性标准的情况。

(2)审阅建设、勘察、设计、施工、监理单位的工程档案资料。

(3)实地查验工程质量。

(4)对工程勘察、设计、施工、设备安装质量和各管理环节等方面作出全面评价,形成经验收组人员签署的工程竣工验收意见。

(5)验收意见不一致时,由当地建设行政主管部门或工程质量监督机构协调。

(6)工程质量监督机构在监督验收工程中,发现其组织形式、验收程序和实体质量存在严重问题时,可提出整改意见。

检验批、分项工程质量验收
1、施工单位项目技术负责人组织自检评定合格。
2、填报"预报/隐检申请表"。
3、监理工程师或建设单位项目技术负责人组织验收

整改重新报验 →

监理工程师下达整改或工作联系单，要求施工单位停工整改或返工

不合格 →

合格 ↓

分部工程质量验收
1、施工单位项目技术负责人组织自检评定合格。
2、总监理工程师（建设单位项目负责人）组织施工单位项目负责人和技术、质量负责人等有关人员进行验收，地基基础、主体结构、幕墙等分部工程勘察、设计单位工程项目负责人和施工单位技术、质量部门负责人应参加

整改重新报验 →

总监理工程师下达整改或工作联系单，要求施工单位停工整改或返工

不合格 →

合格 ↓

单位工程质量验收
1、施工单位项目技术负责人组织自检评定合格，向建设单位提交工程竣工报告。
2、建设单位（项目）负责人组织勘察、设计单位（项目）负责人，施工单位负责人、项目经理、质量、技术负责人，总监理工程师等有关人员进行验收

整改重新报验 →

参建单位进行相应整改或返工

不合格 →

合格 ↓

建设单位组织验收组并制定验收方案，将竣工验收时间报质量监督机构

合格 ↓

质量监督机构提交竣工验收监督报告，建设单位按照有关程序备案

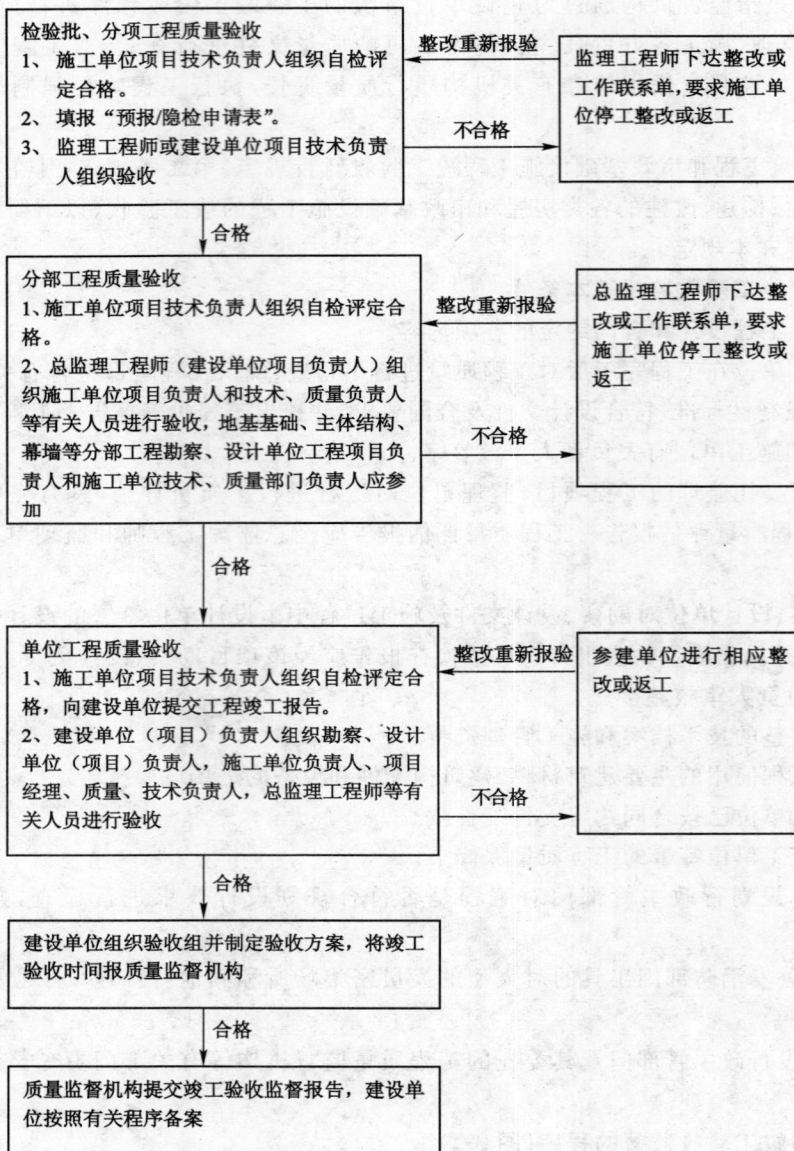

图 3-2　工程验收组织程序框图

四、参加工程竣工验收监督人员的职责

负责监督该工程的工程质量监督人员应当对工程竣工验收的组织形式、验收程序、执行验收标准等情况进行现场监督，发现有违反建设工程质量管理规定行为的，责令改正，并将对工程竣工验收的监督情况作为工程质量监督报告的重要内容。

五、工程竣工验收监督的主要内容

（1）对工程建设强制性标准执行情况的抽查；

（2）对工程观感质量抽查；

（3）对工程竣工验收的组织及程序的监督；

（4）对工程档案资料及竣工验收报告的抽查。

六、工程竣工验收监督所依据的文件

（1）《建筑工程施工质量验收统一标准》和有关各专业工程质量验收规范；

（2）工程勘察、设计文件和设计变更；

（3）工程质量控制各阶段的验收记录。

七、单位工程竣工验收合格后，建设单位应在规定时间内将工程竣工验收报告和文件，报建设行政管理部门备案

《建设工程质量管理条例》第四十九条规定："建设单位应当自建设工程竣工验收合格之日起七日内，将建设工程竣工验收报告和规划、公安消防、环保等部门出具的认可文件或者准许使用文件报建设行政主管部门或其他有关部门备案"。建设部以第 2 号令发布了《房屋建筑工程和市政基础设施工程竣工验收备案管理暂行办法》。

建设工程竣工验收制度是加强政府监督管理防止不合格工程流向社会的一个重要手段。建设单位应依据国家有关规定，在工程竣工验收合格后的 15 日内按有关程序规定要求，到县级以上人民政府建设行政主管部门或其他有关部门备案。建设单位办理工程竣工验收备案应提交以下材料：

① 工程竣工验收备案表。

② 工程竣工验收报告。竣工验收报告应当包括工程报建日期，施工许可证号，施工图设计文件审查意见，勘察、设计、施工、工程监理等单位分别签署的质量合格文件及验收人员签署的竣工验收原始文件，市政基础设施的有关质量检测和功能性试验资料以及备案机关认为需要提供的有关资料。

③ 法律、行政法规规定应当由规划、环保等部门出具的认可文件或者准许使用文件。

④ 法律规定应当由公安消防部门出具的对大型的人员密集场所和其他特殊建设工程验收合格的证明文件。

⑤ 施工单位签署的工程质量保修书。

⑥ 法规、规章规定必须提供的其他文件。

住宅工程还应当提交《住宅质量保证书》和《住宅使用说明书》。

第四节 住宅工程质量分户验收

分户验收，即"一户一验"，是指住宅工程在按照国家有关标准、规范要求进行工程竣工验收前，对每一户住宅及单位工程公共部位进行专门验收，并在分户验收合格后出具工程质量竣工验收记录。这项措施的出台，就等于给每个购买住房的老百姓都把住了质量关，避免了整体验收和抽检所造成的遗漏，也就避免了交付使用后的"扯皮"现象。

一、分户验收的概念

《山东省住宅工程质量分户验收管理办法》对分户验收的概念作了明确定义：本办法所称住宅工程质量分户验收（以下简称分户验收），是指建设单位组织施工、监理等单位，在住宅工程各检验批、分项、分部工程验收合格的基础上，在住宅工程竣工验收前，依据国家有关工程质量验收标准，对每户住宅及相关公共部位的观感质量和使用功能等进行检查验收，并出具验收合格证明的活动。

二、分户验收的意义

（1）提高住宅工程质量管理水平，保护百姓利益，减少质量投诉，预防群访、群诉事件；

（2）督促施工企业抓技术、质量管理，抓操作人员素质，严格按照施工工艺标准施工，研究制定提高工程质量措施并有效实施；

（3）督促监理企业按施工验收规范、规程严格验收，不走过场。

三、分户验收的组织程序

住宅工程分户验收应当按照以下程序进行：

（1）分户验收内容完成后，施工单位应首先进行全面的自检评定，自检合格后向建设单位提出住宅工程分户质量验收书面申请。

（2）建设单位组织监理、施工等单位的有关人员按照国家工程质量验收标准的要求，逐户按照《山东省住宅工程质量分户验收管理办法》要求的分户验收内容确定检查部位、数量并适时进行检查验收；分包单位项目经理、项目技术负责人也应参加分包项目的分户验收；已选定物业公司的，物业公司应当参加分户验收工作。

（3）参加分户验收的人员应具备相应的技术能力和资格，并经当地监督机构认可与备案。

（4）分户质量验收前，施工单位应在建筑物相应部位标识好暗埋水、电管线的走向，分户验收应配备必要的检测仪器；建设单位应提前5个工作日向当地工程质量监督机构进行告知。

（5）分户验收应逐户、逐间检查，并做好记录。分户质量验收不合格的，须经整改符合要求后重新组织验收。

（6）每户住宅和规定的公共部位验收完毕，应填写《住宅工程质量分户验收表》，由建设单位和施工单位项目负责人、监理单位项目总监理工程师等分别签字确认，并加盖公章后，张贴于户内醒目位置。

四、分户验收的主要内容

（1）地面、墙面和顶棚质量；

（2）门窗质量；

（3）栏杆、护栏质量；

（4）防水工程质量；

（5）室内主要空间尺寸；

（6）给水排水系统安装质量；

（7）室内电气工程安装质量；

（8）采暖工程安装质量；

（9）建筑节能工程质量；

（10）有关合同中约定的其他内容。

五、分户验收的质量要求

（1）分户验收工程质量应符合国家和省有关的法律、法规和规范、标准；

（2）分户验收工程质量应符合施工图、设计说明及其他设计文件。

工程质量监督机构应加强对分户验收工作的监督检查，发现问题及时监督有关方面认真整改，确保分户验收工作质量。建设单位在申报工程竣工验收监督时，应当将《住宅工程质量分户验收表》、《住宅工程质量分户验收汇总表》和工程竣工验收报告等有关资料一起报送工程质量监督机构,工程质量监督机构对分户验收情况进行监督抽查。

第五节 优质工程评价

现行建筑工程施工质量验收规范只规定了质量合格标准,这是政府必须管理的,因为工程质量关系着人民生命财产安全和社会稳定,达不到合格的工程就不能交付使用。但目前施工单位的管理水平、技术水平差距较大,有的企业为了提高自己的竞争力和信誉,还要求将工程质量水平再提高,也有些建设单位为了本单位的自身利益,要求高水平的工程质量。优良工程评选为这些企业的创优提供了了一个平台,通过创优良工程,让企业树立精品意识,确保了产品的一次合格率,它对于杜绝不合格品,消灭豆腐渣工程,减少用户投诉将起到不可估量的作用。

《建筑工程施工质量评价标准》对优良工程概念作了明确解释"建筑工程质量在满足相关标准规定和合同约定的合格基础上,经过评价在结构安全、实用功能、环境保护等内在质量、外表实物质量及工程资料方面,达到本标准规定的质量指标的建筑工程为优良工程"。

一、评价基础

(1)建筑工程质量应实施目标管理,施工单位在工程开工前应制订质量目标,进行质量策划。实施创优良的工程,还应在承包合同中明确质量目标以及各方责任。

(2)建筑工程质量应推行科学管理,强化工程项目的工序质量管理,重视管理机制的质量保证能力及持续改进能力。

(3)建筑工程质量控制的重点应突出原材料、过程工序质量控制及功能效果测试,重视提高管理效率及操作技能,做到一次成活达到优良工程。

(4)建筑工程施工质量优良评价应综合检查评价结构的安全性、使用功能和观感质量效果等。

(5)建筑工程施工质量优良评价应注重科技进步、环保和节能等先进技术的应用。

(6)建筑工程施工质量优良评价,应在工程质量按《建筑工程施工质量验收统一标准》及其配套的各专业工程质量验收规范验收合格基础上评价优良等级。

二、评价规定

(1)建筑工程实行施工质量优良评价的工程,应在施工组织设计中制订具体的创优措施。

(2)建筑工程施工质量优良评价,应先由施工单位按规定自行检查评定,然后由监理或相关单位验收评价。评价结果应以验收评价结果为准。

(3)工程结构和单位工程施工质量优良评价均应出具评价报告。

(4)工程结构施工质量优良评价应在地基及桩基工程、结构工程以及附属的地下防水层完工,且主体工程质量验收合格的基础上进行。

(5)工程结构施工质量优良评价,应在施工过程中对施工现场进行必要的抽查,以验证其验收资料的准确性。

(6)单位工程施工质量优良评价应在工程结构施工质量优良评价的基础上,经过竣工验收合格之后进行,工程结构质量评价达不到优良的,单位工程施工质量不能评为优良。

（7）单位工程施工质量优良的评价，应对工程实体质量和工程档案进行全面的检查。

附录 A　施工现场质量管理检查记录

A.0.1　施工现场质量管理检查记录应由施工单位按表 A.0.1 填写，总监理工程师（建设单位项目负责人）进行检查，并做出检查结论。

表 A.0.1　　　　　　　　施工现场质量管理检查记录　　　　开工日期：

工程名称			施工许可证（开工证）	
建设单位			项目负责人	
设计单位			项目负责人	
监理单位			总监理工程师	
施工单位		项目经理	项目技术负责人	
序号	项　目		内　容	
1	现场质量管理制度			
2	质量责任制			
3	主要专业工种操作上岗证书			
4	分包主资质与对分包单位的管理制度			
5	施工图审查情况			
6	地质勘察资料			
7	施工组织设计、施工方案及审批			
8	施工技术标准			
9	工程质量检验制度			
10	搅拌站及计量设置			
11	现场材料、设备存放与管理			
12	其他			

检查结论：

　　　　总监理工程师：
　　　　（建设单位项目负责人）　　　　　　　　　　　年　　月　　日

附录 B 建筑工程分部(子分部)工程、分项工程划分

B.0.1 建筑工程的分部(子分部)工程、分项工程可按表 B.0.1 划分。

表 B.0.1　　　　　　　　　　建筑工程分部工程、分项工程划分

序号	分部工程	子分部工程	分项工程
1	地基与基础	无支护土方	土方开挖、土方回填
		有支护土方	排桩、降水、排水、地下连续墙、锚杆、土钉墙、水泥土桩、沉井与沉箱,钢及混凝土支撑
		地基处理	灰土地基、砂和砂石地基、碎砖三合土地基、土工合成材料地基,粉煤灰地基,重锤夯实地基,强夯地基,地基,砂桩地基,预压地基,高压喷射注浆地基,土和灰土挤密桩地基,注浆地基,水泥粉煤灰碎石桩地基,夯实水泥土桩地基
		桩基	锚杆静压桩及静力压桩,预应力离心管桩,钢筋混凝土预制桩,钢桩,混凝土灌注桩(成孔、钢筋笼、清孔、水下混凝土灌注)
		地下防水	防水混凝土,水泥砂浆防水层,卷材防水层,涂料防水层,金属板防水层,塑料板防水层,涂料防水层,塑料板防水层,细部构造,喷锚支护,利税合式衬砌,地下连续墙,盾构法隧道,渗排水、盲沟排水、隧道、坑道排水,预注浆、后注浆,衬砌裂缝注浆
		混凝土基础	模板、钢筋、混凝土,后浇带混凝土,混凝土结构缝处理
		砌体基础	砖砌体,混凝土砌块砌体,配筋砌体,石砌体
		劲钢(管)混凝土	劲钢(管)焊接,劲钢(管)与钢筋的连接,混凝土
		钢结构	焊接钢结构、栓接钢结构,钢结构制作,钢结构安装,钢结构涂装。
2	主体结构	混凝土结构	模板、钢筋、混凝土,预应力、现浇结构,装配式结构
		劲钢(管)混凝土结构	劲钢(管)焊接,螺栓连接,劲钢(管)与钢筋的连接,劲钢(管)制作、安装,混凝土
		砌体结构	砖砌体,混凝土小型空心砌块砌体,石砌体,填充墙砌体,配筋砖砌体
		钢结构	钢结构焊接,坚固件连接,钢零部件加工,单层钢结构安装,多层及高层钢结构安装,钢结构涂装,钢构件组装,钢构件预拼装,钢网架结构安装,压型金属板
		木结构	方木和原木结构,胶合木结构,轻型木结构,木构件防护
		网架和索膜结构	网架制作,网架安装,索膜安装,网架防火,防腐涂料

序号	分部工程	子分部工程	分项工程
3	建筑装饰装修	地面	整体面层:基层,水泥混凝土面层,水泥砂浆面层,水磨砂浆面层,水磨石面层,防油渗面层,水泥钢(铁)屑面层,不发火(防爆的)面层;板块面层:基层,砖面层(陶瓷锦砖、缸砖、陶瓷地砖和水泥花砖面层),大理石面层和花岗岩面层,预制板块面层(预制水泥混凝土、水磨石板块面层),料石面层(条石、块石面层),塑料板面层,活动地板面层,地毯面层),木竹面层:基层、实木地板面层(条材、块材面层),实木复合地板面层(条材、块材面层),中密度(强化)复合 地板面层(条材面层),竹地板面层
		抹灰	一般抹灰,装饰抹灰,清水砌体勾缝
		门窗	木门窗制作与安装,金属门窗安装,塑料门窗安装,特种门安装,门窗玻璃安装
		吊顶	暗龙骨吊顶,明龙骨吊顶
		轻质隔墙	板材隔墙,骨架隔墙,活动隔墙,玻璃隔墙
		饰面板(砖)	饰面板安装,饰面砖粘贴
		幕墙	玻璃幕墙,金属幕墙,石材幕墙
		涂饰	水性涂料涂饰,溶剂型涂料涂饰,美术涂饰
		裱糊与软包	裱糊、软包
		细部	橱柜制作与安装,窗帘盒、窗台板和暖气罩制作与安装,门窗套制作与安装,护栏和扶手制作与安装,花饰制作与安装
4	建筑屋面	卷材防水屋面	保温层,找平层,卷材防水层,细部构造
		涂膜防水屋面	保温层,找平层,涂膜防水层,细部构造
		刚性防水屋面	细石混凝土防水层,密封材料嵌缝,细部构造
		瓦屋面	平瓦屋面,油毡瓦屋面,金属板屋面,细部构造
		隔热屋面	架空屋面,蓄水屋面,种植屋面
5	建筑给水、排水及采暖	室内给水系统	给水管道及配件安装,室内消火栓系统安装,给水设备安装,管道防腐,绝热
		室内排水系统	排水管道及配件安装,雨水管道及配件安装
		室内热水供应系统	管道及配件安装,辅助设备安装,防腐,绝热
		卫生器具安装	卫生器具安装,卫生器具给水配件安装,卫生器具排水管道安装
		室内采暖系统	管道及配件安装,辅助设备及散热器安装,金属辐射板安装,低温热水地板辐射采暖系统安装,系统水压试验及调试,防腐,绝热。
		室外给水管网	给水管道安装,消防水泵接水器及室外消火栓安装,管沟及井室
		室外排水管网	排水管道安装,排水管沟与井池
		室外供热管网	管道及配件安装,系统水压试验及调试,防腐,绝热
		建筑中水系统及游泳池系统	建筑中水系统管道及辅助设备安装,游泳池水系统安装
		供热锅炉及辅助设备安装	锅炉安装,辅助设备及管道安装,安全附件安装,烘炉、煮炉和试运行,换热站安装,防腐,绝热。

序号	分部工程	子分部工程	分项工程
6	建筑电气	室外电气	架空线路及杆上电气设备安装,变压器、箱式变电所安装,成套配电柜、控制柜(屏、台)和动力、照明配电箱(盘)及控制柜安装,电线,电缆导管和线槽敷设,电线、电缆穿管和线槽敷设,电缆头制作、导线连接和线路电气试验,建筑物外部装饰灯具、航空障碍标志灯和庭院路灯安装,建筑照明通电试运行,接地装置安装
		变配电室	变压器、箱式变电所安装,成套配电柜、控制柜(屏、台)和动力、照明配电箱(盘)及控制柜安装,裸母线、封闭母线、插接式母线安装,电缆沟内和电缆竖井内电缆敷设,电缆头制作、导线连接和线路电气试验,接地装置安装,避雷引下线和变配电室接地干线敷设
		供电干线	裸母线、封闭母线、插接式母线安装,桥架安装和桥架内电缆敷设,电缆沟内和电缆竖井电缆敷设,电线、电缆导管和线槽敷设,电线、电缆穿管和线槽敷线,电缆头制作、导线连接和线路电气试验
		电气动力	成套配电柜、控制柜(屏、台)和动力、照明配电箱(盘)及控制柜安装,低压电动机、电加热器及电动执行机构检查、接线,低压气动力设备检测、试验和空载试运行,桥架安装和桥架内电缆敷设,电线、电缆导管和线槽敷设,电线、电缆穿管和线槽敷线,电缆头制作、导线连接和线路电气试验,插座、开关、风扇安装
		电气照明安装	成套配电柜、控制柜(屏、台)和动力、照明配电箱(盘)安装,电线、电缆导管和线槽敷设,电线、电缆导管和线槽敷设,电线、电缆导管和线槽敷线,槽板配线,钢索配线,电缆头制作,导线连接和线路气试验,普通灯具安装,专用灯具安装,插座、开关、风扇安装,建筑照明通电试运行。
		备用和不间断电源安装	成套配电柜、控制柜(屏、台)和动力、照明配电箱(盘)安装,柴油发电机安装,不间断电源的其他功能单元安装,裸母线、封闭母线、插接式母线安装,电线、电缆导管和线槽敷设,电线、电缆导管和线槽敷线,电缆头制作,导线连接和线路气试验,接地装置安装
		防雷及接地安装	接地装置安装,避雷引下线和变配电室接地干线敷设,建筑物等电位连接,接闪器安装
7	智能建筑	通信网络系统	通信系统,卫星及有线电视系统,公共广播系统
		办公自动化系统	计算机网络系统,信息平台及办公自动化应用软件,网络安全系统
		建筑设备监控系统	空调与通风系统,变配电系统,照明系统,给排水系统,热源和热交换系统,冷冻和冷却系统,电梯和自动扶梯系统,中央管理工作站与操作分站,子系统通信接口
		火灾报警及消防联动系统	火灾和可燃气体探测系统,火灾报警控制系统,消防联动系统
		安全防范系统	电视监控系统,入侵报警系统,巡更系统,出入口控制(门禁)系统,停车管理系统

序号	分部工程	子分部工程	分项工程
7	智能建筑	综合布线系统	缆线敷设和终接,机柜、机架、配线架的安装,信息插座和光缆芯线终端的安装
		智能化集成系统	集成系统网络,实时数据库,信息安全,功能接口
		电源与接地	智能建筑电源,防雷及接地
		环境	空间环境,室内空调环境,视觉照明环境,电磁环境
		住宅(小区)智能化系统	火灾自动报警及消防动系统,安全防范系统(含电视 临近系统,入侵报警系统,巡更系统、门禁系统、楼宇对讲系统、停车管理系统),物业管理系统(多表现场计量及与远程传输系统、建筑设备监控系统、公共广播系统、小区建筑设备监控系统、物业办公自动化系统),智能家庭信息平台
8	通风与空调	送排风系统	风管与配件制作,部件制作,风管系统安装,空气处理设备安装,消声设备制作与安装,风管与设备防腐,风机安装,系统调试
		防排烟系统	风管与配件制作,部件制作,风管系统安装,防排烟风口、常闭正压风口与设备安装,风管与设备防腐,风机安装,系统调试
		除尘系统	风管与配件制作,部件制作,风管系统安装,除尘器与排污设备安装,风管与设备防腐,风机安装,系统调试
		空调风系统	风管与配件制作,部件制作,风管系统安装,空气处理设备安装,消声设备制作与安装,风管与设备防腐,风机安装,风管与设备绝热,系统调试
		净化空调系统	风管与配件制作,部件制作,风管系统安装,空气处理设备安装,消声设备制作与安装,风管与设备防腐,风机安装,风管与设备绝热,高效过滤器安装,系统调试
		制冷设备系统	制冷组安装,制冷剂管道及配件安装,制冷附属设备安装,管道及设备的防腐与绝热,系统调试
		空调水系统	管道冷热(媒)水系统安装,冷却水系统安装,冷凝水系统安装,阀门及部件安装,冷却塔安装,水泵及附属设备安装,管道与设备的防腐与绝热,系统调试
9	电梯	电力驱动的曳引式或强制式电梯安装	设备进场验收,土建交接检验,驱动主机,导轨,门系统,轿厢,对重(平衡重),安全部件,悬挂装置,随行电缆,补偿装置,电气装置,整机安装验收
		液压电梯安装	设备进场验收,土建交接检验,驱动主机,导轨,门系统,轿厢,对重(平衡重),安全部件,悬挂装置,随行电缆,补偿装置,整机安装验收
		自动扶梯、自动人行道安装	设备进场验收,土建交接检验,整机安装验收

序号	分部工程	子分部工程	分项工程
10	建筑节能	墙体节能工程	主体结构基层;保温材料;饰面层等
		幕墙节能工程	主体结构基层;隔热材料;保温材料;隔汽层;幕墙玻璃;单元式幕墙板块;通风换气系统;遮阳设施等
		门窗节能工程	门;窗;玻璃;遮阳设施等
		屋面节能工程	基层;保温隔热层;保护层;防水层、面层等
		地面节能工程	基层;保温层;保护层;面层等
		采暖节能工程	系统制式;散热器;阀门与仪表;热力入口装置;保温材料;调试等
		通风与空调调节能工程	系统制式;通风与空调设备;阀门与仪表;绝热材料;调试等
		空调与采暖系统的冷热源及管网节能工程	系统制式;冷热源设备;辅助设备;管网;阀门与仪表;绝热、保温材料;调试等
		配电与照明节能工程	低压配电电源;照明光源、灯具;附属装置;控制功能;调试等
		监测与控制节能工程	冷、热源系统的监测控制系统;空调水系统的监测控制系统;通风与空调系统的监测控制系统;监测与计量装置;供配电的监测控制系统;照明自控制系统;综合控制系统等

附录 C　室外工程划分

C.0.1　室外单位(子单位)工程和分部工程可按表 C.0.1 划分。

表 C.0.1　　　　　　　室外工程划分

单位工程	子单位工程	分部(子分部)工程
室外建筑环境	附属建筑	车棚,围墙,大门,挡土墙,收集站
	室外	建筑小品,道路,亭台,连廊,花坛,场坪绿化
室外安装	给排水与采暖	室外给水系统,室外排水系统,室外供热系统
	电气	室外供电系统,室外照明系统

附录 D 检验批质量验收记录

D.0.1 检验批的质量验收记录由施工项目专业质量检查员填写,监理工程师(建设单位项目专业技术负责人)组织项目专业质量检查员等进行验收,并按表 D.0.1 记录。

表 D.0.1 检验批质量验收记录

工程名称		分项工程名称			验收部位		
施工单位			专业工长		项目经理		
施工执行标准 名称及编号							
分包单位		分包项目经理			施工班组长		
质量验收规范的规定		施工单位检查评定记录				监理(建设)单位验收记录	
主控项目	1						
	2						
	3						
	4						
	5						
	6						
	7						
	8						
	9						
一般项目	1						
	2						
	3						
	4						
施工单位检查 评定结果	项目专业质量检查员: 年 月 日						
监理(建设)单位 验收结论	监理工程师: (建设单位项目专业技术负责人) 年 月 日						

附录E 分项工程质量验收记录

E.0.1 分项工程质量应由监理工程是由(建设单位项目专业技术负责人)组织项目专业技术负责人等进行验收,并按表E.0.1记录。

表 E.0.1   分项工程质量验收记录

工程名称		结构类型		检验批数	
施工单位		项目经理		项目技术负责人	
分包单位		分包单位负责人		分包项目经理	
序号	检验批部位、区段	施工单位检查评定结果		监理(建设)单位验收结论	
1					
2					
3					
4					
5					
6					
7					
8					
9					
10					
11					
12					
13					
14					
15					
16					
17					
18					
19					
检查结论	项目专业技术负责人: 年 月 日		验收结论	监理工程师 (建设单位项目专业技术负责人) 年 月 日	

附录 F　分部(子分部)工程质量验收记录

F.0.1　分部(子分部)工程质量应由总监理工程师(建设单位项目专业负责人)组织施工项目经理和有关勘察、设计单位项目负责人进行验收,并按表 F.0.1 记录。

表 F.0.1　　　　　　　　　　　**分部(子分部)工程验收记录**

工程名称		结构类型		层数		
施工单位		技术部门负责人		质量部门负责人		
分包单位		分包单位负责人		分包技术负责人		
序号	分项工程名称	检验批数	施工单位检查评定	验收意见		
1						
2						
3						
4						
5						
6						
7						
质量控制资料						
安全和功能检验(检测)报告						
观感质量验收						
验收单位	分包单位	项目经理:			年　月　日	
	施工单位	项目经理:			年　月　日	
	勘察单位	项目负责人:			年　月　日	
	设计单位	项目负责人:			年　月　日	
监理(建设)单位	(建设单位项目专业负责人)	总监理工程师:			年　月　日	

附录 G　单位(子单位)工程质量竣工验收记录

G.0.1　单位(子单位)工程质量验收应按表 G.0.1—1 记录,表 G.0.1—1 为单位工程质量验收的汇总表与附录 F 的表 F.0.1 和表 G.0.1—2～G.0.1—4 配合使用。表 G.0.1—2 为单位(子单位)工程质量控制资料核查记录,表 G.0.1—3 为单位(子单位)工程安全和功能检验资料核查及主要功能抽查记录,表 G.0.1—4 为单位(子单位)工程观感质量检查记录。

表 G.0.1—1 验收记录由施工单位填写,验收结论由监理(建设)单位填写。综合验收结论由参加验收各方共同商定,建设单位填写,应对工程质量是否符合设计和规范要求及总体质量水平做出评价。

表 G.0.1—1　　　　　　单位(子单位)工程质量竣工验收记录

工程名称		结构类型		层数/建筑面积	
施工单位		技术负责人		开工日期	
项目经理		项目技术负责人		竣工日期	
序号	项目	验收记录			验收结论
1	分部工程	共　分部,经查　分部　符合标准及设计要求　分部			
2	质量控制资料核查	共　项,经审查符合要求　项,经核定符合规范要求　项			
3	安全和主要使用功能核查及抽查结果	共核查　项,符合要求　项,共抽查　项,符合要求　项,经返工处理符合要求　项			
4	观感质量验收	共抽查　项,符合要求　项,不符合要求　项			
5	综合验收结论				
参加验收单位	建设单位	监理单位	施工单位		设计单位
	(公章) 单位(项目)负责人 年 月 日	(公章) 总监理工程师 年 月 日	(公章) 单位负责人 年 月 日		(公章) 单位(项目)负责人 年 月 日

表 G.0.1—2　　　　　　单位(子单位)工程质量控制资料核查记录

工程名称			施工单位			
序号	项目	资料名称		份数	核查意见	核查人
1		图纸会审,设计变更,洽商记录				
2		工程定位测量,放线记录				
3		原材料出厂合格证书及进场检(试)验报告				
4	建筑与结构	施工试验报告及见证检测报告				
5		隐蔽工程验收记录				
6		施工记录				
7		预制构件、预拌混凝土合格证				
8		地基基础、主体结构检验及抽样检测资料				
9		分项、分部工程质量验收记录				
10		工程质量事故及事故调查处理资料				
11		新材料、新工艺施工记录				

工程名称			施工单位			
序号	项目	资料名称	份数	核查意见	核查人	
1	给排水与采暖	图纸会审,设计变更,洽商记录				
2		材料、配件出厂合格证书及进场检(试)验报告				
3		管道、设备强度试验、严密性试验记录				
4		隐蔽工程验收记录				
5		系统清洗、灌水、通水、通球试验记录				
6		施工记录				
7		分项、分部工程质量验收记录				
1	建筑电气	图纸会审,设计变更,洽商记录				
2		材料、配件出厂合格证书及进场检(试)验报告				
3		设备调试记录				
4		接地、绝缘电阻测试记录				
5		隐蔽工程验收记录				
6		施工记录				
7		分项、分部工程质量验收记录				
1	通风与空调	图纸会审,设计变更,洽商记录				
2		材料、设备出厂合格证书及进场检(试)验报告				
3		制冷、空调、水管道强度试验、严密性试验记录				
4		隐蔽工程验收记录				
5		制冷设备运行调试记录				
6		通风、空调系统调试记录				
7		施工记录				
8		分项、分部工程质量验收记录				
1	电梯	土建布置图纸会审,设计变更,洽商记录				
2		设备出厂合格证书及开箱检验记录				
3		隐蔽工程验收记录				
4		施工记录				
5		接地、绝缘电阻测试记录				
6		负荷试验、安全装置检查记录				
7		分项、分部工程质量验收记录				

工程名称			施工单位		
序号	项目	资料名称	份数	核查意见	核查人
1	建筑智能化	图纸会审,设计变更,洽商记录,竣工图及设计说明			
2		材料、设备出厂合格证书及进场检(试)验报告			
3		隐蔽工程验收记录			
4		系统功能测定及设备调试记录			
5		系统技术、操作和维护手册			
6		系统管理、操作人员培训记录			
7		系统检测报告			
8		分项、分部工程质量验收报告			

结论:

总监理工程师:

施工单位项目经理: 年 月 日(建设单位项目负责人) 年 月 日

表 G.0.1-3 单位(子单位)工程安全和功能检验资料核查及主要功能抽查记录

工程名称			施工单位		
序号	项目	资料名称	份数	核查意见	核查(抽查)人
1	建筑与结构	屋面淋水试验记录			
2		地下室防水效果检查记录			
3		有防水要求的地面蓄水试验记录			
4		建筑物垂直度、标高、全高测量记录			
5		抽气(风)道检查记录			
6		幕墙及外窗气密性、水密性、耐风压检测报告			
7		建筑物沉降观测测量记录			
8		节能、保温测试记录			
9		室内环境检测报告			
10					
1	给排水与采暖	给水管道通水试验记录			
2		暖气管道、散热器压力试验记录			
3		卫生器具满水试验记录			
4		消防管道、燃气管道压力试验记录			
5		排水干管通球试验记录			
6					

工程名称			施工单位			
序号	项目	资料名称		份数	核查意见	核查(抽查)人
1	电气	照明全负荷试验记录				
2		大型灯具牢固性试验记录				
3		避雷接地电阻测试记录				
4		线路、插座、开关接地检验记录				
5						
1	通风与空调	通风、空调系统试运行记录				
2		风量、温度测试记录				
3		洁净室洁净度测试记录				
4		制冷机组试运行调试记录				
5						
1	电梯	电梯运行记录				
2		电梯安全装置检测报告				
1	建筑智能化	系统试运行记录				
2		系统电源及接地检测报告				
3						

结论:

总监理工程师:

施工单位项目经理:　　　　　　年　月　日(建设单位项目负责人)　　　　　　年　　月　　日

注:抽查项目由验收组协商确定

表 G.0.1-4　　　　　单位(子单位)工程观感质量检查记录

工程名称			施工单位				
序号		项目	抽查质量状况			质量评价	
					好	一般	差
1	建筑与结构	室外墙面					
2		变形缝					
3		水落管,屋面					
4		室内墙面					
5		室内顶棚					
6		室内地面					
7		楼梯、踏步、护栏					
8		门窗					

工程名称						施工单位							
序号	项目	资料名称							份数	核查意见	核查(抽查)人		
1	给排水与采暖	管道接口、坡度、支架											
2		卫生器具、支架、阀门											
3		检查口、扫除口、地漏											
4		散热器、支架											
1	建筑电气	配电箱、盘、板、接线盒											
2		设备器具、开关、插座											
3		防雷、接地											
1	通风与空调	风管、支架											
2		风口、风阀											
3		风机、空调设备											
4		阀门、支架											
5		水泵、冷却塔											
6		绝热											
1	电梯	运行、平层、开关门											
2		层门、信号系统											
3		机房											
1	智能建筑	机房设备安装及布局											
2		现场设备安装											
3													
		观感质量综合评价											

检查 结论：

总监理工程师：

施工单位项目经理：　　　　年　月　日(建设单位项目负责人)　　　　　　　年　月　日

注：质量评价为差的项目，应进行返修。

第四章　工程质量监督报告及档案管理

第一节　工程质量监督报告

工程质量监督报告是指工程质量监督机构在工程竣工验收合格后7个工作日内向备案机关提交的综合性文件。工程质量监督机构在监督检查(包括工程竣工验收监督)过程中,重点对工程竣工验收的组织形式、验收程序、执行验收规范和标准的情况等实行监督,评估各参建各方责任主体和有关机构履行质量责任、执行工程建设强制性标准的情况,并说明工程是否符合备案条件。

一、工程质量监督报告编写特点

1. 时效性

编写及签发日期应符合国家法律法规及各地区服务承诺的要求。依据建设部建质〔2003〕162号文《工程质量监督工作导则》第7.0.1条和中华人民共和国住房和城乡建设部令第5号《房屋建筑和市政基础设施工程质量监督管理规定》,应在工程竣工验收合格后7个工作日内,编写和提交工程质量监督报告。

2. 真实性

工程概况和参建各方的基本情况要真实准确,应如实反映工程质量监督的起止时间、监督方案编制及交底情况、监督机构人员组成、工程质量关键控制点的监督过程及具体监督内容、最终的质量监督结论等。

3. 完整性

工程基本概况,应包括总包单位、分包单位基本情况;质量监督内容,应包括土建、大型安装、钢结构、幕墙、装饰等专项工程,反映工程质量控制资料、实体质量监督、参建各方质量行为的监督及不良行为记录;对工程的总体质量状况作出结论性评价,签章齐全,监督工程师和专业质量监督员均应签字。

4. 针对性

应依据工程的规模、结构类型,以监督抽检的项目及次数、发出质量整改通知单的份数、违反强制性标准的项数及内容等真实数据和具体内容,反映出本工程质量监督工作的重点、难点和特点。

二、工程质量监督报告编写内容及要点

1. 工程概况及有关参建单位概况

(1)工程的基本情况及参建五方的情况,填写内容必须真实、准确。

(2)填写"施工单位"一栏时,还应包含分包单位的单位名称、法人代表和项目负责人。

(3)填写"实施质量监督起止日期"一栏时,须认真核对相应时间。通过监督起止日期与开工、完工、竣工验收日期的对比,可反映出该工程履行基本建设程序的情况;开工日期早于实施质量监督起始日期,说明该工程未按规定及时办理相关施工手续;而完工与竣工验收及监督终止日期相隔时间过长,说明该工程有未经验收擅自使用的可能。

2．工程质量监督工作概况

简述质量监督部门的工作内容，反映工程的质量监督过程及结果，包括：

（1）介入工程质量监督起止时间。

（2）监督方案编制及监督交底概况。

（3）该工程质量监督人员的组成。

（4）工程质量监督关键控制点的设置及监督抽检次数。

（5）质量监督机构对该工程的具体监督内容，包括参建各方责任主体质量行为核查、不良行为记录和质量监控资料、安全及功能检测资料核查、监督抽测、发出质量整改通知书及复查等情况。

3．工程质量监督意见

（1）参建各方责任主体和有关机构，执行有关工程质量法律、法规、部门规章、强制性标准执行情况，以及质量行为与不良行为记录、监督检查意见执行情况。

① 监督抽查责任主体质量行为的次数和对应的关键控制节点。

② 监督抽查责任主体质量行为的内容，即本工程抽查了哪些质量行为。

③ 形成责任主体质量行为核查记录的份数。

④ 列举并统计参建单位违反法律法规和相关规定的质量行为。如：报监滞后，擅自使用等。

⑤ 列举本工程违反强制性标准的问题。

⑥ 发出《建筑工程（质量）整改通知书》的份数及整改回复情况。

⑦ 对责任主体质量行为及执行强制性标准的总体评价。

（2）质量控制资料和功能性检测资料监督抽查情况及意见。

对本工程质量控制资料和功能性检测资料进行总体评价。

（3）工程实体质量监督抽查（包括监督抽测）情况及意见。

本工程监督抽查的次数、总体情况和抽测的次数、结果。

（4）施工过程中出现的质量问题（事故）及处理情况。

综述本工程施工过程中质量事故的处理结果。

（5）责任主体及具有职业资格人员的不良行为记录。

综述本工程发生不良行为的情况。

（6）质量监督部门对该单位工程竣工验收的监督评价及建议。

① 对参建各方在本工程建设中，履行各自质量职责的评价。

② 对本工程质量受控状态的评价。

③ 对本单位工程质量的总体评价。

结构安全和使用安全状况。

建筑物满足使用功能要求状态。

观感质量（量化）评价。

房屋室内环境质量情况。

建筑节能质量状况。

住宅工程分户验收执行情况。

单位工程验收规范合同约定的执行情况。

④ 竣工验收监督结论及备案条件的建议。

三、工程质量监督报告编写审批程序

(1)《质量监督报告》应由该项目的监督员、负责人组织编写。

(2) 有关专业质量监督工程师签认。

(3) 质量监督机构技术负责人审查。

(4) 质量监督机构负责人签发。

(5)《质量监督报告》一式两份。加盖公章后,一份提交备案机关,另一份存档。

第二节　工程质量监督档案

工程质量监督档案,是指在行政区域内建设的各类房屋建筑安装工程(含装饰、装修工程)质量监督中,质量监督机构按照省建设工程质量监督总站统一制定的表式,形成的反映工程质量过程控制及结果的具有保存价值的各种记录(文字、图表、照片和声像)。包括文本档案与电子档案。工程质量监督档案应推行信息化管理。

质量监督机构应建立健全工程质量监督档案管理制度,制度应符合有关法律法规的要求。

一、工程质量监督档案的主要内容

(1) 建设工程质量监督申请表。

(2) 建设工程质量监督通知书。

(3) 建设工程质量监督工作方案。

(4) 建设工程质量监督交底记录。

(5) 建设工程质量责任主体质量行为资料监督检查记录。

(6) 建设工程质量监督抽查记录。

(7) 建设工程质量监督抽测记录。

① 房屋建筑部分:现浇混凝土强度、现浇混凝土钢筋与构件尺寸、绝缘电阻、导线与接地电阻、空调系统工况。

② 市政道路、管道、桥隧、构筑物等。

(8) 建设工程质量监督抽检通知书。

(9) 工程质量整改通知书及整改报告。

(10) 工程局部停工(暂停)通知书、复工申请报告或整改报告。

(11) 工程复工通知书。

(12) 桩基(地基处理)子分部工程质量验收监督记录、附桩基处理子分部工程质量验收记录。

(13) 地基与基础分部工程质量验收监督记录、附地基与基础分部工程质量验收记录。

(14) 主体结构分部工程质量验收监督记录、附主体结构分部工程质量验收记录。

(15) 工程质量专项验收监督记录、附工程质量专项验收记录。

(16) 建筑节能工程质量专项验收监督记录、附建筑节能工程质量专项验收记录。

(17) 工程质量事故处理监督记录,附:① 工程质量事故报表;② 工程质量事故调查报告;③ 工程质量事故处理资料。

(18) 单位(子单位)工程质量竣工验收监督记录,附:① 单位(子单位)工程竣工验收通知单;② 单位(子单位)工程竣工验收报告;③ 工程竣工报告;④ 工程勘察质量检查报告;⑤ 工程设计质量检查报告;⑥ 工程监理质量评估报告;⑦ 单位(子单位)工程竣工验收记录;⑧ 单位(子单位)工程质量控制资料核查记录;⑨ 单位(子单位)工程安全和功能检验资料核查及主要功能抽查记录。

(19) 建设工程质量监督报告。

(20) 其他附属资料:① 建设工程质量监督人员变动表;② 建设工程质量责任主体不良记录登记表。

(21) 需要保存的其他验收文件、资料、图片汇总(规划、施工许可证文件、电梯、消防、人防工程专项验收合格证明文件、住宅工程质量通病防治和分户验收核查汇总资料等)。

二、工程质量监督档案的填写要求

(1) 填写工程质量档案要及时,工程分部分项结束后应立即填写监督记录。

(2) 填写工程质量档案要真实,要能反映工程真实的质量情况。

(3) 填写工程质量档案签字要齐全,质量监督人员、建设工程参建各方要对工程实际情况及时客观地反映。

(4) 工程质量监督档案应及时整理,并符合档案管理的有关规定。

① 工程质量监督档案应立卷归档的材料由工程质量监督人员负责收集整理,资料归档应及时、真实。

② 工程质量监督人员应在单位工程竣工验收合格后7个工作日内将工程质量监督档案立卷归档,移交给档案管理人员。工程质量监督档案、保管装订应符合相关要求。

③ 档案管理人员应对工程质量监督人员移交的监督档案进行审查,监督档案内容齐全。

三、工程质量监督档案的装订

(1) 建设工程质量监督档案应随工程进度及时整理、归档。

(2) 归档文件排序整齐统一,档案中无空白文档。

(3) 归档文件应采用耐久性强的书面材料,不得使用易褪色的书写材料。

(4) 归档文件字迹清楚、签字盖章手续完备。

(5) 归档文件中文字材料面尺寸规格宜为 A4 幅面(297 mm×210 mm),图纸宜采用国家标准图幅。卷内文件页号应符合下列规定:

① 卷内文件按有书写内容的页面编号,每卷单独编号,页号从"1"开始。

② 页号编写的位置:单面书写的文件在右下角,双面书写的文件,正面在右下角,背面在左下角,折叠有图纸一律在右下角。

③ 案卷封面、卷内目录和卷内备考表不编写页号。

(6) 案卷文字材料必须装订,既有文字材料又有图纸的案卷应装订,装订应采用线绳三孔左侧装订法,要整齐牢固,便于保管和利用。

(7) 案卷装具一般采用卷盒、卷夹两种形式:

① 卷盒的外表尺寸为 310 mm×220 mm,厚度分别为 20 mm、30 mm、40 mm、50 mm。

② 卷夹的外表尺寸为 310 mm×220 mm,厚度一般为 20~30 mm。

四、工程质量监督档案保管要求

(1) 工程质量监督机构应设置专门的档案室用于存放、保管监督档案,档案室应配备消防、防盗、防渍、防有害生物等设施。

（2）工程监督机构应确定相应科室及专门人员对归档监督档案进行管理，并明确其相关责任和权利。

（3）档案室应建立监督档案台账，便于保管与查阅。

（4）工程质量监督机构应建立监督档案查询的规定。工程相关的单位和个人凭介绍信、工作证等合法证明可对相应的监督档案进行查询；档案室应建立监督档案查询台账。不得擅自抄录、复制档案或者泄露档案内容。

（5）工程质量监督档案保存期限分为长期和短期两种：长期为15年，短期为5年。

确定档案保存期限的原则：要根据本单位工作的需要，全面地确定档案的保存价值，准确地判定档案的保存期限。

（6）工程质量监督机构应明确工程质量监督档案销毁的相关规定。对超过保存期限或无保存必要的工程质量监督档案需销毁的，应经档案管理人员鉴别，单位技术负责人审核后定期销毁。销毁档案应进行登记，并有人监销。

五、工程质量监督档案的验收与移交

（1）工程质量监督档案由监督负责人负责整理，工程质量监督机构技术负责人负责审核、检查，符合要求后向档案管理员移交。

（2）工程质量监督监督机构应建立建设工程质量监督归档台账和档案室，档案室应符合档案存放、保管的要求，确保档案保存的质量。

六、工程质量监督档案注意事项

（1）档案内无监督方案或监督方案内容不齐全。

（2）监督工作未按监督方案的规定实施。如：现场监督抽查的频次低于方案的规定。

（3）监督记录不规范，对发现的结构性质量隐患未根据要求下发整改通知书。如：在监督记录中反映"不符合设计要求、规范要求、不按图施工"等质量问题，但无相关整改落实情况的记录，降低了质量监督工作的严肃性。

（4）未对反馈的质量整改报告进行复查，导致责任方出具虚假报告，缺少必要的附件作为证明材料。如：初验发现的问题，有关方已有回复，但竣工验收监督时，对同样问题又下发整改通知。

（5）监督报告内容与监督档案记录的内容不一致。如：报告中记录已按要求整改，但竣工验收所发的整改通知，滞后数月尚未回复。

（6）监督报告出具时间滞后，应与竣工验收时间相吻合。

（7）档案不按要求整理，空白页过多，前后次序混乱。

（8）整改通知回复不及时，少数项目已竣工验收，但施工过程中下发的整改通知尚未回复。

（9）检查表中签字不全，缺少质量行为检查记录。

（10）对无施工许可、无质量监督手续等严重违法违规行为的工程，未按要求下发整改通知，并提请建设行政主管部门查处；对不符合竣工验收条件的项目，进行竣工验收。如：无施工许可，未对竣工条件进行审核，质量监督站下发的整改通知未回复，严重的质量缺陷未按要求处理。

第五章　工程质量投诉及事故的处理

第一节　工程质量的投诉

为了更好地发挥广大人民群众和社会舆论的监督作用,促进工程质量的稳步提升,维护建设工程各方当事人的合法权益,认真做好建设工程质量投诉工作是当前各级建设行政主管部门的一项重要工作。对于保护广大人民群众的生命和财产安全,保持社会和谐稳定具有十分重要的意义。作为地方各级建设行政主管部门委托的建设工程质量监督机构在对建设工程进行过程执法监督的同时,渐已成为地方建设行政主管部门指定的投诉处理机构。各级建设工程质量机构的质量监督人员熟悉和掌握有关质量投诉的法律法规、处理程序和方法是当前做好质量投诉工作的基础。

一、建设工程质量投诉的概念

（一）工程质量投诉的概念

工程质量投诉是指公民、法人和其他组织通过信函、电话、来访等形式反映工程质量问题的活动。

（二）工程质量投诉的范围

凡是新建、改建和扩建的建设工程,在建设过程中和保修期内发生的工程质量问题,均属投诉范围。

对超过保修期,在使用过程中发生的工程质量问题由产权单位或有关部门进行处理。

二、当前工程质量投诉增加的主要原因

随着城市建设的不断发展,各个城市的工程建设规模急剧增加,其中以开发性质的商品房成为建设的主导,在商品住宅已成为广大城市居民主要居住来源的今天,随之而来的工程质量投诉事件也逐年上升,究其原因主要有以下几个方面:

（1）近年来,随着经济社会发展和人们生活水平的提高,人民群众对住宅工程质量有了更高的期望,公民自我维权意识和知识水平的提升是造成工程质量投诉事件居高不下的主要原因。

（2）工程存在质量问题,而工程责任方法律意识淡薄,服务意识差,推诿扯皮,致使用户反映的质量问题难以解决而形成向政府投诉。主要集中在两个方面:一是施工单位不能按照保修合同要求认真履行保修义务,致使一些质量问题在保修期内不能得到及时解决;二是开发企业对所投诉的质量问题不重视,不负责任,对投诉者态度生硬,未及时组织处理住户反映的质量问题,这是造成质量投诉的重要原因。

（3）工程建设的整体管理水平不能适应建设规模快速增加的要求,影响了住宅工程质量。首先,建设规模的快速增加对建设、施工、监理等质量技术管理人员的需求加大,导致技术性人才缺失,从普通建筑工人到技术员、监理员、项目经理及建设单位管理人员质量管理水平参差不齐,相当一部分人员根本不能胜任岗位要求,这部分人员的质量意识、专业技术和管理水平的不足对工程质量产生了很大的影响。其次,在以市场经济为主体的工程建设领域,专业质量技术管理人员的流动性相对较大,人员流动频繁在中小型的开发、施工、监理等企业内部表现得尤为突出,这部分人员在一定程度上很难树立较强的质量责任意识,在行动上也很难履行自己的职责,从而也影响了企业管理水平的上升。三是工程建设规模的急剧增大,竞争的加剧促使开发、施工、监理等企业,特别是部分中小型企业往往以产值和利润最大化为发展的目标而忽视了内部质量管理制度的建设和管理水平的提高。四是大量新技术新材料新工艺的推广应用和精装修成品房的逐步涌现,在施工队伍素质和施工过程控制方面的矛盾逐渐扩大,出现了一些新的质量通病。因此,在一定程度上制约了工程质量的提升。

(4) 作为目前以开发为主体的建筑市场,开发企业的主导意识和行为成为制约工程质量发展和提高的重要因素。目前,作为不同开发企业决策管理层的主导意识差别较大,部分开发商受利益驱使,盲目追求利润最大化,丧失社会责任,置百姓利益而不顾。如随意要求设计单位降低设计的标准,能省则省,选材低档;为降低投入,选择资质级别低、管理水平差的施工、监理企业;施工过程中随意肢解工程,特别是防水、门窗等易出问题的分项工程。

(5) 商品房价格的迅速提升,占居民收入比重的不断提高是当前投诉居高不下的重要原因。商品住宅成为现代城市家庭的必需品,同时也是作为家庭最为昂贵的一件商品,住宅质量投诉与日俱增的原因也就不言而喻。

三、工程质量投诉的主要内容

(1) 住宅工程质量通病居质量投诉之首。主要表现在屋面、门窗、墙体和有防水要求的房间渗漏,给排水及采暖管道的渗漏;填充墙局部裂缝,砖混结构的顶层端户墙体的温度裂缝,排水管道、抽气(烟道)的堵塞等,这方面的投诉占总体投诉量的 60% 以上。

(2) 影响结构安全的结构性裂缝。主要表现在砖混结构中的墙体沉降裂缝,现浇梁、板出现的贯通裂缝等,这些问题虽然投诉数量少,但是处理解决难度较大。

(3) 影响工程观感质量方面的投诉。主要表现:装饰装修材料质量差,如采用的墙、地砖表面面层缺损,金属管道返锈;室内墙面、顶棚涂料面层泛碱、起皮、裂纹、发霉,门窗安装不正等。

(4) 室内空间尺寸达不到设计和规范规定。主要表现在室内房间不方正,局部轴线位移过大,室内净高均匀程度差。这些问题的投诉处理难度较大,必须严格住宅工程质量分户验收的落实。

(5) 因质量问题造成的经济损失。在质量投诉的案例中还有个别案例,因房屋漏水、工程维修等造成住户一定的经济损失而又未得到解决导致的投诉。

四、工程质量投诉的受理

(一) 工程质量投诉处理的依据

处理工程质量投诉必须依照国家的有关法律法规、规范性标准、文件及地方性标准和规定认真开展质量投诉的处理工作。主要工作依据包括:《中华人民共和国建筑法》、《建设工程质量管理条例》、《建设工程质量投诉处理暂行规定》(建监〔1997〕60 号)、《房屋建筑质量保修办法》(建设部令第 80 号)、《关于加强住宅工程质量管理的若干意见》(建设部建质〔2004〕18 号)、《山东省建设工程质量投诉处理暂行办法》及地方建设行政主管部门制定的相关规定。

（二）工程质量投诉的处理原则

工程质量投诉处理工作应当在各级建设行政主管部门的领导下,坚持分级负责、归口管理,及时、就地依法解决的原则。对于投诉的质量问题,要本着实事求是的原则,对合理的要求,要及时妥善处理;暂时解决不了的,要向投诉人作出解释,并责成工程质量责任方限期解决;对不合理的要求,要作出说明,经说明后仍坚持无理要求的,应给予批评教育。住宅工程建设单位(房地产开发企业)是住宅工程质量的第一责任人,应对其建设的住宅工程的质量全面负责。投诉人在发现所购买住宅存在质量问题时,应首先向该住宅建设单位(房地产开发企业)反映并要求其解决。

接待和处理工程质量投诉是各级建设行政主管部门的一项重要日常工作,各级建设行政主管部门及其指定的投诉处理机构要支持和保护群众通过正常渠道、采取正当方式反映工程质量问题,对于质量投诉要认真对待,妥善处理。投诉处理机构要督促工程质量责任方,按照有关规定认真处理好用户的工程质量投诉。

各市、县投诉处理机构受理的工程质量投诉,原则上应直接派人或与有关部门共同调查处理,不得层层转批。

（三）工程质量投诉受理登记

投诉处理机构对于投诉的信函要做好登记;对以电话、来访等形式的投诉,承办人员在接待时,要认真听取陈述意见,做好详细记录并进行登记。

投诉受理登记应包括以下内容:被投诉工程的工程基本情况(工程名称、工程地址、层数、工程性质、结构类型、开竣工日期等)、工程的建设单位、投诉人反映的主要质量问题及部位,投诉人姓名、联系方式和需要掌握的其他情况。

投诉处理机构在接受用户投诉时应注意以下事项:该质量投诉应属于质量投诉的范围,且未超出当地建设行政主管部门授权处理的范围。对于不符合以上条件的质量投诉,处理机构应向投诉人解释说明不予受理的原因,依照规定向投诉人指出正确的解决或维权渠道。对于需由多个部门联合解决的质量投诉,处理机构应做好登记,并向建设行政主管部门汇报,由建设行政主管部门组织,各司其职,协同处理。

（四）质量投诉问题的处理

1. 质量投诉问题的调查

投诉处理机构受理投诉后两个工作日内应明确投诉处理承办人员(下称承办人),承办人应在受理投诉后五个工作日内督促建设单位(房产开发企业)组织施工、监理等有关人员会同投诉人进行现场核实投诉问题,初步分析工程质量问题产生的原因,核实情况形成书面记录。

2. 质量投诉问题的处理

（1）调查情况核实后,对于事实清楚、责任明确、维修简便的一般性质量问题,承办人应向建设单位(房产开发企业)下达《质量投诉督办处理通知书》,明确维修要求和时限。

（2）对可能存在结构安全隐患、质量问题认定困难的质量问题,承办人员应根据实际情况向建设单位下发《质量投诉督办处理通知书》,明确要求建设单位(房产开发企业)可通过组织召开设计、监理、施工等人员参加的专家论证会或委托第三方(有资质的鉴定机构)鉴定的形式认定投诉的质量问题,提出解决方案,并将有关意见和方案按规定时间报承办人。承办人在收到建设单位的书面处理意见或方案后应及时向投诉处理机构负责人报告,投诉机构负责人同意认可后及时向建设单位下发书面通知,明确质量问题的办结时限。

（3）投诉人对投诉问题的责任认定或处理方案不认可或拒绝配合的,承办人应积极组织当事双方进行协商,经协商无果的,承办人应书面告知当事一方或双方可提请诉讼。

3. 质量投诉的结果

质量投诉问题处理完毕后,建设单位（房产开发企业）将投诉质量问题的处理情况和结果形成书面报告经投诉人确认后报投诉处理机构,以此作为工程质量投诉结案的依据。承办人应及时整理与投诉相关的各种材料（含影像证明资料）,并予以归档备查。

（五）上级建设行政主管部门转批的质量投诉的处理

对于建设部或省级质量投诉处理机构批转各地区、各部门处理的工程质量投诉材料,各地区、各部门的投诉处理机构应在三个月（或限定时限）内将调查和处理情况报建设部或省级质量投诉处理机构。其处理的程序按前述（四）的基本要求进行处理。

第二节　工程质量事故及处理

一、工程质量事故的概念

工程质量事故,是指由于建设、勘察、设计、施工、监理等单位违反工程质量有关法律法规和工程建设标准,使工程产生结构安全、重要使用功能等方面的质量缺陷,造成人身伤亡或者重大经济损失的事故。

二、质量事故的特点及分类

由于工程质量事故具有复杂性、严重性、可变性和多发性的特点,所以建设工程质量事故的分类有多种方法,但一般可按以下条件进行分类:

1. 按事故损失分类

根据工程质量事故造成的人员伤亡或者直接经济损失,工程质量事故分为4个等级:

（1）特别重大事故,是指造成30人以上死亡,或者100人以上重伤,或者1亿元以上直接经济损失的事故;

（2）重大事故,是指造成10人以上30人以下死亡,或者50人以上100人以下重伤,或者5 000万元以上1亿元以下直接经济损失的事故;

（3）较大事故,是指造成3人以上10人以下死亡,或者10人以上50人以下重伤,或者1 000万元以上5 000万元以下直接经济损失的事故;

（4）一般事故,是指造成3人以下死亡,或者10人以下重伤,或者100万元以上1 000万元以下直接经济损失的事故。

本等级划分所称的"以上"包括本数,所称的"以下"不包括本数。

2. 按事故责任分类

（1）指导责任事故

由于在工程实施指导或领导失误而造成的质量事故。例如,由于工程负责人片面追求施工进度,放松或不按质量标准进行控制和检验,降低施工质量标准等。

（2）操作责任事故

在施工过程中,由于实施操作者不按规程和标准实施操作,而造成的质量事故。例如,浇筑混凝土时随意加水;混凝土拌合物产生离析现象仍浇筑入模等。

3．按质量事故产生的原因分类

（1）技术原因引发的质量事故

技术原因引发的质量事故是指在工程项目实施中由于设计、施工工作技术上的失误而造成的质量事故。例如,结构设计计算错误;地质情况估计错误;采用了不适宜的施工方法或施工工艺等。

（2）管理原因引发的质量事故

管理上的不完善或失误引发的质量事故。例如,施工单位或监理单位的质量体系不完善;检验制度不严密;质量控制不严格;质量管理措施落实不力;检测仪器设备管理不善而失准;进料检验不严等原因引起的质量问题。

（3）社会、经济原因引发的质量事故

由于经济因素及社会上存在的弊端和不正之风引起建设中的错误行为,而导致出现质量事故。例如,某些施工企业盲目追求利润而不顾工程质量,在投标报价中随意压低标价,中标后则依靠违法的手段或修改方案追加工程款,或偷工减料等等。这些因素往往会导致出现重大工程质量事故,必须予以重视。

三、工程质量事故的报告与调查

（一）工程质量事故的报告

（1）工程质量事故发生后,事故现场有关人员应当立即向工程建设单位负责人报告;工程建设单位负责人接到报告后,应于1小时内向事故发生地县级以上人民政府住房和城乡建设主管部门及有关部门报告。

情况紧急时,事故现场有关人员可直接向事故发生地县级以上人民政府住房和城乡建设主管部门报告。

（2）住房和城乡建设主管部门接到事故报告后,应当依照下列规定上报事故情况,并同时通知公安、监察机关等有关部门:

① 较大、重大及特别重大事故逐级上报至国务院住房和城乡建设主管部门,一般事故逐级上报至省级人民政府住房和城乡建设主管部门,必要时可以越级上报事故情况。

② 住房和城乡建设主管部门上报事故情况,应当同时报告本级人民政府;国务院住房和城乡建设主管部门接到重大和特别重大事故的报告后,应当立即报告国务院。

③ 住房和城乡建设主管部门逐级上报事故情况时,每级上报时间不得超过2小时。

（3）事故报告应包括下列内容:

① 事故发生的时间、地点、工程项目名称、工程各参建单位名称;

② 事故发生的简要经过、伤亡人数（包括下落不明的人数）和初步估计的直接经济损失;

③ 事故的初步原因;

④ 事故发生后采取的措施及事故控制情况;

⑤ 事故报告单位、联系人及联系方式;

⑥ 其他应当报告的情况。

（4）事故现场保护。

事故发生后,事故发生单位和事故发生地的建设行政主管部门,应当严格保护事故现场,采取有效措施抢救人员和财产,防止事故扩大。

因抢救人员,疏导交通等原因,需要移动现场物件时,应当作出标志,绘制现场简图并作出书面记录,妥善保存现场重要痕迹、物证,有条件的应当拍照或录像。

（二）工程质量事故的调查

工程质量事故的调查工作,必须坚持实事求是,尊重科学的原则。

（1）事故调查组的职责

住房和城乡建设主管部门应当按照有关人民政府的授权或委托,组织或参与事故调查组对事故进行调查,并履行下列职责:

① 核实事故基本情况,包括事故发生的经过、人员伤亡情况及直接经济损失;

② 核查事故项目基本情况,包括项目履行法定建设程序情况、工程各参建单位履行职责的情况;

③ 依据国家有关法律法规和工程建设标准分析事故的直接原因和间接原因,必要时组织对事故项目进行检测鉴定和专家技术论证;

④ 认定事故的性质和事故责任;

⑤ 依照国家有关法律法规提出对事故责任单位和责任人员的处理建议;

⑥ 总结事故教训,提出防范和整改措施;

⑦ 提交事故调查报告。

（2）事故调查报告应当包括下列内容:

① 事故项目及各参建单位概况;

② 事故发生经过和事故救援情况;

③ 事故造成的人员伤亡和直接经济损失;

④ 事故项目有关质量检测报告和技术分析报告;

⑤ 事故发生的原因和事故性质;

⑥ 事故责任的认定和事故责任者的处理建议;

⑦ 事故防范和整改措施。

事故调查报告应当附具有关证据材料。事故调查组成员应当在事故调查报告上签名。

（3）事故调查的分级管理

① 事故发生地住房和城乡建设主管部门接到事故报告后,其负责人应立即赶赴事故现场,组织事故救援。

发生一般及以上事故,或者领导有批示要求的,设区的市级住房和城乡建设主管部门应派员赶赴现场了解事故有关情况。

发生较大及以上事故,或者领导有批示要求的,省级住房和城乡建设主管部门应派员赶赴现场了解事故有关情况。

发生重大及以上事故,或者领导有批示要求的,国务院住房和城乡建设主管部门应根据相关规定派员赶赴现场了解事故有关情况。

② 没有造成人员伤亡,直接经济损失没有达到 100 万元,但是社会影响恶劣的工程质量问题,参照有关规定执行。

四、工程质量事故原因分析

（一）常见的工程质量事故发生的原因

1．违背基本建设法规

（1）违反基本建设程序

基本建设程序是工程项目建设过程及其客观规律的反映，但有些工程不按基建程序办事，例如未做好调查分析就拍板定案；未搞清地质情况就仓促开工；边设计、边施工；无图施工，不经竣工验收就交付使用等若干现象，致使不少工程项目留有严重隐患，房屋倒塌也可能发生，它常是导致重大工程质量事故的重要原因。

（2）违反有关法律法规和工程合同的规定

例如，无证设计；无资质队伍施工；超级设计；越级施工；工程招、投标中的不公平竞争；超常的低价中标；施工图设计文件未按规定进行审查，施工单位擅自转包、层层分包；施工单位擅自修改设计，不按设计图施工等。

2．地质勘察原因

诸如未认真进行地质勘察或勘察时钻探深度、间距、范围不符合规定要求，地质勘察报告不详细、不准确、不能全面反映实际的地基情况等，从而使得地下情况不清，或对基岩起伏、土层分布误判，或未查清地下软土层、滑坡、墓穴、孔洞等地质构造，或对场地土类别判断错误，地下水位评价不清等。它们均会导致采用不恰当或错误的基础方案，造成地基不均匀沉降、失稳使上部结构或墙体开裂、破坏，或引发建筑物倾斜、倒塌等质量事故。

3．对不均匀地基处理不当

对软弱土、冲填土、杂填土、湿陷性黄土、膨胀土、大孔性土、红粘土、熔岩、土洞、岩层出露等不均匀地基未进行处理或处理不当，均是导致重大质量事故的原因，必须根据不同地基的工程特性，按照地基处理应与上部结构相结合，使其共同工作的原则，从地基处理、设计措施、结构措施、防水措施、施工措施等方面综合考虑，加以治理。

4．设计问题

诸如盲目套用图纸，设计不周，结构构造不合理，采用不正确的设计方案，计算简图与实际受力情况不符，荷载取值过小，内力分析有误，沉降缝或变形缝设置不当，悬挑结构未进行抗倾覆验算，沉降无要求、无计算，以及计算错误等，都是引发质量事故的隐患。

5．建筑材料及制品不合格

诸如钢筋物理力学性能不良会导致钢筋混凝土结构产生裂缝或脆性破坏；骨料中活性氧化硅会导致碱骨料反应使混凝土产生裂缝；水泥安定性不良会造成混凝土爆裂；水泥受潮、过期、结块，砂、石含泥量、泥块含量及有害物质含量、外加剂掺量等不符合要求时，会影响混凝土强度、和易性、密实性和抗渗性，从而导致混凝土结构承载力不足、裂缝、渗漏、蜂窝、漏筋等质量事故。此外，预制构件断面尺寸不足，支承锚固长度不足，未可靠地建立预应力值，漏放或少放钢筋，钢筋错位、板面开裂等，均可能出现断裂、坍塌事故。

6．施工管理问题

（1）未经设计单位同意，擅自修改设计，偷工减料或不按图施工。例如将铰接做成刚接，将简支梁做成连续梁；用光圆钢筋代替变形钢筋，导致结构破坏；挡土墙不按图设滤水层、排水孔，导致压力增大，墙体破坏或倾覆。

（2）图纸未经会审，仓促施工，或不熟悉图纸，盲目施工。

（3）不按有关的施工规范或操作规程施工,例如浇筑混凝土时不按规定的位置和方法任意留置施工缝,不按规定分层浇筑、振捣致使混凝土结构整体性差、不密实,出项蜂窝、孔洞和烂根,不按规定的强度拆除模板;砖砌体包心砌筑、上下通缝、灰浆不均匀、不饱满均能导致砖墙或砖柱破坏。

（4）缺乏结构工程基础知识不懂装懂,蛮干施工,例如将钢筋混凝土预制梁倒置吊装;将悬挑结构钢筋放在受压区等均将导致结构破坏,造成严重后果。

（5）管理紊乱,施工方案考虑不周,施工顺序混乱、错误,技术交底不清,违章作业、疏于检查、验收等,施工中在楼面上超载堆放构件和材料等,均将给质量和安全造成严重后果。

7. 自然条件影响

施工项目周期长,露天作业多,受自然条件影响较大,空气温度、湿度、暴雨、风、浪、洪水、雷电、日晒等均可能成为质量事故的原因,施工中均应特别注意并采取有效的措施预防。

8. 建筑物使用不当

对建筑物或设施使用不当也易造成质量事故。例如未经校核验算就任意对建筑物加层,或在屋面上设置较重的设备;任意拆除承重结构部位;任意在结构物上开槽、打洞、削弱承重结构截面等。

（二）工程质量事故原因分析方法

对工程质量事故原因进行分析可概括为如下的方法和步骤:

（1）对事故情况进行细致的现场调查研究,充分了解与掌握质量事故或缺陷的现象和特征。例如大体积混凝土裂缝的现象与特征是:表面性裂缝、缝宽细小、呈纵横交错分布广、不规律等。

（2）收集资料（如施工记录等）,调查研究,摸清质量事故对象在整个施工过程中所处的环境及面临的各种情况。诸如:

① 所使用的设计图纸。例如,设计图纸中的结构是否合理;是否设置了必要的沉降缝或伸缩缝。

② 施工情况。是否完全按图纸施工。例如,当时采用的施工方法或工艺是否合理,如混凝土运输采用皮带机是否使混凝土产生离析、拌合料的水灰比是否过稠易使卸料管堵塞;混凝土养护时间是否足够、拆模时间是否过早;施工操作是否符合规程要求;结构是否过早承受荷载;所承受的荷载是否超过设计极限荷载;是否产生不应有的应力集中现象等。

③ 使用的材料情况。例如,使用的材料与设计图纸要求是否一致,其性能、规格,以及内在质量是否符合标准,是否采用了替代料,它是否能满足原设计对所用材料的要求;在使用前该批材料的质量是否经过检查与确认（例如水泥是否受潮、结块）,有无合格的凭证;现场加工材料、半成品是否经过必要的检验确认合格;现场拌合料配比有无记录,其配合比与设计要求配比是否一致等。

④ 施工期间的环境条件。在自然条件方面,诸如施工的气温、湿度、风力、降雨等,它们的实际情况和施工对象可能产生的不利影响。例如,在高温酷暑下是否按规定停止了浇筑混凝土,还是为了赶工仍在高温下浇筑,是否采取了专门的技术措施;又如一次降雨量及降雨强度对土方填筑质量的影响;风力对水上打桩质量的影响等,此外,还要考虑其他施工条件的影响,例如地下水的情况对基坑开挖质量的影响,是否出现了流砂或管涌现象,施工时是否采用了有效措施;运输道路条件是否良好;运输时的颠簸是否造成混凝土拌合料的离

析,运距过长及交叉口车辆堵塞是否导致运输延误及混凝土在浇筑过程中初凝;动力供应是否中断,影响混凝土连续浇筑等。

⑤ 质量管理与质量控制情况。质保体系是否健全,管理是否到位,质量责任是否落实;质量保证资料的项目、批量是否符合规定,如:各种原材料试验、施工试验、隐检、预检记录、施工记录、地基与结构验收记录是否齐全、有效;施工组织设计、施工方案和技术交底是否结合工程的特点进行编制,并用于指导施工,工序三检制、分项工程验收是否按规定进行,以及对质量事故所进行检测的各种数据、资料等原始记录,均是对质量事故原因分析不可缺少的资料。

（3）分析造成质量事故的原因

根据对质量事故的现象及特征的了解,结合当时在施工过程中所面临的各种条件和情况,进行综合分析、比较和判断,找出最可能造成质量事故的原因,例如大体积混凝土表面裂缝的原因,就是根据其裂缝现象是细微的、纵横交错且无规律的、表面性的裂缝,而当时所处的情况是处在浇筑后的水化热温升的高峰期,自然环境是寒潮袭击、气温骤降,因而最后推断为由于混凝土内外温差过大而引起的温度裂缝。另外墙体裂缝也是根据其裂缝现象推断各种地基及受荷载情况的影响的。

对于某些工程质量事故,除要做上述的调查、分析外,还需要结合专门的计算进行验证,才能做出综合判断,找出其真正的原因。

五、工程质量事故的处理

（一）工程质量事故处理的依据

工程质量事故发生后,事故处理主要应解决:查清原因、落实措施、妥善处理、消除隐患和界定责任。其中核心是查清原因。

工程质量事故处理的主要依据:

（1）施工单位的质量事故调查报告

质量事故发生后,施工单位有责任就所发生的质量事故进行周密的调查、研究掌握情况,并在此基础上写出事故调查报告,对有关质量事故的实际情况做详尽的说明。

（2）事故调查组研究所获得的第一手材料,以及调查组所提供的工程质量事故调查报告,用来核对施工单位所提供的情况对照、核实。

（3）有关合同和合同文件

所涉及的合同文件有:工程承包合同;设计委托合同;设备与器材购销合同;监理合同及分包工程合同等。有关合同和合同文件在处理质量事故中的作用,是对于施工过程中有关各方是否按照合同约定的有关条款实施其活动。

（4）有关的技术文件和档案

主要是有关的设计文件与施工有关的技术文件和档案资料。

（5）有关的建设法规

主要是设计、施工、建筑市场方面的法规

（二）工程质量事故处理的程序

工程质量事故发生后,一般可以按照图5-1所示的程序处理。

（三）工程质量事故的处理方法

1. 质量事故处理的基本要求

（1）处理应达到安全可靠、不留隐患、满足生产、使用要求、施工方便和经济合理的目的。

发生质量事故

| 发出停止令（监理） | 发出事故通知单（监理） | 上报主管部门 |

| 监督机构责令整改 | 组织事故调查 组 | |

| 暂停施工 | 现场勘察、取证 | 上报监督机构、建设行政主管部门 |

| | 必要时进行检测 | |

| | 分析事故原因 | （倒塌事故 12 h 以内上报）（重大、一般质量事故 24 h 内写出书面报告） |

设计提出事故处理方案

| 必要时专家审定方案 | 补充调查 |

| 事故处理实施方案审定 | 提出新方案 |

写出处理过程及检查

| 发出复工令 | 完成后的验收 |

| 恢复施工 | 处理责任单位及负责人 |

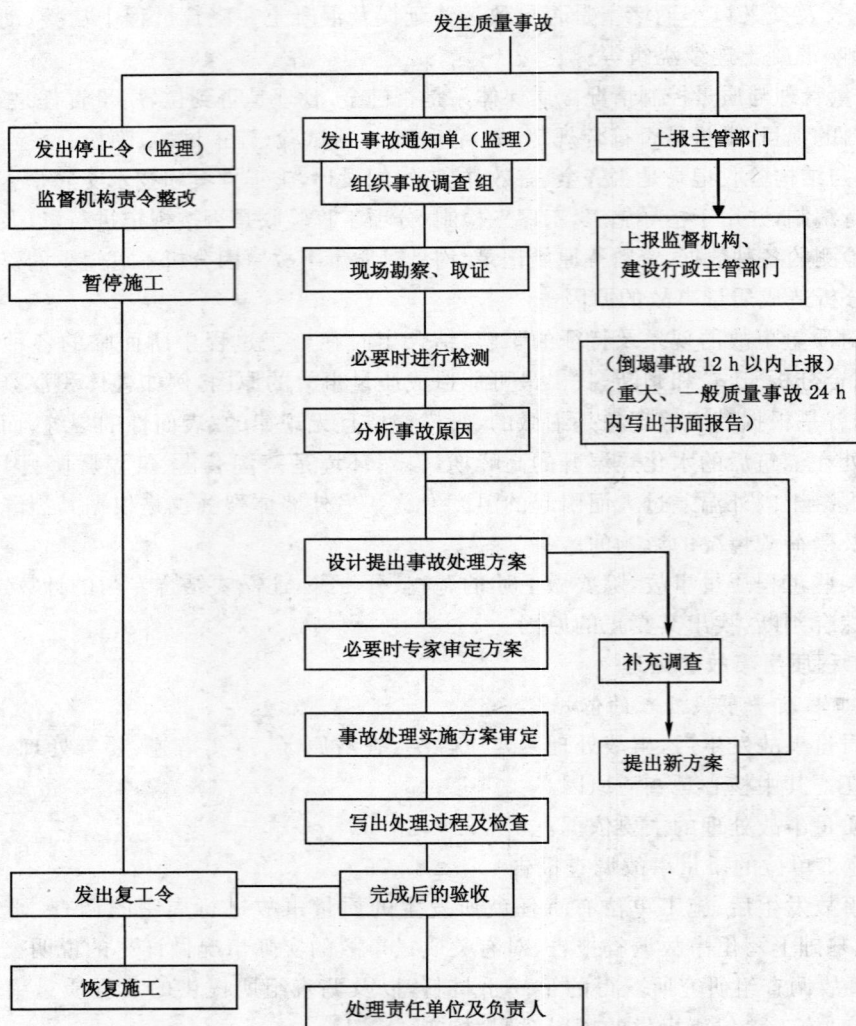

图 5-1　工检质量事故处理程序图

　　（2）重视消除造成事故的原因，这不仅是一种处理方法，也是防止事故重演的重要措施，如地基由于浸水沉降引起的质量问题，则应消除浸水的原因，制定防治浸水的措施。

　　（3）注意综合治理。既要防止原有事故的处理引发新的事故，又要注意处理方法的综合应用，如结构承载力不足时，则可采取结构补强、卸荷、增设支撑、改变结构方案等方法的综合应用。

　　（4）正确确定处理范围。除了直接处理事故发生的部位外，还应检查事故对相邻区域及整个结构的影响，以正确确定处理范围。如板的承载力不足进行加固时，往往形成从板、梁、柱到基础均可能要予以加固。

　　（5）正确选择处理时间和方法。

　　（6）凡涉及结构安全的，都应对处理阶段的结构强度，刚度和稳定性进行验算，提出可靠的防护措施，并在处理中严密监视结构的稳定性。

（7）对需要进行部分拆除的事故，应充分考虑事故对相邻区域结构的影响，以免事故进一步扩大，且应制定可靠的安全措施和拆除方案，要严防对原有事故的处理引发新的事故，如偷梁换柱，稍有疏忽将会引起整栋房屋的倒塌。

（8）在不卸荷条件下进行结构加固时，要注意加固方法和施工荷载的影响。要充分考虑对事故处理中所产生的附加内力，以及由此引发的不安全因素。

（9）加强事故处理的检查验收工作，从施工准备到完成处理工作，均应根据有关规范的规定和设计要求的质量标准进行检查验收。确保事故处理期的安全，应事先采取可靠的安全技术措施和防护措施，并严格检查、执行。

2．质量事故处理所需的资料

（1）与事故有关的施工图。

（2）与工程施工有关的资料、记录。

（3）事故发生部位法定检测单位出具的检测报告。

（4）对质量事故的专家论证分析报告。

（5）事故调查分析报告。

（6）质量事故所涉及的人员与主要责任者的情况。

3．质量事故处理方案的确定

质量事故处理方案，应当是在正确地分析和判断事故原因的基础上进行，通常是由原设计单位根据质量事故的实际情况，结合检测报告提供的数据，提出处理方案，经参加建设各方研讨后，必要时还应请专家论证后确定，由具有特种作业资质的单位组织实施施工。

4．质量事故处理的施工方案及审定

质量事故处理设计方案确定后，施工单位应根据设计文件和要求，编制事故处理的施工方案。

（1）组成对质量事故处理的施工技术管理班子，负责对事故处理全过程的施工、技术、质量管理和控制工作。

（2）编制事故处理的施工方案及相应的技术措施、质量标准，并报企业技术负责人批准。

（3）做好施工准备（包括材料、人员、机具、设备等）和施工配合工作（建设、监理、设计、施工及各专业队伍、专业人员之间的协作）的安排。

（4）严格工序管理、质量控制、避免重复事故的发生。

（5）事故处理完毕后，组织自检自验工作。

（6）事故处理的各种记录、资料归案。

（7）写出事故处理的总结报告。

5．质量事故处理的鉴定验收

质量事故的处理是否达到了预期目的，是否仍留有隐患，应当通过检查鉴定和验收做出确认。

事故处理的质量检查鉴定，应严格按施工验收规范及有关标准的规定进行，必要时还应通过实际量测、试验和仪表检测等方法获取必要的数据，才能对事故的处理结果作出确切的结论。检查和鉴定的结论可能有以下几种：

（1）事故已排除，可继续施工；

（2）隐患已消除，结构安全又保证；

（3）经修补、处理后，完全能够满足使用要求；

（4）基本上满足使用要求，但使用时应附加限制条件，例如限制荷载等；

（5）对耐久性的结论；

（6）对建筑物外观影响的结论等；

（7）对短期难以作出结论者，可提出进一步观测检验的意见。

对于处理后符合规定的要求和能满足使用要求的，监理工程师可予以验收、确认。

6．事故处理处罚原则

（1）住房和城乡建设主管部门应当依据有关人民政府对事故调查报告的批复和有关法律法规的规定，对事故相关责任者实施行政处罚。处罚权限不属本级住房和城乡建设主管部门的，应当在收到事故调查报告批复后 15 个工作日内，将事故调查报告（附具有关证据材料）、结案批复、本级住房和城乡建设主管部门对有关责任者的处理建议等转送有权限的住房和城乡建设主管部门。

（2）住房和城乡建设主管部门应当依据有关法律法规的规定，对事故负有责任的建设、勘察、设计、施工、监理等单位和施工图审查、质量检测等有关单位分别给予罚款、停业整顿、降低资质等级、吊销资质证书其中一项或多项处罚，对事故负有责任的注册执业人员分别给予罚款、停止执业、吊销执业资格证书、终身不予注册其中一项或多项处罚。

第三节　工程质量保修制度

一、工程质量保修的概念

房屋建筑工程质量保修，是指对房屋建筑工程竣工验收后在保修期限内出现的质量缺陷，予以修复。而质量缺陷，是指房屋建筑工程的质量不符合工程建设强制性标准以及合同的约定。

建设单位和施工单位应当在工程质量保修书中约定保修范围、保修期限和保修责任等，双方约定的保修范围、保修期限必须符合国家有关规定。

二、工程质量保修办法

（一）保修办法制订的依据

为保护建设单位、施工单位、房屋建筑所有人和使用人的合法权益，维护公共安全和公众利益，根据《中华人民共和国建筑法》和《建设工程质量管理条例》，制订本办法。

（二）保修办法的适用范围

在中华人民共和国境内新建、扩建、改建各类房屋建筑工程（包括装修工程）的质量保修，适用本办法。

（三）工程质量保修期限

建设单位和施工单位应当在工程质量保修书中约定保修范围、保修期限和保修责任等，在正常使用下，房屋建筑工程的最低保修期限为：

（1）地基基础工程和主体结构工程，为设计文件规定的该工程的合理使用年限；

（2）屋面防水工程、有防水要求的卫生间、房间外墙的防渗漏，为 5 年；

（3）供热与供冷系统，为 2 个采暖期、供冷期；

（4）电气管线、给排水管道、设备安装为 2 年；

（5）装修工程为 2 年。

其他项目的保修期限由建设单位和施工单位约定。房屋建筑工程保修期从工程竣工验收合格之日起计算。

（四）工程质量保修职责

（1）房屋建筑工程在保修期限内出现质量缺陷，建设单位或者房屋建筑所有人应当向施工单位发出保修通知。施工单位接到保修通知后，应当到现场核查情况，在保修书约定的时间内予以保修。发生涉及结构安全或者严重影响使用功能的紧急抢修事故，施工单位接到保修通知后，应当立即到达现场抢修。

（2）发生涉及结构安全的质量缺陷，建设单位或者房屋建筑所有人应当立即向当地建设行政主管部门报告，采取安全防范措施；由原设计单位或者具有相应资质等级的设计单位提出保修方案，施工单位实施保修，原工程质量监督机构负责监督。

（3）下列情况不属于本办法规定的保修范围：

① 因使用不当或者第三方造成的质量缺陷；

② 不可抗力造成的质量缺陷。

（五）罚则

（1）施工单位有下列行为之一的，由建设行政主管部门责令改正，并处 1 万元以上 3 万元以下的罚款。

① 工程竣工验收后，不向建设单位出具质量保修书的；

② 质量保修的内容、期限违反本办法规定的。

（2）施工单位不履行保修义务或者拖延履行保修义务的，由建设行政主管部门责令改正，处 10 万元以上 20 万元以下的罚款。

三、工程质量保修书（例子）

发包人（全称）：＿＿＿＿＿＿＿＿＿＿＿＿＿

承包人（全称）：＿＿＿＿＿＿＿＿＿＿＿＿＿

发包人、承包人根据《中华人民共和国建筑法》、《建筑工程质量管理条例》和《房屋建筑工程质量保修办法》，经协商一致，对＿＿＿＿＿＿＿＿＿＿＿＿＿（工程全称）签订工程质量保修书。

（一）工程质量保修范围和内容

承包人在质量保修期内，按照有关法律、法规、规章的管理规定和双方约定，承担本工程质量保修责任。

质量保修范围包括地基基础工程、主体结构工程，屋面防水工程、有防水要求的卫生间、房间和外墙面的防渗漏，供热与供冷系统，电气管线、给排水管道、设备安装和装修工程，以及双方约定的其他项目。具体保修的内容，双方约定如下：

＿＿＿＿＿＿＿＿＿＿＿＿＿＿＿＿＿＿＿＿＿＿＿＿＿＿＿＿＿

＿＿＿＿＿＿＿＿＿＿＿＿＿＿＿＿＿＿＿＿＿＿＿＿＿＿＿＿＿

（二）质量保修期

双方根据《建设工程质量管理条例》及有关规定，约定本工程的质量保修期如下：

1. 地基基础工程和主体结构工程为设计文件规定的该工程合理使用年限；

2. 屋面防水工程、有防水要求的卫生间、房间和外墙面的防渗漏为＿＿年；

3. 装修工程为＿＿年；

4. 电气管线、给排水管道和设备安装工程为＿＿年；

5. 供热与供冷系统为＿＿个采暖期、供冷期；

6. 住宅小区内的给排水设施、道路等配套工程为＿＿年；

7. 其他项目保修期限约定如下：

＿＿＿＿＿＿＿＿＿＿＿＿＿＿＿＿＿＿＿＿＿＿＿＿＿＿＿＿＿＿＿

＿＿＿＿＿＿＿＿＿＿＿＿＿＿＿＿＿＿＿＿＿＿＿＿＿＿＿＿＿＿＿

＿＿＿＿＿＿＿＿＿＿＿＿＿＿＿＿＿＿＿＿＿＿＿＿＿＿＿＿＿＿＿

质量保修期自工程竣工验收合格之日起计算。

（三）质量保修责任

1. 属于保修范围、内容的项目，承包人应当在接到保修通知之日起 7 天内派人保修。承包人不在约定期限内派人保修的，发包人可以委托他人修理。

2. 发生紧急抢修事故的，承包人在接到事故通知后，应当立即到达事故现场抢修。

3. 对于涉及结构安全的质量问题，应当按照《房屋建筑工程质量保修办法》的规定，立即向当地建设行政主管部门报告，采取安全防范措施；由原设计单位或者具有相应资质等级的设计单位提出保修方案，承包人实施保修。

4. 质量保修完成后，由发包人组织验收。

（四）保修费用

保修费用由造成质量缺陷的责任方承担。

（五）其他

双方约定的其他工程质量保修事项：

＿＿＿＿＿＿＿＿＿＿＿＿＿＿＿＿＿＿＿＿＿＿＿＿＿＿＿＿＿＿＿

＿＿＿＿＿＿＿＿＿＿＿＿＿＿＿＿＿＿＿＿＿＿＿＿＿＿＿＿＿＿＿。

本工程质量保修书，由施工合同发包人、承包人双方在竣工验收前共同签署，作为施工合同附件，其有效期限至保修期满。

发　包　人（公章）：　　　　　　　　承　包　人（公章）：

法定代表人（签字）：　　　　　　　　法定代表人（签字）：

　年　　月　　日　　　　　　　　　　年　　月　　日

第六章　建设工程质量相关法律法规文件

第一节　建设工程质量相关法律

一、建筑法

《中华人民共和国建筑法》(以下简称《建筑法》)于 1997 年 11 月 1 日由中华人民共和国第八届全国人民代表大会常务委员会第二十八次会议通过,于 1997 年 11 月 1 日发布,自 1998 年 3 月 1 日起施行。

《建筑法》的立法目的在于加强对建筑活动的监督管理,维护建筑市场秩序,保证建筑工程的质量和安全,促进建筑业健康发展。《建筑法》共包括八十五条,分别从建筑许可、建筑工程发包与承包、建筑工程监理、建筑安全生产管理、建筑工程质量管理等方面做出了规定。

(一)施工许可制度

1. 建筑工程施工许可

建筑工程施工许可证是指建设行政主管部门依据法定程序和条件,对建筑工程是否具备施工条件进行审查,对符合条件者准许开始施工并颁发施工许可证的一种制度,建设单位必须在建设工程立项批准后,工程发包前,向建设行政主管部门或其授权的部门办理工程报建登记手续。未办理报建手续的工程,不得发包,不得签订工程合同。新建、扩建、改建的建设工程,建设单位必须在开工前向建设行政主管部门申请领取建设工程施工许可证。未领取施工许可证的,不得开工。

《建筑法》第七条规定:"建筑工程开工前,建设单位应当按照国家有关规定向工程所在地县级以上人民政府建设行政主管部门申请领取施工许可证;但是,国务院建设行政主管部门确定的限额以下的小型工程除外。"

工程投资额在 30 万元以下或者建筑面积在 300 m² 以下的建筑工程,可以不申请施工许可证。省、自治区、直辖市人民政府建设行政主管部门可以根据当地的实际情况,对限额进行调整,并报国务院建设行政主管部门备案。

2. 申请领取施工许可证的条件及办理时限要求

《建筑法》第八条规定申请领取施工许可证的条件及时限要求:

(1)已经办理该建筑工程用地批准手续;

(2)在城市规划区的建筑工程,已经取得规划许可证;

(3)需要拆迁的,其拆迁进度符合施工要求;

(4)已经确定建筑施工企业;

(5)有满足施工需要的施工图纸及技术资料;

(6)有保证工程质量和安全的具体措施;

(7)建设资金已经落实;

(8)法律、行政法规规定的其他条件。

建设行政主管部门应当自收到申请之日起十五日内,对符合条件的申请颁发施工许可证。

3. 施工许可证的履行、延期、中止的有关规定

根据《建筑法》第九条、第十条、第十一条规定:

(1) 建设单位应当自领取施工许可证之日起三个月内开工。因故不能按期开工的,应当向发证机关申请延期;延期以两次为限,每次不超过三个月。既不开工又不申请延期或者超过延期时限的,施工许可证自行废止。

(2) 在建的建筑工程因故中止施工的,建设单位应当自中止施工之日起一个月内,向发证机关报告,并按照规定做好建筑工程的维护管理工作。建筑工程恢复施工时,应当向发证机关报告;中止施工满一年的工程恢复施工前,建设单位应当报发证机关核验施工许可证。

(3) 按照国务院有关规定批准开工报告的建筑工程,因故不能按期开工或者中止施工的,应当及时向批准机关报告情况。因故不能按期开工超过六个月的,应当重新办理开工报告的批准手续。

4. 未领取施工许可证擅自开工的法律责任

违反《建筑法》第六十四条规定:"未取得施工许可证或者开工报告未经批准擅自施工的,责令改正,对不符合开工条件的责令停止施工,可以处以罚款。"

所处罚款数额,法律、法规有规定的按其规定。没有规定的,处以 5 000 元以上 30 000 元以下的罚款。

(二)工程建设从业资格制度

从业资格制度是指国家对从事建筑活动的单位和人员实行资质或资格审查,并许可其按照相应的资质、资格条件从事相应的建筑活动的制度。它包括从事建筑活动的单位资质制度和从事建筑活动的个人资格制度两类。

1. 从业单位资质条件

《建筑法》第十二条规定:

从事建筑活动的建筑施工企业、勘察单位、设计单位和工程监理单位,应当具备下列条件:

(1) 有符合国家规定的注册资本;

(2) 有与其从事的建筑活动相适应的具有法定执业资格的专业技术人员;

(3) 有从事相关建筑活动所应有的技术装备;

(4) 法律、行政法规规定的其他条件。

2. 从业单位从事建筑活动条件

《建筑法》第十三条规定:"从事建筑活动的建筑施工企业、勘察单位、设计单位和工程监理单位,按照其拥有的注册资本、专业技术人员、技术装备和已完成的建筑工程业绩等资质条件,划分为不同的资质等级,经资质审查合格,取得相应等级的资质证书后,方可在其资质等级许可的范围内从事建筑活动。"

3. 从业人员执业资格制度

《建筑法》第十四条规定:"从事建筑活动的专业技术人员,应当依法取得相应的执业资格证书,并在执业资格证书许可的范围内从事建筑活动。"

严禁出卖、转让、出借、涂改和伪造建筑工程从业者的资格证件。违反上述规定的,将视

情节,追究法律责任。

（三）《建筑法》关于建筑工程发承包的主要内容

1. 发包工程的有关规定

《建筑法》第二十四条规定:"提倡对建筑工程实行总承包,禁止将建筑工程肢解发包。建筑工程的发包单位可以将建筑工程的勘察、设计、施工、设备采购一并发包给一个工程总承包单位,也可以将建筑工程勘察、设计、施工、设备采购的一项或者多项发包给一个工程总承包单位;但是,不得将应当由一个承包单位完成的建筑工程肢解成若干部分发包给几个承包单位。"

2. 承揽工程的有关规定

《建筑法》第二十六条、二十七条规定:

（1）承包建筑工程的单位应当持有依法取得的资质证书,并在其资质等级许可的业务范围内承揽工程。禁止建筑施工企业超越本企业资质等级许可的业务范围或者以任何形式用其他建筑施工企业的名义承揽工程。禁止建筑施工企业以任何形式允许其他单位或者个人使用本企业的资质证书、营业执照,以本企业的名义承揽工程。

（2）大型建筑工程或者结构复杂的建筑工程,可以由两个以上的承包单位联合共同承包。共同承包的各方对承包合同的履行承担连带责任。两个以上不同资质等级的单位实行联合共同承包的,应当按照资质等级低的单位的业务许可范围承揽工程。

3. 分包工程的有关规定

《建筑法》第二十八条、第二十九条规定:

（1）禁止承包单位将其承包的全部建筑工程转包给他人,禁止承包单位将其承包的全部建筑工程肢解以后以分包的名义分别转包给他人。

（2）建筑工程总承包单位可以将承包工程中的部分工程发包给具有相应资质条件的分包单位;但是,除总承包合同中约定的分包外,必须经建设单位认可。施工总承包的,建筑工程主体结构的施工必须由总承包单位自行完成。建筑工程总承包单位按照总承包合同的约定对建设单位负责;分包单位按照分包合同的约定对总承包单位负责。总承包单位和分包单位就分包工程对建设单位承担连带责任。禁止总承包单位将工程分包给不具备相应资质条件的单位。禁止分包单位将其承包的工程再分包。

4. 工程发包与承包法律责任的规定

《建筑法》第六十五条、第六十六条、第六十七条、第六十八条规定:

（1）发包单位将工程发包给不具有相应资质条件的承包单位的,或者违反本法规定将建筑工程肢解发包的,责令改正,处以罚款。

超越本单位资质等级承揽工程的,责令停止违法行为,处以罚款,可以责令停业整顿,降低资质等级;情节严重的,吊销资质证书;有违法所得的,予以没收。

未取得资质证书承揽工程的,予以取缔,并处罚款;有违法所得的,予以没收。

以欺骗手段取得资质证书的,吊销资质证书,处以罚款;构成犯罪的,依法追究刑事责任。

（2）建筑施工企业转让、出借资质证书或者以其他方式允许他人以本企业的名义承揽工程的,责令改正,没收违法所得,并处罚款,可以责令停业整顿,降低资质等级;情节严重的,吊销资质证书。对因该项承揽工程不符合规定的质量标准造成的损失,建筑施工企业与使用本企业名义的单位或者个人承担连带赔偿责任。

（3）承包单位将承包的工程转包的，或者违反本法规定进行分包的，责令改正，没收违法所得，并处罚款，可以责令停业整顿，降低资质等级；情节严重的，吊销资质证书。

承包单位有前款规定的违法行为的，对因转包工程或者违法分包的工程不符合规定的质量标准造成的损失，与接受转包或者分包的单位承担连带赔偿责任。

（4）在工程发包与承包中索贿、受贿、行贿，构成犯罪的，依法追究刑事责任；不构成犯罪的，分别处以罚款，没收贿赂的财物，对直接负责的主管人员和其他直接责任人员给予处分。

对在工程承包中行贿的承包单位，除依照前款规定处罚外，可以责令停业整顿，降低资质等级或者吊销资质证书。

（四）《建筑法》关于建设工程监理的主要内容

1. 建设工程监理的基本规定

《建筑法》第三十条、第三十一条、第三十三条规定：

（1）国家推行建筑工程监理制度。国务院可以规定实行强制监理的建筑工程的范围。

（2）实行监理的建筑工程，由建设单位委托具有相应资质条件的工程监理单位监理。建设单位与其委托的工程监理单位应当订立书面委托监理合同。

（3）实施建筑工程监理前，建设单位应当将委托的工程监理单位、监理的内容及监理权限，书面通知被监理的建筑施工企业。

2. 工程建设监理的依据

（1）有关法律、行政法规、规章以及标准、规范；

（2）有关工程建设文件；

（3）建设单位委托监理合同以及有关的建设工程合同。

《建筑法》第三十二条规定："建筑工程监理应当依照法律、行政法规及有关的技术标准、设计文件和建筑工程承包合同，对承包单位在施工质量、建设工期和建设资金使用等方面，代表建设单位实施监督。工程监理人员认为工程施工不符合工程设计要求、施工技术标准和合同约定的，有权要求建筑施工企业改正。工程监理人员发现工程设计不符合建筑工程质量标准或者合同约定的质量要求的，应当报告建设单位要求设计单位改正。"

3. 对建设工程监理单位资质许可的相关规定

《建筑法》第三十四条规定："工程监理单位应当在其资质等级许可的监理范围内，承担工程监理业务。工程监理单位应当根据建设单位的委托，客观、公正地执行监理任务。工程监理单位与被监理工程的承包单位以及建筑材料、建筑构配件和设备供应单位不得有隶属关系或者其他利害关系。工程监理单位不得转让工程监理业务。"

国家对监理单位实行资质许可制度。监理单位应当按照其拥有的注册资金、专业技术人员和工程监理业绩等条件申请资质，经审查合格，取得相应等级的资质证书后，方可在其资质等级许可的范围内从事工程监理活动。

4. 建设工程监理单位的法律责任

《建筑法》第六十九条规定："工程监理单位与建设单位或者建筑施工企业串通，弄虚作假、降低工程质量的，责令改正，处以罚款，降低资质等级或者吊销资质证书；有违法所得的，予以没收；造成损失的，承担连带赔偿责任；构成犯罪的，依法追究刑事责任。工程监理单位转让监理业务的,责令改正,没收违法所得,可以责令停业整顿,降低资质等级;情节严重的,吊销资质证书。"

（五）《建筑法》关于建设工程质量管理的主要内容

1. 对建设工程质量的基本规定

《建筑法》第五十二条规定:"建筑工程勘察、设计、施工的质量必须符合国家有关建筑工程安全标准的要求,具体管理办法由国务院规定。有关建筑工程安全的国家标准不能适应确保建筑安全的要求时,应当及时修订。"

2. 关于建设单位质量行为的规定

《建筑法》第五十四条规定:"建设单位不得以任何理由,要求建筑设计单位或者建筑施工企业在工程设计或者施工作业中,违反法律、行政法规和建筑工程质量、安全标准,降低工程质量。建筑设计单位和建筑施工企业对建设单位违反前款规定提出的降低工程质量的要求,应当予以拒绝。"

法律、行政法规有关建筑工程质量要求的规定以及有关建筑工程质量、安全的强制性标准的规定,都是建筑工程所应达到的最基本的质量要求,达不到这些质量要求的建筑工程,就不具有应有的安全可靠性和基本的使用性能。

3. 关于建筑工程总承包单位和分包单位的质量责任的规定

《建筑法》第五十五条规定:"建筑工程实行总承包的,工程质量由工程总承包单位负责,总承包单位将建筑工程分包给其他单位的,应当对分包工程的质量与分包单位承担连带责任。分包单位应当接受总承包单位的质量管理。"

建筑工程的发包单位可以将勘察、设计、施工、设备采购一并发包给一个工程总承包单位,也可以将建筑工程勘察、设计、施工、设备采购的一项或者多项发包给一个工程总承包单位。按照总承包合同的约定或者经建设单位的认可,总承包单位可以对其总承包范围内的部分工程项目实行分包,与其他具有相应资质条件的单位订立分包合同,将这部分工程项目交由分包单位完成。在这种总包与分包相结合的承包形式中,总承包人应当对总承包合同项下的全部工程任务的质量负责,即使总承包单位根据总承包合同的约定或经建设单位认可,将总承包合同范围内的部分工程任务分包给他人的,总承包单位也得对分包的工程任务的质量负责。

4. 关于建筑工程勘察、设计单位的质量责任的规定

《建筑法》第五十六条规定:"建筑工程的勘察、设计单位必须对其勘察、设计的质量负责。勘察、设计文件应当符合有关法律、行政法规的规定和建筑工程质量、安全标准、建筑工程勘察、设计技术规范以及合同的约定。设计文件选用的建筑材料、建筑构配件和设备,应当注明其规格、型号、性能等技术指标,其质量要求必须符合国家规定的标准。"

《建筑法》第五十七条规定:"建筑设计单位对设计文件选用的建筑材料、建筑构配件和设备,不得指定生产厂、供应商。"

5. 关于建筑施工企业对建筑工程的质量责任的规定

（1）《建筑法》第五十八条规定:"建筑施工企业对工程的施工质量负责。建筑施工企业必须按照工程设计图纸和施工技术标准施工,不得偷工减料。工程设计的修改由原设计单位负责,建筑施工企业不得擅自修改工程设计。"

建筑工程的施工活动是根据工程的设计文件和图纸的要求,通过施工作业最终形成建

筑物实体的建筑活动。在建筑工程的勘察、设计质量没有问题的情况下,整个建筑工程的质量状况最终取决于工程的施工质量。凡是因工程施工原因造成的质量问题,包括不按工程设计图纸施工,不按施工技术标准的要求施工,在施工中使用不合格的建筑材料、建筑构配件和设备等,都要由施工企业承担全部责任。

如果施工企业在施工过程中认为工程设计质量有问题,或者施工技术条件无法实现设计要求,以及有其他要求修改设计的正当理由的,应当向建设单位或者设计单位提出,如确属需要修改设计的,应经建设单位同意后,由原设计单位进行必要的修改。

(2)《建筑法》第五十九条规定:"建筑施工企业必须按照工程设计要求、施工技术标准和合同的约定,对建筑材料、建筑构配件和设备进行检验,不合格的不得使用。"

建筑施工企业依照本条规定对工程施工所使用的建筑材料、建筑构配件和设备的质量进行检验时,还应当按照有关规定,使用正确的检验方法,主要包括:① 抽样和试验的方法,应符合《建筑材料质量标准与管理规程》,要能反映该批建筑材料的质量性能。对于重要构件或非匀质的材料,还应酌情增加采样的数量。② 凡是用于重要结构、部位的材料,检验时必须仔细核对,确认材料的品种、规格、型号、性能有无错误,是否适合工程特点和满足设计要求。③ 需要在现场配制的材料,如混凝土、砂浆、防水材料、防腐材料、绝缘材料、保温材料等的配合比,应先提出试配要求,经试配检验合格后才能使用。④ 高压电缆、电压绝缘材料等要进行耐压试验。⑤ 应严格按照建筑材料、建筑构配件和设备的各项规定质量标准进行检验,不应漏项。⑥ 应根据检验对象的不同情况,按规定采用外观检验、理化检验、无损检验等方法进行检验。

6. 对建筑工程验收、使用及保修的有关规定

(1)《建筑法》第六十一条规定:"交付竣工验收的建筑工程,必须符合规定的建筑工程质量标准,有完整的工程技术经济资料和经签署的工程保修书,并具备国家规定的其他竣工条件。建筑工程竣工经验收合格后,方可交付使用;未经验收或者验收不合格的,不得交付使用。"

依照本条规定,交付竣工验收的建筑工程,必须具备以下条件:

① 必须符合规定的建筑工程质量标准。这里讲的"规定的建筑工程质量标准",包括依照法律、行政法规的有关规定制定的保证建筑工程质量和安全的强制性国家标准和行业标准,建筑工程承包合同约定的对该项建筑工程特殊的质量要求,以及为体现法律、行政法规规定的质量标准和建筑工程承包合同约定的质量要求而在工程设计文件中提出的有关工程质量的具体指标和技术要求。只有完全符合上述质量标准,不存在质量缺陷的建筑工程,才能作为合格工程予以验收。② 有完整的工程技术经济资料。这里讲的"工程技术经济资料",一般应包括建筑工程承包合同、建筑工程用地的批准文件、工程的设计图纸及其他有关设计文件、工程所用主要建筑材料、建筑构配件和设备的出厂检验合格证明和进场检验报告;申请竣工验收的报告书及有关工程建设的技术档案等。③ 有建筑工程质量保修书。工程竣工交付使用后,施工企业应对其施工的建筑工程质量在一定期限内承担保修责任,以维护使用者的合法权益。为此,施工企业应当按规定提供建筑工程质量保修证书,作为其向用户承诺承担质量保修责任的书面凭证。④ 具备国家规定的其他竣工条件。

(2)《建筑法》第六十条规定:"建筑物在合理使用寿命内,必须确保地基基础工程和主体结构的质量。建筑工程竣工时,屋顶、墙面不得留有渗漏、开裂等质量缺陷;对已发现的质

量缺陷,建筑施工企业应当修复。"

在国务院有关主管部门制定的《民用建筑设计通则》中规定,按民用建筑的主体结构确定的建筑设计使用年限分为四类:1 类建筑设计使用年限为 5 年以下,适用于临时性建筑;2 类建筑设计使用年限为 25 年,适用于易于替换结构件的建筑;3 类建筑设计使用年限为 50 年,适用于普通建筑和构筑物;4 类建筑设计使用年限为 100 年,适用于纪念性建筑和特别重要的建筑。也就是说,除临时性建筑以外,民用建筑的合理使用寿命最低也应在 25 年以上,在此期间内,必须确保建筑物的地基基础和主体工程不发生影响建筑安全使用的质量问题。在建筑物的合理使用寿命期内,因地基基础工程或主体结构质量问题造成安全事故的,有关责任者应当依法承担相应的法律责任。

(3)《建筑法》第六十二条规定:"建筑工程实行质量保修制度。建筑工程的保修范围应当包括地基基础工程、主体结构工程、屋面防水工程和其他工程,以及电气管线、上下水管线的安装工程,供热、供冷系统工程等项目;保修的期限应当按照保证建筑物合理寿命年限内正常使用,维护使用者合法权益的原则确定。具体的保修范围和最低保修期限由国务院规定。"

按照本条的规定,对建筑工程实行质量保修的范围包括:① 地基基础工程和主体结构工程。建筑物的地基基础工程和主体结构质量问题直接关系建筑物的安危,这两项工程是不允许存在质量隐患的,而一旦发现建筑物的地基基础工程和主体结构存在质量问题,也很难通过修复办法解决。规定对地基基础工程和主体结构工程实行保修制度,实际上是要求施工企业必须确保地基基础工程和主体结构的质量。对使用中发现的地基基础工程或主体结构工程的质量问题,如果能够通过加固等确保建筑物安全的技术措施予以修复的,施工企业应当负责修复;不能修复造成建筑物无法继续使用的,有关责任者应当依法承担赔偿责任。② 屋面防水工程。鉴于目前房屋建筑工程中的屋面漏水问题突出,本条将屋面防水工程的保修问题单独列出。对屋顶、墙壁出现漏水现象的,施工企业应当负责保修。③ 其他土建工程。指除屋面防水工程以外的其他土建工程。包括地面与楼面工程、门窗工程等。如,对正常使用中发现的室内地坪空鼓、开裂、起砂、墙皮、面砖、油漆等饰面脱落,厕所、厨房、盥洗室地面泛水、积水,阳台积水、漏水等土建工程中的质量问题,应属建筑工程的质量保修范围,由施工企业负责修复。④ 电气管线、上下水管线的安装工程,包括电气线路、开关、电表的安装,电气照明器具的安装,给水管道、排水管道的安装等。建筑物在正常使用过程中如出现电器、电线漏电,照明灯具坠落,上下水管道漏水、堵塞等属于电气管线、上下水管线的安装工程的质量问题的,施工企业应当承担保修责任。⑤ 供热、供冷系统工程,包括暖气设备、中央空调设备等的安装工程等,施工企业也应对其质量承担保修责任。⑥ 其他应当保修的项目范围。

7. 建设工程质量管理中各责任主体的法律责任

《建筑法》第七十二条、七十三条、七十四条、七十五条规定:

(1) 建设单位违反本法规定,要求建筑设计单位或者建筑施工企业违反建筑工程质量、安全标准,降低工程质量的,责令改正,可以处以罚款;构成犯罪的,依法追究刑事责任。

(2) 建筑设计单位不按照建筑工程质量、安全标准进行设计的,责令改正,处以罚款;造成工程质量事故的,责令停业整顿,降低资质等级或者吊销资质证书,没收违法所得,并处罚款;造成损失的,承担赔偿责任;构成犯罪的,依法追究刑事责任。

(3) 建筑施工企业在施工中偷工减料的,使用不合格的建筑材料、建筑构配件和设备的,或者有其他不按照工程设计图纸或者施工技术标准施工的行为的,责令改正,处以罚款;情节严重的,责令停业整顿,降低资质等级或者吊销资质证书;造成建筑工程质量不符合规定的质量标准的,负责返工、修理,并赔偿因此造成的损失;构成犯罪的,依法追究刑事责任。

(4) 建筑施工企业违反本法规定,不履行保修义务或者拖延履行保修义务的,责令改正,可以处以罚款,并对在保修期内因屋顶、墙面渗漏、开裂等质量缺陷造成的损失,承担赔偿责任。

8. 建设工程质量管理中政府部门及相关人员法律责任

《建筑法》第七十七条、七十八条、七十九条规定:

(1) 对不具备相应资质等级条件的单位颁发该等级资质证书的,由其上级机关责令收回所发的资质证书,对直接负责的主管人员和其他直接人员给予行政处分;构成犯罪的,依法追究刑事责任。

(2) 政府及其所属部门的工作人员违反本法规定,限定发包单位将招标发包的工程发包给指定的承包单位的,由上级机关责令改正;构成犯罪的,依法追究刑事责任。

(3) 负责颁发建筑工程施工许可证的部门及其工作人员对不符合施工条件的建筑工程颁发施工许可证的,负责工程质量监督检查或者竣工验收的部门及其工作人员对不合格的建筑工程出具质量合格文件或者按合格工程验收的,由上级机关责令改正,对责任人员给予行政处分;构成犯罪的,依法追究刑事责任;造成损失的,由该部门承担相应的赔偿责任。

二、招标投标法

《中华人民共和国招标投标法》(以下简称《招标投标法》)由中华人民共和国第九届全国人民代表大会常务委员会第十一次会议于 1999 年 8 月 30 日通过,自 2000 年 1 月 1 日起施行。

《招标投标法》的立法目的在于规范招标投标活动,保护国家利益、社会公共利益和招标投标活动当事人的合法权益,提高经济效益,保证项目质量。

《招标投标法》共包括六十八条,分别从招标、投标、开标、评标和中标等各主要阶段对招标投标活动作出了规定。

依据《招标投标法》,我国陆续发布了一系列规范招标投标活动的部门规章。其中主要有:

(1) 2000 年 4 月 4 日国务院批准,2000 年 5 月 1 日原国家发展计划委员会发布的《工程建设项目招标范围和规模标准规定》。

(2) 2001 年 7 月 5 日起施行的,由原国家发展计划委员会、原国家经济贸易委员会、建设部、铁道部、交通部、信息产业部、水利部联合发布的《评标委员会和评标办法暂行规定》。

(3) 2003 年 8 月 1 日起施行的,由国家发展和改革委员会、建设部、铁道部、交通部、信息产业部、水利部、中国民用航空总局联合发布的《工程建设项目勘察设计招标投标办法》。

(4) 2003 年 5 月 1 日起施行的,由原国家发展计划委员会、建设部、铁道部、交通部、信息产业部、水利部、中国民航总局联合发布的《工程建设项目施工招标投标办法》。

(5) 2005 年 3 月 1 日起施行的,由国家发展和改革委员会、建设部、铁道部、交通部、信息产业部、水利部、中国民航总局联合发布的《工程建设项目货物招标投标办法》。

下面仅对招标投标活动的原则和适用范围进行介绍。

　　招标,是指招标人依法提出招标项目及其相应的要求和条件,通过发布招标公告或发出投标邀请书吸引潜在投标人参加投标的行为。

　　投标,是指投标人响应招标文件的要求,参加投标竞争的行为。

　　(一)招标投标活动所应遵循的基本原则

　　《招标投标法》第 5 条规定:"招标投标活动应当遵循公开、公平、公正和诚实信用的原则。"

　　1. 公开原则

　　公开原则,首先要求招标信息公开。例如:《招标投标法》规定,依法必须进行招标的项目的招标公告,应当通过国家制定的报刊、信息网络或者其他媒介发布。无论是招标公告、资格预审公告还是投标邀请书,都应当载明招标人的名称和地址、招标项目的性质、数量、实施地点和时间以及获取招标文件的办法等事项。其次,公开原则还要求招标投标过程公开。例如,《招标投标法》规定开标时招标人应当邀请所有投标人参加,招标人在招标文件要求提交截止时间前收到的所有投标文件,开标时都应当当众予以拆封、宣读。中标人确定后,招标人应当在向中标人发出中标通知书的同时,将中标结果通知所有未中标的投标人。

　　2. 公平原则

　　公平原则,要求给予所有投标人平等的机会,使其享有同等的权利,履行同等的义务。招标人不得以任何理由排斥或者歧视任何投标人。《招标投标法》第六条明确规定:"依法必须进行招标的项目,其招标投标活动不受地区或者部门的限制,任何单位或个人不得违法限制或者排斥本地区、本系统以外的法人或者其他组织参加投标,不得以任何方式非法干涉招标投标活动。"

　　3. 公正原则

　　要求招标人在招标投标活动中应当按照统一的标准衡量每一个投标人的优劣。进行资格审查时,招标人应当按照资格预审文件或招标文件中载明的资格审查的条件、标准、方法对潜在投标人或投标人进行资格审查,不得改变载明的条件或者以没有载明的资格条件进行审查。《招标投标法》还规定评标委员会应当按照招标文件确定的评标标准和方法,对投标文件进行评审和比较。评标委员会成员应当客观、公正地履行职务,遵守职业道德。

　　4. 诚实信用原则

　　诚实信用原则,是我国民事活动所应当遵循的一项重要原则。我国《民法通则》第四条规定:"民事活动应当遵循自愿、平等、等价有偿、诚实信用的原则。"《合同法》第六条也明确规定:"当事人行使权力、履行义务应当遵循诚实信用原则。"招标投标活动作为订立合同的一种特殊方式,同样应当遵循诚实信用原则。例如,在招标过程中,招标人不得发布虚假的招标信息,不得擅自终止招标。在投标过程中,投标人不得以他人名义投标,不得与招标人或其他投标人串通投标。中标通知书发出后,招标人不得擅自改变中标结果,中标人不得擅自放弃中标项目。

　　(二)必须招标的项目范围和规模标准

　　1. 必须招标的工程建设项目范围

　　根据《招标投标法》第 3 条规定:在中华人民共和国境内进行下列工程建设项目包括项目的勘察、设计、施工、监理以及与工程建设相关的重要设备、材料等的采购,必须进行招标:

　　(1)大型基础设施、公用事业等关系社会公共利益、公众安全的项目;

（2）全部或者部分使用国有资金投资或者国家融资的项目；

（3）使用国际组织或者外国政府贷款、援助资金的项目。

《招标投标法》还规定，任何单位和个人不得将依法必须进行招标的项目化整为零或者以其他方式规避招标。

为了确定必须进行的工程建设项目的具体范围和规模标准，规范招标投标活动，根据《招标投标法》第 3 条的规定，原国家发展计划委员会 2000 年发布了《工程建设项目招标范围和规模标准规定》，明确规定：

（1）关系社会公共利益、公众安全的基础设施项目的范围包括：

① 煤炭、石油、天然气、电力、新能源等能源项目；

② 铁路、公路、管道、水运、航空以及其他交通运输业等交通运输项目；

③ 邮政、电信枢纽、通信、信息网络等邮电通讯项目；

④ 防洪、灌溉、排涝、引（供）水、滩涂治理、水土保持、水利枢纽等水利项目；

⑤ 道路、桥梁、地铁和轻轨交通、污水排放及处理、垃圾处理、地下管道、公共停车场等城市设施项目；

⑥ 生态环境保护项目；

⑦ 其他基础设施项目。

（2）关系社会公共利益、公众安全的公用事业项目的范围包括：

① 供水、供电、供气、供热等市政工程项目；

② 科技、教育、文化等项目；

③ 体育、旅游等项目；

④ 卫生、社会福利等项目；

⑤ 商品住宅，包括经济适用房；

⑥ 其他公用事业项目。

（3）使用国有资金投资项目的范围包括：

① 使用各级财政预算资金的项目；

② 使用纳入财政管理的各种政府性专项建设基金的项目；

③ 使用国有企业事业单位自有资金，并且国有资产投资者实际拥有控制权的项目。

（4）国家融资项目的范围包括：

① 使用国家发行债券所筹资金的项目；

② 使用国家对外借款或者担保所筹资金的项目；

③ 使用国家政策性贷款的项目；

④ 国家授权投资主体融资的项目；

⑤ 国家特许的融资项目。

（5）使用国际组织或者外国政府资金的项目的范围包括：

① 使用世界银行、亚洲开发银行等国际组织贷款资金的项目；

② 使用外国政府及其机构贷款资金的项目；

③ 使用国际组织或者外国政府援助资金的项目。

2．必须招标项目的规模标准

《工程建设项目招标范围和规模标准规定》规定的上述各类工程建设项目，包括项目的

勘察、设计、施工、监理以及与工程有关的重要设备、材料等的采购,达到下列标准之一的,必须进行招标:

(1) 施工单项合同估算价在 200 万元人民币以上的;

(2) 重要设备、材料等货物的采购,单项合同估算价在 100 万元人民币以上的;

(3) 勘察、设计、监理等服务的采购,单项合同估算价在 50 万元人民币以上的;

(4) 单项合同估算价低于第 1、2、3 项规定的标准,但项目总投资额在 3 000 万元人民币以上的。

3. 可以不进行招标的工程建设项目

如果建设项目不属于必须招标的项目则可以招标也可以不招标。但是,即使符合必须招标项目的条件但是属于某些特殊情形的,也是可以不招标的。

《招标投标法》第 66 条规定:"涉及国家安全、国家秘密、抢险救灾或者属于利用扶贫资金实行以工代赈、需要使用农民工等特殊情况,不适宜招标的项目,按照国家有关规定可以不进行招标。"

根据 2003 年 3 月 8 日国家发改委、建设部等 7 部委令第 30 号发布的《工程建设项目施工招标投标办法》第 12 条规定,工程建设项目有下列情形之一的,依法可以不进行施工招标:

(1) 涉及国家安全、国家秘密或者抢险救灾而不适宜招标的;

(2) 属于利用扶贫资金实行以工代赈需要使用农民工的;

(3) 施工主要技术采用特定的专利或者专有技术的;

(4) 施工企业自建自用的工程,且该施工企业资质等级符合工程要求的;

(5) 在建工程追加的附属小型工程或者主体加层工程,原中标人仍具备承包能力的;

(6) 法律、行政法规规定的其他情形。

三、标准化法

《中华人民共和国标准化法》(以下简称《标准化法》)自 1989 年 4 月 1 日起施行。

《标准化法》的立法目的在于发展社会主义商品经济,促进技术进步,改进产品质量,提高社会经济效益,维护国家和人民的利益,使标准化工作适应社会主义现代化建设和发展对外经济关系的需要。《标准化法》分为五章,共二十六条。分别对标准的制定、标准的实施做出了规定。

依据《标准化法》,我国陆续发布了与工程建设标准有关的一系列行政法规、部门规章。其中主要有:

(1) 1990 年 4 月 6 日实施的《中华人民共和国标准化法实施条例》。

(2) 1992 年 12 月 30 日实施的《工程建设国家标准管理办法》。

(3) 1992 年 12 月 30 日实施的《工程建设行业标准管理办法》。

(4) 2000 年 8 月 25 日实施的《实施工程建设强制性标准监督规定》。

以及水利、交通、铁路等其他行业的标准管理办法。

(一) 工程建设标准的分类

1. 工程建设标准的分级

《标准化法》按照标准的级别不同,把标准分为国家标准、行业标准、地方标准和企业标准。

（1）国家标准

《标准化法》第 6 条规定,对需要在全国范围内统一的技术要求,应当制定国家标准。《工程建设国家标准管理办法》规定了应当制定国家标准的种类。

（2）行业标准

《标准化法》第 6 条规定,对没有国家标准而又需要在全国某个行业范围内统一的技术要求,可以制定行业标准。《工程建设行业标准管理办法》规定了可以制定行业标准的种类。

（3）地方标准

《标准化法》第 6 条规定,对没有国家标准和行业标准而又需要在省、自治区、直辖市范围内统一的工业产品的安全、卫生要求,可以制定地方标准。

（4）企业标准

《标准化法实施条例》第 17 条规定,企业生产的产品没有国家标准、行业标准和地方标准的,应当制定相应的企业标准,作为组织生产的依据。

2. 工程建设强制性标准和推荐性标准

根据《标准化法》第 7 条的规定,国家标准、行业标准分为强制性标准和推荐性标准。保障人体健康,人身、财产安全的标准和法律、行政法规规定强制执行的标准是强制性标准,其他标准是推荐性标准。省、自治区、直辖市标准化行政主管部门制定的工业产品的安全、卫生要求的地方标准,在本行政区域内是强制性标准。与上述规定相对应,工程建设标准也分为强制性标准和推荐性标准。强制性标准,必须执行。推荐性标准,国家鼓励企业自愿采用。

根据《工程建设国家标准管理办法》第 3 条的规定,下列工程建设国家标准属于强制性标准:

（1）工程建设勘察、规划、设计、施工(包括安装)及验收等通用的综合标准和重要的通用的质量标准;

（2）工程建设通用的有关安全、卫生和环境保护的标准;

（3）工程建设通用的术语、符号、代号、量与单位、建筑模数和制图方法标准;

（4）工程建设重要的通用的试验、检验和评定方法等标准;

（5）工程建设重要的通用的信息技术标准;

（6）国家需要控制的其他工程建设通用的标准。

根据《工程建设行业标准管理办法》第 3 条的规定,下列工程建设行业标准属于强制性标准:

（1）工程建设勘察、规划、设计、施工(包括安装)及验收等行业专用的综合性标准和重要的行业专用的质量标准;

（2）工程建设行业专用的有关安全、卫生和环境保护的标准;

（3）工程建设重要的行业专用的术语、符号、代号、量与单位和制图方法等标准;

（4）工程建设重要的行业专用的试验、检验和评定方法等标准;

（5）工程建设重要的行业专用的信息技术标准;

（6）行业需要控制的其他工程建设标准。

为了更加明确必须严格执行的工程建设强制性标准,《实施工程建设强制性标准监督规定》进一步规定:"工程建设强制性标准是指直接涉及工程质量、安全、卫生及环境保护等方面的工程建设标准强制性条文。国家工程建设标准强制性条文由国务院建设行政主管部门会同国务院有关行政主管部门确定。"据此,自 2000 年起,国家建设行政主管部门对工程建设强制性标准进行了全面的改革,严格按照《标准化法》的规定,把现行工程建设强制性国家标准、行业标准中必须严格执行的直接涉及工程安全、人体健康、环境保护和公众利益的技术规定摘编出来,以工程项目类别为对象,编制完成了包括城乡规划、城市建设、房屋建筑、工业建筑、水利工程、电力工程、信息工程、水运工程、公路工程、铁道工程、石油和化工建设工程、矿业工程、人防工程、广播电影电视工程和民航机场工程在内的《工程建设标准强制性条文》。同时,对于新批准发布的,除明确其必须执行的强制性条文外,已经不再确定标准本身的强制性或推荐性。

四、节约能源法

《中华人民共和国节约能源法》(以下简称《节约能源法》)自 1998 年 1 月 1 日起开始实施。

《节约能源法》的立法目的在于推进全社会节约能源,提高能源利用效率和经济效益,保护环境,保障国民经济和社会的发展,满足人民生活需要。《节约能源法》分为六章,共五十条,分别对节能管理、合理使用能源、节能技术进步做出了规定。

根据《节约能源法》,建设部于 2005 年 11 月 10 日发布了《民用建筑节能管理规定》,该规定自 2006 年 1 月 1 日起施行。此规定所称民用建筑,是指居住建筑和公共建筑。

(一)建设工程项目的节能管理

所谓节能,是指加强用能管理,采取技术上可行、经济上合理以及环境和社会可以承受的措施,减少从能源生产到消费各个环节中的损失和浪费,更加有效、合理地利用能源。

节能是我国经济和社会发展的一项长远战略方针,也是当前一项极为紧迫的任务。为推动全社会开展节能降耗,缓解能源瓶颈制约,建设节能型社会,促进经济社会可持续发展,实现全面建设小康社会的宏伟目标,经国务院同意,国家发改委于 2004 年 11 月制定发布了《十一五节能中长期专项规划》。节能专项规划是我国能源中长期发展规划的重要组成部分,也是我国中长期节能工作的指导性文件和节能项目建设的依据。《十一五节能中长期专项规划》规定了节能的十大重点工程,分别是:燃煤工业锅炉(窑炉)改造工程、区域热电联产工程、余热余压利用工程、节约和替代石油工程、电机系统节能工程、能量系统优化工程、建筑节能工程、绿色照明工程、政府机构节能工程、节能监测和技术服务体系建设工程。

根据《节约能源法》第 12 条,固定资产投资工程项目的可行性研究报告,应当包括合理用能的专题论证。固定资产投资工程项目的设计和建设,应当遵守合理用能标准和节能设计规范。达不到合理用能标准和节能设计规范要求的项目,依法审批的机关不得批准建设;项目建成后,达不到合理用能标准和节能设计规范要求的,不予验收。

对于属于工程建设强制性标准的节能标准,根据《建设工程质量管理条例》及相关规定,建设工程项目各参建单位,包括建设单位、设计单位、施工图设计文件审查机构、监理单位以及施工单位等,均应当严格遵守。各参建单位未遵守上述规定的,应当按照《节约能源法》、《建设工程质量管理条例》等法律、法规和规章,承担相应的法律责任。

(二)建筑工程节能的规定

根据 2006 年施行的《民用建筑节能管理规定》(建设部第 143 号令),民用建筑节能,是指民用建筑在规划、设计、建造和使用过程中,通过采用新型墙体材料,执行建筑节能标准,加强建筑物用能设备的运行管理,合理设计建筑围护结构的热工性能,提高采暖、制冷、照明、通风、给排水和管道系统的运行效率,以及利用可再生能源,在保证建筑物使用功能和室内热环境质量的前提下,降低建筑能源消耗,合理、有效地利用能源的活动。此处的民用建筑包括居住建筑和公共建筑。

《民用建筑节能管理规定》鼓励发展下列建筑节能技术和产品:

(1) 新型节能墙体和屋面的保温、隔热技术与材料;

(2) 节能门窗的保温隔热和密闭技术;

(3) 集中供热和热、电、冷联产联供技术;

(4) 供热采暖系统温度调控和分户热量计量技术与装置;

(5) 太阳能、地热等可再生能源应用技术及设备;

(6) 建筑照明节能技术与产品;

(7) 空调制冷节能技术与产品;

(8) 其他技术成熟、效果显著的节能技术和节能管理技术。

建设单位应当按照建筑节能政策要求和建筑节能标准委托工程项目的设计。建设单位不得以任何理由要求设计单位、施工单位擅自修改经审查合格的节能设计文件,降低建筑节能标准。

设计单位应当依据建筑节能标准的要求进行设计,保证建筑节能设计质量。新建民用建筑应当严格执行建筑节能标准要求,民用建筑工程扩建和改建时,应当对原建筑进行节能改造。

施工图设计文件审查机构在进行审查时,应当审查节能设计的内容,在审查报告中单列节能审查章节;不符合建筑节能强制性标准的,施工图设计文件审查结论应当定为不合格。

施工单位应当按照审查合格的设计文件和建筑节能施工标准的要求进行施工,保证工程施工质量。

监理单位应当按照法律法规以及建筑节能标准、节能设计文件、建设工程承包合同以及监理合同对节能工程建设实施监理。

建设单位在竣工验收过程中,有违反建筑节能强制性标准行为的,按照《建设工程质量管理条例》有关规定,重新组织竣工验收。

《民用建筑节能管理规定》第十六条规定:"从事建筑节能及相关管理活动的单位,应当对其从业人员进行建筑节能标准与技术等专业知识的培训。建筑节能标准和节能技术应当作为注册城市规划师、注册建筑师、勘察设计注册工程师、注册监理工程师、注册建造师等继续教育的必修内容。"

五、消防法

《中华人民共和国消防法》(以下简称《消防法》)于1998年4月29日第九届全国人民代表大会常务委员会第二次会议通过,自1998年9月1日起施行。2008年10月28日第十一届全国人民代表大会常务委员会第五次会议对《消防法》进行了修订。

《消防法》的立法目的在于预防火灾和减少火灾危害,加强应急救援,保护人身、财产安全,维护公共安全。

《消防法》分为七章,共七十四条。本书仅节选其中与工程建设相关的规定进行介绍。

（一）消防设计的审核与验收

1. 消防设计的审核

《消防法》第九条规定："建设工程的消防设计、施工必须符合国家工程建设消防技术标准。建设、设计、施工、工程监理等单位依法对建设工程的消防设计、施工质量负责。"

《消防法》第十条规定："按照国家工程建设消防技术标准需要进行消防设计的建设工程，除本法第十一条另有规定的外，建设单位应当自依法取得施工许可之日起七个工作日内，将消防设计文件报公安机关消防机构备案，公安机关消防机构应当进行抽查。"

《消防法》第十一条规定："国务院公安部门规定的大型的人员密集场所和其他特殊建设工程，建设单位应当将消防设计文件报送公安机关消防机构审核。公安机关消防机构依法对审核的结果负责。"

《消防法》第十二条规定："依法应当经公安机关消防机构进行消防设计审核的建设工程，未经依法审核或者审核不合格的，负责审批该工程施工许可的部门不得给予施工许可，建设单位、施工单位不得施工；其他建设工程取得施工许可后经依法抽查不合格的，应当停止施工。"

2. 消防设计的验收

根据《消防法》第十三条，按照国家工程建设消防技术标准需要进行消防设计的建设工程竣工，依照下列规定进行消防验收、备案：

（1）本法第十一条规定的建设工程，建设单位应当向公安机关消防机构申请消防验收；

（2）其他建设工程，建设单位在验收后应当报公安机关消防机构备案，公安机关消防机构应当进行抽查。

依法应当进行消防验收的建设工程，未经消防验收或者消防验收不合格的，禁止投入使用；其他建设工程经依法抽查不合格的，应当停止使用。

（二）工程建设中应采取的消防安全措施

1. 机关、团体、企业、事业等单位应当履行的消防安全职责

根据《消防法》第十六条的规定，机关、团体、企业、事业等单位应当履行下列消防安全职责：

（1）落实消防安全责任制，制定本单位的消防安全制度、消防安全操作规程，制定灭火和应急疏散预案。

（2）按照国家标准、行业标准配置消防设施、器材，设置消防安全标志，并定期组织检验、维修，确保完好有效。

（3）对建筑消防设施每年至少进行一次全面检测，确保完好有效，检测记录应当完整准确，存档备查。

（4）保障疏散通道、安全出口、消防车通道畅通，保证防火防烟分区、防火间距符合消防技术标准。

（5）组织防火检查，及时消除火灾隐患。

（6）组织进行有针对性的消防演练。

（7）法律、法规规定的其他消防安全职责。

单位的主要负责人是本单位的消防安全责任人。

2. 工程建设中应当采取的消防安全措施

(1) 根据《消防法》第十七条的规定，县级以上地方人民政府公安机关消防机构应当将发生火灾可能性较大以及发生火灾可能造成重大的人身伤亡或者财产损失的单位，确定为本行政区域内的消防安全重点单位，并由公安机关报本级人民政府备案。

消防安全重点单位除应当履行本法第十六条规定的职责外，还应当履行下列消防安全职责：

① 确定消防安全管理人，组织实施本单位的消防安全管理工作。

② 建立消防档案，确定消防安全重点部位，设置防火标志，实行严格管理。

③ 实行每日防火巡查，并建立巡查记录。

④ 对职工进行岗前消防安全培训，定期组织消防安全培训和消防演练。

(2) 根据《消防法》第十八条的规定，同一建筑物由两个以上单位管理或者使用的，应当明确各方的消防安全责任，并确定责任人对共用的疏散通道、安全出口、建筑消防设施和消防车通道进行统一管理。

住宅区的物业服务企业应当对管理区域内的共用消防设施进行维护管理，提供消防安全防范服务。

(3) 根据《消防法》第十九条的规定，生产、储存、经营易燃易爆危险品的场所不得与居住场所设置在同一建筑物内，并应当与居住场所保持安全距离。

生产、储存、经营其他物品的场所与居住场所设置在同一建筑物内的，应当符合国家工程建设消防技术标准。

(4) 根据《消防法》第二十条的规定，举办大型群众性活动，承办人应当依法向公安机关申请安全许可，制定灭火和应急疏散预案并组织演练，明确消防安全责任分工，确定消防安全管理人员，保持消防设施和消防器材配置齐全、完好有效，保证疏散通道、安全出口、疏散指示标志、应急照明和消防车通道符合消防技术标准和管理规定。

(5) 根据《消防法》第二十一条的规定，禁止在具有火灾、爆炸危险的场所吸烟、使用明火。因施工等特殊情况需要使用明火作业的，应当按照规定事先办理审批手续，采取相应的消防安全措施；作业人员应当遵守消防安全规定。

进行电焊、气焊等具有火灾危险作业的人员和自动消防系统的操作人员，必须持证上岗，并遵守消防安全操作规程。

(6) 根据《消防法》第二十二条的规定，生产、储存、装卸易燃易爆危险品的工厂、仓库和专用车站、码头的设置，应当符合消防技术标准。易燃易爆气体和液体的充装站、供应站、调压站，应当设置在符合消防安全要求的位置，并符合防火防爆要求。

已经设置的生产、储存、装卸易燃易爆危险品的工厂、仓库和专用车站、码头，易燃易爆气体和液体的充装站、供应站、调压站，不再符合前款规定的，地方人民政府应当组织、协调有关部门、单位限期解决，消除安全隐患。

(7) 根据《消防法》第二十三条的规定，生产、储存、运输、销售、使用、销毁易燃易爆危险品，必须执行消防技术标准和管理规定。

进入生产、储存易燃易爆危险品的场所，必须执行消防安全规定。禁止非法携带易燃易爆危险品进入公共场所或者乘坐公共交通工具。

储存可燃物资仓库的管理，必须执行消防技术标准和管理规定。

（8）根据《消防法》第二十四条的规定,消防产品必须符合国家标准;没有国家标准的,必须符合行业标准。禁止生产、销售或者使用不合格的消防产品以及国家明令淘汰的消防产品。

依法实行强制性产品认证的消防产品,由具有法定资质的认证机构按照国家标准、行业标准的强制性要求认证合格后,方可生产、销售、使用。实行强制性产品认证的消防产品目录,由国务院产品质量监督部门会同国务院公安部门制定并公布。

新研制的尚未制定国家标准、行业标准的消防产品,应当按照国务院产品质量监督部门会同国务院公安部门规定的办法,经技术鉴定符合消防安全要求的,方可生产、销售、使用。

依照本条规定经强制性产品认证合格或者技术鉴定合格的消防产品,国务院公安部门消防机构应当予以公布。

（9）根据《消防法》第二十五条的规定,产品质量监督部门、工商行政管理部门、公安机关消防机构应当按照各自职责加强对消防产品质量的监督检查。

（10）根据《消防法》第二十六条的规定,建筑构件、建筑材料和室内装修、装饰材料的防火性能必须符合国家标准;没有国家标准的,必须符合行业标准。

人员密集场所室内装修、装饰,应当按照消防技术标准的要求,使用不燃、难燃材料。

（11）根据《消防法》第二十七条的规定,电器产品、燃气用具的产品标准,应当符合消防安全的要求。

电器产品、燃气用具的安装、使用及其线路、管路的设计、敷设、维护保养、检测,必须符合消防技术标准和管理规定。

（12）根据《消防法》第二十八条的规定,任何单位、个人不得损坏、挪用或者擅自拆除、停用消防设施、器材,不得埋压、圈占、遮挡消火栓或者占用防火间距,不得占用、堵塞、封闭疏散通道、安全出口、消防车通道。人员密集场所的门窗不得设置影响逃生和灭火救援的障碍物。

（13）根据《消防法》第二十九条的规定,负责公共消防设施维护管理的单位,应当保持消防供水、消防通信、消防车通道等公共消防设施的完好有效。在修建道路以及停电、停水、截断通信线路时有可能影响消防队灭火救援的,有关单位必须事先通知当地公安机关消防机构。

六、档案法

《中华人民共和国档案法》（以下简称《档案法》）于 1987 年 9 月 5 日第六届全国人民代表大会常务委员会第二十二次会议通过,1996 年 7 月 5 日第八届全国人民能代表大会常务委员会第二十次会议对其进行了修正。

《档案法》的立法目的在于加强对档案的管理和收集、整理工作,有效地保护和利用档案,为社会主义现代化建设服务。

《档案法》分为六章,共二十七条。本书仅节选了其中与工程建设密切相关的规定进行介绍。

根据《档案法》,2001 年 3 月 5 日建设部、国家质量监督总局联合发布了《建设工程文件归档管理规范》,自 2001 年 7 月 1 日起实施。该规范适用于建设工程文件的归档整理以及建设工程档案的验收。专业工程按有关规定执行。

为了做好重大项目的档案验收,国家档案局制定了《重大建设项目档案验收办法》。该办法对重大建设项目档案验收的组织、验收申请、验收要求做出了更具体的规定。

（一）建设工程档案的种类

根据国家标准《建设工程文件归档管理规范》（GB/T 50328—2001），建设工程档案是指"在工程建设活动中直接形成的具有归档保存价值的文字、图表、声像等各种形式的历史记录"。根据该国家标准，应当归档的建设工程文件主要包括：

1. 工程准备阶段文件

工程准备阶段文件，指工程开工以前，在立项、审批、征地、勘察、设计、招投标等工程准备阶段形成的文件。主要包括：

（1）立项文件

① 项目建议书；

② 项目建议书审批意见及前期工作通知书；

③ 可行性研究报告及附件；

④ 可行性研究报告审批意见；

⑤ 关于立项有关的会议纪要、领导讲话；

⑥ 专家建议文件；

⑦ 调查资料及项目评估研究材料。

（2）建设用地、征地、拆迁文件

① 选址申请及选址规划意见通知书；

② 用地申请报告及县级以上人民政府城乡建设用地批准书；

③ 拆迁安置意见、协议、方案等；

④ 建设用地规划许可证及其附件；

⑤ 划拨建设用地文件；

⑥ 国有土地使用证。

（3）勘察、测绘、设计文件

① 工程地质勘察报告；

② 水文地质勘察报告、自然条件、地震调查；

③ 建设用地钉桩通知单（书）；

④ 地形测量和拨地测量成果报告；

⑤ 申报的规划设计条件和规划设计条件通知书；

⑥ 初步设计图纸和说明；

⑦ 技术设计图纸和说明；

⑧ 审定设计方案通知书及审查意见；

⑨ 有关行政主管部门（人防、环保、消防、交通、园林、市政、文物、通讯、保密、河湖、教育、白蚁防治、卫生等）批准文件或取得的有关协议；

⑩ 施工图及其说明；

⑪ 设计计算书；

⑫ 政府有关部门对施工图设计文件的审批意见。

（4）招投标文件

① 勘察设计招投标文件；

② 勘察设计承包合同；

③ 施工招投标文件；

④ 施工承包合同；

⑤ 工程监理招投标文件；

⑥ 监理委托合同等。

（5）开工审批文件

① 建设项目列入年度计划的申报文件；

② 建设项目列入年度的批复文件或年度计划项目表；

③ 规划审批申报表及报送的文件和图纸；

④ 建设工程规划许可证及其附件；

⑤ 建设工程开工审查表；

⑥ 建设工程施工许可证；

⑦ 投资许可证、审计证明、缴纳绿化建设费等证明；

⑧ 工程质量监督手续等。

（6）财务文件

包括工程投资估算材料、工程设计概算材料、施工图预算材料、施工预算等。

（7）建设、施工、监理机构及负责人名单、工程项目监理机构（项目监理部）及负责人名单、工程项目施工管理机构（施工项目经理部）及负责人名单。

2. 监理文件

监理文件，指工程监理单位在工程监理过程中形成的文件。主要包括：

（1）监理规划，包括监理规划、监理实施细则和监理部总控制计划等。

（2）监理月报中的有关质量问题。

（3）监理会议纪要中的有关质量问题。

（4）进度控制文件，包括工程开工/复工审批表、工程开工/复工暂停令等。

（5）质量控制文件，包括不合格项目通知、质量事故报告及处理意见等。

（6）造价控制文件，包括预付款报审与支付、月付款报审与支付、设计变更、洽商费用报审与签认、工程竣工结算审核意见书等。

（7）分包资质文件，包括分包单位资质材料、供货单位资质材料、试验等单位资质材料。

（8）监理通知，包括有关进度控制的监理通知、有关质量控制的监理通知、有关造价控制的监理通知。

（9）合同与其他事项管理文件，包括工程延期报告及审批、费用索赔报告及审批、合同争议、违约报告及处理意见、合同变更材料等。

（10）监理工作总结，包括专题总结、月报总结、工程竣工总结、质量评价意见报告。

3. 施工文件

施工文件，指施工单位在工程施工过程中形成的文件。不同专业的工程对施工文件的要求不尽相同，一般包括：

（1）施工技术准备文件，包括施工组织设计、技术交底、图纸会审记录、施工预算的编制和审查、施工日志等。

（2）施工现场准备文件，包括控制网设置资料、工程定位测量资料、基槽开挖线测量资料、施工安全措施、施工环保措施等。

（3）地基处理记录。

（4）工程图纸变更记录，包括设计会议会审记录、设计变更记录、工程洽商记录等。

（5）施工材料、预制构件质量证明文件及复试试验报告。

（6）设备、产品质量检查、安装记录，包括设备、产品质量合格证、质量保证书，设备装箱单、商检证明和说明书、开箱报告，设备安装记录，设备试运行记录，设备明细表等。

（7）施工试验记录、隐蔽工程检查记录。

（8）施工记录，包括工程定位测量检查记录、预检工程检查记录、沉降观测记录、结构吊装记录、工程竣工测量、新型建筑材料、施工新技术等等。

（9）工程质量事故处理记录。

（10）工程质量检验记录，包括检验批质量验收记录，分项工程质量验收记录，基础、主体工程验收记录，分部（子分部）工程质量验收记录等。

4．竣工图和竣工验收文件

竣工图是指工程竣工验收后，真实反映建设工程项目施工结果的图样。竣工验收文件是指建设工程项目竣工验收活动中形成的文件。竣工验收文件主要包括：

（1）工程竣工总结，包括工程概况表、工程竣工总结。

（2）竣工验收记录，包括单位（子单位）工程质量验收记录、竣工验收证明书、竣工验收报告、竣工验收备案表（包括各专项验收认可文件）、工程质量保修书等。

（3）财务文件，包括决算文件、交付使用财产总表和财产明细表。

（4）声像（包括工程照片、录音、录像材料）、缩微、电子档案（各种光盘、磁盘）。

（二）建设工程档案的移交程序

1．各主要参建单位向建设单位移交工程文件

（1）基本规定

《建设工程文件归档管理规范》（GB/T 50328—2001）规定，建设、勘察、设计、施工、监理等单位应将工程文件的形成和积累纳入工程建设管理的各个环节和有关人员的职责范围。建设单位在工程招标及与勘察、设计、施工、监理等单位签订合同时，应对工程文件的套数、费用、质量、移交时间等提出明确要求。勘察、设计、施工、监理等单位应将本单位形成的工程文件立卷后向建设单位移交。

建设单位应当收集和整理工程准备阶段、竣工验收阶段形成的文件，并应进行立卷归档。建设单位还应当负责组织、监督和检查勘察、设计、施工、监理等单位的工程文件的形成、积累和立卷归档工作，并收集和汇总勘察、设计、施工、监理等单位立卷归档的工程档案。

建设工程项目实行总承包的，总包单位负责收集、汇总各分包单位形成的工程档案，并应及时向建设单位移交；各分包单位应将本单位形成的工程文件整理、立卷后及时移交总包单位。建设工程项目由几个单位承包的，各承包单位负责收集、整理立卷其承包项目的工程文件，并应及时向建设单位移交。

（2）工程文件的归档范围及质量要求

对与工程建设有关的重要活动、记载工程建设主要过程和现状、具有保存价值的各种载体的文件，均应收集齐全，整理立卷后归档，归档的工程文件成为原件。工程文件的内容及其深度必须符合国家有关工程勘察、设计、施工、监理等方面的技术规范、标准和规程。

（3）工程文件的归档

归档文件必须完整、准确、系统，能够反映工程建设活动的全过程。归档的文件必须经过分类整理，并应组成符合要求的案卷。根据建设程序和工程特点，归档可以分阶段进行，也可以在单位或分部工程通过竣工验收后进行。勘察、设计单位应当在任务完成时，施工监理单位应当在工程竣工验收前，将各自形成的有关工程档案向建设单位归档。凡设计、施工及监理单位需要向本单位归档的文件，应按国家有关规定单独立案归档。

勘察、设计、施工单位在首期工程文件并整理立卷后，建设单位、监理单位应根据城建管理机构的要求对档案文件的完整、准确、系统情况和案卷质量进行审查；审查合格后向建设单位移交。工程档案一般不少于两套，一套由建设单位保管，一套（原件）移交当地城建档案馆（室）。勘察、设计、施工、监理等单位向建设单位移交档案时，应编制移交清单，双方签字、盖章后方可交接。

2．建设单位向政府主管机构移交建设项目档案

《建设工程质量管理条例》第 17 条规定："建设单位应当严格按照国家有关档案管理的规定，及时收集、整理建设项目各环节的文件资料，建立、健全建设项目档案，并在建设工程竣工验收后，及时向建设行政主管部门或者其他有关部门移交建设项目档案。"

列入城建档案馆（室）档案接收范围的工程，建设单位在组织工程竣工验收前，应提请城建档案管理机构对工程档案进行预验收。建设单位未取得城建档案管理机构出具的认可文件，不得组织工程竣工验收。

城建档案管理部门在进行工程档案的验收时，应重点验收以下内容：

（1）工程档案齐全、系统、完整；

（2）工程档案的内容真实、准确地反映工程建设活动和工程实际状况；

（3）工程档案已整理立卷，立卷符合本规范的规定；

（4）竣工图绘制方法、图式及规格等符合专业技术要求，图面整洁，盖有竣工图章；

（5）文件的形成、来源符合实际，要求单位或个人签章的文件，其签章手续完备；

（6）文件材质、幅面、书写、绘图、用墨、托裱等符合要求。

列入城建档案馆（室）接收范围的工程，建设单位在工程竣工验收后 3 个月内，必须向城建档案馆（室）移交一套符合规定的工程档案。

停建、缓建建设工程的档案，暂由建设单位保管。对改建、扩建和维修工程，建设单位应当组织设计、施工单位据实修改、补充和完善原工程档案。对改变的部件，应当重新编制工程档案，并在工程竣工验收后 3 个月内向城建档案馆移交。

建设单位向城建档案馆移交档案时，应办理移交手续，填写移交目录，双方签字盖章后交接。

建设工程竣工验收后，建设单位未按规定移交建设工程档案的，依据《建设工程质量管理条例》第 59 条的规定，建设单位除应被责令改正外，还应当受到罚款的行政处罚。

3．重大建设项目档案验收

为做好重大项目的档案验收，国家档案局制定了《重大建设项目档案验收办法》。该办法对重大建设项目档案验收的组织、验收申请、验收要求做出了更具体的规定。该办法适用于各级政府投资主管部门组织或委托组织进行竣工验收的规定资产投资项目（以下简称项目）。所称"各级政府投资主管部门"是指各级政府发展改革部门和具有投资管理职能的经

济（贸易）部门。

（1）验收组织

① 项目档案验收的组织

a. 国家发展和改革委员会组织验收的项目，由国家档案局组织项目档案的验收。

b. 国家发展和改革委员会委托中央主管部门（含中央管理企业，下同）、省级政府投资主管部门组织验收的项目，由中央主管部门档案机构、省级档案行政管理部门组织项目档案的验收，验收结果报国家档案局备案。

c. 省以下各级政府投资主管部门组织验收的项目，由同级档案行政管理部门组织项目档案的验收。

d. 国家档案局对中央主管部门档案机构、省级档案行政管理部门组织的项目档案验收进行监督、指导。项目主管部门、各级档案行政管理部门应加强项目档案验收前的指导和咨询，必要时可组织预检。

② 项目档案验收组的组成

a. 国家档案局组织的项目档案验收，验收组由国家档案局、中央主管部门、项目所在地省级档案行政管理部门等单位组成。

b. 中央主管部门档案机构组织的项目档案验收，验收组由中央主管部门档案机构及项目所在地省级档案行政管理部门等单位组成。

c. 省级及省以下各级档案行政管理部门组织的项目档案验收，由档案行政管理部门、项目主管部门等单位组成。

d. 凡在城市规划区范围内建设的项目，项目档案验收组成员应包括项目所在地的城建档案接收单位。

e. 项目档案验收组人数为不少于 5 人的单数，组长由验收组织单位人员担任。必要时可邀请有关专业人员参加验收组。

（2）验收申请

项目建设单位（法人）应向项目档案验收组织单位报送档案验收申请报告，并填报《重大建设项目档案验收申请表》。项目档案验收组织单位应在收到档案验收申请报告的 10 个工作日内作出答复。

① 申请项目档案验收应具备的条件

a. 项目主体工程和辅助设施已按照设计建成，能满足生产或使用的需要。

b. 项目试运行指标考核合格或者达到设计能力。

c. 完成了项目建设全过程文件材料的收集、整理与归档工作。

d. 基本完成了项目档案的分类、组卷、编目等整理工作。

项目档案验收前，项目建设单位（法人）应组织设计、施工、监理等方面负责人以及有关人员，根据档案工作的相关要求，依照《重大建设项目档案验收内容及要求》进行全面自检。

② 项目档案验收申请报告的主要内容

a. 项目建设及项目档案管理概况。

b. 保证项目档案的完整、准确、系统所采取的控制措施。

c. 项目文件材料的形成、收集、整理与归档情况，竣工图的编制情况及质量情况。

d. 档案在项目建设、管理、试运行中的作用。

e. 存在的问题及解决措施。

（3）验收要求

① 项目档案验收会议

项目档案验收应在项目竣工验收 3 个月之前完成。项目档案验收以验收组织单位召集验收会议的形式进行。项目档案验收组全体成员参加项目档案验收会议，项目的建设单位（法人）、设计、施工、监理和生产运行管理或使用单位的有关人员列席会议。

项目档案验收会议的主要议程包括：

a. 项目建设单位（法人）汇报项目建设情况、项目档案工作情况。

b. 监理单位汇报项目档案质量的审核情况。

c. 项目档案验收组检查项目档案及档案管理情况。

d. 项目档案验收组对项目档案质量进行综合评价。

e. 项目档案验收组形成并宣布项目档案验收意见。

② 档案质量的评价

检查项目档案，采用质询、现场查验、抽查案卷的方式。抽查档案的数量应不少于 100 卷，抽查重点为项目前期管理性文件、隐蔽工程文件、竣工文件、质检文件、重要合同、协议等。

项目档案验收应根据《国家重大建设项目文件归档要求与档案整理规范》（DA/T 28—2002），对项目档案的完整性、准确性、系统性进行评价。

③ 项目档案验收意见的主要内容：

a. 项目建设概况。

b. 项目档案管理情况，包括：项目档案工作的基础管理工作，项目文件材料的形成、收集、整理与归档情况，竣工图的编制情况及质量，档案的种类、数量，档案的完整性、准确性、系统性及安全性评价，档案验收的结论性意见。

c. 存在问题、整改要求与建议。

④ 档案验收结果

项目档案验收结果分为合格与不合格。项目档案验收组半数以上成员同意通过验收的为合格。

项目档案验收合格的项目，由项目档案验收组出具项目档案验收意见。

项目档案验收不合格的项目，由项目档案验收组提出整改意见，要求项目建设单位（法人）于项目竣工验收前对存在的问题限期整改，并进行复查。复查后仍不合格的，不得进行竣工验收，并由项目档案验收组提请有关部门对项目建设单位（法人）通报批评。造成档案损失的，应依法追究有关单位及人员的责任。

七、其他法律与工程质量管理相关条文摘录

中华人民共和国行政诉讼法

（1989 年 4 月 4 日第七届全国人民代表大会第 2 次会议通过，1990 年 10 月 1 日施行）

第十一条　人民法院受理公民、法人和其他组织对下列具体行政行为不服提起的诉讼：

（一）对拘留、罚款、吊销许可证和执照、责令停产停业、没收财物等行政处罚不服的；

（二）对限制人身自由或者对财产的查封、扣押、冻结等行政强制措施不服的；

（三）认为行政机关侵犯法律规定的经营自主权的；

（四）认为符合法定条件申请行政机关颁发许可证和执照，行政机关拒绝颁发或者不予答复的；

（五）申请行政机关履行保护人身权、财产权的法定职责，行政机关拒绝履行或者不予答复的；

（六）认为行政机关没有依法发给抚恤金的；

上级人民法院对下级人民法院已经发生法律效力的判决、裁定，发现违反法律、法规规定的，有权提审或者指令下级人民法院再审。

第六十七条 公民、法人或者其他组织的合法权益受到行政机关或者行政机关工作人员作出的具体行政行为侵犯造成损害的，有权请求赔偿。

公民、法人或者其他组织单独就损害赔偿提出请求，应当先由行政机关解决。对行政机关的处理不服，可以向人民法院提起诉讼。

赔偿诉讼可以适用调解。

第六十八条 行政机关或者行政机关工作人员作出的具体行政行为侵犯公民、法人或者其他组织的合法权益造成损害的，由该行政机关或者该行政机关工作人员所在的行政机关负责赔偿。

行政机关赔偿损失后，应当责令有故意或者重大过失的行政机关工作人员承担部分或者全部赔偿费用。

中华人民共和国城市规划法

（1989 年 12 月 26 日第七届全国人民代表大会常务委员会第 11 次会议通过，1990 年 4 月 1 日施行）

第三十条 城市规划区内的建设工程的选址和布局必须符合城市规划。设计任务书报请批准时，必须附有城市规划行政主管部门的选址意见书。

第三十一条 在城市规划区内进行建设需要申请用地的，必须持国家批准建设项目的有关文件，向城市规划行政主管部门申请定点，由城市规划行政主管部门核定其用地位置和界限，提供规划设计条件，核发建设用地规划许可证。建设单位或者个人在取得建设用地规划许可证后，方可向县级以上地方人民政府土地管理部门申请用地，经县级以上人民政府审查批准后，由土地管理部门划拨土地。

第三十二条 在城市规划区内新建、扩建和改建建筑物、构筑物、道路、管线和其他工程设施，必须持有关批准文件向城市规划行政主管部提出申请，由城市规划行政主管部门根据城市规划提出的规划设计要求，核发建设工程规划许可证件。建设单位或者个人在取得建设工程规划许可证件和其他有关批准文件后，方可申请办理开工手续。

中华人民共和国产品质量法

（1993 年 2 月 22 日第七届全国人民代表大会常务委员会第 30 次会议通过，2000 年 7 月 8 日第九届全国人民代表大会常务委员会第 16 次会议修正）

第二条 在中华人民共和国境内从事产品生产、销售活动，必须遵守本法。

本法所称产品是指经过加工、制作，用于销售的产品。

建设工程不适用本法规定;但是,建设工程使用的建筑材料、建筑构配件和设备,属于前款规定的产品范围的,适用本法规定。

第四十三条　因产品存在缺陷造成人身、他人财产损害的,受害人可以向产品的生产者要求赔偿,也可以向产品的销售者要求赔偿。属于产品的生产者的责任,产品的销售者赔偿的,产品的销售者有权向产品的生产者追偿。属于产品的销售者的责任,产品的生产者赔偿的,产品的生产者有权向产品的销售者追偿。

第四十四条　因产品存在缺陷造成受害人人身伤害的,侵害人应当赔偿医疗费、治疗期间的护理费、因误工减少的收入等费用;造成残疾的,还应当支付残疾者生活自助具费、生活补助费、残疾赔偿金以及由其抚养的人所必需的生活费等费用;造成受害人死亡的,并应当支付丧葬费、死亡赔偿金以及由死者生前抚养的人所必需的生活费等费用。

因产品存在缺陷造成受害人财产损失的,侵害人应当恢复原状或者折价赔偿。受害人因此遭受其他重大损失的,侵害人应当赔偿损失。

第四十五条　因产品存在缺陷造成损害要求赔偿的诉讼时效期间为 2 年,自当事人知道或者应当知道其权益受到损害时起计算。

因产品存在缺陷造成损害要求赔偿的请求权,在造成损害的缺陷产品交付最初消费者满 10 年丧失;但是,尚未超过明示的安全试用期的除外。

中华人民共和国城市房地产管理法

(1994 年 7 月 5 日第八届全国人民代表大会常务委员会第 8 次会议通过,1995 年 1 月 1 日施行,2007 年 8 月 30 日重新修订)

第二十四条　下列建设用地的土地使用权,确属必需的,可以由县级以上人民政府依法批准划拨:

(一)国家机关用地和军事用地;

(二)城市基础设施用地和公益事业用地;

(三)国家重点扶持的能源、交通、水利等项目用地;

(四)法律、行政法规规定的其他用地。

第二十六条　以出让方式取得土地使用权进行房地产开发的,必须按照土地使用权出让合同约定的土地用途、动工开发期限开发土地。超过出让合同约定的动工开发日期满一年未动工开发的,可以征收相当于土地使用权出让金百分之二十以下的土地闲置费;满二年未动工开发的,可以无偿收回土地使用权;但是,因不可抗力或者政府、政府有关部门的行为或者动工开发必需的前期工作造成动工开发迟延的除外。

第二十七条　房地产开发项目的设计、施工,必须符合国家的有关标准和规范。

房地产开发项目竣工,经验收合格后,方可交付使用。

中华人民共和国行政处罚法

(1996 年 3 月 17 日第八届全国人民代表大会第 4 次会议通过,1996 年 10 月 1 日期施行)

第八条　行政处罚的种类:

(一)警告;

（二）罚款；

（三）没收违法所得、没收非法财产；

（四）责令停产停业；

（五）暂扣或者吊销许可证、暂扣或者吊销执照；

（六）行政拘留；

（七）法律、行政法规规定的其他行政处罚。

第十八条 行政机关依照法律、法规或者规章的规定，可以在其法定权限内委托符合本法第十九条规定条件的组织实施行政处罚。行政机关不得委托其他组织或者个人实行行政处罚。

委托行政机关对受委托的组织实施行政处罚的行为应当负责监督，并对该行为的后果承担法律责任。

受委托组织在委托范围内，以委托行政机关名义实施行政处罚；不得再委托其他任何组织或者个人实施行政处罚。

第十九条 受委托组织必须符合以下条件：

（一）依法成立的管理公共事务的事业组织；

（二）具有熟悉有关法律、法规、规章和业务的工作人员；

（三）对违法行为需要进行技术检查或者技术鉴定的，应当有条件组织进行相应的技术检查或者技术鉴定。

第三十三条 违法事实确凿并有法定依据，对公民处以五十元以下，对法人或者其他组织处以一千元以下罚款或者警告的行政处罚的，可以当场作出行政处罚决定。当事人应当依据本法第四十六条、第四十七条、第四十八条的规定履行行政处罚决定。

第三十七条 行政机关在调查或者进行检查时，执法人员不得少于两人，并应当向当事人或者有关人员出示证件。当事人或者有关人员应当如实回答询问，并协助调查或者检查，不得阻挠。询问或者检查应当制作笔录。

行政机关在收集证据时，可以采取抽样取证的方法；在证据可能灭失或者以后难以取得的情况下，经行政机关负责人批准，可以先行登记保存，并应当在七日内及时作出处理决定，在此期间，当事人或者有关人员不得销毁或者转移证据。

执法人员与当事人有直接利害关系的，应当回避。

第三十九条 行政机关依照本法第三十八条的规定给予行政处罚，应当制作行政处罚决定书。行政处罚决定书应当载明下列事项：

（一）当事人的姓名或者名称、地址；

（二）违反法律、法规或者规章的事实和证据；

（三）行政处罚的种类和依据；

（四）行政处罚的履行方式和期限；

（五）不服行政处罚决定，申请行政复议或者提起行政诉讼的途径和期限；

（六）作出行政处罚决定的行政机关名称和作出决定的日期。

行政处罚决定书必须盖有作出行政处罚决定的行政机关的印章。

中华人民共和国行政复议法

（1999 年 4 月 29 日第九届全国人民代表大会常务委员会第 9 次会议通过，1999 年 10 月 1 日施行）

第六条　有下列情形之一的，公民、法人或者其他组织可以依照本法申请行政复议：

（一）对行政机关作出的警告、罚款、没收违法所得、没收非法财物、责令停产停业、暂扣或者吊销许可证、暂扣或者吊销执照、行政拘留等行政处罚决定不服的；

（二）对行政机关作出的限制人身自由或者查封、扣押、冻结财产等行政强制措施决定不服的；

（三）对行政机关作出的有关许可证、执照、资质证、资格证等证书变更、中止、撤销的决定不服的；

（四）对行政机关作出的关于确认土地、矿藏、水流、森林、山岭、草原、荒地、滩涂、海域等自然资源的所有权或者使用权的决定不服的；

（五）认为行政机关侵犯合法的经营自主权的；

（六）认为行政机关变更或者废止农业承包合同，侵犯其合法权益的；

（七）认为行政机关违法集资、征收财物、摊派费用或者违法要求履行其他义务的；

（八）认为符合法定条件，申请行政机关颁发许可证、执照、资质证、资格证等证书，或者申请行政机关审批、登记有关事项，行政机关没有依法办理的；

（九）申请行政机关履行保护人身权利、财产权利、受教育权利的法定职责，行政机关没有依法履行的；

（十）申请行政机关依法发放抚恤金、社会保险金或者最低生活保障费，行政机关没有依法发放的；

（十一）认为行政机关的其他具体行政行为侵犯其合法权益的。

第九条　公民、法人或者其他组织认为具体行政行为侵犯其合法权益的，可以自知道该具体行政行为之日起六十日内提出行政复议申请；但是法律规定的申请期限超过六十日的除外。

因不可抗力或者其他正常理由耽误法定申请期限的，申请期限自障碍消除之日起继续计算。

中华人民共和国行政许可法

（2003 年 8 月 27 日第十届全国人民代表大会常务委员会第 4 次会议通过，2004 年 4 月 1 日施行）

第十二条　下列事项可以设定行政许可：

（一）直接涉及国家安全、公共安全、经济宏观调控、生态环境保护以及直接关系人身健康、生命财产安全等特定活动，需要按照法定条件予以批准的事项；

（二）有限自然资源开发利用、公共资源配置一级直接关系公共利益的特定行业的市场准入等，需要赋予特定权利的事项；

（三）提供公众服务并且直接关系公共利益的职业、行业，需要确定具备特殊信誉、特殊条件或者特殊技能等资格、资质的事项；

（四）直接关系公共安全、人身健康、生命财产安全的重要设备、设施、产品、物品，需要按照技术标准、技术规范，通过检验、检测、检疫等方式进行审定的事项；

（五）企业或者其他组织的设定等，需要确定主体资格的事项；

（六）法律、行政法规规定可以设定行政许可的其他事项。

第十五条 本法第十二条所列事项，尚未制定法律、行政法规的，地方性法规可以设定行政许可；尚未制定法律、行政法规和地方性法规的，因行政管理的需要，确需立即实施行政许可的，省、自治区、直辖市人民政府规章可以设定临时性的行政许可。临时性的行政许可实施满一年需要继续实施的，应当提请本级人民代表大会及其常务委员会制定地方性法规。

地方性法规和省、自治区、直辖市人民政府规章，不得设定应当由国家统一确定的公民、法人或者其他组织的资格、资质的行政许可；不得设定企业或者其他组织的设立登记及其前置性行政许可。其设定的行政许可，不得限制其他地区的个人或者企业到本地区从事生产经营和提供服务，不得限制其他地区的商品进入本地区市场。

第三十二条 行政机关对申请人提出的行政许可申请，应当根据下列情况分别作出处理：

（一）申请事项依法不需要取得行政许可的，应当即时告知申请人不受理；

（二）申请事项依法不属于本行政机关职权范围的，应当及时作出不予受理的决定，并告知申请人向有关行政机关申请；

（三）申请材料存在可以当场更正的错误的，应当允许申请人当场更正；

（四）申请材料不齐全或者不符合法定形式的，应当当场或者在五日内依次告知申请人需要补正的全部内容，逾期不告知的，自收到申请材料之日起即为受理；

（五）申请事项属于本行政机关职权范围，申请材料齐全、符合法定形式，或者申请人按照本行政机关的要求提交全部补正申请材料的，应当受理行政许可申请。

行政机关受理或者不予受理行政许可申请，应当出具加盖本行政机关专用印章和注明日期的书面凭证。

中华人民共和国民法通则

（1986 年 4 月 12 日第六届全国人民代表大会第 4 次会议通过，1987 年 1 月 1 日施行）

第四条 民事活动应当遵循自愿、公平、等价有偿、诚实信用的原则。

第五条 公民、法人的合法的民事权益受法律保护，任何组织和个人不得侵犯。

第三十七条 法人应当具备下列条件：

（一）依法成立；

（二）有必要的财产或者经费；

（三）有自己的名称、组织机构和场所；

（四）能够独立承担民事责任。

第五十条 有独立经费的机关从成立之日起，具有法人资格。

具备法人条件的事业单位、社会团体，依法不需要办理法人登记的，从成立之日起，具有法人资格；依法需要办理法人登记的，经核准登记，取得法人资格。

第一百三十四条 承担民事责任的方式主要有：

（一）停止侵害；

（二）排除妨碍；

（三）消除危险；

（四）返还财产；

（五）恢复原状；

（六）修理、重作、更换；

（七）赔偿损失；

（八）支付违约金；

（九）消除影响、恢复名誉；

（十）赔礼道歉。

以上承担民事责任的方式，可以单独适用，也可以合并适用。

人民法院审理民事案件，除适用上述规定外，还可以予以训诫、责令具结悔过、收缴进行非法活动的财物和非法所得，并可以依照法律规定处以罚款、拘留。

第一百三十五条 向人民法院请求保护民事权利的诉讼时效期间为 2 年，法律另有规定的除外。

第一百三十六条 下列的诉讼时效期间为 1 年：

（一）身体受到伤害要求赔偿的；

（二）出售质量不合格的商品未声明的；

（三）延付或者拒付租金的；

（四）寄存财物被丢失或者损毁的。

第一百三十七条 诉讼时效期间从知道或者应当知道权利被侵害时起计算。但是，从权利被侵害之日起超过 20 年的，人民法院不予保护。有特殊情况的，人民法院可以延长诉讼时效期间。

中华人民共和国国家赔偿法

（1994 年 5 月 12 日第八届全国人民代表大会常务委员会第 7 次会议通过，1995 年 1 月 1 日施行）

第三条 行政机关及其工作人员在行使行政职权时有下列侵犯人身权情形之一的，受害人有取得赔偿的权利：

（一）违法拘留或者违法采取限制公民人身自由的行政强制措施的；

（二）非法拘禁或者以其他方法非法剥夺公民人身自由的；

（三）以殴打、虐待等行为或者唆使、放纵他人以殴打、虐待等行为造成公民身体伤害或者死亡的；

（四）违法使用武器、警械造成公民身体伤害或者死亡的；

（五）造成公民身体伤害或者死亡的其他违法行为。

第四条 行政机关及其工作人员在行使行政职权时有下列侵犯财产权情形之一的，受害人有取得赔偿的权利：

（一）违法实施罚款、吊销许可证和执照、责令停产停业、没收财物等行政处罚的；

（二）违法对财产采取查封、扣押、冻结等行政强制措施的；

（三）违法征收、征用财产的；

（四）造成财产损害的其他违法行为。

第二节　建设工程质量相关法规

一、建设工程质量管理条例

《建设工程质量管理条例》于 2000 年 1 月 10 日经国务院第 25 次常务会议通过，2000 年 1 月 30 日实施。

《建设工程质量管理条例》的立法目的在于加强对建设工程质量的管理，保证建设工程质量，保护人民生命和财产安全。共包括 137 条，分别对建设单位、施工单位、工程监理单位和勘察、设计单位质量责任和义务作出了规定。

《建设工程质量管理条例》第二条规定：凡在中华人民共和国境内从事建设工程的新建、扩建、改建等有关活动及实施对建设工程质量监督管理的，必须遵守本条例。

（一）建设单位的质量责任与义务

1. 依法对工程进行发包的责任

《建设工程质量管理条例》第七条规定："建设单位应当将工程发包给具有相应资质等级的单位。建设单位不得将建设工程肢解发包。"

工程发包权是建设单位最重要的权力之一，建设单位要切实用好这一权力，将工程发包给具有相应资质等级的单位来承担，是保证建设工程质量的基本前提。

2. 依法对材料设备招标的责任

《建设工程质量管理条例》第八条规定："建设单位应当依法对工程建设项目的勘察、设计、施工、监理以及与工程建设有关的重要设备、材料等的采购进行招标。"

根据《招标投标法》有关强制招标的规定，在中华人民共和国境内进行下列工程建设项目的勘察、设计、施工、监理以及与工程建设有关的重要设备、材料等的采购，必须进行招标：

① 大型基础设施、公用事业等关系社会公共利益、公众安全的项目；

② 全部或者部分使用国有资金投资或者国家融资的项目；

③ 使用国际组织或者外国政府贷款、援助资金的项目。

3. 提供原始资料的责任

《建设工程质量管理条例》第九条规定："建设单位必须向有关的勘察、设计、施工、工程监理等单位提供与建设工程有关的原始资料。原始资料必须真实、准确、齐全。"

所谓原始资料是勘察单位、设计单位、施工单位、工程监理单位赖以进行勘察作业、设计作业、施工作业、监理作业的基础性材料。建设单位作为建设活动的总负责方，向有关的勘察单位、设计单位、施工单位、工程监理单位提供原始资料，并保证这些资料的真实、准确、齐全，是其基本的责任和义务。

4. 不得干预投标人的责任

《建设工程质量管理条例》第十条规定："建设工程发包单位不得迫使承包方以低于成本的价格竞标，不得任意压缩合理工期。建设单位不得明示或者暗示设计单位或者施工单位违反工程建设强制性标准，降低建设工程质量。"

5. 送审施工图的责任

《建设工程质量管理条例》第十一条规定："建设单位应当将施工图设计文件报县级以上

人民政府建设行政主管部门或者其他有关部门审查。施工图设计文件审查的具体办法,由国务院建设行政主管部门会同国务院其他有关部门制定。施工图设计文件未经审查批准的,不得使用。"

施工图设计文件审查是基本建设的一项法定程序,建设单位应严格执行。建设单位必须在施工前将施工图设计文件送政府有关部门审查,未经审查或审查不合格的不准使用。

6. 依法委托监理的责任

《建设工程质量管理条例》第十二条规定:实行监理的建设工程,建设单位应当委托具有相应资质等级的工程监理单位进行监理,也可以委托具有工程监理相应资质等级并与被监理工程的施工承包单位没有隶属关系或者其他利害关系的该工程的设计单位进行监理。

下列建设工程必须实行监理:

① 国家重点建设工程;

② 大中型公用事业工程;

③ 成片开发建设的住宅小区工程;

④ 利用外国政府或者国际组织贷款、援助资金的工程;

⑤ 国家规定必须实行监理的其他工程。

7. 确保提供的物资符合要求的责任

《建设工程质量管理条例》第十四条规定:"按照合同约定,由建设单位采购建筑材料、建筑构配件和设备的,建设单位应当保证建筑材料、建筑构配件和设备符合设计文件和合同要求。建设单位不得明示或者暗示施工单位使用不合格的建筑材料、建筑构配件和设备。"

8. 不擅自改变主体和承重结构进行装修的责任

《建设工程质量管理条例》第十五条规定:"涉及建筑主体和承重结构变动的装修工程,建设单位应当在施工前委托原设计单位或者具有相应资质等级的设计单位提出设计方案;没有设计方案的,不得施工。房屋建筑使用者在装修过程中,不得擅自变动房屋建筑主体和承重结构。"

9. 依法组织竣工验收的责任

《建设工程质量管理条例》第十六条规定:建设单位收到建设工程竣工报告后,应当组织设计、施工、工程监理等有关单位进行竣工验收。

建设工程竣工验收应当具备下列条件:

① 完成建设工程设计和合同约定的各项内容;

② 有完整的技术档案和施工管理资料;

③ 有工程使用的主要建筑材料、建筑构配件和设备的进场试验报告;

④ 有勘察、设计、施工、工程监理等单位分别签署的质量合格文件;

⑤ 有施工单位签署的工程保修书。

建设工程经验收合格的,方可交付使用。

10. 移交建设项目档案的责任

《建设工程质量管理条例》第十七条规定:"建设单位应当严格按照国家有关档案管理的规定,及时收集、整理建设项目各环节的文件资料,建立、健全建设项目档案,并在建设工程竣工验收后,及时向建设行政主管部门或者其他有关部门移交建设项目档案。"

(二)勘察、设计单位的质量责任与义务

1. 勘察、设计单位共同的责任

（1）依法承揽工程的责任

《建设工程质量管理条例》第十八条规定：从事建设工程勘察、设计的单位应当依法取得相应等级的资质证书，并在其资质等级许可的范围内承揽工程。

禁止勘察、设计单位超越其资质等级许可的范围或者以其他勘察、设计单位的名义承揽工程。禁止勘察、设计单位允许其他单位或者个人以本单位的名义承揽工程。

勘察、设计单位不得转包或者违法分包所承揽的工程。

勘察、设计单位的市场行为规范与否，对勘察设计的质量产生重要的影响。勘察设计行业作为一个特殊的行业有严格的市场准入条件。勘察、设计单位只有具备了相应的资质条件，才有能力保证勘察设计的质量；超越资质等级许可的范围承揽工程，也就超越了其勘察设计的能力，因而无法保证其勘察设计的质量。

（2）执行强制性标准的责任

《建设工程质量管理条例》第十九条规定："勘察、设计单位必须按照工程建设强制性标准进行勘察、设计，并对其勘察、设计的质量负责。注册建筑师、注册结构工程师等注册执业人员应当在设计文件上签字，对设计文件负责。"

工程建设强制性标准是工程建设技术和经验的积累，是勘察、设计工作的技术依据，只有满足工程建设强制性标准才能保证质量，才能满足工程对安全、卫生、环保等多方面的质量要求，因此必须严格执行。

2. 勘察单位的质量责任

《建设工程质量管理条例》第二十条规定："勘察单位提供的地质、测量、水文等勘察成果必须真实、准确。"

按照工作性质划分，工程勘察可分为工程测量、水文地质和岩土工程三大专业。其中岩土工程包括岩土工程的勘察、设计、治理、监测与检测、咨询等方面的工作，而岩土工程勘察工作一般包括了场地液化、沉陷等场地抗震性能评价，因此专门承担的地震工程如场地和地基基础的抗震测试、评价与抗震措施建议等均属于工程勘察工作范畴。

3. 设计单位的质量责任

（1）科学设计的责任

《建设工程质量管理条例》第二十一条规定："设计单位应当根据勘察成果文件进行建设工程设计。设计文件应当符合国家规定的设计深度要求，注明工程合理使用年限。"

工程合理使用年限是指从工程竣工验收合格之日起，工程的地基基础、主体结构能保证在正常情况下安全使用的年限。建设工程的承包人应当在该建设工程合理使用年限内对工程的质量承担责任，工程勘察、设计单位要在此期间对因工程勘察、设计的原因而造成的质量问题负相应的责任，因此可以说工程合理使用年限也就是勘察、设计单位的责任年限。

（2）选择材料设备的责任

《建设工程质量管理条例》第二十二条规定："设计单位在设计文件中选用的建筑材料、建筑构配件和设备，应当注明其规格、型号、性能等技术指标，其质量要求必须符合国家规定的标准。除有特殊要求的建筑材料、专用设备、工艺生产线等外，设计单位不得指定生产厂、供应商。"

本条第二款中"特殊要求"通常是指根据设计要求所选产品的性能、规格只有某个厂家能够生产或加工,必须在设计文件中注明方可进行下一步的设计工作或采购,在通用产品能保证工程质量的前提下,设计单位不可故意选用特殊要求的产品。

(3)解释设计文件的责任

《建设工程质量管理条例》第二十三条规定:"设计单位应当就审查合格的施工图设计文件向施工单位作出详细的说明。"

施工图完成并经审查合格后,设计文件的编制工作已经完成,但并不是设计工作的完成,设计方应就设计文件向施工单位作详细的说明,也就是通常所说的设计交底,这对施工正确贯彻设计意图,加深对设计文件难点、疑点的理解,确保工程质量有重要的意义,这是工程建设中的惯例。

(4)参与质量事故分析的责任

《建设工程质量管理条例》第二十四条规定:"设计单位应当参与建设工程质量事故分析,并对因设计造成的质量事故,提出技术处理方案。"

事故发生后,工程的设计单位有义务参与质量事故分析,建设工程的功能、所要求达到的质量在设计阶段就已确定,可以说工程的好坏在一定程度上就是工程是否准确表达了设计的意图,因此在工程出现事故时,该工程的设计单位对事故的分析具有权威性。在通常情况下,考虑到设计工作的特殊性以及设计单位在工程合理使用年限内所承担的责任,在设计单位具备提出合理技术处理方案的能力时,建设单位原则上应优先委托原设计单位进行加固、修复的设计工作。

(三)施工单位的质量责任和义务

1.依法承揽工程的责任

《建设工程质量管理条例》第二十五条规定:"施工单位应当依法取得相应等级的资质证书,并在其资质等级许可的范围内承揽工程。禁止施工单位超越本单位资质等级许可的业务范围或者用其他施工单位的名义承揽工程。禁止施工单位允许其他单位或者个人以本单位的名义承揽工程。施工单位不得转包或者违法分包工程。"

本条是关于施工单位的市场准入和市场行为方面的规定。

2.建立质量保证体系的责任

《建设工程质量管理条例》第二十六条规定:"施工单位对建筑工程的施工质量负责。施工单位应当建立质量责任制,确定工程项目的项目经理、技术负责人和施工管理负责人。建筑工程实行总承包的,总承包单位应当对全部建设工程质量负责;建设工程勘察、设计、施工、设备采购的一项或者多项实行总承包的,总承包单位应当对其承包的建设工程或者采购的设备的质量负责。"

施工质量是以合同规定的设计文件和相应的技术标准为依据来确定和衡量的。施工单位应对施工质量负责,是指施工单位应在其质量体系正常、有效运行的前提下,保证工程施工的全过程和工程的实物质量符合设计文件和相应技术标准的要求。施工单位的质量责任制,是其质量保证体系的一个重要组成部分,也是项目质量目标得以实现的重要保证。建立质量责任制,主要包括制定质量目标计划,建立考核标准,并层层分解落实到具体的责任单位和责任人,赋予相应的质量责任和权力。

3.分包单位保证工程质量的责任

《建设工程质量管理条例》第二十七条规定:"总承包单位依法将建设工程分包给其他单

位的,分包单位应当按照分包合同的决定对其分包工程的质量向总承包单位负责,总承包单位与分包单位对分包工程的质量承担连带责任。"

根据《民法通则》,连带责任是指由法律专门规定的应由共同侵权行为人或共同危险行为人向受害人承担的共同的和各自的责任。依据这种责任,受害人有权向共同侵权行为或共同危险行为人的任何一人或数人请求承担全部侵权的民事责任,任何一个共同侵权行为人或共同危险行为人都有义务承担全部侵权的民事责任。因此,根据本条规定,对于分包工程发生的质量问题以及违约责任,建设单位或其他受害人既可以向分包单位请求赔偿全部损失,也可以向对不属于自己责任的那部分赔偿向分包方追偿。

4. 按图施工的责任

《建设工程质量管理条例》第二十八条规定:"施工单位必须按照工程设计图纸和施工技术标准施工,不得擅自修改工程设计,不得偷工减料。施工单位在施工过程中发现设计文件和图纸有差错的,应当及时提出意见和建议。"

按工程设计图纸施工,是保证工程实现设计意图的前提,也是明确划分设计、施工单位质量责任的前提。

工程建设项目的设计涉及多个专业,各专业间协调配合比较复杂,设计文件可能会有差错。这些差错通常会在图纸会审或施工过程中被逐步发现,对设计文件的差错,施工单位在发现后,有义务及时向设计单位提出,避免造成不必要的损失和质量问题。这是施工单位应具备的起码的职业道德,也是履行合同应尽的最基本的义务。

5. 对建筑材料、构配件和设备进行检验的责任

《建设工程质量管理条例》第二十九条规定:"施工单位必须按照工程设计要求、施工技术标准和合同约定,对建筑材料、建筑构配件、设备和商品混凝土进行检验,检验应当有书面记录和专人签字;未经检验或者检验不合格的,不得使用。"

材料、构配件、设备及商品混凝土检验制度,是施工单位质量保证体系的重要组成部分,是保障建筑工程质量的重要内容。施工中要按工程设计要求、强制性标准的规定和合同的约定,对工程上使用的建筑材料、建筑构配件、设备和商品混凝土等(包括建设单位供应的材料)进行检验,检验工作要按规定范围和要求进行,按现行的标准、规定的数量、频率、取样方法进行检验。检验的结果要按规定的格式形成书面记录,并由相关的专业人员签字。未经检验或检验不合格的,不得使用。合同若有其他约定,检验工作还应满足合同相应条款的要求。

6. 对施工质量进行检验的责任

《建设工程质量管理条例》第三十条规定:"施工单位必须建立、健全施工质量的检验制度,严格工序管理,作好隐蔽工程的质量检查和记录。隐蔽工程在隐蔽以前,施工单位应当通知建设单位和建设工程质量监督机构。"

施工质量检验,通常是指工程施工过程中工序质量检验,或称为过程检验。有预检及隐蔽工程检验和自检、交接检、专职检、分部工程中间检验等。

隐蔽工程被后续工序隐蔽后,其施工质量就很难检验及认定。如果不认真做好隐蔽工程的质量检查工作,就容易给工程留下隐患。所以隐蔽工程在隐蔽前,施工单位除了要做好检查、检验并做好记录之外,还要及时通知建设单位(实施监理的工程为监理单位)和建设工程质量监督机构,以接受政府监督和向建设单位提供质量保证。

7．见证取样的责任

《建设工程质量管理条例》第三十一条规定："施工人员对涉及结构安全的试块、试件以及有关材料，应当在建设单位或者工程监理单位监督下现场取样，并送具有相应资质条件的质量检测单位进行检测。"

在工程施工过程中，为了控制工程总体或相应部位的施工质量，一般要依据有关技术标准，用特定的方法，对用于工程的材料或构件抽取一定数量的样品，进行检测或试验，并根据其结果来判断其所代表部位的质量。这是控制和判断工程质量水平所采取的重要技术措施。试块和试件的真实性和代表性，是保证这一措施有效的前提条件。建设工程施工检测，应实行有见证取样和送检制度。

本条"具有相应资质条件的质量检测单位"是指必须经省级以上（含省级）建设行政主管部门进行资质审查和有关部门计量认证的工程质量检测机构。从事建筑材料和制品等试验工作的建筑施工、市政工程、混凝土预制构件、预拌（商品）混凝土生产企业、科研单位与大专院校的对外服务的工程试验室，以及工程质量检测机构，均应按有关规定，取得资质证书。

8．返修保修的责任

《建设工程质量管理条例》第三十二条规定："施工单位对施工中出现质量问题的建设工程或者竣工验收不合格的建设工程，应当负责返修。"

不论是施工过程中出现质量问题的建设工程，还是竣工验收时发现质量问题的工程，施工单位都要负责返修。对于非施工单位造成质量问题或竣工验收不合格的工程，施工单位也应当负责返修，但是造成的损失及返修费用由责任方承担。

（四）工程监理单位的责任与义务

1．依法承揽业务的责任

《建设工程质量管理条例》第三十四条规定："工程监理单位应当取得相应等级的资质证书，并在其资质等级许可的范围内承担工程监理业务。禁止工程监理单位超越本单位资质等级许可的范围或者以其他工程监理单位的名义承担工程监理业务。禁止工程监理单位允许其他单位或者个人以本单位的名义承担工程监理业务。工程监理单位不得转让工程监理业务。"

本条是关于监理单位市场准入和市场行为的规定。

2．独立监理的责任

《建设工程质量管理条例》第三十五条规定："工程监理单位与被监理工程的施工承包单位以及建筑材料、建筑构配件和设备供应单位有隶属关系或者其他利害关系的，不得承担该项建设工程的监理业务。"

工程监理单位接受建设单位委托，对施工单位以及材料供应单位进行监督检查，因此，必须实事求是，遵循客观规律，按工程建设的科学要求进行监理活动，客观、公正地对待各方当事人，认真地进行监督管理。这是对工程监理单位执行监理任务的基本要求。

3．依法监理的责任

《建设工程质量管理条例》第三十六条规定："工程监理单位应当依照法律、法规以及有关技术标准、设计文件和建设工程承包合同，代表建设单位对施工质量实施监理，并对施工质量承担监理责任。"

工程监理单位对工程质量的控制。

（1）原材料、构配件及设备的质量控制

工程所需的主要原材料、构配件及设备应由监理单位进行质量认定。控制方法一般有：

① 审核工程所用材料、构配件及设备的出厂合格证或质量保证书；

② 对工程原材料、构配件及设备在使用前需进行抽检或复试，其试验的范围，按有关规定、标准的要求确定；

③ 凡采用新材料、新型制品，应检查技术鉴定文件；

④ 对重要原材料、构配件及设备的生产工艺、质量控制、检测手段等进行检查，必要时应到生产厂家实地考察，以确定供货单位；

⑤ 所有设备，在安装前应按相应技术说明书的要求进行质量检查，必要时还应由法定检测部门检测。

（2）对分部、分项工程的质量控制

在一般情况下，主要的分项工程施工时，施工单位应将施工工艺、原材料使用、劳动力配置、质量保证措施等基本情况填写施工条件准备情况表报监理单位，监理单位应调查核实，经同意后方可施工。

分项工程施工过程中，应对关键部位随时进行抽查，抽查不合格的应通知施工单位整改，并要作好复查和记录。

《建设工程质量管理条例》第三十八条规定："监理工程师应当按照工程监理规范的要求，采取旁站、巡视、平行检验等形式，对建设工程实施监理。"

由于工程施工的不可逆性，监理要对整个工程的施工过程网络实施全面控制，以各个工序的过程质量来保证整个工程的总体质量，旁站、巡视、平行检验等形式，充分体现了抓工序质量来保证总体质量的概念。

4. 确认质量和应付工程款的责任

《建设工程质量管理条例》第三十七条规定："工程监理单位应当选派具备相应资格的总监理工程师和监理工程师进驻施工现场。未经监理工程师签字，建筑材料、建筑构配件和设备不得在工程上使用或者安装，施工单位不得进行下一道工序的施工。未经总监理工程师签字。建设单位不拨付工程款，不进行竣工验收。"

监理工程师拥有对建筑材料、建筑构配件和设备以及每道施工工序的检查权。在施工过程中，监理工程师对工序、建筑材料、构配件和设备进行检查、检验，根据检查、检验的结果来确定是否允许建筑材料、构配件、设备在工程上使用；对每道施工工序的作业成果进行检查，并根据检查结果决定是否允许进行下一道工序的施工，对于不符合规范和质量标准的工序、分部分项工程，有权要求施工单位停工整改、返工。

（五）建设工程质量保修制度

建设工程质量保修制度是指建设工程在办理竣工验收手续后，在规定的保修期限内，因勘察、设计、施工、材料等原因造成的质量缺陷，应当由施工承包单位负责维修、返工或更换，由责任单位负责赔偿损失。

1. 工程质量保修书

《建设工程质量管理条例》第三十九条规定："建设工程实行质量保修制度。

建设工程承包单位在向建设单位提交工程竣工验收报告时，应当向建设单位出具质量保修书。质量保修书中应当明确建设工程的保修范围、保修期限和保修责任等。"

《建设工程质量保修书》是一项保修合同,是承包合同所约定双方权利义务的延续,是施工企业对竣工验收的建设工程承担保修责任的法律文本。

2. 保修范围和最低保修期限

《建设工程质量管理条例》第四十条规定:在正常使用条件下,建设工程的最低保修期限为:

(1) 基础设施工程、房屋建筑的地基基础工程和主体结构工程,为设计文件规定的该工程的合理使用年限;

(2) 屋面防水工程、有防水要求的卫生间、房间和外墙面的防渗漏,为 5 年;

(3) 供热与供冷系统,为 2 个采暖期、供冷期;

(4) 电气管线、给排水管道、设备安装和装修工程,为 2 年。

其他项目的保修期限由发包方与承包方约定。

建设工程的保修期,自竣工验收合格之日起计算。

本条第二款提出了除本条(1)~(4)项规定的项目外的其他工程项目的保修期限由发包方或承包方约定。必须指出的是:① 这类项目要不要保修,要在合同中约定;② 保修期限由发包方(通常指建设单位)和承包施工单位约定,但必须有书面形式;③ 约定中:保修期限不得违反《建筑法》,要保证建筑物的合理寿命年限内正常使用和维护使用者的原则;④ 约定要符合有关法律(如《民法通则》和《合同法》)的要求。

3. 保修责任

《建设工程质量管理条例》第四十一条规定:"建设工程在保修范围和保修期限内发生质量问题的,施工单位应当履行保修义务,并对造成的损失承担赔偿责任。"

保修义务的承担及维修的经济责任的承担应按下述原则处理:

(1) 施工单位未按国家有关规范、标准和设计要求施工,造成的质量缺陷,由施工单位负责返修并承担经济责任。

(2) 由于设计方面的原因造成的质量缺陷,先由施工单位负责维修,其经济责任按有关规定通过建设单位向设计单位索赔。

(3) 因建筑材料、构配件和设备质量不合格引起的质量缺陷,先由施工单位负责维修,其经济责任属于施工单位采购的或经其验收同意的,由施工单位承担经济责任;属于建设单位采购的,由建设单位承担经济责任。

(4) 因建设单位(含监理单位)错误管理造成的质量缺陷,先由施工单位负责维修,其经济责任由建设单位承担,如属监理单位责任,则由建设单位向监理单位索赔。

(5) 因使用单位使用不当造成的损坏问题,先由施工单位负责维修,其经济责任由使用单位自行负责。

(6) 因地震、洪水、台风等不可抗拒原因造成的损坏问题,先由施工单位负责维修,建设参与各方根据国家具体政策分担经济责任。

(六) 建设工程质量的监督管理

1. 建设工程质量监督制度

《建设工程质量管理条例》第四十三条规定:国家实行建设工程质量监督管理制度。国务院建设行政主管部门对全国的建设工程质量实施统一监督管理。国务院铁路、交通、水利等有关部门按照国务院规定的职责分工,负责对全国的有关专业建设工程质量的监督管理。

县级以上地方人民政府建设行政主管部门对本行政区域内的建设工程质量实施监督管理。县级以上地方人民政府交通、水利等有关部门在各自的职责范围内，负责对本行政区域内的专业建设工程质量的监督管理。

本条明确了国家实行建设工程质量监督管理制度，并规定了建设工程质量监督管理体制。

2. 工程质量监督管理的实施机构

《建设工程质量管理条例》第四十六条规定："建设工程质量监督管理，可以由建设行政主管部门或者其他有关部门委托的建设工程质量监督机构具体实施。从事房屋建筑工程和市政基础设施工程质量监督的机构，必须按照国家有关规定经国务院建设行政主管部门或者省、自治区、直辖市人民政府建设行政主管部门考核；从事专业建设工程质量监督的机构，必须经国务院有关部门或者省、自治区、直辖市人民政府有关部门考核。经考核合格后，方可实施质量监督。"

所谓行政执法的委托是指享有行政执法权的行政机关将其拥有的行政执法委托给其他行政机关或组织行使。受委托实施行政执法的行政机关或组织在委托范围内，以委托的行政机关的名义实施行政执法。行政执法的委托与授权存在着质的区别。在行政执法的授权中，被授权者的执法权直接来源于法律、行政法规的授权，被授权者取得行政执法主体的资格，能以自己的名义行使行政执法，并以自己的名义承担法律后果；在行政执法的委托中，受委托人的执法权来源于行政机关的委托，受委托人没有行政执法主体资格，受委托人只能以委托机关的名义行使行政执法权，其行为后果也由委托机关承担。

工程质量监督机构的基本条件是：① 工程质量监督机构是经建设行政主管部门或其他有关部门考核认定，具有独立法人资格的单位。② 建设工程质量监督机构必须拥有一定数量的质量监督工程师，有满足工程质量监督工作需要的办公场所及检查所需工具和设备。

3. 工程质量监督检查内容及措施

《建设工程质量管理条例》第四十七条规定："县级以上地方人民政府建设行政主管部门和其他有关部门应当加强对有关建设工程质量的法律、法规和强制性标准执行情况的监督检查。"

本条是县级以上地方人民政府职能部门对建设工程质量监督检查内容的规定。

《建设工程质量管理条例》第四十八条规定：县级以上人民政府建设行政主管部门或者其他有关部门履行监督检查职责时，有权采取下列措施：

（1）要求被检查的单位提供有关工程质量的文件和资料；

（2）进入被检查单位的施工现场进行检查；

（3）发现有影响工程质量的问题时，责令改正。

建设行政主管部门或有关专业主管部门及其委托的工程质量监督机构，应予积极配合，同时，为保证对建设工程的质量检查，以抽查为主要方式。在履行监督检查职责时，参与工程建设的有关责任主体监督检查工作得以正常进行，法律赋予了监督检查人员必要的权力。

质量监督人员在检查中发现工程质量存在问题时，有权签发整改通知，责令限期改正；发现存在涉及结构安全和使用功能的严重质量缺陷、工程质量管理失控时，有权责令暂停施工或局部暂停施工等强制措施，以便立即改正；对发现结构质量隐患的工程有权责令进行检测，根据检测结果，要求建设单位整改。需要行政处罚的，由工程质量监督机构报政府委托部门查处。

4．竣工验收备案制度

《建设工程质量管理条例》第四十九条规定："建设单位应当自建设工程竣工验收合格之日起15日内，将建设工程竣工验收报告和规划、公安消防、环保等部门出具的认可文件或者准许使用文件报建设行政主管部门或其他有关部门备案。建设行政主管部门或者其他有关部门发现建设单位在竣工验收过程中有违反国家有关建设工程质量管理规定行为的，责令停止使用，重新组织竣工验收。"

建设单位申请办理竣工备案应提交以下材料：① 房屋建筑工程竣工验收备案表；② 建设工程竣工验收报告（包括工程报建日期，施工许可证号，施工图设计文件审查意见，勘察、设计、施工、工程监理等单位分别签署意见及验收人员签署的竣工验收原始文件等）；③ 规划、消防、环保等部门出具的认可文件或者准许使用文件；④ 施工单位签署的工程质量保修书，住宅工程的《住宅工程质量保证书》和《住宅工程使用说明书》。

5．工程质量事故报告制度

《建设工程质量管理条例》第五十二条规定："建设工程发生质量事故，有关单位在24小时内向当地建设行政主管部门和其他有关部门报告。对重大质量事故，事故发生地的建设行政主管部门和其他有关部门应按照事故类别和等级向当地人民政府和上级建设行政主管部门和其他有关部门报告。特别重大质量事故的调查程序按照国务院有关规定办理。"

按照《工程建设重大事故报告和调查程序规定》（建设部第3号令），重大工程质量事故分为四个等级：一级为直接经济损失在300万元以上；二级为直接经济损失在100万元以上，不满300万元；三级为直接经济损失在30万元以上，不满100万元；四级为直接经济损失在10万元以上，不满30万元。直接经济损失在10万元以下，5 000元以上的工程质量事故，由各地区、各部门制定管理办法，经济损失不足5 000元的列为质量问题，由企业自行管理。

根据国务院《特别重大事故调查程序暂行规定》及相关文件的规定，工程建设领域特别重大事故是指发生一次死亡30人及其以上，或直接经济损失在500万元及其以上，或其他性质特别严重，产生重大影响的事故。

（七）法律责任

1．建设单位的法律责任

《建设工程质量管理条例》第五十四条、五十五条、五十六条、五十七条、五十八条、五十九条规定：

（1）建设单位将建设工程发包给不具有相应资质等级的勘察、设计、施工单位或者委托给不具有相应资质等级的工程监理单位的，责令改正，处50万元以上100万元以下的罚款。

（2）违反本条例规定，建设单位将建设工程肢解发包的，责令改正，处工程合同价款0.5%以上1%以下的罚款；对全部或者部分使用国有资金的项目，并可以暂停项目执行或者暂停资金拨付。

（3）建设单位有下列行为之一的，责令改正，处20万元以上50万元以下的罚款：

① 迫使承包方以低于成本的价格竞标的；

② 任意压缩合理工期的；

③ 明示或者暗示设计单位或者施工单位违反工程建设强制性标准，降低工程质量的；

④ 施工图设计文件未经审查或者审查不合格,擅自施工的;

⑤ 建设项目必须实行工程监理而未实行工程监理的;

⑥ 未按照国家规定办理工程质量监督手续的;

⑦ 明示或者暗示施工单位使用不合格的建筑材料、建筑构配件和设备的;

⑧ 未按照国家规定将竣工验收报告、有关认可文件或者准许使用文件报送备案的。

(4) 建设单位未取得施工许可证或者开工报告未经批准,擅自施工的,责令停止施工,限期改正,处工程合同价款1%以上2%以下的罚款。

(5) 建设单位有下列行为之一的,责令改正,处工程合同价款2%以上4%以下的罚款;造成损失的,依法承担赔偿责任:

① 未组织竣工验收,擅自交付使用的;

② 验收不合格,擅自交付使用的;

③ 对不合格的建设工程按照合格工程验收的。

(6) 建设工程竣工验收后,建设单位未向建设行政主管部门或者其他有关部门移交建设项目档案的,责令改正,处1万元以上10万元以下的罚款。

2. 勘察、设计、施工、工程监理单位的法律责任

《建设工程质量管理条例》第六十条、六十一条、六十二条、六十三条、六十四条、六十五条、六十六条、六十七条、六十八条规定:

(1) 勘察、设计、施工、工程监理单位超越本单位资质等级承揽工程的,责令停止违法行为,对勘察、设计单位或者工程监理单位处合同约定的勘察费、设计费或者监理酬金1倍以上2倍以下的罚款;对施工单位处工程合同价款2%以上4%以下的罚款,可以责令停业整顿,降低资质等级;情节严重的,吊销资质证书;有违法所得的,予以没收。

未取得资质证书承揽工程的,予以取缔,依照前款规定处以罚款;有违法所得的,予以没收。

以欺骗手段取得资质证书承揽工程的,吊销资质证书,依照本条第一款规定处以罚款;有违法所得的,予以没收。

(2) 勘察、设计、施工、工程监理单位允许其他单位或者个人以本单位名义承揽工程的,责令改正,没收违法所得,对勘察、设计单位和工程监理单位处合同约定的勘察费、设计费和监理酬金1倍以上2倍以下的罚款;对施工单位处工程合同价款2%以上4%以下的罚款;可以责令停业整顿,降低资质等级;情节严重的,吊销资质证书。

(3) 承包单位将承包的工程转包或者违法分包的,责令改正,没收违法所得,对勘察、设计单位处合同约定的勘察费、设计费25%以上50%以下的罚款;对施工单位处工程合同价款0.5%以上1%以下的罚款;可以责令停业整顿,降低资质等级;情节严重的,吊销资质证书。

工程监理单位转让工程监理业务的,责令改正,没收违法所得,处合同约定的监理酬金25%以上50%以下的罚款;可以责令停业整顿,降低资质等级;情节严重的,吊销资质证书。

(4) 有下列行为之一的,责令改正,处10万元以上30万元以下的罚款:

① 勘察单位未按照工程建设强制性标准进行勘察的;

② 设计单位未根据勘察成果文件进行工程设计的;

③ 设计单位指定建筑材料、建筑构配件的生产厂、供应商的;

④ 设计单位未按照工程建设强制性标准进行设计的。

有前款所列行为，造成重大工程质量事故的，责令停业整顿，降低资质等级；情节严重的，吊销资质证书；造成损失的，依法承担赔偿责任。

（5）施工单位在施工中偷工减料的，使用不合格的建筑材料、建筑构配件和设备的，或者有不按照工程设计图纸或者施工技术标准施工的其他行为的，责令改正，处工程合同价款2%以上4%以下的罚款；造成建设工程质量不符合规定的质量标准的，负责返工、修理，并赔偿因此造成的损失；情节严重的，责令停业整顿，降低资质等级或者吊销资质证书。

（6）施工单位未对建筑材料、建筑构配件、设备和商品混凝土进行检验，或者未对涉及结构安全的试块、试件以及有关材料取样检测的，责令改正，处10万元以上20万元以下的罚款；情节严重的，责令停业整顿，降低资质等级或者吊销资质证书；造成损失的，依法承担赔偿责任。

（7）施工单位不履行保修义务或者拖延履行保修义务的，责令改正，处10万元以上20万元以下的罚款，并对在保修期内因质量缺陷造成的损失承担赔偿责任。

（8）工程监理单位有下列行为之一的，责令改正，处50万元以上100万元以下的罚款，降低资质等级或者吊销资质证书；有违法所得的，予以没收；造成损失的，承担连带赔偿责任：

① 与建设单位或者施工单位串通，弄虚作假、降低工程质量的；

② 将不合格的建设工程、建筑材料、建筑构配件和设备按照合格签字的。

（9）工程监理单位与被监理工程的施工承包单位以及建筑材料、建筑构配件和设备供应单位有隶属关系或者其他利害关系承担该项建设工程的监理业务的，责令改正，处5万元以上10万元以下的罚款，降低资质等级或者吊销资质证书；有违法所得的，予以没收。

3. 其他有关法律责任

《建设工程质量管理条例》第六十九条、七十条、七十一条、七十二条、七十三条、七十四条、七十五条、七十六条、七十七条规定：

（1）涉及建筑主体或者承重结构变动的装修工程，没有设计方案擅自施工的，责令改正，处50万元以上100万元以下的罚款；房屋建筑使用者在装修过程中擅自变动房屋建筑主体和承重结构的，责令改正，处5万元以上10万元以下的罚款。

有前款所列行为，造成损失的，依法承担赔偿责任。

（2）发生重大工程质量事故隐瞒不报、谎报或者拖延报告期限的，对直接负责的主管人员和其他责任人员依法给予行政处分。

（3）供水、供电、供气、公安消防等部门或者单位明示或者暗示建设单位或者施工单位购买其指定的生产供应单位的建筑材料、建筑构配件和设备的，责令改正。

（4）注册建筑师、注册结构工程师、监理工程师等注册执业人员因过错造成质量事故的，责令停止执业1年；造成重大质量事故的，吊销执业资格证书，5年以内不予注册；情节特别恶劣的，终身不予注册。

（5）依照本条例规定，给予单位罚款处罚的，对单位直接负责的主管人员和其他直接责任人员处单位罚款数额5%以上10%以下的罚款。

（6）建设单位、设计单位、施工单位、工程监理单位违反国家规定，降低工程质量标准，造成重大安全事故，构成犯罪的，对直接责任人员依法追究刑事责任。

（7）本条例规定的责令停业整顿，降低资质等级和吊销资质证书的行政处罚，由颁发资质证书的机关决定；其他行政处罚，由建设行政主管部门或者其他有关部门依照法定职权决定。

依照本条例规定被吊销资质证书的，由工商行政管理部门吊销其营业执照。

（8）国家机关工作人员在建设工程质量监督管理工作中玩忽职守、滥用职权、徇私舞弊，构成犯罪的，依法追究刑事责任；尚不构成犯罪的，依法给予行政处分。

（9）建设、勘察、设计、施工、工程监理单位的工作人员因调动工作、退休等原因离开该单位后，被发现在该单位工作期间违反国家有关建设工程质量管理规定，造成重大工程质量事故的，仍应当依法追究法律责任。

二、建设工程勘察设计管理条例

《建设工程勘察设计管理条例》于 2000 年 9 月 20 日国务院第 31 次常务会议通过，2000 年 9 月 25 日实施。

《建设工程勘察设计管理条例》的立法目的在于为了加强对建设工程勘察、设计活动的管理，保证建设工程勘察、设计质量，保护人民生命和财产安全。该条例包括四十五条，分别对勘察设计的资质资格管理、建设工程勘察设计发包与承包、建设工程勘察设计文件的编制与实施作出了规定。

（一）建设工程勘察设计发包与承包

建设工程勘察设计发包与承包属于《建筑法》、《招标投标法》中规定的发承包的一种特殊情形。总体上，建设工程勘察设计发包与承包依然要受《建筑法》和《招标投标法》调整，但是由于其自身的特殊性，其发包与承包的规定也与《建筑法》、《招标投标法》存在一定不同。

1. 建设工程勘察设计任务的发包

（1）发包的方式

建设工程勘察、设计发包依法实行招标发包或者直接发包。原则上，勘察设计任务的委托应该依据《招标投标法》进行招标发包，但是，《建设工程勘察设计管理条例》第 16 条规定，下列建设工程的勘察、设计，经有关主管部门批准，可以直接发包：

① 采用特定的专利或者专有技术的；

② 建筑艺术造型有特殊要求的；

③ 国务院规定的其他建设工程的勘察、设计。

对于需要进行招标的工程，需要具备一定条件方可招标。《工程建设项目勘察设计招标投标办法》第 9 条规定：依法必须进行勘察设计招标的建设工程项目，在招标时应当具备下列条件：

① 按照国家有关规定需要履行项目审批手续的，已履行审批手续，取得批准。

② 勘察设计所需资金已经落实。

③ 所必需的勘察设计基础资料已经收集完成。

④ 法律法规规定的其他条件。

招标人可以依据工程建设项目的不同特点，实行勘察、设计一次性总体招标；也可以在保证项目完整性、连续性的前提下，按照技术要求实行分段或分项招标。但招标人不得将依法必须进行招标的项目化整为零，或者以其他任何方式规避招标。

（2）招标的方式

工程建设项目勘察设计招标分为公开招标和邀请招标。

——应当公开招标的项目

《工程建设项目勘察设计招标投标办法》第 10 条规定,全部使用国有资金投资或者国有资金投资占控股或者主导地位的工程建设项目,以及国务院发展和改革部门确定的国家重点项目和省、自治区、直辖市人民政府确定的地方重点项目,除符合邀请招标的条件并依法获得批准可以邀请招标外,应当公开招标。

——可以邀请招标的项目

《工程建设项目勘察设计招标投标办法》第 11 条规定,依法必须进行勘察设计招标的工程建设项目,在下列情况下可以进行邀请招标:

① 项目的技术性、专业性较强,或者环境资源条件特殊,符合条件的潜在投标人数量有限的;

② 如采用公开招标,所需费用占工程建设项目总投资的比例过大的;

③ 建设条件受自然因素限制,如采用公开招标,将影响项目实施时机的。

——可以不进行招标的项目

《工程建设项目勘察设计招标投标办法》第 4 条规定,按照国家规定需要政府审批的项目,有下列情形之一的,经批准,项目的勘察设计可以不进行招标:

① 涉及国家安全、国家秘密的;

② 抢险救灾的;

③ 主要工艺、技术采用特定专利或者专有技术的;

④ 技术复杂或专业性强,能够满足条件的勘察设计单位少于三家,不能形成有效竞争的;

⑤ 已建成项目需要改、扩建或者技术改造,有其他单位进行设计影响项目功能配套性的。

（3）勘察设计任务委托的模式

《建设工程勘察设计管理条例》规定,发包方可以将整个建设工程的勘察、设计发包给一个勘察、设计单位;也可以将建设工程的勘察设计分别发包给几个勘察、设计单位。除建设工程主体部分的勘察、设计外,经发包方书面同意,承包方可以将建设工程其他部分的勘察、设计再分包给其他具有相应资质等级的建设工程勘察、设计单位。

对此,《建设工程勘察设计市场管理规定》第 13 条也有更具体的规定:委托方原则上应将整个建设工程项目的设计业务委托给一个承接方,也可以在保证整个建设项目完整性和统一性的前提下,将设计业务按技术要求,分别委托给几个承接方。委托方将整个建设工程项目的设计业务分别委托给几个承接方时,必须选定其中一个承接方作为主体承接方,负责对整个建设工程项目设计的总体协调。实施工程项目总承包的建设工程项目按有关规定执行。

承接部分设计业务的承接方直接对委托方负责,并应当接受主体承接方的指导与协调。《建设工程勘察设计市场管理规定》第 13 条同时规定,委托勘察业务原则上按本条的规定进行。

2. 建设工程勘察设计任务的承包

（1）对承包方的资质要求

《建设工程勘察设计管理条例》规定,承包方必须在建设工程勘察设计资质证书规定的资质等级和业务范围内承揽建设工程的勘察、设计业务。这一点与《建筑法》和《招标投标法》的规定都是吻合的。

《建设工程勘察设计市场管理规定》对此也有更具体的规定:承接方必须持有由建设行政主管部门颁发的工程勘察资质证书或工程设计资质证书,在证书规定的业务范围内承接勘察设计业务,并对其提供的勘察设计文件的质量负责。严禁无证或超越本单位资质等级的单位和个人承接勘察设计业务。

具有乙级及以上勘察设计资质的承接方可以在全国范围内承接勘察设计业务;在异地承接勘察设计业务时,必须到项目所在地的建设行政主管部门备案。

(2)对承包方的招标文件的要求

《建设工程勘察设计管理条例》第24条规定,建设工程勘察、设计发包方与承包方应当执行国家有关建设工程勘察、设计费的管理规定。

对此,《工程建设项目勘察设计招标投标办法》第22条也规定,投标人应当按照招标文件的要求编制投标文件。投标文件中的勘察设计收费报价,应当符合国务院价格主管部门制定的工程勘察设计收费标准。

《工程建设项目勘察设计招标投标办法》第23条规定,投标人在投标文件有关技术方案和要求中不得指定与工程建设项目有关的重要设备、材料的生产供应者,或者含有倾向或者排斥特定生产供应者的内容。

(3)对投标保证金的要求

《工程建设项目勘察设计招标投标办法》第24条规定,招标文件要求投标人提交投标保证金的,保证金数额一般不超过勘察设计费投标报价的百分之二,最多不超过十万元人民币。

(4)确定中标人的依据

由于勘察设计的特殊性,其确定中标人的依据也与施工、材料采购等招标方式不同。

《工程建设项目勘察设计招标投标办法》第33条规定,勘察设计评标一般采取综合评估法进行。评标委员会应当按照招标文件确定的评标标准和方法,结合经批准的项目建议书、可行性研究报告或者上阶段设计批复文件,对投标人的业绩、信誉和勘察设计人员的能力以及勘察设计方案的优劣进行综合评定。招标文件中没有规定的标准和方法,不得作为评标的依据。

建设工程勘察、设计的招标人应当在评标委员会推荐的候选方案中确定中标方案。但是,建设工程勘察、设计的招标人认为评标委员会推荐的候选方案不能最大限度满足招标文件规定的要求的,应当依法重新招标。

《工程建设项目勘察设计招标投标办法》第35条规定,根据招标文件的规定,允许投标人设备选标的,评标委员会可以对中标人所提交的备选标进行评审,以决定是否采纳备选标。不符合中标条件的投标人的备选标不予考虑。

(5)勘察设计任务的分包与转包

《建设工程勘察设计管理条例》规定,除建设工程主体部分的勘察、设计外,经发包方书面同意,承包方可以将建设工程其他部分的勘察、设计再分包给其他具有相应资质等级的建设工程勘察、设计单位。建设工程勘察、设计单位不得将所承揽的建设工程勘察、设计转包。

对此,《建设工程勘察设计市场管理规定》规定:承接方应当自行完成承接的勘察设计业务,不得接受无证组织和个人的挂靠。经委托方同意,承接方也可以将承接的勘察设计业务中的一部分委托给其他具有相应资质条件的分承接方,但须签订分委托合同,并对分承接方所承担的业务负责。分承接方未经委托方同意,不得将所承接的业务再次分委托。

(6)签订建设工程勘察、设计合同

《建设工程勘察设计市场管理规定》规定,建设工程勘察、设计的发包方与承包方应当签订建设工程勘察、设计合同。

《建设工程勘察设计市场管理规定》还规定,工程勘察设计业务的委托方与承接方必须依法签订合同,明确双方的权利和义务。委托方和承接方应全面履行合同约定的义务。不按合同约定履行义务的,依法承担违约责任。

签订勘察设计合同,应当采用书面形式,使用或参照使用国家制定的《建设工程勘察合同》和《建设工程设计合同》。合同内容应符合国家有关建设工程合同的规定和要求。

勘察设计费用应当依据国家的有关规定由委托方在合同中约定。合同双方不得违反国家有关最低收费标准的规定,任意压低勘察、设计费用。委托方应当按照合同约定,及时拨付勘察、设计费。

签订勘察设计合同的双方,须将合同文本送交项目所在地的县级以上人民政府建设行政主管部门或其委托机构备案。

(二)熟悉建设工程勘察设计文件的编制与实施

1. 建设工程勘察设计文件的编制

根据《建设工程勘察设计管理条例》第25条规定,编制建设工程勘察设计文件,应当以下列规定为依据:

① 项目批准文件;

② 城市规划(铁路、交通、水利等专业建设工程,还应当以专业规划的要求为依据);

③ 工程建设强制性标准;

④ 国家规定的建设工程勘察、设计深度要求。

2. 建设工程施工图纸设计文件的审查

根据《建设工程勘察设计管理条例》第33条规定,县级以上人民政府建设行政主管部门或者交通、水利等有关部门应当对施工图设计文件中涉及公共利益、公众安全、工程建设强制性标准的内容进行审查。施工图设计文件未经审查批准的,不得使用。

3. 建设工程勘察、设计文件的交底

根据《建设工程勘察设计管理条例》第30条规定,建设工程勘察、设计单位应当在建设工程施工前,向施工单位和监理单位说明建设工程勘察、设计意图,解释建设工程勘察、设计文件。建设工程勘察、设计文件应当及时解决施工中出现的勘察、设计问题。

4. 建设工程勘察、设计文件的修改

根据《建设工程勘察设计管理条例》第28条规定,建设单位、施工单位、监理单位不得修改建设工程勘察、设计文件;确需修改的,应当由原建设工程勘察、设计单位修改。经原建设工程勘察、设计单位书面同意,建设单位也可以委托其他具有相应资质的建设工程勘察、设计单位修改。修改单位对修改的勘察、设计文件承担相应责任。施工单位、监理单位发现建设工程勘察、设计文件不符合工程建设强制性标准、合同约定的质量要求的,应当报告建设单位,建设单位有权要求建设工程勘察、设计单位对建设工程勘察、设计文件进行补充、修改。建设工程勘察设计文件内容需要做重大修改的,建设单位应当报经原审批机关批准后,方可修改。

三、其他法规与工程质量管理相关条文摘录

村庄和集镇规划建设管理条例

(国务院令第 116 号,1993 年 11 月 1 日施行)

第二十一条 在村庄、集镇规划区内,凡建筑跨度、跨径或者高度超出规定范围的乡(镇)村企业、乡(镇)村公共设施和公益事业的建筑工程,以及 2 层(含 2 层)以上的住宅,必须由取得相应的设计资质证书的单位进行设计,或者选用通用设计、标准设计。

跨度、跨径和高度的限定,由省、自治区、直辖市人民政府或者其授权的部门规定。

第二十三条 承担村庄、集镇规划区内建筑工程施工任务的单位,必须具有相应的施工资质等级证书或者资质审查证明,并按照规定的经营范围承担施工任务。

在村庄、集镇规划区内从事建筑施工的个体工匠,除承担房屋修缮外,须按有关规定办理施工资质审批手续。

第二十四条 施工单位应当按照设计图纸施工。任何单位和个人不得擅自修改设计图纸;确需修改的,须经过设计单位同意,并出具变更设计通知单或者图纸。

第二十五条 施工单位应当确保施工质量,按照有关的技术规定施工,不得使用不符合工程质量要求的建筑材料和建筑构件。

第二十六条 乡(镇)村企业、乡(镇)村公共设施、公益事业等建设,在开工前,建设单位和个人应当向县级以上人民政府建设主管部门提出开工申请,经县级以上人民政府建设行政主管部门对设计、施工条件予以审查批准后,方可开工。

农村居民住宅建设开工的审批程序,由省、自治区、直辖市人民政府规定。

第二十七条 县级人民政府建设行政主管部门,应当对村庄、集镇建设的施工质量进行监督检查。村庄、集镇的建设工程竣工后,应当按照国家的有关规定,经有关部门竣工验收合格后,方可交付使用。

第三十八条 有下列行为之一的,由县级人民政府建设行政主管部门责令停止设计或者施工、限期整改,并可处以罚款:

(一)未取得设计资质证书,承担建筑跨度、跨径和高度超出规定范围的工程以及 2 层以上住宅的设计任务或者未按设计资质证书规定的经营范围,承担设计任务的;

(二)未取得施工资质等级证书或者资质审查证书或者未按规定的经营范围,承担施工任务的;

(三)不按有关技术规定施工或者使用不合格工程质量要求的建筑材料和建筑构件的;

(四)未按设计图纸施工或者擅自修改设计图纸的。

取得设计或者施工资质证书的勘察设计、施工单位,为无证单位提供资质证书,超过规定的经营范围,承担设计、施工任务或者设计、施工的质量不符合要求,情节严重的,由原发证机关吊销设计或者施工的资质证书。

城市房地产开发经营管理条例

（国务院令第 248 号，1998 年 7 月 20 日施行）

第十六条　房地产开发企业开发建设的房地产项目，应当符合有关法律、法规的规定和建筑工程质量、安全标准、建筑工程勘察、设计、施工的技术规范以及合同的约定。

房地产开发企业应当对其开发建设的房地产开发项目的质量承担责任。

勘察、设计、施工、监理等单位应当依照有关法律、法规的规定或者合同的约定，承担相应的责任。

第十七条　房地产开发项目竣工，经验收合格后，方可交付使用；未经验收或者验收不合格的，不得交付使用。

房地产开发项目竣工后，房地产开发企业应当向项目所在地的县级以上地方人民政府房地产开发主管部门提出竣工验收申请。房地产开发主管部门应当自收到竣工验收申请之日起 30 日内，对涉及公共安全的内容，组织工程质量监督、规划、消防、人防等有关部门或者单位进行验收。

第十八条　住宅小区等群体房地产开发项目竣工，应当依照本条例第十七条的规定和下列要求进行综合验收：

（一）城市规划设计条件的落实情况；

（二）城市规划要求配套的基础设施和公共设施的建设情况；

（三）单项工程的工程质量验收情况；

（四）拆迁安置方案的落实情况；

（五）物业管理的落实情况。

住宅小区等群体房地产开发项目实行分期开发的，可以分期验收。

第三十一条　房地产开发企业应当在商品房交付使用时，向购买人提供住宅质量保证书和住宅使用说明书。

住宅质量保证书应当列明工程质量监督部门核验的质量等级、保修范围、保修期和保修单位等内容。房地产开发企业应当按照住宅质量保证书的约定，承担商品房保修责任。

保修期内，因房地产开发企业对商品房进行维修，致使房屋原使用功能受到影响，给购买人造成损失的，应当依法承担赔偿责任。

第三十二条　商品房交付使用后，购买人认为主体结构质量不合格的，可以向工程质量监督单位申请重新核验。经核验，确属主体结构质量不合格的，购买人有权退房；给购买人造成损失的，房地产开发企业应当依法承担赔偿责任。

第三十四条　违反本条例规定，未取得营业执照，擅自从事房地产开发经营的，由县级以上人民政府工商行政管理部门责令停止房地产开发经营活动，没收违法所得，可以并处违法所得 5 倍以下的罚款。

第三十五条　违反本条例规定，未取得资质等级证书或者超越资质等级从事房地产开发经营的，由县级以上人民政府房地产开发主管部门责令限期改正，处 5 万元以上 10 万元以下的罚款；逾期不改正的，由工商行政管理部门吊销营业执照。

第三十六条　违反本条例规定，将未经验收的房屋交付使用的，由县级以上人民政府房地产开发主管部门责令限期补办验收手续;逾期不补办验收手续的,由县级以上人民政府房地产开发主管部门组织有关部门和单位进行验收,并处 10 万元以上 30 万元以下的罚款。经验收不合格的,依照本条例第三十七条的规定处理。

第三十七条 违反本条例规定,将验收不合格的房屋交付使用的,由县级以上人民政府房地产开发主管部门责令限期返修,并处交付使用的房屋总造价 2‰ 以下的罚款;情节严重的,有工商行政管理部门吊销营业执照;给购买人造成损失的,应当依法承担赔偿责任;造成重大伤亡事故或者其他严重后果,构成犯罪的,依法追究刑事责任。

物业管理条例

(国务院令第 379 号,2003 年 9 月 1 日施行)

第五十二条 供水、供电、供气、供热、通信、有线电视等单位,应当依法承担物业管理区域内相关管线和设施设备维修、养护的责任。

前款规定的单位因维修、养护等需要,临时占用、挖掘道路、场地的,应当及时恢复原状。

第五十三条 业主需要装饰装修房屋的,应当事先告知物业服务企业。

物业服务企业应当将房屋装饰装修中的禁止行为和注意事项告知业主。

第五十四条 住宅物业、住宅小区内的非住宅物业或者与单幢住宅楼结构相连的非住宅物业的业主,应当按照国家有关规定交纳专项维修资金。

专项维修资金属于业主所有,专项用于物业保修期满后物业共用部位、公用设施设备的维修和更新、改造,不得挪作他用。

专项维修资金收取使用、管理的办法由国务院建设行政主管部门会同国务院财政部门制定。

第五十五条 利用物业共用部位、公用设施设备进行经营的,应当在征得相关业主、业主大会、物业服务企业的同意后,按照规定办理有关手续。业主所得收益应当主要用于补充专项维修资金,也可以按照业主大会的决定使用。

第五十六条 物业存在安全隐患,危及公共利益及他人合法权益时,责任人应当及时维修养护,有关业主应当给予配合。

责任人不履行维修养护义务的,经业主大会同意,可以由物业服务企业维修养护,费用由责任人承担。

建设工程安全生产管理条例

(国务院令第 393 号,2004 年 2 月 1 日施行)

第六条 建设单位应当向施工单位提供施工现场及毗邻区域内供水、排水、供电、供气、供热、通信、广播电视等地下管线资料,气象和水文观测资料,相邻建筑物和构筑物、地下工程的有关资料,并保证资料的真实、准确、完整。

建设单位因建设工程需要,向有关部门或者单位查询前款规定的资料时,有关部门或者单位应当及时提供。

第十一条 建设单位应当将拆除工程发包给具有相应资质等级的施工单位。

建设单位应当在拆除工程施工 15 日前,将下列资料报送建设工程所在地的县级以上地方人民政府建设行政主管部门或者其他有关部门备案。

（一）施工单位资质等级证明;

（二）拟拆除建筑物、构筑物及可能危及毗邻建筑的说明;

（三）拆除施工组织方案;

（四）堆放、清除废弃物的措施。

实施爆破作业的,应当遵守国家有关民用爆炸物品管理的规定。

第十二条　勘察单位应当按照法律、法规和工程建设强制性标准进行勘察,提供的勘察文件应当真实、准确,满足建设工程安全生产的需要。

勘察单位在勘查作业时,应当严格执行操作规程,采取措施保证各类管线、设施和周边建筑物、构筑物的安全。

第十三条　设计单位应当按照法律、法规和工程建设强制性标准进行设计,防止因设计不合理导致生产安全事故的发生。

设计单位应当考虑施工安全操作和防护的需要,对设计施工安全的重点部位和环节在设计文件中注明,并对防范生产安全事故提出指导意见。

采用新结构、新材料、新工艺的建设工程和特殊结构的建设工程,设计单位应当在设计中提出保障施工作业人员安全和预防生产安全事故的措施建议。

设计单位和注册建筑师等注册执业人员应当对其设计负责。

第十四条　工程监理单位应当审查施工组织设计中的安全技术措施或者专项施工方案是否符合工程建设强制性标准。

工程监理单位在实施监理过程中,发现存在安全事故隐患的,应当要求施工单位整改;情况严重的,应当要求施工单位暂时停止施工,并及时报告建设单位。施工单位拒不整改或者不停止施工的,工程监理单位应当及时向有关主管部门报告。

工程监理单位和监理工程师应当按照法律、法规和工程建设强制性标准实施监理,并对建设工程安全生产承担建立责任。

第二十六条　施工单位应当在施工组织设计中编制安全技术措施和施工现场临时用电方案,对下列达到一定规模的危险性较大的分部分项工程编制专项施工方案,并附具安全验算结果,经施工单位技术负责人、总监理工程师签字后实施,由专职安全生产管理人员进行现场监督:

（一）基坑支护与降水工程;

（二）土方开挖工程;

（三）模板工程;

（四）起重吊装工程;

（五）脚手架工程;

（六）拆除、爆破工程;

（七）国务院建设行政主管部门或者其他有关部门规定的其他危险性较大的工程。

对前款所列工程中设计深基坑、地下暗挖工程、高大模板工程的专项施工方案,施工单位还应当组织专家进行论证、审查。

本条第一款规定的达到一定规模的危险性较大工程的标准,由国务院建设行政主管部门会同国务院其他有关部门制定。

　　第二十七条　建设工程施工前,施工单位负责项目管理的技术人员应当对有关安全施工的技术要求向施工作业班组、作业人员作出详细说明,并由双方签字确认。

　　第三十条　施工单位对因建设工程施工可能造成损害的毗邻建筑物、构筑物和地下管线等,应当采取专项防护措施。

　　施工单位应当遵守有关环境保护法律、法规的规定,在施工现场采取措施,防止或者减少粉尘、废气、废水、固体废物、噪声、振动和施工照明对人和环境的危害和污染。

　　在城市市区内的建设工程,施工单位应当对施工现场实行封闭围挡。

第三节　住房和城乡建设部等部门规章

　　一、《实施工程建设强制性标准监督规定》的主要内容

　　《实施工程建设强制性标准监督规定》(以下简称《监督规定》)于 2000 年 8 月 25 日以建设部令第 81 号发布实施,标志着实施工程建设强制性标准的监督有法可依、有章可循。

　　(一)工程建设标准种类

　　1. 工程建设标准的概念

　　工程建设标准是指建设工程设计、施工方法和安全保护的统一的技术要求及有关工程建设的技术术语、符号、代号、制图方法的一般原则。

　　2. 工程建设标准的划分

　　(1)根据标准的约束性划分:强制性标准、推荐性标准。

　　① 强制性标准。保障人体健康和人身、财产安全的标准和法律、行政性法规规定强制执行的国家和行业标准是强制性标准,省、自治区、直辖市标准化行政主管部门制定的工业产品的安全、卫生要求的地方标准在本行政区域内是强制性标准。对工程建设行业来说,下列标准属于强制性标准:工程建设勘察、规划、设计、施工(包括安装)及验收等通用的综合标准和重要的通用的质量标准;工程建设通用的有关安全、卫生和环境保护的标准;工程建设重要的术语、符号、代号、计量与单位、建筑模数和制图方法标准;工程建设重要的通用的试验、检验和评定等标准;工程建设重要的通用的信息技术标准;国家需要控制的其他工程建设通用的标准。

　　② 推荐性标准。其他非强制性的国家和行业标准是推荐性标准。国家鼓励企业自愿采用推荐性标准。

　　(2)根据标准的内容划分:设计标准、施工及验收标准、建设定额。

　　① 设计标准。指从事工程设计所依据的技术文件。

　　② 施工及验收标准。施工标准是指施工操作程序及其技术要求的标准;验收标准是指检验、接收竣工工程项目的规程、办法与标准。

　　③ 建设定额。指国家规定的消耗在单位建筑产品上活劳动和物化劳动的数量标准,以及用货币表现的某些必要费用的额度。

　　(3)按标准的属性划分:技术标准、管理标准、工作标准。

　　① 技术标准。指对标准化领域中需要协调统一的技术事项所制定的标准。

　　② 管理标准。指对标准化领域中需要协调统一的管理事项所制定的标准。

③ 工作标准。指对标准化领域中需要协调统一的工作事项所制定的标准。

（4）我国标准的分级：国家标准→行业标准→地方标准→企业标准。

① 国家标准。指对需要在全国范围内统一的技术要求所制定的标准。

② 行业标准。指对没有国家标准而又需要在全国某个行业范围内统一的技术要求所制定的标准。

③ 地方标准。指对没有国家标准和行业标准而又需要在该地区范围内统一的技术要求所制定的标准。

④ 企业标准。指对企业范围内需要协调、统一的技术要求、管理事项和工作事项所制定的标准。

（二）工程建设强制性标准的监督管理

1. 实施工程建设强制性标准的范围及监督职责

《监督规定》第二条："在中华人民共和国境内从事新建、扩建、改建等工程建设活动，必须执行工程建设强制性标准。"

第三条："本规定所称工程建设强制性标准是指直接涉及工程质量、安全、卫生及环境保护等方面的工程建设标准强制性条文。

国家工程建设标准强制性条文由国务院建设行政主管部门会同国务院有关行政主管部门确定。"

第九条："国务院建设行政主管部门负责全国实施工程建设强制性标准的监督管理工作。

国务院有关行政主管部门按照国务院的职能分工负责实施工程建设强制性标准的监督管理工作。

县级以上地方人民政府建设行政主管部门负责本行政区域内实施工程建设强制性标准的监督管理工作。"

2. 对不符合现行强制性标准等特定情形的规定

《监督规定》第五条："工程建设中拟采用的新技术、新工艺、新材料，不符合现行强制性标准规定的，应当由拟采用单位提请建设单位组织专题技术论证，报批准标准的建设行政主管部门或者国务院有关主管部门审定。

工程建设中采用国际标准或者国外标准，现行强制性标准未作规定的，建设单位应当向国务院建设行政主管部门或者国务院有关行政主管部门备案。"

在该条的规定中，分出了两个层次的界限：① 不符合现行强制性标准规定的；② 现行强制性标准未作规定的。这两者的情况是不一样的，对于新技术、新工艺、新材料不符合现行强制性标准规定的，是指现行强制性标准中已经有明确的规定或者限制，而新技术、新工艺、新材料达不到这些要求或者超过其限制条件，则受《监督规定》的约束；对于国际标准或者国外标准的规定，现行强制性标准未作规定，采纳时应当办理备案程序，责任由采纳单位负责。但是，如果国际标准或者国外标准的规定不符合现行强制性标准规定，则不允许采用。这时，国际标准或者国外标准的规定属于新技术、新工艺、新材料的范畴，则应该按新技术、新工艺、新材料的规定进行审批。

无论是采用新技术、新工艺、新材料还是采用国际标准或者国外标准，首先是建设项目的建设单位组织论证决定是否采用，然后按照项目的管理权限通过负责实施强制性标准监督的建设行政主管部门或者其他有关行政部门,根据标准的具体规定向标准的批准部门提出。国务院建设行政主管部门、国务院有关部门和各省级建设行政主管部门分别作为国家标准和行业标准的批准部门,根据技术论证的结果确定是否同意。

3. 监督机构实施监督职能的分工及要求

(1)《监督规定》第六条:"建设项目规划审查机构应当对工程建设规划阶段执行强制性标准的情况实施监督。

施工图设计文件审查单位应当对工程建设勘察、设计阶段执行强制性标准的情况实施监督。

建筑安全监督管理机构应当对工程建设施工阶段执行施工安全强制性标准的情况实施监督。

工程质量监督机构应当对工程建设施工、监理、验收等阶段执行强制性标准的情况实施监督。"

工程建设活动中各监督机构在行使对工程项目监督审查职责时,对被监督方是否执行强制性标准应当纳入其工作中。建设项目规划审查机关一般指各个地方行使规划审查工作的规划局,建筑安全监督管理机构一般是指各地的建设工程安全监督站,工程质量监督机构一般是指各级的建设工程质量监督站。

(2)《监督规定》第七条:"建设项目规划审查机关、施工设计图设计文件审查单位、建筑安全监督管理机构、工程质量监督机构的技术人员必须熟悉、掌握工程建设强制性标准。"

各监督机构的技术人员应当结合工作需要,进行强制性标准的专门培训,掌握强制性标准的内容和规定,并不断接受继续教育更新知识,进行必要的考试或者考核,做到持证上岗,以满足各项监督工作的需要。为确保审查监督工作质量,对于经培训、考核不符合规定的人员,应该调整工作岗位。

4. 工程建设标准批准部门职责

(1)《监督规定》第八条:"工程建设标准批准部门应当定期对建设项目规划审查机关、施工图设计文件审查单位、建筑安全监督管理机构、工程质量监督机构实施强制性标准的监督进行检查,对监督不力的单位和个人,给予通报批评,建议有关部门处理。"

为确保上述监督机构认真地履行监督职责,工程建设标准批准部门应当对上述监督机构履行监督职责的情况进行检查。这种检查一方面可以督促上述监督机构认真履行监督职责;另一方面也可以通过检查,从上述监督机构了解强制性标准在实施中存在的问题,以便进一步完善强制性标准的内容,改进监督实施的机制。

(2)《监督规定》第九条:"工程建设标准批准部门应当对工程项目执行强制性标准情况进行监督检查。监督检查可以采取重点检查、抽查和专项检查的方式。"

重点检查,一般是指对于某项重点工程或工程中某些重点内容进行的检查。这种检查通常有较强的针对性,检查的重点与目的比较明确。抽查,一般是指采用随机方法,在全体工程或者某类工程中抽取一定数量进行的检查,即统计理论中从母体中抽取样本进行检查。这些被抽查的工程项目应该具有一定的代表性。专项检查,是指对建设项目在某个方面或某个专项执行强制性标准情况进行的检查。无论哪种方式的检查,均应以检查强制性标准的执行情况为主线。

《监督规定》第十条:"强制性标准监督检查的内容包括:

（一）有关工程技术人员是否熟悉、掌握强制性标准；

（二）工程项目的规划、勘察、设计、施工、验收等是否符合强制性标准的规定；

（三）工程项目采用的材料、设备是否符合强制性标准的规定；

（四）工程项目的安全、质量是否符合强制性标准的规定；

（五）工程中采用的导则、指南、手册、计算机软件的内容是否符合强制性标准的规定。"

该条是有关进行强制性标准监督检查的内容的规定，有关审查机关、审查单位和监督机构应当对上述内容进行监督检查。

（3）《监督规定》第十一条："工程建设标准批准部门应当将强制性标准监督检查结果在一定范围内公告。"

工程建设强制性标准监督检查的政策性、技术性、专业性强，监督面广，监督检查的结果应当让接受检查的单位和个人了解其内容，便于他们有针对性地解决问题。

（4）《监督规定》第十二条："工程建设强制性标准的解释由工程建设标准批准部门负责。

有关标准具体技术内容的解释，工程建设标准批准部门可以委托该标准的编制管理单位负责。"

5．其他有关规定

（1）《监督规定》第十三条："工程技术人员应当参加有关工程建设强制性标准的培训，并可以计入继续教育学时。"

为了使工程建设强制性标准得到贯彻执行，首要的工作是使从事工程建设活动的技术人员熟悉、掌握工程建设强制性标准。标准是专业性、技术性较强的文件，有些标准不经过培训是难以掌握和理解的。凡是从事建设活动的专业技术人员，都必须接受规定的教育培训。工程建设标准批准部门根据每项标准的情况和培训的内容确定继续教育的学时。

（2）《监督规定》第十四条："建设行政主管部门或者有关行政主管部门在处理重大工程事故时，应当有工程建设标准方面的专家参加；工程事故报告应当包括是否符合工程建设强制性标准的意见。"

工程事故发生后，工程建设标准化方面的专家通过对事故的直接掌握和了解，便于为修订标准积累资料，增加技术储备。同时，工程建设标准化方面的专家也是标准的编制或者管理方面的专家，对标准的理解和具体的解释较为准确，他们参与事故的分析处理，能够得到真实、可靠的情况，并向工程建设强制性标准监督部门提供第一手材料，便于采取对策；还可以提出是否违反强制性标准的具体意见。

（3）《监督规定》第十五条："任何单位和个人对违反工程建设强制性标准的行为有权向建设行政主管部门或者有关部门检举、控告、投诉。"

为了更好地发挥群众监督和社会舆论监督的作用，保证工程建设强制性标准得到完全遵守，建立社会监督机制是一项有效的措施，它是工程建设强制性标准实施监督的重要组成部分。

（三）违反工程建设强制性条文实施的法律责任

1．建设单位的法律责任

《监督规定》第十六条："建设单位有下列行为之一的，责令改正，并处以20万元以上50万元以下的罚款：

（一）明示或者暗示施工单位使用不合格的建筑材料、建筑构配件和设备的；

（二）明示或者暗示设计单位或者施工单位违反工程建设强制性标准，降低工程质量的。"

2. 勘察、设计单位的法律责任

《监督规定》第十七条："勘察、设计单位违反工程建设强制性标准进行勘察、设计的，责令改正，并处以 10 万元以上 30 万元以下的罚款。

有前款行为，造成工程质量事故的，责令停业整顿，降低资质等级；情节严重的，吊销资质证书；造成损失的，依法承担赔偿责任。"

3. 施工单位的法律责任

《监督规定》第十八条："施工单位违反工程建设强制性标准的，责令改正，处工程合同价款 2% 以上 4% 以下的罚款；造成建设工程质量不符合规定的质量标准的，负责返工、修理，并赔偿因此造成的损失；情节严重的，责令停业整顿，降低资质等级或者吊销资质证书。"

4. 监理单位的法律责任

《监督规定》第十九条："工程监理单位违反强制性标准规定，将不合格的建设工程以及建筑材料、建筑构配件和设备按照合格签字的，责令改正，处 50 万元以上 100 万元以下的罚款，降低资质等级或者吊销资质证书；有违法所得的，予以没收；造成损失的，承担连带赔偿责任。"

5. 处罚规定

《监督规定》第二十条："违反工程建设强制性标准造成工程质量、安全隐患或者工程事故的，按照《建设工程质量管理条例》有关规定，对事故责任单位和责任人进行处罚。"

第二十一条："有关责令停业整顿、降低资质等级和吊销资质证书的行政处罚，由颁发资质证书的机关决定；其他行政处罚，由建设行政主管部门或者有关部门依照法定职权决定。"

6. 建设行政主管部门及人员的法律责任

《监督规定》第二十二条："建设行政主管部门和有关行政主管部门工作人员，玩忽职守、滥用职权、徇私舞弊的，给予行政处分；构成犯罪的，依法追究刑事责任。"

二、《房屋建筑工程和市政基础设施工程质量监督管理规定》的主要内容

《房屋建筑和市政基础设施工程质量监督管理规定》（以下简称《监督管理规定》）经第 58 次住房和城乡建设部常务会议审议通过，于 2001 年 8 月 1 日发布，自 2010 年 9 月 1 日起施行。

（1）《监督管理规定》第五条规定："工程质量监督管理应当包括下列内容：

（一）执行法律法规和工程建设强制性标准的情况；

（二）抽查涉及工程主体结构安全和主要使用功能的工程实体质量；

（三）抽查工程质量责任主体和质量检测等单位的工程质量行为；

（四）抽查主要建筑材料、建筑构配件的质量；

（五）对工程竣工验收进行监督；

（六）组织或者参与工程质量事故的调查处理；

（七）定期对本地区工程质量状况进行统计分析；

（八）依法对违法违规行为实施处罚。"

（2）《监督管理规定》第六条规定："对工程项目实施质量监督，应当依照下列程序进行：

（一）受理建设单位办理质量监督手续；

（二）制订工作计划并组织实施；

（三）对工程实体质量、工程质量责任主体和质量检测等单位的工程质量行为进行抽查、抽测；

（四）监督工程竣工验收，重点对验收的组织形式、程序等是否符合有关规定进行监督；

（五）形成工程质量监督报告；

（六）建立工程质量监督档案。"

（3）《监督管理规定》第八条规定："主管部门实施监督检查时，有权采取下列措施：

（一）要求被检查单位提供有关工程质量的文件和资料；

（二）进入被检查单位的施工现场进行检查；

（三）发现有影响工程质量的问题时，责令改正。"

（4）《监督管理规定》第十一条规定："省、自治区、直辖市人民政府建设主管部门应当按照国家有关规定，对本行政区域内监督机构每三年进行一次考核。

监督机构经考核合格后，方可依法对工程实施质量监督，并对工程质量监督承担监督责任。"

（5）《监督管理规定》第十二条规定："监督机构应当具备下列条件：

（一）具有符合本规定第十三条规定的监督人员。人员数量由县级以上地方人民政府建设主管部门根据实际需要确定。监督人员应当占监督机构总人数的75%以上；

（二）有固定的工作场所和满足工程质量监督检查工作需要的仪器、设备和工具等；

（三）有健全的质量监督工作制度，具备与质量监督工作相适应的信息化管理条件。"

（6）《监督管理规定》第十三条规定："监督人员应当具备下列条件：

（一）具有工程类专业大学专科以上学历或者工程类执业注册资格；

（二）具有三年以上工程质量管理或者设计、施工、监理等工作经历；

（三）熟悉掌握相关法律法规和工程建设强制性标准；

（四）具有一定的组织协调能力和良好职业道德。

监督人员符合上述条件经考核合格后，方可从事工程质量监督工作。"

三、《房屋建筑和市政基础设施工程竣工验收备案管理办法》的主要内容

2009年10月19日住房和城乡建设部发布《房屋建筑和市政基础设施工程验收备案管理办法》（建设部令第2号），对《房屋建筑工程和市政基础设施工程竣工验收备案管理暂行办法》作如下修改：

一、名称修改为"《房屋建筑和市政基础设施工程竣工验收备案管理办法》"。

二、第五条第一款第（三）项删去"公安消防"。

三、第五条第一款增加一项"（四）法律规定应当由公安消防部门出具的对大型的人员密集场所和其他特殊建设工程验收合格的证明文件"。

四、第五条第二款修改为"住宅工程还应当提交《住宅质量保证书》和《住宅使用说明书》"。

五、第九条修改为"建设单位在工程竣工验收合格之日起15日内未办理工程竣工验收备案的，备案机关责令限期改正，处20万元以上50万元以下罚款"。

此外,对部分条文的文字作相应的修改。

《房屋建筑工程和市政基础设施工程竣工验收备案管理办法》条文如下:

第一条 为了加强房屋建筑和市政基础设施工程质量的管理,根据《建设工程质量管理条例》,制定本办法。

第二条 在中华人民共和国境内新建、扩建、改建各类房屋建筑和市政基础设施工程的竣工验收备案,适用本办法。

第三条 国务院住房和城乡建设主管部门负责全国房屋建筑和市政基础设施工程(以下统称工程)的竣工验收备案管理工作。

县级以上地方人民政府建设主管部门负责本行政区域内工程的竣工验收备案管理工作。

第四条 建设单位应当自工程竣工验收合格之日起 15 日内,依照本办法规定,向工程所在地的县级以上地方人民政府建设主管部门(以下简称备案机关)备案。

第五条 建设单位办理工程竣工验收备案应当提交下列文件:

(一)工程竣工验收备案表;

(二)工程竣工验收报告。竣工验收报告应当包括工程报建日期,施工许可证号,施工图设计文件审查意见,勘察、设计、施工、工程监理等单位分别签署的质量合格文件及验收人员签署的竣工验收原始文件,市政基础设施的有关质量检测和功能性试验资料以及备案机关认为需要提供的有关资料;

(三)法律、行政法规规定应当由规划、环保等部门出具的认可文件或者准许使用文件;

(四)法律规定应当由公安消防部门出具的对大型的人员密集场所和其他特殊建设工程验收合格的证明文件;

(五)施工单位签的工程质量保修书;

(六)法规、规章规定必须提供的其他文件。

住宅工程还应当提交《住宅质量保证书》和《住宅使用说明书》。

第六条 备案机关收到建设单位报送的竣工验收备案文件,验证文件齐全后,应当在工程竣工验收备案表上签署文件收讫。

工程竣工验收备案表一式两份,一份由建设单位保存,一份留备案机关存档。

第七条 工程质量监督机构应当在工程竣工验收之日起 5 日内,向备案机关提交工程质量监督报告。

第八条 备案机关发现建设单位在竣工验收过程中有违反国家有关建设工程质量管理规定行为的,应当在收讫竣工验收备案文件 15 日内,责令停止使用,重新组织竣工验收。

第九条 建设单位在工程竣工验收合格之日起 15 日内未办理工程竣工验收备案的,备案机关责令限期改正,处 20 万元以上 50 万元以下罚款。

第十条 建设单位将备案机关决定重新组织竣工验收的工程,在重新组织竣工验收前,擅自使用的,备案机关责令停止使用,处工程合同价款 2%以上 4%以下罚款。

第十一条 建设单位采用虚假证明文件办理工程竣工验收备案的,工程竣工验收无效,备案机关责令停止使用,重新组织竣工验收,处 20 万元以上 50 万元以下罚款;构成犯罪的,依法追究刑事责任。

第十二条 备案机关决定重新组织竣工验收并责令停止使用的工程,建设单位在备案之前已投入使用或者建设单位擅自继续使用造成使用人损失的,由建设单位依法承担赔偿责任。

第十三条　竣工验收备案文件齐全,备案机关及其工作人员不办理备案手续的,由有关机关责令改正,对直接责任人员给予行政处分。

第十四条　抢险救灾工程、临时性房屋建筑工程和农民自建低层住宅工程,不适用本办法。

第十五条　军用房屋建筑工程竣工验收备案,按照中央军事委员会的有关规定执行。

第十六条　省、自治区、直辖市人民政府住房和城乡建设主管部门可以根据本办法制定实施细则。

第十七条　本办法自发布之日起施行。

四、加强住宅工程质量管理的主要内容

住宅工程质量不仅关系到国家房地产市场持续健康发展,而且直接关系到广大人民群众的切身利益。各地要通过开展创建"无质量通病住宅工程"和"精品住宅工程"活动,不断促进住宅工程质量总体水平的提高。

《关于加强住宅工程质量管理的若干意见》(建质〔2004〕18 号)规定了工程建设各方主体的质量管理责任及加强对住宅工程质量监督管理的有效措施,其主要内容如下。

1. 工程建设各方主体的质量管理责任

(1)建设单位。建设单位(含开发企业,下同)是住宅工程质量的第一责任者,对建设的住宅工程的质量全面负责。建设单位应设立质量管理机构并配备相应人员,加强对设计和施工质量的过程控制和验收管理。在工程建设中,要保证合理工期、造价和住宅设计标准,不得擅自变更已审查批准的施工图设计文件等。

要综合、系统地考虑住宅小区的给水、排水、供暖、燃气、电气、电讯等管网系统的统一设计、设计施工,编制统一的管网综合图,在保证各专业技术标准要求的前提下,合理安排管线,统筹设计和施工。

建设单位应在住宅工程的显著部位镶刻铭牌,将工程建设的有关单位名称和工程竣工日期向社会公示。

(2)开发企业。开发企业应在房屋销售合同中明确因住宅工程质量原因所产生的退房和保修的具体内容以及保修赔偿方式等相关条款。保修期内发生住宅工程质量投诉的,由开发企业负责查明责任,并组织有关责任方解决质量问题。暂时无法落实责任的,开发企业也应先行解决,待质量问题的原因查明后由责任方承担相关费用。

(3)设计单位。设计单位应严格执行国家有关强制性技术标准,注重提高住宅工程的科技含量。要坚持以人为本,注重生态环境建设和住宅内部功能设计,在确保结构安全的基础上,保证设计文件能够满足对日照、采光、隔声、节能、抗震、自然通风、无障碍设计、公共卫生和居住方便的需要,并对容易产生质量通病的部位和环节,尽量做倒优化、细化设计。

(4)施工单位。施工单位应严格执行国家《建筑工程施工质量验收规范》,强化施工质量过程控制,保证各工序质量达到验收规范的要求。要制定本企业的住宅工程施工工艺标准,结合工程实际,落实设计图纸会审中保证施工质量的设计交底措施,对容易产生空鼓、开裂、渗漏等质量通病的部位和容易影响空气质量的厨房、卫生间管材等环节,采取相应的技术保障措施。

（5）监理单位。监理单位应针对工程的具体情况制定监理规划和监理实施细则，按国家技术标准进行验收，工序质量验收不合格的，不得进行下道工序。要将住宅工程结构质量、使用功能和建筑材料对室内环境的污染作为监理工作的控制重点，并按有关规定做好旁站监理和见证取样工作，特别是要做好厕浴间蓄水试验等重要使用功能的检查工作。

2. 加强监督管理的有效措施

（1）各地建设行政主管部门要加大对住宅工程质量的监管力度。对工程建设各方违法违规降低住宅工程质量的行为，要严格按照国家有关法律法规进行处罚。

对工程造价和工期明显低于本地区一般水平的住宅工程，要作为施工图审查和工程质量监督的重点。特别要加大对经济适用房、旧城改造回迁房以及城乡结合部商品房的设计和施工质量的监管力度。对检查中发现问题较多的住宅工程，要加大检查频次，并将其列入企业的不良记录。

（2）要加强对住宅工程施工图设计文件的审查，要将结构安全、容易造成质量通病的设计和厨房、卫生间的设计是否符合强制性条文进行重点审查。

（3）各地建设行政主管部门要对进行住宅工程现场的建筑材料、构配件和设备加强监督抽查，强化对住宅工程竣工验收前的室内环境质量检测工作的监督。

（4）各地建设行政主管部门要加强对住宅工程竣工验收备案工作的管理，将竣工验收备案情况及时向社会公布。单体住宅工程未经竣工验收备案的，不得进行住宅小区的综合验收。住宅工程经竣工验收备案后，方可办理产权证。

（5）各地建设行政主管部门要完善住宅工程质量投诉处理制度，对经查实的违法违规行为应依法进行处罚。要建立住宅工程的工程质量信用档案，将建设过程中违反工程建设强制性标准和使用后投诉处理等情况进行记录，并向社会公布。

五、加强村镇建设工程质量安全管理的主要内容

做好村镇建设工程质量安全工作，直接关系到广大人民群众的切身利益。各级建设行政主管部门要充分认识做好村镇建设工程质量安全工作的重要意义，增强做好村镇建设工程质量安全工作的紧迫感和使命感。

《关于加强村镇建设工程质量安全管理的若干意见》（建质〔2004〕216 号）要求采取有效措施、突出重点、创新监督管理方式、强化监督管理力度，其主要内容有：

（1）对于建制镇、集镇规划区内的所有公共建筑工程、居民自建两层（不含两层）以上，以及其他建设工程投资额在 30 万元以上或者建筑面积在 300 m^2 以上的所有村镇建设工程、村庄建设规划范围内的学校、幼儿园、卫生院等公共建筑（以下称限额以上工程），应严格按照国家有关法律、法规和工程建设强制性标准实施监督管理。

建制镇、集镇规划区内所有加层的扩建工程必须委托有资质的设计单位进行设计，并由有资质的施工单位承建。

（2）对于建制镇、集镇规划区内建设工程投资额 30 万元以下且建筑面积 300 m^2 以下的市政基础设施、生产性建筑，居民自建两层（含两层）以下住宅和村庄建设规划范围内的农民自建两层（不含两层）以上住宅的建设活动（以下简称限额以下工程）由各省、自治区、直辖市结合本地区的实际，依据本意见"五"明确地对限额以下工程的指导原则制定相应的管理办法。

（3）对于村庄建设规划范围内的农民自建两层（含两层）以下住宅（以下简称农民自建

低层住宅)的建设活动,县级建设行政主管部门的管理以为农民提供技术服务和指导作为主要工作方式。

(4)县级建设行政主管部门要加强本行政区域内村镇建设工程的质量安全监督管理工作,重点加强对本行政区域内,特别是城关镇以外的限额以上工程执行基本建设程序情况的监督检查,并建立相应的巡查报告制度,明确巡查人员及其职责。

(5)巡查人员若发现建制镇、集镇规划区内和村庄建设规划范围内限额以上工程未经开工批准擅自施工的项目以及在以上规划区外擅自进行建设的,应立即责令停止施工并报告县级建设行政主管部门进行处理。

(6)县级建设行政主管部门应建立相应的质量安全流动抽查与定点监督检查制度,监督重点应放在抓好工程的结构质量和施工安全上,加大对工程的地基验槽和主体结构施工过程以及预制构件等涉及结构安全的建材的监督检查力度;同时坚持监督与服务并举的原则,对工程的设计、施工提供必要的技术指导和服务。

(7)限额以上工程竣工后,建设方要组织竣工验收,并按有关规定向县级建设行政主管部门或委托的建制镇、集镇的村镇工程管理服务机构办理竣工验收备案。县级建设行政主管部门或其委托的村镇工程管理服务机构要做好工程竣工验收的监督工作。

(8)限额以下建设工程建设方必须取得规划批准文件方可开工,并应在动土施工前到村镇建设工程管理服务机构办理报建备案手续。

六、《建设工程质量检测管理办法》的主要内容

《建设工程质量检测管理办法》(以下简称《办法》)于2005年8月23日经建设部第71次常务会议讨论通过,并于2005年9月28日以建设部第141号令颁布,自2005年11月1日实行。自此,建设工程质量检测机构的市场准入、经营行为、市场清除都将有法可依。

该《办法》所称建设工程质量检测(以下简称质量检测),是指工程质量检测机构(以下简称检测机构)接受委托,依据国家有关法律、法规和工程建设强制性标准,对涉及结构安全项目的抽样检测和对进入施工现场的建筑材料、构配件的见证取样检测。

检测机构是具有独立法人资格的中介机构,不得与行政机关,法律、法规授权的具有管理公共事务职能的组织以及所检测工程项目相关的设计单位、施工单位、监理单位有隶属关系或者利害关系。

检测机构从事该《办法》附件一规定的质量检测业务,应当依据该《办法》取得相应的资质证书。按照所承担的检测业务内容,检测机构资质分为专项检测机构资质和见证取样检测机构资质。

专项检测机构资质和见证取样检测机构资质应满足的基本条件是:专项检测机构的注册资本不少于100万元人民币,见证取样检测机构不少于80万元人民币;所申请检测资质对应的项目应通过计量认证;有质量检测、施工、监理或设计经历,并接受了相关检测技术培训的专业技术人员不少于10人;边远的县(区)的专业技术人员可不少于6人;有符合开展检测工作所需的仪器、设备和工作场所,其中,使用属于强制检定的计量器具,要经过计量检定合格后,方可使用;有健全的技术管理和质量保证体系。

检测机构的资质证书有效期为3年,如在有效期内,检测机构没有发生违规行为,经原审批机关同意,不再审查,资质证书有效期延期3年。

该《办法》还对检测业务的委托机制进行了调整。规定检测业务须工程建设项目建设单位委托具有相应资质的检测机构进行检测。这将改变目前由施工单位委托工程质量检测的做法,有助于杜绝"假报告"现象的发生。同时,检测机构出具的检测报告须经建设单位或工程监理单位确认后,由施工单位归档。

该《办法》还规定,水利工程、铁道工程、公路工程等专业工程中涉及结构安全的检测可参照该《办法》执行。

《建设工程质量检测管理办法》条文如下:

第一条 为了加强对建设工程质量检测的管理,根据《中华人民共和国建筑法》、《建设工程质量管理条例》,制定本办法。

第二条 申请从事对涉及建筑物、构筑物结构安全的试块、试件以及有关材料检测的工程质量检测机构资质,实施对建设工程质量检测活动的监督管理,应当遵守本办法。

本办法所称建设工程质量检测(以下简称质量检测),是指工程质量检测机构(以下简称检测机构)接受委托,依据国家有关法律、法规和工程建设强制性标准,对涉及结构安全项目的抽样检测和对进入施工现场的建筑材料、构配件的见证取样检测。

第三条 国务院建设主管部门负责对全国质量检测活动实施监督管理,并负责制定检测机构资质标准。

省、自治区、直辖市人民政府建设主管部门负责对本行政区域内的质量检测活动实施监督管理,并负责检测机构的资质审批。

市、县人民政府建设主管部门负责对本行政区域内的质量检测活动实施监督管理。

第四条 检测机构是具有独立法人资格的中介机构。检测机构从事本办法附件一规定的质量检测业务,应当依据本办法取得相应的资质证书。

检测机构资质按照其承担的检测业务内容分为专项检测机构资质和见证取样检测机构资质。检测机构资质标准由附件二规定。

检测机构未取得相应的资质证书,不得承担本办法规定的质量检测业务。

第五条 申请检测资质的机构应当向省、自治区、直辖市人民政府建设主管部门提交下列申请材料:

(一)《检测机构资质申请表》一式三份;

(二)工商营业执照原件及复印件;

(三)与所申请检测资质范围相对应的计量认证证书原件及复印件;

(四)主要检测仪器、设备清单;

(五)技术人员的职称证书、身份证和社会保险合同的原件及复印件;

(六)检测机构管理制度及质量控制措施。

《检测机构资质申请表》由国务院建设主管部门制定式样。

第六条 省、自治区、直辖市人民政府建设主管部门在收到申请人的申请材料后,应当即时作出是否受理的决定,并向申请人出具书面凭证;申请材料不齐全或者不符合法定形式的,应当在5日内一次性告知申请人需要补正的全部内容。逾期不告知的,自收到申请材料之日起即为受理。

省、自治区、直辖市建设主管部门受理资质申请后,应当对申报材料进行审查,自受理之日起20个工作日内审批完毕并作出书面决定。对符合资质标准的,自作出决定之日起10个工作日内颁发《检测机构资质证书》,并报国务院建设主管部门备案。

第七条　《检测机构资质证书》应当注明检测业务范围,分为正本和副本,由国务院建设主管部门制定式样,正、副本具有同等法律效力。

第八条　检测机构资质证书有效期为 3 年。资质证书有效期满需要延期的,检测机构应当在资质证书有效期满 30 个工作日前申请办理延期手续。

检测机构在资质证书有效期内没有下列行为的,资质证书有效期届满时,经原审批机关同意,不再审查,资质证书有效期延期 3 年,由原审批机关在其资质证书副本上加盖延期专用章;检测机构在资质证书有效期内有下列行为之一的,原审批机关不予延期:

(一) 超出资质范围从事检测活动的;

(二) 转包检测业务的;

(三) 涂改、倒卖、出租、出借或者以其他形式非法转让资质证书的;

(四) 未按照国家有关工程建设强制性标准进行检测,造成质量安全事故或致使事故损失扩大的;

(五) 伪造检测数据,出具虚假检测报告或者鉴定结论的。

第九条　检测机构取得检测机构资质后,不再符合相应资质标准的,省、自治区、直辖市人民政府建设主管部门根据利害关系人的请求或者依据职权,可以责令其限期改正;逾期不改的,可以撤回相应的资质证书。

第十条　任何单位和个人不得涂改、倒卖、出租、出借或者以其他形式非法转让资质证书。

第十一条　检测机构变更名称、地址、法定代表人、技术负责人,应当在 3 个月内到原审批机关办理变更手续。

第十二条　本办法规定的质量检测业务,由工程项目建设单位委托具有相应资质的检测机构进行检测。委托方与被委托方应当签订书面合同。

检测结果利害关系人对检测结果发生争议的,由双方共同认可的检测机构复检,复检结果由提出复检方报当地建设主管部门备案。

第十三条　质量检测试样的取样应当严格执行有关工程建设标准和国家有关规定,在建设单位或者工程监理单位监督下现场取样。提供质量检测试样的单位和个人,应当对试样的真实性负责。

第十四条　检测机构完成检测业务后,应当及时出具检测报告。检测报告经检测人员签字、检测机构法定代表人或者其授权的签字人签署,并加盖检测机构公章或者检测专用章后方可生效。检测报告经建设单位或者工程监理单位确认后,由施工单位归档。

见证取样检测的检测报告中应当注明见证人单位及姓名。

第十五条　任何单位和个人不得明示或者暗示检测机构出具虚假检测报告,不得篡改或者伪造检测报告。

第十六条　检测人员不得同时受聘于两个或者两个以上的检测机构。

检测机构和检测人员不得推荐或者监制建筑材料、构配件和设备。

检测机构不得与行政机关,法律、法规授权的具有管理公共事务职能的组织以及所检测工程项目相关的设计单位、施工单位、监理单位有隶属关系或者其他利害关系。

第十七条　检测机构不得转包检测业务。

检测机构跨省、自治区、直辖市承担检测业务的,应当向工程所在地的省、自治区、直辖市人民政府建设主管部门备案。

第十八条 检测机构应当对其检测数据和检测报告的真实性和准确性负责。

检测机构违反法律、法规和工程建设强制性标准,给他人造成损失的,应当依法承担相应的赔偿责任。

第十九条 检测机构应当将检测过程中发现的建设单位、监理单位、施工单位违反有关法律、法规和工程建设强制性标准的情况,以及涉及结构安全检测结果的不合格情况,及时报告工程所在地建设主管部门。

第二十条 检测机构应当建立档案管理制度。检测合同、委托单、原始记录、检测报告应当按年度统一编号,编号应当连续,不得随意抽撤、涂改。

检测机构应当单独建立检测结果不合格项目台账。

第二十一条 县级以上地方人民政府建设主管部门应当加强对检测机构的监督检查,主要检查下列内容:

(一)是否符合本办法规定的资质标准;

(二)是否超出资质范围从事质量检测活动;

(三)是否有涂改、倒卖、出租、出借或者以其他形式非法转让资质证书的行为;

(四)是否按规定在检测报告上签字盖章,检测报告是否真实;

(五)检测机构是否按有关技术标准和规定进行检测;

(六)仪器设备及环境条件是否符合计量认证要求;

(七)法律、法规规定的其他事项。

第二十二条 建设主管部门实施监督检查时,有权采取下列措施:

(一)要求检测机构或者委托方提供相关的文件和资料;

(二)进入检测机构的工作场地(包括施工现场)进行抽查;

(三)组织进行比对试验以验证检测机构的检测能力;

(四)发现有不符合国家有关法律、法规和工程建设标准要求的检测行为时,责令改正。

第二十三条 建设主管部门在监督检查中为收集证据的需要,可以对有关试样和检测资料采取抽样取证的方法;在证据可能灭失或者以后难以取得的情况下,经部门负责人批准,可以先行登记保存有关试样和检测资料,并应当在 7 日内及时作出处理决定,在此期间,当事人或者有关人员不得销毁或者转移有关试样和检测资料。

第二十四条 县级以上地方人民政府建设主管部门,对监督检查中发现的问题应当按规定权限进行处理,并及时报告资质审批机关。

第二十五条 建设主管部门应当建立投诉受理和处理制度,公开投诉电话号码、通讯地址和电子邮件信箱。

检测机构违反国家有关法律、法规和工程建设标准规定进行检测的,任何单位和个人都有权向建设主管部门投诉。建设主管部门收到投诉后,应当及时核实并依据本办法对检测机构作出相应的处理决定,于 30 日内将处理意见答复投诉人。

第二十六条 违反本办法规定,未取得相应的资质,擅自承担本办法规定的检测业务的,其检测报告无效,由县级以上地方人民政府建设主管部门责令改正,并处 1 万元以上 3 万元以下的罚款。

第二十七条 检测机构隐瞒有关情况或者提供虚假材料申请资质的,省、自治区、直辖市人民政府建设主管部门不予受理或者不予行政许可,并给予警告,1 年之内不得再次申请资质。

第二十八条　以欺骗、贿赂等不正当手段取得资质证书的,由省、自治区、直辖市人民政府建设主管部门撤销其资质证书,3 年内不得再次申请资质证书;并由县级以上地方人民政府建设主管部门处以 1 万元以上 3 万元以下的罚款;构成犯罪的,依法追究刑事责任。

第二十九条　检测机构违反本办法规定,有下列行为之一的,由县级以上地方人民政府建设主管部门责令改正,可并处 1 万元以上 3 万元以下的罚款;构成犯罪的,依法追究刑事责任:

(一)超出资质范围从事检测活动的;

(二)涂改、倒卖、出租、出借、转让资质证书的;

(三)使用不符合条件的检测人员的;

(四)未按规定上报发现的违法违规行为和检测不合格事项的;

(五)未按规定在检测报告上签字盖章的;

(六)未按照国家有关工程建设强制性标准进行检测的;

(七)档案资料管理混乱,造成检测数据无法追溯的;

(八)转包检测业务的。

第三十条　检测机构伪造检测数据,出具虚假检测报告或者鉴定结论的,县级以上地方人民政府建设主管部门给予警告,并处 3 万元罚款;给他人造成损失的,依法承担赔偿责任;构成犯罪的,依法追究其刑事责任。

第三十一条　违反本办法规定,委托方有下列行为之一的,由县级以上地方人民政府建设主管部门责令改正,处 1 万元以上 3 万元以下的罚款:

(一)委托未取得相应资质的检测机构进行检测的;

(二)明示或暗示检测机构出具虚假检测报告,篡改或伪造检测报告的;

(三)弄虚作假送检试样的。

第三十二条　依照本办法规定,给予检测机构罚款处罚的,对检测机构的法定代表人和其他直接责任人员处罚款数额 5% 以上 10% 以下的罚款。

第三十三条　县级以上人民政府建设主管部门工作人员在质量检测管理工作中,有下列情形之一的,依法给予行政处分;构成犯罪的,依法追究刑事责任:

(一)对不符合法定条件的申请人颁发资质证书的;

(二)对符合法定条件的申请人不予颁发资质证书的;

(三)对符合法定条件的申请人未在法定期限内颁发资质证书的;

(四)利用职务上的便利,收受他人财物或者其他好处的;

(五)不依法履行监督管理职责,或者发现违法行为不予查处的。

第三十四条　检测机构和委托方应当按照有关规定收取、支付检测费用。没有收费标准的项目由双方协商收取费用。

第三十五条　水利工程、铁道工程、公路工程等工程中涉及结构安全的试块、试件及有关材料的检测按有关规定,可以参照本办法执行。节能检测按照国家有关规定执行。

第三十六条　本规定自 2005 年 11 月 1 日起施行。

附件一:

质量检测的业务内容

一、专项检测

（一）地基基础工程检测

1. 地基及复合地基承载力静载检测；

2. 桩的承载力检测；

3. 桩身完整性检测；

4. 锚杆锁定力检测。

（二）主体结构工程现场检测

1. 混凝土、砂浆、砌体强度现场检测；

2. 钢筋保护层厚度检测；

3. 混凝土预制构件结构性能检测；

4. 后置埋件的力学性能检测。

（三）建筑幕墙工程检测

1. 建筑幕墙的气密性、水密性、风压变形性能、层间变位性能检测；

2. 硅酮结构胶相容性检测。

（四）钢结构工程检测

1. 钢结构焊接质量无损检测；

2. 钢结构防腐及防火涂装检测；

3. 钢结构节点、机械连接用紧固标准件及高强度螺栓力学性能检测；

4. 钢网架结构的变形检测。

二、见证取样检测

1. 水泥物理力学性能检验；

2. 钢筋（含焊接与机械连接）力学性能检验；

3. 砂、石常规检验；

4. 混凝土、砂浆强度检验；

5. 简易土工试验；

6. 混凝土掺加剂检验；

7. 预应力钢绞线、锚夹具检验；

8. 沥青、沥青混合料检验。

附件二：

检测机构资质标准

一、专项检测机构和见证取样检测机构应满足下列基本条件：

（一）专项检测机构的注册资本不少于 100 万元人民币，见证取样检测机构不少于 80 万元人民币；

（二）所申请检测资质对应的项目应通过计量认证；

（三）有质量检测、施工、监理或设计经历，并接受了相关检测技术培训的专业技术人员不少于 10 人；边远的县（区）的专业技术人员可不少于 6 人；

（四）有符合开展检测工作所需的仪器、设备和工作场所；其中，使用属于强制检定的计量器具，要经过计量检定合格后，方可使用；

（五）有健全的技术管理和质量保证体系。

二、专项检测机构除应满足基本条件外，还需满足下列条件：

（一）地基基础工程检测类

专业技术人员中从事工程桩检测工作 3 年以上并具有高级或者中级职称的不得少于 4 名，其中 1 人应当具备注册岩土工程师资格。

（二）主体结构工程检测类

专业技术人员中从事结构工程检测工作 3 年以上并具有高级或者中级职称的不得少于 4 名，其中 1 人应当具备二级注册结构工程师资格。

（三）建筑幕墙工程检测类

专业技术人员中从事建筑幕墙检测工作 3 年以上并具有高级或者中级职称的不得少于 4 名。

（四）钢结构工程检测类

专业技术人员中从事钢结构机械连接检测、钢网架结构变形检测工作 3 年以上并具有高级或者中级职称的不得少于 4 名，其中 1 人应当具备二级注册结构工程师资格。

三、见证取样检测机构除应满足基本条件外，专业技术人员中从事检测工作 3 年以上并具有高级或者中级职称的不得少于 3 名；边远的县（区）可不少于 2 人。

《建设工程质量检测管理办法》的条文解释如下：

一、关于《办法》的调整范围

1. 从事《办法》附件一之外的工程质量检测，不属于《办法》的调整范围。

2. 室内环境质量检测仍按建设部办公厅《关于加强建筑工程室内环境质量管理的若干意见》（建办质〔2002〕17 号）和《民用建筑工程室内环境污染控制规范》（GB 50325—2001）执行。

3. 建筑节能检测、防水材料检测、墙体材料检测、门窗检测和智能建筑检测等仍按照国家及地方等有关规定执行。

4. 企业试验室是企业内部质量保证体系的组成部分，仅对本企业承揽的工程（产品）非见证试验项目，以及列入验收标准但未列入《办法》附件一的检测项目出具试验报告，并对试验报告的真实性、有效性负责。

二、关于检测机构资质审批

5. 检测机构申请专项检测资质可以是《办法》附件所列四个专项中的多项或某一项。

三、关于检测业务转包

6. 《办法》中的转包是指检测机构将其资质许可范围内的检测项目部分或者全部转包给其他检测机构的行为。对于检测项目中的个别参数，属于检测设备昂贵或使用率低，需要由其他检测机构进行该项目参数检测业务的，不属于转包。

四、关于跨省从事检测业务

7. 取得资质的检测机构跨省（自治区、直辖市）从事检测业务，应当向工程所在地的省、自治区、直辖市建设行政主管部门备案。工程所在地县级以上地方人民政府建设行政主管部门应当对其在当地的检测活动加强监督检查。

五、关于检测资料

8. 《办法》中"检测报告经建设单位或监理单位确认后，由施工单位归档"，是指检测报告由建设单位或工程监理单位审查后转交施工单位归档。

六、关于检测费用

9.《办法》所指按照有关规定收取检测费,是指检测机构与委托方按照当地价格主管部门批准的政府指导价收取检测费用。没有收费标准的项目由双方协商确定。

七、关于检测人员培训

10. 检测人员培训工作在省、自治区、直辖市建设行政主管部门的指导下进行,由省级建设行政主管部门提出培训的要求和内容,由检测机构自行组织培训,或自行委托其他单位培训。

八、关于见证取样检测项目

11. 实施见证取样检测的项目仍按照《房屋建筑工程和市政基础设施工程实行见证取样和送检的规定》(建建〔2000〕211号)执行。

请各省、自治区、直辖市建设行政主管部门每年6月底和12月底将检测机构资质审批情况报建设部备案(资质审批情况备案表见附件)。

第四节 山东省建设工程质量相关法规规章

一、《山东省城市建设管理条例》的主要内容

城市建设管理,是指对城市建设规划和市政工程、公用事业、园林绿化、市容环境卫生的建设管理及对城市维护建设资金的管理。

省人民政府城市建设行政主管部门主管全省的城市建设管理工作。设区的市、县(市)人民政府城市建设行政主管部门主管本行政区域内的城市建设管理工作。

1. 规划与实施

《山东省城市建设管理条例》第十一条至第十八条规定:

(1)城市建设必须严格执行城市规划法律、法规,符合城市规划要求。

城市规划经批准后,城市人民政府应当予以公布和宣传,并接受公众监督。

(2)城市供水、供气、供热、公共客运交通、道路、排水、防洪、园林绿化、环境卫生、消防、供电、通信、人防等各项城市建设专业规划,由城市人民政府组织有关行业行政主管部门编制。

城市人民政府有关行业行政主管部门在编制城市建设专业规划时,必须依据城市总体规划,并与其他专业规划相协调。

(3)城市建设各项专业规划经批准后必须严格执行,任何单位和个人不得擅自变更;确需变更的,须经有关专家进行论证并征求市民的意见后,方可报经城市人民政府批准。法律、法规另有规定的除外。

(4)城市人民政府必须按照城市规划的要求,根据城市发展的需要,有计划地建设城市广场、立体交通、供水、供气、供热、污水处理、垃圾处理等大型市政公用设施。

(5)城市新区开发和旧区改造,必须把市政公用基础设施配套建设项目纳入建设和改造计划,做到同时设计、同时施工、同时交付使用。

(6)城市人民政府应当对城市建设实行综合管理。

新建、改建城市道路和城市供水、排水、供气、供热、供电、通信、消防等依附于或者穿越城市道路的各项管线、杆线等设施,必须服从城市规划管理,由城市建设行政主管部门统一

协调,按照先地下、后地上的施工原则一次性集中建设,其建设资金由城市人民政府负责筹集。其中属于供电、通信等设施建设所需的资金,由电力、邮电等有关部门承担。

在城市规划区内,自行建设的专用道路、管线需要与城市道路、管线连接的,必须符合城市规划,并依法办理有关手续。

(7)新建、改建、扩建大中型公共建筑、商业区和住宅区,必须按照城市规划的要求建设停车场。

(8)城市人民政府应当根据城市规划和国家有关规定,建设与城市人口、面积相适应的城市绿化用地。城市人均公共绿地面积和绿化覆盖率等规划指标,必须达到国家规定的标准。

2. 监督与检查

《山东省城市建设管理条例》第三十七条、第三十八条和四十二条规定:

(1)对城市建设管理实行行政监察与社会监督相结合的原则。城市建设行政主管部门应当加强对城市建设活动的监督、检查,确保城市建设活动依法进行。

(2)城市建设行政主管部门应当依据法律、法规和规章的规定,结合当地实际,完善城市建设监察执法体制,对城市建设监察执法队伍实行统一管理,监督城市建设监察执法队伍依法对城市建设各项活动进行综合监察,不得进行重复处罚。

(3)城市建设活动必须接受公众监督和舆论监督。城市总体规划、各项专业规划确定的市政公用设施用地、环卫设施用地、园林绿化用地和市政公用设施、园林绿地等不得占用;确需占用的,必须经原批准机关批准。有关机关在审批时,应当征求相关单位和市民的意见。

二、《山东省建筑市场管理条例》的主要内容

《山东省建筑市场管理条例》于 1996 年 10 月 14 日经山东省第八届人民代表大会常务委员会第二十四次会议通过,2002 年 7 月 27 日第一次修正,2004 年 7 月 30 日第二次修正。

1. 资质管理

《山东省建筑市场管理条例》第五条至第十二条规定:

(1)对从事建筑经营活动的单位实行资质管理制度。

(2)从事建设工程的总承包、勘察、设计、施工、建筑装修、建筑构配件生产经营以及建设监理、招标代理等活动的单位,必须按规定到建设行政主管部门申领资质证书。

申领资质证书应当提交下列材料:

① 按规定填写的资质申报表;

② 法定代表人的身份证明和经济、技术负责人的职称证件;

③ 法律、法规规定的其他材料。

(3)建设行政主管部门应当对申领资质证书单位的资质条件进行审查,并按国家和省规定的资质等级标准颁发相应的资质证书。

(4)取得资质证书的单位,必须按证书规定的范围从事建筑经营活动;未取得资质证书的单位,不得从事建筑经营活动。

(5)建设行政主管部门应当对资质进行定期审验。经审验合格的,予以保留资质等级,符合晋级条件的,予以晋升资质等级;经审验不合格的,予以降低资质等级或者收回其资质证书。

（6）已取得资质证书的单位终止、分立、合并的，应当在规定期限内到发证机关申请注销资质证书或者重新办理资质审查手续。

（7）省外单位进入本省从事建筑经营活动的，应当按照国家和省有关规定向省建设行政主管部门申请办理资质验证手续。

（8）任何单位和个人不得伪造、涂改、出租、出借、转让资质证书和图签。

2．工程发包与承包管理

《山东省建筑市场管理条例》第十三条至第二十条规定：

（1）建设单位发包建设工程，可以将建设工程项目确定给一个单位总承包，也可以将建设工程的勘察、设计、施工分别发包。

禁止将一个单项工程的勘察、设计划分成若干部分发包给几个勘察、设计单位，或者将一个单位工程的施工划分成若干部分发包给几个施工单位。

（2）发包工程勘察、设计或者以总承包方式发包工程的，必须具备下列条件：

① 项目可行性研究报告已经批准；

② 建设用地规划许可证已经办理；

③ 具有工程勘察、设计所需要的基础资料；

④ 建设项目已经办理报建手续并被核准发包。

（3）发包工程施工除具备前条规定的条件外，还必须具备下列条件：

① 初步设计及概算已经批准，能按工程进度需要提供有关资料及图纸；

② 工程项目已列入年度建设计划；

③ 建设工程规划许可证已经办理；

④ 建设资金能够满足工程进度的要求；

⑤ 征地、拆迁工作符合工程进度要求。

（4）建设工程的发包、承包活动，应当在规定场所通过招标、投标方式进行。

（5）建设工程的承包单位，应当自行组织完成所承包的工程。

建设工程总承包单位可以将承包的部分建设工程发包给具有相应资质的单位；但是，除劳务分包和合同中约定的分包外，必须征得建设单位的同意。

建设工程总承包单位按照承包合同约定对建设单位负责；分包单位按照分包合同约定对总承包单位负责。

禁止倒手转包或者层层分包建设工程。

（6）禁止任何单位和个人非法干预建设工程招标、投标活动，或者以征地、拆迁、规划、设计、垫资、提供建设用地、发放证照等为条件，指定承包单位或者强揽建设工程项目。

（7）发包单位和承包单位及其工作人员不得在建设工程的发包和承包活动中行贿受贿、收受回扣。

禁止任何单位和个人通过介绍工程收取费用。

（8）承包方确定后，发包方必须在开工前向建设行政主管部门申请办理开工手续。未办理开工手续的，不得开工。

对符合开工条件的建设工程，建设行政主管部门应当自收到申请之日起十五日内，给予办理开工手续。

3. 工程质量管理

《山东省建筑市场管理条例》第三十六条至第四十七条规定：

（1）建设工程实行质量监督制度。建设行政主管部门应当加强对建设工程的质量管理，监督从事建筑经营活动的单位和个人，按照国家规定的工程质量标准从事建筑经营活动。

（2）建设行政主管部门的建设工程质量监督机构，必须具备相应的监督、检测条件和能力，经省级以上建设行政主管部门考核合格后，方可承担建设工程质量的监督任务。

建设工程质量监督机构，依据国家有关法律、法规、技术标准及设计文件，对建设工程质量实施监督。

（3）建设工程实行建设监理制度。建设单位委托工程监理单位监理，应当签订书面监理合同。工程监理单位应当按照合同约定，对建设工程实施管理，并对建设单位负责。

（4）建设工程开工前，建设单位必须按规定到建设工程质量监督机构办理质量监督手续；组织设计和施工单位进行设计和图纸会审；施工中应当按照国家有关工程建设法律、法规、技术标准及合同规定，对工程质量进行检查；工程竣工后，及时组织验收，并报建设行政主管部门或者其他有关部门备案。

（5）建设单位提供的图纸、资料、材料和设备，必须符合国家和省规定的有关标准或者质量要求。

（6）勘察、设计单位，应当按照国家有关规定、技术标准和合同的约定，对建设工程进行设计，并对本单位编制的勘察设计文件的质量负责。

（7）施工单位必须按照勘察、设计文件要求进行施工，严格遵守技术标准规范和操作规程，并对本单位施工的工程质量负责。

禁止偷工减料。禁止使用未经检验或者经检验不合格的建筑材料、建筑构配件及设备。

（8）施工单位交付验收的建设工程必须符合下列要求：

① 完成建设工程设计和合同约定的各项内容，并达到国家规定的竣工条件；

② 工程质量经有关质量监督机构核定，符合国家有关法律法规、技术标准、设计文件及合同约定的要求；

③ 工程所用的设备和主要建筑材料、构配件应当具有产品质量出厂检验合格证明和技术标准规定必要的进场试验报告；

④ 具有完整的工程技术档案和竣工图；

⑤ 有已经签署的工程保修证书。

（9）对符合竣工验收条件的建设工程，建设单位应当及时组织竣工验收。未经验收或者验收不合格的建设工程，不得交付使用。

（10）建设工程验收后，建设单位和承包单位应当按规定向工程档案管理部门移交工程档案。

（11）建设行政主管部门或者其他有关部门发现建设单位在竣工验收过程中有违反国家有关建设工程质量管理规定行为的，责令停止使用、重新组织竣工验收。

（12）建设工程自办理竣工验收手续后，在规定的保修期内，因勘察、设计、施工、材料等原因造成质量缺陷的，应当由施工单位负责维修。维修所需费用由责任方按规定承担。

4．法律责任

《山东省建筑市场管理条例》第四十八条至第五十六条规定：

（1）违反本条例规定，有下列行为之一的，由建设行政主管部门责令其限期改正，给予警告，没收违法所得，并可处以一万元以上五万元以下的罚款；情节严重的，吊销其资质证书：

① 未申领资质证书而从事建设工程的总承包、勘察、设计、施工、建筑装修、建筑构配件生产经营以及建设监理、招标代理等活动的；

② 超越资质等级范围承包建设工程的；

③ 伪造、涂改、出租、出借、转让资质证书的；

④ 倒手转包或者层层分包建设工程的；

⑤ 在施工中偷工减料或者使用未经检验以及经检验不合格的建筑材料、建筑构配件和设备的。

（2）违反本条例规定，有下列行为之一的，由建设行政主管部门责令其限期改正，给予警告，没收违法所得，并可处以一万元以上五万元以下的罚款：

① 未按规定办理建设工程报建手续的；

② 未按规定进行建设工程招标发包的；

③ 将工程发包给不具备承包条件单位的；

④ 未按规定申请办理建设项目开工手续的；

⑤ 未按规定办理建设工程质量监督手续的；

⑥ 未经竣工验收而使用建设工程的。

（3）违反本条例规定，有下列行为之一的，由建设行政主管部门或者有关行业行政主管部门按照职责分工，责令其限期改正，给予警告，并处以一万元以上五万元以下罚款；情节严重的，责令其停业整顿六个月至一年：

① 未按照规定采取维护安全、防范危险、预防火灾等措施的；

② 对应当采取防护措施的毗邻建筑物、构筑物和特殊作业环境，未采取防护措施的；

③ 未按照建设工程设计图纸或者施工组织设计进行施工的；

④ 在施工中发生责任事故以及发生责任事故未及时采取措施或者未按照规定如实报告事故情况的。

（4）违反本条例规定，非法干预建设工程招标、投标活动，指定承包单位或者强揽建设工程的；在建设工程发包承包活动中行贿受贿、收受回扣，或者通过介绍工程收取费用的，由其所在单位或者上级主管部门给予行政处分。构成犯罪的，依法追究刑事责任。

（5）没收违法所得和收缴罚款，应当出具省财政部门统一制发的罚没票据。罚没收入按国家规定上缴国库，任何单位和个人不得截留、分成。

（6）违反本条例规定，造成工程质量、安全事故及其他人身、财产损害的，应当依法承担民事责任；构成犯罪的，依法追究刑事责任。

（7）拒绝、阻碍建设行政主管部门工作人员依法执行公务的，由公安机关依照《中华人民共和国治安管理处罚条例》处罚；构成犯罪的，依法追究刑事责任。

（8）建设行政主管部门和建设工程质量监督机构工作人员违反本条例规定，玩忽职守、滥用职权、敲诈勒索、徇私舞弊、索贿受贿的，由其所在单位或者上级主管部门给予行政处分;构成犯罪的,依法追究刑事责任。

（9）公民、法人或者其他组织认为行政机关作出的具体行政行为侵犯其合法权益,可以依法申请行政复议或者提起行政诉讼。

第五节　山东省建设行政主管部门建设工程质量相关文件

一、《山东省工程建设标准化管理办法》的主要内容

工程建设地方标准化管理,是通过制定工程建设地方标准,组织宣传贯彻实施工程建设国家标准、行业标准、地方标准,并对实施情况进行监督,从而实现最佳投资效益、环境效益和社会效益的活动。

1. 工程建设标准的制定与发布

《山东省工程建设标准化管理办法》第八条至第十一条、第二十条规定:

（1）工程建设标准包括工程建设国家标准、行业标准、地方标准、企业标准。

工程建设标准分为强制性标准和推荐性标准。强制性标准是指在工程建设中,对直接涉及人民生命财产和工程安全、人体健康、环境保护和其他公共利益,以及国家政府需要控制的技术要求。

强制性标准实行全文强制或条文强制。

（2）对没有工程建设国家标准和行业标准或国家标准和行业标准规定不具体,而又需要在全省范围内统一的工程建设技术要求,可制定工程建设地方标准:

① 工程建设规划、勘察、设计、施工(含安装)及验收等专用的质量要求;

② 工程建设有关安全、卫生和环境保护的技术要求;

③ 工程建设有关试验、检验和评定方法;

④ 工程建设有关信息技术要求;

⑤ 工程建设的管理技术要求;

⑥ 工程建设有关新技术、新工艺、新材料、新设备应用的技术要求;

⑦ 全省需要控制的其他工程建设的技术规定。

（3）工程建设地方标准由省人民政府建设行政主管部门统一制定计划、组织编制、审查批准、发布实施,按规定报国务院工程建设行政主管部门备案后,在全省范围内实施。

（4）对没有工程建设国家标准、行业标准、本省地方标准,且又需要在施工企业内部协调统一的工程技术要求,鼓励企业自行制定企业标准。

工程建设企业标准由企业法定代表人或其授权的主管领导批准,并按规定报省建设行政主管部门备案后,在企业内部使用。

（5）山东省工程建设地方标准由省建设行政主管部门组织出版发行。任何单位和个人不得擅自翻印和复制。

工程建设地方标准的出版、印刷应符合现行的国家《工程建设标准出版印刷规定》和省统一的要求。标准出版时应将标准批准发布文件及建设部批准备案函印在标准文本上,备案号印在标准的封面上。

凡未经批准发布和备案的工程建设地方标准,不得以任何形式出版发行。

2. 工程建设标准的实施

《山东省工程建设标准化管理办法》第二十二条至第二十七条、第三十二条规定：

(1) 工程建设标准是工程建设活动的技术依据和准则。凡在我省从事工程建设活动的建设、勘察、设计、施工、监理以及其他有关单位和人员，均应依据工程建设标准从事建设活动。

(2) 工程建设强制性标准以及强制性条文必须执行；工程建设推荐性标准，鼓励当事人自愿采用。

未经国务院建设行政主管部门备案的工程建设地方标准，不得在建设活动中使用。经备案的企业标准可经当事人约定后在建设活动中采用。

(3) 在工程建设活动中，当采用不符合工程建设强制性标准的新技术、新工艺、新材料时，且又没有现行工程建设国家标准、行业标准和地方标准可依的情况，应当依法取得行政许可，并按照行政许可决定的要求实施。

未取得行政许可的新技术、新工艺、新材料，不得在建设工程中采用。

(4) 国际标准或境外标准，必须经过国务院建设行政主管部门或国务院有关行政主管部门备案后方可使用。

(5) 省外的工程建设地方标准应经省建设行政主管部门组织审核确认后，可在省内等效使用。

(6) 在工程建设活动中采用的导则、指南、手册、标准设计图或施工图、计算机软件等，必须符合工程建设强制性标准的要求。

(7) 工程项目建设过程中，建设、勘察、设计、施工、监理单位，应分别对执行工程建设强制性标准的情况进行检查，并在贯标检查记录报告上签署意见。

工程贯标检查报告须经该项目建设、勘察、设计、施工、监理负责人审核签字。贯标检查记录报告是工程竣工验收的必备文件。

3. 工程建设标准实施的监督

《山东省工程建设标准化管理办法》第三十三条至第三十九条规定：

(1) 各级建设行政主管部门工程建设标准管理机构，应加强对工程建设标准实施情况的监督管理，尤其对工程建设强制性标准的监督管理。

不符合强制性标准的建设项目规划设计、工程勘察成果报告、施工图设计文件，不得批准和使用；违反强制性标准施工的工程，不得验收；达不到相应标准要求的建设工业产品、设备，严禁在工程建设中使用。

(2) 建设项目规划审查机关，应当对工程建设规划阶段执行强制性标准的情况实施监督；

工程勘察、施工图设计文件审查机构应当对工程建设勘察、设计阶段执行强制性标准的情况实施监督；

建筑安全监督管理机构应当对工程建设施工阶段执行施工安全强制性标准的情况实施监督；

工程质量、节能、环保、卫生等监督机构应当对工程建设施工、监理、验收等阶段执行强制性标准的情况实施监督。

(3) 建设行政主管部门应定期对工程建设项目规划审查、工程勘察、施工图审查、工程质量、建筑安全、节能、环保、卫生等监督管理机构实施强制性标准监督的情况进行检查,对监督不力的单位和个人,给予通报批评,并可建议相关部门处理。

(4) 各级建设行政主管部门应当对在建设活动中的各单位实施强制性建设标准的情况进行监督检查。

(5) 强制性建设标准监督检查可以采取重点检查、抽查和专项检查等方式进行。强制性标准监督检查的内容包括:

① 对执行强制性标准是否有严格的管理制度;

② 有关工程技术人员是否熟悉、掌握强制性标准的内容;

③ 工程项目的规划、勘察、设计、施工、验收等是否符合强制性标准的规定;

④ 工程项目采用的材料、设备是否符合强制性标准的规定;

⑤ 工程项目的安全、质量是否符合强制性标准的规定;

⑥ 工程中采用的导则、指南、手册、计算机软件以及有关的指导性资料是否符合强制性标准的规定;

⑦ 强制性标准执行情况记录是否完整等。

(6) 当发现标准中的某些规定需要进行修改时,应当组织专家进行论证,并及时向标准的批准部门提出意见或建议。未经标准的批准部门同意,不得擅自对标准中的技术内容进行解释和修改。

(7) 各级建设行政主管部门应当将强制性标准监督检查结果在一定范围内公告。

4. 罚则

《山东省工程建设标准化管理办法》第四十三条至第四十九条规定:

(1) 建设单位有下列行为之一的,依据国务院《建设工程质量管理条例》责令改正,并处以 20 万元以上 50 万元以下的罚款:

① 明示或者暗示设计单位或者施工单位违反工程建设强制性标准,降低工程质量的;

② 明示或者暗示施工单位使用不合格的建设材料、建筑构配件和设备的。

(2) 勘察、设计单位违反工程建设强制性标准进行勘察、设计的,依据国务院《建设工程质量管理条例》责令改正,并处以 10 万元以上 30 万元以下的罚款。

有前款行为,造成工程质量事故的,责令停业整顿,降低资质等级;情节严重的,吊销资质证书;造成损失的,依法承担赔偿责任。

(3) 施工单位违反工程建设强制性标准的,依据国务院《建设工程质量管理条例》责令改正,处工程合同价款 2% 以上 4% 以下的罚款;造成建设工程质量不符合规定的质量标准的,负责返工、修理,并赔偿因此造成的损失;情节严重的,责令停业整顿,降低资质等级或者吊销资质证书。

(4) 工程监理单位违反强制性标准规定,将不合格的建设工程、建筑材料、建筑构配件和设备按照合格签字的,依据国务院《建设工程质量管理条例》责令改正,处 50 万元以上 100 万元以下的罚款,降低资质等级或者吊销资质证书;有违法所得的,予以没收;造成损失的,承担连带赔偿责任。

(5) 违反工程建设强制性标准造成工程质量、安全隐患或者工程事故的,依据国务院《建设工程质量管理条例》有关规定对事故责任单位和责任人依法进行处罚。

(6) 有关责令停业整顿、降低资质等级和吊销资质证书的行政处罚,由颁发资质证书的机关决定;其他行政处罚,由建设行政主管部门或者其他有关部门依照法定职权决定。

(7) 建设及有关行政主管部门和有关单位工作人员,玩忽职守、滥用职权、徇私舞弊的,给予行政处分;构成犯罪的,依法追究刑事责任。

二、《山东省工程建设监理管理办法》的主要内容

工程建设监理,是指监理单位受建设单位的委托,依据合同和有关法律、法规的规定对工程建设行为实施的监督管理。

1. 一般规定

《山东省工程建设监理管理办法》第七条至第十一条规定:

(1) 监理单位是指依法成立的从事监理业务的公司或者其他企业法人,包括专营工程建设监理单位和兼营工程建设监理单位。

(2) 成立监理单位应当按规定申领工程建设监理资质证书,并办理工商注册登记手续。监理单位必须按批准的资质等级和经营范围承接相应的工程建设监理业务。

(3) 省外监理单位进入本省从事工程建设监理业务的,应当持资质证书到省建设行政主管部门办理验证登记手续,并向监理项目所在地的建设行政主管部门备案。

(4) 监理人员必须经登记注册,领取上岗证件后方可从事监理工作。

监理人员进行监理,必须严格执行监理合同以及有关法律、法规和技术标准。

(5) 监理单位的各级负责人和监理工程师不得在政府机关或施工、设备制造和材料供应单位任职,不得参与施工、设备制造和材料供应单位的经营活动,不得从事施工和建筑材料销售业务。

与监理单位有同一隶属关系的单位承建建设工程的,监理单位不得承担该工程的监理业务。

2. 监理业务的实施

《山东省工程建设监理管理办法》第十二条、第十四条至第十七条、第二十二条、第二十三条规定:

(1) 工程建设监理应当由依法成立的监理单位承担,其他任何单位或者个人均不得擅自进行工程建设监理。

(2) 建设单位根据实际需要,可以委托一个监理单位承担工程建设的全部监理业务,也可以委托多个监理单位分别承担不同阶段的监理业务。

(3) 监理单位承担监理业务,必须与建设单位签订书面合同,合同应当具备以下主要条款:

① 监理的范围和内容;

② 监理的技术标准和要求;

③ 监理酬金及其支付的时间、方式;

④ 违约责任;

⑤ 发生争议的解决方式;

⑥ 对合理化建议的奖励办法;

⑦ 双方认为必须明确的其他内容。

监理单位应当在监理合同签订后 15 日内,将监理合同报相应的建设行政主管部门备案。

（4）监理单位应当按照监理合同的规定为委托单位负责,不得与施工单位、材料和设备供应单位有隶属关系或发生经营性业务关系。

监理业务不得转让。

（5）监理单位应当根据监理业务情况,组成由总监理工程师、监理工程师和其他监理人员参加的工程建设监理机构。

在工程建设施工阶段,监理人员应当进驻施工现场。

（6）对影响工程质量和使用功能以及不合理的设计图纸,监理单位有权要求有关单位修改。对不符合质量要求的材料、设备和构配件,监理单位有权要求生产或者供应单位退换。

（7）实施监理过程中,监理单位应当定期向建设单位报告工程建设情况。

3. 责任条款

《山东省工程建设监理管理办法》第二十六条至第二十九条、第三十二条规定:

（1）因监理单位的过错给工程建设造成经济损失的,监理单位应当承担赔偿责任。

（2）违反本办法规定,工程建设项目未实行监理的,由建设行政主管部门责令其限期改正,并可处以 5 000 元以上 20 000 元以下的罚款。

（3）违反本办法规定,有下列行为之一的,由建设行政主管部门根据其情节轻重给予责令限期改正,警告,降低资质等级或吊销资质等级证书,没收违法所得,处以 5 000 元以上 20 000元以下的罚款:

① 监理单位在办理资质等级时,弄虚作假、谎报单位情况的;

② 伪造、涂改、出租、出借、转让资质等级证书的;

③ 未办理资质等级手续或者超越资质等级承接监理业务的;

④ 转让监理业务的;

⑤ 故意损害建设单位、设计单位、总承包单位利益的。

（4）违反本办法规定,省外监理单位未经省建设行政主管部门验证登记,擅自在本省从事监理业务的,由省建设行政主管部门责令其限期改正,并可处以 20 000 元以下的罚款。

（5）建设行政主管部门工作人员在实施工程建设监理的管理工作中,玩忽职守、滥用职权、徇私舞弊的,由主管部门给予行政处分;构成犯罪的,依法追究刑事责任。

三、《山东省建筑节能审查监督暂行管理办法》的主要内容

1. 建筑节能审查监督的内容及职责

《山东省建筑节能审查监督暂行管理办法》第三条、第四条规定:

（1）建筑节能审查监督是工程项目建设程序管理的基本内容。建筑节能审查监督包括施工图节能设计审查备案、节能施工检查、节能建筑认定和竣工验收备案等内容。

（2）省人民政府建设行政主管部门负责全省工程项目建筑节能审查监督管理工作。设区的市、县(市)人民政府建设行政主管部门负责本行政区域内工程项目建筑节能审查监督管理工作。

2. 施工图节能设计与审查

《山东省建筑节能审查监督暂行管理办法》第五条至第七条规定:

（1）工程项目设计单位要严格按照节能设计标准和要求进行节能设计,在设计文件中应单设节能设计章节和热工计算书。施工图审查机构在审查工程项目施工图设计文件时,应当审查节能设计的内容。不符合建筑节能强制性标准的,施工图设计文件审查结论应定为不合格。

(2) 经施工图审查机构审查合格的工程项目,建设单位应当在施工图审查机构颁发审查合格书后 5 个工作日内填写《山东省民用建筑节能设计审查备案登记表》,到工程所在地墙改与建筑节能管理机构进行备案。

(3) 节能审查不合格的工程项目,不予办理施工许可手续。

3. 节能施工与检查

《山东省建筑节能审查监督暂行管理办法》第八条至第十条规定:

(1) 工程项目围护结构(含墙体、屋面、门窗、楼梯间隔墙、阳台、玻璃幕墙、地下室顶板等)、供热采暖和制冷系统分部(分项)工程计划施工 7 日前,建设单位应填写《山东省民用建筑节能施工检查表》,报工程项目所在地墙改与建筑节能管理机构。墙改与建筑节能管理机构应在收到建设单位填报的《山东省民用建筑节能施工检查表》后 5 日内提出检查计划,并书面通知建设单位。

(2) 工程项目施工中,墙改与建筑节能管理机构必须按照检查计划对受检工程建筑节能施工活动进行现场检查。检查重点是外墙、楼梯间隔墙、屋面、阳台、门窗、玻璃幕墙、地下室顶板等围护结构和供热采暖与制冷系统的节能做法是否符合建筑节能标准要求,对违反标准规定要求的要责令整改。

(3) 墙改与建筑节能管理机构应就工程项目检查的内容写出《山东省民用建筑节能专项检查报告》,报告应包括工程概况、建筑围护结构和供热采暖制冷系统节能施工情况、检查中发现的问题和处理情况等。

4. 节能建筑认定与竣工验收备案

《山东省建筑节能审查监督暂行管理办法》第十一条至第十五条规定:

(1) 工程项目竣工后,建设单位应当填写《山东省节能建筑认定申请表》,于 5 日内向当地墙改与建筑节能管理机构提出节能建筑认定申请,并提交以下资料:

① 工程设计文件;

② 施工图设计文件审查合格书;

③ 建筑材料、产品、构(配)件的相关性能指标测试报告、产品合格证和山东省新型墙材建筑节能技术产品认定证书;

④ 具备建筑围护结构热工性能检测条件的地区,工程项目应提供由具有法定资格的检测机构出具的《建筑围护结构热工性能现场检测报告》;

⑤ 施工单位提供的与建筑节能有关的施工资料;

⑥ 监理单位提供的与建筑节能有关的监理资料。

(2) 墙改与建筑节能管理机构受理认定申请后,应当于 5 日内及时组织认定评审。

(3) 经认定评审符合建筑节能标准要求的工程项目,由建设行政主管部门颁发《山东省节能建筑认定证书》。《山东省节能建筑认定证书》是工程项目符合建筑节能标准要求的标志,并作为按比例返还新型墙体材料专项基金的依据。

(4) 经评审不符合建筑节能标准规定的工程项目,建设行政主管部门应提出相应的整改意见。建设单位在限期整改完成后,重新申请认定。

(5) 未达到建筑节能强制性标准的工程项目,建设行政主管部门不予办理工程项目竣工验收备案手续。

5．法律责任

《山东省建筑节能审查监督暂行管理办法》第十六条至第十八条规定：

（1）施工图审查机构未按建筑节能标准要求对施工图设计文件进行审查的，建设行政主管部门应按照《建设工程质量管理条例》、《民用建筑节能管理规定》、《房屋建筑和市政基础设施工程施工图设计文件审查管理办法》的规定给予处罚，直至取消施工图设计审查机构审查认定资格。

（2）建设单位未按照国家和省建筑节能规定要求进行竣工验收和备案的，建设行政主管部门应责令建设单位改正并重新组织验收。在重新组织竣工验收前擅自使用的，建设行政主管部门应按照《建设工程质量管理条例》、《民用建筑节能管理规定》、《房屋建筑工程和市政基础设施工程竣工验收备案管理暂行办法》的规定给予处罚；造成损失的，建设单位依法承担赔偿责任。

（3）在节能施工检查、节能建筑认定和竣工验收备案中有弄虚作假、玩忽职守、滥用职权、徇私舞弊等行为的，由建设行政主管部门依法追究责任；构成犯罪的，依法追究刑事责任。

四、山东省建设工程质量投诉处理（暂行）办法的主要内容

工程质量投诉，是指公民、法人和其他组织通过信函、电话、来访等形式反映工程质量问题的行为。

1．一般规定

《山东省建设工程质量投诉处理（暂行）办法》第三条、第四条、第十一条、第十二条规定：

（1）凡是新建、改建、扩建的房屋建筑、土木工程、设备安装、管线敷设、建筑装饰装修等工程在保修期内和建设过程中发生的工程质量问题，均属投诉范围。对超过保修期，在使用过程中发生的工程质量问题，由产权单位或有关部门处理。

（2）工程质量投诉处理工作在各级建设行政主管部门的领导下，坚持分级负责、归口办理，及时、依法解决的原则。

（3）投诉处理机构要督促工程质量责任方，按照有关规定认真处理好用户对工程质量问题的投诉。对投诉的信函要做好登记；对以电话、来访等形式的投诉，承办人员在接待时，要认真听取陈述意见，做好详细记录并进行登记，对注明联系地址、电话和联系人姓名的投诉，要将处理的情况通知投诉人。

（4）对需要几个部门共同处理的投诉，投诉处理机构要主动与有关部门协商，在政府的统一领导和协调下，有关部门各司其职、协同处理。

2．投诉处理原则及要求

《山东省建设工程质量投诉处理（暂行）办法》第十三条至第十五条规定：

（1）对于投诉工程质量问题，投诉处理机构要本着实事求是的原则，对合理的要求，要及时妥善处理；暂时解决不了的要向投诉人作出解释，并责成工程质量责任方限期解决；对不合理的要求，要作出说明。处理结果显失公平的，上级建设行政主管部门有权对错误的处理结果予以纠正。

（2）在调查处理工程质量投诉过程中，不得将工程质量投诉中涉及的检举、揭发、控告材料及有关情况透露转送给被检举、揭发、控告的人员和单位。任何单位和个人不得压制、打击、报复、迫害投诉人。

（3）接待和处理工作质量投诉是各级建设行政主管部门的一项重要日常工作。各级建设行政主管部门要支持和保护公民、法人和其他组织通过正常渠道，采取正当方式反映质量问题，对在工程质量投诉处理工作中不履行职责、敷衍、推诿的单位及人员，要给予批评教育，情节严重的，由其上级主管部门依据有关规定给予严肃处理。

五、山东省建设工程质量监督机构和人员考核认定管理办法（报审稿）

山东省建设工程质量监督机构和人员考核认定管理办法（报审稿）

第一章 总 则

第一条 为提高依法行政、依法监督管理水平，加强全省建设工程质量监督机构和人员的考核管理，确保建设工程质量，根据《建设工程质量管理条例》、住房和城乡建设部《房屋建筑和市政基础设施工程质量监督管理规定》（住房和城乡建设部令第5号）和《建设工程质量监督机构和人员考核管理办法》（建质〔2007〕184号）有关规定，制定本办法。

第二条 山东省行政区域内的建设工程质量监督机构和人员的考核认定管理适用本办法。

第三条 本办法所称建设工程质量监督机构（以下简称监督机构）是指受县级以上人民政府住房和城乡建设行政主管部门或有关部门授权或委托，经省住房和城乡建设行政主管部门（以下简称省建设行政主管部门）考核认定，依据国家的法律、法规和工程建设强制性标准，对工程建设实施过程中各参建责任主体和有关机构履行质量责任的行为及工程实体质量进行监督管理的具有独立法人资格的单位。

第四条 建设工程质量监督人员（以下简称监督人员）是指经省建设行政主管部门考核认定，依法从事建设工程质量监督工作的专业技术人员和管理人员。监督人员分为质量监督工程师和质量监督员。

第五条 省建设行政主管部门负责对全省建设工程质量监督机构和监督人员考核认定工作实施统一管理。考核认定工作由山东省建设工程质量监督机构和人员考核认定委员会（以下简称省考核委）负责。省考核委下设办公室，设在山东省建设工程质量监督总站（以下简称省质监总站），具体负责全省监督机构和监督人员的考核认定管理工作。

第六条 未经省建设行政主管部门考核认定的监督机构和监督人员不得从事工程质量监督工作，不得出具质量监督报告；擅自出具的工程质量监督报告不得作为工程竣工验收备案的依据。

第二章 监督机构考核基本条件

第七条 监督机构应具备的基本条件：

（一）具有独立法人资格；

（二）经县级以上人民政府批准设立；

（三）经省建设行政主管部门考核认定；

（四）有可靠经费保障；

（五）人员配备满足监督工作要求：

1. 具有一定数量的监督人员，且专业结构要合理配套。

监督机构人员数量由县级以上人民政府建设主管部门根据实际需要确定。监督人员占监督机构人员数量的比例不低于 75%；同时具有质量、安全监督职能的监督机构，质量监督人员占监督机构人员数量的比例不低于 60%。其中，建筑工程土建专业技术人员与建筑工程安装专业技术人员和其他专业技术人员的比例宜为 5：2：1。

2. 监督机构负责人条件：

（1）设区市人民政府建设主管部门所属的工程质量监督机构（以下简称市监督机构）负责人应具有工程类高级技术职称或具有工程类中级技术职称且连续从事质量管理工作 15 年以上并具备质量监督工程师资格；技术负责人或总工程师应具有工程类高级技术职称并具备质量监督工程师资格。

（2）县级以上人民政府建设主管部门所属的工程质量监督机构（以下简称县监督机构）负责人应具有工程类中级以上技术职称或具有工程类初级技术职称且连续从事质量管理工作 10 年以上并具备质量监督员以上资格；技术负责人或总工程师应具有工程类中级以上技术职称并具备质量监督工程师资格。

3. 市监督机构直接从事工程质量监督的监督人员不应少于 15 人，监督工程师不少于 5 人。市监督机构可按 30 万～50 万平方米建筑面积或 15～30 项工程的监督工作量配备一个监督小组，每个监督小组应由至少 2 名以上直接从事工程质量监督的监督人员组成。

县监督机构直接从事工程质量监督的监督人员不应少于 5 人，监督工程师不少于 2 人。县监督机构可按 15 万～20 万平方米建筑面积或 10～15 项工程配备一个监督小组，每个监督小组应由至少 2 名以上直接从事工程质量监督的监督人员组成。

承担市政工程质量监督任务或专业监督任务的，其配备的专业监督人员每专业不得少于 2 人。

4. 监督机构可以聘用具有 5 年以上设计、施工、监理等工作经验，工程类中级以上职称的专业技术人员协助实施工程质量监督。聘用人员应通过省建设行政主管部门的考核认定。

（六）有固定工作场所和基本办公条件：

1. 市监督机构人均具有办公面积不少于 15 平方米，配备 10 台以上计算机，应用监督软件进行计算机辅助监督管理，做到办公自动化。

通讯设备和交通工具的配备应满足监督工作的需要。其中，交通工具应按照每两个监督组（科）不少于 1 台的数量配置。

监督档案室面积不应少于 20 平方米。

2. 县监督机构人均具有办公面积不少于 10 平方米，配备 3 台以上计算机。

通讯设备和交通工具的配备应满足监督工作的需要。其中，交通工具应按照每两个监督组（科）不少于 1 台的数量配置。

监督档案室面积不应少于 10 平方米。

（七）有监督检查应具备的仪器、设备：

各级质量监督机构为保证正常的监督工作需要，至少配备附件一要求的各种仪器、设备。

（八）有健全完善的管理制度。

1. 工程质量监督申报、注册制度；
2. 工程质量监督具体监督工作各项制度；
3. 工程质量问题（事故）监督处理制度；
4. 工程质量局部暂停施工及复工监管制度；
5. 工程质量监督竣工验收、备案管理制度；
6. 工程质量监督部门、人员管理制度；
7. 工程质量监督质量信息统计、公示制度；
8. 工程质量监督档案管理制度；
9. 工程质量投诉处理制度；
10. 工程质量监督执法行政复议制度；
11. 工程质量监督机构的各项内部管理制度。

第三章　监督人员考核认定条件

第八条　监督人员应具备良好的职业道德和相应的学历、资历，以及一定的专业技术和监督执法能力，熟悉掌握国家有关的法律、法规和工程建设强制性标准，经省建设行政主管部门考核认定合格取得资格证书后，方可从事工程质量监督工作。

第九条　监督人员的基本条件和监督范围：

（一）质量监督工程师应满足以下条件：

1. 基本条件：

（1）具有从事建设工程质量管理或设计、施工、监理等工作经历。其中，研究生学历（含本科双学位）的应工作 5 年以上；本科学历的应工作 7 年以上；大专学历的应工作 10 年以上；中专学历的应工作 15 年以上。

（2）具有工程系列高级技术职称或取得中级技术职称 7 年以上。

（3）取得一级注册结构师、一级注册建造师、注册设备工程师、注册岩土工程师、注册监理工程师等国家工程类执业资格证书之一的。

（4）熟悉掌握国家、省有关工程质量的法律、法规和工程建设强制性标准。

（5）具有一定的组织协调能力和良好的职业道德。

（6）取得行政执法资格。

（7）经省建设行政主管部门考核认定合格。

（8）身体健康，年龄不超过 60 周岁。

（9）累计从事质量监督工作满 15 年且具有中级以上专业技术职称的，不受 1、2、3 条的限制。取得第 3 条国家工程类执业资格证书的，不受 1、2 条的限制。

2. 监督范围：

质量监督工程师从事工程质量监督及管理工作，具体负责工程质量监督及管理，质量监督报告的审查、确认（审签）并对内容真实性负责，具有质量监督报告的签字权。

（二）质量监督员应满足以下条件：

1. 基本条件：

（1）具有工程类专业大学专科以上学历或取得二级注册结构师、二级注册建造师、注册监理师等国家工程类执业资格证书之一的。

（2）具有初级以上技术职称、3 年以上建设工程质量管理或设计、施工、监理等工作经验或具有中专以上学历、10 年以上建设工程质量管理或设计、施工、监理等工作经验。

（3）熟悉掌握国家、省有关工程质量的法律、法规和工程建设强制性标准。

（4）经省建设行政主管部门考核认定合格。

（5）具有一定的组织协调能力和良好的职业道德。

（6）取得行政执法资格。

（7）身体健康，年龄不超过 60 周岁。

（8）累计从事质量监督工作满 7 年或具有中级以上工程类专业技术职称的，不受 1、2 条的限制。

2. 监督范围：

质量监督员主要协助监督工程师从事工程质量监督工作。并可在监督机构负责人和技术负责人联合授权下，对本专业二等及以下（按设计等级分类标准）工程从事质量监督工作，并具备所监督工程监督报告的签字权。

第四章　监督机构和监督人员的考核认定

第十条　监督机构和人员初次考核合格后，由省建设行政主管部门颁发国务院建设行政主管部门统一格式的《建设工程质量监督站证书》和监督人员资格证书。

监督机构每三年进行一次验证考核。监督人员每两年进行一次岗位考核，每年进行一次法律、业务知识培训，并适时组织开展相关内容的继续教育培训，每人每年累计不少于 48 学时。

第十一条　监督机构和监督人员的考核结果分为合格、基本合格、不合格。

第十二条　监督机构考核的主要内容：

（一）执行工程建设质量法律、法规及其有关规定情况；

（二）监督机构基本条件符合本办法第七条规定的情况；

（三）对所监督范围内工程项目参建各责任主体和质量检测等有关机构以及工程实体质量符合工程建设法律、法规和工程建设强制性标准进行监督的情况；

（四）对所监督范围的工程项目进行竣工验收监督的情况；

（五）发生重大质量问题及质量事故调查处理的情况；

（六）工程质量监督档案建立和管理情况；

（七）监督费用来源和满足工作需求情况；

（八）其他有关规定内容。

考核标准详见附件四。

第十三条　监督人员考核的主要内容：

（一）执行工程建设法律、法规及地方有关规定情况；

（二）监督人员基本条件符合本办法第九条规定的情况；

（三）所监督项目的参建各责任主体的质量行为和质量检测等有关机构及工程实体质量符合工程建设法律、法规和工程建设强制性标准情况；

（四）履行监督职责情况；

（五）参加业务知识培训情况；

（六）考核期内上级主管部门的奖惩情况；

（七）其他规定的情况。

考核标准详见附件五。

第十四条 省建设行政主管部门实行工程质量监督管理情况巡查和抽查制度。省质监总站对各级监督机构的质量监督管理情况进行巡查和抽查,检查结果作为监督机构和人员考核的重要内容。

市监督机构应对辖区内的质量监督机构进行巡查和抽查,检查结果上报省考核委办公室并作为监督机构和人员考核的重要内容。

第十五条 监督机构和监督人员的申请表(见附件二、三)由监督机构负责人主持填写和本人负责填写,并对填写内容的真实性负责。

市监督机构负责辖区内的监督机构和人员考核工作的组织与资料初审工作,初审合格并由市建设主管部门签署意见后,上报省考核委办公室。

第十六条 省考核委办公室在对各级监督机构和人员进行考核认定时,可实地随机抽查监督机构状况及辖区内工程项目的监督情况。

第十七条 监督机构和监督人员的考核结果将进行公示。

第十八条 监督机构有下列情况之一的,考核结果为不合格:

（一）监督人员数量和工作情况不符合第七条规定的;

（二）出具虚假工程质量检查监督报告的;

（三）在监督工作中存在严重违反法律、法规规定行为的;

（四）因严重失职导致重大质量事故,影响恶劣的。

监督人员有下列行为之一的,考核结果为不合格:

（一）不符合第九条规定的;

（二）不认真履行工程质量监督等有关规定的工作职责的;

（三）因监督失职所监督工程发生重大质量事故的;

（四）未直接监督工程或准许他人以本人名义弄虚作假签署监督报告的;

（五）未按照有关法律法规、强制性标准和程序进行监督执法的;

（六）其他失职或违法行为。

第十九条 监督机构和人员考核结果达不到合格标准,也未出现本办法第十八条规定情况的,其考核结果为基本合格。

第二十条 对考核结果为基本合格和不合格的监督机构,责令限期整改并由建设主管部门对其调整和充实力量。

对考核结果为基本合格和不合格的监督人员,责令限期整改;整改期满,重新考核仍不合格的,应当调离监督工作岗位,降低或撤销监督人员资格证书。属严重监督失职或违法行为的,应调离监督工作岗位,撤销资格证书,并按有关规定处理。

第五章 附　　则

第二十一条 铁路、交通、水利、信息、民航等专业质量监督机构和人员的考核认定由各行业负责,参照本办法执行

第二十二条 本办法自发布之日起实行。

附件一

监督机构监督检查设备基本配置一览表

	回弹仪	混凝土钢筋检测仪	激光测距仪	非金属超声波检测仪	接地电阻、绝缘电阻测试仪	漏电开关测试仪	便携式空调测试设备	游标卡尺等
设区市	4	4	2	2	2	2	2	4
县级	2	2	1	1	1	1	1	2

附件二

建质（　　）监字　　　号

建设工程质量监督机构登记证书申请表

监　督　机　构　名　称_____

法定代表人（负责人）_____

申　　请　　日　　期_____

山东省建设工程质量监督机构和人员考核认定委员会

监督机构名称						
批准设立机关			成立日期			
法定代表人(负责人)			身份证号码			
通讯地址					邮编	
联系人		固定电话			手机	
机构人数	总人数		在编人数		聘用人员	
	现有人数		技术人员数			
	男	女	高工	工程师	助理工程师	技术员
人员考核情况	专业配套		土建：安装：其他		＿＿：＿＿：＿＿	
	监督工程师		占监督机构总人数的＿＿＿%			
	质量监督员					
监督范围						
从事工程建设质量监督工作情况						
所在单位意见					（盖 章） 年　月　日		
设区市人民政府建设主管部门意见					（盖 章） 年　月　日		
省人民政府建设主管部门意见					（盖 章） 年　月　日		

附件三

建质（　　）监字　号

建设工程质量监督人员资格证书申请表

姓　　名＿＿＿＿＿＿＿＿＿＿＿＿＿＿＿＿

工作单位＿＿＿＿＿＿＿＿＿＿＿＿＿＿＿＿

职　　务＿＿＿＿＿＿＿＿＿＿＿＿＿＿＿＿

申请岗位＿＿＿＿＿＿＿＿＿＿＿＿＿＿＿＿

申请日期＿＿＿＿＿＿＿＿＿＿＿＿＿＿＿＿

山东省建设工程质量监督机构和人员考核认定委员会

姓　名		性　别		出生日期		照片
民　族		籍　贯		政治面貌		
文化程度		专　业		执业资格		
职　称		从事监督工作年限				
职　务		工作单位				
在编 □		聘用 □		聘期		年
身份证号						
通讯地址				邮编		
联系人		固定电话		手机		
从事工程建设质量监督工作简历	起止日期		工作单位			职务
获奖情况						

附个人工作总结1 000字

本人上岗 考试情况	业务考试＿＿＿＿＿＿＿＿＿＿＿＿ 法律常识＿＿＿＿＿＿＿＿＿＿＿＿
所在单位 意　见	（盖　章） 年　月　日
市人民政府建设 主管部门意见	（盖　章） 年　月　日
省人民政府建设 主管部门意见	（盖　章） 年　月　日

附件四

山东省建设工程质量监督机构考核标准

序号	考核项目	考核内容及分值	应得分	实得分	备注
一、基本条件(30)					
1	单位、人员资格	独立的法人单位	3		
		持证人员比例	3		
		监督人员的数量	3		
		机构负责人、技术负责人的资历	3		
2	办公条件	办公场所面积	2		
		配备微机情况	2		
		监督软件使用	2		
		通讯与交通工具配备	2		
		检测设备和仪器	2		
		档案、资料室	2		
3	管理制度	各项管理制度建立情况	2		（缺一项扣1分）
		各项管理制度落实情况	4		
二、监督工作管理(28)					
4	监督注册登记	按规定登记办理手续	3		结合抽查监督档案和现场检查,不到位扣1～2分（每发现1次扣1分）
	监督方案	合理安排监督人员	3		
		符合监督工作要求	4		
5	强条监督	按强标文件执行	4		
6	实体工程质量抽查	发现严重质量问题	6		
7	质量问题(事故)处理	发现问题及时报告,处理问题(事故)闭合、完整	3		
8	竣工验收监督	实行竣前监督情况;监督竣工验收过程	3		
9	备案管理	实施备案管理情况	2		
三、监督机构运行情况(34)					
10	依法监管情况	执行国家、省有关质量法律法规	4		
		贯彻落实上级部门工作要求情况	4		
11	监督人员管理与教育	监督人员、监督范围及专业符合比例	2		
		每人年继续教育学时不少于48学时	2		
12	技术标准、资料管理	统一台账管理	2		
		定时更新,专人负责	2		
13	监督信息管理	及时上报信息	3		
		按规定公示质量信息	2		
14	监督报告	按规定编制,内容真实完整	3		
		审核齐全、签署及时	2		
		时效性符合要求	2		

序号	考核项目	考核内容及分值	应得分	实得分	备注
15	监督档案	与进度同步	2		
		完整、规范、全面	2		
		保存完好	2		
四、各方责任主体质量行为监督(22)					
16	责任主体质量行为监督	工程监督手续监管情况	4		
		参建责任主体质量行为及主要人员变动监督情况	2		
		监督巡检抽查情况	6		
		违规行为查处情况	4		
17	不良行为记录	按规定记录情况	4		
		上报或公示有关记录情况	2		
五、检测市场、主要建材等管理(19)					
18	检测资质及备案	资质及备案管理情况	3		
19	检测活动检查	检测报告抽查情况,检测机构督查情况	7		
20	外地检测机构管理	外地检测机构的备案管理情况	3		
21	质量协会等管理	配合省质量监督检测协会开展工作情况	2		
22	预拌混凝土、钢筋等主要建材质量	开展质量监管情况	4		
六、经费保障(5)					
23	监督经费保障	财务独立核算,全额财政	5		
七、其他(12)					
24	执法检查	落实省级以上执法检查的处罚情况	3		
25	监督巡查	开展市、县执法检查的情况	3		
26	投诉信访	专人负责,制度健全	2		
		认真处理投诉信访,无越级上访	2		
27	廉政建设	监督人员有无违纪情况	2		
合计			150		

注:120~150 分为合格,90~119 分为基本合格,90 分以下为不合格。

附件五

山东省建设工程质量监督人员考核标准

序号	考核项目	考核内容及分值	应得分	实得分	备注
1	基本条件 （10）	监督级别应符合相应条件	10		
2	职业道德 （10）	1. 政治坚定、科学规范、依法监督	4		
		2. 爱岗敬业、品行端正	3		
		3. 清正廉洁、团结协作	3		
3	质量行为监督（结合抽查监督档案的对应工程核查）（26）	监督抽查记录情况	4		（每违反一项（次）扣1～2分，扣完即止）
		对参建单位项目责任人员质量行为及人员变更进行监督的情况检查	4		
		对各方责任主体和有关机构违法违规行为提出整改意见并及时上报	10		
		及时按规定记录不良行为的情况	8		
4	工作业绩、执法水平、实体质量监督（结合抽查监督档案的对应工程核查）（28）	监督方案中应明确地基基础、主体结构、装饰装修和安装工程（子）分部、建筑节能、使用功能等抽查重点；执行情况	8		（未提出整改意见或处理不完善一次扣1～2分，扣完即止）
		监督强制性标准实施及对违反强条提出整改意见的情况	10		
		按规定执行监督抽测	4		
		质量问题（事故）监督，不合格报告处理及时、完整、闭合	4		
		获省、市主管部门奖励或单位年度考核为优秀	2		
5	工程竣工验收监督(结合抽查监督档案的对应工程核查)（16）	对工程竣工验收文件进行审查	4		
		工程竣工验收监督记录内容齐全	6		
		工程监督报告内容完整、真实反映监督情况、提交及时(7个工作日)	6		
6	继续教育 （10）	每年接受继续教育不少于48课时	4		
		继续教育考试结果	6		
	合计		100		

注：① 76分以上为合格，60～75分为基本合格，60分以下为不合格。

② 出现违纪行为或监督工程重大质量事故则一票否决。

附录一　与建设工程质量管理相关的法律、法规、规章、制度

一、法律

1.《中华人民共和国建筑法》(主席令〔1997〕第 91 号)

2.《中华人民共和国招标投标法》(主席令〔1999〕第 21 号)

3.《中华人民共和国标准化法》(主席令〔1988〕第 11 号)

4.《中华人民共和国节约能源法》(主席令〔2007〕第 77 号)

5.《中华人民共和国消防法》(主席令〔2008〕第 6 号)

6.《中华人民共和国档案法》(主席令〔1996〕第 71 号)

7.《中华人民共和国行政诉讼法》(主席令〔1989〕第 16 号)

8.《中华人民共和国城乡规划法》(主席令〔2007〕第 74 号)

9.《中华人民共和国产品质量法》(主席令〔2000〕第 33 号)

10.《中华人民共和国城市房地产管理法》(主席令〔2007〕第 72 号)

11.《中华人民共和国行政处罚法》(主席令〔1996〕第 63 号)

12.《中华人民共和国行政许可法》(主席令〔2003〕第 7 号)

13.《中华人民共和国民法通则》(主席令〔1986〕第 37 号)

14.《中华人民共和国国家赔偿法》(主席令〔2010〕第 29 号)

15.《中华人民共和国合同法》(主席令〔1999〕第 15 号)

16.《中华人民共和国行政复议法》(主席令〔1999〕第 16 号)

二、法规

1.《建设工程质量管理条例》(国务院令第 279 号)

2.《建设工程勘察设计管理条例》(国务院令第 293 号)

3.《村庄和集镇规划建设管理条例》(国务院令第 116 号)

4.《城市房地产开发经营管理条例》(国务院令第 248 号)

5.《物业管理条例》(国务院令第 504 号)

6.《建设工程安全生产管理条例》(国务院令第 393 号)

7.《山东省城市建设管理条例(修正)》(山东省十一届人大常委会第 19 次会议修正)

8.《山东省建筑市场管理条例(修正)》(山东省十届人大常委会第 9 次会议修正)

三、部门规章

1.《实施工程建设强制性标准监督规定》(建设部令〔2000〕第 81 号)

2.《房屋建筑工程和市政基础设施工程质量监督管理规定》(住房和城乡建设部令〔2010〕第 5 号)

3.《建设工程质量监督机构和人员考核管理办法》(建质〔2007〕184 号)

4.《建设行政处罚程序暂行规定》(建设部令〔1999〕第 66 号)

5.《民用建筑节能管理规定》(建设部令〔2005〕第 143 号)

6.《房屋建筑工程质量保修办法》(建设部令〔2000〕第 80 号)

7.《工程建设施工招标投标管理办法》(建设部令〔1992〕第 23 号)

8.《住宅室内装饰装修管理办法》(建设部令〔2002〕第 110 号)

9.《建设领域推广应用新技术管理规定》（建设部令〔2001〕第 109 号）

10.《注册监理工程师管理规定》（建设部令〔2006〕第 147 号）

11.《工程监理企业资质管理规定》（建设部令〔2007〕第 158 号）

12.《建筑业企业资质管理规定》（建设部令〔2007〕第 159 号）

13.《建设工程勘察设计资质管理规定》（建设部令〔2007〕第 160 号）

14.《建设工程勘察质量管理办法》（建设部令〔2007〕第 163 号）

15. 加强工程建设实施和工程质量管理工作指导意见》（中治工发〔2009〕6 号）

16.《关于开展工程建设领域突出问题专项治理工作的意见》（中办发〔2009〕27 号）

17.《工程建设领域突出问题专项治理工作实施方案》（中治工发〔2009〕2 号）

18.《关于进一步强化住宅工程质量管理和责任的通知》（建市〔2010〕68 号）

19.《房屋建筑和市政基础设施工程施工招标投标管理办法》（建设部令〔2001〕第 89 号）

20.《房屋建筑工程和市政基础设施工程竣工验收备案管理办法》（住房和城乡建设部令〔2009〕第 2 号）

四、制度文件

1.《建设工程质量投诉处理暂行规定》（建监〔1997〕60 号）

2.《加强建筑幕墙工程管理的暂行规定》（建建〔1997〕167 号）

3.《既有建筑幕墙安全维护管理办法》（建质〔2006〕291 号）

4.《关于建设工程质量监督机构深化改革的指导意见》（建建〔2000〕151 号）

5.《房屋建筑工程和市政基础设施工程实行见证取样和送检的规定》（建建〔2000〕211 号）

6.《硅酮结构密封胶使用管理暂行办法》（国经贸外经〔2000〕583 号）

7.《房屋建筑工程施工旁站监理管理办法（试行）》（建市〔2002〕189 号）

8.《建设工程质量责任主体和有关机构不良记录管理办法（试行）》（建质〔2003〕113 号）

9.《关于建设行政主管部门对工程监理企业履行质量责任加强监督的若干意见》（建质〔2003〕167 号）

10.《房屋建筑和市政基础设施工程施工图设计文件审查管理办法》（建设部令〔2004〕第 134 号）

11.《关于加强村镇建设工程质量安全管理的若干意见》（建质〔2004〕216 号）

12.《关于加强住宅工程质量管理的若干意见》（建质〔2004〕18 号）

13.《建设工程质量保证金管理暂行办法》（建质〔2005〕7 号）

14.《建筑业 10 项新技术（2010）》（建质〔2010〕170 号）

15.《物业承接查验办法》（建房〔2010〕165 号）

16.《山东省新型墙体材料发展应用与建筑节能管理规定》（山东省人民政府令第 181 号）

17.《山东省建筑节能审查监督暂行管理办法》（鲁建发〔2005〕30 号）

18.《山东省建设工程质量监督机构和人员考核认定管理办法》（报审稿）

附录二　与建设工程质量管理相关的法律、法规、规章、制度汇编

中华人民共和国合同法

（主席令〔1999〕第 15 号）

总　则

第一章　一般规定

第一条　【立法目的】为了保护合同当事人的合法权益，维护社会经济秩序，促进社会主义现代化建设，制定本法。

第二条　【合同定义】本法所称合同是平等主体的自然人、法人、其他组织之间设立、变更、终止民事权利义务关系的协议。

婚姻、收养、监护等有关身份关系的协议，适用其他法律的规定。

第三条　【平等原则】合同当事人的法律地位平等，一方不得将自己的意志强加给另一方。

第四条　【合同自由原则】当事人依法享有自愿订立合同的权利，任何单位和个人不得非法干预。

第五条　【公平原则】当事人应当遵循公平原则确定各方的权利和义务。

第六条　【诚实信用原则】当事人行使权利、履行义务应当遵循诚实信用原则。

第七条　【遵纪守法原则】当事人订立、履行合同，应当遵守法律、行政法规，尊重社会公德，不得扰乱社会经济秩序，损害社会公共利益。

第八条　【依合同履行义务原则】依法成立的合同，对当事人具有法律约束力。当事人应当按照约定履行自己的义务，不得擅自变更或者解除合同。

依法成立的合同，受法律保护。

第二章　合同的订立

第九条　【订立合同的能力】当事人订立合同，应当具有相应的民事权利能力和民事行为能力。

当事人依法可以委托代理人订立合同。

第十条　【合同的形式】当事人订立合同，有书面形式、口头形式和其他形式。

法律、行政法规规定采用书面形式的，应当采用书面形式。当事人约定采用书面形式的，应当采用书面形式。

第十一条　【书面形式】书面形式是指合同书、信件和数据电文（包括电报、电传、传真、电子数据交换和电子邮件）等可以有形地表现所载内容的形式。

第十二条　【合同内容】合同的内容由当事人约定，一般包括以下条款：

（一）当事人的名称或者姓名和住所；

（二）标的；

（三）数量；

（四）质量；

（五）价款或者报酬；

（六）履行期限、地点和方式；

（七）违约责任；

（八）解决争议的方法。

当事人可以参照各类合同的示范文本订立合同。

第十三条 【订立合同方式】当事人订立合同，采取要约、承诺方式。

第十四条 【要约】要约是希望和他人订立合同的意思表示，该意思表示应当符合下列规定：

（一）内容具体确定；

（二）表明经受要约人承诺，要约人即受该意思表示约束。

第十五条 【要约邀请】要约邀请是希望他人向自己发出要约的意思表示。寄送的价目表、拍卖公告、招标公告、招股说明书、商业广告等为要约邀请。

商业广告的内容符合要约规定的，视为要约。

第十六条 【要约的生效】要约到达受要约人时生效。

采用数据电文形式订立合同，收件人指定特定系统接收数据电文的，该数据电文进入该特定系统的时间，视为到达时间；未指定特定系统的，该数据电文进入收件人的任何系统的首次时间，视为到达时间。

第十七条 【要约的撤回】要约可以撤回。撤回要约的通知应当在要约到达受要约人之前或者与要约同时到达受要约人。

第十八条 【要约的撤销】要约可以撤销。撤销要约的通知应当在受要约人发出承诺通知之前到达受要约人。

第十九条 【要约不得撤销的情形】有下列情形之一的，要约不得撤销：

（一）要约人确定了承诺期限或者以其他形式明示要约不可撤销；

（二）受要约人有理由认为要约是不可撤销的，并已经为履行合同作了准备工作。

第二十条 【要约的失效】有下列情形之一的，要约失效：

（一）拒绝要约的通知到达要约人；

（二）要约人依法撤销要约；

（三）承诺期限届满，受要约人未作出承诺；

（四）受要约人对要约的内容作出实质性变更。

第二十一条 【承诺的定义】承诺是受要约人同意要约的意思表示。

第二十二条 【承诺的方式】承诺应当以通知的方式作出，但根据交易习惯或者要约表明可以通过行为作出承诺的除外。

第二十三条 【承诺的期限】承诺应当在要约确定的期限内到达要约人。

要约没有确定承诺期限的，承诺应当依照下列规定到达：

（一）要约以对话方式作出的，应当即时作出承诺，但当事人另有约定的除外；

（二）要约以非对话方式作出的，承诺应当在合理期限内到达。

第二十四条 【承诺期限的起点】要约以信件或者电报作出的，承诺期限自信件载明的日期或者电报交发之日开始计算。信件未载明日期的,自投寄该信件的邮戳日期开始计算。要约以电话、传真等快速通讯方式作出的,承诺期限自要约到达受要约人时开始计算。

第二十五条 【合同成立时间】承诺生效时合同成立。

第二十六条 【承诺的生效】承诺通知到达要约人时生效。承诺不需要通知的,根据交易习惯或者要约的要求作出承诺的行为时生效。

采用数据电文形式订立合同的,承诺到达的时间适用本法第十六条第二款的规定。

第二十七条 【承诺的撤回】承诺可以撤回。撤回承诺的通知应当在承诺通知到达要约人之前或者与承诺通知同时到达要约人。

第二十八条 【新要约】受要约人超过承诺期限发出承诺的,除要约人及时通知受要约人该承诺有效的以外,为新要约。

第二十九条 【迟到的承诺】受要约人在承诺期限内发出承诺,按照通常情形能够及时到达要约人,但因其他原因承诺到达要约人时超过承诺期限的,除要约人及时通知受要约人因承诺超过期限不接受该承诺的以外,该承诺有效。

第三十条 【承诺的变更】承诺的内容应当与要约的内容一致。受要约人对要约的内容作出实质性变更的,为新要约。有关合同标的、数量、质量、价款或者报酬、履行期限、履行地点和方式、违约责任和解决争议方法等的变更,是对要约内容的实质性变更。

第三十一条 【承诺的内容】承诺对要约的内容作出非实质性变更的,除要约人及时表示反对或者要约表明承诺不得对要约的内容作出任何变更的以外,该承诺有效,合同的内容以承诺的内容为准。

第三十二条 【合同成立时间】当事人采用合同书形式订立合同的,自双方当事人签字或者盖章时合同成立。

第三十三条 【确认书与合同成立】当事人采用信件、数据电文等形式订立合同的,可以在合同成立之前要求签订确认书。签订确认书时合同成立。

第三十四条 【合同成立地点】承诺生效的地点为合同成立的地点。

采用数据电文形式订立合同的,收件人的主营业地为合同成立的地点;没有主营业地的,其经常居住地为合同成立的地点。当事人另有约定的,按照其约定。

第三十五条 【书面合同成立地点】当事人采用合同书形式订立合同的,双方当事人签字或者盖章的地点为合同成立的地点。

第三十六条 【书面合同与合同成立】法律、行政法规规定或者当事人约定采用书面形式订立合同,当事人未采用书面形式但一方已经履行主要义务,对方接受的,该合同成立。

第三十七条 【合同书与合同成立】采用合同书形式订立合同,在签字或者盖章之前,当事人一方已经履行主要义务,对方接受的,该合同成立。

第三十八条 【依国家计划订立合同】国家根据需要下达指令性任务或者国家订货任务的,有关法人、其他组织之间应当依照有关法律、行政法规规定的权利和义务订立合同。

第三十九条 【格式合同条款定义及使用人义务】采用格式条款订立合同的,提供格式条款的一方应当遵循公平原则确定当事人之间的权利和义务,并采取合理的方式提请对方注意免除或者限制其责任的条款,按照对方的要求,对该条款予以说明。

格式条款是当事人为了重复使用而预先拟定,并在订立合同时未与对方协商的条款。

第四十条 【格式合同条款的无效】格式条款具有本法第五十二条和第五十三条规定情

形的,或者提供格式条款一方免除其责任、加重对方责任、排除对方主要权利的,该条款无效。

第四十一条　【格式合同的解释】对格式条款的理解发生争议的,应当按照通常理解予以解释。对格式条款有两种以上解释的,应当作出不利于提供格式条款一方的解释。格式条款和非格式条款不一致的,应当采用非格式条款。

第四十二条　【缔约过失】当事人在订立合同过程中有下列情形之一,给对方造成损失的,应当承担损害赔偿责任:

(一)假借订立合同,恶意进行磋商;

(二)故意隐瞒与订立合同有关的重要事实或者提供虚假情况;

(三)有其他违背诚实信用原则的行为。

第四十三条　【保密义务】当事人在订立合同过程中知悉的商业秘密,无论合同是否成立,不得泄露或者不正当地使用。泄露或者不正当地使用该商业秘密给对方造成损失的,应当承担损害赔偿责任。

第三章　合同的效力

第四十四条　【合同的生效】依法成立的合同,自成立时生效。

法律、行政法规规定应当办理批准、登记等手续生效的,依照其规定。

第四十五条　【附条件的合同】当事人对合同的效力可以约定附条件。附生效条件的合同,自条件成就时生效。附解除条件的合同,自条件成就时失效。

当事人为自己的利益不正当地阻止条件成就的,视为条件已成就;不正当地促成条件成就的,视为条件不成就。

第四十六条　【附期限的合同】当事人对合同的效力可以约定附期限。附生效期限的合同,自期限届至时生效。附终止期限的合同,自期限届满时失效。

第四十七条　【限制行为能力人订立的合同】限制民事行为能力人订立的合同,经法定代理人追认后,该合同有效,但纯获利益的合同或者与其年龄、智力、精神健康状况相适应而订立的合同,不必经法定代理人追认。

相对人可以催告法定代理人在一个月内予以追认。法定代理人未作表示的,视为拒绝追认。合同被追认之前,善意相对人有撤销的权利。撤销应当以通知的方式作出。

第四十八条　【无权代理人订立的合同】行为人没有代理权、超越代理权或者代理权终止后以被代理人名义订立的合同,未经被代理人追认,对被代理人不发生效力,由行为人承担责任。

相对人可以催告被代理人在一个月内予以追认。被代理人未作表示的,视为拒绝追认。合同被追认之前,善意相对人有撤销的权利。撤销应当以通知的方式作出。

第四十九条　【表见代理】行为人没有代理权、超越代理权或者代理权终止后以被代理人名义订立合同,相对人有理由相信行为人有代理权的,该代理行为有效。

第五十条　【法定代表人越权行为】法人或者其他组织的法定代表人、负责人超越权限订立的合同,除相对人知道或者应当知道其超越权限的以外,该代表行为有效。

第五十一条　【无处分权人订立的合同】无处分权的人处分他人财产,经权利人追认或者无处分权的人订立合同后取得处分权的,该合同有效。

第五十二条 【合同无效的法定情形】有下列情形之一的,合同无效:

(一)一方以欺诈、胁迫的手段订立合同,损害国家利益;

(二)恶意串通,损害国家、集体或者第三人利益;

(三)以合法形式掩盖非法目的;

(四)损害社会公共利益;

(五)违反法律、行政法规的强制性规定。

第五十三条 【合同免责条款的无效】合同中的下列免责条款无效:

(一)造成对方人身伤害的;

(二)因故意或者重大过失造成对方财产损失的。

第五十四条 【可撤销合同】下列合同,当事人一方有权请求人民法院或者仲裁机构变更或者撤销:

(一)因重大误解订立的;

(二)在订立合同时显失公平的。

一方以欺诈、胁迫的手段或者乘人之危,使对方在违背真实意思的情况下订立的合同,受损害方有权请求人民法院或者仲裁机构变更或者撤销。

当事人请求变更的,人民法院或者仲裁机构不得撤销。

第五十五条 【撤销权的消灭】有下列情形之一的,撤销权消灭:

(一)具有撤销权的当事人自知道或者应当知道撤销事由之日起一年内没有行使撤销权;

(二)具有撤销权的当事人知道撤销事由后明确表示或者以自己的行为放弃撤销权。

第五十六条 【合同自始无效与部分有效】无效的合同或者被撤销的合同自始没有法律约束力。合同部分无效,不影响其他部分效力的,其他部分仍然有效。

第五十七条 【合同解决争议条款的效力】合同无效、被撤销或者终止的,不影响合同中独立存在的有关解决争议方法的条款的效力。

第五十八条 【合同无效或被撤销的法律后果】合同无效或者被撤销后,因该合同取得的财产,应当予以返还;不能返还或者没有必要返还的,应当折价补偿。有过错的一方应当赔偿对方因此所受到的损失,双方都有过错的,应当各自承担相应的责任。

第五十九条 【恶意串通获取财产的返还】当事人恶意串通,损害国家、集体或者第三人利益的,因此取得的财产收归国家所有或者返还集体、第三人。

第四章　合同的履行

第六十条 【严格履行与诚实信用】当事人应当按照约定全面履行自己的义务。

当事人应当遵循诚实信用原则,根据合同的性质、目的和交易习惯履行通知、协助、保密等义务。

第六十一条 【合同约定不明的补救】合同生效后,当事人就质量、价款或者报酬、履行地点等内容没有约定或者约定不明确的,可以协议补充;不能达成补充协议,按照合同有关条款或者交易习惯确定。

第六十二条 【合同约定不明时的履行】当事人就有关合同内容约定不明确,依照本法第六十一条的规定仍不能确定的,适用下列规定:

（一）质量要求不明确的，按照国家标准、行业标准履行；没有国家标准、行业标准的，按照通常标准或者符合合同目的的特定标准履行。

（二）价款或者报酬不明确的，按照订立合同时履行地的市场价格履行；依法应当执行政府定价或者政府指导价的，按照规定履行。

（三）履行地点不明确，给付货币的，在接受货币一方所在地履行；交付不动产的，在不动产所在地履行；其他标的，在履行义务一方所在地履行。

（四）履行期限不明确的，债务人可以随时履行，债权人也可以随时要求履行，但应当给对方必要的准备时间。

（五）履行方式不明确的，按照有利于实现合同目的的方式履行。

（六）履行费用的负担不明确的，由履行义务一方负担。

第六十三条　【交付期限与价格执行】执行政府定价或者政府指导价的，在合同约定的交付期限内政府价格调整时，按照交付时的价格计价。逾期交付标的物的，遇价格上涨时，按照原价格执行；价格下降时，按照新价格执行。逾期提取标的物或者逾期付款的，遇价格上涨时，按照新价格执行；价格下降时，按照原价格执行。

第六十四条　【向第三人履行合同】当事人约定由债务人向第三人履行债务的，债务人未向第三人履行债务或者履行债务不符合约定，应当向债权人承担违约责任。

第六十五条　【第三人不履行合同的责任承担】当事人约定由第三人向债权人履行债务，第三人不履行债务或者履行债务不符合约定，债务人应当向债权人承担违约责任。

第六十六条　【同时履行抗辩权】当事人互负债务，没有先后履行顺序的，应当同时履行。一方在对方履行之前有权拒绝其履行要求。一方在对方履行债务不符合约定时，有权拒绝其相应的履行要求。

第六十七条　【先履行义务】当事人互负债务，有先后履行顺序，先履行一方未履行的，后履行一方有权拒绝其履行要求。先履行一方履行债务不符合约定的，后履行一方有权拒绝其相应的履行要求。

第六十八条　【不安抗辩权】应当先履行债务的当事人，有确切证据证明对方有下列情形之一的，可以中止履行：

（一）经营状况严重恶化；

（二）转移财产、抽逃资金，以逃避债务；

（三）丧失商业信誉；

（四）有丧失或者可能丧失履行债务能力的其他情形。

当事人没有确切证据中止履行的，应当承担违约责任。

第六十九条　【不安抗辩权的行使】当事人依照本法第六十八条的规定中止履行的，应当及时通知对方。对方提供适当担保时，应当恢复履行。中止履行后，对方在合理期限内未恢复履行能力并且未提供适当担保的，中止履行的一方可以解除合同。

第七十条　【因债权人原因致债务履行困难的处理】债权人分立、合并或者变更住所没有通知债务人，致使履行债务发生困难的，债务人可以中止履行或者将标的物提存。

第七十一条　【债务的提前履行】债权人可以拒绝债务人提前履行债务，但提前履行不损害债权人利益的除外。

债务人提前履行债务给债权人增加的费用，由债务人负担。

第七十二条 【债务的部分履行】债权人可以拒绝债务人部分履行债务,但部分履行不损害债权人利益的除外。

债务人部分履行债务给债权人增加的费用,由债务人负担。

第七十三条 【债权人的代位权】因债务人怠于行使其到期债权,对债权人造成损害的,债权人可以向人民法院请求以自己的名义代位行使债务人的债权,但该债权专属于债务人自身的除外。

代位权的行使范围以债权人的债权为限。债权人行使代位权的必要费用,由债务人负担。

第七十四条 【债权人的撤销权】因债务人放弃其到期债权或者无偿转让财产,对债权人造成损害的,债权人可以请求人民法院撤销债务人的行为。债务人以明显不合理的低价转让财产,对债权人造成损害,并且受让人知道该情形的,债权人也可以请求人民法院撤销债务人的行为。

撤销权的行使范围以债权人的债权为限。债权人行使撤销权的必要费用,由债务人负担。

第七十五条 【撤销权的期间】撤销权自债权人知道或者应当知道撤销事由之日起一年内行使。自债务人的行为发生之日起五年内没有行使撤销权的,该撤销权消灭。

第七十六条 【当事人变化对合同履行的影响】合同生效后,当事人不得因姓名、名称的变更或者法定代表人、负责人、承办人的变动而不履行合同义务。

第五章　合同的变更和转让

第七十七条 【合同变更条件】当事人协商一致,可以变更合同。

法律、行政法规规定变更合同应当办理批准、登记等手续的,依照其规定。

第七十八条 【合同变更内容不明的处理】当事人对合同变更的内容约定不明确的,推定为未变更。

第七十九条 【债权的转让】债权人可以将合同的权利全部或者部分转让给第三人,但有下列情形之一的除外:

(一)根据合同性质不得转让;

(二)按照当事人约定不得转让;

(三)依照法律规定不得转让。

第八十条 【债权转让的通知义务】债权人转让权利的,应当通知债务人。未经通知,该转让对债务人不发生效力。

债权人转让权利的通知不得撤销,但经受让人同意的除外。

第八十一条 【从权利的转移】债权人转让权利的,受让人取得与债权有关的从权利,但该从权利专属于债权人自身的除外。

第八十二条 【债务人的抗辩权】债务人接到债权转让通知后,债务人对让与人的抗辩,可以向受让人主张。

第八十三条 【债务人的抵销权】债务人接到债权转让通知时,债务人对让与人享有债权,并且债务人的债权先于转让的债权到期或者同时到期的,债务人可以向受让人主张抵销。

第八十四条 【债权人同意】债务人将合同的义务全部或者部分转移给第三人的,应当经债权人同意。

第八十五条 【承担人的抗辩】债务人转移义务的,新债务人可以主张原债务人对债权人的抗辩。

第八十六条 【从债的转移】债务人转移义务的,新债务人应当承担与主债务有关的从债务,但该从债务专属于原债务人自身的除外。

第八十七条 【合同转让形式要件】法律、行政法规规定转让权利或者转移义务应当办理批准、登记等手续的,依照其规定。

第八十八条 【概括转让】当事人一方经对方同意,可以将自己在合同中的权利和义务一并转让给第三人。

第八十九条 【概括转让的效力】权利和义务一并转让的,适用本法第七十九条、第八十一条至第八十三条、第八十五条至第八十七条的规定。

第九十条 【新当事人的概括承受】当事人订立合同后合并的,由合并后的法人或者其他组织行使合同权利,履行合同义务。当事人订立合同后分立的,除债权人和债务人另有约定的以外,由分立的法人或者其他组织对合同的权利和义务享有连带债权,承担连带债务。

第六章 合同的权利义务终止

第九十一条 【合同消灭的原因】有下列情形之一的,合同的权利义务终止:

(一)债务已经按照约定履行;

(二)合同解除;

(三)债务相互抵销;

(四)债务人依法将标的物提存;

(五)债权人免除债务;

(六)债权债务同归于一人;

(七)法律规定或者当事人约定终止的其他情形。

第九十二条 【合同终止后的义务】合同的权利义务终止后,当事人应当遵循诚实信用原则,根据交易习惯履行通知、协助、保密等义务。

第九十三条 【合同约定解除】当事人协商一致,可以解除合同。

当事人可以约定一方解除合同的条件。解除合同的条件成就时,解除权人可以解除合同。

第九十四条 【合同的法定解除】有下列情形之一的,当事人可以解除合同:

(一)因不可抗力致使不能实现合同目的;

(二)在履行期限届满之前,当事人一方明确表示或者以自己的行为表明不履行主要债务;

(三)当事人一方迟延履行主要债务,经催告后在合理期限内仍未履行;

(四)当事人一方迟延履行债务或者有其他违约行为致使不能实现合同目的;

(五)法律规定的其他情形。

第九十五条 【解除权消灭】法律规定或者当事人约定解除权行使期限,期限届满当事人不行使的,该权利消灭。

法律没有规定或者当事人没有约定解除权行使期限,经对方催告后在合理期限内不行使的,该权利消灭。

第九十六条 【解除权的行使】当事人一方依照本法第九十三条第二款、第九十四条的规定主张解除合同的,应当通知对方。合同自通知到达对方时解除。对方有异议的,可以请求人民法院或者仲裁机构确认解除合同的效力。

法律、行政法规规定解除合同应当办理批准、登记等手续的,依照其规定。

第九十七条 【解除的效力】合同解除后,尚未履行的,终止履行;已经履行的,根据履行情况和合同性质,当事人可以要求恢复原状、采取其他补救措施,并有权要求赔偿损失。

第九十八条 【结算、清理条款效力】合同的权利义务终止,不影响合同中结算和清理条款的效力。

第九十九条 【债务的抵销及行使】当事人互负到期债务,该债务的标的物种类、品质相同的,任何一方可以将自己的债务与对方的债务抵销,但依照法律规定或者按照合同性质不得抵销的除外。

当事人主张抵销的,应当通知对方。通知自到达对方时生效。抵销不得附条件或者附期限。

第一百条 【债务的约定抵销】当事人互负债务,标的物种类、品质不相同的,经双方协商一致,也可以抵销。

第一百零一条 【提存的要件】有下列情形之一,难以履行债务的,债务人可以将标的物提存:

(一)债权人无正当理由拒绝受领;

(二)债权人下落不明;

(三)债权人死亡未确定继承人或者丧失民事行为能力未确定监护人;

(四)法律规定的其他情形。

标的物不适于提存或者提存费用过高的,债务人依法可以拍卖或者变卖标的物,提存所得的价款。

第一百零二条 【提存后的通知】标的物提存后,除债权人下落不明的以外,债务人应当及时通知债权人或者债权人的继承人、监护人。

第一百零三条 【提存的效力】标的物提存后,毁损、灭失的风险由债权人承担。提存期间,标的物的孳息归债权人所有。提存费用由债权人负担。

第一百零四条 【提存物的受领及受领权消灭】债权人可以随时领取提存物,但债权人对债务人负有到期债务的,在债权人未履行债务或者提供担保之前,提存部门根据债务人的要求应当拒绝其领取提存物。

债权人领取提存物的权利,自提存之日起五年内不行使而消灭,提存物扣除提存费用后归国家所有。

第一百零五条 【免除的效力】债权人免除债务人部分或者全部债务的,合同的权利义务部分或者全部终止。

第一百零六条 【混同的效力】债权和债务同归于一人的,合同的权利义务终止,但涉及第三人利益的除外。

第七章　违约责任

第一百零七条 【违约责任】当事人一方不履行合同义务或者履行合同义务不符合约定的,应当承担继续履行、采取补救措施或者赔偿损失等违约责任。

第一百零八条 【拒绝履行】当事人一方明确表示或者以自己的行为表明不履行合同义务的,对方可以在履行期限届满之前要求其承担违约责任。

第一百零九条 【金钱债务的违约责任】当事人一方未支付价款或者报酬的,对方可以要求其支付价款或者报酬。

第一百一十条 【非金钱债务的违约责任】当事人一方不履行非金钱债务或者履行非金钱债务不符合约定的,对方可以要求履行,但有下列情形之一的除外:

(一)法律上或者事实上不能履行;

(二)债务的标的不适于强制履行或者履行费用过高;

(三)债权人在合理期限内未要求履行。

第一百一十一条 【瑕疵履行】质量不符合约定的,应当按照当事人的约定承担违约责任。对违约责任没有约定或者约定不明确,依照本法第六十一条的规定仍不能确定的,受损害方根据标的的性质以及损失的大小,可以合理选择要求对方承担修理、更换、重作、退货、减少价款或者报酬等违约责任。

第一百一十二条 【履行、补救措施后的损失赔偿】当事人一方不履行合同义务或者履行合同义务不符合约定的,在履行义务或者采取补救措施后,对方还有其他损失的,应当赔偿损失。

第一百一十三条 【损害赔偿的范围】当事人一方不履行合同义务或者履行合同义务不符合约定,给对方造成损失的,损失赔偿额应当相当于因违约所造成的损失,包括合同履行后可以获得的利益,但不得超过违反合同一方订立合同时预见到或者应当预见到的因违反合同可能造成的损失。

经营者对消费者提供商品或者服务有欺诈行为的,依照《中华人民共和国消费者权益保护法》的规定承担损害赔偿责任。

第一百一十四条 【违约金】当事人可以约定一方违约时应当根据违约情况向对方支付一定数额的违约金,也可以约定因违约产生的损失赔偿额的计算方法。

约定的违约金低于造成的损失的,当事人可以请求人民法院或者仲裁机构予以增加;约定的违约金过分高于造成的损失的,当事人可以请求人民法院或者仲裁机构予以适当减少。

当事人就迟延履行约定违约金的,违约方支付违约金后,还应当履行债务。

第一百一十五条 【定金】当事人可以依照《中华人民共和国担保法》约定一方向对方给付定金作为债权的担保。债务人履行债务后,定金应当抵作价款或者收回。给付定金的一方不履行约定的债务的,无权要求返还定金;收受定金的一方不履行约定的债务的,应当双倍返还定金。

第一百一十六条 【违约金与定金的选择】当事人既约定违约金,又约定定金的,一方违约时,对方可以选择适用违约金或者定金条款。

第一百一十七条 【不可抗力】因不可抗力不能履行合同的,根据不可抗力的影响,部分或者全部免除责任,但法律另有规定的除外。当事人迟延履行后发生不可抗力的,不能免除责任。

本法所称不可抗力,是指不能预见、不能避免并不能克服的客观情况。

第一百一十八条 【不可抗力的通知与证明】当事人一方因不可抗力不能履行合同的,应当及时通知对方,以减轻可能给对方造成的损失,并应当在合理期限内提供证明。

第一百一十九条 【减损规则】当事人一方违约后,对方应当采取适当措施防止损失的扩大;没有采取适当措施致使损失扩大的,不得就扩大的损失要求赔偿。

当事人因防止损失扩大而支出的合理费用,由违约方承担。

第一百二十条 【双方违约的责任】当事人双方都违反合同的,应当各自承担相应的责任。

第一百二十一条 【因第三人的过错造成的违约】当事人一方因第三人的原因造成违约的,应当向对方承担违约责任。当事人一方和第三人之间的纠纷,依照法律规定或者按照约定解决。

第一百二十二条 【责任竞合】因当事人一方的违约行为,侵害对方人身、财产权益的,受损害方有权选择依照本法要求其承担违约责任或者依照其他法律要求其承担侵权责任。

第八章　其他规定

第一百二十三条 【其他规定的适用】其他法律对合同另有规定的,依照其规定。

第一百二十四条 【无名合同】本法分则或者其他法律没有明文规定的合同,适用本法总则的规定,并可以参照本法分则或者其他法律最相类似的规定。

第一百二十五条 【合同解释】当事人对合同条款的理解有争议的,应当按照合同所使用的词句、合同的有关条款、合同的目的、交易习惯以及诚实信用原则,确定该条款的真实意思。

合同文本采用两种以上文字订立并约定具有同等效力的,对各文本使用的词句推定具有相同含义。各文本使用的词句不一致的,应当根据合同的目的予以解释。

第一百二十六条 【涉外合同】涉外合同的当事人可以选择处理合同争议所适用的法律,但法律另有规定的除外。涉外合同的当事人没有选择的,适用与合同有最密切联系的国家的法律。

在中华人民共和国境内履行的中外合资经营企业合同、中外合作经营企业合同、中外合作勘探开发自然资源合同,适用中华人民共和国法律。

第一百二十七条 【合同监督机关】工商行政管理部门和其他有关行政主管部门在各自的职权范围内,依照法律、行政法规的规定,对利用合同危害国家利益、社会公共利益的违法行为,负责监督处理;构成犯罪的,依法追究刑事责任。

第一百二十八条 【合同争议的解决】当事人可以通过和解或者调解解决合同争议。

当事人不愿和解、调解或者和解、调解不成的,可以根据仲裁协议向仲裁机构申请仲裁。涉外合同的当事人可以根据仲裁协议向中国仲裁机构或者其他仲裁机构申请仲裁。当事人没有订立仲裁协议或者仲裁协议无效的,可以向人民法院起诉。当事人应当履行发生法律效力的判决、仲裁裁决、调解书;拒不履行的,对方可以请求人民法院执行。

第一百二十九条 【特殊时效】因国际货物买卖合同和技术进出口合同争议提起诉讼或者申请仲裁的期限为四年,自当事人知道或者应当知道其权利受到侵害之日起计算。因其他合同争议提起诉讼或者申请仲裁的期限,依照有关法律的规定。

分　则

第九章　买卖合同

第一百三十条　【定义】买卖合同是出卖人转移标的物的所有权于买受人,买受人支付价款的合同。

第一百三十一条　【买卖合同的内容】买卖合同的内容除依照本法第十二条的规定以外,还可以包括包装方式、检验标准和方法、结算方式、合同使用的文字及其效力等条款。

第一百三十二条　【标的物】出卖的标的物,应当属于出卖人所有或者出卖人有权处分。

法律、行政法规禁止或者限制转让的标的物,依照其规定。

第一百三十三条　【标的物所有权转移时间】标的物的所有权自标的物交付时起转移,但法律另有规定或者当事人另有约定的除外。

第一百三十四条　【标的物所有权转移的约定】当事人可以在买卖合同中约定买受人未履行支付价款或者其他义务的,标的物的所有权属于出卖人。

第一百三十五条　【出卖人的基本义务】出卖人应当履行向买受人交付标的物或者交付提取标的物的单证,并转移标的物所有权的义务。

第一百三十六条　【有关单证和资料的交付】出卖人应当按照约定或者交易习惯向买受人交付提取标的物单证以外的有关单证和资料。

第一百三十七条　【知识产权归属】出卖具有知识产权的计算机软件等标的物的,除法律另有规定或者当事人另有约定的以外,该标的物的知识产权不属于买受人。

第一百三十八条　【交付的时间】出卖人应当按照约定的期限交付标的物。约定交付期间的,出卖人可以在该交付期间内的任何时间交付。

第一百三十九条　【交付时间的推定】当事人没有约定标的物的交付期限或者约定不明确的,适用本法第六十一条、第六十二条第四项的规定。

第一百四十条　【占有标的物与交付时间】标的物在订立合同之前已为买受人占有的,合同生效的时间为交付时间。

第一百四十一条　【交付的地点】出卖人应当按照约定的地点交付标的物。

当事人没有约定交付地点或者约定不明确,依照本法第六十一条的规定仍不能确定的,适用下列规定:

（一）标的物需要运输的,出卖人应当将标的物交付给第一承运人以运交给买受人;

（二）标的物不需要运输,出卖人和买受人订立合同时知道标的物在某一地点的,出卖人应当在该地点交付标的物;不知道标的物在某一地点的,应当在出卖人订立合同时的营业地交付标的物。

第一百四十二条　【标的物的风险负担】标的物毁损、灭失的风险,在标的物交付之前由出卖人承担,交付之后由买受人承担,但法律另有规定或者当事人另有约定的除外。

第一百四十三条　【买受人违约交付的风险承担】因买受人的原因致使标的物不能按照约定的期限交付的,买受人应当自违反约定之日起承担标的物毁损、灭失的风险。

第一百四十四条　【在途标的物的风险承担】出卖人出卖交由承运人运输的在途标的

物,除当事人另有约定的以外,毁损、灭失的风险自合同成立时起由买受人承担。

第一百四十五条 【标的物交付给第一承运人后的风险承担】当事人没有约定交付地点或者约定不明确,依照本法第一百四十一条第二款第一项的规定标的物需要运输的,出卖人将标的物交付给第一承运人后,标的物毁损、灭失的风险由买受人承担。

第一百四十六条 【买受人不履行接收标的物义务的风险承担】出卖人按照约定或者依照本法第一百四十一条第二款第二项的规定将标的物置于交付地点,买受人违反约定没有收取的,标的物毁损、灭失的风险自违反约定之日起由买受人承担。

第一百四十七条 【未交付单证、资料与风险承担】出卖人按照约定未交付有关标的物的单证和资料的,不影响标的物毁损、灭失风险的转移。

第一百四十八条 【标的物的瑕疵担保责任】因标的物质量不符合质量要求,致使不能实现合同目的的,买受人可以拒绝接受标的物或者解除合同。买受人拒绝接受标的物或者解除合同的,标的物毁损、灭失的风险由出卖人承担。

第一百四十九条 【风险承担不影响瑕疵担保】标的物毁损、灭失的风险由买受人承担的,不影响因出卖人履行债务不符合约定,买受人要求其承担违约责任的权利。

第一百五十条 【标的物权利瑕疵担保】出卖人就交付的标的物,负有保证第三人不得向买受人主张任何权利的义务,但法律另有规定的除外。

第一百五十一条 【权利瑕疵担保责任和免除】买受人订立合同时知道或者应当知道第三人对买卖的标的物享有权利的,出卖人不承担本法第一百五十条规定的义务。

第一百五十二条 【中止支付价款权】买受人有确切证据证明第三人可能就标的物主张权利的,可以中止支付相应的价款,但出卖人提供适当担保的除外。

第一百五十三条 【标的物的瑕疵担保】出卖人应当按照约定的质量要求交付标的物。出卖人提供有关标的物质量说明的,交付的标的物应当符合该说明的质量要求。

第一百五十四条 【法定质量担保】当事人对标的物的质量要求没有约定或者约定不明确,依照本法第六十一条的规定仍不能确定的,适用本法第六十二条第一项的规定。

第一百五十五条 【承受人权利】出卖人交付的标的物不符合质量要求的,买受人可以依照本法第一百一十一条的规定要求承担违约责任。

第一百五十六条 【标的物包装方式】出卖人应当按照约定的包装方式交付标的物。对包装方式没有约定或者约定不明确,依照本法第六十一条的规定仍不能确定的,应当按照通用的方式包装,没有通用方式的,应当采取足以保护标的物的包装方式。

第一百五十七条 【买受人的检验义务】买受人收到标的物时应当在约定的检验期间内检验。没有约定检验期间的,应当及时检验。

第一百五十八条 【买受人的通知义务及免除】当事人约定检验期间的,买受人应当在检验期间内将标的物的数量或者质量不符合约定的情形通知出卖人。买受人怠于通知的,视为标的物的数量或者质量符合约定。

当事人没有约定检验期间的,买受人应当在发现或者应当发现标的物的数量或者质量不符合约定的合理期间内通知出卖人。买受人在合理期间内未通知或者自标的物收到之日起两年内未通知出卖人的,视为标的物的数量或者质量符合约定,但对标的物有质量保证期的,适用质量保证期,不适用该两年的规定。

出卖人知道或者应当知道提供的标的物不符合约定的,买受人不受前两款规定的通知时间的限制。

第一百五十九条 【买受人的基本义务】买受人应当按照约定的数额支付价款。对价款没有约定或者约定不明确的,适用本法第六十一条、第六十二条第二项的规定。

第一百六十条 【支付价款的地点】买受人应当按照约定的地点支付价款。对支付地点没有约定或者约定不明确,依照本法第六十一条的规定仍不能确定的,买受人应当在出卖人的营业地支付,但约定支付价款以交付标的物或者交付提取标的物单证为条件的,在交付标的物或者交付提取标的物单证的所在地支付。

第一百六十一条 【支付价款的时间】买受人应当按照约定的时间支付价款。对支付时间没有约定或者约定不明确,依照本法第六十一条的规定仍不能确定的,买受人应当在收到标的物或者提取标的物单证的同时支付。

第一百六十二条 【多交标的物的处理】出卖人多交标的物的,买受人可以接收或者拒绝接收多交的部分。买受人接收多交部分的,按照合同的价格支付价款;买受人拒绝接收多交部分的,应当及时通知出卖人。

第一百六十三条 【标的物孳息的归属】标的物在交付之前产生的孳息,归出卖人所有,交付之后产生的孳息,归买受人所有。

第一百六十四条 【解除合同与主物的关系】因标的物的主物不符合约定而解除合同的,解除合同的效力及于从物。因标的物的从物不符合约定被解除的,解除的效力不及于主物。

第一百六十五条 【数物并存的合同解除】标的物为数物,其中一物不符合约定的,买受人可以就该物解除,但该物与他物分离使标的物的价值显受损害的,当事人可以就数物解除合同。

第一百六十六条 【分批交付标的物的合同解除】出卖人分批交付标的物的,出卖人对其中一批标的物不交付或者交付不符合约定,致使该批标的物不能实现合同目的的,买受人可以就该批标的物解除。

出卖人不交付其中一批标的物或者交付不符合约定,致使今后其他各批标的物的交付不能实现合同目的的,买受人可以就该批以及今后其他各批标的物解除。

买受人如果就其中一批标的物解除,该批标的物与其他各批标的物相互依存的,可以就已经交付和未交付的各批标的物解除。

第一百六十七条 【分期付款买卖中的合同解除】分期付款的买受人未支付到期价款的金额达到全部价款的五分之一的,出卖人可以要求买受人支付全部价款或者解除合同。

出卖人解除合同的,可以向买受人要求支付该标的物的使用费。

第一百六十八条 【样品买卖】凭样品买卖的当事人应当封存样品,并可以对样品质量予以说明。出卖人交付的标的物应当与样品及其说明的质量相同。

第一百六十九条 【样品买卖特殊责任】凭样品买卖的买受人不知道样品有隐蔽瑕疵的,即使交付的标的物与样品相同,出卖人交付的标的物的质量仍然应当符合同种物的通常标准。

第一百七十条 【试用买卖的试用期间】试用买卖的当事人可以约定标的物的试用期间。对试用期间没有约定或者约定不明确,依照本法第六十一条的规定仍不能确定的,由出卖人确定。

第一百七十一条 【买受人对标的物的认可】试用买卖的买受人在试用期内可以购买标的物,也可以拒绝购买。试用期间届满,买受人对是否购买标的物未作表示的,视为购买。

第一百七十二条 【招标投标买卖】招标投标买卖的当事人的权利和义务以及招标投标程序等,依照有关法律、行政法规的规定。

第一百七十三条 【拍卖】拍卖的当事人的权利和义务以及拍卖程序等,依照有关法律、行政法规的规定。

第一百七十四条 【买卖合同准用于有偿合同】法律对其他有偿合同有规定的,依照其规定;没有规定的,参照买卖合同的有关规定。

第一百七十五条 【互易合同】当事人约定易货交易,转移标的物的所有权的,参照买卖合同的有关规定。

第十章 供用电、水、气、热力合同

第一百七十六条 【定义】供用电合同是供电人向用电人供电,用电人支付电费的合同。

第一百七十七条 【主要条款】供用电合同的内容包括供电的方式、质量、时间,用电容量、地址、性质,计量方式,电价、电费的结算方式,供用电设施的维护责任等条款。

第一百七十八条 【履行地】供用电合同的履行地点,按照当事人约定;当事人没有约定或者约定不明确的,供电设施的产权分界处为履行地点。

第一百七十九条 【安全供电义务及责任】供电人应当按照国家规定的供电质量标准和约定安全供电。供电人未按照国家规定的供电质量标准和约定安全供电,造成用电人损失的,应当承担损害赔偿责任。

第一百八十条 【中断供电的通知义务】供电人因供电设施计划检修、临时检修、依法限电或者用电人违法用电等原因,需要中断供电时,应当按照国家有关规定事先通知用电人。未事先通知用电人中断供电,造成用电人损失的,应当承担损害赔偿责任。

第一百八十一条 【不可抗力断电的抢修义务】因自然灾害等原因断电,供电人应当按照国家有关规定及时抢修。未及时抢修,造成用电人损失的,应当承担损害赔偿责任。

第一百八十二条 【用电人交付电费义务】用电人应当按照国家有关规定和当事人的约定及时交付电费。用电人逾期不交付电费的,应当按照约定支付违约金。经催告用电人在合理期限内仍不交付电费和违约金的,供电人可以按照国家规定的程序中止供电。

第一百八十三条 【安全用电义务】用电人应当按照国家有关规定和当事人的约定安全用电。用电人未按照国家有关规定和当事人的约定安全用电,造成供电人损失的,应当承担损害赔偿责任。

第一百八十四条 【供用水、气、热力合同】供用水、供用气、供用热力合同,参照供用电合同的有关规定。

第十一章 赠与合同

第一百八十五条 【定义】赠与合同是赠与人将自己的财产无偿给予受赠人,受赠人表示接受赠与的合同。

第一百八十六条 【赠与合同的任意撤销与限制】赠与人在赠与财产的权利转移之前可以撤销赠与。

具有救灾、扶贫等社会公益、道德义务性质的赠与合同或者经过公证的赠与合同,不适用前款规定。

第一百八十七条　【赠与的登记等手续】赠与的财产依法需要办理登记等手续的,应当办理有关手续。

第一百八十八条　【受赠人的交付请求权】具有救灾、扶贫等社会公益、道德义务性质的赠与合同或者经过公证的赠与合同,赠与人不交付赠与的财产的,受赠人可以要求交付。

第一百八十九条　【赠与人责任】因赠与人故意或者重大过失致使赠与的财产毁损、灭失的,赠与人应当承担损害赔偿责任。

第一百九十条　【附义务赠与】赠与可以附义务。

赠与附义务的,受赠人应当按照约定履行义务。

第一百九十一条　【赠与的瑕疵担保责任】赠与的财产有瑕疵的,赠与人不承担责任。附义务的赠与,赠与的财产有瑕疵的,赠与人在附义务的限度内承担与出卖人相同的责任。

赠与人故意不告知瑕疵或者保证无瑕疵,造成受赠人损失的,应当承担损害赔偿责任。

第一百九十二条　【赠与的法定撤销】受赠人有下列情形之一的,赠与人可以撤销赠与:

(一)严重侵害赠与人或者赠与人的近亲属;

(二)对赠与人有扶养义务而不履行;

(三)不履行赠与合同约定的义务。

赠与人的撤销权,自知道或者应当知道撤销原因之日起一年内行使。

第一百九十三条　【赠与人的继承人或法定代理人的撤销权】因受赠人的违法行为致使赠与人死亡或者丧失民事行为能力的,赠与人的继承人或者法定代理人可以撤销赠与。

赠与人的继承人或者法定代理人的撤销权,自知道或者应当知道撤销原因之日起六个月内行使。

第一百九十四条　【赠与财产的返还】撤销权人撤销赠与的,可以向受赠人要求返还赠与的财产。

第一百九十五条　【赠与义务的免除】赠与人的经济状况显著恶化,严重影响其生产经营或者家庭生活的,可以不再履行赠与义务。

第十二章　借款合同

第一百九十六条　【定义】借款合同是借款人向贷款人借款,到期返还借款并支付利息的合同。

第一百九十七条　【合同形式及主要条款】借款合同采用书面形式,但自然人之间借款另有约定的除外。

借款合同的内容包括借款种类、币种、用途、数额、利率、期限和还款方式等条款。

第一百九十八条　【合同的担保】订立借款合同,贷款人可以要求借款人提供担保。担保依照《中华人民共和国担保法》的规定。

第一百九十九条　【借款人提供其真实情况的义务】订立借款合同,借款人应当按照贷款人的要求提供与借款有关的业务活动和财务状况的真实情况。

第二百条　【利息的预先扣除】借款的利息不得预先在本金中扣除。利息预先在本金中扣除的,应当按照实际借款数额返还借款并计算利息。

第二百零一条 【贷款违约责任】贷款人未按照约定的日期、数额提供借款，造成借款人损失的，应当赔偿损失。

借款人未按照约定的日期、数额收取借款的，应当按照约定的日期、数额支付利息。

第二百零二条 【贷款人的检查、监督权】贷款人按照约定可以检查、监督借款的使用情况。借款人应当按照约定向贷款人定期提供有关财务会计报表等资料。

第二百零三条 【借款使用的限制】借款人未按照约定的借款用途使用借款的，贷款人可以停止发放借款、提前收回借款或者解除合同。

第二百零四条 【利率】办理贷款业务的金融机构贷款的利率，应当按照中国人民银行规定的贷款利率的上下限确定。

第二百零五条 【利息的支付】借款人应当按照约定的期限支付利息。对支付利息的期限没有约定或者约定不明确，依照本法第六十一条的规定仍不能确定，借款期间不满一年的，应当在返还借款时一并支付；借款期间一年以上的，应当在每届满一年时支付，剩余期间不满一年的，应当在返还借款时一并支付。

第二百零六条 【借款的返还期限】借款人应当按照约定的期限返还借款。对借款期限没有约定或者约定不明确，依照本法第六十一条的规定仍不能确定的，借款人可以随时返还；贷款人可以催告借款人在合理期限内返还。

第二百零七条 【逾期利息】借款人未按照约定的期限返还借款的，应当按照约定或者国家有关规定支付逾期利息。

第二百零八条 【提前偿还借款的利息计算】借款人提前偿还借款的，除当事人另有约定的以外，应当按照实际借款的期间计算利息。

第二百零九条 【借款展期】借款人可以在还款期限届满之前向贷款人申请展期。贷款人同意的，可以展期。

第二百一十条 【自然人间借款合同的生效时间】自然人之间的借款合同，自贷款人提供借款时生效。

第二百一十一条 【自然人间借款合同的利率】自然人之间的借款合同对支付利息没有约定或者约定不明确的，视为不支付利息。自然人之间的借款合同约定支付利息的，借款的利率不得违反国家有关限制借款利率的规定。

第十三章 租赁合同

第二百一十二条 【定义】租赁合同是出租人将租赁物交付承租人使用、收益，承租人支付租金的合同。

第二百一十三条 【合同的主要条款】租赁合同的内容包括租赁物的名称、数量、用途、租赁期限、租金及其支付期限和方式、租赁物维修等条款。

第二百一十四条 【租赁期限】租赁期限不得超过二十年。超过二十年的，超过部分无效。

租赁期间届满，当事人可以续订租赁合同，但约定的租赁期限自续订之日起不得超过二十年。

第二百一十五条 【租赁合同的形式】租赁期限六个月以上的，应当采用书面形式。当事人未采用书面形式的，视为不定期租赁。

第二百一十六条　【出租人基本义务】出租人应当按照约定将租赁物交付承租人,并在租赁期间保持租赁物符合约定的用途。

第二百一十七条　【承租人基本义务】承租人应当按照约定的方法使用租赁物。对租赁物的使用方法没有约定或者约定不明确,依照本法第六十一条的规定仍不能确定的,应当按照租赁物的性质使用。

第二百一十八条　【正当使用租赁物的责任】承租人按照约定的方法或者租赁物的性质使用租赁物,致使租赁物受到损耗的,不承担损害赔偿责任。

第二百一十九条　【未正当使用租赁物的责任】承租人未按照约定的方法或者租赁物的性质使用租赁物,致使租赁物受到损失的,出租人可以解除合同并要求赔偿损失。

第二百二十条　【租赁物的维修】出租人应当履行租赁物的维修义务,但当事人另有约定的除外。

第二百二十一条　【出租人履行维修义务】承租人在租赁物需要维修时可以要求出租人在合理期限内维修。出租人未履行维修义务的,承租人可以自行维修,维修费用由出租人负担。因维修租赁物影响承租人使用的,应当相应减少租金或者延长租期。

第二百二十二条　【租赁物的保管】承租人应当妥善保管租赁物,因保管不善造成租赁物毁损、灭失的,应当承担损害赔偿责任。

第二百二十三条　【租赁物的改善】承租人经出租人同意,可以对租赁物进行改善或者增设他物。

承租人未经出租人同意,对租赁物进行改善或者增设他物的,出租人可以要求承租人恢复原状或者赔偿损失。

第二百二十四条　【转租】承租人经出租人同意,可以将租赁物转租给第三人。承租人转租的,承租人与出租人之间的租赁合同继续有效,第三人对租赁物造成损失的,承租人应当赔偿损失。

承租人未经出租人同意转租的,出租人可以解除合同。

第二百二十五条　【租赁物的收益】在租赁期间因占有、使用租赁物获得的收益,归承租人所有,但当事人另有约定的除外。

第二百二十六条　【支付租金的期限】承租人应当按照约定的期限支付租金。对支付期限没有约定或者约定不明确,依照本法第六十一条的规定仍不能确定,租赁期间不满一年的,应当在租赁期间届满时支付;租赁期间一年以上的,应当在每届满一年时支付,剩余期间不满一年的,应当在租赁期间届满时支付。

第二百二十七条　【租金的未支付、迟延支付和逾期不支付】承租人无正当理由未支付或者迟延支付租金的,出租人可以要求承租人在合理期限内支付。承租人逾期不支付的,出租人可以解除合同。

第二百二十八条　【租赁物的权利瑕疵】因第三人主张权利,致使承租人不能对租赁物使用、收益的,承租人可以要求减少租金或者不支付租金。

第三人主张权利的,承租人应当及时通知出租人。

第二百二十九条　【所有权变动后的合同效力】租赁物在租赁期间发生所有权变动的,不影响租赁合同的效力。

第二百三十条　【优先购买权】出租人出卖租赁房屋的,应当在出卖之前的合理期限内通知承租人,承租人享有以同等条件优先购买的权利。

第二百三十一条 【租赁物的灭失】因不可归责于承租人的事由,致使租赁物部分或者全部毁损、灭失的,承租人可以要求减少租金或者不支付租金;因租赁物部分或者全部毁损、灭失,致使不能实现合同目的的,承租人可以解除合同。

第二百三十二条 【租期不明的处理】当事人对租赁期限没有约定或者约定不明确,依照本法第六十一条的规定仍不能确定的,视为不定期租赁。当事人可以随时解除合同,但出租人解除合同应当在合理期限之前通知承租人。

第二百三十三条 【租赁物的瑕疵担保】租赁物危及承租人的安全或者健康的,即使承租人订立合同时明知该租赁物质量不合格,承租人仍然可以随时解除合同。

第二百三十四条 【共同居住人的居住权】承租人在房屋租赁期间死亡的,与其生前共同居住的人可以按照原租赁合同租赁该房屋。

第二百三十五条 【租赁物的返还】租赁期间届满,承租人应当返还租赁物。返还的租赁物应当符合按照约定或者租赁物的性质使用后的状态。

第二百三十六条 【续租】租赁期间届满,承租人继续使用租赁物,出租人没有提出异议的,原租赁合同继续有效,但租赁期限为不定期。

第十四章 融资租赁合同

第二百三十七条 【定义】融资租赁合同是出租人根据承租人对出卖人、租赁物的选择,向出卖人购买租赁物,提供给承租人使用,承租人支付租金的合同。

第二百三十八条 【合同的主要条款及形式】融资租赁合同的内容包括租赁物名称、数量、规格、技术性能、检验方法、租赁期限、租金构成及其支付期限和方式、币种、租赁期间届满租赁物的归属等条款。

融资租赁合同应当采用书面形式。

第二百三十九条 【租赁物的购买】出租人根据承租人对出卖人、租赁物的选择订立的买卖合同,出卖人应当按照约定向承租人交付标的物,承租人享有与受领标的物有关的买受人的权利。

第二百四十条 【索赔权】出租人、出卖人、承租人可以约定,出卖人不履行买卖合同义务的,由承租人行使索赔的权利。承租人行使索赔权利的,出租人应当协助。

第二百四十一条 【买卖合同的变更】出租人根据承租人对出卖人、租赁物的选择订立的买卖合同,未经承租人同意,出租人不得变更与承租人有关的合同内容。

第二百四十二条 【租赁物所有权】出租人享有租赁物的所有权。承租人破产的,租赁物不属于破产财产。

第二百四十三条 【租金的确定】融资租赁合同的租金,除当事人另有约定的以外,应当根据购买租赁物的大部分或者全部成本以及出租人的合理利润确定。

第二百四十四条 【租赁物的瑕疵担保责任】租赁物不符合约定或者不符合使用目的的,出租人不承担责任,但承租人依赖出租人的技能确定租赁物或者出租人干预选择租赁物的除外。

第二百四十五条 【租赁物的占有和使用】出租人应当保证承租人对租赁物的占有和使用。

第二百四十六条　【租赁物造成的损害责任】承租人占有租赁物期间,租赁物造成第三人的人身伤害或者财产损害的,出租人不承担责任。

第二百四十七条　【租赁物的保管、使用、维修】承租人应当妥善保管、使用租赁物。

承租人应当履行占有租赁物期间的维修义务。

第二百四十八条　【承租人拒付租金责任】承租人应当按照约定支付租金。承租人经催告后在合理期限内仍不支付租金的,出租人可以要求支付全部租金;也可以解除合同,收回租赁物。

第二百四十九条　【租赁物价值的部分返还权】当事人约定租赁期间届满租赁物归承租人所有,承租人已经支付大部分租金,但无力支付剩余租金,出租人因此解除合同收回租赁物的,收回的租赁物的价值超过承租人欠付的租金以及其他费用的,承租人可以要求部分返还。

第二百五十条　【租赁期满租赁物归属】出租人和承租人可以约定租赁期间届满租赁物的归属。对租赁物的归属没有约定或者约定不明确,依照本法第六十一条的规定仍不能确定的,租赁物的所有权归出租人。

第十五章　承揽合同

第二百五十一条　【定义】承揽合同是承揽人按照定作人的要求完成工作,交付工作成果,定作人给付报酬的合同。

承揽包括加工、定作、修理、复制、测试、检验等工作。

第二百五十二条　【合同的主要条款】承揽合同的内容包括承揽的标的、数量、质量、报酬、承揽方式、材料的提供、履行期限、验收标准和方法等条款。

第二百五十三条　【承揽工作的完成】承揽人应当以自己的设备、技术和劳力,完成主要工作,但当事人另有约定的除外。

承揽人将其承揽的主要工作交由第三人完成的,应当就该第三人完成的工作成果向定作人负责;未经定作人同意的,定作人也可以解除合同。

第二百五十四条　【承揽人对辅助性工作的责任】承揽人可以将其承揽的辅助工作交由第三人完成。承揽人将其承揽的辅助工作交由第三人完成的,应当就该第三人完成的工作成果向定作人负责。

第二百五十五条　【承揽人提供材料的义务】承揽人提供材料的,承揽人应当按照约定选用材料,并接受定作人检验。

第二百五十六条　【定作人提供材料及双方义务】定作人提供材料的,定作人应当按照约定提供材料。承揽人对定作人提供的材料,应当及时检验,发现不符合约定时,应当及时通知定作人更换、补齐或者采取其他补救措施。

承揽人不得擅自更换定作人提供的材料,不得更换不需要修理的零部件。

第二百五十七条　【承揽人的通知义务】承揽人发现定作人提供的图纸或者技术要求不合理的,应当及时通知定作人。因定作人怠于答复等原因造成承揽人损失的,应当赔偿损失。

第二百五十八条　【中途变更工作要求的责任】定作人中途变更承揽工作的要求,造成承揽人损失的,应当赔偿损失。

第二百五十九条 【定作人的协助义务】承揽工作需要定作人协助的,定作人有协助的义务。

定作人不履行协助义务致使承揽工作不能完成的,承揽人可以催告定作人在合理期限内履行义务,并可以顺延履行期限;定作人逾期不履行的,承揽人可以解除合同。

第二百六十条 【承揽人接受监督检查的义务】承揽人在工作期间,应当接受定作人必要的监督检验。定作人不得因监督检验妨碍承揽人的正常工作。

第二百六十一条 【验收质量保证】承揽人完成工作的,应当向定作人交付工作成果,并提交必要的技术资料和有关质量证明。定作人应当验收该工作成果。

第二百六十二条 【质量不合约定的责任】承揽人交付的工作成果不符合质量要求的,定作人可以要求承揽人承担修理、重作、减少报酬、赔偿损失等违约责任。

第二百六十三条 【支付报酬期限】定作人应当按照约定的期限支付报酬。对支付报酬的期限没有约定或者约定不明确,依照本法第六十一条的规定仍不能确定的,定作人应当在承揽人交付工作成果时支付;工作成果部分交付的,定作人应当相应支付。

第二百六十四条 【承揽人的留置权】定作人未向承揽人支付报酬或者材料费等价款的,承揽人对完成的工作成果享有留置权,但当事人另有约定的除外。

第二百六十五条 【材料的保管】承揽人应当妥善保管定作人提供的材料以及完成的工作成果,因保管不善造成毁损、灭失的,应当承担损害赔偿责任。

第二百六十六条 【承揽人的保密义务】承揽人应当按照定作人的要求保守秘密,未经定作人许可,不得留存复制品或者技术资料。

第二百六十七条 【共同承揽】共同承揽人对定作人承担连带责任,但当事人另有约定的除外。

第二百六十八条 【定作人的解除权】定作人可以随时解除承揽合同,造成承揽人损失的,应当赔偿损失。

第十六章 建设工程合同

第二百六十九条 【定义】建设工程合同是承包人进行工程建设,发包人支付价款的合同。

建设工程合同包括工程勘察、设计、施工合同。

第二百七十条 【合同形式】建设工程合同应当采用书面形式。

第二百七十一条 【招标投标】建设工程的招标投标活动,应当依照有关法律的规定公开、公平、公正进行。

第二百七十二条 【总包与分包】发包人可以与总承包人订立建设工程合同,也可以分别与勘察人、设计人、施工人订立勘察、设计、施工承包合同。发包人不得将应当由一个承包人完成的建设工程肢解成若干部分发包给几个承包人。

总承包人或者勘察、设计、施工承包人经发包人同意,可以将自己承包的部分工作交由第三人完成。第三人就其完成的工作成果与总承包人或者勘察、设计、施工承包人向发包人承担连带责任。承包人不得将其承包的全部建设工程转包给第三人或者将其承包的全部建设工程肢解以后以分包的名义分别转包给第三人。

禁止承包人将工程分包给不具备相应资质条件的单位。禁止分包单位将其承包的工程再分包。建设工程主体结构的施工必须由承包人自行完成。

　　第二百七十三条　【重大建设工程合同的订立】国家重大建设工程合同，应当按照国家规定的程序和国家批准的投资计划、可行性研究报告等文件订立。

　　第二百七十四条　【勘察、设计合同主要内容】勘察、设计合同的内容包括提交有关基础资料和文件（包括概预算）的期限、质量要求、费用以及其他协作条件等条款。

　　第二百七十五条　【施工合同主要条款】施工合同的内容包括工程范围、建设工期、中间交工工程的开工和竣工时间、工程质量、工程造价、技术资料交付时间、材料和设备供应责任、拨款和结算、竣工验收、质量保修范围和质量保证期、双方相互协作等条款。

　　第二百七十六条　【建设工程监理】建设工程实行监理的，发包人应当与监理人采用书面形式订立委托监理合同。发包人与监理人的权利和义务以及法律责任，应当依照本法委托合同以及其他有关法律、行政法规的规定。

　　第二百七十七条　【发包人检查权】发包人在不妨碍承包人正常作业的情况下，可以随时对作业进度、质量进行检查。

　　第二百七十八条　【隐蔽工程的验收】隐蔽工程在隐蔽以前，承包人应当通知发包人检查。发包人没有及时检查的，承包人可以顺延工程日期，并有权要求赔偿停工、窝工等损失。

　　第二百七十九条　【竣工验收】建设工程竣工后，发包人应当根据施工图纸及说明书、国家颁发的施工验收规范和质量检验标准及时进行验收。验收合格的，发包人应当按照约定支付价款，并接收该建设工程。

　　建设工程竣工经验收合格后，方可交付使用；未经验收或者验收不合格的，不得交付使用。

　　第二百八十条　【勘察、设计人质量责任】勘察、设计的质量不符合要求或者未按照期限提交勘察、设计文件拖延工期，造成发包人损失的，勘察人、设计人应当继续完善勘察、设计，减收或者免收勘察、设计费并赔偿损失。

　　第二百八十一条　【施工人的质量责任】因施工人的原因致使建设工程质量不符合约定的，发包人有权要求施工人在合理期限内无偿修理或者返工、改建。经过修理或者返工、改建后，造成逾期交付的，施工人应当承担违约责任。

　　第二百八十二条　【质量保证责任】因承包人的原因致使建设工程在合理使用期限内造成人身和财产损害的，承包人应当承担损害赔偿责任。

　　第二百八十三条　【发包人违约责任】发包人未按照约定的时间和要求提供原材料、设备、场地、资金、技术资料的，承包人可以顺延工程日期，并有权要求赔偿停工、窝工等损失。

　　第二百八十四条　【发包人原因致工程停建、缓建的责任】因发包人的原因致使工程中途停建、缓建的，发包人应当采取措施弥补或者减少损失，赔偿承包人因此造成的停工、窝工、倒运、机械设备调迁、材料和构件积压等损失和实际费用。

　　第二百八十五条　【发包人的原因致勘察、设计、返工、停工或修改设计的责任】因发包人变更计划，提供的资料不准确，或者未按照期限提供必需的勘察、设计工作条件而造成勘察、设计的返工、停工或者修改设计，发包人应当按照勘察人、设计人实际消耗的工作量增付费用。

　　第二百八十六条　【工程价款的支付】发包人未按照约定支付价款的，承包人可以催告发包人在合理期限内支付价款。发包人逾期不支付的，除按照建设工程的性质不宜折价、拍卖的以外,承包人可以与发包人协议将该工程折价,也可以申请人民法院将该工程依法拍卖。建设工程的价款就该工程折价或者拍卖的价款优先受偿。

第二百八十七条 【适用承揽合同的规定】本章没有规定的,适用承揽合同的有关规定。

第十七章 运输合同

第一节 一般规定

第二百八十八条 【定义】运输合同是承运人将旅客或者货物从起运地点运输到约定地点,旅客、托运人或者收货人支付票款或者运输费用的合同。

第二百八十九条 【公共运输承运人】从事公共运输的承运人不得拒绝旅客、托运人通常、合理的运输要求。

第二百九十条 【按约定期间运输义务】承运人应当在约定期间或者合理期间内将旅客、货物安全运输到约定地点。

第二百九十一条 【按约定路线运输义务】承运人应当按照约定的或者通常的运输路线将旅客、货物运输到约定地点。

第二百九十二条 【旅客、托运人或收货人基本义务】旅客、托运人或者收货人应当支付票款或者运输费用。承运人未按照约定路线或者通常路线运输增加票款或者运输费用的,旅客、托运人或者收货人可以拒绝支付增加部分的票款或者运输费用。

第二节 客运合同

第二百九十三条 【合同的成立】客运合同自承运人向旅客交付客票时成立,但当事人另有约定或者另有交易习惯的除外。

第二百九十四条 【持有效客票乘运义务】旅客应当持有效客票乘运。旅客无票乘运、超程乘运、越级乘运或者持失效客票乘运的,应当补交票款,承运人可以按照规定加收票款。旅客不交付票款的,承运人可以拒绝运输。

第二百九十五条 【退票与变更】旅客因自己的原因不能按照客票记载的时间乘坐的,应当在约定的时间内办理退票或者变更手续。逾期办理的,承运人可以不退票款,并不再承担运输义务。

第二百九十六条 【按约定限量携带行李义务】旅客在运输中应当按照约定的限量携带行李。超过限量携带行李的,应当办理托运手续。

第二百九十七条 【违禁品或危险物品的携带禁止】旅客不得随身携带或者在行李中夹带易燃、易爆、有毒、有腐蚀性、有放射性以及有可能危及运输工具上人身和财产安全的危险物品或者其他违禁物品。

旅客违反前款规定的,承运人可以将违禁物品卸下、销毁或者送交有关部门。旅客坚持携带或者夹带违禁物品的,承运人应当拒绝运输。

第二百九十八条 【承运人告知重要事项义务】承运人应当向旅客及时告知有关不能正常运输的重要事由和安全运输应当注意的事项。

第二百九十九条 【承运人迟延运输】承运人应当按照客票载明的时间和班次运输旅客。承运人迟延运输的,应当根据旅客的要求安排改乘其他班次或者退票。

第三百条 【承运人变更运输工具】承运人擅自变更运输工具而降低服务标准的,应当根据旅客的要求退票或者减收票款;提高服务标准的,不应当加收票款。

　　第三百零一条 【对旅客的救助义务】承运人在运输过程中,应当尽力救助患有急病、分娩、遇险的旅客。

　　第三百零二条 【旅客伤亡的损害赔偿责任】承运人应当对运输过程中旅客的伤亡承担损害赔偿责任,但伤亡是旅客自身健康原因造成的或者承运人证明伤亡是旅客故意、重大过失造成的除外。

　　前款规定适用于按照规定免票、持优待票或者经承运人许可搭乘的无票旅客。

　　第三百零三条 【对行李的赔偿责任】在运输过程中旅客自带物品毁损、灭失,承运人有过错的,应当承担损害赔偿责任。

　　旅客托运的行李毁损、灭失的,适用货物运输的有关规定。

第三节　货运合同

　　第三百零四条 【托运人告知义务】托运人办理货物运输,应当向承运人准确表明收货人的名称或者姓名或者凭指示的收货人,货物的名称、性质、重量、数量,收货地点等有关货物运输的必要情况。

　　因托运人申报不实或者遗漏重要情况,造成承运人损失的,托运人应当承担损害赔偿责任。

　　第三百零五条 【托运人提交文件义务】货物运输需要办理审批、检验等手续的,托运人应当将办理完有关手续的文件提交承运人。

　　第三百零六条 【托运人的包装义务】托运人应当按照约定的方式包装货物。对包装方式没有约定或者约定不明确的,适用本法第一百五十六条的规定。

　　托运人违反前款规定的,承运人可以拒绝运输。

　　第三百零七条 【托运人运送危险货物的义务】托运人托运易燃、易爆、有毒、有腐蚀性、有放射性等危险物品的,应当按照国家有关危险物品运输的规定对危险物品妥善包装,作出危险物标志和标签,并将有关危险物品的名称、性质和防范措施的书面材料提交承运人。

　　托运人违反前款规定的,承运人可以拒绝运输,也可以采取相应措施以避免损失的发生,因此产生的费用由托运人承担。

　　第三百零八条 【托运人请求变更的权利】在承运人将货物交付收货人之前,托运人可以要求承运人中止运输、返还货物、变更到达地或者将货物交给其他收货人,但应当赔偿承运人因此受到的损失。

　　第三百零九条 【承运人的通知义务及收货人及时提货义务】货物运输到达后,承运人知道收货人的,应当及时通知收货人,收货人应当及时提货。收货人逾期提货的,应当向承运人支付保管费等费用。

　　第三百一十条 【收货人对货物的检验】收货人提货时应当按照约定的期限检验货物。对检验货物的期限没有约定或者约定不明确,依照本法第六十一条的规定仍不能确定的,应当在合理期限内检验货物。收货人在约定的期限或者合理期限内对货物的数量、毁损等未提出异议的,视为承运人已经按照运输单证的记载交付的初步证据。

　　第三百一十一条 【承运人的赔偿责任】承运人对运输过程中货物的毁损、灭失承担损害赔偿责任,但承运人证明货物的毁损、灭失是因不可抗力、货物本身的自然性质或者合理损耗以及托运人、收货人的过错造成的,不承担损害赔偿责任。

　　第三百一十二条 【确定货损额的方法】货物的毁损、灭失的赔偿额,当事人有约定的,按照其约定;没有约定或者约定不明确,依照本法第六十一条的规定仍不能确定的,按照交付或者应当交付时货物到达地的市场价格计算。法律、行政法规对赔偿额的计算方法和赔偿限额另有规定的,依照其规定。

第三百一十三条 【相继运输的责任承担】两个以上承运人以同一运输方式联运的,与托运人订立合同的承运人应当对全程运输承担责任。损失发生在某一运输区段的,与托运人订立合同的承运人和该区段的承运人承担连带责任。

第三百一十四条 【货物的灭失与运费的处理】货物在运输过程中因不可抗力灭失,未收取运费的,承运人不得要求支付运费;已收取运费的,托运人可以要求返还。

第三百一十五条 【运送物的留置】托运人或者收货人不支付运费、保管费以及其他运输费用的,承运人对相应的运输货物享有留置权,但当事人另有约定的除外。

第三百一十六条 【货物的提存】收货人不明或者收货人无正当理由拒绝受领货物的,依照本法第一百零一条的规定,承运人可以提存货物。

第四节　多式联运合同

第三百一十七条 【多式联运经营人的权利义务】多式联运经营人负责履行或者组织履行多式联运合同,对全程运输享有承运人的权利,承担承运人的义务。

第三百一十八条 【多式联运的责任制度】多式联运经营人可以与参加多式联运的各区段承运人就多式联运合同的各区段运输约定相互之间的责任,但该约定不影响多式联运经营人对全程运输承担的义务。

第三百一十九条 【联运单据的转让】多式联运经营人收到托运人交付的货物时,应当签发多式联运单据。按照托运人的要求,多式联运单据可以是可转让单据,也可以是不可转让单据。

第三百二十条 【托运人的损害赔偿责任】因托运人托运货物时的过错造成多式联运经营人损失的,即使托运人已经转让多式联运单据,托运人仍然应当承担损害赔偿责任。

第三百二十一条 【赔偿责任适用法律的规定】货物的毁损、灭失发生于多式联运的某一运输区段的,多式联运经营人的赔偿责任和责任限额,适用调整该区段运输方式的有关法律规定。货物毁损、灭失发生的运输区段不能确定的,依照本章规定承担损害赔偿责任。

第十八章　技术合同

第一节　一般规定

第三百二十二条 【定义】技术合同是当事人就技术开发、转让、咨询或者服务订立的确立相互之间权利和义务的合同。

第三百二十三条 【订立技术合同的原则】订立技术合同,应当有利于科学技术的进步,加速科学技术成果的转化、应用和推广。

第三百二十四条 【技术合同的主要条款】技术合同的内容由当事人约定,一般包括以下条款:

（一）项目名称;

（二）标的的内容、范围和要求;

（三）履行的计划、进度、期限、地点、地域和方式;

（四）技术情报和资料的保密;

（五）风险责任的承担；

（六）技术成果的归属和收益的分成办法；

（七）验收标准和方法；

（八）价款、报酬或者使用费及其支付方式；

（九）违约金或者损失赔偿的计算方法；

（十）解决争议的方法；

（十一）名词和术语的解释。

与履行合同有关的技术背景资料、可行性论证和技术评价报告、项目任务书和计划书、技术标准、技术规范、原始设计和工艺文件，以及其他技术文档，按照当事人的约定可以作为合同的组成部分。

技术合同涉及专利的，应当注明发明创造的名称、专利申请人和专利权人、申请日期、申请号、专利号以及专利权的有效期限。

第三百二十五条 【技术合同价款、报酬或使用费】技术合同价款、报酬或者使用费的支付方式由当事人约定，可以采取一次总算、一次总付或者一次总算、分期支付，也可以采取提成支付或者提成支付附加预付入门费的方式。

约定提成支付的，可以按照产品价格、实施专利和使用技术秘密后新增的产值、利润或者产品销售额的一定比例提成，也可以按照约定的其他方式计算。提成支付的比例可以采取固定比例、逐年递增比例或者逐年递减比例。

约定提成支付的，当事人应当在合同中约定查阅有关会计账目的办法。

第三百二十六条 【职务技术成果的经济权属】职务技术成果的使用权、转让权属于法人或者其他组织的，法人或者其他组织可以就该项职务技术成果订立技术合同。法人或者其他组织应当从使用和转让该项职务技术成果所取得的收益中提取一定比例，对完成该项职务技术成果的个人给予奖励或者报酬。法人或者其他组织订立技术合同转让职务技术成果时，职务技术成果的完成人享有以同等条件优先受让的权利。

职务技术成果是执行法人或者其他组织的工作任务，或者主要是利用法人或者其他组织的物质技术条件所完成的技术成果。

第三百二十七条 【非职务技术成果的经济权属】非职务技术成果的使用权、转让权属于完成技术成果的个人，完成技术成果的个人可以就该项非职务技术成果订立技术合同。

第三百二十八条 【技术成果的精神权属】完成技术成果的个人有在有关技术成果文件上写明自己是技术成果完成者的权利和取得荣誉证书、奖励的权利。

第三百二十九条 【技术合同的无效】非法垄断技术、妨碍技术进步或者侵害他人技术成果的技术合同无效。

第二节 技术开发合同

第三百三十条 【定义及合同形式】技术开发合同是指当事人之间就新技术、新产品、新工艺或者新材料及其系统的研究开发所订立的合同。

技术开发合同包括委托开发合同和合作开发合同。

技术开发合同应当采用书面形式。

当事人之间就具有产业应用价值的科技成果实施转化订立的合同，参照技术开发合同的规定。

第三百三十一条 【委托人义务】委托开发合同的委托人应当按照约定支付研究开发经费和报酬;提供技术资料、原始数据;完成协作事项;接受研究开发成果。

第三百三十二条 【受托人义务】委托开发合同的研究开发人应当按照约定制定和实施研究开发计划;合理使用研究开发经费;按期完成研究开发工作,交付研究开发成果,提供有关的技术资料和必要的技术指导,帮助委托人掌握研究开发成果。

第三百三十三条 【委托人的违约责任】委托人违反约定造成研究开发工作停滞、延误或者失败的,应当承担违约责任。

第三百三十四条 【受托人的违约责任】研究开发人违反约定造成研究开发工作停滞、延误或者失败的,应当承担违约责任。

第三百三十五条 【合作开发各方的主要义务】合作开发合同的当事人应当按照约定进行投资,包括以技术进行投资;分工参与研究开发工作;协作配合研究开发工作。

第三百三十六条 【合作开发各方的违约责任】合作开发合同的当事人违反约定造成研究开发工作停滞、延误或者失败的,应当承担违约责任。

第三百三十七条 【合同的解除】因作为技术开发合同标的的技术已经由他人公开,致使技术开发合同的履行没有意义的,当事人可以解除合同。

第三百三十八条 【风险负担及通知义务】在技术开发合同履行过程中,因出现无法克服的技术困难,致使研究开发失败或者部分失败的,该风险责任由当事人约定。没有约定或者约定不明确,依照本法第六十一条的规定仍不能确定的,风险责任由当事人合理分担。

当事人一方发现前款规定的可能致使研究开发失败或者部分失败的情形时,应当及时通知另一方并采取适当措施减少损失。没有及时通知并采取适当措施,致使损失扩大的,应当就扩大的损失承担责任。

第三百三十九条 【技术成果的归属】委托开发完成的发明创造,除当事人另有约定的以外,申请专利的权利属于研究开发人。研究开发人取得专利权的,委托人可以免费实施该专利。

研究开发人转让专利申请权的,委托人享有以同等条件优先受让的权利。

第三百四十条 【合作开发技术成果的归属】合作开发完成的发明创造,除当事人另有约定的以外,申请专利的权利属于合作开发的当事人共有。当事人一方转让其共有的专利申请权的,其他各方享有以同等条件优先受让的权利。

合作开发的当事人一方声明放弃其共有的专利申请权的,可以由另一方单独申请或者由其他各方共同申请。申请人取得专利权的,放弃专利申请权的一方可以免费实施该专利。

合作开发的当事人一方不同意申请专利的,另一方或者其他各方不得申请专利。

第三百四十一条 【技术秘密成果的归属与分享】委托开发或者合作开发完成的技术秘密成果的使用权、转让权以及利益的分配办法,由当事人约定。没有约定或者约定不明确,依照本法第六十一条的规定仍不能确定的,当事人均有使用和转让的权利,但委托开发的研究开发人不得在向委托人交付研究开发成果之前,将研究开发成果转让给第三人。

第三节　技术转让合同

第三百四十二条 【内容及形式】技术转让合同包括专利权转让、专利申请权转让、技术秘密转让、专利实施许可合同。

技术转让合同应当采用书面形式。

第三百四十三条　【技术转让范围的约定】技术转让合同可以约定让与人和受让人实施专利或者使用技术秘密的范围,但不得限制技术竞争和技术发展。

第三百四十四条　【专利实施许可合同的限制】专利实施许可合同只在该专利权的存续期间内有效。专利权有效期限届满或者专利权被宣布无效的,专利权人不得就该专利与他人订立专利实施许可合同。

第三百四十五条　【专利实施许可合同让与人主要义务】专利实施许可合同的让与人应当按照约定许可受让人实施专利,交付实施专利有关的技术资料,提供必要的技术指导。

第三百四十六条　【专利实施许可合同受让人主要义务】专利实施许可合同的受让人应当按照约定实施专利,不得许可约定以外的第三人实施该专利;并按照约定支付使用费。

第三百四十七条　【技术秘密转让合同让与人的义务】技术秘密转让合同的让与人应当按照约定提供技术资料,进行技术指导,保证技术的实用性、可靠性,承担保密义务。

第三百四十八条　【技术秘密转让合同的受让人义务】技术秘密转让合同的受让人应当按照约定使用技术,支付使用费,承担保密义务。

第三百四十九条　【技术转让合同让与人基本义务】技术转让合同的让与人应当保证自己是所提供的技术的合法拥有者,并保证所提供的技术完整、无误、有效,能够达到约定的目标。

第三百五十条　【技术转让合同受让人技术保密义务】技术转让合同的受让人应当按照约定的范围和期限,对让与人提供的技术中尚未公开的秘密部分,承担保密义务。

第三百五十一条　【让与人违约责任】让与人未按照约定转让技术的,应当返还部分或者全部使用费,并应当承担违约责任;实施专利或者使用技术秘密超越约定的范围的,违反约定擅自许可第三人实施该项专利或者使用该项技术秘密的,应当停止违约行为,承担违约责任;违反约定的保密义务的,应当承担违约责任。

第三百五十二条　【受让人违约责任】受让人未按照约定支付使用费的,应当补交使用费并按照约定支付违约金;不补交使用费或者支付违约金的,应当停止实施专利或者使用技术秘密,交还技术资料,承担违约责任;实施专利或者使用技术秘密超越约定的范围的,未经让与人同意擅自许可第三人实施该专利或者使用该技术秘密的,应当停止违约行为,承担违约责任;违反约定的保密义务的,应当承担违约责任。

第三百五十三条　【技术合同让与人侵权责任】受让人按照约定实施专利、使用技术秘密侵害他人合法权益的,由让与人承担责任,但当事人另有约定的除外。

第三百五十四条　【后续技术成果的归属与分享】当事人可以按照互利的原则,在技术转让合同中约定实施专利、使用技术秘密后续改进的技术成果的分享办法。没有约定或者约定不明确,依照本法第六十一条的规定仍不能确定的,一方后续改进的技术成果,其他各方无权分享。

第三百五十五条　【技术进出口合同的法律适用】法律、行政法规对技术进出口合同或者专利、专利申请合同另有规定的,依照其规定。

第四节　技术咨询合同和技术服务合同

第三百五十六条　【内容】技术咨询合同包括就特定技术项目提供可行性论证、技术预测、专题技术调查、分析评价报告等合同。

技术服务合同是指当事人一方以技术知识为另一方解决特定技术问题所订立的合同,

不包括建设工程合同和承揽合同。

第三百五十七条 【技术咨询合同委托人主要义务】技术咨询合同的委托人应当按照约定阐明咨询的问题,提供技术背景材料及有关技术资料、数据;接受受托人的工作成果,支付报酬。

第三百五十八条 【技术咨询合同受托人主要义务】技术咨询合同的受托人应当按照约定的期限完成咨询报告或者解答问题;提出的咨询报告应当达到约定的要求。

第三百五十九条 【委托人与受托人的违约责任】技术咨询合同的委托人未按照约定提供必要的资料和数据,影响工作进度和质量,不接受或者逾期接受工作成果的,支付的报酬不得追回,未支付的报酬应当支付。

技术咨询合同的受托人未按期提出咨询报告或者提出的咨询报告不符合约定的,应当承担减收或者免收报酬等违约责任。

技术咨询合同的委托人按照受托人符合约定要求的咨询报告和意见作出决策所造成的损失,由委托人承担,但当事人另有约定的除外。

第三百六十条 【技术服务合同委托人义务】技术服务合同的委托人应当按照约定提供工作条件,完成配合事项;接受工作成果并支付报酬。

第三百六十一条 【技术服务合同受托人义务】技术服务合同的受托人应当按照约定完成服务项目,解决技术问题,保证工作质量,并传授解决技术问题的知识。

第三百六十二条 【技术服务合同双方当事人的违约责任】技术服务合同的委托人不履行合同义务或者履行合同义务不符合约定,影响工作进度和质量,不接受或者逾期接受工作成果的,支付的报酬不得追回,未支付的报酬应当支付。

技术服务合同的受托人未按照合同约定完成服务工作的,应当承担免收报酬等违约责任。

第三百六十三条 【新创技术成果的归属和分享】在技术咨询合同、技术服务合同履行过程中,受托人利用委托人提供的技术资料和工作条件完成的新的技术成果,属于受托人。委托人利用受托人的工作成果完成的新的技术成果,属于委托人。当事人另有约定的,按照其约定。

第三百六十四条 【技术培训合同、技术中介合同的法律适用】法律、行政法规对技术中介合同、技术培训合同另有规定的,依照其规定。

第十九章 保管合同

第三百六十五条 【定义】保管合同是保管人保管寄存人交付的保管物,并返还该物的合同。

第三百六十六条 【保管费的支付】寄存人应当按照约定向保管人支付保管费。

当事人对保管费没有约定或者约定不明确,依照本法第六十一条的规定仍不能确定的,保管是无偿的。

第三百六十七条 【保管合同的成立】保管合同自保管物交付时成立,但当事人另有约定的除外。

第三百六十八条 【保管凭证】寄存人向保管人交付保管物的,保管人应当给付保管凭证,但另有交易习惯的除外。

第三百六十九条　【保管行为的要求】保管人应当妥善保管保管物。

当事人可以约定保管场所或者方法。除紧急情况或者为了维护寄存人利益的以外,不得擅自改变保管场所或者方法。

第三百七十条　【保管物有瑕疵或需特殊保管时寄存人的义务】寄存人交付的保管物有瑕疵或者按照保管物的性质需要采取特殊保管措施的,寄存人应当将有关情况告知保管人。寄存人未告知,致使保管物受损失的,保管人不承担损害赔偿责任;保管人因此受损失的,除保管人知道或者应当知道并且未采取补救措施的以外,寄存人应当承担损害赔偿责任。

第三百七十一条　【第三人代为保管】保管人不得将保管物转交第三人保管,但当事人另有约定的除外。

保管人违反前款规定,将保管物转交第三人保管,对保管物造成损失的,应当承担损害赔偿责任。

第三百七十二条　【保管人不得使用保管物的义务】保管人不得使用或者许可第三人使用保管物,但当事人另有约定的除外。

第三百七十三条　【第三人主张权利的返还】第三人对保管物主张权利的,除依法对保管物采取保全或者执行的以外,保管人应当履行向寄存人返还保管物的义务。

第三人对保管人提起诉讼或者对保管物申请扣押的,保管人应当及时通知寄存人。

第三百七十四条　【保管物的毁损灭失与保管人责任】保管期间,因保管人保管不善造成保管物毁损、灭失的,保管人应当承担损害赔偿责任,但保管是无偿的,保管人证明自己没有重大过失的,不承担损害赔偿责任。

第三百七十五条　【寄存人的告示义务】寄存人寄存货币、有价证券或者其他贵重物品的,应当向保管人声明,由保管人验收或者封存。寄存人未声明的,该物品毁损、灭失后,保管人可以按照一般物品予以赔偿。

第三百七十六条　【保管物领取】寄存人可以随时领取保管物。

当事人对保管期间没有约定或者约定不明确的,保管人可以随时要求寄存人领取保管物;约定保管期间的,保管人无特别事由,不得要求寄存人提前领取保管物。

第三百七十七条　【保管物的返还】保管期间届满或者寄存人提前领取保管物的,保管人应当将原物及其孳息归还寄存人。

第三百七十八条　【货币等的返还】保管人保管货币的,可以返还相同种类、数量的货币。保管其他可替代物的,可以按照约定返还相同种类、品质、数量的物品。

第三百七十九条　【保管费支付期限】有偿的保管合同,寄存人应当按照约定的期限向保管人支付保管费。

当事人对支付期限没有约定或者约定不明确,依照本法第六十一条的规定仍不能确定的,应当在领取保管物的同时支付。

第三百八十条　【保管人的留置权】寄存人未按照约定支付保管费以及其他费用的,保管人对保管物享有留置权,但当事人另有约定的除外。

第二十章　仓储合同

第三百八十一条　【定义】仓储合同是保管人储存存货人交付的仓储物,存货人支付仓储费的合同。

第三百八十二条 【仓储合同生效时间】仓储合同自成立时生效。

第三百八十三条 【危险物品的储存】储存易燃、易爆、有毒、有腐蚀性、有放射性等危险物品或者易变质物品,存货人应当说明该物品的性质,提供有关资料。

存货人违反前款规定的,保管人可以拒收仓储物,也可以采取相应措施以避免损失的发生,因此产生的费用由存货人承担。

保管人储存易燃、易爆、有毒、有腐蚀性、有放射性等危险物品的,应当具备相应的保管条件。

第三百八十四条 【仓储物的验收】保管人应当按照约定对入库仓储物进行验收。保管人验收时发现入库仓储物与约定不符合的,应当及时通知存货人。保管人验收后,发生仓储物的品种、数量、质量不符合约定的,保管人应当承担损害赔偿责任。

第三百八十五条 【仓单】存货人交付仓储物的,保管人应当给付仓单。

第三百八十六条 【仓单应载事项】保管人应当在仓单上签字或者盖章。仓单包括下列事项:

(一)存货人的名称或者姓名和住所;

(二)仓储物的品种、数量、质量、包装、件数和标记;

(三)仓储物的损耗标准;

(四)储存场所;

(五)储存期间;

(六)仓储费;

(七)仓储物已经办理保险的,其保险金额、期间以及保险人的名称;

(八)填发人、填发地和填发日期。

第三百八十七条 【仓单的背书及其效力】仓单是提取仓储物的凭证。存货人或者仓单持有人在仓单上背书并经保管人签字或者盖章的,可以转让提取仓储物的权利。

第三百八十八条 【检查权】保管人根据存货人或者仓单持有人的要求,应当同意其检查仓储物或者提取样品。

第三百八十九条 【保管人的通知义务】保管人对入库仓储物发现有变质或者其他损坏的,应当及时通知存货人或者仓单持有人。

第三百九十条 【保管人的催告义务】保管人对入库仓储物发现有变质或者其他损坏,危及其他仓储物的安全和正常保管的,应当催告存货人或者仓单持有人作出必要的处置。因情况紧急,保管人可以作出必要的处置,但事后应当将该情况及时通知存货人或者仓单持有人。

第三百九十一条 【仓储物提取时间】当事人对储存期间没有约定或者约定不明确的,存货人或者仓单持有人可以随时提取仓储物,保管人也可以随时要求存货人或者仓单持有人提取仓储物,但应当给予必要的准备时间。

第三百九十二条 【仓单持有人提取仓储物】储存期间届满,存货人或者仓单持有人应当凭仓单提取仓储物。存货人或者仓单持有人逾期提取的,应当加收仓储费;提前提取的,不减收仓储费。

第三百九十三条 【保管人的提存权】储存期间届满,存货人或者仓单持有人不提取仓储物的,保管人可以催告其在合理期限内提取,逾期不提取的,保管人可以提存仓储物。

第三百九十四条　【保管人违约责任】储存期间，因保管人保管不善造成仓储物毁损、灭失的，保管人应当承担损害赔偿责任。

因仓储物的性质、包装不符合约定或者超过有效储存期造成仓储物变质、损坏的，保管人不承担损害赔偿责任。

第三百九十五条　【仓储合同的法律适用】本章没有规定的，适用保管合同的有关规定。

<h2 style="text-align:center">第二十一章　委托合同</h2>

第三百九十六条　【定义】委托合同是委托人和受托人约定，由受托人处理委托人事务的合同。

第三百九十七条　【委托范围】委托人可以特别委托受托人处理一项或者数项事务，也可以概括委托受托人处理一切事务。

第三百九十八条　【委托费用】委托人应当预付处理委托事务的费用。受托人为处理委托事务垫付的必要费用，委托人应当偿还该费用及其利息。

第三百九十九条　【受托人服从指示的义务】受托人应当按照委托人的指示处理委托事务。需要变更委托人指示的，应当经委托人同意；因情况紧急，难以和委托人取得联系的，受托人应当妥善处理委托事务，但事后应当将该情况及时报告委托人。

第四百条　【亲自处理及转委托】受托人应当亲自处理委托事务。经委托人同意，受托人可以转委托。转委托经同意的，委托人可以就委托事务直接指示转委托的第三人，受托人仅就第三人的选任及其对第三人的指示承担责任。转委托未经同意的，受托人应当对转委托的第三人的行为承担责任，但在紧急情况下受托人为维护委托人的利益需要转委托的除外。

第四百零一条　【受托人的报告义务】受托人应当按照委托人的要求，报告委托事务的处理情况。委托合同终止时，受托人应当报告委托事务的结果。

第四百零二条　【委托人的介入权】受托人以自己的名义，在委托人的授权范围内与第三人订立的合同，第三人在订立合同时知道受托人与委托人之间的代理关系的，该合同直接约束委托人和第三人，但有确切证据证明该合同只约束受托人和第三人的除外。

第四百零三条　【委托人对第三人的权利及第三人选择相对人的权利】受托人以自己的名义与第三人订立合同时，第三人不知道受托人与委托人之间的代理关系的，受托人因第三人的原因对委托人不履行义务，受托人应当向委托人披露第三人，委托人因此可以行使受托人对第三人的权利，但第三人与受托人订立合同时如果知道该委托人就不会订立合同的除外。

受托人因委托人的原因对第三人不履行义务，受托人应当向第三人披露委托人，第三人因此可以选择受托人或者委托人作为相对人主张其权利，但第三人不得变更选定的相对人。

委托人行使受托人对第三人的权利的，第三人可以向委托人主张其对受托人的抗辩。第三人选定委托人作为其相对人的，委托人可以向第三人主张其对受托人的抗辩以及受托人对第三人的抗辩。

第四百零四条　【受托人交付财产义务】受托人处理委托事务取得的财产，应当转交给委托人。

第四百零五条　【委托人支付报酬的义务】受托人完成委托事务的，委托人应当向其支付报酬。因不可归责于受托人的事由,委托合同解除或者委托事务不能完成的,委托人应当向受托人支付相应的报酬。当事人另有约定的,按照其约定。

第四百零六条 【受托人的损害赔偿责任】有偿的委托合同,因受托人的过错给委托人造成损失的,委托人可以要求赔偿损失。无偿的委托合同,因受托人的故意或者重大过失给委托人造成损失的,委托人可以要求赔偿损失。

受托人超越权限给委托人造成损失的,应当赔偿损失。

第四百零七条 【委托人的赔偿责任】受托人处理委托事务时,因不可归责于自己的事由受到损失的,可以向委托人要求赔偿损失。

第四百零八条 【另行委托】委托人经受托人同意,可以在受托人之外委托第三人处理委托事务。因此给受托人造成损失的,受托人可以向委托人要求赔偿损失。

第四百零九条 【受托人的连带责任】两个以上的受托人共同处理委托事务的,对委托人承担连带责任。

第四百一十条 【任意解除权】委托人或者受托人可以随时解除委托合同。因解除合同给对方造成损失的,除不可归责于该当事人的事由以外,应当赔偿损失。

第四百一十一条 【委托合同的终止】委托人或者受托人死亡、丧失民事行为能力或者破产的,委托合同终止,但当事人另有约定或者根据委托事务的性质不宜终止的除外。

第四百一十二条 【委托人的后合同义务】因委托人死亡、丧失民事行为能力或者破产,致使委托合同终止将损害委托人利益的,在委托人的继承人、法定代理人或者清算组织承受委托事务之前,受托人应当继续处理委托事务。

第四百一十三条 【受托人死亡后其继承人等的义务】因受托人死亡、丧失民事行为能力或者破产,致使委托合同终止的,受托人的继承人、法定代理人或者清算组织应当及时通知委托人。因委托合同终止将损害委托人利益的,在委托人作出善后处理之前,受托人的继承人、法定代理人或者清算组织应当采取必要措施。

第二十二章 行纪合同

第四百一十四条 【定义】行纪合同是行纪人以自己的名义为委托人从事贸易活动,委托人支付报酬的合同。

第四百一十五条 【处理委托事务的费用承担】行纪人处理委托事务支出的费用,由行纪人负担,但当事人另有约定的除外。

第四百一十六条 【行纪人对委托物的保管义务】行纪人占有委托物的,应当妥善保管委托物。

第四百一十七条 【委托物的处理】委托物交付给行纪人时有瑕疵或者容易腐烂、变质的,经委托人同意,行纪人可以处分该物;和委托人不能及时取得联系的,行纪人可以合理处分。

第四百一十八条 【未按指示进行行纪活动的后果】行纪人低于委托人指定的价格卖出或者高于委托人指定的价格买入的,应当经委托人同意。未经委托人同意,行纪人补偿其差额的,该买卖对委托人发生效力。

行纪人高于委托人指定的价格卖出或者低于委托人指定的价格买入的,可以按照约定增加报酬。没有约定或者约定不明确,依照本法第六十一条的规定仍不能确定的,该利益属于委托人。

委托人对价格有特别指示的,行纪人不得违背该指示卖出或者买入。

第四百一十九条 【行纪人的介入权】行纪人卖出或者买入具有市场定价的商品,除委托人有相反的意思表示的以外,行纪人自己可以作为买受人或者出卖人。

行纪人有前款规定情形的,仍然可以要求委托人支付报酬。

第四百二十条 【委托物的处置】行纪人按照约定买入委托物,委托人应当及时受领。经行纪人催告,委托人无正当理由拒绝受领的,行纪人依照本法第一百零一条的规定可以提存委托物。

委托物不能卖出或者委托人撤回出卖,经行纪人催告,委托人不取回或者不处分该物的,行纪人依照本法第一百零一条的规定可以提存委托物。

第四百二十一条 【行纪人与第三人的关系】行纪人与第三人订立合同的,行纪人对该合同直接享有权利、承担义务。

第三人不履行义务致使委托人受到损害的,行纪人应当承担损害赔偿责任,但行纪人与委托人另有约定的除外。

第四百二十二条 【行纪人的报酬请求权及留置权】行纪人完成或者部分完成委托事务的,委托人应当向其支付相应的报酬。委托人逾期不支付报酬的,行纪人对委托物享有留置权,但当事人另有约定的除外。

第四百二十三条 【对委托合同的适用】本章没有规定的,适用委托合同的有关规定。

第二十三章　居间合同

第四百二十四条 【定义】居间合同是居间人向委托人报告订立合同的机会或者提供订立合同的媒介服务,委托人支付报酬的合同。

第四百二十五条 【居间人如实报告义务】居间人应当就有关订立合同的事项向委托人如实报告。

居间人故意隐瞒与订立合同有关的重要事实或者提供虚假情况,损害委托人利益的,不得要求支付报酬并应当承担损害赔偿责任。

第四百二十六条 【居间人的报酬请求权】居间人促成合同成立后,委托人应当按照约定支付报酬。对居间人的报酬没有约定或者约定不明确,依照本法第六十一条的规定仍不能确定的,根据居间人的劳务合理确定。因居间人提供订立合同的媒介服务而促成合同成立的,由该合同的当事人平均负担居间人的报酬。

居间人促成合同成立的,居间活动的费用,由居间人负担。

第四百二十七条 【未促成合同成立的处理】居间人未促成合同成立的,不得要求支付报酬,但可以要求委托人支付从事居间活动支出的必要费用。

附　　则

第四百二十八条 【生效日期及废止条款】本法自 1999 年 10 月 1 日起施行,《中华人民共和国经济合同法》、《中华人民共和国涉外经济合同法》、《中华人民共和国技术合同法》同时废止。

建设工程质量监督机构和人员考核管理办法

（建质〔2007〕184 号）

第一章 总 则

第一条 为了加强建设工程质量监督机构和人员的管理，根据《中华人民共和国建筑法》、《建设工程质量管理条例》等有关规定，制定本办法。

第二条 在中华人民共和国境内从事建设工程质量监督的机构和人员，应遵守本办法。

第三条 建设工程质量监督机构（以下简称监督机构）是指受县级以上地方人民政府建设主管部门或有关部门委托，经省级人民政府建设主管部门或国务院有关部门考核认定，依据国家的法律、法规和工程建设强制性标准，对工程建设实施过程中各参建责任主体和有关单位的质量行为及工程实体质量进行监督管理的具有独立法人资格的单位。

第四条 建设工程质量监督人员（以下简称监督人员）是指经省级人民政府建设主管部门或国务院有关部门考核认定，依法从事建设工程质量监督工作的专业技术人员。

第五条 国务院建设主管部门对全国建设工程质量监督机构和人员考核工作实施统一监督管理。

铁路、交通、水利、信息、民航等国务院有关部门按照国务院规定的职责分工对所属的专业工程质量监督机构和人员实施考核管理。

省、自治区、直辖市人民政府建设主管部门对本行政区域内建设工程质量监督机构和人员进行考核管理和业务指导。

第二章 基本条件

第六条 监督机构应具备的基本条件：

（一）具有一定数量的监督人员：

1. 地市级以上人民政府建设主管部门所属的监督机构（以下简称地市级以上监督机构）不少于 9 人；县级人民政府建设主管部门所属的监督机构（以下简称县级监督机构，包括县级市）不少于 3 人；

2. 监督人员专业结构合理，建筑工程水、电、智能化等安装专业技术人员与土建工程专业技术人员相配套；

3. 监督人员数量占监督机构总人数的比例不低于 75%。

（二）有固定的工作场所和适应工程质量监督检查工作需要的仪器、设备和工具等；

（三）有健全的工作制度和管理制度；

（四）具备与质量监督工作相适应的信息化管理条件。

第七条 监督人员应当具备一定的专业技术能力和监督执法知识，熟悉掌握国家有关的法律、法规和工程建设强制性标准，具有良好职业道德。

监督人员应当符合下列基本条件，并经省级人民政府建设主管部门组织的上岗培训、考核合格后，方可从事工程质量监督工作。

（一）地市级以上监督机构的监督人员：

1. 具有工程类专业本科以上学历；

2. 具有中级以上专业技术职称；

3. 具有 5 年以上建设工程质量管理或设计、施工、监理等工作经历；

4. 年龄不超过 60 周岁。

（二）县级监督机构的监督人员：

1. 具有工程类专业大专以上学历；

2. 具有初级以上专业技术职称；

3. 具有 3 年以上建设工程质量管理或设计、施工、监理等工作经历；

4. 年龄不超过 60 周岁。

（三）取得注册建造师、监理工程师、结构工程师等工程类国家执业资格证书的，可不受上述（一）（二）中 1、2 条件限制。连续从事质量监督工作满 15 年具有中级以上专业技术职称的，可不受上述（一）（二）中 1 条件限制。

第八条　监督机构负责人应当具备同级监督人员基本条件，熟悉工程建设管理工作。

第三章　监督机构和人员考核

第九条　省、自治区、直辖市人民政府建设主管部门对本行政区域内的监督机构和人员初次考核合格后，颁发国务院建设主管部门统一格式的监督机构考核证书和监督人员资格证书。

对监督机构每三年进行一次验证考核。

对监督人员每两年进行一次岗位考核，每年进行一次法律、业务知识培训，并适时组织开展相关内容的继续教育培训。

第十条　监督机构考核的主要内容：

（一）执行国家工程建设法律、法规及地方有关规定情况；

（二）工程监督覆盖率、所监督工程参建责任主体的质量行为及工程实体质量符合国家工程建设法律、法规和工程建设强制性标准情况；

（三）监督机构基本条件的符合情况；

（四）工程质量监督档案建立情况；

（五）所监督区域发生重大质量事故的情况；

（六）其他有关规定内容。

第十一条　监督人员考核的主要内容：

（一）执行国家工程建设法律、法规及地方有关规定情况；

（二）所监督项目的参建责任主体的质量行为及工程实体质量符合国家工程建设法律、法规和工程建设强制性标准情况；

（三）监督职责履行情况；

（四）监督人员条件符合情况；

（五）参加业务知识培训情况。

第十二条　省、自治区、直辖市人民政府建设主管部门可组织成立考核委员会，负责实施监督机构和人员的考核、培训工作。考核程序、绩效评价以及具体实施由省级建设主管部门制定细则。

省级人民政府建设主管部门应当将考核结果向社会公布，并建立相应的考核管理档案。

第十三条 考核结果分为合格、不合格。

监督机构有下列情况之一的,考核结果为不合格:

(一)监督人员数量和工作情况不符合第六条有关规定的;

(二)出具虚假工程质量检查监督报告的;

(三)在监督工作中存在严重违反法律、法规规定行为的;

(四)因严重失职,导致重大质量事故,影响恶劣的。

监督人员有下列行为之一的,考核结果为不合格:

(一)不符合第七条有关规定的;

(二)不认真履行《工程质量监督工作导则》等有关规定的工作职责的;

(三)因监督失职,所监督的工程发生重大质量事故的;

(四)未直接监督工程或准许他人以本人名义、弄虚作假签署质量监督报告的;

(五)未按照有关法律法规和规定的标准和程序进行监督执法的;

(六)其他失职或违法行为。

第十四条 对考核不合格的监督机构,责令限期整改并由建设主管部门对其调整和充实力量。

对考核不合格的监督人员,责令限期培训后,重新考核仍不合格的,应当调离监督工作岗位。属严重监督失职或存在违法行为的,应当调离监督工作岗位,并按有关规定给予相应处分。

第四章 附 则

第十五条 专业工程质量监督机构和人员的考核管理,由国务院有关主管部门参照本办法制定实施办法。

第十六条 省、自治区、直辖市人民政府建设主管部门可根据本办法制定实施细则。

第十七条 本办法自发布之日起施行。

建设行政处罚程序暂行规定

(建设部令〔1999〕第 66 号)

第一章 总 则

第一条 为保障和监督建设行政执法机关有效实施行政管理,保护公民、法人和其他组织的合法权益,促进建设行政执法工作程序化、规范化,根据《行政处罚法》的有关规定,结合建设系统实际,制定本规定。

第二条 本规定所称建设行政处罚是指建设行政执法机关对违反建设法律、法规、规章的公民、法人和其他组织而实施的行政处罚。

本规定所称建设行政执法机关(以下简称执法机关),是指依法取得行政处罚权的建设行政主管部门、建设系统的行业管理部门以及依法取得委托执法资格的组织。

本规定所称建设行政执法人员(以下简称执法人员),是指依法从事行政处罚工作的人员。

第三条 本规定所称的行政处罚包括:

（一）警告；

（二）罚款；

（三）没收违法所得、没收违法建筑物、构筑物和其他设施；

（四）责令停业整顿、责令停止执业业务；

（五）降低资质等级、吊销资质证书、吊销执业资格证书和其他许可证、执照；

（六）法律、行政法规规定的其他行政处罚。

第四条　执法机关实施行政处罚，依照法律、法规和本规定执行。

<h3 style="text-align:center">第二章　管　　辖</h3>

第五条　执法机关依照法律、法规、规章及地方人民政府的职责分工，在职权范围内行使行政处罚权。

第六条　执法机关发现应当处罚的案件不属于自己管辖的，应当将案件移送有管辖权的执法机关。

行政执法过程中发生的管辖权争议，由双方协商解决；协商不成的，报请共同的上级机关或者当地人民政府决定。

执法机关认为确有必要，需要委托其他机关或者组织行使执法权的，执法机关应当依照《行政处罚法》的有关规定与被委托机关或者组织办理委托手续。

<h3 style="text-align:center">第三章　行政处罚程序</h3>

<h4 style="text-align:center">第一节　一般程序</h4>

第七条　执法机关依据职权，或者依据当事人的申诉、控告等途径发现违法行为。

执法机关对于发现的违法行为，认为应当给予行政处罚的，应当立案，但适用简易程序的除外。

立案应当填写立案审批表，附上相关材料，报主管领导批准。

第八条　立案后，执法人员应当及时进行调查，收集证据；必要时可依法进行检查。

执法人员调查案件，不得少于二人，并应当出示执法身份证件。

第九条　执法人员对案件进行调查，应当收集以下证据：

书证、物证、证人证言、视听资料、当事人陈述、鉴定结论、勘验笔录和现场笔录。

只有查证属实的证据，才能作为处罚的依据。

第十条　执法人员询问当事人及证明人，应当个别进行。询问应当制作笔录，笔录经被询问人核对无误后，由被询问人逐页在笔录上签名或者盖章。如有差错、遗漏，应当允许补正。

第十一条　执法人员应当收集、调取与案件有关的原始凭证作为书证。调取原始凭证有困难的，可以复制，但复制件应当标明"经核对与原件无误"，并由出具书证人签名或者盖章。

调查取证应当有当事人在场，对所提取的物证要开具物品清单，由执法人员和当事人签名或者盖章，各执一份。

对违法嫌疑物品进行检查时，应当制作现场笔录，并有当事人在场。当事人拒绝到场的，应当在现场笔录中注明。

第十二条　执法机关查处违法行为过程中,在证据可能灭失或者难以取得的情况下,可以对证据先行登记保存。

先行登记保存证据,必须当场清点,开具清单,清单由执法人员和当事人签名或者盖章,各执一份。

第十三条　案件调查终结,执法人员应当出具书面案件调查终结报告。

调查终结报告的内容包括:当事人的基本情况、违法事实、处罚依据、处罚建议等。

第十四条　调查终结报告连同案件材料,由执法人员提交执法机关的法制工作机构,由法制工作机构会同有关单位进行书面核审。

第十五条　执法机关的法制工作机构接到执法人员提交的核审材料后,应当登记,并指定具体人员负责核审。

案件核审的主要内容包括:

(一)对案件是否有管辖权;

(二)当事人的基本情况是否清楚;

(三)案件事实是否清楚,证据是否充分;

(四)定性是否准确;

(五)适用法律、法规、规章是否正确;

(六)处罚是否适当;

(七)程序是否合法。

第十六条　执法机关的法制工作机构对案件核审后,应当提出以下书面意见:

(一)对事实清楚、证据充分、定性准确、程序合法、处理适当的案件,同意执法人员意见。

(二)对定性不准、适用法律不当、处罚不当的案件,建议执法人员修改。

(三)对事实不清、证据不足的案件,建议执法人员补正。

(四)对程序不合法的案件,建议执法人员纠正。

(五)对超出管辖权的案件,按有关规定移送。

第十七条　对执法机关法制工作机构提出的意见,执法人员应当采纳。

第十八条　执法机关法制工作机构与执法人员就有关问题达不成一致意见时,给予较轻处罚的,报请本机关分管负责人决定;给予较重处罚的,报请本机关负责人集体讨论决定或者本机关分管负责人召集的办公会议讨论决定。

第十九条　执法机关对当事人作出行政处罚,必须制作行政处罚决定书。行政处罚决定书的内容包括:

(一)当事人的名称或者姓名、地址;

(二)违法的事实和证据;

(三)行政处罚的种类和依据;

(四)行政处罚的履行方式和期限;

(五)不服行政处罚决定,申请行政复议或者提起行政诉讼的途径和期限;

(六)作出处罚决定的机关和日期。

行政处罚决定书必须盖有作出处罚机关的印章。

第二十条　行政处罚决定生效后,任何人不得擅自变更或者解除。处罚决定确有错误需要变更或者修改的,应当由原执法机关撤销原处罚决定,重新作出处罚决定。

第二节　听证程序

第二十一条　执法机关在作出吊销资质证书、执业资格证书、责令停业整顿(包括属于停业整顿性质的、责令在规定的时限内不得承接新的业务)、责令停止执业业务、没收违法建筑物、构筑物和其他设施,以及处以较大数额罚款等行政处罚决定之前,应当告知当事人有要求举行听证的权利。较大数额罚款的幅度,由省、自治区、直辖市人民政府确定。

省、自治区、直辖市人大常委会或者人民政府对听证范围有特殊规定的,从其规定。

第二十二条　当事人要求听证的,应当自接到听证通知之日起三日内以书面或者口头方式向执法机关提出。执法机关应当组织听证。

自听证通知送达之日起三日内,当事人不要求举行听证的,视为放弃要求举行听证的权利。

第二十三条　执法机关应当在听证的七日前,通知当事人举行听证的日期、地点;听证一般由执法机关的法制工作机构人员或者执法机关指定的非本案调查人员主持。

听证规则可以由省、自治区、直辖市建设行政主管部门依据《行政处罚法》的规定制定。

第三节　简易程序

第二十四条　违法事实清楚、证据确凿,对公民处以五十元以下、对法人或者其他组织处以一千元以下罚款或者警告的行政处罚,可以当场作出处罚决定。

第二十五条　当场作出处罚决定,执法人员应当向当事人出示执法证件,填写处罚决定书并交付当事人。

第二十六条　当场作出的行政处罚决定书应当载明当事人的违法行为、处罚依据、罚款数额、时间、地点、执法机关名称,并由执法人员签名或者盖章。

第四章　送　达

第二十七条　执法机关送达行政处罚决定书或者有关文书,应当直接送受送达人。送达必须有送达回执。受送达人应当在送达回执上签名或者盖章,并注明签收日期。签收日期为送达日期。

受送达人拒绝接受行政处罚决定书或者有关文书的,送达人应当邀请有关基层组织的代表或者其他人到场见证,在送达回执上注明拒收事由和日期,由送达人、见证人签名或者盖章,把行政处罚决定书或者有关文书留在受送达人处,即视为送达。

第二十八条　不能直接送达或者直接送达有困难的,按下列规定送达:

(一)受送达人不在的,交其同住的成年家属签收;

(二)受送达人已向执法机关指定代收人的,由代收人签收;

(三)邮寄送达的,以挂号回执上注明的收件日期为送达日期;

(四)受送达人下落不明的,以公告送达,自公告发布之日起三个月即视为送达。

第二十九条　行政处罚决定一经作出即发生法律效力,当事人应当自觉履行。当事人不履行处罚决定,执法机关可以依法强制执行或者申请人民法院强制执行。

第三十条　当事人不服执法机关作出的行政处罚决定,可以依法向同级人民政府或上一级建设行政主管部门申请行政复议;也可以依法直接向人民法院提起行政诉讼。

行政复议和行政诉讼期间,行政处罚决定不停止执行,但法律、行政法规另有规定的除外。

第五章　监督与管理

第三十一条　行政处罚终结后,执法人员应当及时将立案登记表、案件处理批件、证据材料、行政处罚决定书和执行情况记录等材料立卷归档。

上级交办的行政处罚案件办理终结后,承办单位应当及时将案件的处理结果向交办单位报告。

第三十二条　执法机关及其执法人员应当在法定职权范围内、依法定程序从事执法活动;超越职权范围、违反法定程序所作出的行政处罚无效。

第三十三条　执法机关从事行政执法活动,应当自觉接受地方人民政府法制工作部门和上级执法机关法制工作机构的监督管理。

第三十四条　对当场作出的处罚决定,执法人员应当定期将当场处罚决定书向所属执法机关的法制工作机构或者指定机构备案。

执法机关作出属于听证范围的行政处罚决定之日起七日内,应当向上级建设行政主管部门的法制工作机构或者有关部门备案。

各级建设行政主管部门,要对本行政区域内的执法机关作出的处罚决定的案件进行逐月统计。省、自治区、直辖市建设行政主管部门,应当在每年的二月底以前,向国务院建设行政主管部门的法制工作机构报送上一年度的执法统计报表和执法工作总结。

第三十五条　上级执法机关发现下级执法机关作出的处罚决定确有错误,可以责令其限期纠正。对拒不纠正的,上级机关可以依据职权,作出变更或者撤销行政处罚的决定。

第三十六条　执法人员玩忽职守,滥用职权,徇私舞弊的,由所在单位或者上级机关给予行政处分;构成犯罪的,依法追究刑事责任。

第三十七条　对于无理阻挠、拒绝执法人员依法行使职权,打击报复执法人员的单位或者个人,由建设行政主管部门或者有关部门视情节轻重,根据有关法律、法规的规定依法追究其责任。

第六章　附　则

第三十八条　建设行政处罚的有关文书,由省、自治区、直辖市人民政府或者建设行政主管部门统一制作。

第三十九条　本规定由建设部负责解释。

第四十条　本规定自发布之日起施行。

民用建筑节能管理规定

（建设部令〔2005〕第 143 号）

第一条　为了加强民用建筑节能管理,提高能源利用效率,改善室内热环境质量,根据《中华人民共和国节约能源法》、《中华人民共和国建筑法》、《建设工程质量管理条例》,制定本规定。

第二条　本规定所称民用建筑,是指居住建筑和公共建筑。

本规定所称民用建筑节能,是指民用建筑在规划、设计、建造和使用过程中,通过采用新型墙体材料,执行建筑节能标准,加强建筑物用能设备的运行管理,合理设计建筑围护结构的热工性能,提高采暖、制冷、照明、通风、给排水和通道系统的运行效率,以及利用可再生能源,在保证建筑物使用功能和室内热环境质量的前提下,降低建筑能源消耗,合理、有效地利用能源的活动。

第三条　国务院建设行政主管部门负责全国民用建筑节能的监督管理工作。

县级以上地方人民政府建设行政主管部门负责本行政区域内民用建筑节能的监督管理工作。

第四条　国务院建设行政主管部门根据国家节能规划,制定国家建筑节能专项规划;省、自治区、直辖市以及设区城市人民政府建设行政主管部门应当根据本地节能规划,制定本地建筑节能专项规划,并组织实施。

第五条　编制城乡规划应当充分考虑能源、资源的综合利用和节约,对城镇布局、功能区设置、建筑特征,基础设施配置的影响进行研究论证。

第六条　国务院建设行政主管部门根据建筑节能发展状况和技术先进、经济合理的原则,组织制定建筑节能相关标准,建立和完善建筑节能标准体系;省、自治区、直辖市人民政府建设行政主管部门应当严格执行国家民用建筑节能有关规定,可以制定严于国家民用建筑节能标准的地方标准或者实施细则。

第七条　鼓励民用建筑节能的科学研究和技术开发,推广应用节能型的建筑、结构、材料、用能设备和附属设施及相应的施工工艺、应用技术和管理技术,促进可再生能源的开发利用。

第八条　鼓励发展下列建筑节能技术和产品:

(一)新型节能墙体和屋面的保温、隔热技术与材料;

(二)节能门窗的保温隔热和密闭技术;

(三)集中供热和热、电、冷联产联供技术;

(四)供热采暖系统温度调控和分户热量计量技术与装置;

(五)太阳能、地热等可再生能源应用技术及设备;

(六)建筑照明节能技术与产品;

(七)空调制冷节能技术与产品;

(八)其他技术成熟、效果显著的节能技术和节能管理技术。

鼓励推广应用和淘汰的建筑节能部品及技术的目录,由国务院建设行政主管部门制定;省、自治区、直辖市建设行政主管部门可以结合该目录,制定适合本区域的鼓励推广应用和淘汰的建筑节能部品及技术的目录。

第九条　国家鼓励多元化、多渠道投资既有建筑的节能改造,投资人可以按照协议分享节能改造的收益;鼓励研究制定本地区既有建筑节能改造资金筹措办法和相关激励政策。

第十条　建筑工程施工过程中,县级以上地方人民政府建设行政主管部门应当加强对建筑物的围护结构(含墙体、屋面、门窗、玻璃幕墙等)、供热采暖和制冷系统、照明和通风等电器设备是否符合节能要求的监督检查。

第十一条　新建民用建筑应当严格执行建筑节能标准要求,民用建筑工程扩建和改建时,应当对原建筑进行节能改造。

既有建筑节能改造应当考虑建筑物的寿命周期,对改造的必要性、可行性以及投入收益比进行科学论证。节能改造要符合建筑节能标准要求,确保结构安全,优化建筑物使用功能。

寒冷地区和严寒地区既有建筑节能改造应当与供热系统节能改造同步进行。

第十二条　采用集中采暖制冷方式的新建民用建筑应当安设建筑物室内温度控制和用能计量设施,逐步实行基本冷热价和计量冷热价共同构成的两部制用能价格制度。

第十三条　供热单位、公共建筑所有权人或者其委托的物业管理单位应当制定相应的节能建筑运行管理制度,明确节能建筑运行状态各项性能指标、节能工作诸环节的岗位目标责任等事项。

第十四条　公共建筑的所有权人或者委托的物业管理单位应当建立用能档案,在供热或者制冷间歇期委托相关检测机构对用能设备和系统的性能进行综合检测评价,定期进行维护、维修、保养及更新置换,保证设备和系统的正常运行。

第十五条　供热单位、房屋产权单位或者其委托的物业管理等有关单位,应当记录并按有关规定上报能源消耗资料。

鼓励新建民用建筑和既有建筑实施建筑能效测评。

第十六条　从事建筑节能及相关管理活动的单位,应当对其从业人员进行建筑节能标准与技术等专业知识的培训。

建筑节能标准和节能技术应当作为注册城市规划师、注册建筑师、勘察设计注册工程师、注册监理工程师、注册建造师等继续教育的必修内容。

第十七条　建设单位应当按照建筑节能政策要求和建筑节能标准委托工程项目的设计。

建设单位不得以任何理由要求设计单位、施工单位擅自修改经审查合格的节能设计文件,降低建筑节能标准。

第十八条　房地产开发企业应当将所售商品住房的节能措施、围护结构保温隔热性能指标等基本信息在销售现场显著位置予以公示,并在《住宅使用说明书》中予以载明。

第十九条　设计单位应当依据建筑节能标准的要求进行设计,保证建筑节能设计质量。

施工图设计文件审查机构在进行审查时,应当审查节能设计的内容,在审查报告中单列节能审查章节;不符合建筑节能强制性标准的,施工图设计文件审查结论应当定为不合格。

第二十条　施工单位应当按照审查合格的设计文件和建筑节能施工标准的要求进行施工,保证工程施工质量。

第二十一条　监理单位应当依照法律、法规以及建筑节能标准、节能设计文件、建设工程承包合同及监理合同对节能工程建设实施监理。

第二十二条　对超过能源消耗指标的供热单位、公共建筑的所有权人或者其委托的物业管理单位,责令限期达标。

第二十三条　对擅自改变建筑围护结构节能措施,并影响公共利益和他人合法权益的,责令责任人及时予以修复,并承担相应的费用。

第二十四条　建设单位在竣工验收过程中,有违反建筑节能强制性标准行为的,按照

《建设工程质量管理条例》的有关规定,重新组织竣工验收。

第二十五条　建设单位未按照建筑节能强制性标准委托设计,擅自修改节能设计文件,明示或暗示设计单位、施工单位违反建筑节能设计强制性标准,降低工程建设质量的,处 20 万元以上 50 万元以下的罚款。

第二十六条　设计单位未按照建筑节能强制性标准进行设计的,应当修改设计。未进行修改的,给予警告,处 10 万元以上 30 万元以下罚款;造成损失的,依法承担赔偿责任;2 年内,累计 3 项工程未按照建筑节能强制性标准设计的,责令停业整顿,降低资质等级或者吊销资质证书。

第二十七条　对未按照节能设计进行施工的施工单位,责令改正;整改所发生的工程费用,由施工单位负责;可以给予警告,情节严重的,处工程合同价款 2％以上 4％以下的罚款;2 年内,累计 3 项工程未按照符合节能标准要求的设计进行施工的,责令停业整顿,降低资质等级或者吊销资质证书。

第二十八条　本规定的责令停业整顿、降低资质等级和吊销资质证书的行政处罚,由颁发资质证书的机关决定;其他行政处罚,由建设行政主管部门依照法定职权决定。

第二十九条　农民自建低层住宅不适用本规定。

第三十条　本规定自 2006 年 1 月 1 日起施行。原《民用建筑节能管理规定》(建设部令第 76 号)同时废止。

房屋建筑工程质量保修办法

(建设部令〔2000〕第 80 号)

第一条　为保护建设单位、施工单位、房屋建筑所有人和使用人的合法权益,维护公共安全和公众利益,根据《中华人民共和国建筑法》和《建设工程质量管理条例》,制订本办法。

第二条　在中华人民共和国境内新建、扩建、改建各类房屋建筑工程(包括装修工程)的质量保修,适用本办法。

第三条　本办法所称房屋建筑工程质量保修,是指对房屋建筑工程竣工验收后在保修期限内出现的质量缺陷,予以修复。

本办法所称质量缺陷,是指房屋建筑工程的质量不符合工程建设强制性标准以及合同的约定。

第四条　房屋建筑工程在保修范围和保修期限内出现质量缺陷,施工单位应当履行保修义务。

第五条　国务院建设行政主管部门负责全国房屋建筑工程质量保修的监督管理。

县级以上地方人民政府建设行政主管部门负责本行政区域内房屋建设工程质量保修的监督管理。

第六条　建设单位和施工单位应当在工程质量保修书中约定保修范围、保修期限和保修责任等,双方约定的保修范围、保修期限必须符合国家有关规定。

第七条　在正常使用条件下,房屋建筑工程的最低保修期限为:

(一)地基基础工程和主体结构工程,为设计文件规定的该工程的合理使用年限;

(二)屋面防水工程、有防水要求的卫生间、房间和外墙面的防渗漏,为 5 年;

（三）供热与供冷系统，为 2 个采暖期、供冷期；

（四）电气管线、给排水管道、设备安装为 2 年；

（五）装修工程为 2 年。

其他项目的保修期限由建设单位和施工单位约定。

第八条 房屋建筑工程保修期从工程竣工验收合格之日起计算。

第九条 房屋建筑工程保修期限内出现质量缺陷，建设单位或者房屋建筑所有人应当向施工单位发出保修通知。施工单位接到保修通知后，应当到现场核查情况，在保修书约定的时间内予以保修。发生涉及结构安全或者严重影响使用功能的紧急抢修事故，施工单位接到保修通知后，应当立即到达现场抢修。

第十条 发生涉及结构安全的质量缺陷，建设单位或者房屋建筑所有人应当立即向当地建设行政主管部门报告，采取安全防范措施；由原设计单位或者具有相应资质等级的设计单位提出保修方案，施工单位实施保修，原工程质量监督机构负责监督。

第十一条 保修完成后，由建设单位或者房屋建筑所有人组织验收。涉及结构安全的，应当报当地建设行政主管部门备案。

第十二条 施工单位不按工程质量保修书约定保修的，建设单位可以另行委托其他单位保修，由原施工单位承担相应责任。

第十三条 保修费用由质量缺陷的责任方承担。

第十四条 在保修期限内，因房屋建筑工程质量缺陷造成房屋所有人、使用人或者第三方人身、财产损害的，房屋所有人、使用人或者第三方可以向建设单位提出赔偿要求。建设单位向造成房屋建筑工程质量缺陷的责任方追偿。

第十五条 因保修不及时造成新的人身、财产损害，由造成拖延的责任方承担赔偿责任。

第十六条 房地产开发企业售出的商品房保修，还应当执行《城市房地产开发经营管理条例》和其他有关规定。

第十七条 下列情况不属于本办法规定的保修范围：

（一）因使用不当或者第三方造成的质量缺陷；

（二）不可抗力造成的质量缺陷。

第十八条 施工单位有下列行为之一的，由建设行政主管部门责令改正，并处 1 万元以上 3 万元以下的罚款。

（一）工程竣工验收后，不向建设单位出具质量保修书的；

（二）质量保修的内容、期限违反本办法规定的。

第十九条 施工单位不履行保修义务或者拖延履行保修义务的，由建设行政主管部门责令改正，处 10 万元以上 20 万元以下的罚款。

第二十条 军事建设工程的管理，按照中央军事委员会的有关规定执行。

第二十一条 本办法由国务院建设行政主管部门负责解释。

第二十二条 本办法自发布之日起施行。

建设工程监理范围和规模标准规定

（建设部令〔2001〕第 86 号）

第一条　为了确定必须实行监理的建设工程项目具体范围和规模标准,规范建设工程监理活动,根据《建设工程质量管理条例》,制定本规定。

第二条　下列建设工程必须实行监理:

（一）国家重点建设工程;

（二）大中型公用事业工程;

（三）成片开发建设的住宅小区工程;

（四）利用外国政府或者国际组织贷款、援助资金的工程;

（五）国家规定必须实行监理的其他工程。

第三条　国家重点建设工程,是指依据《国家重点建设项目管理办法》所确定的对国民经济和社会发展有重大影响的骨干项目。

第四条　大中型公用事业工程,是指项目总投资额在 3 000 万元以上的下列工程项目:

（一）供水、供电、供气、供热等市政工程项目;

（二）科技、教育、文化等项目;

（三）体育、旅游、商业等项目;

（四）卫生、社会福利等项目;

（五）其他公用事业项目。

第五条　成片开发建设的住宅小区工程,建筑面积在 5 万平方米以上的住宅建设工程必须实行监理;5 万平方米以下的住宅建设工程,可以实行监理,具体范围和规模标准,由省、自治区、直辖市人民政府建设行政主管部门规定。

为了保证住宅质量,对高层住宅及地基、结构复杂的多层住宅应当实行监理。

第六条　利用外国政府或者国际组织贷款、援助资金的工程范围包括:

（一）使用世界银行、亚洲开发银行等国际组织贷款资金的项目;

（二）使用国外政府及其机构贷款资金的项目;

（三）使用国际组织或者国外政府援助资金的项目。

第七条　国家规定必须实行监理的其他工程是指:

（一）项目总投资额在 3 000 万元以上关系社会公共利益、公众安全的下列基础设施项目:

（1）煤炭、石油、化工、天然气、电力、新能源等项目;

（2）铁路、公路、管道、水运、民航以及其他交通运输业等项目;

（3）邮政、电信枢纽、通信、信息网络等项目;

（4）防洪、灌溉、排涝、发电、引（供）水、滩涂治理、水资源保护、水土保持等水利建设项目;

（5）道路、桥梁、地铁和轻轨交通、污水排放及处理、垃圾处理、地下管道、公共停车场等城市基础设施项目;

（6）生态环境保护项目;

（7）其他基础设施项目。

（二）学校、影剧院、体育场馆项目。

第八条 务院建设行政主管部门商同国务院有关部门后,可以对本规定确定的必须实行监理的建设工程具体范围和规模标准进行调整。

第九条 本规定由国务院建设行政主管部门负责解释。

第十条 本规定自发布之日起施行。

住宅室内装饰装修管理办法

（建设部令〔2002〕第 110 号）

第一章 总 则

第一条 为加强住宅室内装饰装修管理,保证装饰装修工程质量和安全,维护公共安全和公众利益,根据有关法律、法规,制定本办法。

第二条 在城市从事住宅室内装饰装修活动,实施对住宅室内装饰装修活动的监督管理,应当遵守本办法。本办法所称住宅室内装饰装修,是指住宅竣工验收合格后,业主或者住宅使用人（以下简称装修人）对住宅室内进行装饰装修的建筑活动。

第三条 住宅室内装饰装修应当保证工程质量和安全,符合工程建设强制性标准。

第四条 国务院建设行政主管部门负责全国住宅室内装饰装修活动的管理工作。

省、自治区人民政府建设行政主管部门负责本行政区域内的住宅室内装饰装修活动的管理工作。

直辖市、市、县人民政府房地产行政主管部门负责本行政区域内的住宅室内装饰装修活动的管理工作。

第二章 一般规定

第五条 住宅室内装饰装修活动,禁止下列行为:

（一）未经原设计单位或者具有相应资质等级的设计单位提出设计方案,变动建筑主体和承重结构;

（二）将没有防水要求的房间或者阳台改为卫生间、厨房间;

（三）扩大承重墙上原有的门窗尺寸,拆除连接阳台的砖、混凝土墙体;

（四）损坏房屋原有节能设施,降低节能效果;

（五）其他影响建筑结构和使用安全的行为。

本办法所称建筑主体,是指建筑实体的结构构造,包括屋盖、楼盖、梁、柱、支撑、墙体、连接接点和基础等。

本办法所称承重结构,是指直接将本身自重与各种外加作用力系统地传递给基础地基的主要结构构件和其连接接点,包括承重墙体、立杆、柱、框架柱、支墩、楼板、梁、屋架、悬索等。

第六条 装修人从事住宅室内装饰装修活动,未经批准,不得有下列行为:

（一）搭建建筑物、构筑物;

（二）改变住宅外立面,在非承重外墙上开门、窗;

（三）拆改供暖管道和设施；

（四）拆改燃气管道和设施。

本条所列第（一）项、第（二）项行为，应当经城市规划行政主管部门批准；第（三）项行为，应当经供暖管理单位批准；第（四）项行为应当经燃气管理单位批准。

第七条 住宅室内装饰装修超过设计标准或者规范增加楼面荷载的，应当经原设计单位或者具有相应资质等级的设计单位提出设计方案。

第八条 改动卫生间、厨房间防水层的，应当按照防水标准制订施工方案，并做闭水试验。

第九条 装修人经原设计单位或者具有相应资质等级的设计单位提出设计方案变动建筑主体和承重结构的，或者装修活动涉及本办法第六条、第七条、第八条内容的，必须委托具有相应资质的装饰装修企业承担。

第十条 装饰装修企业必须按照工程建设强制性标准和其他技术标准施工，不得偷工减料，确保装饰装修工程质量。

第十一条 装饰装修企业从事住宅室内装饰装修活动，应当遵守施工安全操作规程，按照规定采取必要的安全防护和消防措施，不得擅自动用明火和进行焊接作业，保证作业人员和周围住房及财产的安全。

第十二条 装修人和装饰装修企业从事住宅室内装饰装修活动，不得侵占公共空间，不得损害公共部位和设施。

第三章 开工申报与监督

第十三条 装修人在住宅室内装饰装修工程开工前，应当向物业管理企业或者房屋管理机构（以下简称物业管理单位）申报登记。非业主的住宅使用人对住宅室内进行装饰装修，应当取得业主的书面同意。

第十四条 申报登记应当提交下列材料：

（一）房屋所有权证（或者证明其合法权益的有效凭证）；

（二）申请人身份证件；

（三）装饰装修方案；

（四）变动建筑主体或者承重结构的，需提交原设计单位或者具有相应资质等级的设计单位提出的设计方案；

（五）涉及本办法第六条行为的，需提交有关部门的批准文件，涉及本办法第七条、第八条行为的，需提交设计方案或者施工方案；

（六）委托装饰装修企业施工的，需提供该企业相关资质证书的复印件。

非业主的住宅使用人，还需提供业主同意装饰装修的书面证明。

第十五条 物业管理单位应当将住宅室内装饰装修工程的禁止行为和注意事项告知装修人和装修人委托的装饰装修企业。装修人对住宅进行装饰装修前，应当告知邻里。

第十六条 装修人，或者装修人和装饰装修企业，应当与物业管理单位签订住宅室内装饰装修管理服务协议。

住宅室内装饰装修管理服务协议应当包括下列内容：

（一）装饰装修工程的实施内容；

（二）装饰装修工程的实施期限；

（三）允许施工的时间；

（四）废弃物的清运与处置；

（五）住宅外立面设施及防盗窗的安装要求；

（六）禁止行为和注意事项；

（七）管理服务费用；

（八）违约责任；

（九）其他需要约定的事项。

第十七条 物业管理单位应当按照住宅室内装饰装修管理服务协议实施管理,发现装修人或者装饰装修企业有本办法第五条行为的,或者未经有关部门批准实施本办法第六条所列行为的,或者有违反本办法第七条、第八条、第九条规定行为的,应当立即制止；已造成事实后果或者拒不改正的,应当及时报告有关部门依法处理。对装修人或者装饰装修企业违反住宅室内装饰装修管理服务协议的,追究违约责任。

第十八条 有关部门接到物业管理单位关于装修人或者装饰装修企业有违反本办法行为的报告后,应当及时到现场检查核实,依法处理。

第十九条 禁止物业管理单位向装修人指派装饰装修企业或者强行推销装饰装修材料。

第二十条 装修人不得拒绝和阻碍物业管理单位依据住宅室内装饰装修管理服务协议的约定,对住宅室内装饰装修活动的监督检查。

第二十一条 任何单位和个人对住宅室内装饰装修中出现的影响公众利益的质量事故、质量缺陷以及其他影响周围住户正常生活的行为,都有权检举、控告、投诉。

第四章 委托与承接

第二十二条 承接住宅室内装饰装修工程的装饰装修企业,必须经建设行政主管部门资质审查,取得相应的建筑业企业资质证书,并在其资质等级许可的范围内承揽工程。

第二十三条 装修人委托企业承接其装饰装修工程的,应当选择具有相应资质等级的装饰装修企业。

第二十四条 装修人与装饰装修企业应当签订住宅室内装饰装修书面合同,明确双方的权利和义务。

住宅室内装饰装修合同应当包括下列主要内容：

（一）委托人和被委托人的姓名或者单位名称、住所地址、联系电话；

（二）住宅室内装饰装修的房屋间数、建筑面积,装饰装修的项目、方式、规格、质量要求以及质量验收方式；

（三）装饰装修工程的开工、竣工时间；

（四）装饰装修工程保修的内容、期限；

（五）装饰装修工程价格,计价和支付方式、时间；

（六）合同变更和解除的条件；

（七）违约责任及解决纠纷的途径；

（八）合同的生效时间；

（九）双方认为需要明确的其他条款。

第二十五条 住宅室内装饰装修工程发生纠纷的,可以协商或者调解解决。不愿协商、调解或者协商、调解不成的,可以依法申请仲裁或者向人民法院起诉。

第五章 室内环境质量

第二十六条 装饰装修企业从事住宅室内装饰装修活动,应当严格遵守规定的装饰装修施工时间,降低施工噪音,减少环境污染。

第二十七条 住宅室内装饰装修过程中所形成的各种固体、可燃液体等废物,应当按照规定的位置、方式和时间堆放和清运。严禁违反规定将各种固体、可燃液体等废物堆放于住宅垃圾道、楼道或者其他地方。

第二十八条 住宅室内装饰装修工程使用的材料和设备必须符合国家标准,有质量检验合格证明和有中文标识的产品名称、规格、型号、生产厂厂名、厂址等。禁止使用国家明令淘汰的建筑装饰装修材料和设备。

第二十九条 装修人委托企业对住宅室内进行装饰装修的,装饰装修工程竣工后,空气质量应当符合国家有关标准。装修人可以委托有资格的检测单位对空气质量进行检测。检测不合格的,装饰装修企业应当返工,并由责任人承担相应损失。

第六章 竣工验收与保修

第三十条 住宅室内装饰装修工程竣工后,装修人应当按照工程设计合同约定和相应的质量标准进行验收。验收合格后,装饰装修企业应当出具住宅室内装饰装修质量保修书。

物业管理单位应当按照装饰装修管理服务协议进行现场检查,对违反法律、法规和装饰装修管理服务协议的,应当要求装修人和装饰装修企业纠正,并将检查记录存档。

第三十一条 住宅室内装饰装修工程竣工后,装饰装修企业负责采购装饰装修材料及设备的,应当向业主提交说明书、保修单和环保说明书。

第三十二条 在正常使用条件下,住宅室内装饰装修工程的最低保修期限为二年,有防水要求的厨房、卫生间和外墙面的防渗漏为五年。保修期自住宅室内装饰装修工程竣工验收合格之日起计算。

第七章 法律责任

第三十三条 因住宅室内装饰装修活动造成相邻住宅的管道堵塞、渗漏水、停水停电、物品毁坏等,装修人应当负责修复和赔偿;属于装饰装修企业责任的,装修人可以向装饰装修企业追偿。

装修人擅自拆改供暖、燃气管道和设施造成损失的,由装修人负责赔偿。

第三十四条 装修人因住宅室内装饰装修活动侵占公共空间,对公共部位和设施造成损害的,由城市房地产行政主管部门责令改正,造成损失的,依法承担赔偿责任。

第三十五条 装修人未申报登记进行住宅室内装饰装修活动的,由城市房地产行政主管部门责令改正,处5百元以上1千元以下的罚款。

第三十六条 装修人违反本办法规定,将住宅室内装饰装修工程委托给不具有相应资质等级企业的,由城市房地产行政主管部门责令改正,处5百元以上1千元以下的罚款。

第三十七条 装饰装修企业自行采购或者向装修人推荐使用不符合国家标准的装饰装修材料,造成空气污染超标的,由城市房地产行政主管部门责令改正,造成损失的,依法承担赔偿责任。

第三十八条 住宅室内装饰装修活动有下列行为之一的,由城市房地产行政主管部门责令改正,并处罚款:

(一)将没有防水要求的房间或者阳台改为卫生间、厨房间的,或者拆除连接阳台的砖、混凝土墙体的,对装修人处5百元以上1千元以下的罚款,对装饰装修企业处1千元以上1万元以下的罚款;

(二)损坏房屋原有节能设施或者降低节能效果的,对装饰装修企业处1千元以上5千元以下的罚款;

(三)擅自拆改供暖、燃气管道和设施的,对装修人处5百元以上1千元以下的罚款;

(四)未经原设计单位或者具有相应资质等级的设计单位提出设计方案,擅自超过设计标准或者规范增加楼面荷载的,对装修人处5百元以上1千元以下的罚款,对装饰装修企业处1千元以上1万元以下的罚款。

第三十九条 未经城市规划行政主管部门批准,在住宅室内装饰装修活动中搭建建筑物、构筑物的,或者擅自改变住宅外立面、在非承重外墙上开门、窗的,由城市规划行政主管部门按照《城市规划法》及相关法规的规定处罚。

第四十条 装修人或者装饰装修企业违反《建设工程质量管理条例》的,由建设行政主管部门按照有关规定处罚。

第四十一条 装饰装修企业违反国家有关安全生产规定和安全生产技术规程,不按照规定采取必要的安全防护和消防措施,擅自动用明火作业和进行焊接作业的,或者对建筑安全事故隐患不采取措施予以消除的,由建设行政主管部门责令改正,并处1千元以上1万元以下的罚款;情节严重的,责令停业整顿,并处1万元以上3万元以下的罚款;造成重大安全事故的,降低资质等级或者吊销资质证书。

第四十二条 物业管理单位发现装修人或者装饰装修企业有违反本办法规定的行为不及时向有关部门报告的,由房地产行政主管部门给予警告,可处装饰装修管理服务协议约定的装饰装修管理服务费2～3倍的罚款。

第四十三条 有关部门的工作人员接到物业管理单位对装修人或者装饰装修企业违法行为的报告后,未及时处理,玩忽职守的,依法给予行政处分。

第八章 附 则

第四十四条 工程投资额在30万元以下或者建筑面积在300平方米以下,可以不申请办理施工许可证的非住宅装饰装修活动参照本办法执行。

第四十五条 住宅竣工验收合格前的装饰装修工程管理,按照《建设工程质量管理条例》执行。

第四十六条 省、自治区、直辖市人民政府建设行政主管部门可以依据本办法,制定实施细则。

第四十七条 本办法由国务院建设行政主管部门负责解释。

第四十八条 本办法自 2002 年 5 月 1 日起施行

建设领域推广应用新技术管理规定

（建设部令〔2001〕第 109 号）

第一条 为了促进建设科技成果推广转化，调整产业、产品结构，推动产业技术升级，提高建设工程质量，节约资源，保护和改善环境，根据《中华人民共和国促进科技成果转化法》、《建设工程质量管理条例》和有关法律、法规，制定本规定。

第二条 在建设领域推广应用新技术和限制、禁止使用落后技术的活动，适用本规定。

第三条 本规定所称的新技术，是指经过鉴定、评估的先进、成熟、适用的技术、材料、工艺、产品。

本规定所称限制、禁止使用的落后技术，是指已无法满足工程建设、城市建设、村镇建设等领域的使用要求，阻碍技术进步与行业发展，且已有替代技术，需要对其应用范围加以限制或者禁止使用的技术、材料、工艺和产品。

第四条 推广应用新技术和限制、禁止使用落后技术应当遵循有利于可持续发展、有利于行业科技进步和科技成果产业化、有利于产业技术升级以及有利于提高经济效益、社会效益和环境效益的原则。

推广应用新技术应当遵循自愿、互利、公平、诚实信用原则，依法或者依照合同的约定，享受利益，承担风险。

第五条 国务院建设行政主管部门负责管理全国建设领域推广应用新技术和限制、禁止使用落后技术工作。

县级以上地方人民政府建设行政主管部门负责管理本行政区域内建设领域推广应用新技术和限制、禁止使用落后技术工作。

第六条 推广应用新技术和限制、禁止使用落后技术的发布采取以下方式：

（一）《建设部重点实施技术》（以下简称《重点实施技术》）。由国务院建设行政主管部门根据产业优化升级的要求，选择技术成熟可靠，使用范围广，对建设行业技术进步有显著促进作用，需重点组织技术推广的技术领域，定期发布。

《重点实施技术》主要发布需重点组织技术推广的技术领域名称。

（二）《推广应用新技术和限制、禁止使用落后技术公告》（以下简称《技术公告》）。根据《重点实施技术》确定的技术领域和行业发展的需要，由国务院建设行政主管部门和省、自治区、直辖市人民政府建设行政主管部门分别组织编制，定期发布。

《技术公告》主要发布推广应用和限制、禁止使用的技术类别、主要技术指标和适用范围。

限制和禁止使用落后技术的内容，涉及国家发布的工程建设强制性标准的，应由国务院建设行政主管部门发布。

（三）《科技成果推广项目》（以下简称《推广项目》）。根据《技术公告》推广应用新技术的要求，由国务院建设行政主管部门和省、自治区、直辖市人民政府建设行政主管部门分别组织专家评选具有良好推广应用前景的科技成果，定期发布。

《推广项目》主要发布科技成果名称、适用范围和技术依托单位。其中，产品类科技成果发布其生产技术或者应用技术。

第七条　国务院建设行政主管部门发布的《重点实施技术》、《技术公告》和《推广项目》适用于全国或者规定的范围；省、自治区、直辖市人民政府建设行政主管部门发布的《技术公告》和《推广项目》适用于本行政区域或者本行政区域内规定的范围。

第八条　发布《技术公告》的建设行政主管部门，对于限制或者禁止使用的落后技术，应当及时修订有关的标准、定额，组织修编相应的标准图和相关计算机软件等，对该类技术及相关工作实施规范化管理。

第九条　国务院建设行政主管部门和省、自治区、直辖市人民政府建设行政主管部门应当制定推广应用新技术的政策措施和规划，组织重点实施技术示范工程，制定相应的标准规范，建立新技术产业化基地，培育建设技术市场，促进新技术的推广应用。

第十条　国家鼓励使用《推广项目》中的新技术，保护和支持各种合法形式的新技术推广应用活动。

第十一条　市、县人民政府建设行政主管部门应当制定相应的政策措施，选择适宜的工程项目，协助或者组织实施建设部和省、自治区、直辖市人民政府建设行政主管部门重点实施技术示范工程。

重点实施技术示范工程选用的新技术应当是《推广项目》发布的推广技术。

第十二条　县级以上人民政府建设行政主管部门应当积极鼓励和扶持建设科技中介服务机构从事新技术推广应用工作，充分发挥行业协会、学会的作用，开展新技术推广应用工作。

第十三条　城市规划、公用事业、工程勘察、工程设计、建筑施工、工程监理和房地产开发等单位，应当积极采用和支持应用发布的新技术，其应用新技术的业绩应当作为衡量企业技术进步的重要内容。

第十四条　县级以上人民政府建设行政主管部门，应当确定相应的机构和人员，负责新技术的推广应用、限制和禁止使用落后技术工作。

第十五条　从事新技术推广应用的有关人员应当具有一定的专业知识，或者接受相应的专业技术培训，掌握相关的知识和技能，具有较丰富的工程实践经验。

第十六条　对在推广应用新技术工作中作出突出贡献的单位和个人，其主管部门应当予以奖励。

第十七条　新技术的技术依托单位在推广应用过程中，应当提供配套的技术文件，采取有效措施做好技术服务，并在合同中约定质量指标。

第十八条　任何单位和个人不得超越范围应用限制使用的技术，不得应用禁止使用的技术。

第十九条　县级以上人民政府建设行政主管部门应当加强对有关单位执行《技术公告》的监督管理，对明令限制或者禁止使用的内容，应当采取有效措施限制或者禁止使用。

第二十条　违反本规定应用限制或者禁止使用的落后技术并违反工程建设强制性标准的，依据《建设工程质量管理条例》进行处罚。

第二十一条　省、自治区、直辖市人民政府建设行政主管部门可以依据本规定制定实施细则。

第二十二条　本规定由国务院建设行政主管部门负责解释。

第二十三条　本规定自发布之日起施行。

注册监理工程师管理规定

（建设部令〔2006〕第 147 号）

第一章　总　则

第一条　为了加强对注册监理工程师的管理，维护公共利益和建筑市场秩序，提高工程监理质量与水平，根据《中华人民共和国建筑法》、《建设工程质量管理条例》等法律法规，制定本规定。

第二条　中华人民共和国境内注册监理工程师的注册、执业、继续教育和监督管理，适用本规定。

第三条　本规定所称注册监理工程师，是指经考试取得中华人民共和国监理工程师资格证书（以下简称资格证书），并按照本规定注册，取得中华人民共和国注册监理工程师注册执业证书（以下简称注册证书）和执业印章，从事工程监理及相关业务活动的专业技术人员。

未取得注册证书和执业印章的人员，不得以注册监理工程师的名义从事工程监理及相关业务活动。

第四条　国务院建设主管部门对全国注册监理工程师的注册、执业活动实施统一监督管理。

县级以上地方人民政府建设主管部门对本行政区域内的注册监理工程师的注册、执业活动实施监督管理。

第二章　注　册

第五条　注册监理工程师实行注册执业管理制度。

取得资格证书的人员，经过注册方能以注册监理工程师的名义执业。

第六条　注册监理工程师依据其所学专业、工作经历、工程业绩，按照《工程监理企业资质管理规定》划分的工程类别，按专业注册。每人最多可以申请两个专业注册。

第七条　取得资格证书的人员申请注册，由省、自治区、直辖市人民政府建设主管部门初审，国务院建设主管部门审批。

取得资格证书并受聘于一个建设工程勘察、设计、施工、监理、招标代理、造价咨询等单位的人员，应当通过聘用单位向单位工商注册所在地的省、自治区、直辖市人民政府建设主管部门提出注册申请；省、自治区、直辖市人民政府建设主管部门受理后提出初审意见，并将初审意见和全部申报材料报国务院建设主管部门审批；符合条件的，由国务院建设主管部门核发注册证书和执业印章。

第八条　省、自治区、直辖市人民政府建设主管部门在收到申请人的申请材料后，应当即时作出是否受理的决定，并向申请人出具书面凭证；申请材料不齐全或者不符合法定形式的，应当在 5 日内一次性告知申请人需要补正的全部内容。逾期不告知的，自收到申请材料之日起即为受理。

对申请初始注册的，省、自治区、直辖市人民政府建设主管部门应当自受理申请之日起20 日内审查完毕，并将申请材料和初审意见报国务院建设主管部门。国务院建设主管部门自收到省、自治区、直辖市人民政府建设主管部门上报材料之日起,应当在 20 日内审批完毕并作出书面决定,并自作出决定之日起 10 日内,在公众媒体上公告审批结果。

对申请变更注册、延续注册的,省、自治区、直辖市人民政府建设主管部门应当自受理申请之日起 5 日内审查完毕,并将申请材料和初审意见报国务院建设主管部门。国务院建设主管部门自收到省、自治区、直辖市人民政府建设主管部门上报材料之日起,应当在 10 日内审批完毕并作出书面决定。

对不予批准的,应当说明理由,并告知申请人享有依法申请行政复议或者提起行政诉讼的权利。

第九条 注册证书和执业印章是注册监理工程师的执业凭证,由注册监理工程师本人保管、使用。

注册证书和执业印章的有效期为 3 年。

第十条 初始注册者,可自资格证书签发之日起 3 年内提出申请。逾期未申请者,须符合继续教育的要求后方可申请初始注册。

申请初始注册,应当具备以下条件:

(一)经全国注册监理工程师执业资格统一考试合格,取得资格证书;

(二)受聘于一个相关单位;

(三)达到继续教育要求;

(四)没有本规定第十三条所列情形。

初始注册需要提交下列材料:

(一)申请人的注册申请表;

(二)申请人的资格证书和身份证复印件;

(三)申请人与聘用单位签订的聘用劳动合同复印件;

(四)所学专业、工作经历、工程业绩、工程类中级及中级以上职称证书等有关证明材料;

(五)逾期初始注册的,应当提供达到继续教育要求的证明材料。

第十一条 注册监理工程师每一注册有效期为 3 年,注册有效期满需继续执业的,应当在注册有效期满 30 日前,按照本规定第七条规定的程序申请延续注册。延续注册有效期 3 年。延续注册需要提交下列材料:

(一)申请人延续注册申请表;

(二)申请人与聘用单位签订的聘用劳动合同复印件;

(三)申请人注册有效期内达到继续教育要求的证明材料。

第十二条 在注册有效期内,注册监理工程师变更执业单位,应当与原聘用单位解除劳动关系,并按本规定第七条规定的程序办理变更注册手续,变更注册后仍延续原注册有效期。

变更注册需要提交下列材料:

(一)申请人变更注册申请表;

(二)申请人与新聘用单位签订的聘用劳动合同复印件;

(三)申请人的工作调动证明(与原聘用单位解除聘用劳动合同或者聘用劳动合同到期的证明文件、退休人员的退休证明)。

第十三条 申请人有下列情形之一的,不予初始注册、延续注册或者变更注册:

(一)不具有完全民事行为能力的;

(二)刑事处罚尚未执行完毕或者因从事工程监理或者相关业务受到刑事处罚,自刑事处罚执行完毕之日起至申请注册之日止不满 2 年的;

(三)未达到监理工程师继续教育要求的;

(四)在两个或者两个以上单位申请注册的;

(五)以虚假的职称证书参加考试并取得资格证书的;

(六)年龄超过 65 周岁的;

(七)法律、法规规定不予注册的其他情形。

第十四条 注册监理工程师有下列情形之一的,其注册证书和执业印章失效:

(一)聘用单位破产的;

(二)聘用单位被吊销营业执照的;

(三)聘用单位被吊销相应资质证书的;

(四)已与聘用单位解除劳动关系的;

(五)注册有效期满且未延续注册的;

(六)年龄超过 65 周岁的;

(七)死亡或者丧失行为能力的;

(八)其他导致注册失效的情形。

第十五条 注册监理工程师有下列情形之一的,负责审批的部门应当办理注销手续,收回注册证书和执业印章或者公告其注册证书和执业印章作废:

(一)不具有完全民事行为能力的;

(二)申请注销注册的;

(三)有本规定第十四条所列情形发生的;

(四)依法被撤销注册的;

(五)依法被吊销注册证书的;

(六)受到刑事处罚的;

(七)法律、法规规定应当注销注册的其他情形。

注册监理工程师有前款情形之一的,注册监理工程师本人和聘用单位应当及时向国务院建设主管部门提出注销注册的申请;有关单位和个人有权向国务院建设主管部门举报;县级以上地方人民政府建设主管部门或者有关部门应当及时报告或者告知国务院建设主管部门。

第十六条 被注销注册者或者不予注册者,在重新具备初始注册条件,并符合继续教育要求后,可以按照本规定第七条规定的程序重新申请注册。

第三章 执 业

第十七条 取得资格证书的人员,应当受聘于一个具有建设工程勘察、设计、施工、监理、招标代理、造价咨询等一项或者多项资质的单位,经注册后方可从事相应的执业活动。从事工程监理执业活动的,应当受聘并注册于一个具有工程监理资质的单位。

第十八条 注册监理工程师可以从事工程监理、工程经济与技术咨询、工程招标与采购咨询、工程项目管理服务以及国务院有关部门规定的其他业务。

第十九条 工程监理活动中形成的监理文件由注册监理工程师按照规定签字盖章后方可生效。

第二十条 修改经注册监理工程师签字盖章的工程监理文件,应当由该注册监理工程师进行;因特殊情况,该注册监理工程师不能进行修改的,应当由其他注册监理工程师修改,并签字、加盖执业印章,对修改部分承担责任。

第二十一条 注册监理工程师从事执业活动,由所在单位接受委托并统一收费。

第二十二条 因工程监理事故及相关业务造成的经济损失,聘用单位应当承担赔偿责任;聘用单位承担赔偿责任后,可依法向负有过错的注册监理工程师追偿。

第四章 继续教育

第二十三条 注册监理工程师在每一注册有效期内应当达到国务院建设主管部门规定的继续教育要求。继续教育作为注册监理工程师逾期初始注册、延续注册和重新申请注册的条件之一。

第二十四条 继续教育分为必修课和选修课,在每一注册有效期内各为 48 学时。

第五章 权利和义务

第二十五条 注册监理工程师享有下列权利:

(一)使用注册监理工程师称谓;

(二)在规定范围内从事执业活动;

(三)依据本人能力从事相应的执业活动;

(四)保管和使用本人的注册证书和执业印章;

(五)对本人执业活动进行解释和辩护;

(六)接受继续教育;

(七)获得相应的劳动报酬;

(八)对侵犯本人权利的行为进行申诉。

第二十六条 注册监理工程师应当履行下列义务:

(一)遵守法律、法规和有关管理规定;

(二)履行管理职责,执行技术标准、规范和规程;

(三)保证执业活动成果的质量,并承担相应责任;

(四)接受继续教育,努力提高执业水准;

(五)在本人执业活动所形成的工程监理文件上签字、加盖执业印章;

(六)保守在执业中知悉的国家秘密和他人的商业、技术秘密;

(七)不得涂改、倒卖、出租、出借或者以其他形式非法转让注册证书或者执业印章;

(八)不得同时在两个或者两个以上单位受聘或者执业;

(九)在规定的执业范围和聘用单位业务范围内从事执业活动;

(十)协助注册管理机构完成相关工作。

第六章　法律责任

第二十七条　隐瞒有关情况或者提供虚假材料申请注册的,建设主管部门不予受理或者不予注册,并给予警告,1年之内不得再次申请注册。

第二十八条　以欺骗、贿赂等不正当手段取得注册证书的,由国务院建设主管部门撤销其注册,3年内不得再次申请注册,并由县级以上地方人民政府建设主管部门处以罚款,其中没有违法所得的,处以1万元以下罚款,有违法所得的,处以违法所得3倍以下且不超过3万元的罚款;构成犯罪的,依法追究刑事责任。

第二十九条　违反本规定,未经注册,擅自以注册监理工程师的名义从事工程监理及相关业务活动的,由县级以上地方人民政府建设主管部门给予警告,责令停止违法行为,处以3万元以下罚款;造成损失的,依法承担赔偿责任。

第三十条　违反本规定,未办理变更注册仍执业的,由县级以上地方人民政府建设主管部门给予警告,责令限期改正;逾期不改的,可处以5000元以下的罚款。

第三十一条　注册监理工程师在执业活动中有下列行为之一的,由县级以上地方人民政府建设主管部门给予警告,责令其改正,没有违法所得的,处以1万元以下罚款,有违法所得的,处以违法所得3倍以下且不超过3万元的罚款;造成损失的,依法承担赔偿责任;构成犯罪的,依法追究刑事责任:

(一) 以个人名义承接业务的;

(二) 涂改、倒卖、出租、出借或者以其他形式非法转让注册证书或者执业印章的;

(三) 泄露执业中应当保守的秘密并造成严重后果的;

(四) 超出规定执业范围或者聘用单位业务范围从事执业活动的;

(五) 弄虚作假提供执业活动成果的;

(六) 同时受聘于两个或者两个以上的单位,从事执业活动的;

(七) 其他违反法律、法规、规章的行为。

第三十二条　有下列情形之一的,国务院建设主管部门依据职权或者根据利害关系人的请求,可以撤销监理工程师注册:

(一) 工作人员滥用职权、玩忽职守颁发注册证书和执业印章的;

(二) 超越法定职权颁发注册证书和执业印章的;

(三) 违反法定程序颁发注册证书和执业印章的;

(四) 对不符合法定条件的申请人颁发注册证书和执业印章的;

(五) 依法可以撤销注册的其他情形。

第三十三条　县级以上人民政府建设主管部门的工作人员,在注册监理工程师管理工作中,有下列情形之一的,依法给予处分;构成犯罪的,依法追究刑事责任:

(一) 对不符合法定条件的申请人颁发注册证书和执业印章的;

(二) 对符合法定条件的申请人不予颁发注册证书和执业印章的;

(三) 对符合法定条件的申请人未在法定期限内颁发注册证书和执业印章的;

(四) 对符合法定条件的申请不予受理或者未在法定期限内初审完毕的;

(五) 利用职务上的便利,收受他人财物或者其他好处的;

(六) 不依法履行监督管理职责,或者发现违法行为不予查处的。

第七章 附 则

第三十四条 注册监理工程师资格考试工作按照国务院建设主管部门、国务院人事主管部门的有关规定执行。

第三十五条 香港特别行政区、澳门特别行政区、台湾地区及外籍专业技术人员,申请参加注册监理工程师注册和执业的管理办法另行制定。

第三十六条 本规定自 2006 年 4 月 1 日起施行。1992 年 6 月 4 日建设部颁布的《监理工程师资格考试和注册试行办法》(建设部令第 18 号)同时废止。

工程监理企业资质管理规定

(建设部令〔2007〕第 158 号)

第一章 总 则

第一条 为了加强工程监理企业资质管理,规范建设工程监理活动,维护建筑市场秩序,根据《中华人民共和国建筑法》《中华人民共和国行政许可法》《建设工程质量管理条例》等法律、行政法规,制定本规定。

第二条 在中华人民共和国境内从事建设工程监理活动,申请工程监理企业资质,实施对工程监理企业资质监督管理,适用本规定。

第三条 从事建设工程监理活动的企业,应当按照本规定取得工程监理企业资质,并在工程监理企业资质证书(以下简称资质证书)许可的范围内从事工程监理活动。

第四条 国务院建设主管部门负责全国工程监理企业资质的统一监督管理工作。国务院铁路、交通、水利、信息产业、民航等有关部门配合国务院建设主管部门实施相关资质类别工程监理企业资质的监督管理工作。

省、自治区、直辖市人民政府建设主管部门负责本行政区域内工程监理企业资质的统一监督管理工作。省、自治区、直辖市人民政府交通、水利、信息产业等有关部门配合同级建设主管部门实施相关资质类别工程监理企业资质的监督管理工作。

第五条 工程监理行业组织应当加强工程监理行业自律管理。

鼓励工程监理企业加入工程监理行业组织。

第二章 资质等级和业务范围

第六条 工程监理企业资质分为综合资质、专业资质和事务所资质。其中,专业资质按照工程性质和技术特点划分为若干工程类别。

综合资质、事务所资质不分级别。专业资质分为甲级、乙级;其中,房屋建筑、水利水电、公路和市政公用专业资质可设立丙级。

第七条 工程监理企业的资质等级标准如下:

(一)综合资质标准

1. 具有独立法人资格且注册资本不少于 600 万元。

2. 企业技术负责人应为注册监理工程师,并具有 15 年以上从事工程建设工作的经历或者具有工程类高级职称。

3. 具有 5 个以上工程类别的专业甲级工程监理资质。

4. 注册监理工程师不少于 60 人,注册造价工程师不少于 5 人,一级注册建造师、一级注册建筑师、一级注册结构工程师或者其他勘察设计注册工程师合计不少于 15 人次。

5. 企业具有完善的组织结构和质量管理体系,有健全的技术、档案等管理制度。

6. 企业具有必要的工程试验检测设备。

7. 申请工程监理资质之日前一年内没有本规定第十六条禁止的行为。

8. 申请工程监理资质之日前一年内没有因本企业监理责任造成重大质量事故。

9. 申请工程监理资质之日前一年内没有因本企业监理责任发生三级以上工程建设重大安全事故或者发生两起以上四级工程建设安全事故。

(二)专业资质标准

1. 甲级

(1)具有独立法人资格且注册资本不少于 300 万元。

(2)企业技术负责人应为注册监理工程师,并具有 15 年以上从事工程建设工作的经历或者具有工程类高级职称。

(3)注册监理工程师、注册造价工程师、一级注册建造师、一级注册建筑师、一级注册结构工程师或者其他勘察设计注册工程师合计不少于 25 人次;其中,相应专业注册监理工程师不少于《专业资质注册监理工程师人数配备表》(附表 1)中要求配备的人数,注册造价工程师不少于 2 人。

(4)企业近 2 年内独立监理过 3 个以上相应专业的二级工程项目,但是,具有甲级设计资质或一级及以上施工总承包资质的企业申请本专业工程类别甲级资质的除外。

(5)企业具有完善的组织结构和质量管理体系,有健全的技术、档案等管理制度。

(6)企业具有必要的工程试验检测设备。

(7)申请工程监理资质之日前一年内没有本规定第十六条禁止的行为。

(8)申请工程监理资质之日前一年内没有因本企业监理责任造成重大质量事故。

(9)申请工程监理资质之日前一年内没有因本企业监理责任发生三级以上工程建设重大安全事故或者发生两起以上四级工程建设安全事故。

2. 乙级

(1)具有独立法人资格且注册资本不少于 100 万元。

(2)企业技术负责人应为注册监理工程师,并具有 10 年以上从事工程建设工作的经历。

(3)注册监理工程师、注册造价工程师、一级注册建造师、一级注册建筑师、一级注册结构工程师或者其他勘察设计注册工程师合计不少于 15 人次。其中,相应专业注册监理工程师不少于《专业资质注册监理工程师人数配备表》(附表 1)中要求配备的人数,注册造价工程师不少于 1 人。

(4)有较完善的组织结构和质量管理体系,有技术、档案等管理制度。

(5)有必要的工程试验检测设备。

(6)申请工程监理资质之日前一年内没有本规定第十六条禁止的行为。

(7)申请工程监理资质之日前一年内没有因本企业监理责任造成重大质量事故。

(8)申请工程监理资质之日前一年内没有因本企业监理责任发生三级以上工程建设重

大安全事故或者发生两起以上四级工程建设安全事故。

3．丙级

（1）具有独立法人资格且注册资本不少于 50 万元。

（2）企业技术负责人应为注册监理工程师，并具有 8 年以上从事工程建设工作的经历。

（3）相应专业的注册监理工程师不少于《专业资质注册监理工程师人数配备表》（附表1）中要求配备的人数。

（4）有必要的质量管理体系和规章制度。

（5）有必要的工程试验检测设备。

（三）事务所资质标准

1．取得合伙企业营业执照，具有书面合作协议书。

2．合伙人中有 3 名以上注册监理工程师，合伙人均有 5 年以上从事建设工程监理的工作经历。

3．有固定的工作场所。

4．有必要的质量管理体系和规章制度。

5．有必要的工程试验检测设备。

第八条　工程监理企业资质相应许可的业务范围如下：

（一）综合资质

可以承担所有专业工程类别建设工程项目的工程监理业务。

（二）专业资质

1．专业甲级资质

可承担相应专业工程类别建设工程项目的工程监理业务（见附表2）。

2．专业乙级资质：

可承担相应专业工程类别二级以下（含二级）建设工程项目的工程监理业务（见附表2）。

3．专业丙级资质：

可承担相应专业工程类别三级建设工程项目的工程监理业务（见附表2）。

（三）事务所资质

可承担三级建设工程项目的工程监理业务（见附表2），但是，国家规定必须实行强制监理的工程除外。

工程监理企业可以开展相应类别建设工程的项目管理、技术咨询等业务。

第三章　资质申请和审批

第九条　申请综合资质、专业甲级资质的，应当向企业工商注册所在地的省、自治区、直辖市人民政府建设主管部门提出申请。

省、自治区、直辖市人民政府建设主管部门应当自受理申请之日起 20 日内初审完毕，并将初审意见和申请材料报国务院建设主管部门。

国务院建设主管部门应当自省、自治区、直辖市人民政府建设主管部门受理申请材料之日起 60 日内完成审查，公示审查意见，公示时间为 10 日。其中，涉及铁路、交通、水利、通信、民航等专业工程监理资质的，由国务院建设主管部门送国务院有关部门审核。国务院有关部门应当在 20 日内审核完毕，并将审核意见报国务院建设主管部门。国务院建设主管部门根据初审意见审批。

第十条　专业乙级、丙级资质和事务所资质由企业所在地省、自治区、直辖市人民政府建设主管部门审批。

专业乙级、丙级资质和事务所资质许可、延续的实施程序由省、自治区、直辖市人民政府建设主管部门依法确定。

省、自治区、直辖市人民政府建设主管部门应当自作出决定之日起10日内，将准予资质许可的决定报国务院建设主管部门备案。

第十一条　工程监理企业资质证书分为正本和副本，每套资质证书包括一本正本，四本副本。正、副本具有同等法律效力。

工程监理企业资质证书的有效期为5年。

工程监理企业资质证书由国务院建设主管部门统一印制并发放。

第十二条　申请工程监理企业资质，应当提交以下材料：

（一）工程监理企业资质申请表（一式三份）及相应电子文档；

（二）企业法人、合伙企业营业执照；

（三）企业章程或合伙人协议；

（四）企业法定代表人、企业负责人和技术负责人的身份证明、工作简历及任命（聘用）文件；

（五）工程监理企业资质申请表中所列注册监理工程师及其他注册执业人员的注册执业证书；

（六）有关企业质量管理体系、技术和档案等管理制度的证明材料；

（七）有关工程试验检测设备的证明材料。

取得专业资质的企业申请晋升专业资质等级或者取得专业甲级资质的企业申请综合资质的，除前款规定的材料外，还应当提交企业原工程监理企业资质证书正、副本复印件，企业《监理业务手册》及近两年已完成代表工程的监理合同、监理规划、工程竣工验收报告及监理工作总结。

第十三条　资质有效期届满，工程监理企业需要继续从事工程监理活动的，应当在资质证书有效期届满60日前，向原资质许可机关申请办理延续手续。

对在资质有效期内遵守有关法律、法规、规章、技术标准，信用档案中无不良记录，且专业技术人员满足资质标准要求的企业，经资质许可机关同意，有效期延续5年。

第十四条　工程监理企业在资质证书有效期内名称、地址、注册资本、法定代表人等发生变更的，应当在工商行政管理部门办理变更手续后30日内办理资质证书变更手续。

涉及综合资质、专业甲级资质证书中企业名称变更的，由国务院建设主管部门负责办理，并自受理申请之日起3日内办理变更手续。

前款规定以外的资质证书变更手续，由省、自治区、直辖市人民政府建设主管部门负责办理。省、自治区、直辖市人民政府建设主管部门应当自受理申请之日起3日内办理变更手续，并在办理资质证书变更手续后15日内将变更结果报国务院建设主管部门备案。

第十五条　申请资质证书变更，应当提交以下材料：

（一）资质证书变更的申请报告；

（二）企业法人营业执照副本原件；

（三）工程监理企业资质证书正、副本原件。

工程监理企业改制的，除前款规定材料外，还应当提交企业职工代表大会或股东大会关于企业改制或股权变更的决议、企业上级主管部门关于企业申请改制的批复文件。

第十六条 工程监理企业不得有下列行为：

（一）与建设单位串通投标或者与其他工程监理企业串通投标，以行贿手段谋取中标；

（二）与建设单位或者施工单位串通弄虚作假、降低工程质量；

（三）将不合格的建设工程、建筑材料、建筑构配件和设备按照合格签字；

（四）超越本企业资质等级或以其他企业名义承揽监理业务；

（五）允许其他单位或个人以本企业的名义承揽工程；

（六）将承揽的监理业务转包；

（七）在监理过程中实施商业贿赂；

（八）涂改、伪造、出借、转让工程监理企业资质证书；

（九）其他违反法律法规的行为。

第十七条 工程监理企业合并的，合并后存续或者新设立的工程监理企业可以承继合并前各方中较高的资质等级，但应当符合相应的资质等级条件。

工程监理企业分立的，分立后企业的资质等级，根据实际达到的资质条件，按照本规定的审批程序核定。

第十八条 企业需增补工程监理企业资质证书的（含增加、更换、遗失补办），应当持资质证书增补申请及电子文档等材料向资质许可机关申请办理。遗失资质证书的，在申请补办前应当在公众媒体刊登遗失声明。资质许可机关应当自受理申请之日起 3 日内予以办理。

第四章 监督管理

第十九条 县级以上人民政府建设主管部门和其他有关部门应当依照有关法律、法规和本规定，加强对工程监理企业资质的监督管理。

第二十条 建设主管部门履行监督检查职责时，有权采取下列措施：

（一）要求被检查单位提供工程监理企业资质证书、注册监理工程师注册执业证书，有关工程监理业务的文档，有关质量管理、安全生产管理、档案管理等企业内部管理制度的文件；

（二）进入被检查单位进行检查，查阅相关资料；

（三）纠正违反有关法律、法规和本规定及有关规范和标准的行为。

第二十一条 建设主管部门进行监督检查时，应当有两名以上监督检查人员参加，并出示执法证件，不得妨碍被检查单位的正常经营活动，不得索取或者收受财物、谋取其他利益。

有关单位和个人对依法进行的监督检查应当协助与配合，不得拒绝或者阻挠。

监督检查机关应当将监督检查的处理结果向社会公布。

第二十二条 工程监理企业违法从事工程监理活动的，违法行为发生地的县级以上地方人民政府建设主管部门应当依法查处，并将违法事实、处理结果或处理建议及时报告该工程监理企业资质的许可机关。

第二十三条　工程监理企业取得工程监理企业资质后不再符合相应资质条件的,资质许可机关根据利害关系人的请求或者依据职权,可以责令其限期改正;逾期不改的,可以撤回其资质。

第二十四条　有下列情形之一的,资质许可机关或者其上级机关,根据利害关系人的请求或者依据职权,可以撤销工程监理企业资质:

(一)资质许可机关工作人员滥用职权、玩忽职守作出准予工程监理企业资质许可的;

(二)超越法定职权作出准予工程监理企业资质许可的;

(三)违反资质审批程序作出准予工程监理企业资质许可的;

(四)对不符合许可条件的申请人作出准予工程监理企业资质许可的;

(五)依法可以撤销资质证书的其他情形。

以欺骗、贿赂等不正当手段取得工程监理企业资质证书的,应当予以撤销。

第二十五条　有下列情形之一的,工程监理企业应当及时向资质许可机关提出注销资质的申请,交回资质证书,国务院建设主管部门应当办理注销手续,公告其资质证书作废:

(一)资质证书有效期届满,未依法申请延续的;

(二)工程监理企业依法终止的;

(三)工程监理企业资质依法被撤销、撤回或吊销的;

(四)法律、法规规定的应当注销资质的其他情形。

第二十六条　工程监理企业应当按照有关规定,向资质许可机关提供真实、准确、完整的工程监理企业的信用档案信息。

工程监理企业的信用档案应当包括基本情况、业绩、工程质量和安全、合同违约等情况。被投诉举报和处理、行政处罚等情况应当作为不良行为记入其信用档案。

工程监理企业的信用档案信息按照有关规定向社会公示,公众有权查阅。

第五章　法律责任

第二十七条　申请人隐瞒有关情况或者提供虚假材料申请工程监理企业资质的,资质许可机关不予受理或者不予行政许可,并给予警告,申请人在1年内不得再次申请工程监理企业资质。

第二十八条　以欺骗、贿赂等不正当手段取得工程监理企业资质证书的,由县级以上地方人民政府建设主管部门或者有关部门给予警告,并处1万元以上2万元以下的罚款,申请人3年内不得再次申请工程监理企业资质。

第二十九条　工程监理企业有本规定第十六条第七项、第八项行为之一的,由县级以上地方人民政府建设主管部门或者有关部门予以警告,责令其改正,并处1万元以上3万元以下的罚款;造成损失的,依法承担赔偿责任;构成犯罪的,依法追究刑事责任。

第三十条　违反本规定,工程监理企业不及时办理资质证书变更手续的,由资质许可机关责令限期办理;逾期不办理的,可处以1千元以上1万元以下的罚款。

第三十一条　工程监理企业未按照本规定要求提供工程监理企业信用档案信息的,由县级以上地方人民政府建设主管部门予以警告,责令限期改正;逾期未改正的,可处以1千元以上1万元以下的罚款。

第三十二条　县级以上地方人民政府建设主管部门依法给予工程监理企业行政处罚

的,应当将行政处罚决定以及给予行政处罚的事实、理由和依据,报国务院建设主管部门备案。

第三十三条 县级以上人民政府建设主管部门及有关部门有下列情形之一的,由其上级行政主管部门或者监察机关责令改正,对直接负责的主管人员和其他直接责任人员依法给予处分;构成犯罪的,依法追究刑事责任:

(一)对不符合本规定条件的申请人准予工程监理企业资质许可的;

(二)对符合本规定条件的申请人不予工程监理企业资质许可或者不在法定期限内作出准予许可决定的;

(三)对符合法定条件的申请不予受理或者未在法定期限内初审完毕的;

(四)利用职务上的便利,收受他人财物或者其他好处的;

(五)不依法履行监督管理职责或者监督不力,造成严重后果的。

第六章 附 则

第三十四条 本规定自 2007 年 8 月 1 日起施行。2001 年 8 月 29 日建设部颁布的《工程监理企业资质管理规定》(建设部令第 102 号)同时废止。

附件:1. 专业资质注册监理工程师人数配备表(略)

2. 专业工程类别和等级表(略)

建筑业企业资质管理规定

(建设部令〔2007〕第 159 号)

第一章 总 则

第一条 为了加强对建筑活动的监督管理,维护公共利益和建筑市场秩序,保证建设工程质量安全,根据《中华人民共和国建筑法》、《中华人民共和国行政许可法》、《建设工程质量管理条例》、《建设工程安全生产管理条例》等法律、行政法规,制定本规定。

第二条 在中华人民共和国境内申请建筑业企业资质,实施对建筑业企业资质监督管理,适用本规定。

本规定所称建筑业企业,是指从事土木工程、建筑工程、线路管道设备安装工程、装修工程的新建、扩建、改建等活动的企业。

第三条 建筑业企业应当按照其拥有的注册资本、专业技术人员、技术装备和已完成的建筑工程业绩等条件申请资质,经审查合格,取得建筑业企业资质证书后,方可在资质许可的范围内从事建筑施工活动。

第四条 国务院建设主管部门负责全国建筑业企业资质的统一监督管理。国务院铁路、交通、水利、信息产业、民航等有关部门配合国务院建设主管部门实施相关资质类别建筑业企业资质的管理工作。

省、自治区、直辖市人民政府建设主管部门负责本行政区域内建筑业企业资质的统一监督管理。省、自治区、直辖市人民政府交通、水利、信息产业等有关部门配合同级建设主管部门实施本行政区域内相关资质类别建筑业企业资质的管理工作。

第二章　资质序列、类别和等级

第五条　建筑业企业资质分为施工总承包、专业承包和劳务分包三个序列。

第六条　取得施工总承包资质的企业(以下简称施工总承包企业),可以承接施工总承包工程。施工总承包企业可以对所承接的施工总承包工程内各专业工程全部自行施工,也可以将专业工程或劳务作业依法分包给具有相应资质的专业承包企业或劳务分包企业。

取得专业承包资质的企业(以下简称专业承包企业),可以承接施工总承包企业分包的专业工程和建设单位依法发包的专业工程。专业承包企业可以对所承接的专业工程全部自行施工,也可以将劳务作业依法分包给具有相应资质的劳务分包企业。

取得劳务分包资质的企业(以下简称劳务分包企业),可以承接施工总承包企业或专业承包企业分包的劳务作业。

第七条　施工总承包资质、专业承包资质、劳务分包资质序列按照工程性质和技术特点分别划分为若干资质类别。各资质类别按照规定的条件划分为若干资质等级。

第八条　建筑业企业资质等级标准和各类别等级资质企业承担工程的具体范围,由国务院建设主管部门会同国务院有关部门制定。

第三章　资质许可

第九条　下列建筑业企业资质的许可,由国务院建设主管部门实施:

(一)施工总承包序列特级资质、一级资质;

(二)国务院国有资产管理部门直接监管的企业及其下属一层级的企业的施工总承包二级资质、三级资质;

(三)水利、交通、信息产业方面的专业承包序列一级资质;

(四)铁路、民航方面的专业承包序列一级、二级资质;

(五)公路交通工程专业承包不分等级资质、城市轨道交通专业承包不分等级资质。

申请前款所列资质的,应当向企业工商注册所在地省、自治区、直辖市人民政府建设主管部门提出申请。其中,国务院国有资产管理部门直接监管的企业及其下属一层级的企业,应当由国务院国有资产管理部门直接监管的企业向国务院建设主管部门提出申请。

省、自治区、直辖市人民政府建设主管部门应当自受理申请之日起 20 日内初审完毕并将初审意见和申请材料报国务院建设主管部门。

国务院建设主管部门应当自省、自治区、直辖市人民政府建设主管部门受理申请材料之日起 60 日内完成审查,公示审查意见,公示时间为 10 日。其中,涉及铁路、交通、水利、信息产业、民航等方面的建筑业企业资质,由国务院建设主管部门送国务院有关部门审核,国务院有关部门在 20 日内审核完毕,并将审核意见送国务院建设主管部门。

第十条　下列建筑业企业资质许可,由企业工商注册所在地省、自治区、直辖市人民政府建设主管部门实施:

(一)施工总承包序列二级资质(不含国务院国有资产管理部门直接监管的企业及其下属一层级的企业的施工总承包序列二级资质);

(二)专业承包序列一级资质(不含铁路、交通、水利、信息产业、民航方面的专业承包序列一级资质);

（三）专业承包序列二级资质（不含民航、铁路方面的专业承包序列二级资质）；

（四）专业承包序列不分等级资质（不含公路交通工程专业承包序列和城市轨道交通专业承包序列的不分等级资质）。

前款规定的建筑业企业资质许可的实施程序由省、自治区、直辖市人民政府建设主管部门依法确定。

省、自治区、直辖市人民政府建设主管部门应当自作出决定之日起 30 日内，将准予资质许可的决定报国务院建设主管部门备案。

第十一条 下列建筑业企业资质许可，由企业工商注册所在地设区的市人民政府建设主管部门实施：

（一）施工总承包序列三级资质（不含国务院国有资产管理部门直接监管的企业及其下属一层级的企业的施工总承包三级资质）；

（二）专业承包序列三级资质；

（三）劳务分包序列资质；

（四）燃气燃烧器具安装、维修企业资质。

前款规定的建筑业企业资质许可的实施程序由省、自治区、直辖市人民政府建设主管部门依法确定。

企业工商注册所在地设区的市人民政府建设主管部门应当自作出决定之日起 30 日内，将准予资质许可的决定通过省、自治区、直辖市人民政府建设主管部门，报国务院建设主管部门备案。

第十二条 建筑业企业资质证书分为正本和副本，正本一份，副本若干份，由国务院建设主管部门统一印制，正、副本具备同等法律效力。资质证书有效期为 5 年。

第十三条 建筑业企业可以申请一项或多项建筑业企业资质；申请多项建筑业企业资质的，应当选择等级最高的一项资质为企业主项资质。

第十四条 首次申请或者增项申请建筑业企业资质，应当提交以下材料：

（一）建筑业企业资质申请表及相应的电子文档；

（二）企业法人营业执照副本；

（三）企业章程；

（四）企业负责人和技术、财务负责人的身份证明、职称证书、任职文件及相关资质标准要求提供的材料；

（五）建筑业企业资质申请表中所列注册执业人员的身份证明、注册执业证书；

（六）建筑业企业资质标准要求的非注册的专业技术人员的职称证书、身份证明及养老保险凭证；

（七）部分资质标准要求企业必须具备的特殊专业技术人员的职称证书、身份证明及养老保险凭证；

（八）建筑业企业资质标准要求的企业设备、厂房的相应证明；

（九）建筑业企业安全生产条件有关材料；

（十）资质标准要求的其他有关材料。

第十五条 建筑业企业申请资质升级的，应当提交以下材料：

（一）本规定第十四条第（一）、（二）、（四）、（五）、（六）、（八）、（十）项所列资料；

（二）企业原资质证书副本复印件；

（三）企业年度财务、统计报表；

（四）企业安全生产许可证副本；

（五）满足资质标准要求的企业工程业绩的相关证明材料。

第十六条 资质有效期届满，企业需要延续资质证书有效期的，应当在资质证书有效期届满 60 日前，申请办理资质延续手续。

对在资质有效期内遵守有关法律、法规、规章、技术标准，信用档案中无不良行为记录，且注册资本、专业技术人员满足资质标准要求的企业，经资质许可机关同意，有效期延续 5 年。

第十七条 建筑业企业在资质证书有效期内名称、地址、注册资本、法定代表人等发生变更的，应当在工商部门办理变更手续后 30 日内办理资质证书变更手续。

由国务院建设主管部门颁发的建筑业企业资质证书，涉及企业名称变更的，应当向企业工商注册所在地省、自治区、直辖市人民政府建设主管部门提出变更申请，省、自治区、直辖市人民政府建设主管部门应当自受理申请之日起 2 日内将有关变更证明材料报国务院建设主管部门，由国务院建设主管部门在 2 日内办理变更手续。

前款规定以外的资质证书变更手续，由企业工商注册所在地的省、自治区、直辖市人民政府建设主管部门或者设区的市人民政府建设主管部门负责办理。省、自治区、直辖市人民政府建设主管部门或者设区的市人民政府建设主管部门应当自受理申请之日起 2 日内办理变更手续，并在办理资质证书变更手续后 15 日内将变更结果报国务院建设主管部门备案。

涉及铁路、交通、水利、信息产业、民航等方面的建筑业企业资质证书的变更，办理变更手续的建设主管部门应当将企业资质变更情况告知同级有关部门。

第十八条 申请资质证书变更，应当提交以下材料：

（一）资质证书变更申请；

（二）企业法人营业执照复印件；

（三）建筑业企业资质证书正、副本原件；

（四）与资质变更事项有关的证明材料。

企业改制的，除提供前款规定资料外，还应当提供改制重组方案、上级资产管理部门或者股东大会的批准决定、企业职工代表大会同意改制重组的决议。

第十九条 企业首次申请、增项申请建筑业企业资质，不考核企业工程业绩，其资质等级按照最低资质等级核定。

已取得工程设计资质的企业首次申请同类别或相近类别的建筑业企业资质的，可以将相应规模的工程总承包业绩作为工程业绩予以申报，但申请资质等级最高不超过其现有工程设计资质等级。

第二十条 企业合并的，合并后存续或者新设立的建筑业企业可以承继合并前各方中较高的资质等级，但应当符合相应的资质等级条件。

企业分立的，分立后企业的资质等级，根据实际达到的资质条件，按照本规定的审批程序核定。

企业改制的，改制后不再符合资质标准的，应按其实际达到的资质标准及本规定申请重新核定；资质条件不发生变化的，按本规定第十八条办理。

第二十一条 取得建筑业企业资质的企业,申请资质升级、资质增项,在申请之日起前一年内有下列情形之一的,资质许可机关不予批准企业的资质升级申请和增项申请:

(一)超越本企业资质等级或以其他企业的名义承揽工程,或允许其他企业或个人以本企业的名义承揽工程的;

(二)与建设单位或企业之间相互串通投标,或以行贿等不正当手段谋取中标的;

(三)未取得施工许可证擅自施工的;

(四)将承包的工程转包或违法分包的;

(五)违反国家工程建设强制性标准的;

(六)发生过较大生产安全事故或者发生过两起以上一般生产安全事故的;

(七)恶意拖欠分包企业工程款或者农民工工资的;

(八)隐瞒或谎报、拖延报告工程质量安全事故或破坏事故现场、阻碍对事故调查的;

(九)按照国家法律、法规和标准规定需要持证上岗的技术工种的作业人员未取得证书上岗,情节严重的;

(十)未依法履行工程质量保修义务或拖延履行保修义务,造成严重后果的;

(十一)涂改、倒卖、出租、出借或者以其他形式非法转让建筑业企业资质证书;

(十二)其他违反法律、法规的行为。

第二十二条 企业领取新的建筑业企业资质证书时,应当将原资质证书交回原发证机关予以注销。

企业需增补(含增加、更换、遗失补办)建筑业企业资质证书的,应当持资质证书增补申请等材料向资质许可机关申请办理。遗失资质证书的,在申请补办前应当在公众媒体上刊登遗失声明。资质许可机关应当在2日内办理完毕。

第四章 监督管理

第二十三条 县级以上人民政府建设主管部门和其他有关部门应当依照有关法律、法规和本规定,加强对建筑业企业资质的监督管理。

上级建设主管部门应当加强对下级建设主管部门资质管理工作的监督检查,及时纠正资质管理中的违法行为。

第二十四条 建设主管部门、其他有关部门履行监督检查职责时,有权采取下列措施:

(一)要求被检查单位提供建筑业企业资质证书、注册执业人员的注册执业证书,有关施工业务的文档,有关质量管理、安全生产管理、档案管理、财务管理等企业内部管理制度的文件;

(二)进入被检查单位进行检查,查阅相关资料;

(三)纠正违反有关法律、法规和本规定及有关规范和标准的行为。

建设主管部门、其他有关部门依法对企业从事行政许可事项的活动进行监督检查时,应当将监督检查情况和处理结果予以记录,由监督检查人员签字后归档。

第二十五条 建设主管部门、其他有关部门在实施监督检查时,应当有两名以上监督检查人员参加,并出示执法证件,不得妨碍企业正常的生产经营活动,不得索取或者收受企业的财物,不得谋取其他利益。

有关单位和个人对依法进行的监督检查应当协助与配合,不得拒绝或者阻挠。

监督检查机关应当将监督检查的处理结果向社会公布。

　　第二十六条　建筑业企业违法从事建筑活动的,违法行为发生地的县级以上地方人民政府建设主管部门或者其他有关部门应当依法查处,并将违法事实、处理结果或处理建议及时告知该建筑业企业的资质许可机关。

　　第二十七条　企业取得建筑业企业资质后不再符合相应资质条件的,建设主管部门、其他有关部门根据利害关系人的请求或者依据职权,可以责令其限期改正;逾期不改的,资质许可机关可以撤回其资质。被撤回建筑业企业资质的企业,可以申请资质许可机关按照其实际达到的资质标准,重新核定资质。

　　第二十八条　有下列情形之一的,资质许可机关或者其上级机关,根据利害关系人的请求或者依据职权,可以撤销建筑业企业资质:

　　(一)资质许可机关工作人员滥用职权、玩忽职守作出准予建筑业企业资质许可的;

　　(二)超越法定职权作出准予建筑业企业资质许可的;

　　(三)违反法定程序作出准予建筑业企业资质许可的;

　　(四)对不符合许可条件的申请人作出准予建筑业企业资质许可的;

　　(五)依法可以撤销资质证书的其他情形。

　　以欺骗、贿赂等不正当手段取得建筑业企业资质证书的,应当予以撤销。

　　第二十九条　有下列情形之一的,资质许可机关应当依法注销建筑业企业资质,并公告其资质证书作废,建筑业企业应当及时将资质证书交回资质许可机关:

　　(一)资质证书有效期届满,未依法申请延续的;

　　(二)建筑业企业依法终止的;

　　(三)建筑业企业资质依法被撤销、撤回或吊销的;

　　(四)法律、法规规定的应当注销资质的其他情形。

　　第三十条　有关部门应当将监督检查情况和处理意见及时告知资质许可机关。资质许可机关应当将涉及有关铁路、交通、水利、信息产业、民航等方面的建筑业企业资质被撤回、撤销和注销的情况告知同级有关部门。

　　第三十一条　企业应当按照有关规定,向资质许可机关提供真实、准确、完整的企业信用档案信息。

　　企业的信用档案应当包括企业基本情况、业绩、工程质量和安全、合同履约等情况。被投诉举报和处理、行政处罚等情况应当作为不良行为记入其信用档案。

　　企业的信用档案信息按照有关规定向社会公示。

第五章　法律责任

　　第三十二条　申请人隐瞒有关情况或者提供虚假材料申请建筑业企业资质的,不予受理或者不予行政许可,并给予警告,申请人在1年内不得再次申请建筑业企业资质。

　　第三十三条　以欺骗、贿赂等不正当手段取得建筑业企业资质证书的,由县级以上地方人民政府建设主管部门或者有关部门给予警告,并依法处以罚款,申请人3年内不得再次申请建筑业企业资质。

　　第三十四条　建筑业企业有本规定第二十一条行为之一,《中华人民共和国建筑法》、《建设工程质量管理条例》和其他有关法律、法规对处罚机关和处罚方式有规定的,依照法律、法规的规定执行;法律、法规未作规定的,由县级以上地方人民政府建设主管部门或者其他有关部门给予警告,责令改正,并处 1 万元以上 3 万元以下的罚款。

第三十五条 建筑业企业未按照本规定及时办理资质证书变更手续的,由县级以上地方人民政府建设主管部门责令限期办理;逾期不办理的,可处以 1 000 元以上 1 万元以下的罚款。

第三十六条 建筑业企业未按照本规定要求提供建筑业企业信用档案信息的,由县级以上地方人民政府建设主管部门或者其他有关部门给予警告,责令限期改正;逾期未改正的,可处以 1 000 元以上 1 万元以下的罚款。

第三十七条 县级以上地方人民政府建设主管部门依法给予建筑业企业行政处罚的,应当将行政处罚决定以及给予行政处罚的事实、理由和依据,报国务院建设主管部门备案。

第三十八条 建设主管部门及其工作人员,违反本规定,有下列情形之一的,由其上级行政机关或者监察机关责令改正;情节严重的,对直接负责的主管人员和其他直接责任人员,依法给予行政处分:

(一)对不符合条件的申请人准予建筑业企业资质许可的;

(二)对符合条件的申请人不予建筑业企业资质许可或者不在法定期限内作出准予许可决定的;

(三)对符合条件的申请不予受理或者未在法定期限内初审完毕的;

(四)利用职务上的便利,收受他人财物或者其他好处的;

(五)不依法履行监督管理职责或者监督不力,造成严重后果的。

第六章 附 则

第三十九条 取得建筑业企业资质证书的企业,可以从事资质许可范围相应等级的建设工程总承包业务,可以从事项目管理和相关的技术与管理服务。

第四十条 本规定自 2007 年 9 月 1 日起施行。2001 年 4 月 18 日建设部颁布的《建筑业企业资质管理规定》(建设部令第 87 号)同时废止。

建设工程勘察设计资质管理规定

(建设部令〔2007〕第 160 号)

第一章 总 则

第一条 为了加强对建设工程勘察、设计活动的监督管理,保证建设工程勘察、设计质量,根据《中华人民共和国行政许可法》、《中华人民共和国建筑法》、《建设工程质量管理条例》和《建设工程勘察设计管理条例》等法律、行政法规,制定本规定。

第二条 在中华人民共和国境内申请建设工程勘察、工程设计资质,实施对建设工程勘察、工程设计资质的监督管理,适用本规定。

第三条 从事建设工程勘察、工程设计活动的企业,应当按照其拥有的注册资本、专业技术人员、技术装备和勘察设计业绩等条件申请资质,经审查合格,取得建设工程勘察、工程设计资质证书后,方可在资质许可的范围内从事建设工程勘察、工程设计活动。

第四条　国务院建设主管部门负责全国建设工程勘察、工程设计资质的统一监督管理。国务院铁路、交通、水利、信息产业、民航等有关部门配合国务院建设主管部门实施相应行业的建设工程勘察、工程设计资质管理工作。

省、自治区、直辖市人民政府建设主管部门负责本行政区域内建设工程勘察、工程设计资质的统一监督管理。省、自治区、直辖市人民政府交通、水利、信息产业等有关部门配合同级建设主管部门实施本行政区域内相应行业的建设工程勘察、工程设计资质管理工作。

第二章　资质分类和分级

第五条　工程勘察资质分为工程勘察综合资质、工程勘察专业资质、工程勘察劳务资质。

工程勘察综合资质只设甲级;工程勘察专业资质设甲级、乙级,根据工程性质和技术特点,部分专业可以设丙级;工程勘察劳务资质不分等级。

取得工程勘察综合资质的企业,可以承接各专业(海洋工程勘察除外)、各等级工程勘察业务;取得工程勘察专业资质的企业,可以承接相应等级相应专业的工程勘察业务;取得工程勘察劳务资质的企业,可以承接岩土工程治理、工程钻探、凿井等工程勘察劳务业务。

第六条　工程设计资质分为工程设计综合资质、工程设计行业资质、工程设计专业资质和工程设计专项资质。

工程设计综合资质只设甲级;工程设计行业资质、工程设计专业资质、工程设计专项资质设甲级、乙级。

根据工程性质和技术特点,个别行业、专业、专项资质可以设丙级,建筑工程专业资质可以设丁级。

取得工程设计综合资质的企业,可以承接各行业、各等级的建设工程设计业务;取得工程设计行业资质的企业,可以承接相应行业相应等级的工程设计业务及本行业范围内同级别的相应专业、专项(设计施工一体化资质除外)工程设计业务;取得工程设计专业资质的企业,可以承接本专业相应等级的专业工程设计业务及同级别的相应专项工程设计业务(设计施工一体化资质除外);取得工程设计专项资质的企业,可以承接本专项相应等级的专项工程设计业务。

第七条　建设工程勘察、工程设计资质标准和各资质类别、级别企业承担工程的具体范围由国务院建设主管部门商国务院有关部门制定。

第三章　资质申请和审批

第八条　申请工程勘察甲级资质、工程设计甲级资质,以及涉及铁路、交通、水利、信息产业、民航等方面的工程设计乙级资质的,应当向企业工商注册所在地的省、自治区、直辖市人民政府建设主管部门提出申请。其中,国务院国资委管理的企业应当向国务院建设主管部门提出申请;国务院国资委管理的企业下属一层级的企业申请资质,应当由国务院国资委管理的企业向国务院建设主管部门提出申请。

省、自治区、直辖市人民政府建设主管部门应当自受理申请之日起 20 日内初审完毕,并将初审意见和申请材料报国务院建设主管部门。

国务院建设主管部门应当自省、自治区、直辖市人民政府建设主管部门受理申请材料之日起 60 日内完成审查，公示审查意见，公示时间为 10 日。其中，涉及铁路、交通、水利、信息产业、民航等方面的工程设计资质，由国务院建设主管部门送国务院有关部门审核，国务院有关部门在 20 日内审核完毕，并将审核意见送国务院建设主管部门。

第九条　工程勘察乙级及以下资质、劳务资质、工程设计乙级（涉及铁路、交通、水利、信息产业、民航等方面的工程设计乙级资质除外）及以下资质许可由省、自治区、直辖市人民政府建设主管部门实施。具体实施程序由省、自治区、直辖市人民政府建设主管部门依法确定。

省、自治区、直辖市人民政府建设主管部门应当自作出决定之日起 30 日内，将准予资质许可的决定报国务院建设主管部门备案。

第十条　工程勘察、工程设计资质证书分为正本和副本，正本一份，副本六份，由国务院建设主管部门统一印制，正、副本具备同等法律效力。资质证书有效期为 5 年。

第十一条　企业首次申请工程勘察、工程设计资质，应当提供以下材料：

（一）工程勘察、工程设计资质申请表；

（二）企业法人、合伙企业营业执照副本复印件；

（三）企业章程或合伙人协议；

（四）企业法定代表人、合伙人的身份证明；

（五）企业负责人、技术负责人的身份证明、任职文件、毕业证书、职称证书及相关资质标准要求提供的材料；

（六）工程勘察、工程设计资质申请表中所列注册执业人员的身份证明、注册执业证书；

（七）工程勘察、工程设计资质标准要求的非注册专业技术人员的职称证书、毕业证书、身份证明及个人业绩材料；

（八）工程勘察、工程设计资质标准要求的注册执业人员、其他专业技术人员与原聘用单位解除聘用劳动合同的证明及新单位的聘用劳动合同；

（九）资质标准要求的其他有关材料。

第十二条　企业申请资质升级应当提交以下材料：

（一）本规定第十一条第（一）、（二）、（五）、（六）、（七）、（九）项所列资料；

（二）工程勘察、工程设计资质标准要求的非注册专业技术人员与本单位签订的劳动合同及社保证明；

（三）原工程勘察、工程设计资质证书副本复印件；

（四）满足资质标准要求的企业工程业绩和个人工程业绩。

第十三条　企业增项申请工程勘察、工程设计资质，应当提交下列材料：

（一）本规定第十一条所列（一）、（二）、（五）、（六）、（七）、（九）的资料；

（二）工程勘察、工程设计资质标准要求的非注册专业技术人员与本单位签订的劳动合同及社保证明；

（三）原资质证书正、副本复印件；

（四）满足相应资质标准要求的个人工程业绩证明。

第十四条　资质有效期届满，企业需要延续资质证书有效期的，应当在资质证书有效期届满 60 日前,向原资质许可机关提出资质延续申请。

对在资质有效期内遵守有关法律、法规、规章、技术标准,信用档案中无不良行为记录,且专业技术人员满足资质标准要求的企业,经资质许可机关同意,有效期延续 5 年。

第十五条　企业在资质证书有效期内名称、地址、注册资本、法定代表人等发生变更的,应当在工商部门办理变更手续后 30 日内办理资质证书变更手续。

取得工程勘察甲级资质、工程设计甲级资质,以及涉及铁路、交通、水利、信息产业、民航等方面的工程设计乙级资质的企业,在资质证书有效期内发生企业名称变更的,应当向企业工商注册所在地省、自治区、直辖市人民政府建设主管部门提出变更申请,省、自治区、直辖市人民政府建设主管部门应当自受理申请之日起 2 日内将有关变更证明材料报国务院建设主管部门,由国务院建设主管部门在 2 日内办理变更手续。

前款规定以外的资质证书变更手续,由企业工商注册所在地的省、自治区、直辖市人民政府建设主管部门负责办理。省、自治区、直辖市人民政府建设主管部门应当自受理申请之日起 2 日内办理变更手续,并在办理资质证书变更手续后 15 日内将变更结果报国务院建设主管部门备案。

涉及铁路、交通、水利、信息产业、民航等方面的工程设计资质的变更,国务院建设主管部门应当将企业资质变更情况告知国务院有关部门。

第十六条　企业申请资质证书变更,应当提交以下材料:

(一)资质证书变更申请;

(二)企业法人、合伙企业营业执照副本复印件;

(三)资质证书正、副本原件;

(四)与资质变更事项有关的证明材料。

企业改制的,除提供前款规定资料外,还应当提供改制重组方案、上级资产管理部门或者股东大会的批准决定、企业职工代表大会同意改制重组的决议。

第十七条　企业首次申请、增项申请工程勘察、工程设计资质,其申请资质等级最高不超过乙级,且不考核企业工程勘察、工程设计业绩。

已具备施工资质的企业首次申请同类别或相近类别的工程勘察、工程设计资质的,可以将相应规模的工程总承包业绩作为工程业绩予以申报。其申请资质等级最高不超过其现有施工资质等级。

第十八条　企业合并的,合并后存续或者新设立的企业可以承继合并前各方中较高的资质等级,但应当符合相应的资质标准条件。

企业分立的,分立后企业的资质按照资质标准及本规定的审批程序核定。

企业改制的,改制后不再符合资质标准的,应按其实际达到的资质标准及本规定重新核定;资质条件不发生变化的,按本规定第十六条办理。

第十九条　从事建设工程勘察、设计活动的企业,申请资质升级、资质增项,在申请之日起前一年内有下列情形之一的,资质许可机关不予批准企业的资质升级申请和增项申请:

(一)企业相互串通投标或者与招标人串通投标承揽工程勘察、工程设计业务的;

(二)将承揽的工程勘察、工程设计业务转包或违法分包的;

(三)注册执业人员未按照规定在勘察设计文件上签字的;

（四）违反国家工程建设强制性标准的；

（五）因勘察设计原因造成过重大生产安全事故的；

（六）设计单位未根据勘察成果文件进行工程设计的；

（七）设计单位违反规定指定建筑材料、建筑构配件的生产厂、供应商的；

（八）无工程勘察、工程设计资质或者超越资质等级范围承揽工程勘察、工程设计业务的；

（九）涂改、倒卖、出租、出借或者以其他形式非法转让资质证书的；

（十）允许其他单位、个人以本单位名义承揽建设工程勘察、设计业务的；

（十一）其他违反法律、法规行为的。

第二十条 企业在领取新的工程勘察、工程设计资质证书的同时,应当将原资质证书交回原发证机关予以注销。

企业需增补（含增加、更换、遗失补办）工程勘察、工程设计资质证书的,应当持资质证书增补申请等材料向资质许可机关申请办理。遗失资质证书的,在申请补办前应当在公众媒体上刊登遗失声明。资质许可机关应当在2日内办理完毕。

第四章 监督与管理

第二十一条 国务院建设主管部门对全国的建设工程勘察、设计资质实施统一的监督管理。国务院铁路、交通、水利、信息产业、民航等有关部门配合国务院建设主管部门对相应的行业资质进行监督管理。

县级以上地方人民政府建设主管部门负责对本行政区域内的建设工程勘察、设计资质实施监督管理。县级以上人民政府交通、水利、信息产业等有关部门配合同级建设主管部门对相应的行业资质进行监督管理。

上级建设主管部门应当加强对下级建设主管部门资质管理工作的监督检查,及时纠正资质管理中的违法行为。

第二十二条 建设主管部门、有关部门履行监督检查职责时,有权采取下列措施:

（一）要求被检查单位提供工程勘察、设计资质证书、注册执业人员的注册执业证书,有关工程勘察、设计业务的文档,有关质量管理、安全生产管理、档案管理、财务管理等企业内部管理制度的文件;

（二）进入被检查单位进行检查,查阅相关资料;

（三）纠正违反有关法律、法规和本规定及有关规范和标准的行为。

建设主管部门、有关部门依法对企业从事行政许可事项的活动进行监督检查时,应当将监督检查情况和处理结果予以记录,由监督检查人员签字后归档。

第二十三条 建设主管部门、有关部门在实施监督检查时,应当有两名以上监督检查人员参加,并出示执法证件,不得妨碍企业正常的生产经营活动,不得索取或者收受企业的财物,不得谋取其他利益。

有关单位和个人对依法进行的监督检查应当协助与配合,不得拒绝或者阻挠。

监督检查机关应当将监督检查的处理结果向社会公布。

第二十四条 企业违法从事工程勘察、工程设计活动的,其违法行为发生地的建设主管部门应当依法将企业的违法事实、处理结果或处理建议告知该企业的资质许可机关。

第二十五条　企业取得工程勘察、设计资质后，不再符合相应资质条件的，建设主管部门、有关部门根据利害关系人的请求或者依据职权，可以责令其限期改正；逾期不改的，资质许可机关可以撤回其资质。

第二十六条　有下列情形之一的，资质许可机关或者其上级机关，根据利害关系人的请求或者依据职权，可以撤销工程勘察、工程设计资质：

（一）资质许可机关工作人员滥用职权、玩忽职守作出准予工程勘察、工程设计资质许可的；

（二）超越法定职权作出准予工程勘察、工程设计资质许可；

（三）违反资质审批程序作出准予工程勘察、工程设计资质许可的；

（四）对不符合许可条件的申请人作出工程勘察、工程设计资质许可的；

（五）依法可以撤销资质证书的其他情形。

以欺骗、贿赂等不正当手段取得工程勘察、工程设计资质证书的，应当予以撤销。

第二十七条　有下列情形之一的，企业应当及时向资质许可机关提出注销资质的申请，交回资质证书，资质许可机关应当办理注销手续，公告其资质证书作废：

（一）资质证书有效期届满未依法申请延续的；

（二）企业依法终止的；

（三）资质证书依法被撤销、撤回，或者吊销的；

（四）法律、法规规定的应当注销资质的其他情形。

第二十八条　有关部门应当将监督检查情况和处理意见及时告知建设主管部门。资质许可机关应当将涉及铁路、交通、水利、信息产业、民航等方面的资质被撤回、撤销和注销的情况及时告知有关部门。

第二十九条　企业应当按照有关规定，向资质许可机关提供真实、准确、完整的企业信用档案信息。

企业的信用档案应当包括企业基本情况、业绩、工程质量和安全、合同违约等情况。被投诉举报和处理、行政处罚等情况应当作为不良行为记入其信用档案。

企业的信用档案信息按照有关规定向社会公示。

第五章　法律责任

第三十条　企业隐瞒有关情况或者提供虚假材料申请资质的，资质许可机关不予受理或者不予行政许可，并给予警告，该企业在1年内不得再次申请该资质。

第三十一条　企业以欺骗、贿赂等不正当手段取得资质证书的，由县级以上地方人民政府建设主管部门或者有关部门给予警告，并依法处以罚款；该企业在3年内不得再次申请该资质。

第三十二条　企业不及时办理资质证书变更手续的，由资质许可机关责令限期办理；逾期不办理的，可处以1 000元以上1万元以下的罚款。

第三十三条　企业未按照规定提供信用档案信息的，由县级以上地方人民政府建设主管部门给予警告，责令限期改正；逾期未改正的，可处以1 000元以上1万元以下的罚款。

第三十四条　涂改、倒卖、出租、出借或者以其他形式非法转让资质证书的，由县级以上地方人民政府建设主管部门或者有关部门给予警告，责令改正，并处以1万元以上3万元以下的罚款;造成损失的,依法承担赔偿责任;构成犯罪的,依法追究刑事责任。

第三十五条 县级以上地方人民政府建设主管部门依法给予工程勘察、设计企业行政处罚的,应当将行政处罚决定以及给予行政处罚的事实、理由和依据,报国务院建设主管部门备案。

第三十六条 建设主管部门及其工作人员,违反本规定,有下列情形之一的,由其上级行政机关或者监察机关责令改正;情节严重的,对直接负责的主管人员和其他直接责任人员,依法给予行政处分:

(一)对不符合条件的申请人准予工程勘察、设计资质许可的;

(二)对符合条件的申请人不予工程勘察、设计资质许可或者未在法定期限内作出许可决定的;

(三)对符合条件的申请不予受理或者未在法定期限内初审完毕的;

(四)利用职务上的便利,收受他人财物或者其他好处的;

(五)不依法履行监督职责或者监督不力,造成严重后果的。

第六章 附 则

第三十七条 本规定所称建设工程勘察包括建设工程项目的岩土工程、水文地质、工程测量、海洋工程勘察等。

第三十八条 本规定所称建设工程设计是指:

(一)建设工程项目的主体工程和配套工程[含厂(矿)区内的自备电站、道路、专用铁路、通信、各种管网管线和配套的建筑物等全部配套工程]以及与主体工程、配套工程相关的工艺、土木、建筑、环境保护、水土保持、消防、安全、卫生、节能、防雷、抗震、照明工程等的设计。

(二)建筑工程建设用地规划许可证范围内的室外工程设计、建筑物构筑物设计、民用建筑修建的地下工程设计及住宅小区、工厂厂前区、工厂生活区、小区规划设计及单体设计等,以及上述建筑工程所包含的相关专业的设计内容(包括总平面布置、竖向设计、各类管网管线设计、景观设计、室内外环境设计及建筑装饰、道路、消防、安保、通信、防雷、人防、供配电、照明、废水治理、空调设施、抗震加固等)。

第三十九条 取得工程勘察、工程设计资质证书的企业,可以从事资质证书许可范围内相应的建设工程总承包业务,可以从事工程项目管理和相关的技术与管理服务。

第四十条 本规定自 2007 年 9 月 1 日起实施。2001 年 7 月 25 日建设部颁布的《建设工程勘察设计企业资质管理规定》(建设部令第 93 号)同时废止。

加强工程建设实施和工程质量管理工作指导意见

(中治工发〔2009〕6 号)

根据《关于开展工程建设领域突出问题专项治理工作的意见》(中办发〔2009〕27 号)和《工程建设领域突出问题专项治理工作实施方案》(中治工发〔2009〕2 号)精神,现就加强工程建设实施和工程质量管理工作,提出如下意见。

一、工作目标

以政府投资和使用国有资金项目特别是扩大内需项目为重点，对 2008 年以来规模以上的投资项目工程建设实施和工程质量管理情况进行全面排查，加强过程监管，用 2 年左右的时间，着重解决工程建设项目标后监管薄弱、转包和违法分包、不履行监理责任、建设质量低劣和质量责任不落实等突出问题，强化建设单位和施工总承包企业主体责任，完善法规制度，保证工程建设质量。

二、具体措施和责任单位

按照国务院职责分工和项目审批权限，发展改革委、环境保护部、国资委及有关部门依据相关法律法规负责指导；按照行业管理原则、项目属地管理原则，根据行业分工，铁路、交通、水利、通信、电力、房屋建筑和市政工程的质量安全责任分别由铁道、交通运输、水利、工业和信息化、电监会、住房城乡建设等相关部门分工牵头负责。

（一）加强工程建设实施过程的管理

1. 加强实施过程的程序管理。严格执行《建筑法》、《合同法》、《建设工程质量管理条例》等相关法律法规，认真落实市场准入退出、工程建设强制性标准、施工许可和开工报告、合同管理、质量监督和竣工验收备案等制度，切实防止不履行法定建设程序情况的发生。

2. 加强对工程建设的合同管理。推行按照项目属地和行业管理原则建立合同备案制度，各地主管部门要加强对项目勘察设计、监理、施工总承包、分包及劳务等主要合同的管理，建立健全合同订立和履约监管机制，动态掌握合同履约情况，强化对合同重大变更的备案管理，促进当事人提高依法办事的合同履约意识，提高合同履行水平，防范转包、违法分包行为。

3. 严格依法查处转包和违法分包行为。有关部门要加强对工程建设实施过程的监管，对于发现的转包和违法分包行为，要依法加大处罚力度，并追究有关责任单位和责任人的责任，同时记入建筑市场信用记录，对存在转包和违法分包行为的单位公开向社会曝光。

4. 完善劳务分包制度。积极发展成建制劳务企业，建筑劳务作业实行企业化管理，劳务企业雇用农民工要"先培训、后上岗"，要依法与农民工签订劳动合同，禁止非法人组织承揽劳务作业，提高劳务队伍职业素质，保障工程质量和安全。对于使用非劳务企业形式从事劳务作业的总包企业，有关部门要加强对其用工行为的监管，检查其与农民工劳动合同的签订情况。

（二）加强工程质量管理

1. 提高工程质量责任意识。严格落实工程建设有关各方责任主体和注册执业人员的质量责任，建立各负其责、齐抓共管的工程质量责任约束机制，有效保障工程质量。落实工程质量终身责任制，各方责任主体以及质量检测、工程监测等有关单位的工作人员和注册执业人员，造成重大工程质量事故的，即使离开原单位，仍应依法承担法律责任。

2. 落实建设单位的责任。建设单位是项目实施管理总牵头单位，要根据设计、施工方案，组织设计、施工、监理等单位，定期对项目实施情况进行实地检查并及时解决问题，加强质量管理。建设单位不得将建设工程肢解发包，不得迫使承包方以低于成本的价格竞标，不得明示或暗示施工单位使用不合格建筑材料、建筑构配件和设备，不得明示或暗示施工队伍挂靠承包，不得以低于国家取费标准签订监理合同。对于发现存在以上行为的项目，有关部门要依法责令改正、严肃查处。

3. 落实施工总承包企业责任。总包企业应严格按照法律法规及合同的约定承担施工总承包的责任，按照合同约定设立现场管理机构，配备全套管理人员。要按照设计图纸和技术标准施工，严格执行质量安全要求，认真落实质量安全防护措施。总包企业分包工程及变更项目经理需经建设单位书面同意，并报项目所在地建设、交通、水利等主管部门备案。

4. 规范监理企业和监理人员行为。监理企业要建立质量安全管理制度体系，选派有资格的总监理工程师和监理人员进驻施工现场，保证专业配套、人员到位。要严格按照法律法规、工程建设强制性标准、监理规范和监理合同，认真履行职责。未经监理工程师签字，建筑材料、构配件和设备不得在工程上使用或者安装，施工单位不得进行下一道工序的施工。未经总监理工程师签字，建设单位不拨付工程款，不进行竣工验收。严禁索贿受贿，严禁转让监理业务。

5. 推动《建设工程质量管理条例》尽快修订，创新质量监管体制机制。进一步落实各方的责任，增强法规的可操作性，完善质量保险、施工图审查、质量检测、竣工验收、质量保修等工程质量监督管理制度。改革工程质量监管机制，明确监督机构的职责和定位，改进监督方式方法，强化监督巡查和抽查，强化"市场"与"现场"的联动，提高监管效能。

6. 加强工程质量监管队伍建设。充实质量监管人员，保障政府质量监督工作经费，严格实施对工程质量监督机构和监督人员的考核和资格认定，建立权责明确、行为规范、执法有力的质量监管队伍，提高监督执法水平。同时，加强合同管理、劳务队伍、农民工管理等监管和服务队伍建设。

7. 开展全国建设工程质量监督执法检查，严肃查处违法违规行为。在各地自查的基础上，定期对全国各省市进行检查，同时不定期开展督查。一是检查各地贯彻落实有关法律法规、部门规章和规范性文件的情况，开展工程质量检查的情况，对违反法律法规和强制性标准行为进行查处的情况，对工程质量事故和质量投诉的处理情况等；二是检查建设、勘察、设计、施工、监理单位和施工图审查、质量检测单位以及项目经理、总监理工程师等注册执业人员执行法律法规和工程建设强制性标准的情况；三是检查工程勘察设计质量，以及地基基础、主体结构等实体质量；四是检查建设工程环保"三同时"执行情况及试生产管理情况。要加大行政执法力度，对于违反法律法规和工程建设强制性标准的行为，一经发现要严格依法给予处罚，切实落实建设各方和相关人员的质量责任。

三、自查标准

（一）工程质量自查标准

1. 质量责任落实方面。建设、勘察、设计、施工、监理等各方责任主体和施工图审查、质量检测等有关单位及项目经理、总监理工程师等注册执业人员，是否严格执行《建设工程质量管理条例》等有关法律法规和工程建设强制性标准；是否及时对检查出的质量问题和隐患进行整改；是否执行了环保"三同时"制度，试生产管理是否规范。

2. 质量监督队伍建设方面。质量监督工作经费是否能够保证；质量监督人员配备是否满足需要；是否按照相关规定严格实施对质量监督机构和监督人员的考核和资格认定。

3. 质量事故和质量投诉处理方面。是否对质量事故和质量投诉及时进行查处；是否符合有关处理程序；是否对存在违法违规行为的单位和人员依法进行处罚；是否将调查处理结果及时向社会公布。

（二）建设项目自查标准

1. 建设单位。是否履行对工程质量的全面管理责任；是否按规定办理施工许可证等相关法定手续；是否存在拖欠工程款、直接发包劳务作业或指定劳务分包人；是否支付工伤或意外伤害保险费用。

2. 施工总承包企业。施工企业是否具有相应资质等级证书和安全生产许可证，合同施工企业与实际施工人是否一致，是否实行统一财务管理；总包企业与现场项目负责人及主要管理人员间是否有合法人事关系；是否在施工现场设立项目管理机构和管理人员；是否对施工活动进行组织管理；项目经理是否具有注册执业资格；现场的技术资料、变更、洽商等往来文件是否由签订合同的施工企业签署；主体结构工程使用的钢材、水泥、商品混凝土等主要材料是否交由分包单位采购。

3. 劳务分包和用工方面。总承包企业直接用工的，是否直接与农民工签订劳动合同并办理工伤等社会保险；总承包企业进行劳务分包的，劳务分包单位是否具有资质，是否监管劳务分包、农民工签订劳动合同情况、考勤及工资发放、持证上岗情况；是否拖欠农民工工资；是否存在用工管理混乱、劳务纠纷、群体性事件、个人挂靠或劳务作业违法分包等问题。

4. 工程监理单位。工程监理单位是否具有相应的资质，签订的监理合同是否规范合法，是否执行国家规定的收费标准；是否建立了质量安全管理体系和管理制度；总监理工程师是否具有国务院人力资源社会保障主管部门和住房城乡建设主管部门颁发的监理工程师资格证书，现场监理人员配置是否符合工程要求；监理工作流程是否符合《建设工程监理规范》的要求，项目监理资料是否齐全完整；现场监理是否有实效。

附：加强工程建设实施和工程质量管理工作的主要依据

1. 中华人民共和国建筑法
2. 中华人民共和国招标投标法
3. 中华人民共和国合同法
4. 建设工程质量管理条例
5. 建设工程勘察设计管理条例
6. 建设工程安全生产管理条例
7. 生产安全事故报告和调查处理条例
8. 汶川地震灾后恢复重建条例
9. 民用建筑节能条例
10. 注册监理工程师管理规定（建设部令第 147 号）
11. 工程监理企业资质管理规定（建设部令第 158 号）
12. 建筑业企业资质管理规定（建设部令第 159 号）
13. 建设工程勘察设计资质管理规定（建设部令第 160 号）
14. 建设工程勘察质量管理办法（建设部令第 163 号）

关于开展工程建设领域突出问题专项治理工作的意见

（中办发〔2009〕27 号）

为认真贯彻落实《中共中央关于印发〈建立健全惩治和预防腐败体系 2008～2012 年工作规划〉的通知》（中发〔2008〕9 号）的有关要求，规范工程建设领域市场交易行为和领导干部从政行为，维护社会主义市场经济秩序，促进反腐倡廉建设，现就开展工程建设领域突出问题专项治理工作提出如下意见。

一、治理工作的重要性和紧迫性

近年来，各地区各部门采取有效措施，认真治理工程建设领域中存在的问题，工程建设市场不断健全，监管体制日益完善，钱权交易、商业贿赂等腐败现象滋生蔓延的势头得到了一定程度的遏制。但是，必须清醒地看到，我国工程建设领域依然存在许多突出问题。一是一些领导干部利用职权插手干预工程建设，索贿受贿；二是一些部门违法违规决策上马项目和审批规划，违法违规审批和出让土地，擅自改变土地用途、提高建筑容积率；三是一些招标人和投标人规避招标、虚假招标，围标串标，转包和违法分包；四是一些招标代理机构违规操作，有的专家评标不公正；五是一些单位在工程建设过程中违规征地拆迁、损害群众利益、破坏生态环境、质量和安全责任不落实；六是一些地方违背科学决策、民主决策的原则，乱上项目，存在劳民伤财的"形象工程"、脱离实际的"政绩工程"和威胁人民生命财产安全的"豆腐渣"工程。上述这些问题严重损害公共利益，影响党群干群关系，破坏社会主义市场经济秩序，妨碍科学发展和社会和谐稳定，人民群众反映强烈。为此，中央决定，用 2 年左右的时间，集中开展工程建设领域突出问题专项治理工作。

各地区各部门要充分认识开展工程建设领域突出问题专项治理工作的重要性和紧迫性，切实采取措施，加大治理力度，维护公平竞争的市场原则，推动以完善惩治和预防腐败体系为重点的反腐倡廉建设深入开展，促进工程建设项目高效、安全、廉洁运行，保证中央关于扩大内需促进经济平稳较快发展政策措施的贯彻落实，维护人民群众的根本利益，促进科学发展，保持社会和谐稳定。

二、治理工作的总体要求、主要任务和阶段性目标

（一）总体要求

高举中国特色社会主义伟大旗帜，以邓小平理论和"三个代表"重要思想为指导，深入贯彻落实科学发展观，全面贯彻落实党的十七大精神，紧紧围绕扩大内需、加快发展方式转变和结构调整、深化重点领域和关键环节改革、改善民生、促进和谐等任务，以政府投资和使用国有资金的项目为重点，以改革创新、科学务实的精神，坚持围绕中心、统筹协调，标本兼治、惩防并举，坚持集中治理与加强日常监管相结合，着力解决工程建设领域存在的突出问题，切实维护人民群众的根本利益，为经济社会又好又快发展提供坚强保证。

（二）主要任务

进一步规范招标投标活动，促进招标投标市场健康发展；进一步落实经营性土地使用权和矿业权招标拍卖挂牌出让制度，规范市场交易行为；进一步推进决策和规划管理工作公开透明，确保规划和项目审批依法实施；进一步加强监督管理，确保行政行为、市场行为更加规范；进一步深化有关体制机制制度改革，建立规范的工程建设市场体系；进一步落实工程建设质量和安全责任制,确保建设安全。

（三）阶段性目标

工程建设领域市场交易活动依法透明运行,统一规范的工程建设有形市场建立健全,互联互通的诚信体系初步建立,法律法规制度比较完善,相关改革不断深化,工程建设健康有序发展的长效机制基本形成,领导干部违法违规插手干预工程建设的行为受到严肃查处,腐败现象易发多发的势头得到进一步遏制。

三、治理工作的重点和主要措施

（一）认真进行排查,找准突出问题

深入开展自查。各地区各有关部门要对照有关法律法规和政策规定,认真查找项目决策、城乡规划审批、项目核准、土地审批和出让、环境评价、勘察设计和工程招标投标、征地拆迁、物资采购、资金拨付和使用、施工监理、工程质量、工程建设实施等重点部位和关键环节存在的突出问题。要紧密结合实际,认真开展自查,摸清存在问题的底数,掌握涉及问题单位和人员的基本情况。

深刻分析原因。针对发现的问题和隐患,从主观认识、法规制度、权力制约、行政监管、市场环境等方面,分析产生的根源,查找存在的漏洞和薄弱环节,提出改进的措施和办法,明确治理工作的目标和责任要求,增强治理工作的科学性、预见性和实效性。

严肃自查纪律。对不认真自查的地方和部门,要加强督导;对拒不自查、掩盖问题或弄虚作假的,要严肃处理。对自查出的违纪问题,要根据情节轻重、影响大小等作出处理。对虽有问题但能主动认识和纠正的,可以按照有关规定从轻、减轻或免予处分。各地区各部门要将自查情况书面报告中央治理工程建设领域突出问题工作领导小组。领导小组适时对自查情况进行重点检查。

（二）加大监管力度,增强监管效果

突出监管重点。着重加强项目建设程序的监管,严格执行投资项目审批、核准、备案管理程序,规范项目决策,科学确定项目规模、工程造价和标准,认真落实开工报告制度、施工许可证制度和安全生产许可证制度,确保工程项目审批和建设依法合规、公开透明运行。着重加强对招标投标活动的监管,规范招标方式确定、招标文件编制、资格审查、标段划分、评标定标、招标代理等行为,改进和完善评标办法,确保招标投标活动公开、公平、公正。着重加强土地、矿产供应及开发利用情况的监管,完善土地及矿业权审批、供应、使用等管理的综合监管平台。着重加强控制性详细规划制定和实施监管,严格控制性详细规划的制定和修改程序。着重加强项目建设实施过程监管,严格依法征地拆迁,坚持合理工期、合理标价、合理标段,严格合同订立和履约,规范设计变更,科学组织施工,加强资金管理,控制建设成本,禁止转包和违法分包。着重加强工程质量与安全监管,落实工程质量和安全生产领导责任制,进一步完善质量与安全管理法规制度,明确质量标准,细化安全措施,强化施工监理,防止重、特大质量与安全事故的发生。

落实监管职责。各级政府要加强对工程建设项目全过程的监管,认真履行对政府投资项目的立项审批、项目管理、资金使用和实施效果等方面的职责。发展改革、工业和信息化、财政、国土资源、环境保护、住房和城乡建设、安全监管等有关部门要依照有关法律法规,认真履行对项目决策、资金安排和管理、土地及矿业权审批和出让、节能评估审查、环境影响评价、城乡规划审批、安全生产等环节的行政管理职责。发展改革、工业和信息化、住房和城乡建设、交通运输、铁道、水利、电监等部门要按照职责分工,重点做好对工程建设项目的监管。财政、审计部门要重点做好对政府投资项目资金和国有企业投资项目资金的监管,确保资金规范、高效、安全、廉洁使用。对因监管不力、行政不作为和乱作为以及行政过失等失职渎职行为造成重大损失的,要严肃追究责任单位领导和有关人员的责任。

创新监管方式。充分发挥招标投标部际联席会议机制作用,健全招标投标行政监督机制。建立健全相关制度,加强对招标投标从业机构和人员的规范管理。加大工程建设项目行政执法力度。组织实施对政府重大投资项目的跟踪审计。积极推进项目标准化、精细化、规范化和扁平化管理。发挥工程监理机构的专业监督作用,加强工程建设质量和安全生产的过程监管。推行管理骨干基本固定、劳务用工相对灵活、职责明确、高效运作的劳务管理模式。充分发挥新闻媒体的作用,加强对工程建设领域的舆论监督和社会监督。

(三)深化体制改革,创新机制制度

加快改革步伐。加强重大项目决策管理,推行专家评议和论证制度、公示和责任追究制度。发布招标投标法实施条例,抓紧研究起草政府投资条例、建筑市场管理条例。继续做好《标准施工招标资格预审文件》、《标准施工招标文件》贯彻实施工作,加快编制完成行业标准文件,实现招标投标规则统一。不断深化国库集中支付制度改革,加强工程项目政府采购管理。科学编制、严格实施土地利用总体规划,严格土地用途管制,严格土地使用权、矿业权出让审批管理。制定控制性详细规划编制审批管理办法,规范自由裁量权行使。严格执行国家有关法律法规,提高法律法规的执行力和落实度。

加强市场建设。按照政府建立、规范管理、公共服务、公平交易的原则,坚持政事分开、政企分开,打破地区封锁和行业垄断,整合和利用好各类有形建筑和建设市场资源,建立健全统一规范的工程建设有形市场,为工程交易提供场所,为交易各方提供服务,为信息发布提供平台,为政府监管提供条件。按规定必须招标的工程建设项目要实行统一进场、集中交易、行业监管、行政监察。建立健全统一规范的土地、矿业权等要素市场,大力推进土地市场、矿业权市场建设,探索显化土地使用权和矿业权转让市场的有效形式,规范土地使用权和矿业权市场交易行为。充分利用网络技术等现代科技手段,积极推行电子化招标投标。加强评标专家库管理,提高专家的职业道德水平。制定全国统一的评标专家分类标准和专家管理办法。加强中介组织管理,严格土地使用权、矿业权价格评估的监管,规范招标代理行为。

健全诚信体系。完善工程建设领域信誉评价、项目考核、合同履约、黑名单等市场信用记录,整合有关部门和行业信用信息资源,建立综合性数据库。充分利用各种信息平台,逐步形成全国互联互通的工程建设领域诚信体系,实现全行业诚信信息共建共享,并将相关信用信息纳入全国统一的企业和个人征信系统。建立健全失信惩戒制度和守信激励制度,严格市场准入。

(四)加大办案力度,坚决惩治腐败

严肃查处违纪违法案件。要坚决查办工程建设领域的腐败案件,发现一起,查处一起,决不姑息。重点查办国家工作人员特别是领导干部利用职权插手干预城乡规划审批、招标投标、土地审批和出让以谋取私利甚至索贿受贿的大案要案。严厉查处违法违规审批立项,规避和虚假招标,非法批地,低价出让土地,擅自变更规划和设计、改变土地用途和提高容积率,严重侵害群众利益等违纪违法案件。坚决查处在工程项目规划、立项审批中因违反决策程序或决策失误而造成重大损失或恶劣影响的案件。依法查处生产安全责任事故,严肃追究有关领导人的责任。既要坚决惩处受贿行为,又要严厉惩处行贿行为。坚决杜绝瞒案不报、压案不查的行为。

积极拓宽案源渠道。充分发挥各级纪检监察、司法、审计等机关和部门信访举报系统的作用,形成有效的举报投诉网络,健全举报投诉处理机制。注重在审计、财政监察、项目稽查、执法监察、专项检查、案件调查和新闻媒体报道中发现案件线索,深挖工程质量问题和安全事故背后的腐败问题。

健全办案协调机制。各级纪检监察机关、司法机关、审计部门和金融机构等要加强协作配合,完善情况通报、案件线索移送、案件协查、信息共享机制,形成查办案件的合力。对涉嫌犯罪案件,要及时移送司法机关依法查处。充分发挥查办案件的治本功能,深入剖析大案要案,严肃开展警示教育,认真查找体制机制制度方面存在的缺陷和漏洞,做到查处一起案件,教育一批干部,完善一套制度。

四、加强对治理工作的组织领导

成立中央治理工程建设领域突出问题工作领导小组,由中央纪委牵头,最高人民检察院、国家发展改革委、工业和信息化部、公安部、监察部、财政部、国土资源部、环境保护部、住房城乡建设部、交通运输部、铁道部、水利部、中国人民银行、审计署、国务院国资委、工商总局、安全监管总局、国务院法制办、电监会等为成员单位。领导小组下设办公室,承担日常工作。各地区各有关部门要切实加强领导,把治理工作作为一项重要任务列入工作日程,认真完成职责范围内的任务。各职能部门主要领导同志负总责,确定1名领导同志具体负责,落实责任分工。各级纪检监察机关要加强组织协调,会同有关部门作出总体部署,搞好任务分解,推动工作落实。各有关部门要及时沟通情况,加强协作配合,形成工作合力。

各地区各有关部门要结合实际,制定贯彻落实本意见的具体方案,确定治理重点,明确目标任务、工作进度、方式方法和时间要求。要深入排查问题、认真进行整改,完善体制机制制度,分阶段、有步骤地落实好专项治理工作的各项任务。中央治理工程建设领域突出问题工作领导小组适时组织对各地区各有关部门工作进展情况进行抽查。

各地区各有关部门要将专项治理工作与深入学习实践科学发展观活动相结合,着力解决影响和制约科学发展的突出问题以及党员干部党性党风党纪方面群众反映强烈的突出问题。要将专项治理工作与治理商业贿赂工作相结合,依法查处工程建设领域的商业贿赂案件,进一步规范市场秩序,维护公平竞争。要将专项治理工作与推进政务公开相结合,利用政府门户网站建立工程建设项目信息平台,向社会公示项目建设相关信息,明确审批流程,及时公布审批结果,实行行政审批电子监察。要将专项治理工作与纠正损害群众利益的不正之风相结合,大力加强部门和行业作风建设,着力解决工程建设领域侵害群众利益的突出问题。

各地区各有关部门要加强监督检查,开展分类指导,督促工作落实。要加强调查研究,注意解决苗头性、倾向性问题,总结经验,推动工作。对组织领导不到位、方法措施不得力、治理效果不明显的地方、部门和单位要提出整改要求,重点督查,限期整改,确保治理工作达到预期目标。

关于进一步强化住宅工程质量管理和责任的通知

（建市〔2010〕68 号）

各省、自治区住房和城乡建设厅，直辖市建委（建设交通委），北京市规划委，总后基建营房工程局：

住宅工程质量，关系到人民群众的切身利益和生命财产安全，关系到住有所居、安居乐业政策的有效落实。近几年来，住宅工程质量总体上是好的，但在一些住宅工程中，违反建设程序、降低质量标准、违规违章操作、执法监督不力等现象依然存在，重大质量事故仍有发生。为进一步加强质量管理，强化质量责任，切实保证住宅工程质量，现将有关问题通知如下：

一、强化住宅工程质量责任，规范建设各方主体行为

（一）建设单位的责任。建设单位要严格履行项目用地许可、规划许可、招投标、施工图审查、施工许可、委托监理、质量安全监督、工程竣工验收、工程技术档案移交、工程质量保修等法定职责，依法承担住宅工程质量的全面管理责任。建设单位要落实项目法人责任制，设立质量管理机构并配备专职人员，高度重视项目前期的技术论证，及时提供住宅工程所需的基础资料，统一协调安排住宅工程建设各相关方的工作；要加强对勘察、设计、采购和施工质量的过程控制和验收管理，不得将住宅工程发包给不具有相应资质等级的勘察、设计、施工、监理等单位，不得将住宅工程肢解发包，不得违规指定分包单位，不得以任何明示或暗示的方式要求勘察、设计、施工、监理等单位违反法律、法规、工程建设标准和任意更改相关工作的成果及结论；要严格按照基本建设程序进行住宅工程建设，不得以任何名义不履行法定建设程序或擅自简化建设程序；要保证合理的工期和造价，严格执行有关工程建设标准，确保住宅工程质量。

（二）勘察单位的责任。勘察单位要严格按照法律、法规、工程建设标准进行勘察，对住宅工程的勘察质量依法承担责任。勘察单位要建立健全质量管理体系，全面加强对现场踏勘、勘察纲要编制、现场作业、土水试验和成果资料审核等关键环节的管理，确保勘察工作内容满足国家法律、法规、工程建设标准和工程设计与施工的需要；要强化质量责任制，落实注册土木工程师（岩土）执业制度，加强对钻探描述（记录）员、机长、观测员、试验员等作业人员的岗位培训；要增强勘察从业人员的质量责任意识，及时整理、核对勘察过程中的各类原始记录，不得虚假勘察，不得离开现场进行追记、补记和修改记录，保证地质、测量、水文等勘察成果资料的真实性和准确性。

（三）设计单位的责任。设计单位要严格按照法律、法规、工程建设标准、规划许可条件和勘察成果文件进行设计，对住宅工程的设计质量依法承担责任。设计单位要建立健全质量管理体系，加强设计过程的质量控制，保证设计质量符合工程建设标准和设计深度的要求；要依法设计、精心设计，坚持以人为本，对容易产生质量通病的部位和环节，实施优化及细化设计；要配备足够数量和符合资格的设计人员做好住宅工程设计和现场服务工作，严禁采用未按规定审定的可能影响住宅工程质量和安全的技术和材料；要进一步强化注册建筑师、勘察设计注册工程师等执业人员的责任意识，加强文件审查，对不符合要求的设计文件不得签字认可，确保所签章的设计文件能够满足住宅工程对安全、抗震、节能、防火、环保、无障碍设计、公共卫生和居住方便等结构安全和使用功能的需要,并在设计使用年限内有足够的可靠性。

(四)施工单位的责任。施工单位要严格按照经审查合格的施工图设计文件和施工技术标准进行施工,对住宅工程的施工质量依法承担责任。施工单位要建立健全质量管理体系,强化质量责任制,确定符合规定并满足施工需要的项目管理机构和项目经理、技术负责人等主要管理人员,不得转包和违法分包,不得擅自修改设计文件,不得偷工减料;要建立健全教育培训制度,所有施工管理和作业人员必须经过教育培训且考核合格后方可上岗;要按照工程设计要求、施工技术标准和合同约定,对建筑材料、建筑构配件、设备和商品混凝土进行检验,未经检验或者检验不合格的,不得使用;要健全施工过程的质量检验检测制度,做好工程重要结构部位和隐蔽工程的质量检查和记录,隐蔽工程在隐蔽前,要按规定通知有关单位验收;要对施工或者竣工验收中出现质量问题的住宅工程负责返修,对已竣工验收合格并交付使用的住宅工程要按规定承担保修责任。

(五)监理单位的责任。监理单位要严格依照法律、法规以及有关技术标准、设计文件和建设工程承包合同进行监理,对住宅工程的施工质量依法承担监理责任。监理单位因不按照监理合同约定履行监理职责,给建设单位造成损失的,要承担违约赔偿责任;因监理单位弄虚作假,降低工程质量标准,造成工程质量事故的,要依法承担相应法律责任。监理单位要建立健全质量管理体系,落实项目总监负责制,建立适宜的组织机构,配备足够的、专业配套的合格监理人员,严格按照监理规划和规定的监理程序开展监理工作,不得转让工程监理业务,不得与被监理的住宅工程的施工单位以及建筑材料、建筑构配件和设备供应单位有隶属关系或其他利害关系。监理人员要按规定采取旁站、巡视、平行检验等多种形式,及时到位进行监督检查,对达不到规定要求的材料、设备、工程以及不符合要求的施工组织设计、施工方案不得签字放行,并按规定及时向建设单位和有关部门报告,确保监理工作质量。

(六)有关专业机构的责任。工程质量检测机构依法对其检测数据和检测报告的真实性和准确性负责,因违反国家有关规定给他人造成损失的,要依法承担相应赔偿责任及其他法律责任。工程质量检测机构要建立健全质量管理体系,严格依据法律、法规、工程建设标准和批准的资质范围实施质量检测,不得转包检测业务,不得与承接工程项目建设的各方有隶属关系或其他利害关系;要加强检测工程的质量监控,保证检测报告真实有效、结论明确,并要将检测过程中发现的建设、监理、施工等单位违反国家有关规定以及涉及结构安全检测结果的不合格情况,及时按规定向有关部门报告。施工图审查机构要依法对施工图设计文件(含勘察文件,下同)质量承担审查责任。施工图设计文件经审查合格后,仍有违反法律、法规和工程建设强制性标准的问题,给建设单位造成损失的,要依法承担相应赔偿责任。施工图审查机构要建立健全内部质量管理制度,配备合格、专业配套的审查人员,严格按照国家有关规定和认定范围进行审查,不得降低标准或虚假审查,并要按规定将审查过程中发现的建设、勘察、设计单位和注册执业人员的违法违规行为向有关部门报告。

二、加强住宅工程质量管理,严格执行法定基本制度

(七)加强市场准入清出管理。住宅工程要严格执行房地产开发、招标代理、勘察、设计、施工、监理等企业资质管理制度,严禁企业无资质或超越资质等级和业务范围承揽业务。要健全关键岗位个人注册执业签章制度,严禁执业人员出租、出借执业证书和印章,从事非法执业活动。对不满足资质标准、存在违法违规行为,以及出租、出借、重复注册、不履行执业责任等行为的企业和执业人员,要依法进行处罚。对发生重大质量事故的,要依法降低资质等级、吊销资质证书、吊销执业资格并追究其他法律责任。

(八)加强工程招标投标管理。住宅工程要依法执行招标投标制度。严禁围标、串标,严禁招标代理机构串通招标人或投标人操纵招标投标。要加强评标专家管理,建立培训、考核、评价制度,规范评标专家行为,健全评标专家退出机制;要完善评标方法和标准,坚决制止不经评审的最低价中标的做法。对存在围标、串标的企业以及不正确履行职责的招标代理机构、评标专家要依法进行处罚;对情节严重的,要依法降低资质等级、吊销资质证书、取消评标专家资格并追究其他法律责任。

(九)加强合同管理。住宅工程的工程总承包、施工总承包、专业承包、劳务分包以及勘察、设计、施工、监理、项目管理等都要依法订立书面合同。各类合同都应有明确的承包范围、质量要求以及违约责任等内容。对于违反合同的单位,要依法追究违约责任。发生合同争议时,合同各方应积极协商解决,协商不成的,要及时通过仲裁或诉讼妥善解决,维护合法权益。各地要加强合同备案管理制度,及时掌握合同履约情况,减少合同争议的发生。对因合同争议而引发群体性事件或突发性事件,损害房屋所有人、使用人以及施工作业人员合法权益,以及存在转包、挂靠、违法分包、签订阴阳合同等违法违规行为的单位,要依法进行处罚,并追究单位法定代表人的责任。

(十)加强施工许可管理。住宅工程要严格执行施工许可制度。依法必须申请领取施工许可证的住宅工程未取得施工许可手续的,不得擅自开工建设。任何单位和个人不得将应该申请领取施工许可证的工程项目分解为若干限额以下的工程项目,规避申请领取施工许可证。各地要切实加强施工许可证的发放管理,严格依法审查住宅工程用地、规划、设计等前置条件,不符合法定条件的不得颁发施工许可证。对存在违法开工行为的单位和个人,要依法进行处罚,并追究建设单位和施工单位法定代表人的责任。对于不按规定颁发施工许可证的有关部门和个人,要依法追究法律责任。

(十一)加强施工图审查管理。建设单位要严格执行施工图设计文件审查制度,及时将住宅工程施工图设计文件报有关机构审查;要先行将勘察文件报审,不得将勘察文件和设计文件同时报审,未经审查合格的勘察文件不得作为设计依据。施工图审查机构要重点对住宅工程的地基基础和主体结构的安全性,防火、抗震、节能、环保以及厨房、卫生间等关键场所的设计质量是否符合工程建设强制性标准进行审查,任何单位和个人不得擅自修改已审查合格的施工图设计文件。确需修改的,建设单位要按有关规定将修改后的施工图设计文件送原审查机构审查。凡出具虚假审查合格书或未尽审查职责的审查机构和审查人员要依法承担相应责任。

(十二)加强总承包责任管理。住宅工程实行总承包的要严格执行国家有关法律、法规,总承包单位分包工程要取得建设单位书面认可。严禁总承包单位将承接工程转包或将其主体工程分包,严禁分包单位将分包工程再分包。对转包和违法分包的单位,要依法停业整顿,降低资质等级,情节严重的要依法吊销资质证书。要认真落实总承包单位负责制,总承包单位要按照合同约定加强对分包单位的组织协调和管理,并对所承接工程质量负总责。对因分包单位责任导致工程质量事故的,总承包单位要承担连带责任。

(十三)加强建筑节能管理。建设单位要严格遵守国家建筑节能的有关法律法规,按照相应的建筑节能标准和技术要求委托住宅工程项目的规划设计、开工建设、组织竣工验收，不得以任何理由要求设计、施工等单位擅自修改经审查合格的节能设计文件，降低建筑节能标准。勘察、设计、施工、监理单位及其注册执业人员，要严格按照建筑节能强制性标准开展工作，加强节能管理，提高能源利用效率和可再生能源利用水平，保证住宅工程建筑节能质量。对违反国家有关节能规定，降低建设节能标准的有关单位和个人，要依法追究法律责任。

（十四）加强工期和造价管理。合理工期和造价是保证住宅工程质量的重要前提。建设单位要从保证住宅工程安全和质量的角度出发，科学确定住宅工程合理工期以及勘察、设计和施工等各阶段的合理时间；要在住宅工程合同中明确合理工期要求，并严格约定工期调整的前提和条件。建设、勘察、设计和施工等单位要严格执行住宅工程合同，任何单位和个人不得任意压缩合理工期，不得不顾客观规律随意调整工期。建设单位要严格执行国家有关工程造价计价办法和计价标准，不得任意降低住宅工程质量标准，不得要求承包方以低于成本的价格竞标。勘察、设计、施工和监理等单位要严格执行国家有关收费标准，坚持质量第一，严禁恶意压价竞争。对违反国家有关规定，任意压缩合理工期或降低工程造价造成工程质量事故的有关单位和个人，要依法追究法律责任。

（十五）加强施工现场组织管理。施工单位要建立施工现场管理责任制，全面负责施工过程中的现场管理。住宅工程实行总承包的，由总包方负责施工现场的统一管理，分包方在总包方的统一管理下，在其分包范围内实施施工现场管理。施工单位要按规定编制施工组织设计和专项施工方案并组织实施。任何单位和个人不得擅自修改已批准的施工组织设计和施工方案。建设单位要指定施工现场总代表人，全面负责协调施工现场的组织管理。建设单位要根据事先确定的设计、施工方案，定期对住宅工程项目实施情况进行检查，督促施工现场的设计、施工、监理等单位加强现场管理，并及时处理和解决有关问题，切实保证住宅工程建设及原有地下管线、地下建筑和周边建筑、构筑物的质量安全。设计单位要加强住宅工程项目实施过程中的驻场设计服务，及时解决与设计有关的各种问题。要加强与建设、施工单位的沟通，不断优化设计方案，保证工程质量。监理单位要加强对施工现场的巡查，认真履行对重大质量问题和事故的督促整改和报告的责任。对于因建设、设计、施工和监理单位未正确履行现场组织管理职责，造成工程质量事故的，要依法进行处罚，并追究单位法定代表人的责任。

（十六）加强竣工验收管理。住宅工程建成后，建设单位要组织勘察、设计、施工、监理等有关单位严格按照规定的组织形式、验收程序和验收标准进行竣工验收，并及时将有关验收文件报有关住房和城乡建设主管部门备案。各地要加强对住宅工程竣工验收备案的管理，将竣工验收备案情况及时向社会公布。未经验收或验收不合格的住宅工程不得交付使用。住宅工程经竣工验收备案后，方可办理房屋所有权证。对发现建设单位在竣工验收过程中有违反国家有关建设工程质量管理规定以及建筑节能强制性标准行为的，或采用虚假证明文件办理工程竣工验收备案的住宅工程项目，要限期整改，重新组织竣工验收，并依法追究建设单位及其法定代表人的责任。

有条件的地区，在住宅工程竣工验收前，要积极推行由建设单位组织实施的分户验收。若住房地基基础和主体结构质量经法定检测不符合验收质量标准或全装修住房的装饰装修标准不符合合同约定的，购房人有权按照合同约定向建设单位索赔。

（十七）加强工程质量保修管理。建设单位要按照国家有关工程质量保修规定和住宅质量保证书承诺的内容承担相应法律责任。施工单位要按照国家有关工程质量保修规定和工程质量保修书的要求，对住宅工程竣工验收后在保修期限内出现的质量缺陷予以修复。在保修期内，因住宅工程质量缺陷造成房屋所有人、使用人或者第三方人身、财产损害的，房屋所有人、使用人或者第三方可以向建设单位提出赔偿要求，建设单位可以向造成房屋建筑工程质量缺陷的责任方追偿。对因不履行保修义务或保修不及时、不到位，造成工程质量事故的建设单位和施工单位，要依法追究法律责任。建设单位要逐步推进质量安全保险机制，在住宅工程项目中实行工程质量保险，为用户在工程竣工一定时期内出现的质量缺陷提供保险。

（十八）加强工程质量报告工作。各地要建立住宅工程质量报告制度。建设单位要按工程进度及时向工程项目所在地住房和城乡建设主管部门报送工程质量报告。质量报告要如实反映工程质量情况，工程质量负责人和监理负责人要对填报的内容签字负责。住宅工程发生重大质量事故，事故发生单位要依法向工程项目所在地住房和城乡建设主管部门及有关部门报告。对弄虚作假和隐瞒不报的，要依法追究有关单位责任人和建设单位法定代表人的责任。

（十九）加强城市建设档案管理。住宅工程要按照《城市建设档案管理规定》有关要求，建立健全项目档案管理制度。建设单位要组织勘察、设计、施工、监理等有关单位严格按照规定收集、整理、归档从项目决策立项到工程竣工验收各环节的全部文件资料及竣工图，并在规定时限内向城市建设档案管理机构报送。城市建设档案管理机构和档案管理人员要严格履行职责，认真做好档案的登记、验收、保管和保护工作。对未按照规定移交建设工程档案的建设单位以及在档案管理中失职的有关单位和人员，要依法严肃处理。

（二十）加强应急救援管理。建设单位要建立健全应急抢险组织，充分考虑住宅工程施工过程中可能出现的紧急情况，制定施工应急救援预案，并开展应急救援预案的演练。施工单位要根据住宅工程施工特点制定切实可行的应急救援预案，配备相应装备和人员，并按有关规定进行演练。监理单位要审查应急救援预案并督促落实各项应急准备措施。住宅工程施工现场各有关单位要重视应急救援管理，共同建立起与政府应急体系的联动机制，确保应急救援反应灵敏、行动迅速、处置得力。

三、强化工程质量负责制，落实住宅工程质量责任

（二十一）强化建设单位法定代表人责任制。建设单位是住宅工程的主要质量责任主体，要依法对所建设的商品住房、保障性安居工程等住宅工程在设计使用年限内的质量负全面责任。建设单位的法定代表人要对所建设的住宅工程质量负主要领导责任。住宅工程发生工程质量事故的，除依法追究建设单位及有关责任人的法律责任以外，还要追究建设单位法定代表人的领导责任。对政府部门作为建设单位直接负责组织建设的保障性安居工程发生工程质量事故的，除依法追究有关责任人外，还要追究政府部门相关负责人的领导责任。

（二十二）强化参建单位法定代表人责任制。勘察、设计、施工、监理等单位按照法律规定和合同约定对所承接的住宅工程承担相应法律责任。勘察、设计、施工、监理等单位的法定代表人，对所承接的住宅工程项目的工程质量负领导责任。因参建单位责任导致工程质量事故的，除追究直接责任人的责任外，还要追究参建单位法定代表人的领导责任。

（二十三）强化关键岗位执业人员负责制。住宅工程项目要严格执行国家规定的注册执业管理制度。注册建筑师、勘察设计注册工程师、注册监理工程师、注册建造师等注册执业人员应对其法定义务内的工作和签章文件负责。因注册执业人员的过错造成工程质量事故的，要依法追究注册执业人员的责任。

（二十四）强化工程质量终身负责制。住宅工程的建设、勘察、设计、施工、监理等单位的法定代表人、工程项目负责人、工程技术负责人、注册执业人员要按各自职责对所承担的住宅工程项目在设计使用年限内的质量负终身责任。违反国家有关建设工程质量管理规定，造成重大工程质量事故的，无论其在何职何岗，身居何处，都要依法追究相应责任。

四、加强政府监管和社会监督，健全住宅工程质量监督体系

（二十五）加强政府监管。各级住房城乡建设主管部门要加强对建设、勘察、设计、施工、监理以及质量检测、施工图审查等有关单位执行建设工程质量管理规定和工程建设标准情况的监督检查。要加大对住宅工程质量的监管力度，特别要加大对保障性安居工程质量的监管力度。要充分发挥工程质量监督机构的作用，严格按照工程建设标准，依法对住宅工程实行强制性工程质量监督检查，对在监督检查中发现的问题，各有关单位要及时处理和整改。对检查中发现问题较多的住宅工程，要加大检查频次，并将其列入企业的不良记录。对检查中发现有重大工程质量问题的项目，要及时发出整改通知，限期进行整改，对违法违规行为要依法予以查处。要加强质量监管队伍建设，充实监管人员，提供必要的工作条件和经费；要严格质量监督机构和人员的考核，进一步加强监管人员培训教育，提高监管机构和监管人员执法能力，保障住宅工程质量监管水平。

地方政府要切实负起农房建设质量安全的监管责任，采取多种形式加强对农房建设质量安全的监督管理工作，加大对农民自建低层住宅的技术服务和指导。实施统建的，要参照本文件进行管理，并严格执行有关质量管理规定。

（二十六）加强社会监督。建设单位要在住宅工程施工现场的显著部位，将建设、勘察、设计、施工、监理等单位的名称、联系电话、主要责任人姓名和工程基本情况挂牌公示。住宅工程建成后，建设单位须在每栋建筑物明显部位永久标注建设、勘察、设计、施工、监理单位的名称及主要责任人的姓名，接受社会监督。各地和有关单位要公布质量举报电话，建立质量投诉渠道，完善投诉处理制度。要进一步加强信息公开制度，及时向社会公布住宅建筑工程质量的相关信息，切实发挥媒体与公众的监督作用。所有单位、个人和新闻媒体都有权举报和揭发工程质量问题。各有关单位要及时处理在社会监督中发现的问题，对于不能及时处理有关问题的单位和个人，要依法进行处罚。

（二十七）加强组织领导。各地要高度重视，加强领导，认真贯彻"百年大计，质量第一"的方针，充分认识保证住宅工程质量的重要性，要把强化质量责任，保证住宅工程质量摆在重要位置。要认真贯彻中共中央办公厅、国务院办公厅《关于实行党政领导干部问责的暂行规定》，严格落实党政领导干部问责制，对发生住宅工程质量事故的，除按有关法律法规追究有关单位和个人的责任外，还要严格按照规定的问责内容、问责程序，对有关党政领导干部进行问责。各地要结合本地区住宅工程质量实际情况，切实采取有效措施，进一步做好宣传和教育工作，增强各单位及从业人员的责任意识，切实将住宅工程质量责任落实到位，真正确保住宅工程质量。

房屋建筑和市政基础设施工程施工招标投标管理办法

（建设部令〔2001〕第 89 号）

第一章 总 则

第一条 为了规范房屋建筑和市政基础设施工程施工招标投标活动,维护招标投标当事人的合法权益,依据《中华人民共和国建筑法》、《中华人民共和国招标投标法》等法律、行政法规,制定本办法。

第二条 在中华人民共和国境内从事房屋建筑和市政基础设施工程施工招标投标活动,实施对房屋建筑和市政基础设施工程施工招标投标活动的监督管理,适用本办法。

本办法所称房屋建筑工程,是指各类房屋建筑及其附属设施和与其配套的线路、管道、设备安装工程及室内外装修工程。

本办法所称市政基础设施工程,是指城市道路、公共交通、供水、排水、燃气、热力、园林、环卫、污水处理、垃圾处理、防洪、地下公共设施及附属设施的土建、管道、设备安装工程。

第三条 房屋建筑和市政基础设施工程(以下简称工程)的施工单项合同估算价在 200 万元人民币以上,或者项目总投资在 3 000 万元人民币以上的,必须进行招标。

省、自治区、直辖市人民政府建设行政主管部门报经同级人民政府批准,可以根据实际情况,规定本地区必须进行工程施工招标的具体范围和规模标准,但不得缩小本办法确定的必须进行施工招标的范围。

第四条 国务院建设行政主管部门负责全国工程施工招标投标活动的监督管理。

县级以上地方人民政府建设行政主管部门负责本行政区域内工程施工招标投标活动的监督管理。具体的监督管理工作,可以委托工程招标投标监督管理机构负责实施。

第五条 任何单位和个人不得违反法律、行政法规规定,限制或者排斥本地区、本系统以外的法人或者其他组织参加投标,不得以任何方式非法干涉施工招标投标活动。

第六条 施工招标投标活动及其当事人应当依法接受监督。

建设行政主管部门依法对施工招标投标活动实施监督,查处施工招标投标活动中的违法行为。

第二章 招 标

第七条 工程施工招标由招标人依法组织实施。招标人不得以不合理条件限制或者排斥潜在投标人,不得对潜在投标人实行歧视待遇,不得对潜在投标人提出与招标工程实际要求不符的过高的资质等级要求和其他要求。

第八条 工程施工招标应当具备下列条件:

(一)按照国家有关规定需要履行项目审批手续的,已经履行审批手续;

(二)工程资金或者资金来源已经落实;

(三)有满足施工招标需要的设计文件及其他技术资料;

(四)法律、法规、规章规定的其他条件。

第九条 工程施工招标分为公开招标和邀请招标。

依法必须进行施工招标的工程,全部使用国有资金投资或者国有资金投资占控股或者主导地位的,应当公开招标,但经国家计委或者省、自治区、直辖市人民政府依法批准可以进行邀请招标的重点建设项目除外;其他工程可以实行邀请招标。

第十条　工程有下列情形之一的,经县级以上地方人民政府建设行政主管部门批准,可以不进行施工招标:

(一)停建或者缓建后恢复建设的单位工程,且承包人未发生变更的;

(二)施工企业自建自用的工程,且该施工企业资质等级符合工程要求的;

(三)在建工程追加的附属小型工程或者主体加层工程,且承包人未发生变更的;

(四)法律、法规、规章规定的其他情形。

第十一条　依法必须进行施工招标的工程,招标人自行办理施工招标事宜的,应当具有编制招标文件和组织评标的能力:

(一)有专门的施工招标组织机构;

(二)有与工程规模、复杂程度相适应并具有同类工程施工招标经验、熟悉有关工程施工招标法律法规的工程技术、概预算及工程管理的专业人员。

不具备上述条件的,招标人应当委托具有相应资格的工程招标代理机构代理施工招标。

第十二条　招标人自行办理施工招标事宜的,应当在发布招标公告或者发出投标邀请书的 5 日前,向工程所在地县级以上地方人民政府建设行政主管部门备案,并报送下列材料:

(一)按照国家有关规定办理审批手续的各项批准文件;

(二)本办法第十一条所列条件的证明材料,包括专业技术人员的名单、职称证书或者执业资格证书及其工作经历的证明材料;

(三)法律、法规、规章规定的其他材料。

招标人不具备自行办理施工招标事宜条件的,建设行政主管部门应当自收到备案材料之日起 5 日内责令招标人停止自行办理施工招标事宜。

第十三条　全部使用国有资金投资或者国有资金投资占控股或者主导地位,依法必须进行施工招标的工程项目,应当进入有形建筑市场进行招标投标活动。

政府有关管理机关可以在有形建筑市场集中办理有关手续,并依法实施监督。

第十四条　依法必须进行施工公开招标的工程项目,应当在国家或者地方指定的报刊、信息网络或者其他媒介上发布招标公告,并同时在中国工程建设和建筑业信息网上发布招标公告。

招标公告应当载明招标人的名称和地址,招标工程的性质、规模、地点以及获取招标文件的办法等事项。

第十五条　招标人采用邀请招标方式的,应当向 3 个以上符合资质条件的施工企业发出投标邀请书。

投标邀请书应当载明本办法第十四条第二款规定的事项。

第十六条　招标人可以根据招标工程的需要,对投标申请人进行资格预审,也可以委托工程招标代理机构对投标申请人进行资格预审。实行资格预审的招标工程,招标人应当在招标公告或者投标邀请书中载明资格预审的条件和获取资格预审文件的办法。

资格预审文件一般应当包括资格预审申请书格式、申请人须知,以及需要投标申请人提供的企业资质、业绩、技术装备、财务状况和拟派出的项目经理与主要技术人员的简历、业绩等证明材料。

第十七条 经资格预审后,招标人应当向资格预审合格的投标申请人发出资格预审合格通知书,告知获取招标文件的时间、地点和方法,并同时向资格预审不合格的投标申请人告知资格预审结果。

在资格预审合格的投标申请人过多时,可以由招标人从中选择不少于7家资格预审合格的投标申请人。

第十八条 招标人应当根据招标工程的特点和需要,自行或者委托工程招标代理机构编制招标文件。招标文件应当包括下列内容:

(一)投标须知,包括工程概况,招标范围,资格审查条件,工程资金来源或者落实情况(包括银行出具的资金证明),标段划分,工期要求,质量标准,现场踏勘和答疑安排,投标文件编制、提交、修改、撤回的要求,投标报价要求,投标有效期,开标的时间和地点,评标的方法和标准等;

(二)招标工程的技术要求和设计文件;

(三)采用工程量清单招标的,应当提供工程量清单;

(四)投标函的格式及附录;

(五)拟签订合同的主要条款;

(六)要求投标人提交的其他材料。

第十九条 依法必须进行施工招标的工程,招标人应当在招标文件发出的同时,将招标文件报工程所在地的县级以上地方人民政府建设行政主管部门备案。建设行政主管部门发现招标文件有违反法律、法规内容的,应当责令招标人改正。

第二十条 招标人对已发出的招标文件进行必要的澄清或者修改的,应当在招标文件要求提交投标文件截止时间至少15日前,以书面形式通知所有招标文件收受人,并同时报工程所在地的县级以上地方人民政府建设行政主管部门备案。该澄清或者修改的内容为招标文件的组成部分。

第二十一条 招标人设有标底的,应当依据国家规定的工程量计算规则及招标文件规定的计价方法和要求编制标底,并在开标前保密。一个招标工程只能编制一个标底。

第二十二条 招标人对于发出的招标文件可以酌收工本费。其中的设计文件,招标人可以酌收押金。对于开标后将设计文件退还的,招标人应当退还押金。

第三章 投 标

第二十三条 施工招标的投标人是响应施工招标、参与投标竞争的施工企业。

投标人应当具备相应的施工企业资质,并在工程业绩、技术能力、项目经理资格条件、财务状况等方面满足招标文件提出的要求。

第二十四条 投标人对招标文件有疑问需要澄清的,应当以书面形式向招标人提出。

第二十五条 投标人应当按照招标文件的要求编制投标文件,对招标文件提出的实质性要求和条件作出响应。

招标文件允许投标人提供备选标的,投标人可以按照招标文件的要求提交替代方案,并作出相应报价作备选标。

第二十六条 投标文件应当包括下列内容:

（一）投标函；

（二）施工组织设计或者施工方案；

（三）投标报价；

（四）招标文件要求提供的其他材料。

第二十七条　招标人可以在招标文件中要求投标人提交投标担保。投标担保可以采用投标保函或者投标保证金的方式。投标保证金可以使用支票、银行汇票等，一般不得超过投标总价的2％，最高不得超过50万元。

投标人应当按照招标文件要求的方式和金额，将投标保函或者投标保证金随投标文件提交招标人。

第二十八条　投标人应当在招标文件要求提交投标文件的截止时间前，将投标文件密封送达投标地点。招标人收到投标文件后，应当向投标人出具标明签收人和签收时间的凭证，并妥善保存投标文件。在开标前，任何单位和个人均不得开启投标文件。在招标文件要求提交投标文件的截止时间后送达的投标文件，为无效的投标文件，招标人应当拒收。

提交投标文件的投标人少于3个的，招标人应当依法重新招标。

第二十九条　投标人在招标文件要求提交投标文件的截止时间前，可以补充、修改或者撤回已提交的投标文件。补充、修改的内容为投标文件的组成部分，并应当按照本办法第二十八条第一款的规定送达、签收和保管。在招标文件要求提交投标文件的截止时间后送达的补充或者修改的内容无效。

第三十条　两个以上施工企业可以组成一个联合体，签订共同投标协议，以一个投标人的身份共同投标。联合体各方均应当具备承担招标工程的相应资质条件。相同专业的施工企业组成的联合体，按照资质等级低的施工企业的业务许可范围承揽工程。

招标人不得强制投标人组成联合体共同投标，不得限制投标人之间的竞争。

第三十一条　投标人不得相互串通投标，不得排挤其他投标人的公平竞争，损害招标人或者其他投标人的合法权益。

投标人不得与招标人串通投标，损害国家利益、社会公共利益或者他人的合法权益。

禁止投标人以向招标人或者评标委员会成员行贿的手段谋取中标。

第三十二条　投标人不得以低于其企业成本的报价竞标，不得以他人名义投标或者以其他方式弄虚作假，骗取中标。

第四章　开标、评标和中标

第三十三条　开标应当在招标文件确定的提交投标文件截止时间的同一时间公开进行；开标地点应当为招标文件中预先确定的地点。

第三十四条　开标由招标人主持，邀请所有投标人参加。开标应当按照下列规定进行：

由投标人或者其推选的代表检查投标文件的密封情况，也可以由招标人委托的公证机构进行检查并公证。经确认无误后，由有关工作人员当众拆封，宣读投标人名称、投标价格和投标文件的其他主要内容。

招标人在招标文件要求提交投标文件的截止时间前收到的所有投标文件，开标时都应当当众予以拆封、宣读。

开标过程应当记录，并存档备查。

第三十五条 在开标时,投标文件出现下列情形之一的,应当作为无效投标文件,不得进入评标:

(一)投标文件未按照招标文件的要求予以密封的;

(二)投标文件中的投标函未加盖投标人的企业及企业法定代表人印章的,或者企业法定代表人委托代理人没有合法、有效的委托书(原件)及委托代理人印章的;

(三)投标文件的关键内容字迹模糊、无法辨认的;

(四)投标人未按照招标文件的要求提供投标保函或者投标保证金的;

(五)组成联合体投标的,投标文件未附联合体各方共同投标协议的。

第三十六条 评标由招标人依法组建的评标委员会负责。

依法必须进行施工招标的工程,其评标委员会由招标人的代表和有关技术、经济等方面的专家组成,成员人数为5人以上单数,其中招标人、招标代理机构以外的技术、经济等方面专家不得少于成员总数的三分之二。评标委员会的专家成员,应当由招标人从建设行政主管部门及其他有关政府部门确定的专家名册或者工程招标代理机构的专家库内相关专业的专家名单中确定。确定专家成员一般应当采取随机抽取的方式。

与投标人有利害关系的人不得进入相关工程的评标委员会。评标委员会成员的名单在中标结果确定前应当保密。

第三十七条 建设行政主管部门的专家名册应当拥有一定数量规模并符合法定资格条件的专家。省、自治区、直辖市人民政府建设行政主管部门可以将专家数量少的地区的专家名册予以合并或者实行专家名册计算机联网。

建设行政主管部门应当对进入专家名册的专家组织有关法律和业务培训,对其评标能力、廉洁公正等进行综合评估,及时取消不称职或者违法违规人员的评标专家资格。被取消评标专家资格的人员,不得再参加任何评标活动。

第三十八条 评标委员会应当按照招标文件确定的评标标准和方法,对投标文件进行评审和比较,并对评标结果签字确认;设有标底的,应当参考标底。

第三十九条 评标委员会可以用书面形式要求投标人对投标文件中含义不明确的内容作必要的澄清或者说明。投标人应当采用书面形式进行澄清或者说明,其澄清或者说明不得超出投标文件的范围或者改变投标文件的实质性内容。

第四十条 评标委员会经评审,认为所有投标文件都不符合招标文件要求的,可以否决所有投标。

依法必须进行施工招标工程的所有投标被否决的,招标人应当依法重新招标。

第四十一条 评标可以采用综合评估法、经评审的最低投标价法或者法律法规允许的其他评标方法。

采用综合评估法的,应当对投标文件提出的工程质量、施工工期、投标价格、施工组织设计或者施工方案、投标人及项目经理业绩等,能否最大限度地满足招标文件中规定的各项要求和评价标准进行评审和比较。以评分方式进行评估的,对于各种评比奖项不得额外计分。

采用经评审的最低投标价法的,应当在投标文件能够满足招标文件实质性要求的投标人中,评审出投标价格最低的投标人,但投标价格低于其企业成本的除外。

第四十二条 评标委员会完成评标后,应当向招标人提出书面评标报告,阐明评标委员会对各投标文件的评审和比较意见,并按照招标文件中规定的评标方法,推荐不超过3名有排序的合格的中标候选人。招标人根据评标委员会提出的书面评标报告和推荐的中标候选人确定中标人。

使用国有资金投资或者国家融资的工程项目,招标人应当按照中标候选人的排序确定中标人。当确定中标的中标候选人放弃中标或者因不可抗力提出不能履行合同的,招标人可以依序确定其他中标候选人为中标人。

招标人也可以授权评标委员会直接确定中标人。

第四十三条 有下列情形之一的,评标委员会可以要求投标人作出书面说明并提供相关材料:

(一)设有标底的,投标报价低于标底合理幅度的;

(二)不设标底的,投标报价明显低于其他投标报价,有可能低于其企业成本的。

经评标委员会论证,认定该投标人的报价低于其企业成本的,不能推荐为中标候选人或者中标人。

第四十四条 招标人应当在投标有效期截止时限 30 日前确定中标人。投标有效期应当在招标文件中载明。

第四十五条 依法必须进行施工招标的工程,招标人应当自确定中标人之日起 15 日内,向工程所在地的县级以上地方人民政府建设行政主管部门提交施工招标投标情况的书面报告。书面报告应当包括下列内容:

(一)施工招标投标的基本情况,包括施工招标范围、施工招标方式、资格审查、开评标过程和确定中标人的方式及理由等。

(二)相关的文件资料,包括招标公告或者投标邀请书、投标报名表、资格预审文件、招标文件、评标委员会的评标报告(设有标底的,应当附标底)、中标人的投标文件。委托工程招标代理的,还应当附工程施工招标代理委托合同。

前款第二项中已按照本办法的规定办理了备案的文件资料,不再重复提交。

第四十六条 建设行政主管部门自收到书面报告之日起 5 日内未通知招标人在招标投标活动中有违法行为的,招标人可以向中标人发出中标通知书,并将中标结果通知所有未中标的投标人。

第四十七条 招标人和中标人应当自中标通知书发出之日起 30 日内,按照招标文件和中标人的投标文件订立书面合同;招标人和中标人不得再行订立背离合同实质性内容的其他协议。订立书面合同后 7 日内,中标人应当将合同送工程所在地的县级以上地方人民政府建设行政主管部门备案。

中标人不与招标人订立合同的,投标保证金不予退还并取消其中标资格,给招标人造成的损失超过投标保证金数额的,应当对超过部分予以赔偿;没有提交投标保证金的,应当对招标人的损失承担赔偿责任。

招标人无正当理由不与中标人签订合同,给中标人造成损失的,招标人应当给予赔偿。

第四十八条 招标文件要求中标人提交履约担保的,中标人应当提交。招标人应当同时向中标人提供工程款支付担保。

第五章 罚 则

第四十九条 有违反《招标投标法》行为的,县级以上地方人民政府建设行政主管部门应当按照《招标投标法》的规定予以处罚。

第五十条 招标投标活动中有《招标投标法》规定中标无效情形的,由县级以上地方人民政府建设行政主管部门宣布中标无效,责令重新组织招标,并依法追究有关责任人责任。

第五十一条 应当招标未招标的,应当公开招标未公开招标的,县级以上地方人民政府建设行政主管部门应当责令改正,拒不改正的,不得颁发施工许可证。

第五十二条 招标人不具备自行办理施工招标事宜条件而自行招标的,县级以上地方人民政府建设行政主管部门应当责令改正,处1万元以下的罚款。

第五十三条 评标委员会的组成不符合法律、法规规定的,县级以上地方人民政府建设行政主管部门应当责令招标人重新组织评标委员会。招标人拒不改正的,不得颁发施工许可证。

第五十四条 招标人未向建设行政主管部门提交施工招标投标情况书面报告的,县级以上地方人民政府建设行政主管部门应当责令改正;在未提交施工招标投标情况书面报告前,建设行政主管部门不予颁发施工许可证。

第六章 附 则

第五十五条 工程施工专业分包、劳务分包采用招标方式的,参照本办法执行。

第五十六条 招标文件或者投标文件使用两种以上语言文字的,必须有一种是中文;如对不同文本的解释发生异议的,以中文文本为准。用文字表示的金额与数字表示的金额不一致的,以文字表示的金额为准。

第五十七条 涉及国家安全、国家秘密、抢险救灾或者属于利用扶贫资金实行以工代赈、需要使用农民工等特殊情况,不适宜进行施工招标的工程,按照国家有关规定可以不进行施工招标。

第五十八条 使用国际组织或者外国政府贷款、援助资金的工程进行施工招标,贷款方、资金提供方对招标投标的具体条件和程序有不同规定的,可以适用其规定,但违背中华人民共和国的社会公共利益的除外。

第五十九条 本办法由国务院建设行政主管部门负责解释。

第六十条 本办法自发布之日起施行。1992年12月30日建设部颁布的《工程建设施工招标投标管理办法》(建设部令第23号)同时废止。

建设工程质量投诉处理暂行规定

(建监〔1997〕60号)

第一条 为确保建设工程质量,维护建设工程各方当事人的合法权益,认真做好工程质量投诉的处理工作,依据有关规定,制定本规定。

第二条 本办法中所称工程质量投诉,是指公民、法人和其他组织通过信函、电话、来访等形式反映工程质量问题的活动。

第三条 凡是新建、改建、扩建的各类建筑安装、市政、公用、装饰装修等建设工程,在保修期内和建设过程中发生的工程质量问题,均属投诉范围。

对超过保修期,在使用过程中发生的工程质量问题,由产权单位或有关部门处理。

　　第四条　接待和处理工程质量投诉是各级建设行政主管部门的一项重要日常工作。各级建设行政主管部门要支持和保护群众通过正常渠道、采取正当方式反映工程质量问题。对于工程质量的投诉，要认真对待，妥善处理。

　　第五条　工程质量投诉处理工作(以下简称"投诉处理工作")应当在各级建设行政主管部门领导下，坚持分级负责、归口办理，及时、就地依法解决的原则。

　　第六条　建设部负责全国建设工程质量投诉管理工作。国务院各有关主管部门的工程质量投诉受理工作，由各部门根据具体情况指定专门机构负责。省、自治区、直辖市建设行政主管部门指定专门机构，负责受理工程质量的投诉。

　　第七条　建设部对工程质量投诉管理工作的主要职责是：

　　(一)制订工程质量投诉处理的有关规定和办法；

　　(二)对各省、自治区、直辖市和国务院有关部门的投诉处理工作进行指导、督促；

　　(三)受理全国范围内有重大影响的工程质量投诉。

　　第八条　各省、自治区、直辖市建设行政主管部门和国务院各有关主管部门对工程质量投诉管理工作的主要职责是：

　　(一)贯彻国家有关建设工程质量方面的方针、政策和法律、法规、规章，制订本地区、本部门的工程质量投诉处理的有关规定和办法；

　　(二)组织、协调和督促本地区、本部门的工程质量投诉处理工作；

　　(三)受理本地区、本部门范围内的工程质量投诉。

　　第九条　市(地)、县建委(建设局)的工程质量投诉管理机构和职责，由省、自治区、直辖市建设行政主管部门或地方人民政府确定。

　　第十条　对涉及到由建筑施工、房地产开发、勘察设计、建筑规划、市政公用建设和村镇建设等方面原因引起的工程质量投诉，应在建设行政主管部门的领导和协调下，由分管该业务的职能部门负责调查处理。

　　第十一条　投诉处理机构要督促工程质量责任方，按照有关规定，认真处理好用户的工程质量投诉。

　　第十二条　投诉处理机构对于投诉的信函要做好登记；对以电话、来访等形式的投诉，承办人员在接待时，要认真听取陈述意见，做好详细记录并进行登记。

　　第十三条　对需要几个部门共同处理的投诉，投诉处理机构要主动与有关部门协商，在政府的统一领导和协调下，有关部门各司其职，协同处理。

　　第十四条　建设部批转各地区、各部门处理的工程质量投诉材料，各地区、各部门的投诉处理机构应在三个月内将调查和处理情况报建设部。

　　第十五条　省级投诉处理机构受理的工程质量投诉，按照属地解决的原则，交由工程所在地的投诉处理机构处理，并要求报告处理结果。对于严重的工程质量问题可派人协助有关方面调查处理。

　　第十六条　市、县级投诉处理机构受理的工程质量投诉，原则上应直接派人或与有关部门共同调查处理，不得层层转批。

　　第十七条　对于投诉的工程质量问题，投诉处理机构要本着实事求是的原则，对合理的要求，要及时妥善处理；暂时解决不了的，要向投诉人作出解释，并责成工程质量责任方限期解决；对不合理的要求，要作出说明，经说明后仍坚持无理要求的，应给予批评教育。

第十八条　对注明联系地址和联系人姓名的投诉,要将处理的情况通知投诉人。

第十九条　在处理工程质量投诉过程中,不得将工程质量投诉中涉及到的检举、揭发、控告材料及有关情况,透露或者转送给被检举、揭发、控告的人员和单位。任何组织和个人不得压制、打击报复、迫害投诉人。

第二十条　各级建设行政主管部门要把处理工程质量投诉作为工程质量监督管理工作的重要内容抓好。对在工程质量投诉处理工作中做出成绩的单位和个人,要给予表彰。对在处理投诉工作中不履行职责、敷衍、推诿、拖延的单位及人员,要给予批评教育。

第二十一条　本规定由建设部负责解释。

第二十二条　本规定自发布之日起实施。

加强建筑幕墙工程管理的暂行规定

（建建〔1997〕167 号）

第一章　总　　则

第一条　为加强对建筑幕墙工程管理,保证其安全性、耐久性、适用性,特制定本规定。

第二条　本规定适用于采用金属型材、金属连接件、粘结材料、特种玻璃、金属板材及天然石板材等材料构成的玻璃幕墙、金属板幕墙、石材幕墙及组合幕墙的新建、扩建和改建工程。

第三条　国务院建设行政主管部门制定全国建筑幕墙工程的政策、法规和标准规范及有关的管理。各级地方人民政府建设行政主管部门负责本地区建筑幕墙工程的管理。

第四条　各级人民政府城市规划行政主管部门要根据城市规划,从促进社会经济和人类住区可持续发展的要求出发,综合考虑城市景观、城市环境以及建筑的性质和使用要求,加强对各类建筑幕墙建设项目的规划管理。

第二章　设计管理

第五条　各级人民政府建设行政主管部门在对建筑工程项目扩初设计或施工图设计审查时,应将建筑工程中的建筑幕墙作为主要审查内容。

第六条　承担采用各类建筑幕墙工程的建设项目的建设设计单位与建筑幕墙工程施工企业要做好协同配合工作。建筑设计单位主要应考虑幕墙工程的防火、防雷、光环境污染和连接预埋件的结构安全等因素,并对建筑幕墙工程提出具体设计要求并负相应的设计责任。

建筑幕墙工程施工企业应根据设计要求提出有关施工安装的技术要求并对幕墙材料、幕墙结构设计和加工制作部件等的工程质量负责。

第三章　招投标管理

第七条　各省、自治区、直辖市人民政府建设行政主管部门及工程招投标管理机构负责制定建筑幕墙工程的招投标限额及建筑幕墙工程的招投标管理。

第八条　建设项目法人(建设单位)因特殊原因要将建筑幕墙工程单独发包的,必须向当地建设行政主管部门提出申请,得到批准后,须按规定的招标方式发包,具备建筑幕墙工程资质条件的企业均可参加投标,中标企业不得分包与转包。

第九条　凡经批准单独发包的建筑幕墙工程,造价在限额以上或者檐高高于 10 米,必须进行招投标。

第十条　建设项目法人将建筑幕墙工程与主体建筑工程共同发包的,总承包企业具备建筑幕墙资质条件的应承担建筑幕墙工程的施工安装,不得另行分包;总承包企业不具备建筑幕墙资质条件的应将幕墙工程分包给具备建筑幕墙资质条件的企业。承揽幕墙分包任务的企业不得再行分包和转包。

第四章　原材料及产品管理

第十一条　玻璃幕墙单元组件试样必须经过建设行政主管部门认定的玻璃幕墙工程质量检测机构按国家现行标准《玻璃幕墙工程技术规范》的要求进行检测。单元组件试样不符合要求的,不得进行施工安装。

第十二条　结构硅酮胶是保证建筑幕墙工程整体结构安全和质量的关键材料,必须进行严格的检验与测试,不符合质量要求的结构硅酮胶严禁用于建筑幕墙工程。

第十三条　对玻璃幕墙产品制作执行生产许可证制度,凡生产制作玻璃幕墙产品的企业,必须持有产品生产许可证。无玻璃幕墙产品许可证企业不得生产和销售玻璃幕墙产品,使用单位不得使用。

第十四条　玻璃幕墙产品生产企业必须执行玻璃幕墙材料及产品的准用证制度。未获得《准用证》的玻璃幕墙产品一律不得在建筑工程中使用。

第五章　施工安装管理

第十五条　建筑幕墙工程施工企业必须经有审核权的建设主管部门按照《建筑幕墙工程施工企业资质等级标准》的规定进行资质审核,持有《建筑业企业资质证书》,按证书所核定的工程承包范围承接建筑幕墙工程(包括外资及中外合资企业)。严禁无资质承包及越级承包建筑幕墙工程。

第十六条　对实施招投标管理的建筑幕墙工程,建设项目法人必须委托建设监理单位实施建设监理。

第十七条　玻璃幕墙工程的结构设计、生产制作、产品检测、施工安装、工程监理、质量监督检查及验收,必须严格执行国家现行标准《建筑幕墙》(JG3035)和《玻璃幕墙工程技术规范》(JGJ102)。

第六章　检验及竣工管理

第十八条　建筑幕墙工程所在地的工程质量监督机构对承担建筑幕墙的施工安装单位进行资质检查,并对建筑幕墙工程施工安装进行质量抽查和验收。

玻璃幕墙产品生产企业无产品生产许可证、玻璃幕墙产品无《准用证》以及产品和工程质量不符合标准的一律不得安装及验收。

第十九条　建筑幕墙工程施工企业在与建设项目法人签订的合同中应明确承诺对建筑幕墙工程实行不少于三年的保修期。保修期内因工程质量原因而产生的费用由责任方支付。

第二十条　建设项目法人对已交付使用的玻璃幕墙建筑的安全使用和维护负有主要责

任,按照国家现行标准《玻璃幕墙工程技术规范》的规定,定期进行保养,至少每五年进行一次质量安全性检测。

第七章 其 他

第二十一条 各级建设行政主管部门要组织对从事建筑幕墙工程结构设计、生产制作、产品检测、施工安装、工程监理、质量监督检查单位的人员进行技术标准培训,并按有关规定考核上岗。

第二十二条 各地建设行政主管部门可根据本规定并结合当地情况制定具体管理规定或实施办法。

第二十三条 本规定由建设部建筑业司负责解释。

第二十四条 本规定自颁布之日起执行。

关于建设工程质量监督机构深化改革的指导意见

(建建〔2000〕151 号)

为加强对建设工程质量的监督管理,根据国务院 1984 年《关于改革建筑业和基本建设管理体制若干问题的暂行规定》的精神,我国从八十年代中期逐步建立起了政府建设工程质量监督制度,各地、各部门相继成立了建设工程质量监督机构。十几年来,这些工程质量监督机构为提高建设工程质量发挥了重要作用。随着社会主义市场经济体制的建立和完善,政府建设工程质量监督管理制度的某些方面需要进行改革和调整。2000 年 1 月 30 日发布施行的国务院第 279 号令《建设工程质量管理条例》,明确了在市场经济条件下政府对建设工程质量监督管理的基本原则。政府建设工程质量监督的主要目的是保证建设工程使用安全和环境质量,主要依据是法律、法规和工程建设强制性标准,主要方式是政府认可的第三方强制监督,主要内容是地基基础、主体结构、环境质量和与此相关的工程建设各方主体的质量行为,主要手段是施工许可制度和竣工验收备案制度。

为贯彻《建设工程质量管理条例》,推动政府对建设工程质量监督管理的改革,对建设工程质量监督机构的深化改革提出如下指导意见。

一、建设工程质量监督机构的性质

建设工程质量监督机构是经省级以上建设行政主管部门或有关专业部门考核认定的独立法人。建设工程质量监督机构接受县级以上地方人民政府建设行政主管部门或有关专业部门的委托,依法对建设工程质量进行强制性监督,并对委托部门负责。

二、建设工程质量监督机构应具备的基本条件

(一)有一定数量的质量监督工程师和助理质量监督工程师,质量监督工程师和助理质量监督工程师的比例不得低于 1∶8,这些人员应占质监机构总人数的 75% 以上;

(二)有固定的工作场所和适应工程质量监督检查工作需要的仪器、设备;

(三)有健全的技术管理和质量管理制度。

从事施工图设计文件审查的建设工程质量监督机构,还应当符合《建筑工程施工图设计文件审查暂行办法》规定的设计审查机构的条件。

三、建设工程质量监督机构负责人、质量监督工程师和助理质量监督工程师应具备的基本条件

（一）建设工程质量监督机构负责人的基本条件：

1．大中城市的建设工程质量监督机构负责人应取得质量监督工程师资格；

2．县和县级市的建设工程质量监督机构负责人应取得质量监督工程师或助理质量监督工程师资格。

（二）质量监督工程师的基本条件：

1．具有土木工程类本科以上学历；

2．具有 10 年以上建设工程设计、施工、质量管理的工作经历；

3．具有高级技术职称或者获得中级技术职称 8 年以上；

4．年龄不超过 65 周岁；

5．熟练掌握国家有关的法律、法规和工程建设强制性标准，有一定的组织协调能力；

6．有良好职业道德。

（三）助理质量监督工程师的基本条件：

1．具有土木工程类大专以上学历；

2．具有 5 年以上建设工程设计、施工、质量管理的工作经历；

3．具有中有技术职称；

4．年龄不超过 60 周岁；

5．熟练掌握国家有关的法律、法规和工程建设强制性标准；

6．有良好职业道德。

四、建设工程质量监督机构的设立

按照建设工程质量监督机构社会化、专业化的原则，提倡有条件的城市设立若干个具有独立法人资格的建设工程质量监督机构（包括各类专业工程的质量监督机构），分别接受政府有关部门的委托对工程质量进行监督。直辖市、计划单列市、省会城市要积极创造条件，在一至两年内实现上述目标。

鉴于目前各地建设工程质量监督机构的实际情况，地级以上城市也可以设立一个建设工程质量监督机构，接受当地人民政府建设行政主管部门或有关专业部门的委托，组织协调工程质量监督工作，对本行政区内的建设工程质量监督机构进行业务指导和管理。对工程项目具体实施质量监督的机构对委托部门负责。

省、自治区人民政府建设行政主管部门可根据本地实际情况，设立建设工程质量监督管理机构，对本行政区内的建设工程质量监督机构进行业务指导和管理，不进行具体工程质量监督。

五、建设工程质量监督机构的主要任务

（一）根据政府主管部门的委托，受理建设工程项目质量监督。

（二）制定质量监督工作方案。确定负责该项工程的质量监督工程师和助理质量监督工程师。根据有关法律、法规和工程建设强制性标准，针对工程特点，明确监督的具体内容、监督方式。在方案中对地基基础、主体结构和其它涉及结构案件的重要部位和关键工序，作出实施监督的详细计划安排。建设工程质量监督机构应将质量监督工作方案通知建设、勘察、设计、施工、监理单位。

（三）检查施工现场工程建设各方主体的质量行为。核查施工现场工程建设各方主体及有关人员的资质或资格。检查勘察、设计、施工、监理单位的质量保证体系和质量责任制落实情况，检查有关质量文件、技术资料是否齐全并符合规定。

（四）检查建设工程的实体质量。按照质量监督工作方案，对建设工程地基基础、主体结构和其它涉及结构安全的关键部位进行现场实地抽查，对用于工程的主要建筑材料、构配件的质量进行抽查。对地基基础分部、主体结构分部工程和其它涉及结构安全的分部工程的质量验收进行监督。

（五）监督工程竣工验收。监督建设单位组织的工程竣工验收的组织形式、验收程序以及在验收过程中提供的有关资料和形成的质量评定文件是否符合有关规定，实体质量是否存有严重缺陷，工程质量的检验评定是否符合国家验收标准。

（六）报送建设工程质量监督报告。工程竣工验收后 5 日内，应向委托部门报送建设工程质量监督报告。建设工程质量监督报告应包括对地基基础和主体结构质量检查的结论，工程竣工验收的程序、内容和质量检验评定是否符合有关规定，及历次抽查该工程发现的质量问题和处理情况等内容。建设工程质量监督报告必须由质量监督工程师签署。

（七）对预制建筑构件和商品混凝土的质量进行监督。

（八）受委托部门委托，按规定收取工程质量监督费。

（九）政府主管部门委托的工程质量监督管理的其他工作。

六、建设工程质量监督机构和质量监督工程师的权力与责任

（一）建设工程质量监督机构在进行监督工作中发现有违反建设工程质量管理规定行为和影响工程质量的问题时，有权采取责令改正、局部暂停施工等强制性措施，直至问题得到改正。需要给予行政处罚的，报告委托部门批准后实施。

（二）建设工程质量监督机构及质量监督工程师对监督的工程质量承担监督责任。

建设工程质量监督机构不履行监督职责、弄虚作假、提供虚假建设工程质量监督报告，或未认真执行质量监督工作方案而发生重大质量事故的，退还工程质量监督费，根据情节轻重，依法分别给予警告、通报批评、停止执行任务直至撤消建设工程质量监督机构资格的处理。

质量监督工程师和助理质量监督工程师发生弄虚作假、玩忽职守、滥用职权、徇私舞弊等行为的，由主管部门视情节轻重，给予批评、警告、记过直至取消质量监督工程师和助理质量监督工程师资格等处理；构成犯罪的，依法追究刑事责任。

七、政府主管部门对建设工程质量监督机构和人员的管理

国务院建设行政主管部门负责制定建设工程质量监督机构的基本条件、质量监督工程师和助理质量监督工程师的资格标准，以及对上述机构和人员的管理办法；制定质量监督工程师培训大纲和教材；考核认定质量监督工程师资格，颁发证书。

省、自治区、直辖市人民政府建设行政主管部门负责审核认定本地区所辖市、县建设工程质量监督机构资格，颁发证书；考核认定助理质量监督工程师资格，颁发证书；并分别将认定资格的建设工程师质量监督机构和助理质量监督工程师向国务院建设行政主管部门备案。

国务院铁路、交通、水利等有关专业部门按照国务院规定的职责分工，负责本专业建设工程质量监督机构和人员的管理工作。

房屋建筑工程和市政基础设施工程实行见证取样和送检的规定

（建建〔2000〕211 号）

第一条　为规范房屋建筑工程和市政基础设施工程中涉及结构安全的试块、试件和材料的见证取样和送检工作，保证工程质量，根据《建设工程质量管理条例》，制定本规定。

第二条　凡从事房屋建筑工程和市政基础设施工程的新建、扩建、改建等有关活动，应当遵守本规定。

第三条　本规定所称见证取样和送检是指在建设单位或工程监理单位人员的见证下，由施工单位的现场试验人员对工程中涉及结构安全的试块、试件和材料在现场取样，并送至经过省级以上建设行政主管部门对其资质认可和质量技术监督部门对其计量认证的质量检测单位（以下简称"检测单位"）进行检测。

第四条　国务院建设行政主管部门对全国房屋建筑工程和市政基础设施工程的见证取样和送检工作实施统一监督管理。

县级以上地方人民政府建设行政主管部门对本行政区域内的房屋建筑工程和市政基础设施工程的见证取样和送检工作实施监督管理。

第五条　涉及结构安全的试块、试件和材料见证取样和送检的比例不得低于有关技术标准中规定应取样数量的 30％。

第六条　下列试块、试件和材料必须实施见证取样和送检：

（一）用于承重结构的混凝土试块；

（二）用于承重墙体的砌筑砂浆试块；

（三）用于承重结构的钢筋及连接接头试件；

（四）用于承重墙的砖和混凝土小型砌块；

（五）用于拌制混凝土和砌筑砂浆的水泥；

（六）用于承重结构的混凝土中使用的掺加剂；

（七）地下、屋面、厕浴间使用的防水材料；

（八）国家规定必须实行见证取样和送检的其它试块、试件和材料。

第七条　见证人员应由建设单位或该工程的监理单位具备建筑施工试验知识的专业技术人员担任，并应由建设单位或该工程的监理单位书面通知施工单位、检测单位和负责该项工程的质量监督机构。

第八条　在施工过程中，见证人员应按照见证取样和送检计划，对施工现场的取样和送检进行见证，取样人员应在试样或其包装上作出标识、封志。标识和封志应标明工程名称、取样部位、取样日期、样品名称和样品数量，并由见证人员和取样人员签字。见证人员应制作见证记录，并将见证记录归入施工技术档案。

见证人员和取样人员应对试样的代表性和真实性负责。

第九条　见证取样的试块、试件和材料送检时，应由送检单位填写委托单，委托单应有见证人员和送检人员签字。检测单位应检查委托单及试样上的标识和封志，确认无误后方可进行检测。

第十条　检测单位应严格按照有关管理规定和技术标准进行检测，出具公正、真实、准确的检测报告。见证取样和送检的检测报告必须加盖见证取样检测的专用章。

第十一条　本规定由国务院建设行政主管部门负责解释。

第十二条　本规定自发布之日起施行。

硅硐结构密封胶使用管理暂行办法

（国经贸外经〔2000〕583 号）

为加强玻璃幕墙用硅酮结构密封胶的管理,保证玻璃幕墙建筑结构和人民生命财产安全,根据国务院批准的国家经贸委、建设部等部门发布的《关于加强硅酮结构密封胶管理的通知》(国经贸贸〔1997〕354 号)和国家有关规定,制定本办法。

一、结构胶的采购

（一）采购硅酮结构密封胶(以下简称结构胶),必须到国家认定的销售企业购买国家认定产品,同时索取正规销售发票和认定证书复印件,进口产品还必须有进口商检合格证明复印件。

（二）在采购结构胶时,使用者要向销售企业提供工程项目名称、地址、幕墙面积和需用结构胶数量。销售企业要登记存档。

（三）采购的国产结构胶,包装上必须有国家认定标识、中文说明、批号、出厂及使用有效日期。采购的进口结构胶,包装上必须有商检标志、国家认定标识、中文说明、批号、出厂及使用有效日期。

（四）凡在城镇临街建筑物距地面 10 米以上安装玻璃幕墙前,建设单位(或按全同约定的其它相关单位)必须将所用结构胶、双面胶条、泡沫棒、铝材、玻璃和相关材料送国家指定的检测中心做相容性试验和粘贴性能检测。相容性试验和粘贴性能检测要符合〈建设用硅酮结构密封胶》(GB 16776 —1997)国家标准;项目不全、试验日期与施工日期不符、检测报告与检测中心存档报告不符者等均为无效报告。

二、结构胶的使用

（一）使用结构胶的建设单位 或施工单位必须在取得全格的结构胶检测报告及国家认定产品的有关文件、证书复印件后方可施工。

（二）从事玻璃幕墙制作、施工安装的企业,必须具备相应的生产条件和技术力量,并建立健全技术质量管理体系。

（三）从事玻璃幕墙施工安装的企业必须具有下班幕墙施工企业资质证书,并在其资质等级许可的范围内承揽工程。

（四）制作下班幕墙单元构件时,必须符合《建筑幕墙》标准(JG3035—1996)和《下班幕墙工程技术规范》(JGJ102—96)的要求。

（五）结构胶要在有效期内使用,过期结构胶不准销售和使用。

（六）玻璃幕墙同一组单元构件,只准用同一牌号和同一批号的结构胶。

三、结构胶的技术档案管理

（一）玻璃幕墙工程竣工验收时,玻璃幕墙施工安装企业必须提供下列资料,并作为建筑档案长期保存:

1. 国家经贸委结构胶工作领导小组办公室出具的境内外结构胶生产企业、产品的认定证书复印件；

2. 生产企业的结构胶产品合格证；

3. 结构胶的购销合同原件；

4. 国家指定的检测中心出具的合格的结构胶相容性试验和粘接性能检测报告；

5. 注胶记录和工艺过程质量控制检测记录。

（二）国家指定的结构胶检测中心、生产及销售企业必须对用于玻璃幕墙工程的结构胶进行相容性试验和粘贴性能检测，试验、检测结果和原始记录长期保存。

四、监督检查和处罚

（一）按国家有关规定，各级有关主管部门要加强对结构胶使用情况的检查。建设、设计、施工等单位不得使用非国家认定结构胶。否则，要追究责任方的有关责任。

（二）在玻璃幕墙工程竣工验收时，必须具有国家认定的结构胶生产、销售企业开具的发票和认定证书复印件及国家指定的检测中心的检测报告，否则不予验收，并追究建设和购销各方的有关责任。

（三）各级建设行政主管部门及其委托的工程质量监督机构要将玻璃幕墙工程结构胶的使用纳入监督管理范围。对不符合本办法要求的结构胶，要责成有关责任方改正。改正后，要到国家指定的检测中心补办检测手续；未经国家指定的检测中心检测合格和出具合格证明的工程，不准交付使用。

（四）建设单位、结构胶供应商或房屋建筑使用者要对已有未取得国家指定检测中心合格检测报告的玻璃幕墙尤其是城市繁华地段、临街建筑上玻璃幕墙使用的结构胶情况进行检查检测。经检测，不能达到国家质量标准和结构胶国家标准要求的玻璃幕墙，必须采取补救措施。否则，国家各级有关主管部门要责令其拆除，予以改正。

五、附则

（一）凡在中国境内从事结构胶生产、进口、销售及使用的单位均须遵守本办法。

（二）凡违反上述规定的，由有关部门依法予以处罚。

（三）本办法由国家经贸委和建设部解释。

（四）本办法自公布之日起施行。

房屋建筑工程施工旁站监理管理办法（试行）

（建市〔2002〕189 号）

第一条 为加强对房屋建筑工程施工旁站监理的管理，保证工程质量，依据《建设工程质量管理条例》的有关规定，制定本办法。

第二条 本办法所称房屋建筑工程施工旁站监理（以下简称旁站监理），是指监理人员在房屋建筑工程施工阶段监理中，对关键部位、关键工序的施工质量实施全过程现场跟班的监督活动。

本办法所规定的房屋建筑工程的关键部位、关键工序，在基础工程方面包括：土方回填，混凝土灌注桩浇筑，地下连续墙、土钉墙、后浇带及其他结构混凝土、防水混凝土浇筑，卷材防水层细部构造处理，钢结构安装；在主体结构工程方面包括：梁柱节点钢筋隐蔽过程，混凝土浇筑，预应力张拉，装配式结构安装，钢结构安装，网架结构安装，索膜安装。

第三条 监理企业在编制监理规划时,应当制定旁站监理方案,明确旁站监理的范围、内容、程序和旁站监理人员职责等。旁站监理方案应当送建设单位和施工企业各一份,并抄送工程所在地的建设行政主管部门或其委托的工程质量监督机构。

第四条 施工企业根据监理企业制定的旁站监理方案,在需要实施旁站监理的关键部位、关键工序进行施工前 24 小时,应当书面通知监理企业派驻工地的项目监理机构。项目监理机构应当安排旁站监理人员按照旁站监理方案实施旁站监理。

第五条 旁站监理在总监理工程师的指导下,由现场监理人员负责具体实施。

第六条 旁站监理人员的主要职责是:

(一)检查施工企业现场质检人员到岗、特殊工种人员持证上岗以及施工机械、建筑材料准备情况;

(二)在现场跟班监督关键部位、关键工序的施工执行施工方案以及工程建设强制性标准情况;

(三)核查进场建筑材料、建筑构配件、设备和商品混凝土的质量检验报告等,并可在现场监督施工企业进行检验或者委托具有资格的第三方进行复验;

(四)做好旁站监理记录和监理日记,保存旁站监理原始资料。

第七条 旁站监理人员应当认真履行职责,对需要实施旁站监理的关键部位、关键工序在施工现场跟班监督,及时发现和处理旁站监理过程中出现的质量问题,如实准确地做好旁站监理记录。凡旁站监理人员和施工企业现场质检人员未在旁站监理记录(见附件)上签字的,不得进行下一道工序施工。

第八条 旁站监理人员实施旁站监理时,发现施工企业有违反工程建设强制性标准行为的,有权责令施工企业立即整改;发现其施工活动已经或者可能危及工程质量的,应当及时向监理工程师或者总监理工程师报告,由总监理工程师下达局部暂停施工指令或者采取其他应急措施。

第九条 旁站监理记录是监理工程师或者总监理工程师依法行使有关签字权的重要依据。对于需要旁站监理的关键部位、关键工序施工,凡没有实施旁站监理或者没有旁站监理记录的,监理工程师或者总监理工程师不得在相应文件上签字。在工程竣工验收后,监理企业应当将旁站监理记录存档备查。

第十条 对于按照本办法规定的关键部位、关键工序实施旁站监理的,建设单位应当严格按照国家规定的监理取费标准执行;对于超出本办法规定的范围,建设单位要求监理企业实施旁站监理的,建设单位应当另行支付监理费用,具体费用标准由建设单位与监理企业在合同中约定。

第十一条 建设行政主管部门应当加强对旁站监理的监督检查,对于不按照本办法实施旁站监理的监理企业和有关监理人员要进行通报,责令整改,并作为不良记录载入该企业和有关人员的信用档案;情节严重的,在资质年检时应定为不合格,并按照下一个资质等级重新核定其资质等级;对于不按照本办法实施旁站监理而发生工程质量事故的,除依法对有关责任单位进行处罚外,还要依法追究监理企业和有关监理人员的相应责任。

第十二条 其他工程的施工旁站监理,可以参照本办法实施。

第十三条 本办法自 2003 年 1 月 1 日起施行。

建设工程质量责任主体和有关机构不良记录管理办法(试行)

（建质〔2003〕113 号）

第一条 为规范建设工程质量责任主体和有关机构从事工程建设活动的行为,强化建设行政主管部门对其履行质量责任的监督管理,根据有关法律法规制定本办法。

第二条 本办法所称的建设工程质量责任主体和有关机构不良记录,是指对从事新建、扩建、改建房屋建筑工程和市政基础设施工程建设活动的建设单位、勘察单位、设计单位、施工单位和施工图审查机构、工程质量检测机构、监理单位违反法律、法规、规章所规定的质量责任和义务的行为,以及勘察、设计文件和工程实体质量不符合工程建设强制性技术标准的情况的记录。

已由建设行政主管部门给予行政处罚,按建设部《关于加快建立建筑市场有关企业和专业技术人员信用档案的通知》(建市〔2002〕155 号)列入信用档案的,不属于本办法记录和公布之列。

第三条 勘察、设计、施工、施工图审查、工程质量检测、监理等单位的不良记录应作为建设行政主管部门对其进行年检和资质评审的重要依据。

第四条 建设单位以下情况应予以记录:

1. 施工图设计文件应审查而未经审查批准,擅自施工的;设计文件在施工过程中有重大设计变更,未将变更后的施工图报原施工图审查机构进行审查并获批准,擅自施工的。

2. 采购的建筑材料、建筑构配件和设备不符合设计文件和合同要求的;明示或者暗示施工单位使用不合格的建筑材料、建筑构配件和设备的。

3. 明示或者暗示勘察、设计单位违反工程建设强制性标准,降低工程质量的。

4. 涉及建筑主体和承重结构变动的装修工程,没有经原设计单位或具有相应资质等级的设计单位提出设计方案,擅自施工的。

5. 其他影响建设工程质量的违法违规行为。

第五条 勘察、设计单位以下情况应予以记录:

1. 未按照政府有关部门的批准文件要求进行勘察、设计的。

2. 设计单位未根据勘察文件进行设计的。

3. 未按照工程建设强制性标准进行勘察、设计的。

4. 勘察、设计中采用可能影响工程质量和安全,且没有国家技术标准的新技术、新工艺、新材料,未按规定审定的。

5. 勘察、设计文件没有责任人签字或者签字不全的。

6. 勘察原始记录不按照规定进行记录或者记录不完整的。

7. 勘察、设计文件在施工图审查批准前,经审查发现质量问题,进行一次以上修改的。

8. 勘察、设计文件经施工图审查未获批准的。

9. 勘察单位不参加施工验槽的。

10. 在竣工验收时未出据工程质量评估意见的。

11. 设计单位对经施工图审查批准的设计文件,在施工前拒绝向施工单位进行设计交底的;拒绝参与建设工程质量事故分析的。

12. 其他可能影响工程勘察、设计质量的违法违规行为。

第六条 施工单位以下情况应予以记录：

1. 未按照经施工图审查批准的施工图或施工技术标准施工的。

2. 未按规定对建筑材料、建筑构配件、设备和商品混凝土进行检验，或检验不合格，擅自使用的。

3. 未按规定对隐蔽工程的质量进行检查和记录的。

4. 未按规定对涉及结构安全的试块、试件以及有关材料进行现场取样，未按规定送交工程质量检测机构进行检测的。

5. 未经监理工程师签字，进入下一道工序施工的。

6. 施工人员未按规定接受教育培训、考核，或者培训、考核不合格，擅自上岗作业的。

7. 施工期间，因为质量原因被责令停工的。

8. 其他可能影响施工质量的违法违规行为。

第七条 施工图审查机构以下情况应予以记录：

1. 未经建设行政主管部门核准备案的，擅自从事施工图审查业务活动的。

2. 超越核准的等级和范围从事施工图审查业务活动的。

3. 未按国家规定的审查内容进行审查，存在错审、漏审的。

4. 其他可能影响审查质量的违法违规行为。

第八条 工程质量检测机构以下情况应予以记录：

1. 未经批准擅自从事工程质量检测业务活动的。

2. 超越核准的检测业务范围从事工程质量检测业务活动的。

3. 出具虚假报告，以及检测报告数据和检测结论与实测数据严重不符的。

4. 其他可能影响检测质量的违法违规行为。

第九条 监理单位以下情况应予以记录：

1. 未按规定选派具有相应资格的总监理工程师和监理工程师进驻施工现场的。

2. 监理工程师和总监理工程师未按规定进行签字的。

3. 监理工程师未按规定采取旁站、巡视和平行检验等形式进行监理的。

4. 未按法律、法规以及有关技术标准和建设工程承包合同对施工质量实施监理的。

5. 未按经施工图审查批准的设计文件以及经施工图审查批准的设计变更文件对施工质量实施监理的。

6. 在竣工验收时未出据工程质量评估报告的。

7. 其他可能影响监理质量的违法违规行为。

第十条 施工图审查机构、工程质量检测机构、监理单位应记录工作中发现的建设、勘察、设计、施工单位的不良记录，依照所涉及工程项目的管理权限，向相应的建设行政主管部门或其委托的工程质量监督机构报送。

建设行政主管部门或其委托的工程质量监督机构应对报送情况进行核实。

第十一条 县级以上地方人民政府建设行政主管部门或其委托的工程质量监督机构应对在质量检查、质量监督、事故处理和质量投拆处理过程中发现的本行政区域内建设、勘察、设计、施工、施工图审查、工程质量检测、监理等单位的不良记录负责记录并核实。

第十二条 县级以上地方人民政府建设行政主管部门或其委托的工程质量监督机构应

对已核实的不良记录进行汇总,并向上级建设行政主管部门或其委托的工程质量监督机构备案。

第十三条　建设工程质量责任主体和有关机构的单位工商注册所在地不在本省行政区域的,省、自治区、直辖市建设行政主管部门应在报送国务院建设行政主管部门备案的同时,将该单位的不良记录通知其工商注册所在地省、自治区、直辖市建设行政主管部门。

第十四条　省、自治区、直辖市建设行政主管部门应在建筑市场监督管理信息系统中建立工程建设的质量管理信息子系统。不良记录的备案通过该系统进行,其数据传输应尽可能做到通过 internet 传送,以保证记录的实时准确。

建设行政主管部门或其委托的工程质量监督机构应将经核实的不良记录及时录入相应的信息系统。

第十五条　各有关记录机构和人员对不良记录的真实性和全面性负责。

市(地)以上地方人民政府建设行政主管部门或其委托的质量监督机构对本行政区域内不良记录的准确性负责。

第十六条　省、自治区、直辖市建设行政主管部门,应定期在媒体上公布本行政区域内的不良记录。

市(地)建设行政主管部门也可定期在媒体上公布本行政区域内的不良记录。

第十七条　建设行政主管部门或其委托的工程质量监督机构,应将不良记录备案中所涉及的在建房屋建筑和市政基础设施工程的质量状况予以公布。

第十八条　不良记录通过有关工程建设信息网公布的,公布的保留时间不少于 6 个月,需要撤销公布记录的须经原公布机关批准。

第十九条　各地建设行政主管部门要高度重视不良记录管理工作,明确分管领导和承办机构、人员及职责。对在工作中玩忽职守的,应进行查处并给与相应的行政处分。

第二十条　省、自治区、直辖市建设行政主管部门可根据本办法制定实施细则。

第二十一条　本办法自 2003 年 7 月 1 日起施行。

既有建筑幕墙安全维护管理办法

（建质〔2006〕291 号）

第一章　总　　则

第一条　为了加强对既有建筑幕墙的安全管理,有效预防城市灾害,保护人民生命和财产安全,根据《中华人民共和国建筑法》和《建设工程质量管理条例》等法律、法规,制定本办法。

第二条　本办法所称既有建筑幕墙,是指各类已竣工验收交付使用的建筑幕墙。

第三条　既有建筑幕墙的安全维护,实行业主负责制。

第四条　国务院建设主管部门对全国的既有建筑幕墙安全维护实行统一监督管理。

县级以上地方人民政府建设主管部门对本行政区域的既有建筑幕墙安全维护实施监督管理。

第二章　保修和维护责任

第五条　施工单位在建筑幕墙工程竣工时,应向建设单位提供《建筑幕墙使用维护说明书》,并载明该工程的设计依据、主要性能参数、合理使用年限及今后使用、维护、检修要求,以及需要注意的事项。

第六条　建设单位的建筑幕墙工程竣工验收资料中,应包含设计依据文件、计算书、设计变更、工程材料质保书、检验报告、隐蔽工程记录、竣工图、质量验收记录和《建筑幕墙使用维护说明书》等。

建设单位不是该建筑物产权人的,还应向业主提供包括《建筑幕墙使用维护说明书》在内的完整技术资料。

建设单位应当在工程竣工验收后三个月内,向当地城建档案馆报送一套符合规定的建设工程档案。

第七条　施工单位应按国家有关规定和合同约定对建筑幕墙实施保修。

第八条　既有建筑幕墙安全维护责任人的确定:

(一)建筑物为单一业主所有的,该业主为其建筑幕墙的安全维护责任人;

(二)建筑物为多个业主共同所有的,各业主应共同协商确定一个安全维护责任人,牵头负责建筑幕墙的安全维护。

第九条　建筑幕墙工程竣工验收交付使用后,其安全维护责任人应及时制定日常使用、维护和检修的规定,并组织实施。

第十条　既有建筑幕墙的安全维护责任主要包括:

(一)按国家有关标准和《建筑幕墙使用维护说明书》进行日常使用及常规维护、检修;

(二)按规定进行安全性鉴定与大修;

(三)制定突发事件处置预案,并对因既有建筑幕墙事故而造成的人员伤亡和财产损失依法进行赔偿;

(四)保证用于日常维护、检修、安全性鉴定与大修的费用;

(五)建立相关维护、检修及安全性鉴定档案。

第三章　维护与检修

第十一条　既有建筑幕墙的日常维护、检修可委托物业管理单位或其他专门从事建筑幕墙维护的单位进行。安全维护合同应明确约定具体的维护和检修内容、方式及双方的权利和义务。

从事建筑幕墙安全维护的人员必须接受专业技术培训。

第十二条　既有建筑幕墙大修的时间和内容依据安全性鉴定结果确定,由具有相应建筑幕墙专业资质的施工企业进行。

第十三条　既有建筑幕墙的维护与检修,必须按照国家有关规定,保证安全维护人员的作业安全。

第四章　安全性鉴定

第十四条　国家相关建筑幕墙设计、制作、安装和验收等技术标准规范实施之前完成建设的建筑幕墙,以及未经验收投入使用的建筑幕墙,其安全维护责任人应履行安全维护责任,确保其使用安全。

第十五条　既有建筑幕墙出现下列情形之一时,其安全维护责任人应主动委托进行安全性鉴定。

(一)面板、连接构件或局部墙面等出现异常变形、脱落、爆裂现象;

(二)遭受台风、地震、雷击、火灾、爆炸等自然灾害或突发事故而造成损坏;

(三)相关建筑主体结构经检测、鉴定存在安全隐患。

建筑幕墙工程自竣工验收交付使用后,原则上每十年进行一次安全性鉴定。

第十六条　委托进行既有建筑幕墙安全性鉴定的,应委托具有建筑幕墙检测与设计能力的单位承担。

第十七条　既有建筑幕墙安全性鉴定按下列程序进行:

(一)受理委托,进行初始调查;

(二)确定内容和范围,制订鉴定方案;

(三)现场勘查,检测、验算;

(四)分析论证,安全性评定;

(五)提出处理意见,出具鉴定报告。

第十八条　鉴定单位依据国家有关技术标准,进行既有建筑幕墙的安全性鉴定,提供真实、准确的鉴定结果,并依法对鉴定结果负责。

第十九条　安全维护责任人对经鉴定存在安全隐患的既有建筑幕墙,应当及时设置警示标志,按照鉴定处理意见立即采取安全处理措施,确保其使用安全,并及时将鉴定结果和安全处置情况向当地建设主管部门或房地产主管部门报告。

第五章　监督管理

第二十条　国家对既有建筑幕墙的安全维护实行监督管理制度。

第二十一条　县级以上地方人民政府建设主管部门实行监督管理,可以采取下列措施:

(一)检查本地区既有建筑幕墙的设计、施工、质量监督、竣工验收等是否符合有关法定程序,竣工验收、备案技术资料是否完整,工程档案是否已向城建档案馆移交;

(二)监督既有建筑幕墙安全维护责任人是否履行安全维护责任;

(三)对因既有建筑幕墙发生事故造成严重后果的责任人,依法进行处罚。

第二十二条　任何单位和个人对既有建筑幕墙的质量安全问题都有权向建设主管部门检举、投诉。

第六章　附　　则

第二十三条　各地建设主管部门应当根据本办法制定实施细则。

第二十四条　本办法自发布之日起施行。

建设工程质量保证金管理暂行办法

（建质〔2005〕7号）

第一条 为规范建设工程质量保证金（保修金）管理，落实工程在缺陷责任期内的维修责任，根据《中华人民共和国建筑法》、《建设工程质量管理条例》、《建设工程价款结算暂行办法》和《基本建设财务管理规定》等相关规定，制定本办法。

第二条 本办法所称建设工程质量保证金（保修金）（以下简称保证金）是指发包人与承包人在建设工程承包合同中约定，从应付的工程款中预留，用以保证承包人在缺陷责任期内对建设工程出现的缺陷进行维修的资金。

缺陷是指建设工程质量不符合工程建设强制性标准、设计文件，以及承包合同的约定。

缺陷责任期一般为六个月、十二个月或二十四个月，具体可由发、承包双方在合同中约定。

第三条 发包人应当在招标文件中明确保证金预留、返还等内容，并与承包人在合同条款中对涉及保证金的下列事项进行约定：

（一）保证金预留、返还方式；

（二）保证金预留比例、期限；

（三）保证金是否计付利息，如计付利息，利息的计算方式；

（四）缺陷责任期的期限及计算方式；

（五）保证金预留、返还及工程维修质量、费用等争议的处理程序；

（六）缺陷责任期内出现缺陷的索赔方式。

第四条 缺陷责任期内，实行国库集中支付的政府投资项目，保证金的管理应按国库集中支付的有关规定执行。其他政府投资项目，保证金可以预留在财政部门或发包方。缺陷责任期内，如发包方被撤销，保证金随交付使用资产一并移交使用单位管理，由使用单位代行发包人职责。

社会投资项目采用预留保证金方式的，发、承包双方可以约定将保证金交由金融机构托管；采用工程质量保证担保、工程质量保险等其他保证方式的，发包人不得再预留保证金，并按照有关规定执行。

第五条 缺陷责任期从工程通过竣（交）工验收之日起计。由于承包人原因导致工程无法按规定期限进行竣（交）工验收的，缺陷责任期从实际通过竣（交）工验收之日起计。由于发包人原因导致工程无法按规定期限进行竣（交）工验收的，在承包人提交竣（交）工验收报告90天后，工程自动进入缺陷责任期。

第六条 建设工程竣工结算后，发包人应按照合同约定及时向承包人支付工程结算价款并预留保证金。

第七条 全部或者部分使用政府投资的建设项目，按工程价款结算总额5％左右的比例预留保证金。

社会投资项目采用预留保证金方式的，预留保证金的比例可参照执行。

第八条 缺陷责任期内，由承包人原因造成的缺陷，承包人应负责维修，并承担鉴定及维修费用。如承包人不维修也不承担费用，发包人可按合同约定扣除保证金，并由承包人承担违约责任。承包人维修并承担相应费用后,不免除对工程的一般损失赔偿责任。

由他人原因造成的缺陷,发包人负责组织维修,承包人不承担费用,且发包人不得从保证金中扣除费用。

第九条　缺陷责任期内,承包人认真履行合同约定的责任,到期后,承包人向发包人申请返还保证金。

第十条　发包人在接到承包人返还保证金申请后,应于14日内会同承包人按照合同约定的内容进行核实。如无异议,发包人应当在核实后14日内将保证金返还给承包人,逾期支付的,从逾期之日起,按照同期银行贷款利率计付利息,并承担违约责任。发包人在接到承包人返还保证金申请后14日内不予答复,经催告后14日内仍不予答复,视同认可承包人的返还保证金申请。

第十一条　发包人和承包人对保证金预留、返还以及工程维修质量、费用有争议,按承包合同约定的争议和纠纷解决程序处理。

第十二条　建设工程实行工程总承包的,总承包单位与分包单位有关保证金的权利与义务的约定,参照本办法中发包人与承包人相应的权利与义务的约定执行。

第十三条　本办法由建设部、财政部负责解释。

第十四条　本办法自公布之日起施行。

关于建设行政主管部门对工程监理企业履行质量责任加强监督的若干意见

（建质〔2003〕167号）

各省、自治区建设厅,直辖市建委,新疆生产建设兵团建设局:

为了加强对工程监理企业履行质量责任行为的监督,确保建设工程质量,依据《中华人民共和国建筑法》和《建设工程质量管理条例》及有关规定,提出以下若干意见。

一、建设行政主管部门或其委托的工程质量监督机构(以下统称监督机构)在监督工作中,应严格依照国家有关法律、法规和规章规定的程序加强对监理企业履行质量责任行为的监督。

上述监理企业履行质量责任行为,是指监理企业受建设单位委托在建设工程施工全过程中,依照有关法律、法规、技术标准以及设计文件、建设工程承包合同和监理合同,对工程施工质量实施监理,并对施工质量承担监理责任的行为。

二、监督机构应在工程开工时核查工程项目监理机构的组成和人员资格情况:

(一)监理企业履行监理合同时,必须按工程项目建立项目监理机构,且有专业配套的监理人员,数量应符合监理合同的约定;

(二)项目总监理工程师应有监理企业法人代表出具的委托书,其负责监理的项目数量不得超过有关规定;

(三)项目总监理工程师和现场监理工程师应持有规定的资格证书或岗位证书。

三、监督机构应根据《建设工程监理规范》核查工程项目监理规划及监理实施细则。重点核查按照《建设工程监理规范》、《房屋建筑工程施工旁站监理管理办法(试行)》所确定的旁站监理的关键部位和工序,以及旁站监理的程序、措施及职责等。

四、监督机构应抽查监理工程师对施工单位项目经理部质量保证体系审查的记录及其他有关文件,以核查监理企业对施工单位质量管理体系审查的情况。

五、监督机构应抽查旁站监理记录,将监理工程师的检查结论与现场抽查的实际情况对比,以核查监理企业履行旁站监理责任的情况。

六、监督机构应抽查以下主要监理资料,以核查监理企业根据工程项目监理规划及监理实施细则,对施工过程进行质量控制的情况:

1. 监理企业签认的设计交底和图纸会审会议纪要;

2. 监理企业对施工组织设计中确保关键部位和工序工程质量措施的审查记录;

3. 监理企业签认的工程材料进场报验单、施工测量放线报验单和隐蔽工程检查记录;

4. 监理企业对施工企业试验室考核的记录,以及有关见证取样和送检的记录;

5. 监理企业签认的工程项目检验批质量验收记录、分项工程质量验收记录、分部(子分部)工程质量验收记录;

6. 监理企业对单位(子单位)工程的质量评估报告。

七、监理企业应将在工程监理过程中发现的建设单位、施工单位、工程检测单位违反工程建设强制性标准,以及其他不严格履行其质量责任的行为,及时发出整改通知或责令停工;制止无效的,应报告监督机构。监督机构接到报告后,应及时进行核查并依据有关规定进行处理。

八、监督机构应支持监理企业履行监理职责。监督机构在监督检查中发现施工单位未经监理工程师签字将建筑材料、建筑构配件和设备在工程上使用或安装的;上道工序未经监理工程师签字进行下一道工序施工的;不按照监理企业下达的有关施工质量缺陷整改通知及时整改的,要责令改正,并将其行为作为不良记录内容予以记录和公示。

九、监督机构在监督检查中发现建设单位未经总监理工程师签字即进行竣工验收的,要责令其重新组织验收。已经交付使用的要停止使用。

十、对监理企业在工程监理过程中不履行其质量责任的行为,监督机构应责令整改,并作为不良记录内容予以记录和公示,作为企业资质年检的重要依据。

房屋建筑和市政基础设施工程施工图设计文件审查管理办法

(建设部令〔2004〕第 134 号)

第一条 为了加强对房屋建筑工程、市政基础设施工程施工图设计文件审查的管理,根据《建设工程质量管理条例》、《建设工程勘察设计管理条例》,制定本办法。

第二条 在中华人民共和国境内从事房屋建筑工程、市政基础设施工程施工图设计文件审查和实施监督管理的,必须遵守本办法。

第三条 国家实施施工图设计文件(含勘察文件,以下简称施工图)审查制度。

本办法所称施工图审查,是指建设主管部门认定的施工图审查机构(以下简称审查机构)按照有关法律、法规,对施工图涉及公共利益、公众安全和工程建设强制性标准的内容进行的审查。

施工图未经审查合格的,不得使用。

第四条 国务院建设主管部门负责规定审查机构的条件、施工图审查工作的管理办法,并对全国的施工图审查工作实施指导、监督。

省、自治区、直辖市人民政府建设主管部门负责认定本行政区域内的审查机构,对施工图审查工作实施监督管理,并接受国务院建设主管部门的指导和监督。

市、县人民政府建设主管部门负责对本行政区域内的施工图审查工作实施日常监督管理,并接受省、自治区、直辖市人民政府建设主管部门的指导和监督。

第五条　省、自治区、直辖市人民政府建设主管部门应当按照国家确定的审查机构条件,并结合本行政区域内的建设规模,认定相应数量的审查机构。

审查机构是不以营利为目的的独立法人。

第六条　审查机构按承接业务范围分两类,一类机构承接房屋建筑、市政基础设施工程施工图审查业务范围不受限制;二类机构可以承接二级及以下房屋建筑、市政基础设施工程的施工图审查。

第七条　一类审查机构应当具备下列条件:

(一)注册资金不少于 100 万元。

(二)有健全的技术管理和质量保证体系。

(三)审查人员应当有良好的职业道德,具有 15 年以上所需专业勘察、设计工作经历;主持过不少于 5 项一级以上建筑工程或者大型市政公用工程或者甲级工程勘察项目相应专业的勘察设计;已实行执业注册制度的专业,审查人员应当具有一级注册建筑师、一级注册结构工程师或者勘察设计注册工程师资格,未实行执业注册制度的,审查人员应当有高级工程师以上职称。

(四)从事房屋建筑工程施工图审查的,结构专业审查人员不少于 6 人,建筑、电气、暖通、给排水、勘察等专业审查人员各不少于 2 人;从事市政基础设施工程施工图审查的,所需专业的审查人员不少于 6 人,其他必须配套的专业审查人员各不少于 2 人;专门从事勘察文件审查的,勘察专业审查人员不少于 6 人。

(五)审查人员原则上不得超过 65 岁,60 岁以上审查人员不超过该专业审查人员规定数的 1/2。

承担超限高层建筑工程施工图审查的,除具备上述条件外,还应当具有主持过超限高层建筑工程或者 100 米以上建筑工程结构专业设计的审查人员不少于 3 人。

第八条　二类审查机构应当具备下列条件:

(一)注册资金不少于 50 万元。

(二)有健全的技术管理和质量保证体系。

(三)审查人员应当有良好的职业道德,具有 10 年以上所需专业勘察、设计工作经历;主持过不少于 5 项二级以上建筑工程或者中型以上市政公用工程或者乙级以上工程勘察项目相应专业的勘察设计;已实行执业注册制度的专业,审查人员应当具有一级注册建筑师、一级注册结构工程师或者勘察设计注册工程师资格,未实行执业注册制度的,审查人员应当有工程师以上职称。

(四)从事房屋建筑工程施工图审查的,各专业审查人员不少于 2 人;从事市政基础设施工程施工图审查的,所需专业的审查人员不少于 4 人,其他必须配套的专业审查人员各不少于 2 人;专门从事勘察文件审查的,勘察专业审查人员不少于 4 人。

(五)审查人员原则上不得超过 65 岁,60 岁以上审查人员不超过该专业审查人员规定数的 1/2。

第九条 建设单位应当将施工图送审查机构审查。

建设单位可以自主选择审查机构,但是审查机构不得与所审查项目的建设单位、勘察设计企业有隶属关系或者其他利害关系。

第十条 建设单位应当向审查机构提供下列资料:

(一)作为勘察、设计依据的政府有关部门的批准文件及附件;

(二)全套施工图。

第十一条 审查机构应当对施工图审查下列内容:

(一)是否符合工程建设强制性标准;

(二)地基基础和主体结构的安全性;

(三)勘察设计企业和注册执业人员以及相关人员是否按规定在施工图上加盖相应的图章和签字;

(四)其他法律、法规、规章规定必须审查的内容。

第十二条 施工图审查原则上不超过下列时限:

(一)一级以上建筑工程、大型市政工程为 15 个工作日,二级及以下建筑工程、中型及以下市政工程为 10 个工作日。

(二)工程勘察文件,甲级项目为 7 个工作日,乙级及以下项目为 5 个工作日。

第十三条 审查机构对施工图进行审查后,应当根据下列情况分别作出处理:

(一)审查合格的,审查机构应当向建设单位出具审查合格书,并将经审查机构盖章的全套施工图交还建设单位。审查合格书应当有各专业的审查人员签字,经法定代表人签发,并加盖审查机构公章。审查机构应当在 5 个工作日内将审查情况报工程所在地县级以上地方人民政府建设主管部门备案。

(二)审查不合格的,审查机构应当将施工图退建设单位并书面说明不合格原因。同时,应当将审查中发现的建设单位、勘察设计企业和注册执业人员违反法律、法规和工程建设强制性标准的问题,报工程所在地县级以上地方人民政府建设主管部门。

施工图退建设单位后,建设单位应当要求原勘察设计企业进行修改,并将修改后的施工图报原审查机构审查。

第十四条 任何单位或者个人不得擅自修改审查合格的施工图。

确需修改的,凡涉及本办法第十一条规定内容的,建设单位应当将修改后的施工图送原审查机构审查。

第十五条 审查机构对施工图审查工作负责,承担审查责任。

施工图经审查合格后,仍有违反法律、法规和工程建设强制性标准的问题,给建设单位造成损失的,审查机构依法承担相应的赔偿责任;建设主管部门对审查机构、审查机构的法定代表人和审查人员依法作出处理或者处罚。

第十六条 审查机构应当建立、健全内部管理制度。施工图审查应当有经各专业审查人员签字的审查记录,审查记录、审查合格书等有关资料应当归档保存。

第十七条 未实行执业注册制度的审查人员,应当参加省、自治区、直辖市人民政府建设主管部门组织的有关法律、法规和技术标准的培训,每年培训时间不少于 40 学时。

第十八条 县级以上人民政府建设主管部门应当及时受理对施工图审查工作中违法、违规行为的检举、控告和投诉。

第十九条 按规定应当进行审查的施工图,未经审查合格的,建设主管部门不得颁发施工许可证。

第二十条 县级以上人民政府建设主管部门应当加强对审查机构的监督检查,主要检查下列内容:

(一)是否符合规定的条件;

(二)是否超出认定的范围从事施工图审查;

(三)是否使用不符合条件的审查人员;

(四)是否按规定上报审查过程中发现的违法违规行为;

(五)是否按规定在审查合格书和施工图上签字盖章;

(六)施工图审查质量;

(七)审查人员的培训情况。

建设主管部门实施监督检查时,有权要求被检查的审查机构提供有关施工图审查的文件和资料。

第二十一条 县级以上人民政府建设主管部门对审查机构报告的建设单位、勘察设计企业、注册执业人员的违法违规行为,应当依法进行处罚。

第二十二条 审查机构违反本办法规定,有下列行为之一的,县级以上地方人民政府建设主管部门责令改正,处 1 万元以上 3 万元以下的罚款;情节严重的,省、自治区、直辖市人民政府建设主管部门撤销对审查机构的认定:

(一)超出认定的范围从事施工图审查的;

(二)使用不符合条件审查人员的;

(三)未按规定上报审查过程中发现的违法违规行为的;

(四)未按规定在审查合格书和施工图上签字盖章的;

(五)未按规定的审查内容进行审查的。

第二十三条 审查机构出具虚假审查合格书的,县级以上地方人民政府建设主管部门处 3 万元罚款,省、自治区、直辖市人民政府建设主管部门撤销对审查机构的认定;有违法所得的,予以没收。

第二十四条 依照本办法规定,给予审查机构罚款处罚的,对机构的法定代表人和其他直接责任人员处机构罚款数额 5% 以上 10% 以下的罚款。

第二十五条 省、自治区、直辖市人民政府建设主管部门未按照本办法规定认定审查机构的,国务院建设主管部门责令改正。

第二十六条 国家机关工作人员在施工图审查监督管理工作中玩忽职守、滥用职权、徇私舞弊,构成犯罪的,依法追究刑事责任;尚不构成犯罪的,依法给予行政处分。

第二十七条 本办法自公布之日起施行。

山东省新型墙体材料发展应用与建筑节能管理规定

(山东省人民政府令第 181 号)

第一条 为保护土地资源和生态环境,节约能源,建设节约型社会,保障国民经济和社会的可持续发展,根据有关法律、法规,结合本省实际,制定本规定。

第二条　在本省行政区域内从事墙体材料生产和使用、建筑节能及其相关的工程规划、设计、施工、监理等活动的,应当遵守本规定。

第三条　本规定所称新型墙体材料,是指在国家和省公布的目录范围内的具有节约土地、节约能源、综合利用废弃物和改善建筑功能等特点的建筑墙体材料。

本规定所称建筑节能,是指在建设活动中,依照国家和省建筑节能标准,应用节能技术与产品,提高能源利用效率,降低建筑物使用能耗的活动。

第四条　省人民政府建设行政主管部门负责全省新型墙体材料发展应用与建筑节能的监督管理工作。

设区的市、县(市)人民政府建设行政主管部门负责本行政区域内新型墙体材料发展应用与建筑节能的监督管理工作。

其他有关部门按照各自职责,共同做好新型墙体材料发展应用与建筑节能工作。

第五条　县级以上人民政府应当支持新型墙体材料、建筑节能技术的开发、生产与推广,鼓励发展先进适用的新型建筑结构体系,并将新型墙体材料发展应用和建筑节能工作纳入国民经济和社会发展计划。

第六条　限制或者禁止在建筑工程中使用能耗高或者严重污染环境的落后技术与产品。省建设行政主管部门应当会同有关部门定期发布鼓励、限制或者禁止在建筑工程中使用的技术与产品目录。

任何单位和个人不得违反目录规定生产或者使用落后的技术与产品。

第七条　鼓励企业利用煤矸石、粉煤灰、炉渣、赤泥、磷石膏等工业废渣和淤泥(沙)等为原料开发、生产新型墙体材料和建筑节能技术与产品。

根据新型墙体材料和建筑结构体系的发展情况,逐步淘汰以粘土为原料的建筑材料。

第八条　新型墙体材料和建筑节能技术与产品开发生产企业应当按照国家标准、行业标准或者地方标准组织开发和生产;没有国家标准、行业标准和地方标准的,应当制定企业标准,并报质量技术监督部门和建设行政主管部门备案。

没有标准或者未达到标准要求的,不得开发、生产、销售、使用。

第九条　开发、生产新型墙体材料和建筑节能技术与产品应当符合环境保护的有关规定。

第十条　新型墙体材料和建筑节能技术与产品实行全省统一认定制度,具体办法由省建设行政主管部门会同有关部门制定。

开发、生产和应用经认定的新型墙体材料和建筑节能技术与产品的,按照国家和省有关规定享受优惠政策。

第十一条　禁止新建、改建、扩建实心粘土砖(瓦)生产线。现有实心粘土砖(瓦)生产企业应当逐步限产、转产或者关闭。具体办法由省建设行政主管部门会同省国土资源等部门制定。

现有实心粘土砖(瓦)生产企业取土用地不得占用耕地和基本农田。

第十二条　新建、改建、扩建建设工程,应当按照下列规定禁用实心粘土砖(瓦):

(一) 在本省设市城市规划区范围内,不得使用实心粘土砖(瓦);

(二) 在本省县人民政府所在地建制镇城市规划区范围内,自 2006 年 7 月 1 日起不得使用实心粘土砖(瓦);

（三）在其他建制镇城市规划区范围内，自 2008 年 7 月 1 日起不得使用实心粘土砖（瓦）。

在城市规划区范围外，县级以上人民政府确定的重点建设工程，自 2006 年 7 月 1 日起不得使用实心粘土砖（瓦）。

在农民自建住房等农村建设工程中，推广使用新型墙体材料，并逐步减少使用实心粘土砖（瓦）。

第十三条　在本规定第十二条确定的禁用实心粘土砖（瓦）的范围内，建设、设计、施工、监理等单位不得要求或者允许使用实心粘土砖（瓦）。

第十四条　新建、改建、扩建建筑工程的，建设单位应当按照国家和省有关规定缴纳新型墙体材料专项基金。

新型墙体材料专项基金征收、返还、使用和管理的具体办法，由省财政部门会同省建设行政主管部门制定。

第十五条　新型墙体材料专项基金应当缴入国库，纳入财政预算，实行收支两条线管理，专款专用。任何单位和个人不得截留、坐支、挤占、挪用。

第十六条　除国家另有规定外，任何单位和个人不得改变新型墙体材料专项基金征收对象、征收范围、征收标准或者减、免、缓征新型墙体材料专项基金。

第十七条　县级以上人民政府应当鼓励发展、应用下列建筑节能技术与产品：

（一）新型节能墙体和屋面保温、隔热技术与材料；

（二）节能门窗的保温隔热和密闭技术；

（三）集中供热和热、电、冷联产联供技术；

（四）供热采暖系统温度调控和分户热量计量技术与装置；

（五）太阳能、地热等可再生能源应用技术及设备；

（六）建筑照明节能技术与产品；

（七）空调制冷节能技术与产品；

（八）其他技术成熟、效果显著的节能技术与产品。

第十八条　新建建筑工程必须选择先进合理的采暖供热方式，采用高效的管道保温与热调控计量技术和节能型产品。

对建筑物实施改建、扩建或者大型修缮的，应当符合建筑节能的有关要求。

现有建筑物未达到建筑节能标准的，应当逐步对其围护结构和采暖供热系统进行技术改造。

县级以上人民政府应当逐步推行采暖按户计量收费制度。

第十九条　建筑物照明工程应当合理选择照度标准、照明方式、控制方式并充分利用自然光，选用节能型产品，降低照明电耗，提高照明质量。

建筑物的公共走廊、楼梯内等部位，必须安装使用节能灯具。

第二十条　省建设行政主管部门应当及时组织编制建筑节能设计标准、通用设计图集、施工规程和验收标准。

第二十一条　建设单位应当按照建筑节能要求和建筑节能强制性标准委托设计和施工，不得擅自修改节能设计文件，不得明示或者暗示设计单位或者施工单位违反建筑节能强制性标准进行设计、施工。

设计单位应当按照建筑节能强制性标准和规范进行设计,不得降低建筑节能标准。

施工图设计审查机构应当将建筑节能列入审查内容。经审查达不到建筑节能设计标准的,不得通过设计审查。

施工单位应当严格按照设计文件和规范施工,不得擅自改变建筑节能设计,不得偷工减料、弄虚作假,降低建筑节能标准。

监理单位应当按照建筑节能设计文件和有关规定进行监理,不得允许在建筑工程中使用不符合建筑节能要求的技术与产品。

第二十二条 建筑工程竣工后,建设单位应当按照建筑节能标准和规范要求组织竣工验收。未达到建筑节能标准要求的建筑工程,不得作为合格工程交付使用。

第二十三条 建设行政主管部门在建筑工程竣工验收备案过程中发现未达到建筑节能标准的,应当责令建设单位改正,并重新组织竣工验收。

第二十四条 违反本规定,开发、生产、销售、使用没有标准或者未达到标准的新型墙体材料和建筑节能技术与产品的,由质量技术监督、工商行政管理、环保、建设等部门依法予以处罚。

第二十五条 违反本规定,建设单位在建筑工程中使用淘汰的建筑技术与产品的,由建设行政主管部门责令改正,并可处以1万元以上3万元以下的罚款。

第二十六条 违反本规定,建设单位超过限时期限使用实心粘土砖(瓦)的,由建设行政主管部门责令限期改正,并可处以1万元以上3万元以下的罚款。

第二十七条 建设单位、设计单位、施工单位、工程监理单位违反本规定,未按照建筑节能强制性标准进行工程发包、设计、施工、监理和竣工验收的,由建设行政主管部门依照《建设工程质量管理条例》的规定予以处罚。

第二十八条 违反本规定,建设单位未按照规定缴纳新型墙体材料专项基金的,由建设行政主管部门责令限期改正,补缴新型墙体材料专项基金,并自滞纳之日起,按日加收万分之五的滞纳金。

第二十九条 建设行政主管部门和其他有关部门的工作人员有下列情形之一的,依法给予行政处分;构成犯罪的,依法追究刑事责任:

(一)截留、坐支、挤占、挪用新型墙体材料专项基金的;

(二)擅自改变新型墙体材料专项基金征收对象、征收范围、征收标准或者减、缓、免征新型墙体材料专项基金的;

(三)对未达到建筑节能标准要求的工程通过竣工验收备案的;

(四)发现新型墙体材料发展应用与建筑节能违法行为不依法予以查处的;

(五)其他玩忽职守、滥用职权、徇私舞弊的行为。

第三十条 本规定自2005年11月1日起施行。

建筑业 10 项新技术(2010)

(建质〔2010〕170 号)

各省、自治区住房和城乡建设厅,直辖市建委(建交委),山东、江苏省建管局,新疆生产建设兵团建设局,国务院有关部门,中央管理的有关企业:

《建筑业 10 项新技术》的推广应用,对推进建筑业技术进步起到了积极作用。近年来,奥运工程、世博工程等一批重大工程的相继建设,促进了工程技术的创新和研发应用。

为适应当前建筑业技术迅速发展的形势,加快推广应用促进建筑业结构升级和可持续发展的共性技术和关键技术,我部对《建筑业 10 项新技术(2005)》进行了修订,现将修订后的《建筑业 10 项新技术(2010)》印发你们。请各地继续加大以建筑业 10 项新技术为主要内容的新技术推广力度,充分发挥"建筑业新技术应用示范工程"的示范作用,促进建筑业新技术的广泛应用和技术创新工作。

附件:建筑业 10 项新技术(2010)(节略)

一、地基基础和地下空间工程技术

1. 灌注桩后注浆技术

2. 长螺旋钻孔压灌桩技术

3. 水泥粉煤灰碎石桩(CFG 桩)复合地基技术

4. 真空预压法加固软土地基技术

5. 土工合成材料应用技术

6. 复合土钉墙支护技术

7. 型钢水泥土复合搅拌桩支护结构技术

8. 工具式组合内支撑技术

9. 逆作法施工技术

10. 爆破挤淤法技术

11. 高边坡防护技术

12. 非开挖埋管技术

13. 大断面矩形地下通道掘进施工技术

14. 复杂盾构法施工技术

15. 智能化气压沉箱施工技术

16. 双聚能预裂与光面爆破综合技术

二、混凝土技术

1. 高耐久性混凝土

2. 高强高性能混凝土

3. 自密实混凝土技术

4. 轻骨料混凝土

5. 纤维混凝土

6. 混凝土裂缝控制技术

7. 超高泵送混凝土技术

8. 预制混凝土装配整体式接受施工技术

三、钢筋及预应力技术

1. 高强钢筋应用技术

2. 钢筋焊接网应用技术

3. 大直径钢筋直螺纹连接技术

4. 无粘结预应力技术

5. 有粘结预应力技术

6. 索结构预应力施工技术

7. 建筑用成型钢筋制品加工与配送技术

8. 钢筋机械锚固技术

四、模板及脚手架技术

1. 清水混凝土模板技术

2. 钢（铝）框胶合板模板技术

3. 塑料模板技术

4. 组拼式大模板技术

5. 早拆模板施工技术

6. 液压爬升模板技术

7. 大吨位长行程油缸整体顶升模板技术

8. 贮仓筒壁滑模托带仓顶空间钢结构整安装施工技术

9. 插接式钢管脚手架及支撑架技术

10. 盘销式钢管脚手架及支撑架技术

11. 附着升降脚手架技术

12. 电动桥式脚手架技术

13. 预制箱梁模板技术

14. 挂篮悬臂施工技术

15. 隧道模板台车技术

16. 移动模架造桥技术

五、钢结构技术

1. 深化设计技术

2. 厚钢板焊接技术

3. 大型钢结构滑移安装施工技术

4. 钢结构与大型设备计算机控制整体顶升与提升安装施工技术

5. 钢与混凝土组合结构技术

6. 住宅钢结构技术

7. 高强度钢材应用技术

8. 大型复杂膜结构施工技术

9. 模块式钢结构框架组装、吊装技术

六、机电安装工程技术

1. 管线综合布置技术

2. 金属矩形风管薄钢板法兰连接技术

3. 变风量空调系统技术

4. 非金属复合板风管施工技术

5. 大管道闭式循环冲洗技术

6. 薄壁不锈钢管道新型连接技术

7. 管道工厂化预制技术

8. 超高层高压垂吊式电缆敷设技术

9. 预分支电缆施工技术

10. 电缆穿刺线夹施工技术

11. 大型储罐施工技术

七、绿色施工技术

1. 基坑施工封闭降水技术

2. 基坑施工降水回收利用技术

3. 预拌砂浆技术

4. 外墙自保温体系施工技术

5. 粘贴式外墙外保温隔热系统施工技术

6. 现浇混凝土外墙外保温施工技术

7. 硬泡聚氨酯外墙喷涂保温施工技术

8. 工业废渣及(空心)砌块应用技术

9. 铝合金窗断桥技术

10. 太阳能与建筑一体化应用技术

11. 供热计量技术

12. 建筑外遮阳技术

13. 植生混凝土

14. 透水混凝土

八、防水技术

1. 防水卷材机械固定施工技术

2. 地下工程预铺反粘防水技术

3. 预备注浆系统施工技术.

4. 遇水膨胀止水胶施工技术

5. 丙烯酸盐灌浆液防渗施工技术

6. 聚乙烯丙纶防水卷材与非固化型防水粘结料复合防水施工技术

7. 聚氨酯防水涂料施工技术

九、抗震、加固与改造技术

1. 消能减震技术

2. 建筑隔震技术

3. 混凝土构件粘贴碳纤维、粘钢和外包钢加固技术

4. 钢绞线网片聚合物砂浆加固技术粘钢和外包钢加固技术

5. 结构无损拆除技术

6. 无粘结预应力混凝土结构拆除技术

7. 深基坑施工监测技术

8. 结构安全性监测(控)技术

9. 开挖爆破监测技术

10. 隧道变形远程自动监测系统

11. 一机多天线 GPS 变形监测技术

十、信息化应用技术

1. 虚拟仿真施工技术
2. 高精度自动测量控制技术
3. 施工现场远程监控管理及工程远程验收技术
4. 工程量自动计算技术
5. 工程项目管理信息化实施集成应用及基础信息规范分类编码技术
6. 建设项目资源计划管理技术
7. 项目多方协同管理信息化技术
8. 塔式起重机安全监控管理系统应用技术

物业承接查验办法

（建房〔2010〕165 号）

第一条 为了规范物业承接查验行为，加强前期物业管理活动的指导和监督，维护业主的合法权益，根据《中华人民共和国物权法》、《中华人民共和国合同法》和《物业管理条例》等法律法规的规定，制定本办法。

第二条 本办法所称物业承接查验，是指承接新建物业前，物业服务企业和建设单位按照国家有关规定和前期物业服务合同的约定，共同对物业共用部位、共用设施设备进行检查和验收的活动。

第三条 物业承接查验应当遵循诚实信用、客观公正、权责分明以及保护业主共有财产的原则。

第四条 鼓励物业服务企业通过参与建设工程的设计、施工、分户验收和竣工验收等活动，向建设单位提供有关物业管理的建议，为实施物业承接查验创造有利条件。

第五条 国务院住房和城乡建设主管部门负责全国物业承接查验活动的指导和监督工作。

县级以上地方人民政府房地产行政主管部门负责本行政区域内物业承接查验活动的指导和监督工作。

第六条 建设单位与物业买受人签订的物业买卖合同，应当约定其所交付物业的共用部位、共用设施设备的配置和建设标准。

第七条 建设单位制定的临时管理规约，应当对全体业主同意授权物业服务企业代为查验物业共用部位、共用设施设备的事项作出约定。

第八条 建设单位与物业服务企业签订的前期物业服务合同，应当包含物业承接查验的内容。

前期物业服务合同就物业承接查验的内容没有约定或者约定不明确的，建设单位与物业服务企业可以协议补充。

不能达成补充协议的，按照国家标准、行业标准履行；没有国家标准、行业标准的，按照通常标准或者符合合同目的的特定标准履行。

第九条 建设单位应当按照国家有关规定和物业买卖合同的约定，移交权属明确、资料完整、质量合格、功能完备、配套齐全的物业。

第十条 建设单位应当在物业交付使用 15 日前,与选聘的物业服务企业完成物业共用部位、共用设施设备的承接查验工作。

第十一条 实施承接查验的物业,应当具备以下条件:

(一)建设工程竣工验收合格,取得规划、消防、环保等主管部门出具的认可或者准许使用文件,并经建设行政主管部门备案;

(二)供水、排水、供电、供气、供热、通信、公共照明、有线电视等市政公用设施设备按规划设计要求建成,供水、供电、供气、供热已安装独立计量表具;

(三)教育、邮政、医疗卫生、文化体育、环卫、社区服务等公共服务设施已按规划设计要求建成;

(四)道路、绿地和物业服务用房等公共配套设施按规划设计要求建成,并满足使用功能要求;

(五)电梯、二次供水、高压供电、消防设施、压力容器、电子监控系统等共用设施设备取得使用合格证书;

(六)物业使用、维护和管理的相关技术资料完整齐全;

(七)法律、法规规定的其他条件。

第十二条 实施物业承接查验,主要依据下列文件:

(一)物业买卖合同;

(二)临时管理规约;

(三)前期物业服务合同;

(四)物业规划设计方案;

(五)建设单位移交的图纸资料;

(六)建设工程质量法规、政策、标准和规范。

第十三条 物业承接查验按照下列程序进行:

(一)确定物业承接查验方案;

(二)移交有关图纸资料;

(三)查验共用部位、共用设施设备;

(四)解决查验发现的问题;

(五)确认现场查验结果;

(六)签订物业承接查验协议;

(七)办理物业交接手续。

第十四条 现场查验 20 日前,建设单位应当向物业服务企业移交下列资料:

(一)竣工总平面图,单体建筑、结构、设备竣工图,配套设施、地下管网工程竣工图等竣工验收资料;

(二)共用设施设备清单及其安装、使用和维护保养等技术资料;

(三)供水、供电、供气、供热、通信、有线电视等准许使用文件;

(四)物业质量保修文件和物业使用说明文件;

(五)承接查验所必需的其他资料。

未能全部移交前款所列资料的,建设单位应当列出未移交资料的详细清单并书面承诺补交的具体时限。

第十五条 物业服务企业应当对建设单位移交的资料进行清点和核查,重点核查共用设施设备出厂、安装、试验和运行的合格证明文件。

第十六条 物业服务企业应当对下列物业共用部位、共用设施设备进行现场检查和验收:

(一)共用部位:一般包括建筑物的基础、承重墙体、柱、梁、楼板、屋顶以及外墙、门厅、楼梯间、走廊、楼道、扶手、护栏、电梯井道、架空层及设备间等;

(二)共用设备:一般包括电梯、水泵、水箱、避雷设施、消防设备、楼道灯、电视天线、发电机、变配电设备、给排水管线、电线、供暖及空调设备等;

(三)共用设施:一般包括道路、绿地、人造景观、围墙、大门、信报箱、宣传栏、路灯、排水沟、渠、池、污水井、化粪池、垃圾容器、污水处理设施、机动车(非机动车)停车设施、休闲娱乐设施、消防设施、安防监控设施、人防设施、垃圾转运设施以及物业服务用房等。

第十七条 建设单位应当依法移交有关单位的供水、供电、供气、供热、通信和有线电视等共用设施设备,不作为物业服务企业现场检查和验收的内容。

第十八条 现场查验应当综合运用核对、观察、使用、检测和试验等方法,重点查验物业共用部位、共用设施设备的配置标准、外观质量和使用功能。

第十九条 现场查验应当形成书面记录。查验记录应当包括查验时间、项目名称、查验范围、查验方法、存在问题、修复情况以及查验结论等内容,查验记录应当由建设单位和物业服务企业参加查验的人员签字确认。

第二十条 现场查验中,物业服务企业应当将物业共用部位、共用设施设备的数量和质量不符合约定或者规定的情形,书面通知建设单位,建设单位应当及时解决并组织物业服务企业复验。

第二十一条 建设单位应当委派专业人员参与现场查验,与物业服务企业共同确认现场查验的结果,签订物业承接查验协议。

第二十二条 物业承接查验协议应当对物业承接查验基本情况、存在问题、解决方法及其时限、双方权利义务、违约责任等事项作出明确约定。

第二十三条 物业承接查验协议作为前期物业服务合同的补充协议,与前期物业服务合同具有同等法律效力。

第二十四条 建设单位应当在物业承接查验协议签订后 10 日内办理物业交接手续,向物业服务企业移交物业服务用房以及其他物业共用部位、共用设施设备。

第二十五条 物业承接查验协议生效后,当事人一方不履行协议约定的交接义务,导致前期物业服务合同无法履行的,应当承担违约责任。

第二十六条 交接工作应当形成书面记录。交接记录应当包括移交资料明细、物业共用部位、共用设施设备明细、交接时间、交接方式等内容。交接记录应当由建设单位和物业服务企业共同签章确认。

第二十七条 分期开发建设的物业项目,可以根据开发进度,对符合交付使用条件的物业分期承接查验。建设单位与物业服务企业应当在承接最后一期物业时,办理物业项目整体交接手续。

第二十八条 物业承接查验费用的承担,由建设单位和物业服务企业在前期物业服务合同中约定。没有约定或者约定不明确的,由建设单位承担。

第二十九条 物业服务企业应当自物业交接后 30 日内,持下列文件向物业所在地的区、县(市)房地产行政主管部门办理备案手续:

(一)前期物业服务合同;

(二)临时管理规约;

(三)物业承接查验协议;

(四)建设单位移交资料清单;

(五)查验记录;

(六)交接记录;

(七)其它承接查验有关的文件。

第三十条 建设单位和物业服务企业应当将物业承接查验备案情况书面告知业主。

第三十一条 物业承接查验可以邀请业主代表以及物业所在地房地产行政主管部门参加,可以聘请相关专业机构协助进行,物业承接查验的过程和结果可以公证。

第三十二条 物业交接后,建设单位未能按照物业承接查验协议的约定,及时解决物业共用部位、共用设施设备存在的问题,导致业主人身、财产安全受到损害的,应当依法承担相应的法律责任。

第三十三条 物业交接后,发现隐蔽工程质量问题,影响房屋结构安全和正常使用的,建设单位应当负责修复;给业主造成经济损失的,建设单位应当依法承担赔偿责任。

第三十四条 自物业交接之日起,物业服务企业应当全面履行前期物业服务合同约定的、法律法规规定的以及行业规范确定的维修、养护和管理义务,承担因管理服务不当致使物业共用部位、共用设施设备毁损或者灭失的责任。

第三十五条 物业服务企业应当将承接查验有关的文件、资料和记录建立档案并妥善保管。

物业承接查验档案属于全体业主所有。前期物业服务合同终止,业主大会选聘新的物业服务企业的,原物业服务企业应当在前期物业服务合同终止之日起 10 日内,向业主委员会移交物业承接查验档案。

第三十六条 建设单位应当按照国家规定的保修期限和保修范围,承担物业共用部位、共用设施设备的保修责任。

建设单位可以委托物业服务企业提供物业共用部位、共用设施设备的保修服务,服务内容和费用由双方约定。

第三十七条 建设单位不得凭借关联关系滥用股东权利,在物业承接查验中免除自身责任,加重物业服务企业的责任,损害物业买受人的权益。

第三十八条 建设单位不得以物业交付期限届满为由,要求物业服务企业承接不符合交用条件或者未经查验的物业。

第三十九条 物业服务企业擅自承接未经查验的物业,因物业共用部位、共用设施设备缺陷给业主造成损害的,物业服务企业应当承担相应的赔偿责任。

第四十条 建设单位与物业服务企业恶意串通、弄虚作假,在物业承接查验活动中共同侵害业主利益的,双方应当共同承担赔偿责任。

第四十一条 物业承接查验活动,业主享有知情权和监督权。物业所在地房地产行政主管部门应当及时处理业主对建设单位和物业服务企业承接查验行为的投诉。

第四十二条 建设单位、物业服务企业未按本办法履行承接查验义务的,由物业所在地房地产行政主管部门责令限期改正;逾期仍不改正的,作为不良经营行为记入企业信用档案,并予以通报。

第四十三条 建设单位不移交有关承接查验资料的,由物业所在地房地产行政主管部门责令限期改正;逾期仍不移交的,对建设单位予以通报,并按照《物业管理条例》第五十九条的规定处罚。

第四十四条 物业承接查验中发生的争议,可以申请物业所在地房地产行政主管部门调解,也可以委托有关行业协会调解。

第四十五条 前期物业服务合同终止后,业主委员会与业主大会选聘的物业服务企业之间的承接查验活动,可以参照执行本办法。

第四十六条 省、自治区、直辖市人民政府住房和城乡建设主管部门可以依据本办法,制定实施细则。

第四十七条 本办法由国务院住房和城乡建设主管部门负责解释。

第四十八条 本办法自 2011 年 1 月 1 日起施行。

山东省建设工程质量监督机构人员考核培训教材

建设工程质量监督管理

（下册）

王金玉　主　编

中国矿业大学出版社

目　录

上　册

下　　册

第七章 土建工程质量监督

第一节 概 述

一、土建工程实体质量监督的基本要求

（一）土建工程实体质量监督的主要依据

土建工程实体质量监督的主要依据是国家及山东省制定颁布的有关法律法规、技术标准、规范性文件和工程的施工图设计文件。

（二）土建工程实体质量监督的主要内容

土建工程实体质量监督的重点是监督工程建设强制性标准的实施情况，其主要内容有：

（1）抽查涉及结构安全与使用功能的主要原材料、建筑构配件的出厂合格证、试验报告及见证取样送检资料。

（2）突出对地基基础、主体结构和其他涉及结构安全、建筑节能、环境质量的重要部位、关键工序和使用功能的监督，并应设置质量监督控制点。

（3）抽查现场拌制混凝土、砂浆配合比和预拌混凝土、预拌砂浆的质量控制情况。

（4）质监人员应根据监督检查的结果，填写监督检查记录，提出明确的监督意见，对存在影响结构安全及使用功能的质量问题的，应签发整改通知单，问题严重的，应签发局部停工整改通知单。

（三）质量监督控制点的设置

质量监督控制点是项目质监组对涉及工程结构安全和使用功能等质量进行控制所设置的，必须由质监人员到施工现场进行监督检查的关键工序和重要部位。当施工单位施工至质量监督控制点时，必须通知质监人员到现场进行监督检查。应设置质量监督控制点的部位和工序为：

（1）桩基和地基处理。

（2）地基基础。

（3）重要结构（混凝土大跨度结构及结构转换层等）隐蔽前。

（4）主体结构验收（含钢结构、木结构等）。

（5）外墙保温、幕墙隐蔽工程。

（6）工程竣工验收。

（四）土建工程实体质量监督抽查的主要内容

1. 地基及基础工程监督抽查的主要内容

（1）工程质量保证及见证取样送检检测资料。

（2）分项、分部工程质量验收资料及隐蔽工程验收记录。

（3）地基处理及桩基检测报告、地基验槽记录。

（4）基础的钢筋、砌体、混凝土和防水等施工质量。

（5）桩基工程、复合地基工程的施工质量。

2. 主体结构工程监督抽查的主要内容

(1)工程质量保证及见证取样送检检测资料。

(2)分项、分部工程质量验收资料及隐蔽工程验收记录。

(3)结构重点部位的砌体、混凝土、钢筋等施工质量。

(4)混凝土构件、钢结构构件制作和安装质量。

3. 竣工工程监督抽查的主要内容

(1)幕墙工程、外墙粘(挂)饰面工程等涉及安全和使用功能的重点部位施工质量的监督抽查。

(2)建筑围护结构节能工程施工质量。

(3)工程的观感质量。

(4)分部(子分部)工程的施工质量验收资料。

(5)有环保要求材料的检测资料。

(6)室内环境质量检测报告。

(7)屋面、外墙(窗)、厕所和浴室等有防水要求的房间渗漏试验的记录,必要时可进行现场抽查。

(8)住宅工程质量分户验收资料。

(五)土建工程实体质量监督检测

监督机构应对涉及结构安全、使用功能、关键部位的实体质量或材料进行监督检测,检测记录应列入质量监督报告;监督检测的项目和数量应根据工程的规模、结构形式和施工质量等因素确定。监督检测项目一般应包括:

(1)承重结构混凝土强度。

(2)主要受力钢筋保护层厚度。

(3)现浇楼板厚度。

(4)砌体结构承重墙柱的砌筑砂浆强度。

(5)安装工程中涉及安全和功能的重要项目。

(6)钢结构的重要连接部位。

(7)其他需要检测的项目。

监督机构经监督检测发现工程质量不符合工程建设强制性标准或对工程质量有怀疑的,应责成有关单位委托有资质的检测单位进行检测。

二、土建工程质量控制资料监督的基本要求

(一)收集与整理

(1)工程质量控制资料的形成应符合山东省工程建设标准《建筑工程施工技术资料管理规程》(DBJ 14—023—2004)的相关规定。

(2)工程各参建单位应将工程质量控制资料的形成和积累纳入施工管理的各个环节和有关人员的职责范围。工程质量控制资料应有专人负责收集、整理和审核,有关人员应具备相应的职业资格。

(3)工程质量控制资料主要由施工管理、验收和检测、试验资料等文件和图表组成,应随工程进度同步收集、整理、签发并按规定移交,要求书写认真、字迹清晰、内容完整、结论明确、责任方签字齐全。工程质量控制资料不符合要求的,不得进行工程竣工验收。

（4）工程质量控制资料的形成、收集和整理应由各方责任主体共同形成，并保证其真实、准确、及时、完整。资料中责任方签字、盖章应符合标准、规范及合同的规定。

地基与基础工程质量验收记录、主体结构工程质量验收记录，表中各单位盖章要求为：建设、监理单位为单位公章，设计单位为单位资质章，施工单位为项目部章、公司质量部门章和公司技术部门章。

建筑工程竣工验收报告中各单位均应加盖公章，法人代表签章。

（5）工程各参建单位应确保各自资料的真实、有效、及时和完整，对资料进行涂改、伪造、随意抽撤或损毁、丢失的，应按有关规定予以处罚，情节严重的，应依法追究法律责任。

（6）由建设单位采购的建筑材料、构配件和设备，建设单位应保证建筑材料、构配件和设备符合设计文件、规范标准和合同要求，并保证相关材料质量证明文件的完整、真实和有效，并经监理单位认可后及时移交给工程施工单位整理归档。

（7）建设单位必须向参与工程建设的勘察、设计、施工、监理等单位提供与建设工程有关的原始资料。监督专业分包单位及时将工程质量控制资料完整、全面、准确地移交给总承包单位。

（8）勘察、设计单位应按国家有关法律、法规、合同和规范要求提供勘察、设计文件。对需勘察、设计单位参加的验收或签认的质量控制资料应参加验收并签署意见。

（9）监理单位在施工阶段应对工程质量控制资料的形成、积累、组卷和归档进行监督、检查，使质量控制资料的完整性、准确性符合有关要求。完成审查施工组织设计、签认工程材料进场报验、工程测量放线、隐蔽工程验收检查以及检验批、分项、分部（子分部）质量验收记录等工作。参加工程见证取样工作，对见证取样试验样品真实性负责。

（10）施工单位应负责工程质量控制资料的主要管理工作。实行技术负责人负责制，逐级建立健全施工技术、质量、材料、检（试）验等管理岗位责任制。应负责汇总各分包单位编制的施工技术资料。应在工程竣工验收前，将工程的质量控制资料整理、汇总、组卷。负责见证取样的取样、封样、送检工作，并对样品的真实性和完整性负责。

分包单位应负责其分包范围内质量控制资料的收集和整理，并对资料的真实性、完整性和有效性负责。

（二）归档与组卷

（1）工程质量控制资料应使用原件。对因各种原因不能使用原件的，应在复印件上加盖原件存放单位公章，注明原件存放处，并有经办人及时间。

（2）工程质量控制资料应以打印或印刷为主。纸质载体幅面为A4，若手工书写必须用蓝黑或碳素墨水。

（3）工程质量控制资料应保证字迹清晰，签字、盖章手续齐全，签字必须使用档案规定用笔。微机形成的资料应采用内容打印、手工签名的方式。

（4）组卷应美观、整齐，不宜超过50 mm厚。同卷内不应有重复材料。

（5）工程竣工图凡使用施工蓝图绘制应使用碳素墨水标注。蓝图反差明显，图面整洁，并加盖竣工图章。竣工图章内应注明绘制人、审核人、技术负责人、监理工程师、绘制时间等基本内容。竣工图章尺寸为：50 mm×80 mm。竣工图章应使用不易褪色的红色印泥，加盖在图标栏上方空白处。

（6）利用施工图绘制竣工图，必须标明变更修改的依据；凡施工图结构、工艺、平面布置等有重大变更的,或变更部分超过图面三分之一的,应当重新绘制施工图。

(7) 专业性较强、施工工艺复杂、技术先进的分部(子分部)工程应单独组卷。

(8) 分册案本采用卷盒分装,卷盒采用硬壳卷盒(塑料皮、纸胎),规格尺寸为 310 mm×220 mm×50 mm,卷盒盒盖应粘贴(插入)标签,标签上应注明工程名称、卷名、分册名称及代码、编制单位、编制人、审核人(技术负责人)、编制日期。分册案本的规格尺寸为 297 mm×210 mm(A4 幅),小于 A4 幅面的文件要用 A4 白纸衬托,封面、封底采用白软、耐用的纸张或塑料材料,封面应注明分册名称及代码、分册细目名称及代码、单位工程负责人、单位工程技术负责人、编制日期。

(9) 竣工图纸可装订成册,亦可散装在卷盒内。图纸的折叠方式为:对图纸的图框进行裁剪折叠,采用"手风琴风箱式",图标、竣工图章露在外面,图标外露右下角。其他文字材料一律采用线带装订,装订线离封面左侧为 25 mm,取三孔装订,上下两孔分别距中孔 80 mm。

三、见证取样送检制度的基本要求

(一) 见证取样送检的范围

(1) 见证取样数量。涉及结构安全的试块、试件和材料见证取样和送样的比例不得低于有关技术标准中规定应取样数量的 30%。

(2) 按规定,下列试块、试件和材料必须实施见证取样和送检:

① 用于承重结构的混凝土试块。

② 用于承重墙体的砌筑砂浆试块。

③ 用于承重结构的钢筋及连接接头试件。

④ 用于承重墙的砖和混凝土小型砌块。

⑤ 用于拌制混凝土和砌筑砂浆的水泥。

⑥ 用于承重结构的混凝土中使用的掺加剂。

⑦ 地下、屋面、厕浴间使用的防水材料。

⑧ 国家规定必须实行见证取样和送检的其他试块、试件和材料。

(二) 见证取样送检的程序

(1) 建设单位应向工程受监工程质量监督机构和工程检测单位递交"见证单位和见证人员授权书"。授权书应写明本工程现场委托的见证单位和见证人员姓名,以便工程质量监督机构和检测单位检查核对。

(2) 施工企业取样人员在现场进行原材料取样和试块制作时,见证人员必须在旁见证。

(3) 见证人员应对试样进行监护,并和施工企业取样人员一起将试样送至检测单位或采取有效的封样措施送样。

(4) 检测单位应检查委托单及试样上的标识、标志,确认无误后方进行检测。

(5) 检测单位应按照有关规定和技术标准进行检测,出具公正、真实、准确的检测报告,并加盖专用章。

(6) 检测单位在接受委托检验任务时,必须由送检单位填写委托单,见证人员应在检验委托单上签名。

(7) 检测单位应在检验报告单备注栏中注明见证单位和见证人员姓名,发生试样不合格情况,首先要通知工程受监工程质量监督机构和见证单位。

（三）见证人员的基本要求和职责

1. 见证人员的基本要求

（1）见证人员资格：见证人员应是本工程建设单位或监理单位人员；必须具备初级以上技术职称或具有建筑施工专业知识；经培训考核合格，取得"见证人员证书"。

（2）必须具有建设单位的见证人书面授权书。

（3）必须向工程质量监督机构和检测单位递交见证人书面授权书。

（4）人员的基本情况，由省、自治区、直辖市各级建设行政主管部门委托的工程质量监督机构备案，每隔 3～5 年换证一次。

2. 见证人员的职责

（1）取样时，见证人员必须在现场进行见证。

（2）见证人员必须对试样进行监护。

（3）见证人员必须和施工人员一起将试样送至检测单位。

（4）有专用送样工具的工地，见证人员必须亲自封样。应在试样或其包装上作出标识、封志。应标明工程名称、取样部位、取样日期、样品名称和样品数量，并由见证人员和取样人员签字。

（5）见证人员必须在检验委托单上签字，并出示"见证人员证书"。

（6）见证人员对试样的代表性和真实性负有法定责任。见证人员应制作见证记录，并将见证记录归入施工技术档案。

四、土建工程主要技术标准规范

（一）土建工程主要技术标准规范

土建工程主要技术标准规范，是指土建工程施工质量控制与验收方面常用的国家标准、行业标准及山东省地方标准。

（二）土建工程主要技术标准规范名录

1. 国家标准

《建筑工程施工质量验收统一标准》（GB 50300—2001）

《建筑地基基础工程施工质量验收规范》（GB 50202—2002）

《砌体工程施工质量验收规范》（GB 50203—2002）

《混凝土结构工程施工质量验收规范》（GB 50204—2002）

《钢结构工程施工质量验收规范》（GB 50205—2002）

《木结构工程施工质量验收规范》（GB 50206—2002）

《屋面工程质量验收规范》（GB 50207—2002）

《地下防水工程质量验收规范》（GB 50208—2002）

《建筑地面工程施工质量验收规范》（GB 50209—2010）

《建筑装饰装修工程质量验收规范》（GB 50210—2001）

《建筑节能工程施工质量验收规范》（GB 50411—2007）

《建筑边坡工程技术规范》（GB 50330—2002）

《湿陷性黄土地区建筑规范》（GB 50025—2004）

《大体积混凝土施工规范》（GB 50496—2009）

《基坑监测技术规范》（GB 50497—2009）

《铝合金结构工程施工质量验收规范》(GB 50576—2010)

《建筑抗震设计规范》(GB 50011—2010)

《民用建筑工程室内环境污染控制规范》(GB 50325—2001)

《硬泡聚氨酯保温防水工程技术规范》(GB 50404—2007)

《混凝土外加剂应用技术规范》(GB 20119—2003)

2. 行业标准

《建筑变形测量规范》(JGJ 8—2007)

《刚—柔性桩复合地基技术规程》(JGJ/T 210—2010)

《建筑基桩检测技术规范》(JGJ 106—2003)

《建筑桩基技术规范》(JGJ 94—2008)

《建筑基坑支护技术规程》(JGJ 120—1999)

《建筑地基处理技术规范》(JGJ 79—2002)

《建筑工程大模板技术规程》(JGJ 74—2003)

《钢筋焊接及验收规程》(JGJ 18—2003)

《钢筋机械连接通用技术规程》(JGJ 107—2010)

《铝合金结构工程施工规程》(JGJ/T 216—2010)

《混凝土异形柱结构技术规程》(JGJ 149—2006)

《无粘结预应力混凝土结构技术规程》(JGJ 92—2004)

《普通混凝土配合比设计规程》(JGJ 55—2000)

《普通混凝土用砂、石质量及检验方法》(JGJ 52—2006)

《混凝土用水标准》(JGJ 63—2006)

《轻骨料混凝土结构技术规程》(JGJ 12—2006)

《轻骨料混凝土技术规程》(JGJ 51—2002)

《建筑钢结构焊接技术规程》(JGJ 81—2002)

《网壳结构技术规程》(JGJ 61—2003)

《砌筑砂浆配合比设计规程》(JGJ 98—2000)

《种植屋面工程技术规范》(JGJ 155—2007)

《建筑工程饰面砖粘贴强度检验标准》(JGJ 110—2008)

《金属与石材幕墙工程技术规范》(JGJ 133—2001)

《玻璃幕墙工程技术规范》(JGJ 102—2003)

《塑料门窗工程技术规程》(JGJ 103—2008)

《外墙外保温工程技术规程》(JGJ 144—2004)

3. 山东省地方标准

《建筑工程施工技术资料管理规程》(DBJ 14—023—2004)

《建筑工程施工工艺规程》(DBJ 14—032—2004)

《外墙外保温应用技术规程》(DBJ 14—035—2007)

第二节　工程实体质量监督要点

一、地基与基础工程

（一）地基处理

1. 承载力检验

对水泥土搅拌桩复合地基、高压喷射注浆桩复合地基、砂桩地基、振冲桩复合地基、土和灰土挤密桩复合地基、水泥粉煤灰碎石桩复合地基及夯实水泥土桩复合地基，其承载力检验，数量为总数的 0.5%～1%，但不应少于 3 处。有单桩强度检验要求时，数量为总数的 0.5%～1%，但不应少于 3 根。

2. 换填垫层地基（灰土地基、砂和砂石地基、粉煤灰地基、土工合成材料地基）

（1）施工过程中必须检查分层厚度、分层施工时上下两层的搭接长度（上下两层的缝距不得小于 500 mm）、施工含水量、压实遍数、压实系数等。

① 垫层的分层铺填厚度一般可取 200～300 mm。

② 粉质粘土和灰土垫层的施工含水量宜控制在 WOP 的 ±2% 范围内，粉煤灰垫层的施工含水量宜控制在 WOP 的 ±4% 范围内。最优含水量可按现行国家标准《土工试验方法标准》(GB/T 50123—1999) 中轻型击实试验的要求求得，也可按当地经验取用。

③ 垫层的施工质量检验必须分层进行。应在每层的压实系数符合设计或规范要求后铺填上层土。垫层压实标准可按表 7-1 选用。

表 7-1　　　　　　　　　　　各种垫层的压实标准

施工方法	换填材料类别	压实系数 λc
碾压、振密或夯实	碎石、卵石	0.94～0.97
	砂夹石（其中碎石、卵石占全重的 30%～50%）	
	土夹石（其中碎石、卵石占全重的 30%～50%）	
	中砂、粗砂、砾砂、角砾、圆砾、石屑	
	粉质粘土	
	灰　土	0.95
	粉煤灰	0.90～0.95

（2）采用环刀法检验垫层的施工质量时，取样点应位于每层厚度的三分之二深度处。检验点数量，对大基坑每 50～100 m² 不应少于 1 个检验点；对基槽每 10～20 m 不应少于 1 个点；每个独立柱基不应少于 1 个点。采用贯入仪或动力触探检验垫层的施工质量时，每分层点的间距应小于 4 m。

（3）换填垫层施工结束后，应按要求检验其地基承载力，并应符合设计要求。

3. 强夯地基和强夯置换地基

（1）强夯施工中应检查落距、夯击遍数、夯点的位置、夯击范围、每个夯点的夯击次数和每击的夯沉量等各项参数，并应进行详细记录。

（2）强夯处理后的地基竣工验收承载力检验，应在施工结束后间隔一定时间方能进行。

对于碎石土和砂土地基,其间隔时间可取 7～14 d;粉土和粘性土地基可取 14～28 d;强夯置换地基间隔时间可取 28 d。

(3)强夯处理后的地基竣工验收时,承载力检验应采用原位测试和室内土工试验。强夯置换后的地基竣工验收时,承载力检验除应采用单墩载荷试验检验外,尚应采用动力触探等有效手段查明置换墩着底情况及承载力与密度随深度的变化情况,对饱和粉土地基允许采用单墩复合地基载荷试验代替单墩载荷试验。

4. 水泥土搅拌桩地基

(1)水泥土搅拌桩施工过程中必须随时检查施工记录和计量记录,并对照规定的施工工艺对每根桩进行质量评定。检查的重点是:水泥用量、桩长、搅拌头转速和提升速度、复搅次数和复搅深度、停浆处理方法等。

(2)水泥土搅拌桩的施工质量检验可采用以下方法:

① 成桩 7 d 后,采用浅部开挖桩头[深度宜超过停浆(灰)面下 0.5 m],目测检查搅拌的均匀性,量测成桩直径。检查数量为总桩数的 5%。

② 成桩后 3 d 内,可用轻型动力触探(N10)检查每米桩身的均匀性。检验数量为施工总桩数的 1%,且不少于 3 根。

(3)竖向承载水泥土搅拌桩地基竣工验收时,承载力检验应采用复合地基载荷试验和单桩载荷试验。

载荷试验必须在桩身强度满足试验荷载条件时,并宜在成桩 28 d 后进行。检验数量为桩总数的 0.5%～1%,且每项单体工程不应少于 3 点。

(4)经触探和载荷试验检验后对桩身质量有怀疑时,应在成桩 28 d 后,用双管单动取样器钻取芯样做抗压强度检验。检验数量为施工总桩数的 0.5%,且不少于 3 根。

(5)对相邻桩搭接要求严格的工程,应在成桩 15 d 后,选取数根桩进行开挖,检查搭接情况。

(6)基槽开挖后,应检验桩位、桩数和桩顶质量(桩位允许偏差为 50 mm),如不符合设计要求,应采取有效补强措施。

5. 水泥粉煤灰碎石桩

(1)成桩过程中,应抽样做混合料试块,每台机械一天应做一组(3 块)试块(边长为 150 mm 的立方体),标准养护,测定其立方体抗压强度。

(2)清土和截桩时,不得造成桩顶标高以下桩身断裂和扰动桩土。

(3)施工垂直度偏差不应大于 1%;对满堂布桩基础,桩位偏差不应大于 0.4 倍桩径;对条形基础,桩位偏差不应大于 0.25 倍桩径;对单排布桩桩位偏差不应大于 60 mm。

(4)施工质量检验主要应检查施工记录、混合料坍落度、桩数、桩位偏差、褥垫层厚度、夯填度和桩体试块抗压强度等。

(5)水泥粉煤灰碎石桩地基竣工验收时,承载力检验应采用复合地基载荷试验。水泥粉煤灰碎石桩地基检验应在桩身强度满足试验荷载条件时,并宜在施工结束 28 d 后进行。试验数量宜为总桩数的 0.5%～1%,且每个单体工程的试验数量不应少于 3 点。

(6)应抽取不少于总桩数 10% 的桩进行低应变动力试验,检测桩身完整性。

(二)桩基础

1. 桩基检测

(1) 混凝土桩的桩身完整性检测的抽检数量。

① 柱下三桩或三桩以下的承台抽检桩数不得少于 1 根。

② 地基基础设计等级为甲级,或地质条件复杂、成桩质量可靠性较低的灌注桩,抽检桩数不应少于总桩数的 30%,且不得少于 20 根;其他桩基工程的抽检数量不应少于总桩数的 20%,且不得少于 10 根。

注:a. 对端承型大直径灌注桩,应在上述两款规定的抽检数量范围内,选用钻孔抽芯法或声波透射法对部分受检桩进行桩身完整性检测,抽检桩数不得少于总桩数的 10%;其他抽检桩可用可靠的动测法进行检测。

b. 地下水位以上且终孔后桩端持力层已经过核验的人工挖孔桩,以及单节混凝土预制桩,抽检数量可适当减少,但不应少于总桩数的 10%,且不应少于 10 根。

c. 当施工质量有疑问的桩、设计方认为重要的桩、局部地质条件出现异常的桩或施工工艺不同的桩的桩数较多时,或需要全面了解整个工程基桩的桩身完整性情况时,应适当增加抽检数量。

(2) 桩基承载力的检测。

① 桩基承载力应按下列要求检测:

a. 进行静载试验:抽检数量不应少于单位工程总桩数的 1%,且不少于 3 根;当总桩数在 50 根以内时,不应少于 2 根。

b. 进行高应变法检测:抽检数量不应少于单位工程总桩数的 5%,且不得少于 5 根。

② 对于端承型大直径灌注桩,当受设备或现场条件限制无法采用静载试验及高应变法检测单桩承载力时,可选用下列方法进行检测:

a. 当桩端持力层为密实砂卵石或其他承载力类似的土层时,对单桩承载力很高的大直径端承型桩,可采用深层平板载荷试验法检测桩端土层在承压板下应力主要影响范围内的承载力,同一土层的试验点不应少于 3 点。

b. 采用岩基载荷试验确定完整、较完整、较破碎岩基作为桩基础持力层时的承载力,载荷试验的数量不应少于 3 个。

c. 采用钻芯法测定桩底沉渣厚度并钻取桩端持力层岩土芯样检验桩端持力层,抽检数量不应少于总桩数的 10%,且不应少于 10 根。

d. 大直径嵌岩桩的承载力可根据终孔时桩端持力层岩性报告结合桩身质量检验报告核验。

(3) 桩基的评价性检测与处理。

① 单桩竖向抗压承载力按下列要求检测:

a. 进行单桩承载力静载验收检测。如其检测结果的极差不超过其平均值的 30%,可取其平均值作为单桩承载力;如其极差超过其平均值的 30%,宜增加一倍的静载试验数量进行检测。对桩数为 3 根以下的柱下承台,取最小值为其单桩承载力。其扩大检测方案应经设计单位认可。

b. 采用高应变法进行单桩承载力验收检测时,单桩竖向极限承载力的评价方法同静载检测。

c. 对桩身完整性检测中发现的 Ⅲ、Ⅳ 类桩,由设计单位确定承载力检测数量,但不应低于 20％的承载力检测,必要时可对其全部进行承载力检测。

② 桩身完整性检测:桩身完整性分类如表 7-2 所列。当采用低应变法、高应变法和声波透射法抽检桩身完整性所发现的Ⅲ、Ⅳ类桩之和大于抽检桩数的 20％时,宜采用原检测方法(声波透射法改用钻芯法),在未检桩中继续加倍抽测。桩身浅部缺陷应开挖验证。其检测方案应经设计单位认可。

表 7-2 桩身完整性分类

桩身完整性类别	分类原则
Ⅰ类桩	桩身完整
Ⅱ类桩	桩身有轻微缺陷,不会影响桩身结构承载力的正常发挥
Ⅲ类桩	桩身有明显缺陷,对桩身结构承载力有影响
Ⅳ类桩	桩身存在严重缺陷

③ 承载力达不到设计要求及桩身质量检测发现的Ⅲ、Ⅳ类桩,应请设计单位拿出处理意见(方案)。

2. 桩基工程的桩位验收

桩基工程的桩位验收,除设计有规定外,应按下述要求进行:

(1) 当桩顶设计标高与施工现场标高相同时,或桩基施工结束后,有可能对桩位进行检查时,桩基工程的验收应在施工结束后进行。

(2) 当桩顶设计标高低于施工场地标高,送桩后无法对桩位进行检查时,对打入桩可在每根桩桩顶沉至场地标高时,进行中间验收,待全部桩施工结束,承台或底板开挖到设计标高后,再做最终验收。对灌注桩可对护筒位置做中间验收。

3. 打(压)入桩(预制混凝土方桩、先张法预应力管桩、钢桩)的桩位偏差

打(压)入桩(预制混凝土方桩、先张法预应力管桩、钢桩)的桩位偏差,必须符合表 7-3 的规定。斜桩倾斜度的偏差不得大于倾斜角正切值的 15％(倾斜角系桩的纵向中心线与铅垂线间夹角)。

表 7-3 预制桩(钢桩)桩位的允许偏差 mm

序号	项 目	允许偏差
1	盖有基础梁的桩: (1) 垂直基础梁的中心线 (2) 沿基础梁的中心线	$100+0.01H$ $150+0.01H$
2	桩数为 1～3 根桩基中的桩	100
3	桩数为 4～16 根桩基中的桩	1/2桩径或边长
4	桩数大于 16 根桩基中的桩 (1) 最外边的桩 (2) 中间桩	1/3桩径或边长 1/2桩径或边长

注:H 为施工现场地面标高与桩顶设计标高的距离。

4. 灌注桩的桩位偏差

灌注桩的桩位偏差必须符合表 7-4 的规定,桩顶标高至少要比设计标高高出 0.5 m,桩

底清孔质量按不同的成桩工艺有不同的要求,应按相关要求执行。

表 7-4 灌注桩的平面位置和垂直度的允许偏差

序号	成孔方法		桩径允许偏差/mm	垂直度允许偏差/mm	桩位允许偏差/mm	
					1~3 根、单排桩基垂直于中心线方向和群桩基础的边桩处理	条形桩基沿中心线方向和群桩基础的中间桩
1	泥浆护壁钻孔桩	D≤1 000 mm	±50	<1	D/6,且不大于 100	D/4,且不大于 150
		D>1 000 mm	±50	<1	100+0.01H	150+0.01H
2	套管成孔灌注桩	D≤500 mm	−20	<1	70	150
		D>500 mm			100	150
3	干成孔灌注桩		−20	<1	70	150
4	人工挖孔桩	混凝土护壁	+50	<0.5	50	150
		钢套管护壁	+50	<1	100	200

注:① 桩径允许偏差的负值是指个别断面。

② 采用复打、反插法施工的桩,其桩径允许偏差不受上表限制。

③ H 为施工现场地面标高与桩顶设计标高的距离,D 为设计桩径。

5. 灌注桩施工

(1) 施工前应对水泥、砂、石子(如现场搅拌)、钢材等原材料进行检查,对施工组织设计中制定的施工顺序、监测手段(包括仪器和方法)也应检查。

(2) 成孔的控制深度应符合下列要求:

① 摩擦型桩:摩擦桩应以设计桩长控制成孔深度;端承摩擦桩必须保证设计桩长及桩端进入持力层深度。当采用锤击沉管法成孔时,桩管入土深度控制应以标高为主、以贯入度控制为辅。

② 端承型桩:当采用钻(冲)、挖掘成孔时,必须保证桩端进入持力层的设计深度;当采用锤击沉管法成孔时,桩管入土深度控制以贯入度为主、以控制标高为辅。

(3) 钻孔达到设计深度,灌注混凝土之前,孔底沉渣厚度指标应符合下列规定:端承型桩≤50 mm;摩擦型桩≤100 mm;抗拔、抗水平力桩≤200 mm。

(4) 钢筋笼制作。

① 钢筋笼制作允许偏差:

主筋间距:±10 mm;

箍筋间距:±20 mm;

钢筋笼间距:±10 mm(从主筋的外面算起);

钢筋笼长度:±100 mm。

② 加劲箍宜设在主筋外侧。

③ 导管接头处外径应比钢筋笼的内径小 100 mm 以上。

④ 分节制作的钢筋笼,主筋接头宜采用焊接或机械连接。

⑤ 搬运和吊装钢筋笼时应防止变形,安放应对准孔位,避免碰撞孔壁和自由落下,就位后应立即固定。

（5）混凝土施工。

① 粗骨料可选用软石或碎石，其粒径不得大于钢筋间最小净距的三分之一。

② 检查成孔质量合格后应尽快灌注混凝土。直径大于 1 m 或单桩混凝土量超过 25 m³ 的桩，每根桩应留有 1 组试件；直径不大于 1 m 或单桩混凝土量不超过 25 m³ 的桩，每个灌注台班应留有不少于 1 组试件。

③ 水下灌注混凝土应符合下列规定：

a. 水下灌注混凝土必须有良好的和易性，坍落度宜为 180～200 mm。

b. 开始灌注混凝土时，导管底部至孔底的距离宜为 300～500 mm。

c. 应用足够的混凝土储备量，导管一次埋入混凝土灌注面以下不应少于 0.8 m。

d. 导管埋入混凝土深度宜为 2～6 m。严禁将导管拔出混凝土灌注面，并应控制提拔导管速度，应有专人测量导管埋深及管内外混凝土面的高差，填写水下混凝土灌注记录。

e. 灌注水下混凝土必须连续施工，每根桩的灌注时间应按初盘混凝土的初凝时间控制，对灌注过程中的故障应记录备案。

f. 应控制最后一次灌注量，超灌高度宜为 0.8～1.0 m，凿除泛浆后必须保证暴露的桩顶混凝土强度达到设计等级。

（6）施工中应对成孔、清孔、放置钢筋笼、灌注混凝土等进行全过程检查，人工挖孔桩尚应复验孔底持力层土（岩）性。嵌岩桩必须有桩端持力层的岩性报告。

（7）施工结束后，应检查混凝土强度，并应做桩体质量及承载力的检验。

6. 先张法预应力管桩施工

（1）桩身质量应符合以下要求：

① 混凝土强度：PHC（高强）桩不应低于 C80，PC 桩不应低于 C60。

② 管桩尺寸允许偏差（mm）：长度 +0.7%L，−0.5%L；端部倾斜 ≤0.5%d；外径（D≤600）+5，−4；壁厚 +20；桩身弯曲度 ≤L/1 000。其中 L 为桩长，D 为外径，d 为内径。

③ 外观质量：不允许出现内外露筋、断筋、脱头、内表面混凝土坍落等现象，接头加密箍与混凝土结合面不得有空洞和蜂窝，不得出现环向和纵向裂缝，桩端平整，混凝土和预应力钢筋墩头不得高出端板平面。

（2）静力压桩施工应符合以下要求：

① 压桩顺序宜根据场地工程地质条件确定，并应符合下列规定：

a. 当场地地层中局部含砂、碎石、软石时，宜先对该区域进行压桩；

b. 当持力层埋深或桩的入土深度差别较大时，宜先施压长桩后施压短桩。

② 第一节桩下压时垂直度偏差不应大于 0.5%。

③ 应将每根桩一次性连续压到底，且最后一节有效桩长不宜小于 5 m。

④ 抱压力不应大于桩身允许侧向压力的 1.1 倍。

⑤ 对于大面积桩群，应控制日压桩量。

⑥ 最大压桩力不宜小于设计的单桩竖向极限承载力标准值，必要时可由现场试验确定。

⑦ 压桩过程中应测量桩身的垂直度。当桩身垂直度偏差大于 1% 时，应找出原因并设法纠正；当桩尖进入较硬土层后，严禁用移动机架等方法强行纠偏。

（3）焊接接桩应符合以下规定：

① 焊接接桩材料及施工应符合《建筑钢结构焊接技术规程》(JGJ 81—2002)的要求。

② 钢板宜采用低碳钢,焊条宜采用 E43。

③ 下节桩段的桩头宜高出地面 0.5 m。

④ 下节桩的桩头处宜设导向箍;接桩时上下节桩段应保持顺直,错位偏差不宜大于 2 mm;接桩就位纠偏时,不得采用大锤横向敲打。

⑤ 桩对接前,上下端钣表面应采用铁刷子清刷干净,坡口处应刷至露出金属光泽。

⑥ 焊接宜在桩四周对称地进行,待上下桩节固定后拆除导向箍再分层施焊;焊接层数不得少于 2 层,第一层焊完后必须把焊渣清理干净,方可进行第二层施焊,焊缝应连续、饱满。

⑦ 焊好后的桩接头应自然冷却后方可继续锤击,自然冷却时间不宜少于 8 min;严禁用水冷却或焊好即施压。

⑧ 雨天焊接时,应采取可靠的防雨措施。

⑨ 焊接接头的质量检查宜采用探伤检测,同一工程探伤抽样检验不得少于 3 个接头。

(4)终压条件应符合下列规定:

① 应根据现场试压桩的试验结果确定终压标准。

② 终压连续复压次数应根据桩长及地质条件等因素确定。对于入土深度大于或等于 8 m 的桩,复压次数可为 2～3 次;对于入土深度小于 8 m 的桩,复压次数可为 3～5 次。

③ 稳压压桩力不得小于终压力,稳定压桩的时间宜为 5～10 s。

(5)施工过程中应检查桩的贯入情况、桩顶完整状况、电焊接桩质量、桩体垂直度、电焊后的停歇时间。重要工程应对电焊接头做 10% 的焊缝探伤检查。

(6)施工结束后,应做承载力检验及桩体质量检验。

(三) 土方工程

(1)土方开挖前应检查定位放线、排水和降低地下水位系统,合理安排土方运输车的行走路线及弃土场。

(2)土方施工过程中应检查平面位置、水平标高、边坡坡度、压实度、排水、降低地下水位系统,并随时观测周围的环境变化。

(3)土方回填前应清除基底的垃圾、树根等杂物,抽除坑穴积水、淤泥,验收基底标高。如在耕植土或松土上填方,应在基底压实后再进行。

(4)对填方土料应按设计要求验收后方可填入。

(5)填方施工过程中应检查排水措施,每层填筑厚度、含水量控制、压实程度、填筑厚度及压实遍数应根据土质、压实系数及所用机具确定。如无试验依据,应符合表 7-5 的规定。

表 7-5　　　　　填土施工时的分层厚度及压实遍数

压实机具	分层厚度/mm	每层压实遍数
平　碾	250～300	6～8
振动压实机	250～350	3～4
柴油打夯机	200～250	3～4
人工打夯	<200	3～4

（6）填方施工结束后，应检查标高、压实程度等，检验标准应符合表 7-6 的规定。

表 7-6　　　　　　　　　　填土工程质量检验标准　　　　　　　　　　mm

序号	项　　目	允许偏差或允许值				
		柱基基坑基槽	挖方场地平整		管沟	地(路)面基层
			人工	机械		
1	标高	−50	±30	±50	−50	−50
2	分层压实系数	设计要求				
3	回填土料	设计要求				
4	分层厚度及含水量	设计要求				
5	表面平整度	20	20	30	20	20

（四）基坑工程

（1）土方开挖的顺序、方法必须与设计工况相一致，并遵循"开槽支撑，先撑后挖，分层开挖，严禁超挖"的原则。

（2）基坑（槽）、管沟的挖土应分层进行。在施工过程中基坑（槽）、管沟边堆置土方不应超过设计荷载，挖方时不应碰撞或损伤支护结构、降水设施。

（3）基坑（槽）、管沟土方施工中应对支护结构、周围环境进行观察和监测，如出现异常情况应及时处理，待恢复正常后方可继续施工。

（4）基坑（槽）、管沟土方工程验收必须确保支护结构和周围环境安全为前提。当设计有指标时，以设计要求为依据，如无设计指标应按表 7-7 的规定执行。

表 7-7　　　　　　　　　　基坑变形的监控值　　　　　　　　　　cm

基坑类别	围护结构墙顶位移监控值	围护结构墙体最大位移监控值	地面最大沉降监控值
一级基坑	3	5	3
二级基坑	6	8	6
三级基坑	8	10	10

注：① 符合下列情况之一，为一级基坑：

a. 重要工程或支护结构做主体结构的一部分；

b. 开挖深度大于 10 m；

c. 相邻近建筑物、重要设施的距离在开挖深度以内的基坑；

d. 基坑范围内有历史文物、近代优秀建筑、重要管线等需严加保护的基坑。

② 三级基坑为开挖深度小于 7 m，且周围环境无特别要求时的基坑。

③ 除一级和三级外的基坑属二级基坑。

④ 当周围已有的设施有特殊要求时，尚应符合这些要求。

（5）锚杆及土钉墙支护要求如下：

① 施工中应对锚杆或土钉位置，钻孔直径、深度及角度，锚杆或土钉插入长度，注浆配比、压力及注浆量，喷锚墙面厚度及强度、锚杆或土钉应力等进行检查。

② 每段支护体施工完成后,应检查坡顶或坡面位移、坡顶沉降及周围环境变化,如有异常情况应采取措施,恢复正常后方可继续施工。

③ 锚杆及土钉墙支护工程质量检验应符合表 7-8 的规定。

表 7-8　　　　　　　　　　　锚杆及土钉墙支护工程质量检验标准

序号	检查项目	允许偏差或允许值	
		单位	数值
1	锚杆土钉长度	mm	±30
2	锚杆锁定力	设计要求	
3	锚杆或土钉位置	mm	±100
4	钻孔倾斜度	(°)	±1
5	浆体强度	设计要求	
6	注浆量	大于理论计算浆量	
7	土钉墙面厚度	mm	±10
8	墙体强度	设计要求	

(五)地下防水工程

(1) 防水混凝土应连续浇筑,宜少留施工缝。当留设施工缝时,应遵守下列规定:

① 墙体水平施工缝不应留在剪力与弯矩最大处或底板与侧墙的交接处,应留在高出底板表面不小于 300 mm 的墙体上。拱(板)墙结合的水平施工缝,宜留在拱(板)墙接缝线以下 150～300 mm 处。外墙体有预留孔洞时,施工缝距孔洞边缘不应小于 300 mm。

② 垂直施工缝应避开地下水和裂隙水较多的地段,并宜与变形缝相结合。

③ 水平施工缝浇灌混凝土前,应将其表面浮浆和杂物清除,先铺净浆再铺 30～50 mm 厚的 1:1 水泥砂浆或涂刷混凝土界面处理剂,并及时浇灌混凝土;垂直施工缝浇灌混凝土前,应将其表面清理干净,并涂刷水泥净浆或混凝土界面处理剂,并及时浇灌混凝土。

④ 选用的遇水膨胀止水条应具有缓胀性能,其 7 d 的膨胀率不应大于最终膨胀率的 60%。

⑤ 遇水膨胀止水条应牢固地安装在缝表面或预留槽内。

⑥ 采用中埋式止水带时,应确保位置准确、固定牢靠。

(2) 防水混凝土结构内部设置的各种钢筋或绑扎铁丝,不得接触模板。固定模板用的螺栓必须穿过混凝土结构时,可采用工具式螺栓或螺栓加堵头,螺栓上应加焊方形止水环。拆模后应采取加强防水措施将留下的凹槽封堵密实,并宜在迎水面涂刷防水涂料。

(3) 卷材防水层为一或两层。高聚物改性沥青防水卷材厚度不应小于 3 mm,单层使用时,厚度不应小于 4 mm,双层使用时,总厚度不应小于 6 mm;合成高分子防水卷材单层使用时,厚度不应小于 1.5 mm,双层使用时总厚度不应小于 2.4 mm。阴阳角处应做成圆弧或 45°(135°)折角,其尺寸视卷材品质确定。在转角处、阴阳角等特殊部位,应增贴 1～2 层相同的卷材,宽度不宜小于 500 mm。采用外防外贴法铺贴卷材防水层时,应符合下列规定:

① 铺贴卷材应先铺平面，后铺立面，交接处应交叉搭接。

② 临时性保护墙应用石灰砂浆砌筑，内表面应用石灰砂浆做找平层，并刷石灰浆。如用模板代替临时性保护墙，应在其上涂刷隔离剂。

③ 从底面折向立面的卷材与永久性保护墙的接触部位，应采用空铺法施工。与临时性保护墙或围护结构模板接触的部位，应临时贴附在该墙上或模板上，卷材铺好后，其顶端应临时固定。

④ 当不设保护墙时，从底面折向立面的卷材的接茬部位应采取可靠的保护措施。

⑤ 主体结构完成后，铺贴立面卷材时，应先将接茬部位的各层卷材揭开，并将其表面清理干净，如卷材有局部损伤，应及时进行修补。卷材接茬的搭接长度，高聚物改性沥青卷材为 150 mm，合成高分子卷材为 100 mm。当使用两层卷材时，卷材应错茬接缝，上层卷材应盖过下层卷材。

（4）后浇带应设在受力和变形较小的部位，间距宜为 30～60 m，宽度宜为 700～1 000 mm。后浇带可做成平直缝，结构主筋不宜在缝中断开，如必须断开，则主筋搭接长度应大于 45 倍主筋直径并应按设计要求加设附加钢筋。后浇带需超前止水时，后浇带部位混凝土应局部加厚，并应增设外贴式或中埋式止水带。后浇带的施工应符合下列规定：

① 后浇带应在其两侧混凝土龄期达到 42 d 后再施工，但高层建筑的后浇带应在结构顶板浇筑混凝土 14 d 后进行。

② 后浇带的接缝处理应符合施工缝处理的规定。

③ 后浇带混凝土施工前，后浇带部位和外贴式止水带应予以保护，严防落入杂物和损伤外贴式止水带。

④ 后浇带应采用补偿收缩混凝土浇筑，其强度等级不应低于两侧混凝土。

⑤ 后浇带混凝土的养护时间不得少于 28 d。

（5）穿墙管（盒）应在浇筑混凝土前预埋。穿墙管与内墙角、凹凸部位的距离应大于 250 mm。结构变形或管道伸缩量较小时，穿墙管可采用主管直接埋入混凝土内的固定式防水法，并应预留凹槽，槽内用嵌缝材料嵌填密实。

结构变形或管道伸缩量较大或有更换要求时，应采用套管式防水法，套管应加焊止水环。

穿墙管线较多时，宜相对集中，采用穿墙盒方法。穿墙盒的封口钢板应与墙上的预埋角钢焊严，并从钢板上的预留浇注孔注入改性沥青柔性密封材料或细石混凝土处理。

穿墙管防水施工时应符合下列规定：

① 金属止水环应与主管满焊密实。采用套管式穿墙管防水构造时，翼环与套管应满焊密实，并在施工前将套管内表面清理干净。

② 管与管的间距应大于 300 mm。

③ 采用遇水膨胀止水圈的穿墙管，管径宜小于 50 mm，止水圈应用胶粘剂满粘固定于管上，并应涂缓胀剂。

（6）防水混凝土拌合物在运输后如出现离析，必须进行二次搅拌。当坍落度损失后不能满足施工要求时，应加入原水灰比的水泥浆或二次掺加减水剂进行搅拌，严禁直接加水。大体积防水混凝土的施工，应采取以下措施：

① 在设计许可的情况下，采用混凝土 60 d 强度作为设计强度。

② 采用低热或中热水泥,掺加粉煤灰磨细矿渣粉等掺合料。

③ 掺入减水剂、缓凝剂、膨胀剂等外加剂。

④ 在炎热季节施工时,采取降低原材料温度、减少混凝土运输时吸收外界热量等降温措施。

⑤ 混凝土内部预埋管道,进行水冷散热。

⑥ 采取保温保湿养护。混凝土中心温度与表面温度的差值不应大于 25 ℃,表面温度与大气温度的差值不应大于 25 ℃。养护时间不应少于 14 d。

(7) 地下防水工程施工完毕后,应按施工质量验收规范的规定进行地下防水效果检查,并应形成记录。经检查不合格的,不得进入下道工序施工。

二、主体结构工程

(一)混凝土结构工程

1. 模板工程

(1) 模板及其支架应根据工程结构形式、荷载大小、地基土类别、施工设备和材料供应等条件进行设计。模板及其支架应具有足够的承载能力、刚度和稳定性,能可靠地承受浇筑混凝土的重量、侧压力以及施工荷载。

(2) 模板安装应符合下列要求:

① 模板的接缝不应漏浆;在浇筑混凝土前,木模板应浇水湿润,但模板内不应有积水。

② 模板与混凝土的接触面应清理干净并涂刷隔离剂,但不得采用影响结构性能或妨碍装饰工程施工的隔离剂。

③ 浇筑混凝土前,模板内的杂物应清理干净。

④ 对跨度不小于 4 m 的现浇钢筋混凝土梁、板,其模板应按设计要求起拱;当设计无具体要求时,起拱高度宜为跨度的 1/1 000~3/1 000。

⑤ 固定在模板上的预埋件、预留孔和预留洞均不得遗漏,且应安装牢固。

⑥ 现浇结构模板安装的偏差应符合表 7-9 的规定。

表 7-9　　　　　　　　　　**现浇结构模板安装的允许偏差**

项　目		允许偏差/mm
轴线位置		5
底模上表面标高		±5
截面内部尺寸	基础	±10
	柱、墙、梁	+4 −5
层高垂直度	不大于 5 m	6
	大于 5 m	8
相邻两板表面高低差		2
表面平整度		5

注:检查轴线位移时,应沿纵、横两个方向量测,并取其中的较大值。

(3) 模板拆除应符合下列要求:

① 底模及其支架拆除时的混凝土强度应符合设计要求；当设计无具体要求时，混凝土强度应符合表 7-10 的规定。

表 7-10　　　　　　　　　　底模拆除时的混凝土强度要求

构件类型	构件跨度/m	达到设计的混凝土立体抗压强度标准值的百分率/%
板	≤2	≥50
	>2,≤8	≥75
	>8	≥100
梁、拱、壳	≤8	≥75
	>8	≥100
悬臂构件	—	≥100

② 对后张法预应力混凝土结构构件，侧模宜在预应力张拉前拆除；底模支架的拆除应按施工技术方案执行，当无具体要求时，不应在结构构件建立预应力前拆除。

③ 后浇带模板的拆除和支顶应按施工技术方案执行。

④ 侧模拆除时的混凝土强度应能保证其表面及棱角不受损伤。

⑤ 模板拆除时，不应对楼层形成冲击荷载。拆除的模板和支架宜分散堆放并及时清运。

2. 钢筋工程

(1) 原材料。

① 钢筋进场时，应按现行国家标准《钢筋混凝土用钢筋》等的规定抽取试样做力学性能检验，其质量必须符合有关标准的规定。

② 抗震等级为一、二、三级的框架和斜撑构件（含梯段），其纵向受力钢筋采用普通钢筋时，钢筋的抗拉强度实测值与屈服强度实测值的比值不应小于 1.25；钢筋的屈服强度实测值与屈服强度标准值的比值不应大于 1.3，且钢筋在最大拉力下的总伸长率实测值不应小于 9%。

③ 当发现钢筋脆断、焊接性能不良或力学性能显著不正常等现象时，应对该批钢筋进行化学成分检验或其他专项检验。

④ 钢筋应平直、无损伤，表面不得有裂纹、油污、颗粒状或片状老锈。

⑤ 钢筋需要代换时，必须征得设计单位同意，并应符合下列要求：

a. 不同种类钢筋的代换，应按钢筋受拉承载力设计值相等的原则进行。代换后应满足混凝土结构设计规范中有关间距、锚固长度、最小钢筋直径、根数等要求。

b. 对有抗震要求的框架钢筋需代换时，应符合上一条规定，不宜以强度等级较高的钢筋代替原设计中的钢筋；对重要受力钢筋，不宜用Ⅰ级钢筋代换变形钢筋。

c. 当构件受抗裂、裂缝宽度或挠度控制时，钢筋代换时应重新进行验算；梁的纵向受力钢筋与弯起钢筋应分别进行代换。

⑥ 当进口钢筋需要焊接时，必须进行化学成分检验。

⑦ 预制构件的吊环，必须采用未经冷拉的Ⅰ级热轧钢筋制作。

（2）钢筋加工。

① 受力钢筋的弯钩和弯折应符合下列规定：

a. HPB235 级钢筋末端应做 180°弯钩，其弯弧内直径不应小于钢筋直径的 2.5 倍，弯钩的弯后平直部分长度不应小于钢筋直径的 3 倍。

b. 当设计要求钢筋末端需做 135°弯钩时，HRB345 级、HRB400 级钢筋的弯弧内直径不应小于钢筋直径的 4 倍，弯钩的弯后平直部分长度应符合设计要求。

c. 钢筋做不大于 90°的弯折时，弯折处的弯弧内直径不应小于钢筋直径的 5 倍。

② 除焊接封闭环式箍筋外，箍筋的末端应做弯钩，弯钩形式应符合设计要求；当设计无具体要求时，应符合下列规定：

a. 箍筋弯钩的弯弧内直径除应满足第①条的规定外，尚应不小于受力钢筋直径。

b. 箍筋弯钩的弯折角度：对一般结构，不应小于 90°；对有抗震等要求的结构，应为 135°。

c. 箍筋弯后平直部分长度：对一般结构，不宜小于箍筋直径的 5 倍；对有抗震等要求的结构，不应小于箍筋直径的 10 倍。

③ 钢筋调直宜采用机械方法，也可采用冷拉方法。当采用冷拉方法调直钢筋时，HPB235 级钢筋的冷拉率不宜大于 4%，HRB335 级、HRB400 级和 RRB400 级钢筋的冷拉率不宜大于 1%。

④ 钢筋加工的形状、尺寸应符合设计要求，其偏差应符合表 7-11 的规定。

表 7-11   钢筋加工的允许偏差

项　　目	允许偏差/mm
受力钢筋顺长度方向全长的净尺寸	±10
弯起钢筋的弯折位置	±20
箍筋内净尺寸	±5

（3）钢筋连接。

① 纵向受力钢筋的连接方式应符合设计要求。

② 在施工现场，应按现行标准《钢筋机械连接技术规程》(JGJ 107—2010)、《钢筋焊接及验收规程》(JGJ 18—2003)的规定抽取钢筋机械连接接头、焊接接头试件做力学性能检验，其质量应符合有关规程的规定。

a. 钢筋机械连接接头的现场检验按验收批进行。同一施工条件下采用同一批材料的同等级、同型式、同规格接头，以 500 个为一个验收批进行检验和验收，不足 500 个的，作为一个验收批。

对接头的每一验收批，必须在工程结构中随机截取 3 个试件做单向拉伸试验，按设计要求的接头性能等级进行检验和评定。

· 当 3 个试件单向拉伸试验结果均符合表 7-12 的强度要求时，该验收批评为合格。

· 如有 1 个试件的强度不符合要求，应再取 6 个试件进行复检。复检中如仍有 1 个试件试验结果不符合要求，则该验收批评为不合格。

表 7-12 钢筋机械连接接头性能检验指标

等级		A 级	B 级	C 级
单向拉伸	强度	$f_{mst}^0 \geqslant f_{tk}$	$f_{mst}^0 \geqslant 1.35 f_{yk}$	单向受压 $f_{mst}^{0}{}' \geqslant f'_{yk}$
	割线模量	$E_{0.7} \geqslant E_s^0$ 且 $E_{0.9} \geqslant 0.9\,E_s^0$	$E_{0.7} \geqslant 0.9 E_s^0$ 且 $E_{0.9} \geqslant 0.7 E_s^0$	—
	极限应变	$\varepsilon_u \geqslant 0.04$	$\varepsilon_u \geqslant 0.02$	—
	残余变形	$u \leqslant 0.3$ mm	$u \leqslant 0.3$ mm	—
高应力反复拉压	强度	$f_{mst}^0 \geqslant f_{tk}$	$f_{mst}^0 \geqslant 1.35 f_{yk}$	
	割线模量	$E_{20} \geqslant 0.85 E_1$	$E_{20} \geqslant 0.5 E_1$	
	残余变形	$u_{20} \leqslant 0.3$ mm	$u_{20} \leqslant 0.3$ mm	
大变形反复拉压	强度	$f_{mst}^0 \geqslant f_{yk}$	$f_{mst}^0 \geqslant 1.35 f_{yk}$	
	残余变形	$u_4 \leqslant 0.3$ mm 且 $u_8 \leqslant 0.6$ mm	$u_4 \leqslant 0.6$ mm	

注：f_{mst}^0——机械连接接头抗拉强度实测值；$f_{mst}^{0}{}'$——机械连接接头抗拉强度实测值；$E_{0.7}$——接头在 0.7 倍钢筋屈服强度标准值下的割线模量；$E_{0.9}$——接头在 0.9 倍钢筋屈服强度标准值下的割线模量；E_s^0——钢筋弹性模量实测值；ε_u——受拉接头试件极限应变；u——接头单向拉伸的残余变形；u_4——接头反复拉压 4 次后的残余变形；u_8——接头反复拉压 8 次后的残余变形；u_{20}——接头反复拉压 20 次后的残余变形；E_1——接头在第 1 次加载至 0.9 倍钢筋屈服强度标准值时的割线模量；E_{20}——接头在第 20 次加载至 0.9 倍钢筋屈服强度标准值时的割线模量；f_{tk}——钢筋抗拉强度标准值；f_{yk}——钢筋屈服强度标准值；f'_{yk}——钢筋抗压屈服强度标准值。

b. 钢筋闪光对焊接头、电弧焊接头、电渣压力焊接头、气压焊接头拉伸试验结果均应符合下列要求：

· 3 个热轧钢筋接头试件的抗拉强度均不得小于该牌号钢筋规定的抗拉强度；RRB400 级钢筋接头试件的抗拉强度均不得小于 570 N/mm²。

· 至少应有 2 个试件断于焊缝之外，并应呈延性断裂。

当达到上述 2 项要求时，应评定该批接头为抗拉强度合格。

当试验结果有 2 个试件抗拉强度小于钢筋规定的抗拉强度，或 3 个试件均在焊缝或热影响区发生脆性断裂时，则一次判定该批接头为不合格品。

当试验结果有 1 个试件的抗拉强度小于规定值，或 2 个试件在焊缝或热影响区发生脆性断裂，其抗拉强度均小于钢筋规定抗拉强度的 1.10 倍时，应进行复验。复验时，应再切取 6 个试件。复验结果仍有 1 个试件的抗拉强度小于规定值，或有 3 个试件断于焊缝或热影响区，呈脆性断裂，其抗拉强度小于钢筋规定抗拉强度的 1.10 倍时，应判定该批接头为不合格品。

注：当接头试件虽断于焊缝或热影响区，呈脆性断裂，但其抗拉强度大于或等于钢筋规定抗拉强度的 1.10 倍时，可按断于焊缝或热影响区之外，呈延性断裂同等对待。

c. 对闪光对焊接头、气压焊接头进行弯曲试验时，应将受压面的金属毛刺和镦粗凸起部分去除，使其与钢筋的外表面平齐。

弯曲试验可在万能试验机、手动或电动液压弯曲试验器上进行，焊缝应处于弯区中心点，弯心直径和弯曲角应符合表 7-13 的规定。

表 7-13 接头弯曲试验指标

钢筋牌号	弯心直径	弯曲角/(°)
HPB235	2d	90
HRB335	4d	90
HRB400、RRB400	5d	90
HRB500	7d	90

注：① d 为钢筋直径,mm；② 直径大于 25 mm 的钢筋焊接接头,弯心直径应增加 1 倍钢筋直径。

• 当试验结果,弯至 90°,有 2 个或 3 个试件外侧(含焊缝和热影响区)未发生破裂时,应评定该批接头弯曲试验合格。

• 当 3 个试件均发生破裂时,则一次判定该批接头为不合格品。

• 当有 2 个试件发生破裂时,应进行复验。复验时,应再切取 6 个试件。复验结果有 3 个试件发生破裂时,应判定该批接头为不合格品。

注：当试件外侧横向裂纹宽度达到 0.5 mm 时,应认定已经破裂。

d. 闪光对焊接头的质量检验,应分批进行外观检查和力学性能试验,并应按下列规定选取检验批：

• 在同一台班内,由同一焊工完成的 300 个同牌号、同直径钢筋接头应作为一批。当同一台班内焊接的接头数量较少时,可在一周之内累计计算；累计仍不足 300 个接头时,应按一批计算。

• 力学性能检验时,应从每批接头中随机切取 6 个接头,其中 3 个做拉伸试验,3 个做弯曲试验。

• 焊接等长的预应力钢筋(包括螺丝端杆和钢筋)时,可按生产时同等条件制作模拟试件。

• 螺丝端杆接头可只做拉伸试验。

• 封闭环式箍筋闪光对焊接头,以 600 个同牌号、同规格的接头作为一批,只做拉伸试验。

e. 电弧焊接头的质量检验,应分批进行外观检查和力学性能检验,并应按下列规定选取检验批：

• 在现浇混凝土结构中,应以 300 个同牌号钢筋、同型式接头作为一批；在房屋结构中,应以不超过一楼层中 300 个同牌号钢筋、同型式接头作为一批。每批随机切取 3 个接头,做拉伸试验。

• 在装配式结构中,可按生产条件制作模拟试件,每批 3 个,做拉伸试验。

• 钢筋与钢板电弧搭接焊接头可只进行外观检查。

注：在同一批中若有几种不同直径的钢筋焊接接头,应在最大直径钢筋接头中切取 3 个试件。

f. 电渣压力焊接头的质量检验,应分批进行外观检查和力学性能检验,并应按下列规定选取检验批：

• 在现浇混凝土结构中,应以 300 个同牌号钢筋接头作为一批；在房屋结构中,应以不超过一楼层中 300 个同牌号钢筋接头作为一批；当不足 300 个接头时,仍应作为一批。每批随机切取 3 个接头做拉伸试验。

g. 气压焊接头的质量检验,应分批进行外观检查和力学性能检验,并应按下列规定选取检验批:

· 在现浇混凝土结构中,应以 300 个同牌号钢筋接头作为一批;在房屋结构中,应以不超过一楼层中 300 个同牌号钢筋接头作为一批;当不足 300 个接头时,仍应作为一批。

· 在柱、墙的竖向钢筋连接中,应从每批接头中随机切取 3 个接头做拉伸试验;在梁、板的水平钢筋连接中,应另切取 3 个接头做弯曲试验。

③ 钢筋的接头宜设置在受力较小处。同一纵向受力钢筋不宜设置两个或两个以上接头。接头末端至钢筋弯起点的距离不应小于钢筋直径的 10 倍。

④ 在施工现场,应按国家现行标准《钢筋机械连接技术规程》(JGJ 107—2010)、《钢筋焊接及验收规程》(JGJ 18—2003)的规定对钢筋机械连接接头、焊接接头的外观进行检查,其质量应符合有关规程的规定。

a. 钢筋锥螺纹接头的外观要求:钢筋与连接套的规格一致;无完整接头丝扣外露。

b. 钢筋挤压接头的外观质量应符合下列要求:

· 外形尺寸:挤压后套筒长度为原套筒长度的 1.10～1.15 倍,或压痕处套筒的波动范围为原套筒外径的 0.8～0.9 倍。

· 挤压接头的压痕道数应符合型式检验确定的道数。

· 接头处弯折不得大于 4°。

· 挤压后的套筒不得有肉眼可见的裂缝。

c. 钢筋焊接骨架外观质量应符合下列要求:

· 每件制品的焊点脱落、漏焊数量不得超过焊点总数的 4%,且相邻焊点不得有漏焊及脱落。

· 应量测焊接骨架的长度和宽度,并应抽查纵、横方向 3～5 个网格的尺寸,其允许偏差应符合表 7-14 的规定。

表 7-14　　焊接骨架的允许偏差

项　目		允许偏差/mm
焊接骨架	长　度	±10
	宽　度	±5
	高　度	±5
骨架箍筋间距		±10
受力主筋	间　距	±15
	排　距	±5

当外观检查结果不符合上述要求时,应逐件检查,并剔出不合格品。对不合格品整修后,可提交二次验收。

d. 焊接网外形尺寸和外观质量应符合下列要求:

· 焊接网的长度、宽度及网格尺寸的允许偏差均为 ±10 mm;网片对角线之差不得大于 10 mm;网格数量应符合设计规定。

- 焊接网交叉点开焊数量不得大于整个网片交叉点总数的 1%，并且任一根横筋上开焊点数不得大于该根横筋交叉点总数的一半；焊接网最外边钢筋上的交叉点不得开焊。
- 焊接网组成的钢筋表面不得有裂纹、折叠、结疤、凹坑、油污及其他影响使用的缺陷；但焊点处可有不大的毛刺和表面浮锈。

e. 闪光对焊接头外观质量应符合下列要求：

- 接头处不得有横向裂纹。
- 与电极接触处的钢筋表面不得有明显烧伤。
- 接头处的弯折不得大于 3°。
- 接头处的轴线偏移不得大于钢筋直径的 0.1 倍，且不得大于 2 mm。

f. 电弧焊接头外观质量应符合下列要求：

- 焊缝表面应平整，不得有凹陷或焊瘤。
- 焊接接头区域不得有肉眼可见的裂纹。
- 咬边深度、气孔、夹渣等缺陷允许值及接头尺寸的允许偏差，应符合表 7-15 的规定。
- 坡口焊、熔槽帮条焊和窄间隙焊接头的焊缝余高不得大于 3 mm。

表 7-15　　　　　　　　　钢筋电弧焊接头尺寸偏差及缺陷允许值

名　　称		单位	接头型式		
			帮条焊	搭接焊钢筋与钢板搭接焊	坡口焊窄间隙焊熔槽帮条焊
帮条沿接头中心线的纵向偏移		mm	$0.3d$	—	—
接头处弯折角		(°)	3	3	3
接头处钢筋轴线的偏移		mm	$0.1d$	$0.1d$	$0.1d$
焊缝厚度		mm	$+0.05d,0$	$+0.05d,0$	—
焊缝宽度		mm	$+0.1d,0$	$+0.1d,0$	—
焊缝长度		mm	$-0.3d$	$-0.3d$	—
横向咬边深度		mm	0.5	0.5	0.5
在长 $2d$ 焊缝表面上的气孔及夹渣	数量	个	2	2	—
	面积	mm²	6	6	—
在全部焊缝表面上的气孔及夹渣	数量	个	—	—	2
	面积	mm²	—	—	6

注：d 为钢筋直径，mm。

g. 电渣压力焊接头外观质量应符合下列要求：

- 四周焊包凸出钢筋表面的高度不得小于 4 mm。
- 钢筋与电极接触处，应无烧伤缺陷。
- 接头处的弯折不得大于 3°。
- 接头处的轴线偏移不得大于钢筋直径的 0.1 倍，且不得大于 2 mm。

h. 气压焊接头外观质量应符合下列要求：

· 接头处的轴线偏移不得大于钢筋直径的 0.15 倍,且不得大于 4 mm;当不同直径钢筋焊接时,应按较小钢筋直径计算;当大于上述规定值,但在钢筋直径的 0.30 倍以下时,可加热矫正;当大于 0.30 倍时,应切除重焊。

· 接头处的弯折不得大于 3°;当大于规定值时,应重新加热矫正。

· 镦粗直径不得小于钢筋直径的 1.4 倍;当小于上述规定值时,应重新加热镦粗。

· 镦粗长度不得小于钢筋直径的 1.0 倍,且凸起部分平缓圆滑;当小于上述规定值时,应重新加热镦长。

i. 预埋件钢筋埋弧压力焊接头外观质量应符合下列要求:

· 四周焊包凸出钢筋表面的高度不得小于 4 mm。

· 钢筋咬边深度不得超过 0.5 mm。

· 钢筋应无焊穿,根部应无凹陷现象。

· 钢筋相对钢板的直角偏差不得大于 3°。

⑤ 当受力钢筋采用机械连接接头或焊接接头时,设置在同一构件内的接头宜相互错开。

纵向受力钢筋机械连接接头及焊接接头连接区段的长度为 $35d$(d 为纵向受力钢筋的较大直径)且不小于 500 mm,凡接头中点位于该连接区段长度内的接头均属于同一连接区段。同一连接区段内,纵向受力钢筋机械连接及焊接的接头面积百分率为该区段内有接头的纵向受力钢筋截面面积与全部纵向受力钢筋截面面积的比值。

同一连接区段内,纵向受力钢筋的接头面积百分率应符合设计要求;当设计无具体要求时,应符合下列规定:

· 在受拉区不宜大于 50%。

· 接头不宜设置在有抗震设防要求的框架梁端、柱端的箍筋加密区;当无法避开时,对等强度高质量机械连接接头,不应大于 50%。

· 直接承受动力荷载的结构构件中,不宜采用焊接接头;当采用机械连接接头时,不应大于 50%。

⑥ 同一构件中相邻纵向受力钢筋的扎接接头宜相互错开。绑扎搭接接头中钢筋的横向净距不应小于钢筋直径,且不应小于 25 mm。

钢筋绑扎搭接接头连接区段的长度为 $1.3l_1$(l_1 为搭接长度),如图 7-1 所示。凡搭接接头中点位于该连接区段长度内的搭接接头均属于同一连接区段。同一连接区段内,纵向钢筋搭接接头面积百分率为该区段内有搭接接头的纵向受力钢筋截面面积与全部纵向受力钢筋截面面积的比值。

同一连接区段内,纵向受拉钢筋搭接接头面积百分率应符合设计要求;当设计无具体要求时,应符合下列规定:

· 对梁类、板类及墙类构件,不宜大于 25%。

· 对柱类构件,不宜大于 50%。

· 当工程中确有必要增大接头面积百分率时,对梁类构件,不应大于 50%;对其他构件,可根据实际情况放宽。

⑦ 在梁、柱类构件的纵向受力钢筋搭接长度范围内,应按设计要求配置箍筋。当设计无具体要求时,应符合下列规定:

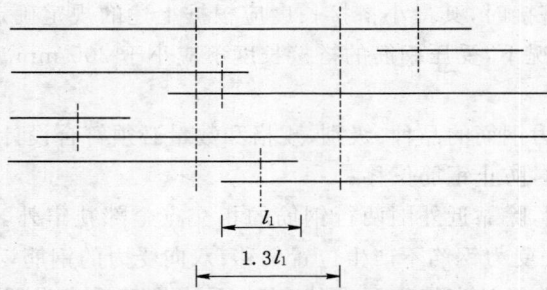

注：搭接接头同一连接区段内的搭接钢筋为两根，
当各钢筋直径相同时，接头面积百分率为 50%

图 7-1　钢筋绑扎搭接接头连接区段及接头面积百分率

- 箍筋直径不应小于搭接钢筋较大直径的 0.25 倍。
- 受拉搭接区段的箍筋间距不应大于搭接钢筋较小直径的 5 倍，且不应大于 100 mm。
- 受压搭接区段的箍筋间距不应大于搭接钢筋较小直径的 10 倍，且不应大于 200 mm。
- 当柱中纵向受力钢筋直径大于 25 mm 时，应在搭接接头两个端面外 100 mm 范围内各设置两个箍筋，其间距宜为 50 mm。

⑧ 受拉钢筋的最小搭接长度：

- 当纵向受拉钢筋的绑扎搭接接头百分率不大于 25% 时，其最小搭接长度应符合表 7-16 的规定。

表 7-16　　　　　　　　　　　　　纵向受拉钢筋的最小搭接长度

钢筋类型		混凝土强度等级			
		C15	C20～C25	C30～C35	≥C40
光圆钢筋	HPB235 级	45d	35d	30d	25d
带肋钢筋	HRB335 级	55d	45d	35d	30d
	HRB400 级、RRB400 级	—	55d	40d	35d

注：① 两根直径不同钢筋的搭接长度，以较细钢筋的直径计算。

② 当纵向受拉钢筋搭接接头面积百分率大于 25%，但不大于 50% 时，其最小搭接长度应按表中的数值乘以系数 1.2 取用；当接头面积百分率大于 50% 时，应按表中的数值乘以系数 1.35 取用。

③ 当符合下列条件时，纵向受拉钢筋的最小搭接长度应根据上述两条确定后，按下列规定进行修正：

a. 当带肋钢筋的直径大于 25 mm 时，其最小搭接长度应按相应数值乘以系数 1.1 取用。

b. 对环氧树脂涂层的带肋钢筋，其最小搭接长度应按相应数值乘以系数 1.25 取用。

c. 当在混凝土凝固过程中受力钢筋易受扰动时（如滑模施工），其最小搭接长度应按相应数值乘以系数 1.1 取用。

d. 对末端采用机械锚固措施的带肋钢筋，其最小搭接长度可按相应数值乘以系数 0.7 取用。

e. 当带肋钢筋的混凝土保护层厚度大于搭接钢筋直径的 3 倍且配有箍筋时，其最小搭接长度可按相应数值乘以系数 0.7 取用。

f. 对有抗震设防要求的结构构件，其受力钢筋的最小搭接长度对一、二级抗震等级应按相应数值乘以系数 1.15 采用；对三级抗震等级应按相应数值乘以系数 1.05 采用。在任何情况下，受拉钢筋的搭接长度不应小于 300 mm。

⑨ 纵向受压钢筋搭接时,其最小搭接长度应根据上述的规定确定相应数值后,乘以系数 0.7 取用。在任何情况下,受压钢筋的搭接长度不应小于 200 mm。

(4) 钢筋安装。

① 钢筋安装时,受力钢筋的品种、级别、规格和数量必须符合设计要求。

② 钢筋应绑扎牢固,防止钢筋位移:

• 板和墙的钢筋网,除靠近外围两行钢筋的相交点全部扎牢外,中间部分交叉点可间隔交错绑牢,但必须保证受力钢筋不产生位置偏移;双向受力的钢筋,必须全部扎牢。

• 梁和柱的箍筋,除设计有特殊要求外,应与受力钢筋垂直设置;箍筋弯钩叠合处,应沿受力钢筋方向错开设置。梁柱节点内应按要求设置水平箍筋。

• 在柱中竖向钢筋搭接时,角部钢筋的弯钩平面与模板面的夹角,对矩形柱应为 45°角,对多边形柱应为模板内角的平分角;圆形柱钢筋的弯钩平面应与模板的切平面垂直;中间钢筋的弯钩平面应与模板面垂直;当采用插入式振捣器浇筑小型截面柱时,弯钩平面与模板面的夹角不得小于 15°。

③ 钢筋安装位置的偏差应符合表 7-17 的规定。

表 7-17　钢筋安装位置的允许偏差

项　目			允许偏差/mm
绑扎钢筋网	长、宽		±10
	网眼尺寸		±20
绑扎钢筋骨架	长		±10
	宽、高		±5
受力钢筋	间距		±10
	排距		±5
	保护层厚度	基础	±10
		柱、梁	±5
		板、墙、壳	±3
绑扎箍筋、横向钢筋间距			±20
钢筋弯起点位置			20
预埋件	中心线位置		5
	水平高差		+3 / 0

注:① 检查预埋件中心线位置时,应沿纵、横两个方向量测,并取其中的较大值。
　　② 表中梁类、板类构件上部纵向受力钢筋保护层厚度的合格点率应达到 90% 及以上,且不得有超过表中数值 1.5 倍的尺寸偏差。

3. 混凝土工程

(1) 原材料。

① 水泥进场时应对其品种、级别、包装或散装仓号、出厂日期等进行检查,并应对其强度、安定性及其他必要的性能指标进行复验,其质量必须符合现行国家标准《通用硅酸盐水泥》(GB 175—2007)等的规定。

当在使用中对水泥质量有怀疑或水泥出厂超过 3 个月(快硬硅酸盐水泥超过 1 个月)时,应进行复验,并按复验结果使用。

钢筋混凝土结构、预应力混凝土结构中,严禁使用含氯化物的水泥。

工业与民用建筑常用五种水泥(硅酸盐水泥、普通硅酸盐水泥、矿渣硅酸盐水泥、火山灰质硅酸盐水泥、粉煤灰硅酸盐水泥)的品质指标应符合表 7-18 的规定。

表 7-18　　　　　　　　　　　工业与民用建筑常用五种水泥的品质指标

序号	项目	品质指标
1	氧化镁	熟料中氧化镁的含量不得超过 5%,如水泥经蒸压安定性试验合格,则允许放宽到 6%
2	三氧化硫	水泥中三氧化硫的含量不得超过 3.5%;但矿渣水泥不得超过 4%
3	烧失量	普通水泥和矿渣水泥:回转窑的不得大于 5.0%,立窑的不得大于 7.0%
4	细度	通过 0.08 mm 方孔筛筛余不得超过 10%(硅酸盐水泥比表面积大于 300 m²/kg)
5	凝结时间	初凝不得早于 45 min,终凝不得迟于 10 h(硅酸盐水泥为 6.5 h)
6	安定性	用沸煮法检验,必须合格
7	不溶物	Ⅰ型硅酸盐水泥中不溶物不得超过 0.75%;Ⅱ型硅酸盐水泥中不溶物不得超过 1.5%

注:① 凡氧化镁、三氧化硫、初凝时间、安定性中的任一项不符合表中规定时,均为废品。

　　② 凡细度、终凝时间、不溶物和烧失量中的任一项不符合表中规定时,称为不合格品。

② 混凝土中掺用外加剂的质量及应用技术应符合现行国家标准《混凝土外加剂》(GB 8076—2008)、《混凝土外加剂应用技术规范》(GB 50119—2003)等和有关环境保护的规定。

预应力混凝土结构中,严禁使用含氯化物的外加剂。钢筋混凝土结构中,当使用含氯化物的外加剂时,混凝土中氯化物的总含量应符合现行国家标准《混凝土质量控制标准》(GB 50164—1992)的规定。

③ 混凝土中氯化物和碱的总含量应符合现行国家标准《混凝土结构设计规范》(GB 50010—2002)和设计的要求。

④ 混凝土中掺用矿物掺合料的质量应符合现行国家标准《用于水泥和混凝土中的粉煤灰》(GB 1596—2005)等的规定。矿物掺合料的掺量应通过试验确定。

⑤ 普通混凝土所用的粗、细骨料的质量应符合国家现行标准《普通混凝土用砂、石质量及检验方法标准》(JCJ 52—2006)的规定。

注:混凝土用的粗骨料,其最大颗粒粒径不得超过构件截面最小尺寸的四分之一,且不得超过钢筋最小净间距的四分之三;对混凝土实心板,骨料的最大粒径不宜超过板厚的三分之一,且不得超过 40 mm。

⑥ 拌制混凝土宜采用饮用水;当采用其他水源时,水质应符合国家现行标准《混凝土用水标准》(JCJ 63—2006)的规定。

(2) 配合比设计。

① 混凝土应按国家现行标准《普通混凝土配合比设计规程》(JCJ 55—2000)的有关规定,根据混凝土强度等级、耐久性和工作性等要求进行配合比设计。

对有特殊要求的混凝土,其配合比设计尚应符合国家现行有关标准的专门规定。

② 首次使用的混凝土配合比应进行开盘鉴定,其工作性应满足设计配合比的要求。开始生产时应至少留置一组标准养护试件,作为验证配合比的依据。

③ 混凝土拌制前,应测定砂、石含水率并根据测试结果调整材料用量,提出施工配合比。

(3) 混凝土施工。

① 结构混凝土的强度等级必须符合设计要求。用于检查结构构件混凝土强度的试件,应在混凝土的浇筑地点随机抽取。取样与试件留置应符合下列规定:

• 每拌制 100 盘,且不超过 100 m³ 的同配合比的混凝土,取样不得少于一次。

• 每工作班拌制的同一配合比的混凝土不足 100 盘时,取样不得少于一次。

• 当一次连续浇筑超过 1 000 m³ 时,同一配合比的混凝土每 200 m³ 取样不得少于一次。

• 每一楼层、同一配合比的混凝土,取样不得少于一次。

• 每次取样应至少留置一组标准养护试件,同条件养护试件的留置组数应根据实际需要确定。

② 对有抗渗要求的混凝土结构,其混凝土试件应在浇筑地点随机取样。同一工程、同一配合比的混凝土,取样不应少于一次,留置组数可根据实际需要确定。

③ 混凝土原材料每盘称量的偏差应符合表 7-19 的规定。

表 7-19　　　　　　　　　　　　　　原材料每盘称量的允许偏差

材料名称	允许偏差
水泥、掺合料	±2%
粗、细骨料	±3%
水、外加剂	±2%

注:① 各种衡器应定期校验,每次使用前应进行零点校核,以保持计量准确。
　　② 当遇雨天或含水率有显著变化时,应增加含水率检测次数,并及时调整水和骨料的用量。

④ 混凝土运输、浇筑及间歇的全部时间不应超过混凝土的初凝时间。同一施工段的混凝土应连续浇筑,并应在底层混凝土初凝之前将上一层混凝土浇筑完毕。当底层混凝土初凝后浇筑上一层混凝土时,应按施工技术方案中对施工缝的要求进行处理。

⑤ 施工缝的位置应在混凝土浇筑前按设计要求和施工技术方案确定。施工缝的处理应按施工技术方案执行。

a. 由于施工技术和施工组织上的原因,不能连续将结构整体浇筑完成,并且间歇的时间预计将超出表 7-20 规定的时间时,应预先选定适当的部位设置施工缝。

表 7-20　　　　　　　　　　混凝土运输、浇筑和间隙的时间　　　　　　　　　　min

混凝土强度等级	气温/℃	
	≤25	>25
≤C30	210	180
>C30	180	150

施工缝的位置应设置在结构受剪力较小且便于施工的部位。留缝应符合下列规定：

· 柱子留置在基础的顶面、梁或吊车梁牛腿的下面、吊车梁的上面、无梁楼板柱帽的下面(图 7-2)。

· 和板连成整体的大断面梁，留置在板底面以下 20～30 mm 处。当板下有梁托时，留在梁托下面。

· 单向板留置在平行于板的短边的任何位置。

· 有主次梁的楼板，宜顺着次梁方向浇筑，施工缝应留置在次梁跨度的中间三分之一范围内(图 7-3)。

· 墙留置在门洞口过梁跨中三分之一范围内，也可留在纵横墙的交接处。

· 双向受力楼板、大体积混凝土结构、拱、穹拱、薄壳、蓄水池、斗仓、多层刚架及其他结构复杂的工程，施工缝的位置应按设计要求留置。

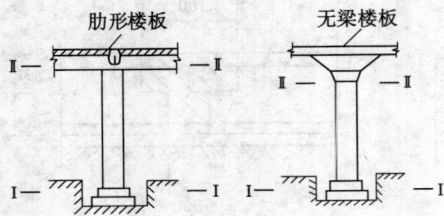

图 7-2　浇筑柱的施工缝位置图
（Ⅰ—Ⅰ、Ⅱ—Ⅱ表示施工缝位置）

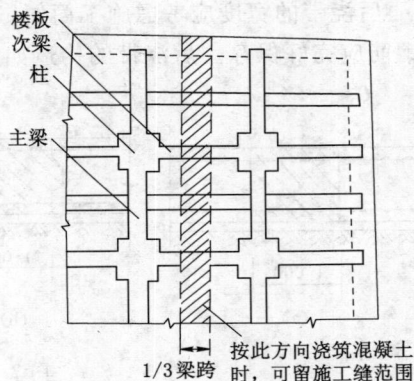

图 7-3　浇筑有主次梁楼板的施工缝位置图

b. 施工缝的处理：

在施工缝处继续浇筑混凝土时，已浇筑的混凝土抗压强度不应小于 1.2 N/mm²。混凝土抗压强度达到 1.2 N/mm² 的时间，可通过试验决定，同时，必须对施工缝进行必要的处理。

· 在已硬化的混凝土表面上继续浇筑混凝土前，应清除垃圾、水泥薄膜、表面上松动的砂石和软弱混凝土层，同时还应加以凿毛，用水冲洗干净并充分湿润，一般不宜少于 24 h，残留在混凝土表面的水应予清除。

· 在施工缝位置附近回弯钢筋时，要做到钢筋周围的混凝土不受松动和损坏。钢筋上的油污、水泥砂浆及浮锈等杂物也应清除。

· 在浇筑前，水平施工缝宜先铺上 10～15 mm 厚的水泥砂浆一层，其配合比与混凝土内的砂浆成分相同。

· 从施工缝处开始继续浇筑时，要注意避免直接靠近缝边下料。机械振捣前，宜向施工缝处逐渐推进，并距 80～100 cm 处停止振捣，但应加强对施工缝接缝的捣实工作，使其紧密结合。

· 承受动力作用的设备基础的施工缝处理，应遵守下列规定：标高不同的两个水平施工缝,其高低接合处应留成台阶形,台阶的高宽比不得大于1;在水平施工缝上继续浇筑混凝土前,应对地脚螺栓进行观测校正;垂直施工缝处应加插钢筋,其直径为12~16 mm,长度为60 cm,间距为50 cm。在台阶式施工缝的垂直面上亦应补插钢筋。

⑥后浇带的留设位置应按设计要求和施工技术方案确定。后浇带混凝土浇筑应按施工技术方案进行。后浇带的设置应符合下列要求:

· 后浇带是为在现浇钢筋混凝土结构施工过程中,克服由于收缩而可能产生有害裂缝而设置的临时施工缝。该缝需根据设计要求保留一段时间后再浇筑,将整个结构连成整体。

· 后浇带的设置距离,应考虑在有效降低温差和收缩应力的条件下,通过计算来获得。在正常的施工条件下,有关规范对此的规定是:如混凝土置于室内和土中,则为30 m;如在露天,则为20 m。

· 后浇带的保留时间应根据设计确定,若设计无要求时,一般至少保留28 d以上。

· 后浇带的宽度应考虑施工简便,避免应力集中。一般其宽度为70~100 cm,后浇带内的钢筋应完好保存。后浇带的构造如图7-4所示。

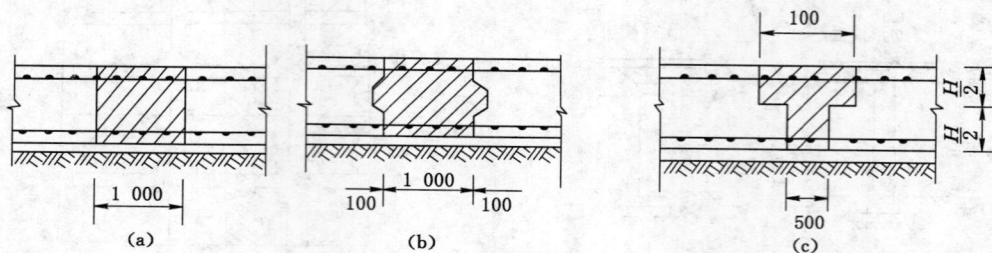

图 7-4　后浇带构造图
(a) 平接式;(b) 企口式;(c) 台阶式

· 后浇带在浇筑混凝土前,必须将整个混凝土表面按照施工缝要求进行处理。填充后浇带混凝土可采用微膨胀或无收缩水泥,也可采用普通水泥加入相应的外加剂拌制,但必须要求填筑混凝土强度等级比原结构强度提高一级,并保持15 d的湿润养护。

⑦混凝土浇筑完毕后,应按施工技术方案及时采取有效的养护措施,并应符合下列规定:

· 应在浇筑完毕后的12 h以内对混凝土加以覆盖并保湿养护。

· 混凝土浇水养护的时间:对采用硅酸盐水泥、普通硅酸盐水泥、矿渣硅酸盐水泥拌制的混凝土,不得少于7 d;对掺用缓凝型外加剂或有抗渗要求的混凝土,不得少于14 d。

· 浇筑次数应能保持混凝土湿润状态;混凝土养护用水应与拌制用水相同。

· 采用塑料布覆盖养护的混凝土,其敞露的全部表面应覆盖严密,并应保持塑料布内有凝结水。

· 混凝土强度达到1.2 N/mm² 前,不得在其上踩踏或安装模板及支架。

注:当日平均气温低于5 ℃时,不得浇水;当采用其他品种水泥时,混凝土的养护时间应根据所采用水泥的技术性能确定;混凝土表面不便浇水或使用塑料布时,宜涂刷养护剂;对大体积混凝土的养护,应根据气候条件按施工技术方案采取控温措施。

4. 现浇结构工程

(1)现浇结构的外观质量缺陷,应由监理(建设)单位、施工单位等各方根据其对结构性能和使用功能影响的严重程度,按表 7-21 确定。

表 7-21 现浇结构外观质量缺陷

名称	现象	严重缺陷	一般缺陷
露筋	构件内钢筋未被混凝土包裹而外露	纵向受力钢筋有露筋	其他钢筋有少量露筋
蜂窝	混凝土表面缺少水泥砂浆而形成石子外露	构件主要受力部位有蜂窝	其他部位有少量蜂窝
孔洞	混凝土中空穴深度和长度均超过保护层厚度	构件主要受力部位有孔洞	其他部位有少量孔洞
夹渣	混凝土中夹有杂物且深度超过保护层厚度	构件主要受力部位有夹渣	其他部位有少量夹渣
疏松	混凝土中局部不密实	构件主要受力部位有疏松	其他部位有少量疏松
裂缝	缝隙从混凝土表面延伸至混凝土内部	构件主要受力部位有影响结构性能或使用功能的裂缝	其他部位有少量不影响结构性能或使用功能的裂缝
连接部位缺陷	构件连接处混凝土缺陷及连接钢筋、连接件松动	连接部位有影响结构传力性能的缺陷	连接部位有基本不影响结构传力性能的缺陷
外形缺陷	缺棱掉角、棱角不直、翘曲不平、飞边凸肋等	清水混凝土构件有影响使用功能或装饰效果的外形缺陷	其他混凝土构件有不影响使用功能的外形缺陷
外表缺陷	构件表面麻面、掉皮、起砂、沾污等	具有重要装饰效果的清水混凝土构件有外表缺陷	其他混凝土构件有不影响使用功能的外表缺陷

(2)现浇结构拆模后,应由监理(建设)单位、施工单位对外观质量和尺寸偏差进行检查,作出记录,并应及时按施工技术方案对缺陷进行处理。

① 外观质量

·现浇混凝土外观质量不应有严重缺陷。对已经出现的严重缺陷,应由施工单位提出技术处理方案,并经监理(建设)单位认可后进行处理。对经处理的部位,应重新检查验收。

·现浇结构的外观质量不宜有一般缺陷。对已经出现的一般缺陷,应由施工单位按技术处理方案进行处理,并重新检查验收。

② 尺寸偏差

·现浇结构不应有影响结构性能和使用功能的尺寸偏差。混凝土设备基础不应有影响结构和设备安装的尺寸偏差。对超过尺寸允许偏差且影响结构性能和安装、使用功能的部位,应由施工单位提出技术处理方案,并经监理(建设)单位认可后进行处理。对经处理的部位,应重新检查验收。

·现浇结构和混凝土设备基础拆模后的尺寸偏差应符合表 7-22、表 7-23 的规定。

表 7-22 现浇结构尺寸允许偏差

项　　目		允许偏差/mm
轴线位置	基础	15
	独立基础	10
	墙、柱、梁	8
	剪力墙	5

续表 7-22

项 目			允许偏差/mm
垂直度	层高	≤5 m	8
		>5 m	10
	全高(H)		H/1 000 且≤30
标高	层高		±10
	全高		±30
截面尺寸			+8 -5
表面平整度			8
预埋设施中心线位置	预埋件		10
	预埋螺栓		5
	预埋管		5
预留洞中心线位置			15

注:检查轴线、中心线位置时,应沿纵、横两个方向测量,并取其中的较大值。

表 7-23　　　　　　　　　混凝土设备基础尺寸允许偏差

项 目		允许偏差/mm
坐标位置		20
不同平面的标高		0 -20
平面外形尺寸		±20
凸台上平面外形尺寸		0 -20
凹穴尺寸		+20 0
平面水平度	每米	5
	全长	10
垂直度	每米	5
	全高	10
预埋地脚螺栓	标高(顶部)	+20 0
	中心距	±2
预埋地脚螺栓孔	中心线位置	10
	深度	+20 0
	孔垂直度	10
预埋活动地脚螺栓锚板	标高	+20 0
	中心线位置	5
	带槽锚板平整度	5
	带螺纹孔锚板平整度	2

注:检查坐标、中心线位置时,应沿纵、横两个方向测量,并取其中的较大值。

5．结构实体检验用同条件养护试件强度检验

(1)同条件养护试件的留置方式和取样数量,应符合下列要求:

① 同条件养护试件所对应的结构构件或结构部位,应由监理(建设)、施工等各方共同选定。

② 对混凝土结构工程中的各混凝土强度等级,均应留置同条件养护试件。

③ 同一强度等级的同条件养护试件,其留置的数量应根据混凝土工程量和重要性确定,不宜少于10组,且不应少于3组。

④ 同条件养护试件拆模后,应放置在靠近相应结构构件或结构部位的适当位置,并应采取相同的养护方法。

(2)同条件养护试件应在达到等效养护龄期时进行强度试验。等效养护龄期应根据同条件养护试件强度与在标准养护条件下28 d龄期试件强度相等的原则确定。

(3)同条件自然养护试件的等效养护龄期及相应的试件强度代表值,宜根据当地的气温和养护条件,按下列规定确定:

① 等效养护龄期可取按日平均温度逐日累计达到600 (℃ · d)时所对应的龄期,0 ℃及以下的龄期不计入;等效养护龄期不应小于14 d,但不宜大于60 d。

② 同条件养护试件的强度代表值应根据强度试验结果,按现行国家标准《混凝土强度检验评定标准》(GBJ 107—1987)的规定确定后,乘折算系数取用;折算系数宜取为1.10,也可根据当地的试验统计结果作适当调整。

(4)冬期施工、人工加热养护的结构构件,其同条件养护试件的等效养护龄期可按结构构件的实际养护条件,由监理(建设)、施工等各方根据上述第(2)条的规定共同确定。

6．结构实体钢筋保护层厚度检验

(1)钢筋保护层厚度检验的结构部位和构件数量,应符合下列要求:

① 钢筋保护层厚度检验的结构部位,应由监理(建设)、施工等各方根据结构构件的重要性共同选定。

② 对梁类、板类构件,应各抽取构件数量的2％且不少于5个构件进行检验;当有悬挑构件时,抽取的构件中悬挑梁类、板类构件所占比例均不宜小于50％。

(2)对选定的梁类构件,应对全部纵向受力钢筋的保护层厚度进行检验;对选定的板类构件,应抽取不少于6根纵向钢筋的保护层厚度进行检验。对每根钢筋,应在有代表性的部位测量1点。

(3)钢筋保护层厚度的检验,可采用非破损或局部破损的方法,也可采用非破损方法并用局部破损方法进行校准。当采用非破损方法检验时,所使用的检测仪器应经过计量检验,检测操作应符合相应规程的规定。钢筋保护层厚度检验的检测误差不应大于1 mm。

(4)钢筋保护层厚度检验时,纵向受力钢筋保护层厚度的允许偏差,对梁类构件为+10 mm,−7 mm;对板类构件为+8 mm,−5 mm。

(5)对梁类、板类构件纵向受力钢筋的保护层厚度应分别进行验收。结构实体钢筋保护层厚度按以下规定验收:

① 当全部钢筋保护层厚度检验的合格点率为90％及以上时,钢筋保护层厚度的检验结果应判为合格。

② 当全部钢筋保护层厚度检验的合格点率小于 90% 但不小于 80%,可再抽取相同数量的构件进行检验;当按两次抽样总数和计算的合格点率为 90% 及以上时,钢筋保护层厚度的检验结果仍应判为合格。

③ 每次抽样检验结果中不合格点的最大偏差均不应大于允许偏差的 1.5 倍。

7. 混凝土结构工程冬期施工要求

(1) 混凝土冬期施工所采用的外加剂必须符合现行规范《混凝土外加剂》(GB 8076—2008)和《混凝土外加剂应用技术规程》(GB 50119—2003)的规定,同时应具有合格证、检验报告,并经复试合格后方可使用。

(2) 外加剂的掺量应严格执行国家现行规范的有关规定。

(3) 外加剂的使用必须通过混凝土配合比的试配、调整,以适应冬期施工的需要,同时应加强计量工作。

(4) 混凝土的骨料必须清洁,不得含有冰雪等冰冻物,在掺用含有钾、钠离子防冻剂的混凝土中,不得混有活性骨料。

(5) 冬期施工前应做好混凝土的冬期施工方案,并应包括混凝土的配比情况、浇筑方案和有关保温、防冻、测温措施,测温方法应严格按《建筑工程冬期施工规程》(JGJ 104—1997)第 7.9.3 条的要求执行,并留有签字齐全的测温记录表。

(6) 冬期施工应比常温多留不少于两组与结构同条件养护的试件,分别用于检验受冻前的混凝土强度和转入常温 28 d 的混凝土强度。

(7) 掺用防冻剂混凝土的养护应符合《建筑工程冬期施工规程》(JGJ 104—1997)有关规定。

(8) 应做好浇筑混凝土的施工记录和测温记录,作为工程技术资料。

(9) 冬期施工期间,负温条件下使用的钢筋应加强检验,注意在运输、加工过程中防止撞击、划痕。

(10) 负温下冷拉钢筋采用控制应力方法时,其控制应力比规范规定提高 30 N/mm²,冷拉后应对钢筋外观进行严格检查,其表面不得有裂纹、局部缩颈。

(11) 凡在室外施焊时,其最低气温不宜低于 -20 ℃,且应有防雪挡风措施。

(12) 热轧钢筋负温下采用闪光对焊的,其工艺措施必须符合《建筑工程冬期施工规程》(JGJ 104—1997)第 6.3.4 条和第 6.3.5 条的规定。

(13) 当钢筋负温电弧焊时,必须按《建筑工程冬期施工规程》(JGJ 104—1997)第 6.3.6 条和第 6.3.7 条的规定实施。

8. 装配式结构工程

(1) 预制构件应进行结构性能检验。结构性能检验不合格的预制构件不得用于混凝土结构。

检验内容:钢筋混凝土构件和允许出现裂缝的预应力混凝土构件进行承载力、挠度和裂缝宽度检验;不允许出现裂缝的预应力混凝土构件进行承载力、挠度和抗裂检验;预应力混凝土构件中的非预应力杆件按钢筋混凝土构件的要求进行检验。对设计成熟、生产数量较少的大型构件,当采取加强材料和制作质量检验的措施时,可仅做挠度、抗裂或裂缝宽度检验;当采取上述措施并有可靠的实践经验时,可不做结构性能检验。

注:① "加强材料和制作质量检验的措施"包括下列内容:

• 钢筋进场检验合格后,在使用前再对用做构件受力主筋的同批钢筋按不超过 5 t 抽取一组试件,并经检验合格;对经逐盘检验的预应力钢丝,可不再抽样检查。

• 受力主筋焊接接头的力学性能,应按现行国家标准《钢筋焊接及验收规程》(JGJ 18—2003)检验合格后,再抽取一组试件,并经检验合格。

• 混凝土按 5 m³ 且不超过半个工作班生产的相同配合比的混凝土量,留置一组试件,并经检验合格。

• 受力主筋焊接接头的外观质量、入模后的主筋保护层厚度、张拉预应力总值和构件的截面尺寸等,应逐件检验合格。

② "同类型产品"是指同一钢种、同一混凝土强度等级、同一生产工艺和同一结构形式的构件。对同类型产品进行抽样检验时,试件宜从设计荷载最大、受力最不利或生产数量最多的构件中抽取。对同类型的其他产品,也应定期进行抽样检验。

(2)装配式结构施工。

① 进入现场的预制构件,其外观质量、尺寸偏差及结构性能应符合标准图或设计的要求。

② 预制构件与结构之间的连接应符合设计要求。

连接处钢筋或埋件采用焊接或机械连接时,接头质量应符合现行国家标准《钢筋焊接及验收规程》(JGJ 18—2003)、《钢筋机械连接技术规程》(JGJ 107—2010)的要求。

③ 承受内力的接头和拼缝,当其混凝土强度未达到设计要求时,不得吊装上一层结构构件;当设计无具体要求时,应在混凝土强度不小于 10 N/mm² 或具有足够的支承时方可吊装上一层结构构件。已安装完毕的装配式结构,应在混凝土强度达到设计要求后,方可承受全部设计荷载。

④ 预制构件码放和运输时的支承位置和方法应符合标准图或设计的要求。

⑤ 预制构件吊装前,应按设计要求在构件和相应的支承结构上标出中心线、标高等控制尺寸,按标准图或设计文件校核预埋件及连接钢筋等,并作出标志。

⑥ 预制构件应按标准图或设计的要求吊装。起吊时,绳索与构件水平面的夹角不宜小于 45°,否则应采用吊架或经验算确定。

⑦ 预制构件安装就位后,应采取保证构件稳定的临时固定措施,并应根据水准点和轴线校正位置。

⑧ 装配式结构中的接头和拼缝应符合设计要求;当设计无具体要求时,应符合下列规定:

• 对承受内力的接头和拼缝应采用混凝土浇筑,其强度等级应比构件混凝土强度等级提高一级。

• 对不承受内力的接头和拼缝应采用混凝土或砂浆浇筑,其强度等级不应低于 C15 或 M15。

• 用于接头和拼缝的混凝土或砂浆,宜采取微膨胀措施和快硬措施,在浇筑过程中应振捣密实,并应采取必要的养护措施。

9. 预应力工程

(1)原材料。

① 预应力筋进场时,应按现行国家标准《预应力混凝土用钢绞线》(GB/T 5224—2003)

等的规定抽取试件做力学性能检验,其质量必须符合有关标准的规定。

② 无粘结预应力筋的涂包质量应符合无粘结预应力钢绞线标准的规定。

注:当有工程经验,并经观察认为质量有保证时,可不做油脂用量和护套厚度的进场复验。

③ 预应力筋用锚具、夹具和连接器应按设计要求采用,其性能应符合现行国家标准《预应力筋用锚具、夹具和连接器》(GB/T 14370—2007)等的规定。

注:对锚具用量较少的一般工程,如供货方提供有效的试验报告,可不做静载锚固性能试验。

④ 孔道灌浆用水泥应采用普通硅酸盐水泥,其质量及孔道灌浆用外加剂的质量应符合混凝土用水泥的相关规定。

注:对孔道灌浆用水泥和外加剂用量较少的一般工程,当有可靠依据时,可不做材料性能的进场复验。

⑤ 预应力筋使用前应进行外观检查,其质量应符合下列要求:

• 有粘结预应力筋展开后应平顺、不得有弯折,表面不应有裂纹、小刺、机械损伤、氧化铁皮和油污等。

• 无粘结预应力筋护套应光滑,无裂缝,无明显褶皱。

注:无粘结预应力筋护套轻微破损者应外包防水塑料胶带修补,严重破损者不得使用。

⑥ 预应力筋用锚具、夹具和连接器使用前应进行外观检查,其表面应无污物、锈蚀、机械损伤和裂纹。

⑦ 预应力混凝土用金属波纹管的尺寸和性能应符合现行国家标准《预应力混凝土用金属波纹管》(JG 225—2007)的规定。

注:对金属波纹管用量较少的一般工程,当有可靠依据时,可不做径向刚度、抗渗漏性能的进场复验。

⑧ 预应力混凝土用金属波纹管在使用前应进行外观检查,其内外表面应清洁,无锈蚀,不应有油污、孔洞和不规则的褶皱,咬口不应有开裂或脱扣。

(2) 制作与安装。

① 预应力筋安装时,其品种、级别、规格、数量必须符合设计要求。

② 先张法预应力施工时应选用非油质类模板隔离剂,并应避免沾污预应力筋。

③ 施工过程中应避免电火花损伤预应力筋;受损伤的预应力筋应予以更换。

④ 预应力筋下料应符合下列要求:

• 预应力筋应采用砂轮锯或切断机切断,不得采用电弧切割。

• 当钢丝束两端采用墩头锚具时,同一束中各根钢丝长度的极差不应大于钢丝长度的1/5 000,且不应大于 5 mm。当成组张拉长度不大于 10 m 的钢丝时,同组钢丝长度的极差不得大于 2 mm。

⑤ 预应力筋端部锚具的制作质量应符合下列要求:

• 挤压锚具制作时,压力表油压应符合操作说明书的规定,挤压后预应力筋外端应露出挤压套筒 1～5 mm。

• 钢绞线压花锚成形时,表面应清洁无油污,梨形头尺寸和直线段长度应符合设计要求。

· 钢丝墩头的强度不得低于钢丝强度标准值的 98%。

⑥ 后张有粘结预应力筋预留孔道的规格、数量、位置和形状除应符合设计要求外,尚应符合下列规定:

· 预留孔道的定位应牢固,浇筑混凝土时不应出现移位和变形;

· 孔道应平顺,端部的预埋锚垫板应垂直于孔道中心线;

· 成孔用管道应密封良好,接头应严密且不得漏浆;

· 灌浆孔的间距:对预埋金属波纹管不宜大于 30 m;对抽芯成形孔道不宜大于 12 m。

· 在曲线孔道的曲线波峰部位应设置排气兼泌水管,必要时可在最低点设置排水孔。

· 灌浆孔及泌水管的孔径应能保证浆液畅通。

⑦ 预应力筋束形控制点的竖向位置偏差应符合表 7-24 的规定。

表 7-24　　　　　　　　　　束形控制点的竖向位置允许偏差

截面高(厚)度/mm	$h \leqslant 300$	$300 < h \leqslant 1\ 500$	$h > 1\ 500$
允许偏差/mm	±5	±10	±15

注:束形控制点的竖向偏差合格点率应达到 90% 及以上,且不得有超过表中数值 1.5 倍的尺寸偏差。

⑧ 无粘结预应力筋的铺设除应符合上述规定外,尚应符合下列要求:

· 无粘结预应力筋的定位应牢固,浇筑混凝土时不应出现移位和变形。

· 端部的预埋锚垫板应垂直于预应力筋。

· 内埋式固定端垫板不应重叠,锚具与垫板应贴紧。

· 无粘结预应力筋成束布置时应能保证混凝土密实并能裹住预应力筋。

· 无粘结预应力筋的护套应完整,局部破损处应采用防水胶带缠绕紧密。

⑨ 浇筑混凝土前穿入孔道的后张法有粘结预应力筋,宜采取防止锈蚀的措施。

(3)张拉和放张。

① 预应力筋张拉或放张时,混凝土强度应符合设计要求;当设计无具体要求时,不应低于设计的混凝土立方体抗压强度标准值的 75%。

② 预应力筋的张拉力、张拉或放张顺序及张拉工艺应符合设计及施工技术方案的要求,并应符合下列规定:

a. 当施工需要超张拉时,最大张拉应力不应大于现行国家标准《混凝土结构设计规范》(GB 50010—2002)的规定。

预应力钢筋的张拉控制应力值 σ_{con} 不宜超过表 7-25 规定的张拉控制应力限值,且不应小于 $0.4 f_{ptk}$。

当符合下列情况之一时,表 7-25 中的张拉控制应力限值可提高 $0.05 f_{ptk}$:

· 要求提高构件在施工阶段的抗裂性能而在使用阶段受压区内设置的预应力钢筋。

· 要求部分抵消由于应力松弛、摩擦、钢筋分批张拉以及预应力钢筋与张拉台座之间的温差等因素产生的预应力损失。

表 7-25 张拉控制应力限值

钢筋种类	张拉方法	
	先张法	后张法
消除应力钢丝、钢绞线	$0.75f_{ptk}$	$0.75f_{ptk}$
热处理钢筋	$0.70f_{ptk}$	$0.65f_{ptk}$

注：f_{ptk}——预应力钢筋强度标准值。

b. 张拉工艺应能保证同一束中各根预应力筋的应力均匀一致。

c. 后张法施工中，当预应力筋是逐根或逐束张拉时，应保证各阶段不出现对结构不利的应力状态；同时宜考虑后批张拉预应力筋所产生的结构构件的弹性压缩对先批张拉预应力筋的影响。

d. 先张法预应力筋放张时，宜缓慢放松锚固装置，使各根预应力筋同时缓慢放松。

e. 当采用应力控制方法张拉时，应校核预应力筋的伸长值。实际伸长值与设计计算理论伸长值的相对允许偏差为±6%。

③ 预应力筋张拉锚固后实际建立的预应力值与工程设计规定检验值的相对允许偏差为±5%。

④ 张拉过程中应避免预应力筋断裂或滑脱；当发生断裂或滑脱时，必须符合下列规定：

• 对后张法预应力约束构件，断裂或滑脱的数量严禁超过同一截面预应力筋总根数的3%，且每束钢丝不得超过一根；对多跨双向连续板，其同一截面应按每跨计算。

• 对先张法预应力构件，浇筑混凝土前发生断裂或滑脱的预应力筋必须予以更换。

⑤ 锚固阶段张拉端预应力筋的内缩量应符合设计要求；当设计无具体要求时，应符合表 7-26 的规定。

表 7-26 张拉端预应力筋的内缩量限值

锚具类别		内缩量限值/mm
支承式锚具（墩头锚具等）	螺帽缝隙	1
	每块后加垫板的缝隙	1
锥塞式锚具		5
夹片式锚具	有顶压	5
	无顶压	6~8

⑥ 先张法预应力筋张拉后与设计位置的偏差不得大于 5 mm，且不得大于构件截面短边边长的 4%。

（4）灌浆与封锚。

① 后张法有粘结预应力筋张拉后应尽早进行孔道灌浆，孔道内水泥浆应饱满、密实。

② 锚具的封闭保护应符合设计要求；当设计无具体要求时，应符合下列规定：

• 应采取防止锚具腐蚀和遭受机械损伤的有效措施。

• 凸出式锚固端锚具的保护层厚度不应小于 50 mm。

• 外露预应力筋的保护层厚度：处于正常环境时，不应小于 20 mm；处于易受腐蚀的环境时,不应小于 50 mm。

③ 后张法预应力筋锚固后的外露部分宜采用机械方法切割,其外露长度不宜小于预应力筋直径的 1.5 倍,且不宜小于 30 mm。

④ 灌浆用水泥浆的水灰比不应大于 0.45,搅拌后 3 h 泌水率不宜大于 2%,且不应大于 3%。泌水应能在 24 h 内全部重新被水泥浆吸收。

⑤ 灌浆用水泥浆的抗压强度不应小于 30 N/mm²。

注:一组试件由 6 个试件组成,试件应标准养护 28 d;抗压强度为一组试件的平均值,当一组试件中抗压强度最大值或最小值与平均值相差超过 20%时,应取中间 4 个试件强度的平均值。

（二）砌体结构工程

1. 砌筑砂浆

（1）水泥进场使用前,应分批对其强度、安定性进行复验。检验批应以同一生产厂家同一编号为一批。当在使用中对水泥质量有怀疑或水泥出厂超过三个月（快硬硅酸盐水泥过一个月）时,应复查试验,并按其结果使用。不同品种的水泥,不得混合使用。

（2）砂浆用砂不得含有有害杂物。砂浆用砂的含泥量应满足下列要求:

① 对水泥砂浆和强度等级不小于 M5 的水泥混合砂浆,不应超过 5%。

② 对强度等级小于 M5 的水泥混合砂浆,不应超过 10%。

③ 人工砂、山砂及特细砂,应经试配能满足砌筑砂浆技术条件要求。

（3）配制水泥石灰砂浆时,不得采用脱水硬化的石灰膏。

（4）消石灰粉不得直接使用于砌筑砂浆中。

（5）拌制砂浆用水,水质应符合现行标准《混凝土用水标准》（JGJ 63—2006）的规定。

（6）砌筑砂浆应通过试配确定配合比。当砌筑砂浆的组成材料有变更时,其配合比应重新确定。

（7）施工中当采用水泥砂浆代替水泥混合砂浆时,应重新确定砂浆强度等级。

（8）凡在砂浆中掺入有机塑化剂、早强剂、缓凝剂、防冻剂等,应经检查和试配符合要求后,方可使用。有机塑化剂应有砌体强度的型式检验报告。

（9）砂浆现场拌制时,各组分材料应采用重量计量。

石灰膏、粘土膏、电石膏等湿料使用时的用量,应按试配时的稠度予以调整。砂的含水率应随时测定,并及时调整砂的用量。

所有原材料按重量比计量,允许偏差不得超过表 7-27 规定范围。

表 7-27　　　　　　　　　　　砂浆原材料计量允许偏差

原材料品种	水泥	砂	水	外加剂	掺合料
允许偏差/%	±2	±3	±2	±2	±2

（10）砌筑砂浆应采用机械搅拌,自投料完算起,搅拌时间应符合下列规定:

① 水泥砂浆和水泥混合砂浆不得少于 2 min。

② 水泥粉煤灰砂浆和掺用外加剂的砂浆不得少于 3 min。

③ 掺用有机塑化剂的砂浆,应为 3~5 min。

（11）砂浆应随拌随用，水泥砂浆和水泥混合砂浆应分别在 3 h 和 4 h 内使用完毕；当施工期间最高气温超过 30 ℃时，应分别在拌成后 2 h 和 3 h 内使用完毕。

注：对掺用缓凝剂的砂浆，其使用时间可根据具体情况延长。

（12）砌筑砂浆试块强度验收时其强度合格标准必须符合以下规定：

同一验收批砂浆试块抗压强度平均值必须大于或等于设计强度等级所对应的立方体抗压强度；同一验收批砂浆试块抗压强度的最小一组平均值必须大于或等于设计强度等级所对应的立方体抗压强度的 0.75 倍。

注：① 砌筑砂浆的验收批，同一类型、强度等级的砂浆试块应不少于 3 组。当同一验收批只有一组试块时，该组试块抗压强度的平均值必须大于或等于设计强度等级所对应的立方体抗压强度。② 砂浆强度应以标准养护、龄期为 28 d 的试块抗压试验结果为准。

砂浆试块应在砂浆拌合后随机抽取制作，同盘砂浆只应制作一组试块，每一检验批且不超过 250 m³ 砌体的各种类型及强度等级的砌筑砂浆，每台搅拌机应至少制作一组试块（每组 6 块），即抽检一次。

（13）当施工中或验收时出现下列情况，可采用现场检验方法对砂浆和砌体强度进行原位检测或取样检测，并判定其强度：

① 砂浆试块缺乏代表性或试块数量不足。

② 对砂浆试块的试验结果有怀疑或有争议。

③ 砂浆试块的试验结果，不能满足设计要求。

2．砖砌体工程

（1）砖和砂浆的强度等级必须符合设计要求。

（2）砌体水平灰缝的砂浆饱满度不得小于 80%。

（3）砖砌体的转角处和交接处应同时砌筑，严禁无可靠措施内外墙分砌施工。对不能同时砌筑而必须留置的临时间断处应砌成斜槎，斜槎水平投影长度不应小于高度的三分之二。

（4）非抗震设防及抗震设防烈度为 6 度、7 度地区的临时间断处，当不能留斜槎时，除转角处外，可留直槎，但直槎必须做成凸槎。留直槎处应加设拉结钢筋，拉结钢筋的数量为每 120 mm 墙厚放置 1φ6 拉结钢筋（120 mm 厚墙放置 2φ6 拉结钢筋），间距沿墙高不应超过 500 mm；埋入长度从留槎处算起每边均不应小于 500 mm，对抗震设防烈度 6 度、7 度的地区，不应小于 1 000 mm；末端应有 90°弯钩。

（5）砖砌体的位置及垂直度允许偏差应符合表 7-28 的规定。

表 7-28　　　　　　　　　砖砌体的位置及垂直度允许偏差

项次	项　目			允许偏差/mm
1	轴线位置偏移			10
2	垂直度	每层		5
		全高	≤10 m	10
			>10 m	20

（6）砖砌体组砌方法应正确，上下错缝、内外搭砌，砖柱不得采用包心砌法。

合格标准:除符合本条要求外,清水墙、窗间墙无通缝;混水墙中长度大于或等于 300 mm 的通缝每间不超过 3 处,且不得位于同一面墙体上。

(7) 砖砌体的灰缝应横平竖直,厚薄均匀。水平灰缝厚度宜为 10 mm,但不应小于 8 mm,也不应大于 12 mm。

(8) 在墙上留置临时施工洞口,其侧边离交接处墙面不应小于 50 cm,洞口净宽度不应超过 1 m。临时施工洞口应做好补砌。

(9) 不得在下列墙体或部位设置脚手眼:

① 120 mm 厚墙、料石清水墙和独立柱;

② 过梁上与过梁成 60°角的三角形范围及过梁净跨度 1/2 的高度范围内;

③ 宽度小于 1 m 的窗间墙;

④ 砌体门窗洞口两侧 200 mm(石砌体为 300 mm)和转角处 450 mm(石砌体为 600 mm)范围内;

⑤ 梁或梁垫下及其左右 500 mm 范围内;

⑥ 设计不允许设置脚手眼的部位。

(10) 施工脚手眼补砌时,灰缝应填满砂浆,不得用干砖填塞。

(11) 设计要求的洞口、管道、沟槽应于砌筑时正确留出或预埋,未经设计单位同意,不得打凿墙体和在墙体上开凿水平沟槽。宽度超过 300 mm 的洞口上部,应设置过梁。

3. 混凝土小型空心砌块砌体工程

(1) 小砌块和砂浆的强度等级必须符合设计要求。施工时所用的小砌块的产品龄期不应小于 28 d。

(2) 承重墙体严禁使用断裂小砌块。小砌块应底面朝上反砌于墙上。

(3) 砌体水平灰缝的砂浆饱满度,应按净面积计算且不得低于 90%;竖向灰缝饱满度不得小于 80%,竖缝凹槽部位应用砌筑砂浆填实;不得出现瞎缝、透明缝。

(4) 墙体转角处和纵横墙交接处应同时砌筑。临时间断处应砌成斜槎,斜槎水平投影长度不应小于高度的三分之二。

(5) 砌体的轴线偏移和垂直偏差应按表 7-28 的规定执行。

(6) 墙体的水平灰缝厚度和竖向灰缝宽度宜为 10 mm,但不应大于 12 mm,也不应小于 8 mm。

(7) 小砌块砌筑时,在天气干燥炎热的情况下,可提前洒水湿润小砌块;对轻骨料混凝土小砌块,可提前浇水湿润。小砌块表面有浮水时,不得施工。

4. 石砌体工程

(1) 石材及砂浆强度等级必须符合设计要求。石砌体采用的石材应质地坚实,无风化剥落和裂纹。用于清水墙、柱表面的石材,尚应色泽均匀。

(2) 砂浆饱满度不应小于 80%。

(3) 石砌体的组砌形式应符合下列规定:

① 内外墙内,上下错缝,拉结石、丁砌石交错设置。

② 毛石墙拉结石每 0.7 m² 墙面不应少于 1 块。

(4) 石砌体的灰缝厚度:毛料石和粗料石砌体不宜大于 20 mm;细料石砌体不宜大于 5 mm。

（5）砌筑毛石挡土墙应符合下列规定：

① 每砌 3～4 皮为一个分层高度，每个分层高度应找平一次。

② 外露面的灰缝厚度不得大于 40 mm，两个分层高度间分层处的错缝不得小于 80 mm。

（6）料石挡土墙，当中间部分用毛石砌时，丁砌料石伸入毛石部分的长度不应小于 200 mm。

（7）挡土墙的泄水孔当设计无规定时，施工应符合下列规定：

① 泄水孔应均匀设置，在每米高度间隔 2 m 左右设置一个泄水孔。

② 泄水孔与土体间铺设长宽各为 300 mm、厚 200 mm 的卵石或碎石作疏水层。

（8）挡土墙内侧回填土必须分层夯填，分层松土厚度应为 300 mm。墙顶土面应有适当坡度使流水流向挡土墙外侧面。

5．配筋砌体工程

（1）钢筋的品种、规格和数量应符合设计要求。

（2）构造柱、芯柱、组合砌体构件、配筋砌体剪力墙构件的混凝土或砂浆的强度等级应符合设计要求。

（3）构造柱与墙体的连接处应砌成马牙槎，马牙槎应先退后进，预留的拉结钢筋应位置正确，施工中不得任意弯折。合格标准：钢筋竖向移位不应超过 100 mm，每一马牙槎沿高度方向尺寸不应超过 300 mm。钢筋竖向位移和马牙槎尺寸偏差每一构造柱不应超过 2 处。

（4）构造柱位置及垂直度的允许偏差应符合表 7-29 的规定。

表 7-29　　　　　　　　　　构造柱尺寸允许偏差

项次	项　　目			允许偏差/mm	抽 检 方 法
1	柱中心线位置			10	用经纬仪和尺检查或用其他测量仪器检查
2	柱层间错位			8	用经纬仪和尺检查或用其他测量仪器检查
3	柱垂直度	每层		10	用 2 m 托线板检查
		全高	≤10 m	15	用经纬仪、吊线和尺检查，或用其他测量仪器检查
			>10 m	20	

抽检数量：每检验批抽检 10%，且不应少于 5 处。

（5）对配筋混凝土小型空心砌块砌体，芯柱混凝土应在装配式楼盖处贯通，不得削弱芯柱截面尺寸。

（6）设置在砌体水平灰缝内的钢筋，应居中置于灰缝中。水平灰缝厚度应大于钢筋直径 4 mm 以上。砌体外露砂浆保护层的厚度不应小于 15 mm。

（7）设置在砌体灰缝内的钢筋应采取防腐保护措施。合格标准：防腐涂料无漏刷（喷浸），无起皮脱落现象。

（8）网状配筋砌体中，钢筋网及放置间距应符合设计规定。合格标准：钢筋网沿砌体高度位置超过设计规定一皮砖厚不得多于 1 处。

（9）组合砖砌体构件，竖向受力钢筋保护层符合设计要求，距砖砌体表面距离不应小于

5 mm;拉结筋两端应设弯钩,拉结筋及箍筋的位置应正确。合格标准:钢筋保护层符合设计要求;拉结筋位置及弯钩设置80%及以上符合要求,箍筋间距超过规定者,每件不得多于2处,且每处不得超过一皮砖。

6.填充墙砌体工程

(1)砖、砌块和砌筑砂浆的强度等级应符合设计要求。空心砖、蒸压加气混凝土砌块、轻骨料混凝土小型空心砌块等的运输和装卸过程中,严禁抛掷和倾倒。进场后应按品种和规格分别堆放整齐,堆置高度不宜超过2 m。加气混凝土砌块应有防雨、防潮措施。

(2)填充墙砌体砌筑前块材应提前2 d浇水湿润。蒸压加气混凝土砌块砌筑时,应向砌筑面适量浇水。

(3)填充墙砌体一般尺寸的允许偏差应符合表7-30的规定。

表 7-30　　　　　　　　　　填充墙砌体一般尺寸允许偏差

项次	项　目		允许偏差/mm
1		轴线位移	10
	垂直度	≤3 m	5
		>3 m	10
2	表面平整度		8
3	门窗洞口高、宽(后塞口)		±5
4	外墙上、下窗口偏移		20

(4)蒸压加气混凝土砌块砌体和轻骨料混凝土小型空心砌块砌体不应与其他块材混砌。用轻骨料混凝土小型空心砌块或蒸压加气混凝土砌块砌筑墙体时,墙底部应砌烧结普通砖或多孔砖,或普通混凝土小型空心砌块,或现浇混凝土坎台等,其高度不宜小于200 mm。

(5)填充墙砌体的砂浆饱满度及检验方法应符合表7-31的规定。

表 7-31　　　　　　　　　填充墙砌体的砂浆饱满度及检验方法

砌体分类	灰缝	饱满度及要求
空心砖砌体	水平	≥80%
	垂直	填满砂浆,不得有透明缝、瞎缝、假缝
蒸压加气混凝土砌块和轻骨料混凝土小型空心砌块砌体	水平	≥80%
	垂直	≥80%

(6)填充墙砌体留置的拉结钢筋或网片的位置应与块体皮数相符合。拉结钢筋或网片应置于灰缝中,埋置长度应符合设计要求,竖向位置偏差不应超过一皮高度。

(7)填充墙砌筑时应错缝搭砌,蒸压加气混凝土砌块搭砌长度不应小于砌块长度的三分之一;轻骨料混凝土小型空心砌块搭砌长度不应小于90 mm;竖向通缝不应大于2皮。

(8)填充墙砌体的灰缝厚度和宽度应正确。空心砖、轻骨料混凝土小型空心砌块的砌体灰缝应为8~12 mm。蒸压加气混凝土砌块砌体的水平灰缝厚度及竖向灰缝宽度分别宜为 15 mm 和 20 mm。

（9）填充墙砌至接近梁、板底时，应留一定空隙，待填充墙砌完并应至少间隔 7 d 后，再将其补砌挤紧。

（10）钢筋混凝土结构中砌筑填充墙时，应沿框架柱（剪力墙）全高每隔 500 mm（砌块模数不能满足要求时可为 600 mm）设 2φ6 拉结筋，拉结筋伸入墙内的长度应符合设计要求；当设计无具体要求时：非抗震设防及抗震设防烈度为 6 度、7 度时，不应小于墙长的五分之一且不小于 700 mm；8 度、9 度时沿全长贯通。抗震设防地区还应采取如下抗震拉结措施：

① 墙长大于 5 m 时，墙顶与梁宜有拉结。

② 墙长超过层高 2 倍时，宜设置钢筋混凝土构造柱。

③ 墙高超过 4 m 时，墙体半高处设置与柱连接且沿全长贯通的钢筋混凝土水平系梁。单层钢筋混凝土柱厂房等其他砌体围护墙应符合设计要求。

7. 砌体冬期施工

（1）当室外日平均气温连续 5 d 稳定低于 5 ℃时，砌体工程应采取冬期施工措施。

注：① 气温根据当地气象资料确定。② 冬期施工期限以外，当日最低气温低于 0 ℃时，也应按冬期施工规定执行。

（2）砌体工程冬期施工应有完整的冬期施工方案。

（3）冬期施工所用材料应符合下列规定：

① 石灰膏、电石膏等应防止受冻；如遭冻结，应经融化后使用。

② 拌制砂浆用砂，不得含有冰块和大于 10 mm 的冻结块。

③ 砌体用砖或其他块材不得遭水浸冻。

（4）冬期施工砂浆试块的留置，除应按常温规定要求外，尚应增加不少于 1 组与砌体同条件养护的试块，测试检验 28 d 强度。

（5）基土无冻胀性时，基础可在冻结的地基上砌筑；基土具冻胀性时，应在未冻的地基上砌筑。在施工期间和回填土前，均应防止地基冻结。

（6）多孔砖和空心砖在气温高于 0 ℃条件下砌筑时，应浇水湿润。在气温低于或等于 0 ℃条件下砌筑时，可不浇水，但必须增大砂浆稠度。抗震设防烈度为 9 度的建筑物，普通砖、多孔砖和空心砖无法浇水湿润时，如无特殊措施，不得砌筑。

（7）拌合砂浆宜采用两步投料法。水的温度不得超过 80 ℃；砂的温度不得超过 40 ℃。

（8）砂浆使用温度应符合下列规定：

① 采用掺外加剂法时，不应低于 +5 ℃。

② 采用氯盐砂浆法时，不应低于 +5 ℃。

③ 采用暖棚法时，不应低于 +5 ℃。

④ 采用冻结法，当室外空气温度分别为 0～−10 ℃、−11～−25 ℃、−25 ℃以下时，砂浆使用最低温度分别为 10 ℃、15 ℃、20 ℃。

（9）当采用掺盐砂浆法施工时，宜将砂浆强度等级按常温施工的强度等级提高一级。配筋砌体不得采用掺盐砂浆法施工。

8. 防止或减轻墙体开裂的主要措施

（1）为了防止或减轻房屋在正常使用条件下由温差和砌体干缩引起的墙体竖向裂缝，应在墙体中设置伸缩缝。伸缩缝应设在因温度和收缩变形可能引起应力集中、砌体产生裂缝可能性最大的地方。伸缩缝的间距可按表 7-32 采用。

表 7-32 　　　　　　　　　　　　砌体房屋伸缩缝的最大间距　　　　　　　　　　　　m

屋盖或楼盖类别		间距
整体式或装配整体式钢筋混凝土结构	有保温层或隔热层的屋盖、楼盖	50
	无保温层或隔热层的屋盖	40
装配式无檩体系钢筋混凝土结构	有保温层或隔热层的屋盖、楼盖	60
	无保温层或隔热层的屋盖	50
装配式有檩体系钢筋混凝土结构	有保温层或隔热层的屋盖	75
	无保温层或隔热层的屋盖	60
瓦材屋盖、木屋盖或楼盖、轻钢屋盖		100

注：① 对烧结普通砖、多孔砖、配筋砌块砌体房屋取表中数值；对石砌体、蒸压灰砂砖、蒸压粉煤灰砖和混凝土砌块房屋取表中数值乘以 0.8 的系数。当有实践经验并采取有效措施时，可不遵守本表规定。

② 在钢筋混凝土屋面上挂瓦的屋盖应按钢筋混凝土屋盖采用。

③ 按本表设置的墙体伸缩缝，一般不能同时防止由于钢筋混凝土屋盖的温度变形和砌体干缩变形引起的墙体局部裂缝。

④ 层高大于 5 m 的烧结普通砖、多孔砖、配筋砌块砌体结构单层房屋，其伸缩缝间距可按表中数值乘以 1.3。

⑤ 温差较大且变化频繁的地区和严寒地区不采暖的房屋及构筑物墙体的伸缩缝的最大间距，应按表中数值予以适当减小。

⑥ 墙体的伸缩缝应与结构的其他变形缝相重合，在进行立面处理时，必须保证缝隙的伸缩作用。

（2）为了防止或减轻房屋顶层墙体的裂缝，可根据情况采取下列措施：

① 屋面应设置保温（隔热）层。

② 屋面保温（隔热）层或屋面刚性面层及砂浆找平层应设置分隔缝，分隔缝间距不宜大于 6 m，并与女儿墙隔开，其缝宽不小于 30 mm。

③ 采用装配式有檩体系钢筋混凝土屋盖和瓦材屋盖。

④ 在钢筋混凝土屋面板与墙体圈梁的接触面处设置水平滑动层，滑动层可采用两层油毡夹滑石粉或橡胶片等；对于长纵墙，可只在其两端的 2～3 个开间内设置，对于横墙可只在其两端各 $l/4$ 范围内设置（l 为横墙长度）。

⑤ 顶层屋面板下设置现浇钢筋混凝土圈梁，并沿内外墙拉通，房屋两端圈梁下的墙体宜适当设置水平钢筋。

⑥ 顶层挑梁末端下墙体灰缝内设置 3 道焊接钢筋网片（纵向钢筋不宜少于 2φ4，横向筋间距不宜大于 200 mm）或 2φ6 钢筋，钢筋网片或钢筋应自挑梁末端伸入两边墙体不小于 1 m（图 7-5）。

⑦ 顶层墙体有门窗等洞口时，在过梁上的水平灰缝内设置 2～3 道焊接钢筋网片或 2φ6 钢筋，并应伸入过梁两端墙内不小于 600 mm。

⑧ 顶层及女儿墙砂浆强度等级不低于 M5。

⑨ 女儿墙应设置构造柱，构造柱间距不宜大于 4 m，构造柱应伸至女儿墙顶并与现浇钢筋混凝土压顶整浇在一起。

⑩ 房屋顶层端部墙体内应增设构造柱。

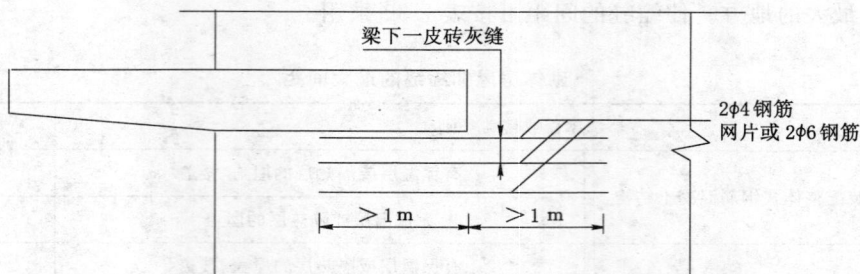

图 7-5　顶层挑梁末端钢筋网片或钢筋

（3）为防止或减轻房屋底层墙体裂缝，可根据情况采取下列措施：

① 增大基础圈梁的刚度。

② 在底层的窗台下墙体灰缝内设置 3 道焊接钢筋网片或 2φ6 钢筋，并伸入两边窗间墙内不小于 600 mm。

③ 采用钢筋混凝土窗台板，窗台板嵌入窗间墙内不小于 600 mm。

（4）墙体转角处和纵横墙交接处宜沿竖向每隔 400～500 mm 设拉结钢筋，其数量为每 120 mm 墙厚不少于 1φ6 或焊接钢筋网片，埋入长度从墙的转角或交接处算起，每边不小于 600 mm。

（5）对灰砂砖、粉煤灰砖、混凝土砌块或其他非烧结砖，宜在各层门、窗过梁上方的水平灰缝内及窗台下第一和第二道水平灰缝内设置焊接钢筋网片或 2φ6 钢筋，焊接钢筋网片或钢筋应伸入两边窗间墙内不小于 600 mm。

当灰砂砖、粉煤灰砖、混凝土砌块或其他非烧结砖实体墙长大于 5 m 时，宜在每层墙高度中部设置 2～3 道焊接钢筋网片或 3φ6 的通长水平钢筋，竖向间距宜为 500 mm。

（6）为防止或减轻混凝土砌块房屋顶层两端和底层第一、第二开间门窗洞处的裂缝，可采取下列措施：

① 在门窗洞口两侧不少于一个孔洞中设置不少于 1φ12 钢筋，钢筋应在楼层圈梁或基础锚固，并采用不低于 Cb20 灌孔混凝土灌实。

② 在门窗洞口两边的墙体的水平灰缝中，设置长度不小于 900 mm、竖向间距为 400 mm 的 2φ4 焊接钢筋网片。

③ 在顶层和底层设置通长钢筋混凝土窗台梁，窗台梁的高度宜为块高的模数，纵筋不少于 4φ10，箍筋φ6@200，混凝土等级 Cb20。

（7）当房屋刚度较大时，可在窗台下或窗台角处墙体内设置竖向控制缝。在墙体高度或厚度突然变化处也宜设置竖向控制缝，或采取其他可靠的防裂措施。竖向控制缝的构造和嵌缝材料应能满足墙体平面外传力和防护的要求。

（8）灰砂砖、粉煤灰砖砌体宜采用粘结性好的砂浆砌筑，混凝土砌块砌体应采用砌块专用砂浆砌筑。

（9）对防裂要求较高的墙体，可根据情况采取专门措施。

（三）钢结构工程

1．原材料及成品进场

（1）钢材。

① 钢材、钢铸件的品种、规格、性能等应符合现行国家产品标准和设计要求。进口钢材产品的质量应符合设计和合同规定标准的要求。

② 对属于下列情况之一的钢材，应进行抽样复验，其复验结果应符合现行国家产品标准和设计要求：

· 国外进口钢材；

· 钢材混批；

· 板厚等于或大于 40 mm，且设计有 Z 向性能要求的厚板；

· 建筑结构安全等级为一级，大跨度钢结构中主要受力构件所采用的钢材；

· 设计有复验要求的钢材；

· 对质量有疑义的钢材。

③ 钢板厚度及允许偏差应符合其产品标准的要求。

④ 型钢的规格尺寸及允许偏差应符合其产品标准的要求。

⑤ 钢材的表面外观质量除应符合国家现行有关标准的规定外，尚应符合下列规定：

· 当钢材的表面有锈蚀、麻点或划痕等缺陷时，其深度不得大于该钢材厚度负允许偏差值的二分之一。

· 钢材表面的锈蚀等级应符合现行国家标准《涂装前钢材表面锈蚀等级和除锈等级》（GB 8923—1988）规定的 C 级及 C 级以上。

· 钢材端边或断口处不应有分层、夹渣等缺陷。

（2）焊接材料。

① 焊接材料的品种、规格、性能等应符合现行国家产品标准和设计要求。

② 重要钢结构采用的焊接材料应进行抽样复验，复验结果应符合现行国家产品标准和设计要求。

③ 焊钉及焊接瓷环的规格、尺寸及偏差应符合现行国家标准《电弧螺柱用圆柱头焊钉》（GB/T 10433—2002）的规定。

④ 焊条外观不应有药皮脱落、焊芯生锈等缺陷；焊剂不应受潮结块。

（3）连接用紧固标准件。

① 钢结构连接用高强度大六角头螺栓连接副、扭剪型高强度螺栓连接副、钢网架用高强度螺栓、普通螺栓、铆钉、自攻钉、拉铆钉、射钉、锚栓（机械型和化学试剂型）、地脚锚栓等紧固标准件及螺母、垫圈等标准配件，其品种、规格、性能等应符合现行国家产品标准和设计要求。高强度大六角头螺栓连接副和扭剪型高强度螺栓连接副出厂时应分别随箱带有扭矩系数和紧固轴力（预拉力）的检验报告。

② 高强度螺栓连接副应按包装箱配套供货，包装箱上应标明批号、规格、数量及生产日期。螺栓、螺母、垫圈外观表面应涂油保护，不应出现生锈和沾染赃物，螺纹不应损伤。

③ 对建筑结构安全等级为一级、跨度 40 m 及以上的螺栓球节点钢网架结构，其连接高强度螺栓应进行表面硬度试验，对 8.8 级的高强度螺栓其硬度应为 HRC21～29，10.9 级高强度螺栓其硬度应为 HRC32～36，且不得有裂纹或损伤。

（4）焊接球。

① 焊接球及制造焊接球所采用的原材料，其品种、规格、性能等应符合现行国家产品标准和设计要求。

② 焊接球焊缝应进行无损检验,其质量应符合设计要求,当设计无要求时应符合二级焊缝的质量标准。

③ 焊接球直径、圆度、壁厚减薄量等尺寸及允许偏差应符合表 7-33 的规定。

表 7-33　　　　　　　　　　　焊接球加工的允许偏差　　　　　　　　　　mm

项　目	允　许　偏　差
直　径	±0.000 5d±2.5
圆　度	2.5
壁厚减薄量	0.13t,且不应大于 1.5
两半球对口错边	1.0

④ 焊接球表面应无明显波纹,局部凹凸不平不大于 1.5 mm。

(5) 螺栓球。

① 螺栓球及制造螺栓球节点所采用的原材料,其品种、规格、性能等应符合现行国家产品标准和设计要求。

② 螺栓球不得有过烧、裂纹及褶皱。

③ 螺栓球螺纹尺寸应符合现行国家标准《普通螺纹　基本尺寸》(GB 196—2003)中关于粗牙螺纹的规定,螺纹公差必须符合现行国家标准《普通螺纹　公差》(GB 197—2003)中关于 6H 级精度的规定。

④ 螺栓球直径、圆度、相邻两螺栓孔中心线夹角等尺寸及允许偏差应符合表 7-34 的规定。

表 7-34　　　　　　　　　　　螺栓球加工的允许偏差　　　　　　　　　　mm

项　目		允许偏差
圆　度	d≤120	1.5
	d>120	2.5
同一轴线上两铣平面平行度	d≤120	0.2
	d>120	0.3
铣平面距离中心距离		±0.2
相邻两螺栓孔中心线夹角		±30′
两铣平面与螺栓孔轴垂直度		0.005r
球毛坯直径	d≤120	+2.0 −0.1
	d>120	+3.0 −1.5

(6) 封板、锥头和套筒。

①　封板、锥头和套筒及制造封板、锥头和套筒所采用的原材料,其品种、规格、性能等应符合现行国家产品标准和设计要求。

②　封板、锥头、套筒外观不得有裂纹、过烧及氧化皮。

(7)　金属压型板。

①　金属压型板及制造金属压型板所采用的原材料,其品种、规格、性能等应符合现行国家产品标准和设计要求。

②　压型金属泛水板、包角板和零配件的品种、规格以及防水密封材料的性能应符合现行国家产品标准和设计要求。

③　压型金属板的规格尺寸及允许偏差、表面质量、涂层质量等应符合设计要求和相关规范的规定。

(8)　涂装材料。

①　钢结构防腐涂料、稀释剂和固化剂等材料的品种、规格、性能等应符合现行国家产品标准和设计要求。

②　钢结构防火涂料的品种和技术性能应符合设计要求,并应经过具有资质的检测机构检测符合国家现行有关标准的规定。

③　防腐涂料和防火涂料的型号、名称、颜色及有效期应与其质量证明文件相符。开启后,不应存在结皮、结块、凝胶等现象。

(9)　其他。

①　钢结构用橡胶垫的品种、规格、性能等应符合现行国家产品标准和设计要求。

②　钢结构工程所涉及的其他特殊材料,其品种、规格、性能等应符合现行国家产品标准和设计要求。

2.　钢结构焊接工程

(1)　钢构件焊接工程。

①　焊条、焊丝、焊剂、电渣焊熔嘴等焊接材料与母材的匹配应符合设计要求及现行行业标准《建筑钢结构焊接技术规程》(JGJ 81—2002)的规定,焊条、焊剂、药芯、焊丝、熔嘴等在使用前,应按其产品说明书及焊接工艺文件的规定进行烘焙和存放。

②　焊工必须经考试合格并取得合格证书。持证焊工必须在其考试合格项目及其认可范围内施焊。

③　施工单位对其首次采用的钢材、焊接材料、焊接方法、焊后热处理等,应进行焊接工艺评定,并应根据评定报告确定焊接工艺。

④　设计要求全焊透的一、二级焊缝应采用超声波探伤进行内部缺陷的检验;超声波探伤不能对缺陷作出判断时,应采用射线探伤。其内部缺陷分级及探伤方法应符合现行国家标准《钢焊缝手工超声波探伤方法和探伤结果分级法》(GB/T 11345—1989)或《金属熔化焊接接头射线照相》(GB/T 3323—2005)的规定。

焊接球节点网架焊缝、螺栓球节点网架焊缝及圆管 T、K、Y 形节点相关线焊缝,其内部缺陷分级及探伤方法应分别符合现行标准《钢结构超声波探伤及质量分级法》(JG/T 203—2007)、《建筑钢结构焊接技术规程》(JGJ 81—2002)的规定。

一级、二级焊缝的质量等级及缺陷分级应符合表 7-35 的规定。

表 7-35 　　　　　　　　　　一级、二级焊缝质量等级及缺陷分级

焊缝质量等级		一级	二级
内部缺陷超声波探伤	评定等级	Ⅱ	Ⅲ
	检验等级	B 级	B 级
	探伤比例	100%	20%
内部缺陷射线探伤	评定等级	Ⅱ	Ⅲ
	检验等级	AB 级	AB 级
	探伤比例	100%	20%

注:探伤比例的计数方法应按以下原则确定:① 对工厂制作的焊缝,应按每条焊缝计算百分比,且探伤长度应不小于 200 mm,当焊缝长度不足 200 mm 时,应对整条焊缝进行探伤;② 对现场安装焊缝,应按同一类型、同一施焊条件的焊缝条数计算百分比,探伤长度不小于 200 mm,并应不少于 1 条焊缝。

⑤ T 形接头、十字接头、角接接头等要求熔透的对接和角对接组合焊缝,其焊脚尺寸不应小于 $t/4$[图 7-6(a)、(b)、(c)];设计有疲劳验算要求的吊车梁或类似构件的腹板与上翼缘连接焊缝的焊脚尺寸为 $t/2$[图 7-6(d)],且不应大于 10 mm。焊脚尺寸的允许偏差为 0~4 mm。

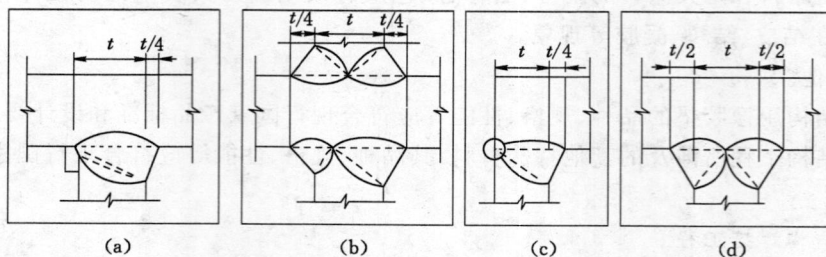

图 7-6　焊脚尺寸

⑥ 焊缝表面不得有裂纹、焊瘤等缺陷。一级、二级焊缝不得有表面气孔、夹渣、弧坑裂纹、电弧擦伤等缺陷。一级焊缝不得有咬边、未焊满、根部收缩等缺陷。

⑦ 对于需要进行焊前预热或焊后热处理的焊缝,其预热温度或后热温度应符合国家现行有关标准的规定或通过工艺试验确定。预热区在焊道两侧每侧宽度均应大于焊件厚度的 1.5 倍以上,且不应小于 100 mm;后热处理应在焊后立即进行,保温时间应根据板厚确定,即每 25 mm 板厚保温 1 h。

⑧ 二级、三级焊缝外观质量标准应符合表 7-36 的规定。三级对接焊缝应按二级焊缝标准进行外观质量检验。

表 7-36　　　　　　　　　　二级、三级焊缝外观质量标准　　　　　　　　　　　　mm

项　目	允许偏差	
缺陷类型	二级	三级
未焊满(指不足设计要求)	≤0.2+0.02t,且≤1.0	≤0.2+0.04t,且≤2.0
	每 100.0 焊缝内缺陷总长≤25.0	

项 目	允许偏差	
缺陷类型	二级	三级
根部收缩	≤0.2+0.02t，且≤1.0	≤0.2+0.04t，且≤2.0
	长度不限	
咬边	≤0.05t，且≤0.5；连接长度≤100.0，且焊缝两侧咬边≤10%焊缝总长	≤0.1t，且≤1.0，长度不限
弧坑裂纹	—	允许存在个别长度≤5.0的弧坑裂纹
电弧擦伤	—	允许存在个别电弧擦伤
接头不良	缺口深度0.05t，且≤0.5	缺口深度0.1t，且≤1.0
	每1 000.0焊缝不应超过1处	
表面夹渣	—	深≤0.2t，长≤0.5t，且≤20.0
表面气孔	—	每50.0焊缝长度内允许直径≤0.4t，且≤3.0的气孔2个，孔距≥6倍孔径

注：t为连接处较薄的板厚。

⑨ 焊缝尺寸允许偏差应符合表 7-37 的规定。

表 7-37　　　　　　　　　　对接焊缝及完全熔透组合焊缝尺寸允许偏差　　　　　　　　mm

序号	项 目	允许偏差	
		一、二级	三级
1	对接焊缝余高 c	B<20：0～3.0	B<20：0～4.0
		B≥20：0～4.0	B≥20：0～5.0
2	对接焊缝错边 d	d>0.15t，且≤2.0	d<0.15t，且≤3.0

⑩ 焊成凹形的角焊缝，焊缝金属与母材间应平缓过渡；加工成凹形的角焊缝，不得在其表面留下切痕。

⑪ 焊缝感观应达到：外形均匀、成型较好，焊道与焊道、焊道与基本金属间过渡较平滑，焊渣和飞溅物基本清除干净。

（2）焊钉（栓钉）焊接工程。

① 施工单位对其采用的焊钉和钢材焊接应进行焊接工艺评定，其结果应符合设计要求和国家现行有关标准的规定。瓷环应按其产品说明书进行烘焙。

② 焊钉焊接后应进行弯曲试验，检查其焊缝和热影响区不应有肉眼可见的裂纹。

③ 焊钉根部焊脚应均匀，焊脚立面的局部未熔合或不足360°的焊脚应进行修补。

3. 紧固件连接工程

（1）普通紧固件连接。

① 普通螺栓作为永久性连接螺栓时，若设计有要求或对其质量有疑义，应进行螺栓实物最小拉力载荷复验。试验方法见《钢结构工程施工质量验收规范》(GB 50205—2001)附

录 B,其结果应符合现行国家标准《紧固件机械性能 螺栓、螺钉和螺柱》(GB/T 3098.1—2000)的规定。

② 连接薄钢板采用的自攻钉、拉铆钉、射钉等其规格尺寸应与被连接钢板相匹配,其间距、边距等应符合设计要求。

③ 永久性普通螺栓紧固应牢固、可靠,外露丝扣不应少于 2 扣。

④ 自攻螺钉、钢拉铆钉、射钉等与连接钢板应紧固密贴,外观排列整齐。

(2) 高强度螺栓连接。

① 钢结构制作和安装单位应按《钢结构工程施工质量验收规范》(GB 50205—2001)附录 B 的规定分别进行高强度螺栓连接摩擦面的抗滑移系数试验和复验,现场处理的构件摩擦面应单独进行摩擦面抗滑移系数,试验其结果应符合设计要求。

制造厂和安装单位应分别以钢结构制造批为单位进行抗滑移系数检验。制造批可按分部(子分部)工程划分规定的工程量每 2 000 t 为一批,不足 2 000 t 的可视为一批。选用两种及两种以上表面处理工艺时,每种处理工艺应单独检验。每批三组试件。

② 高强度大六角头螺栓连接副终拧完成 1 h 后、48 h 内应进行终拧扭矩检查,检查结果应符合《钢结构工程施工质量验收规范》附录 B 的规定。

③ 扭剪型高强度螺栓连接副终拧后,除因构造原因无法使用专用扳手拧掉梅花头者外,未在终拧中拧掉梅花头的螺栓数不应大于该节点螺栓数的 5%。对所有梅花头未拧掉的扭剪型高强度螺栓连接副应采用扭矩法或转角法进行终拧并作标记,且按规定进行终拧扭矩检查。

④ 高强度螺栓连接副的施拧顺序和初拧、复拧扭矩应符合设计要求和现行行业标准《钢结构高强度螺栓连接的设计、施工及验收规程》(JGJ 82—1991)的规定。

⑤ 高强度螺栓连接副终拧后,螺栓丝扣外露应为 2~3 扣,其中允许有 10% 的螺栓丝扣外露 1 扣或 4 扣。

⑥ 高强度螺栓连接摩擦面应保持干燥、整洁,不应有飞边、毛刺、焊接飞溅物、焊疤、氧化铁皮、污垢等,除设计要求外摩擦面不应涂漆。

⑦ 高强度螺栓应自由穿入螺栓孔。高强度螺栓孔不应采用气割扩孔,扩孔数量应征得设计同意,扩孔后的孔径不应超过 $1.2d$(d 为螺栓直径)。

⑧ 螺栓球节点网架总拼完成后,高强度螺栓与球节点应紧固连接,高强度螺栓拧入螺栓球内的螺纹长度不应小于 d(d 为螺栓直径),连接处不应出现间隙、松动等未拧紧情况。

4. 钢构件组装工程

(1) 焊接 H 型钢的翼缘板拼接缝和腹板拼接缝的间距不应小于 200 mm。翼缘板拼接长度不应小于 2 倍板宽;腹板拼接宽度不应小于 300 mm,长度不应小于 600 mm。

(2) 吊车梁和吊车桁架不应下挠。

(3) 顶紧接触面应有 75% 以上的面积紧贴。

(4) 外露铣平面应做防锈保护。

5. 单层钢结构安装工程

(1) 基础和支承面。

① 建筑物的定位轴线、基础轴线和标高、地脚螺栓的规格及其紧固应符合设计要求。

②　基础顶面直接作为柱的支承面和基础顶面预埋钢板或支座作为柱的支承面时,其支承面、地脚螺栓(锚栓)位置的允许偏差应符合表 7-38 的规定。

表 7-38　　　　　　　　　　**支承面、地脚螺栓(锚栓)位置的允许偏差**　　　　　　　　mm

项　　目		允许偏差
支承面	标高	±3.0
	水平度	$L/1\,000$
地脚螺栓(锚栓)	螺栓中心偏移	5.0
预留孔中心偏移		10.0

③　地脚螺栓(锚栓)尺寸的偏差应符合表 7-39 的规定。地脚螺栓(锚栓)的螺纹应受到保护。

表 7-39　　　　　　　　　　**地脚螺栓(锚栓)尺寸的允许偏差**　　　　　　　　mm

项　　目	允许偏差
螺栓(锚栓)露出长度	+30.0 0.0
螺纹长度	+30.0 0.0

(2)安装和校正。

①　钢构件应符合设计要求和《钢结构工程施工质量验收规范》的规定。运输、堆放和吊装等造成的钢构件变形及涂层脱落,应进行矫正和修补。

②　设计要求顶紧的节点,接触面不应少于 70% 紧贴,且边缘最大间隙不应大于0.8 mm。

③　钢屋(托)架、桁架、梁及受压杆件的垂直度和侧向弯曲矢高的允许偏差应符合表7-40 的规定。

表 7-40　　　**钢屋(托)架、桁架、梁及受压杆件垂直度和侧向弯曲矢高的允许偏差**　　　mm

项　　目		允许偏差
跨中的垂直度		$H/250$,且不应大于 15.0
侧向弯曲矢高	$L\leqslant30$ m	$L/1\,000$,且不应大于 10.0
	30 m$<L\leqslant60$ m	$L/1\,000$,且不应大于 30.0
	$L>60$ m	$L/1\,000$,且不应大于 50.0

④　单层钢结构主体结构的整体垂直度和整体平面弯曲的允许偏差应符合表 7-41 的规定。

表 7-41　　　　　　　　　　**整体垂直度和整体平面弯曲的允许偏差**　　　　　　　　mm

项　　目	允许偏差
主体结构的整体垂直度	$H/1\,000$,且不应大于 25.0
主体结构的整体平面弯曲	$L/1\,500$,且不应大于 25.0

⑤ 钢柱等主要构件的中心线及标高基准点等标记应齐全。

6. 多层及高层钢结构安装工程

（1）基础和支承面。

① 建筑物的定位轴线、基础上柱的定位轴线和标高、地脚螺栓（锚栓）的规格和位置、地脚螺栓（锚栓）紧固应符合设计要求；当设计无要求时，应符合表 7-42 的规定。

表 7-42　　建筑物定位轴线、基础上柱的定位轴线和标高、地脚螺栓（锚栓）的允许偏差　　mm

项　　目	允许偏差
建筑物定位轴线	$L/20\,000$，且不应大于 3.0
基础上柱的定位轴线	1.0
基础上柱底标高	±2.0
地脚螺栓（锚栓）位移	2.0

② 多层建筑以基础顶面直接作为柱的支承面，或以基础顶面预埋钢板或支座作为柱的支承面时，其支承面、地脚螺栓（锚栓）位置的允许偏差应符合表 7-38 的规定。

③ 地脚螺栓（锚栓）尺寸的允许偏差应符合表 7-39 的规定。地脚螺栓（锚栓）的螺纹应受到保护。

（2）安装和校正。

① 钢构件应符合设计要求和规范规定。运输、堆放和吊装等造成的钢构件变形及涂层脱落，应进行矫正和修补。

② 柱子安装的允许偏差应符合表 7-43 的规定。

表 7-43　　　　　　　　　　柱子安装的允许偏差　　mm

项　　目	允许偏差
底层柱柱底轴线对定位轴线偏移	3.0
柱子定位轴线	1.0
单节柱的垂直度	$h/1\,000$，且不应大于 10.0

③ 设计要求顶紧的节点，接触面不应少于 70% 紧贴，且边缘最大间隙不应大于0.8 mm。

④ 钢主梁、次梁及受压杆件的垂直度和侧向弯曲矢高的允许偏差应符合表 7-40 中有关钢屋（托）架允许偏差的规定。

⑤ 多层及高层钢结构主体结构的整体垂直度和整体平面弯曲的允许偏差应符合表 7-44 的规定。

表 7-44　　　　　　　整体垂直度和整体平面弯曲的允许偏差　　mm

项　　目	允许偏差
主体结构的整体垂直度	$(H/2\,500+10.0)$，且不应大于 50.0
主体结构的整体平面弯曲	$L/1\,000$，且不应大于 25.0

⑥ 钢柱等主要构件的中心线及标高基准点等标记应齐全。

7. 钢网架结构安装工程

(1) 支承面顶板和支承垫块。

① 钢网架结构支座定位轴线的位置、支座锚栓的规格应符合设计要求。

② 支承面顶板的位置、标高、水平度以及支座锚栓位置的允许偏差应符合表 7-45 的规定。

表 7-45　　　　　　　　　　支承面顶板、支座锚栓位置的允许偏差　　　　　　　　　　mm

项　　　目		允许偏差
支承面顶板	位　　置	15.0
	顶面标高	0 −3.0
	顶面水平度	$L/1\ 000$
支座锚栓	中心偏移	±5.0

③ 支承垫块的种类、规格、摆放位置和朝向,必须符合设计要求和国家现行有关标准的规定。橡胶垫块与刚性垫块之间或不同类型刚性垫块之间不得互换使用。

④ 网架支座锚栓的紧固应符合设计要求。

⑤ 支座锚栓尺寸的允许偏差应符合表 7-39 的规定。支座锚栓的螺纹应受到保护。

(2) 总拼与安装。

① 对建筑结构安全等级为一级、跨度 40 m 及以上的公共建筑钢网架结构,且设计有要求时,应按下列项目进行节点承载力试验,其结果应符合以下规定:

• 焊接球节点应按设计指定规格的球及其匹配的钢管焊接成试件,进行轴心拉、压承载力试验,其试验破坏荷载值大于或等于 1.6 倍设计承载力为合格。

• 螺栓球节点应按设计指定规格的球最大螺栓孔螺纹进行抗拉强度保证荷载试验,当达到螺栓的设计承载力时,螺孔、螺纹及封板仍完好无损为合格。

② 钢网架结构总拼完成后及屋面工程完成后应分别测量其挠度值,且所测的挠度值不应超过相应设计值的 1.15 倍。

检查数量:跨度 24 m 及以下钢网架结构测量下弦中央一点;跨度 24 m 以上钢网架结构测量下弦中央一点及各向下弦跨度的四等分点。

③ 钢网架结构安装完成后,其节点及杆件表面应干净,不应有明显的疤痕、泥沙和污垢。螺栓球节点应将所有接缝用油腻子填嵌严密,并应将多余螺孔封口。

8. 压型金属板工程

(1) 压型金属板制作。

① 压型金属板成型后,其基板不应有裂纹。

② 有涂层、镀层压型金属板成型后,涂、镀层不应有肉眼可见的裂纹、剥落和擦痕等缺陷。

③ 压型金属板成型后,表面应干净,不应有明显凹凸和皱褶。

(2) 压型金属板安装。

① 压型金属板、泛水板和包角板等应固定可靠、牢固,防腐涂料涂刷和密封材料敷设应完好,连接件数量、间距应符合设计要求和国家现行有关标准规定。

② 压型金属板应在支承构件上可靠搭接,搭接长度应符合设计要求,且不应小于表7-46 所规定的数值。

表 7-46　　　　压型金属板在支承构件上的搭接长度　　　　mm

项　目		搭接长度
截面高度＞70		375
截面高度≤70	屋面坡度＜1/10	250
	屋面坡度≥1/10	200
墙　面		120

③ 组合楼板中压型钢板与主体结构(梁)的锚固支承长度应符合设计要求,且不应小于50 mm,端部锚固件连接应可靠,设置位置应符合设计要求。

④ 压型金属板安装应平整、顺直,板面不应有施工残留物和污物。檐口和墙面下端应呈直线,不应有未经处理的错钻孔洞。

9. 钢结构涂装工程

(1) 钢结构防腐涂料涂装。

① 涂装前钢材表面除锈应符合设计要求和国家现行有关标准的规定。处理后的钢材表面不应有焊渣、焊疤、灰尘、油污、水和毛刺等。当设计无要求时,钢材表面除锈等级应符合表 7-47 的规定。

表 7-47　　　　各种底漆或防锈漆要求最低的除锈等级

涂料品种	除锈等级
油性酚醛、醇酸等底漆或防锈漆	St2
高氯化聚乙烯、氯化橡胶、氯磺化聚乙烯、环氧树脂、聚氨酯等底漆或防锈漆	Sa2
无机富锌、有机硅、过氯乙烯等底漆	Sa2$\frac{1}{2}$

② 涂料、涂装遍数、涂层厚度均应符合设计要求。当设计对涂层厚度无要求时,涂层干漆膜总厚度:室外应为 150 μm,室内应为 125 μm,其允许偏差为 -25 μm。每遍涂层干漆膜厚度的允许偏差为 -5 μm。

③ 构件表面不应误涂、漏涂,涂层不应脱皮和返锈等。涂层应均匀,无明显皱皮、流坠、针眼和气泡等。

④ 当钢结构处在有腐蚀介质环境或外露且设计有要求时,应进行涂层附着力测试,在检测处范围内,当涂层完整程度达到 70% 以上时,涂层附着力达到合格质量标准的要求。

⑤ 涂装完成后,构件的标志、标记和编号应清晰完整。

(2) 钢结构防火涂料涂装。

① 防火涂料涂装前钢材表面除锈及防锈底漆涂装应符合设计要求和国家现行有关标准的规定。

② 钢结构防火涂料的粘结强度、抗压强度应符合国家现行标准《钢结构防火涂料应用技术规程》(ECS24:90)的规定。检验方法应符合现行国家标准《建筑构件耐火试验方法》(GB/T 9978)的规定。

③ 薄涂型防火涂料的涂层厚度应符合有关耐火极限的设计要求。厚涂型防火涂料涂层的厚度,80%及以上面积应符合有关耐火极限的设计要求,且最薄处厚度不应低于设计要求的 85%。

④ 薄涂型防火涂料涂层表面裂纹宽度不应大于 0.5 mm;厚涂型防火涂料涂层表面裂纹宽度不应大于 1 mm。

⑤ 防火涂料涂装基层不应有油污、灰尘和泥砂等污垢。

⑥ 防火涂料不应有误涂、漏涂,涂层应闭合无脱层、空鼓、明显凹陷、粉化松散和浮浆等外观缺陷,乳突已剔除。

三、装饰装修工程

(一)抹灰工程

(1)内墙面抹灰前应在墙面各种箱盒预留预埋完成后进行,且应根据抹灰层厚度及墙面各种箱盒的出墙厚度贴饼冲筋。贴饼冲筋施工应符合下列规定:

① 灰饼应用与抹灰层相同的砂浆制作,尺寸 5 cm 见方,水平距离控制在 1.2～1.5 m 左右。

② 应用与抹灰层相同的砂浆冲筋,冲筋的根数应根据房间的高度或宽度确定,筋宽控制在 5 cm 左右。

(2)抹灰前基层处理应符合下列规定:

① 砖砌体,应清除表面杂物、尘土,抹灰前应洒水湿润。

② 混凝土,表面应凿毛或在表面洒水润湿后涂刷 1:1 水泥砂浆。

③ 加气混凝土,应在湿润后边刷界面剂,边抹强度不大于 M5.0 的水泥混合砂浆。

(3)抹灰工程应分层进行,抹灰层总厚度应符合设计要求,每遍厚度宜为 7～9 mm。当抹灰总厚度大于或等于 35 mm 时,应采取加强措施。不同材料基体交接处表面的抹灰,应采取防止开裂的加强措施。当采用加强网时,加强网与各基体的搭接宽度不应小于 100 mm,并应采用射钉固定,固定间距应不大于 250 mm。

(4)室内墙面、柱面和门洞口的阳角做法应符合设计要求。设计无要求时,应采用 1:2 水泥砂浆做暗护角,其高度不应低于 2 m,每侧宽度不应小于 50 mm。

(5)抹灰层与基层之间及各抹灰层之间必须粘结牢固,抹灰层应无脱层、空鼓,面层应无爆灰和裂缝。

(6)阴阳角顺直,棱角整齐,洞口方正,护角、孔洞、槽、盒周围的抹灰表面应整齐、光滑;管道后面的抹灰表面应平整。

(7)有排水要求的部位应做滴水线(槽)。滴水线(槽)应整齐顺直,滴水线应内高外低,滴水槽宽度和深度均不应小于 10 mm。外墙窗台、雨篷、阳台压顶和突出腰线等有排水要求的部位抹灰时,尚应符合下列要求:

① 上述各部位底面均应做滴水或截水处理,其形式可采用滴水线(槽)、鹰嘴等方法,在同一工程中的做法应一致。滴水线(槽)、鹰嘴的做法要求有:

• 滴水槽的深度和宽度均不小于 10 mm,离外口的距离不大于 50 mm,槽口必须完整、顺直、清晰。

· 各种滴水线(槽)遇墙时,其端部与墙立面的距离宜为 30～50 mm,截水线与墙面的距离宜为 30～40 mm。

· 鹰嘴必须与抹灰一次抹成,外低内高,突出底面的高度不小于 10 mm。

② 上述各部位顶面均应做不小于 1∶6 的流水坡度;外窗台与内窗台的建筑标高应外低内高。

(二)门窗工程

1. 木门制作与安装

(1)木门的防火、防腐、防虫处理应符合设计要求。制作胶合板门、纤维板门时,边框和横楞应在同一平面上,面层、边框及横楞应加压胶结。横楞和上、下冒头应各钻两个以上的透气孔,透气孔应通畅。胶合板门板材应做甲醛含量检测。

(2)木门的品种、类型、规格、开启方向、安装位置及连接方式应符合设计要求。

(3)木门框的安装必须牢固。固定框所用木砖设置必须符合标准要求,在砌体上安装门严禁用射钉固定。

① 固定木砖位置应距框上下各 180 mm 放置一块,中间部分间距不超过 1.2 m,木砖应大头朝里。

② 门框上枠头应置于墙内,禁止随意切锯。

③ 门洞间隙每边不应超过 20 mm,如超过 20 mm,钉子要加长,并在木砖与门框间加木垫,保证钉子钉进木砖 50 mm。

④ 寒冷地区外门与砌体间的空隙应填充保温材料。

⑤ 木门扇必须安装牢固,并应开关灵活,关闭严密,无变形翘曲。

(4)木门配件的型号、规格、数量应符合设计要求,安装应牢固,位置应正确,功能应满足使用要求。

① 木门拉手及插销高度宜在 900～1 050 mm,同一室内,单元或整个楼号,位置力求一致,尺寸准确。

② 安装合叶,必须按画好的位置线开合叶槽,槽深应与合叶厚度吻合。根据合叶规格选用合适的螺丝,螺丝用锤打入三分之一深后再拧入,避免不平、歪斜。

③ 五金配件数量、规格严格按数量表安装,并做好防腐后再安装。

④ 合叶位置距门窗上下端宜取立挺高度的十分之一并避开榫头。合叶上下应在同一条垂直线上。

⑤ 门锁不宜安装在冒头与立梃的结合处。

2. 铝合金门窗、塑料门窗安装

(1)建筑外墙铝合金窗、塑料窗,进场验收时应对抗风压性能、空气渗透性能和雨水渗漏性能进行复验。

(2)门窗框安装固定前应对预留洞口尺寸进行复核,门窗框与墙体的缝隙应根据洞口四周保温层及饰面层的厚度合理确定。

(3)铝合金门窗的型材壁厚应符合设计要求,窗型材壁厚不应小于 1.4 mm,门型材壁厚不应小于 2.0 mm。塑料门窗内衬增强型钢的壁厚不应小于 1.5 mm,并需做防腐处理。

(4)门窗框与墙体间宜采用镀锌铁片连接固定,固定片应采用 Q235—A 冷轧钢板制作,厚度应不小于 1.5 mm,宽度不小于 15 mm。外窗底框固定时严禁用螺栓穿框固定。

（5）在砌体上固定门窗框时严禁使用射钉,宜采用预先砌入强度不低于 C20 的混凝土预制块后固定的方法。

（6）铝合金门窗框固定点间距应不大于 500 mm,距转角处不大于 180 mm。塑料门窗框固定点应距窗角、中横框、中竖框 150～200 mm,固定点间距应不大于 600 mm。

（7）组合窗两樘连接处应设拼樘料,窗框应与拼樘料连接紧密,固定点间距应不大于 600 mm,拼接时接触面宜满涂防水密封胶。铝合金组合窗拼樘料上下端应各嵌入框顶和框底 15 mm 以上;塑料组合窗拼樘料应采用与其内腔紧密吻合的增强型钢为内衬,型钢两端应比拼樘料长出 10～15 mm,并嵌入框顶和框底。

（8）门窗配件的型号、规格、数量应符合设计要求,安装应牢固,位置应正确,不应锈蚀,功能应满足使用要求。安装门窗五金配件时,应钻孔后用自攻螺丝钉拧入,不得直接锤击钉入。

（9）门窗扇应开关灵活、关闭严密,无倒翘。

铝合金门窗推拉门窗扇开关顺畅、无阻滞,开关力应不大于 100 N。

塑料门窗扇的开关力应符合下列规定:

① 平开门窗扇平铰链的开关力应不大于 80 N;滑撑铰链的开关力应不大于 80 N,并不小于 30 N。

② 推拉门窗扇的开关力应不大于 100 N。

（10）门窗框与墙体之间的缝隙应填实聚氨酯发泡材料,并用密封胶封闭。发泡剂施打前应清除门窗框包装材料,并应连续施打,一次成形,填充饱满;密封胶应采用中性硅硐耐候密封胶,且应粘结牢固、无裂缝,宽度宜为 5～8 mm。

（11）外窗底框应设排水孔,排水孔应畅通,宽度宜为 8 mm,数量推拉窗不少于 2 个,平开窗每个开启口 1 个;推拉窗的导轨亦应设置排水孔。

3. 推拉门窗扇必须有防脱落措施

推拉门窗扇必须有防脱落措施,扇与框的搭接应符合设计要求并不小于 8 mm;必须设置限位块,限位块间距应不大于扇宽的二分之一。

4. 外窗纱扇安装

（1）住宅工程外窗应安装纱扇;当设计有要求时,公建工程外窗亦应安装纱扇。

（2）纱扇下料尺寸应准确,安装应牢固,与窗框间应封闭严密;外挂纱扇应有限位措施以防止掉扇;纱网应绷纱紧密,纱头应清理干净。

5. 特种门安装

（1）特种门的品种、类型、规格、尺寸、开启方向、安装位置及防腐处理应符合设计要求。特种门的安装必须牢固。

（2）防火门的门框安装,应保证与墙体连成一体。安装后的防火门,要求门框与门扇配合部位内侧宽度尺寸偏差不大于 2 mm,高度尺寸偏差不大于 2 mm,两对角线长度之差小于 3 mm,门窗关闭后其配合间隙须小于 3 mm。

（3）全玻活动门应自动定位准确,开启角度 90°±3°,关闭时间在 3～15 s 之间。

（4）带有机械装置、自动装置或智能化装置的特种门,其机械装置、自动装置或智能化装置的功能应符合设计要求和有关标准的规定。

（5）装圆转门顶与转壁，转壁不允许预先固定，以便于调整与活扇的间隙；装门扇，保持90°夹角，旋转转门，保证上下间隙。

（6）特种门的配件应齐全，位置正确，安装应牢固，功能应满足使用要求和特种门的各项性能要求。住宅工程分户门的保温隔热性能应符合节能设计标准要求。门框与墙体之间的缝隙应填实聚氨酯发泡材料，并用密封胶封闭。

6. 门窗玻璃安装

（1）门窗安全玻璃的使用应符合相关规定，中空玻璃规格和性能指标应符合节能设计标准。

（2）门窗玻璃密封条应粘结牢固，转角处应做 45°角拼缝处理，压条接缝应不大于 0.5 mm，下料长度应比装配长度长 20～30 mm。

（3）门窗玻璃不应直接接触型材，应按规定加设支承垫块和定位垫块，垫块应选用邵氏硬度为 70～90（A）的硬橡胶或塑料；支承块每块最小长度不得小于 50 mm，定位块长度不应小于 25 mm，支承块和定位块的宽度应等于玻璃的公称厚度加上前部余隙和后部余隙，厚度应等于边缘间隙；采用固定安装方式时，支承块和定位块的安装位置应距离槽角为 1/10～1/4 边长位置之间；采用可开启安装方式时，支承块和定位块的安装位置距槽角不应小于 30 mm。当安装在窗框架上的铰链位于槽角部 30 mm 和距槽角四分之一边长点之间时，支承块和定位块的安装位置应与铰链安装的位置一致。

（4）玻璃表面应洁净，中空玻璃中空层内不得有灰尘和蒸汽。

（5）为保护镀膜玻璃上的镀膜层及发挥镀膜层的作用，单面镀膜玻璃的镀膜层应朝向室内。双层玻璃的单面镀膜玻璃应在最外层，镀膜层应朝向室内。

（三）吊顶工程

（1）后置埋件、金属吊杆、龙骨应进行防锈处理；木吊杆、木龙骨、造型木板和木饰面板应进行防腐、防火、防蛀处理，并应符合有关设计防火规范的规定；吊顶工程使用的人造木板应对甲醛含量进行复验。

（2）龙骨的安装应符合下列要求：

① 安装龙骨前，应按设计要求对房间净高、洞口标高和吊顶内管道、设备及其支架的标高进行交接检验。

② 主龙骨吊点间距、起拱高度应符合设计要求。当设计无要求时，吊点间距应小于 1.2 m，按房间短向跨度的 1%～3% 起拱。

③ 吊杆应通直，吊杆距主龙骨端部距离不得大于 300 mm；当大于 300 mm 时，应增加吊杆。当吊杆长度大于 1.5 m 时，应设置反支撑。当吊杆与设备相遇时，应调整并增设吊杆。

④ 次龙骨应紧贴主龙骨安装。固定板材的次龙骨间距不得大于 600 mm，在潮湿地区和场所，间距宜为 300～400 mm。用沉头自攻钉安装饰面板时，接缝处次龙骨宽度不得小于 40 mm。

⑤ 暗龙骨系列的横撑龙骨应用连接件将其两端连接在通长次龙骨上。明龙骨系列的横撑龙骨与通长龙骨搭接处的间隙不得大于 1 mm。

（3）饰面板安装应符合下列规定：

① 安装饰面板前应完成吊顶内管道和设备的调试和验收。

② 明龙骨吊顶工程饰面板与龙骨的搭接宽度应大于龙骨受力面宽度的三分之二。当饰面材料为玻璃板时，安全玻璃的使用应符合相关规定。

③ 暗龙骨吊顶工程石膏板的接缝应按其施工工艺标准进行板缝防裂处理，通常做法是板与板之间的缝隙应为八字缝，宽度宜为 8～10 mm，采用专门的石膏腻子嵌缝，待嵌缝腻子基本干燥后，再贴抗拉强度高的接缝带。安装双层石膏板时，面层板与基层板的接缝应错开，并不得在同一根龙骨上接缝。

④ 吊顶标高、尺寸、起拱和造型应符合设计要求。

⑤ 饰面材料的材质、品种、规格、图案和颜色应符合设计要求。

- 胶合板、纤维板，不得脱胶、变色和腐朽。
- 铝塑板、塑料板，应表面平整，边缘整齐无翘曲。应按规格、颜色选配分类。
- 纸面石膏板：板面应平整，正面无皱纹，反面无明显皱纹；板面无污痕、划痕等缺陷；板的侧边应平直，无缺楞掉角和亏料跑浆现象；纸基与石膏芯以及纸面接口必须粘贴牢固。

⑥ 吊顶内填充吸声材料的品种和铺设厚度应符合设计要求，并有防散落措施。吸音板吊顶的孔距排列均匀。

（4）重型灯具、电扇及其他重型设备严禁安装在吊顶工程的龙骨上。

（四）轻质隔墙工程

（1）轻质隔墙的构造、固定方法应符合设计要求。轻质隔墙使用的人造木板应对甲醛含量进行复验。轻质隔墙与顶棚和其他墙体的交接处应采取防开裂措施，接触砖、石、混凝土的龙骨和埋设的木楔应做防腐处理。有隔声、隔热、阻燃、防潮等特殊要求的工程，板材应有相应性能等级的检测报告。

（2）采用龙骨的轻质隔墙下端用木踢脚覆盖时，饰面板应与地面留有 20～30 mm 缝隙；当用大理石、瓷砖、水磨石等做踢脚板时，饰面板下端应与踢脚板上口齐平，接缝应严密。

（3）安装隔墙板所需预埋件、连接件的位置、数量及连接方法应符合设计要求。隔墙板材安装必须牢固。现制钢丝网水泥隔墙与周边墙体的连接方法应符合设计要求，并应连接牢固。

板材隔墙板与板之间、与周边墙体之间的连接件宜采用壁厚不小于 2 mm 的镀锌 U 型铁件，宽度同板厚，数量为板与板拼缝处上端、下端各一个，板与相邻构件拼缝处沿竖向不少于 3 个。

（4）骨架隔墙中龙骨间距和构造连接方法应符合设计要求。骨架内设备管线的安装、门窗洞口等部位加强龙骨应安装牢固、位置正确，填充材料的设置应符合设计要求。木龙骨及木墙面板的防火和防腐处理必须符合设计要求。

木龙骨防火处理应保证涂刷防火涂料时其渗入木龙骨内部直至阻燃剂不再吸收为止，同时在防火涂料施工前应检查木龙骨表面清理情况，保证防火涂料的粘结性和耐燃性。

（5）活动隔墙轨道必须与基体结构连接牢固，并应位置正确。活动隔墙用于组装、推拉和制动的构配件必须安装牢固、位置正确，推拉必须安全、平稳、灵活。

（6）玻璃隔墙工程所用材料的品种、规格、性能、图案和颜色应符合设计要求。玻璃板隔墙应使用安全玻璃。玻璃砖隔墙的砌筑或玻璃板隔墙的安装方法应符合设计要求。玻璃砖隔墙砌筑中埋设的拉结筋必须与基体结构连接牢固，并应位置正确。玻璃板隔墙的安装必须牢固。玻璃隔墙胶垫的安装应正确。玻璃隔墙如无外框，需做饰边，饰边通常为木饰边和不锈钢饰边。

（7）室内有装修或在潮湿环境使用时，应在板材或骨架隔墙下加设混凝土导墙、砖墙，高 200 mm，宽宜为板材或龙骨宽度。

（五）饰面板（砖）工程

（1）饰面板（砖）的品种、规格、颜色和性能应符合设计要求，木龙骨、木饰面板和塑料饰面板的燃烧性能等级应符合设计要求，并应对室内花岗石的放射性、外墙陶瓷面砖吸水率、寒冷地区外墙陶瓷面砖的抗冻性进行复验。

（2）饰面板安装应符合下列规定：

① 饰面板孔（槽）的数量、位置和尺寸应符合设计要求。饰面板安装工程后置埋件的现场拉拔强度必须符合设计要求。对同一单位工程、同一规格、同一型号、固定于相同基体上的锚栓，取样数量不少于总数的 1‰，且不少于 3 根。

② 湿做法饰面板工程必须设置钢筋网，其固定点间距不应大于 500 mm。钢筋网设置在空心砖或轻质砌块的墙体上时，固定点应采用穿墙钢筋或预埋混凝土预制块的方法固定，其混凝土预制块上应设置预埋件。

③ 采用湿做法施工的饰面板工程，石材应进行防碱背涂处理。湿做法饰面板灌浆前，应用聚合物水泥砂浆从内侧将缝隙堵实后，再灌干硬性水泥砂浆，并应分层浇灌，分层振捣密实，且分层高度不宜大于板高的三分之一，且不宜大于 200 mm。

（3）内墙面砖粘贴应符合下列规定：

① 内墙面砖铺贴前应进行放线定位和排砖，非整砖应排放在次要部位或阴角处。每面墙不应有两列以上非整砖，非整砖宽度不应小于整砖的三分之一。

② 内墙面砖表面应平整。阴角砖应压向正确，阳角线应做成 45°角对接。在墙面突出物处，应整砖套割吻合，不得用非整砖拼凑镶贴。

（4）外墙面砖粘贴应符合下列规定：

① 外墙外保温粘贴饰面砖系统最大高度不应超过 40 m。

② 外墙外保温粘贴饰面砖工程完工后，应对饰面砖粘结强度进行检验，检验方法、数量应符合《建筑工程饰面砖粘结强度检验标准》（JGJ 110—2008）的规定。

③ 外保温用饰面砖应采用粘贴面带有燕尾槽的产品并不得带有脱模剂，其性能指标应符合《外墙外保温应用技术规程》（DBJ 11135—2008）的要求。

④ 外墙面砖粘贴前应按设计要求和施工样板进行排砖，排砖应使用整砖；对必须使用非整砖的部位，非整砖宽度不应小于整砖宽度的三分之一。阴阳角处搭接方向应正确，阳角处应做成 45°角对接。墙面突出物周围的饰面砖应整砖套割吻合，边缘应整齐，不得使用非整砖拼凑铺贴。套割尺寸与突出物外边之间的缝隙不应大于 2 mm。墙裙、贴脸突出墙面的厚度应一致。外窗台下部面砖应进入窗框 5 mm。

⑤ 外墙面砖勾缝应采用专用勾缝料，先勾水平缝再勾竖缝，纵横交叉处要过渡自然，宜勾出"正八字"和"倒八字"；砖缝要在同一水平面上，连续、平直，填嵌连续、密实，缝宽不小于 5 mm，不得采用密缝，缝深不宜大于 3 mm，也可采用平缝。

⑥ 在外墙饰面砖的腰线、窗口、阳台、女儿墙压顶等处，应有滴水构造或排雨水措施。滴水做法应外低内高，坡度不应小于 1：6；窗台、阳台、女儿墙压顶等部位的排水坡度不应小于 3%；阳角部位应做成 45°角对接，阴角部位应采用底面面砖压立面面砖、立面最低一排

面砖压顶面面砖等做法。

（六）幕墙工程

（1）幕墙的设计文件应经原设计单位认可，原图纸审查机构审查批准。

（2）幕墙工程应对下列项目进行检验或复验：

① 铝塑复合板的剥离强度。

② 石材的弯曲强度。

③ 玻璃幕墙用结构胶的邵氏硬度、标准条件拉伸粘结强度、相容性试验；石材用结构胶的粘结强度；石材用密封胶的污染性。

④ 后置埋件的抗拉拔强度。

⑤ 玻璃幕墙的抗风压性能、空气渗透性能、雨水渗透性能、平面变形性能。

（3）幕墙金属框架与主体结构连接的预埋件，应在主体结构施工时按设计要求埋设，预埋件的位置偏差不应大于 20 mm。当需后置埋件时，固定锚栓的规格、数量、位置布置和锚固深度应经设计确认，且应对后置埋件的抗拉拔强度进行检验。

（4）幕墙金属框架与主体结构预埋件的连接、立柱与横梁的连接做法应符合下列规定：

① 立柱应采用螺栓与角码连接，并再通过角码与预埋件或钢构件连接。角码或钢构件与预埋件应采用焊接连接，焊缝应饱满、连续，焊缝表面应采取有效措施进行防腐处理。

② 立柱与主体结构之间每个受力连接部位的连接螺栓的规格、数量应符合设计要求，且连接螺栓直径不宜小于 10 mm，数量不应少于 2 个。角码和立柱采用不同金属材料时，应采用绝缘垫片分隔或采取其他有效措施防止双金属锈蚀。

③ 玻璃幕墙上、下立柱之间应留有不小于 15 mm 的缝隙，闭口型材可采用长度不小于 250 mm 的芯柱连接，芯柱与立柱应紧密配合。芯柱与上柱或下柱之间应采用机械连接方法加以固定。开口型材上柱与下柱之间可采用等强型材机械连接。

金属、石材幕墙上下立柱之间应有不小于 15 mm 的缝隙，并应采用芯柱连接。芯柱总长度不应小于 400 mm。芯柱与立柱应紧密接触。芯柱与下柱之间应采用不锈钢螺栓固定。

④ 横梁可通过角码、螺钉或螺栓与立柱连接。角码的壁厚、角码与立柱之间的连接螺钉或螺栓的数量应由设计单位通过计算确定。

（5）隐框、半隐框玻璃幕墙所采用的结构粘结材料必须是中性硅酮结构密封胶，其性能必须符合《建筑用硅酮结构密封胶》（GB 16776—2005）的规定；硅酮结构密封胶必须在有效期内使用；注胶应饱满、密实，粘接宽度、厚度应符合设计要求，且宽度不应小于 7 mm，厚度不应小于 6 mm，隐框玻璃幕墙的硅酮结构密封胶的粘接厚度不应大于 12 mm。

（6）石材幕墙所用石材的厚度不应小于 25 mm（火烧板不应小于 28 mm），弯曲强度不应小于 8.0 MPa，吸水率应小于 0.8％；石材幕墙的铝合金挂件厚度不应小于 4.0 mm，不锈钢挂件厚度不应小于 3.0 mm。同一幕墙工程应采用同一品牌的单组分或双组分的硅酮结构密封胶，并应有保质年限的质量证书；同一幕墙工程应采用同一品牌的硅酮结构密封胶和硅酮耐候密封胶配套使用。

（7）幕墙顶部、底部、变形缝部位的处理应符合下列规定：

① 幕墙顶部、底部均应用罩面板封闭，罩面板应安装牢固并采取有效的排水、滴水构造，罩面板与幕墙板块、女儿墙或主体结构之间的缝隙应用密封胶封闭严密，女儿墙内侧罩

面板的高度不应小于 150 mm。

② 变形缝两侧应各设一根立柱，其间用罩面板连接封闭，罩面板的固定及构造应能满足外墙面的功能性和完整性，罩面板两侧与幕墙结合处的缝隙应用密封胶封闭严密。

(8) 幕墙的防雷装置必须与主体结构的防雷装置可靠连接，做法应符合下列规定：

① 连接材质、截面尺寸和连接方式必须符合设计要求。

② 幕墙金属框架与防雷装置的连接应紧密可靠，应采用焊接或机械连接，形成电通路，且连接部位应清除非导电保护层。连接点水平间距不应大于防雷引下线的间距，垂直间距不应大于均压环的间距。

③ 女儿墙压顶罩板宜与女儿墙部位幕墙构架连接，女儿墙部位幕墙构架与防雷装置的连接节点宜明露，并应符合设计规范要求。

(9) 幕墙的防火除应符合现行国家标准《建筑设计防火规范》(GBJ 50016—2006)和《高层民用建筑设计防火规范》(GB 50045—1995)的有关规定外，还应符合下列规定：

① 金属、石材幕墙应在楼板处设置连续的防火隔离层。玻璃幕墙与其周边防火分隔构件间的缝隙、与楼板或隔断外沿间的缝隙、与实体墙面洞口边缘间的缝隙等，应设置横向、竖向连续的防火隔离层。

② 防火隔离层填充材料宜采用岩棉或矿棉；承托板宜采用厚度不小于 1.5 mm 的镀锌钢板；承托板与主体结构、幕墙结构及承托板之间的缝隙宜填充防火密封材料。

③ 防火隔离层与玻璃不应直接接触，同一幕墙玻璃单元不宜跨越建筑物的两个防火分区。

④ 无窗槛墙的玻璃幕墙，应在每层楼板外沿设置耐火极限不低于 1 h、高度不低于 0.8 m 的不燃烧实体墙裙或防火玻璃裙墙。

(七) 涂饰工程

(1) 涂饰工程的基层处理应符合下列要求：

① 新建筑物的混凝土或抹灰层基层在涂饰涂料前应涂刷抗碱封闭底漆。

② 旧墙面在涂饰涂料前应清除疏松的旧装修层，并涂刷界面剂。

③ 混凝土或抹灰基层涂刷溶剂型涂料时，含水率不得大于 8%；涂刷乳液型涂料时，含水率不得大于 10%。木材基层的含水率不得大于 12%。

④ 基层腻子应平整、坚实、牢固，无粉化、起皮和裂缝；内墙腻子的粘结强度应符合《建筑室内用腻子》(JG/T 3049—1998)的规定。

⑤ 厨房、卫生间墙面必须使用耐水腻子。

(2) 水性涂料涂饰工程施工的环境温度应在 5~35 ℃之间。涂料在使用前应搅拌均匀，并应在规定时间内使用完。

(3) 涂饰工程基层腻子施工应符合以下要求：

① 内墙有防水要求的墙面应使用建筑耐水腻子，外墙涂饰应使用聚合物水泥基柔性耐水腻子，不应将室内外的不同腻子互相代替使用。

② 腻子层不应过厚，往返刮涂次数不应过多，每道腻子的厚度不宜大于 0.5 mm。腻子层表面应平整、坚实、牢固，无粉化、起皮和裂缝，充分干燥后方可施涂涂料。

(八) 裱糊与软包工程

壁纸、墙布、软包面料、内衬材料及边框的燃烧性能等级必须符合设计要求及国家现行标准的有关规定；软包墙面所用填充材料、纺织面料和龙骨、木基层板等均应进行防火处理。

（九）地面工程

（1）建筑地面采用的大理石、花岗石等天然石材必须符合现行国家标准《建筑材料放射性核素限量》（GB 6566—2001）中有关材料有害物质的限量规定；对天然花岗岩石材，应按对其放射性指标进行复验。

（2）下列部位建筑地面采用板块材料时，应使用符合设计要求的防滑板块材料：

① 厕浴间及盥洗室。

② 建筑物出入口部位的平台、台阶、坡道。

③ 上人屋面。

④ 其他设计有防滑要求的部位。

（2）厕浴间、厨房和有排水（或其他液体）要求的建筑地面面层与相连接各类面层的标高差应符合设计要求，且高差不应小于 20 mm。

（3）厕浴间和有防水要求的建筑地面，管道穿过楼板的洞口应封堵严密，封堵做法应符合下列规定：

① 管道安装前应对洞口光滑的侧壁做凿毛处理，洞口封堵前在其底部支设模板，模板应固定牢固，不得下垂，且应将洞口清理干净、浇水湿润，并宜涂刷加胶水泥浆做粘结层。

② 洞口封堵时应采用细石混凝土（混凝土宜掺有微膨胀剂，强度宜提高一级）分二次浇筑捣实，第一次浇筑至楼板厚度的二分之一，达到一定强度后再浇筑至楼板上表面。

③ 洞口封堵完毕后，宜对管根部做 24 h 围水试验，确保无渗漏后再进行下道工序施工。

（4）厕浴间和有防水要求的建筑地面防水层施工应符合下列规定：

① 楼板四周除门洞外，均应做混凝土上返台，其高度不应小于 120 mm，且应与楼板一同浇筑。

② 防水层施工前应先将基层清理干净，找平层应平整光滑，阴角处均抹成小圆弧。

③ 铺涂防水层时，防水层沿四周墙面的上返高度应符合设计要求且不小于 300 mm；管根、墙根等部位均应做防水附加层。

④ 防水层上施工地面找平层或面层时，应做好成品保护，防止破坏防水层。

⑤ 对于沿地面敷设的给水、采暖管道，在进入卫生间处，宜在门口部位进入，当穿墙进入时应做好穿墙部位的防水处理。

⑥ 有水房间门洞口部位防水层应根据该处的结构构造铺涂到位，防止水沿防水层顶面流入相邻房间。

（5）厕浴间和有防水要求的建筑地面面层的坡度应符合设计要求（设计无要求时宜为1%～1.5%），地漏安装的标高应比相邻地面低 3～5 mm，不得有倒泛水和积水现象；地面与地漏、卫生器具结合处应严密牢固，套割吻合；与管道结合处应设置挡水台，挡水台不得直接做在地面面层上。

（6）厕浴间和有防水要求的建筑地面应做二次蓄水试验，即防水层施工完时一次，工程竣工验收时一次，蓄水时间不少于 24 h，蓄水高度不小于 20～30 mm，并应做好记录。

（7）整体面层变形缝的设置应符合下列规定：

① 建筑地面的沉降缝、伸缩缝和防震缝，应与结构相应缝的位置一致，且应贯通建筑地

面的各构造层。

② 沉降缝和防震缝的宽度应符合设计要求,缝内清理干净,以柔性密封材料填嵌后用板封盖,并应与面层齐平。

(8) 水泥混凝土及水泥砂浆面层施工应符合下列规定:

① 水泥混凝土面层厚度应符合设计要求。水泥砂浆面层的厚度应符合设计要求,且不应小于 20 mm。

② 面层的强度等级应符合设计要求。水泥混凝土面层强度等级不应小于 C20,水泥混凝土垫层兼面层强度等级不应小于 C15;水泥砂浆面层的强度等级不应小于 M15。

③ 面层与下一层应结合牢固,无空鼓、裂纹。

注:空鼓面积不应大于 400 cm²,且每自然间(标准间)不多于 2 处可不计。

④ 面层表面不应有裂纹、脱皮、麻面、起砂等缺陷。

⑤ 踢脚线与墙面应紧密结合,高度一致,出墙厚度均匀。

注:局部空鼓长度不应大于 300 mm,且每自然间(标准间)不多于 2 处可不计。

⑥ 楼梯踏步的宽度、高度应符合设计要求。楼层梯段相邻踏步高度差不应大于 10 mm,每踏步两端宽度差不应大于 10 mm;旋转楼梯梯段的每踏步两端宽度的允许偏差为 5 mm。楼梯踏步的齿角应整齐,防滑条应顺直。

⑦ 水泥混凝土地面及水泥砂浆地面内埋设管线时,应采取有效措施防止地面开裂,管线上方地面的厚度不宜小于 20 mm;地面施工完后,应在醒目位置标识埋设管线的区域范围及管线走向。

(9) 板块面层施工应符合以下规定:

① 铺设板块面层时,其水泥类基层的抗压强度不得小于 1.2 MPa。

② 铺设板块面层的结合层和板块间的填缝采用水泥砂浆,应符合下列规定:

· 配制水泥砂浆应采用硅酸盐水泥、普通硅酸盐水泥或矿渣硅酸盐水泥;其水泥强度等级不宜小于 32.5。

· 配制水泥砂浆的体积比(或强度等级)应符合设计要求。

③ 板块的铺砌应符合设计要求,当无设计要求时,宜避免出现板块小于 1/4 边长的边角料。

④ 铺设水泥混凝土板块、水磨石板块、水泥花砖、陶瓷锦砖、陶瓷地砖、缸砖、料石、大理石和花岗石面层等的结合层和填缝的水泥砂浆,在面层铺设后,表面应覆盖、湿润,其养护时间不应少于 7 d。当板块面层的水泥砂浆结合层的抗压强度达到设计要求后方可正常使用。

⑤ 面层所用的板块的品种、质量必须符合设计要求。

⑥ 面层与下一层的结合(粘结)应牢固,无空鼓。

注:凡单块砖边有局部空鼓,且每自然间(标准间)不超过总数的 5% 可不计。

⑦ 踢脚线表面应洁净,高度一致、结合牢固、出墙厚度一致。

⑧ 楼梯踏步和台阶板块的缝隙宽度应一致、齿角整齐,楼层梯段相邻踏步高度差不应大于 10 mm,防滑条应顺直、牢固。

⑨ 面层表面的坡度应符合设计要求,不倒泛水、无积水;与地漏、管道结合处应严密牢固,无渗漏。

(10) 木、竹面层。

① 与厕浴间、厨房等潮湿场所相邻木、竹面层连接处应做防水（防潮）处理。建筑工程的厕浴间、厨房及有防水、防潮要求的建筑地面与木、竹地面应有建筑标高差，其标高差必须符合设计要求；与其相邻的木、竹地面层应有防水、防潮处理，防水、防潮的构造处理及做法应符合设计要求。

② 实木地板、实木复合地板的木搁栅的截面尺寸、间距和稳固方法等均应符合设计要求。木搁栅固定时，不得损坏基层和预埋管线。木搁栅应垫实钉牢，与墙之间留出 30 mm 的缝隙，表面应平直。

实木地板面层铺设时，面板与墙之间应留 8～12 mm 的缝隙。面层铺设必须牢固、无松动，脚踩检验时不应有明显的声响。

实木复合地板面层铺设时，相邻板材接头位置应错开不小于 300 mm 的距离；与墙之间应留不小于 10 mm 的空隙。面层铺设应牢固；粘贴无空鼓。脚踩检验时不应有明显的声响。

中密度（强化）复合地板面层铺设时，相邻条板端头应错开不小于 300 mm 的距离；衬垫层及面层与墙之间应留不小于 10 mm 的空隙。面层铺设应牢固；粘贴无空鼓。脚踩检验时不应有明显的声响。

（11）地下室、楼梯间等部位踢脚线做法应选用水泥砂浆或板块踢脚线，高度宜为 150 mm，不得采用刮腻子后涂刷水泥漆的做法。

（12）楼梯及室外台阶踏步施工应符合下列规定：

① 楼梯及室外台阶踏步的宽度、高度应符合设计及规范要求；相邻踏步高度差不应大于 10 mm；室外台阶踏步不宜少于 3 步。

② 板块类楼梯踏步必须设防滑条（槽）；室外水泥砂浆台阶、光面石材台阶必须设防滑条。

③ 防滑条的高度不宜高于踏步面 5 mm；防滑槽的深度、宽度应能保证防滑效果；金属防滑条的镶嵌必须牢固，条下应加弹性垫条，踩踏时不应有弹跳和碰击的声响。

④ 明步楼梯的踏步端侧和梯板底滴水的做法应符合下列规定：

· 板块踏步水平板宜伸出楼梯侧面抹灰面 20 mm 左右，立面板宜伸出 3～5 mm；水泥砂浆踏步阳角处应设保护钢筋。

· 梯板底面滴水处理：楼梯侧边的抹灰宜转抹到梯板下 50 mm 宽，且比梯板反手灰下凸 10 mm，并在其下端离梯梁 30～50 mm 处做截水槽；楼梯井口两端应设滴水檐，滴水檐宜突出梯梁抹灰面不小于 10 mm，滴水檐下口应做鹰嘴。

（13）水泥混凝土散水、明沟应沿长度方向设置界格缝，界格缝间距不得大于 6 m，房屋转角处应做成 45°缝；水泥混凝土散水、明沟和台阶等与建筑物连接处应设置界格缝；上述界格缝宽度宜为 20～30 mm，深度同散水、明沟厚度，缝内应填嵌沥青玛瑞脂等防水密封材料，密封材料的柔性、韧性应符合要求，高温时不应流淌，低温时不应脆断。

（十）安全玻璃使用

（1）建筑物需以玻璃作为建筑材料的，下列部位必须使用安全玻璃：

① 7 层及 7 层以上建筑物外开窗。

② 面积大于 1.5 m² 的窗玻璃或玻璃底边离最终装修面小于 500 mm 的落地窗。

③ 幕墙（全玻幕除外）。

④ 倾斜装配窗、各类天棚(含天窗、采光顶)、吊顶。

⑤ 观光电梯及其外围护。

⑥ 室内隔断、浴室围护和屏风。

⑦ 楼梯、阳台、平台走廊的栏板和中庭内栏板。

⑧ 用于承受行人行走的地面板。

⑨ 水族馆和游泳池的观察窗、观察孔。

⑩ 公共建筑物的出入口、门厅等部位。

⑪ 易遭受撞击、冲击而造成人体伤害的其他部位。

注:第⑪项是指《建筑玻璃应用技术规程》(JGJ 113—2009)和《玻璃幕墙工程技术规范》(JGJ 102—2003)所称的部位。

(2) 安全玻璃最大许用面积应符合表 7-48 的规定。

表 7-48 安全玻璃最大许用面积

玻璃种类	公称厚度/mm	最大许用面积/m²
钢化玻璃	4	2.0
	5	3.0
	6	4.0
	8	6.0
	10	8.0
	12	9.0
夹层玻璃	6.38、6.76、7.52	3.0
	8.38、8.76、9.52	5.0
	10.38、10.76、11.52	7.0
	12.38、12.76、13.52	8.0

(3) 活动门玻璃、固定门玻璃和落地窗玻璃的选用应符合下列规定:

① 有框玻璃应使用符合表 7-48 规定的安全玻璃。

② 无框玻璃应使用公称厚度不小于 12 mm 的钢化玻璃。

(4) 人群集中地公共场所和运动场所中装配的室内隔断玻璃应符合下列规定:

① 有框玻璃应使用符合表 7-48 规定,且公称厚度不小于 5 mm 的钢化玻璃或公称厚度不小于 6.38 mm 的夹层玻璃。

② 无框玻璃应使用符合表 7-48 规定,且公称厚度不小于 10 mm 的钢化玻璃。

(5) 浴室用玻璃应符合下列规定:

① 淋浴隔断、浴缸隔断玻璃应使用符合表 7-48 规定的安全玻璃。

② 浴室内无框玻璃应使用符合表 7-48 规定,且公称厚度不小于 5 mm 的钢化玻璃。

(6) 室内外栏板用玻璃应符合下列规定:

① 不承受水平荷载的栏板玻璃应使用符合表 7-48 规定,且公称厚度不小于 5 mm 的钢化玻璃,或公称厚度不小于 6.38 mm 的夹层玻璃。

② 承受水平荷载的栏板玻璃应使用符合表 7-48 规定,且公称厚度不小于 12 mm 的钢

化玻璃,或公称厚度不小于 16.76 mm 的夹层玻璃;当栏板玻璃最低点离一侧楼地面高度在 3 m 或 3 m 以上、5 m 或 5 m 以下时,应使用公称厚度不小于 16.76 mm 的钢化夹层玻璃。当栏板玻璃最低点离一侧楼地面高度大于 5 m 时,不得使用承受水平荷载的栏板玻璃。

(7) 安装在易于受到人体或物体碰撞部位的建筑玻璃,应采取保护措施。根据易发生碰撞的建筑玻璃所处的具体部位,可采取在视线高度设醒目标志或设置护栏等防护措施。碰撞后可能发生高处人体或玻璃坠落的,应采用可靠护栏。

(8) 屋面玻璃必须使用安全玻璃。当屋面玻璃最高点离地面的高度大于 3 m 时,必须使用夹层玻璃。用于屋面的夹层玻璃,其胶片厚度不应小于 0.76 mm。

(9) 地板玻璃必须采用夹层玻璃,点支承地板玻璃必须采用钢化夹层玻璃。钢化玻璃应进行均质处理。

四、屋面工程

(一) 基本规定

(1) 屋面工程应根据建筑物的性质、重要程度、使用功能要求以及防水层合理使用年限,按不同等级进行设防,并应符合表 7-49 的要求。

表 7-49 屋面防水等级和设防要求

项 目	屋面防水等级			
	Ⅰ	Ⅱ	Ⅲ	Ⅳ
建筑物类型	特别重要或对防水有特殊要求的建筑	重要的建筑和高层建筑	一般的建筑	非永久性的建筑防水层合理
使用年限	25 年	15 年	10 年	5 年
防水层选用材料	宜选用合成高分子防水卷材、高聚物改性沥青防水卷材、金属板材、合成高分子防水涂料、细石混凝土等材料	宜选用高聚物改性沥青防水卷材、合成高分子防水卷材、金属板材、合成高分子防水涂料、细石混凝土、平瓦、油毡瓦等材料	宜选用三毡四油沥青防水卷材、高聚物改性沥青防水卷材、合成高分子防水卷材、金属板材、高聚物改性沥青防水涂料、合成高分子防水涂料、细石混凝土、平瓦、油毡瓦等材料	可选用二毡三油沥青防水卷材、高聚物改性沥青防水涂料等材料
设防要求	三道或三道以上防水设防	两道防水设防	一道防水设防	一道防水设防

(2) 屋面工程的防水层应由经资质审查合格的防水专业队伍进行施工。作业人员应持有当地建设行政主管部门颁发的上岗证。

(3) 屋面工程所采用的防水、保温隔热材料应有产品合格证书和性能检测报告,材料的品种、规格、性能等应符合现行国家产品标准和设计要求。

(4) 当下道工序或相邻工程施工时,对屋面已完成的部分应采取保护措施。

(5) 伸出屋面的管道、设备或预埋件等,应在防水层施工前安设完毕。屋面防水层完工后,不得在其上凿孔打洞或重物冲击。

(6) 屋面的保温层和防水层严禁在雨天、雪天和五级风及以上时施工。

（7）屋面工程完成后，对有可能做蓄水试验的屋面，应蓄水 24 h 后（蓄水最浅处不应小于 20 mm，最深处水面应低于防水层泛水高度，将排水口临时封堵），观察检查有无渗漏现象；对坡屋面，应在雨后或持续淋水 2 h 后（雨量或淋水量应保持屋面各处有明水），观察检查有无渗漏现象，并应做好记录。

（二）找平层

（1）找平层的排水坡度应符合设计要求。平屋面采用结构找坡不应小于 3%，采用材料找坡宜为 2%；天沟、檐沟纵向找坡不应小于 1%，沟底水落差不得超过 200 mm。

（2）基层与突出屋面结构（女儿墙、山墙、天窗壁、变形缝、烟囱等）的交接处和基层的转角处，找平层均应做成圆弧形，圆弧半径应符合表 7-50 的要求。内部排水的水落口周围，找平层应做成略低的凹坑。

表 7-50 转角处圆弧半径

卷 材 种 类	圆弧半径/mm
沥青防水卷材	100~150
高聚物改性沥青防水卷材	50
合成高分子防水卷材	20

（3）找平层宜设分格缝，并嵌填密封材料。分格缝应留设在板端缝处，其纵横缝的最大间距：水泥砂浆或细石混凝土找平层，不宜大于 6 m；沥青砂浆找平层，不宜大于 4 m。

（三）保温层

（1）倒置式屋面应采用吸水率小、长期浸水不腐烂的保温材料；当使用体积吸水率大于 2%的保温材料时，不得采用倒置式屋面。

（2）现喷硬质聚氨酯泡沫塑料保温层应按配比准确计量，喷涂时应连续，厚度均匀一致；当冬期施工基层表面温度过低时，应采取可靠措施保证各部位发泡厚度符合设计要求。

（3）保温层应干燥，其含水率应符合设计要求，不得在雨天、雪天施工。倒置式屋面保温层施工时，防水层应平整，无结冰、霜冻或积水现象，保温层上应有覆盖保护措施。

（4）屋面保温层及找平层排气干燥做法应符合下列规定：

① 排气管应安装牢固，纵横贯通，不得堵塞，间距宜为 6 m，并同与大气连通的排气口相通。

② 排气管应设置在结构层上，穿过保温层的管壁应设排气孔，以保证排气管的畅通，屋面面积每 36 m² 宜设一个排气口，排气口应设在排气管交叉处，且应封闭严密。

（四）卷材防水层

（1）卷材防水层应采用高聚物性沥青防水卷材、合成高分子防水卷材或沥青防水卷材。所选用的基层处理剂、接缝胶粘剂、密封材料等配套材料应与铺贴的卷材料性相容。

（2）在坡度大于 25%的屋面上采用卷材做防水层时，应采取固定措施。固定点应密封严密。

（3）铺设屋面隔汽层和防水层前，基层必须干净、干燥。

干燥程度的简易检验方法，是将 1 m² 卷材平坦地干铺在找平层上，静置 3~4 h 后掀开检查，找平层覆盖部位与卷材上未见水印即可铺设。

（4）卷材铺贴方向应符合下列规定：

① 屋同坡度小于 3％时，卷材宜平行于屋脊铺贴。

② 屋面坡度在 3％～15％时，卷材可平行或垂直于屋脊铺贴。

③ 屋面坡度大于 15％或屋面受震动时，沥青防水卷材应垂直于屋脊铺贴，高聚物改性沥青防水卷材和合成高分子防水卷材可平行或垂直于屋脊铺贴。

（5）卷材厚度选用应符合表 7-51 的规定。

表 7-51　　　　　　　　　　　卷材厚度选用表

屋面防水等级	设防道数	合成高分子防水卷材	高聚物改性沥青防水卷材	沥青防水卷材
Ⅰ级	三道或三道以上设防	不应小于 1.5 mm	不应小于 3 mm	—
Ⅱ级	两道设防	不应小于 1.2 mm	不应小于 3 mm	—
Ⅲ级	一道设防	不应小于 1.2 mm	不应小于 4 mm	三毡四油
Ⅳ级	一道设防	—	—	二毡三油

（6）铺贴卷材采用搭接法时，上下层及相邻两幅卷材的搭接缝应错开。各种卷材搭接宽度应符合表 7-52 的要求。

表 7-52　　　　　　　　　　　卷材搭接宽　　　　　　　　　　　mm

铺贴方法卷材种类		短边搭接		长边搭接	
		满粘法	空铺、点粘、条粘法	满粘法	空铺、点粘、条粘法
沥青防水卷材		100	150	70	100
高聚物改性沥青防水卷材		80	100	80	100
合成高分子防水卷材	胶粘剂	80	100	80	100
	胶粘带	50	60	50	60
	单缝焊	60，有效焊接宽度不小于 25			
	双缝焊	80，有效焊接宽度为 10×2＋空腔宽			

（7）冷粘法铺贴卷材应符合下列规定：

① 胶粘剂涂刷应均匀，不露底、不堆积。

② 根据胶粘剂的性能，应控制胶粘剂涂刷与卷材铺贴的间隔时间。

③ 铺贴的卷材下面的空气应排尽，并辊压粘结牢固。

④ 铺贴卷材应平整顺直，搭接尺寸准确，不得扭曲、皱折。

⑤ 接缝口应用密封材料封严，宽度不应小于 10 mm。

（8）热熔法铺贴卷材应符合下列规定：

① 火焰加热器加热卷材应均匀，不得过分加热或烧穿卷材。

② 卷材表面热熔后应立即滚铺卷材，卷材下面的空气应排尽，并辊压粘结牢固，不得空鼓。

③ 卷材接缝部位必须溢出热熔的改性沥青胶。

④ 铺贴的卷材应平整顺直，搭接尺寸准确，不得扭曲、皱折。

（五）瓦屋面

（1）平瓦屋面与立墙及突出屋面结构等交接处，均应做泛水处理。天沟、檐沟的防水层，应采用合成高分子防水卷材、高聚物改性沥青防水卷材、沥青防水卷材、金属板材或塑料板材等材料铺设。

（2）平瓦屋面的有关尺寸应符合下列要求：

① 脊瓦在两坡面瓦上的搭盖宽度，每边不小于 40 mm。

② 瓦伸入天沟、檐沟的长度为 50～70 mm。

③ 天沟、檐沟的防水层伸入瓦内宽度不小于 150 mm。

④ 瓦头挑出封檐板的长度为 50～70 mm。

⑤ 突出屋面的墙或烟囱的侧面瓦伸入泛水宽度不小于 50 mm。

（3）平瓦必须铺置牢固，瓦上应预留钉或绑扎瓦的孔眼，固定加强措施应符合以下要求：

① 当瓦屋面的坡度小于 50％时，沿檐口两行、屋脊两侧的一行和沿山墙的一行瓦必须采取钉或绑的固定措施。

② 当瓦屋面的坡度大于等于 50％时，全部瓦材均应采取固定加强措施。

③ 瓦材与屋面基层的固定加强措施如下：

· 水泥砂浆卧瓦，用双股 18 号铜丝将瓦与圆 6 钢筋绑牢。

· 钢挂瓦条钩挂，用双股 18 号铜丝将瓦与钢挂瓦条绑牢。

· 木挂瓦条钩挂，用 40 圆钉（或双股 18 号铜丝）将瓦与木挂瓦条绑牢。

（六）防水保护层

（1）防水保护层应设置分格缝，分格缝宽度不应小于 20 mm，水泥砂浆保护层的表面分格面积应为 1 m²，板块材料保护层分格面积不应大于 100 m²，细石混凝土保护层分格面积不应大于 36 m²。

（2）防水保护层分格缝宽度宜为 20～30 mm，深度同保护层厚度，缝内应填嵌沥青玛瑞脂等防水密封材料，密封材料的柔性、韧性应符合要求，高温时不应流淌，低温时不应脆断；界格缝表面不应采用粘贴防水卷材覆盖的做法。

（3）刚性保护层与女儿墙、山墙之间应预留宽度为 30 mm 的缝隙，深度同保护层厚度，缝隙填嵌防水密封材料做法同分格缝做法。

（七）细部构造

（1）天沟、檐沟施工应符合以下规定：

① 天沟、檐沟应增设附加层，采用沥青防水卷材时，应增设一层卷材；采用高聚物改性沥青防水卷材或合成高分子防水卷材时，宜采用防水涂膜增强层。

② 天沟、檐沟与屋面交接处的附加层宜空铺，空铺宽度不应小于 200 mm；天沟、檐沟卷材收头处应密封固定。

③ 斜屋面的檐沟应增设附加层，附加层在屋面檐口处要空铺 200 mm，防水层的收头用水泥钉钉在混凝土斜板上，并用密封材料封口。

（2）女儿墙泛水、压顶防水处理应符合下列要求：

① 女儿墙为砖墙时，卷材收头可直接铺压在女儿墙的混凝土压顶下；如女儿墙较高，可在砖墙上留凹槽，卷材收头应压入槽内并用压条钉压固定后，嵌填密封材料封闭，凹槽距屋

面找平层的高度不应小于 250 mm。

② 女儿墙为混凝土时,卷材的收头采用镀锌钢板压条或不锈钢压条钉压固定,钉距不大于 900 mm,并用密封材料封闭严密;泛水宜采取隔热防晒措施,在泛水卷材面砌砖后抹水泥砂浆或细石混凝土保护,或涂刷浅色涂料,或粘贴铝箔保护层。

(3)水落口处防水处理应符合下列要求:

① 水落口杯埋设标高应正确,应考虑水落口设防时增加的附加层和柔性密封层的厚度及排水坡度加大的尺寸。

② 水落口周围 500 mm 范围内坡度不应小于 5%,并应先用防水涂料或密封涂料涂封,其厚度为 2～5 mm,水落口杯与基层接触处应留宽 20 mm、深 20 mm 的凹槽,以便填嵌密封材料。

③ 水落口四周防水层伸入水落口杯内的尺寸不应小于 50 mm。

(4)变形缝的防水构造处理应符合下列要求:

① 变形缝两侧墙体的泛水做法应符合本条第(2)款的规定。

② 变形缝内应填充聚苯乙烯泡沫塑料,上部填放衬垫材料,并用卷材封盖。

③ 变形缝顶部应加扣混凝土或金属盖板,混凝土盖板的接缝应用密封材料嵌填。

(5)伸出屋面管道根部的防水构造应符合下列要求:

① 管道根部 500 mm 范围内,砂浆找平层应做出高 30 mm 坡向周围的圆锥台,以防根部积水。

② 管道与基层交接处预留 200 mm×200 mm 的凹槽,槽内用密封材料嵌填严密。

③ 管道根部周围做附加增加层,宽度和高度不小于 300 mm。

④ 防水层贴在管道上的高度不应小于 300 mm。

⑤ 附加层及卷材防水层收头处用金属箍箍紧在管道上,并用密封材料封严。

(八)水落管

(1)水落管内径不应小于 75 mm,一根水落管的屋面最大汇水面积宜小于 200 m²。

(2)水落管距离墙面不应小于 20 mm,其排水口距散水坡的高度不应大于 200 mm。

(3)水落管应用管箍与墙固定,固定卡子应与墙体固定牢固,严禁用木楔固定,固定卡子间距不应超过 1.2 m,且应均匀一致;固定杆应采用 20 mm 长的塑料套管,使水落管离墙面的距离一致。

(4)水落管接头的承插长度不应小于 40 mm,在接头下部不超过 100 mm 处应设一道固定卡子。

(5)水落管经过的空调板、檐口线等墙面突出部位处宜设直管,并应预留缺口或孔洞,预留孔洞时应设套管;当必须采用弯管绕过时,弯管的接合角应为钝角。

五、建筑围护结构节能工程

(1)建设、施工、监理单位必须依照施工图审查机构审查通过的施工图施工,不得擅自修改节能设计文件;确需变更的,建设单位应重新报施工图审查机构审查通过后,方可施工。外墙外保温的材料构成、细部节点、加强锚固部位、分格缝设置、保温层厚度、抗裂砂浆厚度等施工图设计文件中未明确的,应由原设计单位出具详细图纸或由相关单位提出方案经设计同意后实施。

(2)保温板、粘结胶、锚固膨胀螺栓、网格布、聚合物砂浆和界面剂等外墙外保温系统组成材料应与系统型式检验报告中的材料相一致。

（3）墙体节能工程使用的保温隔热材料进场后,应在监理（建设）单位的见证下取样,并送至有资质的检测机构进行进场复验。进场复验应符合下列:

① 复验项目要求:

· 保温材料的导热系数、表观密度、抗压强度或压缩强度和燃烧性能。

· 粘结材料的粘结强度。

· 增强网的力学性能、抗腐蚀性能。

② 检验数量:

同一厂家、同一品种产品,当单位工程建筑面积在 20 000 m² 以下时各抽查不少于 3 次;当单位工程建筑面积在 20 000 m² 以上时各抽查不少于 6 次。

（4）外墙外保温工程施工期间以及完工后 24 h 内,基层及环境空气温度不应低于 5 ℃。夏季应避免阳光曝晒。在 5 级以上大风天气和雨天不得施工。

（5）在外墙外保温系统上安装的设备、管道、消防梯等应固定于基层上,其固定件与保温材料结合处应做好密封处理,确保水不会渗入保温层及基层。

（6）外保温工程施工中,应在监理（建设）人员见证下,委托有资质的检测机构按下列要求进行现场检测:

① 保温板材与基层的粘结强度应做现场拉拔试验,试验数量为每种类型的基层墙体取 5 处有代表性的部位。

② 当保温层采用后置锚固件固定时,后置锚固件应进行锚固力现场拉拔试验,试验数量为每种类型的基层墙体取锚固件数量的 1‰,且不少于 3 根。

（7）外墙外保温基层处理应符合下列规定:

① 基层墙面应清理干净,墙面松动、风化部分应剔除干净,墙表面凸起物大于 10 mm 的应剔除。

② 封堵脚手架眼和孔洞,应将洞内杂物、灰尘等清理干净,浇水湿润,然后按要求将其封堵严密;对填充墙上灰缝不饱满的应用砂浆填塞密实;穿墙螺栓孔宜采用聚氨酯发泡剂和防水膨胀干硬性水泥砂浆填塞密实。

③ 外墙水平或倾斜的出挑部位宜做防水处理。

④ 基层墙面（包括门窗口）应进行整体找平处理,找平层宜使用防水砂浆,找平层表面应做细拉毛处理,与基底必须粘接牢固,平整度应控制在 4 mm 以内。

（8）保温板粘贴固定应符合下列要求:

① 粘贴保温板可采用条粘法或点框法。条粘法需用锯齿工具涂抹,涂抹面积应为 100%;点框法粘接面积涂料装饰不得小于 40%,面砖装饰不得小于 50%。

② 墙面以涂料饰面时,当用 EPS 板作保温层时,在距地面高度 20 m 以上应辅以锚栓固定,锚栓每平方米不应少于 3 个;当用 XPS 板作保温层时,应从首层开始采用粘锚结合方式将 XPS 板固定在墙面上,锚栓每平方米不应少于 4 个,并应在墙体转角、门窗洞口边缘的水平、垂直方向加密,间距不大于 300 mm,锚栓距基层墙体边缘应不小于 60 mm。

③ 墙面以面砖饰面时,应从首层开始采用粘锚结合方式将 EPS、XPS 板固定在墙面上,锚栓应安装在玻纤网布或后热镀锌电焊网外,锚栓数量每平方米不应少于 6 个,靠近墙面阳角的部位应适当增多。

④ 保温板对头缝应挤紧,并与相邻板齐平,胶粘剂的压实厚度宜控制在3～5 mm,贴好后应立即刮除板缝和板侧面残留的胶粘剂。保温板间缝隙应采用阻燃型聚氨酯发泡材料填缝,板件高差不得大于1.5 mm,否则应打磨平整。

⑤ 门窗洞口上部和突出建筑物的装饰腰线、女儿墙压顶等有排水要求的外墙部位应做滴水线。女儿墙混凝土压顶应采用向外悬挑的形式,以利于保温末端收头,外挑长度不得小于外墙保温层厚度。门窗洞口四角聚苯板不得拼接,应采用整板切割成型。

(9) 增强网及抹面胶浆施工应符合下列规定:

① 玻纤网布在保温系统下列终端处应进行翻包处理:

· 门窗洞口、管道或其他设备穿墙洞部位。

· 勒脚、阳台、雨篷等系统终端部位。

· 变形缝等需终止系统的部位。

· 保温系统在女儿墙不连续的部位。

② 玻纤网布(后热镀锌电焊网)铺设时,玻纤网布(后热镀锌电焊网)应处于两道抹面胶浆中间位置。当墙面以涂料饰面时,抹面胶浆总厚度应控制在3～5 mm(首层加强型应控制在5～7 mm)。当墙面以面砖饰面时,抹面胶浆总厚度玻纤网布应控制在5～7 mm(后热镀锌电焊网应控制在7～10 mm)。玻纤网布不得皱褶、翘边和外露。

③ 首层墙面必须加铺一层加强耐碱玻纤网布。墙的阴阳角处玻纤网布应双向绕角互相搭接,搭接宽度不小于200 mm。

④ 抹面胶浆在连续墙面上的施工间歇处,应留茬断开,留茬处抹面胶浆不应完全覆盖已铺好的玻纤网布,需与玻纤网布、底层胶浆呈台阶型坡茬,留茬间距不小于150 mm,以保证玻纤网布搭接处的墙面平整度。

(10) 保温层分隔缝的处理应符合下列规定:

① 分隔缝位置应由设计单位确定,宽度不应小于20 mm。

② 分隔缝施工时,分隔条应在抹灰时就放入,待砂浆初凝后取出,并应修正缝边。

③ 分隔缝内应填塞发泡聚乙烯圆棒(条)作背衬,再分两次勾填中性硅酮耐候密封胶,勾填厚度应为缝宽的50%～70%。

(11) 幕墙节能工程使用的材料、构件等进场时,应对其下列性能进行复验,复验应为见证取样送检:

① 保温材料:导热系数、密度。

② 幕墙玻璃:可见光透射比、传热系数、遮阳系数、中空玻璃露点。

③ 隔热型材:抗拉强度、抗剪强度。

检查数量:同一厂家的同一种产品抽查不少于一组。

(12) 建筑外窗进入施工现场时,除应对其气密性能、水密性能、抗风压性能进行复验外,还应对其传热系数、玻璃遮阳系数、可见光透射比、中空玻璃露点进行复验,复验应为见证取样送检。

(13) 建筑门窗采用的玻璃品种应符合设计要求。中空玻璃应采用双道密封。

(14) 金属外门窗隔断热桥措施应符合设计要求和产品标准的规定,金属副框的隔断热桥措施应与门窗框的隔断热桥措施相当。

(15) 屋面、地面节能工程使用的保温隔热材料,进场时应对导热系数、密度、抗压强度或压缩强度和燃烧性能进行复验。复验应为见证取样送检,同一厂家的同一种产品抽检不得少于 3 组。

(16)建筑围护结构保温节能施工完成后,应对围护结构的外墙节能构造、外窗气密性进行检测。

① 外墙节能构造的现场实体检验,每个单位工程应至少抽查 3 处,每处一个检查点。当一个单位工程外墙有两种以上外墙节能保温做法时,每种节能做法的外墙应抽查不少于 3 处。外墙节能构造的现场实体检验宜采用钻芯法,主要检验以下内容:

- 墙体保温材料的种类是否符合设计要求。
- 保温层厚度是否符合设计要求。
- 保温层构造做法是否符合设计和施工方案要求。

外墙节能构造的现场实体检验应在监理(建设)人员见证下实施,可委托有资质的检测机构检测,也可由施工单位实施。

② 外窗气密性的现场实体检验,每个单位工程每种主要窗型至少抽查 3 樘。

外窗气密性的现场实体检验应在监理(建设)人员见证下抽样,委托有资质的检测机构实施。

第三节 工程质量控制资料监督要点

一、钢材质量控制资料

(1)钢材进场时应提供产品合格证和出厂检验报告。

(2)钢筋进场时,应按现行国家标准《钢筋混凝土用钢 第二部分:热轧带肋钢筋》(GB 1499.2—2007)、《预应力混凝土用钢绞线》(GB/T 5224—2003)等的规定抽取试件做力学性能检验,其质量必须符合有关标准的规定。

① 低碳钢热轧圆盘条应成批验收,每批由同一牌号、同一炉罐号、同一尺寸的盘条组成,其重量不得大于 60 t。

允许由同一牌号的 A 级钢(包括 Q195)和 B 级钢,同一冶炼和浇铸方法、不同炉罐号的钢轧成的盘条组成混合批,但每批不得多于 6 个炉罐号,各炉罐号含碳量之差不得大于 0.02%,含锰量之差不得大于 0.15%。

判定规则:任何检验批如有某一项试验结果不符合标准要求,则从同一批中再取双倍数量的试样进行该不合格项目的复验。复验结果(包括该项试验所要求的任一指标)即使只有一个指标不合格,则整批不得交货。

② 钢筋混凝土用热轧光圆钢筋应按批进行检查和验收,每批应由同一牌号、同一炉罐号、同一规格、同一交货状态的钢筋组成,其重量不大于 60 t。

公称容量不大于 30 t 的冶炼炉冶炼的钢和连铸坯轧成的钢筋,允许同一牌号、同一冶炼方法、同一浇铸方法的不同炉罐号组成混合批,但每批不多于 6 个炉罐号,各炉罐号含碳量之差不得大于 0.02%,含锰量之差不得大于 0.15%。

判定规则同盘条。

③ 钢筋混凝土用热轧带肋钢筋应按批进行检查和验收,每批应由同一牌号、同一炉罐号、同一规格、同一交货状态的钢筋组成,其重量不大于 60 t。

允许同一牌号、同一冶炼方法、同一浇铸方法的不同炉罐号组成混合批,但每批不得多于 6 个炉罐号,各炉罐号含碳量之差不得大于 0.02%,含锰量之差不得大于 0.15%。

判定规则同盘条。

④ 冷轧带肋钢筋应按批进行检查和验收,每批应由同一牌号、同一外形、同一规格、同一生产工艺和同一交货状态的钢筋组成,每批重量不大于 60 t。

判定规则同盘条。

⑤ 钢筋混凝土用余热处理钢筋,钢筋应按批进行检查和验收,每批应由同一牌号、同一炉罐号、同一规格、同一交货状态的钢筋组成,其重量不大于 60 t。

公称容量不大于 30 t 的冶炼炉冶炼制成的钢坯制的钢筋,允许同一牌号、同一冶炼方法、同一浇铸方法的不同炉罐号组成混合批,但每批不多于 6 个炉罐号,各炉罐号含碳量之差不得大于 0.02%,含锰量之差不得大于 0.15%。

判定规则同盘条。

⑥ 冷轧扭钢筋验收批应由同一牌号、同一规格尺寸、同一台轧机、同一台班的钢筋组成,且每批不大于 10 t,不足 10 t 按一批计。

判定规则:

a. 当全部检验项目均符合本标准规定,则该批钢筋判定为合格。

b. 当检验项目中有一项检验结果不符合有关要求,则应从同一批钢筋中重新加倍随机取样,对不符合项目进行复检。若试样复检后合格,该批钢筋可判定为合格;否则根据不同项目按下列规则判定:

当抗拉强度、拉伸、冷弯试验不合格,或重量负偏差大于 5% 时,该批钢筋判定为不合格。

当仅轧扁厚度小于或节距大于本标准规定,仍可判定为合格,但需降直径规格使用。例如:标志直径为 $\phi14$ 降为 $\phi12$ 使用;$\phi12$ 降为 $\phi10$ 使用……以此类推。

⑦ 冷拔螺旋钢筋应成批验收。每批应由同一牌号、同一规格和同一级别的钢筋组成,每批重量不大于 50 t。

判定规则:当某一项检验结果不符合标准规定时,则该盘不得交货,并从同一批未经试验的钢丝盘中取双倍数量的试样进行该不合格项目的复验(包括该项试验所要求的任一指标),复验结果即使只有一个试样不合格,则整批不得交货,或进行逐盘检验合格后交货。供方有权对复验不合格产品进行加工分类(包括热处理)后,重新提交验收。

⑧ 预应力混凝土用钢绞线应成批验收,每批钢绞线由同一牌号、同一规格、同一生产工艺捻制的钢绞线组成,每批质量不大于 60 t。供方每一交货批钢绞线的实际强度不能高于其抗拉强度级别 200 MPa。

判定规则:同冷拔螺旋钢筋。

⑨ 预应力混凝土用钢丝应成批验收,每批钢丝由同一牌号、同一规格、同一加工状态的钢丝组成,每批质量不大于 60 t。

判定规则:同冷拔螺旋钢筋。

(3) 抗震等级为一、二、三级的框架和斜撑构件(含梯段),其纵向受力钢筋采用普通钢筋时,钢筋的抗拉强度实测值与屈服强度实测值的比值不应小于 1.25;钢筋的屈服强度实测值与屈服强度标准值的比值不应大于 1.3,且钢筋在最大拉力下的总伸长率实测值不应小于 9％。

（4）当发现钢筋脆断、焊接性能不良或力学性能显著不正常等现象时，应对该批钢筋进行化学成分检验或其他专项检验。

（5）钢结构用钢材的合格证及复验。

① 承重结构钢材应有下列项目的合格保证：

a. 承重结构钢材，应保证抗拉强度、伸长率、屈服点和硫、磷的极限含量；焊接结构应保证碳的极限含量。必要时还应有冷弯试验的合格保证。

b. 对重级工作制和吊车起重量大于等于 50 t 的中级工作制焊接吊车梁和类似结构的钢材，应有常温冲击韧性的合格保证；计算温度等于或低于－20 ℃时，Q235 钢应具有－20 ℃下冲击韧性的合格保证，Q345 钢应具有－40 ℃下冲击韧性的合格保证。

c. 重级工作制的非焊接吊车梁，必要时其钢材也应具有冲击韧性的合格保证。

d. 对于高层钢结构建筑，承重结构的钢材一般应保证抗拉强度、伸长率、屈服点、冷弯试验、冲击韧性合格和硫、磷含量的极限值，对焊接结构尚应有含碳量极限值的合格保证。

② 对属于下列情况之一的钢结构用钢材，应进行抽样复验：

a. 国外进口钢材（当具有国家进出口质量检验部门的复验商检报告时，可以不再进行复验）。

b. 钢材混批：

• 碳素结构钢每批应由同一牌号、同一炉罐号、同一等级、同一品种、同一尺寸、同一交货状态的钢材组成，其重量不大于 60 t。

公称容量不大于 30 t 的冶炼炉冶炼的钢和连铸坯轧成的钢材，允许同一牌号的 A、B 级钢，同一冶炼和浇注方法，不同炉罐号组成混合批，但每批不多于 6 个炉罐号，各炉罐号含碳量之差不得大于 0.02％，含锰量之差不得大于 0.15％。

• 低合金高强度结构钢每批应由同一牌号、同一质量等级、同一炉罐号、同一品种、同一尺寸、同一热处理制度（指热处理状态供应）的钢材组成，其重量不大于 60 t。

A、B 级钢允许由同一牌号、同一质量等级、同一冶炼和浇注方法、不同炉罐号组成混合批，但每批不多于 6 个炉罐号，各炉罐号含碳量之差不得大于 0.02％，含锰量之差不得大于 0.15％。

• 板厚等于或大于 40 mm，且设计有 Z 向性能要求的厚板。

• 建筑结构安全等级为一级、大跨度（大于等于 60 m）钢结构中主要受力构件（弦杆或梁用钢板）所采用的钢材。

• 设计有复验要求的钢材。

• 对质量有疑义的钢材：对质量证明文件有疑义时的钢材；质量证明文件不全的钢材；质量证明书中的项目少于设计要求的钢材。

二、钢材焊接、机械连接质量控制资料

（1）焊条（丝、剂）等焊接材料应有产品合格证；当采用低氢型碱性焊条时，应按使用说明书的要求烘焙，且宜放入保温筒内保温使用；酸性焊条如在运输或存放中受潮，使用前亦应烘焙后方能使用。焊剂应存放在干燥的库房内，当受潮时，在使用前应经 250～300 ℃烘焙 2 h。

（2）钢结构焊接材料应有质量合格证明文件、中文标志及检验报告，品种、规格、性能等应符合现行国家产品标准和设计要求。焊条、焊丝、焊剂、电渣焊熔嘴等焊接材料与母材的匹配应符合设计要求及现行行业标准《建筑钢结构焊接技术规程》(JGJ 81—2002)的规定。焊条、焊剂、药芯焊丝、熔嘴、瓷环等在使用前,应按其产品说明书及焊接工艺文件的规定进行烘焙和存放。

(3) 机械连接套筒应有合格证书、型式检验报告。

(4) 机械连接试验:

① 钢筋连接工程开始前及施工过程中,应对每批进场钢筋进行接头工艺检验,工艺检验应符合下列要求:

a. 每种规格钢筋的接头试件不应少于3根。

b. 钢筋母材抗拉强度试件不应少于3根,且应取自接头试件的同一根钢筋。

c. 3根接头试件的抗拉强度均应符合表 7-53 的规定;对于 I 级接头,试件抗拉强度尚应大于等于钢筋抗拉强度实测值的 0.95 倍;对于 II 级接头,应大于 0.90 倍。

表 7-53 接头的抗拉强度

接头等级	I 级	II 级	III 级
抗拉强度	$f_{mst}^0 \geqslant f_{st}^0$ 或 $\geqslant 1.10 f_{uk}$	$f_{mst}^0 \geqslant f_{uk}$	$f_{mst}^0 \geqslant 1.35 f_{yk}$

注:f_{mst}^0——接头试件实际抗拉强度;f_{st}^0——接头试件中钢筋抗拉强度实测值;f_{uk}——钢筋抗拉强度标准值;f_{yk}——钢筋屈服强度标准值。

② 现场检验应进行外观质量检查和单向拉伸试验。对接头有特殊要求的结构,应在设计图纸中另行注明相应的检验项目。

③ 接头的现场检验按验收批进行。同一施工条件下采用同一批材料的同等级、同型式、同规格接头,以 500 个为一个验收批进行检验与验收,不足 500 个也作为一个验收批。

④ 对接头的每一验收批,必须在工程结构中随机截取 3 个接头试件做抗拉强度试验,按设计要求的接头等级进行评定。当 3 个接头试件的抗拉强度均符合表 7-53 中相应等级的要求时,该验收批评为合格。如有 1 个试件的强度不符合要求,应再取 6 个试件进行复检。复检中如仍有 1 个试件的强度不符合要求,则该验收批评为不合格。

⑤ 现场检验连续 10 个验收批抽样试件抗拉强度试验 1 次合格率为 100% 时,验收批接头数量可以扩大 1 倍。

(5) 钢筋焊接试验:

① 在工程开工正式焊接之前,参与该项施焊的焊工应进行现场条件下的焊接工艺试验,并经试验合格后,方可正式生产。试验结果应符合质量检验与验收时的要求。

② 钢筋闪光对焊接头、电弧焊接头、电渣压力焊接头、气压焊接头拉伸试验结果均应符合下列要求:

a. 3 个热轧钢筋接头试件的抗拉强度均不得小于该牌号钢筋规定的抗拉强度;RRB400 钢筋接头试件的抗拉强度均不得小于 570 N/mm²。

b. 至少应有 2 个试件断于焊缝之外,并应呈延性断裂。当达到上述 2 项要求时,应评定该批接头为抗拉强度合格。

c. 当试验结果有 2 个试件抗拉强度小于钢筋规定的抗拉强度,或 3 个试件均在焊缝或热影响区发生脆性断裂时,则一次判定该批接头为不合格品。

d. 当试验结果有 1 个试件的抗拉强度小于规定值,或 2 个试件在焊缝或热影响区发生脆性断裂,其抗拉强度均小于钢筋规定抗拉强度的 1.10 倍时,应进行复验。

　　e. 复验时,应再切取 6 个试件。复验结果,当仍有 1 个试件的抗拉强度小于规定值,或有 3 个试件在焊缝或热影响区呈脆性断裂,其抗拉强度小于钢筋规定抗拉强度的 1.10 倍时,应判定该批接头为不合格品。

　　f. 当接头试件虽断于焊缝或热影响区,呈脆性断裂,但其抗拉强度大于或等于钢筋规定抗拉强度的 1.10 倍时,可按断于焊缝或热影响区之外,呈延性断裂同等对待。

　　③ 闪光对焊接头、气压焊接头进行弯曲试验时,应将受压面的全面毛刺和镦粗凸起部分消除,且应与钢筋的外表齐平。

　　a. 当试验结果弯至 90° 有 2 个或 3 个试件外侧(含焊缝和热影响区)未发生破裂时,应评定该批接头弯曲试验合格。

　　b. 当 3 个试件均发生破裂,则一次判定该批接头为不合格品。

　　c. 当有 2 个试件发生破裂时,应进行复验。

　　d. 复验时,应再切取 6 个试件。复验结果,当有 3 个试件发生破裂时,应判定该接头为不合格品。

　　注:当试件外侧横向裂纹宽度达到 0.5 mm 时,应认定已经破裂。

　　(6) 钢筋焊接骨架和焊接网:

　　① 接头的质量检验,应分批进行外观检查和力学性能检验,并应按下列规定选取检验批。

　　a. 钢筋牌号、直径及尺寸相同的焊接骨架和焊接网应视为同一类型制品,且每 300 件作为一批,一周内不足 300 件的亦应按一批计算。

　　b. 热轧钢筋的焊点应做剪切试验,试件应为 3 件;冷轧带肋钢筋焊点除做剪切试验外,尚应对纵向和横向冷轧带肋钢筋做拉伸试验,试件应各为 1 件。

　　② 当拉伸试验结果不合格时,应再切取双倍数量试件进行复检;复验结果均合格时,应评定该批焊接制品焊点拉伸试验合格。

　　当剪切试验结果不合格时,应从该批制品中再切取 6 个试件进行复验;当全部试件平均值达到要求时,应评定该批焊接制品焊点剪切试验合格。

　　(7) 钢筋闪光对焊接头:

　　① 闪光对焊接头的质量检验,应分批进行外观检查和力学性能检验,并应按下列规定选取检验批:

　　a. 在同一台班内,由同一焊工完成的 300 个同牌号、同直径钢筋焊接接头应作为一批。当同一台班内焊接的接头数量较少,可在一周之内累计计算;累计仍不足 300 个接头时,应按一批计算。

　　b. 力学性能检验时,应从每批接头中随机切取 6 个接头,其中 3 个做拉伸试验,3 个做弯曲试验。

　　c. 焊接等长的预应力钢筋(包括螺丝端杆与钢筋)时,可按生产时同等条件制作模拟试件。

　　d. 螺丝端杆接头可只做拉伸试验。

　　e. 封闭环式箍筋闪光对焊接头,以 600 个同牌号、同规格的接头作为一批,只做拉伸试验。

② 当模拟试件试验结果不符合要求时,应进行复验。复验应从现场焊接接头中切取,其数量和要求与初始试验相同。

(8) 钢筋电弧焊接头:

① 电弧焊接头的质量检验,应分批进行外观检查和力学性能检验,并应按下列规定选取检验批:

a. 在现浇混凝土结构中,应以 300 个同牌号钢筋、同型式接头作为一批;在房屋结构中,应以不超过一楼层中 300 个同牌号钢筋、同型式接头作为一批。每批随机切取 3 个接头,做拉伸试验。

b. 在装配式结构中,可按生产条件制作模拟试件,每批 3 个,做拉伸试验。

c. 钢筋与钢板电弧搭接焊接头可只进行外观检查。

注:在同一批中若有几种不同直径的钢筋焊接接头,应在最大直径钢筋接头中切取 3 个试件。以下电渣压力焊接头、气压焊接头取样均同。

② 当模拟试件试验结果不符合要求时,应进行复验。复验应从现场焊接接头中切取,其数量和要求与初始试验时相同。

(9) 钢筋电渣压力焊接头:

电渣压力焊接头的质量检验,应分批进行外观检查和力学性能检验,并应按下列规定选取检验批:

在现浇钢筋混凝土结构中,应以 300 个同牌号钢筋接头作为一批;在房屋结构中,应以不超过一楼层中 300 个同牌号钢筋接头作为一批;当不足 300 个接头时,仍应作为一批。每批随机切取 3 个接头做拉伸试验。

(10) 钢筋气压焊接头:

气压焊接头的质量检验,应分批进行外观检查和力学性能检验,并应按下列规定选取检验批:

① 在现浇钢筋混凝土结构中,应以 300 个同牌号钢筋接头作为一批;在房屋结构中,应以不超过一楼层中 300 个同牌号钢筋接头作为一批;当不足 300 个接头时,仍应作为一批。

② 在柱、墙的竖向钢筋连接中,应从每批接头中随机切取 3 个接头做拉伸试验;在梁、板的水平钢筋连接中,应另切取 3 个接头做弯曲试验。

(11) 预埋件钢筋 T 型接头:

① 当进行力学性能检验时,应以 300 件同类型预埋件作为一批。一周内连续焊接时,可累计计算。当不足 300 件时,亦应按一批计算。应从每批预埋件中随机切取 3 个接头做拉伸试验。

② 预埋件钢筋 T 型接头拉伸试验结果,3 个试件的抗拉强度均应符合下列要求:HPB235 钢筋接头不得小于 350 N/mm²;HRB335 钢筋接头不得小于 470 N/mm²;HRB400 钢筋接头不得小于 550 N/mm²。

当试验结果 3 个试件中有 1 个小于规定值时,应进行复验。

复验时,应再取 6 个试件。复验结果,其抗拉强度均达到上述要求时,应评定该批接头为合格品。

(12) 钢结构焊接试验:

① 施工单位对其首次采用的钢材、焊接材料、焊接方法、焊后热处理等,应进行焊接工

艺评定,并应根据评定报告确定焊接工艺。

施工单位对其采用的焊钉和钢材焊接应进行焊接工艺评定,其结果应符合设计要求和国家现行有关标准的规定。

② 重要钢结构采用的焊接材料应进行抽样复验,复验结果应符合现行国家产品标准和设计要求。

该复验应为见证取样、送样检验项目。本条中"重要"是指:

a. 建筑结构安全等级为一级的一、二级焊缝。

b. 建筑结构安全等级为二级的一级焊缝。

c. 大跨度结构中一级焊缝。

d. 重级工作制吊车梁结构中一级焊缝。

e. 设计要求。

③ 焊接球焊缝应进行无损检验,其质量应符合设计要求,当设计无要求时应符合二级质量标准。每一规格按数量抽查5%,且不应少于3个。

④ 设计要求全焊透的一、二级焊缝应采用超声波探伤进行内部缺陷的检验;超声波探伤不能对缺陷作出判断时,应采用射线探伤,探伤比例一级焊缝不得低于100%,二级焊缝不得低于20%。

⑤ 对一、二级焊缝,尚应按焊缝处数随机抽验3%,且不应少于3处,进行见证取样送样试验,以检验焊缝的内部缺陷、外部缺陷及焊缝尺寸。

三、水泥质量控制资料

(1) 水泥进场时应提供产品合格证、出厂检验报告。

(2) 水泥进场时应对其品种、级别、包装或散装仓号、出厂日期等进行检查,并应对其强度、安定性及其他必要的性能指标进行复验,其质量必须符合现行国家标准《通用硅酸盐水泥》(GB 175—2007)的规定。

当在使用中对水泥质量有怀疑或水泥出厂超过三个月(快硬硅酸盐水泥超过一个月)时,应进行复验,并按复验结果使用。

钢筋混凝土结构、预应力混凝土结构中,严禁使用含氯化物的水泥。

检查数量:按同一生产厂家、同一等级、同一品种、同一批号且连续进场的水泥,袋装不超过200 t为一批,散装不超过500 t为一批,每批抽样不少于一次。

判定规则:

凡氧化镁、三氧化硫、初凝时间、安定性中任一项不符合规定时,均为废品。

凡细度、终凝时间、不溶物和烧失量中的任一项不符合规定或混合材料掺加量超过最大限度或强度低于其强度等级的指标时,为不合格品。

(3) 孔道灌浆用水泥应采用普通硅酸盐水泥,其质量应符合以上规定(对孔道灌浆用水泥和外加剂用量较少的一般工程,当有可靠依据时,可不做材料性能的进场复验)。

四、砖、砌块、砂、石质量控制资料

(1) 砖、砌块、砂、石应有产品的合格证书、产品性能检测报告。严禁使用国家明令淘汰的材料。

(2) 砖的强度等级必须符合设计要求。每一生产厂家的砖到现场后,按烧结砖15万块、多孔砖5万块、灰砂砖及粉煤灰砖10万块各为一验收批,抽检数量为1组。

（3）施工时所用的混凝土小型空心砌块的产品龄期不应小于 28 d，强度等级必须符合设计要求。每一生产厂家，每 1 万块小砌块至少应抽检 1 组。用于多层以上建筑基础和底层的小砌块抽检数量不应少于 2 组。

（4）石材及砂浆强度等级必须符合设计要求。同一产地的石材至少应抽检 1 组。

（5）蒸压加气混凝土砌块、轻骨料混凝土小型空心砌块砌筑时，其产品龄期应超过 28 d。蒸压加气混凝土砌块以同品种、同规格、同等级的砌块，以 10 000 块为 1 批，不足 10 000 块亦为 1 批。轻骨料混凝土小型空心砌块以用同一品种轻骨料配置成的相同密度等级、相同强度等级、质量等级和同一生产工艺制成的 10 000 块轻骨料混凝土小型空心砌块为 1 批。

（6）砖、砌块复试项目有一项不合格，则判定为不合格。

（7）普通混凝土用砂、碎石、卵石供货单位应提供产品合格证或质量检验报告。购货单位应按同产地同规格分批验收。用大型工具（如火车、货船、汽车）运输的，以 400 m³ 或 600 t 为一验收批。用小型工具（如马车等）运输的，以 200 m³ 或 300 t 为一验收批。不足上述数量者以一批论。

砂每验收批至少应进行颗粒级配、含泥量和泥块含量检验。如为海砂，还应检验其氯离子含量。碎石、卵石每验收批至少应进行颗粒级配、含泥量、泥块含量及针、片状颗粒含量检验。对重要工程或特殊工程应根据工程要求，增加检测项目。

若检验不合格，应重新取样。对不合格项，进行加倍复验，若仍有一个试样不能满足标准要求，应按不合格品处理。

（8）轻集料按品种、种类、密度等级和质量等级分批检验与验收。每 200 m³ 为一批；不足 200 m³ 亦以一批论。

轻粗集料检验项目：颗粒级配、堆积密度、粒型系数、筒压强度（高强轻粗集料尚应检测强度标号）和吸水率。

轻细集料检验项目：细度模数、堆积密度。

若有一项性能指标不符合要求，应从同一批轻集料中加倍取样，对不符合要求的指标进行复检。复检后仍然不符合要求时，则该批产品判为降等或不合格。

五、防水材料质量控制资料

（1）屋面工程所采用的防水材料应有产品合格证书和性能检测报告，材料的品种、规格、性能等应符合现行国家产品标准和设计要求。现场抽样复验项目应符合表 7-54 的要求。

表 7-54　　　　　　　　　　　　屋面防水工程材料现场抽样复验项目

序号	材料名称	现场抽样数量	外观质量检验	物理性能检验
1	沥青防水卷材	大于 1 000 卷抽 5 卷，每 500 ～1 000 卷抽 4 卷，100～499 卷抽 3 卷，100 卷以下抽 2 卷，进行规格尺寸和外观质量检验。在外观质量检验合格的卷材中，任取一卷做物理性能检验	孔洞、硌伤、露胎、涂盖不匀、折纹、皱折、裂纹、裂口、缺边，每卷卷材的接头	纵向拉力，耐热度，柔度，不透水性

序号	材料名称	现场抽样数量	外观质量检验	物理性能检验
2	高聚物改性沥青防水卷材	同 1	孔洞、缺边、裂口、边缘不整齐,胎体露白、未浸透,撒布材料粒度、颜色,每卷卷材的接头	拉力,最大拉力时延伸率,耐热度,低温柔度,不透水性
3	合成高分子防水卷材	同 1	折痕、杂质、胶块、凹痕,每卷卷材的接头	断裂拉伸强度,扯断伸长率,低温弯折,不透水性
4	石油沥青	同一批至少抽一次	—	针入度,延度,软化度
5	沥青玛琋脂	每工作班至少抽一次	—	耐热度,柔韧性,粘结力
6	高聚物改性沥青防水涂料	每 10 t 为一批,不足 10 t 按一批抽样	包装完好无损,且标明涂料名称、生产日期、生产厂名,产品有效期;无沉淀、凝胶、分层	固体含量,耐热度,不透水性,延伸率
7	合成高分子防水涂料	同 6	包装完好无损,且标明涂料名称、生产日期、生产厂名,产品有效期	固体含量,拉伸强度,断裂延伸率,柔性,不透水性
8	胎体增强材料	每 3 000 m² 为一批,不足 3 000 m² 按一批抽样	均匀,无团状,平整,无折皱	拉力,延伸率
9	改性石油沥青密封材料	每 2 t 为一批,不足 2 t 按一批抽样	黑色均匀膏状,无结块和未浸透的填料	耐热度,低温柔性,拉伸粘结性,施工度
10	合成高分子密封材料	每 1 t 为一批,不足 1 t 按一批抽样	均匀膏状,无结皮、凝胶或不易分散的固体团状	拉伸粘结性,柔性
11	平瓦	同一批至少抽一次	边缘整齐,表面光滑,不得有分层、裂纹、露砂	—
12	油毡瓦	同一批至少抽一次	边缘整齐,切槽清晰,厚薄均匀,表面无孔洞、硌伤、裂纹、折皱及起泡	耐热度,柔度
13	金属板材	同一批至少抽一次	边缘整齐,表面光滑,色泽均匀,外形规则,不得有扭翘、脱膜、锈蚀	—

（2）地下防水工程所使用的防水材料,应有产品的合格证书和性能检测报告,材料的品种、规格、性能等应符合现行国家产品标准和设计要求。现场抽样复验项目应符合表 7-55 的要求。

表 7-55　　　　　　　　　　　　地下防水工程材料现场抽样复验项目

序号	材料名称	现场抽样数量	外观质量检验	物理性能检验
1	高聚物改性沥青防水卷材	大于 1 000 卷抽 5 卷,每 500～1 000 卷抽 4 卷,100～499 卷抽 3 卷,100 卷以下抽 2 卷,进行规格尺寸和外观质量检验。在外观质量检验合格的卷材中,任取一卷做物理性能检验	断裂、皱折、孔洞、剥离、边缘不整齐,胎体露白、未浸透,撒布材料粒度、颜色,每卷卷材的接头	拉力,最大拉力时延伸率,低温柔度,不透水性
2	合成高分子防水卷材	同 1	折痕、杂质、胶块、凹痕,每卷卷材的接头	断裂拉伸强度,扯断伸长率,低温弯折,不透水性
3	沥青基防水涂料	每工作班生产量为一批抽样	搅匀和分散在水溶液中,无明显沥青丝团	固含量,耐热度,柔性,不透水性,延伸率
4	无机防水涂料	每 10 t 为一批,不足 10 t 按一批抽样	包装完好无损,且标明涂料名称、生产日期、生产厂名、产品有效期	抗折强度,粘结强度,抗渗性
5	有机防水涂料	每 5 t 为一批,不足 5 t 按一批抽样	同 4	固体含量,拉伸强度,断裂延伸率,柔性,不透水性
6	胎体增强材料	每 3 000 m² 为一批,不足 3 000 m² 按一批抽样	均匀,无团状,平整,无折皱	拉力,延伸率
7	改性石油沥青密封材料	每 2 t 为一批,不足 2 t 按一批抽样	黑色均匀膏状,无结块和未浸透的填料	低温柔性,拉伸粘结性,施工度
8	合成高分子防水涂料	同 7	均匀膏状,无结皮、凝胶或不易分散的固体团状	拉伸粘结性,柔性
9	高分子防水材料止水带	每月同标记的止水带产量为一批抽样	尺寸公差;开裂、缺胶、海绵状、中心孔偏心;凹痕、气泡、杂质、明疤	拉伸强度,扯断伸长率,撕裂强度
10	高分子防水材料遇水膨胀橡胶	每月同标记的膨胀橡胶产量为一批抽样	尺寸公差;开裂、缺胶、海绵状;凹痕、气泡、杂质、明疤	拉伸强度,扯断伸长率,体积膨胀倍率

六、节能保温材料质量控制资料

(1) 建筑工程使用的新型墙体材料和节能保温材料应符合设计和国家及省内有关现行标准的规定,无国家、行业地方标准的,应当有依法制定的企业标准。保温材料应具备下列资料:

　　① 材料出厂合格证;

　　② 材料性能检测报告;

　　③ 外保温系统的型式检验报告(有效期为两年);

　　④ 省建设行政主管部门认证资料和企业标准(无国家、行业或地方标准的材料);

　　⑤ 进场复试报告(按标准要求进场后应抽样检验的材料)。

(2) 外墙外保温系统生产厂家应提供有效的型式检验报告,型式检验报告有效期为两年,其型式检验应符合下列要求:

① 耐候性检验:外墙外保温系统经耐候性试验后,不得出现饰面层起泡或剥落、保护层空鼓或脱落等破坏,不得产生渗水裂缝。具有薄抹面层的外保温系统,抹面层与保温层的拉伸粘结强度不得小于 0.1 MPa,并且破坏部位应位于保温层内。

② 胶粉 EPS 颗粒保温浆料外墙外保温系统的抗拉强度检验:抗拉强度不得小于 0.1 MPa,并且破坏部位不得位于各层界面。

③ EPS 板现浇混凝土外墙外保温系统现场粘结强度检验:现场粘结强度不得小于 0.1 MPa,并且破坏部位应位于 EPS 板内。

④ 胶粘剂拉伸粘结强度检验:胶粘剂与水泥砂浆的拉伸粘结强度在干燥状态下不得小于 0.6 MPa,浸水 48 h 后不得小于 0.4 MPa;与 EPS 板的拉伸粘结强度在干燥状态和浸水 48 h 后均不得小于 0.1 MPa,并且破坏部位应位于 EPS 板内。

⑤ 玻纤网耐碱拉伸断裂强力检验:玻纤网经向和纬向耐碱拉伸断裂强度不得小于 750 N/mm²,耐碱拉伸断裂强力保留率均不得小 50%。

(3)墙体节能工程使用的保温隔热材料进场后,应在监理(建设)单位的见证下取样,并送至有资质的检测机构进行进场复验。进场复验内容主要有:

① 保温材料的导热系数、表观密度、抗压强度或压缩强度和燃烧性能;

② 粘结材料的粘结强度;

③ 增强网的力学性能、抗腐蚀性能。

检验数量:同一厂家、同一品种产品,当单位工程建筑面积在 20 000 m² 以下时各抽查不少于 3 次;当单位工程建筑面积在 20 000 m² 以上时各抽查不少于 6 次。

(4)外保温工程施工,应在监理(建设)人员见证下,委托有资质的检测机构按下列要求进行现场检测:

① 保温板材与基层的粘结强度应做现场拉拔试验,试验数量为每种类型的基层墙体取 5 处有代表性的部位。

② 当保温层采用后置锚固件固定时,后置锚固件应进行锚固力现场拉拔试验,试验数量为每种类型的基层墙体取锚固件数量的 1‰,且不少于 3 根。

(5)幕墙节能工程使用的材料、构件等进场时,应对下列性能进行复验,复验应为见证取样送检,同一厂家的同一种产品抽检不得少于一组:

① 保温材料:导热系统、密度、燃烧性能。

② 幕墙玻璃:可见光透射比、传热系数、遮阳系数、中空玻璃露点。

③ 隔热型材:抗拉强度、抗剪强度。

(6)墙的气密性能应符合设计规定的等级要求。当幕墙面积大于 3 000 m² 或建筑外墙面积 50% 时,应现场抽取材料和配件,在检测试验室安装制作试件进行气密性能检测,检测结果应符合设计规定的等级要求。气密性能检测应对一个单位工程中面积超过 1 000 m² 的每一种幕墙均抽取一个试件进行检测。

性能检测试件应包括幕墙的典型单元、典型拼缝、典型可开启部分。试件应按照幕墙工程施工图进行设计,试件设计应经建筑设计单位项目负责人、监理工程师同意并确认。

(7)建筑外窗进入施工验场时,应对其气密性、传热系数、中空玻璃露点进行抽样复验,复验应为见证取样送检,同一厂家、同一品种、同一类型的产品各抽查不少于 3 樘(件)。

(8)屋面节能工程使用的保温隔热材料,进场时应对导热系数、密度、抗压强度或压缩强度和燃烧性能进行复验,复验应为见证取样送检,同一厂家的同一种产品抽检不得少于3次。

（9）地面节能工程使用的保温隔热材料,进场时应对导热系数、密度、抗压强度或压缩强度和燃烧性能进行复验,复验应为见证取样送检,同一厂家的同一种产品抽检不得少于3次。

（10）外墙节能构造的现场实体检验,每个单位工程应至少抽查 3 处,每处一个检查点。当一个单位工程外墙有两种以上外墙节能保温做法时,每种节能做法的外墙应抽查不少于3 处。外墙节能构造的现场实体检验宜采用钻芯法,主要检验以下内容:

① 墙体保温材料的种类是否符合设计要求。

② 保温层厚度是否符合设计要求。

③ 保温层构造做法是否符合设计和施工方案要求。

外墙节能构造的现场实体检验应在监理（建设）人员见证下实施,可委托有资质的检测机构检测,也可由施工单位实施。

（11）外窗气密性的现场实体检验,每个单位工程每种主要窗型至少抽查 3 樘。外窗气密性的现场实体检验应在监理（建设）人员见证下抽样,委托有资质的检测机构实施。

七、外加剂质量控制资料

混凝土中掺用外加剂的质量及应用技术应符合现行国家标准《混凝土外加剂》（GB 8076—2008）、《混凝土外加剂应用技术规范》（GB 50119—2003）等和有关环境保护的规定。

预应力混凝土结构中,严禁使用含氯化物的外加剂。钢筋混凝土结构中,当使用含氯化物的外加剂时,混凝土中氯化物的总含量应符合现行国家标准《混凝土质量控制标准》（GB 50164—1992）的规定。

检查数量:按进场的批次和产品的抽样检验方案确定。

凡在砂浆中掺入有机塑化剂、早强剂、缓凝剂、防冻剂等,应经检验和试配符合要求后,方可使用。有机塑化剂应有砌体强度的型式检验报告。

① 外加剂应有供货单位提供的下列技术文件:

a. 产品说明书,并应标明产品主要成分。

b. 出厂检验报告及合格证。

c. 掺外加剂混凝土性能检验报告。

② 不同品种外加剂复合使用时,应注意其相容性及对混凝土性能的影响,使用前应进行试验,满足要求方可使用。

③ 外加剂现场检验项目应包括:

a. 混凝土防冻剂:包括密度（或细度）,R_{-7}、R_{+8} 抗压强度比,钢筋锈蚀试验;同一厂家、同一品种防冻剂,每 50 t 为一批,不足 50 t 也作为一批。

b. 砂浆、混凝土防水剂:pH 值、密度（或细度）、钢筋锈蚀。生产厂年产不小于 500 t,每一批号为 50 t;年产 500 t 以下,每一批号为 30 t,每批不足 50 t 或 30 t 的也按一批量计。

c. 混凝土膨胀剂:限制膨胀率检测。生产厂日产量超过 200 t 时,以不超过 200 t 为一编号,不足 200 t 时,应以不超过日产量为一编号。

d. 喷射混凝土速凝剂:密度（或细度）、凝结时间、1 d 抗压强度。同一厂家、同一品种速凝剂,每 20 t 为一批;不足 20 t 也作为一批。

e. 混凝土早强剂及早强减水剂：密度（或细度），1 d、3 d 抗压强度及对钢筋的锈蚀作用。

f. 混凝土缓凝剂、缓凝减水剂及缓凝高效减水剂：pH 值、密度（或细度）、混凝土凝结时间，缓凝减水剂及缓凝高效减水剂应增做减水率、水泥适应性试验（当掺用含有糖类及木质素磺酸盐类物质的外加剂时）。

g. 混凝土泵送剂：pH 值、密度（或细度）、坍落度增加值及坍落度损失。

h. 混凝土引气剂及引气减水剂：pH 值、密度（或细度）、含气量，引气减水剂应增测减水率。

i. 混凝土普通减水剂及高效减水剂：pH 值、密度（或细度）、混凝土减水率、水泥适应性试验（当掺用含有木质素磺酸盐类物质的外加剂时）。

八、钢结构防腐、防火涂料质量控制资料

（1）钢结构防腐涂料、稀释剂和固化剂等材料的品种、规格、性能等符合现行国家产品标准和设计要求，应提供质量合格证明文件、中文标志及检验报告等。

（2）钢结构防火涂料的品种、技术性能应符合设计要求，并应经过具有资质的检测机构检测，符合国家现行有关标准的规定，应提供质量合格证明文件、中文标志及检验报告等。

（3）钢结构防火涂料每使用 100 t 或不足 100 t 薄涂型防火涂料应抽检一次粘结强度；每使用 500 t 或不足 500 t 厚涂型防火涂料应抽检一次粘结强度和抗压强度。

九、幕墙及外窗试验质量控制资料

（1）幕墙工程所使用的各种材料、构件和组件应有产品合格证书、进场验收记录、性能检测报告。硅酮结构胶应有认定证书和抽查合格证明；进口硅酮结构胶应有商检证。

（2）同一幕墙工程应采用同一品牌的单组分或双组分的硅酮结构密封胶，并应有保质年限的质量证书。用于石材幕墙的硅酮结构密封胶还应有证明无污染的实验报告。

隐框、半隐框幕墙所采用的结构粘结材料必须是中性硅酮结构密封胶；全玻幕墙和点支承幕墙采用镀膜玻璃时，不应采用酸性硅酮结构密封胶。硅酮结构密封胶和硅酮建筑密封胶必须在有效期内使用。

（3）幕墙工程应对下列材料及其性能指标进行复验：

① 铝塑复合板的剥离强度（同一厂家的同一等级、同一品种、同一规格的产品，每 3 000 m² 为一批；不足 3 000 m² 也按一批计）。

② 石材的弯曲强度（不应小于 8.0 MPa）；寒冷地区石材的耐冻融性；室内用花岗石的放射性（同一生产地，同一品种、等级、规格的板材，每 200 m² 为一批；不足 200 m² 的单一工程部位的板材也按一批计）。

③ 玻璃幕墙用结构胶的邵氏硬度、标准条件拉伸粘结强度、相容性试验。

④ 石材用结构胶的粘结强度，密封胶的污染性；硅酮结构密封胶、硅酮耐候密封胶与所接触材料的相容性试验；橡胶条成分化验。

（4）应由国家指定检测机构出具硅酮结构胶相容性和剥离粘结性试验报告。

（5）后置埋件应进行现场拉拔强度检测。对同一单位工程、同一规格、同一型号、固定于相同基体上的锚栓，取样数量不少于总数的 1‰，且不少于 3 根。

（6）用硅酮结构密封胶粘结固定构件时，注胶应在温度 15 ℃ 以上 30 ℃ 以下、相对湿度 50% 以上且洁净、通风的室内进行。

（7）玻璃幕墙应进行抗风压变形性能、空气渗透性能、雨水渗漏性能及平面变形性能检测。

（8）建筑外墙金属窗、塑料窗应复验抗风压性能、空气渗透性能和雨水渗漏性能。

铝塑门窗的"三性"试验单元的选取：铝塑门窗原则上选取单元窗（外窗）作为"三性"试验单元，对于组合窗及无法进行"三性"试验的窗，应由设计验算其抗风压性能是否符合设计及规范要求；气密性能、水密性能应通过用该型材制作的标准窗进行试验测试。

十、人造木板质量控制资料

（1）人造木板及饰面人造木板应提供产品合格证书、进场验收记录、性能检测报告。民用建筑工程室内装修中采用的人造木板及饰面人造木板，必须有游离甲醛含量或游离甲醛释放量检测报告。某一种人造木板或饰面人造木板面积大于 500 m² 时，应对不同产品分别进行游离甲醛含量或游离甲醛释放量的复验。

（2）门窗工程、吊顶工程、轻质隔墙工程、细部工程等应对人造木板的甲醛含量进行复验。采用的某一种人造木板或饰面人造木板面积大于 500 m² 时，应对不同产品分别进行游离甲醛含量或游离甲醛释放量的复验。

十一、其他原材料质量控制资料

（1）无粘结预应力筋的涂包质量应符合无粘结预应力钢绞线标准的规定。每 60 t 为一批，每一批抽取一组试件复验（当有工程经验，并经观察认为质量有保证时，可不做油脂用量和护套厚度的进场复验）。

（2）预应力筋用锚具、夹具和连接器应按设计要求采用，其性能应符合现行国家标准《预应力筋用锚具、夹具和连接器》（GB/T 14370—2007）等的规定。按进场批次和产品的抽样检验方案复验（对锚具用量较少的一般工程，如供货方提供有效的试验报告，可不做静载锚固性能试验）。

① 只有在同种材料和同一生产工艺条件下生产的产品，才可列为同一批量。

② 对硬度有严格要求的锚具零件，应进行硬度检验。应从每批中抽取 5% 的样品且不少于 5 套，按产品设计规定的表面位置和硬度范围（品质保证条件，由供货方在供货合同中注明）做硬度检验。

③ 静载锚固性能试验应由国家或省级质量技术监督部门授权的专业质量检测机构进行。

（3）预应力混凝土用金属波纹管的尺寸和性能应符合现行国家标准《预应力混凝土用金属波纹管》（JG 225—2007）的规定。按进场批次和产品的抽样检验方案复验（对金属波纹管用量较少的一般工程，当有可靠依据时，可不做径向刚度、抗渗漏性能的进场复验）。

（4）混凝土中氯化物和碱的总含量应符合现行国家标准《混凝土结构设计规范》（GB 50010—2002）和设计的要求。

（5）混凝土中掺用矿物掺合料的质量应符合现行国家标准《用于水泥和混凝土中的粉煤灰》（GB/T 1596—2005）等的规定。矿物掺合料的掺量应通过试验确定。按进场的批次和产品的抽样检验方案复验。

粉煤灰以连续供应的 200 t 相同等级的粉煤灰为一批，不足 200 t 者按一批论，粉煤灰的数量按干灰（含水量小于 1%）的重量计算。符合各级等级要求的为等级品，若任何一项不符合要求，应重新加倍取样，进行复验。复验不合格的需降级处理。

（6）拌制混凝土宜采用饮用水；当采用其他水源时，水质应符合现行标准《混凝土用水标准》(JGJ 63—2006)的规定。同一水源水质试验不应少于一次。

（7）大理石、花岗石等天然石材必须符合现行国家标准《建筑材料放射性核素限量》(GB 6566—2001)中有关材料有害物质的限量规定。进场应具有检测报告。民用建筑工程室内饰面采用的天然花岗岩石材，当总面积大于 200 m^2 时，应对不同产品分别进行放射性指标的复验。

（8）胶粘剂、沥青胶结料和涂料等材料应按设计要求选用，并应符合现行国家标准《民用建筑工程室内环境污染控制规范》(GB 50325—2001)的规定。

（9）板、块、木、竹地面面层材料应有材质合格证明文件及检测报告。

（10）门窗、吊顶、隔墙、涂饰、裱糊与软包、细部工程的材料应有产品合格证书、性能检测报告、进场验收记录。特种门及其附件应有生产许可文件。

（11）饰面板（砖）工程应有下列文件：

① 材料的产品合格证书、性能检测报告、进场验收记录。

② 后置埋件的现场拉拔检测报告。

③ 外墙饰面砖样板件的粘结强度检测报告。

（12）外墙饰面砖粘贴前和施工过程中，均应在相同基层上做样板件，并对样板件的饰面砖粘贴强度进行检验，其检验方法和结果判定应符合《建筑工程饰面砖粘结强度检验标准》(JGJ 100—2008)的规定：

① 以每 1 000 m^2 同类墙体饰面砖为一个检验批，不足 1 000 m^2 应按 1 000 m^2 计，每批应取一组三个试样，每相邻的三个楼层应至少取一组试样，试样应随机抽取，取样间距不得小于 500 mm。

② 采用水泥砂浆或水泥浆粘结时，应在水泥砂浆或水泥浆龄期达到 28 d 时检验。当在 7 d 或 14 d 进行检验时，应通过对比试验确定其粘结强度的修正系数。

带饰面砖的预制墙板，每生产 100 块预制墙板取 1 组试样，每组在 3 块板中各取 1 个试样。预制墙板不足 100 块按 100 块计。

③ 在建筑物外墙上镶贴的同类饰面砖，其粘结强度同时符合下列两项指标时可定为合格：

a. 每组试样平均粘结强度均小于 0.4 MPa。

b. 每组可有一个试样的粘结强度小于 0.4 MPa，但不应小于 0.3 MPa。

④ 与预制构件一次成型的外墙板饰面砖，其粘结强度同时符合以下两项指标时可定为合格：

a. 每组试样平均粘结强度不应小于 0.6 MPa。

b. 每组可有一个试样的粘结强度小于 0.6 MPa，但不应小于 0.4 MPa。

⑤ 当两项指标均不符合要求时，其粘结强度应定为不合格；当两项指标有一项不合格时，应在该组试样原取样区域内重新抽取双倍试样检验，若检验结果仍有一项指标达不到规定数值，则该批饰面砖粘结强度可定为不合格。

（13）饰面板（砖）工程应对下列材料及其性能指标进行复验：

① 室内用花岗石的放射性。

② 粘贴用水泥的凝结时间、安定性和抗压强度。

③ 外墙陶瓷面砖的吸水率。

④ 寒冷地区外墙陶瓷面砖的抗冻性。

（14）陶瓷面砖组批原则：

① 干压陶瓷砖由同一生产厂、同种产品、同一规格、同一规格的实际交货量大于 5 000 m^2 为一批，不足 5 000 m^2 也按一批计；

② 彩色釉面陶瓷砖同一生产的产品每 500 m^2 为一批，不足 500 m^2 也按一批计；

③ 陶瓷锦砖由同一生产厂、同品种、同色号的产品 25～300 箱为一批。

（15）内、外墙涂料组批原则：由同一生产厂、同品种、相同包装的产品为一批。

（16）不发火（防爆的）地面面层的强度等级应符合设计要求。面层的不发火性试件，必须检验合格。

（17）锚喷支护防水工程的锚杆应进行抗拔试验。同一批锚杆每 100 根应取一组试件，每组 3 根，不足 100 根也取 3 根。

同一批试件抗拔力的平均值不得小于设计锚固力，且同一批试件抗拔力的最低值不应小于设计锚固力的 90%。

（18）装修材料应核查其燃烧性能或耐火极限、防火性能型式检验报告、合格证书等技术文件是否符合防火设计要求，在监理单位或建设单位监督下，由施工单位有关人员现场取样，并应由具备相应资质的检验单位进行见证取样检验。

下列装修材料进场应进行见证取样检验：

① B1 级木质材料；B1、B2 级纺织织物、高分子合成材料、复合材料及其他材料。

② 现场进行阻燃处理所使用的阻燃剂和防火涂料。

下列材料应进行抽样检验：

① 现场阻燃处理后的纺织织物，每种取 2 m^2 检验燃烧性能。

② 施工过程中受湿浸、燃烧性能可能受影响的纺织织物，每种取 2 m^2 检验燃烧性能。

③ 现场阻燃处理后的木质材料，每种取 4 m^2 检验燃烧性能。

④ 表面进行加工后的 B1 级木质材料，每种取 4 m^2 检验燃烧性能。

⑤ 现场阻燃处理后的泡沫塑料应进行抽样检验，每种取 0.1 m^2 检验燃烧性能。

⑥ 现场阻燃处理后的复合材料应进行抽样检验，每种取 4 m^2 检验燃烧性能。

十二、混凝土试块质量控制资料

（1）首次使用的混凝土配合比应进行开盘鉴定，其工作性应满足设计配合比的要求。开始生产时应至少留置一组标准养护试件，作为验证配合比的依据。

（2）检验评定混凝土强度用的混凝土试件的尺寸及强度的尺寸换算系数应按表 7-56 取用。

表 7-56　　　　　　　　　　　　混凝土试件强度的尺寸换算系数

骨料最大粒径/mm	试件尺寸/mm	强度的尺寸换算系数
≤31.5	100×100×100	0.95
≤40	150×150×150	1.00
≤63	200×200×200	1.05

注：对强度等级为 C60 及以上的混凝土试件，其强度的尺寸换算系数可通过试验确定。

（3）其标准成型方法、标准养护条件及强度试验方法应符合《普通混凝土力学性能试验方法标准》的规定：

采用标准养护条件的试件，应在温度为(20 ± 5) ℃的环境中静置一至两昼夜，然后编号、拆模。拆模后立即放入温度为(20 ± 2) ℃、相对湿度为95％以上的标准养护室中养护，或在温度温度为(20 ± 2) ℃的不流动的$Ca(OH)_2$饱和溶液中养护。标准养护龄期为28 d（从搅拌加水开始计时）。

对采用蒸汽法养护的混凝土结构构件，其混凝土试件应先随同结构构件同条件蒸汽养护，再转入标准条件养护，共28 d。

当混凝土中掺用矿物掺合料时，确定混凝土强度时的龄期可按现行国家标准《粉煤灰混凝土应用技术规范》（GBJ 146—1990）等的规定取值：

粉煤灰混凝土设计强度的龄期地上工程宜为28 d；地面工程宜为28 d或60 d；地下工程宜为60 d或90 d；大体积混凝土工程宜为60 d或90 d。在满足设计要求的条件下，以上各种工程采用的粉煤灰混凝土，其强度等级龄期也可采用相应的较长龄期。

（4）试块强度值的确定应符合下列规定：

① 一般取三个试件测值的算术平均值作为该组试件的强度值（精确至0.1 MPa）。

② 三个测值中的最大值或最小值中如有一个与中间值的差值超过中间值的15％时，则把最大及最小值一并舍除，取中间值作为该组试件的抗压强度值。

③ 如最大值和最小值与中间值的差均超过中间值的15％，则该组试件的试验结果无效。

（5）结构混凝土的强度等级必须符合设计要求。用于检查结构构件混凝土强度的试件，应在混凝土的浇筑地点随机抽取。取样与试件留置应符合下列规定：

① 每拌制100盘且不超过100 m^2的同配合比的混凝土，取样不得少于一次。

② 每工作班拌制的同一配合比的混凝土不足100盘时，取样不得少于一次。

③ 当一次连续浇筑超过1 000 m^2时，同一配合比的混凝土每200 m^2取样不得少于一次。

④ 每一楼层、同一配合比的混凝土，取样不得少于一次。

⑤ 每次取样应至少留置一组标准养护试件，同条件养护试件的留置组数应根据实际需要确定。

（6）混凝土强度的检验评定。

① 统计方法评定。

a. 当连续生产的混凝土，生产条件在较长时间内保持一致，且同一品种、同一强度等级混凝土的强度变异性保持稳定时，应按下列要求进行评定：

一个检验批的样本容量应为连续的3组试件，其强度应同时符合下列规定：

$$m_{f_{cu}} \geq f_{cu,k} + 0.7\sigma_0$$
$$f_{cu,min} \geq f_{cu,k} - 0.7\sigma_0$$

检验批混凝土立方体抗压强度的标准差应按下式计算：

$$\sigma_0 = \sqrt{\frac{\sum_{i=1}^{n} f_{cu,i}^2 - nm_{f_{cu}}^2}{n-1}}$$

当混凝土强度等级不高于 C20 时,其强度的最小值尚应满足下式要求:

$$f_{cu,min} \geqslant 0.85 f_{cu,k}$$

当混凝土强度等级高于 C20 时,其强度的最小值尚应满足下式要求:

$$f_{cu,min} \geqslant 0.90 f_{cu,k}$$

式中　$m_{f_{cu}}$——同一验收批混凝土立方体抗压强度的平均值,N/mm^2,精确至 $0.1\ N/mm^2$;

$f_{cu,k}$——混凝土立方体抗压强度标准值,N/mm^2,精确至 $0.1\ N/mm^2$;

σ_0——验收批混凝土立方体抗压强度的标准差,N/mm^2,稍确至 $0.1\ N/mm^2$,当检验批混凝土强度标准差 σ_0 计算值小于 $2.5\ N/mm^2$ 时,应取 $2.5\ N/mm^2$;

$f_{cu,i}$——前一个检验批内同一品种、同一强度等级的第 i 组混凝土试件的立方体抗压强度代表值,N/mm^2,精确至 $0.1\ N/mm^2$,该检验期不应少于 $60\ d$,也不得大于 $90\ d$;

n——前一检验期内的样本容量,在该期间内样本容量不应少于 45;

$f_{cu,min}$——同一检验批混凝土立方体抗压强度的最小值,N/mm^2,精确至 $0.1\ N/mm^2$。

b. 当样本容量不少于 10 组时,其强度应同时满足下列要求:

$$m_{f_{cu}} \geqslant f_{cu,k} + \lambda_1 S_{f_{cu}}$$

$$f_{cu,min} \geqslant \lambda_2 f_{cu,k}$$

同一检验批混凝土立方体抗压强度的标准差应按下式计算:

$$S_{f_{cu}} = \sqrt{\frac{\sum_{i=1}^{n} f_{cu,i}^2 - n m_{f_{cu}}^2}{n-1}}$$

式中　$S_{f_{cu}}$——同一检验批混凝土立方体抗压强度的标准差,N/mm^2,精确至 $0.1\ N/mm^2$,当检验批混凝土强度标准差 $S_{f_{cu}}$ 计算值小于 $2.5\ N/mm^2$ 时,应取 $2.5\ N/mm^2$;

λ_1,λ_2——合格评定系数,按表 7-57 取用;

n——本检验期内的样本容量。

表 7-57　　　　　　　　　　混凝土强度的合格评定系数

试件组数	10~14	15~19	≥20
λ_1	1.15	1.05	0.95
λ_2	0.90	0.85	

② 非统计方法评定。

a. 当用于评定的样本容量小于 10 组时,应采用非统计方法评定混凝土强度。

b. 按非统计方法评定混凝土强度时,其强度应同时符合下列规定:

$$m_{f_{cu}} \geqslant \lambda_3 f_{cu,k}$$

$$f_{cu,min} \geqslant \lambda_4 f_{cu,k}$$

式中　λ_3,λ_4——合格评定系数,按表 7-58 取用。

表 7-58 混凝土强度的非统计法合格评定系数

混凝土强度等级	<C60	≥C60
λ_3	1.15	1.10
λ_4	0.95	

③ 混凝土强度的合格性评定。

当检验结果能满足上述统计方法评定或非统计方法评定时,则该批混凝土强度应评定为合格;当不能满足上述规定时,该批混凝土强度应评定为不合格。

由不合格批混凝土制成的结构或构件,应进行鉴定。对不合格的结构或构件必须及时处理。

当对混凝土试件强度的代表性有怀疑时,可采用从结构或构件中钻取试件的方法或采用非破损检验方法,按有关标准的规定对结构或构件中混凝土的强度进行推定。

(7)建筑地面工程检验混凝土强度试块的组数,按每一层(或检验批)建筑地面工程不应小于 1 组确定。当每一层(或检验批)建筑地面工程面积大于 1 000 m² 时,每增加 1 000 m² 应增做 1 组试块;小于 1 000 m² 按 1 000 m² 计算。当改变配合比时,亦应相应地制作试块。

建筑地面工程水泥混凝土垫层强度等级不应小于 C10,找平层混凝土强度等级不应小于 C15,水泥混凝土面层强度等级不应小于 C20,水泥混凝土垫层兼面层强度等级不应小于 C15。水泥钢(铁)屑面层抗压强度不应小于 40 MPa。防油渗混凝土强度等级不应小于 C30。

(8)对有抗渗要求的混凝土结构,其混凝土抗渗试件应在浇筑地点随机取样。同一工程、同一配合比的混凝土,取样不应少于一次,留置组数可根据实际需要确定。试件应在浇筑地点制作。

连续浇筑抗渗混凝土每 500 m³ 应留置一组抗渗试件(一组为 6 个抗渗试件),且每项工程不得少于两组。采用预拌混凝土的抗渗试件,留置组数应视结构的规模和要求而定。

防水混凝土抗渗性能,应采用标准条件下养护混凝土抗渗试件的试验结果评定。试件一般养护至 28 d 龄期进行试验,如有特殊要求,可在其他龄期进行。

防水混凝土的配合比应符合下列规定:

① 试配要求的抗渗水压值应比设计值提高 0.2 MPa。

② 水泥用量不得少于 300 kg/m³;掺有活性掺合料时,水泥用量不得少于 280 kg/m³。

③ 砂率宜为 35%~45%,灰砂比宜为 1:2~1:2.5。

④ 水灰比不得大于 0.55。

⑤ 普通防水混凝土坍落度不宜大于 50 mm,泵送时入泵坍落度宜为 100~140 mm。

细石混凝土防水层、密封材料的原材料及配合比必须符合设计要求,现场应抽样复验。

细石混凝土不得使用火山灰质水泥;当采用矿渣硅酸盐水泥时,应采用减少泌水性的措施。粗骨料含泥量不应大于 1%,细骨料含泥量不应大于 2%。

混凝土水灰比不应大于 0.55;每立方米混凝土水泥用量不得少于 330 kg,含砂率宜为 35%~40%;灰砂比宜为 1:2~1:2.5;混凝土强度等级不应低于 C20。

(9)锚喷支护防水工程的喷射混凝土试件制作组数应符合下列规定:

① 抗压强度试件：区间或小于区间断面的结构，每 20 延米拱和墙各取一组；车站各取两组。

② 抗渗试件：区间结构每 40 延米取一组；车站每 20 延米取一组。

地下连续墙防水工程混凝土应按每一个单元槽段留置一组抗压强度试件，每五个单元槽段留置一组抗渗试件。

（10）灌注桩桩身混凝土强度等级，不得低于 C15，水下灌注混凝土时不得低于 C20，混凝土预制桩尖不得低于 C30。

预制桩的混凝土强度等级不宜低于 C30；采用静压法沉桩时，可适当降低，但不宜低于 C20。预应力混凝土桩的混凝土强度等级不宜低于 C40。

人工挖孔桩混凝土护壁的厚度不宜小于 100 mm，混凝土强度等级不得低于桩身混凝土强度等级。

对于混凝土灌注桩，直径大于 1 m 或单桩混凝土量超过 25 m³ 的桩，每根桩应留有 1 组试件；直径不大于 1 m 或单桩混凝土量不超过 25 m³ 的桩，每个灌注台班不得少于 1 组试件。

（11）构件拆模、出池、出厂、吊装、张拉、放张及施工期间临时负荷时的混凝土强度，应根据同条件养护的标准尺寸试件的混凝土强度确定。

① 混凝土预制桩达到设计强度的 70% 方可起吊，达到 100% 才能运输。

② 承受内力的接头和拼缝，当其混凝土强度未达到设计要求时，不得吊装上一层结构构件；当设计无具体要求时，应在混凝土强度不小于 10 N/mm² 或具有足够的支承时方可吊装上一层结构构件。

已安装完毕的装配式结构，应在混凝土强度到达设计要求后，方可承受全部设计荷载。

③ 预应力筋张拉或放张时，混凝土强度应符合设计要求；当设计无具体要求时，不应低于设计的混凝土立方体抗压强度标准值的 75%。

④ 底模及其支架拆除时的混凝土强度应符合设计要求；当设计无具体要求时，混凝土强度应符合表 7-10 的规定。

（12）冬季浇筑的混凝土，其受冻临界强度应符合下列规定：

① 普通混凝土采用硅酸盐水泥或普通硅酸盐水泥配制时，应为设计的混凝土强度标准值的 30%。采用矿渣硅酸盐水泥配制的混凝土，应为设计的混凝土强度标准值的 40%，但混凝土强度等级为 C10 及以下时，不得小于 5.0 N/mm²。

② 掺用抗冻剂的混凝土，当室外最低气温不低于 −15 ℃时不得小于 4.0 N/mm²，当室外最低气温不低于 −30 ℃时不得小于 5.0 N/mm²。

冬季施工时混凝土尚应增设不少于 2 组与结构同条件养护的试件，分别用于检验受冻前的混凝土强度和转入常温养护 28 d 的混凝土强度。

混凝土养护期间应检查混凝土从入模到拆除保温层或保温模板期间的温度。温度测量应符合下列规定：

① 蓄热法或综合蓄热法养护从混凝土入模开始至混凝土达到受冻临界强度，或混凝土温度降低到 0 ℃或设计温度以前，应至少每隔 6 h 测量一次。

② 掺防冻剂的混凝土在强度未达到受冻临界强度之前应每隔 2 h 测量一次，达到受冻临界强度以后每隔 6 h 测量一次。

③ 采用加热法养护混凝土时,升温和降温阶段应每隔 1 h 测量一次,恒温阶段每隔 2 h 测量一次。

④ 全部测温孔均应编号,并绘制布置图。测温孔应设在有代表性的结构部位和温度变化大易冷却的部位,孔深宜为 10～15 cm,也可以为板厚的二分之一或墙厚的二分之一。

⑤ 测温时,测温仪表应采取与外界气温隔离措施,并留置在测温孔内不少于 3 min。

⑥ 模板和保温层在混凝土达到要求强度并冷却到 5 ℃后方可拆除。

十三、砂浆试块质量控制资料

(1) 预拌砂浆。

① 出厂检验。干混砂浆按同品种、同规格同型号,不超过 400 t 或 4 d 产量为一检验批,检验项目按标准《预拌砂浆》(JG/T 230—2007)第九章规定。

② 干混砂浆交货检验以抽取实物试样检验结果为依据,供需双方应在交货地点共同取样和签封。每一单位工程使用同一生产厂家、同品种、同强度等级、同生产批号的,每 400 t 检验一次。

③ 预拌砂浆厂家应提供具有针对性和可操作性的预拌砂浆产品的使用说明书、有效期内的型式检验报告(复印件)及产品合格证。

④ 预拌砂浆进场后应按规定复验,同一单位工程使用同生产厂家、同品种、同强度等级的干混砌筑砂浆每 35 t 检验不少于一次,且每一楼层检验不少于一次,干混地面砂浆每层且不大于 1 000 m² 检验不少于一次,干混抹灰砂浆每层检验不少于一次,干混普通防水砂浆 35 t 检验不少于一次。

(2) 砌筑砂浆试块强度验收时,其强度合格标准必须符合以下规定:

① 同一验收批砂浆试块抗压强度平均值必须大于或等于设计强度等级所对应的立方体抗压强度;同一验收批砂浆试块抗压强度的最小一组平均值必须大于或等于设计强度等级所对应的立方体抗压强度的 0.75 倍。

② 砌筑砂浆的验收批,同一类型和强度等级的砂浆试块应不少于 3 组。当同一验收批只有一组试块时,该组试块抗压强度的平均值必须大于或等于设计强度等级所对应的立方体抗压强度。

③ 砂浆强度应以标准养护、龄期为 28 d 的试块抗压试验结果为准。

④ 每一检验批且不超过 250 m³ 砌体的各种类型及强度等级的砌筑砂浆,每台搅拌机应至少抽检一次。

(3) 试件制作后应在(20±5)℃温度环境下停置一昼夜(24±2) h,当气温较低时,可适当延长时间,但不应超过两昼夜。然后对试件进行编号并拆模。试件拆模后,应在标准养护条件下继续养护至 28 d,然后进行试压。

标准养护的条件是:水泥混合砂浆应为温度(20±3)℃,相对湿度 60%～80%;水泥砂浆和微沫砂浆应为温度(20±3)℃,相对湿度 90% 以上;养护期间试件彼此间隔不小于 10 mm。

(4) 当施工中或验收时出现下列情况,可采用现场检验方法对砂浆和砌体强度进行原位检测或取样检测,并判定其强度:

① 砂浆试块缺乏代表性或试块数量不足。

② 对砂浆试块的试验结果有怀疑或有争议。

③ 砂浆试块的试验结果,不能满足设计要求。

(5) 建筑地面工程检验面层水泥砂浆强度试块的组数,同混凝土试块的规定。水泥地面砂浆面层的体积比(强度等级)必须符合设计要求,且体积比应为 1:2,强度等级不应小于 M15。

(6) 后张法有粘结预应力构件孔道灌浆用水泥应采用普通硅酸盐水泥(对孔道灌浆用水泥和外加剂用量较少的一般工程,当有可靠依据时,可不做材料性能的进场复验)。

灌浆用水泥浆的水灰比不应大于 0.45,搅拌后 3 h 泌水率不宜大于 2%,且不应大于3%。泌水应能在 24 h 内全部重新被水泥吸收。同一配合比应检验一次水泥浆性能(如果有可靠的工程经验,也可以提供以往工程中相同配合比的水泥浆性能试验报告)。

灌浆用水泥浆的抗压强度不应小于 30 N/mm²。每工作班留置一组边长为 70.7 mm的立方体试件。

① 一组试件由 6 个试件组成,试件应标准养护 28 d。

② 抗压强度为一组试件的平均值,当一组试件中抗压强度最大值或最小值与平均值相差超过 20% 时,应取中间 4 个试件强度的平均值。

③ 冬期施工砂浆试块的留置,除应按常温规定要求外,尚应增设不少于两组与砌体同条件养护的试块,分别用于检验各龄期强度和转入常温 28 d 的砂浆强度。

十四、桩基检测报告

(1) 根据地基复杂程度、建筑物规模和功能特征以及由于地基问题可能造成建筑物破坏或影响正常使用的程度,将地基基础设计分为三个设计等级,设计时应根据具体情况,按表 7-59 选用。

表 7-59　　　　　　　　　　地基基础设计等级

设计等级	建筑和地基类型
甲级	重要的工业与民用建筑物;30 层以上的高层建筑;体型复杂,层数相差超过 10 层的高低层连成一体建筑物;大面积的多层地下建筑物(如地下车库、商场、运动场等);对地基变形有特殊要求的建筑物;复杂地质条件下的坡上建筑物(包括高边坡);对原有工程影响较大的新建建筑物;场地和地基条件复杂的一般建筑物;位于复杂地质条件及软土地区的二层及二层以上地下室的基坑工程
乙级	除甲级、丙级以外的工业与民用建筑物
丙级	场地和地基条件简单,荷载分布均匀的七层及七层以下民用建筑和一般工业建筑物;次要的轻型建筑物

(2) 基桩检测方法及目的见表 7-60。

表 7-60　　　　　　　　　　基桩检测方法及检测目的

检测方法	检测目的
单桩竖向抗压静载试验	确定单桩竖向抗压极限承载力,判定竖向抗压承载力是否满足设计要求;通过桩身内力及变形测试、测定桩侧、桩端阻力,验证高应变法的单桩竖向抗压承载力检测结果
单桩竖向抗拔静载试验	确定单桩竖向抗拔极限承载力,判定竖向抗拔承载力是否满足设计要求;通过桩身内力及变形测试,测定桩的抗拔摩阻力

检测方法	检测目的
单桩水平静载试验	确定单桩水平临界和极限承载力,推定土抗力参数,判定水平承载力是否满足设计要求; 通过桩身内力及变形测试,测定桩身弯矩
钻芯法	检测灌注桩桩长、桩身混凝土强度、桩底沉渣厚度,判断或鉴别桩端岩土性状,判定桩身完整性类别
低应变法	检测桩身缺陷及其位置,判定桩身完整性类别
高应变法	判定单桩竖向抗压承载力是否满足设计要求; 检测桩身缺陷及其位置,判定桩身完整性类别; 分析桩侧和桩端土阻力
声波透射法	检测灌注桩桩身缺陷及其位置,判定桩身完整性类别

（3）对单位工程内且在同一条件下的工程桩,当符合下列条件之一时,应采用单桩竖向抗压承载力静载试验进行验收检测:

① 设计等级为甲级的桩基;

② 地质条件复杂、桩施工质量可靠性低;

③ 本地区采用的新桩型或新工艺;

④ 挤土群桩施工产生挤土效应。

抽检数量不应少于总桩数的 1%,且不少于 3 根;当总桩数在 50 根以内时,不应少于 2 根。

注:对上述第①～④款规定条件外的工程桩,当采用竖向抗压静载试验进行验收承载力检测时,抽检数量宜按本条规定执行。

（4）对上条规定条件外的预制桩和满足高应变法适用检测范围的灌注桩,可采用高应变法进行单桩竖向抗压承载力验收检测。当有本地区相近条件的对比验证资料时,高应变法也可作为上条规定条件下单桩竖向抗压承载力验收检测的补充。抽检数量不宜少于总桩数的 5%,且不得少于 5 根。

（5）对于承受拔力和水平力较大的桩基,应进行单桩竖向抗拔、水平承载力检测。检测数量不应少于总桩数的 1%,且不应少于 3 根。

（6）单桩竖向抗压(抗拔、水平)极限承载力统计值的确定应符合下列规定:

① 参加统计的试桩结果,当满足其极差不超过平均值的 30% 时,取其平均值为单桩竖向抗压(抗拔、水平)极限承载力。

② 当极差超过平均值的 30% 时,应分析极差过大的原因,结合工程具体情况综合确定,必要时可增加试桩数量。

③ 对桩数为 3 根或 3 根以下的柱下承台,或工程桩抽检数量少于 3 根时,应取低值。

（7）对于端承型大直径灌注桩,当受设备或现场条件限制无法采用静载试验及高应变法检测单桩承载力时,可选用下列方法进行检测:

① 桩端持力层为密实砂卵石或其他承载力类似的土层时,对单桩承载力很高的大直径端承型桩,可采用深层平板荷载试验法检测桩端土层在承压板下应力主要影响范围内的承载力,同一层的试验点不应少于 3 点。

② 用岩基载荷试验确定完整、较完整、较破碎岩基作为桩基础持力层时的承载力,载荷

试验的数量不应少于 3 个。

③ 用钻芯法测定桩底沉渣厚度并钻取桩端持力层岩土芯样检验桩端持力层,抽检数量不应少于总桩数的 10%,且不应少于 10 根。

④ 直径嵌岩桩的承载力可根据终孔时桩端持力层岩性报告结合桩身质量检验报告核验。

(8) 孔桩终孔时,应进行桩端持力层检验。单柱单桩的大直径嵌岩桩,应视岩性检验桩底下 3 d 或 5 m 深度范围内有无空洞、破碎带、软弱夹层等不良地质条件。

(9) 桩的桩身完整性检测的抽检数量应符合下列规定:

① 柱下三桩或三桩以下的承台抽检桩数不得少于 1 根。

② 设计等级为甲级,或地质条件复杂、成桩质量可靠性较低的灌注桩,抽检数量不应少于总桩数的 30%,且不得少于 20 根;其他桩基工程的抽检数量不应少于总桩数的 20%,且不得少于 10 根。

注:a. 对端承型大直径灌注桩,应在上述两款规定的抽检桩数范围内,选用钻芯法或声波透射法对部分受检桩进行桩身完整性检测。抽检数量不应少于总桩数的 10%。

b. 对混凝土单节预制桩及地下水位以上且终孔后经过核验的灌注桩,检验数量不应少于总桩数的 10%,且不得少于 10 根。

c. 当质量有疑问、设计方认为重要、局部地质条件出现异常或施工工艺不同的桩的数量较多时,或为了全面了解整个工程基桩的桩身完整性情况时,应适当增加抽检数量。

(10) 低应变法、高应变法和声波透射法抽检桩身完整性所发现的Ⅲ、Ⅳ类桩之和大于抽检桩数的 20% 时,宜采用原检测方法(声波透射法可改用钻芯法),在未检桩中继续扩大抽检。

(11) 静力压桩施工前应对成品桩做外观及强度检验,接桩用焊条或半成品硫磺胶泥应有产品合格证书,或送有关部门检验。硫磺胶泥半成品应每 100 kg 做一组试件(3 件)。

(12) 静力压桩、先张法预应力管桩、混凝土预制桩、钢桩应对电焊接桩的接头做 10% 的探伤检查。

十五、地基检测报告

(1) 对灰土地基、砂和砂石地基、土工合成材料地基、粉煤灰地基、强夯地基、注浆地基、预压地基,其竣工后的结果(地基强度或承载力)必须达到设计要求的标准。检验数量,每单位工程不应少于 3 点,1 000 m² 以上工程,每 100 m² 至少应有 1 点,3 000 m² 以上工程,每 300 m² 至少应有 1 点。每一独立基础下至少应有 1 点,基槽每 20 延米应有 1 点。

换填垫层地基竣工验收应采用载荷试验检验其承载力,原则上每 300 m² 取一个检验点,每个单位工程检验点数量不宜少于 3 点。

对于局部的换填垫层,由设计单位确定其检验方法。

(2) 对水泥土搅拌桩复合地基、高压喷射注浆桩复合地基、砂桩地基、振冲桩复合地基、土和灰土挤密桩复合地基、水泥粉煤灰碎石桩复合地基及夯实水泥土桩复合地基,其承载力检验数量为总数的 0.5%~1%,但不应少于 3 处。有单桩强度检验要求时,数量为总数的 0.5%~1%,但不应少于 3 根。

(3) 采用环刀法检验垫层的施工质量时,取样点应位于每层厚度的 2/3 深度处。检验点数量,对大基坑每 50~100 m² 不应少于 1 个点;对基槽每 10~20 m 不应少于 1 个点;每个独立柱基不应少于 1 个点。采用贯入仪或动力触探检验垫层的施工质量时,每分层检验点的间距应小于 4 m。

(4) 灰土地基应检验地基承载力和压实系数。

(5) 砂和砂石地基应检验地基承载力、压实系数及砂石材料性能。

(6) 土工合成材料地基应检验地基承载力、土工合成材料的物理性能(单位面积的质量、厚度)、强度、延伸率以及土、砂石料。土工合成材料以 100 m² 为一批,每批应抽查 5%。

(7) 粉煤灰地基应检验地基承载力、粉煤灰。

(8) 强夯处理后的地基竣工验收时,承载力检验应采用原位测试和室内土工试验。强夯置换后的地基竣工验收时,除应采用单墩载荷试验检验承载力外,尚应采用动力触探等有效手段查明置换墩着底情况及承载力与密度随深度的变化,对饱和粉土地基允许采用单墩复合地基载荷试验代替单墩载荷试验。

竣工验收承载力检验的数量,应根据场地复杂程度和建筑物的重要性确定,对于简单场地上的一般建筑物,每个建筑地基的载荷试验检验点不应少于 3 点;对于复杂场地或重要建筑地基应增加检验点数。强夯置换地基载荷试验检验和置换墩着底情况检验数量均不应少于墩点数的 1%,且不应少于 3 点。

(9) 水泥土搅拌桩地基应检验地基承载力、桩体强度(对承重水泥土搅拌桩应取 90 d 后的试件;对支护水泥土搅拌桩应取 28 d 后的试件)、水泥及外掺剂质量。

成桩后 3 d 内,可用轻型动力触探(N10)检查每米桩身的均匀性。检验数量为施工总桩数的 1%,且不少于 3 根。

水泥土搅拌桩地基竣工验收时,承载力检验应采用复合地基载荷试验和单桩载荷试验。

经触探和载荷试验检验后对桩身质量有怀疑时,应在成桩 28 d 后,用双管单动取样器钻取芯样做抗压强度检验,检验数量为施工总桩数的 0.5%,且不少于 3 根。

(10) 土和灰土挤密桩复合地基应检验地基承载力(复合地基载荷试验)、桩体及桩间土干密度。

(11) 水泥粉煤灰碎石桩(CFG 桩)复合地基应检验地基承载力(复合地基载荷试验,试验数量宜为总桩数的 0.5%~1%,且每个单体工程的试验数量不应少于 3 点)、水泥、粉煤灰、砂及碎石等原材料、桩身强度、桩身完整性(应抽取不少于总桩数 10% 的桩进行低应变动力试验,检测桩身完整性)。

桩身强度检查 28 d 试块强度。桩体试块抗压强度平均值

$$f_{cu} \geqslant 3R_a/A_p$$

式中 f_{cu}——桩体混合料试块(边长 150 mm 立方体)标准养护 28 d 立方体抗压强度平均值,kPa;

R_a——单桩竖向承载力特征值,kN;

A_p——桩的截面积,m²。

(12) 基坑和室内填土,每层按 100~500 m² 取样 1 组,基坑和管沟回填每 20~50 m 取样 1 组,但每层均不少于 1 组。填土压实后的干密度应有 90% 以上符合设计要求,其余 10% 的最低值与设计值之差不得大于 0.08 t/m³,且不得集中。

十六、边坡工程质量控制资料

(1) 边坡工程验收应有下列资料:

① 施工记录和竣工图。

② 边坡工程与周围建(构)筑物的位置关系图。

③ 原材料出厂合格证、场地材料复检报告或委托试验报告。

④ 混凝土强度试验报告、砂浆试块抗压强度等级试验报告。

⑤ 锚杆抗拔试验报告。

⑥ 边坡和周围建(构)筑物的监测报告。

⑦ 设计变更通知、重大问题处理文件和技术洽商记录。

(2) 边坡支护结构的原材料质量检验应包括下列内容：

① 材料出厂合格证检查。

② 材料现场抽检。

③ 锚杆浆体和混凝土的配合比试验,强度等级检验。

④ 锚杆(索)灌浆材料性能。其性能应符合下列规定：

a. 水泥宜使用普通硅酸盐水泥,必要时可采用抗硫酸盐水泥,其强度不应低于42.5 MPa。

b. 砂的含泥量按重量计不得大于 3%,砂中云母、有机物、硫化物和硫酸盐等有害物质的含量按重量计不得大于 1%。

c. 水中不应含有影响水泥正常凝结和硬化的有害物质,不得使用污水。

d. 外加剂的品种和掺量应由试验确定。

e. 浆体配制的灰砂比宜为 0.8～1.5,水灰比宜为 0.38～0.5。

f. 浆体材料 28 d 的无侧限抗压强度,用于全粘结型锚杆时不应低于 25 MPa,用于锚索时不应低于 30 MPa。浆体强度检验用试块的数量每 30 根锚杆不应少于一组,每组试块应不少于 6 个;锚杆张拉宜在锚固体强度大于 20 MPa 并达到设计强度的 80%后进行。

(3) 在下列情况下对锚杆应进行基本试验：

① 采用新工艺、新材料或新技术的锚杆。

② 无锚固工程经验的岩土层内的锚杆。

③ 一级边坡工程的锚杆。

(4) 灌注排桩可采取低应变动测法或其他有效方法检验。

(5) 喷射混凝土护壁厚度和强度的检验应符合下列要求：

① 面板护壁厚度检测可用凿孔法或钻孔法,每 100 m² 抽检一组。芯样直径为 100 mm 时,每组不应少于 3 个点;芯样直径为 50 mm 时,每组不应少于 6 个点。

② 厚度平均值应大于设计厚度,最小值应不小于设计厚度的 90%。

③ 直径 100 mm 芯样经加工后,其抗压强度试验值可用于混凝土强度等级评定;直径为 50 mm,芯样经加工后,其抗压强度试验结果的统计值可供混凝土强度等级评定参考。

(6) 岩质边坡为 30 m 以下,土质边坡为 15 m 以下。超过上述高度的边坡工程、地质和环境条件很复杂的边坡工程应进行特殊设计。

(7) 一级建筑边坡工程应进行专门的岩土工程勘察;二、三级建筑边坡工程可与主体建筑勘察一并进行,但应满足边坡勘察的深度和要求。大型的或地质环境条件复杂的边坡宜分阶段勘察;地质环境复杂的一级边坡工程尚应进行施工勘察。

(8) 边坡工程应由设计方提出监测要求,由业主委托有资质的监测单位编制监测方案,经设计方、监理方和业主等共同认可后实施。方案应包括监测项目、监测目的、测试方法、测点布置、监测项目报警值、信息反馈制度和现场原始状态资料记录等内容。

边坡工程监测报告应包括下列内容：

① 监测方案。

② 监测仪器的型号、规格和标定资料。

③ 监测各阶段原始资料和应力应变曲线图。

④ 数据整理和监测结果评述。

⑤ 使用期监测的主要内容和要求。

十七、沉降观测资料

（1）下列建筑物应在施工期间及使用期间进行变形观测：

① 地基基础设计等级为甲级的建筑物。

② 复合地基或软弱地基上的设计等级为乙级的建筑物。

③ 加层、扩建建筑物。

④ 受邻近深基坑开挖施工影响或受场地地下水等环境因素变化影响的建筑物。

⑤ 需要积累建筑经验或进行设计反分析的工程。

⑥ 20 层以上或 14 层以上造型复杂的建筑物。

⑦ 建于粘性土、粉土上的一级建筑桩基及软土地区的一、二级建筑桩基,在其施工过程中及建成后使用期间,必须进行系统的沉降观测。

⑧ 需要进行地基变形计算的建筑物或构筑物,经地基处理后,应进行沉降观测,直至沉降达到稳定为止。

（2）观测工作结束后,应提交下列成果：

① 沉降观测成果表。

② 沉降观测点位分布图及各周期沉降展开图。

③ $v-t-s$（沉降速度、时间、沉降量）曲线图。

④ $p-t-s$（荷载、时间、沉降量）曲线图（视需要提交）。

⑤ 建筑物等沉降曲线图（如观测点数量较少可不提交）。

⑥ 沉降观测分析报告。

十八、钢结构工程试验检测资料

（1）钢结构连接用高强度大六角头螺栓连接副、扭剪型高强度螺栓连接副、钢网架用高强度螺栓、普通螺栓、铆钉、自攻钉、拉铆钉、射钉、锚栓（机械型和化学试剂型）、地脚锚栓等紧固标准件及螺母、垫圈等标准配件,其品种、规格、性能等应符合现行国家产品标准和设计要求。高强度大六角头螺栓连接副和扭剪型高强度螺栓连接副出厂时应分别随箱带有扭矩系数和紧固轴力（预拉力）的检验报告。

（2）高强度大六角头螺栓连接副应检验扭矩系数,复验用螺栓应从施工现场待安装的螺栓批中随机抽取,每批应抽取 8 套连接副进行复验。每组 8 套连接副扭矩系数的平均值应为 0.110~0.150,标准偏差小于或等于 0.010。扭剪型高强度螺栓连接副采用扭矩法施工时,其扭矩系数亦按本条确定。

（3）扭剪型高强度螺栓连接副应检验预拉力,复验用螺栓应从施工现场待安装的螺栓批中随机抽取,每批应抽取 8 套连接副进行复验。螺栓预拉力值应符合表 7-61 的规定。

表 7-61		螺栓预拉力值范围				kN
螺栓规格/mm	M16	M20	M22	M24	M27	M30
预拉力 值 P　10.9级	93～113	142～177	175～215	206～250	265～324	325～390
8.8级	62～78	100～120	125～150	140～170	185～225	230～275

（4）钢结构制作和安装单位应按《钢结构结构施工质量验收规范》附录 B 的规定分别进行高强度螺栓连接摩擦面的抗滑移系数试验和复验,现场处理的构件摩擦面应单独进行摩擦面抗滑移系数试验,其结果应符合设计要求。

检查数量:制造厂和安装单位应分别以钢结构制造批为单位进行抗滑移系数检验。制造批可以分部(子分部)工程划分规定的工程量每 2 000 t 为一批,不足 2 000 t 的可视为一批。选用两种及两种以上表面处理工艺时,每种处理工艺应单独检验。每批三组试件。

抗滑移系数检验用的试件应由制造厂加工,试件与所代表的钢结构构件应为同一材质、同批制作、采用同一摩擦面处理工艺和具有相同的表面状态,并应用同批同一性能等级的高强度螺栓连接副,在同一环境条件下存放。

（5）对建筑结构安全等级为一级、跨度 40 m 及以上的螺栓球节点钢网架结构,其连接高强度螺栓应进行表面硬度试验,对 8.8 级的高强度螺栓其硬度应为 HRC21—29,10.9 级高强度螺栓其硬度应为 HRC32—36,且不得有裂纹或损伤。每一规格螺栓抽查 8 个。

（6）普通螺栓作为永久性连接螺栓时,若设计有要求或对其质量有疑义,应进行螺栓实物最小拉力载荷复验,每一规格螺栓抽查 8 个。

（7）对建筑结构安全等级为一级、跨度 40 m 及以上的公共建筑钢网架结构,且设计有要求时,应按下列项目进行节点承载力试验,其结果应符合以下规定:

① 焊接球节点应按设计指定规格的球及其匹配的钢管焊接成试件,进行轴心拉、压承载力试验,其试验破坏荷载值大于或等于 1.6 倍设计承载力为合格。

② 螺栓球节点应按设计指定规格的球最大螺栓孔螺纹进行抗拉强度保证荷载试验,当达到螺栓的设计承载力时,螺孔、螺纹及封板仍完好无损为合格。

十九、室内环境检测试验资料

（1）施工单位应对所用建筑材料和装修材料进行进场检验:

① 民用建筑工程中所采用的无机非金属建筑材料和装修材料必须有放射性指标检测报告,并应符合设计要求和《民用建筑工程室内环境污染控制规范》(GB 50325—2001)的规定。

② 民用建筑工程室内饰面采用的天然花岗岩石材,当总面积大于 200 m² 时,应对不同产品分别进行放射性指标的复验。

③ 民用建筑工程室内装修中所采用的人造木板及饰面人造木板,必须有游离甲醛含量或游离甲醛释放量检测报告,并应符合设计要求和《民用建筑工程室内环境污染控制规范》的相关规定。

④ 民用建筑工程室内装修中采用的某一种人造木板或饰面人造木板面积大于 500 m² 时,应对不同产品分别进行游离甲醛含量或游离甲醛释放量的复验。

⑤ 民用建筑工程室内装修中所采用的水性涂料、水性胶粘剂、水性处理剂必须有总挥

发性有机化合物（TVOC）和游离甲醛含量检测报告；溶剂型涂料、溶剂型胶粘剂必须有总挥发性有机化合物（TVOC）、苯、游离甲苯二异氰酸酯（TDI）（聚氨酯类）含量检测报告，并应符合设计要求和《民用建筑工程室内环境污染控制规范》的规定。

⑥ 建筑材料和装修材料的检测项目不全或对检测结果有疑问时，必须将材料送至有资格的检测机构进行检验，检验合格后方可使用。

⑦ 当建筑材料和装修材料进场检验，发现不符合设计要求及《民用建筑工程室内环境污染控制规范》的有关规定时，严禁使用。

（2）民用建筑工程及室内装修工程的室内环境质量验收，应在工程完工至少 7 d 以后、工程交付使用前进行。

民用建筑工程室内环境中游离甲醛、苯、氨、总挥发性有机物（TVOC）浓度检测时，对采用集中空调的民用建筑工程，应在空调正常运转的条件下进行；对采用自然通风的民用建筑工程，检测应在对外门窗关闭 1 h 后进行。

民用建筑工程室内环境中氡浓度检测时，对采用集中空调的民用建筑工程，应在空调正常运转的条件下进行；对采用自然通风的民用建筑工程，应在房间的对外门窗关闭 24 h 以后进行。

（3）民用建筑工程验收时，必须进行室内环境污染物浓度检测。检测结果应符合表7-62 的规定。

表 7-62   **民用建筑工程室内环境污染物浓度限量**

污染物	Ⅰ类民用建筑工程	Ⅱ类民用建筑工程
氡/(Bq/m³)	≤200	≤400
游离甲醛/(mg/m³)	≤0.08	≤0.12

（4）住宅装饰装修后室内环境污染物浓度限值应符合表 7-63 的规定。

表 7-63   **住宅装饰装修后室内环境污染物浓度限值**

污染物	浓度限值
氡/(Bq/m³)	≤200
游离甲醛/(mg/m³)	≤0.08
苯/(mg/m³)	0.09
氨/(mg/m³)	0.20
总挥发性有机物 TVOC/(Bq/m³)	0.50

注：表中污染物浓度限量，除氡外均应以同步测定的室外空气相应值为空白值。

（5）民用建筑工程根据控制室内环境污染的不同要求，划分为以下两类：

① Ⅰ类民用建筑工程：住宅、医院、老年建筑、幼儿园、学校教室等。

② Ⅱ类民用建筑工程：办公楼、商店、旅馆、文化娱乐场所、书店、图书馆、展览馆、体育馆、公共交通等候室、餐厅、理发店等。

（6）民用建筑工程验收时，应抽检有代表性的房间室内环境污染物浓度，抽检数量不得少于 5％，并不得少于 3 间；房间总数少于 3 间时，应全数检测。

（7）民用建筑工程验收时，凡进行了样板间室内环境污染物浓度检测且检测结果合格的，抽检数量减半，但不得少于 3 间。

（8）民用建筑工程验收时，室内环境污染物浓度检测点应按房间使用面积设置：

① 房间使用面积小于 50 m² 时，设 1 个检测点。

② 房间使用面积在 50～100 m² 时，设 2 个检测点。

③ 房间使用面积大于 100 m² 时，设 3～5 个检测点。

当房间内有 2 个及以上检测点时，应取各点检测结果的平均值作为该房间的检测值。

（9）当室内环境污染物浓度的全部检测结果符合本规范的规定时，可判定该工程室内环境质量合格。

（10）当室内环境污染物浓度检测结果不符合本规范的规定时，应查找原因并采取措施进行处理，并可进行再次检测。再次检测时，抽检数量应增加 1 倍。室内环境污染物浓度再次检测结果全部符合本规范的规定时，可判定为室内环境质量合格。

二十、其他有关安全及功能资料

（1）屋面防水层不得有渗漏或积水现象，应采用雨后或淋水、蓄水试验检验。淋水（蓄水）试验应在雨后或持续淋水 2 h 后进行。有可能做蓄水检验的屋面，其蓄水时间不应少于 24 h。

（2）厕浴间和有防水要求的建筑地面防水隔离层严禁渗漏，坡向应正确且排水通畅。防水材料铺设后，必须做蓄水检验。蓄水深度应为 20～30 mm，24 h 内无渗漏为合格，并做记录。地面面层完成后，应进行二次检验。

（3）外墙、地下室防水效果：

① 地下防水工程质量验收时，施工单位必须提供地下工程"背水内表面的结构工程展开图"。

② 房屋建筑地下室只检查围护结构内墙和底板。

③ 全埋设于地下的结构（地下商场、地铁车站、军事地下库等），除检查围护结构内墙和底板外，背水的顶板（拱顶）是重点调查目标。

④ 钢筋混凝土衬砌的隧道以及钢筋混凝土管片衬砌的隧道渗漏水检查的重点为上半环。

⑤ 施工单位必须在"背水内表面的结构工程展开图"上详细标示：

a. 在工程自检时发现的裂缝，并标明位置、宽度、长度和渗漏水现象。

b. 经修补、堵漏的渗漏水部位。

c. 防水等级标准容许的渗漏水现象位置。

⑥ 地下防水工程验收时，经检查、核对标示好的"背水内表面的结构工程展开图"必须纳入竣工验收资料。

⑦ 当被验收的地下工程有结露现象时，不宜进行渗漏水检测。

⑧ 地下工程防水等级标准及渗漏水现象描述使用的术语、定义和标识符号见表 7-64 和表 7-65。

表 7-64   地下工程防水等级标准

1级	不允许渗水,结构表面无湿渍
2级	不允许漏水,结构表面可有少量湿渍; 工业与民用建筑:湿渍总面积不大于总防水面积的 1‰,单个湿渍面积不大于 0.1 m²,任意 100 m² 防水面积上的湿渍不超过 1 处; 其他地下工程:湿渍总面积不大于总防水面积的 6‰,单个湿渍面积不大于 0.2 m²,任意 100 m² 防水面积上的湿渍不超过 4 处
3级	有少量漏水点,不得有线流和漏泥砂; 单个湿渍面积不大于 0.3 m²,单个漏水点的漏水量不大于 2.5 L/d,任意 100 m² 防水面积上的漏水点不超过 7 处
4级	有漏水点,不得有线流和漏泥砂; 整个工程平均漏水量不大于 2 L/(m²·d),任意 100 m² 防水面积的平均漏水量不大于 4 L/(m²·d)

表 7-65   渗漏水现象描述使用的术语、定义和标识符号

湿渍	地下混凝土结构背水面呈现明显色泽变化的潮湿斑	⌗
渗水	水从地下混凝土结构衬砌内表面渗出,在背水的墙壁上可观察到明显的流挂水膜范围	○
水珠	悬垂在地下混凝土结构衬砌背水顶板(拱顶)的水珠,其滴落间隔时间超过 1 min 称水珠现象	◇
滴漏	地下混凝土结构衬砌背水顶板(拱顶)渗漏水的滴落速度为每 min 至少 1 滴,称为滴漏现象	▽ ▽
线漏	指渗漏成线或喷水状态	↓

⑨ 房屋建筑地下室渗漏水现象检测。

a. 地下工程防水等级对"湿渍面积"与"总防水面积"(包括顶板、墙面、地面)的比例作了规定。按防水等级Ⅱ级设防的房屋建筑地下室,单个湿渍的最大面积不大于 0.1 m²,任意 100 m² 防水面积上的湿渍不超过 1 处。

b. 湿渍的现象:湿渍是由混凝土密实度差异造成毛细现象或由混凝土容许裂缝(宽度小于 0.2 mm)产生,在混凝土表面肉眼可见的"明显色泽变化的潮湿斑"。一般在人工通风条件下可消失,即蒸发量大于渗入量的状态。

c. 湿渍的检测方法:检查人员用干手触摸湿斑,无水分浸润感觉;用吸墨纸或报纸贴附,纸不变颜色。检查时,要用粉笔勾画出湿渍范围,然后用钢尺测量高度和宽度,计算面积,标示在"展开图"上。

d. 渗水的现象:渗水是由于混凝土密实度差异或混凝土有害裂缝(宽度大于 0.2 mm)而产生的地下水连续渗入混凝土结构,在背水的混凝土墙壁表面肉眼可观察到明显的流挂水膜范围,在加强人工通风的条件下也不会消失,即渗入量大于蒸发量的状态。

e. 渗水的检测方法:检查人员用干手触摸可感觉到水分浸润,手上会沾有水分;用吸墨纸或报纸贴附,纸会浸润变颜色。检查时,要用粉笔勾画出渗水范围,然后用钢尺测量高度和宽度,计算面积,标示在"展开图"上。

f. 对房屋建筑地下室检测出来的"渗水点",一般情况下应准予修补堵漏,然后重新验收。

g. 对防水混凝土结构的细部构造渗漏水检测,尚应按本条内容执行。若发现严重渗水必须分析、查明原因,应准予修补堵漏,然后重新验收。

第四节　主要质量通病防治

一、钢筋混凝土现浇楼板裂缝

通病表现形式:现浇板易产生贯通性裂缝或上表面裂缝;现浇板外角部位易产生斜裂缝;现浇板沿预埋线管易产生裂缝。

治理主要措施:

(1) 住宅的建筑平面宜规则,避免平面形状突变。当平面有凹口时,凹口周边楼板的配筋宜适当加强。当楼板平面形状不规则时,宜设置梁使之形成较规则的平面。在未设梁的板的边缘部位设置暗梁,提高该部位的配筋率,提高混凝土的抗裂性能。

(2) 应加大现浇板的刚度。现浇钢筋混凝土双向板设计厚度不应小于 100 mm,厨房、厕浴、阳台板不得小于 80 mm,当埋设线管较密或线管交叉时,板厚不宜小于 120 mm。对于过长的单向板,设计时应进行抗裂验算,合理确定加密分布筋的配置。

(3) 现浇板配筋设计宜采用热轧带肋钢筋细且密的配筋方案。

① 屋面及建筑物两端的现浇板及跨度大于 4.2 m 的板应配制双层双向钢筋,钢筋间距不宜大于 150 mm,直径不应小于 8 mm。

② 外墙转角处应设置放射形钢筋,钢筋的数量、规格不应少于 7ϕ10,长度应大于板跨的 1/3,且不得小于 1.2 m。

③ 在现浇板的板宽急剧变化处、大开洞削弱处等易引导收缩应力集中处,钢筋间距不应大于 150 mm,直径不应小于 8 mm,并应在板的上表面布置纵横两个方向的温度收缩钢筋。板的上、下表面沿纵横两个方向的配筋率均不应小于截面积的 0.15%,且不小于 ϕ6@200。

④ 管线应尽量布置在梁内,当楼板内需埋置管线时,管线必须布置在上下钢筋网片之间,且不宜立体交叉穿越,确需立体交叉的不应超过两层管线。线管在敷设时交叉布线处可采用线盒,同时在多根线管的集散处宜采用放射形分布,尽量避免紧密平行排列,以确保线管底部的混凝土浇筑顺利且振捣密实。当两根以上管并行时,沿管方向应增加 ϕ4@150 宽 500 mm 的钢筋网片,做到在应力集中部位有双层布筋。

(4) 现浇板强度等级不宜大于 C30,当大于 C30 时,应采取抗裂措施。

(5) 剪力墙结构住宅结构长度大于 45 m 且无变形缝时,宜在中间位置设置后浇带。后浇带处应设置双层钢筋,后浇带混凝土与两侧混凝土浇筑的间隔时间不宜小于 2 个月。

(6) 预拌混凝土使用单位在订购预拌混凝土前,应根据工程不同部位和环境提出对混凝土性能的明确技术要求。掺合料总掺量不应大于水泥用量的 30%。

(7) 对高强度、高性能和有特殊要求的混凝土,建设单位、施工总包单位和监理单位应参与配合比设计。

(8) 模板支撑系统必须经过计算,除满足强度要求外,还必须有足够的刚度和稳定性。

(9) 后浇带处应采用独立的模板支撑体系,浇筑前和浇筑后混凝土达到拆模强度之前,后浇带两侧梁板下的支撑不得拆除。

（10）应加强对现浇楼板负弯矩钢筋位置的控制。控制负弯矩钢筋位置应设置足够强度、刚度的通长钢筋马镫，马镫底部应有防锈措施。双层上排钢筋应设置钢筋小马镫，每平方米不得少于 2 只。

（11）在混凝土浇筑时，对裂缝易发生部位和负弯矩筋受力最大区域应铺设临时性活动跳板。

（12）预拌混凝土在运输、浇筑过程中，严禁随意加水。

（13）现浇板浇筑时，应振捣充分，在混凝土终凝前应进行二次压抹，压抹后应及时覆盖和浇水养护。

（14）现浇板养护期间，当混凝土强度小于 1.2 MPa 时，不得进行后续施工。当混凝土强度小于 10 MPa 时，不宜在现浇板上吊运、堆放重物。吊运、堆放重物时，应采取有效措施，减轻冲击。

（15）主体验收前，应对现浇楼板进行检查，发现裂缝立即处理，并形成记录。

二、填充墙裂缝

通病表现形式：不同基体材料交接部位易产生裂缝；填充墙临时施工洞口周边易产生裂缝；填充墙内暗敷线管处易产生裂缝。

治理主要措施：

（1）蒸压（养）砖、混凝土小型空心砌块、蒸压加气混凝土砌块类的墙体材料至少养护 28 d 后方可用于砌筑。

（2）严格控制砌块的含水率和融水深度。墙体材料现场存放时应设置可靠的防潮、防雨淋措施。

（3）不同基体材料交接处应采取钉钢丝网等抗裂措施。钢丝网与不同基体的搭接宽度每边不小于 100 mm。钢丝网片的网孔尺寸不应大于 20 mm×20 mm，其钢丝直径不应小于 1.2 mm，应采用热镀锌电焊钢丝网，并宜采用先成网后镀锌的后热镀锌电焊网。钢丝网应用钢钉或射钉加铁片固定，间距不大于 300 mm。

（4）在填充墙上剔凿设备孔洞、槽时，应先用切割锯沿边线切开，后将槽内砌块剔除，应轻凿，保持砌块完整，如有松动或损坏，应进行补强处理。剔槽深度应保持线管管壁外表面距墙面基层 15 mm，并用 M10 水泥砂浆抹实，外挂钢丝网片两边压墙不小于 100 mm。

（5）填充墙砌体应分次砌筑。每次砌筑高度不应超过 1.5 m，日砌筑高度不宜大于 2.8 m；灰缝砂浆应饱满密实，嵌缝应嵌成凹缝，严禁使用落地砂浆和隔日砂浆嵌缝。

（6）填充墙砌筑接近梁板底时，应留一定空间，至少间隔 7 d 后，再将其补砌挤紧。宜采用梁（板）底预留 30～50 mm，用干硬性 C25 膨胀细石混凝土填塞（防腐木楔 @600 mm 挤紧）方法。

（7）填充墙砌体临时施工洞处应在墙体两侧预留 2φ6@500 拉结筋，补砌时应润湿已砌筑的墙体连接处，补砌应与原墙接槎处顶实，并外挂钢丝网片，两边压墙不小于 100 mm。

（8）消防箱、配电箱、水表箱、开关箱等预留洞上的过梁，应在其线管穿越的位置预留孔槽，不得事后剔凿，其背面的抹灰层应满挂钢丝网片。

三、墙面抹灰裂缝

通病表现形式：抹灰墙面易出现空鼓、裂缝。

治理主要措施：

（1）应严格控制抹灰砂浆配合比，宜用过筛中砂（含泥量＜5％），保证砂浆有良好的和易性和保水性。采用预拌砂浆时，应由设计单位明确强度及品种要求。

（2）对混凝土、填充墙砌体基层抹灰时，应先清理基层，然后做甩浆结合层，掺加界面剂与水泥浆拌合，喷涂后抹底灰。

（3）抹灰前墙面应浇水，浇水量应根据墙体材料和气温不同分别控制，并同时检查基体抗裂措施实施情况。

（4）抹灰面层严禁使用素水泥浆抹面。抹灰砂浆宜掺加聚丙烯抗裂纤维、碳纤维或耐碱玻璃纤维等纤维材料。必要时，可在基层抹灰和面层砂浆之间增加玻纤网。如墙面抹灰有施工缝时，各层之间施工缝应相互错开。

（5）墙面抹灰应分层进行，抹灰总厚度超过 35 mm 时，应采取加设钢丝网等抗裂措施。

（6）墙体抹灰完成后应及时喷水进行养护。

四、外墙保温饰面层裂缝、渗漏

通病表现形式：饰面层易出现开裂，外墙易产生渗漏。

治理主要措施：

（1）外墙外保温施工图及设计变更均应经同一图审机构审查批准。设计变更不得降低节能效果，并应获得监理或建设单位确认，建设、施工单位不得更改外墙外保温系统构造和组成材料。

（2）外墙外保温设计应明确基层抹灰要求，并应对门窗洞口四周、外墙细部及突出构件等做好防水保温细部设计，出具节点详图。

（3）外墙外保温系统组成材料应与其系统型式检验报告一致。

（4）保温材料应有省级住房和城乡建设行政主管部门出具的产品认定证书。EPS 板自然条件下陈化期不得低于 42 d，60 ℃恒温蒸汽条件下不得低于 5 d，XPS 板陈化期不得低于 28 d。

（5）涂饰饰面应采用与保温系统相容的柔性耐水腻子和高弹性涂料。

（6）外墙外保温施工前应作出专项施工方案，由总承包单位报建设（监理）单位审查批准后实施。

（7）外墙外保温工程施工应坚持样板引路的原则，样板验收合格后方可全面施工。

（8）外墙基层处理及找平层施工应符合下列要求：

① 抹灰前应先堵好架眼及孔洞，封堵应由专人负责施工，施工、监理单位应对孔洞封堵质量进行专项检查验收，并形成隐蔽工程验收记录。

② 封堵脚手架眼和孔洞时，应清理干净，浇水湿润，然后采用干硬性细石混凝土封堵严密。

③ 穿墙螺栓孔宜采用聚氨酯发泡剂和防水膨胀干硬性水泥砂浆填塞密实，封堵后孔洞外侧表面应进行防水处理。

（9）粘贴聚苯板外墙外保温系统施工应符合下列要求：

① 条粘法需用工具锯齿涂抹，涂抹面积应达到 100％；点框法粘结面积不应小于 50％。

② 涂料饰面时，当采用 EPS 板做保温层，建筑物高度在 20 m 以上时，宜采用以粘结为主，锚栓固定为辅的粘锚结合的方式，锚栓每平方米不宜少于 3 个；当采用 XPS 板做保温层，应从首层开始采用粘锚结合的方式，锚栓每平方米不宜少于 4 个，锚栓在墙体转角、门窗

洞口边缘的水平、垂直方向加密,其间距不大于 300 mm,锚栓距基层墙体边缘应不小于 60 mm,锚栓拉拔力不得小于 0.3 MPa。

③ 以 XPS 板为保温层时,应对 XPS 板表面进行粗造化处理,并应在两面喷刷专用界面砂浆,界面砂浆宜为水泥基界面砂浆。

④ 保温板之间应拼接紧密,并与相邻板齐平,胶粘剂的压实厚度宜控制在 3～5 mm,贴好后应立即刮除板缝和板侧面残留的胶粘剂。保温板间残留缝隙应采用阻燃型聚氨酯发泡材料填缝,板件高差不得大于 1.5 mm。

⑤ 门窗洞口上部和突出建筑物的装饰腰线、女儿墙压顶等有排水要求的外墙部位应做滴水线。

⑥ 门窗洞口四角聚苯板不得拼接,应采用整板切割成型,拼缝离开角部至少 200 mm。

⑦ 耐碱网格布粘贴时,洞口处应在其四周各加贴一块长 300 mm、宽 200 mm 的 45°斜向耐碱玻纤网布;转角处两侧的耐碱玻纤网布应互绕搭接,每边搭接长度不应小于 200 mm。或采用附加网处理。

⑧ 在外墙保温系统的起始和终端部位的墙下端、檐口处及门窗洞口周边等部位应做好耐碱玻纤网的反包处理。

(10) 硬泡聚氨酯外墙外保温系统施工应符合下列要求:

① 喷涂法施工时,外墙基层应涂刷封闭底涂。喷涂前应采取遮挡措施对门窗、脚手架等非喷涂部位进行保护。

② 喷涂硬泡聚氨酯的施工环境温度不应低于 10 ℃,空气相对湿度宜小于 80%,风力不宜大于三级。严禁在雨天、雪天施工,当施工中途下雨、下雪时应采取遮盖措施。

③ 喷涂硬泡聚氨酯采用抹面胶浆时,抹面层厚度控制:普通型 3～5 mm;加强型 5～7 mm;并应严格控制表面平整度超差。

(11) 外墙保温层需设置分格缝的,应由设计明确位置及处理措施。

(12) 需穿透外墙保温层固定的管道及设备支架等,其与保温层结合的间隙应采取可靠措施做防水密封处理。

(13) 外墙施工完后,建设单位应组织参建单位对外墙进行淋水试验,淋水持续时间不得少于 2 h,并做好检查记录。

五、外窗渗漏

通病表现形式:外窗框周边易出现渗水;组合窗的拼接处易出现渗水。

治理主要措施:

(1) 外窗制作前必须对洞口尺寸逐一校核,保证门窗框与墙体间有适合的间隙;外窗进场后应对其气密性能、水密性能及抗风压性能进行复验。

(2) 窗下框应采用固定片法安装固定,严禁用长脚膨胀螺栓穿透型材固定门窗框。固定片宜为镀锌铁片,镀锌铁片厚度不小于 1.5 mm,固定点间距:转角处 180 mm,框边处不大于 500 mm。窗侧面及顶面打孔后工艺孔冒安装前应用密封胶封严。

(3) 窗框与结构墙体间应施打聚氨酯发泡胶,发泡前应清理干净,发泡胶应连续施打,一次成形,填充饱满。

(4) 外窗框四周密封胶应采用中性硅酮密封胶,密封胶应在外墙粉刷涂料前完成,打胶要保证基层干燥,无裂纹、气泡,转角处平顺、严密。

（5）外窗台上应做出向外的流水斜坡，坡度不小于10％，内窗台应高于外窗台10 mm。窗楣上应做鹰嘴或滴水槽。

（6）组合外窗的拼樘料应采用套插或搭接连接，并应伸入上下基层不应少于15 mm。拼接时应带胶拼接，外缝采用硅酮密封胶密封。

（7）外窗排水孔位置、数量、规格应根据窗型设置，满足排水要求。

（8）外窗安装完成后，应进行外窗现场淋水见证检验，并形成记录。

六、有防水要求的房间地面渗漏

通病表现形式：管根、墙根、板底等部位易出现渗漏。

治理主要措施：

（1）有防水要求的房间楼板混凝土应一次浇筑，振捣密实。楼板四周应设现浇钢筋混凝土止水台，高度不小于120 mm，且应与楼板同时浇筑。

（2）防水层应沿墙四周上返，高出地面不小于300 mm。管道根部、转角处、墙根部位应做防水附加层。

（3）管道穿过楼板的洞口处封堵时应支设模板，将孔洞周围浇水湿润，用高于原设计强度一个等级的防渗混凝土分两次进行浇灌、捣实。管道穿楼板处宜采用止水节施工法。

（4）对于沿地面敷设的给水、采暖管道，在进入有水房间处，应沿有水房间隔墙外侧抬高至防水层上反高度以上后，再穿过隔墙进入卫生间，避免破坏防水层。

（5）地漏安装的标高应比地面最低处低5 mm，地漏四周用密封材料封堵严密。门口处地面标高应低于相邻无防水要求房间的地面不小于20 mm。

（6）有防水要求的房间内穿过楼板的管道根部应设置阻水台，且阻水台不应直接做在地面面层上。阻水台高度应提前预留，保证高出成品地面20 mm。有套管的，必须保证套管高度满足上口高出成品地面20 mm。

（7）防水层上施工找平层或面层时应做好成品保护，防止破坏防水层。有防水要求的房间应做二次蓄水试验，即防水隔离层施工完成时一次，工程竣工验收时一次，蓄水时间不少于24 h，蓄水高度不少于20～30 mm，并形成记录。

七、屋面渗漏

通病表现形式：屋面细部处理不规范，易产生漏水、渗水。

治理主要措施：

（1）不得擅自改变屋面防水等级和防水材料，确需变更的，应经原审图机构审核批准，图纸设计中应明确节点细部做法。

（2）屋面防水必须由有相应资质的专业防水队伍施工，施工前应进行图纸会审，掌握细部构造及有关技术要求。

（3）卷材防水屋面基层与女儿墙、山墙、天窗壁、变形缝、烟（井）道等突出屋面结构的交接处和基层转角处，找平层均应做成圆弧形，圆弧半径应符合规范要求。

（4）卷材防水在天沟、檐沟与屋面交接处、泛水、阴阳角等部位，应做防水附加层；附加层经验收合格后，方可进行下一步的施工。

（5）天沟、檐沟、檐口、泛水和立面卷材收头的端部应裁齐，塞入预留凹槽内，用金属压条钉压固定，最大钉距不应大于450 mm，并用密封材料嵌填封严。

（6）伸出屋面的管道、井（烟）道、设备底座及高出屋面的结构处应用柔性防水材料做泛水,其高度不小于 250 mm;管道底部应做防水台,防水层收头处应箍紧,并用密封材料封口。

(7) 屋面水落口周围直径 500 mm 范围内应设不小于 5％的坡度坡向水落口,水落口处防水层应伸入水落口内部不应小于 50 mm,并用防水材料密封。

(8) 刚性防水层与基层、刚性保护层与柔性防水层之间应做隔离层。屋面细石混凝土保护层分隔缝间距不宜大于 4.0 m。

(9) 屋面太阳能、消防等设施、设备、管道安装时,应采取有效措施,避免破坏防水层。

(10) 屋面防水工程完工后,应做蓄水检验,蓄水时间不少于 24 h,蓄水最浅处不少于 30 mm;坡屋面应做淋水检验,淋水时间不少于 2 h。

第五节　主要技术标准规范强制性条文

一、建筑节能工程施工质量验收规范(GB 5041—2007)

第 1.0.5 条　单位工程竣工验收应在建筑节能分部工程验收合格后进行。

第 3.1.2 条　设计变更不得降低建筑节能效果。当设计变更涉及建筑节能效果时,应经原施工图设计审查机构审查,在实施前应办理设计变更手续,并获得监理或建设单位的确认。

第 3.3.1 条　建筑节能工程应按照经审查合格的设计文件和经审查批准的施工方案施工。

第 4.2.2 条　墙体节能工程使用的保温隔热材料,其导热系数、密度、抗压强度或压缩强度、燃烧性能应符合设计要求。

第 4.2.7 条　墙体节能工程的施工,应符合下列规定:

(1) 保温隔热材料的厚度必须符合设计要求。

(2) 保温板材与基层及各构造层之间的粘结或连接必须牢固。粘结强度和连接方式应符合设计要求。保温板材与基层的粘结强度应作现场拉拔试验。

(3) 保温浆料应分层施工。当采用保温浆料做外保温时,保温层与基层及各层之间的粘结必须牢固,不应脱层、空鼓和开裂。

(4) 当墙体节能工程的保温层采用预埋或后置锚固件固定时,锚固件数量、位置、锚固深度和拉拔力应符合设计要求。后置锚固件应进行锚固力现场拉拔试验。

第 4.2.15 条　严寒和寒冷地区外墙热桥部位,应按设计要求采取节能保温等隔断热桥措施。

第 5.2.2 条　幕墙节能工程使用的保温隔热材料,其导热系数、密度、燃烧性能应符合设计要求。幕墙玻璃的传热系数、遮阳系数、可见光透射比、中空玻璃露点应符合设计要求。

第 6.2.2 条　建筑外窗的气密性、保温性能、中空玻璃露点、玻璃遮阳系数和可见光透射比应符合设计要求。

第 7.2.2 条　屋面节能工程使用的保温隔热材料,其导热系数、密度、抗压强度或压缩强度、燃烧性能应符合设计要求。

第 8.2.2 条　地面节能工程使用的保温材料,其导热系数、密度、抗压强度或压缩强度、燃烧性能应符合设计要求。

二、硬泡聚氨酯保温防水工程技术规范（GB 50404—2007）

第 3.0.10 条　喷涂硬泡聚氨酯施工时,应对作业面外易受飞散物料污染的部位采取遮挡措施。

第 3.0.13 条　硬泡聚氨酯保温及防水工程所采用的材料应有产品合格证书和性能检测报告,材料的品种、规格、性能等应符合设计要求和本规范的规定。

材料进场后,应按规定抽样复验,提出试验报告,严禁在工程中使用不合格的材料。

注:硬泡聚氨酯及其主要配套辅助材料的检测除应符合有关标准规定外,还应按本规范附录 A～附录 E 的规定执行。

第 4.1.3 条　硬泡聚氨酯保温层上不得直接进行防水材料热熔、热粘法施工。

第 4.3.3 条　平屋面排水坡度不应小于 2%,天沟、檐沟的纵向坡度不应小于 1%。

第 4.6.24 条　硬泡聚氨酯保温层厚度必须符合设计要求。

第 5.2.4 条　胶粘剂的物理性能应符合表 5.2.4 的要求。

表 5.2.4　　　　　　　　　　　　　　**胶粘剂物理性能**

项目		性能要求	试验方法
可操作时间		1.5 ～ 4.0	JG 149
拉伸粘结强度/MPa（与水泥砂浆）	后强度	≥0.60	本规范附录 D
	耐水	≥0.40	
拉伸粘结强度/MPa（与硬泡聚氨酯）	后强度	≥0.10 并且破坏部位不得位于粘结界面	
	耐水		

第 5.5.3 条　硬泡聚氨酯板外墙外保温工程施工应符合下列要求:

粘贴硬泡聚氨酯板材时,应将胶粘剂涂在板材背面,粘结层厚度应为 3 ～ 6 mm,粘结面积不得小于硬泡聚氨酯板材面积的 40%。

第 5.6.2 条　主控项目的验收应符合下列规定:

硬泡聚氨酯保温层厚度必须符合设计要求。

三、外墙外保温工程技术规程（JGJ 144—2004）

第 4.0.2 条　外墙外保温系统经耐候性试验后,不得出现饰面层起泡或剥落、保护层空鼓或脱落等破坏,不得产生渗水裂缝。具有薄抹面层的外保温系统,抹面层与保温层的拉伸粘结强度不得小于 0.1 MPa,并且破坏部位应位于保温层内。

第 4.0.5 条　EPS 板现浇混凝土外墙外保温系统现场粘结强度不得小于 0.1 MPa,并且破坏部位应位于 EPS 板内。

第 4.0.8 条　胶粘剂与水泥砂浆的拉伸粘结强度在干燥状态下不得小于 0.6 MPa,浸水 48 h 后不得小于 0.4 MPa;与 EPS 板的拉伸粘结强度在干燥状态和浸水 48 h 后均不得小于 0.1 MPa,并且破坏部位应位于 EPS 板内。

第 4.0.10 条　玻纤网经向和纬向耐碱拉伸断裂强力均不得小于 750 N/50 mm,耐碱拉伸断裂强力保留率均不得小于 50%。

第 5.0.11 条　外保温工程施工期间以及完工后 24 h 内,基层及环境空气温度不应低于 5 ℃。夏季应避免阳光暴晒,在 5 级以上大风天气和雨天不得施工。

第 6.2.7 条 现场取样胶粉 EPS 颗粒保温浆料干密度不应大于 250 kg/m³,并且不应小于 180 kg/m³。现场检验保温层厚度应符合设计要求,不得有负偏差。

第 6.3.2 条 无网现浇系统 EPS 板两面必须预喷刷界面砂浆。

第 6.4.3 条 有网现浇系统 EPS 钢丝网架板厚度、每平方米腹丝数量和表面荷载值应通过试验确定。EPS 钢丝网架板构造设计和施工安装应考虑现浇混凝土侧压力影响,抹面层厚度应均匀,钢丝网应完全包覆于抹面层中。

第 6.5.6 条 机械固定系统锚栓、预埋金属固定件数量应通过试验确定,并且每平方米不应小于 7 个。单个锚栓拔出力和基层力学性能应符合设计要求。

第 6.5.9 条 机械固定系统金属固定件、钢筋网片、金属锚栓和承托件应做防锈处理。

四、建筑变形测量规范(JGJ 8—2007)

第 3.0.1 条 下列建筑在施工和使用期间应变形测量:

(1)地基基础设计等级为甲级的建筑物;

(2)复合地基或软弱地基上的设计等级为乙级的建筑;

(3)加层、扩建建筑;

(4)受邻近深基坑开挖施工影响或受场地地下水等环境因素变化影响的建筑;

(5)需要积累经验或进行设计分析的建筑。

第 3.0.11 条 当建筑变形观测过程中发生下列情况之一时,必须立即报告委托方,同时应及时增加观测次数或调整变形测量方案:

(1)变形量或变形速率出现异常变化;

(2)变形量达到或超出预警值;

(3)周边或开挖面出现塌陷、滑坡;

(4)建筑本身、周边建筑及地表出现异常;

(5)由于地震、暴雨、冻融等自然灾害引起的其他变形异常情况。

五、建筑抗震设计规范(GB 50011—2001)

第 3.9.6 条 钢筋混凝土构造柱、芯柱和底部框架—抗震墙砖房中砖瓦抗震墙的施工,应先砌墙后浇构造柱、芯柱和框架梁柱。

六、建筑地基基础工程施工质量验收规范(GB 50202—2002)

第 4.1.5 条 对灰土地基、砂和砂石地基、土工合成材料地基、粉煤灰地基、强夯地基、注浆地基、预压地基,其竣工后的结果(地基强度或承载力)必须达到设计要求的标准。检验数量,每单位工程不应少于 3 点,1 000 m² 以上工程,每 100 m² 至少应有 1 点,3 000 m² 以上工程,每 300 m² 至少应有 1 点。每一独立基础下至少应有 1 点,基槽每 20 延米应有 1 点。

第 4.1.6 条 对水泥土搅拌桩复合地基、高压喷射注浆桩复合地基、砂桩地基、振冲桩复合地基、土和灰土挤密桩复合地基、水泥粉煤灰碎石桩复合地基及夯实水泥土桩复合地基,其承载力检验,数量为总数的 0.5%～1%,但不应少于 3 处。有单桩强度检验要求时,数量为总数的 0.5%～1%,但不应少于 3 根。

第 5.1.3 条 打(压)入桩(预制混凝土方桩、先张法预应力管桩、钢桩)的桩位偏差,必须符合表 5.1.3 的规定。斜桩倾斜度的偏差不得大于倾斜角正切值的 15%(倾斜角系桩的纵向中心线与铅垂线间夹角）。

表 5.1.3　　　　　　　　　　　预制桩（钢桩）桩位的允许偏差　　　　　　　　　　　　　　mm

项	项　目	允许偏差
1	盖有基础梁的桩： （1）垂直基础梁的中心线 （2）沿基础梁的中心线	$100+0.01H$ $150+0.01H$
2	桩数为 1～3 根桩基中的桩	100
3	桩数为 4～16 根桩基中的桩	1/2 桩径或边长
4	桩数大于 16 根桩基中的桩： （1）最外边的桩 （2）中间桩	1/3 桩径或边长 1/2 桩径或边长

注：H 为施工现场地面标高与桩顶设计标高的距离。

第 5.1.4 条　灌注桩的桩位偏差必须符合表 5.1.4 的规定，桩顶标高至少要比设计标高高出 0.5 m，桩底清孔质量按不同的成桩工艺有不同的要求，应按本章的各节要求执行。每浇注 50 m³ 必须有 1 组试件，小子 50 m³ 的桩，每根桩必须有 1 组试件。

表 5.1.4　　　　　　　　　　灌注桩的平面位置和垂直度的允许偏差

序号	成孔方法		桩径允许偏差/mm	垂直度允许偏差/%	桩位允许偏差/mm	
					1～3 根、单排桩基垂直于中心线方向和群桩基础的边桩	条形桩基沿中心线方向和群桩基础的中间桩
1	泥浆护壁灌注桩	$D\leqslant1\ 000$ mm	±50	<1	$D/6$，且不大于 100	$D/4$，且不大于 150
		$D>1\ 000$ mm	±50		$100+0.01H$	$150+0.01H$
2	套管成孔灌注桩	$D\leqslant500$ mm	−20	<1	70	150
		$D>500$ mm			100	150
3	干成孔灌注桩		−20		70	150
4	人工挖孔桩	混凝土护壁	+50	<0.5	50	150
		钢套管护壁	+50	<1	100	200

注：① 桩径允许偏差的负值是指个别断面。

　　② 采用复打、反插法施工的桩，其桩径允许偏差不受上表限制。

　　③ H 为施工现场地面标高与桩顶设计标高的距离，D 为设计桩径。

第 5.1.5 条　工程桩应进行承载力检验。对于地基基础设计等级为甲级或地质条件复杂，成桩质量可靠性低的灌注桩，应采用静载荷试验的方法进行检验，检验桩数不应少于总数的 1%，且不应少于 3 根，当总桩数少于 50 根时，不应少于 2 根。

第 7.1.3 条　土方开挖的顺序、方法必须与设计工况一致，并遵循"开槽支撑，先撑后挖，分层开挖，严禁超挖"的原则。

第 7.1.7 条　基坑（槽）、管沟土方工程验收必须确保支护结构安全和周围环境安全为前提。当设计有指标时,以设计要求为依据,如无设计指标时应按表 7.1.7 的规定执行。

表 7.1.7 基坑变形的监控值 cm

基坑类别	围护结构墙顶位移监控值	围护结构墙体最大位移监控值	地面最大沉降监控值
一级基坑	3	5	3
二级基坑	6	8	6
三级基坑	8	10	10

注:① 符合下列情况之一,为一级基坑:

重要工程或支护结构做主体结构的一部分;

开挖深度大于 10 m;

与邻近建筑物,重要设施的距离在开挖深度以内的基坑;

基坑范围内有历史文物、近代优秀建筑、重要管线等需严加保护的基坑。

② 三级基为开挖深度小于 7 m,且周围环境无特别要求时的基坑。

③ 除一级和三级外的基坑属二级基坑。

④ 当周围已有的设施有特殊要求时,应符合这些要求。

七、湿陷性黄土地区建筑规范(GB 50025—2004)

第 8.1.1 条 在湿陷性黄土场地,对建筑物及其附属工程进行施工,应根据湿陷性黄土的特点和设计要求采取措施防止施工用水和场地雨水流入建筑物地基(或基坑内)引起湿陷。

第 8.1.5 条 在建筑物邻近修建地下工程时,应采取有效措施,保证原有建筑物和管道系统的安全使用,并应保持场地排水畅通。

第 8.2.1 条 建筑场地的防洪工程应提前施工,并应在汛期前完成。

第 8.3.1 条 浅基坑或基槽的开挖与回填,应符合下列规定:

(1)当基坑或基槽挖至设计深度或标高时,应进行验槽。

第 8.3.2 条 深基坑的开挖与支护,应符合下列要求:

(1)深基坑的开挖与支护,必须进行勘察与设计。

第 8.4.5 条 当发现地基浸水湿陷和建筑物产生裂缝时,应暂时停止施工,切断有关水源,查明浸水的原因和范围,对建筑物的沉降和裂缝加强观测,并绘图记录,经处理后方可继续施工。

第 8.5.5 条 管道和水池等施工完毕,必须进行水压试验。不合格的应返修或加固,重做试验,直至合格为止。

清洗管道用水、水池用水和试验用水,应将其引至排水系统,不得任意排放。

第 9.1.1 条 在使用期间,对建筑物和管道应经常进行维护和检修,并应确保所有防水措施发挥有效作用,防止建筑物和管道的地基浸水湿陷。

八、建筑基桩检测技术规范(JGJ 106—2003)

第 3.1.1 条 工程桩应进行单桩承载力和桩身完整性抽样检测。

第 4.3.5 条 为设计提供依据的竖向抗压静载试验应采用慢速维持荷载法。

第 4.4.4 条 单位工程同一条件下的单桩竖向抗压承载力特征值应按单桩竖向抗压极限承载力统计值的一半取值。

第6.4.6条　单位工程同一条件下的单桩水平承载力特征值的确定应符合下列规定：

(1) 当水平承载力按桩身强度控制时,取水平临界荷载统计值为单桩水平承载力特征值。

(2) 当桩受长期水平荷载作用且桩不允许开裂时,取水平临界荷载统计值的0.8倍作为单桩水平承载力特征值。

第8.4.7条　低应变检测报告应给出桩身完整性检测的实测信号曲线。

第9.2.3条　高应变检测用重锤应材质均匀、形状对称、锤底平整,高径(宽)比不得小于1,并采用铸铁或铸钢制作。当采取自由落锤安装加速度传感器的方式实测锤击力时,重锤应整体铸造,且高径(宽)比应在1.0～1.5范围内。

第9.2.4条　进行高应变承载力检测时,锤的重量应大于预估单桩极限承载力的1.0%～1.5%,混凝土桩的桩径大于600 mm或桩长大于30 m时取高值。

第9.4.2条　当出现下列情况之一时,高应变锤击信号不得作为承载力分析计算的依据:

(1) 传感器安装处混凝土开裂或出现严重塑性变形使力曲线最终未归零;

(2) 严重锤击偏心,两侧力信号幅值相差超过1倍;

(3) 触变效应的影响,预制桩在多次锤击下承载力下降;

(4) 四通道测试数据不全。

第9.4.5条　高应变实测的力和速度信号第一峰起始比例失调时,不得进行比例调整。

第9.4.15条　高应变检测报告应给出实测的力与速度信号曲线。

九、建筑桩基技术规范(JGJ 94—2008)

第8.1.5条　挖土应均衡分部进行,对流塑状软土的基坑开挖,高差不应超过1 m。

第8.1.9条　在承台和地下室外墙与基坑侧壁间隙回填土前,应排除积水,清除虚土和建筑垃圾,填土应按设计要求选料,分层夯实,对称进行。

第9.4.2条　工程桩应进行承载力和桩身质量检验。

十、建筑基坑支护技术规程(JGJ 120—1999)

第3.7.2条　基坑边界周围地面应设排水沟,且应避免漏水、渗水进入坑内;放坡开挖时,应对坡顶、坡面、坡脚采取降排水措施。

第3.7.3条　基坑周边严禁超堆荷载。

第3.7.5条　基坑开挖过程中,应采取措施防止碰撞支护结构、工程桩或扰动基底原状土。

十一、建筑边坡工程技术规范(GB 50330—2002)

第15.1.2条　对土石方开挖后不稳定或欠稳定的边坡,应根据边坡的地质特征和可能发生的破坏等情况,采取自上而下、分段跳槽、及时支护的逆作法或部分逆作法施工。严禁无序大开挖、大爆破作业。

第15.1.6条　一级边坡工程施工应采用信息施工法。

第15.4.1条　岩石边坡开挖采用爆破法施工时,应采取有效措施避免爆破对边坡和坡顶建(构)筑物的震害。

十二、建筑地基处理技术规范(JGJ 79—2002)

第4.4.2条　垫层的施工质量检验必须分层进行。应在每层的压实系数符合设计要求后铺填上层土。

第5.4.2条 预压法竣工验收检验应符合下列规定：

（1）排水竖井处理深度范围内和竖井底面以下受压土层，经预压所完成的竖向变形和平均固结度应满足设计要求。

（2）应对预压的地基土进行原位十字板剪切试验和室内土工试验。必要时，还应进行现场载荷试验，试验数量不应少于3点。

第6.3.5条 当强夯施工所产生的振动对邻近建筑物或设备会产生有害的影响时，应设置监测点，并采取挖隔振沟等隔振或防振措施。

第6.4.3条 强夯处理后的地基竣工验收时，承载力检验应采用原位测试和室内土工试验。强夯置换后的地基竣工验收时，承载力检验除应采用单墩载荷试验检验外，还应采用动力触探等有效手段查明置换墩着底情况及承载力与密度随深度的变化，对饱和粉土地基允许采用单墩复合地基载荷试验代替单墩载荷试验。

第7.4.4条 振冲处理后的地基竣工验收时，承载力检验应采用复合地基载荷试验。

第8.4.4条 砂石桩地基竣工验收时，承载力检验应采用复合地基载荷试验。

第9.4.2条 水泥粉煤灰碎石桩地基竣工验收时，承载力检验应采用复合地基载荷试验。

第10.4.2条 夯实水泥土桩地基竣工验收时，承载力检验应采用单桩复合地基载荷试验。对重要或大型工程，尚应进行多桩复合地基载荷试验。

第11.3.15条 水泥土搅拌法（干法）喷粉施工机械必须配置经国家计量部门确认的具有能瞬时检测并记录出粉量的粉体计量装置及搅拌深度自动记录仪。

第11.4.3条 竖向承载水泥土搅拌桩地基竣工验收时，承载力检验应采用复合地基载荷试验和单桩载荷试验。

第12.4.5条 竖向承载旋喷桩地基竣工验收时，承载力检验应采用复合地基载荷试验和单桩载荷试验。

第13.4.3条 石灰桩地基竣工验收时，承载力检验应采用复合地基载荷试验。

第14.4.3条 灰土挤密桩和土挤密桩地基竣工验收时，承载力检验应采用复合地基载荷试验。

第15.4.3条 柱锤冲扩桩地基竣工验收时，承载力检验应采用复合地基载荷试验。

第16.4.2条 单液硅化法处理后的地基竣工验收时，承载力及其均匀性应采用动力触探或其他原位测试检验。必要时，还应在加固土的全部深度内，每隔1m取土样进行室内试验，测定其压缩性和湿陷性。

十三、混凝土结构工程施工质量验收规范（GB 50204—2002）

第4.1.1条 模板及其支架应根据工程结构形式、荷载大小、地基土类别、施工设备和材料供应等条件进行设计。模板及其支架应具有足够的承载能力、刚度和稳定性，能可靠地承受浇筑混凝土的重量、侧压力以及施工荷载。

注：《混凝土异形柱结构技术规程》（JGJ 149—2006）中第7.0.2条与本条等效。

第5.1.1条 当钢筋的品种、级别或规格需作变更时，应办理设计变更文件。

注：《混凝土异形柱结构技术规程》（JGJ 14—2006）中第7.0.4条与本条等效。

第5.2.1条 钢筋进场时，应按现行国家标准《钢筋混凝土用热轧带肋钢筋》GB 1499等的规定抽取试件作力学性能检验，其质量必须符合有关标准的规定。

第5.2.2条 对有抗震设防要求的框架结构,其纵向受力钢筋的强度应满足设计要求;当设计无具体要求时,对一、二级抗震等级,检验所得的强度实测值应符合下列规定:

(1)钢筋的抗拉强度实测值与屈服强度实测值的比值不应小于1.25。

(2)钢筋的屈服强度实测值与强度标准值的比值不应大于1.3。

第5.5.1条 钢筋安装时,受力钢筋的品种、级别、规格和数量必须符合设计要求。

第6.2.1条 预应力筋进场时,应按规定抽取试件作力学性能检验,其质量必须符合有关标准的规定。

第6.3.1条 预应力筋安装时,其品种、级别、规格、数量必须符合设计要求。

第6.4.4条 张拉过程中应避免预应力筋断裂或滑脱;当发生断裂或滑脱时,必须符合下列规定:

(1)对后张法预应力结构构件,断裂或滑脱的数量严禁超过同一截面预应力筋总根数的3‰,且每束钢丝不得超过一根;对多跨双向连续板,其同一截面应按每跨计算。

(2)对先张法预应力构件,在浇筑混凝土前发生断裂或滑脱的预应力筋必须予以更换。

第7.2.1条 水泥进场时应对其品种、级别、包装或散装仓号、出厂日期等进行检查,并应对其强度、安定性及其他必要的性能指标进行复验,其质量必须符合现行国家标准《硅酸盐水泥、普通硅酸盐水泥》GB 175。

当在使用中对水泥质量有怀疑或水泥出厂超过三个月(快硬硅酸盐水泥超过一个月)时,应进行复验,并按复验结果使用。

钢筋混凝土结构、预应力混凝土结构中,严禁使用含氯化物的水泥。

第7.2.2条 混凝土中掺用外加剂的质量及应用技术应符合现行国家标准《混凝土外加剂》GB 8076、《混凝土外加剂应用技术规范》GB 50119 等和有关环境保护的规定。

预应力混凝土结构中,严禁使用含氯化物的外加剂。钢筋混凝土结构中,当使用含氯化物的外加剂时,混凝土中氯化物的总含量应符合现行国家标准《混凝土质量控制标准》GB 50164 的规定。

第7.4.1条 结构混凝土的强度等级必须符合设计要求。用于检查结构构件混凝土强度的试件,应在混凝土的浇筑地点随机抽取。取样与试件留置应符合下列规定:

(1)每拌制 100 盘且不超过 100 m³ 的同配合比的混凝土,取样不得少于一次。

(2)每工作班拌制的同一配合比的混凝土不足 100 盘时,取样不得少于一次。

(3)当一次连续浇筑超过 1 000 m³ 时,同一配合比的混凝土每 200 m³ 取样不得少于一次。

(4)每一楼层、同一配合比的混凝土,取样不得少于一次。

(5)每次取样应至少留置一组标准养护试件,同条件养护试件的留置组数应根据实际需要确定。

第8.2.1条 现浇结构的外观质量不应有严重缺陷。

第8.3.1条 现浇结构不应有影响结构性能和使用功能的尺寸偏差。混凝土设备基础不应有影响结构性能和设备安装的尺寸偏差。

对超过尺寸允许偏差且影响结构性能和安装、使用功能的部位,应由施工单位提出技术处理方案,并经监理(建设)单位认可后进行处理。对经处理的部位,应重新检查验收。

第9.1.1条 预制构件应进行结构性能检验。结构性能检验不合格的预制构件不得用于混凝土结构。

十四、建筑工程大模板技术规程（JGJ 74—2003）

第 3.0.2 条　组成大模板各系统之间的连接必须安全可靠。

第 3.0.4 条　大模板的支撑系统应能保持大模板竖向放置的安全可靠和在风荷载作用下的自身稳定性。地脚调整螺栓长度应满足调节模板安装垂直度和调整自稳角的需要，地脚调整装置应便于调整，转动灵活。

第 3.0.5 条　大模板钢吊环应采用 Q235A 材料制作并应具有足够的安全储备，严禁使用冷加工钢筋。焊接式钢吊环应合理选择焊条型号，焊缝长度和焊缝高度应符合设计要求；装配式吊环与大模板采用螺栓连接时必须采用双螺母。

第 4.2.1 条　配板设计应遵循下列原则：

（3）大模板的重量必须满足现场起重设备能力的要求。

第 6.1.6 条　吊装大模板时应设专人指挥，模板起吊应平稳，不得偏斜和大幅度摆动。操作人员必须站在安全可靠处，严禁人员随同大模板一同起吊。

第 6.1.7 条　吊装大模板必须采用带卡环吊钩。当风力超过 5 级时应停止吊装作业。

第 6.5.1 条　大模板的拆除应符合下列规定：

（6）起吊大模板前应先检查模板与混凝土结构之间所有对拉螺栓、连接件是否全部拆除，必须在确认模板和混凝土结构之间无任何连接后方可起吊大模板，移动模板时不得碰撞墙体。

第 6.5.2 条　大模板的堆放应符合下列要求：

（1）大模板现场堆放区应在起重机的有效工作范围之内，堆放场地必须坚实平整，不得堆放在松土、冻土或凹凸不平的场地上。

（2）大模板堆放时，有支撑架的大模板必须满足自稳角要求；当不能满足要求时，必须另外采取措施，确保模板放置的稳定。没有支撑架的大模板应存放在专用的插放支架上，不得倚靠在其他物体上，防止模板下脚滑移倾倒。

（3）大模板在地面堆放时，应采取两块大模板板面对板面相对放置的方法，且应在模板中间留置不小于 600 mm 的操作间距；当长时期堆放时，应将模板连接成整体。

十五、钢筋焊接及验收规程（JGJ 18—2003）

第 1.0.3 条　从事钢筋焊接施工的焊工必须持有焊工考试合格证，才能上岗操作。

第 3.0.5 条　凡施焊的各种钢筋、钢板均应有质量证明书；焊条、焊剂应有产品合格证。

第 4.1.3 条　在工程开工正式焊接之前，参与该项施焊的焊工应进行现场条件下的焊接工艺试验，并经试验合格后，方可正式生产。试验结果应符合质量检验与验收时的要求。

第 5.1.7 条　钢筋闪光对焊接头、电弧焊接头、电渣压力焊接头、气压焊接头拉伸试验结果均应符合下列要求：

（1）3 个热轧钢筋接头试件的抗拉强度均不得小于该牌号钢筋规定的抗拉强度；RRB400 钢筋接头试件的抗拉强度均不得小于 570 N/mm²。

（2）至少应有 2 个试件断于焊缝之外，并应呈延性断裂。

当达到上述 2 项要求时，应评定该批接头为抗拉强度合格。

当试验结果有 2 个试件抗拉强度小于钢筋规定的抗拉强度，或 3 个试件均在焊缝或热影响区发生脆性断裂时，则判定该批接头为不合格品。

当试验结果有 1 个试件的抗拉强度小于规定值,或 2 个试件在焊缝或热影响区发生脆性断裂,其抗拉强度均小于钢筋规定抗拉强度的 1.10 倍时,应进行复验。

复验时,应再切取 6 个试件。复验结果,当仍有 1 个试件的抗拉强度小于规定值,或有 3 个试件断于焊缝或热影响区呈脆性断裂,其抗拉强度小于钢筋规定抗拉强度的 1.10 倍时,应判定该批接头为不合格品。

注:当接头试件虽断于焊缝或热影响区,呈脆性断裂,但其抗拉强度大于或等于钢筋规定抗拉强度的 1.10 倍时,可按断于焊缝或热影响区之外,呈延性断裂同等对待。

第 5.1.8 条　闪光对焊接头、气压焊接头进行弯曲试验时,应将受压面的金属毛刺和镦粗凸起部分消除,且应与钢筋的外表齐平。

弯曲试验可在万能试验机、手动或电动液压弯曲试验器上进行,焊缝应处于弯曲中心点,弯心直径和弯曲角应符合表 5.1.8 的规定。

表 5.1.8　　　　　　　　　　　　　接头弯曲试验指标

钢筋牌号	弯心直径	弯曲角/(°)
HPR235	$2d$	90
HRB335	$4d$	90
HRB400、RRB400	$5d$	90
HRB500	$7d$	90

注:① d 为钢筋直径,mm;
　　② 直径大于 25 mm 的钢筋焊接接头,弯心直径应增加 1 倍钢筋直径。

当试验结果,弯至 90°,有 2 个或 3 个试件外侧(含焊缝和热影响区)未发生破裂,应评定该批接头弯曲试验合格。

当 3 个试件均发生破裂,则判定该批接头为不合格品。

当有 2 个试件发生破裂,应进行复验。

复验时,应再切取 6 个试件。复验结果,当有 3 个试件发生破裂时,应判定该批接头为不合格品。

注:当试件外侧横向裂纹宽度达到 0.5 mm 时,应认定已经破裂。

十六、钢筋机械连接通用技术规程(JGJ 107—2003)

第 3.0.5 条　Ⅰ级、Ⅱ级、Ⅲ级接头的抗拉强度应符合表 3.0.5 的规定。

表 3.0.5　　　　　　　　　　　　　接头的抗拉强度

接头等级	Ⅰ级	Ⅱ级	Ⅲ级
抗拉强度	$f_{mst}^0 \geqslant f_{st}^0$ 或 $1.10 \geqslant f_{uk}$	$f_{mst}^0 \geqslant f_{uk}$	$f_{mst}^0 1.35 \geqslant f_{yk}$

注:f_{mst}^0——接头试件实际抗拉强度;
　　f_{st}^0——接头试件中钢筋抗拉强度实测值;
　　f_{uk}——钢筋抗拉强度标准值;
　　f_{yk}——钢筋屈服强度标准值。

第 6.0.5 条　对接头的每一验收批,必须在工程结构中随机截取 3 个接头试件作抗拉强度试验,按设计要求的接头等级进行评定。

当 3 个接头试件的抗拉强度均符合本规程表 3.0.5 中相应等级的要求时,该验收批评为合格。

如有 1 个试件的强度不符合要求,应再取 6 个试件进行复检。复检中如仍有 1 个试件的强度不符合要求,则该验收批评为不合格。

十七、混凝土异形柱结构技术规程(JGJ 149—2006)

第 7.0.3 条 异形柱结构的纵向受力钢筋,应符合国家标准《混凝土结构设计规范》50010—2002 第 4.2.2 条的要求,对二级抗震等级设计的框架结构,检验所得的强度实测值,应符合下列要求:

(1) 钢筋的抗拉强度实测值与屈服强度实测值的比值不应小于 1.25。

(2) 钢筋的屈服强度实测值与标准值的比值不应大于 1.3。

十八、预应力筋用锚具、夹具和连接器应用技术规程(JGJ 85—2002)

第 3.0.2 条 在预应力筋强度等级已确定的条件下,预应力筋—锚具组装件的静载锚固性能试验结果,应同时满足锚具效率系数(η_a)等于或大于 0.95 和预应力筋总应变(ε_{apu})等于或大于 2.0% 两项要求。

第 3.0.3 条 锚具的静载锚固性能,应由预应力筋—锚具组装件静载试验测定的锚具效率系数(η_a)和达到实测极限拉力时组装件受力长度的总应变(ε_{apu})确定。锚具效率系数(η_a)应按下式计算:

$$\eta_a = \frac{F_{apu}}{\eta_p \cdot F_{pm}}$$

式中 F_{apu}——预应力筋—锚具组装件的实测极限拉力;

$\quad\quad F_{pm}$——预应力筋的实际平均极限抗拉力,由预应力钢材试件实测破断荷载平均值计算得出;

$\quad\quad \eta_p$——预应力筋的效率系数,η_p 取用规定:预应力筋—锚具组装件中预应力钢材为 1 至 5 根时,$\eta_p=1$,6 至 12 根时,$\eta_p=0.99$,13 至 19 根时,$\eta_p=0.98$,20 根以上时,$\eta_p=0.97$。

当预应力筋—锚具(或连接器)组装件达到实测极限拉力(F_{apu})时,应由预应力筋的断裂,而不应由锚具(或连接器)的破坏导致试验的终结。预应力筋拉应力未超过 $0.8f_{ptk}$ 时,锚具主要受力零件应在弹性阶段工作,脆性零件不得断裂。

十九、无粘结预应力混凝土结构技术规程(JGJ 92—2004)

第 4.2.3 条 在无粘结预应力混凝土结构的混凝土中不得掺用氯盐。在混凝土施工中,包括外加剂在内的混凝土或砂浆各组成材料中,氯离子总含量以水泥用量的百分率计,不得超过 0.06%。

第 6.3.7 条 无粘结预应力筋张拉过程中应避免预应力筋断裂或滑脱,当发生断裂或滑脱时,其数量不应超过结构同一截面无粘结预应力筋总根数的 3%,且每束无粘结预应力筋中不得超过 1 根钢丝断裂;对于多跨双向连续板,其同一截面应按每跨计算。

二十、普通混凝土配合比设计规程(JGJ 55—2000)

第 7.1.4 条 进行抗渗混凝土配合比设计时,还应增加抗渗性能试验。

第 7.2.3 条 进行抗冻混凝土配合比设计时,还应增加抗冻融性能试验。

二十一、普通混凝土用砂、石质量及检验方法标准(JGJ 52—2006)

第 1.0.3 条 对于长期处于潮湿环境的重要混凝土结构所用的砂、石,应进行碱活性检验。

第 3.1.10 条 砂中氯离子含量应符合下列规定：

(1) 对于钢筋混凝土用砂,其氯离子含量不得大于 0.06％(以干砂的质量百分率计)。

(2) 对于预应力混凝土用砂,其氯离子含量不得大于 0.02％(以干砂的质量百分率计)。

二十二、混凝土外加剂应用技术规范 (GB 50119—2003)

第 2.1.2 条 严禁使用对人体产生危害、对环境产生污染的外加剂。

第 6.2.3 条 下列结构中严禁采用含有氯盐配制的早强剂及早强减水剂：

(1) 预应力混凝土结构。

(2) 相对湿度大于 80％环境中使用的结构、处于水位变化部位的结构、露天结构及经常受水淋、受水流冲刷的结构。

(3) 大体积混凝土。

(4) 直接接触酸、碱或其他侵蚀性介质的结构。

(5) 经常处于温度为 60 ℃以上的结构,需经蒸养的钢筋混凝土预制构件。

(6) 有装饰要求的混凝土,特别是要求色彩一致的或是表面有金属装饰的混凝土。

(7) 薄壁混凝土结构,中级和重级工作制吊车的梁、屋架、落锤及锻锤混凝土基础等结构。

(8) 使用冷拉钢筋或冷拔低碳钢丝的结构。

(9) 骨料具有碱活性的混凝土结构。

第 6.2.4 条 在下列混凝土结构中严禁采用含有强电解质无机盐类的早强剂及早强减水剂：

(1) 与镀锌钢材或铝铁相接触部位的结构,以及有外露钢筋预埋铁件而无防护措施的结构.

(2) 使用直流电源的结构以及距高压直流电源 100 m 以内的结构。

第 7.2.2 条 含亚硝酸盐、碳酸盐的防冻剂严禁用于预应力混凝土结构。

二十三、混凝土用水标准(JGJ 63—2006)

第 3.1.7 条 未经处理的海水严禁用于钢筋混凝土和预应力混凝土。

二十四、轻骨料混凝土结构技术规程(JGJ 12—2006)

第 9.1.3 条 轻骨料进场时,应按品种、种类、密度等级和质量等级分批检验。陶粒每 200 m³ 为一批,不足 200 m³ 时也作为一批；自燃煤矸石和火山渣每 100 m³ 为一批,不足 100 m³ 时也作为一批。检验项目应包括颗粒级配、堆积密度、筒压强度和吸水率。对自燃煤矸石,还应检验其烧失量和三氧化硫含量。

第 9.2.4 条 轻骨料混凝土拌合物必须采用强制式搅拌机搅拌。

注:《轻骨料混凝土技术规程》(JGJ 51—2002)中第 6.2.3 条与本条等效。

第 9.3.1 条 轻骨料混凝土的强度等级必须符合设计要求。用于检查结构构件轻骨料混凝土强度的试件,应在混凝土的浇筑地点随机抽取。取样与试件留置应符合下列规定：

(1) 每拌制 100 盘且不超过 100 m³ 的同配合比的轻骨料混凝土,取样不得少于一次。

(2) 每工作班拌制的同一配合比的混凝土不足 100 盘时,取样不得少于一次。

(3) 当一次连续浇筑超过 1 000 m³ 时,同一配合比的轻骨料混凝土每 200 m³ 取样不得少于一次。

（4）每一楼层、同一配合比的轻骨料混凝土，取样不得少于一次。

（5）每次取样应至少留置一组标准养护试件，同条件养护试件的留置组数应根据实际需要确定。

二十五、轻骨料混凝土技术规程（JGJ 51—2002）

第 5.1.5 条 在轻骨料混凝土配合比中加入化学外加剂或矿物掺和料时，其品种、掺量和对水泥的适应性，必须通过试验确定。

第 5.3.6 条 计算出的轻骨料混凝土配合比必须通过试配予以调整。

二十六、钢结构工程施工质量验收规范（GB 50205—2001）

第 4.2.1 条 钢材、钢铸件的品种、规格、性能等应符合现行国家产品标准和设计要求。进口钢材产品的质量应符合设计和合同规定标准的要求。

第 4.3.1 条 焊接材料的品种、规格、性能等应符合现行国家产品标准和设计要求。

第 4.4.1 条 钢结构连接用高强度大六角头螺栓连接副、扭剪型高强度螺栓连接副、钢网架用高强度螺栓、普通螺栓、铆钉、自攻钉、拉铆钉、射钉、锚栓（机械型和化学试剂型）、地脚锚栓等紧固标准件及螺母、垫圈等标准配件，其品种、规格、性能等应符合现行国家产品标准和设计要求。高强度大六角头螺栓连接副和扭剪型高强度螺栓连接副出厂时应分别随箱带有扭矩系数和紧固轴力（预拉力）的检验报告。

第 5.2.2 条 焊工必须经考试合格并取得合格证书。持证焊工必须在其考试合格项目及其认可范围内施焊。

第 5.2.4 条 设计要求全焊透的一、二级焊缝应采用超声波探伤进行内部缺陷的检验，超声波探伤不能对缺陷作出判断时，应采用射线探伤，其内部缺陷分级及探伤方法应符合现行国家标准《钢焊缝手工超声波探伤方法和探伤结果分级》（GB 11345）或《钢熔化焊对接接头射结照相和质量分级》（GB 3323）的规定。

焊接球节点网架焊缝、螺栓球节点网架焊缝及圆管 T、K、Y 形点相贯线焊缝，其内部缺陷分级及探伤方法应分别符合国家现行标准《焊接球节点钢网架焊缝超声波探伤方法及质量分级法》（JG/T 3034.1）、《螺栓球节点钢网架焊缝超声波探伤方法及质量分级法》（JG/T 3034.2）、《建筑钢结构焊接技术规程》（JGG 81）的规定。一级、二级焊缝的质量等级及缺陷分级应符合表 5.2.4 的规定。

表 5.2.4　　　　　　　　　　一、二级焊缝质量等级及缺陷分级

焊缝质量等级		一级	二级
内部缺陷 超声波探伤	评定等级	Ⅱ	Ⅲ
	检验等级	B 级	B 级
	探伤比例	100%	20%
内部缺陷 射线探伤	评定等级	Ⅱ	Ⅲ
	检验等级	AB 级	AB 级
	探伤比例	100%	20%

注：探伤比例的计数方法应按以下原则确定：（1）对工厂制作焊缝，应按每条焊缝计算百分比，且探伤长度应不小于 200 mm，当焊缝长度不足 200 mm 时，应对整条焊缝进行探伤；（2）对现场安装焊缝，应按同一类型、同一施焊条件的焊缝条数计算百分比，探伤长度应不小于 200 mm，并应不少于 1 条焊缝。

第6.3.1条　钢结构制作和安装单位应按本规范附录B的规定分别进行高强度螺栓连接摩擦面的抗滑移系数试验和复验,现场处理的构件摩擦应单独进行摩擦面抗滑移系数试验,其结果应符合设计要求。

第8.3.1条　吊车梁和吊车桁架不应下挠。

第10.3.4条　单层钢结构主体结构的整体垂直度和整体平面弯曲的允许偏差符合表10.3.4的规定。

表10.3.4　　　　　　　　　整体垂直度和整体平面弯曲的允许偏差　　　　　　　mm

项　　目	允许偏差	图例
主体结构的整体垂直度	$H/1\,000$,且不应大于25.0	
主体结构的整体平面弯曲	$L/1\,500$,且不应大于25.0	

第11.3.5条　多层及高层钢结构主体结构的整体垂直度和整体平面弯曲矢高的允许偏差符合表11.3.5的规定。

表11.3.5　　　　　　　　　整体垂直度和整体平面弯曲的允许偏差　　　　　　　mm

项　　目	允许偏差	图例
主体结构的整体垂直度	$(H/2\,500+10.0)$,且不应大于50.0	
主体结构的整体平面弯曲	$L/1\,500$,且不应大于25.0	

第 12.3.4 条 钢网架结构总拼完成后及屋面工程完成后应分别测量其挠度值,且所测挠度值不应超过相应设计值的 1.15 倍。

第 14.2.2 条 漆料、涂装遍数、涂层厚度均应符合设计要求。当设计对涂层厚度无要求时,涂层干漆膜总厚度:室外应为 $150\mu m$,室内应为 $125\ \mu m$,其允许偏差 $-25\ \mu m$,每遍涂层干漆膜厚度的允许偏差 $-5\ \mu m$。

第 14.3.3 条 薄涂型防火涂料的涂层厚度应符合有关耐火极限的设计要求。厚漆型防火涂料涂层的厚度,80% 及以上的面积应符合有关耐火极限的设计要求,且最薄处厚度不应低于设计要求的 85%。

二十七、建筑钢结构焊接技术规程(JGJ 81—2002)

第 3.0.1 条 建筑钢结构用钢材及焊接填充材料的选用应符合设计图的要求,并应具有钢厂和焊接材料厂出具的质量证明书或检验报告;其化学成分、力学性能和其他质量要求必须符合国家现行标准规定。当采用其他钢材和焊接材料替代设计选用的材料时,必须经原设计单位同意。

第 4.4.2 条 严禁在调质钢上采用塞焊和槽焊焊缝。

第 5.1.1 条 凡符合以下情况之一者,应在钢结构构件制作及安装施工之前进行焊接工艺评定:

(1) 国内首次应用于钢结构工程的钢材(包括钢材牌号与标准相符但微合金强化元素的类别不同和供货状态不同,或国外钢号国内生产)。

(2) 国内首次应用于钢结构工程的焊接材料。

(3) 设计规定的钢材类别、焊接材料、焊接方法、接头形式、焊接位置、焊后热处理制度以及施工单位所采用的焊接工艺参数、预热后热措施等各种参数的组合条件为施工企业首次采用。

第 7.1.5 条 抽样检查的焊缝数如不合格率小于 2% 时,该批验收应定为合格;不合格率大于 5% 时,该批验收应定为不合格;不合格率为 2%～5% 时,应加倍抽检,且必须在原不合格部位两侧的焊缝延长线各增加一处,如在所有抽检焊缝中不合格率不大于 3% 时,该批验收应定为合格,大于 3% 时,该批验收应定为不合格。当批量验收不合格时,应对该批余下焊缝的全数进行检查。当检查出一处裂纹缺陷时,应加倍抽查,如在加倍抽检焊缝中未检查出其他裂纹缺陷时,该批验收应定为合格,当检查出多处裂纹缺陷或加倍抽查又发现裂纹缺陷时,应对该批余下焊缝的全数进行检查。

第 7.3.3 条 设计要求全焊透的焊缝,其内部缺陷的检验应符合下列要求:

(1) 一级焊缝应进行 100% 的检验,其合格等级应为现行国家标准《钢焊缝手工超声波探伤方法及质量分级法》(GB 11345)B 级检验的 Ⅱ 级及 Ⅱ 级以上。

(2) 二级焊缝应进行抽检,抽检比例应不小于 20%,其合格等级应为现行国家标准《钢焊缝手工超声波探伤方法及质量分级法》(GB 11345)B 级检验的 Ⅲ 级及 Ⅲ 级以上。

二十八、网壳结构技术规程(JGJ 61—2003)

第 6.7.1 条 网壳结构的制作、拼装和安装的每道工序均应进行检查,凡未经检查,不得进行下一工序的施工。安装完成后必须进行交工检查验收。

焊接球、螺栓球、杆件、高强度螺栓、柱状毂体、杆端嵌入件等均应有出厂合格证及检验记录。

第 6.7.2 条 交工验收时,应检查网壳的若干控制支承点间的距离偏差和高度偏差。控制支承点间的距离偏差容许值应为该两点间距离的 1/2 000,且不应大于 30 mm。高度偏差,当跨度小于或等于 60 m 时不得超过设计标高±20 mm,当跨度大于 60 m 时不得超过设计标高±30 mm。

第 6.7.3 条 安装完成后,应测量网壳若干控制点的竖向位移,所测得的竖向位移值应不大于相应荷载作用下设计值的 1.15 倍。

竖向坐标观测点的位置应能反映结构性能与变形规律,由设计单位与施工单位根据变形计算结果协商确定。

二十九、砌体工程施工质量验收规范(GB 50203—2002)

第 4.0.1 条 水泥进场使用前,应分批对其强度、安定性进行复验。检验批应以同一生产厂家、同一编号为一批。

当在使用中对水泥质量有怀疑或水泥出厂超过三个月(快硬硅酸盐水泥超过一个月)时,应复查试验,并按其结果使用。

不同品种的水泥,不得混合使用。

第 4.0.8 条 凡在砂浆中掺入有机塑化剂、早强剂、缓凝剂、防冻剂等,应经检验和试配符合要求后,方可使用。有机塑化剂应有砌体强度的型式检验报告。

第 5.2.1 条 砖和砂浆的强度等级必须符合设计要求。

第 5.2.3 条 砖砌体的转角处和交接处应同时砌筑,严禁无可靠措施的内外墙分砌施工。对不能同时砌筑而又必须留置的临时间断处应砌成斜槎,斜槎水平投影长度不小高度的 2/3。

第 6.1.2 条 施工时所用的小砌块的产品龄期不应小于 28 d。

第 6.1.7 条 承重墙体严禁使用断裂小砌块。

第 6.1.9 条 小砌块应底面朝上反砌于墙上。

第 6.2.1 条 小砌块和砂浆的强度等级必须符合设计要求。

第 6.2.3 条 墙体转角处和纵横交接处应同时砌筑。临时间断处应砌成斜槎,斜槎水平投影长度不应小于高度的 2/3。

第 7.1.9 条 挡水墙的泄水孔当设计无规定时,施工应符合下列规定:

(1)泄水孔应均匀设置,在每米高度上间隔 2 m 左右设置一个泄水孔。

(2)泄水孔与土体间铺设长宽各为 300 mm、厚 200 mm 的卵石或碎石作疏水层。

第 7.2.1 条 石材及砂浆强度等级必须符合设计要求。

第 8.2.1 条 钢筋的品种、规格和数量应符合设计要求。

第 8.2.2 条 构造柱、芯柱、组合砌体构件、配筋砌体剪力墙构件的混凝土或砂浆的强度等级应符合设计要求。

第 10.0.4 条 冬期施工所用材料应符合下列规定:

(1)石灰膏、电石膏等应防止受冻,如遭冻结,应经融化后使用。

(2)拌制砂浆用砂,不得含有冰块和大于 10 mm 的冻结块。

(3)砌体用砖或其他块材不得遭水浸冻。

三十、砌筑砂浆配合比设计规程(JGJ 98—2000)

第 3.0.3 条 掺合料应符合下列规定:

严禁使用脱水硬化的石灰膏。

第 4.0.3 条 砌筑砂浆稠度、分层度、试配抗压强度必须同时符合要求。

第 4.0.5 条 砌筑砂浆的分层度不得大于 30 mm。

三十一、木结构工程施工质量验收规范(GB 50206—2002)

第 5.2.2 条 胶缝应检验完整性,并应按照表 5.2.2-1 规定胶缝脱胶试验方法进行。对于每个树种、胶种、工艺过程至少应检验 5 上全截面试件。脱胶面积与试验方法及循环次数有关,每个试件的脱胶面积所占的百分率应小于表 5.2.2-2 所列限值。

表 5.2.2-1　　　　　　　　　　　　　　胶缝脱胶试验方法

使用条件类别①	1		2		3
胶的型号②	Ⅰ	Ⅱ	Ⅰ	Ⅱ	Ⅰ
试验方法	A	C	A	C	A

注:① 层板胶合木的使用条件根据气候环境分为 3 类:

　　1 类——空气温度达到 20 ℃,相对湿度每年有 2~3 周超过 65%,大部分软质树种木材的平均平衡含水率不超过 12%;

　　2 类——空气温度达到 20 ℃,相对湿度每年有 2~3 周超过 85%,大部分软件树中木材的平均含水率超过 20%;

　　3 类——导致木材的平均含水率超过 20%的气候环境,或木材处于室外无遮盖的环境中。

② 胶的型号有Ⅰ型和Ⅱ型两种:

　　Ⅰ型可用于各类使用条件下的结构构件(当选用间苯二酚树脂胶或酚醛间苯二酚树脂胶时,结构构件温度应低于 85 ℃)。

　　Ⅱ型只能用于 1 类或 2 类使用条件,结构构件温度应经常低于 50 ℃(可选用三聚氰胺脲醛树脂胶)。

表 5.2.2-2　　　　　　　　　　　　　　胶缝脱胶率　　　　　　　　　　　　　　%

试验方法	胶的型号	循环次数		
		1	2	3
A	Ⅰ		5	10
C	Ⅱ	10		

第 6.2.1 条 规格材的应力等级检验应满足下列要求:

(1)对于每个树种、应力等级、规格尺寸至少应随机抽取 15 个足尺试件进行侧立受弯试验,测定抗弯强度。

(2)根据全部试验数据统计分析后求得的抗弯强度设计值应符合规定。

第 7.2.1 条 木结构防腐的构造措施应符合设计要求。

第 7.2.2 条 木构件防护剂的保持量和透入度应符合下列规定。

(1)根据设计文件的要求,需要防护剂加压处理的木构件,包括锯材、层板胶合木、结构复合木材结构胶合板制作的构件。

(2)木麻黄、马尾松、云南松、桦木、湿地松、杨木等易腐或易虫蛀的木材制作的构件。

(3)在设计文件中规定与地面接触或埋入混凝土、砌体中及处于通风不良而经常潮湿的木构件。

第 7.2.3 条 木结构防火的构造措施,应符合设计文件的要求。

三十二、屋面工程质量验收规范（GB 50207—2002）

第3.0.6条　屋面工程所采用的防水、保温隔热材料应有产品合格证书和性能检测报告，材料的品种、规格、性能等应符合现行国家产品标准和设计要求。

第4.1.8条　屋面（含天沟、檐沟）找平层的排水坡度，必须符合设计要求。

第4.2.9条　保温层的含水率必须符合设计要求。

第4.3.16条　卷材防水层不得有渗漏或积水现象。

第5.3.10条　涂膜防水层不得有渗漏或积水现象。

第6.1.8条　细石混凝土防水层不得有渗漏或积水现象。

第6.2.7条　密封材料嵌填必须密实、连续、饱满，粘结牢固，无气泡、开裂、脱落等缺陷。

第7.1.5条　平瓦必须铺置牢固。地震设防地区或坡度大于50％的屋面，应采取固定加强措施。

第7.3.6条　金属板材的连接和密封处理必须符合设计要求，不得有渗漏现象。

第8.1.4条　架空隔热制品的质量必须符合设计要求，严禁有断裂和露筋等缺陷。

第9.0.11条　天沟、檐沟、相口、水落口、泛水、变形缝和伸出屋面管道的防水构造，必须符合设计要求。

三十三、种植屋面工程技术规程（JGJ 155—2007）

第3.0.1条　新建种植屋面工程的结构承载力设计，必须包括种植荷载。既有建筑屋面改造成种植屋面时，荷载必须在屋面结构承载力允许的范围内。

第3.0.7条　种植屋面防水层的合理使用年限不应少于15年。应采用二道或二道以上防水层设防，最上道防水层必须采用耐根穿刺防水材料。防水层的材料应相容。

第5.1.7条　花园式屋面种植的布局应与屋面结构相适应；乔木类植物和亭台、水池、假山等荷载较大的设施，应设在承重墙或柱的位置。

第6.1.10条　进场的防水材料和保温隔热材料，应按规定抽样复验，提供检验报告。严禁使用不合格材料。

三十四、地下防水工程施工质量验收规范（GB 50208—2002）

第3.0.6条　地下防水工程所使用的防水材料，应有产品的合格证书和性能检测报告，材料的品种、规格、性能等应符合现行国家产品标准和设计要求。

第4.1.8条　防水混凝土的抗压强度和抗渗压力必须符合设计要求。

第4.1.9条　防水混凝土的变形缝、施工缝、后浇带、穿墙管道、埋设等设置和构造，均须符合设计要求，严禁有渗漏。

第4.2.8条　水泥砂浆防水层各层之间必须结合牢固，无空鼓现象。

第4.5.5条　塑料板的搭接缝必须采用热风焊接，不得有渗漏。

第5.1.10条　喷射混凝土抗压强度、抗渗压力及锚杆抗拔力必须符合设计要求。

第6.1.8条　反滤层的砂、石粒径和含泥量必须符合设计要求。

三十五、建筑工程饰面砖粘结强度检验标准（JGJ 110—2008）

第3.0.2条　待饰面砖的预置墙板进入施工现场后，应对饰面砖粘结强度进行复检。

第3.0.5条　现场粘结的外墙饰面砖工程完工后，应对饰面砖粘结强度进行复检。

三十六、建筑地面工程施工质量验收规范(GB 50209—2010)

第 3.0.3 条 建筑地面工程采用的材料或产品应符合设计要求和国家现行有关标准的规定。无国家现行标准的,应具有省级住房和城乡建设行政主管部门的技术认可文件。材料或产品进场时还应符合下列规定:

(1)应有质量合格证明文件;

(2)应对型号、规格、外观等进行验收,对重要材料或产品应抽样进行复验。

第 3.0.5 条 厕浴间和有防滑要求的建筑地面应符合设计防滑要求。

第 3.0.18 条 厕浴间、厨房和有排水(或其他液体)要求的建筑地面面层与相连接各类面层的标高差应符合设计要求。

第 4.9.3 条 有防水要求的建筑地面工程,铺设前必须对立管、套管和地漏与楼板节点之间进行密封处理,并应进行隐蔽验收;排水坡度应符合设计要求。

第 4.10.11 条 厕浴间和有防水要求的建筑地面必须设置防水隔离层。楼层结构必须采用现浇混凝土或整块预制混凝土板,混凝土强度等级不应小于 C20;房间的楼板四周除门洞外应做混凝土翻边,高度不应小于 200 mm,宽同墙厚,混凝土强度等级不应小于 C20。施工时结构层标高和预留孔洞位置应准确,严禁乱凿洞。

第 4.10.13 条 防水隔离层严禁渗漏,排水的坡向应正确、排水通畅。

第 5.7.4 条 不发火(防爆)面层中碎石的不发火性必须合格;砂应质地坚硬、表面粗糙,其粒径宜为 0.15~5 mm,含泥量不应大于 3%,有机物含量不应大于 0.5%;水泥应采用硅酸盐水泥、普通硅酸盐水泥;面层分格的嵌条应采用不发生火花的材料配制。配制时应随时检查,不得混入金属或其他易发生火花的杂质。

三十七、建筑装饰装修工程质量验收规范(GB 50210—2001)

第 3.1.1 条 建筑装饰装修工程必须进行设计,并出具完整的施工图设计文件。

第 3.1.5 条 建筑装饰装修工程设计必须保证建筑物的结构安全和主要使用功能。当涉及主体和承重结构改动或增加荷载时,必须由原结构设计单位或具备相应资质的设计单位核查有关原始资料,对既有建筑结构的安全性进行核验、确认。

第 3.2.3 条 建筑装饰装修工程所用材料应符合国家有关建筑装饰装修材料有害物质限量标准的规定。

第 3.2.9 条 建筑装饰装修工程所使用的材料应按设计要求进行防火、防腐和防虫处理。

第 3.3.4 条 建筑装饰装修工程施工中,严禁违反设计文件擅自改动建筑主体、承重结构或主要使用功能;严禁未经设计确认和有关部门批准擅自拆改水、暖、电、燃气、通讯等配套设施。

第 3.3.5 条 施工单位应遵守有关环境保护的法律法规,并应采取有效措施控制施工现场的各种粉尘、废气、废弃物、噪声、振动等对周围环境造成的污染和危害。

第 4.1.12 条 外墙和顶棚的抹灰层与基层之间及各抹灰层之间必须粘结牢固。

第 5.1.11 条 建筑外门窗的安装必须牢固。在砌体上安装门窗严禁用射钉固定。

注:《塑料门窗工程技术规范》(JGJ 103—2008)第 6.2.8 与本条等效。

第 6.1.12 条 重型灯具、电扇及其他重型设备严禁安装在吊顶工程龙骨上。

第 8.2.4 条 饰面板安装工程的预埋件(或后置埋件)、连接件的数量、规格、位置、连接方法和防腐处理必须符合设计要求。后置埋件的现场拉拔强度必须符合设计要求。饰面板安装必须牢固。

第8.3.4条 饰面砖粘贴必须牢固。

第9.1.8条 隐框、半隐框幕墙所采用的结构粘结材料必须是中性硅酮结构密封胶,其性能必须符合《建筑用硅酮结构密封胶》(GB 16776)的规定;硅酮结构密封胶必须在有效期内使用。

第9.1.13条 主体结构与幕墙连接的各种预埋件,其数量、规格、位置和防腐处理必须符合设计要求。

第9.1.14条 幕墙的金属框架与主体结构预埋件的连接、立柱与横梁的连接及幕墙面板的安装必须符合设计要求,安装必须牢固。

第12.5.6条 护栏高度、栏杆间距、安装位置必须符合设计要求。护栏安装必须牢固。

三十八、金属与石材幕墙工程技术规范(JGJ 133—2001)

第6.5.1条 金属与石材幕墙构件应按同一种类构件的5%进行抽样检查,且每种构件不得少于5件。当有一个构件抽检不符合规定时,应加倍抽样复验,全部合格后方可出厂。

第6.5.2条 构件出厂时,应附有构件合格证书。

第7.2.4条 金属、石材幕墙与主体结构连接的预埋件,应在主体结构施工时按设计要求埋设。预埋件应牢固,位置准确,预埋件的位置误差应按设计要求进行复查。当设计无明确要求时,预埋件的标高偏差不应大于10 mm,预埋件位置差不应大于20 mm。

第7.3.4条 金属板与石板安装应符合下列规定:

(1)应对横竖连接件进行检查、测量、调整。

(2)金属板、石板安装时,左右、上下的偏差不应大于1.5 mm。

(3)金属板、石板空缝安装时,必须有防水措施,并应有符合设计要求的排水出口。

(4)填充硅酮耐候密封胶时,金属板、石板缝的宽度、厚度应根据硅酮耐候密封胶的技术参数,经计算后确定。

第7.3.10条 幕墙安装施工应对下列项目进行验收:

(1)主体结构与立柱、立柱与横梁连接节点安装及防腐处理。

(2)幕墙的防火、保温安装。

(3)幕墙的伸缩缝、沉降缝、防震缝及阴阳角的安装。

(4)幕墙的防雷节点的安装。

(5)幕墙的封口安装。

三十九、玻璃幕墙工程技术规范(JGJ 102—2003)

第3.1.4条 隐框和半隐框玻璃幕墙,其玻璃与铝型材的粘结必须采用中性硅酮结构密封胶;全玻幕墙和点支承幕墙采用镀膜玻璃时,不应采用酸性硅酮结构密封胶粘结。

第3.1.5条 硅酮结构密封胶和硅酮建筑密封胶必须在有效期内使用。

第3.6.2条 硅酮结构密封胶使用前,应经国家认可的检测机构进行与其相接触材料的相容性和剥离粘结性试验,并应对邵氏硬度、标准状态拉伸粘结性能进行复验。检验不合格的产品不得使用。进口硅酮结构密封胶应具有商检报告。

第9.1.4条 除全玻幕墙外,不应在现场打注硅酮结构密封胶。

第 10.7.4 条 当高层建筑的玻璃幕墙安装与主体结构施工交叉作业时,在主体结构的施工层下方应设置防护网;在距离地面约 3 m 高度处,应设置挑出宽度不小于 6 m 的水平防护网。

四十、民用建筑工程室内环境污染控制规范(GB 50325—2001)(2006 年版)

第 1.0.5 条 民用建筑工程所选用的建筑材料和装修材料必须符合本规范的规定。

第 3.1.1 条 民用建筑工程所使用的砂、石、砖、水泥、商品混凝土、混凝土预制构件和新型墙体材料等无机非金属建筑主体材料,其放射性指标限量应符合表 3.1.1 的规定。

表 3.1.1　　　　　　　　无机非金属建筑主体材料放射性指标限量

测定项目	限 量
内照射指数 I_{Ra}	≤1.0
外照射指数 I_{γ}	≤1.0

第 3.1.2 条 民用建筑工程所使用的无机非金属装修材料,包括石材、建筑卫生陶瓷、石膏板、吊顶材料、无机瓷质砖粘接剂等,进行分类时,其放射性指标限量应符合表 3.1.2 的规定。

表 3.1.2　　　　　　　　无机非金属装修材料放射性指标限量

测定项目	限　量	
	A	B
内照射指数 I_{Ra}	≤1.0	≤1.3
外照射指数 I_{γ}	≤1.3	≤1.9

第 3.2.1 条 民用建筑工程室内用人造木板及饰面人造木板,必须测定游离甲醛含量或游离甲醛释放量。

第 4.1.1 条 新建、扩建的民用建筑工程设计前,应进行建筑工程所在城市区域土壤中氡浓度或土壤表面氡析出率调查。未进行过土壤中氡浓度或土壤表面氡析出率区域性测定的,必须进行建筑场地土壤中氡浓度或土壤氡析出率测定,并提供相应的测定报告。

第 4.1.2 条 民用建筑工程设计必须根据建筑物的类型和用途,选用符合本规范规定的建筑材料和装修材料。

第 4.2.4 条 当民用建筑工程场地土壤氡浓度测定结果大于 20 000 Bq/m³ 且小于 30 000 Bq/m³,或土壤表面氡析出率大于 0.05 Bq/(m² · s)且小于 0.1 Bq/(m² · s)时,应采取建筑物底层地面抗开裂措施。

第 4.2.5 条 当民用建筑工程场地土壤氡浓度测定结果大于或等于 30 000 Bq/m³ 且小于 50 000 Bq/m³,或土壤表面氡析出率大于或等于 0.1 Bq/(m² · s)且小于 0.3 Bq/(m² · s)时,除采取建筑物内底层地面抗开裂措施外,还必须按现行国家标准《地下工程防水技术规范》(GB 50108)中的一级防水要求,对基础进行处理。

第 4.2.6 条 当民用建筑工程场地土壤氡浓度测定结果大于或等于 50 000 Bq/m³,或土壤表面氡析出率大于或等于 0.3 Bq/(m² · s)时,除采取本规范 4.2.5 条防氡处理措施外,还应按照国家标准《新建低层住宅建筑设计与施工中氡控制导则》(GB/T 17785—1999)的有关规定,采取综合建筑构造防氡措施。

第4.3.1条 Ⅰ类民用建筑工程室内装修采用的无机非金属装修材料必须为A类。

第4.3.3条 Ⅰ类民用建筑工程的室内装修,必须采用E1类人造木板及饰面人造木板。

第4.3.10条 民用建筑工程室内装修中所使用的木地板及其他木质材料,严禁采用沥青、煤焦油类防腐、防潮处理剂。

第4.3.11条 民用建筑工程中所使用的能释放氨的阻燃剂、混凝土外加剂,氨的释放量不应大于0.1%,测定方法应符合现行国家标准《混凝土外加剂中释放氨的限量》(GB 18588)的规定。

能释放甲醛的混凝土外加剂,其游离甲醛含量不应大于0.5 g/kg,测定方法应符合国家标准《室内装饰装修材料 内墙涂料中有害物质限量》(GB 18582—2001)附录B的规定。

第5.1.2条 当建筑材料和装修材料进场检验,发现不符合设计要求及本规范的有关规定时,严禁使用。

第5.2.1条 民用建筑工程中所采用的无机非金属建筑材料和装修材料必须有放射性指标检测报告,并应符合设计要求和本规范的规定。

第5.2.3条 民用建筑工程室内装修中所采用的人造木板及饰面人造木板,必须有游离甲醛含量或游离甲醛释放量检测报告,并应符合设计要求和本规范的规定。

第5.2.5条 民用建筑工程室内装修中所采用的水性涂料、水性胶粘剂、水性处理剂必须有同批次产品的挥发性有机化合物(VOCs)和游离甲醛含量检测报告;溶剂型涂料、溶剂型胶粘剂必须有同批次产品的挥发性有机化合物(VOCs)、苯、游离甲苯二异氰酸酯(TDI)(聚氨酯类)含量检测报告,并应符合设计要求和本规范的规定。

第5.2.6条 建筑材料和装修材料的检测项目不全或对检测结果有疑问时,必须将材料送有资格的检测机构进行检验,检验合格后方可使用。

第5.3.3条 民用建筑工程室内装修所采用的稀释剂和溶剂,严禁使用苯、工业苯、石油苯、重质苯及混苯。

第5.3.6条 严禁在民用建筑工程室内用有机溶剂清洗施工用具。

第6.0.3条 民用建筑工程所用建筑材料和装修材料的类别、数量和施工工艺等,应符合设计要求和本规范的有关规定。

第6.0.4条 民用建筑工程验收时,必须进行室内环境污染物浓度检测。检测结果应符合表6.0.4的规定。

表6.0.4 民用建筑工程室内环境污染物浓度限量

污染物	Ⅰ类民用建筑工程	Ⅱ类民用建筑工程	污染物	Ⅰ类民用建筑工程	Ⅱ类民用建筑工程
氡(Bq/m^3)	≤200	≤400	氨(mg/m^3)	≤0.2	≤0.5
甲醛(mg/m^3)	≤0.08	≤0.12	TVOC(mg/m^3)	≤0.5	≤0.6
苯(mg/m^3)	≤0.09	≤0.09			

注:① 表中污染物浓度限量,除氡外均应以同步测定的室外上风向空气相应值为空白值。

② 表中污染物浓度测量值的极限值判定,采用全数值比较法。

第 6.0.18 条 当室内环境污染物浓度的全部检测结果符合本规范的规定时,可判定该工程室内环境质量合格。

第 6.0.20 条 室内环境质量验收不合格的民用建筑工程,严禁投入使用。

四十一、塑料门窗工程技术规程(JGJ 103—2008)

第 3.1.2 条 门窗工程有下列情形之一时,必须使用安全玻璃:

(1)面积大于 1.5 m² 的窗玻璃。

(2)距离可踏面高度 900 mm 的窗玻璃。

(3)与水平面夹角不大于 75°的倾斜窗,包括天窗、采光顶等在内的顶棚。

(4)7 层及 7 层以上建筑外开窗。

第 6.2.8 条 建筑外窗的安装必须牢固可靠,在砖砌体上安装时,严禁用射钉固定。

第 6.2.19 条 推拉门窗必须有防脱落装置。

第 6.2.23 条 安装滑撑时,紧固螺钉必须使用不锈钢材质,并应与框扇增强型钢或内衬局部加强钢板可靠连接。螺钉与框扇连接处应进行防水密封处理。

第八章　安装工程质量监督

第一节　概　　述

一、工程实体质量监督的定义

工程实体质量监督是指质监机构按照工程建设强制性标准及设计文件,对施工过程中的工程质量控制资料和工程实物质量进行监督检查的活动。

二、工程实体质量监督的方式、方法

监督机构对工程实体质量的监督实行以巡查为主要方式,并辅以必要检测的监督检查制度,采取抽查施工作业面的施工质量与对关键部位重点监督相结合的方式。

抽查质量控制资料。重点抽查施工、监理等单位关于保证使用安全和功能的工程技术资料,检查其准确性、完整性、时效性和真实性。

抽查工程实物质量。采用检查工具、检测仪器、目测等对工程实物质量和施工作业面的施工质量进行随机检查,检查是否符合设计文件要求、工程建设强制标准规定和合同约定质量。

三、质量监督控制点的设置

质量监督控制点是项目质监组对涉及工程使用安全和功能等质量进行控制所设置的,须由监督人员到现场进行监督检查的关键工序和重要部位。当施工单位施工至质量监督控制点时,须通知监督人员到现场进行监督检查。

质量监督控制点的部位和工序为:主要管道、设备隐蔽前,安装工程使用功能的检验测试及试运行。

四、工程实体质量监督抽查的主要内容

(1) 涉及使用安全和功能的主要材料、配件和设备的出厂合格证、试验报告、见证取样送检资料。

(2) 大型灯具安装等重点部位。

(3) 绝缘电阻、防雷接地及工作接地电阻、等电位联结的导通测试、漏电保护器的动作电流值和脱扣时间的检测、照明系统通电试运行资料,必要时可进行现场抽测。

(4) 各种承压管道系统、设备水(气)压试验的检测资料。

(5) 非承压管道系统、设备灌(满)水试验的检测资料。

(6) 设备的单机试运转及调试或系统联合试运转及调试资料。

(7) 系统的节能性能检验报告。

(8) 分部(子分部)工程的施工质量验收资料。

(9) 工程的观感质量。

(10) 其他需要检测的项目。

监督机构经监督检测发现工程质量不符合工程建设强制性标准或对工程质量有怀疑的,应责成有关单位委托有资质的检测单位进行检测。

第二节　工程实体质量监督要点

一、管道工程质量监督

（一）给水、消防管道工程

1. 铸铁给水管

（1）室内外埋地安装

① 管道及管道支墩（座），严禁铺设在冻土和未经处理的松土上。

② 埋地敷设的铸铁管道敷设地应在新开挖的管沟，沟底层应是原土或是夯实的回填土，沟底应平整坡度顺畅，不得有尖硬物体、块石等，埋深一般不小于 0.7 m，且应在当地的冰冻线以下。

③ 承插连接，用油麻石棉水泥捻口，或用橡胶圈、膨胀水泥捻口，或橡胶圈压板式接口。要求承插口环缝符合规范规定，沿曲线敷设，捻口每个接口允许有 2°转角；捻口用的油麻填料必须清洁，填塞后应捻实，其深度应占整个环型间隙深度的 1/3；橡胶圈接口每个接口的最大转角，依据管道规格一般为 3°～5°。

④ 铸铁给水管在安装完成后经试压后方可回填土，试压时在弯头、三通接出管处均应设置支座，以防试压时弹出。回填土管顶上部 200 mm 以内应用砂子或无块石及冻土块的土，并不得用机械回填；管顶上部 500 mm 以内不得回填直径大于 100 mm 的块石和冻土；500 mm 以上部分回填土中的块石和冻土不得集中。

⑤ 穿越载重道路的铸铁管应按设计要求采取保护措施。埋地管道在穿过地下室或地下构筑物外墙时，应采取防水措施。对有严格防水要求的建筑物，必须采用柔性防水套管。

（2）明敷管道安装

明敷管道安装应横平竖直，水平管道纵横方向弯曲和立管垂直度应符合规范规定。管道的支、吊架安装应平整牢固，间距合理，垂直明敷的应有承重支架。

2. 镀锌钢管道

（1）室内外埋地安装

① 埋地敷设的镀锌钢管道的沟槽底部要平整，在镀锌钢管螺纹连接处应有良好的防腐措施。如遇埋入酸碱度较高的土层中时，管道及配件应采取相应的防腐措施。

② 埋地管道在穿过地下室或地下构筑物外墙时，应采取防水措施。对有严格防水要求的建筑物，必须采用柔性防水套管。

③ 埋深及回填土要求同铸铁管。

（2）室内明敷安装。

① 管径小于或等于 100 mm 的镀锌钢管应采用螺纹连接，破坏的镀锌层及外露螺纹部分应做防腐处理；管径大于 100 mm 的镀锌管应采用法兰或卡套式专用管件连接，镀锌管与法兰的焊接处应二次镀锌。

② 法兰连接时衬垫不得凸入管内，其外边缘接近螺栓孔为宜。不得安放双垫或偏垫。连接法兰的螺栓，直径和长度应符合标准，拧紧后，突出螺母的长度不应大于螺杆直径的 1/2。

③ 螺纹连接管道安装后的管螺纹根部应有 2～3 扣的外露螺纹，多余的麻丝应清理干

净并做防腐处理。

④ 卡箍(套)式连接两管口端应平整、无缝隙,沟槽应均匀,卡紧螺栓后管道应平直,卡箍(套)安装方向应一致。

⑤ 室内明敷安装的镀锌管道应先行调直处理,然后按管道走向、位置先设置支、吊架再安装管道,管道的支、吊架构造应正确,设置要牢固,较大管径的管道支架不得设置于轻质墙上,间距应符合表 8-1 的要求。

表 8-1　　　　　　　　　　　　　　室内明敷镀锌管道支架间距

公称直径/mm		15	20	25	32	40	50	70	80	100	125	150
支架的最大间距/m	保温	1.5	2	2	2.5	3	3	4	4	4.5	5	6
	不保温	2.5	3	3.5	4	4.5	5	6	6	6.5	7	8

⑥ 管道立管管卡安装应符合下列规定:

a. 楼层高度不大于 5 m,每层必须安装 1 个。

b. 楼层高度大于 5 m,每层不得小于 2 个。

c. 管卡安装高度,距地面应为 1.5~1.8 m,2 个以上管卡应匀称安装,同一房间管卡应安装在同一高度上。

⑦ 冷、热水管道同时安装应符合下列规定:

a. 上、下平行安装时热水管应在冷水管上方。

b. 垂直平行安装时热水管应在冷水管左侧。

⑧ 管道在穿越建筑物沉降缝、伸缩缝处应设置补偿装置,明装镀锌管不得有半明半暗现象。

3. 塑料管、复合管

(1) 硬聚氯乙烯(UPVC)给水管

硬聚氯乙烯(UPVC)给水管适用于给水温度不大于 45 ℃,工作压力不大于 0.6 MPa 的给水系统,且不得用于消防给水管道,不得在建筑物内与消防给水管道相连。

① UPVC 管道的材质必须符合输送饮用水的卫生等级,用于建筑内部的管道宜采用 1.0 MPa 等级的管材。

② 胶粘剂中不得含有有毒和利于微生物生长的物质,不得对饮用水的味、嗅及水质有任何影响。

③ 最常用的是橡胶圈和粘接连接,橡胶圈接口适用于管外径为 63~315 mm 的管道连接;粘接接口只适用于管外径小于 160 mm 管道的连接。管道的粘接施工不宜在湿度很大的环境下进行,在 −20 ℃以下的环境中不得操作。粘接表面不得沾有尘埃、水迹及油污。

④ 管件为注塑成形的承插口管件,相配套的内螺纹管件必须为带有金属螺纹的嵌件,外螺纹必须为注塑成形的管螺纹,不得在管端套制管螺纹。螺纹的填料宜采用聚四氟乙烯生料带。

⑤ 管卡一般采用专用塑料管卡,若采用金属管卡固定管道时,金属管卡与塑料管间应采用塑料带或橡胶物隔垫。

⑥ 管道在穿地坪或楼板处应采取保护措施。

（2）聚乙烯（PE）、交联聚乙烯（PEX）、铝塑复合管给水管

聚乙烯（PE）、交联聚乙烯（PEX）、铝塑复合管给水管非交联聚乙烯管适用于工作温度不大于 60 ℃，交联聚乙烯适用于工作温度不大于 75 ℃、工作压力不大于 0.6 MPa，铝塑复合管适用于工作压力不大于 1.2 MPa 的给水系统，且不得与消防管道相连。

① 适用于管道采用专用的管件，并按产品说明书提供的连接操作顺序和方法连接。

② 管道外径不大于 32 mm 的管道，除必须使用直角弯头来改变管道走向外，还可采用将管道直接弯曲的方法来改变管道走向；管道外径大于或等于 40 mm 的管道应使用专用的弯管器弯曲。

③ 暗设在墙面和楼（地）面内的管道除分水管件外，应采用整条管道，中途不应驳接管道。

④ 管道的固定要求同 UPVC 管。暗设的管道在墙槽内应固定，经水压试验合格后，用水泥砂浆嵌槽保护，并在墙、地面上做出管道走向标志。

⑤ 安装后的管道，严禁攀踏或借作它用。

（3）三型聚丙烯（PP-R）给水管

山东省标准《建筑给水聚丙烯（PP-R）管道工程技术规程》（DBJ 14—BS11—2001）规定，PP-R 管适用于工作压力不大于 0.6 MPa、工作水温不高于 70 ℃的室内生活给水、热水和饮用净水管道系统，并不得用于建筑室内消防给水系统，不得在建筑物内与消防给水管道连接。

① 建筑给水聚丙烯管材和管件，应有省级及以上质量检验部门的产品合格证明和产品卫生检验合格证明。

② PP-R 管的连接形式一般有热熔连接、电熔连接和法兰连接。与金属管道和用水器配水件连接的管件，必须带有耐腐蚀金属螺纹嵌件，当选用的耐腐蚀金属螺纹嵌件为铜制品时，应采取防止铜材直接与 PP-R 管材接触的技术措施。

③ 冷水管道应选用公称压力不低于 1.0 MPa 等级的管材和管件，热水管道应选用公称压力不低于 2.0 MPa 等级的管材和管件。

④ 暗敷于地坪面层下或墙体内的管道应采用热熔或电熔连接，不得采用丝接或法兰连接；安装不便的场所宜采用电熔连接；与金属管或用水器连接时，应采用丝接或法兰连接。

⑤ 管道穿越屋面、楼板及地下室外墙处，应采取相应的防水措施，并应有可靠的防渗和固定措施。

⑥ 非直埋管道敷设时宜利用管道折角自然补偿或利用补偿器补偿管道伸缩；当不能利用自然补偿或补偿器时，管道支、吊架均应为固定支架。

⑦ 采用金属管卡或支架时，与管道接触部分应加塑料或橡胶软垫。

4．消防管道安装

（1）消火栓系统的安装

① 室内箱式消火栓安装时栓口应朝外，并不应安装在门轴侧；栓口中心距地面为 1.1 m，允许偏差为 20 mm；阀门中心距箱侧面为 140 mm，距箱后内表面为 100 mm，允许偏差 5 mm。

② 水龙带与水枪和快速接头绑扎好后，应将水龙带挂放在箱内的挂钉上、托盘或支架上。

（2）自动喷淋灭火系统的安装

① 管网安装：

a. 热镀锌钢管安装应采用螺纹、沟槽式管件或法兰连接，连接后不应减小过水断面面积。

b. 机械三通开孔间距不应小于 500 mm，机械四通开孔间距不应小于 1 000 mm。

c. 配水干管（立管）与配水管（水平管）连接，应采用沟槽式管件，不应采用机械三通，并做红色或红色环圈标志。

d. 螺纹连接当管道变径时，宜采用异径接头；在管道弯头处不宜采用补芯，当需要采用补芯时，三通上可用 1 个，四通上不应超过 2 个，公称直径大于 50 mm 的管道不宜采用活接头。

e. 管道支、吊架的安装位置不应妨碍喷头的喷水效果，管道支、吊架与喷头之间的距离不宜小于 300 mm，与末端喷头之间的距离不宜大于 750 mm。配水支管上每一直管段、相邻两喷头之间的管段设置的吊架均不宜少于 1 个，吊架的间距不宜大于 3.6 m。当管道的公称直径等于或大于 50 mm 时，每段配水干管或配水管设置防晃支架不应少于 1 个，且防晃支架的间距不宜大于 15 m；当管道改变方向时，应增设防晃支架。竖直安装的配水干管应在其始端和终端设防晃支架或采用管卡固定。

② 喷头安装：

a. 喷头安装应在系统试压、冲洗合格后进行。

b. 安装时，不得对喷头进行拆装、改动，并严禁给喷头附加任何装饰性涂层。

c. 安装在易受机械损伤处的喷头，应加设防护罩。

d. 喷头的安装位置和高度应符合设计要求和规范规定。

③ 报警阀组安装：

a. 应先安装水源控制阀、报警阀，然后进行报警阀辅助管道的连接，报警阀组应安装在便于操作的明显位置，距室内地面高度宜为 1.2 m，两侧与墙的距离不应小于 0.5 m，正面与墙的距离不应小于 1.2 m，报警阀组凸出部位之间的距离不应小于 0.5 m。

b. 安装报警阀组的室内地面应有排水设施。

c. 压力表应安装在报警阀上便于观测的位置。

d. 排水管和试验阀应安装在便于操作的位置。

e. 水源控制阀安装应便于操作，且应有明显开闭标志和可靠的锁定设施。

④ 其他组件安装：

a. 水流指示器应使电器元件部位竖直安装在水平管道上侧，其动作方向应和水流方向一致，安装后的水流指示器桨片、膜片应动作灵活，不应与管壁发生碰擦。

b. 压力开关应竖直安装在通往水力警铃的管道上，且不应在安装中拆装改动。

c. 水力警铃应安装在公共通道或值班室附近的外墙上，且应安装检修、测试用的阀门。

d. 水力警铃和报警阀的连接应采用热镀锌钢管，当镀锌钢管的公称直径为 20 mm 时，其长度不宜大于 20 m；安装后的水力警铃启动时，警铃声强度应不小于 70 dB。

e. 末端试水装置和试水阀的安装位置应便于检查、试验，并应有相应排水能力的排水设施。

f. 信号阀应安装在水流指示器前的管道上，与水流指示器之间的距离不宜小于

300 mm。

g. 排气阀应安装在配水干管顶部、配水管的末端,且应确保无渗漏。

(二)排水管道工程

1. 暗敷管道

(1)埋地敷设

① 管道及管道支墩(座),严禁铺设在冻土和未经处理的松土上。

② 排水管道的埋地敷设应保证其排水坡度,管沟底部应为原土或经夯实,应尽量避免因回填土的沉降而造成埋地管道的倒坡现象产生。

③ 排水管道在安装完成后经灌水试验合格后方可回填土,回填土管顶上部 200 mm 以内应用砂子或无块石及冻土块的土,并不得用机械回填;管顶上部 500 mm 以内不得回填直径大于 100 mm 的块石和冻土;500 mm 以上部分回填土中的块石和冻土不得集中。

④ 立管与排出管端部的连接,应采用 2 个 45°弯头或曲率半径不小于 4 倍管径的 90°弯头,底部的弯管处应设支墩或采取固定措施。通向室外的排水管,穿过墙壁或基础必须下返时,应采用 45°三通和 45°弯头连接,并应在垂直管段顶部设置清扫口。

(2)管窿及管井敷设

① 排水管在管窿及管井敷设原则应按明管要求,在施工完毕,封闭管窿和管井前应做灌水、通球冲水试验,并进行隐蔽工程验收。

② 立管的检查口应设有检修门。

③ UPVC 管用于高层建筑时,管径大于等于 DN110,在管窿或管井内可不设防火套管或阻火圈,但横支管接出管窿或管井处应设置防火套管或阻火圈。

(3)吊顶内敷设

① 排水横管坡度应符合设计要求,有独立的支、吊架。

② 吊顶应在排水管的检查口、清扫口处设置检修孔。

2. 明敷管道

(1)立管安装

① 立管应安装在靠墙或靠近排水量大的设备位置。

② 铸铁排水立管上应每 2 层设置 1 个检查口,但在最底层和有卫生器具的最高层必须设置。如为两层建筑时可仅在底层设置。UPVC 排水立管在底层和在楼层转弯处应设置检查口,立管宜每 6 层设 1 个检查口。检查口中心高度距操作地面一般为 1 m,检查口的朝向应便于检修。

③ 铸铁管立管固定件间距不大于 3 m,楼层高度小于等于 4 m,可安装 1 个固定件。

④ UPVC 排水立管应按设计要求设置伸缩节,当层高小于等于 4 m 时,污水立管和通气管应每层设置 1 个伸缩节。

⑤ 高层建筑中明设塑料管道应按设计要求设置阻火圈或防火套管。

(2)横管安装

① 排水横管与横管,横管与立管的连接应采用 45°三通、四通或 90°斜三通、四通连接。

② 坡度应符合设计要求和规范规定。

③ 铸铁排水管在连接 2 个及以上大便器或 3 个及以上卫生器具时应设置清扫口。UPVC管在连接 4 个及以上大便器时宜设清扫口。

④ 无汇合管件的直线管段大于 2 m 时应设伸缩节,但伸缩节的最大间距不应大于 4 m。

⑤ 管道不得穿过沉降缝、伸缩缝、烟道和风道,当受条件限制必须穿过时,应采取相应的技术措施。

⑥ 金属排水管道上的吊钩或卡箍应固定在承重结构上,固定件间距不大于 2 m。

⑦ UPVC 排水横管的吊、支架间距不应大于管外径的 10 倍。

(3) 通气管安装

① 通气管应严格按设计要求设置,当 2 根以上污水立管共用 1 根通气管时,通气管管径应不小于其中 1 根最大排水管管径。

② 专用通气立管下端应在主排水横管下端接出,上端可在最高层卫生器具上边缘以上不小于 0.15 m 处与排水立管成斜通连接。

③ 通气立管不得接纳器具污水、废水、雨水。

④ 通气支管应按不小于 0.01 的向上坡度与通气立管相连,通气管不得与风道或烟道连接。

⑤ 伸顶通气管径不宜小于排水立管管径,在最冷月平均气温低于 −13 ℃ 的地区当伸顶通气管径小于等于 125 mm 时,宜在室内顶棚下 0.3 m 处将管径放大一号。

⑥ 通气管高出屋顶(包括隔热层)不得小于 0.3 m,且大于最大积雪厚度,顶端应设风帽。上人屋面通气管应高出屋面 2 m,通气管周围 4 m 以内有门窗时,通气管应高出门窗顶 0.6 m 或引向无门窗侧。

⑦ 通气管不宜设在建筑物挑出部分,如檐口、阳台、雨篷等的下面。

3. 室内雨水管道

(1) 雨水管道不得与生活污水管道相连接。

(2) 雨水斗管的连接应固定在屋面承重结构上,雨水斗边缘与屋面连接处应严密不漏。

(3) 雨水管道管径不得小于 100 mm。

(4) 悬吊式雨水管道的检查口或带法兰堵口的三通的间距,当管径不大于 150 mm 时,应不大于 15 m;当管径不小于 200 mm 时,应不大于 20 m。

(三) 卫生器具安装工程

1. 卫生器具的分类

(1) 大便器

① 坐式大便器:按冲水箱形式分为低水箱、高水箱、自闭阀冲水;按洁具形式分为分体挂水箱、分体坐水箱和连体水箱。

② 蹲式大便器:按排水位置分为后落水、前落水;按冲水箱形式分为低水箱、高水箱、自闭阀冲水。

(2) 小便器

① 立式小便斗:可分为角阀冲水、高水箱冲水、自闭阀冲水及电控自动冲水。

② 挂式小便斗:有三角形及方形之分,冲水形式与立式小便斗相同。

③ 小便槽:冲水形式可采用角阀(截止阀)或高水箱冲水,小便槽长度大于 3.5 m,应采用塔式冲水管。

(3) 妇女卫生盆

妇女卫生盆可分为双孔盆和单孔盆。

（4）洗脸（手）盆

① 角式洗脸（手）盆：安装于墙角成 90°位置，排水有 P 式或 S 式。

② 普通洗脸（手）盆：采用支架安装于墙上，有单冷水龙头、冷热水龙头和冷热水混合龙头形式。

③ 立式洗脸（手）盆：下部有一柱脚搁住，盆体须与墙体固定。

④ 有沿台式洗脸（手）盆：又称台上盆，盆体搁于台面上。

⑤ 无沿台式洗脸（手）盆：又称台下盆，盆体安装于台面下。

（5）浴盆

① 混合龙头浴盆：冷热水管应嵌墙暗敷，龙头离浴盆上 150 mm 左右，排水管应设有水封。

② 固定式淋浴器浴盆：冷热水管应嵌墙暗敷，其淋浴器管也为暗敷。

③ 软管移动式淋浴器浴盆：冷热水管为暗敷，在冷热水混合龙头上接有软管及淋浴器，淋浴器有挂钩式或滑杆式。

（6）淋浴器

① 单冷水淋浴器：为单冷水管供水淋浴器，由管件、阀门组成或由管件及成套单管淋浴器组成。

② 单管脚踏开关淋浴器：在单冷水淋浴器的基础上，将控制阀改用带有脚踏板控制的淋浴器，能起到节水效果。

③ 双管沐浴器：冷热水双管供水，双阀控制调节水温。

④ 双管脚踏开关沐浴器：为在冷热水双管沐浴器控制阀后的汇合管上加装脚踏开关，可在沐浴时通过冷热水阀调节水温。

（7）洗涤盆、化验盆、盥洗槽、洗涤池、污水池

① 洗涤盆：有冷水龙头、冷热水龙头、回转龙头、回转混合龙头、单把肘式开关、双把肘式开关、脚踏开关、双联化验龙头、三联化验龙头和通风柜内洗涤盆等。

② 化验盆：可安装单联、双联、三联化验龙头。

③ 盥洗槽：为水泥现场砌筑槽，根据槽的长度设置 1 个或 2 个排水栓，可安装单个或多个单冷水或冷热水龙头，两组龙头间距一般为 1 m。

④ 洗涤池、污水池：一般为水泥制品。

（8）地漏

① 两用地漏：在普通地漏的面板上带有一可插洗衣机排水用孔的地漏，既可作洗衣机排水口用，同时可排除地面积水。

② 多用地漏：在地漏下部地漏水封盒上可同时接入洗脸盆排水和浴盆排水，并通过一根排出管接至排水立管，可减少排水立管中三通的重叠设置。

③ 普通型网格地漏：一般地漏应装有水封弯。

④ 带水封地漏：又称为钟罩型地漏，在地漏盒中，有一种钟罩型水封装置。

2. 卫生器具的安装质量监督要点

（1）卫生器具安装应采用预埋螺栓或膨胀螺栓安装固定。

（2）卫生器具及给水配件的安装位置、高度应符合表 8-2 和表 8-3 的要求。

表 8-2　　　　　　　　　　　　　　　卫生器具的安装高度

项　次	卫生器具名称		卫生器具安装高度/mm		备　　注
			居住和公共建筑	幼儿园	
1	污水盆(池)	架空式	800	800	
		落地式	500	500	
2	洗涤盆(池)		800	800	
3	洗脸(手)盆		800	500	自地面至器具上边缘
4	盥洗槽		800	500	
5	浴盆		≤520		
6	蹲式大便器	高水箱	1 800	1 800	自台阶面至高水箱底
		低水箱	900	900	自台阶面至低水箱底
7	坐式大便器	高水箱	1 800	1 800	自地面至高水箱底
	低水箱	外露排水管式	520	370	自地面至低水箱底
		虹吸喷射式	470		
8	小便器	挂式	600	450	自地面至下边缘
9	小便槽		200	150	自地面至台阶面
10	大便槽冲洗水箱		≥2 000		自台阶面至水箱底
11	妇女卫生盆		360		自地面至器具上边缘
12	化验盆		800		自地面至器具上边缘

表 8-3　　　　　　　　　　　　　　　卫生器具给水配件的安装高度

项　次	给水配件名称		配件中心距地面高度/mm	冷热水龙头距离/mm
1	架空式污水盆(池)水龙头		1 000	
2	落地式污水盆(池)水龙头		800	
3	洗涤盆(池)水龙头		1 000	150
4	住宅集中给水龙头		1 000	
5	洗手盆水龙头		1 000	
6	洗脸盆	水龙头(上配水)	1 000	150
		水龙头(下配水)	800	150
		角阀(下配水)	450	
7	盥洗槽	水龙头	1 000	150
		冷热水管(其中热水龙头上下并行)	1 100	150
8	浴盆水龙头(上配水)		670	150
9	淋浴器	截止阀	1 150	95
		混合阀	1 150	
		沐浴喷头下沿	2 100	

项 次	给水配件名称		配件中心距地面高度/mm	冷热水龙头距离/mm
10	蹲式大便器	高水箱角阀及截止阀	2 040	
		低水箱角阀	250	
		手动式自闭冲洗阀	600	
		脚踏式自闭冲洗阀	150	
		拉管式冲洗阀(从地面算起)	1 600	
		带防污助冲器阀门(从地面算起)	900	
11	坐式大便器	高水箱角阀及截止阀	2 040	
		低水箱角阀	150	
12	大便槽冲洗水箱截止阀(从台阶面算起)		≥2 400	
13	立式小便器角阀		1 130	
14	挂式小便器角阀及截止阀		1 050	
15	小便槽多孔冲洗管		1 100	
16	实验室化验水龙头		1 000	
17	妇女卫生盆混合阀		360	

注:装设在幼儿园内的洗脸(手)盆和盥洗槽水嘴中心离地面安装高度应为 700 mm,其他卫生器具给水配件的安装高度,应按卫生器具实际尺寸相应减少。

(3) 有饰面的浴盆,应留有通向浴盆排水口的检修门。

(4) 器具的支、托架必须防腐良好,安装平整、牢固,与器具接触紧密、平稳。

(5) 排水栓和地漏安装应平正、牢固,低于排水表面 5～10 mm,周边无渗漏,地漏水封高度不得小于 50 mm。

(6) 器具的给水配件应完好无损伤,接口严密,启闭部分灵活。

3. 卫生器具排水管安装质量监督要点

(1) 连接卫生器具的排水管道接口应紧密不漏,其固定支架、管卡等支撑位置应正确、牢固,与管道接触应平整。

(2) 管道与楼板的接合部位应采取可靠的防渗、防漏措施。

(3) 卫生器具的排水管径和最小坡度,如设计无要求时应符合表 8-4 规定。

表 8-4　　　　　　　　　连接卫生器具的排水管管径和最小坡度

项 次	卫生器具名称	排水管管径/mm	管道最小坡度/‰
1	污水盆(池)	50	25
2	单、双格洗涤盆(池)	50	25
3	洗脸(手)盆	32～50	20
4	浴盆	50	20
5	淋浴器	50	20

项 次	卫生器具名称		排水管管径/mm	管道最小坡度/‰
6	大便器	高、低水箱	100	12
		自闭式冲洗阀	100	12
		拉管式冲洗阀	100	12
7	手动、自闭式冲洗阀		40～50	20
	自动冲洗水箱		40～50	20
8	化验盆(无塞)		40～50	25
9	净身器		40～50	20
10	饮水器		20～50	10～20
11	家用洗衣机		50(软管为 30)	

(四)采暖系统工程

1. 采暖系统的安装

(1)采暖系统的制式,应符合设计要求。

(2)散热设备、阀门、过滤器、温度计及仪表应按设计要求安装齐全,不得随意增减和更换。

(3)室内温度调控装置、热计量装置、水力平衡装置以及热力入口装置的安装位置和方向应符合设计要求,并便于观察、操作和调试。

(4)温度调控装置和热计量装置安装后,采暖系统应能实现设计要求的分室(区)温度调控、分栋热计量和分户或分室(区)热量分摊的功能。

2. 管道及配件安装

(1)管道坡度应按设计要求敷设。当设计未注明时,气、水同向流动的采暖管道及凝结水管道,坡度为 3‰,不得小于 2‰;气、水逆向流动的采暖管道,坡度不应小于 5‰;散热器支管的坡度应为 1‰,坡向应利于排气和泄水。

(2)管道穿过楼板和墙壁时,应设置套管。

① 安装在楼板内的套管,其顶部应高出装饰地面 20 mm;在卫生间及厨房内的套管,其顶部应高出装饰地面 50 mm,底部应与楼板底面相平。

② 安装在墙壁内的套管其两端与饰面相平。

③ 套管与管道之间的缝隙应用阻燃密实材料填实,端面光滑,穿楼板的还应用防水油膏填封。

(3)管道接口不得设在套管内。

(4)补偿器的型号、安装位置及预拉伸和固定支架的构造及安装位置应符合设计要求。方形补偿器应水平安装,并与管道的坡度一致,如其臂长方向垂直安装必须设排气及泄水装置。

(5)膨胀水箱的膨胀管及循环管上不得安装阀门。

(6)当采暖热媒为 110～130 ℃的高温水时,管道可拆卸件应使用法兰,不得使用长丝和活接头。法兰垫料应使用耐热橡胶板。

3. 采暖系统热力入口装置的安装

(1) 热力入口装置中各种部件的规格、数量,应符合设计要求。

(2) 热计量装置、过滤器、压力表、温度计的安装位置、方向应正确,并便于观察、维护。

(3) 水力平衡装置及各类阀门的安装位置、方向应正确,并便于操作和调试。安装完毕后,应根据系统水力平衡要求进行调试并做出标志。

4. 采暖管道及配件保温层和防潮层的施工

(1) 保温层应采用不燃或难燃材料,其材质、规格及厚度等应符合设计要求。

(2) 保温管壳的粘贴应牢固,铺设应平整,硬质或半硬质的保温管壳每节至少应用防腐金属丝或难腐织带或专用胶带进行捆扎或粘贴 2 道,其间距为 300~350 mm,且捆扎、粘贴应紧密,无滑动、松弛及断裂现象。

(3) 硬质或半硬质保温管壳的拼接缝隙不应大于 5 mm,并用粘结材料勾缝填满;纵缝应错开,外层的水平接缝应设在侧下方。

(4) 松散或软质保温材料应按规定的密度压缩其体积,疏密应均匀;毡类材料在管道上包扎时,搭接处不应有空隙。

(5) 防潮层应紧密粘贴在保温层上,封闭良好,不得有虚粘、气泡、褶皱、裂缝等缺陷。

(6) 防潮层的立管由管道的低端向高端敷设,环向搭接缝应朝向低端;纵向搭接缝应位于管道的侧面,并顺水。

(7) 卷材防潮层采用螺旋形缠绕的方式施工时,卷材的搭接宽度宜为 30~50 mm。

(8) 阀门及法兰部位的保温层结构应严密,且能单独拆卸并不得影响其操作功能。

5. 散热器安装

(1) 每组散热器的规格、数量及安装方式应符合设计要求。

(2) 铸铁或钢制散热器的防腐及面漆应附着良好,色泽均匀,无脱落、起泡、流淌和漏涂缺陷,且外表面应刷非金属性涂料。

(3) 散热器恒温阀的安装:

① 散热器恒温阀的规格、数量应符合设计要求。

② 明装散热器恒温阀不应安装在狭小和封闭空间,其恒温阀阀头应水平安装,且不应被散热器、窗帘或其他障碍物遮挡。

③ 暗装散热器的恒温阀应采用外置式温度传感器,并应安装在空气流通且能正确反映房间温度的位置上。

(4) 散热器支、托架安装,位置应准确,埋设牢固,数量符合设计或产品说明书要求。

(5) 散热器背面与装饰后的墙内表面安装距离,为 30 mm 或依据产品说明书要求。

6. 低温热水地面辐射采暖

(1) 土建墙面、外门、窗已完成,厨房、卫生间闭水试验合格,相关电气预埋等工程已完成,方可施工安装。

(2) 地面辐射供暖工程施工过程中,严禁人员踩踏加热管。不宜与其他工种交叉作业。施工环境温度不宜低于 5 ℃,在低于 0 ℃ 环境下施工时,现场应采取升温措施。

(3) 埋设于填充层内的加热管不应有接头。

(4) 加热管安装时应防止管道扭曲。弯曲管道时圆弧的顶部应加以限制,并用管卡进行固定,不得出现硬折弯现象。弯曲半径,塑料管不应小于管道外径的 8 倍,复合管不应小于管道外径的 5 倍。

（5）加热管弯头两端宜设管卡，直线段固定点间距宜为 0.5～0.7 m，弯曲段间距宜为 0.2～0.3 m。

（6）加热管管径、间距和长度应符合设计要求。间距偏差不大于 10 mm。

（7）加热管与墙体表面的距离，不宜小于 200 mm。

（8）加热管（塑料）熔点较低，多数在 150～180 ℃左右，所以很容易被电炉、喷灯等烤化，因此施工中禁用电炉、喷灯等明火加热弯曲。

（9）在分、集水器附近管道较多，间距过小，当间距小于 100 mm 时，为防止造成局部地面温度过高，应设置套管。一般采用聚氯乙烯或高密度聚乙烯波纹套管。

（10）为保护加热管，出地面至分、集水器下部阀门接口之间的明装管段应加塑料套管，高出饰面 150～200 mm。

（11）加热管与分、集水器连接，应采用卡套式、卡压式挤压夹紧连接；连接件材料宜为铜质；铜质连接件与 PP-R 或 PP-B 直接接触的表面必须镀镍。

（12）分、集水器宜在开始铺设加热管之前进行安装。水平安装时，宜将分水器安装在上，集水器安装在下，中心距宜为 200 mm，集水器中心距地面不应小于 300 mm。分、集水器上均应设置手动或自动排气阀。

（13）加热管不宜穿越填充层伸缩缝。必须穿越时，伸缩缝处应加长度不小于 200 mm 的柔性套管。

（14）地面上的固定设备和卫生器具下，不应布置加热管。

（15）填充层施工前加热管应安装完毕，且水压试验合格。施工中加热管内的水压不应低于 0.6 MPa，填充层养护过程中，系统水压不应低于 0.4 MPa。

（16）填充层不受干扰的凝固和硬化时间：一般不加特殊掺合料的混凝土为 21 d，最早 48 h 后才能踩踏。此时间内，不得对加热管进行加热及承受任何形式的荷载，以免造成填充层开裂。

（17）在加热管铺设区内，严禁穿凿、钻孔或进行射钉作业。

（18）伸缩缝设置：

① 在与内外墙、柱等垂直构件交接处应留不间断伸缩缝，伸缩缝填充材料应采用搭接方式连接，搭接宽度不应小于 10 mm；伸缩缝填充材料与墙、柱应有可靠的固定措施，与地面绝热层连接应紧密，伸缩缝宽度不宜小于 10 mm。伸缩缝填充材料宜采用高发泡聚乙烯泡沫塑料。

② 当地面面积大于 30 m² 或边长超过 6 m 时，应按不大于 6 m 间距设置伸缩缝，伸缩缝宽度不应小于 8 mm。伸缩缝宜采用高发泡聚乙烯泡沫塑料或内满填弹性膨胀膏。

③ 伸缩缝应从绝热层的上表面开始，到填充层上表面为止。

（19）卫生间过门处应设置止水墙，在止水墙内侧应配合土建专业做好防水。加热管穿止水墙处应采取防水措施。

（五）室内燃气管道工程

1. 引入管敷设位置

（1）燃气引入管不得敷设在卧室、卫生间、存放易燃或易爆物品的仓库、有腐蚀性介质的房间、发电间、配电间、变电室、不使用燃气的空调机房、通风机房、计算机房、电缆沟、暖气沟、烟道和进风道、垃圾道等。

（2）住宅的燃气引入管宜设在厨房、外走廊、与厨房相连的阳台内等便于检修的非居住房间内。当确有困难时，可从楼梯间引入（高层建筑除外），但应采用金属管道且引入管阀门宜设在室外。

（3）引入管穿过建筑物基础、墙或管沟时，均应设置在套管中，并应考虑沉降的影响，必要时应采取补偿措施。

2．室内燃气管道敷设

（1）燃气立管不得敷设在卧室或卫生间内。立管穿过通风不良的吊顶时应设在套管内。

（2）燃气支管宜明设，不宜穿过起居室（厅）；敷设在起居室（厅）、走道内的燃气管道不宜有接头。

（3）当穿过卫生间、阁楼或壁橱时，燃气管道应采用焊接连接（金属软管不得有接头），并应设在钢套管内。

（4）燃气管道与电线、电气设备及其他管道的间距，应符合设计要求和规范规定。

（5）室内燃气管道穿墙、楼（地）板时，必须加钢套管，套管内管道不得有接头，套管与墙、楼（地）板之间的间隙应用防水材料填实，套管与燃气管道之间的间隙应采用柔性防腐、防水材料填实。

二、建筑电气工程质量监督

（一）配管工程

1．电线保护导管分类和使用范围

建筑电气工程中电线保护导管一般有：厚壁钢导管、薄壁钢导管、塑料导管和柔性导管。

（1）厚壁钢导管一般有黑色钢管（有缝）、镀锌厚壁管和无缝钢管。厚壁钢管可以在室内外各种场合使用，如埋地、埋入混凝土、埋入各种墙体中使用等。

（2）薄壁钢导管一般有薄壁电线导管、薄壁镀锌钢导管、套接扣压式薄壁钢导管和套接紧定式钢导管。薄壁钢管可以埋设于混凝土和各种墙体内或明敷于室内干燥场所中，不应敷设于潮湿或露天场所，严禁埋地敷设。

（3）塑料电线管一般有 PVC 硬塑料管和半硬塑料管。塑料管及其配件必须由阻燃处理的材料制成，塑料管管材外壁应有间距不大于 1 m 的连续阻燃标记和制造厂标。由于塑料管具有较好的耐腐蚀性，材质轻便，施工操作简单，在民用建筑安装工程中有较大的使用范围，但其材质较脆，遇高温时易变形，因此不应敷设在易受机械损伤和高温的场所。

（4）柔性导管一般有塑料软管、金属软管、可挠金属电线保护管。它们在民用建筑安装工程中主要作为各种管材与电气设备、器具之间的连接保护管。塑料软管的材质和阻燃性能应和硬塑料管一样。可挠金属电线保护管有多种型号规格，可适用于各种不同场合，选用时应按设计要求进行。其施工和验收适用于推荐性标准《可挠金属电线保护管配线工程技术规范》（CECS 87：96）。

2．电线保护导管敷设的质量监督要点

（1）电气保护管的一般要求

① 电线保护管遇下列情况之一时，中间应增设接线盒或拉线盒，且接线盒或拉线盒的位置应便于穿线和固定牢靠：

a. 管长度每超过 30 m,无弯曲;

b. 管长度每超过 20 m,有 1 个弯曲;

c. 管长度每超过 15 m,有 2 个弯曲;

d. 管长度每超过 8 m,有 3 个弯曲。

② 垂直敷设的电气导管遇下列情况之一时,应增设固定导线用的拉线盒,且拉线盒中应有适当的导线余量:

a. 管内导线截面积为 50 mm² 及以下,长度每超过 30 m;

b. 管内导线截面积为 70～95 mm²,长度每超过 20 m;

c. 管内导线截面积为 120～240 mm²,长度每超过 18 m。

③ 电线保护导管与其他各种管道的最小距离应符合国家规范有关规定。

④ 电气配管经过建筑物的沉降缝或伸缩缝处,必须设置补偿装置。

⑤ 电气配管工程中所采用的管卡、支吊架、配件和箱盒等黑色金属附件都应作镀锌或涂防锈漆等防腐措施。

⑥ 进入箱、盒、柜的配管应排列整齐,使用各种锁紧配件应符合国家有关要求。

(2) 电气导管的连接

钢导管不应有折扁和裂缝,管内应无铁屑及毛刺,切断口应平整,管口应光滑。钢管的连接方法有螺纹连接、套管焊接连接、套管紧定式连接和套接扣压连接等,薄壁钢管和厚壁钢管都严禁采用直接对口焊接的方法进行连接。

① 薄壁钢导管

a. 薄壁钢管严禁熔焊连接,薄壁钢管应采用螺纹连接,管端螺纹长度应等于或接近于管接头长度的 1/2,其管螺纹处不应有明显锥度,连接处管螺纹光洁无缺损、紧密、牢固无松动,外露丝扣宜为 2～3 扣。

b. 套接扣压式薄壁钢管应采用专用工具压接连接,不应敲打形成压点。套接扣压式薄壁钢管当管径为 φ25 mm 及以下时,每端扣压点不应少于 2 处;当管径为 φ32 mm 及以上时,每端扣压点不应少于 3 处,扣压点应对称,间距均匀。

c. 套接紧定式钢导管,管及其连接套管和附件应采用同一金属材料制作,其型号、规格应符合设计要求,其表面应有明显、不脱落的产品标识。管材、套管及附件等的壁厚应均匀,管口边缘平齐、光滑。连接套管的长度应在管外径 2～3.5 倍的范围内。连接套管中心凹槽弧度应均匀,位置垂直、正确,凹槽深度与钢管管壁厚度一致。紧定螺钉应符合产品设计要求,螺纹整齐、光滑、配合良好,顶针坚固,旋转螺钉脱落的"脖颈"尺寸准确。当管径为 φ32 mm 以下时,连接套管每端的紧定螺钉不应少于 1 个;当管径为 φ32 mm 及以上时,连接套管每端的紧定螺钉不应少于 2 个。紧定螺钉应处于可视处,连接处应涂电力复合酯或导电性防锈酯。

② 厚壁钢导管

a. 厚壁钢管的连接应采用螺纹连接或套管焊接连接。金属导管严禁采用熔焊对口连接,镀锌和壁厚不大于 2 mm 的钢导管不得套管熔焊。埋设于混凝土内的导管内壁应做防腐处理,外壁可不防腐处理。金属电线保护导管连接处及与金属箱盒的跨接接地保护应可靠、牢固,无遗漏现象。

b. 采用丝扣连接的,管端螺纹长度应等于或接近于管接头长度的 1/2,其管螺纹不应有明显锥度,连接处管螺纹光洁无缺损、紧密、牢固无松动,外露丝扣宜为 2～3 扣。采用套管焊接连接的,钢管对口处应在套管中心,套管长度应为钢管直径的 1.5～3 倍,焊接应紧密牢固,焊缝应平整、饱满,无夹渣、气孔、焊瘤等现象。焊接后应及时清除焊渣并刷两度防锈(腐)漆进行保护。钢管严禁有焊穿现象。

③ 塑料管

管口应平整光滑,管与管、管与盒(箱)之间连接采用配套附件连接。采用套管连接时,套管长度宜为管外径的 1.5～3 倍,管与管对口处应在套管中心,管与器件连接时,插入深度宜为管外径的 1.1～1.8 倍,连接处结合面应涂专用胶粘剂,接口应牢固紧密。当设计无要求时,埋设在墙内或混凝土内的绝缘导管,采用中型以上的导管。

④ 柔性导管

刚性导管经柔性导管与电气设备、器具连接时,柔性导管的长度在动力工程中不大于 0.8 m,在照明工程中不大于 1.2 m。可挠金属导管或其他柔性导管与刚性导管或电气装置、器具间的连接采用专用接头。复合型可挠金属管或其他柔性导管的连接处应密封良好,防液覆盖层完整无损。可挠性金属导管和金属柔性导管不能做接地或接零的连续导体。

(3) 暗配管

① 埋地敷设导管

a. 埋地敷设的电线保护导管应是厚壁钢导管或硬塑料导管,严禁使用薄壁钢导管。埋地电线导管应沿最近的路线敷设,并应减少弯曲。埋地电线保护管的弯曲半径不应小于管外径的 10 倍。

b. 埋地电线保护管不宜穿过建筑物、构筑物的基础和设备基础、小区道路,当必须穿过时应采取保护措施。埋设在地下的电线保护导管,沟内回填土应夯实,不得埋设在松土中。埋地的塑料管在露出地面易受机械损伤处应加钢管保护,保护钢管在地面上长度不应小于 500 mm。

c. 埋地敷设的黑色钢管外壁应涂刷两度沥青漆防腐,内壁刷防锈漆。镀锌钢导管的镀锌层损伤或剥落后也应涂刷防腐漆。

② 埋入混凝土导管的敷设

a. 埋入混凝土中导管可采用厚壁钢管、薄壁钢管、防液型可挠金属电线保护管或塑料管。电线保护管在埋入混凝土敷设时应测量管线走向,沿最近的路线敷设,并应减少弯曲。电线保护管的弯曲半径不应小于管外径的 6 倍,当有 2 个以上弯曲时,不应小于管外径的 10 倍,弯曲处应无明显褶皱或弯扁现象。

b. 电线保护导管敷设前应先对箱、盒高度和轴线位置测量定位准确,以确保灯位、开关、插座等电气设备的位置、高度及楼梯走道上下或成排中心线一致。

c. 电线保护管应在底层钢筋绑扎完成后方可进行,管与模板之间距离不得小于 15 mm。配管不得直接敷设在底层钢筋下面的模板上面,以免产生"露管"现象。导管上面保护层不应小于 15 mm,并列敷设的配管之间的间距不应小于 25 mm,以使混凝土浇捣密实。

d. 电线保护管在与箱、盒连接处的绑扎固定距离不宜大于 30 mm,管路中间的绑扎固定距离不宜大于 1 m。箱、盒与模板之间应固定牢固、紧密无缝隙,箱、盒内管口应封堵,箱、盒内宜用浸湿的纸屑或木屑等填充密实,以免漏浆堵塞箱盒及管口。金属箱盒或钢管可用"点焊"焊接方式固定,焊接处严禁将钢管焊穿。塑料管的绑扎固定宜紧靠钢筋,以免振捣器损伤塑料管造成堵塞。预埋在混凝土中的电线保护管外径不应超过混凝土厚度的 1/2,以免影响结构强度。钢管之间的连接及进入箱、盒处应及时焊接跨接接地线,管线较长的还应多处与钢筋焊接,以确保钢管接地可靠。

　　e. 当楼板为混凝土预制板或必须在混凝土毛地面进行配管时,管线应紧贴地面并绑扎固定可靠,并有保护措施,配管上面的混凝土整浇层厚度不得小于 20 mm。

　　f. 进入落地式配电柜(埋地或埋入混凝土)的电线保护管,排列应整齐,管口宜高出配电柜基础 50~80 mm。

　　③ 埋入墙体内的导管敷设

　　a. 埋入墙体内的电线保护管走向应合理,不应有破坏墙体结构的现象,轻质砖墙不得横向剔槽。管线应绑扎固定。在砌体上剔槽埋设时,应采用强度等级不小于 M10 的水泥砂浆抹面保护,管线表面至墙体表面的保护层厚度不应小于 15 mm。应急疏散照明线路采用耐火电线、电缆,在非燃烧体内穿刚性导管暗敷时,暗敷保护层厚度不小于 30 mm。

　　b. 电线保护导管弯曲半径不应小于管外径的 6 倍,弯曲处应无明显褶皱或扁裂和脆断现象。箱盒位置、高度正确,箱盒四周应用 M10 水泥砂浆抹面固定,并凸出墙体 5 mm。金属电线保护导管连接处及与金属箱、盒跨接接地应可靠、牢固,防腐处理应到位。

　　④ 明配电线保护导管敷设

　　a. 明配电线保护导管应做到"横平竖直",排列整齐,走向合理,固定点应牢固、间距均匀,不得使用木楔固定。非镀锌金属导管内外壁应做防腐处理且无污染。

　　b. 管卡或支吊架固定牢固,间距符合规范规定,配管管卡之间的最大距离在每一直线段内应一致,管卡与终端、弯头中点、电气器具或箱盒边缘的距离应根据配管管径大小来确定,一般宜为 150~500 mm。支、吊架应有防锈漆和面漆,且无污染。

　　c. 明配电线保护导管当只有一个弯头时,最小弯曲半径为配管外径的 4 倍,当有 2 个及以上的弯头时,最小弯曲半径为配管外径的 6 倍。成排配管时,除应达到上述规定外,还应做到弯曲处管路之间距离相等,弯曲弧度应成比例,圆弧均匀光滑,间距一致,无褶皱或弯扁现象,使整个配管线路整齐、美观。镀锌电线保护导管弯曲应采用冷弯或机械方法弯曲,不得采用加热煨弯。

　　d. 明配电线保护导管不宜采用仪表配管中带有盖板的直角形弯头配件,当确需采用时,弯头配件的盖板应设置于便于拉线、检查和维修处。电线保护管不得使用给水管道的弯头和配件。

　　e. 明配电线保护管在室外露天场所或潮湿场所与电气器具连接时,应做滴水弯。

　　(4) 吊顶内配电导管的敷设

　　① 上人吊顶内配管宜按照明敷管线的要求,做到"横平竖直",不应有斜走、交叉等现象。

　　② 电线保护管在吊顶内敷设应有单独的吊支架,不得利用龙骨的吊架,也不得将电线保护导管直接固定在轻钢龙骨上。

　　③ 吊、支架的距离宜采用明配管的要求,在箱盒和转角等处应对称、统一。非镀锌管卡或吊、支架应有防锈漆和面漆。硬塑料管宜用同样材质的管卡固定,从接线盒引至灯位的配管应采用柔性导管,其长度不大于 1.2 m。柔性导管进箱盒和灯具必须有专用配件。

　　④ 金属电线保护导管和柔性导管应可靠接地,可挠性金属导管和金属柔性导管不能做

接地或接零的接续导体。

⑤ 接线盒的设置应便于检修，一般宜朝下，并应有盖板。

（5）电线保护导管进箱盒、线槽电线保护导管进箱盒或线槽，必须用机械方法开孔，严禁用电、气焊开孔。箱盒有敲落孔的，敲落孔径应与电线保护管相匹配。金属电线保护管进箱盒及线槽应采用螺纹丝扣连接，并用两片锁紧螺母固定，螺纹露出锁紧螺母 2～3 扣。硬塑料管进箱盒或线槽应采用专用护口配件，并涂以专用胶粘剂。

（6）电线保护导管的接地保护

① 钢管的保护接地

a. 黑色钢管。明配或暗配黑色钢管在采用螺纹连接时，连接处的两端应焊跨接接地线，管路的终、始两端应与箱盒内接地端子、PE 排或接地干线可靠连成一整体。

b. 镀锌钢管。镀锌钢管连接处应采用专用接地线卡跨接，不得采用熔焊连接。暗敷镀锌钢管采用专用接地线卡的跨接导线应平直并紧贴钢管，朝向宜向下或侧面，以防导线损伤。

c. 当管路中金属钢管、金属箱盒与硬塑料管、塑料箱盒混用时，金属钢管和金属箱盒必须与 PE 保护线有可靠的电气连接。

d. 套接紧定式钢导管在连接处可不必采用专用接地线卡跨接接地线，但紧定螺钉必须紧定到位，连接处要涂电力复合酯或导电性防锈酯。套接扣压式薄壁钢管在连接处可不必采用专用接地线卡跨接接地线，但套接扣压处的扣压点数应符合规定。

② 金属柔性导管和可挠金属软管的接地保护

金属柔性导管和可挠性金属导管不能做接地或接零的接续导体。它们与钢管、箱盒连接处应采用专用接地线卡跨接。

③ 钢导管进箱盒、线槽的接地保护

a. 钢导管与金属箱盒、金属线槽连接时，应进行可靠的跨接接地连接，明配镀锌钢导管进入金属箱盒，应将专用接地线卡上的连接导线接入箱盒内专用接地螺栓或 PE 排上，不应直接与箱盒外壳连接。黑色钢管应焊接螺栓，用导线接入箱盒内，焊接处及时做好防腐处理。

b. 明配镀锌钢导管或黑色钢导管在进入金属线槽时，钢管上的跨接接地做法同上述一样。金属线槽为镀锌件时，可钻孔并用螺栓固定与钢管连接的跨接接地线，非镀锌件时应在线槽上焊接接地螺栓连接跨接接地线。

c. 明配成排钢管进入箱盒或线槽，则应在成排钢管上用专用接地线卡或焊接圆钢跨接线，将成排钢管连成一整体，然后在较大直径的钢管上用专用接地线卡或焊接接地螺栓，将导线与箱盒或线槽连接成一完整的电气通路。

d. 明敷跨接接地线采用导线的，其颜色应为黄绿双色，采用的螺栓应为镀锌件，且平垫片、弹簧垫片齐全。

e. 暗配钢管在进入金属箱盒处，当箱盒也暗设时，可以直接焊接圆钢跨接接地线。焊接处应补刷防锈漆和面漆。

f. 跨接接地线的规格视钢管直径的大小而定，当采用专用接地线卡、导线跨接时，应采用铜芯软导线，截面积不应小于 4 mm²；当采用圆钢时，直径不应小于 6 mm，焊接长度应为圆钢直径的 6 倍；当钢管直径较大时也可采用扁钢焊接跨接接地线，扁钢截面积不应小于

48 mm²，厚度不应小于 4 mm，焊接长度应为扁钢宽度的 2 倍，且不少于三面焊接。

g. 焊接处焊缝应平整、饱满，不应有点焊、焊瘤和咬肉现象，钢导管严禁焊穿。焊接处应及时清除焊渣，埋地或埋墙的应刷二度沥青漆防腐，明敷应刷二度红丹漆防锈，并刷面漆一度。

（二）配线工程

1. 导线

（1）导线的型号、规格、电压等级、截面积必须符合规范和设计要求。导线的额定电压应大于线路的工作电压，在民用建筑安装工程中，工作电压一般为 380 V 和 220 V。因此配线工程所采用的导线额定电压应不低于 500 V。

（2）导线相与相、相与零、相与地、零与地之间的绝缘电阻值必须大于 0.5 MΩ。为区分各种不同要求的导线，确保安全使用，导线的分色应正确：A 相（L1）为黄色，B 相（L2）为绿色，C 相（L3）为红色，N 线为浅蓝色，PE 保护线为黄绿双色。

2. 导线的连接

（1）导线与导线的连接

① 配线施工过程中应尽可能减少不必要的导线接头，导线接头过多或因导线接头质量差会导致导线发热而造成事故。当导线必须有接头时，导线的连接接头必须在接线盒、灯头盒等箱盒内。导线连接处和分支处都不应受横向机械力的作用。

② 导线与导线的连接方法有多种，如绞接、焊接、压接和螺栓连接、导线分流器连接等。导线采用绞接连接的，对导线绞接接头处应进行锡焊（或称搪锡），锡焊处应做到均匀、饱满、光滑。焊后立即将多余焊锡膏（助焊剂）清理干净，并将导线用绝缘胶带包扎紧密，恢复绝缘保护层。应当注意的是，要防止锡焊时温度过高而损伤导线绝缘层。导线采用安全型塑料接线帽连接的，塑料接线帽必须是阻燃的。安全型塑料接线帽必须使用专用配套的"三点抱压式"压接钳。

③ 多股铜芯线采用铜接头连接。连接导线的截面积应与铜接头截面积相匹配，铜接头与导线的连接应根据截面积大小采用机械、液压或电动等方式压接连接，严禁使用铁锤将铜接头敲扁连接。当铜接头使用在潮湿场所或与钢搭接时，必须采用镀锌铜接头。

④ 导线分流器是新颖实用的科技新产品，克服了导线直接绞接方法连接的缺点。导线分流器可直接在主导线上与分支导线连接，其规格和连接方式应符合有关规定。

（2）导线与电气设备或器具的连接

当导线进入电气设备或器具，如照明配电箱（柜）、灯具、开关、插座等连接时，单芯硬导线可直接与器具接线端子或螺栓连接；多芯硬导线应挂锡或与铜接头压接后再与电气设备、器具连接。螺栓连接处平垫片和防松件应齐全。导线在与灯具、开关、插座的连接中应采用分支接头法，螺栓上只应接一根线。与箱、柜设备连接时，螺栓上宜接一根线，最多不能超过 2 根。导线在箱、柜内的排列应整齐，绑扎固定间距应统一、清晰、端子号齐全。在吊顶内穿管敷设的导线，与灯具等设备连接时，连接应在接线盒或灯具等设备中，导线和导线接头不得有裸露在外的现象。

3. 管内穿线

（1）不同回路、不同电压等级的交流与直流的导线，不得穿在同一根管内。下列几种情况或设计有特殊规定，可穿在同一根管内：电压为 50 V 及以下的回路；同一台设备的电机回路和无抗干扰要求的控制回路;照明花灯的所有回路或同类照明的几个回路,但管内导线总数不应多于8根。

(2)3根及以上绝缘导线穿于同一根管时,其总截面积(包括外护层)不应超过管内截面积的40%;2根绝缘导线穿于同一根管时,管内径不应小于两根导线外径之和的1.35倍(立管可取1.25倍)。有抗干扰或屏蔽要求的导线,应穿入金属管内,不应穿入塑料管内。穿管敷设的导线,严禁在管内有接头。

(3)管内穿线宜在建筑物抹灰、粉刷及地面工程结束后进行,穿管前,应将管内和箱盒内积水及杂物清除干净。导线穿管前,管口应有护圈。护圈不应有松落或劈开补放现象。对垂直穿管敷设的导线,接线盒或拉线盒设置应符合规定,导线在箱盒内应绑扎固定。

4. 线槽配线

(1)线槽的分类

线槽的型号、规格较多,一般应满足导线敷设安全和散热等要求,并应根据设计要求进行选择。常用的有金属线槽或金属镀锌线槽、塑料线槽、防火线槽、加强型线槽等。

(2)线槽敷设的一般要求

① 线槽应平整无扭曲变形,内壁及出线口应光滑无毛刺,金属线槽应经防腐处理。塑料线槽必须经过阻燃处理,外壁应有间距不大于1 m的连续阻燃标记和制造厂厂标。

② 线槽应敷设在干燥和不易受机械损伤的场所。线槽连接应无间断(补偿装置处除外),固定点的间距不应大于2 m,且不宜设置在线槽连接处。在进出箱、柜或终端、转角、分支处或变形缝两端的固定点间距宜为300~500 mm。加强型线槽固定点间距不应大于3 m。

③ 线槽接口处应平直、严密,槽盖应齐全、平整、无翘角。并列安装的线槽,槽盖应便于开启。连接线槽的固定螺栓应从里向外穿,螺母置于线槽外侧,固定螺栓端部应与线槽内表面光滑相接。

④ 金属线槽连接处应可靠进行跨接接地保护,金属镀锌线槽连接处有防松件(如弹簧垫片)时可不做跨接接地,但连接处两端应有不少于2处的固定螺栓上有防松件。金属线槽的始端和终端都应与箱、柜内的PE线可靠连接,线槽本体不应作为设备的接地导体。

⑤ 线槽的转角、分支等配件应为定型产品,线槽内侧转角应成45°,需现场加工制作的配件,制作完成未安装前应进行防腐处理,并刷同色面漆保护。

⑥ 线槽安装应平直整齐,水平或垂直允许偏差为其长度的2‰,且全长允许偏差为20 mm。

⑦ 线槽在跨越变形缝(沉降缝、伸缩缝)处应有补偿装置。

(3)线槽内导线的敷设

① 线槽内电线或电缆的总截面(包括外护层)不应超过线槽内截面的20%,载流导线不宜超过30根。控制、信号或与其相似的线路,电线或电缆的总截面积不应超过线槽内截面的50%。

② 直流、交流及不同电压等级的导线在同一线槽内敷设,应采用有分隔板型的线槽予以分隔。

③ 导线在线槽内敷设应排列整齐,无缠绕现象,同一回路的导线应成束敷设,导线在水平转弯或垂直敷设处应用尼龙扎带绑扎固定,垂直固定间距不宜大于2 m。线槽中导线不

得有接头,导线的接头应置于箱、柜或电气器具内,以免造成安全隐患。

5. 电缆敷设

(1)电缆敷设的一般要求

① 电力电缆、控制电缆等在敷设前,应认真核对其型号、规格、电压等级等是否符合设计要求,当有变更时应取得原设计单位的书面变更通知书。

② 电缆敷设前应对整盘电缆进行绝缘电阻测试,电缆敷设后还应对每根电缆进行绝缘电阻测试。电缆额定电压为 500 V 及以下的,应采用 500 V 摇表,绝缘电阻值应大于0.5 MΩ。

③ 电缆的最小弯曲半径一般不应小于电缆外径的 10 倍。电缆敷设应尽量减少中间接头,当必须有接头时,并列敷设的电缆,其接头位置应错开,明敷电缆的接头,应用托板托住固定;埋地敷设电缆的接头应装设保护盒,以防意外机械损伤。控制电缆不应有中间接头。

④ 电缆在进入配电柜内后应及时做好电缆头。电缆头应绑扎固定,整齐统一,并挂上电缆标志牌。电缆芯线应排列整齐,绑扎间距一致并应留有适当余量。

⑤ 电缆保护管内径不应小于电缆外径的 1.5 倍,保护管的弯曲半径一般为管外径的 10 倍,但不应小于所穿电缆的允许最小弯曲半径。

⑥ 电缆芯线应有明显相色标志或编号,且与系统相位一致。

(2)电缆敷设

① 埋地敷设

a. 埋地敷设的电缆,表面至地面的深度不应小于 700 mm,电缆应埋设于冻土层以下,当受条件限制时,应采取防止电缆受到损坏的措施。

b. 埋地电缆的上、下部应铺以不小于 100 mm 厚的软土或砂层,并在上部加以电缆盖板保护,保护盖板的宽度应大于电缆两侧各 50 mm。

c. 埋地电缆在直线段每隔 50 m、100 m 处,中间接头处,转角处和进入建筑物处,应设置明显的电缆标志桩。

d. 埋地电缆进入建筑物应有钢管保护,管口宜做成喇叭形,保护管室内部分应高于室外埋地部位,电缆敷设完毕,保护管口应采用密封措施。

e. 埋地电缆在回填土前,应进行隐蔽验收,验收通过后方可覆土。

② 电缆沟内敷设

a. 电缆沟内支架应排列整齐、高低一致、安装牢固。

b. 电缆在电缆沟内敷设时应排列整齐,不宜交叉,电缆在直线段每 5 m、10 m 及转角处、电缆接头两端处应绑扎牢固。

c. 电力电缆和控制电缆不应敷设在同一层支架上。

d. 电缆敷设完毕后,应及时清除杂物,盖好盖板。电缆沟内严禁有积水现象。

③ 桥架(托盘)中敷设

a. 桥架(托盘)的固定,支、吊架安装应牢固,其固定间距应符合设计要求,当设计无要求时应不大于 2 m,桥架(托盘)的起、终端和转角两侧、分支处三侧应有支、吊架固定,固定点间距宜为 300~500 mm。

b. 桥架(托盘)连接板处螺栓应紧固,螺栓应由里向外穿,螺母位于桥架(托盘)的外侧。

c. 桥架(托盘)转角和三通处的最小转弯半径应大于敷设电缆最大者的最小弯曲半径。

d. 桥架（托盘）跨越变形缝（沉降缝、伸缩缝）处或桥架（托盘）直线长度超过 30 m 的应有补偿装置。

e. 电缆在桥架（托盘）内宜单层敷设，排列整齐，不宜交叉。电缆在每一直线段 5～10 m、转角、电缆中间接头的两端处应绑扎固定。

f. 不同电压等级的电缆在桥架（托盘）内敷设时，中间应用隔板分开。

6. 接地保护

（1）电力电缆当有铠装钢带护层时，在终端处应可靠接地。接地线应采用铜绞线或镀锌铜编织线。电缆截面积在 120 mm² 及以下的不应小于 16 mm²；截面积在 150 mm² 及以上的不应小于 25 mm²。

（2）金属桥架（托盘）连接处应可靠接地，镀锌金属桥架连接处可不作跨接线接地，但连接两端应有不少于 2 处的固定螺栓上应有防松件。

（3）金属桥架（托盘）的全长和起、终端应与接地干线进行多处可靠连接，或在桥架（托盘）全长敷设接地线。接地线可采用绿黄绝缘导线、裸铜线和镀锌扁钢，其截面积应符合设计规定。

（4）电缆支、托架应与接地干线可靠连接，一般可采用镀锌圆钢或镀锌扁钢与支、托架焊接。当截面积设计无要求时，圆钢宜为 ϕ10 mm，扁钢宜为 25 mm×4 mm。焊接后应及时清除焊渣，并进行防腐处理。

（三）电气照明装置安装工程

1. 照明器具

（1）灯具安装的一般要求

① 灯具固定应端正牢固，位置正确。每个灯具固定用的螺钉或螺栓不应少于 2 个。当绝缘台直径为 75 mm 及以下时，可采用 1 个螺钉或螺栓固定。在任何结构上安装灯具，严禁使用木楔固定。

② 灯具不应安装在用电设备的正上方，吸顶灯具不应安装在建筑物横梁的侧面，灯具不得直接安装在可燃构件或装饰软包上。室外灯具（路灯）安装高度不宜低于 3 m，墙上安装时距地面高度不应低于 2.5 m。

③ 成排灯具安装应成一直线，偏差不宜大于 5 mm；建筑物阳台或楼梯上下层安装的灯具偏差不宜大于 50 mm；当建筑物成弧形时，灯具安装应与建筑物弧形协调一致。灯具安装时导线不得有外露现象，灯具上的污渍应清除干净。

④ 灯具设备应有国家"3C"认证标记。当灯具距地面高度低于 2.4 m 时，灯具的可接近裸露导体必须接地或接零可靠，并应有专用接地螺栓，且有标识。

注：从 2009 年 1 月 1 日起，灯具强制性国家标准开始实施，按照新标准要求，安全级别最低的 0 类灯具将停止生产和销售。现在的工程设计图纸，照明配线都按 I 类灯具的要求设计，增设了接地线，应注意检查。

（2）灯具安装

① 一般灯具安装

螺口灯具的相线应接在中心触点，零线接在外壳端子上。软线吊灯的软线应作保险扣，两端芯线应搪锡。当灯具质量大于 0.5 kg 时，应增设吊链；当灯具质量大于 3 kg 时，应采用预埋吊钩或螺栓固定，其固定件的承载能力应与灯具质量相匹配。吸顶灯安装应牢固，位置正确,有木台的应装在木台中心。吊链日光灯的灯线应不受力,与吊链编织在一起,双链平行。吊灯钢管内径不应小于 10 mm,壁厚不应小于 1.5 mm,吊杆垂直。带软接线的灯具,应采用磁接头或接线端子连接导线,不应和电源线直接连接。安装在吊顶上的灯具应有单独的吊链,不得直接安装在龙骨上。任何灯具及其附件应配套使用,安装位置应便于检查和维修。

②　大型灯具安装

吸顶式安装的大型灯具应牢固、可靠、位置正确,和装饰面紧贴无间隙。吊装的灯具,吊钩宜用圆钢,圆钢直径不应小于灯具吊挂销、钩的直径,且不得小于 6 mm,吊钩严禁使用螺纹钢。大型花灯的固定及悬吊装置应按灯具质量的 2 倍做过载试验。

③　投光灯、霓虹灯安装

投光灯的底座和支架应固定牢固,枢轴应沿需要的光轴方向拧紧固定,灯具必须与触发器和限流器配套使用,落地安装的泛光照明灯具应采取保护措施。霓虹灯灯管应采用专用的绝缘支架固定,牢固可靠,固定后的灯管与建筑物、构筑物表面的最小距离不宜小于 20 mm,灯管应完好、无破裂。霓虹灯专用变压器所供灯管长度不应超过允许负载长度。专用变压器的安装位置宜隐蔽且方便检修,并不易被非检修人员触及,但不宜安装在吊顶内。明装时,其高度不宜小于 3 m,当小于 3 m 时,应采取保护措施。在室外安装时,应采取防雨措施。霓虹灯专用变压器的二次导线和灯管间的连接线,应采用额定电压不低于 15 kV 的高压尼龙绝缘导线,霓虹灯专用变压器的二次导线与建筑物、构筑物表面的距离不应小于 20 mm。

2. 开关、插座、吊扇、壁扇安装

(1) 开关安装

①　开关的型号应符合设计规定,应有国家"3C"认证标记。装在同一建筑物内的开关应采用同一系列的产品。开关的通断位置应一致,操作灵活,接触可靠。面板固定螺丝不应使用平机螺丝,装饰帽应齐全。

②　暗装的开关应采用专用盒,专用盒的四周不应有间隙,且面板紧贴墙面,安装牢固,表面光滑整洁,无碎裂、划伤。

③　当设计无要求时,从地面至开关面板下沿高度宜为 1.3 m,同一场所开关安装高度应一致,高低差不大于 5 mm,并列安装时高低差不应大于 1 mm。

④　开关距门框应为 150~200 mm,开关不应装于门后,且在同一单位工程中应统一。

⑤　当开关面板为二联及以上控制时,导线应采用并头后分支与开关接线连接,不应采用串接。

(2) 插座安装

①　插座型号和安装高度应符合设计规定,应有国家"3C"认证标记。当必须采用进口插座时,其电气设备的插头应配套使用。

②　同一场所插座的标高应保持一致,当不采用安全型插座时,托儿所、幼儿园及小学安装的高度不得低于 1.8 m,潮湿场所采用密封型并带保护地线触头的保护型插座,安装高度不低于 1.5 m。

③　插座安装位置应正确、牢固,相位导线分色正确,插座接地线应从配电柜(箱)PE 线上引来,以确保接地可靠。

④ 暗插座应采用专用盒,面板安装端正且紧贴墙面,四周不应有间隙。面板固定螺丝不应使用平机螺丝,装饰帽应齐全。

⑤ 交、直流或不同电压的插座,安装在同一场所内时,应有明显区别,且插头和插座均不能互相插入。

⑥ 插座安装高度一般不宜低于 0.3 m。同一场所安装高度偏差不应大于 5 mm,成排安装高度偏差不应大于 1 mm。

⑦ 在装饰工程中插座不应装在台度线或装饰板面的嵌线条上,当原预埋插座接线盒与装饰板面不平时,应加装套盒接出,导线不得裸露在装饰板内。

(3)接地保护和插座导线分色

① 单相三孔、三相四孔及三相五孔插座的接地线或接零线均应接在上孔,相序保持一致,且插座接地(接零)线应独立设置,不得与工作零线混同。接地线端子严禁和零线端子连接。

② 单相二孔插座,面对插座的右孔或上孔与相线相接,左孔或下孔与零线相接;单相三孔插座,面对插座的右孔与相线相接,左孔与零线相接,上孔与接地线相接。零线用浅蓝色导线,接地线应用黄绿双色线。

(4)吊扇安装

① 吊扇扇叶距地面高度不得低于 2.5 m。

② 吊扇组装时,严禁改变扇叶角度,扇叶的固定螺钉应装防松装置,吊杆间、吊杆与电机间的螺纹连接,啮合长度不得小于 20 mm,且应装设防松装置。

③ 吊扇吊钩安装牢固,吊扇挂钩的直径不应小于吊扇悬挂销钉直径,且不得小于 8 mm。

④ 吊扇的接线钟罩应与平顶齐平,接线盒不应有外露现象,成排安装的吊扇应在同一直线上。吊扇运转时扇叶不应有明显颤动。

(5)壁扇安装

① 壁扇底座可采用尼龙胀管或膨胀螺栓固定,数量不少于 2 个,直径不应小于 8 mm,底座固定应牢固。

② 壁扇安装高度距地面不低于 1.8 m,底座平面的垂直偏差不大于 2 mm。当壁扇高度低于 2.4 m 时,其金属外壳应可靠接地。

③ 壁扇防护罩应扣紧,固定可靠,运转时扇叶和防护罩均不应有明显的颤动和异常声响。

3. 照明配电箱、板安装

(1)照明配电箱、板的型号、规格应符合设计规定,应有国家"3C"认证标记,并应有铭牌。交、直流及不同电压等级的电源应有明显的标志。按照《终端电器选用及验收规程》(CECS 107:2000)的要求:终端组合电器防护外壳采用金属材料时,应具有足够的机械强度及抗腐蚀性能。预埋箱或起预埋箱作用的底箱,其钢板厚度不应小于 1.2 mm,且不宜用热轧钢板。对于采用冷轧钢板等材料的应采用热镀锌或喷塑(漆)处理,热镀锌厚度应大于 9 μm。

(2)配电箱内电气元件与箱壁之间应留有足够的尺寸,一般不小于 50 mm。配电箱开孔应与配管吻合,并应在订货时就明确提出敲落孔的数量及规格,否则应用开孔器现场开孔,不得采用电、气焊开孔或扩孔。配电箱内应设零线和保护接地汇流排,零线汇流排应设在断路器的上方或左方,保护接地汇流排应设在断路器的下方或右方,汇流排端子应与线路的多少及线径的大小适配。

(3)配电箱安装应严格控制箱体垂直度和表面水平度,垂直度偏差为 1.5‰,暗装配电箱箱盖应紧贴墙面,高度应符合设计和规范要求,一般底边距地为 1.5 m,户内照明配电箱底边距地为 1.8 m,箱体涂层应完好,并在正面明显位置镶嵌铭牌。

(4)电气导管应垂直入箱,露出箱内 3 mm,锁口、护口应齐全,金属线管进箱处要有跨接地线。箱内配线整齐、顺直有序,导线连接紧密、牢固、不伤芯线、不断股,垫圈下螺丝两侧压的导线截面积相同,同一端子上导线连接不多于 2 根,防松垫圈齐全,采用线鼻子压接时,除压接接触面外,裸露部分要用绝缘材料包扎严密,箱内回路编号齐全,标识正确,便于使用和维修。

(5)总电源箱和分箱的漏电保护装置均应在安装前按照设计、规范和出厂说明书要求,对漏电电流和脱扣时间进行整定。分路漏电保护装置的动作电流和脱扣时间应小于总电源的漏电保护装置的动作电流和脱扣时间。户内照明配电箱内的漏电保护装置动作电流不大于 30 mA,动作时间不大于 0.1 s。

(四)配电装置安装工程

1. 成套动力柜的安装

(1)基础型钢的一般要求

① 基础型钢的加工制作

a. 型钢(角钢或槽钢)应进行校平校直,然后按设计图要求或对实物进行测量并按要求进行拼接。焊接时焊缝宜在反面,当正面需焊接时焊后应打磨平整。

b. 成排柜安装时,基础型钢长度应留有适当余量。

c. 基础型钢应除锈彻底,在设备安装前刷二度防锈漆和二度面漆。

② 基础型钢的安装

a. 基础型钢安装高度应符合设计规定。基础型钢的安装应平整牢固,一般可用焊接方法或膨胀螺栓固定。

b. 安装时其水平度每米偏差不应大于 1 mm,全长不应大于 5 mm。当达不到要求时应在基础型钢底下垫钢垫片进行校正。

③ 基础型钢的接地

a. 基础型钢应与接地干线可靠连接,成排柜安装时基础型钢应有不少于 2 处与接地干线连接。

b. 相邻基础型钢之间的接地不得进行串联连接。

c. 为确保基础型钢与成套柜之间的保护接地连接可靠,应事先在基础型钢上焊接接地螺栓,螺栓应为镀锌件,且不应小于 M10。

(2)成套柜安装

① 成套柜安装的一般要求

a. 成套柜安装前应核对型号、规格和排列顺序,并进行外观检查,其型号规格符合设计规定,低压柜应有国家"3C"认证标记,铭牌齐全。

b. 柜与基础型钢之间应平整、严密,不得在柜与型钢之间垫有任何物体,柜与基础型钢一般应用镀锌螺栓连接固定,不宜直接焊死。

c. 成套柜安装时,垂直度每米偏差不得大于 1.5 mm,成排安装的柜与柜接缝应平直紧密,相邻两柜柜顶偏差不得大于 2 mm,成排柜顶部偏差不得大于 5 mm;柜面平整度方面,相邻两柜偏差不得大于 1 mm,成排柜柜面偏差不得大于 5 mm,柜间接缝不得大于 2 mm。

d. 成套柜与基础型钢之间的接地保护应紧密、可靠,连接导线应为黄绿双色导线,截面积不得小于 4 mm²。接地线应直接与 PE 排连接,当与柜内接地螺栓连接时,最多不能超过 2 根,当超过 2 根时,应加装 PE 排(可用镀锌扁钢或铜排制成)。柜与基础型钢应做到一柜一接地(成排柜中已有 PE 排全部连通的除外)。不得在柜与基础型钢的固定螺栓上连接 PE 线。装有电器的可开启的门,应用软导线与 PE 排可靠连接。

② 柜内接线

a. 电源线相位排列和导线分色应正确,电源线排列、绑扎应整齐,并有适当余量。

b. 控制线接线应正确,排列应整齐、清晰、美观,导线绑扎间距应一致,在端子上的接线宜为 1 根,最多不能超过 2 根。接线端子编号应清晰不褪色,端子排上导线接线不受机械应力。

c. 柜内控制线应留有备用线,备用线的长度宜为柜长度和宽度之和。柜内导线不应有接头。柜内电缆头应绑扎固定牢固、排列整齐,标志牌齐全。

2. 电机的接线、试运转

电机接线端子与导线端子必须连接紧密,不受外力,连接用紧固件和防松装置齐全。电机接线盒内,裸露的不同相线间和导线对地间最小距离必须符合施工规范的规定。电机外壳的接地应牢固、可靠,弹簧垫片齐全。电机试运转应在空载状态下进行,时间为 2 h,并应做如下检查和记录:

(1) 电机的旋转方向符合要求,声音正常。

(2) 电机的温度不应有过热现象。滑动轴承温度不超过 80 ℃,滚动轴承温度不超过95 ℃。

(3) 换向器、集电环及电刷的工作情况正常。

(4) 记录电机空载时的电流、电压。

3. 低压母线槽安装

(1) 低压母线槽的一般要求

① 成套供应的低压母线槽不得随意堆放和在地面上拖拉,存放处和安装地点间温度差不宜过大,外壳内不得有遗留物。安装前应保证分段标志清晰、附件齐全、外观无损伤变形。

② 低压母线槽是指额定电压不超过 1 000 V 的低压母线系统,常规使用低压母线槽额定电压为 380 V 或 220 V。每节母线槽绝缘电阻最小值不应低于生产厂家提供的技术标准的要求,且不应小于 20 MΩ,全长绝缘电阻应大于 0.5 MΩ。

③ 每节母线槽外壳必须有连接可靠的接地保护措施。设置接地保护螺钉,用 16 mm² 铜编织线跨接接地。母线槽穿过楼层后应按设计要求用防火隔板或防火材料封堵。

(2) 低压母线槽安装

① 垂直安装母线槽与落地支架之间应用弹性托架。弹性托架应有足够的弹性裕度,支架间距不大于 1.5 m,外壳与支持件之间连接不应损伤外壳防腐层。

② 水平安装时母线槽支架之间的间距不大于 3 m,母线槽转弯及与箱(盘)、设备连接

处应设固定支架。

③ 多根母线槽平行安装时,母线槽之间要留出拆装穿心螺栓的间隙,通常为 150 mm,两端距墙的距离应大于 300 mm,不应紧贴墙面安装,终端应加防护罩。

④ 母线槽安装每 2 m 段垂直偏差不大于 2 mm,按楼层全长垂直偏差不大于 5 mm,每单元水平间偏差不大于 5 mm。

(3) 母线槽连接及分线箱的接线

① 母线应按分段图、相序、编号、方向和标志正确安装,每相外壳的纵向间隙应分配均匀,母线与外壳应同心,其误差不得超过 5 mm。段与段连接时,两相邻母线及外壳应对准,连接后不应使母线与外壳受到机械应力。

② 垂直安装时分线箱的标高应按设计要求,每层安装标高应统一。分线箱内接线端子和导线连接应紧密无松动且防松装置齐全,导线色标符合要求。外壳、箱体应接地安全可靠。

(五) 避雷及接地装置和等电位安装工程

1. 民用建筑的防雷分类

根据其重要性、使用性质、发生雷电事故的可能性和后果,民用建筑的防雷分为三级。防雷分类、屋面避雷网格及接地间距的要求如表 8-5 所列,具体的建筑防雷的分级和屋面网格的敷设均由设计决定。

表 8-5　　　　　　　民用建筑防雷分类、屋面避雷网格及接地间距

防雷分类	屋面避雷网格尺寸/m×m	接地间距/m	引下线规格/mm
一类防雷	5×5 或 6×4	<12	ϕ12 或 25×4 扁钢
二类防雷	10×10 或 12×8	<18	ϕ10 或 25×4 扁钢
三类防雷	20×20 或 24×16	<25	ϕ10 或 ϕ8 或 25×4 扁钢

2. 避雷针(带)

(1) 避雷针

① 避雷针采用圆钢或焊接钢管制成,一般采用圆钢,均应为热镀锌件。检查时要核查施工设计图,检查避雷针的直径、避雷针安装的位置和高度是否符合设计要求,当有变动时,应核查是否有设计变更文件。

② 避雷针底座应安装在设计要求的混凝土基础或横梁上,严禁直接安装在屋面上,以免破坏屋面防水层造成渗漏。避雷针杆的焊接连接应牢固,底座与引下线、避雷带应可靠连接,且不应少于 2 处,焊接处应及时进行防腐处理。避雷针针体的垂直度偏差不应大于顶端针杆的直径。

(2) 避雷带

① 避雷带的材质一般为扁钢或圆钢,均为热镀锌(也有用铜排的)。当采用扁钢时,最小截面积为 48 mm²,厚度为 4 mm;当采用圆钢时,直径不应小于 8 mm。扁钢与扁钢的搭接长度应为扁钢宽度的 2 倍,且焊接不少于 3 个棱边。因扁钢搭接共 4 个棱边,考虑到未焊接一边由于雨水浸入或空气的腐蚀作用,建议 4 个棱边全部焊接。圆钢与扁钢的搭接长度应为圆钢直径的 6 倍,且两面焊接;圆钢与圆钢的搭接长度应为圆钢直径的 6 倍,且两面

焊接。

② 避雷带及其支持件安装应位置正确,固定牢固,防腐良好。避雷带及其明敷引下线安装应成一直线。避雷带应无弯曲或高低起伏不平现象,支持件在转角处应对称,直线段间距应平均一致。避雷带支持件的间距在直线段宜为 1 m,转角处如从转角中心至支持件的两端宜为 300～500 mm,支持件的高度为 100 mm。

③ 利用金属钢管栏杆作避雷带,其与避雷带(明、暗)及引下线应可靠连接成一个整体。

④ 避雷带搭接焊接应符合规范规定,焊缝应平整、饱满、无夹渣、咬边、焊瘤等现象,焊接处防腐处理应及时。

⑤ 避雷带与玻璃幕墙主金属构架的连接,应有明显搭接连接点,幕墙主金属构架与均压环应有可靠连接。

⑥ 避雷带在经过变形缝(沉降缝或伸缩缝)时应加设补偿装置。补偿装置可用同样材质弯成弧状做成。

(3) 断接卡或测试点(检测点)

① 断接卡设置的位置应正确,高度应统一,断接卡设置数应符合设计规定。断接卡的搭接处长度应符合要求,搭接处应紧密无缝隙,固定螺栓应为热镀锌件,防松件齐全。

② 断接卡接地线引下线处应有保护措施,保护管埋入地下深度不应小于 0.3 m。

③ 测试点(检查点)的设置位置应正确,个数应符合设计规定,高度应统一。测试点扁钢截面积不应小于 100 mm²,厚度为 4 mm。当暗敷于墙体内,外墙加盖板时,盖板面上宜有接地标志。

3. 接地装置

(1) 接地线采用扁钢的,截面积不应小于 100 mm²,厚度不小于 4 mm,采用圆钢时其直径不小于 10 mm。接地极采用角钢厚度不小于 4 mm,钢管壁厚不小于 3.5 mm,采用圆钢时其直径不小于 10 mm。

(2) 接地装置应采用焊接连接,扁钢与扁钢的搭接长度应为扁钢宽度的 2 倍,且焊接不少于 3 个棱边。圆钢与扁钢的搭接长度应为圆钢直径的 6 倍,且两面焊接。圆钢与圆钢的搭接长度应为圆钢直径的 6 倍,且两面焊接。扁钢与钢管,扁钢与角钢焊接,紧贴角钢外侧两面,或紧贴 3/4 钢管表面,上下两侧施焊。焊接应牢固可靠,焊缝应平整、饱满、无夹渣、咬肉等现象。焊接处防腐处理应及时,除埋设在混凝土中的焊接接头外,都应有防腐措施。

(3) 埋设深度应符合设计要求或规范规定。当设计无要求时,接地装置顶面埋设深度不应小于 0.6 m。圆钢、角钢及钢管接地极应垂直埋入地下,间距不应小于 5 m。

4. 接地电阻测试

(1) 接地电阻测试仪目前通常有 ZC—29 型、ZC—54 型等,无论使用何种测试仪,都应经过有关计量部门检测合格后方可使用。

(2) 核查设计图对防雷接地电阻的要求,核对接地电阻测试记录表中数值,当有疑问时,应进行复测。

5. 建筑物等电位联结

(1) 建筑物等电位联结干线应从与接地装置有不少于 2 处直接连接的接地干线或总等电位箱引出,等电位联结干线或局部等电位箱间的连接线形成环形网路,环形网路应就近与等电位联结干线或局部等电位箱连接。支线间不应串联连接。

（2）总等电位联结（简称符号 MEB）应通过进线配电箱近旁的接地母排（总等电位联结端子板）将下列可导电部分相互连通：进线配电箱的 PE(PEN) 母排、公用设施的金属管道、建筑物的金属结构，如果设置有人工接地，也包括其接地极引线。要求在施工中各个专业相互配合好，不能漏设。

（3）卫生间局部等电位联结应包括卫生间内金属给、排水管道，金属浴盆，金属采暖管道和散热器以及墙面、地面、柱子等建筑物的钢筋网、金属吊顶、金属门窗等；可不包括金属地漏、扶手、浴巾架、肥皂盒等孤立之物。施工时应注意图集 02D501～2 的说明中第 6 条规定："如果浴室内有 PE 线，浴室内的局部等电位联结必须与该 PE 线相连。"

（4）等电位联结安装完毕后应进行导通测试，测试用电源可采用空载电压为 4～24 V 的直流或交流电源，测试电流不应小于 0.2 A，当测得等电位联结端子板与等电位联结范围内的金属管道等金属体末端之间的电阻不超 3 Ω 时，可认为等电位联结是有效的。

三、通风与空调工程质量监督

（一）风管制作

1. 风管分类

风管按材质分类如下：

（1）金属风管。

① 薄钢板风管，俗称黑铁皮风管。

② 镀锌钢板风管，俗称白铁皮风管。

③ 不锈钢板风管。

④ 铝板风管。

（2）非金属风管。

① 有机玻璃钢风管。

② 无机玻璃钢风管。

③ 硬聚氯乙烯板风管。

④ 超级风管，又称玻璃纤维复合风管、酚醛复合风管、聚氨酯复合风管等。

2. 风管制作的质量监督要点

（1）风管制作的标准规格应符合设计和规范的要求。

（2）风管系统按其系统的工作压力的划分类别及严密性的规定。

① 按风管系统工作压力的划分（总风管静压），要求见表 8-6。

表 8-6 风管系统

系统类别	系统工作压力 p/Pa	强度要求	密封要求	使用范围
低压系统	$p \leqslant 500$	一般	咬口缝及连接处无孔洞及缝隙	一般空调及排气等系统
中压系统	$500 < p \leqslant 1\,500$	局部加强	连接面及四角咬缝处增加密封措施	1 000 级以下空气净化、排烟、除尘、低温送风等系统
高压系统	$p > 1\,500$	特殊加固，不得用按扣式咬缝	所有咬缝连接面及固定件四周采取密封措施	1 000 级及以上空气净化、气力输送、生物工程等系统

② 风管的严密性要求是以单位面积风管的漏风量来衡量的。

（3）金属风管的制作

① 风管的规格尺寸和使用的材料品种、规格及质量必须符合设计要求。金属板材厚度的适用范围在施工时容易被忽视，往往一个工程只采用同一个厚度的板材。所以，应对板材厚度进行实测，与设计图纸和规范规定对照，选择相应的板材厚度，以保证风管的强度。

② 咬口风管的咬口必须紧密，宽度均匀，无孔洞、半咬口和胀裂等缺陷，直管纵向咬口缝应错开。

③ 净化系统的风管、配件、部件和静压箱的所有接缝都必须严密不漏，有密封要求段的咬口缝、铆钉缝、法兰翻边处应涂密封膏。净化空调风管内表面必须平整光滑，严禁有横向拼缝和管内加固或采用凸棱加固的方法，保持管内清洁，无油污和浮尘。

④ 不锈钢板风管咬口缝应一次成型，风管组装前应清除咬口缝内的碳钢锈蚀及铁屑，咬口缝应避免多次敲打。

⑤ 焊接风管严禁有烧穿、漏焊、气孔、夹渣和裂缝等缺陷，焊后风管变形应予以矫正。焊接风管和配件不得扭曲变形。铝板风管焊接后应用热水清洗除去焊缝表面残留的焊渣、焊药等，焊缝应牢固，不得有虚焊和焊瘤堆积等缺陷。

⑥ 无法兰连接风管的接口应采用机械加工，其尺寸应正确，形状应规则，接口处应严密，无法兰矩形风管接口处的四角应有固定措施。

⑦ 金属风管的加固。圆形风管（不包括螺旋风管）直径大于或等于 800 mm，且其管段长度大于 1 250 mm 或总表面积大于 4 m² 均应采取加固措施。矩形风管边长大于或等于 630 mm 和保温风管边长大于或等于 800 mm，且其管段长度大于 1 250 mm 或低压风管单边平面积大于 1.2 m²，中、高压风管大于 1.0 m²，均应采取加固措施。对边长小于或等于 800 mm 的风管，宜采用棱筋、棱线的方法加固，当中压和高压风管的管段长度大于 1.2 m 时，应采用加固框的形式，加固框通常采用角钢来制作，其规格比管段法兰用角钢规格小一号即可。

（4）非金属风管

① 硬聚氯乙烯风管。硬聚氯乙烯风管不应出现气泡、分层、碳化、变形和裂纹等缺陷，焊缝应填满、排列整齐，不应出现焦黄、断裂等缺陷，焊缝强度不得低于母材的 60%。当直径或边长大于 500 mm 时，风管与法兰连接处宜加三角支撑，三角支撑的间距宜为 300～400 mm，连接法兰的两三角支撑应对称。当采用套管连接时，套管长度应为 150～250 mm，其厚度不应小于风管壁厚。对于圆形风管直径小于或等于 200 mm，且采用承插连接时，插口深度宜为 40～80 mm，粘接处应去除油污，保持干净，并且应严密、牢固。

② 玻璃钢风管。玻璃钢风管分有机玻璃钢风管和无机玻璃钢风管，在工程中大量使用的是无机玻璃钢风管。对于无机玻璃钢风管，应保证风管及其配件不得扭曲，内表面应整齐美观、厚度均匀、边缘无毛刺，不应有气泡、分层等缺陷。法兰与风管或配件应成一体（一次模具成型），并应与风管轴线成直角。

③ 超级风管。超级风管也称离心玻璃纤维板风管，要保证其内表面平整、光滑且不会脱落，尤其要保证内壁在使用中不会产生细小的粉尘或颗粒，以免造成空调室内环境污染。

（二）风管部件及消声器的制作

通风与空调工程的部件有风口类、阀门类及其他部件，是系统的重要组成部分，风口类主要起分配风量的作用，阀门类主要起调节风量和开关的作用，罩类收集废气（有害气体），风帽排除有害气体。由于通风与空调工程的部件目前尚不能在检验标准中分别作出规定，只能选择有代表性的按其共同特点制订出统一标准，如风口类、阀门类（防火阀、排烟阀等）等可供检验和评定使用，其他部件可参照执行。

1. 风口类

（1）百叶式风口的叶片间距应均匀。两端轴应同心，风口外表面不得有明显划伤、压痕与花斑、颜色应一致，焊接应光滑，转动调节部分灵活、可靠，定位后无明显的自由松动。

（2）散流器的扩散环和调节环应同轴且径向间距分布匀称，拼缝处应无可见缝隙和凸出部分。

2. 风阀类

风阀主要起调节和控制（开与关）风量的作用，在一般送、排风系统中风阀明装较多，在空调和净化系统中风阀为暗装，所以风阀的内在质量要比外观质量重要。

（1）一般风阀，是指用于送、排风系统及一般空调系统的风阀，系统压力不高又无特殊要求，但属于系统中的重要部件，各部尺寸应正确。制作时应做到：

① 风阀的结构应牢固，调节应灵活，定位应准确、可靠，并应标明风阀的启闭方向及调节角度，严禁调节和定位失控。

② 插板阀（包括斜插板阀）的壳体应严密，壳体内壁及空腔应进行防腐处理，插板应平整，启闭应灵活，并应有可靠的插板固定装置。

③ 多叶风阀的叶片间距应均匀，关闭时应相互贴合，搭接应一致。大截面的多叶调节风阀应提高叶片与轴的刚度，并宜实施分组调节。电动及气动风阀的执行机构及连动装置的动作应可靠，其调节范围及指示角度应与阀板开启角度一致。

（2）特殊风阀是指有特殊要求的防火阀、排烟阀、高压密闭阀、防爆阀、定风量调节阀及净化系统风阀等，这类风阀要求高，需做漏风试验及动作试验。

① 防火阀及排烟阀（包括排烟口）的制作

a. 防火阀及排烟阀（包括排烟口）质量必须符合有关消防产品标准的规定，失火时框架（外壳）、叶片应能防止变形失效。

b. 转动件应采用黄铜、青铜及不锈钢等耐腐蚀的金属材料制作，并应转动灵活。

c. 易熔件应为消防部门认可的标准产品，其熔点温度应符合设计规定，易熔金属件可用记忆金属、双金属片传感元件等，内置易熔件的阀门，应设便于更换易熔件的检查口。

d. 阀门的动作应可靠，出厂前应做动作试验和漏风试验。

② 高压系统阀门除应满足一般风阀的制作要求外，尚应对高压系统风阀进行强度验算。其调节性能应可靠，并应在系统压力为风阀工作压力1.5倍的情况下能自由开关，风阀不出现变形及漏风量超标。

③ 风管止回阀的制作在设计风速下应能灵活地开启和关闭，阀板的转轴、铰链应采用不易锈蚀的材料，以达到转动灵活和不易锈蚀。水平安装的止回阀，平衡装置必须可靠。

④ 密闭阀是人防工程的重要部件，平时是常开的，只在有冲击波发生时才关闭，制作有特殊要求，所以应按设计规定，所采用材料不得代换。

⑤ 防爆风阀的制作材料应符合设计要求，不得自行替换，所有材料品种的合格证明文件必须齐全。

3. 消声器的制作

（1）所选用的材料，应符合设计的规定，如防火、防腐、防潮和卫生性能等要求。

（2）外壳应牢固、严密，其漏风量应符合有关规定。

（3）充填的消声材料，应按规定的密度均匀铺设，并应有防止下沉的措施。消声材料的覆面层不得破损，搭接应顺气流，且应拉紧，界面无毛边。

（4）隔板与壁板结合处应紧贴、严密；穿孔板应平整、无毛刺，其孔径和穿孔率应符合设计要求。

4. 柔性短管

（1）防排烟系统柔性短管的制作材料必须为不燃材料。

（2）应选用防腐、防潮、不透气、不易霉变的柔性材料。用于空调系统的应采取防止结露的措施；用于净化空调系统的还应是内壁光滑、不易产生尘埃的材料。

（3）柔性短管的长度，一般宜为 150～300 mm，其连接处应严密、牢固可靠。柔性短管不宜作为找正、找平的异径连接管。设于结构变形缝的柔性短管，其长度宜为变形缝的宽度加 100 mm 及以上。

（三）风管系统的安装

1. 风管安装

（1）风管安装的一般规定

① 风管的规格、走向、坡度必须符合设计要求，用料品种规格正确。风管和空气处理室内，不得敷设电线、电缆以及输送有毒、易燃、易爆气体或液体的管道。

② 风管与配件可拆卸的接口及调节机构（风阀及自控装置）不得装设在墙或楼板内，以免影响操作和维修。

③ 风管及部件安装前，应清除其内外杂物及污物，并保持清洁。

（2）风管安装

① 现场风管接口的配置，不得缩小其有效截面积，这里是指风管与配件、部件及设备相接部位的连接管。

② 法兰垫料的材质及厚度的选择与风管的严密性有密切关系，应按以下要求选择：

a. 输送空气温度低于 70 ℃ 的风管，应采用橡胶板、闭孔海绵橡胶板、密封胶带或其他闭孔弹性材料等。

b. 输送空气温度高于 70 ℃ 的风管，应采用石棉橡胶板。

c. 输送含有腐蚀性介质气体的风管，应采用耐酸橡胶板或软聚氯乙烯板等。

d. 输送产生凝结水或含有蒸汽的潮湿空气的风管，应采用橡胶板或闭孔海绵橡胶板等。

e. 法兰垫片的厚度宜为 3～5 mm，法兰截面尺寸小的取小值，截面尺寸大的取大值，无法兰连接的垫片应为 4～5 mm，垫片应与法兰齐平，不得凸入管内。连接法兰的螺栓应均匀拧紧，达到密封的要求，连接螺栓的螺母应在同一侧。

③ 风管及部件穿墙、穿楼板或屋面时，应设预留孔洞，尺寸和位置应符合设计要求。防雨罩应设置在井圈的外侧，使雨水不能沿壁面渗漏到屋内。室内留洞时洞口应高出地面。穿出屋面的风管超过 1.5 m 时应设拉索，拉索应镀锌或用钢丝绳。拉索不得固定在风管法兰上，严禁拉在避雷针或避雷网上。

④ 塑料风管穿墙或穿楼板应设金属保护套管,套管的内径尺寸应略大于所保护风管的法兰及保温层,套管应牢固地预埋在墙体和楼板内,钢制套管的壁厚不应小于 2 mm。套管端面应与墙面齐平,预埋在楼板内的套管应高出地板表面 20 mm。

⑤ 安装易产生冷凝水空气的风管,应按设计要求的坡度施工,设计无要求时可取 1‰～2‰坡度,风管底部不宜设置纵向接缝,如有接缝应进行密封处理。

⑥ 柔性短管的安装应松紧适度,不得扭曲。可伸缩性的金属或非金属软风管(如从主管接出到风口的短支管)的长度不宜超过 2 m,并不得有死弯及塌凹。

(3) 特殊风管安装

特殊风管是指有特殊用途的风管,如不锈钢、铝板、防爆系统、净化系统、复合材料及无机玻璃钢系统风管等,因它们有特殊的安装要求,应引起重视。

① 输送含有易燃、易爆气体和安装在易燃、易爆环境的风管系统均应有良好的接地,并应减少接头。两法兰之间应进行跨接,接地电阻不大于 4 Ω。输送易燃、易爆气体的风管,严禁通过生活间或其他辅助生产房间,并不得设置接口(指不得有法兰接口)。

② 不锈钢风管安装。不锈钢风管与普通碳素钢支架接触处,应按设计的要求在支架上喷刷涂料或在支架与风管之间垫以非金属垫片,非金属垫片是指耐酸橡胶板、聚氯乙烯板等。

③ 铝板风管安装。铝板风管法兰的连接应采用镀锌螺栓,并应在法兰两侧垫以镀锌垫圈。支、吊架应镀锌或按设计要求做防腐绝缘处理。

铝板风管较软,法兰用纯铝制作的较少,用角钢法兰镀锌的较多,这样可以增加风管的强度。铝板风管用于防爆系统的比较多,除法兰跨接外,还应有良好的接地,并符合接地要求。

④ 玻璃钢风管安装:

a. 风管不得有扭曲、树脂破裂、脱落及界皮分层等缺陷,破损处应及时修复或调换。

b. 支架的形式、宽度与间距应符合设计要求,支架宜进行镀锌处理。

c. 无机玻璃钢风管属于水泥类制品,在安装过程中容易受到碰撞,易损伤。它有法兰连接和承插连接两种形式,安装质量应符合下列规定:法兰不得破损或缺角,法兰与风管结合处不得开裂,螺孔洞应完整无损,相同规格的风管法兰应可通用。承插连接的无机玻璃钢风管接口处应严密牢固,不得有开裂或松动,嵌缝应饱满密实。玻璃钢风管的支、吊架及法兰连接螺栓应进行镀锌处理,连接法兰的螺栓两侧应加镀锌垫圈。

⑤ 空气净化系统风管的安装:

a. 系统安装应严格按照施工程序进行,不得颠倒。

b. 风管、静压箱及其他部件在安装前,内壁必须擦拭干净,做到无油污和浮尘,当施工完毕或安装停顿时,应封好端口(用不透气、不产尘的塑料薄膜封口)。

c. 风管、静压箱、风口及设备(空气吹淋室、余压阀等)安装在或穿过围护结构,其接缝处应采取密封措施,做到清洁、严密。

d. 法兰垫片和清扫口、检查门等处的密封垫料应选用不漏气、不产尘、弹性好、不易老化和具有一定强度的材料,如闭孔海绵橡胶板、软橡胶板等,厚度应为 5～8 mm。

严禁采用厚纸板、石棉绳、铅油麻丝、泡沫塑料以及乳胶海绵等易产尘的材料。法兰垫料应减少接头,接头必须采用梯形或榫型连接,垫片应干净并涂密封胶。

⑥ 集中式真空吸尘系统的安装。集中式真空吸尘系统是清理洁净室内不洁空气及室内粉尘的吸尘装置,通常将管道系统安装在洁净室内,并留有数个吸尘管接口,使用时将吸尘设备的接管与接口相接。真空吸尘管道的安装质量要求如下:

a. 集中式真空吸尘管道宜采用无缝钢管或硬聚氯乙烯管,管道连接应采用焊接,并应减少可拆卸接头。

b. 真空吸尘系统弯管的弯曲半径应为弯管直径的 4～6 倍,弯管煨弯不得采用折皱法,三通的夹角宜为 30°,且不得大于 45°,四通制作应采用 2 个斜三通做法。

c. 水平吸尘管道的坡度值为 1‰～3‰,并应坡向立管或吸尘点。

d. 吸尘嘴与管道应采用焊接或螺纹连接,并应牢固、严密地装设在墙或地面上,真空吸尘泵安装应执行现行国家标准并符合产品标准的要求。

⑦ 超级风管安装。超级风管是用离心法生产的玻璃纤维与乳胶凝固而成的材料制成的。外表面裱上防火铝箔,内表面喷以化学乳胶层,两端用模具压制成雌雄接口,以备安装之用。

该风管质轻,内表面不产尘,具有保温、消声作用和抑制细菌生长的功能,适应于承压 1 000 Pa 的中低压风管系统。风管安装质量要求如下:

a. 内外表面不得破损,损伤处立即修复并达到合格的要求。

b. 风管各管段的对接处,三通(四通)开口处以及风口、风阀的连接部位都必须严密不漏风。

c. 风管系统的安装不得出现变形和扭曲,安装完毕后必须做漏风测试。

2. 部件安装

(1) 风口安装

① 风口与风管的连接应牢固、严密,边框与建筑装饰面贴实,外表面应平整不变形,调节应灵活。同一厅室、房间内,相同规格风口的安装高度应一致,排列应整齐。

② 铝合金条形风口(也称条形散流器)的安装,其表面应平整、线条清晰、无扭曲变形,转角、拼接缝处应衔接自然,且无明显缝隙。

③ 净化系统风口安装前应清扫干净,其边框与建筑顶棚或墙面间的接缝应加密封垫料或填密封胶,不得漏风。百叶式风口、散流器风口安装时固定螺丝不应放在装饰面上。接散流器风口的风管尺寸应比风口的颈部尺寸大 3～5 mm。

(2) 风阀安装

① 多叶阀、三通阀、蝶阀、防火阀、排烟阀(口)、插板阀、止回阀等应安装在便于操作的部位。操作应灵活。

② 斜插板阀的安装,阀板应向上拉启。水平安装时,阀板应沿气流方向插入。止回阀宜安装在风机的压出管段上,开启方向必须与气流方面一致。

③ 防火阀安装,方向位置应正确,易熔件应迎气流方向,安装后应做动作试验,其阀板的启闭应灵活,动作应可靠。

④ 排烟阀(排烟口)及手控装置(包括预埋导管)的位置应符合设计要求,预埋管不得有死弯及瘪陷。排烟阀安装后应做动作试验,手动、电动操作应灵敏可靠,阀板关闭时应严密。

⑤ 各类排气罩的安装宜在设备就位后进行,位置应正确,固定应可靠。支、吊架不得设

置在影响操作的部位。

⑥ 自动排气活门安装,活门的重锤必须垂直向下,调整到需要的位置,开启方向应与排气方向一致。手动密闭阀安装,阀门上标志的箭头方向应与受冲击波的方向一致。

3. 风管支、吊架安装

(1) 支、吊架不得设置在风口、风阀、检查门及自控机构处,吊杆不宜直接固定在法兰上,以免风管变形与影响维修。

(2) 风管水平安装,直径或长边尺寸小于等于 400 mm,间距不应大于 4 m;大于 400 mm,不应大于 3 m。螺旋风管的支、吊架间距可分别延长至 5 m 和 3.75 m;对于薄钢板法兰的风管,其支、吊架间距不应大于 3 m。

(3) 风管垂直安装,间距不应大于 4 m,单根直管至少应有 2 个固定点。

(4) 支、吊架不宜设置在风口、阀门、检查门及自控机构处,离风口或插接管的距离不宜小于 200 mm。

(5) 当水平悬吊的主、干风管长度超过 20 m 时,应设置防止摆动的固定点,每个系统不应少于 1 个。

(6) 风管或空调设备使用的可调隔振支、吊架的拉伸或压缩量应按设计的要求进行调整。

(7) 抱箍支架,折角应平直,抱箍应紧贴并箍紧风管。安装在支架上的圆形风管应设托座和抱箍,其圆弧应均匀,且与风管外径相一致。

(8) 保温风管的支、吊架安装:保温风管不能直接与支、吊架接触,应垫上隔热材料(工程上常用的做法是采用浸沥青的木垫),其厚度与保温层相同,以防止产生"冷桥"。保温风管支、吊架间距可按不保温风管支、吊架间距乘以 0.85 而定。

4. 施工结束后的检验

风管及部件施工完毕后应做到以下几点:

(1) 风管及部件安装完毕后,应按系统压力等级进行严密性检验(即漏光法检验和漏风量测试),系统风管的严密性检验应符合规定。

(2) 系统风管漏光法检验、漏风量测试的被抽检系统应全数合格,如有不合格应加倍抽检直至全数合格。注:对不合格系统可进行整改,但同时对未抽检系统也必须整改达到合格要求。

(3) 部件安装,对有开关与调节作用的部件安装后,应做动作试验,保证达到出厂检验的要求。

(4) 净化系统风管及部件内壁应清洁、无浮尘、油污及锈蚀等,用白布检查,无污物为合格。

(四)通风空调设备安装工程

1. 设备安装的基本质量要求

(1) 通风机及空气处理设备必须有装箱清单,图纸说明书、合格证等随机文件,进口设备还必须具有商检部门的检验合格文件。

(2) 设备安装前,应进行开箱检查,开箱检查人员可由建设、监理、施工单位的代表组成,进口设备到站后 3 个月内,由供应商、进出口公司及商检部门共同组成,进行检查验收。

(3) 通风机的开箱检查应符合下列规定:

① 根据设备装箱清单,核对叶轮、机壳和其他部位的主要尺寸、进风口、出风口的位置等应与设计相符。

② 叶轮旋转方向应符合设备技术文件的规定。

③ 进风口、出风口应有盖板遮盖,各切削加工面、机壳和转子不应有变形和锈蚀、碰损等缺陷。

(4) 空调设备的开箱检查应符合下列规定:

① 应按装箱清单核对设备的型号、规格及附件数量。

② 设备的外形应规则、平直,圆弧形表面应平整无明显偏差,结构应完整,焊缝应饱满,无缺损和孔洞。

③ 金属设备的构件表面应进行除锈和防腐处理,外表面的色调应一致,且无明显的划伤、锈斑、伤痕、气泡和剥落现象。

④ 非金属设备的构件材质应符合使用场所的环境要求,表面保护涂层应完整。

⑤ 设备的进出口应封闭良好,随机的零、部件,应齐全无缺损。

⑥ 设备就位前应对设备基础进行验收,合格后方可安装。

2. 通风机的安装

(1) 通风机的进风管、出风管应顺气流,并设单独支撑,与基础或其他建筑物连接牢固,风管与风机连接时,不得强迫对口,机壳不应承受其他机件的重量。

(2) 通风机的传动装置外露部分应有防护罩,当风机的进口或进风管路直通大气时,应加装保护网或采取其他安全措施。

(3) 通风机底座若不用隔振装置而直接安装在基础上时,应用垫铁找平。

(4) 通风机的基础,各部位尺寸应符合设计要求。预留孔灌浆前应清除杂物。灌浆应用细石混凝土,其强度等级应比基础的混凝土高一号,并捣固密实,底脚螺栓不得歪斜。

(5) 电动机应水平安装在滑座上或固定在基础上,找正应以通风机为准,安装在室外的电动机应设防雨罩。

(6) 轴流风机安装,叶轮与主体风筒的间隙应均匀分布,安装在墙内时,应在土建施工时配合留好预留孔洞和预埋件。墙外应装有带铅丝网的45°弯头,或在墙外安装铝制活动百叶格。轴流风机安装在墙上或柱上时,应用型钢制作支架,预埋或固定应可靠。轴流风机悬吊安装时应设双吊架,并有防止摆动的固定点。大型轴流风机组装应根据随机文件的要求进行。叶片安装角度应一致,并达到在同一平面内运转平稳的要求。

(7) 固定通风机的地脚螺栓,除应带有垫圈外,还应有防松装置,如双螺母、弹簧垫圈等。安装隔振器的地面应平整,各组隔振器承受负载的压缩量应均匀,不得偏心。隔振器安装完毕后,在其使用前应采取防止位移及过载等保护措施。

(8) 管道风机是安装在风管系统中的设备,分为轴流式和混流式两种,这类风机安装节省空间,检修方便,安装简单。风机前后的接口有圆形和方形接口,可以和风管连接。管道风机在安装前应检查叶轮与机壳之间的间隙是否符合设备技术文件的要求,管道风机应设单独的隔振型的支吊架,并安装牢固。

3. 空气过滤器的安装

通风空调工程中常用空气过滤器分为 3 类,即:干式纤维过滤器、浸油金属网格过滤器和静电过滤器。根据过滤器的滤尘性能,可分为粗效、中效和高效。由于过滤器使用要求和组合形式的不同,对其安装的质量也提出不同的要求。

(1) 框架式及袋式粗、中效空气过滤器的安装,应便于拆卸和更换滤料。过滤器与框架之间、框架与空气处理室的围护结构之间应严密。

(2) 自动浸油过滤器的安装,链网应清扫干净,传动灵活。2台以上并列安装时,过滤器之间的接缝应严密。

(3) 卷绕式过滤器的安装,框架应平整,滤料应松紧适当,上下筒体应平行。

(4) 静电过滤器的安装应平稳,与风管或风机相连接的部位应设柔性短管,接地电阻应小于 4 Ω。

(5) 亚高效、高效过滤器的安装应符合下列规定:

① 应按出厂标志方向搬运和存放。安装前的成品应放在清洁的室内,并应采取防潮措施。

② 框架端面应平直,端面平整度的允许偏差单个为 1 mm,过滤器外框不得修改。

③ 在洁净室全部安装工程完毕,并全面清扫,系统连续试车 12 h 后,方能开箱检查,不得有变形、破损和漏胶等现象,检漏合格后立即安装。

④ 安装时,外框上的箭头应与气流方向一致。用波纹板组合的过滤器在竖向安装时波纹板必须垂直于地面,不得反向。

⑤ 过滤器与框架之间必须加密封垫料或涂抹密封胶。密封垫料厚度应为 6～8 mm,定位粘贴在过滤器边框上,拼接方法为梯形或榫形连接,安装后垫料的压缩率为 25%～50%。采用硅橡胶作密封材料,应先清除过滤器边框上的杂物和油污。挤抹硅橡胶应饱满、均匀、平整,并应在常温下施工。采用液槽密封,槽架安装应水平,槽内应保持干净,无污物和水分,槽内密封液高度宜为 2/3 槽深。

(6) 多个过滤器组合安装时,应根据各台过滤器初阻力大小进行合理配置,初阻力比较相近的安装在一起。高效过滤器主要由外框、滤纸和波纹形分隔片组成。过滤器可以集中安装,也可以分别单独安装在每一个出风口末端的风管内。

4. 消声器的安装

(1) 消声材料的选用应符合设计的防火、防腐和防潮的要求。

(2) 消声器安装的方向应正确,不得损坏和受潮。消声风管及弯管内所衬消声材料应均匀贴紧,不得脱落,拼缝密实,表面平整,覆面材料应均匀拉紧,不得破损。

(3) 大型组合式消声室的现场安装,应按照正确的施工顺序进行。消声组件的排列、方向与位置应符合设计要求,其单个消声器组件的固定应牢固。当有 2 个或 2 个以上消声元件组成消声组时,其连接应紧密,不得松动,连接处表面过渡应圆滑顺气流。

(4) 消声器、消声弯管均应设单独支吊架,其重量不得由两端风管承担。

5. 空调机组安装

空调机组是指不带制冷机及冷源(热源),由各功能段组成的空气处理设备,如带有喷水段和无喷水段的多功能段组合的空调机组、变风量空调机组等。

(1) 组合式空调机组的安装应符合下列规定:

① 组合式空调机组各功能段的组装,应符合设计规定的顺序和要求。

② 机组应清理干净,箱体内应无杂物。

③ 机组应放置在平整的基础上,基础应高于机房地平面至少一个虹吸管的高度。

④ 机组下部的冷凝水排管,应有水封(又称虹吸管),与外管路连接应正确。

⑤ 组合式空调机组各功能段之间的连接应严密,整体应平直,检查门开启应灵活,水路应畅通。

⑥ 现场组装的空调机组,应做漏风量测试。空调机组静压为 700 Pa 时,漏风率应不大于 3%。用于空气净化系统的机组,静压应为 1 000 Pa,当室内洁净度低于 1 000 级时,漏风率不应大于 2%;洁净度高于或等于 1 000 级时,漏风率不应大于 1%。

(2)空气处理室的安装应符合下列规定:

① 金属空气处理室壁板及各段的组装,应平整牢固、连接严密、位置正确、喷水段不得渗水。

② 喷水段检查门不得漏水,冷凝水的引流管或槽应畅通,冷凝水不得外溢。

③ 预埋在砖、混凝土空气处理室构件内的供、回水短管应焊防渗肋板,管端应配制法兰或螺纹,距处理室墙面应为 100~150 mm。

④ 现场安装的表面式换热器应具有合格证书,并在技术文件规定的期限内,通常以半年为限。外表无损伤,安装前可不做水压试验,否则应做水压试验。试验压力等于系统工作压力的 1.5 倍,且不得小于 0.4 MPa。水压试验的观测时间为 3 min,在此期间压力不得下降。表面式换热器的散热面应保持清洁、完好,用于冷却空气时,在下部应设排水装置。表面式换热器与围护结构间的缝隙,以及换热器之间的缝隙应采用耐热材料堵严。

6. 风机盘管的安装

(1)风机盘管安装前应做外观检查、单机三速试运转及水压检漏试验。试验压力为系统工作压力的 1.5 倍,不得渗漏,三速试运转的允许偏差不大于转速(标牌)的 5%。

(2)卧式风机盘管应由支、吊架固定牢固,并应便于拆卸和维修。

(3)排水坡度应正确,冷凝水应畅通地流到指定位置,供回水阀及水过滤器应靠近风机盘管机组安装。

(4)立式风机盘管安装应牢固,位置及高度应正确。

(5)供、回水管与风机盘管机组,应为弹性连接(金属或非金属软管)。

(6)风管、回风箱及风口与风机盘管机组连接处应严密、牢固。安装后对与风机盘管镶接的水管、阀门及水过滤器做渗漏检查。

7. 除尘器的安装

(1)基础检验:大型除尘器的钢筋混凝土基础及支柱,应提交耐压试验报告,验收合格后方可进行设备安装。其中,对基础水平度测定,允许偏差为 3 mm,超差应修整。

(2)除尘器安装前应进行外观检查,表面应无损伤、无明显锈蚀、进出口封闭良好。安放除尘器的支架和基础坐标、标高正确,进出口方向符合设计要求,除尘器与支架连接的螺孔应对准,不得用气割开孔。

(3)现场组装的除尘器,应检查法兰的接触面是否平整,法兰垫料不得凸入筒体内,组装后应做漏风试验,在设计工作压力下除尘器的允许漏风率为 5%,其中离心式除尘器为 3%。

(4)电除尘器壳体及辅助设备应接地,在各种气候条件下接地电阻应小于 4 Ω。

(5)各种除尘设备安装完毕应做到安装位置正确、牢固平稳,允许误差符合规范的规定,除尘器的活动或转动部件的动作应灵活、可靠,并应符合设计要求。除尘器的排灰阀、卸料阀、排泥阀的安装应严密,并便于操作与维护修理。

(五)空调制冷系统安装工程

(1)制冷设备、制冷附属设备、管道、管件及阀门的型号、规格、性能及技术参数等必须符合设计要求。设备机组的外表应无损伤,密封应良好,随机文件和配件应齐全。

(2)制冷设备与制冷附属设备的安装应符合下列规定:

① 制冷设备、制冷附属设备的型号、规格和技术参数必须符合设计要求,并具有产品合格证书、产品性能检验报告。

② 设备的混凝土基础必须进行质量交接验收,合格后方可安装。

③ 设备安装的位置、标高和管口方向必须符合设计要求。用地脚螺栓固定的制冷设备或制冷附属设备,其垫铁的放置位置应正确、接触紧密,螺栓必须拧紧,并有防松动措施。

④ 制冷设备的各项严密性试验和试运行的技术数据,均应符合设备技术文件的规定。对组装式的制冷机组和现场充注制冷剂的机组,必须进行吹污、气密性试验、真空试验和充注制冷剂检漏试验,其相应的技术数据必须符合产品技术文件和有关现行国家标准、规范的规定。

⑤ 整体安装的制冷机组,其机身纵、横向水平度的允许偏差为 1/1 000,并应符合设备技术文件的规定。

⑥ 制冷附属设备安装的水平度或垂直度允许偏差为 1/1 000,并应符合设备技术文件的规定。

⑦ 采用隔振措施的制冷设备或制冷附属设备,其隔振器安装位置应正确,各个隔振器的压缩量,应均匀一致,偏差不应大于 2 mm。

⑧ 设置弹簧隔振的制冷机组,应设有防止机组运行时水平位移的定位装置。

(3)制冷系统管道、管件的安装应符合下列规定:

① 管道、管件的内外壁应清洁、干燥。铜管管道支吊架的型式、位置、间距及管道安装标高应符合设计要求。连接制冷机的吸、排气管道应设单独支架。管径小于或等于 20 mm的铜管道,在阀门处应设置支架。管道上下平行敷设时,吸气管应在下方。

② 制冷剂管道弯管的弯曲半径不应小于 3.5D(D 为管道直径),其最大外径与最小外径之差不应大于 0.08D,且不应使用焊接弯管及皱褶弯管。

③ 制冷剂管道分支管应按介质流向弯成 90°弧度与主管连接,不宜使用弯曲半径小于1.5D 的压制弯管。

④ 铜管切口应平整,不得有毛刺、凹凸等缺陷,切口允许倾斜偏差为管径的 1‰,管口翻边后应保持同心,不得有开裂及皱褶,并应有良好的密封面。

⑤ 采用承插钎焊焊接连接的铜管,其插接深度应符合规范的规定,承插的扩口方向应迎向介质流向。当采用套接钎焊焊接连接时,其插接深度应不小于承插连接的规定。采用对接焊缝组对管道的内壁应齐平,错边量不大于 0.1 倍壁厚,且不大于 1 mm。

(4)制冷系统阀门的安装应符合下列规定:

① 阀门安装前应进行强度和严密性试验。强度试验压力为阀门公称压力的 1.5 倍,时间不得少于 5 min;严密性试验压力为阀门公称压力的 1.1 倍,持续时间 30 s,不漏为合格。合格后应保持阀体内干燥。如阀门进、出口封闭破损或阀体锈蚀的还应进行解体清洗。

② 阀门的位置、方向和高度应符合设计要求。

③ 水平管道上的阀门的手柄不应朝下,垂直管道上的阀门手柄应朝向便于操作的地方。

④ 自控阀门安装的位置应符合设计要求。电磁阀、调节阀、热力膨胀阀、升降式止回阀等的阀头均应向上;热力膨胀阀的安装位置应高于感温包,感温包应装在蒸发器末端的回气管上,且与管道接触良好,绑扎紧密。

⑤ 安全阀应垂直安装在便于检修的位置,其排气管的出口应朝向安全地带,排液管应装在泄水管上。

（六）空调水系统安装工程

（1）空调工程水系统的设备与附属设备、管道、管配件及阀门的型号、规格、材质及连接形式应符合设计规定。

（2）管道安装应符合下列规定：

① 焊接钢管、镀锌钢管不得采用热煨弯。镀锌钢管应采用螺纹连接,当管径大于DN100时,可采用卡箍式、法兰或焊接连接,但应对焊缝及热影响区的表面进行防腐处理。

② 管道与设备的连接,应在设备安装完毕后进行,与水泵、制冷机组的接管必须为柔性接口。宜采用弹性接管或软接管（金属或非金属软管）,其耐压值应大于或等于1.5倍的工作压力。柔性短管不得强行对口连接,与其连接的管道应设置独立支架。

③ 冷热水及冷却水系统应在系统冲洗、排污合格（目测:以排出口的水色和透明度与入水口对比相近,无可见杂物）后,再循环试运行2 h以上,且水质正常后才能与制冷机组、空调设备相贯通。

④ 固定在建筑结构上的管道支、吊架,不得影响结构的安全。管道穿越墙体或楼板处应设钢制套管,管道接口不得置于套管内,钢制套管应与墙体饰面或楼板底部平齐,上部应高出楼层地面20～50 mm,并不得将套管作为管道支撑。保温管道与套管四周间隙应使用不燃绝热材料填塞紧密。

⑤ 当空调水系统的管道,采用建筑用硬聚氯乙烯（PVC-U）、无规共聚聚丙烯（PP-R）、聚丁烯（PB）与交联聚乙烯（PEX）等有机材料管道时,其连接方法应符合设计和产品技术要求的规定。

⑥ 冷凝水排水管坡度,应符合设计文件的规定。当设计无规定时,其坡度宜大于或等于8‰;软管连接的长度,不宜大于150 mm。

⑦ 冷热水管道与支、吊架之间,应有绝热衬垫（承压强度能满足管道重量的不燃、难燃硬质绝热材料或经防腐处理的木衬垫）,其厚度不应小于绝热层厚度,宽度应大于支、吊架支承面的宽度。衬垫的表面应平整,衬垫接合面的空隙应填实。

（3）管道水压试验。管道系统安装完毕,外观检查合格后,应按设计要求进行水压试验。当设计无规定时,应符合下列规定:

① 冷热水、冷却水系统的试验压力,当工作压力小于或等于1.0 MPa时,为1.5倍工作压力,但最低不得小于0.6 MPa;当工作压力大于1.0 MPa,为工作压力加0.5 MPa。

② 对于大型或高层建筑垂直位差较大的冷（热）媒水、冷却水管道系统宜采用分区、分层试压和系统试压相结合的方法。一般建筑可采用系统试压方法:

a. 分区、分层试压。对相对独立的局部区域的管道进行试压。在试验压力下,稳压10 min,压力不得下降,再将系统压力降至工作压力,在60 min内压力不得下降、外观检查无渗漏为合格。

b. 系统试压。在各分区管道与系统主、干管全部连通后，对整个系统的管道进行系统的试压。试验压力以最低点的压力为准，但最低点的压力不得超过管道与组成件的承受压力。压力试验升至试验压力后，稳压 10 min，压力下降不得大于 0.02 MPa，再将系统压力降至工作压力，外观检查无渗漏为合格。

c. 各类耐压塑料管的强度试验压力为 1.5 倍的工作压力，严密性工作压力为 1.15 倍的设计工作压力。

d. 凝结水系统采用充水试验，应以不渗漏为合格。

（4）阀门的安装应符合下列规定：

① 阀门安装的位置、进出口方向应正确，并便于操作，接连应牢固紧密，启闭灵活；成排阀门的排列应整齐美观，在同一平面上的允许偏差为 3 mm。

② 安装在保温管道上的各类手动阀门，手柄均不得向下。

③ 对于工作压力大于 1.0 MPa 及在主干管上起到切断作用的阀门，应进行强度和严密性试验，合格后方准使用。其他阀门可不单独进行试验，待在系统试压中检验。强度试验时，试验压力为公称压力的 1.5 倍，持续时间不少于 5 min，阀门的壳体、填料应无渗漏。严密性试验时，试验压力为公称压力的 1.1 倍；试验压力在试验持续的时间内应保持不变，时间应符合表 8-7 的规定，以阀瓣密封面无渗漏为合格。

表 8-7　　阀门严密性试验压力持续时间

公称直径/mm	最短试验持续时间/s	
	金属密封	非金属密封
≤50	15	15
65～200	30	15
250～450	60	30
≥500	120	60

（5）补偿器的补偿量和安装位置必须符合设计及产品技术文件的要求，并应根据设计计算的补偿量进行预拉伸或预压缩。设有补偿器（膨胀节）的管道应设置固定支架，其结构形式和固定位置应符合设计要求，并应在补偿器的预拉伸（或预压缩）前固定；导向支架的设置应符合所安装产品技术文件的要求。

（6）金属管道的支、吊架的型式、位置、间距、标高应符合设计或有关技术标准的要求。设计无规定时，应符合下列规定：

① 支、吊架的安装应平整牢固，与管道接触紧密。管道与设备连接处，应设独立支、吊架。

② 冷（热）媒水、冷却水系统管道机房内总、干管的支、吊架，应采用承重防晃管架，与设备连接的管道管架宜有减振措施。当水平支管的管架采用单杆吊架时，应在管道起始点、阀门、三通、弯头及长度每隔 15 m 处设置承重防晃支、吊架。

③ 无热位移的管道吊架，其吊杆应垂直安装；有热位移的，其吊杆应向热膨胀（或冷收缩）的反方向偏移安装，偏移量按计算确定。

④ 滑动支架的滑动面应清洁、平整,其安装位置应从支承面中心向位移反方向偏移1/2位移值或符合设计文件的规定。

⑤ 竖井内的立管,每隔2~3层应设导向支架。在建筑结构负重允许的情况下,水平安装管道支、吊架的间距应符合表8-8的规定。

表 8-8 　　　　　　　　　　　　钢管道支、吊架的最大间距

公称直径/mm		15	20	25	32	40	50	70	80	100	125	150	200	250	300
支架的最大间距/m	L_1	1.5	2.0	2.5	2.5	3.0	3.5	4.0	5.0	5.0	5.5	6.5	7.5	8.5	9.5
	L_2	2.5	3.0	3.5	4.0	4.5	5.0	6.0	6.5	6.5	7.5	7.5	9.0	9.5	10.5

注:a. 适用于工作压力不大于2.0 MPa,不保温或保温材料密度不大于200 kg/m³ 的管道系统。

　　b. L_1 用于保温管道,L_2 用于不保温管道。

　　c. 对大于300 mm 的管道可参考300 mm 管道。

⑥ 采用建筑用硬聚氯乙烯(PVC-U)、无规共聚聚丙烯(PP-R)与交联聚乙烯(PEX)等管道时,管道与金属支、吊架之间应有隔绝措施,不可直接接触。当为热水管道时,还应加宽其接触面积。支、吊架的间距应符合设计和产品技术要求的规定。

(7) 冷却塔安装应符合下列规定:

① 冷却塔的型号、规格、技术参数必须符合设计要求。对含有易燃材料冷却塔的安装,必须严格执行防火安全的规定。

② 基础标高应符合设计的规定,允许误差为20 mm。冷却塔地脚螺栓与预埋件的连接或固定应牢固,各连接部件应采用热镀锌或不锈钢螺栓,其紧固力应一致、均匀。

③ 冷却塔安装应水平,单台冷却塔安装水平度和垂直度允许偏差均为2/1 000。同一冷却水系统的多台冷却塔安装时,各台冷却塔的水面高度应一致,高差不应大于30 mm。

④ 冷却塔的出水口及喷嘴的方向和位置应正确,积水盘应严密无渗漏;分水器布水均匀。带转动布水器的冷却塔,其转动部分应灵活,喷水出口按设计或产品要求,方向应一致。

⑤ 冷却塔风机叶片端部与塔体四周的径向间隙应均匀。对于可调整角度的叶片,角度应一致。

(8) 水泵及附属设备的安装应符合下列规定:

① 水泵的规格、型号、技术参数应符合设计要求和产品性能指标。水泵正常连续试运行的时间,不应少于2 h。

② 泵的平面位置和标高允许偏差为10 mm,安装的地脚螺栓应垂直、拧紧,且与设备底座接触紧密。

③ 垫铁组放置位置正确、平稳,接触紧密,每组不超过3块。

④ 整体安装的泵,纵向水平偏差不应大于0.1/1 000,横向水平偏差不应大于0.20/1 000;解体安装的泵纵、横向安装水平偏差均不应大于0.05/1 000。

⑤ 水泵与电机采用联轴器连接时,联轴器两轴芯的允许偏差,轴向倾斜不应大于0.2/1 000,径向位移不应大于0.05 mm。

⑥ 减振器与水泵基础应连接牢固、平稳、接触紧密,小型整体安装的管道水泵不应有明显偏斜。

（七）防腐及绝热工程

1. 防腐（刷油）工程

（1）风管与部件及空调设备绝热工程施工，应在风管系统严密性检验合格后进行。

（2）支、吊架的防腐处理应与风管或管道相一致，其明装部分必须涂面漆。

（3）喷、涂油漆的漆膜，应均匀、无堆积、皱纹、气泡、掺杂、混色与漏涂等缺陷。

（4）各类空调设备、部件的油漆喷、涂，不得遮盖铭牌标志和影响部件的功能使用。空调制冷系统管道的油漆，包括制冷剂、冷冻水（载冷剂）、冷却水及冷凝水管等应符合设计要求。空调制冷各系统管道的外表面，应按设计规定做色标。

2. 绝热工程

（1）风管及制冷管道的绝热工程一般质量要求

① 绝热工程应采用不燃材料（如超细玻璃棉板）或难燃材料（如阻燃聚苯乙烯保温板），如采用难燃材料时，应对其难燃性进行检查，合格后方可使用。

② 绝热工程冬期施工或在户外施工应有防冻、防雨措施。绝热工程的户内、外分界面为内墙面。

③ 净化系统的绝热工程不得采用易产尘的材料（如玻璃纤维、短纤维矿棉等）。

④ 风管、部件及设备绝热工程施工应在风管系统漏风试验或质量检验合格后进行。

⑤ 空调制冷管道绝热工程施工应在系统试验合格及防腐处理结束后进行。

（2）风管、部件及设备绝热工程

① 绝热层应平整密实，不得有裂缝、空隙等缺陷。风管系统部件的绝热，不得影响其操作功能。风管与设备的绝热层如用卷、散材料时，厚度应均匀，包扎牢固，不得有散材外露的缺陷。

② 电加热器前后 800 mm 范围内的风管绝热层应采用不燃绝热材料。

③ 绝热层采用粘结材料粘贴时，应符合下列规定：

a. 胶粘剂应符合使用温度及环境卫生的要求，并与绝热材料相匹配。

b. 粘结材料宜均匀地涂在风管、部件及设备的外表面上，绝热材料与风管、部件及设备表面应紧密结合，绝热层的纵、横向接缝应错开。

c. 绝热层粘贴后，宜进行包扎或捆扎，包扎的搭接处应均匀贴紧，捆扎时不得损坏绝热层。

④ 绝热层采用保温钉固定时应符合下列规定：

a. 保温钉与风管、部件与设备表面应粘贴牢固（也可以采用碰焊的方法），保温钉不得脱落。

b. 矩形风管及设备保温钉应均布，其数量底面不应少于每平方米 16 个，侧面不应少于 10 个，顶面不应少于 8 个。首行保温钉距风管或保温材料边沿的距离应小于 120 mm。

注：此条是以铝箔离心玻璃棉纤维板为依据，若用其他材料，可适当调整。

c. 绝热材料纵向缝不宜设在风管或设备底面。

d. 保温钉的长度应能满足压紧绝热层及固定压片的要求，固定压片应松紧适度，均匀压紧。

⑤ 带有防潮层的绝热材料的拼缝应采用粘胶带封严。粘胶带的宽度不应小于 50 mm。粘胶带应牢固地粘贴在防潮面层上，不得胀裂和脱落。

⑥ 绝热涂料(即糊状保温材料)作绝热层时,应分层涂抹,厚度均匀,不得有气泡和漏涂等缺陷,表面固化层应光滑、牢固无缝隙。

⑦ 绝热防潮层应完整,且封闭良好。

⑧ 保护层(指玻璃钢、油毛毡、玻璃纤维布等)的施工,不得损伤防潮层。户外保护层与屋面或外墙面交接处应顺水不渗漏。

⑨ 金属保护壳施工应符合下列要求:

a. 保护壳材料宜采用镀锌钢板或铝板,当采用薄钢板时内外表面必须做防腐处理。金属保护壳可采用咬接、铆接、搭接等方法施工,外表应整齐、美观。

b. 圆形保护壳应贴紧绝热层,不得有脱壳、褶皱、强行接口等现象。接口搭接应顺水,并有凸筋加强,搭接尺寸为 20~25 mm。采用自攻螺钉紧固时,螺钉间距应匀称,并不得刺破防潮层。矩形保护壳表面应平整,楞角规则,圆弧(指弯管)均匀,底部与顶部不得有凸肚及凹陷。

c. 户外金属保护壳的纵、横接缝应顺水,其纵向接缝应设在侧面。保护壳与外墙面或屋顶的交接处应设泛水。屋面上的金属保护壳应接地可靠。

⑩ 用水泥砂浆等涂抹材料作保护层时,涂层配料应正确。内设金属网应紧箍绝热层,搭接应不小于 30 mm。涂层应分层施工,厚度应满足设计要求,外表平整,不应有明显露底与裂纹。

⑪ 用金属丝网作保护层,网面应紧裹防潮层,拼缝衔接应完整。用玻璃钢作保护层应按金属保护壳的质量要求施工。

(3)制冷管道及附属设备绝热

① 绝热制品的材质和规格应符合设计要求,粘贴应牢固,铺设平整,绑扎紧密,无滑动、松弛、断裂现象。

② 硬质或半硬质绝热管壳之间的缝隙,保温不应大于 5 mm,保冷应不大于 2 mm,并用粘结材料勾缝填满,纵缝应错开,外层的水平接缝应设在侧下方。当绝热层厚度大于 100 mm 时,绝热层应分层铺设,层间应压缝。管壳应用金属丝或难腐织带捆扎,其间距为 300~350 mm,且每节至少捆扎 2 道。

③ 用松散及软质材料作绝热层,应按规定的密度压缩其体积,疏密应均匀,毡类材料在管道上包扎时,其纵横连接不应有空隙。用橡塑材料时,一般采用切开接合法施工,在切口的两边均匀涂上粘胶,将缝口接合,接缝处不得有开缝、断裂、拉扯紧绷等缺陷。

④ 管道穿墙、穿楼板套管处的绝热,应采用不燃或难燃的软、散绝热材料填实。阀门、过滤器及法兰处的绝热结构应能单独拆卸。

⑤ 管道防潮层的质量要求:

a. 防潮层应紧密粘贴在绝热层上,封闭良好,不得有虚粘、气泡、褶皱、裂缝等缺陷。

b. 立管的防潮层,应由管道的低端向高端敷设,环向搭缝口应朝向低端,纵向搭缝应在管道的侧面,并顺水。

c. 卷材作防潮层时,可用螺旋形缠绕的方式牢固粘贴在绝热层上,卷材的搭接宽度宜为 30~50 mm。

(八) 系统试运转及调试

通风与空调系统安装完毕后,在投入使用前还必须进行系统的测定和调整,使其达到使用要求。这里指的测定是对系统主要技术性能指标的测量,有一个量值,可以和设计的指标进行比较。调试实际是一个平衡的过程,调整各支路及各个系统的平衡,也包括对系统各参数的整定。这项工作必须在单机试运转达到要求的情况下进行。

通风与空调系统的试运转及调试应由施工单位负责,设计单位、建设单位、监理单位及设备供应单位参加,共同完成这项工作。对于带有生产负荷的综合效能试验的测定和调整,应由建设单位负责,因为建设单位对生产负荷、工艺设备以及房屋结构都比较清楚,也便于各专业之间的配合,同时施工单位、设计单位、监理单位也应密切配合,使之早日投入生产。通风与空调系统的测定和调整应包括:设备单机试运转、系统联动试运转、无生产负荷系统联合试运转的测定和调整、带生产负荷的综合效能试验的测定和调整。

1. 单机试运转

(1) 通风机试运转

通风机运转前必须加上适度的机械油,检查各项安全措施,盘动叶轮,应无卡阻和碰壳,叶轮旋转方向必须正确,在额定转速下试运转时间不得少于 2 h。试运转应无异常振动,滑动轴承最高温度不得超过 70 ℃,滚动轴承最高温度不得超过 80 ℃。

(2) 水泵试运转

在设计负荷下连续运转应不少于 2 h,并应符合下列规定:

① 运转中不应有异常振动和声响,各静密封处不得泄漏,紧固连接部位不应松动。

② 滑动轴承的最高温度不得超过 70 ℃,滚动轴承的最高温度不得超过 75 ℃。

③ 轴封填料的温升应正常,在无特殊要求的情况下,普通填料泄漏量不得大于 35～60 mL/h,机械密封的泄漏量不得大于 10 mL/h。

④ 电动机的电流和功率不应超过额定值。

(3) 其他设备试运转

带有动力的除尘器、空气过滤器、板式换热机组、转轮除湿机、全热交换机组等设备的试运转可参照通风机和水泵的试运转规定,还应符合设备技术文件的要求。

2. 系统联动试运转及调试

(1) 系统联动试运转

系统联动试运转,是对组成系统各部件、设备、管道或风管等总体质量的检验,应在通风与空调设备试运转和风管系统漏风量测定合格后进行。系统联动试运转时,各专业及各工种必须密切合作,做到水通、电通、风通,特别是自动控制系统人员必须到位。

(2) 无生产负荷的测定与调试

① 通风机的风量、风压及转速的测定。通风与空调设备(如空调机组)的风量、余压(指机外余压)与风机转速的测定(指设备内风机)。

② 系统与风口的风量测定与调整。系统实测偏差不应大于 10%,风量实测偏差不应大于 15%。

③ 通风机、制冷机、空调器噪声的测定。

④ 制冷系统运行的压力、温度、流量等各项技术数据应符合有关技术文件的规定。

⑤ 防排烟系统、正压送风前室静压的检测。防排烟系统联合试运行与调试的结果(风量及正压),必须符合设计与消防的规定。

⑥ 空气净化系统,应进行高效过滤器的检漏和室内洁净度级别的测定。对于大于或等

于 100 级的洁净室,还应增加在门开启状态下,指定点含尘浓度的测定。

⑦ 空调系统的冷(热)源的正常联合试运转时间应大于 8 h,必须对各个冷热水、冷却水系统的总水量、支管水量进行测试,并调整至设计水量的±10％的偏差内。当竣工时的季节和条件与设计条件相差较大时,仅做不带冷(热)源的试运转。

⑧ 设计要求满足的其他测试项目。

(3) 系统风量的测定

对各个风管系统包括防排烟系统的总风管、支风管以及风口的风量进行测试,并调整至设计风量的±10％的偏差内。

① 风管的风量一般可用毕托管和微压计测量,测量截面的位置应选择在气流均匀处,按气流方向,应选择在局部阻力之后,大于或等于 4 倍及局部阻力之前,大于或等于 1.5 倍圆形风管直径或矩形风管长边尺寸的直管段上。当测量截面上的气流不均匀时,应增加测量截面上的测点数量。

② 风管内的压力测量应采用液柱式压力计,如倾斜式、补偿式微压计。

③ 通风机出口的测定截面位置应根据《通风与空调工程施工质量验收规范》(GB 50243—2002)规定选取,通风机测定截面位置应靠近风机。通风机的风压为风机进出口处的全压差。风机的风量为吸入端和压出端风量的平均值,且风机前后的风量之差不应大于5％,如超过此值则应重测。

④ 风口的风量可在风口处或风管(连接风口的支管)内测量。在风口处测风量可用风速仪直接测量或用辅助风管法求取风口断面的平均风速,再乘以风口净面积得到风口风量值。当风口与较长的支管段相连接时,可在风管内测量风口的风量。

⑤ 风口处的风速如用风速仪测量时,应贴近格栅或网格,平均风速测定可采用匀速移动法或定点测量法等,匀速移动法不应少于 3 次,定点测量法的测点不应少于 5 个。

⑥ 系统风量调整宜采用"流量等比分配法"或"基准风口法",从系统最不利环路的末端开始,最后进行总风量的调整。

(4) 噪声测量及其他

① 通风机、制冷机、空调机组、水泵等设备噪声的测量,应按国家标准《采暖通风与空气调节设备噪声声功率级的测定—工程法》(GB/T 9068—1998)执行。

② 通风机转速的测量可采用转速表直接测量风机主轴转速,重复测量 3 次取其平均值的方法。如采用累计式转速表,应测量 30 s 以上。

③ 空气净化系统高效过滤器检漏和室内洁净度测定应按国家标准《通风与空调工程施工及验收规范》(GB 50243—2002)的规定。室内静压应从静压高的房间向静压低的房间逐级调整与测定。

3. 综合效能的测定与调整

(1) 综合效能试验的条件

① 通风、空调系统带生产负荷的综合效能的测定和调整,应在生产负荷的条件下进行,即土建工程已经完工,工艺设备运转正常,生产人员已经到岗,已处于正常生产的情况下。

② 建设单位应根据工程性质、工艺和设计的要求,制订具体试验项目,并组织实施。

(2) 不同系统综合效能试验项目

① 通风、除尘系统综合效能试验包括下列项目:

a. 室内空气中含尘浓度或有害气体浓度与排放浓度的测定。

b. 吸气罩罩口气流特性的测定。

c. 除尘器阻力和除尘效率的测定。

d. 空气油烟、酸雾过滤装置净化效率的测定。

② 空调系统综合效能试验包括下列项目：

a. 送、回风口空气状态参数的测定与调整。

b. 空调机组性能参数的测定与调整。

c. 室内噪声的测定。

d. 室内空气温度与相对湿度的测定与调整。

e. 对气流有特殊要求的空调区域，做气流速度的测定。

③ 恒温恒湿空调系统除应包括空调系统综合效能试验项目外，尚可增加下列项目：

a. 室内静压的测定和调整。

b. 空调机组各功能段性能的测定和调整。

c. 室内温度场、相对湿度场的测定与调整。

d. 室内气流组织的测定。

④ 空气净化系统除应包括恒温恒湿空调系统综合效能试验项目外，尚可增加下列项目：

a. 生产负荷状态下室内空气洁净度等级的测定。

b. 室内单向流截面平均风速和均匀度的测定。

c. 室内浮游菌和沉降菌的测定。

d. 室内自净时间的测定。

e. 高于 100 级的洁净室及生物净化系统除应进行净化系统综合效能试验项目外，尚应增加设备泄漏控制、防止污染扩散等特定项目的测定。

⑤ 防排烟系统综合效能的测定项目有模拟状态下安全区正压变化测定及烟雾扩散试验等。

⑥ 综合效能试验的测定和调整，最基本的条件是在满足生产负荷的情况下进行的，从工程设计到工程竣工，在生产流程上、工艺布置上都有可能发生变化和修改，建设单位人员最清楚。进入综合效能试验阶段说明工程施工已经结束，已进入了使用阶段，所以综合效能的试验工作应归建设单位负责，施工单位、监理单位也可以配合。综合效能的测定和调整是在生产或试生产的情况下进行的，建设单位提出的测试要求也不相同，可与测试单位协商解决。关于测定与调整的技术标准、质量要求可参照国家现行标准执行。

四、电梯安装工程质量监督

（一）电梯安装前应进行土建交接检验

1. 机房、电源

（1）机房内部、井道土建（钢架）结构及布置必须符合电梯土建布置图的要求。

（2）主电源开关必须符合下列规定：

① 主电源开关应能够切断电梯正常使用情况下的最大电流。

② 对有机房电梯该开关应能从机房入口处方便地接近。

③ 对无机房电梯该开关应设置在井道外工作人员方便接近的地方，且应具有必要的安

全防护。

（3）机房还应符合下列规定：

① 机房内应设有固定的电气照明，地板表面上的照度不应小于 200 lx。机房内应设置一个或多个电源插座。在机房内靠近入口的适当高度处应设有一个开关或类似装置控制机房照明电源。

② 机房内应通风，从建筑物其他部分抽出的陈腐空气，不得排入机房内。

③ 应根据产品供应商的要求，提供设备进场所需要的通道和搬运空间。

④ 电梯工作人员应能方便地进入机房或滑轮间，而不需要临时借助于其他辅助设施。

⑤ 机房应采用经久耐用且不易产生灰尘的材料建造，机房内的地板应采用防滑材料。（注：此项可在电梯安装后验收）

⑥ 在一个机房内，当有 2 个以上不同平面的工作平台，且相邻平台高度差大于 0.5 m 时，应设置楼梯或台阶，并应设置高度不小于 0.9 m 的安全防护栏杆。当机房地面有深度大于 0.5 m 的凹坑或槽坑时，均应盖住。供人员活动空间和工作台面以上的净高度不应小于 1.8 m。

⑦ 供人员进出的检修活板门应有不小于 0.8 m×0.8 m 的净通道，开门到位后应能自行保持在开启位置。检修活板门关闭后应能支撑 2 个人的重量（以每个人按在门的任意 0.2 m×0.2 m 面积上作用 1 000 N 的力计算），不得有永久性变形。

⑧ 门或检修活板门应装有带钥匙的锁，它应从机房内不用钥匙打开。只供运送器材的活板门，可只在机房内部锁住。

⑨ 电源零线和接地线应分开。机房内接地装置的接地电阻值不应大于 4 Ω。

⑩ 机房应有良好的防渗、防漏水保护。

2. 井道

（1）井道必须符合下列规定：

① 当底坑底面有人员能到达的空间存在，且对重（或平衡重）上未设有安全钳装置时，对重缓冲器必须能安装在（或平衡重运行区域的下边必须）一直延伸到坚固地面上的实心桩墩上。

② 电梯安装之前，所有层门预留孔必须设有高度不小于 1.2 m 的安全保护围封，并应保证有足够的强度。

③ 当相邻两层门地坎间的距离大于 11 m 时，其间必须设置井道安全门，井道安全门严禁向井道内开启，且必须装有安全门处于关闭时电梯才能运行的电气安全装置。当相邻轿厢间有相互救援用轿厢安全门时，可不执行本款。

（2）井道还应符合下列规定：

① 井道尺寸是指垂直于电梯设计运行方向的井道截面沿电梯设计运行方向投影所测定的井道最小净空尺寸，该尺寸应和土建布置图所要求的一致，允许偏差应符合下列规定：

a. 当电梯行程高度小于或等于 30 m 时为 0～+25 mm。

b. 当电梯行程高度大于 30 m 且小于等于 60 m 时为 0～+35 mm。

c. 当电梯行程高度大于 60 m 且小于等于 90 m 时为 0～+50 mm。

d. 当电梯行程高度大于 90 m 时，允许偏差应符合土建布置图要求。

② 全封闭或部分封闭的井道，井道的隔离保护、井道壁、底坑底面和顶板应有安装电梯

部件所需要的足够强度,采用非燃烧材料建造,且应不易产生灰尘。

③ 当底坑深度大于 2.5 m 且建筑物布置允许时,应设置一个符合安全门要求的底坑进口;当没有进入底坑的其他通道时,应设置一个从层门进入底坑的永久性装置,且此装置不得凸入电梯运行空间。

④ 井道应为电梯专用,井道内不得装设与电梯无关的设备、电缆等。井道可装设采暖设备,但不得采用蒸汽和水作为热源,且采暖设备的控制与调节装置应装在井道的外面。

⑤ 井道内应设置永久性电气照明,井道内照度应不得小于 50 lx。井道最高点和最低点 0.5 m 以内应各装一盏灯,再设中间灯,并分别在机房和底坑设置一控制开关。

⑥ 装有多台电梯的井道内各电梯的底坑之间应设置最低点离底坑地面不大于 0.3 m,且至少延伸到最底层站楼面以上 2.5 m 高度的隔障,在隔障宽度方向上隔障与井道壁之间的间隙不应大于 150 mm。当轿顶边缘和相邻电梯运动部件(轿箱、对重或平衡重)之间的水平距离小于 0.5 m 时,隔障应延长至贯穿整个井道的高度。隔障的宽度不得小于被保护的运动部件(或部分)的宽度,每边再各加 0.1 m。

⑦ 底坑内应有良好的防渗、防漏水保护,底坑内不得有积水。

⑧ 每层楼面应有水平面基准标识。

（二）随机文件

(1) 随机文件必须包括下列资料:

① 土建布置图。

② 产品出厂合格证。

③ 门锁装置、限速器、安全钳及缓冲器的型式试验证书复印件。

(2) 随机文件还应包括下列资料:

① 装箱单。

② 安装、使用维护说明书。

③ 动力电路和安全电路的电气原理图。

（三）电梯机房设备安装

1. 曳引机组安装

(1) 曳引机组和承重梁本体的水平度应符合规范规定。

(2) 曳引机组上全部紧固件应齐全,加工面无机械损伤,无锈蚀。

(3) 曳引机底座与承重梁的连接螺孔,若现场需要钻孔的应用机械钻孔。对螺孔大于 23 mm 时方可气割开孔,对长腰形螺孔和气割螺孔应垫上斜边垫圈,调整后点焊固定。

(4) 曳引机组应外表漆层牢固,外观平整、光洁,无漏涂和起皮等缺陷。

(5) 曳引电机及其风机应工作正常,轴承应用规定的润滑油润滑。

(6) 曳引轮位置偏差,在前后(向着对重看)方向不应超过 2 mm,在左右方向偏差不应超过 1 mm。

(7) 曳引轮对铅垂线偏差在空载或满载工况下均不大于 2 mm。

2. 承重梁安装

(1) 承重梁两端如需埋入承重墙内时,其埋入深度应超过墙厚中心 20 mm,且不应小于 75 mm。对砖墙梁下应垫以能承受其重量的钢筋混凝土过梁或金属过梁。

(2) 承重梁两端支架在建筑物承重梁(或墙)上时,所采用的混凝土强度等级应大于

C20,厚度应大于 100 mm。

（3）承重梁的底面应离开机房光地坪 50 mm 以上,使电机运行时不使地坪受力。

（4）机组如直接安装在地坪上时,其混凝土地坪厚度应大于 300 mm,并应有减振橡胶垫装置。

3.制动器安装

（1）闭式制动器的闸瓦应紧密地贴合于制动轮的工作面上,当松闸时,两侧闸瓦应同时松开制动轮表面,间隙均匀。

（2）固定制动带的铆钉不允许与制动轮接触,制动带磨损量超过制动带厚度 1/3 时应更换。

（3）制动器线圈温升不超过 60 ℃。

（4）当制动器松闸时,两侧闸瓦应同时松开制动轮表面,间隙均匀,其间隙在任何部位均在 0.7 mm 之内。

（5）松开制动器闸瓦时应注意做好防止轿厢自身移动,以确保安全。

（6）电梯制动器需要调整或检查时应由电工配合进行。

4.限速器安装

（1）限速器绳轮在机房内安装的位置应按机房布置图进行施工。

（2）限速器的铭牌与电梯参数应相匹配。限速器动作速度应每 2 年整定校验 1 次。

（3）限速器应运行平稳,出厂时动作速度整定封记应完好,无拆动痕迹。

（4）限速器的底座应固定在机房楼板上,采用膨胀螺栓固定时,当安全钳联动时应无颤动现象。

（5）限速器应由柔性良好的钢丝绳驱动,限速器绳的公称直径应不小于 $\phi6$ mm。

（6）限速器上应标明与安全钳动作相应的旋转指示方向。

（7）限速器的绳轮外缘应用黄色油漆指出。

（8）限速器的绳轮应加注润滑油,转动灵活。

（9）限速器绳索在电梯正常运行时不应触及夹绳钳。

（10）限速器绳轮、选层器钢带对铅垂线的偏差均不大于 0.5 mm。

（11）限速器的钢丝绳至导轨导向面与顶面两个方向上下的偏差均不超过 10 mm。

（12）限速器动作时,限速器绳对安全钳连杆的提拉力至少应是以下两个值中的较大值:① 300 N;② 安全钳起作用所需力的 2 倍。

（13）限速器电气开关接地良好。

5.导向轮(或复绕轮)安装

（1）在机房中导向轮的安装位置应按机房布置图确定。

（2）轴承应用制造厂规定牌号的润滑油,活动部分应转动灵活,并加润滑油脂,运转时无异常声音和明显跳动。

（3）设有挡绳装置的导向轮(或复绕轮)的电梯,挡绳装置应有效。

（4）安装垂直度对曳引钢丝绳的工作状态有较大影响,应注意调整。

（5）不设导向轮(或复绕轮)时,曳引轮中心至轿厢架中心线和对重中心线的距离应相近。

（6）导向轮(或复绕轮)的不铅垂度,偏差在空载或满载工况下均不大于 2 mm。

(7) 导向轮(或复绕轮)的位置偏差在前后方向(向着对重)不应超过 3 mm,在左右方向不应超过 1 mm。

6. 电气装置

(1) 每台电梯应有独立的能切断电梯主电源的开关。其开关容量为能切断电梯正常使用情况下的最大电流,一般不小于主电机额定电流的 2 倍。

(2) 安装位置应靠近机房入口处,能方便、迅速接近,安装标高宜为 1 300~1 500 mm。

(3) 电源开关与线路熔断丝应匹配正确。

(4) 电梯动力电源与电梯照明电源应分开设置。

(5) 电梯电源开关不应切断下列供电电路:① 轿厢照明和通风;② 机房和滑轮间照明;③ 机房中电源插座;④ 轿顶与底坑的电源插座;⑤ 电梯井道照明;⑥ 报警装置。

(6) 消防电梯应有消防电源自动切换装置。

(7) 配电板应配有中性汇流排(N)和接地汇流排(PE)。

(8) 机房内有多台电梯时,应在开关装置上标上易于识别的标记。

(9) 各开关应具有明显的断开和闭合位置的标识。

(10) 供电电源的色标应正确,A 相为黄色,B 相为绿色,C 相为红色,N(零)线为浅蓝色,PE 保护线为黄绿双色。

7. 控制柜、屏安装

(1) 柜、屏应用螺栓固定于型钢或混凝土基础上,基础应高出地面 50~100 mm。

(2) 控制柜、屏安装正面距门、窗不小于 600 mm,维修侧距墙不小于 600 mm,距机械设备不小于 500 mm。

(3) 柜、屏、箱的安装布局应合理,固定牢固,其垂直偏差不大于 1.5‰,金属外壳接地可靠。

(4) 柜、屏应设置接地汇流排;应有断相、错相保护装置,断相、错相保护装置应对每相断开及任何相错位均能起到保护作用,其保护功能应正常可靠;断相、错相动作试验应在控制柜主电源进线侧前处断开或错相试验。

8. 电机接线

(1) 曳引电机相与相、相与地绝缘电阻值应大于 0.5 MΩ。

(2) 电机接线应正确、牢固,镀锌垫圈、紧固件齐全。

(3) 多股导线应压接端子与设备的端子连接。

(4) 接线端头应与电机接线端子相应编号。

(5) 电机外壳应可靠接地保护,连接螺栓、垫圈必须镀锌,并有防松装置。

(6) 接地线截面应符合规范规定。金属软管外壳应可靠接地,但不得使用金属软管作接地线。电机接地线应单独敷设,不得串接。

(7) 供电系统采用(TN-C)制式中接零保护注意事项:① 在同一回路中不应将电气设备一部分接零保护,而一部分接地保护;② 单相回路中,中性线上不得装断路设备;③ 进入电梯机房后应为三相五线制(TN-C-S)。

9. 线槽与电气配管安装

(1) 线槽安装

① 采用线槽配线严禁使用可燃性材料制品。

② 线槽敷设应横平竖直,接口严密,槽盖齐全、平整无翘角现象。

③ 每根线槽固定点不应少于 2 点,并列安装时,应使槽盖便于开启。

④ 线槽连接螺栓应从内向外穿、螺帽在外侧。

⑤ 金属线槽外壳应可靠接地。线槽内导线总面积(包括外护层)不应大于线槽净截面的 60%,导管内导线总面积不应大于导管内净截面积的 40%。

⑥ 电梯动力回路与控制回路应分别敷设,不应在同一线槽内敷设,以免感应产生误动作。

⑦ 线槽出线口应无毛刺,并有护圈,位置正确,垂直向上的槽口应封堵,防止杂物落入。

(2)电气配管(同建筑电气工程)

10. 机房安全规定

(1)孔洞处理

机房内钢丝绳与楼板孔洞每边间隙均应为 20~50 mm,通向井道的孔洞四周应筑一高 50 mm 以上的台阶。

(2)手动松闸装置

① 手动松闸装置转盘应漆成黄色,松闸装置漆成红色。

② 松闸装置应挂在易接近的墙上,中心标高宜为 1 300~1 500 mm。

(3)色标、标记

① 机房门应向外开启并牢固可锁,应有醒目的警告标志:"机房重地,闲人免进"。

② 同一机房有数台电梯应标明电梯机号并与相对应的控制柜编号一致。

③ 电机或曳引轮上应有与轿厢升降方向相对应的标志。曳引轮、导向轮、限速器轮外侧面应漆成黄色。

④ 编号应粘贴在设备本体上,不宜粘在易拆下的门、盖、罩上。

⑤ 机房吊钩应标明载荷值,吊钩应做防腐处理。

⑥ 曳引绳上应标明层站对应标记或平层标记(上下终端站)。

(四)井道设备安装

1. 导轨支架安装

(1)预留孔应做成内大外小,支架若采用直埋法,埋入端应开脚,埋入深度不小于 120 mm。

(2)钢筋混凝土墙如采用预埋钢板时,钢板厚度不小于 10 mm;采用膨胀螺栓固定时,螺栓规格不应小于 M12。

(3)其支架本体组合焊接及支架与预埋钢板焊接都必须达到双面焊牢、焊缝饱满、焊波均匀,焊后焊缝焊渣应铲除干净,并做好防腐,其上下两边可采取间断焊,每段焊缝长度不小于 80 mm,间隙不小于 100 mm。

(4)导轨支架的连接螺孔凡是长腰形或气割开孔的,必须加装宽边平垫圈,并用点焊固定。

(5)最低一档支架应离底坑小于 1 m,最高一档支架离导轨顶应小于 0.5 m。每档间距应在 2.5 m 以内,且每根导轨不少于 2 个支架。支架的不水平度不应大于 1.5%。

2. 导轨安装

(1)导轨吊装前,需核对规格、数量,根据井道总高度及支架档距,截取导轨应注意导轨两端凹凸接口,接口排列一般应为凹口朝下,凸口朝上。

(2) 吊顶部一根导轨之顶端一般应离开井道顶部楼板 50~100 mm,且保证电梯对重压缩缓冲器蹲底时,轿厢导靴不越出导轨。

(3) 轿厢导轨与设有安全钳的对重导轨的下端应支承在地面坚固的导轨座上。

(4) 导轨应用压板固定在导轨支架上,不应用焊接或螺栓连接。

(5) 导轨校正的部位在每档支架处,从上至下逐点校正,对于楼层较高者可采用从整列导轨的 1/3 高度处往下校正,然后再从下至上校正。

(6) 导轨校正用调整垫片厚度,一般控制在 3 mm 之内,垫片数量不应超过 3 片,若调整间隙超过 5 mm 或 3 片以上垫片时应换上厚垫片,并用点焊固定在支架上(进口电梯的特殊要求除外)。

(7) 两列导轨顶面间的距离偏差应为:轿厢导轨 0~+2 mm,对重导轨 0~+3 mm。

(8) 每列导轨工作面(包括侧面与顶面)与安装基准线每 5 m 的偏差均不应大于下列数值:轿厢导轨和设有安全钳的对重导轨为 0.6 mm,不设安全钳的对重导轨为 1.0 mm。

(9) 轿厢导轨和设有安全钳的对重导轨工作面接头处不应有连续缝隙,导轨接头处台阶不应大于 0.05 mm。如超过应修平,修平长度应大于 150 mm。

(10) 不设安全钳的对重导轨接头处缝隙不应大于 1.0 mm,导轨工作面接头处台阶不应大于 0.15 mm。

3. 对重装置安装

(1) 对重块应可靠固定。当对重架有反绳轮时,反绳轮应设置防护装置和挡绳装置。

(2) 轿厢与对重间的最小距离为 50 mm。

4. 井道电气安装

(1) 如果设计采用电管,则每层楼应设一个分层接线箱,其安装高度和该层的楼层指示灯箱的中心标高相同,最底一层的分层接线箱应设在该层的地坪线标高 2~3.5 m 的高度上,以便以后在轿厢顶上仍能方便进行检修。如果井道中是采用线槽配线时,则分层接线箱取消。

(2) 垂直线槽内,应每隔 2~3 m,设置一档支架用来固定导线,使导线的重量均匀分布在整个线槽内。

(3) 井道控制电缆敷设应垂直,固定牢靠,固定间距宜不大于 1.0 m,分支电缆固定尼龙扎带间距宜 300 mm 左右。

(4) 轿底电缆支架应与井道电缆支架平行,并使电梯电缆处于井道底部时能避开缓冲器,并保持一定距离。

(5) 随行电缆不应有打结和波浪扭曲现象,两端及不运动部分应可靠固定,保证随行电缆在运动中不与线槽、电管发生卡阻。

(6) 电缆受力处应加绝缘衬垫。

(7) 轿厢压缩缓冲器后,电缆不得与底坑地面和轿厢底边接触,一般允许下垂弛度为离地不小于 500 mm,不得拖地。

(8) 软电缆弯曲半径:8 芯,不小于 250 mm;16~24 芯,不小于 400 mm。

5. 井道安全规定

(1) 当对重完全压缩在缓冲器上时,井道顶的最低部件与固定轿厢顶上设备的最高部件间的距离应不小于(0.3＋0.035V)m。轿顶最小空间距离为 0.5 m,小型杂物电梯的轿厢和对重的空程严禁小于 0.3 m。

(2) 井道应设置永久照明,井道最高点和最低点 0.5 m 之内各装一盏灯,中间最大间距每隔 7 m 设一盏灯。

6. 曳引绳安装

(1) 对于要切断的钢丝绳,应先做好防松股措施。

(2) 浇灌巴氏合金时,应将锥套和下部钢丝绳保持垂直,必须一次连续浇注,未冷却前不可摇动,要求注入量达到绳股弯曲部露出 2～3 mm,浇灌应密实、饱满、平整一致,以去除锥套下口的包扎物,在放松铁丝露出处可以见到巴氏合金微渗为最佳。

(3) 对锥套内露出的绳股弯曲部刷油漆或黄油保护。

(4) 采用楔形夹绳钳固定钢丝绳头处应紧密牢固,并用 U 字轧头紧固。

(5) 曳引绳安装后,每个绳头锁紧帽均应安装有锁紧销。

(6) 曳引绳头组合应安全可靠,并使每根曳引绳受力相近,其张力与平均值偏差不大于 5%。

(五) 轿厢、层门安装

(1) 当距轿底面 1.1 m 以下的部分使用玻璃轿壁时,必须在距轿底面 0.9～1.1 m 的高度安装扶手,且扶手必须独立固定,不得与玻璃有关。

(2) 当轿厢有反绳轮时,反绳轮应设置防护装置和挡绳装置。

(3) 当轿顶外侧边缘至井道壁水平方向的自由距离大于 0.3 m 时,轿顶应装设防护栏及警示性标识。

(4) 层门地坎至轿厢地坎之间的水平距离偏差为 0～＋3 mm,且最大距离严禁超过 35 mm。

(5) 层门强迫关门装置必须动作正常。

(6) 动力操纵的水平滑动门在关门开始的 1/3 行程之后,阻止关门的力严禁超过 150 N。

(7) 层门锁钩必须动作灵活,在证实锁紧的电气安全装置动作之前,锁紧元件的最小啮合长度为 7 mm。

(8) 门刀与层门地坎、门锁滚轮与轿厢地坎间隙不应小于 5 mm。

(9) 层门地坎水平度不得大于 2‰,地坎应高出装修地面 2～5 mm。

(10) 层门指示灯盒、召唤盒和消防开关盒应安装正确,其面板与墙面贴实,横竖端正。

(11) 门扇与门扇、门扇与门套、门扇与门楣、门扇与门口处轿壁、门扇下端与地坎的间隙,乘客电梯不应大于 6 mm,载货电梯不应大于 8 mm。

(六) 底坑设备安装

(1) 在同一基础上安装两个缓冲器时,其顶面相对高差不应超过 2 mm。

(2) 缓冲器中心对轿厢架或对重架上相应碰铁中心的偏差不应超过 20 mm。

(3) 液压缓冲器活动柱塞的铅垂度不大于 0.5%,充液量正确,且应设有在缓冲器动作后未恢复到正常位置时,使电梯不能正常运行的电气安全开关。

(4) 底坑应设有停止电梯运行的非自动复位红色停止按钮,安装在端站地坪上 500～1 300 mm 左右高度的层门内侧墙上。

（5）底坑应有单相三孔检修插座（220 V），其接线应正确，安装高度宜为 1 300 ～1 500 mm。

（6）底坑应有照明灯具和控制开关。

（七）试运行

（1）电梯运行检查必须达到下列要求：① 电梯的启动、运行和停止，轿厢内无较大的振动和冲击，制动器动作可靠。② 运行控制功能达到设计要求，指令、召唤、定向、程序转换、开车、截车、停车、平层等准确无误，声光信号显示清晰、正确。③ 减速器油的温升不超过 60 ℃，且最高温度不超过 85 ℃。

（2）电梯的曳引能力试验：① 轿厢在行程上部范围空载上行及行程下部范围载有 125% 额定载重量下行，分别停层 3 次以上，轿厢必须可靠地制停（空载上行工况应平层）。轿厢载有 125% 额定载重量以正常运行速度下行，切断电动机与制动器供电，电梯必须可靠制动。② 当对重完全压在缓冲器上，且驱动主机按轿厢上行方向连续运转时，空载轿厢严禁向上提升。

（3）轿厢分别在空载、额定荷载工况下，按产品设计规定的每小时启动次数和负载持续率各运行 1 000 次（每天不少于 8 h），电梯应运行平稳、制动可靠、连续运行无故障。

（4）噪声检验。① 机房噪声：对额定速度不大于 4 m/s 的电梯，不应大于 80 dB(A)；对额定速度大于 4 m/s 的电梯，不应大于 85 dB(A)。② 乘客电梯和病床电梯运行中轿内噪声：对额定速度不大于 4 m/s 的电梯，不应大于 55 dB(A)；对额定速度大于 4 m/s 的电梯，不应大于 60 dB(A)。③ 乘客电梯和病床电梯的开关门过程噪声不应大于 65 dB(A)。

（5）平层准确度检验：① 额定速度不大于 0.63 m/s 的交流双速电梯，应在 ±15 mm 的范围内。② 额定速度大于 0.63 m/s 且不大于 1.0 m/s 的交流双速电梯，应在 ±30 mm 的范围内。③ 其他调速方式的电梯，应在 ±15 mm 的范围内。

（6）运行速度检验：当电源为额定频率和额定电压、轿厢载有 50% 额定荷载时，向下运行至行程中段时的速度，不应大于额定速度的 105%，且不应小于额定速度的 92%。

五、智能建筑工程质量监督

（一）基本规定

（1）智能建筑分部工程应包括通信网络系统、信息网络系统、建筑设备监控系统、火灾自动报警及消防联动系统、安全防范系统、综合布线系统、智能化系统集成、电源与接地、环境和住宅（小区）智能化等。

（2）火灾自动报警及消防联动系统、安全防范系统、通信网络系统的检测验收应按相关国家现行标准和国家及地方的相关法律、法规执行；其他系统的检测应由省市级以上的建设行政主管部门或质量技术监督部门认可的专业检测机构组织实施。

（3）施工现场质量管理检查内容：

① 现场质量管理检查制度；

② 施工安全技术措施；

③ 主要专业工种操作上岗证书；

④ 分包方确认与管理制度；

⑤ 施工图审查情况；

⑥ 施工组织设计、施工方案及审批；

⑦ 施工技术标准;

⑧ 工程质量检验制度;

⑨ 现场设备、材料存放与管理;

⑩ 检测设备、计量仪表检验;

⑪ 开工报告。

（4）工程施工前应进行工序交接,做好与建筑结构、建筑装饰装修、建筑给水排水及采暖、建筑电气、通风与空调和电梯等分部工程的接口确认。

（二）通信网络系统

1. 通信网络

（1）配线施工

① 电缆布放的路由、位置和截面应符合施工图要求。

② 捆绑电缆要牢固,松紧适度、平直、端正,捆扎线扣要整齐一致,槽道内电缆要求顺直,转弯要均匀、圆滑,曲率半径应大于电缆直径的 10 倍,同一类型的电缆弯度要一致。

③ 电源电缆和通信电缆宜分开走道敷设,合用走道时应将它们分别在电缆走道的两边敷设。

④ 软光纤应采用独用塑料线槽敷设,与其他缆线交叉时应采用塑料管保护。敷设光纤时不得产生小圈,有激光光束的光纤,其端面不得正对眼睛,以免灼伤。

⑤ 电缆或光纤两端成端后应按设计做好标记。

（2）电源线敷设

① 交换机系统使用的交流电源线（110 V 或 220 V）必须有接地保护线。

② 直流电源线成端时应连接牢固、接触良好,保证电压降指标及对地电位符合设计要求。

③ 机房的每路直流馈电线包括所接的列内电源线和机架引入线,两端腾空时,用 500 V 的兆欧表测试正负线间和负线对地间绝缘电阻均不得小于 1 MΩ。

④ 交换系统使用的交流电源线两端腾空时,用 500 V 的兆欧表测试芯线间和芯线对地间绝缘电阻均不得小于 1 MΩ。

⑤ 电源布线应平直、整齐,导线的固定方法和要求,应符合设计要求或规范规定。

⑥ 电源线色标要清晰、正确（正线涂红色,负线涂蓝色）。

⑦ 采用电力电缆作为直流馈电线时,每对馈电线应保持平行,正负线两端应有统一的红蓝标志。安装电源线末端必须用胶带等绝缘物封头,电缆剖头处必须用胶带和护套封扎。

⑧ 汇流条接头处应平整、整洁,铜排镀锡,铝排镀锌锡焊料。汇流条转弯和电源线转弯时的曲率半径应符合相关的要求。

⑨ 汇流条鸭脖弯连接的搭接长度,铜排等于其宽度,铝排等于其宽度的 1.3 倍,鸭脖长度为汇流条厚度的 2.3 倍。

⑩ 电力电缆和电源线不得有中间接头。

（3）总配线架的安装

① 总配线架的位置符合设计规定,位置误差应小于 10 mm,垂直度应小于 3 mm,底座水平度误差不超过水平尺准线。

② 铁架应接地良好。

③ 走道边铁、滑梯槽钢、直列面保安器和横面试验弹簧排等在安装完成后应成一条直线。加固吊架和滑梯牢固可靠,滑梯滑行自如,制动装置可靠。

④ 告警装置完整、可靠。

2. 卫星及有线电视系统

(1) 天线安装

① 预埋管线、支撑件、预留孔洞、沟、槽、基础、地坪等均应符合设计要求。

② 天线安装间距应符合表 8-9 的要求:

表 8-9　　　　　　　　　　　　　天线安装间距

天线间的关系	间　距	天线间的关系	间　距
最底层天线与支撑物顶面	$\geqslant 1\lambda$	两个天线同杆左、右安装	$\geqslant 1\lambda$
两个天线前后安装	$\geqslant 3\lambda$	天线正前方净空	不影响电波接收
两个天线同杆上、下安装	$\geqslant 0.5\lambda(\geqslant 1\ \text{m})$		

注:① λ 指工作波长。

　　② 设计时考虑低频道的 λ。

　　③ 计算点指天线的中心位置。

③ 若天线系统需用一个以上的天线装置时,则装置之间的水平距离要在 5 m 以上。

④ 分段式天线竖杆连接时,直径小的钢管必须插入直径大的钢管内 30 cm 以上才能焊接,以保证天线竖杆的强度。

⑤ 卫星电视接收天线安装应牢固、可靠,以防大风将天线吹离已调好的方向而影响收看效果。天线立柱的垂直度用倾角仪测量,保证垂直。用卫星信号测试仪调整高频头的位置。

⑥ 为了减少拉绳对天线接收信号的影响,每隔 1/4 中心波长的距离内串接 1 个绝缘子,通常 1 根拉绳内串接有 2~3 个磁绝缘子。

⑦ 保安器和天线放大器应尽量安装在靠近该接收天线的竖杆上,并注意防水,馈线与天线的输出端应连接可靠并将馈线固定住,以免随风摇摆造成接触不良。

⑧ 天线避雷装置的安装按相关规范进行。

(2) 系统前端、机房设备的施工和安装

① 在确定各部件的安装位置时,考虑电缆连接的走向要合理,不应将电缆拐成死弯,导致信号质量下降。

② 机房内电缆的布放,应根据设计要求进行。电缆必须顺直无扭绞,不得使电缆盘结,电缆引入机架处、拐弯处等重要出入地方,均需绑扎。

③ 电缆敷设在两端连接处应留有适度余量,并应在两端标识明显、永久性标记。

④ 接地母线的路由、规格应符合设计要求。

⑤ 引入、引出房屋的电缆,应加装防水罩,向上引的电缆在入口处还应做成滴水弯。

⑥ 机房中如有光端机(发送机、接收机),端机上的光缆应留约 10 m 的余量。

(3) 分配网络的安装和施工

① 电缆电力线平行或交叉敷设时,其间距不得小于 0.3 m。电缆与通讯线平行或交叉敷设时,其间距不得小于 0.1 m。

② 辐射盒、用户终端盒应符合设计要求,与其他线缆间距符合规范要求。

③ 放大器、分配器和分支器的安装,应固定牢固。放大器箱内安装均衡器、衰减器、分配器、放大器配件。

(4) 安装和施工中的防雷接地及安全防护

必须按照防雷接地标准进行防雷接地,应测量所有接地装置的电阻值,并符合设计要求。

3. 公共广播系统

(1) 扬声器的安装

① 扩声系统宜采用明装,若采用暗装,装饰面的透声开口应足够大,透声材料或蒙面的格条尺寸相对主要扩声频段的波长应足够小。

② 无论明装或暗装均应牢固,不得因振动而产生机械噪声。

(2) 扩声系统的馈电网络

① 音频信号输入的馈电应用屏蔽软线:

a. 话筒输出必须使用专用屏蔽软线。长度在 10~50 m 应使用双芯屏蔽软线作低阻抗平衡输入连接,中间若有话筒转接插座的必须要求接触特性良好。

b. 长距离连接的话筒线(50 m 以上)必须采用低阻抗($200\ \Omega$)平衡传送连接方法,最好采用四芯屏蔽线,对角线对并接穿钢管敷设。

c. 调音台及全部周边设备之间的连接均需采用单芯(不平衡)或双芯(平衡)屏蔽软线连接。

② 功率输出的馈电是指功放输出至扬声器箱之间的连接电缆,视距离远近选择截面及高或低阻抗。

a. 短距离宜用低阻抗输出,用截面积为 $2\sim6\ mm^2$ 软发烧线穿管敷设,其双向长度的直流电阻应小于扬声器阻抗的 1/50~1/100。

b. 长距离宜用高阻拉电压(70 V 或 100 V)传输音频输出,馈线宜采用穿管的双芯聚氯乙烯多股软线。

c. 每套节目敷设一对馈线,不能共用一根公共地线,以免节目信号间干扰。

③ 供电线路选择(单相、三相、自动稳压器),宜用隔离变压器(1:1),小于 10 kVA 时,用单相 220 V;大于 10 kVA 时,用三相电源再分三路输出 220 V。

电压波动超过 +5% 或 −10% 时,应采用自动稳压器,以保证各系统设备正常工作。

④ 接地与防雷应符合设计要求和规范规定。

a. 应设有专门的可靠接地地线。

b. 所有馈电线均应穿电线铁管敷设。

4. 系统测试

(1) 通信系统的测试内容

① 系统检查测试:硬件通电测试;系统功能测试。

② 初验测试:可靠性;接通率;基本功能(如通信系统的业务呼叫与接续、计费、信令、系统负荷能力、传输指标、维护管理、故障诊断、环境条件适应能力等)。

③ 试运行验收测试:联网运行(接入用户和电路);故障率。

(2) 通信系统试运行验收测试

通信系统试运行验收测试应在初验测试合格后开始,试运行周期可按合同规定执行,但不应少于 3 个月。

(3)通信系统检测

通信系统检测应按国家现行标准和规范、工程设计文件和产品技术要求进行,其测试方法、操作程序及步骤应根据国家现行标准的有关规定,经建设单位与生产厂商共同协商确定。

(三)信息网络系统

1.网络交换机的安装

(1)物理安装

交换机可以根据设计要求安装在标准 48 cm 机柜中或独立放置,设备应水平放置,螺钉安装应紧固,并应预留足够大的维修空间。机柜或交换机接地应符合规定。

(2)系统配置

包括对广域网和本地通信设备配置。按各生产厂家提供的安装手册和要求,规范地编写或填写相关配置表格,填写的表格同时应符合网络系统设计要求。按照配置表格,通过控制台或仿真终端对交换机进行配置,保存配置结果。

2.服务器的安装

(1)物理安装

服务器就位及上架;检查主电源的电压;机器外壳连接地线,接地线必须与建筑物接地线相连接;将供电电源及电源接头连接到服务器。

(2)服务器测试

执行上电开机程序,应正常完成系统自测试和系统初始化;执行服务器的检查程序,包括对 CPU、内存、硬盘、I/O 设备、各类通信接口的测试。该检查程序正常运行结束,给出正常运行结束的报告。执行服务器主要性能的测试,给出服务器主要性能(主频、内存容量、硬盘容量等)指标的报告。

3.服务器操作系统的安装

(1)安装要求

服务器操作系统的安装应在服务器的物理安装、测试和系统初始化正常结束后进行。应具有与合同相符的操作系统的型号、版本、介质及随机资料。服务器应提供操作系统安装所需的资源(包括足够的内存、硬盘空间、读入设备等)。

(2)安装步骤

① 将操作系统物理介质放入相应读入设备上。

② 按照所提供的"安装手册",启动操作系统的安装,直至安装过程正常结束;设置或调整操作系统的初始参数,使之达到系统运行的良好状态。

(3)操作系统的测试

① 常规测试:执行各类系统命令或系统操作,执行应完全正确。

② 综合测试:执行操作系统与系统支撑软件及各类系统软件产品的连接测试,执行结果应完全正确。

4.服务器网络接口卡的安装

(1)安装前的检查

① 网络接口卡的型号、品牌应符合服务器接入网络的设计要求。

② 网络接口卡应与服务器提供的端口相容。

③ 网络接口卡与网络设备互联的端口相容。

④ 网络接口线缆、驱动程序及有关资料应齐全完好。

（2）安装步骤

① 依据安装手册把网络接口卡安装在服务器相应的槽位上，并用螺钉紧固，保证接口卡的可靠接触。

② 用网络接口线缆把服务器网络接口卡与相关的网络接口互联。

③ 服务器上电、自检及操作系统正常运行。

④ 安装网络接口卡驱动程序。

5. 客户机的安装

（1）客户机就位。

（2）检查供电电压和电源插座，电源插座应有接地线。

（3）供电电源宜采用稳压电源或不间断电源（UPS）供电。

（4）客户机电源线与电源接头相连。

6. 客户机网络接口卡的安装

（1）客户机下电后，把网络接口卡安装在相应的槽口上，并用螺钉紧固，保证接口卡的可靠接触。

（2）用网络线缆把客户机的网络接口卡与相关的网络接口相联。

（3）客户机上电自检及操作系统正常运行后，安装相应的网络接口卡驱动程序。

7. 计算机外部设备的安装

（1）计算机外部设备种类

主要包括各类打印机、扫描仪、磁带机、光盘刻读机、软盘驱动器等。

（2）安装步骤

① 外部设备就位或上架。

② 检查供电电压和电源插座，电源插座应有接地线。

③ 供电电源宜采用稳压电源或不间断电源（UPS）供电。

④ 外部设备的数据接口与相关的计算机接口或网络设备用指定的连接电缆互联，并用螺钉紧固。

⑤ 设备的电源线连接到电源接头。

⑥ 与外部设备相联的计算机上电，在正常工作后安装该外部设备的驱动程序。

8. 网络系统检测

（1）计算机网络系统检测

包括连通性检测、路由检测、容错功能检测、网络管理功能检测。

（2）应用软件检测

包括智能建筑办公自动化软件、物业管理软件和智能化系统集成等应用软件系统。应用软件的检测应从其涵盖的基本功能、界面操作的标准性、系统可扩展性和管理功能等方面进行检测，并根据设计要求检测其行业应用功能。满足设计要求为合格。

（3）网络安全系统检测

网络安全系统宜从物理层、网络层、系统层、应用层等四个方面的安全进行检测,以保证信息的保密性、真实性、完整性、可控性和可用性等信息安全性能符合设计要求。

（四）建筑设备监控系统

1. 系统电气线路敷设

电缆桥架安装和桥架内电缆敷设,电缆沟内和电缆竖井内电缆敷设,电线、电缆导管和线路敷设,电线、电缆穿管和线槽敷线的施工应按《建筑电气工程施工质量验收规范》(GB 50303—2002)中第 12 章至第 15 章的有关规定执行。

2. 温度仪表的安装

（1）温度取源部件的规格、材质和连接件形式或类型必须符合设计要求,并应安装在设备或管道温度变化灵敏和具有代表性的地方,不应设在流体热交换较差或温度变化缓慢的滞流盲区。

（2）温度取源部件在管道上的安装方位,应符合下列规定:

① 在管道上垂直安装时,取源部件轴线应与管道轴线垂直相交。在水平管道上安装时,取源部件宜设置在管道水平中心线的上半部或正上方。

② 在管道的拐弯处安装时,宜逆着物料流向,取源部件轴线应与工艺管道轴线相重合。

③ 与管道呈倾斜角度安装时,宜逆着物料流向,取源部件轴线应与工艺管道轴线相交。

（3）温度取源部件的续接安装包括带螺纹接头法兰连接件的安装,扩大管安装和表面热电偶的插座安装等。设备、管道上预留的温度取源部件通常为法兰式短接管,温度计测温元件(双金属、温包、热电偶、热电阻)的连接部件形式多采用法兰连接和螺纹连接,为了符合测温元件安装形式的要求,接续部件形式和规格应与元件保护套连接件和工艺设备及管道上预留法兰相适配,而且续接部件及螺栓、垫片的材质必须符合设计要求。

当工艺管道的公称直径小于 DN50 时,为了满足测温元件插入深度的需要,应将管道扩径至 DN80 及以上,即加设一段扩大管。

（4）温度仪表的支架制作安装主要是指在现场就地安装的温度变送器、冷端补偿器、压力式温度计显示仪表支架的制作安装。支架制作形式、尺寸应与仪表的安装方式和仪表外部连接件尺寸相符,板式支架应平整、美观。支架安装位置应与施工图中仪表的安装位置一致,固定牢固可靠。

（5）就地仪表的安装位置应符合设计要求,当设计未具体明确时,应符合下列要求:

① 光线充足,操作和维护方便。

② 仪表的中心距离操作地面的高度宜为 1.2～1.5 m。

③ 显示仪表应安装在便于观察示值的位置。

④ 仪表不应安装在有振动、潮湿、易受机械损伤、有强电磁场干扰、高温、温度变化剧烈和有腐蚀性气体的位置。

⑤ 测温元件应安装在能真实反映输入变量的位置。

（6）压力式温度计的安装:

① 为确保压力式温度计温度测量的准确性,温包必须全部浸入到被测对象中。

② 在安装压力式温度计时,应对温包和毛细管加以保护,毛细管的弯曲半径不应小于 50 mm。当温包与显示仪表安装间距大于 1 m 时,为防止毛细管受到机械损伤,应设置毛细管专用保护托架。当压力式温度计安装位置的环境温度变化剧烈时,为减少环境温度变化

对测量示值的影响,对毛细管应采取隔热措施,隔热材料通常采用绝热材料,可采用石棉绳或石棉布缠绕毛细管进行隔热。

(7)温度检测系统的接线。在仪表接线之前,仪表信号电缆和补偿导线均应经校线和绝缘试验合格后方可进行接线。接线时应首先分辨电缆芯线序号和补偿导线绝缘层的色标,然后根据检测元件、温度送变器(或温度补偿器)和显示仪表接线端子上的标记序号或"＋""－"符号进行接线。接线应正确,线端接触良好,紧固牢靠,检测元件接线盒内的导线应留有适当的余度,接线工作完成后应将盒盖关闭严实,并根据设计要求对接线盒的电缆(线)入口采取必要的密封措施。

(8)安装在设备或管道上的检测元件应随同设备或管道系统进行压力试验,要求取源部件的连接部件密封严密、无渗漏。

3. 压力仪表的安装

(1)压力取源部件安装位置应选在被测物流束稳定的地方。

(2)压力取源部件与温度取源部件在同一管段上安装时,应安装在温度取源部件的上游侧。

(3)当检测带有灰尘、固体颗粒或沉淀物等混浊物料的压力时,在垂直和倾斜的设备和管道上,取源部件应倾斜向上安装,在水平管道上应在管道的上方,且顺物料流束成锐角安装。

(4)取源部件在水平或倾斜管道上的安装方位:

① 测量气体压力时,取源部件应安装在管道的上半部。

② 测量液体压力时,取源部件应安装在管道的下半部与管道水平中心线成 $0\sim45°$ 夹角的范围内。

③ 测量气体压力时,取源部件应安装在管道的上半部。当管道的上半部有障碍物不便安装时,宜选择在管道的下半部与管道水平中心线成 $0\sim45°$ 夹角的范围内。

(5)当检测温度高于 $60\ ℃$ 的液体、蒸汽和可凝性气体的压力时,取源部件后应增设环形或 U 形冷凝弯。

(6)压力取源部件的端部不应超出设备或管道的内壁。

(7)取源部件的接续安装,接续法兰、短节应与设备或管道上法兰、接头的密封形式、连接尺寸、材质一致。法兰密封垫片的形式、规格、材质和紧固螺栓的规格、材质应符合设计要求。

(8)取源部件的密封面接触应组对平正、紧固。

(9)支架制作形式、尺寸应符合设计要求,当设计无要求时应根据仪表安装高度、位置来确定。支架的制作安装应牢固、可靠,支架的基础应无沉降、变形,若支架基础不实,应采取必要的防沉降变形措施。

(10)就地压力表应安装在无高温辐射、无剧烈振动的设备或管道上。

(11)就地显示仪表应安装在便于观察示值的方位。

(12)压力变送器的中心距作业地面的高度宜为 $1.2\sim1.5\ m$。

(13)测量低压的压力表或变送器的安装高度,宜与取压点的高度一致。

(14)当测量高压的压力表安装在操作岗位附近时,宜距作业地面 $1.8\ m$ 以上,或在仪表正面加设透明保护屏。

（15）直接安装在设备、管道上的压力变送器、压力开关、电接点压力表的接线盒的引入口不应朝上，当不可避免时，应采取密封措施。在施工过程中应及时封闭接线盒盖及电缆引入口。

（16）直接安装在管道上的仪表，宜在管道吹扫后压力试验前安装，当必须与管道同时安装时，在管道吹扫前应将仪表拆下。

（17）压力取源部件的压力试验应随同设备和管道同时进行。取源阀门应经严密性试验合格后方可使用。

（18）压力仪表接线端子接线应符合仪表产品说明书要求，接线应正确无误，导线在接线端子盒内应留有余度，接线应紧固。

（19）测量仪表线路的绝缘电阻时，必须预先将已连接在仪表接线端子上的电缆导线拆开，并抽出入线口。

　　4. 流量仪表的安装

（1）在管道上直接安装的取源部件的安装方位、连接件形式及规格应符合设计文件或仪表产品说明书要求。

（2）流量取源部件上、下游直管段的最小长度应符合设计要求。

（3）在规定的最小直管段范围内，不得设有工艺阀门和其他插入部件。

（4）接续法兰、连接件的规格、形式、材质应符合设计要求，并与仪表产品连接件尺寸相符。法兰、接头的连接必须严密、紧固。

（5）仪表支架的结构形式、尺寸应符合仪表安装形式和安装高度的要求。

（6）仪表支架的安装位置与所装仪表设计位号同位置，支架固定应牢固。落地式支架基础应稳固，如果基础地面不实或钢板平台有突起现象应采取必要的加固措施。

（7）就地仪表的安装位置应符合设计要求，当设计无要求时，仪表应安装在便于操作、维护，便于观察示值的地方。仪表的中心距操作地面的高度宜为 $1.2\sim1.5$ m。安装地点应无振动、无强电磁场干扰、无高温，检测元件应安装在能真实反映流量变化的位置。

（8）涡轮流量计上、下游直管段长度应符合设计要求，当设计无要求时，通常流量计上游侧直管段不应小于 $10D$，下游侧不应小于 $5D$。涡轮流量计信号线应使用屏蔽线，屏蔽层应一端接地。前置放大器与变送器之间的距离不宜大于 3 m。涡轮流量计在垂直管道上安装时，应经补偿校正后方可投入使用。

（9）电磁流量计的安装应符合下列规定：

① 电磁流量计在水平管道上安装时，流量计的两个测量电极的安装方向宜水平对称安装，两个电极不应处在管道的正上方和正下方安装。在垂直管道上安装时，被测流体的流向应自下而上。

② 电磁流量计的安装方向应与被测流体流向一致。

③ 电磁流量计的外壳、被测流体和管道连接法兰三者之间应做等电位连接，并接地可靠。

④ 电磁流量计上、下游直管段和管道支撑方式应符合设计要求。当设计对上、下游直管段无明确要求时，通常上游侧直管段不应小于 $5D$，下游侧不应小于 $2D$。

　　5. 物 位 仪 表 的 安 装

（1）物位取源部件安装位置应符合设计或工艺设备结构方位图的要求。并应选择在物位变化灵敏,且不使检测元件受到物料冲击的地方。

(2) 在工艺设备或容器侧壁上安装浮球式液位仪表(液位开关)的法兰短管的长度及管径规格必须保证浮球在全程方位内自由活动。

(3) 电接点水位计的测量筒应垂直安装,筒体内零水位电极的轴线与被测容器正常工作时的零水位线处于同一高度。

(4) 关于非接触式物位检测仪表在敞口容器或池子上的安装,当容器或池壁结构不允许或不易在其上设置固定支架时,应根据设计要求的安装位置,就近利用周围的地物条件制作悬臂式支架。

(5) 浮球液位开关的安装高度应符合设计要求。

(6) 浮筒式液位计安装应使浮筒处于垂直状态,浮筒外壳中心标志线应与被测设备正常工作液位处于同一高度。

(7) 用差压或差压变送器测量液位时,差压仪表的安装高度不应高于被测设备下部(即液相部位)取源部件取压口的标高。

(8) 接地与接线,应符合设计和产品使用说明书的要求。接线应正确无误,线端连接应紧固,线号标志清晰。

6. 执行机构的安装

(1) 执行机构的安装位置应符合设计要求,当设计无要求时,应根据产品说明书中的安装技术要求和现场实际情况来确定执行器的安装位置。

(2) 执行机构及其传动部件安装应符合下列要求:

① 执行机构的机械传动应灵活、无松动、无空行程及卡涩现象。

② 执行机构与调节机构之间的连杆长度应可调节,并应保证调节机构从全关到全开时,与执行机构的全行程对应。

③ 执行机构的安装方式应保证执行机构与调节机构的相对位置,当调节机构随同工艺管道产生热位移时,其相对位置仍保持不变。

④ 液动执行器安装,为确保控制系统管道内充满液体和液体内的气体能易于排出,液动执行机构的安装位置应低于控制器,当必须高于控制器时,两者间的最大高差不应超过10 m,且管道的集气处应有排气阀,靠近控制器处应有逆止阀或自动切断阀。

⑤ 执行机构的安装应牢固。

(3) 电磁阀的进出口方向应安装正确。安装前应按产品使用说明书的要求检查线圈与阀体间的绝缘电阻,并应通电检查阀芯动作,阀芯动作应灵活、无卡涩现象。

(4) 电动执行器应配套齐全、完好、内部接线正确;检查行程开关、力矩开关及其传动机构各部件动作应灵活、可靠;绝缘电阻符合产品使用说明书的要求。

(5) 气动及液动执行机构的管路配制与连接,管内应洁净、无尘土、杂质,对于活塞式执行机构,管子应有足够的伸缩余度,使管子不妨碍缸体的动作。管路的连接应正确,密封良好。

(6) 在电气线路接线之前应完成线路绝缘电阻的检测和校线工作,执行器端子接线应符合设计和产品使用说明书的要求,线与端子接触良好,紧固牢靠,线号标志正确、清晰,接线盒电缆入口按设计密封合格。

(7) 在管路吹扫和试压期间,仪表专业应配合管道专业进行,目的在于实施成品保护和检查调节机构的密封状况。

7. 系统检测

(1) 建筑设备监控系统的检测应在系统试运行连续投运时间不少于 1 个月后进行。

(2) 系统检测主要包括：空调与通风系统功能检测；变配电系统功能检测；公共照明系统功能检测；给排水系统功能检测；热源和热交换系统功能检测；冷冻和冷却水系统功能检测；电梯和自动扶梯系统功能检测；建筑设备监控系统与子系统(设备)间的数据通信接口功能检测；中央管理工作站与操作分站功能检测；系统实时性检测；系统可维护功能检测；系统可靠性检测等。

(五) 火灾自动报警及消防联动系统

1. 点型火灾探测器、气体火灾探测器、红外光束火灾探测器的安装要求

(1) 感烟感温探测器的保护面积、保护半径和安装数量应符合设计和产品说明书的要求。

(2) 探测器宜水平安装，如必须倾斜安装时，倾角不应大于 45°。

(3) 房间被书架、设备或隔断等分隔，其顶部至顶棚或梁的距离小于房间净高的 5% 时，则每个被隔开的部分应设置探测器。

(4) 探测器周围 0.5 m 内，不应有遮挡物，探测器至墙壁、梁边的水平距离，不应小于 0.5 m。

(5) 探测器至空调送风口边的水平距离不应小于 1.5 m，至多孔送风顶棚孔口的水平距离不应小于 0.5 m(在距离探测器中心半径为 0.5 m 内的孔洞用非燃烧材料填实，或采用类似的挡风措施)。

(6) 在宽度小于 3 m 的走道顶棚上设置探测器时，宜居中布置。感温探测器的安装间距不应大于 10 m。感烟探测器的安装间距不应大于 15 m，探测器至端墙的距离，不应大于探测器安装间距的一半。

(7) 在电梯井、升降机设置探测器时，其位置宜在井道上方的机房顶棚上。

(8) 可燃气体探测器应安装在气体容易泄漏出来、气体容易流经的以及容易滞留的场所，安装位置应根据被测气体的密度、安装现场气流方向、温度等各种条件来确定。

① 比空气密度大的气体(如液化石油气)应安装在下部，一般距地 0.3 m 且距气灶小于 4 m 的适当位置。

② 比空气密度小的气体(煤气)应安装在上方，距气灶小于 8 m 的排气口旁处的顶棚上。如没有排气口应安装在靠近气灶梁的一侧。

③ 其他种类的可燃气体，可按厂家提供的并经国家检测合格的产品技术条件来确定其探测器的安装位置。

(9) 红外光束探测器的安装位置，应保证有充足的视场，发出的光束应与顶棚保持平行，远离强磁场，避免阳光直射，底座应牢固地安装在墙上。

(10) 其他类型的火灾探测器的安装要求，应按设计和厂家提供的技术资料进行安装。

(11) 探测器的底座固定可靠，在吊顶上安装时，应先把盒子固定在主龙骨上或顶棚上生根做支架，其连接导线必须可靠压接或焊接，当采用焊接时，不得使用带腐蚀性的助焊剂，外接导线应有 0.15 m 的余量，入端处应有明显标志。

(12) 探测器确认灯应面向便于人员观察的主要入口方向。

（13）探测器底座的穿线孔宜封堵,安装时应采取保护措施（如装上防护罩）。

（14）探测器的接线应按设计和厂家要求接线,但"＋"线应为红色,"－"线应为蓝色,其余线根据不同用途,采用其他颜色区分,但同一工程中相同的导线颜色应一致。

（15）探测器的头在即将调试时方可安装,安装前应妥善保管,并应采取防尘、防潮、防腐蚀等措施。

2.手动火灾报警按钮的安装

（1）报警区的每个防火分区应至少设置一只手动报警按钮,从一个防火分区内的任何位置到最近的一个手动火灾报警按钮的步行距离不应大于 25 m。

（2）手动火灾报警按钮应安装在明显和便于操作的墙上,距地高度 1.5 m,安装牢固并不应倾斜。

（3）手动火灾报警按钮外接导线应有 0.10 m 的余量,且在端部有明显标志。

3.火灾报警控制器安装

（1）火灾报警器一般应设置在消防中心、消防值班室、警卫室及其他规定有人值班的房间或场所。控制器的显示操作面板应避开阳光直射,房间内无高温、高湿、尘土、腐蚀性气体,不受振动、冲击等影响。

（2）区域报警控制器在墙上安装时,其底边距地面高度不应小于 1.5 m,可用金属膨胀螺栓或预埋螺栓进行安装,固定要牢固、端正,安装在轻质墙上时应采取加固措施,靠近门轴的侧面距离不应小于 0.5 m,正面操作距离不应小于 1.2 m。

（3）集中报警控制室或消防控制中心设备安装:

① 落地安装时,其底宜高出地面 0.1～0.2 m,一般用槽钢或打水泥台作为基础,如有活动地板使用的槽钢基础,应在水泥地面生根固定牢固。槽钢要先调直除锈,并刷防腐漆,安装时用水平尺接线找好平直度,然后用螺栓固定牢固。

② 控制柜按设计要求进行排列,根据柜的固定孔距在基础槽钢上钻孔,安装时从一端开始逐台就位,用螺丝固定,用拉线找平找直后,再将各螺栓坚固。

③ 控制设备前操作距离,单列布置时不应小于 1.5 m,双列布置时不应小于 2 m,在有人值班经常工作的一面,控制盘到墙的距离不应小于 3 m,盘后维修距离不应小于 1 m,控制盘排列长度大于 4 m 时,控制盘两端应设置宽度不小于 1 m 的通道。

4.系统检测

（1）对系统中的火灾报警控制器、可燃气体报警控制器、消防联动控制器、气体灭火控制器、消防电气控制装置、消防设备应急电源、消防应急广播设备、消防电话、传输设备、消防控制中心图形显示装置、消防电动装置、防火卷帘控制器、区域显示器（火灾显示盘）、消防应急灯具控制装置、火灾警报装置等设备应分别进行单机通电检查。

（2）火灾报警控制器调试。

① 调试前应切断火灾报警控制器的所有外部控制连线,并将任一个总线回路的火灾探测器以及该总线回路上的手动火灾报警按钮等部件连接后,方可接通电源。

② 按现行国家标准《火灾报警控制器》（GB 4717—2005）的有关要求对控制器进行下列功能检查并记录:

a.检查自检功能和操作级别。

b.使控制器与探测器之间的连线断路和短路,控制器应在 100 s 内发出故障信号（短路时发出火灾报警信号除外);在故障状态下,使任一非故障部位的探测器发出火灾报警信号,控制器应在 1 min 内发出火灾报警信号,并应记录火灾报警时间;再使其他探测器发出火灾报警信号,检查控制器的再次报警功能。

c. 检查消音和复位功能。

d. 使控制器与备用电源之间的连线断路和短路,控制器应在 100 s 内发出故障信号。

e. 检查屏蔽功能。

f. 使总线隔离器保护范围内的任一点短路,检查总线隔离器的隔离保护功能。

g. 使任一总线回路上不少于 10 只的火灾探测器同时处于火灾报警状态,检查控制器的负载功能。

h. 检查主、备电源的自动转换功能,并在备电工作状态下重复本条第 g 款检查。

i. 检查控制器特有的其他功能。

(3) 点型感烟、感温火灾探测器调试。

① 采用专用的检测仪器或模拟火灾的方法,逐个检查每只火灾探测器的报警功能,探测器应能发出火灾报警信号。

② 对于不可恢复的火灾探测器应采取模拟报警方法逐个检查其报警功能,探测器应能发出火灾报警信号。当有备品时,可抽样检查其报警功能。

(4) 线型感温火灾探测器调试。

① 在不可恢复的探测器上模拟火警和故障,探测器应能分别发出火灾报警和故障信号。

② 可恢复的探测器可采用专用检测仪器或模拟火灾的办法使其发出火灾报警信号,并在终端盒上模拟故障,探测器应能分别发出火灾报警和故障信号。

(5) 红外光束感烟火灾探测器调试。

① 调整探测器的光路调节装置,使探测器处于正常监视状态。

② 用减光率为 0.9 dB 的减光片遮挡光路,探测器不应发出火灾报警信号。

③ 用产品生产企业设定减光率(1.0～10.0 dB)的减光片遮挡光路,探测器应发出火灾报警信号。

④ 用减光率为 11.5 dB 的减光片遮挡光路,探测器应发出故障信号或火灾报警信号。

(6) 点型火焰探测器和图像型火灾探测器调试。

采用专用检测仪器或模拟火灾的方法在探测器监视区域内最不利处检查探测器的报警功能,探测器应能正确响应。

(7) 手动火灾报警按钮调试。

① 对可恢复的手动火灾报警按钮,施加适当的推力使报警按钮动作,报警按钮应发出火灾报警信号。

② 对不可恢复的手动火灾报警按钮应采用模拟动作的方法使报警按钮发出火灾报警信号(当有备用启动零件时,可抽样进行动作试验),报警按钮应发出火灾报警信号。

(8) 消防联动控制器调试。

① 将消防联动控制器与火灾报警控制器、任一回路的输入/输出模块及该回路模块控制的受控设备相连接,切断所有受控现场设备的控制连线,接通电源。

② 按现行国家标准《消防联动控制系统》(GB 16806—2006)的有关规定检查消防联动

控制系统内各类用电设备的各项控制、接收反馈信号（可模拟现场设备启动信号）和显示功能。

③ 使消防联动控制器分别处于自动工作和手动工作状态，检查其状态显示，并按现行国家标准《消防联动控制系统》（GB 16806—2006）的有关规定进行下列功能检查并记录，控制器应满足相应要求：

a. 自检功能和操作级别。

b. 消防联动控制器与各模块之间的连线断路和短路时，消防联动控制器应能在 100 s 内发出故障信号。

c. 消防联动控制器与备用电源之间的连线断路和短路时，消防联动控制器应能在 100 s 内发出故障信号。

d. 检查消音、复位功能。

e. 检查屏蔽功能。

f. 使总线隔离器保护范围内的任一点短路，检查总线隔离器的隔离保护功能。

g. 使至少 50 个输入/输出模块同时处于动作状态（模块总数少于 50 个时，使所有模块动作），检查消防联动控制器的最大负载功能。

h. 检查主、备电源的自动转换功能并在备电工作状态下重复本条第 g 款检查。

④ 接通所有启动后可以恢复的受控现场设备。

⑤ 使消防联动控制器的工作状态处于自动状态。按现行国家标准《消防联动控制系统》（GB 16806—2006）的有关规定和设计的联动逻辑关系进行下列功能检查并记录：

a. 按设计的联动逻辑关系，使相应的火灾探测器发出火灾报警信号，检查消防联动控制器接收火灾报警信号情况、发出联动信号情况、模块动作情况、受控设备的动作情况、受控现场设备动作情况、接收反馈信号（对于启动后不能恢复的受控现场设备，可模拟现场设备启动反馈信号）及各种显示情况。

b. 检查手动插入优先功能。

⑥ 使消防联动控制器的工作状态处于手动状态，按现行国家标准《消防联动控制系统》（GB 16806—2006）的有关规定和设计的联动逻辑关系依次手动启动相应的受控设备，检查消防联动控制器发出联动信号情况、模块动作情况、受控设备的动作情况、受控现场设备动作情况、接收反馈信号（对于启动后不能恢复的受控现场设备，可模拟现场设备启动反馈信号）及各种显示情况。

⑦ 依次将其他回路的输入/输出模块及该回路模块控制的受控设备相连接，切断所有受控现场设备的控制连线，接通电源，重复③～⑥的各项检查。

（9）区域显示器（火灾显示盘）调试。

将区域显示器（火灾显示盘）与火灾报警控制器相连接，按现行国家标准《火灾显示盘通用技术条件》（GB 17429—1998）的有关要求检查其下列功能并记录，区域显示器应满足相应要求：

① 区域显示器（火灾显示盘）应在 3 s 内正确接收和显示火灾报警控制器发出的火灾报警信号。

② 消音、复位功能。

③ 操作级别。

④ 对于非火灾报警控制器供电的区域显示器(火灾显示盘),应检查主、备电源的自动转换功能和故障报警功能。

(10) 可燃气体报警控制器调试。

① 切断可燃气体报警控制器的所有外部控制连线,将任一回路与控制器相连接后,接通电源。

② 控制器应按现行国家标准《可燃气体报警控制器》(GB 16808—2008)的有关要求进行下列功能试验,并应满足相应要求:

a. 自检功能和操作级别。

b. 控制器与探测器之间的连线断路或短路时控制器应在 100 s 内发出故障信号。

c. 在故障状态下,使任一非故障探测器发出报警信号,控制器应在 1 min 内发出报警信号,并应记录报警时间;再使其他探测器发出报警信号,检查控制器的再次报警功能。

d. 消音和复位功能。

e. 控制器与备用电源之间的连线断路和短路时,控制器应在 100 s 内发出的故障信号。

f. 高限报警或高、低两段报警功能。

g. 报警设定值的显示功能。

h. 控制器最大负载功能,使至少 4 只可燃气体探测器同时处于报警状态(探测器总数少于 4 只时,使所有探测器均处于报警状态)。

i. 主、备电源的自动转换功能,并在备电工作状态下重复本条第 h 款的检查。

③ 依次将其他回路与可燃气体报警控制器相连接,重复②的检查。

(11) 可燃气体探测器调试。

① 依次逐个将可燃气体探测器按产品生产企业提供的调试方法使其正常动作,探测器应发出报警信号。

② 对探测器施加达到响应浓度值的可燃气体标准样气,探测器应在 30 s 内响应。撤去可燃气体,探测器应在 60 s 内恢复到正常监视状态。

③ 对于线型可燃气体探测器除符合本节规定外,尚应将发射器发出的光全部遮挡,探测器相应的控制装置应在 100 s 内发出故障信号。

(12) 消防电话调试。

① 在消防控制室与所有消防电话、电话插孔之间互相呼叫与通话,总机应能显示每部分机或电话插孔的位置,呼叫铃声和通话语音应清晰。

② 消防控制室的外线电话与另外一部外线电话模拟报警电话通话,语音应清晰。

③ 检查群呼、录音等功能,各项功能均应符合要求。

(13) 消防应急广播设备调试。

① 以手动方式在消防控制室对所有广播分区进行选区广播,对所有共用扬声器进行强行切换;应急广播应以最大功率输出。

② 对扩音机和备用扩音机进行全负荷试验,应急广播的语音应清晰。

③ 对接入联动系统的消防应急广播设备系统,使其处于自动工作状态,然后按设计的逻辑关系,检查应急广播的工作情况,系统应按设计的逻辑广播。

④ 使任意一个扬声器断路,其他扬声器的工作状态不应受影响。

(14) 系统备用电源调试。

① 检查系统中各种控制装置使用的备用电源容量,电源容量应与设计容量相符。

② 使各备用电源放电终止,再充电 48 h 后断开设备主电源,备用电源至少应保证设备工作 8 h,且应满足相应的标准及设计要求。

(15) 消防设备应急电源调试。

① 切断应急电源应急输出时直接启动设备的连线,接通应急电源的主电源。

② 按下列要求检查应急电源的控制功能和转换功能,并观察其输入电压、输出电压、输出电流、主电工作状态、应急工作状态、电池组及各单节电池电压的显示情况,做好记录,显示情况应与产品使用说明书规定相符,并满足要求:

a. 手动启动应急电源输出,应急电源的主电和备用电源应不能同时输出,且应在 5 s 内完成应急转换。

b. 手动停止应急电源的输出,应急电源应恢复到启动前的工作状态。

c. 断开应急电源的主电源,应急电源应能发出声提示信号,声信号应能手动消除;接通主电源,应急电源应恢复到主电工作状态。

d. 给具有联动自动控制功能的应急电源输入联动启动信号,应急电源应在 5 s 内转入到应急工作状态,且主电源和备用电源应不能同时输出;输入联动停止信号,应急电源应恢复到主电工作状态。

e. 具有手动和自动控制功能的应急电源处于自动控制状态,然后手动插入操作,应急电源应有手动插入优先功能,且应有自动控制状态和手动控制状态指示。

③ 断开应急电源的负载,按下列要求检查应急电源的保护功能,并做好记录:

a. 使任一输出回路保护动作,其他回路输出电压应正常。

b. 使配接三相交流负载输出的应急电源的三相负载回路中的任一相停止输出,应急电源应能自动停止该回路的其他两相输出,并应发出声、光故障信号。

c. 使配接单相交流负载的交流三相输出应急电源输出的任一相停止输出,其他两相应能正常工作,并应发出声、光故障信号。

④ 将应急电源接上等效于满负载的模拟负载,使其处于应急工作状态,应急工作时间应大于设计应急工作时间的 1.5 倍,且不小于产品标称的应急工作时间。

⑤ 使应急电源充电回路与电池之间、电池与电池之间连线断线,应急电源应在 100 s 内发出声、光故障信号,声故障信号应能手动消除。

(16) 消防控制中心图形显示装置调试。

① 将消防控制中心图形显示装置与火灾报警控制器和消防联动控制器相连,接通电源。

② 操作显示装置使其显示完整系统区域覆盖模拟图和各层平面图,图中应明确指示出报警区域、主要部位和各消防设备的名称和物理位置,显示界面应为中文界面。

③ 使火灾报警控制器和消防联动控制器分别发出火灾报警信号和联动控制信号,显示装置应在 3 s 内接收,准确显示相应信号的物理位置,并能优先显示火灾报警信号相对应的界面。

④ 使具有多个报警平面图的显示装置处于多报警平面显示状态,各报警平面应能自动和手动查询,并应有总数显示,且应能手动插入使其立即显示首次火警相应的报警平面图。

⑤ 使显示装置显示故障或联动平面,输入火灾报警信号,显示装置应能立即转入火灾

报警平面的显示。

（17）气体灭火控制器调试。

① 切断气体灭火控制器的所有外部控制连线，接通电源。

② 给气体灭火控制器输入设定的启动控制信号，控制器应有启动输出，并发出声、光启动信号。

③ 输入启动设备启动的模拟反馈信号，控制器应在 10 s 内接收并显示。

④ 检查控制器的延时功能，延时时间应在 0～30 s 内可调。

⑤ 使控制器处于自动控制状态，再手动插入操作，手动插入操作应优先。

⑥ 按设计控制逻辑操作控制器，检查是否满足设计的逻辑功能。

⑦ 检查控制器向消防联动控制器发送的反馈信号正误。

（18）防火卷帘控制器调试。

① 防火卷帘控制器应与消防联动控制器、火灾探测器、卷门机连接并通电，防火卷帘控制器应处于正常监视状态。

② 手动操作防火卷帘控制器的按钮，防火卷帘控制器应能向消防联动控制器发出防火卷帘启、闭和停止的反馈信号。

③ 用于疏散通道的防火卷帘控制器应具有两步关闭的功能，并应向消防联动控制器发出反馈信号。防火卷帘控制器接收到首次火灾报警信号后，应能控制防火卷帘自动关闭到中位处停止；接收到二次报警信号后，应能控制防火卷帘继续关闭至全闭状态。

④ 用于分隔防火分区的防火卷帘控制器在接收到防火分区内任一火灾报警信号后，应能控制防火卷帘到全关闭状态，并应向消防联动控制器发出反馈信号。

（19）火灾自动报警系统性能调试。

① 将所有经调试合格的各项设备、系统按设计连接组成完整的火灾自动报警系统，按现行国家标准《火灾自动报警系统设计规范》（GB 50116—1998）的有关规定和设计的联动逻辑关系检查系统的各项功能。

② 火灾自动报警系统在连续运行 120 h 无故障后，按规定填写调试记录表。

（20）安全防范系统中相应的视频安防监控（录像、录音）系统、门禁系统、停车场（库）管理系统等对火灾报警的响应及火灾模式操作等功能的检测，应采用在现场模拟发出火灾报警信号的方式进行。

（六）安全防范系统

1. 安全防范系统施工质量检查和观感质量验收

安全防范系统施工质量检查和观感质量验收应根据合同技术文件、设计施工图进行。

（1）对电（光）缆敷设与布线应检验管线的防水、防潮，电缆排列位置，布放、绑扎质量，桥架的架设质量，缆线在桥架内的安装质量，焊接及插接头安装质量和接线盒接线质量等。

（2）对接地线应检验接地材料、接地线焊接质量、接地电阻等。

（3）对系统的各类探测器、摄像机、云台、防护罩、控制器、辅助电源、电锁、对讲设备等的安装部位、安装质量和观感质量等进行检验。

（4）控制柜、箱与控制台等的安装质量检验应遵照《建筑电气工程施工质量验收规范》（GB 50303—2002）第 6 章有关规定执行。

2. 系统检测

（1）安装防范系统综合防范功能检测。

① 防范范围、重点防范部位和要害部门的设防情况、防范功能，以及安防设备的运行是否达到设计要求，有无防范盲区。

② 各种防范子系统之间的联动是否达到设计要求。

③ 监控中心系统记录的质量和保存时间是否达到设计要求。

④ 安全防范系统与其他系统进行系统集成时，应检查系统的接口、通信功能和传输的信息等是否达到设计要求。

（2）视频安防监控系统的检测。

包括系统功能检测、图像质量检测、系统整体功能检测、系统联动功能检测。

（3）入侵报警系统的检测。

包括探测器盲区检测、防动物功能检测、探测器防破坏功能检测、探测器灵敏度检测、系统控制功能检测、系统通信功能检测、现场设备接入率及完好率测试、系统联动功能检测、报警系统管理软件功能检测、报警信号联网上传功能的检测。

（4）出入口控制（门禁）系统的检测。

包括出入口控制（门禁）系统的功能检测、系统的软件检测。

（5）巡更管理系统的检测。

① 按照巡更路线图检查系统的巡更终端、读卡机的响应功能。

② 现场设备接入率及完好率测试。

③ 检查巡更管理系统编程、修改功能以及撤防、布防功能。

④ 检查系统的运行状态、信息传输、故障报警和指示故障位置的功能。

⑤ 检查巡更管理系统对巡更人员的监督和记录情况、安全保障措施和对意外情况及时报警的处理手段。

⑥ 对在线联网式巡更管理系统还需检查电子地图上的显示信息，遇有故障时的报警信号以及和视频安防监控系统等的联动功能。

⑦ 巡更系统的数据存储记录保存时间应满足管理要求。

（6）停车场（库）管理系统的检测。

应分别对入口管理系统、出口管理系统和管理中心的功能进行检测。

（7）安全防范综合管理系统的检测。

包括各子系统的数据通信接口、综合管理系统监控站。

（七）综合布线系统

1. 管路和缆线敷设

遵照 GB 50303 和本节相关内容执行。

2. 配线设备机架安装

（1）机柜、机架安装应牢固，各种零件齐全，漆面完好，标志清晰；垂直偏差不应大于 3 mm，底座水平度偏差不应大于 2 mm；安装位置与距离应符合设计要求。

（2）采用下走线方式，架底位置应与电缆上线孔相对应。接线端子各种标志应齐全。

（3）机架上的各种零件不得脱落或碰坏。各种标志完整清晰。

（4）机架安装应牢固，应按设计的防振要求进行加固。

（5）安装机架面板，架前应留有 1.5 m 空间，机架背面离墙距离应大于 0.8 m，以便于安装和施工。

（6）壁挂式机架底距地面宜为 300～800 mm。

3．系统检测

（1）综合布线系统性能检测应采用专有测试仪器对系统的各条链路进行检测，并对系统的信号传输技术指标及工程质量进行评定。

（2）系统性能检测合格判定应包括新单项合格判定和综合合格判定。

（八）智能化系统集成

系统集成的检测应包括接口检测、软件检测、系统功能及性能检测、安全检测等内容。

（1）子系统之间的硬线连接、串行通讯连接、专用网关（路由器）接口连接等应符合设计、产品技术文件和相关标准的要求。

（2）检查系统数据集成功能时，应在服务器和客户端分别进行检查，各系统的数据应在服务器统一界面下显示，界面应汉化和图形化，数据显示应准确，响应时间等性能指标应符合设计要求。

（3）系统集成的整体指挥协调能力。系统的报警信息及处理、设备连锁控制功能应在服务器和有操作权限的客户端检测。

现场模拟火灾信号、模拟非法侵入（越界或入户）和系统集成商与用户商定的其他方法，在操作员站观察报警和做出判断情况，记录视频安防监控系统、门禁系统、紧急广播系统、空调与通风系统、电梯及自动扶梯系统、照明系统的联动逻辑是否符合设计文件要求。联动情况应做到安全、正确、用时和无冲突。

（4）系统集成的综合管理功能、信息管理和服务功能的检测应符合本节"信息网络系统"的规定。

（5）系统集成的冗余和容错功能、故障自诊断、事故情况下的安全保障措施的检测应符合设计要求。

（6）系统集成不得影响火灾自动报警及消防联动系统的独立运行，应对其系统相关性进行连带测试。

（7）系统集成安全性，包括安全隔离身份认证、访问控制、信息加密和解密、抗病毒攻击能力等内容的检测符合设计要求和规范规定。

（九）电源与接地

（1）电源、防雷及接地系统的工程实施及质量控制应执行《建筑电气工程施工质量验收规范》(GB 50303—2002)、《建筑物防雷装置施工与验收规范》(DB 37/1228—2008)（山东）的规定。

（2）智能化系统的供电装置和设备：

① 正常工作状态下的供电设备：建筑物内各智能化系统交、直流供电，以及供电传输、操作、保护和改善电能质量的全部设备和装置。

② 应急工作状态下的供电设备：建筑物内各智能化系统配备的应急发电机组、各智能化子系统备用蓄电池组、充电设备和不间断供电设备等。

（十）环境

1．空间环境

（1）主要办公区域顶棚净高不小于 2.7 m。

（2）楼板满足预埋地下线槽（线管）的条件，架空地板、网格地板的铺设应满足设计要求。

（3）为网格布线留有足够的配线间。

（4）防静电、防尘地毯，静电泄漏电阻在 $10^5 \sim 10^8$ Ω 之间。

（5）采取的降低噪声和隔声措施应恰当。

室内噪声测试推荐值：办公室 40～45 dB(A)，智能化子系统的监控室 35～40 dB(A)。

2. 室内空调环境

（1）实现对室内温度、湿度的自动控制，并符合设计要求。

（2）室内温度，冬季 18～22 ℃，夏季 24～28 ℃。

（3）室内相对湿度，冬季 40%～60%，夏季 40%～65%。

（4）舒适性空调的室内风速，冬季应不大于 0.2 m/s，夏季应不大于 0.3 m/s。

（5）室内 CO 含量率小于 10×10^{-6} g/m²。

（6）室内 CO_2 含量率小于 1 000×10^{-6} g/m³。

3. 视觉照明环境

（1）工作面水平照度不小于 500 lx。

（2）灯具满足眩光控制要求。

（3）灯具布置应模数化，消除频闪。

4. 环境电磁辐射

应执行《环境电磁波卫生标准》（GB 9175—1988）和《电磁辐射防护规定》（GB 8702—1988）的规定。

（十一）住宅（小区）智能化

1. 住宅（小区）智能化内容

住宅（小区）智能化应包括火灾自动报警及消防联动系统、安全防范系统、通信网络系统、信息网络系统、监控与管理系统、家庭控制器、综合布线系统、电源和接环境、室外设备及管网等。

（1）住宅（小区）火灾自动报警及消防联动系统，在《智能建筑工程质量验收规范》（GB 50339—2003）第 7 章规定的基础上，增加了家居可燃气体泄漏报警系统。

（2）住宅（小区）安全防范系统，在《智能建筑工程质量验收规范》（GB 50339—2003）第 8 章规定的基础上，增加了访客对讲系统。

（3）监控与管理系统包括表具数据自动抄收及远传系统、建筑设备监控系统、公共广播与紧急广播系统、住宅（小区）物业管理系统等。

（4）家庭控制器的功能包括家庭报警、家庭紧急求助、家用电器监控、表具数据采集及处理、通信网络和信息网络接口等。

2. 系统检测

（1）火灾自动报警及消防联动系统功能检测除本节（五）内容外，还应符合下列要求：

① 可燃气体泄漏报警系统的可靠性检测。

② 可燃气体泄漏报警时自动切断气源及打开排气装置的功能检测。

③ 已纳入火灾自动报警及消防联动系统的探测器不得重复接入家庭控制器。

（2）访客对讲系统的检测：

① 室内机门铃提示、访客通话及与管理员通话应清晰,通话保密功能与室内开启单元门的开锁功能应符合设计要求。

② 门口机呼叫住户和管理员机的功能、CCD红外夜视(可视对讲)功能、电控锁密码开锁功能、在火警等紧急情况下电控锁的自动释放功能应符合设计要求。

③ 管理员机与门口机的通信及联网管理功能,管理员机与门口机、室内机互相呼叫和通话的功能应符合设计要求。

④ 市电掉电后,备用电源应能保证系统正常工作8 h以上。

⑤ 访客对讲系统室内机应具有自动定时关机功能,可视访客图像应清晰;管理员机对门口机的图像可进行监视。

(3) 监控与管理系统检测。

① 表具数据自动抄收及远传系统的检测:

a. 水、电、气、热(冷)能等表具远程传输的各种数据,通过系统可进行查询、统计、打印、费用计算等。

b. 电源断电时,系统不应出现误读数并有数据保存措施,数据保存至少4个月以上;电源恢复后,保存数据不应丢失。

c. 系统应具有时钟、故障报警、防破坏报警功能。

d. 表具现场采集的数据与远程传送的数据应一致。

② 住宅(小区)物业管理系统:

a. 住宅(小区)物业管理系统包括住户人员管理、住户房产维修、住户物业费等各项费用的查询及收取、住宅(小区)公共设施管理、住宅(小区)工程图纸管理等。

b. 信息服务项目可包括家政服务、电子商务、远程教育、远程医疗、电子银行、娱乐等,应按设计要求进行检测。

c. 物业管理公司人事管理、企业管理和财务管理等内容的检测应根据设计要求进行。

③ 设备监控系统:

a. 室外园区艺术照明的开启、关闭时间设定、控制回路的开启设定和灯光场景的设定及照度调整。

b. 园林绿化浇灌水泵的控制、监视功能和中水设备的控制、监视功能。

(4) 家庭控制器检测。

① 家庭报警功能的检测:

a. 感烟探测器、感温探测器、燃气探测器的检测应符合国家现行标准的规定。

b. 入侵报警探测器的检测应符合设计要求和规范规定。

c. 家庭报警的撤防、布防转换及控制功能。

② 家庭紧急求助报警装置的检测:

a. 可靠性:准确、及时地传输紧急求助信号。

b. 可操作性:老年人和未成年人在紧急情况下应能方便地发出求助信号。

c. 应具有防破坏和故障报警功能。

③ 家用电器的监控功能的检测应符合设计要求。

④ 家庭控制器应对误操作或出现故障报警时具有相应的处理能力。

⑤ 无线报警的发射频率及功率的检测。

第三节 功能测试

一、一般安装要求

(1) 建筑设备安装工程是单位工程的重要组成部分,其质量必须保证安全和使用功能。工程质量监督机构应按国家法律、法规和强制性标准的规定,认真做好监督抽查,对直接影响安全和使用功能的项目,要采取监督抽查和实物测试,并做好监督记录。

(2) 对涉及隐蔽工程的验收项目,监督机构应对施工单位、监理(建设)单位的验收记录进行抽查,对其验收程序、内容、方法和重要部位或系统全部完成后的试验,可采取现场监督抽查或测试的方法实施监督。

(3) 单位工程完成后,监督机构对设备安装工程应按各专业的国家规范、标准的规定对使用安全和功能进行抽查或必要的测试(如暖卫安装的管道系统综合试压,电气工程的漏电、接地电阻测试,电梯工程的运行安全测试等),判定其使用安全和功能是否满足规范、标准规定和设计要求。

二、暖卫(消防、燃气)工程测试

(一)管道安装的强度(严密性)试验

1. 试验的项目

隐蔽工程管道试压,给水(冷、热)区段、系统水压试验,采暖区段、系统水压试验,消火栓系统水压试验,自动喷水灭火系统、区段水压试验,阀门单项水压试验,散热器单组水压试验,闭式喷头单项试验,报警阀单项试验等。

2. 室内给水工程(包括室内消火栓系统)

(1) 室内给水管道的水压试验,当设计未注明时,应为工作压力的1.5倍,但不得小于0.6 MPa。

检验方法:金属及复合管给水系统在试验压力下观测10 min,压力降不应大于0.02 MPa,然后降到工作压力进行检查,应不渗、不漏;塑料管给水系统应在试验压力下稳压1 h,压力降不得超过0.05 MPa,然后在工作压力的1.15倍状态下稳压2 h,压力降不得超过0.03 MPa,连接处不得渗漏。

(2) 阀门强度的试验压力为公称压力的1.5倍;严密性试验压力为公称压力的1.1倍。试验压力在试验持续时间内应保持不变,且壳体填料及阀瓣密封面无渗漏。

(3) 密闭水箱(罐)的水压试验应与系统一致,即当设计未注明时,应以其工作压力的1.5倍做水压试验。在试验压力下观测10 min,压力不降,不渗、不漏。

3. 暖气和热水供应工程

(1) 蒸汽、热水钢管道采暖系统和热水供应系统安装完毕后进行的水压试验,试验压力应为系统顶点工作压力加0.1 MPa,同时在系统顶点的试验压力不小于0.3 MPa。使用塑料管及复合管的热水采暖系统,应以系统顶点工作压力加0.2 MPa做水压试验,同时在系统顶点的试验压力不小于0.4 MPa。

检验方法:同室内给水工程。

(2) 散热器安装前应做水压试验。试验压力设计无要求时应为工作压力的1.5倍,但不小于0.6 MPa,试验时间为2~3 min,要求压力不降且不渗、不漏。

4.自动喷水灭火系统

(1)管网安装完毕后,应对其进行强度和严密性试验。当系统工作压力等于或小于1.0 MPa时,水压强度试验压力应为设计工作压力的1.5倍,并不得低于1.4 MPa;当系统设计工作压力大于1.0 MPa时,水压强度试验压力应为该工作压力加0.4 MPa。达到试验压力后稳压30 min后,管网应无泄漏、无变形,且压力降不应大于0.05 MPa。严密性试验压力应为设计工作压力,稳压24 h应无泄漏。

(2)干式喷水灭火系统、预作用喷水灭火系统还应做气压试验。气压试验压力为0.28 MPa,稳压24 h,压力降不应大于0.01 MPa。

(3)闭式喷头应进行密封性能试验,试验压力应为3.0 MPa,保压时间不得少于3 min,以无渗漏、无损伤为合格。

5.室内燃气管道工程

室内燃气管道的试验:试验介质应采用空气或氮气。严禁用可燃气体和氧气进行试验。

(1)强度试验:试验压力应为设计压力的1.5倍且不得低于0.1 MPa。在低压燃气管道系统达到试验压力时,稳压不少于0.5 h后,应用发泡剂检查所有接头,无渗漏、压力计量装置无压力降为合格。

(2)严密性试验:低压管道试验压力不应小于5 kPa。试验时间,居民用户为15 min,商业和工业用户为30 min,观察压力表,无压力降为合格。

(二)灌(满)水试验

(1)室内排水管道灌水试验。隐蔽或埋地的排水管道在隐蔽前必须做灌水试验。灌水高度应不低于底层卫生器具的上边缘或底层地面高度,满水15 min水面下降后,再灌满观察5 min,液面不降,管道及接口无渗漏为合格。

(2)室内雨水管道灌水试验。安装在室内的雨水管道安装后应做灌水试验,灌水高度必须到立管上部的雨水斗,满水后持续1 h,不渗、不漏为合格。

(3)敞口水箱满水试验。满水后静置24 h,不渗、不漏为合格。

(4)卫生器具满水试验。卫生器具交工前,通水试验后,需做满水试验。满水试验时间不少于24 h,液面不下降,不渗、不漏为合格。

(三)管道系统冲洗

(1)生活给水系统管道冲洗。先用含游离状态氯离子20～30 mg/L的水灌满系统,静置24 h后,再用饮用水进行冲洗。冲洗以系统最大设计流量或不小于1.5 m/s的流速进行,直到各出水口的水色透明度与进水目测一致,并经检验符合国家《生活饮用水卫生标准》。

(2)室内消防系统、采暖系统和热水供应系统竣工后应进行冲洗。方法同生活给水系统,只是可以不消毒,不必达到《生活饮用水卫生标准》。

(四)管道系统通水(通球)试验

(1)室内给水(冷、热)系统、消防、卫生器具及排水系统竣工后,均应做通水试验。

(2)通水试验应分系统、分区段进行,按设计要求的流量和规范规定进行,各排水点通畅,接口处无渗漏为合格。

(3)室内排水管道通球试验。排水主立管及水平干管管道均应做通球试验,通球球径不小于排水管道管径的2/3,通球率必须达到100%。

（五）室内消火栓试射

室内消火栓系统安装完成后,应取屋顶层(或水箱间内)试验消火栓和首层取 2 处消火栓做试射试验,达到设计要求为合格。

（六）采暖系统试运转和调试

采暖系统安装完毕后,应在采暖期内与热源进行联合试运转和调试。联合试运转和调试结果应符合设计要求和规范规定,采暖房间温度相对于设计计算温度不得低于 2 ℃,且不高于 1 ℃;供热系统室外管网的水力平衡度为 0.9～1.2;供热系统的补水率不大于 0.5%;室外管网的热输送效率不低于 0.92。

三、建筑电气工程测试

（一）绝缘电阻测试

（1）电气设备、线路、器具等根据具体情况在安装前或安装后,进行绝缘电阻测试。

（2）线路的绝缘电阻测试应按系统、层段、回路进行。相间、相对零、相对地、零对地间均应进行测试。

（3）测试绝缘电阻,当无特殊要求时,采用兆欧表的电压等级为:

① 100 V 以下的电气设备或回路,采用 250 V 兆欧表。

② 100～500 V(不含 500 V)的电气设备或回路,采用 500 V 兆欧表。

③ 500～3 000 V(不含 3 000 V)的电气设备或回路,采用 1 000 V 兆欧表。

④ 3 000～10 000 V(不含 10 000 V)的电气设备或回路,采用 2 500 V 兆欧表。

⑤ 10 000 V 及以上的电气设备或回路,采用 2 500 V 或 5 000 V 兆欧表。

（二）接地电阻测试

（1）系统重复接地要求接地电阻测试结果小于 4 Ω 或设计要求。

（2）防雷接地要求接地电阻测试结果小于 10 Ω 或设计要求。

（3）保护接地、静电接地要求接地电阻测试结果符合设计要求。

（三）漏电保护器检测

漏电保护装置在安装前或安装后,要做模拟动作试验,用漏电开关检测仪检测漏电开关动作电流值(不大于 30 mA)和脱扣时间(不大于 0.1 s)。通电后交验前应通过试验按钮和插座检验器检查动作可靠性及相序。

（四）等电位联结测试

等电位联结施工完成后,应做导通测试和接地电阻测试。导通测试可用等电位联结测试仪、微欧表或接地电阻测试仪进行。接地电阻测试,指等电位箱处的接地电阻测试。

（五）电气照明通电试运行

（1）建筑电气工程施工完成,绝缘电阻测试合格后,应对电气照明系统进行通电(达到或接近设计负荷)连续试运行。通电试运行公用建筑应为 24 h,民用住宅为 8 h。每 2 h 记录运行状态 1 次,连续试运行时间内应无故障。

（2）在通电试运行中,应测试并记录照明系统的照度和功率密度值,要求如下:

① 照度值不得小于设计值的 90%。

② 功率密度值应符合《建筑照明设计标准》(GB 50034—2004)的规定值。

（六）低压配电电源质量检测

调试合格后应对低压配电电源质量进行检测。其中:

（1）供电电压允许偏差：三相供电电压允许偏差为标称系统电压的±7％；单相220 V为+7％、-10％。

（2）公共电网谐波电压限值为：380 V的电网标称电压，电压总谐波畸变率为5％，奇次（1～25次）谐波含有率为4％，偶次（2～24次）谐波含有率为2％。

（3）谐波电流不应超过表8-10规定的允许值。

表 8-10　　　　　　　　　　　　　　谐波电流允许值

标准电压/kV	0.38											
基准短路容量/MVA	10											
谐波次数	2	3	4	5	6	7	8	9	10	11	12	13
谐波电流允许值/A	14	15	16	17	18	19	20	21	22	23	24	25
谐波次数	78	62	39	63	26	44	19	21	16	28	13	24
谐波电流允许值/A	11	12	9.7	18	8.6	16	7.8	8.9	7.1	14	6.5	12

（4）三相电压不平衡度允许值为2％，短时不得超过4％。

（七）大型灯具安装过载试验

大型花灯的固定及悬吊装置，应按灯具重量的2倍做过载试验。

（八）大容量电气线路结点温度测试

大容量（630 A以上）导线、母线连接处或与开关、设备连接处应做电气线路连接点测温，在设计计算负荷运行情况下，温升值稳定且不大于设计值，以保障线路安全运行（测温一般采用远红外线测温仪）。

四、通风与空调工程测试

（一）风管强度和严密性检验

风管应符合密封要求，风管的强度及严密性应符合设计要求和规范规定。

1. 风管的强度检验

风管的强度检验压力为工作压力的1.5倍，持续时间为3 min，接缝处无开裂为合格。

2. 风管系统的严密性测试

（1）漏风量测试。

① 正压或负压系统风管与设备的漏风量测试，分正压试验和负压试验两类。一般可用正压条件下的测试来检验。

② 漏风量测定一般应为规定测试压力下的实测数值。特殊条件下，也可用相近或大于规定压力下的测试代替。其漏风量可按下式换算：

$$Q_0 = Q(P_0/P)^{0.65}$$

式中　P_0——规定试验压力，500 Pa；

　　　Q_0——规定试验压力下的漏风量，$m^3/(h \cdot m^2)$；

　　　P——风管工作压力，Pa；

　　　Q——工作压力下的漏风量，$m^3/(h \cdot m^2)$。

（2）低压系统的严密性检验抽检率为5％，且不少于一个系统。在加工工艺得到保证的前提下，采用漏光法检测，不合格时做漏风量测试。

（3）中压系统的严密性检验，应在漏光检验合格的情况下，对系统漏风量测试进行抽查，抽检率为 20%，且不少于一个系统。

（4）高压系统风管的严密性检验，为全数进行漏风量测试。

（二）风机盘管水压试验

试验压力为系统工作压力的 1.5 倍，试验观察时间为 2 min，不渗漏为合格。

（三）通风空调系统风量调试

采用风速仪、风量仪、风压仪测定后，根据规范要求进行平衡。

（1）系统风量及风压测定。

（2）风机风量及风压测定。

（3）风口的风量测定。

（四）空调系统试运转和调试

空调系统安装完毕后，应在制冷或采暖期内与冷（热）源进行联合试运转和调试。联合试运转和调试结果应符合设计要求和规范规定。

（1）室内温度：冬季不得低于设计计算温度 2 ℃，且不应高于 1 ℃；夏季不得高于设计计算温度 2 ℃，且不应低于 1 ℃。

（2）空调机组的水流量允许偏差不大于 20%。

（3）空调系统冷热水、冷却水总流量允许偏差不大于 10%。

五、电梯工程测试

（一）电梯空载、半载、满载和超载运行试验

1. 运行试验

轿厢分别以空载、50% 额定载荷和额定载荷 3 种情况，并在通电持续率 40% 的情况下，到达全行程范围，电梯应平衡运行，制动可靠。

2. 超载运行试验

断开超载制动线路，电梯在 110% 额定载荷，并在通电持续率 40% 的情况下，到达全行程范围，启动、制动运行可靠，曳引机工作正常。

当轿厢面积不能限制额定载荷时，历时 10 min，曳引绳应不打滑。超载时不运行。

3. 曳引力检查

电梯在行程上部范围空载上行及行程下部范围载有 125% 额定载荷下行，分别停层 3 次以上，轿厢必须可靠制停。轿厢载有 125% 额定载荷以正常运行速度下行时，切断电动机与制动器供电，电梯必须可靠制动。

（二）轿厢平层准确度测量及层门安全检查

（1）上行、下行、起层、停层、空载、满载情况下，检查平层位置。

（2）电梯层门安全装置检查：检查门口水平位置偏差、联锁安全触点、啮合长度、自闭功能、关门阻止力、紧急开锁装置等是否符合规范和设计要求。

（3）安全触点位置正确，无论在正常、检修或紧急制动操作，均不能造成开门运行。

六、智能建筑工程的测试

（一）系统试运行

根据各系统的不同要求，按《智能建筑工程质量验收规范》(GB 50339—2003) 规定的合理周期对系统进行连续不中断试运行。填写试运行记录并提供试运行报告。

（二）系统检测

建设单位应组织有关人员依据合同技术文件和设计文件，以及规范规定的检测项目、检测数量和检测方法，制定系统检测方案并经检测机构批准实施。

第四节　主要材料、配件的质量控制

一、一般要求

材料、成品、半成品、构配件、设备等建筑设备工程所使用的工程材料均应有出厂质量证明文件（包括产品合格证、质量合格证、检验报告、试验报告、产品生产许可证和质量保证书等）。质量证明文件应反映工程材料的品种、规格、数量、性能指标等，并与实际进场材料相符。实施强制性产品认证的材料应提供有关证明。

质量证明文件（合格证、测试报告）的复印件应与原件内容一致，并按类别、规格、品种、型号分别整理，使用合格证或复印件贴条按进场顺序贴好，加盖原件存放单位公章，注明原件存放处，并有经办人签字和时间。

建筑设备工程采用的主要材料、成品、半成品、构配件、器具设备应进行现场验收，有进场检验记录；涉及安全、功能的有关材料应按相应工程施工质量验收规范及相关规定进行复试或见证取样，有相应试（检）验报告。

涉及安全、卫生、环保的材料提供的（如压力容器、消防设备、生活供水设备、卫生洁具等）应有相应资质检测单位提供的检测报告。

凡使用的新材料、新产品，应由具备鉴定资格的单位或部门出具鉴定证书，同时具有产品质量标准和试验要求，使用前应按其质量标准和试验要求进行试验或检验。新材料、新产品还应提供安装、维修、使用和工艺标准等相关技术文件，并报建设行政主管部门备案。

进口材料和设备等应有商检证明（国家认证委员会公布的强制性认证产品除外），中文版的质量证明证件，性能检测报告，中文版的安装、维修、使用、试验要求，以及进场检验报告等技术证件。

供应单位或加工单位负责收集、整理和保存所供材料、成品等的质量证明文件，施工单位则需收集、整理和保存供应单位或加工单位提供的质量证明文件和进场后进行的检（试）验报告。各单位应对各自范围内工程资料的汇集、整理结果负责，并保证工程资料的可追溯性。

二、暖卫工程材料、设备

（1）主要设备、配件、产品应有产品质量证明文件，材质和性能应符合国家有关标准和设计要求。主要设备、产品应有安装使用说明书，进场后应进行验收。

阀门、调压装置、消防设备、卫生洁具、给水设备、中水设备、排水设备、采暖设备、热水设备、散热器、锅炉及附属设备、各类开（闭）式水箱（罐）、分（集）水器、安全阀、水位计、减压阀、热交换器、补偿器、疏水器、除污器、过滤器、游泳池水系统设备等应有产品质量合格证及相关检验报告。

对于国家及山东省有规定的特定设备及材料，如消防、卫生、压力容器等，应附有相应资质检验单位提供的检验报告。如安全阀、减压阀的调试报告，锅炉（承压设备）焊缝无损探伤检测报告，给水管道材料卫生检验报告，卫生器具环保检测报告，水表和热计量表计量鉴定证书等。

（2）化学供水建（管）材必须提供质量检验部门产品合格证和产品卫生检验合格证明文件，以及有关部门提供的产品使用许可（备案）证。

（3）保温、防腐、绝热材料应有产品质量合格证和检验报告。

（4）采暖系统工程采用的散热器和保温材料进场时，应对其下列技术性能参数进行复检，复检应为见证取样送检：

① 散热器的单位散热量、金属热强度。

② 保温材料的导热系数、密度、吸水率。

检查数量：同一厂家同一规格的散热器按其数量的 1% 进行见证取样送检，但不得少于 2 组；同一厂家同一材质的保温材料见证取样送检的次数不得少于 2 次。

三、建筑电气工程材料、设备

（1）主要设备、材料、成品和半成品必须有出场合格证，进场应进行验收。对质量有异议的应送有资质的检测单位进行检测。

（2）依法定程序批准进入市场的新电气设备、器具和材料进场验收，除符合规范规定外，尚应提供安装、使用、维修和试验要求等技术文件。

（3）高低压成套配电柜、蓄电池柜、不间断电源柜、控制柜（屏、台）及动力、照明配电箱（盘）应符合下列规定：

① 查验合格证和随带技术文件，实行生产许可证和安全认证制度的产品，有许可证编号和安全认证标志。不间断电源柜有出场试验记录。

② 外观检查：有铭牌，柜内元器件无损坏丢失、接线无脱落，涂层完整，无明显碰撞凹陷。

（4）照明灯具及附件应符合下列规定：

① 查验合格证，新型气体放电灯具有随带技术文件。

② 外观检查：灯具涂层完整，无损伤，附件齐全。防爆灯具铭牌上有防爆标志和防爆合格证号，普通灯具有安全认证标志。

③ 对成套灯具的绝缘电阻、内部接线等性能进行现场抽样检测。

灯具的绝缘电阻值不小于 2 MΩ，内部接线为铜芯绝缘电线，芯线截面积不小于 0.5 mm^2，橡胶或聚氯乙烯（PVC）绝缘电线的绝缘层厚度不小于 0.6 mm。

（5）开关、插座、接线盒和风扇及其附件应符合下列规定：

① 查验合格证，防爆产品有防爆合格证号，实行安全认证制度的产品有安全认证标志。

② 外观检查：开关、插座的面板及接线盒盒体完整、无碎裂、零件齐全，风扇无损坏，涂层完整，调速器等附件适配。

③ 对开关、插座的电气和机械性能进行现场抽样检测。检测规定如下：

a. 不同极性带电部件间的电气间隙和爬电距离不小于 3 mm。

b. 绝缘电阻值不小于 5 MΩ。

c. 用自攻锁紧螺钉或自切螺钉安装的，螺钉与软塑固定件旋合长度不小于 8 mm，软塑固定件在经受 10 次拧紧退出试验后，无松动或掉渣，螺钉及螺纹无损坏现象。

d. 金属间相旋合的螺钉螺母，拧紧后可完全退出，反复 5 次后仍能正常使用。

④ 对开关、插座、接线盒及其面板等塑料绝缘材料阻燃性能有异议时，按批抽样送有资

质的试验室检测。

（6）电线、电缆应符合下列规定：

① 按批查验合格证，合格证有生产许可证编号，按《额定电压 450/750V 及以下聚乙烯绝缘电缆》(GB 5023.1～5023.7)标准生产的产品有安全认证标志。

② 外观检查：包装完好，抽检的电线绝缘层完整无损，厚度均匀。电缆无压扁、扭曲，铠装不松卷。耐热、阻燃的电线、电缆外护层有明显标识和制造厂标。

③ 按制造标准，现场抽样检测绝缘层厚度和圆形线芯的直径；线芯直径误差不大于标称直径的 1％；常用的 BV 型绝缘电线的绝缘层厚度不小于表 8-11 的规定。

表 8-11　　　　　　　　　　　　　BV 型绝缘电线的绝缘层厚度

序号	1	2	3	4	5	6	7	8	9	10	11	12	13	14	15	16	17
电线芯线标称截面积/mm^2	1.5	2.5	4	6	10	16	25	35	50	70	95	120	150	185	240	300	400
绝缘层厚度规定值/mm	0.7	0.8	0.8	0.8	1	1	1.2	1.2	1.4	1.4	1.6	1.6	1.8	2	2.2	2.4	2.6

④ 低压配电系统选择的电缆、电线进场时应对其截面和每芯导体电阻值进行见证取样送检。数量为同厂家各种规格总数的 10％，且不少于 2 个规格。

（7）导管应符合下列规定：

① 外观检查：钢导管无压扁、内壁光滑。非镀锌钢导管无严重锈蚀，按制造标准油漆出厂的油漆完整；镀锌钢导管镀层覆盖完整、表面无锈斑；绝缘导管及配件不碎裂、表面有阻燃标记和制造厂标。

② 按制造标准现场抽样检测导管的管径、壁厚及均匀度。对绝缘导管及配件的阻燃性能有异议时，按批抽样送有资质的实验室检测。

（8）镀锌制品（支架、横担、接地极、避雷用型钢等）和外线金具应符合下列规定：

外观检查：镀锌层覆盖完整、表面无锈斑，金具配件齐全、无砂眼。

（9）电缆桥架、线槽应符合下列规定：

外观检查：部件齐全，表面光滑、不变形；钢制桥架涂层完整、无锈蚀；玻璃钢制桥架色泽均匀，无破损碎裂。铝合金桥架涂层完整，无扭曲变形，不压扁，表面不划伤。

（10）封闭母线、插接母线应符合下列规定：

① 查验合格证和随带安装技术文件。

② 外观检查：防潮密封良好，各段编号标志清晰，附件齐全，外壳不变形，母线螺栓搭接面平整、镀层覆盖完整、无起皮和麻面；插接母线上的静触头无缺损、表面光滑、镀层完整。

（11）裸母线、裸导线应符合下列规定：

外观检查：包装完好，裸母线平直，表面无明显划痕，测量厚度和宽度符合制造标准；裸导线表面无明显损伤，不松股、扭折和断股（线），测量线径符合制造标准。

（12）电缆头部件及接线端子应符合下列规定：

外观检查：部件齐全，表面无裂纹和气孔，随带的袋装涂料或填料不泄漏。

四、通风与空调工程材料、设备

（1）必须对通风与空调工程所使用的主要原材料、成品、半成品和设备进行进场验收。验收应经监理工程师认可，并应形成相应的质量记录。进口设备、器具和材料进场验收，除符合规范规定外,尚应提供商检证明和中文质量合格证明文件、规格、型号、性能检测报告以及中文安装、使用、维修和试验要求等技术文件。

(2) 对质量有异议的应送有资质的检测单位进行检测。

(3) 金属风管、非金属风管的材料品种、规格、性能与厚度等应符合设计和现行国家产品标准的规定。当设计无规定时,应按规范执行。(板材厚度的适用范围在施工时容易被忽视,往往一个工程只采用同一个厚度的板材,在具体的质监过程中,应对板材厚度进行实测)

(4) 复合材料风管的覆面材料必须为不燃材料,内部的绝热材料应为不燃或难燃 B1 级且对人体无害的材料。

(5) 防火风管的本体、框架与固定材料、密封垫料必须为不燃材料,其耐火等级应符合设计的规定。

(6) 防排烟系统柔性短管的制作材料必须为不燃材料。

(7) 净化空调的风管所用的螺栓、螺母、垫圈和铆钉均应采用与管材性能相匹配、不会产生电化学腐蚀的材料,或采取镀锌或其他防腐措施,并不得采用抽芯铆钉。

(8) 防火阀和排烟阀(排烟口)必须符合有关消防产品标准的规定,并具有相应的产品合格证明文件。

(9) 通风与空调设备、空调工程水系统的设备与附属设备、制冷设备、制冷附属设备(包括管道、管件及阀门)等的型号、规格和技术参数必须符合设计要求,应有装箱清单、设备说明书、产品质量合格证书和产品性能检测报告等随机文件,进口设备还应具有商检证明和中文的质量合格证明文件。设备安装前,应进行开箱检查,并形成验收文字记录。参加人员为建设、监理、施工和厂商等方单位的代表。

(10) 空调工程水系统的管道、管配件及阀门的型号、规格、材质及连接形式应符合设计规定,镀锌钢管应采用螺纹连接。当管径大于 DN100 时,可采用卡箍式、法兰或焊接连接,但应对焊缝及热影响区的表面进行防腐处理。采用建筑用硬聚氯乙烯(PVC-U)、聚丙烯(PP-R)、聚丁烯(PB)与交联聚乙烯(PEX)等有机材料管道时,其连接方法应符合设计和产品技术要求的规定。

(11) 风管和管道的绝热,应采用不燃或难燃材料,其材质、密度、规格和厚度应符合设计要求。如采用难燃材料时,应对其难燃性进行检查,合格后方可使用。防腐涂料和油漆,必须是在有效保质期限内的合格产品。

(12) 风机盘管机组和绝热材料进场时,应对其下列性能参数进行见证取样复检:

① 风机盘管机组的供冷量、供热量、风量、出口静压、噪声及功率。

② 绝热材料的导热系数、密度、吸水率。

五、电梯工程主要材料、设备

电梯设备进场后,应由建设、监理、施工和供货单位共同开箱检验,并进行记录,填写"电梯设备开箱检验记录"。电梯工程的主要设备、材料及附件应有出厂合格证、产品说明书及安装技术文件。

六、智能建筑工程主要材料、设备

主要材料、设备及附件应有出厂合格证及产品说明书,检测报告。进场应进行开箱验收。

第五节 工程质量控制资料监督要点

施工技术资料主要由施工管理、验收和检测、试验资料等文件、图表、影像组成,是工程建设施工阶段的过程记录,应与工程建设过程同步进行并完成,同时应真实反映工程的建设情况和实体质量。工程资料应内容完整、结论明确、签认手续齐全。

一、施工管理资料

施工管理资料是施工阶段各方责任主体对施工过程采取组织、技术、质量措施进行管理,实施过程控制,记录施工过程中组织、管理、监督实体形成情况资料文件的统称。主要包含工程质量管理、施工记录、材料证明文件等。

（一）工程概况

工程概况是对工程基本情况的简要描述,应包括单位（子单位）工程的一般情况、建筑结构形式、安装设施设备等。

主要内容:工程名称、建设地点、各方责任主体及负责人、建筑面积、主要结构类型、建筑层数、主要装饰情况、主要设备和设施情况等。

（二）施工现场质量管理检查记录

由施工单位如实填写,将有关文件原件附后报项目总监理工程师（或建设单位项目负责人）检查,并做出检查结论。主要检查建立、建全质量保证体系和质量责任制度情况;核查施工技术标准,标准计量准备工作;审查资质证书,完善总分包合同管理;对施工图、地质勘察资料和施工技术文件的有效性进行审查等。

（三）图纸会审记录、设计变更通知单、工程洽商记录

（1）图纸会审应由建设单位组织设计、监理和施工单位技术负责人及有关人员参加。设计单位对各专业问题进行交底,施工单位负责将设计交底内容按专业汇总、整理,形成记录。并应由建设、设计、监理和施工单位的项目相关负责人签认,形成正式图纸会审记录。

（2）设计变更通知单、工程洽商记录。

① 可以由任意一方提出,必须经设计单位确认,建设单位同意后发出。

② 设计变更通知单、工程洽商记录应内容翔实、明确,必要时应附图,并逐条注明应修改图纸的图号。由设计专业负责人以及建设（监理）和施工单位的相关负责人签认。

（四）施工组织设计、施工方案

（1）单位工程施工组织设计应在正式施工前编制完成,并经施工企业的技术负责人审批。

（2）主要分部（分项）工程、工程重点部位、技术复杂或采用新技术的关键工序应编制专项施工方案,也可分段编制施工方案。冬、雨期施工应编制季节性施工方案。

（3）施工组织设计及施工方案编制内容应齐全,施工单位应首先进行内部审核,报监理（建设）单位批准后实施。发生较大的施工措施变化和工艺变更时,应有变更审批手续,并进行交底。

（五）技术交底记录

（1）技术交底记录应包括施工组织设计交底、专项施工方案技术交底、分项工程施工技术交底、"四新"（新材料、新产品、新技术、新工艺）技术交底和设计变更技术交底。各项内容

应具体,达到规范、规程、质量标准的要求。并有文字记录,必要时应附图示,交底双方签认齐全。

（2）重点和大型工程应由施工企业的技术负责人把主要设计要求、施工措施以及重要事项对项目主要管理人员进行交底,其他工程应由项目技术负责人进行交底。

（3）专项施工方案技术交底由项目专业技术负责人负责,根据专项施工方案对专业工长进行交底。

（4）分项工程施工技术应由专业工长对专业施工班组（或专业分包）进行交底。

（5）"四新"技术由项目技术负责人组织有关专业人员向专业工长进行交底。

（6）设计变更应由项目技术部门根据变更要求,并结合具体施工步骤、措施及注意事项等对专业工长进行交底。

（六）施工日志

施工日志应以单位工程为记载对象,从工程开工起至工程竣工,按专业由专业人员负责逐日记载,并保证内容真实、完整,文字简练,时间连续。

（七）材料、配件出厂质量证明及进场检（试）验报告

包括原材料、半成品、成品的出厂质量证明及进场检（试）验报告。

（八）施工记录

（1）防腐施工记录。

（2）绝热施工记录。

（3）伸缩器制作安装记录。

（4）电缆终端（中间接头）制作记录。

（5）电缆敷设施工记录。

（6）电梯工程施工记录。

（7）隐蔽工程验收记录等。

二、施工质量验收资料

施工质量验收资料是施工阶段各方责任主体,对工程施工各阶段工序质量进行确认验收并签署验收意见形成的资料文件的统称。主要包含检验批、分项、分部（子分部）、单位（子单位）工程实体、观感验收等内容。

1. 检验批质量验收记录

（1）检验批施工完成,施工单位自检合格后,应由项目专业质量检查员填报"检验批质量验收记录表",报请监理（建设）单位组织验收。

（2）检验批质量验收应由监理工程师（建设单位项目技术负责人）组织项目专业质量检查员等进行验收并签认。

2. 分项工程质量验收记录

（1）分项工程完成（即分项工程所包含的检验批均已完成）,施工单位自检合格后,填报"分项工程质量验收记录表",报请监理（建设）单位组织验收。

（2）分项工程质量验收应由监理工程师（建设单位项目技术负责人）组织项目专业技术负责人等进行验收并签认。

3. 分部（子分部）工程质量验收记录

（1）分部（子分部）工程完成后,施工项目部先行组织自检,合格后填写"分部（子分部）

工程质量验收记录表"，报请施工企业的技术、质量部门验收并确认后，报请监理（建设）单位组织验收。

（2）分部（子分部）工程质量验收由总监理工程师（建设单位项目负责人）组织有关建设、施工单位项目负责人和技术、质量负责人等共同验收并签认。

（3）对重要的隐蔽工程和分部（子分部）工程质量验收，建设单位在验收前应通知工程质量监督机构对验收过程进行监督。

（4）分部（子分部）工程观感质量验收由监理组织，参验各方共同形成意见。

4．单位（子单位）工程质量竣工验收记录

（1）单位（子单位）工程完工，施工单位组织自检合格后，应报请监理（建设）单位进行预验收，通过后向建设单位提交"工程竣工报告"，并填报"单位（子单位）工程质量竣工验收记录"。建设单位应组织设计、监理、施工单位等进行工程质量竣工验收并记录，验收记录上必须加盖各单位公章。

（2）建设单位在验收前应通知工程质量监督机构对验收过程进行监督。

（3）"单位（子单位）工程质量竣工验收记录"应由施工单位填写，验收结论由监理单位填写，综合验收结论应由参加验收各方共同商定，并由建设单位填写，主要对工程质量是否符合设计和规范要求及总体质量水平进行评价。

（4）进行单位（子单位）工程质量竣工验收时，施工单位应同时填报"单位（子单位）工程质量控制资料核查记录"、"单位（子单位）工程安全和功能检验资料核查及主要功能抽查记录"、"单位（子单位）工程观感质量检查记录"，作为"单位（子单位）工程质量竣工验收记录"的附表。工程观感质量检查情况由各方共同形成结论性意见。

5．单位（子单位）工程观感质量检查记录

（1）验收由总监理工程师（建设单位项目负责人）组织，不少于 3 名专业监理工程师参加，并有建设单位项目负责人、施工单位的项目经理及其相应技术、质量部门负责人，以及分包单位的项目经理及其技术、质量部门的人员等组成工程观感质量的检查验收评价小组。

（2）具体受检项目的检查内容和部位、数量由评价小组协商确定。

（3）工程观感质量的验收评价等级由验收评价小组成员通过现场检查共同确认。

三、施工检测、试验资料

施工检测、试验资料是施工阶段各方责任主体在工程施工过程中，为保证原材料、半成品、成品和设施、设备性能而采取第三方检验手段加以证明形成资料的统称。主要包括各种性能检验报告等。

（1）水（气）压试验记录。

试验包括：给水、热水、采暖、消防、燃气、中水及游泳池水系统等系统项目的单项和系统两个方面，以及上述系统中的阀门、散热器、密闭水箱（罐）、风机盘管设备（容器）等。

（2）室内管道灌水和非承压容器满水试验记录。

① 隐蔽或埋地的排水管道和安装在室内的雨水管道安装完成后，必须进行灌水试验。

② 非承压容器（如给水水箱、膨胀水箱、卫生器具等），必须进行满水试验。

（3）管道通水试验记录。

室内外给水管道系统、热水供应管道系统、排水管道、卫生器具、中水及游泳池水系统、地漏及地面清扫口等完成后，应分系统、区段进行通水试验。

（4）室内排水管道通球试验记录。

为确保室内排水管道正常畅通，防止堵塞，排水管道经通水试验合格后，还需进行通球试验。

（5）管道（设备）吹（冲）洗记录。

① 给水、热水、采暖、消防、燃气、中水及游泳池水系统及设计有要求的管道在安装完成后，必须进行冲洗，介质为气体的应进行吹（冲）洗。设计有要求时还应做脱脂处理。

② 生活给水管道冲洗前应进行消毒。

（6）室内消火栓试射试验记录。

系统安装完成后应取屋顶层（或水箱间内）试验消火栓和首层 2 处消火栓做试射试验。

（7）采暖系统调试记录。

系统冲洗完毕应充水、加热，进行试运行和调试。

（8）安全阀调整试验记录。

① 安装过程中，所有安全阀的定压和调整应符合规范规定。

② 锅炉上装有两个安全阀时，其中一个按规范规定较高值定压，另一个按较低值定压。装有一个安全阀时，应按较低值定压。

③ 定压工作完成后，应做一次安全阀自动排气试验，启动合格后应加锁或铅封，同时记录正确的开启压力、回座压力。

（9）设备单机试运转及调试记录。

对安装的设备在运行前应进行单机试运转及调试，以检查设备是否符合规范及设计要求和是否满足运行条件。

（10）安全附件安装检查记录。

锅炉的压力表、安全阀、水位计、报警装置等在进行启动、联动试验时，均应做好记录。

（11）整体锅炉煮炉记录。

锅炉安装完成后，在试运行前应进行煮炉试验，包括煮炉的药量及成分（煮炉采用的药剂、用量和配制，应按设计要求进行）、加药程序、蒸汽压力、升降温控制、煮炉时间及煮后的清洗、除垢。

（12）整体锅炉 48 h 负荷运行记录。

① 锅炉在烘炉、煮炉合格后应进行 48 h 带负荷连续试运行；

② 锅炉试运行升火温度不宜过快，防止各部受热不均，产生过大的压应力。当温升达到锅炉的工作压力的运行过程中，应观察下列情况的变化，并做调整和处理：a. 水位表的变化；b. 观察和复核安全阀的正常压力；c. 检查各转动部位的运转情况和油位、轴承温升及运行电机的电流、振动等是否正常；d. 检查锅炉供水循环水系统和集气排气装置是否可靠；e. 检查完毕使锅炉及附属各配件、设备的系统达到正常，协调运行，并连续试运行 48 h 后，均无异常现象即为合格。

（13）避雷带支持件拉力测试记录。

避雷带支持件施工完成后，应进行垂直拉力测试，施工单位应在监理（建设）单位专业人员旁站情况下逐个测试。支持件承受的垂直拉力应大于 49 N。

（14）电气等电位联结测试记录。

等电位联结分为总等电位联结、局部等电位联结、辅助等电位联结等。

等电位联结应做导通测试和接地电阻测试,并应符合设计要求和规范规定。

(15) 电气绝缘电阻测试记录。

电气线路、设备、器具等在敷设(安装)前或敷设(安装)后,必须按规范规定进行绝缘电阻测试并记录。

(16) 电气接地电阻测试记录。

电气接地工程完成后,应按类别、组别和系统进行接地电阻测试。测试结果必须符合设计要求和规范规定。

(17) 漏电保护器检测记录。

漏电保护器在安装前应做整定,安装后要做模拟动作试验;用漏电开关检测仪检测其动作电流值和脱扣时间;通电后通过试验按钮或插座检验器检查动作可靠性,检测过程应记录。

(18) 电气照明通电试运行记录。

建筑电气工程竣工后、交付使用前应进行通电试验及全负荷试运行,检验器具、仪表的安装、接线、相序及电气系统的负荷等是否符合规范规定和设计要求。

(19) 大型灯具安装过载试验记。

大型灯具(设计无要求的、质量在 5 kg 以上的灯具)在预埋螺栓、吊钩、吊杆或吊顶上嵌入式安装专用骨架等物件上安装时,应全数按不小于 2 倍的灯具质量做荷载试验,试验时间不小于 15 min。

(20) 风管系统检测记录。

风管制作完成后,应进行风管强度压力试验并记录。抽查方法按风管系统类别和材质分别抽查,不得小于 3 件及 15 m²。

(21) 风管系统漏风量检测记录。

风管系统安装完成后,应按设计要求及规范规定进行风管系统漏风量测试并记录。

(22) 中、低压风管系统漏光检测记录。

风管系统安装完成后,应按设计要求及规范规定进行风管漏光测试并记录。

(23) 风机盘管水压试验记录。

风机盘管安装前应进行水压检漏试验并记录。

(24) 制冷系统气密性试验记录。

① 现场安装和充注制冷剂管路应进行强度、气密性及真空试验并记录。

② 组装式制冷机组和现场充注制冷剂的机组应进行吹污、气密性试验和充注制冷剂检漏试验并记录。

(25) 净化空调系统风管清洗记录。

净化空调系统风管制作完成后,应进行清洗并记录。

(26) 现场组装除尘器、空调机漏风检测记录。

现场组装的除尘器壳体、组合式空气调节机组应做漏风量的检测并记录。

(27) 风口平衡试验(调整)记录。

通风与空调工程在无生产负荷联合试运转时,应分系统将同一系统内的各测点(风口)的风速风量进行测试和调整并记录。

① 风口平衡试验(调整)记录,应填写每个风口风速的实测值,计算填写每个风口风速

的平均值,并进一步计算填写每个风口的风量实测值,计算填写设计风量和实测风量的偏差。

② 系统经过平衡(调整),各风口或吸风罩的风量必须满足设计要求或规范规定,与设计风量的允许偏差不应大于15%,不符合要求的应重新调整。

(28)通风空调设备单机试运转及调试记录。

① 在系统调试前,应对通风机、空调机组中的风机、冷却塔本体、制冷机组、单元式空调机组、电控防火、防排烟阀(口)等设备型号、规格进行复核,进行单机试运转和调试,并记录。

② 水泵、风机、空调机组、风冷热泵等设备单独试运行时均应符合设计要求和规范规定。

(29)通风空调系统无负荷联合试运转及调试记录。

通风与空调工程进行无负荷下的联合试运转及调试时,应对系统总风量、冷热水总流量、冷却水总流量进行测量、调整,并对各室内温度、相对湿度及其与设计值的最大偏差等进行测量、调整,并记录。

(30)防排烟系统联合试运行记录。

在防排烟系统联合试运行和调试过程中,应对测试楼层及其上、下2层的排烟系统中的排烟风口、正压送风系统的送风口进行联动调试,并对各风口的风速、风量进行测量调整,对正压送风口的风压进行测量调整,并记录。

(31)电梯具备运行条件时,应对电梯轿厢的运行平层准确度进行测量,并记录。

(32)电梯层门安装完成后,应对每一扇层门的安全装置进行检查确认,并记录。

(33)电梯安装完毕,应进行电梯电气接地电阻测试和电梯电气绝缘电阻测试,并记录;调试运行时,由安装单位对电梯的电气安全装置进行检查确认,并记录。

(34)电梯调试结束后,在交付使用前,由安装单位对电梯的整机运行性能和主要功能进行检查试验,并记录。

(35)电梯调试时,由安装单位对电梯的运行负荷、试验曲线和平衡系数进行检查试验,并填写相关记录。

(36)电梯具备运行条件时,应对电梯轿厢内、机房、轿厢门、层站门的运行噪声进行测试,并记录。

(37)自动扶梯、自动人行道安装完毕后,安装单位应对其安全装置、运行速度、噪声、制动器等功能进行测试,并记录。

(38)建筑智能工程系统的试运行、检测报告。

第六节　主要质量通病防治

一、卫生间局部等电位联结做法不规范

通病表现形式:等电位联结做法不正确或局部漏做,不能起到等电位保护作用。

主要治理措施:

(1)设计单位应明确住宅卫生间局部等电位联结所选用的标准图集。

(2)楼板内钢筋网应与等电位联结线连通,墙体为混凝土墙时,墙内钢筋网宜与等电位联结线连通。

（3）下列部位应进行等电位联结：金属陶瓷浴盆及金属管道；淋浴供水用的金属管道；洗脸盆下与金属排水管道相连的金属有水弯；金属给排水立管。

（4）散热器的支管为金属材料时，支管应进行局部等电位联结；散热器的支管为非金属材料时，散热器应进行局部等电位联结。

（5）洗脸盆金属支托架固定与混凝土墙内钢筋相连时，金属支托架应进行局部等电位联结。

（6）卫生间、浴室内无 PE 线，浴室内的局部等电位联结不得与浴室外的 PE 线相连；如浴室内有 PE 线，浴室内的局部等电位联结必须与该 PE 线相连。

（7）等电位联结线应采用截面积不小于 4 mm² 铜芯软导线，导线压接应采用接线端子并进行搪锡处理，压接螺丝应为热镀锌材料，弹簧垫圈、平垫圈应齐全并压接牢固。

（8）等电位箱内端子板材质及规格应满足设计要求，表面应进行搪锡处理。

（9）卫生间等局部等电位联结施工完成后，应全数做导通测试并形成记录。

二、电气暗配管不通，管内穿线"死线"，金属线管有毛刺

通病表现形式：电线导管出现扁折、断开、不通，金属线管断口处有毛刺导致无法穿线或穿线困难，使导线绝缘层损坏，造成电气不通或跳闸。

主要治理措施：

（1）塑料管及配件的壁厚和外观质量应符合《建筑用绝缘电工套管及配件》(JG 3050—1998)的要求。

（2）导管敷设后引出地面部位、转弯部位应及时采取防止导管扁、折、断开的措施，配管接口部位应增加防止断裂的加固措施。

（3）焊接钢管敷设前应按规定进行防腐处理。

（4）金属导管煨弯使用的弯管器或模具应与导管管径及其弯曲半径相匹配，并应由熟练的技术工人操作。

（5）导管敷设后在管口端用拉动法检查铁丝引线应灵活，否则应整改或返工。

（6）金属导管禁止对口焊接，镀锌和壁厚小于 2 mm 的钢管不得套管焊接。应根据不同的钢管、不同的敷设方式，采用管接头连接、套管连接等。

（7）金属导管末端的管口及中间连接的管口均应打磨光滑，较大管径的管口应打磨成喇叭口或磨光。

（8）配管施工完成并经检查验收合格后，应对管口采取可靠措施封堵。

（9）管内穿线应在抹灰完成后进行，穿线时应采取有效措施确保线管内无积水或杂物。

（10）穿线时应在管口上套护口帽，防止导线划伤，杜绝先穿线后套护口的做法。配管内导线总截面积不应大于管内截面积的 40%。

三、户内配电箱安装及配线不规范，存在安全隐患

通病表现形式：配电箱安装高度不符合要求，进线保护管管口位置不规范，箱、盘内配线压接不牢固；多股线随意剪芯线，搪锡处理差；回路标识不清；漏电开关动作不灵敏。

主要治理措施：

（1）住宅配电箱下沿距地高度不应低于 1.5 m，如不能满足时应采取防护措施。

（2）照明箱（盘）内，应分别设置零线（N）和保护地线（PE 线）汇流排，零地排截面应大于零、地线最大截面积，零线和保护地线经汇流排配出。

（3）电线（缆）保护管进入箱、盘时，应按对应的开关、设备位置布置管口的排列顺序。

（4）导线应连接紧密，压接牢固，不伤芯线，不得剪去线芯。同一端子上导线压接不多于 2 根，且导线截面积相同，防松垫圈等配件齐全。PE、N 汇流排导线应按顺时针压接。

（5）开关回路标识应齐全，编号应对应。

（6）配电箱内漏电开关应逐一进行测试，并形成记录。

四、地漏安装不规范，水封深度不足

通病表现形式：地漏标高控制不准确，地面坡度不符合要求，排水不畅；地漏水封深度不足，有害气体外泄等。

主要治理措施：

（1）施工图纸设计中应明确地漏型号及规格；洗衣机地漏须使用专用地漏或直通式地漏，直通式地漏的支管应增加返水弯，返水弯水封深度不小于 50 mm。

（2）施工前应根据基准线标高及地漏所处位置并结合地面坡度要求确定地漏安装标高，保证地漏安装在地面最低处，地漏顶面应低于地面面层 5 mm，水封深度应不小于 50 mm。

（3）已安装完毕的地漏应采取有效保护措施防止堵塞。

五、散热器安装不规范，散热器支管渗漏

通病表现形式：散热器安装固定不牢，支管少支架，管件接口易发生漏水。

主要治理措施：

（1）散热设备、管材、管件应相匹配，并应按要求进行检验。

（2）散热器支架、托架安装构造正确，埋设牢固，位置准确。

（3）散热器支管长度超过 1.5 m 时，应在支管上安装管卡；塑料管应在转弯处安装管卡，在阀门处安装固定支架；散热器及支管坡度坡向正确。

（4）隐蔽安装的采暖管道在墙、地面上应标明其位置和走向。

（5）散热器背面与装饰后的墙内表面安装距离应符合设计或产品说明书要求，如无要求时，应为 30 mm，距窗台不应小于 50 mm；距地面高度设计无要求时，挂装应为 150～200 mm；卫生间散热器底部距地不应小于 200 mm，散热器排气阀的排气孔应向外斜 45°安装。

（6）管道连接应符合下列要求：

① 采用丝接方式连接的管道，套丝时不得出现断丝、缺丝、乱丝，连接后外露 2～3 扣，并应清理干净，做好防腐处理。

② 采用热熔方式连接的管道，管材与管件应使用同一厂家的材料，切割管材应平整并垂直于管材轴线，热熔时操作环境、加热温度、加热时间及熔焊深度均应严格控制。

③ 塑料管道与金属管道、阀门连接时应采用专用工具、专用管件。

（7）散热器及配管水压试验应在逐户试验合格的基础上进行系统试压，并形成记录。

第七节 主要技术标准规范强制性条文

一、给水排水及采暖工程

《建筑给水排水及采暖工程施工质量验收规范》（GB 50242—2002）

第 3.3.3 条 地下室或地下构筑物外墙有管道穿过的，应采取防水措施。对有严格防水要求的建筑物,必须采用柔性防水套管。

第3.3.16条　各种承压管道系统和设备应做水压试验,非承压管道系统和设备应做灌水试验。

第4.2.3条　生活给水系统管道在交付使用前必须冲洗和消毒,并经有关部门取样检验,符合国家《生活饮用水标准》方可使用。

检验方法:检查有关部门提供的检测报告。

第4.3.1条　室内消火栓系统安装完成后应取屋顶层(或水箱间内)试验消火栓和首层取二处消火栓做试射试验,达到设计要求为合格。

检验方法:实地试射检查。

第5.2.1条　隐蔽或埋地的排水管道在隐蔽前必须做灌水试验,其灌水高度应不低于底层卫生器具的上边缘或底层地面高度。

检验方法:满水15 min水面下降后,再灌满观察5 min,液面不降,管道及接口无渗漏为合格。

第8.2.1条　管道安装坡度,当设计未注明时,应符合下列规定:

(1) 气、水同向流动的热水采暖管道和汽、水同向流动的蒸汽管道及凝结水管道,坡度应为3‰,不得小于2‰。

(2) 气、水逆向流动的热水采暖管道和汽、水逆向流动的蒸汽管道,坡度不应小于5‰。

(3) 散热器支管的坡度应为1%,坡向应利于排气和泄水。

检验方法:观察,水平尺、拉线、尺量检查。

第8.3.1条　散热器组对后,以及整组出场的散热器在安装之前应做水压试验。试验压力如设计无要求时应为工作压力的1.5倍,但不小于0.6 MPa。

检验方法:试验时间为2～3 min,压力不降且不渗不漏。

第8.5.1条　地面下敷设的盘管埋地部分不应有接头。

检验方法:隐蔽前现场查看。

第8.5.2条　盘管隐蔽前必须进行水压试验,试验压力为工作压力的1.5倍,但不小于0.6 MPa。

检验方法:稳压1 h内压力降不大于0.05 MPa且不渗不漏。

第8.6.1条　采暖系统安装完毕,管道保温之前应进行水压试验。试验压力应符合设计要求。当设计未注明时,应符合下列规定:

(1) 蒸汽、热水采暖系统,应以系统顶点工作压力加0.1 MPa做水压试验,同时在系统顶点的试验压力不小于0.3 MPa。

(2) 高温热水采暖系统,试验压力应为系统顶点工作压力加0.4 MPa。

(3) 使用塑料管及复合管的热水采暖系统,应以系统顶点工作压力加0.2 MPa做水压试验,同时在系统顶点的试验压力不小于0.4 MPa。

检验方法:使用钢管及复合管的采暖系统应在试验压力下10 min内压力降不大于0.02 MPa,降至工作压力后检查,不渗、不漏。使用塑料管的采暖系统应在试验压力下1 h内压力降不大于0.05 MPa,然后降压至工作压力的1.15倍,稳压2 h,压力降不大于0.03 MPa,同时各连接处不渗、不漏。

第8.6.3条　系统冲洗完毕应充水、加热,进行试运行和调试。

检验方法:观察、测量室温应满足设计要求。

第 9.2.7 条 给水管道在竣工后,必须对管道进行冲洗,饮用水管道还要在冲洗后进行消毒,满足饮用水卫生要求。

检验方法:观察冲洗水的浊度,查看有关部门提供的检验报告。

第 10.2.1 条 排水管道的坡度必须符合设计要求,严禁无坡或倒坡。

检验方法:用水准仪、拉线和尺量检查。

第 11.3.3 条 管道冲洗完毕应通水、加热,进行试运行和调试。当不具备加热条件时,应延期进行。

检验方法:测量各建筑物热力入口处供回水温度及压力。

第 13.2.6 条 锅炉的汽、水系统安装完毕后,必须进行水压试验。水压试验的压力应符合表 13.2.6 的规定。

表 13.2.6 水压试验压力规定

项 次	设备名称	工作压力 P/ MPa	试验压力/MPa
1	锅炉本体	$P<0.59$	1.5P 但不小于 0.2
		$0.59 \leqslant P \leqslant 1.18$	P+0.3
2	可分式省煤器	$P>1.18$	1.25P
		P	1.25P+0.5
3	非承压锅炉	大气压力	0.2

注:① 工作压力 P 对蒸汽锅炉指锅筒工作压力,对热水锅炉指锅炉额定出水压力;

② 铸铁锅炉水压试验同热水锅炉;

③ 非承压锅炉水压试验压力为 0.2 MPa,试验期间压力应保持不变。

检验方法:

① 在试验压力下 10 min 内压力降不超过 0.02 MPa;然后降至工作压力进行检查,压力不降,不渗、不漏。

② 观察检查,不得有残余变形,受压元件金属壁和焊缝上不得有水珠和水雾。

第 13.4.1 条 锅炉和省煤器安全阀的定压和调整应符合表 13.4.1 的规定。锅炉上装有两个安全阀时,其中的一个按表中较高值定压,另一个按较低值定压。装有一个安全阀时应按较低值定压。

表 13.4.1 安全阀定压规定

项次	工作设备	安全阀开启压力/ MPa
1	蒸汽锅炉	工作压力+0.02
		工作压力+0.04
2	热水锅炉	1.12 倍工作压力,但不少于工作压力+0.07
3	省煤器	1.14 倍工作压力,但不少于工作压力+0.10
		1.1 倍工作压力

检验方法:检查定压合格证书。

第 13.4.4 条 锅炉的高、低水位报警器和超温、超压报警器及联锁保护装置必须按设计要求安装齐全和有效。

检验方法:启动、联动试验并做好试验记录。

第 13.5.3 条　锅炉在烘炉、煮炉合格后,应进行 48 h 的带负荷连续试运行,同时应进行安全阀的热状态定压检验和调整。

检验方法:检查烘炉、煮炉及试运行全过程。

第 13.6.1 条　热交换器应以最大工作压力的 1.5 倍做水压试验,蒸汽部分应不低于蒸汽供汽压力加 0.3 MPa;热水部分应不低于 0.4 MPa。

检验方法:在试验压力下,保持 10 min 压力不降。

二、通风和空调工程

《通风与空调工程施工质量验收规范》(GB 50243—2002)

第 4.2.3 条　防火风管的本体、框架与固定材料、密封垫料必须为不燃材料,其耐火等级应符合设计的规定。

检查数量:按材料与风管加工批数量抽查 10%,不应少于 5 件。

检查方法:查验材料质量合格证明文件、性能检测报告,观察检查与点燃试验。

第 4.2.4 条　复合材料风管的覆面材料必须为不燃材料,内部的绝热材料应为不燃或难燃 B_1 级,且对人体无害的材料。

检查数量:按材料与风管加工批数量抽查 10%,不应少于 5 件。

检查方法:查验材料质量合格证明文件、性能检测报告,观察检查与点燃试验。

第 5.2.4 条　防爆风阀的制作材料必须符合设计规定,不得自行替换。

检查数量:全数检查。

检查方法:核对材料品种、规格,观察检查。

第 5.2.7 条　防排烟系统柔性短管的制作材料必须为不燃材料。

检查数量:全数检查。

检查方法:核对材料品种的合格证明文件。

第 6.2.1 条　在风管穿过需要封闭的防火、防爆的墙体或楼板时,应设预埋管或防护套管,其钢板厚度不应小于 1.6 mm. 。风管与防护套管之间,应用不燃且对人体无危害的柔性材料封堵。

检查数量:按数量抽查 20%,不得少于 1 个系统。

检查方法:尺量、观察检查。

第 6.2.2 条　风管安装必须符合下列规定:

(1)风管内严禁其他管线穿越。

(2)输送含有易燃、易爆气体或安装在易燃、易爆环境的风管系统应有良好的接地,通过生活区或其他辅助生产房间时必须严密,并不得设置接口。

(3)室外立管的固定拉索严禁拉在避雷针或避雷网上。

检查数量:按数量抽查 20%,不得少于 1 个系统。

检查方法:手扳、尺量、观察检查。

第 6.2.3 条　输送空气温度高于 80 ℃ 的风管,应按设计规定采取防护措施。

检查数量:按数量抽查 20%,不得少于 1 个系统。

检查方法:观察检查。

第7.2.2条 通风机传动装置的外露部位以及直通大气的进、出口,必须装设防护罩(网)或采取其他安全设施。

检查数量:全数检查。

检查方法:依据设计图核对、观察检查。

第7.2.7条 静电空气过滤器金属外壳接地必须良好。

检查数量:按总数抽查20%,不得少于1台。

检查方法:核对材料、观察检查或电阻测定。

第7.2.8条 电加热器的安装必须符合下列规定:

(1)电加热器与刚构架间的绝热层必须为不燃材料;接线柱外露的应加设安全防护罩。

(2)电加热器的金属外壳接地必须良好。

(3)连接电加热器的风管的法兰垫片,应采用耐热不燃材料。

检查数量:按总数抽查20%,不得少于1台。

检查方法:核对材料、观察检查或电阻测定。

第8.2.6条 燃油管道系统必须设置可靠的防静电接地装置,其管道法兰应采用镀锌螺栓连接或在法兰处用铜导线进行跨接,且接合良好。

检查数量:系统全数检查。

检查方法:观察检查、查阅试验记录。

第8.2.7条 燃气系统管道与机组的连接不得使用非金属软管。燃气管道的吹扫和压力试验应为压缩空气或氮气,严禁用水。当燃气供气管道压力大于0.005 MPa时,焊缝的无损检测的执行标准应按设计规定。当设计无规定,且采用超声波探伤时,应全数检测,以质量不低于Ⅱ级为合格。

检查数量:系统全数检查。

检查方法:观察检查、查阅探伤报告和试验记录。

第11.2.1条 通风与空调工程安装完毕,必须进行系统的测定和调整(简称调试)。系统调试应包括下列项目:

(1)设备单机试运转及调试。

(2)系统无生产负荷下的联合试运转及调试。

检查数量:全数。

检查方法:观察、旁站、查阅调试记录。

第11.2.4条 防排烟系统联合试运行与调试的结果(风量及正压),必须符合设计与消防的规定。

检查数量:按总数抽查10%,且不得少于2个楼层。

检查方法:观察、旁站、查阅调试记录。

三、建筑电气工程

《建筑电气工程施工质量验收规范》(GB 50303—2002)

第3.1.7条 接地(PE)或接零(PEN)支线必须单独与接地(PE)或接零(PEN)干线相连接,不得串联连接。

第3.1.8条 高压的电气设备和布线系统及继电保护系统的交接试验,必须符合现行国家标准《电气装置安装工程电气设备交接试验标准》(GB 50150)的规定。

第 4.1.3 条　变压器中性点应与接地装置引出干线直接连接,接地装置的接地电阻值必须符合设计要求。

第 7.1.1 条　电动机、电加热器及电动执行机构的可接近裸露导体必须接地(PE)或接零(PEN)。

第 8.1.3 条　柴油发电机馈电线路连接后,两端的相序必须与原供电系统的相序一致。

第 9.1.4 条　不间断电源输出端的中性线(N 极),必须与由接地装置直接引来的接地干线相连接,做重复接地。

第 11.1.1 条　绝缘子的底座、套管的法兰、保护网(罩)及母线支架等可接近裸露导体应接地(PE)或接零(PEN)可靠。不应作为接地(PE)或接零(PEN)的接续导体。

第 12.1.1 条　金属电缆桥架及其支架和引入或引出的金属电缆导管必须接地(PE)或接零(PEN)可靠,且必须符合下列规定:

(1) 金属电缆桥架及其支架全长不少于 2 处与接地(PE)或接零(PEN)干线相连接。

(2) 非镀锌电缆桥架间连接板的两端跨接铜芯接地线,接地线最小允许截面积不小于4 mm^2。

(3) 镀锌电缆桥架间连接板的两端不跨接接地线,但连接板两端不少于 2 个有防松螺帽或防松垫圈的连接固定螺栓。

第 13.1.1 条　金属电缆支架、电缆导管必须接地(PE)或接零(PEN)可靠。

第 14.1.2 条　金属导管严禁对口熔焊连接;镀锌和壁厚小于等于 2 mm 的钢导管不得套管熔焊连接。

第 15.1.1 条　三相或单相的交流单芯电缆,不得单独穿于钢导管内。

第 19.1.2 条　花灯吊钩圆钢直径不应小于灯具挂销直径,且不应小于 6 mm。大型花灯的固定及悬吊装置,应按灯具重量的 2 倍做过载试验。

第 19.1.6 条　当灯具距地面高度小于 2.4 m 时,灯具的可接近裸露导体必须接地(PE)或接零(PEN)可靠,并应有专用接地螺栓,且有标识。

第 21.1.3 条　建筑物景观照明灯具安装应符合下列规定:

(1) 每套灯具的导电部分对地绝缘电阻值大于 2 MΩ。

(2) 在人行道等人员来往密集场所安装的落地式灯具,无围栏防护,安装高度距地面2.5 m 以上。

(3) 金属构架和灯具的可接近裸露导体及金属软管的接地(PE)或接零(PEN)可靠,且有标识。

第 22.1.2 条　插座接线应符合下列规定:

(1) 单相两孔插座,面对插座的右孔或上孔与相线连接,左孔或下孔与零线连接;单相三孔插座,面对插座的右孔与相线连接,左孔与零线连接。

(2) 单相三孔、三相四孔及三相五孔插座的接地(PE)或接零(PEN)线接在上孔。插座的接地端子不与零线端子连接。同一场所的三相插座,接线的相序一致。

(3) 接地(PE)或接零(PEN)线在插座间不串联连接。

第 24.1.2 条　测试接地装置的接地电阻值必须符合设计要求。

四、电梯安装工程

《电梯工程施工质量验收规范》(GB 50310—2002)

第 4.2.3 条　井道必须符合下列规定：

（1）当底坑底面下有人员能到达的空间存在，且对重（或平衡重）上未设有安全钳装置时，对重缓冲器必须能安装在（或平衡重运行区域的下边必须）一直延伸到坚固地面上的实心桩墩上。

（2）电梯安装之前，所有层门预留孔必须设有高度不小于 1.2 m 的安全保护围封，并应保证有足够的强度。

（3）当相邻两层门地坎间的距离大于 11 m 时，其间必须设有井道安全门，井道安全门严禁向井道内开启，且必须装有安全门处于关闭时电梯才能运行的电气安全装置。当相邻轿厢间有相互救援用轿厢安全门时，可不执行本条款。

第 4.5.2 条　层门强迫关门装置必须动作正常。

第 4.5.4 条　层门锁钩必须动作灵活，在证实锁紧的电气安全装置动作之前，锁紧元件的最小啮合长度为 7 mm。

第 4.8.1 条　限速器动作速度整定封记必须完好，且无拆动痕迹。

第 4.8.2 条　当安全钳可调节时，整定封记应完好，且无拆动痕迹。

第 4.9.1 条　绳头组合必须安全可靠，且每个绳头组合必须安装防螺母松动和脱落的装置。

第 4.10.1 条　电气设备接地必须符合下列规定：

（1）所有电气设备及导管、线槽的外露可导电部分均必须可靠接地（PE）。

（2）接地支线应分别直接接至接地干线接线柱上，不得相互连接后再连接。

第 4.11.3 条　层门与轿门的试验必须符合下列规定：

（1）每层层门必须能够用三角钥匙正常开启；

（2）当一个层门或轿门（在多扇门中任何一扇门）非正常打开时，电梯严禁启动或继续运行。

第 6.2.2 条　在安装之前，井道周围必须设有保证安全的栏杆或屏障，其高度严禁小于 1.2 m。

五、智能建筑工程

《智能建筑工程质量验收规范》（GB 50339—2003）

第 7.2.6 条　检测消防控制室向建筑设备监控系统传输、显示火灾报警信息的一致性和可靠性，检测与建筑设备监控系统的接口、建筑设备监控系统对火灾报警的响应及其火灾运行模式，应采用在现场模拟发出火灾报警信号的方式进行。

第 7.2.9 条　新型消防设施的设置情况及动能检测应包括：

（1）早期烟雾探测火灾报警系统。

（2）大空间早期火灾智能检测系统、大空间红外图像矩阵火灾报警及灭火系统。

（3）可燃气体泄漏报警及联动控制系统。

第 7.2.11 条　安全防范系统中相应的视频安防监控（录像、录音）系统、门禁系统、停车场（库）管理系统等对火灾报警的响应及火灾模式操作等功能的检测，应采用在现场模拟发出火灾报警信号的方式进行。

第 11.1.7 条　电源与接地系统必须保证建筑物内各智能化系统的正常运行和人身、设备安全。

第九章　市政、园林工程质量监督

第一节　概　　述

市政基础设施工程是为全社会服务的公共设施,类型多、投资大,是各级政府投资建设的重要方面。工程实体质量的优劣,与城市的正常运转和人民群众生产、生活密切相关。市政工程的质量特性必须达到适用、安全、耐久、经济等基本要求,其中最基本的是工程使用功能和使用安全。保证工程建设符合国家技术标准,确保工程建设达到预期的使用功能和使用安全,是市政工程质量监督管理的基本任务。

市政工程实体质量监督是指工程质量监督机构(以下简称监督机构)依据经审查合格的施工图设计文件、工程建设强制性标准,对施工过程中的工程质量控制资料和实体质量进行监督检查的活动。

对市政工程实体质量的监督,采取抽查施工作业面的施工质量与对关键工序、关键部位重点检查相结合的方式。对市政工程实体质量的监督要突出结构安全和使用功能,重点是地基基础、主体结构及其他涉及结构安全的关键部位是否符合施工图设计文件、工程建设强制性标准要求,并应当设置质量监督控制点。当施工单位施工至质量监督控制点时,必须提前由总监(总监代表)通知质监人员到现场进行监督检查。

对市政工程实体质量检查的同时,要抽查施工、监理等单位有关保证结构安全和使用功能的质量控制资料,重点是涉及结构安全和使用功能的主要材料、构配件和设备的出厂合格证、试验报告、见证取样送检资料以及功能性检测资料。

实体质量监督检查要辅以必要的监督抽测。监督抽测是指监督机构在施工现场使用便携式仪器、设备随机对工程实体及建筑材料、构配件和设备进行的抽样检测。监督抽测的目的是验证材料、构配件、设备及工程实体的质量情况。监督抽测的时间应随机进行,也可根据工程进度和规范要求对某部位或单体进行抽测。

第二节　工程实体质量监督要点

一、道路工程

(1) 监督机构应对下列内容进行重点抽查:

① 路基、基层、面层的施工质量、检测试验、隐蔽验收;

② 结构层厚度、强度、压实度、弯沉(设计有要求时),混凝土面层强度、沥青混合料面层马歇尔稳定度等涉及道路结构稳定的重要指标;

③ 路面的高程、平整度、抗滑性能、宽度等涉及使用功能的指标值。

(2) 监督机构应对下列内容根据实际情况进行抽查:

人行道、缘石、侧平石、收水井、地下管线、检查井盖等。

(3) 监督检测的项目宜包括:

① 道路压实度、平整度与弯沉值；

② 结构层厚度与强度；

③ 道路几何尺寸；

④ 混凝土预制构件强度；

⑤ 其他需要检测的项目。

二、桥梁工程（含高架桥）

（1）监督机构应对下列内容进行重点抽查：

① 基础工程与主体结构工程的施工质量、试验检测和隐蔽验收；

② 混凝土、钢筋和钢绞线、预应力、钢结构制作与安装及其他涉及结构安全的关键工序验收；

③ 支座、伸缩装置、桥面铺装及其他涉及使用功能的质量验收；

④ 大中型桥梁的成桥鉴定，包括动静载试验、评估报告等。

（2）监督机构应对下列内容根据实际情况进行抽查：

桥面系、安装工程、外观质量、桥梁总体等。

（3）监督检测的项目宜包括：

① 基础与主体结构混凝土强度；

② 主要受力钢筋数量、位置、连接与混凝土保护层厚度；

③ 整体与部位的几何尺寸；

④ 钢结构防腐涂层厚度；

⑤ 其他需要检测的项目。

三、隧道工程（盾构法与明挖、暗挖法）

（1）监督机构应对下列内容进行重点抽查：

① 地基处理与桩基、主体结构的施工质量、试验检测、隐蔽验收；

② 基抗开挖与支护、混凝土、钢筋、钢结构制作与安装、横向联络通道、结构防水、隧道抗渗堵漏及其他涉及结构安全与耐久性的关键工序验收；

③ 预制管片的单片检漏检测报告和水平拼装验收记录；

④ 基坑位移、地面沉降、隧道轴线、结构限界等与结构安全、使用功能和环境影响相关的重要指标。

（2）监督检测的项目宜包括：

① 结构混凝土强度；

② 主要受力钢筋数量、位置与混凝土保护层厚度；

③ 管片拼装质量；

④ 其他需要检测的项目。

四、给水排水和污水处理工程

（一）给水和污水处理工程

（1）监督机构应对下列内容进行重点抽查：

① 基础与主要构筑物的施工质量、试验检测、隐蔽验收；

② 管线敷设和机电设备安装的施工质量、检测调试；

③ 混凝土、钢筋、预应力、钢结构制作和安装及其他涉及结构安全的关键工序验收；

④ 水池满水试验和消化池、沼气罐的气密性试验。

（2）监督机构应对下列内容根据实际情况进行抽查：

钢结构的连接与防腐、建筑物和构筑物外观质量等。

（3）监督检测的项目宜包括：

① 基础与主体结构的混凝土强度；

② 主要受力钢筋的数量、连接、位置与混凝土保护层厚度；

③ 消化池预埋件安装、密封性能、保温及防腐性能；

④ 机电设备预埋技术性能；

⑤ 其他需要检测的项目。

（二）排水工程

（1）监督机构应对下列内容进行重点抽查：

① 地基处理与管道敷设工程的施工质量、试验检测、隐蔽验收；

② 混凝土、钢筋及其他涉及结构安全的关键工序验收；

③ 管道轴线、管底标高、闭水试验、回填土压实度及其他涉及使用功能的指标值。

（2）监督机构应对下列内容根据实际情况进行抽查：

垫层、检查井内外粉饰、管道接口等。

（3）监督检测的项目宜包括：

① 基础与主体结构混凝土及砂浆强度；

② 主要受力钢筋数量、位置与混凝土保护层厚度；

③ 其他需要检测的项目。

（三）给水管道工程

（1）监督机构应对下列内容进行重点抽查：

① 地基基础处理、管道敷设（铺设、现浇、非开挖）、桥管下部结构、支（吊）架、管道保护、设备保护、设备安装的施工质量、试验检测、隐蔽验收；

② 管道连接、管道防腐层、埋地钢管阴极保护、混凝土、钢筋及其他涉及结构安全与耐久性的关键工序验收。

（2）监督机构应对下列内容根据实际情况进行抽查：

管网系统试验（压力、强度、严密性）、管网吹扫清洗、设备绝缘接地、沟槽回填压实度、设备试运行等。

（3）监督检测的项目宜包括：

① 管道连接；

② 管道防腐层厚度和粘结力；

③ 管道外防腐层检漏；

④ 混凝土强度；

⑤ 主要受力钢筋数量、位置与混凝土保护层厚度；

⑥ 其他需要检测的项目。

五、绿化工程

（1）监督机构应对下列内容进行重点抽查：

① 种植土壤理化性质、种植土层厚度、苗木品种及规格、种植质量、大树移植；

② 园路(广场)路基、基层、面层施工质量,构筑物地基、基础、主体施工质量,隐蔽工程验收,试验检测;

③ 给水管道、排水管道施工质量,给水管道水压试验,雨污合流排水管道闭水试验。

(2) 监督检测的项目宜包括:

① 土壤理化性质化验分析;

② 路基、基层压实度;

③ 结构层厚度与强度,基础与主体结构的混凝土强度、砂浆强度;

④ 其他需检测的项目。

第三节　主要材料、构配件的质量控制

监督机构应抽查涉及工程结构安全和使用功能的主要原材料、构配件、设备的出厂合格证、检测报告、复试报告和见证取样检测报告;抽查由监理工程师签署的原材料、构配件、设备的质量证明文件和同意进场使用的审批文件。对工程中使用的主要原材料、试块、试件质量有怀疑时,实行强制性抽检或委托有相应资质的检测单位进行检测。

一、一般规定

(1) 原材料、成品、半成品、构配件、设备必须有出厂质量合格证书和出厂检(试)验报告,并归入施工技术文件。

(2) 合格证书、检(试)验报告为复印件的必须加盖供货单位印章方为有效,并注明使用工程名称、规格、数量、进场日期、经办人签名及原件存放地点。

(3) 凡使用新技术、新工艺、新材料、新设备的,应有法定单位鉴定证明和生产许可证。产品要有质量标准、使用说明和工艺要求。使用前应按其质量标准进行检(试)验。

(4) 进入施工现场的原材料、成品、半成品、构配件,在使用前必须按现行国家有关标准的规定抽取试样,交由具有相应资质的检测、试验机构进行复试,复试结果合格方可使用。

(5) 对按国家规定只提供技术参数的测试报告,应由使用单位的技术负责人依据有关技术标准对技术参数进行判别并签字认可。

(6) 进场材料凡复试不合格的,应按原标准规定的要求再次进行复试,再次复试的结果合格方可认为该批材料合格,两次报告必须同时归入施工技术文件。

(7) 必须按有关规定实行有见证取样和送检制度,其记录、汇总表纳入施工技术文件。

(8) 总含碱量有要求的地区,应对混凝土使用的水泥、砂、石、外加剂、掺合料等的含碱量进行检测,并按规定要求将报告纳入施工技术文件。

二、水泥

(1) 水泥生产厂家的检(试)验报告应包括后补的 28 d 强度报告。

(2) 水泥使用前复试的主要项目为:胶砂强度、凝结时间、安定性、细度等。试验报告应有明确结论。

三、钢材(钢筋、钢板、型钢)

(1) 钢材使用前应按有关标准的规定,抽取试样做力学性能试验;当发现钢筋脆断,焊接性能不良或力学性能显著不正常等现象时,应对该批钢材进行化学成分检验;如需焊接

时,还应做可焊接性试验,并分别提供相应的试验报告。

(2) 预应力混凝土所用的高强钢丝、钢绞线等张拉钢材,除按上述要求检验外,还应按有关规定进行外观检查。

(3) 钢材检(试)验报告的项目应填写齐全,要有试验结论。

四、沥青

沥青使用前复试的主要项目为:延度、针入度、软化点、老化、粘附性等(视不同的道路等级而定)。

五、涂料

防火涂料应具有经消防主管部门认定的证明材料。

六、焊接材料

应有焊接材料与母材的可焊性试验报告。

七、砌块(砖、料石、预制块等)

用于承重结构时,使用前复试项目为:抗压、抗折强度。

八、砂、石

工程所使用的砂、石应按规定批量取样进行试验。试验项目一般有:筛分析、表观密度、堆积密度和紧密密度含泥量、泥块含量、针状和片状颗粒的总含量等。结构或设计有特殊要求时,还应按要求加做压碎指标值等相应项目试验。

九、混凝土外加剂、掺合料

各种类型的混凝土外加剂、掺合料使用前,应按相关规定中的要求进行现场复试并出具试验报告和掺量配合比试配单。

十、防水材料及粘接材料

防水卷材、涂料,填缝、密封、粘接材料,沥青玛蹄脂、环氧树脂等应按国家相关规定进行抽样试验,并出具试验报告。

十一、防腐、保温材料

其出厂质量合格证书应标明该产品质量指标、使用性能。

十二、石灰

石灰在使用前应按批次取样,检测石灰的氧化钙和氧化镁含量。

十三、水泥、石灰、粉煤灰类混合料

(1) 混合料的生产单位按规定提供产品出厂质量合格证书。

(2) 连续供料时,生产单位出具的合格证书的有效期最长不得超过 7 d。

十四、沥青混合料

沥青混合料生产单位应按同类型、同配比、每批次至少向施工单位提供一份产品质量合格证书。连续生产时,每 2 000 t 提供一次。

十五、商品混凝土

(1) 商品混凝土生产单位应按同配比、同批次、同强度等级提供出厂质量合格证书。

(2) 总含碱量有要求的地区,应提供混凝土碱含量报告。

十六、管材、管件、设备、配件

(1) 厂(场)、站工程成套设备应有产品质量合格证书、设备安装使用说明等。工程竣工后整理归档。

（2）厂（场）、站工程的其他专业设备及电气安装的材料、设备、产品按现行国家或行业相关规范、规程、标准要求进行进场检查、验收，并留有相应文字记录。

（3）进口设备必须配有相关内容的中文资料。

（4）上述（1）、（2）两项供应厂家应提供相关的检测报告。

（5）混凝土管、金属管生产厂家应提供有关的强度、严密性、无损探伤的检测报告。施工单位应依照有关标准进行检查验收。

十七、预应力混凝土张拉材料

（1）应有预应力锚具、连接器、夹片、金属波纹管等材料的出厂检（试）验报告及复试报告。

（2）设计或规范有要求的桥梁预应力锚具，锚具生产厂家及施工单位应提供锚具组装的静载锚固性能试验报告。

十八、混凝土预制构件

（1）钢筋混凝土及预应力钢筋混凝土梁、板、墩、柱、挡墙板等预制构件生产厂家，应提供相应的能够证明产品质量的基本质量保证资料。如：钢筋原材料复试报告、焊（连）接检验报告；达到设计强度值的混凝土强度报告（含 28 d 标养及同条件养护的）；预应力材料及设备的检验、标定和张拉资料等。

（2）一般混凝土预制构件如栏杆、地栿、挂板、防撞墩、小型盖板、检查井盖板、过梁、缘石（侧石）、平石、方砖、树池砌件等，生产厂家应提供出厂合格证书。

（3）施工单位应依照有关标准进行检查验收。

十九、钢结构构件

（1）作为主体结构使用的钢结构构件，生产厂家应依照本规定提供相应的能够证明产品质量的基本质量保证资料。如：钢材的复试报告、可焊性试验报告；焊接（缝）质量检验报告；连接件的检验报告；机械连接记录等。

（2）施工单位应依照有关标准进行检查验收。

二十、其他材料

（1）各种地下管线的各类井室的井圈、井盖、踏步等，应有生产单位出具的质量合格证书。

（2）支座、变形装置、止水带等产品应有出厂质量合格证书和设计有要求的复试报告。

（3）绿化种植材料应有出圃单，外地购进苗木、种子应有检疫合格证。

第四节　工程质量控制资料监督要点

市政工程施工技术资料的收集、整理、组卷应当符合《市政基础设施工程施工技术文件管理规定》（建城〔2002〕221 号）和国家现行标准规范要求。

一、一般规定

（1）实行总承包的工程项目，由总承包单位负责汇集、整理各分包单位编制的有关施工技术文件。

（2）施工技术资料应随施工进度及时整理，要求填写认真、字迹清楚、项目齐全、记录准确、完整真实。

（3）施工技术文件中，应由各岗位责任人签认的，必须由本人签字（不得盖图章或由他人代签）。工程竣工，文件组卷成册后必须由单位技术负责人和法人代表或法人委托人签字并加盖单位公章。

二、监督抽查重点

（一）道路工程

（1）路基质量控制资料监督抽查内容包括：压实度，路基材料检验报告，路基功能性检测报告（如弯沉检测报告等），隐蔽验收记录及监理平行检验资料，质量验收评定记录，软基处理验收记录。

（2）基层质量控制资料监督抽查内容包括：基层材料出厂合格证、检验报告、进场验收（复试）报告，混合料配合比，标准击实试验报告及灰剂量标准曲线报告，压实度检测报告，灰剂量报告，弯沉值检测报告（设计有要求时），无侧限抗压强度检测报告，隐蔽验收记录及监理平行检验资料，质量验收评定记录。

（3）面层质量控制资料监督抽查内容包括：沥青混凝土、水泥混凝土、水泥混凝土面层伸缩缝填料以及土工织物材料出厂合格证、检验报告、进场验收记录，沥青混凝土和水泥混凝土配合比，沥青混凝土马歇尔试验及压实度，水泥混凝土路面的抗压强度和抗折强度，沥青混凝土路面的弯沉值，抗滑性能检测报告，隐蔽工程验收记录及监理平行检验资料，沥青混凝土摊铺记录（测温记录等），质量验收评定记录。

（二）桥梁工程（含高架桥）

（1）桩基质量控制资料监督抽查内容包括：桩基施工方案及方案审批，预制桩和预制桩接桩材料的产品合格证和验收记录、复试报告、试桩报告，灌注桩原材料合格证书、检验报告、进场验收记录、复试报告，桩基施工记录、隐蔽工程验收记录及监理平行检验资料，混凝土强度及评定，桩基检测报告，桩基质量验收记录。

（2）现浇混凝土结构质量控制资料监督抽查内容包括：现浇混凝土结构施工方案、支架模板等专项方案及审批，原材料合格证书、检验报告、进场验收记录、复试报告，混凝土配合比、强度及评定、商品混凝土质量保证资料，现浇混凝土主体工程质量验收记录。

（3）装配式结构质量控制资料监督抽查内容包括：吊装方案及审批，原材料合格证书、检验报告、进场验收记录、复试报告，构件出厂合格证和进场验收记录，吊装记录，构件节点处理，装配式结构主体工程质量验收记录。

（4）砌体结构质量控制资料监督抽查内容包括：原材料合格证书、检验报告、进场验收记录、复试报告，砂浆配合比、砂浆强度检测报告。

（5）钢结构质量控制资料监督抽查内容包括：钢结构桥梁主体施工方案及审批，原材料和半成品合格证、检验报告、进场验收记录、复试报告，高强螺栓连接摩擦面抗滑移系数厂家试验报告和安装前复试报告、焊缝无损检验报告及涂层检测资料，高强螺栓扭矩系数复试报告，焊缝探伤报告、焊接工艺评定，构件安装记录，钢结构主体工程质量验收记录，钢结构防腐层厚度检测报告。

（6）预应力施工质量控制资料监督抽查内容包括：预应力张拉专项方案及审批，原材料、成品（预应力筋、锚具、夹片、波纹管）合格证、检验报告、检查验收记录、复试报告，静载锚固性能试验报告，油泵、千斤顶、压力表的校验报告和配套标定报告，预应力张拉应力值、伸长量、每端滑移量、滑丝量记录，孔道压浆配合比、试块强度、压浆记录，同条件试块强度。

（7）功能性试验资料监督抽查包括：大中型桥梁（或设计有要求）的动静载试验报告。

（三）隧道工程

（1）盾构法隧道质量控制资料监督抽查内容包括：原材料合格证、进场检验记录和复试报告，盾构机械掘进施工记录，管片制作、拼装施工记录，管片抗压和抗渗检测报告，壁后注浆施工记录，监理平行检验记录，隐蔽验收记录，隧道施工验收记录。

（2）矿山法隧道质量控制资料监督抽查内容包括：原材料合格证、进场检验记录和复试，初期支护混凝土抗压、抗渗强度检测报告，初期支护锚杆抗拔力检测报告，钢格栅安装施工记录，防水层施工记录，二次衬砌钢筋绑扎施工记录，二次衬砌混凝土抗压、抗渗强度检测报告，隧道断面检查记录，隐蔽验收记录及监理平行检验记录。

（3）明挖、暗挖法隧道质量控制资料监督抽查内容包括：原材料合格证、进场检验记录和复试报告，基坑支护结构施工方案，地基处理方案及施工记录，底板、边墙、顶板混凝土抗压、抗渗检测报告，隐蔽验收记录及监理平行检验记录。

（四）给水排水和污水处理工程

1. 给水和污水处理工程

（1）地基与基础工程质量控制资料监督抽查内容包括：施工方案及审批，原材料合格证书、检验报告、进场验收记录、复试报告，天然地基验槽记录、人工地基承载力试验检测报告及回填密实度试验报告，桩基成孔、钢筋笼质量、桩位及混凝土强度、桩长、桩径、桩基施工隐蔽工程检查验收记录、桩基检测报告，地基与基础工程验收记录。

（2）构筑物质量控制资料监督抽查内容包括：施工方案及审批，原材料合格证书、检验报告，进场验收记录、复试报告；钢筋加工、成型、安装质量，混凝土配合比报告、抗压、抗渗试验报告、同条件养护试验报告、池体构筑物满水试验报告、池体构筑物沉降观测报告，隐蔽工程检查验收记录，给水、污水处理构筑物工程验收记录。

（3）预应力结构、钢结构、消化池、沼气罐等特殊工程质量控制资料监督抽查内容包括：原材料（预应力钢筋、钢材、连接材料、焊接材料、涂料）合格证书、检验报告、进场报告、进场验收记录、复试报告，预应力张拉施工质量及资料，钢结构工程验收文件，消化池保温、防腐（特别是顶部内衬防腐处理），消化池满水试验、气密性试验，沼气罐沉降观测，沼气罐焊缝质量、无损探伤检测，沼气罐气密性试验，调试记录。

（4）机电设备安装工程质量控制资料监督抽查内容包括：机电设备的订购合同、产品质量合格证书、说明书、运行及保养手册、性能检测报告、符合国家强制性标准（如 CCC 认证）情况、进口产品的商检报告及相关文件、进场开箱验收记录及合格证明文件，设备运行单机调试、联动调试记录，机电设备安装工程验收文件，机电设备基础施工隐蔽记录、地脚螺栓的制作、安装质量验收记录和设备安装质量的抽查。

2. 排水工程

排水工程质量控制资料监督抽查内容包括：施工方案及审批，原材料合格证、检测报告、进场验收记录、复试报告，功能性试验（闭水试验）、变形量检测及管道高程，沟槽回填压实度试验，平基、管座混凝土配合比及抗压强度。

3. 给水管道工程

管道工程质量控制资料监督抽查内容包括：施工方案及审批，原材料及产品（管材、阀门、水泵等)合格证、检测报告、进场验收记录、复试报告、给水卫生许可批件,埋地钢管阴极保护,燃气、热力钢管焊缝探伤检测报告,功能性试验(强度试验、严密性试验)、阀门抽样试验报告,隐蔽工程验收记录及监理平行检验记录。

（五）城市绿化工程

（1）绿化种植质量控制资料监督抽查内容包括:土壤化验分析报告,绿化用地检验批质量验收记录,种植穴、槽挖掘检验批质量验收记录,树木种植检验批质量验收记录,大树移植检验批质量验收记录,草坪、花卉种植检验批质量验收记录,种植材料和播种材料进场验收记录,苗木出圃单,外地购进苗木、种子检疫证,植物成活率统计记录。

（2）附属设施质量控制资料监督抽查内容包括:路基、基层压实度试验记录,路基、基层、面层检验批质量验收记录,基层、面层材料出厂合格证、检验报告、进场复试报告,管道沟槽开挖、回填、管道安装检验批质量验收记录,管沟回填压实度试验记录,给水管道压力试验记录,排水管道闭水试验记录,给水、排水管道出厂合格证、检验报告和进场验收记录,隐蔽工程验收记录。

第五节　主要技术标准规范

一、城镇道路工程施工与质量验收规范（CJJ 1—2008）

（一）编制宗旨

为了加强城镇道路施工技术管理,规范施工要求,统一施工质量检验及验收标准,提高工程质量。

（二）适用范围及主要内容

（1）适用于城镇新建、改建、扩建的道路及广场、停车场等工程的施工和质量检验、验收。

（2）该规范共有18项内容,分别为:① 总则;② 术语、符号及代号;③ 基本规定;④ 施工准备;⑤ 测量;⑥ 路基;⑦ 基层;⑧ 沥青混合料面层;⑨ 沥青贯入式与沥青表面处置面层;⑩ 水泥混凝土面层;⑪ 铺砌式面层;⑫ 广场与停车场面层;⑬ 人行道铺筑;⑭ 人行地道结构;⑮ 挡土墙;⑯ 附属构筑物;⑰ 冬雨期施工;⑱ 工程质量与竣工验收。

（三）强制性条文内容

（1）第3.0.7条:施工中必须建立安全技术交底制度,并对作业人员进行相关的安全技术教育与培训。作业前主管施工技术人员必须向作业人员进行详尽的安全技术交底,并形成文件。

（2）第3.0.9条:施工中,前一分项工程未经验收合格严禁进行后一分项工程施工。

（3）第6.3.3条:人机配合土方作业,必须设专人指挥。机械作业时,配合作业人员严禁处在机械作业和走行范围内。配合人员在机械走行范围内作业时,机械必须停止作业。

（4）第6.3.7条:挖方施工应符合下列规定:

① 挖土时应自上向下分层开挖,严禁掏洞开挖。作业中断或作业后,开挖面应做成稳定边坡。

② 机械开挖作业时,必须避开建(构)筑物、管线,在距管道边1 m范围内应采用人工开挖;在距直埋缆线2 m范围内必须采用人工开挖。

③ 严禁挖掘机等机械在电力架空线路下作业。需在其一侧作业时,垂直及水平安全距离应符合表 6.3.7 的规定。

表 6.3.7　挖掘机、起重机(含吊物、载物)等机械与电力架空线路的最小距离

电压/kV		<1	10	35	110	220	330	500
安全距离/m	沿垂直方向	1.5	3.0	4.0	5.0	6.0	7.0	8.5
	沿水平方向	1.5	2.0	3.5	4.0	6.0	7.0	8.5

(5)第 8.1.2 条:沥青混合料面层不得在雨、雪天气及环境最高温度低于 5 ℃ 时施工。

(6)第 8.2.20 条:热拌沥青混合料路面应待摊铺层自然降温至表面温度低于 50 ℃ 后,方可开放交通。

(7)第 10.7.6 条:在面层混凝土弯拉强度达到设计强度,且填缝完成后,方可开放交通。

(8)第 11.1.9 条:铺砌面层完成后,必须封闭交通,并应湿润养护,当水泥砂浆达到设计强度后,方可开放交通。

(9)第 17.3.8 条:当面层混凝土弯拉强度未达到 1 MPa 或抗压强度未达到 5 MPa 时,必须采取防止混凝土受冻的措施,严禁混凝土受冻。

(四)应了解的内容

(1)本规范修订的主要技术内容是:增加了施工技术要求;对质量验收标准进行了修订。其内容有较大扩充,将城镇道路建设中新发展的项目——广场、人行地道、隔离墩、隔离栅、声屏障等纳入本规范中。

(2)本规范适用于城镇新建、改建、扩建的道路及广场、停车场等工程的施工和质量检验、验收。

(3)沥青混合料面层的概念:用沥青结合料与不同矿料拌制的特粗粒式、粗粒式、中粒式、细粒式、砂粒式沥青混合料铺筑面层的总称。

(4)工程开工前,施工单位应根据合同文件、设计文件和有关的法规、标准、规范、规程,并根据建设单位提供的施工界域内地下管线等构筑物资料、工程水文地质资料等踏查施工现场,依据工程特点编制施工组织设计,并按其管理程序进行审批。遇冬、雨期等特殊气候施工时,应结合工程实际情况,制定专项施工方案,并经审批程序批准后实施。

(5)施工单位应按合同规定的、经过审批的有效设计文件进行施工。严禁按未经批准的设计变更、工程洽商进行施工。

(6)单位工程完成后,施工单位应进行自检,并在自检合格的基础上将竣工资料、自检结果报监理工程师,申请验收。监理工程师应在预验合格后报建设单位申请正式验收。建设单位应以相关规定及时组织相关单位进行工程竣工验收,并应在规定时间内报建设行政主管部门备案。

(7)开工前,建设单位应组织设计、勘测单位向施工单位移交现场测量控制桩、水准点,并形成文件。施工单位应结合实际情况,制定施工测量方案,建立测量控制网、线、点。

（8）施工前应做好量具、器具的检定工作和有关原材料的检验。

（9）施工前,应根据施工组织设计确定的质保计划,确定工程质量控制的单位工程、分部工程、分项工程和检验批,报监理工程师批准后执行,并作为施工质量控制的基础。

（10）开工前施工单位应在合同规定的期限内向建设单位提交测量复核书面报告。经监理工程师签认批准后,方可作为施工控制桩放线测量,建立施工控制网、线、点的依据。

（11）施工前,应根据工程地质勘察报告,对路基土进行天然含水量、液限、塑限、标准击实、CBR 试验,必要时应做颗粒分析、有机质含量、易溶盐含量、冻膨胀和膨胀量等试验。

（12）路基范围内遇有软土地层或土质不良、边坡易被雨水冲刷的地段,当设计未做处理规定时,应按规范办理设计变更,并据此制定专项施工方案。

（13）填方材料的强度（CBR）应符合设计要求,其最小强度值应符合表 9-1 规定。不应使用淤泥、沼泽土、泥炭土、冻土、有机土以及含生活垃圾的土做路基填料。对液限大于50%、塑性指数大于 26、可溶盐含量大于 5%、700 ℃有机质烧失量大于 8%的土,未经技术处理不得用做路基填料。

表 9-1　　　　　　　　　路基填料强度（CRB）的最小值

填方类型	路床顶面以下深度/cm	最小强度/%	
		城市快速路、主干路	其他等级道路
路床	0～30	8.0	6.0
路基	30～80	5.0	4.0
路基	80～150	4.0	3.0
路基	>150	3.0	2.0

（14）不同性质的土应分类、分层填筑,不得混填,填土中大于 10 cm 的土块应打碎或剔除。填土应分层进行,下层填土验收合格后,方可进行上层填筑。路基填土宽度每侧应比设计规定宽 50 cm。路基填筑中宜做成双向横坡,一般土质填筑横坡宜为 2%～3%,透水性小的土类填筑横坡宜为 4%。透水性较大的土壤边坡不宜被透水性较小的土壤所覆盖。

（15）在路基宽度内,每层虚铺厚度应视压实机具的功能确定。人工夯实虚铺厚度应小于 20 cm。

（16）原地面横向坡度在 1∶10～1∶5 时,应先翻松表土以进行填土;原地面横向坡度陡于 1∶5 时应做成台阶形,每级台阶宽度不得小于 1 m,台阶顶面应向内倾斜;在砂土地段可不做台阶,但应翻松表层土。

（17）填土的压实遍数,应按压实度要求,经现场试验确定。碾压应自路基边缘向中央进行,压路机轮外缘距路基边应保持安全距离,压实度应达到要求,且表面应无显著轮迹、翻浆、起皮、波浪等现象。压实应在土壤含水量接近最佳含水量值时进行。其含水量偏差幅度经试验确定。路基压实度标准见表 9-2。

表 9-2　　　　　　　　　　　　　　　　　路基压实度标准

填挖类型	路床顶面以下深度/cm	道路类别	压实度/%（重型击实）	检验频率		检验方法
				范围	点数	
挖方	0～30	城市快速路、主干路	≥95			
		次干路	≥93			
		支路及其他小路	≥90			
填方	0～80	城市快速路、主干路	≥95	1 000 m²	每层3点	环刀法、灌水法或灌砂法
		次干路	≥93			
		支路及其他小路	≥90			
	>80～150	城市快速路、主干路	≥93			
		次干路	≥90			
		支路及其他小路	≥90			
	>150	城市快速路、主干路	≥90			
		次干路	≥90			
		支路及其他小路	≥87			

(18) 当管道位于路基范围内时,其沟槽的回填土压实度应符合现行国家标准《给水排水管道工程施工及验收规范》(GB 50268—2008)的有关规定,凡管顶以上 50 cm 范围内不得用压路机压实。当管道结构顶面至路床的覆土厚度不大于 50 cm 时,应对管道结构进行加固;当管道结构顶面至路床的覆土厚度在 50～80 cm 时,路基压实过程中应对管道结构采取保护或加固措施。

(19) 石方填筑路基应符合下列规定:

① 修筑填石路堤应进行地表清理,先码砌边部,然后逐层水平填筑石料,以确保边坡稳定。

② 施工前应先修筑试验段,以确定能达到最大压实干密度的松铺厚度与压实机械组合,及相应的压实遍数、沉降差等施工参数。

③ 填石路堤宜选用 12 t 以上的振动压路机、25 t 以上的轮胎压路机或 2.5 t 以上的夯锤压(夯)实。

④ 路基范围内管线、构筑物四周的沟槽宜回填土料。

(20) 构筑物沟槽回填:预制涵洞的现浇混凝土基础强度及预制件装配接缝的水泥砂浆强度达 5 MPa 后,方可进行回填。砌体涵洞应在砌体砂浆强度达到 5 MPa,且预制盖板安装后进行回填;现浇钢筋混凝土涵洞,其胸腔回填土宜在混凝土强度达到设计强度 70% 后进行,顶板以上填土应在达到设计强度后进行。涵洞两侧应同时回填,两侧填土高差不得大于 30 cm。对有防水层的涵洞靠防水层部位应回填细粒土,填土中不得含有碎石、碎砖及大于 10 cm 的硬块。

(21) 软土路基处理:

① 软土路基施工应列入地基固结期。应按设计要求进行预压,预压期内除补填因加固沉降引起的补填土方外,严禁其他作业。

② 施工前应修筑路基处理试验路段,以获取各种施工参数。

③ 置换土施工应符合下列要求：

a. 填筑前，应排除地表水，清除腐殖土、淤泥。

b. 填料宜采用透水性土。处于常水位以下部分的填土，不得使用非透水性土壤。

c. 填土应由路中心向两侧按要求分层填筑并压实，层厚宜为 15 cm。

d. 分段填筑时，接茬应按分层做成台阶形状，台阶宽不宜小于 2 m。

④ 当软土层厚度小于 3.0 m，且位于水下或为含水量极高的淤泥时，可使用抛石挤淤，并应符合下列要求：

a. 应使用不易风化石料，石料中尺寸小于 30 cm 粒径的含量不得超过 20%。

b. 抛填方向应根据道路横断面下卧软土地层坡度而定。坡度平坦时自地基中部渐次向两侧扩展；坡度陡于 1：10 时，自高侧向低侧抛填，并在低侧边部多抛投，使低侧边部约有 2 m 宽的平台顶面。

c. 抛石露出水面或软土面后，应用较小石块填平、碾压密实，再铺设反滤层填土压实。

⑤ 采用砂垫层置换时，砂垫层应宽出路基边脚 0.5～1.0 m，两侧以片石护砌。

⑥ 采用砂桩处理软土地基应符合下列要求：

a. 砂宜采用含泥量小于 3% 的粗砂或中砂。

b. 应根据成桩方法选定填砂的含水量。

c. 砂桩应砂体连续、密实。

d. 桩长、桩距、桩径、填砂量应符合设计规定。

⑦ 采用碎石桩处理软土地基应符合下列要求：

a. 宜选用含泥砂量小于 10%、粒径 19～63 mm 的碎石或砾石做桩料。

b. 应进行成桩试验，确定控制水压、电流和振冲器的振留时间等参数。

c. 应分层加入碎石（砾石）料，观察振实挤密效果，防止断柱、缩颈。

d. 桩距、柱长、灌石量等应符合设计规定。

⑧ 强夯处理路基时应符合下列要求：

a. 夯实施工前，必须查明场地范围内的地下管线等构筑物的位置及标高，严禁在其上方采用强夯施工，靠近其施工必须采取保护措施。

b. 施工前应按设计要求在现场选点进行试夯，通过试夯确定施工参数，如夯锤质量、落距、夯点布置、夯击次数和夯击遍数等。

c. 地基处理范围不宜小于路基坡脚外 3 m。

d. 应划定作业区，并应设专人指挥施工。

e. 施工过程中，应设专人对夯击参数进行监测和记录。

(22) 基层：石灰稳定土类材料宜在冬期开始前 30～45 d 完成施工，水泥稳定土类材料宜在冬期开始前 15～30 d 完成施工。高填土路基与软土路基，应在沉降值符合设计规定且沉降稳定后，方可施工道路基层。

(23) 稳定土类道路基层材料配合比中，石灰、水泥等稳定剂计量应以稳定剂质量占全部土（粒料）的干质量百分率表示。

(24) 基层材料的摊铺宽度应为设计宽度两侧加施工必要附加宽度。基层施工中严禁用贴薄层方法整平修补表面。

（25）水泥稳定土类基层原材料应符合下列规定。

① 水泥应符合下列要求：

a. 应选用初凝时间大于 3 h、终凝时间不小于 6 h 的 32.5 级、42.5 级普通硅酸盐水泥、矿渣硅酸盐水泥、火山灰硅酸盐水泥。水泥应有出厂合格证和生产日期，复验合格方可使用。

b. 水泥贮存期超过 3 个月或受潮，应进行性能试验，合格后方可使用。

② 土应符合下列要求：

a. 土的均匀系数不应小于 5，宜大于 10，塑性指数宜为 10～17。

b. 土中小于 0.6 mm 颗粒的含量应小于 30%。

c. 宜选用粗粒土、中粒土。

③ 颗粒应符合下列要求：

a. 级配碎石、砂砾、未筛分碎石、碎石土、砾石、煤矸石和粒状矿渣等材料均可做粒料原材。

b. 当做基层时，粒料最大粒径不宜超过 37.5 mm。

c. 当做底基层时，粒料最大粒径，对城市快速路、主干路不应超过 37.5 mm；对次干路及以下道路不应超过 53 mm。

d. 各种粒料，应按其自然级配状况，经人工调整使其符合表 9-3 的规定。

表 9-3 水泥稳定土类的颗粒范围及技术指标

项目		通过质量百分比/%				
		底基层		基层		
		次干路	城市快速路、主干路	次干路		城市快速路、主干路
筛孔尺寸/mm	53	100	—	—	—	—
	37.5	—	100	100	90～100	—
	31.5	—	—	90～100	—	100
	26.5	—	—	—	66～100	90～100
	19	—	—	67～90	54～100	72～89
	9.5	—	—	45～68	39～100	47～67
	4.75	50～100	29～100	29～50	28～84	29～49
	2.36	—	—	18～38	20～70	17～35
	1.18	—	—	—	14～57	—
	0.60	17～100	17～100	8～22	8～47	8～22
	0.075	0～50	0～30②	0～7	0～30	0～7
	0.002	0～30	—	—	—	—
液限/%		—	—	—	—	<28
塑性指数		—	—	—	—	<9

注：① 集料中 0.5 mm 以下细粒土有塑性指数时，小于 0.075 mm 的颗粒含量不得超过 5%；无塑性指数时，小于 0.075 mm 的颗粒含量不得超过 7%。

② 当用中粒土、粗粒土做城市快速路、主干路底基层时，颗粒组成范围宜采用次干路基层的组成。

e. 碎石、砾石、煤矸石等的压碎值,对城市快速路、主干路基层与底基层不应大于 30%;对其他道路基层不应大于 30%,底基层不应大于 35%。

f. 集料中有机质含量不应超过 2%。

g. 集料中硫酸盐含量不应超过 0.25%。

(26) 水泥稳定土的水泥掺量应符合表 9-4 规定。

表 9-4　　　　　　　　　　　　水泥稳定土类材料试配水泥掺量

土壤颗粒种类	结构部位	水泥掺量/%				
		1	2	3	4	5
塑性指数小于 12 的细粒土	基层	5	7	8	9	11
	底基层	4	5	6	7	9
其他细粒土	基层	8	10	12	14	16
	底基层	6	8	9	10	12
中粒土	基层①	3	4	5	6	7
	底基层	3	4	5	6	7

注:① 当强度要求较高时,水泥用量可增加 1%。当采用厂拌法生产时,水泥掺量应比试验剂量增加 0.5%,水泥最小掺量对粗粒土、中粒土应为 3%,对细粒土应为 4%。

(27) 水泥稳定土类材料 7 d 抗压强度对城市快速路主干路基层为 3～4 MPa,对底基层为 1.5～2.5 MPa;对其他等级道路基层为 2.5～3.0 MPa,底基层为 1.5～2.0 MPa。

(28) 集中搅拌水泥稳定土类材料应符合下列规定:

① 集料应过筛,级配应符合设计要求。

② 混合料配合比应符合要求,计量准确;含水量应符合施工要求,并搅拌均匀。

③ 搅拌厂应向现场提供产品合格证及水泥用量、粒料级配、混合料配合比、R7 强度标准值。

④ 水泥稳定土类材料运输时,应采取措施防止水分损失。

(29) 基层摊铺应符合下列规定:

① 施工前应通过试验确定压实系数。水泥土的压实系数宜为 1.53～1.58;水泥稳定砂砾的压实系数宜为 1.30～1.35。

② 宜采用专用摊铺机械摊铺。

③ 水泥稳定土类材料自搅拌至摊铺完成,不应超过 3 h。应按当班施工长度计算用料量。

④ 分层摊铺时,应在下层养护 7 d 后,方可摊铺上层材料。

(30) 基层碾压应符合下列规定:

① 应在含水量等于或略大于最佳含水量时进行。

② 先采用 12～18 t 压路机做初步稳定碾压,混合料初步稳定后用大于 18 t 的压路机碾压,压至表面平整、无明显轮迹,且达到要求的压实度。

③ 水泥稳定土类材料,宜在水泥初凝前碾压成活。

④ 当使用振动压路机时,应符合环境保护和周围建筑物及地下管线、构筑物的安全要求。

(31) 基层养护应符合下列规定:

① 基层宜采用洒水养护,保持湿润。采用乳化沥青养护,应在其上撒布适量石屑。

② 养护期间应封闭交通。

③ 常温下成活后应经 7 d 养护,方可在其上铺筑面层。

(32) 沥青混凝土面层原材料应符合下列规定。

① 沥青应符合下列要求:

a. 宜优先采用 A 级沥青作为道路面层使用,B 级沥青可作为次干路及其以下道路面层使用。当缺乏所需标号的沥青时,可采用不同标号沥青掺配,掺配比应经试验确定。

b. 在高温条件下宜采用粘度较大的乳化沥青,寒冷条件下宜使用粘度较小的乳化沥青。

c. 当使用改性沥青时,改性沥青的基质沥青应与改性剂有良好的配伍性。

② 粗集料应符合下列要求:

a. 粗集料应符合工程设计规定的级配范围。

b. 集料对沥青的粘附性,城市快速路、主干路应大于或等于 4 级;次干路及以下道路应大于或等于 3 级。集料具有一定的破碎面颗粒含量,具有 1 个破碎面宜大于 90%,2 个及以上的宜大于 80%。

③ 细集料应符合下列要求:

a. 细集料应洁净、干燥、无风化、无杂质。

b. 热拌密级配沥青混合料中天然砂的用量不宜超过集料总量的 20%,SMA 和 OGFC 不宜使用天然砂。

④ 矿粉应用石灰岩等憎水性石料磨制。城市快速路与主干路的沥青面层不应采用粉煤灰做填料。当次干路及以下道路用粉煤灰做填料时,其用量不应超过填料总量的 50%,粉煤灰的烧失量应小于 12%。

(33) 热拌沥青混合料面层:

① 热拌沥青混合料(HMA)适用于各种等级道路的面层。其种类应按集料公称最大粒径、矿料级配、空隙率划分,同时应按工程要求选择适宜的混合料规格、品种。

② 沥青混合料面层集料的最大粒径应与分层压实层厚度相匹配。密级配沥青混合料,每层的压实厚度不宜小于集料公称最大粒径的 2.5～3 倍;对 SMA 和 OGFC 混合料等嵌挤型混合料不宜小于公称最大粒径的 2～2.5 倍。

③ 各层沥青混合料应满足所在层位的功能性要求,便于施工,不得离析。各层应连续施工并粘结成一体。

④ 沥青混合料搅拌及施工温度应根据沥青标号及粘度、气候条件、铺装层的厚度、下卧层温度确定。聚合物改性沥青混合料搅拌及施工温度应根据实践经验经试验确定。通常宜较普通沥青混合料温度提高 10～20 ℃。SMA 混合料的施工温度应经试验确定。

⑤ 热拌沥青混合料宜由有资质的沥青混合料集中搅拌站供应。

⑥ 用成品仓贮存沥青混合料,贮存期混合料降温不得大于 10 ℃。贮存时间普通沥青混合料不得超过 72 h;改性沥青混合料不得超过 24 h;SMA 混合料应当日使用;OGFC 应

随拌随用。

⑦ 沥青混合料出厂时,应逐车检测沥青混合料的质量和温度,并附带载有出厂时间的运料单。不合格品不得出厂。沥青混合料运至摊铺地点,应对搅拌质量和温度进行检查,合格后方可使用。

⑧ 热拌沥青混合料的摊铺应符合下列规定:

a. 热拌沥青混合料应采用机械摊铺。摊铺温度应符合规范规定。城市快速路、主干路宜采用两台以上摊铺机联合摊铺,每台机器的摊铺宽度宜小于 6 m。表面层宜采用多机全幅摊铺,减少施工接缝。

b. 摊铺机应具有自动或半自动方式调节摊铺厚度及找平的装置,可加热的振动熨平板或初步振动压实装置,摊铺宽度可调整等功能,且受料斗斗容应能保证更换运料车时连续摊铺。

c. 采用自动调平摊铺机摊铺最下层沥青混合料时,应使用钢丝或路缘石、平石控制高程和摊铺厚度,以上各层可用导梁引导高程控制,或采用声呐平衡梁控制方式。经摊铺机初步压实的摊铺层应符合平整度、横坡的要求。

d. 沥青混合料的最低摊铺温度应根据气温、下卧层表面温度、摊铺层厚度和沥青混合料种类经试验确定。城市快速路、主干路不宜在气温低于 10 ℃条件下施工。

e. 沥青混合料的松铺系数应根据混合料类型、施工机械和施工工艺等通过试验段确定,试验段长不宜小于 100 m。

f. 摊铺沥青混合料应均匀、连续不间断,不得随意变换摊铺速度或中途停顿。摊铺速度宜为 2~6 m/min。摊铺时螺旋送料器应不停顿地转动,两侧应保持有不少于送料器高度 2/3 的混合料,并保证在摊铺机全宽度断面上不发生离析。熨平板按所需厚度固定后不得随意调整。

g. 摊铺层发生缺陷应找补,并停机检查,排除故障。

h. 路面狭窄部分、平曲线半径过小的匝道小规模工程可采用人工摊铺。

⑨ 热拌沥青混合料的压实应符合下列规定:

a. 应选择合理的压路机组合方式及碾压步骤,以达到最佳碾压结果。沥青混合料压实宜采用钢筒式静态压路机与轮胎压路机或振动压路机组合的方式压实。

b. 压实应按初压、复压、终压(包括成形)三个阶段进行。压路机应以慢而均匀的速度碾压,压路机的碾压速度应符合规范规定。初压碾压应从外侧向中心碾压,碾速稳定均匀。初压应采用轻型钢筒式压路机碾压 1~2 遍,初压后应检查平整度、路拱,必要时应修整。复压应连续进行,碾压段长度宜为 60~80 m,当采用不同型号的压路机组合碾压时,每一台压路机均做全幅碾压。密级配沥青混凝土宜优先采用重型的轮胎压路机进行碾压,碾压到要求的压实度为止。对大粒径沥青稳定碎石类基层,宜优先采用振动压路机复压。厚度小于 30 mm 的沥青层不宜采用振动压路机碾压,相邻碾压带重叠宽度宜为 10~20 cm。振动压路机折返时应先停止振动。采用三轮钢筒式压路机时,总质量不宜小于 12 t。大型压路机难于碾压的部位,宜采用小型压实工具进行压实。终压宜选用双轮钢筒式压路机,碾压至无明显轮迹为止。

⑩ 碾压过程中碾压轮应保持清洁,可对钢轮涂刷隔离剂或防粘剂,严禁刷柴油。当采用向碾压轮喷水(可添加少量表面活性剂)方式时,必须严格控制喷水量,水应成雾状,

不得漫流。

⑪ 压路机不得在未碾压成形路段上转向、调头、加水或停留。在当天成形的路面上,不得停放各种机械设备或车辆,不得散落矿料、油料等杂物。

⑫ 沥青混合料面层的施工接缝应紧密、平顺。上、下层的纵向热接缝应错开 15 cm,冷接缝应错开 30～40 cm。相邻两幅及上、下层的横向接缝均应错开 1 m 以上。表面层接缝采用直茬,以下各层可采用斜接茬,层较厚时也应做阶梯形接茬。对冷接茬施作前,应在茬面涂少量沥青并预热。沥青混合料面层完成后应加强保护,控制交通,不得在面层上堆土或拌制砂浆。

（34）水泥混凝土面层。

① 对材料的要求:

a. 水泥:重交通以上等级道路、城市快速路、主干路应采用 42.5 级以上的道路硅酸盐水泥或硅酸盐水泥、普通硅酸盐水泥;中、轻交通等级的道路可采用矿渣水泥,其强度等级不宜低于 32.5 级。水泥应有出厂合格证(含化学成分、物理指标),并经复验合格,方可使用。不同等级、厂牌、品种、出厂日期的水泥不得混存、混用。出厂期超过 3 个月或受潮的水泥,必须经过试验,合格后方可使用。

b. 粗集料:粗集料应采用质地坚硬、耐久、洁净的碎石、砾石、破碎砾石,其最大公称粒径,碎砾石不应大于 26.5 mm,碎石不应大于 31.5 mm,砾石不宜大于 19.0 mm,钢纤维混凝土粗集料最大粒径不宜大于 19.0 mm。

c. 细集料:宜采用质地坚硬、细度模数在 2.5 以上、符合级配规定的洁净粗砂、中砂。城市快速路、主干路宜采用一级砂和二级砂。海砂不得直接用于混凝土面层。淡化海砂不应用于城市快速路、主干路、次干路,可用于支路。

② 用于不同交通等级道路面层水泥的弯拉强度、抗压强度最小值应符合表 9-5 的规定。

表 9-5　　　道路面层水泥的弯拉强度、抗压强度最小值

道路等级	特重交通		重交通		中、轻交通	
龄期/d	3	28	3	28	3	28
抗压强度/MPa	25.5	57.5	22.0	52.5	16.0	42.5
弯拉强度/MPa	4.5	7.5	4.0	7.0	3.5	6.5

③ 混凝土弯拉强度应符合表 9-6 要求。

表 9-6　　　混凝土弯拉强度标准值

交通等级	特重	重	中等	轻
弯拉强度标准值/MPa	5.0	5.0	4.5	4.0

④ 路面混凝土最大水灰比和最小单位水泥用量宜符合表 9-7 要求。

表 9-7　　　　　　　　　　路面混凝土最大水灰比和最小单位水泥用量

道 路 等 级		城市快速路主干路	次干路	其他道路
最大水灰比		0.44	0.16	0.18
抗冰冻要求最大水灰比		0.42	0.44	0.46
抗盐冻要求最大水灰比		0.10	0.42	0.44
最小单位水泥用量/(kg/m³)	42.5 级水泥	300	300	290
	32.5 级水泥	310	310	305
抗冰(盐)冻要求最小单位水泥用量/(kg/m³)	42.5 级水泥	320	320	315
	32.5 级水泥	330	330	325

⑤ 严寒地区路面混凝土抗冻标号不宜小于 F250,寒冷地区不宜小于 F200。

⑥ 混凝土面层应拉毛、压痕或刻痕,其平均纹理深度应为 1～2 mm。

⑦ 横缝施工时胀缝间距应符合设计规定,缝宽宜为 20 mm。在与结构物衔接处、道路交叉和填挖土方变化处,应设胀缝。缩缝应垂直板面,宽度宜为 4～6 mm。切缝时,宜在水泥混凝土强度达到设计强度 25％～30％时进行。

⑧ 水泥混凝土面层成活后,应及时养护。可选用保湿法和塑料薄膜覆盖等方法养护。气温较高时,养护不宜少于 14 d;气温较低时,养护期不宜少于 21 d。混凝土板在达到设计强度的 40％以后,方可允许行人通行。混凝土板养护期满后应及时填缝,缝内遗留的砂石、灰浆等杂物,应剔除干净。

(35) 水泥混凝土面层质量检验应符合下列规定:

① 混凝土弯拉强度应符合设计规定。

检查数量:每 100 m³ 同配合比的混凝土,取样 1 次;不足 100 m³ 时按 1 次计。每次取样应至少留置 1 组标准养护试件。同条件养护试件的留置组数应根据实际需要确定,最少 1 组。

检验方法:检查试件强度试验报告。

② 混凝土面层厚度应符合设计规定,允许误差为±5 mm。

检查数量:每 1 000 m² 抽测 1 点。

检验方法:查试验报告、复测。

③ 抗滑构造深度应符合设计要求。

检查数量:每 1 000 m² 抽测 1 点。

检验方法:铺砂法。

④ 水泥混凝土面层应板面平整、密实,边角应整齐、无裂缝,不得有石子外露和浮浆、脱皮、踏痕、积水等现象,蜂窝麻面面积不得大于总面积的 0.5％。

检查数量:全数检查。

检验方法:观察、量测。

⑤ 伸缩缝应垂直、直顺,缝内不应有杂物。伸缩缝在规定的深度和宽度范围内应全部贯通,传力杆应与缝面垂直。

检查数量:全数检查。

检验方法:观察。

(36) 热拌沥青混合料面层质量检验应符合下列规定。

① 热拌沥青混合料质量应符合下列要求:

a. 道路用沥青的品种、标号应符合国家现行有关标准和规范的有关规定。

检查数量:按同一生产厂家、同一品种、同一标号、同一批号连续进场的沥青(石油沥青每 100 t 为 1 批,改性沥青每 50 t 为 1 批)每批次抽检 1 次。

检验方法:查出厂合格证、检验报告并进场复验。

b. 沥青混合料所选用的粗集料、细集料、矿粉、纤维稳定剂等的质量及规格应符合本规范有关规定。

检查数量:按不同品种产品进场批次和产品抽样检验方案确定。

检验方法:观察、检查进场检验报告。

c. 热拌沥青混合料、热拌改性沥青混合料,SMA 混合料,查出厂合格证、检验报告并进场复验,拌合温度、出厂温度应符合规范的有关规定。

检查数量:全数检查。

检验方法:查测温记录,现场检测温度。

d. 沥青混合料品质应符合马歇尔试验配合比的技术要求。

检查数量:每日、每品种检查 1 次。

检验方法:现场取样试验。

② 热拌沥青混合料面层质量检验应符合下列规定:

a. 沥青混合料面层压实度,对城市快速路、主干路不应小于 96%;对次干路及以下道路不应小于 95%。

检查数量:每 1 000 m² 测 1 点。

检验方法:查试验记录(马歇尔击实试件密度、试验室标准密度)。

b. 面层厚度应符合设计规定,允许偏差为 +10~-5 mm。

检查数量:每 1 000 m² 测 1 点。

检验方法:钻孔或刨挖,用钢尺量。

c. 弯沉值:不应大于设计规定。

检查数量:每车道、每 20 m 测 1 点。

检验方法:弯沉仪检测。

③ 表面应平整、坚实,接缝紧密,无枯焦;不应有明显轮迹、推挤裂缝、脱落、烂边、油斑、掉渣等现象,不得污染其他构筑物。面层与路缘石、平石及其他构筑物应接顺,不得有积水现象。

检查数量:全数检查。

检验方法:观察。

(五) 编制的依据与各专业验收规范的关系

(1) 本节依据《城镇道路工程施工与质量验收规范》(CJJ 1—2008)编写,其中强制性条文有 9 条,要求掌握,其他内容需要了解。

(2) 城镇道路工程施工与质量验收除应执行本规范外,尚应符合国家现行有关标准的规定。其中原材料、半成品或成品的质量标准,应按国家现行的有关标准执行。

二、给水排水管道工程施工及验收规范(GB 50268—2008)

（一）编制宗旨

为了加强给水、排水管道工程施工管理,规范施工技术,统一施工质量检验、验收标准,确保工程质量。

（二）适用范围及主要内容

（1）适用于新建、扩建和改建城镇公共设施和工业企业的室外给排水管道工程的施工及验收;不适用于工业企业中具有特殊要求的给排水管道施工及验收。

（2）该规范共包含9项内容,分别为① 总则;② 术语;③ 基本规定;④ 土石方与地基处理;⑤ 开槽施工管道主体结构;⑥ 不开槽施工管道主体结构;⑦ 沉管和桥管施工主体结构;⑧ 管道附属构筑物;⑨ 管道功能性试验。

（三）强制性条文内容

（1）第1.0.3条:给排水管道工程所用的原材料、半成品、成品等产品的品种、规格、性能必须符合国家有关标准的规定和设计要求;接触饮用水的产品必须符合有关卫生要求。严禁使用国家明令淘汰、禁用的产品。

（2）第3.1.9条:工程所用的管材、管道附件、构(配)件和主要原材料等产品进入施工现场时必须进行进场验收并妥善保管。进场验收时应检查每批产品的订购合同、质量合格证书、性能检验报告、使用说明书、进口产品的商检报告及证件等,并按国家有关标准规定进行复验,验收合格后方可使用。

（3）第3.1.15条:给排水管道工程施工质量控制应符合下列规定:

① 各分项工程应按照施工技术标准进行质量控制,每分项工程完成后,必须进行检验。

② 相关各分项工程之间,必须进行交接检验,所有隐蔽分项工程必须进行隐蔽验收,未经检验或验收不合格不得进行下道分项工程。

（4）第3.2.8条:通过返修或加固处理仍不能满足结构安全或使用功能要求的分部(子分部)工程、单位(子单位)工程,严禁验收。

（5）第9.1.10条:给水管道必须水压试验合格,并网运行前进行冲洗与消毒,经检验水质达到标准后,方可允许并网通水投入运行。

（6）第9.1.11条:污水、雨污水合流管道及湿陷土、膨胀土、流砂地区的雨水管道,必须经严密性试验合格后方可投入运行。

（四）应了解的内容

1. 术语

① 压力管道:指工作压力大于或等于0.1 MPa的给排水管道。

② 无压管道:指工作压力小于0.1 MPa的给排水管道。

③ 顶管法:借助于顶推装置,将预制管节顶入土中的地下管道不开槽施工方法。

④ 盾构法:采用盾构机在地层中掘进的同时,拼装预制管片或现浇混凝土构筑地下管道的不开槽施工方法。

⑤ 浅埋暗挖法:利用土层在开挖过程中短时间的自稳能力,采取适当的支护措施,使围岩或土层表面形成密贴型薄壁支护结构的不开槽施工方法。

2. 土石方与地基处理

（1）给排水管道铺设完毕并经检验合格后,应及时回填沟槽。回填前应符合下列规定:

① 预制钢筋混凝土管道的现浇筑基础的混凝土强度、水泥砂浆接口的水泥强度不应小于 5 MPa。

② 化学建材管道或管径大于 900 mm 的钢管、球墨铸铁管等柔性管道在沟槽回填前，应采取措施控制管道的竖向变形。

（2）施工降排水。

① 设计降水深度在基坑（槽）范围内不应小于基坑（槽）底面以下 0.5 m。

② 在沟槽两侧应根据计算确定采用单排或双排降水井，在沟槽端部，降水井外延长度应为沟槽宽度的 1～2 倍。

③ 采取明沟排水施工时，排水井宜布置在沟槽范围以外，其间距不宜大于 150 m。

（3）沟槽底部的开挖宽度，应符合设计要求；当设计无要求时，可按下列公式计算确定：

$$B = D_0 + 2(b_1 + b_2 + b_3)$$

式中　B——管道沟槽底部的开挖宽度，mm；

　　　D_0——管外径，mm；

　　　b_1——管道一侧的工作面宽度，mm；

　　　b_2——有支撑要求时，管道一侧的支撑厚度，可取 150～200 mm；

　　　b_3——现场浇筑混凝土或钢筋混凝土管渠一侧模板的厚度，mm。

（4）地质条件良好、土质均匀、地下水位低于沟槽底面高程，且开挖深度在 5 m 以内、沟槽不设支撑时，沟槽边坡最陡坡度应符合表 9-8 的规定。

表 9-8　　　　　　　　　　深度在 5 m 以内的沟槽边坡的最陡坡度

土的类别	边坡坡度（高：宽）		
	坡顶无荷载	坡顶有静载	坡顶有动载
中密的砂土	1：1.00	1：1.25	1：1.50
中密的碎石类土（充填物为砂土）	1：0.75	1：1.00	1：1.25
硬塑的粉质粘土	1：0.67	1：0.75	1：1.00
中密的碎石类土（充填物为粘性土）	1：0.50	1：0.67	1：0.75
硬塑的粉质粘土、粘土	1：0.33	1：0.50	1：0.67
老黄土	1：0.10	1：0.25	1：0.33
软土（经井点降水后）	1：1.25	—	—

（5）沟槽每侧临时堆土或施加其他荷载时，堆土距沟槽边缘不小于 0.8 m，且高度不应超过 1.5 m；沟槽边堆置土方不得超过设计堆置高度。

（6）沟槽挖深较大时，应确定分层开挖的深度，并符合下列规定：

① 人工开挖沟槽的槽深超过 3 m 时应分层开挖，每层的深度不超过 2 m。

② 人工开挖多层沟槽的层间留台宽度：放坡开槽时不应小于 0.8 m，直槽时不应小于 0.5 m，安装井点设备时不应小于 1.5 m。

（7）槽底局部超挖或发生扰动时，超挖深度不超过 150 mm 时，可用挖槽原土回填夯实，其压实度不应低于原地基土的密实度；槽底地基土壤含水量较大，不适于压实时，应采取换填等有效措施。

（8）排水不良造成地基土扰动时，可按以下方法处理：

① 扰动深度在 100 mm 以内，宜填天然级配砂石或砂砾处理。

② 扰动深度在 300 mm 以内，但下部坚硬时，宜填卵石或块石，再用砾石填充空隙并找平表面。

（9）除设计有要求外，回填材料应符合下列规定。

① 采用土回填时，应符合下列规定：

a. 槽底至管顶以上 500 mm 范围内，土中不得含有机物、冻土以及大于 50 mm 的砖、石等硬块；在抹带接口处、防腐绝缘层或电缆周围，应采用细粒土回填。

b. 冬期回填时管顶以上 500 mm 范围以外可均匀掺入冻土，其数量不得超过填土总体积的 15%，且冻块尺寸不得超过 100 mm。

c. 回填土的含水量，宜按土类和采用的压实工具控制在最佳含水率±2% 的范围内。

② 采用石灰土、砂、砂砾等材料回填时，其质量应符合设计要求或有关标准规定。

（10）每层回填土的虚铺厚度，应根据所采用的压实机具按表 9-9 的规定选取。

表 9-9　　　　　　　　　每层回填土的虚铺厚度

压实机具	虚铺厚度/mm
木夯、铁夯	≤200
轻型压实设备	200～250
压路机	200～300
振动压路机	≤400

（11）刚性管回填管道两侧和管顶以上 500 mm 范围内胸腔夯实，应采用轻型压实机具，管道两侧压实面的高差不应超过 300 mm。柔性管回填从管底基础部位开始到管顶以上 500 mm 范围内，必须采用人工回填；管顶 500 mm 以上部位，可用机械从管道轴线两侧同时夯实；每层回填高度应不大于 200 mm。

（12）采用轻型压实设备时，应夯夯相连；采用压路机时，碾压的重叠宽度不得小于 200 mm；采用压路机、振动压路机等压实机械压实时，其行驶速度不得超过 2 km/h。

（13）柔性管道回填至设计高程时，应在 12～24 h 内测量并记录管道变形率，变形率应符合设计要求；设计无要求时，钢管或球墨铸铁管道变形率应不超过 2%，化学建材管道变形率应不超过 3%。

（14）质量验收标准。

① 沟槽开挖允许偏差应符合表 9-10 的规定。

表 9-10　　　　　　　　　沟槽开挖允许偏差

序号	检查项目	允许偏差/mm		检查数量		查方法
				范围	点数	
1	槽底高程	土方	±20	两井之间	3	用水准仪测量
		石方	+20，-200			
2	槽底中线每侧宽度	不小于规定		两井之间	6	挂中线用钢尺量测，每侧计3点
3	沟槽边坡	不陡于规定		两井之间	6	用坡度尺量测，每侧计3点

② 回填材料符合设计要求。条件相同的回填材料,每铺筑 1 000 m²,应取样一次,每次取样至少应做两组测试;回填材料条件变化或来源变化时,应分别取样检测。

③ 回填土压实度应符合设计要求,设计无要求时,应符合表 9-11 和表 9-12 的规定。

表 9-11 刚性管道沟槽回填土压实度

序号	项目			最低压实度/%		检查数量		检查方法
				重型击实标准	轻型击实标准	范围	点数	
1	石灰土类垫层			93	95	100 m	每层每侧一组(每组3点)	用环刀法检查或采用现行国家标准《土工试验方法标准》(GB/T 50123)中其他方法
2	沟槽在路基范围外	胸腔部分	管侧	87	90	两井之间或1 000 m²		
			管顶以上 500 mm	87±2(轻型)				
		其余部分		≥90(轻型)或按设计要求				
		农田或绿地范围表层500 mm 范围内		不宜压实,预留沉降量,表面整平				
3	沟槽在路基范围内	胸腔部分	管侧	87	90			
			管顶以上 250 mm	87±2(轻型)				
		由路槽底算起的深度范围/mm	≤800 快速路及主干路	95	98			
			次干路	93	95			
			支路	90	92			
			>800~1 500 快速路及主干路	93	95			
			次干路	90	92			
			支路	87	90			
			>1 500 快速路及主干路	87	90			
			次干路	87	90			
			支路	87	90			

注:表中重型击实标准的压实度和轻型击实标准的压实度,分别以相应的标准击实试验法求得的最大干密度为 100%。

表 9-12 柔性管道沟槽回填土压实度

槽内部位		压实度/%	回填材料	检查数量		检查方法
				范围	点数	
管道基础	管底基础	≥90	中、粗砂	—	—	用环刀法检查或采用现行国家标准《土工试验方法标准》(GB/T 50123)中其他方法
	管道有效支撑角范围	≥95		每100 m		
管顶以上500 mm	管道两侧	≥95	中、粗砂,碎石屑,最大粒径小于 40 mm 的砂砾或符合要求的原土	两井之间或每1 000 m²	每层每侧一组(每组3点)	
	管道两侧	≥90				
	管道上部	≥85				
管顶 500 mm 以上		≥90	原土回填			

注:回填土压实度,除设计要求用重型击实标准外,其他皆以轻型击实标准试验获得最大干密度为 100%。

3. 开槽施工管道主体结构

（1）管节堆放宜选用平整、坚实的场地；堆放时必须垫稳，防止滚动。

（2）管道保温层的施工法兰两侧应留有间隙，每侧间隙的宽度为螺栓长加20～30 mm；保温层厚度允许偏差应符合表9-13的规定。

表 9-13　　　　　　　　　　　　　　保温层厚度的允许偏差

项目	允许偏差	
厚度/mm	瓦块制品	+5%
	柔性材料	+8%

（3）管道基础采用原状地基时，施工应符合下列规定：

① 岩石地基局部超挖时，应将基底碎渣全部清理，回填低强度等级混凝土或粒径10～15 mm的砂石夯实。

② 原状地基为岩石或坚硬土层时，管道下方应铺设砂垫层，厚度应符合表9-14的规定。

表 9-14　　　　　　　　　　　　　　　砂垫层厚度

管材种类/管外径	垫层厚度/mm		
	$D_0 \leqslant 500$	$500 < D_0 \leqslant 1\ 000$	$D_0 > 1\ 000$
柔性管道	$\geqslant 100$	$\geqslant 150$	$\geqslant 200$
柔性接口的刚性管道	150～200		

（4）砂石基础施工，柔性管道的基础结构设计无要求时，宜铺设厚度不小于100 mm的中粗砂垫层；软土地基宜铺垫一层厚度不小于150 mm的砂砾或5～40 mm粒径碎石，其表面再铺厚度不小于50 mm的中、粗砂垫层。刚性管道的基础结构，设计无要求时一般土质地段可铺设砂垫层，亦可铺设25 mm以下粒径碎石，表面再铺20 mm厚的砂垫层（中、粗砂），垫层总厚度应符合表9-15的规定。

表 9-15　　　　　　　　　　　　　　刚性管道砂石垫层总厚度

管径（D_0）/mm	垫层总厚度/mm
300～800	150
900～1 200	200
1 350～1 500	250

（5）同一管节允许有两条纵缝，管径大于或等于600 mm时，纵向焊缝的间距应大于300 mm；管径小于600 mm时，其间距应大于100 mm。

（6）弯管起弯点至接口的距离不得小于管径，且不得小于100 mm。

（7）不同壁厚的管节对口时，管壁厚度相差不宜大于3 mm。不同管径的管节相连时，当两管径相差大于小管管径的15%时，可用渐缩管连接。渐缩管的长度不应小于两管径差值的 2 倍,且不应小于 200 mm。

（8）直线管段不宜采用长度小于 800 mm 的短节拼接。

（9）水泥砂浆内防腐层厚度应符合表 9-16 的规定。

表 9-16　　　　　　　　　　钢管水泥砂浆内防腐层厚度要求

管径(D_i)/mm	厚度/mm	
	机械喷涂	手工涂抹
500～700	8	—
800～1 000	10	—
1 100～1 500	12	14
1 600～1 800	14	16
2 000～2 200	15	17
2 400～2 600	16	18
2 600 以上	18	20

（10）钢筋混凝土管及（自）应力混凝土管安装,管径大于或等于 700 mm 时,应采用水泥砂浆将管道内接口部位抹平、压光;管径小于 700 mm 时,填缝后应立即拖平。

（11）预应力钢筒混凝土管内表面出现的环向裂缝或者螺旋状裂缝宽度不应大于 0.5 mm（浮浆裂缝除外）;距离管的插口端 300 mm 范围内出现的环向裂缝宽度不应大于 1.5 mm;管内表面不得出现长度大于 150 mm 的纵向可见裂缝。

（12）质量验收标准:

① 管道基础的允许偏差应符合表 9-17 的规定。

表 9-17　　　　　　　　　　管道基础的允许偏差

序号	检查项目			允许偏差/mm	检查数量		检查方法
					范围	点数	
1	垫层	中线每侧宽度		不小于设计要求	每个验收批	每 10 m 测 1 点,且不少于 3 点	挂中线钢尺检查,每侧一点
		高程	压力管道	±30			水准仪测量
			无压管道	0,−15			
		厚度		不小于设计要求			钢尺量测
2	混凝土基础、管座	平基	中线每侧宽度	+10,0			挂中心线钢尺量测每侧一点
			高程	0,−15			水准仪测量
			厚度	不小于设计要求			钢尺量测
		管座	肩宽	+10,−5			钢尺量测,挂高程线
			肩高	±20			钢尺量测,每侧一点
3	土(砂及砂砾)基础	高程	压力管道	±30			水准仪测量
			无压管道	0,−15			
		平基厚度		不小于设计要求			钢尺量测
		土弧基础腋角高度		不小于设计要求			钢尺量测

② 法兰中轴线与管道中轴线允许偏差应符合：D_i 小于或等于 300 mm 时，小于或等于 1 mm；D_i 大于 300 mm 时，小于或等于 2 mm；连接的法兰之间应保持平行，其允许偏差不大于法兰外径的 1.5‰，且不大于 2 mm；螺孔中心允许偏差应为孔径的 5%。

③ 管道铺设的允许偏差应符合表 9-18 的规定。

表 9-18　　　　　　　　　管道铺设的允许偏差　　　　　　　　　mm

检查项目		允许偏差		检查数量		检查方法
				范围	点数	
1	水平轴线	无压管道	15	每节管	1 点	经纬仪测量或挂中线用钢尺量测
		压力管道	30			
2	管底高程	$D_i \leqslant 1\,000$ 无压管道	±10	每节管	1 点	水准仪测量
		$D_i \leqslant 1\,000$ 压力管道	±30			
		$D_i > 1\,000$ 无压管道	±15			
		$D_i > 1\,000$ 压力管道	±30			

4．不开槽施工管道主体结构

（1）水平定向法施工，应根据设计要求选用聚乙烯管或钢管；夯管法施工采用钢管，管材的规格、性能还应满足施工方案要求；夯管施工时，轴向最大锤击力的确定应满足管材力学性能要求，其管壁厚度应符合设计和施工要求；管节的圆度不应大于 0.005 倍管内径，管端面垂直度不应大于 0.001 倍管内径且不大于 1.5 mm。

（2）应根据工作井的尺寸、结构形式、环境条件等因素确定支护结构和支护（撑）形式；土方开挖过程中，应遵循"开槽支撑、先撑后挖、分层开挖、严禁超挖"的原则进行开挖与支撑；井底封底前，应设置集水坑，坑上应设有盖；封闭集水坑时应进行抗浮验算；在地面井口周围应设置安全护栏、防汛墙和防雨设施。

（3）顶管的顶进工作井装配式后背墙宜采用方木、型钢或钢板等组装，底端宜在工作坑底以下且不小于 500 mm；组装构件应规格一致、紧贴固定；后背土体壁面应与后背墙贴紧，有孔隙时应采用砂石料填塞密实。

（4）顶管施工应根据工程具体情况采用下列技术措施：

① 一次顶进距离大于 100 m 时，应采用中继间技术。

② 在沙砾层或卵石层顶管时，应采取管节外表面熔蜡措施、触变泥浆技术等减少顶进阻力和稳定周围土体。

③ 长距离顶管应采用激光定向等测量控制技术。

（5）管道顶进过程中，应遵循"勤测量、勤纠偏、微纠偏"的原则，控制顶管机前进方向，并应根据测量结果分析偏差产生的原因和发展趋势，确定纠偏的措施。

（6）触变泥浆注浆工艺应遵循"同步注浆与补浆相结合"和"先注后顶、随顶随注、及时补浆"的原则，制定合理的注浆工艺。

5．沉管和桥管施工主体结构

组对拼装后管道（段）预水压试验应按设计要求进行，当设计无要求时，试验压力应为工作压力的 2 倍，且不得小于 1.0 MPa，试验压力达到规定值后保持恒压 10 min，不得有降压和渗水现象。

6. 管道附属构筑物

(1) 井室的混凝土基础应与管道基础同时浇筑。

(2) 砌块应垂直砌筑,需收口砌筑时,应按设计要求的位置设置钢筋混凝土梁进行收口;圆井采用砌块逐层砌筑收口,四面收口时每层收进不应大于 30 mm,偏心收口时每层不应大于 50 mm。

(3) 支墩宜采用混凝土浇筑,其强度等级不应低于 C15。采用砌筑结构时,水泥砂浆强度不应低于 M7.5。

7. 管道功能性试验

(1) 当管道采用两种(或两种以上)管材时,宜按不同管材分别进行试验;当不具备分别试验的条件必须组合试验,设计无具体要求时,应采用不同管材的管段中试验标准最高的标准进行试验。

(2) 管道的试验长度除本规范规定和设计另有要求外,压力管道水压试验的管段长度不宜大于 1.0 km;无压力管道的闭水试验,若条件允许可一次试验不超过 5 个连续井段;对于无法分段试验的管道,应由工程有关方面根据工程具体情况确定。

(3) 采用钢管、化学建材管的压力管道,管道中最后一个焊接接口完毕一个小时后方可进行水压试验。

(五) 编制的依据及与各专业验收规范的关系

(1) 本节依据《给排水管道工程施工及验收规范》(GB 50268—2008)编写,其中强制性条文有 6 条,要求掌握,其他内容需要了解。

(2) 给排水管道工程施工与验收,除应符合本规范的规定外,尚应符合国家现行有关标准的规定。

三、给排水构筑物工程施工及验收规范

(一) 编制宗旨

为了加强给排水管道构筑物工程施工管理,规范施工技术,统一施工质量检验、验收标准,确保工程质量。

(二) 适用范围及主要内容

(1) 适用于新建、扩建和改建城镇公共设施和工业企业的室外给排水构筑物工程的施工及验收。不适用于工业企业中具有特殊要求的给排水构筑物工程施工及验收。

(2) 该规范共包含 9 项内容,分别为:① 总则;② 术语;③ 基本规定;④ 土石方与地基基础;⑤ 取水与排放构筑物;⑥ 水处理构筑物;⑦ 泵房;⑧ 调蓄构筑物;⑨ 功能性试验。

(三) 强制性条文内容(掌握)

(1) 第 1.0.3 条:给排水构筑物工程所用的原材料、半成品、成品等产品的品种、规格、性能必须符合国家有关标准的规定和设计要求;接触饮用水的产品必须符合有关卫生要求。严禁使用国家明令淘汰、禁用的产品。

(2) 第 3.1.10 条:工程所用的主要原材料、半成品、构(配)件、设备等产品,进入施工现场时必须进行进场验收。进场验收时应检查每批产品的订购合同、质量合格证书、性能检验报告、使用说明书、进口产品的商检报告及证件等,并按国家有关标准规定进行复验,验收合格后方可使用。混凝土、砂浆、防水涂料等现场配制的材料应经检测合格后使用。

(3) 第 3.1.16 条:工程施工质量控制应符合下列规定:

① 各分项工程应按照施工技术标准进行质量控制,每分项工程完成后,必须进行检验。

② 相关各分项工程之间,必须进行交接检验;所有隐蔽分项工程必须进行隐蔽验收;未经检验或验收不合格不得进行下道分项工程施工。

③ 设备安装前应对有关的设备基础、预埋件、预留孔的位置、高程、尺寸等进行复核。

(4) 第 3.2.8 条:通过返修或加固处理仍不能满足结构安全或使用功能要求的分部(子分部)工程、单位(子单位)工程,严禁验收。

(5) 第 6.1.4 条:水处理构筑物施工完毕必须进行满水试验。消化池满水试验合格后,还应进行气密性试验。

(6) 第 7.3.12 条第 4 款:排水下沉施工应符合下列规定:用抓斗取土时,沉井内严禁站人;对于有底梁或支撑梁的沉井,严禁人员在底梁下穿越。

(7) 第 8.1.6 条:施工完毕的贮水调蓄构筑物必须进行满水试验。

(四) 应了解的内容

1. 土石方与地基工程

(1) 土、袋装土、钢板桩围堰的顶面高程,宜高出施工期间的最高水位 $0.5\sim0.7$ m;草捆土围堰堰顶面高程宜高出施工期的最高水位 $1.0\sim1.5$ m;临近通航水体尚应考虑涌浪高度。

(2) 在施工过程中不得间断降排水,并应对降排水系统进行检查和维护;构筑物未具备抗浮条件时,严禁停止降排水。

(3) 明排水施工应符合下列规定:

① 适用于排除地表水或土质坚实、土层渗透系数较小、地下水位较低、水量较少、降水深度在 5 m 以内的基坑(槽)排水。

② 依据工程实际情况按表 9-19 选择具体方式。

表 9-19　　　　　　　　　　　　明排水方式选择

序号	排水方式	适用条件
1	明沟与集水井排水	小型及中等面积的基坑(槽)
2	分层明沟排水	可分层施工的较深基坑(槽)
3	深沟排水	大面积场区施工

(4) 排水沟施工:

① 配合基坑的开挖及时降低深度,其深度不宜小于 0.3 m。

② 基坑挖至设计高程,渗水量较少时,宜采用盲沟排水。

③ 基坑挖至设计高程,渗水量较大时,宜在排水沟内埋设直径 $150\sim200$ mm 设有滤水孔的排水管,且排水管两侧和上部应回填卵石或碎石。

(5) 井点降水施工应符合下列规定:

① 设计降水深度在基坑(槽)范围内不宜小于基坑(槽)底面以下 0.5 m,软土地层的设计降水深度宜适当加大;受承压水层影响时,设计降水深度应符合施工方案要求。

② 应根据设计降水深度、地下静水位、土层渗透系数及涌水量按表 9-20 选用井点

系统。

表 9-20   井点系统选用条件

序号	井点类别	土层渗透系数/(m/d)	降水深度/m
1	单级轻型井点	0.1～50	3～6
2	多级轻型井点	0.1～50	6～12(由井点层数而定)
3	喷射井点	0.1～2	8～20
4	电渗井点	<0.1	根据选用的井点确定
5	管井井点	20～200	8～30
6	深井井点	10～250	>15

注:多级井点必须注意各级之间设置重复抽吸降水区间。

③ 井点孔的直径应为井点管外径加 2 倍管外滤层厚度,滤层厚度宜为 100～150 mm;井点孔应垂直,其深度可略大于井点管所需深度,超深部分可用滤料回填。

(6)基坑底部为倒锥形时,坡度变换处增设控制桩;同时沿圆弧方向的控制桩也应加密。

(7)基坑的降排水系统应于开挖前 2～3 周运行;对深度较大,或对土体有一定固结要求的基坑,运行时间还应适当提前。

(8)基坑支护应综合考虑基坑深度及平面尺寸、施工场地及周围环境要求、施工装备、工艺能力及施工工期等因素,并应按照表 9-21 选用支护结构。

表 9-21   支护结构形式及其适用条件

序号	类别	结构形式	适用条件	备注
1	水泥土类	粉喷桩	基坑深度≤6 m,土质较密实,侧壁安全等级二、三级基坑	可采用单排、多排布置成连续墙体,亦可结合土钉喷射混凝土
		深层搅拌桩	基坑深度≤7 m,土层渗透系数较大,侧壁安全等级二、三级基坑	组合成土钉墙,加固边坡同时起隔渗作用
2	钢筋混凝土类	预制桩	基坑深度≤7 m,软土层,侧壁安全等级二、三级基坑;周围环境对振动敏感的应采用静力压桩	与粉喷桩、深层搅拌桩结合使用
		钻孔桩	基坑深度≤14 m,侧壁安全等级一、二、三级基坑	与锁口梁、围檩、锚杆组合成支护体系,亦可与粉喷、搅拌桩结合
		地下连续墙	基坑深度>12 m,有降水要求,土层及软土层,侧壁安全等级一、二、三级基坑	与地下结构外墙结合,以及楼板梁等结合形成支护体系
3	钢板桩类	型钢组合桩	基坑深度<8 m,软土地基,有降水要求时应与搅拌桩等结合,侧壁安全等级一、二、三级基坑;不宜用于周围环境对沉降敏感的基坑	可用单排或双排布置,与锁口梁、围檩、锚杆组成支护体系
		拉森式专用钢板桩	基坑深度<11 m,能满足降水要求,适用侧壁安全等级一、二、三级基坑;不宜用于周围环境对沉降敏感的基坑	可布置成弧形、拱形,自行止水
4	木板桩类	木桩	基坑深<6 m,侧壁安全等级三级基坑	木材强度满足要求
		企口板桩	基坑深度<5 m,侧壁安全等级二、三级基坑	木材强度满足要求

（9）基坑开挖与支护施工应进行量测监控,监测项目、监测控制值应根据设计要求及基坑侧壁安全等级进行选择。

（10）冬期在道路或管道通过的部位不得回填冻土,其他部位可均匀掺入冻土,其数量不应超过填土总体积的 15％,且冻土的块径不得大于 150 mm。

2．取水与排放构筑物

（1）测定产水量时,水位和水量的稳定延续时间应符合设计要求;设计无要求时,岩石地区不少于 8 h,松散层地区不少于 4 h。

（2）水射法施工水压不小于 0.3 MPa,水枪的喷口流速:中、粗砂层,宜采用 15 m/s;卵石层,宜采用 30 m/s。

（3）水下抛石需作夯实处理时,水下抛石应预留沉量,其数值可按当地经验或现场试验确定,宜为抛石厚度的 10％～20％;在水面附近应进行铺砌或人工抛埋。

（4）石砌体铺浆砌筑水泥砂浆或细石混凝土应按设计强度等级提高 15％,水泥强度等级不宜低于 32.5 MPa,细石混凝土的石子粒径不宜大于 20 mm,并应随拌随用。

（5）取水构筑物的水下进水管渠,与取水头部连接段设有弯（折）管时,宜采用围堰开槽或沉管法施工;条件允许时,直线段采用顶管法施工,弯（折）管段采用围堰开槽或沉管法施工。

3．水处理构筑物

（1）构筑物底板位于地下水位以下时,应进行抗浮稳定验算;当不能满足要求时必须采取抗浮措施。

（2）跨度不小于 4 m 的现浇钢筋混凝土梁、板,其模板应按设计要求起拱;设计无具体要求时,起拱度宜为跨度的 1/1 000～3/1 000。

（3）混凝土模板的拆除应符合下列规定:

① 侧模板,应在混凝土强度能保证其表面及棱角不因拆除模板而受损坏时,方可拆除。

② 底模板,应在与结构同条件养护的混凝土试块达到表 9-22 规定强度等级,方可拆除。

表 9-22　　　　　　　整体现浇混凝土底模板拆模时所需混凝土强度等级

序号	构件类型	构件跨度 L/m	达到设计的混凝土立方体抗压强度等级值的百分率/%
1	板	≤2	≥50
		2<L≤8	≥75
		>8	≥100
2	梁、拱、壳	≤8	≥75
		>8	≥100
3	悬臂构件	—	≥100

（4）受力钢筋的连接方式应符合设计要求,设计无要求时,应优先选择机械连接、焊接;在不具备机械连接、焊接连接条件时,可采用绑扎搭接连接;相邻纵向受力钢筋的绑扎接头宜相互错开,绑扎搭接接头中钢筋的横向净距不应小于钢筋直径,且不小于 25 mm,并符合

以下规定：

① 钢筋搭接处，应在中心和两端用铁丝扎牢。

② 钢筋绑扎搭接接头连接区段长度为 $1.3L_1$（L_1 为搭接长度），凡搭接接头中点位于连接区段长度内的搭接接头均属于同一连接区段；同一连接区段内，纵向钢筋搭接接头面积百分率为该区段内有搭接接头的纵向受力钢筋截面面积的比值。

③ 同一连接区段内，纵向受拉钢筋搭接接头面积百分率应符合设计要求；设计无具体要求时，受压区不得超过 50%，受拉区不得超过 25%；对于池壁底部和顶部与顶板施工缝处的预埋竖向钢筋可按 50% 控制，并应按本规范规定的受拉区钢筋搭接长度增加 30%。

④ 设计无要求时，纵向受力钢筋绑扎搭接接头的最小搭接长度应按表 9-23 的规定执行。

表 9-23　　　　　　　　　　　**钢筋绑扎接头的最小搭接长度**

序号	钢筋级别	受拉区	受压区
1	HPB235	$35d_0$	$30d_0$
2	HRB335	$45d_0$	$40d_0$
3	HRB400	$55d_0$	$50d_0$
4	低碳冷拔钢丝	300 mm	200 mm

注：d_0 为钢筋直径，单位 mm。

（5）混凝土试块的留置及混凝土试块验收合格标准应符合下列规定。

① 标准试块：每构筑物的同一配合比的混凝土，每工作班、每拌制 100 m³ 混凝土为 1 个验收批，应留置 1 组，每组 3 块；同一部位、同一配合比的混凝土一次连续浇筑超过 1 000 m³ 时，每拌制 200 m³ 混凝土为 1 个验收批，应留置 1 组，每组 3 块。

② 与结构同条件养护的试块：根据施工设计要求，按拆模、施加预应力和施工期间临时荷载等需要的数量留置。

③ 抗渗试块的留置：同一配合比的混凝土，每构筑物按底板、池壁和顶板等部位，每一部位每浇筑 500 m³ 混凝土为 1 个验收批，留置 1 组，每组 6 块；同一部位混凝土一次连续浇筑超过 2 000 m³ 时，每浇筑 1 000 m³ 混凝土为 1 个验收批，留置 1 组，每组 6 块。

④ 抗冻试块的留置：同一抗冻等级的抗冻混凝土试块每构筑物留置不少于 1 组；同一个构筑物中，同一抗冻等级抗冻混凝土用量大于 2 000 m³ 时，每增加 1 000 m³ 混凝土增加留置 1 组试块。

（6）混凝土应在浇筑完毕后的 12 h 以内，对混凝土加以覆盖并保湿养护；浇水养护的时间不得少于 14 d，保持混凝土处于湿润状态；蒸汽养护时，应使用低压饱和蒸汽均匀加热，最高温度不宜大于 30 ℃；升温速度不宜大于 10 ℃/h；降温速度不宜大于 5 ℃/h。掺加引气剂的混凝土严禁采取蒸汽养护。

（7）浇筑大体积混凝土结构时，应有专项施工方案和相应的技术措施。

（8）构件安装就位后，应采取临时固定措施。曲梁应在梁的跨中设临时支撑，待二次混凝土达到设计强度等级的 75% 及以上时，方可拆除支撑。

（9）混凝土分层浇筑厚度不宜超过 250 mm，并应采用机械振捣，配合人工捣固。

(10) 无粘结预应力筋。

① 预应力筋外包层材料,应采用聚乙烯或聚丙烯,严禁使用聚氯乙烯;外包层材料性能应满足《无粘结预应力混凝土结构技术规程》(JGJ 92—2004)的要求。

② 预应力筋涂料层应采用专用防腐油脂,其性能应满足《无粘结预应力混凝土结构技术规程》(JGJ 92—2004)的要求。

③ 必须采用Ⅰ类锚具,锚具规格应根据无粘结预应力筋的品种、张拉吨位以及工程使用情况选用。

④ 预应力筋下料应采用砂轮锯和切断机切断,不得采用电弧切断;钢丝束两端采用镦头锚具时,同一束中各根钢丝长度的根差不应大于钢丝长度的 1/5 000,且不应大于 5 mm;成组张拉长度不大于 10 m 的钢丝时,同组钢丝长度的根差不得大于 2 mm。

(11) 圆形构筑物的环向预应力钢筋的布置和锚固位置应按设计要求执行。采用缠丝张拉时,锚具槽应沿构筑物的周长均匀布置,其数量应不少于下列规定:

① 直径小于或等于 25 m 时,可采用 4 条。

② 直径大于 25 m、小于或等于 50 m 时,可采用 6 条。

③ 直径大于 50 m 可采用 8 条。

④ 构筑物底端不能缠丝的部位,应在附近局部加密环向预应力筋。

(12) 预应力筋张拉封锚应符合设计要求;设计无要求时应符合下列规定:

① 凸出式锚固端锚具的保护层厚度不应小于 50 mm。

② 外露预应力筋的保护层厚度不应小于 50 mm。

③ 封锚混凝土强度等级不得低于相应结构混凝土强度等级,且不得低于 C40。

(13) 砌筑砂浆应采用水泥砂浆,其强度等级应符合设计要求,且不应低于 M10;应采用机械搅拌砂浆,搅拌时间不得少于 2 min,并应在初凝前使用;若出现泌水应拌合均匀后再用。

(14) 砌筑砂浆试块留置及验收批:每座砌体水处理构筑物的同一类型、强度等级砂浆,每砌筑 100 m³ 砌体的砂浆作为一个验收批,强度值应至少检查一次,每次应留置试块一组;砂浆组成材料有变化时,应增加试块留置数量。

(15) 砖砌池壁施工水平灰缝厚度和竖向灰缝宽度宜为 10 mm,且不小于 8 mm、不大于 12 mm;圆形池壁,里口灰缝宽度不应小于 5 mm。

(16) 石砌池壁施工灰缝厚度:细料石砌体不宜大于 10 mm,粗料石砌体不宜大于 20 mm;水平缝,宜采用坐浆法;竖向缝,宜采用灌浆法。

4. 泵房

(1) 结构施工前应会同设备安装单位,对相关的设备锚栓或锚板的预埋位置、预留孔洞、预埋件等进行检查核对。

(2) 底板混凝土设计无要求时,垫层厚度不应小于 100 mm,平面尺寸宜大于底板,混凝土强度等级不应低于 C10。

(3) 与板连成整体的大断面梁,宜整体浇筑;如需分期浇筑,其施工缝宜设在板底面以下 20~30 mm 处,板下有梁托时,应设在梁托下面;有主、次梁的楼板,施工缝应设在次梁跨中 1/3 范围内。

(4) 水泵与电机安装进行基座二次混凝土及地脚螺栓预留孔灌浆时,地脚螺栓的弯钩底端不应接触孔底,外缘距离孔壁不应小于 15 mm;振捣密实,不得撞击地脚螺栓;浇筑厚度大于或等于 40 mm 时,宜采用细石混凝土灌筑;小于 40 mm 时,宜采用水泥砂浆灌筑;其强度等级均应比基座混凝土设计强度等级提高一级。

(5)沉井施工应有详细的工程地质及水文地质资料和剖面图,并查勘沉井周围有无地下障碍物或其他建(构)筑物、管线等情况;地质勘探钻孔深度应根据施工需要确定,但不得小于沉井刃脚设计高程以下 5 m。

(6)沉井制作前地下水位应控制在沉井基坑以下 0.5 m,基坑内的水应及时排除;采用沉井筑岛法制作时,岛面标高应比施工期最高水位高出 0.5 m 以上。

(7)排水下沉施工挖土应分层、均匀、对称进行;对于有底梁或支撑梁沉井,其相邻格仓高差不宜超过 0.5 m。

5.调蓄构筑物

(1)现浇钢筋混凝土圆筒、框架结构的塔身施工采用滑升模板或"三节模板倒模施工法"时,应符合国家有关规范规定,支撑体系安全可靠;每节模板的高度不宜超过 1.5 m。

(2)水柜满水试验充水应分 3 次进行,每次充水宜为设计水深的 1/3,且静置时间不少于 3 h;充水至设计水深后的观测时间:钢丝网水泥水柜不应少于 72 h;钢筋混凝土水柜不应少于 48 h。

(3)钢筋网绑扎时低碳冷拔钢丝的连接不应采用焊接;绑扎时搭接长度不宜小于 250 mm;钢丝网的搭接长度,环向不小于 100 mm,竖向不小于 50 mm;上下层搭接位置应错开;绑扎结点应按梅花形排列,其间距不宜大于 100 mm(网边处不大于 50 mm)。

(4)水泥砂浆应达到设计强度等级的 70% 方可脱模。

6.功能性试验

(1)向池内注水应分 3 次进行,每次注水为设计水深的 1/3;对大、中型池体,可先注水至池壁底部施工缝以上,检查底板抗渗质量,无明显渗漏时,再继续注水至第一次注水深度;注水时水位上升速度不宜超过 2 m/d;相邻两次注水的间隔时间不应小于 24 h。

(2)注水至设计水深时,应采用水位测针测定水位,水位测针的读数精确度应达 1/10 mm;注水至设计水深 24 h 后,开始测读水位测针的初读数;测读水位的初读数与末读数之间的间隔时间应不少于 24 h。

(3)渗水量按下式计算:

$$q = \frac{A_1}{A_2} \times \left[(E_1 - E_2) - (e_1 - e_2) \right]$$

式中 q ——渗水量,L/(m² · d);

A_1 ——水池的水面面积,m²;

A_2 ——池的浸湿总面积,m²;

E_1 ——水池中水位测针的初读数,mm;

E_2 ——测读 E_1 后 24 h 水池中水位测针的末读数,mm;

e_1 ——测读 E_1 时水箱中水位测针的读数,mm;

e_2 ——测读 E_2 时水箱中水位测针的读数,mm。

(4)渗水量合格标准:钢筋混凝土结构水池不得超过 2 L/(m² · d);砌体结构水池不得超过 3 L/(m² · d)。

（5）气密性试验合格标准：

① 试验压力宜为池体工作压力的 1.5 倍。

② 24 h 的气压降不超过试验压力的 20%。

（五）编制的依据及与各专业验收规范的关系

（1）本节依据《给水排水构筑物工程施工及验收规范》（GB 50141—2008）编写，其中强制性条文有 7 条，要求掌握，其他内容需要了解。

（2）给排水构筑物工程施工与验收，除应符合本规范的规定外，还应符合国家现行有关标准的规定。

四、城市桥梁工程施工与质量验收规范（CJJ 2—2008）

（一）编制宗旨

为了加强城市桥梁工程施工管理，规范施工技术标准，统一施工质量检验、验收标准，确保工程质量。

（二）适用范围及主要内容

（1）适用于一般地质条件下城市桥梁的新建、改建、扩建工程和大、中修维护工程的施工与质量验收。

（2）该规范共包含 23 项内容，分别为：① 总则；② 基本规定；③ 施工准备；④ 测量；⑤ 模板、支架和拱架；⑥ 钢筋；⑦ 混凝土；⑧ 预应力混凝土；⑨ 砌体；⑩ 基础；⑪ 墩台；⑫ 支座；⑬ 混凝土梁（板）；⑭ 钢梁；⑮ 结合梁；⑯ 拱部与拱上结构；⑰ 斜拉桥；⑱ 悬索桥；⑲ 顶进箱梁；⑳ 桥面系；㉑ 附属结构；㉒ 装饰与装修；㉓ 工程竣工验收。

（三）强制性条文内容

（1）第 2.0.5 条：施工单位应按合同规定的或经过审批的设计文件进行施工。发生设计变更及工程洽商应按国家现行有关规定程序办理设计变更与工程洽商手续，并形成文件。严禁按未经批准的设计变更进行施工。

（2）第 2.0.8 条：施工中必须建立技术与安全交底制度。作业前主管施工技术人员必须向作业人员进行安全与技术交底，并形成文件。

（3）第 5.2.12 条：浇筑混凝土和砌筑前，应对模板、支架和拱架进行检查验收，合格后方可施工。

（4）第 6.1.2 条：钢筋应按不同钢种、等级、牌号、规格及生产厂家分批验收，确认合格后方可使用。

（5）第 6.1.5 条：预制构件的吊环必须采用未经冷拉的 HPB235 热轧光圆钢筋制作，不得以其他钢筋代替。

（6）第 8.4.3 条：预应力筋的张拉控制应力必须符合设计规定。

（7）第 10.1.7 条：基坑内地基承载力必须满足设计要求。基坑开挖完成后，应会同设计、勘察单位实地验槽，确认地基承载力满足设计要求。

（8）第 13.2.6 条：桥墩两侧梁段悬臂施工应对称、平衡。平衡偏差不得大于设计要求。

（9）第 13.4.4 条：桥墩两侧应对称拼装，保持平衡。平衡偏差应满足设计要求。

（10）第 14.2.4 条：高强螺栓终拧完毕必须当班检查。每栓群应抽查总数的 5%，且不得少于 2 套。抽查合格率不得小于 80%，否则应继续抽查，直至合格率达到 80% 以上。对螺栓拧紧度不足者应补拧，对超拧者应更换、重新施拧并检查。

（11）第16.3.3条：分段浇筑程序应对称于拱顶进行，且应符合设计要求。

（12）第17.4.1条：施工过程中，必须对主梁各个施工阶段的拉索索力、主梁标高、塔梁内力以及索塔位移量等进行监测，并应及时将有关数据反馈给设计单位，分析确定下一施工阶段的拉索张拉量值和主梁线形、高程及索塔位移控制量值等，直至合拢。

（13）第18.1.2条：施工过程中，应及时对成桥结构线形及内力进行监控，确保符合设计要求。

（四）应了解的内容

（1）施工单位应根据施工文件的要求，依据国家现行标准的有关规定，做好原材料的检验、水泥混凝土的试配与有关量具、器具的检定工作。

（2）开工前，应将工程划分为单位（子单位）、分部（子分部）、分项工程和检验批，作为施工控制的基础。

（3）根据桥梁的形式、跨径及设计要求的施工精度、施工方案，编制工程测量方案，确定在利用原设计网基础上加密或重新布设控制网。补充施工需要的水准点、桥涵轴线、墩台控制桩。

（4）验算模板、支架和拱架的抗倾覆稳定时，各施工阶段的稳定系数均不得小于1.3。

（5）模板、支架和拱架的设计中应设施工预拱度。施工预拱度应考虑下列因素：

① 设计文件规定的结构预拱度。

② 支架和拱架承受全部施工荷载引起的弹性变形。

③ 受载后由于杆件接头处的挤压和卸落设备压缩而产生的非弹性变形。

④ 支架、拱架基础受载后的沉降。

（6）支架立柱必须落在有足够承载力的地基上，立柱低端必须放置垫板或混凝土垫块。支架地基严禁被水浸泡，冬期施工必须采取防止冻胀的措施。

（7）安装模板应符合下列规定：

① 支架、拱架安装完毕，经检验合格后方可安装模板。

② 安装模板应与钢筋工序配合进行，妨碍绑扎钢筋的模板，应待钢筋工序结束后再安装。

③ 安装墩、台模板时，其底部应与基础预埋件连接牢固，上部应采用拉杆固定。

④ 模板在安装过程中，必须设置防倾覆设施。

（8）模板、支架和拱架拆除应按设计要求的程序和措施进行，遵循"先支后拆、后支先拆"的原则。支架和拱架，应按几个循环卸落，卸落量宜由小渐大。每一循环中，在横向应同时卸落，在纵向应对称均衡卸落。

（9）预应力混凝土结构的侧模应在预应力张拉前拆除；底模应在结构建立预应力后拆除。

（10）钢筋的级别、种类和直径应按设计要求采用。当需要代换时，应由原设计单位作变更设计。

（11）钢筋接头设置应符合下列规定：

① 在同一根钢筋上宜少设接头。

② 钢筋接头应设在受力较小区段，不宜位于构件的最大弯矩处。

③ 在任一焊接或绑扎接头长度区段内，同一根钢筋不得有两个接头，在该区段内的受

力钢筋,其接头的截面面积占总截面面积的百分率应符合有关规定。

④ 接头末端至钢筋弯起点的距离不得小于钢筋直径的 10 倍。

⑤ 施工中钢筋受力分不清受拉、压的,按受拉办理。

⑥ 钢筋接头部位横向净距不得小于钢筋直径,且不得小于 25 mm。

(12) 从事钢筋焊接的焊工必须经考试合格后持证上岗。钢筋焊接前,必须根据施工条件进行试焊。

(13) 钢筋的混凝土保护层厚度,必须符合设计要求。设计无规定时应符合下列规定:

① 普通钢筋和预应力直线形钢筋的最小混凝土保护层厚度不得小于钢筋公称直径,后张法构件预应力直线形钢筋不得小于其管道直径的 1/2,且应符合耐久性的规定。

② 当受拉区主筋的混凝土保护层厚度大于 50 mm 时,应在保护层内设置直径不小于 6 mm、间距不大于 100 mm 的钢筋网。

③ 钢筋机械连接件的最小保护层厚度不得小于 20 mm。

④ 应在钢筋与模板之间设置垫块,确保钢筋的混凝土保护层厚度,垫块应与钢筋绑扎牢固、错开布置。

(14) 混凝土的强度达到 2.5 MPa 后,方可承受小型施工机械荷载,进行下道工序前,混凝土应达到相应的强度。

(15) 混凝土用砂一般应以细度模数 2.5～3.5 的中、粗砂为宜。

(16) 粗骨料最大粒径应按混凝土结构情况及施工方法选取,最大粒径不得超过结构最小边尺寸的 1/4 和钢筋最小净距的 3/4;在两层或多层密布钢筋结构中,不得超过钢筋最小净距的 1/2,同时最大粒径不得超过 100 mm。

(17) 混凝土配合比应以质量比计,并应通过设计和试配选定,试配时应使用施工实际采用的材料,配制的混凝土拌合物应满足和易性、凝结时间等施工技术条件,制成的混凝土应符合强度、耐久性等要求。

(18) 混凝土在运输过程中应采取防止发生离析、漏浆、严重泌水及坍落度损失等现象的措施。用混凝土搅拌运输车运输混凝土时,途中应以每分钟 2～4 转的慢速进行搅动。当运至现场的混凝土出现离析、严重泌水等现象,应进行第二次搅拌。经二次搅拌仍不符合要求,则不得使用。

(19) 浇筑混凝土前,应对支架,模板、钢筋和预埋件进行检查,确认符合设计和施工设计要求。模板内的杂物、积水、钢筋上的污垢应清理干净。模板内面应涂刷隔离剂,并不得污染钢筋等。

(20) 自高处向模板内倾卸混凝土时,其自由倾落高度不得超过 2 m;当倾落高度超过 2 m 时,应通过串筒、溜槽或振动溜管等设施下落,倾落高度超过 10 m 时应设置减速装置。

(21) 混凝土施工缝设置应符合下列规定:

① 施工缝宜留置在结构受剪力和弯矩较小、便于施工的部位,且应在混凝土浇筑之前确定。施工缝不得呈斜面。

② 先浇混凝土表面的水泥砂浆和松弱层应及时凿除。凿除时的混凝土强度,水冲法应达到 0.5 MPa;人工凿毛应达到 2.5 MPa;机械凿毛应达到 10 MPa。

③ 经凿毛处理的混凝土面,应清除干净,在浇筑后续混凝土前,应铺 10～20 mm 同配比的水泥砂浆。

④ 重要部位及有抗震要求的混凝土结构或钢筋稀疏的混凝土结构,应在施工缝处补插锚固钢筋或石榫;有抗渗要求的施工缝宜做成凹形、凸形或设止水带。

⑤ 施工缝处理后,应待下层混凝土强度达到 2.5 MPa 后,方可浇筑后续混凝土。

(22) 施工现场应根据施工对象、环境、水泥品种、外加剂以及对混凝土性能的要求,制定具体的养护方案,并应严格执行方案规定的养护制度。

(23) 常温下混凝土浇筑完成后,应及时覆盖并洒水养护。

(24) 当气温低于 5 ℃时,应采取保温措施,并不得对混凝土洒水养护。

(25) 采用塑料膜覆盖养护时,应在混凝土浇筑完成后及时覆盖严密,保证膜内有足够的凝结水。

(26) 抗渗混凝土拆模时,结构表面温度与环境气温之差不得大于 15 ℃。地下结构部分的抗渗混凝土,拆模后应及时回填。

(27) 大体积混凝土应均匀分层、分段浇筑,并应符合下列规定:

① 分层混凝土厚度宜为 1.5～2.0 m。

② 分段数目不宜过多。当横截面面积在 200 m² 以内时不宜大于 2 段,在 300 m² 以内时不宜大于 3 段。每段面积不得小于 50 m²。

③ 上、下层的竖缝应错开。

(28) 大体积混凝土应在环境温度较低时浇筑,浇筑温度(振捣后 50～100 mm 深处的温度)不宜高于 28 ℃。

(29) 大体积混凝土应采取循环水冷却、蓄热保温等控制体内外温差的措施,并及时测定浇筑后混凝土表面和内部的温度,其温差应符合设计要求,当设计无规定时不宜大于25 ℃。

(30) 冬期施工期间,当采用硅酸盐水泥或普通硅酸盐水泥配制混凝土,抗压强度未达到设计强度的 30%时;或采用矿渣硅酸盐水泥配制混凝土抗压强度未达到设计强度的 40%时;C15 及以下的混凝土抗压强度未达到 5 MPa 时,混凝土不得受冻。浸水冻融条件下的混凝土开始受冻时,不得小于设计强度的 75%。

(31) 冬期混凝土拆模时混凝土与环境的温差不得大于 15 ℃。当温差在 10～15 ℃时,拆除模板后的混凝土表面应采取临时覆盖措施。采用外部热源加热养护的混凝土,当环境气温在 0 ℃以下时,应待混凝土冷却至 5 ℃以下后,方可拆除模板。

(32) 高温期混凝土浇筑完成后,表面宜立即覆盖塑料膜,终凝后覆盖土工布等材料,并应洒水保持湿润。

(33) 预应力筋锚具、夹具和连接器应符合国家现行标准《预应力筋用锚具、夹具和连接器》(GB/T 14370—2000)和《预应力筋用锚具、夹具和连接器应用技术规程》(JGJ 85—2002)的规定。进场时,应对其质量证明文件、型号和规格等进行检验,并应符合下列规定:

① 锚具、夹具和连接器验收批的划分:在同种材料和同一生产工艺条件下,锚具和夹具应以不超过 1 000 套为一个验收批;连接器应以不超过 500 套为一个验收批。

② 外观检查:应从每批中抽取 10%的锚具(夹具或连接器)且不少于 10 套,检查其外观和尺寸,如有一套表面有裂纹或超过产品标准及设计要求规定的允许偏差,则应另取双倍数量的锚具重做检查,如仍有一套不符合要求,则应全数检查,合格后方可投入使用。

③ 硬度检查:应从每批中抽取 5%的锚具(夹具或连接器)且不少于 5 套,对其中有硬度

要求的零件做硬度试验,对多孔夹具式锚具的夹具,每套至少抽查 5 片。每个零件测试 3 点,其硬度应在设计要求范围内,如有一个零件不合格,则应另取双倍数量的零件重新试验,如仍有一个零件不合格,则应逐个检查,合格后方可使用。

④ 静载锚固性试验:大桥、特大桥等重要工程、质量证明文件不齐全、不正确或质量有疑点的锚具,经上述检查合格后,应从同批锚具中抽取 6 套锚具(夹具或连接器)组成 3 个预应力锚具组装件,进行静载锚固性能试验,如有一个试件不符合要求,则应另取双倍数量的锚具(夹具或连接器)重做试验,如仍有一个试件不符合要求,则该批锚具(夹具或连接器)为不合格品。一般中、小桥使用的锚具(夹具或连接器),其静载锚固性能可由锚具生产厂提供试验报告。

(34)预应力管道应具有足够的刚度、能传递粘结力,且应符合下列要求:

① 胶管的承受压力不得小于 5 kN,极限抗拉力不得小于 7.5 kN,且应具有较好的弹性恢复性能。

② 钢管和高密度聚乙烯管的内壁应光滑,壁厚不得小于 2 mm。

③ 金属螺旋管道宜采用镀锌材料制作,制作金属螺旋管的钢带厚度不宜小于 0.3 mm。金属螺旋管性能应符合国家现行标准《预应力混凝土用金属波纹管》(JG/T 225—2007)的规定。

(35)预应力钢筋张拉应由工程技术负责人主持,张拉作业人员应经培训考核合格后方可上岗。

(36)预应力筋采用应力控制方法张拉时,应以伸长值进行校核。实际伸长值与理论伸长值的差值应符合设计要求;设计无规定时,实际伸长值与理论伸长值之差应控制在 6% 以内。

(37)后张法预应力筋张拉应符合下列要求:

① 混凝土强度应符合设计要求;设计未规定时,不得低于设计强度的 75%。且应将限制位移的模板拆除后,方可进行张拉。

② 预应力筋张拉端的设置,应符合设计要求;当设计未规定时,应符合下列规定:

——曲线预应力筋或长度大于或等于 25 m 的直线预应力筋,宜在两端张拉;长度小于 25 m 的直线预应力筋,可在一端张拉。

——当同一截面中有多束一端张拉的预应力筋时,张拉端宜均匀交错地设置在结构的两端。

③ 张拉前应根据设计要求对孔道的摩擦阻力损失进行实测,以便确定张拉控制应力,并确定预应力筋的理论伸长值。

④ 预应力筋的张拉顺序应符合设计要求;当设计无规定时,可采取分批、分阶段对称张拉,宜先中间,后上、下或两侧。

(38)后张法预应力施工压浆过程中及压浆后 48 h 内,结构混凝土的温度不得低于 5 ℃,否则应采取保温措施。当白天气温高于 35 ℃ 时,压浆宜在夜间进行。孔道内的水泥浆强度达到设计规定后方可吊移预制构件;设计未规定时,不应低于砂浆设计强度的 75%。

(39)砌体砂浆应使用机械搅拌,搅拌时间不得少于 1.5 min。砂浆应随拌随用,并应在拌合后 4 h 内使用完毕。在运输和储存中发生离析、泌水时,使用前应重新搅拌合,已凝结的砂浆不得使用。

（40）浆砌石采用分段砌筑时，相邻段的高差不宜超过 1.2 m，工作缝位置宜在伸缩缝或沉降缝处。同一砌体当天连续砌筑高度不宜超过 1.2 m。

（41）浆砌片石墙必须设置拉结石，拉结石应均匀分布，相互错开，每 0.7 m² 墙面至少应设置一块。

（42）浆砌块石砌筑镶面石时，上下层立缝错开的距离应大于 8 cm。

（43）浆砌料石每层镶面石均应采用一丁一顺砌法，宽度应均匀。相邻两层立缝错开距离不得小于 10 cm；在丁石的上层和下层不得有立缝；所有立缝均应垂直。

（44）砌体勾缝形式、砂浆强度等级应符合设计要求。设计而无规定时，块石砌体宜采用凸缝或平缝，细料石及粗料石砌体应采用凹缝，勾缝砂浆强度等级不得低于 M10。

（45）砌石勾缝宽度应保持均匀，片石勾缝宽度宜为 3～4 cm；块石勾缝宽度宜为 2～3 cm；料石、混凝土预制块缝宽宜为 1～1.5 cm。

（46）块石砌体勾缝应保持砌筑的自然缝，勾凸缝时，灰缝应整齐，拐弯圆滑流畅、宽度一致，不出毛刺，不得空鼓脱落。料石砌体勾缝应横平竖直、深浅一致，十字缝衔接平顺，不得有瞎缝、丢缝和粘接不牢等现象，勾缝深度应较墙面凹进 5 mm。

（47）砌体在砌筑和勾缝砂浆初凝后，应立即覆盖洒水，湿润养护 7～14 d，养护期间不得碰撞、振动或承重。

（48）冬期砌体施工砂浆强度未达到设计强度的 70% 时，不得使其受冻。

（49）扩大基础当地基承载力不满足设计要求或出现超挖、被水浸泡现象时，应按设计要求处理，并在施工前结合现场情况，编制专项地基处理方案。

（50）钻孔灌注桩清孔后的沉渣厚度应符合设计要求。设计未规定时，摩擦桩的沉渣厚度不应大于 300 mm；端承桩的沉渣厚度不应大于 100 mm。

（51）在特殊条件下需人工挖孔时，应根据设计文件、水文地质条件、现场状况，编制专项施工方案。其护壁结构应经计算确定。施工中应采取防坠落、坍塌、缺氧和有毒、有害气体中毒的措施。

（52）沉井下沉至设计高程后应清理、平整基底，经检验符合设计要求后，应及时封底。

（53）承台施工前应检查基桩位置，确认符合设计要求，如偏差超过检验标准，应会同设计、监理工程师制定措施并实施后，方可施工。

（54）在基坑无水情况下浇筑钢筋混凝土承台，如设计无要求，基底应浇筑 10 cm 厚混凝土垫层。在基坑有渗水情况下浇筑钢筋混凝土承台，应有排水措施，基坑不得积水。如设计无要求，基底可铺 10 cm 厚碎石，并浇筑 5～10 cm 厚混凝土垫层。

（55）重力式混凝土墩台施工应符合下列规定：

① 墩台混凝土浇筑前应对基础混凝土顶面做凿毛处理，清除锚筋污锈。

② 墩台混凝土宜水平分层浇筑，每次浇筑高度宜为 1.5～2 m。

③ 墩台混凝土分块浇筑时，接缝应与墩台截面尺寸较小的一边平行，邻层分块接缝应错开，接缝宜做成企口形。分块数量，墩台水平截面积在 200 m² 内不得超过 2 块；在 300 m² 以内不得超过 3 块。每块面积不得小于 50 m²。

（56）盖梁为悬臂梁时，混凝土浇筑应从悬臂端开始；预应力钢筋混凝土盖梁拆除底模时间应符合设计要求；如设计无规定，预应力孔道压浆强度应达到设计强度后，方可拆除底模板。

（57）墩台砌体应采用坐浆法分层砌筑，竖缝均应错开，不得贯通。

（58）台背、锥坡应同时回填，并应按设计宽度一次填齐。

（59）台背填土宜与路基填土同时进行，宜采用机械碾压，台背0.8～1 m范围内宜回填砂石、半刚性材料，并采用小型压实设备或人工夯实。

（60）拱桥台背填土应在主拱施工前完成；拱桥台背填土长度应符合设计要求。

（61）当实际支座安装温度与设计要求不同时，应通过计算设置支座顺桥方向的预偏量。

（62）支座安装平面位置和顶面高程必须正确，不得偏斜、脱空、不均匀受力。

（63）墩台帽、盖梁上的支座垫石和挡块宜二次浇筑，确保其高程和位置的准确。垫石混凝土的强度必须符合设计要求。

（64）混凝土梁（板）在固定支架上浇筑施工应符合下列规定：

① 支架的地基承载力应符合要求，必要时，应采取加强处理或其他措施。

② 应有简便可行的落架拆模措施。

③ 各种支架和模板安装后，宜采取预压方法消除拼装间隙和地基沉降等非弹性变形。

④ 安装支架时，应根据梁体和支架的弹性、非弹性变形，设置预拱度。

⑤ 支架底部应有良好的排水措施，不得被水浸泡。

⑥ 浇筑混凝土时应采取防止支架不均匀下沉的措施。

（65）连续梁（T构）的合龙、体系转换和支座反力调整应符合下列规定：

① 合龙段的长度宜为2 m。

② 合龙前应观测气温变化与梁端高程及悬臂端间距的关系。

③ 合龙前应按设计规定，将两悬臂端合龙口予以临时连接，并将合龙跨一侧墩的临时锚固放松或改成活动变座。

④ 合龙前，在两端悬臂预加压重，并于浇筑混凝土过程中逐步撤除，以使悬臂端挠度保特稳定。

⑤ 合龙宜在一天中气温最低时进行。

⑥ 合龙段的混凝土温度宜提高一级，以尽早施加预压力。

⑦ 连续梁的梁跨体系转换，应在合龙段及全部纵向连续预应力筋张拉、压浆完成，并解除各墩临时固结后进行。

⑧ 梁跨体系转换时，支座反力的调整应以高程控制为主，反力作为校核。

（66）构件预制应符合下列规定：

① 场地应平整、坚实，并采取必要的排水措施。

② 预制台座应坚固、无沉陷，台座表面应光滑平整，在2 m长度上平整度的允许偏差为2 mm。气温变化大时应设伸缩缝。

③ 模板应根据施工图设置起拱。预应力混凝土梁、板设置起拱时，应考虑梁体施加预应力后的上拱度，预设起拱应折减或不设，必要时可设反拱。

④ 采用平卧重叠法浇筑构件混凝土时，下层构件顶面应设隔离层，上层构件须待下层构件混凝土强度达到5 MPa后方可浇筑。

（67）构件吊点的位置应符合设计要求，设计无要求时，应经计算确定。构件的吊环应竖直，吊绳与起吊构件的夹角小于60°时应设置吊梁。

（68）构件吊运时混凝土的强度不得低于设计强度的 75%，后张预应力构件孔道压浆强度应符合设计要求或不低于设计强度的 75%。

（69）钢梁出厂前必须进行试装，并应按设计和有关规范的要求验收。

（70）钢梁现场安装前应做好充分的准备工作，并应符合下列规定：

① 安装前应对临时支架、支承、吊车等临时结构和钢梁结构本身在不同受力状态下的强度、刚度和稳定性进行验算。

② 安装前应按构件明细表核对进场的杆件和零件，查验产品出厂合格证、钢材质量证明书。

③ 对杆件进行全面质量检查，对装运过程中产生缺陷和变形的杆件，应进行矫正。

④ 安装前应对桥台、墩顶面高程、中线及各孔跨径进行复测，误差在允许偏差内方可安装。

⑤ 安装前应根据跨径大小、河流情况、起吊能力选择安装方法。

（71）钢梁现场涂装涂料、涂装层数和涂层厚度应符合设计要求；涂层干漆膜总厚度应符合设计要求。当规定层数达不到最小干漆膜总厚度时，应增加涂层层数。

（72）装配式拱桥构件在吊装时，混凝土的强度不得低于设计要求；设计无要求时，不得低于设计强度的 75%。

（73）拱圈（拱肋）封拱合龙温度应符合设计要求，当设计无要求时，宜在当地年平均温度或 5～10 ℃时进行。

（74）拱圈封拱合龙时圬工强度应符合设计要求，当设计无要求时，填缝的砂浆强度应达到设计强度的 50% 及以上；当封拱合龙前用千斤顶施压调整应力时，拱圈砂浆必须达到设计强度。

（75）拱架上浇筑混凝土拱圈跨径小于 16 m 的拱圈或拱肋混凝土，应按拱圈全宽从拱脚向顶对称、连续浇筑，并在混凝土初凝前完成。当预计不能在限定时间内完成时，则应在拱脚预留一个隔缝并最后浇筑隔缝混凝土。跨径大于或等于 16 m 的拱圈或拱肋，宜分段浇筑。分段位置，拱式拱架宜设置在拱架受力反弯点、拱架节点、拱顶及拱脚处；满布式拱架宜设置在拱顶、1/4 跨径、拱脚及拱架节点等处。各段的接缝面应与拱轴线垂直，各分段点应预留间隔槽，其宽度宜为 0.5～1 m。当预计拱架变形较小时，可减少或不设间隔槽，应采取分段间隔浇筑。

（76）拱架上浇筑大跨径拱圈（拱肋）混凝土时，宜采用分环（层）分段方法浇筑，也可纵向分幅浇筑，中幅先行浇筑合龙，达到设计要求后，再横向对称浇筑合龙其他幅。

（77）钢管混凝土管内混凝土宜采用泵送顶升压注施工，由两拱脚至拱顶对称均衡地连续压注完成。

（78）汇水槽、泄水口顶面高程应低于桥面铺装层 10～15 mm。

（79）桥面防水层应在现浇桥面结构混凝土或垫层混凝土达到设计要求强度，经验收合格后方可施工。

（80）桥面防水层应直接铺设在混凝土表面上，不得在二者间加铺砂浆找平层。

（81）桥面防水层应采用满贴法；防水层总厚度和卷材或胎体层数应符合设计要求；缘石、地袱、变形缝、汇水槽和泄水口等部位应按设计和防水规范细部要求作局部加强处理。防水层与汇水槽、泄水口之间必须粘结牢固，封闭严密。

（82）铺装层应在纵向 100 m、横向 40 cm 范围内,逐渐降坡,与汇水槽、泄水口平顺相接。

（83）伸缩装置安装前应对照设计要求、产品说明,对成品进行验收,合格后方可使用。安装伸缩装置时应按安装时气温确定安装定位值,保证设计伸缩量。

（84）伸缩装置宜采用后嵌法安装,即先铺桥面层,再切割出预留槽安装伸缩装置。

（85）地袱、缘石、挂板应在桥梁上部结构混凝土浇筑支架卸落后施工,其外侧线形应平顺,伸缩缝必须全部贯通,并与主梁伸缩缝相对应。

（86）人行道结构应在栏杆、地袱完成后施工,且在桥面铺装层施工前完成。

（87）人行道下铺设其他设施时,应在其他设施验收合格后,方可进行人行道铺装。

（88）施工中应按下列规定进行施工质量控制,并进行过程检验、验收:

① 工程采用的主要材料、半成品、成品、构配件、器具和设备应按相关专业质量标准进行验收和按规定进行复验,并经监理工程师检查认可。凡涉及结构安全和使用功能的,监理工程师应按规定进行平行检测、见证取样检测并确认合格。

② 各分项工程应按规范进行质量控制,各分项工程完成后应进行自检、交接检验,并形成文件,经监理工程师检查签认后,方可进行下一个分项工程施工。

（89）隐蔽工程应由专业监理工程师负责验收。检验批及分项工程应由专业监理工程师组织施工单位项目专业质量（技术）负责人等进行验收。关键分项工程及重要部位应由建设单位项目负责人组织总监理工程师、专业监理工程师、施工单位项目负责人和技术质量负责人、设计单位专业设计人员等进行验收。分部工程应由总监理工程师组织施工单位项目负责人和技术质量负责人、专业监理工程师进行验收。

（90）工程竣工验收应由建设单位组织验收组进行。验收组应由建设、勘察、设计、施工、监理与设施管理等单位的有关负责人组成,亦可邀请有关方面专家参加。工程竣工验收应在构成桥梁的各分项工程、分部工程、单位工程质量验收均合格后进行。当设计规定进行桥梁功能、荷载试验时,必须在荷载试验完成后进行。桥梁工程竣工资料须于竣工验收前完成。

（五）编制的依据及与各专业验收规范的关系

（1）依据《城市桥梁工程施工与质量验收规范》(CJJ 2—2008)编写,其中强制性条文有13 条,要求掌握,其他内容需要了解。

（2）城市桥梁工程的施工与验收,除应符合本规范的规定外,尚应符合国家现行有关标准的规定。

五、城市隧道工程施工及验收规范

（一）编制宗旨

为了统一山岭隧道（公路隧道）工程施工的技术要求,保证工程质量。

（二）适用范围及主要内容

（1）《公路隧道施工技术规范》(JTG F60—2009)适用于以钻爆法开挖为主的各级公路隧道,其他形式的公路隧道可参照执行。

（2）《公路隧道施工技术规范》(JTG F60—2009)共包含 19 项内容,分别为:① 总则;② 术语和符号;③ 施工准备;④ 施工测量;⑤ 洞口、明洞与浅埋段工程;⑥ 开挖;⑦ 出渣与运输;⑧ 支护与衬砌;⑨ 小净距隧道及连拱隧道;⑩ 监控量测;⑪ 防水和排水;⑫ 风、水、电供应;⑬ 通风、防尘、防有害气体;⑭ 辅助坑道;⑮ 辅助工程措施;⑯ 不良地质和特殊岩土地段施工;⑰ 隧道路面施工;⑱ 附属设施工程;⑲ 交工验收。

（三）应了解的内容

（1）隧道施工应加强地质工作,重视跟踪地质调查与超前地质预报。

（2）从事隧道施工的各种特殊岗位人员均应持证上岗。

（3）施工前,应进行测量方案设计,选定控制测量等级,确定测量方法,估计误差范围。

（4）洞口永久性挡护工程应紧跟土石方开挖及早完成。地基承载力应满足设计要求。

（5）明洞边坡开挖应根据设计要求采取岩土体加固措施。明洞衬砌施工应仰拱先行、拱墙整体浇筑。

（6）明洞边墙地基承载力应满足设计要求。边墙基础混凝土灌注前应排除坑内积水,完成后应及时回填。

（7）明洞拱圈混凝土达到设计强度后由人工夯实回填至拱顶以上 1 m,方可采用机械回填。

（8）浅埋段施工应符合下列规定:

① 不应采用全断面法开挖。

② 开挖后应尽快进行初期支护施工。

③ 应增加对地表沉降、拱顶下沉的量测及反馈。量测频率不宜小于深埋段的 2 倍。

（9）应根据隧道长度、断面大小、结构形式、工期要求、机械设备、地质条件等选择适宜的开挖方案。

（10）开挖作业应符合下列规定:

① 开挖断面尺寸应满足设计要求。

② 爆破后,应及时对开挖面和未衬砌地段进行检查;对可能出现的险情,应采取措施及时处理。

③ 开挖作业不得危及初期支护、衬砌和设备的安全,并应保护好量测用的测点。

④ 开挖后,应做好地质构造的核对和监控量测工作。

⑤ 开挖工作必须保证安全。

（11）隧道爆破应采用光面爆破技术。

（12）应严格控制欠挖。拱脚、墙脚以上 1 m 范围内断面严禁欠挖。超挖部分必须回填密实。

（13）爆破工作应在上一循环喷射混凝土终凝不少于 4 h 后进行。

（14）隧道衬砌不得侵入隧道建筑限界。

（15）喷射混凝土施工不得采用干喷工艺。

（16）喷射混凝土作业应符合下列规定:

① 当喷射工作分层进行时,后一层喷射应在前一层混凝土终凝后进行。

② 混合料应随拌随喷。

③ 喷射混凝土回弹物不得重新用作喷射混凝土材料。

（17）喷射混凝土应适时进行养护,隧道内环境温度低于 5 ℃时不得洒水养护。

（18）冬季施工时,喷射作业区的气温不应低于 5 ℃。在结冰的岩面上不得进行喷射混凝土作业。混凝土强度未达到 6 MPa 前不得受冻。

（19）锚杆类型、规格、技术性能应满足设计要求。

（20）钢筋网安装应符合下列规定：

① 应在初喷一层混凝土后再进行钢筋网铺设。

② 采用双层钢筋网时，第二层钢筋网应在第一层钢筋网被喷射混凝土全部覆盖后进行铺挂。

③ 钢筋搭接长度不得小于 $30d$（d 为钢筋直径），并不得小于一个网格长边尺寸。

④ 钢筋网应与锚杆或其他固定装置连接牢固。

⑤ 钢筋网应随受喷岩面起伏铺设，与受喷面的最大间隙不宜大于 30 mm。

（21）钢架必须具有足够的强度和刚度，采用的钢架类型应满足设计要求。

（22）钢架安装就位后，钢架与围岩之间的间隙应用喷射混凝土充填密实。喷射混凝土应由两侧拱脚向上对称喷射，并将钢架覆盖，临空一侧的喷射混凝土保护层厚度应不小于 20 mm。

（23）衬砌安装钢筋时，钢筋长度、间距、位置、保护层厚度应满足设计要求。

（24）衬砌模板施工应符合下列规定：

① 混凝土衬砌模板及支架必须具有足够的强度、刚度和稳定性。

② 应按设计要求设置沉降缝。衬砌施工缝应与设计的沉降缝、伸缩缝结合布置。

③ 安装模板时应检查中线、高程、断面和净空尺寸。

④ 模板安装前，应仔细检查防水板、排水盲管、衬砌钢筋、预埋件等隐蔽工程，做好记录。

（25）混凝土施工应符合下列规定：

① 混凝土的配合比应满足设计和施工工艺要求。

② 混凝土应在初凝前完成浇筑。

③ 混凝土衬砌应连续浇筑。如因故中断，其中断时间应小于前层混凝土的初凝时间或能重塑时间。当超过允许中断时间时，应按施工缝处理。

④ 混凝土的入模温度，冬季施工时不应低于 5 ℃，夏季施工时不应高于 32 ℃。

⑤ 应采取可靠措施确保混凝土在浇注时不发生离析。

⑥ 浇注混凝土时，应采用振动器振实，并应采取切实可靠措施，确保混凝土密实。振实时，不得使模板、钢筋和预埋件移位。

⑦ 边墙基底高程、基坑断面尺寸、排水盲管、预埋件安设位置等应满足设计要求。

⑧ 浇注混凝土前，必须将基底石渣、污物和基坑内积水排除干净，严禁向有积水的基坑内倾倒混凝土干拌合物。

⑨ 拱墙衬砌混凝土，应由下向上从两侧向拱顶对称浇注。

⑩ 拱部混凝土衬砌浇注时，应在拱顶预留注浆孔，注浆孔间距应不大于 3 m，且每模板台车范围内的预留孔应不少于 4 个。

⑪ 拱顶注浆充填，宜在衬砌混凝土强度达到 100% 后进行，注入砂浆的强度等级应满足设计要求，注浆压力应控制在 0.1 MPa 以内。

（26）拆除拱架、墙架和模板，应符合下列规定：

① 不承受外荷载的拱、墙混凝土强度应达到 5.0 MPa。

② 承受围岩压力的拱、墙以及封顶和封口的混凝土强度应满足设计要求。

（27）仰拱混凝土施工应符合下列规定：

① 仰拱混凝土应超前拱墙混凝土施工。

② 仰拱混凝土浇注前应清除积水、杂物、虚渣等。

③ 仰拱混凝土浇注必须使用模板，混凝土应振捣密实。

④ 仰拱施工缝和变形缝处应按设计要求进行防水处理。

⑤ 仰拱施工前，超挖在允许范围内时，应采用与衬砌相同强度等级的混凝土进行浇注；超挖大于规定时，应按设计要求回填，不得用洞渣随意回填，严禁片石侵入仰拱断面。

（28）复合式衬砌和喷锚衬砌隧道开工前，应制定施工全过程监控量测方案。

（29）应根据量测数据处理结果，及时提出调整和优化施工方案和工艺；围岩变形和速率较大时，应及时采取安全措施，并建议变更设计。

（30）防排水材料应符合国家、行业标准，满足设计要求，并有出厂合格证明。不得使用有毒的、污染环境的材料。

（31）防水板铺设应符合下列规定：

① 应减少接头。

② 搭接宽度不应小于 100 mm。焊接应严密，单条焊缝的有效焊接宽度不应小于 12.5 mm，不得焊焦焊穿。

③ 绑扎或焊接钢筋时，不应损伤防水板。

④ 振捣混凝土时，振捣棒不得接触防水板。

（32）施工缝的施工应符合下列规定：

① 混凝土应连续浇注，宜少留施工缝，拱圈不应留纵向施工缝。

② 墙体水平施工缝不应设在剪力与弯矩最大处或底板与边墙的交接处。

③ 墙体若有预留孔洞时，施工缝距孔洞边缘不宜小于 300 mm。

④ 垂直施工缝设置宜与变形缝相结合。

⑤ 应采取有效措施确保止水带（条）位置准确、固定牢固。

（33）变形缝嵌缝施工应符合下列规定：

① 缝内两侧应平整、清洁、无渗水。

② 缝内应设置与嵌缝材料无粘结力的背衬材料。

③ 嵌缝应密实。

（34）遇水膨胀止水条施工应符合下列规定：

① 接头处不得留断点，搭接长度不应小于 50 mm。

② 止水条定位后至浇注下一段混凝土前，应避免被水浸泡。

③ 振捣混凝土时，振捣棒不得接触止水带。

（35）止水带施工应符合下列规定：

① 止水带的接头每环不宜多于一处，且不得设在结构转角处。

② 止水带在转角处应做成圆弧形，橡胶止水带的转角半径不应小于 200 mm，钢片止水带不应小于 300 mm，且转角半径应随止水带的宽度增大而相应加大。

③ 不得在止水带上穿孔打洞固定止水带。止水带不得被钉子、钢筋和石子等刺破。

（36）隧道掌子面使用风压应不小于 0.5 MPa，高压风管的直径应通过计算确定。

（37）隧道作业环境应符合卫生及安全标准。

(38) 隧道施工独头掘进长度超过 150 m 时,必须采用机械通风。其通风方式应根据隧道长度、断面大小、施工方法、设备条件等综合确定。当主风流的风量不能满足隧道掘进要求时,应设置局部通风系统,并应尽量利用辅助坑道。

(39) 在浅埋、严重偏压、自稳性差的地段以及大面积淋水或涌水地段施工时,应按设计采用稳定地层和处理涌水的辅助工程措施。

(40) 辅助工程措施施工应符合下列规定:

① 应做好相应的工序设计。

② 必须坚持"先支护(强支护)、后开挖(短进尺、弱爆破)、快封闭、勤量测"的施工原则。

③ 应准备所需的材料及机具,制定有关的安全施工措施。

④ 施工中应注意观察地形和降水、地质条件和地下水的变化以及量测数据的突变等情况,预防突发事故的发生。

⑤ 做好详细的施工记录。

(41) 城市隧道工程质量应按《公路工程质量检验评定标准》(JTG F80—2004)中相关要求进行验收。

(四) 编制的依据及与各专业验收规范的关系

(1) 由于城市隧道工程目前尚无施工及验收规范,本节参照《公路隧道施工技术规范》(JTG F60—2009)和《公路工程质量检验评定标准》(JTG F80—2004)编写,内容要求了解。

(2) 城市隧道施工除应执行本规范外,还应符合国家和行业其他现行有关标准、规范的规定。

六、城市绿化工程施工及验收规范(CJJ/T 82—1999)

(一) 编制宗旨

为了对城市绿化工程施工全过程实施工程监理和质量控制,提高城市绿化种植成活率,改善城市绿化景观,节约绿化建设资金,确保城市绿化工程施工质量,创建良好的城市生态环境,制定本规范。

(二) 适用范围及主要内容

(1) 适用于公共绿地、居住区绿地、单位附属绿地、生产绿地、防护绿地、城市风景林地、城市道路绿化等绿化工程及其附属设施的施工及验收。

(2) 该规范共有 14 项内容,分别为:① 总则;② 术语;③ 施工前准备;④ 种植材料和播种材料;⑤ 种植前土壤处理;⑥ 种植穴、槽的挖掘;⑦ 苗木运输和假植;⑧ 苗木种植前的修剪;⑨ 树木种植;⑩ 大树移植;⑪ 草坪、花卉种植;⑫ 屋顶绿化;⑬ 绿化工程的附属设施;⑭ 工程验收。

(三) 应熟悉的内容

(1) 城市绿化工程必须按照批准的绿化工程设计及有关文件施工。施工人员应掌握设计意图,进行工程准备。

(2) 根据绿化设计要求,选定的种植材料应符合其产品标准的规定。

(3) 城市建设综合工程中的绿化种植,应在主要建筑物、地下管线、道路工程等主体工程完成后进行。

(4) 种植材料应根系发达,生长苗壮,无病虫害,规格及形态应符合设计要求。

(5) 露地栽培花卉应符合下列规定:

① 一、二年生花卉，株高应为 10～40 cm，冠径应为 15～35 cm。分枝不应少于 3～4个，叶簇健壮，色泽明亮。

② 宿根花卉，根系必须完整，无腐烂变质。

③ 球根花卉，根茎应苗壮、无损伤，幼芽饱满。

④ 观叶植物，叶色应鲜艳，叶簇丰满。

（6）水生植物，根、茎发育应良好，植株健壮，无病虫害。

（7）铺栽草坪用的草块及草卷应规格一致，边缘平直，杂草不得超过 5%。草块土层厚度宜为 3～5 cm，草卷土层厚度宜为 1～3 cm。

（8）植生带，厚度不宜超过 1 mm，种子分布应均匀，种子饱满，发芽率应大于 95%。

（9）播种用的草坪、草花、地被植物种子均应注明品种、品系、产地、生产单位、采收年份、纯净度及发芽率，不得有病虫害。自外地引进的种子应有检疫合格证，发芽率达 90% 以上方可使用。

（10）种植或播种前应对该地区的土壤理化性质进行化验分析，采取相应的消毒、施肥和客土等措施。

（11）园林植物生长所必需的最低种植土层厚度应符合表 9-24 规定。

表 9-24 园林植物种植必需的最低土层厚度

植被类型	草本花卉	草坪地被	小灌木	大灌木	浅根乔木	深根乔木
土层厚度/cm	30	30	45	60	90	150

（12）种植地的土壤含有建筑废土及其他有害成分，以及强酸性土、强碱土、盐土、盐碱土、重粘土、沙土等，均应根据设计规定，采用客土或采取改良土壤的技术措施。

（13）绿地应按设计要求构筑地形。对草坪种植地、花卉种植地、播种地应施足基肥，翻耕 25～30 cm，搂平耙细，去除杂物，平整度和坡度应符合设计要求。

（14）挖种植穴、槽的大小，应根据苗木根系、土球直径和土壤情况而定。穴、槽必须垂直下挖，上口下底相等，规格应符合表 9-25～表 9-29 的规定。

表 9-25 常绿乔木类种植穴规格 cm

树高	土球直径	种植穴深度	种植穴直径
150	40～50	50～60	80～90
150～250	70～80	80～90	100～110
250～400	80～100	90～110	120～130
400 以上	140 以上	120 以上	180 以上

表 9-26 落叶乔木类种植穴规格 cm

胸径	种植穴深度	种植穴直径	胸径	种植穴深度	种植穴直径
2～3	30～40	40～60	5～6	60～70	80～90
3～4	40～50	60～70	6～8	70～80	90～100
4～5	50～60	70～80	8～10	80～90	100～110

表 9-27　　　　　　　　　　　　　　**花灌木类种植穴规格**　　　　　　　　　　　　　　cm

冠径	种植穴深度	种植穴直径
200	70～90	90～110
100	60～70	70～90

表 9-28　　　　　　　　　　　　　　**竹类种植穴规格**　　　　　　　　　　　　　　cm

种植穴深度	种植穴直径
盘根或土球深 20～40	比盘根或土球大 40～60

表 9-29　　　　　　　　　　　　　　**绿篱类种植槽规格**　　　　　　　　　　　　　　cm

深×宽　　种植方式 苗高	单行	双行
50～80	40×40	40×60
100～120	50×50	50×70
120～150	60×60	60×80

（15）苗木在装卸车时应轻吊轻放，不得损伤苗木和造成散球。

（16）起吊带土球（台）小型苗木时应用绳网兜土球吊起，不得用绳索缚捆根颈起吊。重量超过 1 t 的大型土台应在土台外部套钢丝缆起吊。

（17）土球苗木装车时，应按车辆行驶方向，将土球向前，树冠向后码放整齐。

（18）裸根乔木长途运输时，应覆盖并保持根系湿润。装车时应顺序码放整齐；装车后应将树干捆牢，并应加垫层防止磨损树干。

（19）裸根苗木必须当天种植。裸树苗木自起苗开始暴露时间不宜超过 8 h。当天不能种植的苗木应进行假植。

（20）珍贵树种和非种植季节所需苗木，应在合适的季节起苗并用容器假植。

（21）种植前应进行苗木根系修剪，宜将劈裂根、病虫根、过长根剪除，并对树冠进行修剪，保持地上地下平衡。

（22）乔木类修剪应符合下列规定：

① 具有明显主干的高大落叶乔木应保持原有树形，适当疏枝，对保留的主侧枝应在健壮芽上短截，可剪去枝条 1/5～1/3。

② 无明显主干、枝条茂密的落叶乔木，对干径 10 cm 以上树木，可疏枝保持原树形；对干径为 5～10 cm 的苗木，可选留主干上的几个侧枝，保持原有树形进行短截。

③ 枝条茂密具圆头型树冠的常绿乔木可适量疏枝。枝叶集生树干顶部的苗木可不修剪。具轮生侧枝的常绿乔木用作行道树时，可剪除基部 2～3 层轮生侧枝。

④ 常绿针叶树，不宜修剪，只剪除病虫枝、枯死枝、生长衰弱枝、过密的轮生枝和下垂枝。

⑤ 用作行道树的乔木，定干高度宜大于 3 m，第一分枝点以下枝条应全部剪除，分枝点

以上枝条酌情疏剪或短截,并应保持树冠原型。

⑥ 珍贵树种的树冠宜作少量疏剪。

(23) 灌木及藤蔓类修剪应符合下列规定:

① 带土球或湿润地区带宿土裸根苗木及上年花芽分化的开花灌木不宜作修剪,当有枯枝、病虫枝时应予剪除。

② 枝条茂密的大灌木,可适量疏枝。

③ 对嫁接灌木,应将接口以下砧木萌生枝条剪除。

④ 分枝明显、新枝着生花芽的小灌木,应顺其树势适当强剪,促生新枝,更新老枝。

⑤ 用作绿篱的乔灌木,可在种植后按设计要求整形修剪。苗圃培育成型的绿篱,种植后应加以整修。

⑥ 攀缘类和蔓性苗木可剪除过长部分。攀缘上架苗木可剪除交错枝、横向生长枝。

(24) 苗木修剪质量应符合下列规定:

① 剪口应平滑,不得劈裂。

② 枝条短截时应留外芽,剪口应距留芽位置以上 1 cm。

③ 修剪直径 2 cm 以上大枝及粗根时,截口必须削平并涂防腐剂。

(25) 应根据树木的习性和当地的气候条件,选择最适宜的种植时期进行种植。

(26) 种植的质量应符合下列规定:

① 种植应按设计图纸要求核对苗木品种、规格及种植位置。

② 规则式种植应保持对称平衡,行道树或行列种植树木应在一条线上,相邻植株规格应合理搭配,高度、干径、树形近似,种植的树木应保持直立,不得倾斜,应注意观赏面的合理朝向。

③ 种植绿篱的株行距应均匀。树形丰满的一面应向外,按苗木高度、树干大小搭配均匀。在苗圃修剪成型的绿篱,种植时应按造型拼栽,深浅一致。

④ 种植带土球树木时,不易腐烂的包装物必须拆除。

⑤ 珍贵树种应采取树冠喷雾、树干保湿和树根喷布生根激素等措施。

⑥ 种植时,根系必须舒展,填土应分层踏实,种植深度应与原种植线一致。竹类可比原种植线深 5～10 cm。

(27) 树木种植应符合下列规定:

① 树木置入种植穴前,应先检查种植穴大小及深度,不符合根系要求时,应修整种植穴。

② 种植裸根树木时,应将种植穴底填土呈半圆土堆,置入树木填土至 1/3 时,应轻提树干使根系舒展,并充分接触土壤,随填土分层踏实。

③ 带土球树木必须踏实穴底土层,而后置入种植穴,填土踏实。

④ 绿篱成块种植或群植时,应由中心向外顺序退植。坡式种植时应由上向下种植。大型块植或不同彩色丛植时,宜分区分块种植。

⑤ 假山或岩缝间种植,应在种植土中掺入苔藓、泥炭等保湿透气材料。

(28) 落叶乔木在非种植季节种植时,应根据不同情况分别采取以下技术措施:

① 苗木必须提前采取疏枝、环状断根或在适宜季节起苗用容器假植等处理。

② 苗木应进行强修剪,剪除部分侧枝,保留的侧枝也应疏剪或短截,并应保留原树冠的

三分之一,同时必须加大土球体积。

③ 可摘叶的应摘去部分叶片,但不得伤害幼芽。

④ 夏季可搭棚遮阳、树冠喷雾、树干保湿,保持空气湿润;冬季应防风防寒。

(29) 树木种植后浇水、支撑固定应符合下列规定:

① 种植后应在略大于种植穴直径的周围,筑成高 10~15 cm 的灌水土堰,堰应筑实不得漏水。坡地可采用鱼鳞穴式种植。

② 新植树木应在当日浇透第一遍水,以后应根据当地情况及时补水。北方地区种植后浇水不少于三遍。

③ 粘性土壤,宜适量浇水,根系不发达树种,浇水量宜较多;肉质根系树种,浇水量宜少。

④ 秋季种植的树木,浇足水后可封穴越冬。

⑤ 干旱地区或遇干旱天气时,应增加浇水次数。干热风季节,应对新发芽放叶的树冠喷雾,宜在上午 10 时前和下午 15 时后进行。

⑥ 浇水时应防止因水流过急冲刷裸露根系或冲毁围堰,造成跑漏水。浇水后出现土壤沉陷,致使树木倾斜时,应及时扶正、培土。

⑦ 浇水渗下后,应及时用围堰土封树穴。再筑堰时,不得损伤根系。

(30) 种植胸径 5 cm 以上的乔木,应设支柱固定。支柱应牢固,绑扎树木处应夹垫物,绑扎后的树干应保持直立。

(31) 移植胸径在 20 cm 以上的落叶乔木和胸径在 15 cm 以上的常绿乔木,应属大树移植。

(32) 大树移植应符合下列规定:

① 移植时对树木应标明主要观赏面和树木阴、阳面。

② 一般地区大树移植时,必须按树木胸径的 6~8 倍挖掘土球或方形土台装箱。

③ 高寒地区可挖掘冻土台移植。

④ 吊装和运输大树的机具必须具备承载能力。移植大树在装运过程中,应将树冠捆拢,并应固定树干,防止损伤树皮,不得损坏土球(土台)。操作中应注意安全。

⑤ 大树移植卸车时,应将主要观赏面安排适当,土球(或箱)应直接吊放种植穴内,拆除包装,分层填土夯实。

⑥ 大树移植后,必须设立支撑,防止树身摇动。

(33) 大树移植后,两年内应配备专职技术人员做好修剪、剥芽、喷雾、叶面施肥、浇水、排水、设置风障、荫棚、包裹树干、防寒和病虫害防治等一系列养护管理工作,在确认大树成活后,方可进入正常养护管理。

(34) 大树移植应建立技术档案,其内容应包括:实施方案、施工和竣工记录、图纸、照片或录像资料等。记录表内容应符合表 9-30 的规定。

表 9-30　　　　　　　　　　大树移植记录表

原栽地点		移植地点	树种
树种		规格年龄(年)	
移植日期		参加施工(人员)	
技术措施			

（35）草坪种植应根据不同地区、不同地形选择播种、分株、茎枝繁殖、植生带、铺砌草块和草卷等方法。种植的适宜季节和草种类型选择应符合下列规定：

① 冷季型草播种宜在秋季进行，也可在春、夏季进行。

② 冷季型草分株栽植宜在北方地区春、夏、秋季进行。

③ 茎枝栽植暖季型草宜在南方地区夏季和多雨季节。

④ 植生带、铺砌草块或草卷，温暖地区四季均可进行，北方地区宜在春、夏、秋季进行。

（36）草坪播种应符合下列规定：

① 选择优良种子，不得含有杂质，播种前应做发芽试验和催芽处理，确定合理的播种量。

② 播种时应先浇水浸地，保持土壤湿润，稍干后将表层土耙细耙平，进行撒播，均匀覆±0.30～0.50 cm 后轻压，然后喷水。

③ 播种后应及时喷水，水点宜细密均匀，浸透土层 8～10 cm，除降雨天气，喷水不得间断。亦可用草帘覆盖保持湿度，至发芽时撤除。

④ 植生带铺设后缀土、轻压、喷水，方法同播种。

⑤ 坡地和大面积草坪铺设可采用喷播法。

（37）铺设草块应符合下列规定：

① 草块应选择无杂草、生长势好的草源。在干旱地掘草块前应适量浇水，待渗透后掘取。

② 草块运输时宜用木板置放 2～3 层，装卸车时，应防止破碎。

③ 铺设草块可采取密铺或间铺。密铺应互相衔接不留缝，间铺间隙应均匀，并填以种植土。草块铺设后应滚压、灌水。

（38）种植花卉的各种花坛（花带、花境等），应按照设计图定点放线，在地面准确划出位置、轮廓线。面积较大的花坛，可用方格线法，按比例放大到地面。

（39）各类花卉种植时，在晴朗天气、春秋季节、最高气温 25 ℃以下时可全天种植；当气温高于 25 ℃时，应避开中午高温时间。

（40）模纹花坛种植时，应将不同品种分别置放，色彩不应混淆。

（41）花卉种植的顺序应符合下列规定：

① 独立花坛，应按由中心向外的顺序种植。

② 坡式花坛，应由上向下种植。

③ 高矮不同品种的花苗混植时，应按先矮后高的顺序种植。

④ 宿根花卉与一、二年生花卉混植时，应先种植宿根花卉，后种植一、二年生花卉。

⑤ 模纹花坛，应先种植图案的轮廓线，后种植内部填充部分。

⑥ 大型花坛，宜分区、分块种植。

（42）花苗种植时，种植深度宜为原种植深度，不得损伤茎叶，并保持根系完整。球茎花卉种植深度宜为球茎的 1～2 倍。块根、块茎、根茎类可覆±3 cm。

（43）水生花卉应根据不同种类、品种习性进行种植。为适合水深的要求，可砌筑栽植槽或用缸盆架设水中，种植时应牢固埋入泥中，防止浮起。

（44）主要水生花卉最适水深，应符合表 9-31 的规定。

表 9-31		水生花卉最适水深	
类　别	代表品种	最适水深/cm	备注
沿生类	菖蒲、千屈菜	0.5~10	千屈菜可盆栽
挺水类	荷、宽叶香蒲	100 以内	—
浮水类	芡实、睡莲	50~300	睡莲可水中盆栽
漂浮类	浮萍、凤眼莲	浮于水面	根不生于泥土中

(45) 屋顶绿化种植，必须在建筑物整体荷载允许范围内进行，并符合下列规定：

① 应具有良好的排灌、防水系统，不得导致建筑物漏水或渗水。

② 应采用轻质栽培基质，冬季应有防冻措施。

③ 绿化种植材料应选择适应性强、耐旱、耐贫瘠、喜光、抗风、不易倒伏的园林植物。

(46) 绿地的给水和喷灌的施工应符合下列规定：

① 给水管道的基础应坚实和密实，不得铺设在冻土和未经处理的松土上。

② 管道的套箍、接口应牢固、紧密，管端清洁不乱丝，对口间隙准确。

③ 管道铺设应符合设计要求，铺设后必须进行水压试验。

④ 管道的沟槽还土后应进行分层夯实。

(47) 花池挡墙施工应符合下列规定：

① 花池挡墙地基下的素土应夯实。

② 花池地基埋设深度，北方宜在冰冻层以下。

③ 防潮层以 1：2.5 水泥砂浆，内掺 5% 防水粉，厚度 20 mm，压实。

④ 清水砖砌花池挡墙，砖的抗压强度标号应大于或等于 MU7.5，水泥砂浆砌筑时标号不低于 M5，应以 1：2 水泥砂浆勾缝。

⑤ 花岗岩料石花池挡墙，水泥砂浆标号不低于 M5，宜用 1：2 水泥砂浆勾凹缝，缝深 10 mm。

⑥ 混凝土预制或现浇花池挡墙，宜内配直径 6 mm 钢筋，双向中距 200 mm，混凝土强度等级不低于 C15，壁厚不宜小于 0 mm。

(48) 园路施工应符合下列规定：

① 定桩放线应依据设计的路面中线，宜每隔 20 m 设置一中心桩，道路曲线应在曲线的起点、曲线中点、曲线终点各设一中心桩，并写明标号后以中心桩为准，按路面宽度定下边桩，最后放出路面平曲线。各中心桩应标注道路标高。

② 开挖路槽应按设计路面宽度，每侧加放 20 cm 开槽，槽底应夯实或碾压，不得有翻浆、弹簧现象。槽底平整度的误差，不得大于 2 cm。

③ 铺筑基层，应按设计要求备好铺装材料，虚铺厚度宜为实铺厚度的 140%~160%，碾压夯实后，表面应坚实平整。铺筑基层的厚度、平整度、中线高程均应符合设计要求。

(49) 各种面层铺设时应符合下列规定：

① 铺筑各种预制砖块，应轻轻放平，宜用橡胶锤敲打、稳定，不得损伤砖的边角。

② 卵石嵌花路面，应先铺垫 M10 水泥砂浆，厚度 30 mm，再铺水泥素浆 20 mm，卵石厚度的 60% 插入素浆，待砂浆强度升至 70% 时，应以 30% 草酸溶液冲刷石子表面。

③ 水泥或沥青整体路面，应按设计要求精确配料，搅拌均匀，模板与支撑应垂直牢固，伸缩缝位置应准确，应振捣或碾压，路表面应平整坚实。

④ 嵌草路面的缝隙应填入培养土，栽植穴深度不宜小于 8 cm。

第十章 常用建筑结构设计基础知识

第一节 建筑结构设计概述

一、建筑结构设计的基本任务

建筑结构设计的基本任务是在结构的可靠与经济之间达成一种合理的平衡,力求以最低的代价,使所建造的结构在规定的条件下和规定的使用期限内,能满足预定的安全性、实用性和耐久性等功能要求。为完成这一基本任务,我国结构设计的基本方法先后经历了四个阶段,即允许应力设计法[(新中国成立前和新中国成立初期使用的英美规范),破损阶段设计法(使用的苏联规范),极限状态设计法(我国 1966 年、1974 年编制的规范),以概率理论为基础的极限状态设计法(以我国 1984 年颁布的国家标准《建筑结构设计统一标准》(GBJ 68—84)为依据编制的规范,现已修订为《建筑结构可靠度设计统一标准》(GB 50068—2001)。

以《建筑结构可靠度设计统一标准》(GB 50068—2001)为依据的现行第四阶段的基本设计方法是编制现行其他设计"规范"、"规程"、"规定"的基本准则,所有结构设计工作必须遵守的现行的有关规范。规范体现国家技术经济政策,是实现技术先进、经济合理、安全使用、质量可靠的保证。规范具有指令性,严格执行规范才能取得良好的综合效益。国家的技术经济政策是不断调整的,科学技术是不断发展的,因此规范也应阶段性地进行修订。

规范包括跨行业的国家标准(代号 GB)、建筑工业的国家标准(代号 GBJ)、建筑工程行业标准(代号 JGJ)以及地方性标准(代号 DB)等。其标志方法是代号—序号—颁布年份。规范随类别不同,其适用范围及权威性也有差别。

二、结构设计的目标要求

(1)结构强度安全:指正常施工和使用条件下,在规范规定的使用年限内,结构不得发生严重损坏和倒塌的情况。

在结构的抗震设计中,允许发生"大震不倒",即允许严重损坏但不得倒塌。

(2)结构正常使用:指使用过程中结构和构件产生的变形、震动、倾斜等,不得出现造成人身不适,以及影响使用功能的情况。对钢筋混凝土结构和砌体结构的正常使用要求还包含不得开裂或允许开裂但不得裂缝过大的要求。

(3)结构经济性:指结构设计应在保证安全的前提下不得浪费社会财富,必须综合考虑经济效益、环境效益和社会效益。

"保证安全"、"正常使用条件"、"设计使用年限"以及"经济合理"等概念,其深层含义和具体指标见《建筑结构可靠度设计统一标准》和各专业设计规范。

三、建设程序和设计阶段

(一)建设程序

为了搞好建设工作,必须严格按国家基本建设工作程序办事。任何跨越、疏漏和违反有关规定的做法,都可能造成巨大的经济损失,应追究其责任。

基本建设工作程序的基本步骤和内容见图 10-1。

如图 10-1 所示,其主导线路分设计和施工两个阶段,对主导线路起保证作用的有两条辅线,其一是对投资的控制,另一辅线是对质量和进度的监控。

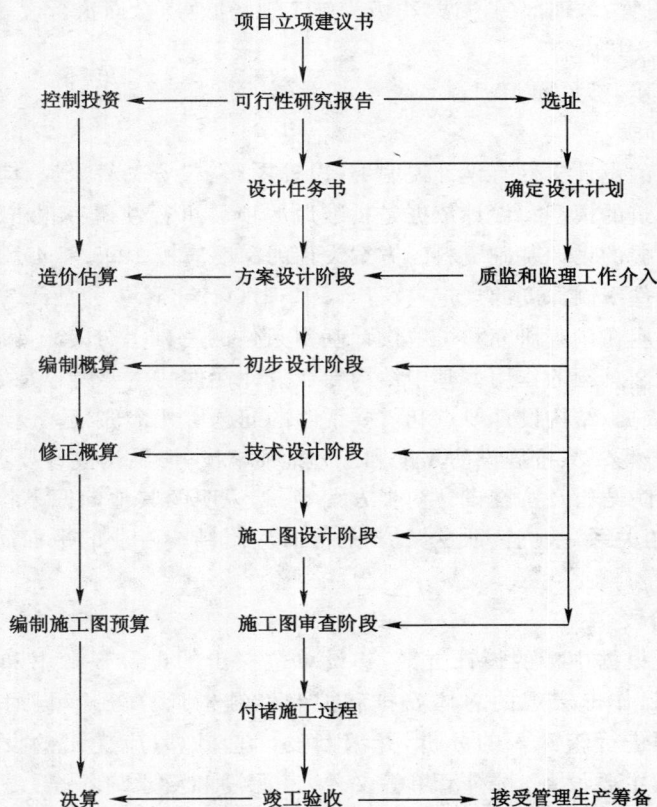

项目立项建议书

控制投资 ← 可行性研究报告 → 选址

设计任务书　　确定设计计划

造价估算 ← 方案设计阶段 ← 质监和监理工作介入

编制概算 ← 初步设计阶段

修正概算 ← 技术设计阶段

施工图设计阶段

编制施工图预算　施工图审查阶段

付诸施工过程

决算 ← 竣工验收 → 接受管理生产筹备

图 10-1　建设程序示意图

(二) 设计工作的设计阶段

(1) 设计工作对建设项目的经济合理性和技术可靠性起关键作用,是进行工程施工和预决算的主要依据,也是影响建设工程全局的最主要工作之一。设计文件、图纸的编制,必须坚持以下基本原则:

① 遵守国家有关建设工作的法规和方针政策。

② 合理确定设计标准,认真执行国家规范,保证主体工程(包括主要工艺、设备等)先进、高质、高效;对非生产性建设项目要做到适用、经济、美观,体现时代精神和以人为本的思想。

③ 贯彻执行节约能源、节省用地、保护生态环境等有关规定;在城市建设中还应强调协调、现代和人文意识。

④ 合理采用标准图纸,既避免重复设计且保证设计质量,也不得不因地制宜地盲目套用。

⑤ 根据批准的设计任务书的要求,全面完成设计任务。设计深度应按有关规定执行,不得任意简化和遗漏。

⑥ 编制预、概算应实事求是,坚持经济效益,应真正对资金投放起到计划控制作用。

⑦ 要主动与质监、监理部门协调,积极为施工现场服务,全面执行设计合同条款。

(2)设计阶段及其内容

设计阶段分四步,参见图 10-1。

① 方案设计阶段

该阶段要完成的设计文件有设计说明书、设计图纸、投资估算及整体效果透视图,大型或主要的城市性建筑的模型。设计依据是批准后的项目可行性研究报告、上级批准的立项文件和宏观调查掌握的设计基础资料。方案设计的深度应按 1995 年 4 月建设部颁布的《城市建筑方案设计文件编制深度的规定》执行。

方案设计文件应在调查研究和了解设计基本条件的基础上分专业编制,投资估算文件必须可靠地控制资金总额的作用。其中结构专业设计文件的主要内容是编制结构设计说明书,其中包括设计依据、结构设计要点和需要说明的问题等几个部分。设计依据应阐述建筑所在地域、地界、自然条件、抗震设防烈度和工程地质概况等;结构设计要点应包括上部结构选型、基础选型、人防结构及抗震设计初步方案等;需说明的其他问题是指对工艺的特殊要求,与相邻建筑物的关系,基坑特征及保护等,同时应附结构专业的平面简图,标出柱网、剪力墙轴线、沉降缝等。

② 初步设计阶段

该阶段任务是根据中标的设计方案,建设单位提出的设计任务书和必要的设计基础资料,对该工程项目作出宏观的总体安排和控制性结构计算分析,同时对工程技术方案的工期和投资总额进行较深入的分析,并编制设计总概算;应提出的设计文件包括设计说明书、设计图纸、主要设备、材料清单等文件,其深度和要求应符合《城市建筑方案设计文件编制深度的规定》的相关要求。该阶段还必须满足有关环境保护及节能等方面的规定。

结构专业在该阶段的主要工作包括:编制抗震设防要点及主要措施;说明上部结构方案设计的依据及地下结构方案或人防地下室结构方案的要点;简述沉降缝等的布置和做法;提出具体的地基处理方案;以及选定的主要结构用料和采用的构件标准图;结构设计中要求解决和急需批示的问题也应提出。结构设计文件应包括设计说明书、结构控制性计算的计算书、方案设计简图及总概算书。

③ 技术设计阶段

该阶段设计的依据是已批准的初步设计文件。技术设计阶级是专门对技术复杂或有特殊要求的大中型项目而增加。它是对初步设计方案所作的调整和深化,而重新编制一套更为全面的设计文件。

结构专业在该阶段的主要工作内容包括:确定结构受力体系和主要技术参数;通过计算初步确定主要构件(柱、梁、墙)的截面和配筋;提出结构平面简图及重要节点大样图,以及必要的文字说明,写明对地质勘查、施工条件及主要材料等方面的特殊要求等。

④ 施工图设计阶段

施工图设计是工程项目施工前最重要的一个设计阶段,施工图设计要求以图文形式解决工程建设项目中预期的技术问题,并编制相应的对施工过程起指导作用的施工预算。

在整个设计阶段中,对重要的、复杂的大型项目才必须所有阶段全部进行;对普通的大中型项目可将第二和第三阶段合并为一个扩大技术阶段;对简单的小型项目也可以只进行第一、第四两个设计阶段。

为了盲目追求工期,采用"边设计边施工"的方法是完全不可取的,以往造成的失败和损失应引以为戒;遵守规范、精心设计是必须始终坚持的设计原则,粗估冒算、粗枝大叶、脱离实际的作风会给设计工作造成极大的损失和被动。

四、结构的选型、方案、体系及各种结构分类、分级标准

(一)结构的选型、方案和体系

1. 选型

建筑结构选型一般按主要结构用料划分,常用的结构类型有:砌体结构、钢筋混凝土结构、钢结构、木结构以及由几种材料组合而成的钢—混凝土结构等。各种类型的结构其适用范围、结构特性及造价指标相差很大。结构选型对结构设计起导向性作用,它的选定受国家技术经济政策的宏观制约,在单项工程设计中的变化不大。结构专业设计的主要任务是遵守有关规范规定,结合实际,抓住关键问题,保证既定选型的合理实施。

2. 方案

建筑结构方案主要是配合建筑设计的功能和造型要求,结合所选结构材料的特性,从结构受力、安全、经济及地基、抗震等条件出发,综合确定合理的结构形式。结构方案按层数可分为高、多、低层;钢筋混凝土结构又可分为框架、框剪、剪力墙和筒体方案等;单层大跨度结构的屋盖又可分为梁板、拱壳、桁架、悬索方案等;钢结构又可分为普通型钢结构、轻型(Z钢、C钢)钢结构方案等;而在基础方案上又分为条形、独立式、阀板及箱基等多种方案。如何确定最佳的结构方案是结构设计的关键环节。

结构方案对结构设计起控制作用,一般确定方案的原则是遵守国家现行技术政策,因地制宜,保证安全,同时做到经济合理和施工简便。

3. 体系

结构体系是在确定结构用料、结构方案后,从结构受力和结构性能出发,进一步确定合理的构件组合方式。如已确定采用钢筋混凝土高层结构方案后,有框架结构、剪力墙结构和筒体结构等多种体系可供采用,选取哪种体系最合理、最经济、最符合工程实际,就是结构设计的核心问题。

合理选定结构体系,进而进行平面布置,拟定构件尺寸,确定用料等级都是关系结构设计质量的关键,在结构设计中必须把好这一关。

(二)建筑结构的分类、分级标准

准确界定建筑结构分类、分级是在结构设计中贯彻和遵守国家技术政策的体现,也是指导下一步开展结构设计工作的对照准则,不能有任何差错。现行各规范中有关建筑结构分类、分级的主要标准,可归纳如下:

1. 建筑结构的安全等级

《混凝土结构设计规范》(GB 50010—2002)第 3.2.1 条:根据建筑结构破坏后果的严重程度,建筑结构划分为三个安全等级(见表 10-1)。

表 10-1 建筑结构的安全等级

安全等级	破坏后果	建筑物类型	安全等级	破坏后果	建筑物类型
一级	很严重	重要的建筑物	三级	不严重	次要的建筑物
二级	严重	一般的建筑物			

注:对有特殊要求的建筑物,其安全等级应根据具体情况另行确定。

2. 建筑物安全等级

《建筑地基基础设计规范》(GB 50007—2002)的第 3.0.1 条:根据地基复杂程度、建筑物规模和功能特征以及由于地基问题可能造成建筑物破坏或影响正常使用的程度,将地基基础设计分为三个设计等级,设计时应根据具体情况,按表 10-2 选用。

表 10-2 地基基础设计等级

设计等级	建筑和地基类型
甲级	重要的工业与民用建筑物 30 层以上的高层建筑 体型复杂,层数相差超过 10 层的高低层连成一体建筑物 大面积的多层地下建筑物(如地下车库、商场、运动场等) 对地基变形有特殊要求的建筑物 复杂地质条件下的坡上建筑物(包括高边坡) 对原有工程影响较大的新建建筑物 场地和地基条件复杂的一般建筑物 位于复杂地质条件及软土地区的二层及二层以上地下室的基坑工程
乙级	除甲级、丙级以外的工业与民用建筑物
丙级	场地和地基条件简单、荷载分布均匀的七层及七层以下民用建筑及一般工业建筑物;次要的轻型建筑物

3. 建筑的重要性类别

《建筑抗震设计规范》(GB 50011—2001)(2008 年版)中第 3.1.1 条:所有建筑应按现行国家标准《建筑工程抗震设防分类标准》(GB 50223)确定其抗震设防类别。

《建筑工程抗震设防分类标准》(GB 50223—2008)中第 3.0.2 条:建筑工程应分为以下四个抗震设防类别:

(1) 特殊设防类:指使用上有特殊设施,涉及国家公共安全的重大建筑工程和地震时可能发生严重次生灾害等特别重大灾害后果,需要进行特殊设防的建筑。简称甲类。

(2) 重点设防类:指地震时使用工程不能中断或需尽快恢复的生命线相关建筑,以及地震时可能导致大量人员伤亡等重大灾害后果,需要提高设防标准的建筑。简称乙类。

(3) 标准设防类:指大量的除(1)、(2)、(4)款以外按标准要求进行设防的建筑。简称丙类。

(4) 适度设防类:指使用上人员稀少且震损不致产生次生灾害,允许在一定条件下适度降低要求的建筑。简称丁类。

4. 建筑抗震设防标准

《建筑抗震设计规范》(GB 50011—2001)(2008 年版)中第 3.1.3 条:各抗震设防类别建

筑的抗震设防标准,均应符合现行国家标准《建筑工程抗震设防分类标准》(GB 50223)的要求。

《建筑工程抗震设防分类标准》(GB 50223—2008)中第3.0.3条:各抗震设防类别建筑的抗震设防标准,应符合下列要求:

(1)标准设防类,应按本地区抗震设防烈度确定其抗震措施和地震作用,达到在遭遇高于当地抗震设防烈度的预估罕遇地震影响时不致倒塌或发生危及生命安全的严重破坏的抗震设防目标。

(2)重点设防类,应按高于本地区抗震设防烈度一度的要求加强其抗震措施;但抗震设防烈度为9度时应按比9度更高的要求采取抗震措施;地基基础的抗震措施,应符合有关规定。同时,应按本地区抗震设防烈度确定其地震作用。

(3)特殊设防类,应按高于本地区抗震设防烈度提高一度的要求加强其抗震措施;但抗震设防烈度为9度时应按比9度更高的要求采取抗震措施。同时,应按批准的地震安全性评价的结果且高于本地区抗震设防烈度的要求确定其地震作用。

(4)适度设防类,允许比本地区抗震设防烈度的要求适当降低其抗震措施,但抗震设防烈度为6度时不应降低。一般情况下,仍应按本地区抗震设防烈度确定其地震作用。

注:对于划为重点设防类而规模很小的工业建筑,当改用抗震性能较好的材料且符合抗震设计规范对结构体系的要求时,允许按标准设防类设防。

《湿陷性黄土地区建筑规范》(GB 50025—2004)中第3.0.1条:拟建在湿陷性黄土场地上的建筑物,应根据其重要性、地基受水浸湿可能性的大小和在使用期间对不均匀沉降限制的严格程度,分为甲、乙、丙、丁四类,并应符合表10-3的规定。

表 10-3　　　　　　　　　　　建筑物分类

建筑物分类	各类建筑的划分
甲类	高度大于60 m和14层及14层以上体型复杂的建筑 高度大于50 m的构筑物 高度大于100 m的高耸结构 特别重要的建筑 地基受水浸湿可能性大的重要建筑 对不均匀沉降有严格限制的建筑
乙类	高度为24~60 m的建筑 高度为30~50 m的构筑物 高度为50~100 m的高耸结构 地基受水浸湿可能性较大的重要建筑 地基受水浸湿可能性大的一般建筑
丙类	除乙类以外的一般建筑和构筑物
丁类	次要建筑

当建筑物各单元的重要性不同时,可根据各单元的重要性划分为不同类别。甲、乙、丙、丁四类建筑的划分,可按表10-4确定。

表 10-4   **各类建筑的举例**

各类建筑	举　例
甲	高度大于 60 m 的建筑;14 层及 14 层以上的体型复杂的建筑;高度大于 50 m 的筒仓;高度大于 100 m 的电视塔;大型展览馆、博物馆、一级火车站主楼;6 000 人以上的体育馆;标准游泳馆;跨度不小于 36 m、吊车额定起重量不小于 100 t 的机加工车间;不小于 10 000 t 的水压机车间;大型热处理车间;大型电镀车间;大型炼钢车间;大型轧钢压延车间,大型电解车间;大型煤气发生站;大型火力发电站主体建筑;大型选矿、选煤车间;煤矿主井多绳提升井塔;大型水厂;大型污水处理厂;大型游泳池;大型漂、染车间;大型屠宰车间;10 000 t 以上的冷库;净化工房;有剧毒或有放射污染的建筑
乙	高度为 24~60 m 的建筑;高度为 30~50 m 的筒仓;高度为 50~100 m 的烟囱;省(市)级影剧院、民航机场指挥及候机楼、铁路信号、通讯楼、铁路机务洗修库、高校实验楼;跨度等于或大于 24 m、小于 36 m 和吊车额定起重量等于或大于 30 t、小于 100 t 的机加工车间;小于 10 000 t 的水压机车间;中型轧钢车间;中型选矿车间、中型火力发电厂主体建筑;中性水厂;中型污水处理厂;中型漂、染车间;大中型浴室;中型屠宰车间
丙	7 层及 7 层以下的多层建筑;高度不超过 30 m 的筒仓、高度不超过 50 m 的烟囱;跨度小于 24 m、吊车额定起重量小于 30 t 的机加工车间,单台小于 10 t 的锅炉房;一般浴室、食堂、县(区)影剧院、理化试验室;一般的工具、机修、木工车间、成品库
丁	1~2 层的简易房屋、小型车间和小型库房

5. 建筑物的防火分类与耐火等级

《高层民用建筑设计防火规范》(GB 50045—95)(2001 年版)第 3.0.1 条:高层建筑应根据其使用性质、火灾危险性、疏散和扑救难度等进行分类,并应符合表 10-5 的规定。

表 10-5   **建筑分类**

名　称	一　类	二　类
居住建筑	高级住宅 十九层及十九层以上的普通住宅	十层至十八层的普通住宅
公共建筑	1. 医院 2. 高级旅馆 3. 建筑高度超过 50 m 或 24 m 以上部分的任一楼层的建筑面积超过 1 000 m² 的商业楼、展览楼、综合楼、电信楼、财贸金融楼 4. 建筑高度超过 50 m 或 24 m 以上部分的任一楼层的建筑面积超过 1 500 m² 的商住楼 5. 中央级和省级(含计划单列市)广播电视楼 6. 网局级和省级(含计划单列市)电力调度楼 7. 省级(含计划单列市)邮政楼、防灾指挥调度楼 8. 藏书超过 100 万册的图书馆、书库 9. 重要的办公楼、科研楼、档案楼 10. 建筑高度超过 50 m 的教学楼和普通的旅馆、办公楼、科研楼、档案楼等	1. 除一类建筑以外的商业楼、展览楼、综合楼、电信楼、财贸金融楼、商住楼、图书馆、书库 2. 省级以下的邮政楼、防灾指挥调度楼、广播电视、电力调度楼 3. 建筑高度不超过 50 m 的教学楼和普通的旅馆、办公楼、科研楼、档案楼等

第 3.0.2 条:高层建筑的耐火等级应分为一、二两级,其建筑构件的燃烧性能和耐火极限不应低于表 10-6 的规定。

各类建筑构件的燃烧性能和耐火极限可按附录 A 确定（此处略）。

表 10-6   **建筑构件的燃烧性能和耐火极限**

构件名称	燃烧性能和耐火极限/h	耐火等级	
		一级	二级
墙	防火墙	不燃烧体 3.00	不燃烧体 3.00
	承重墙、楼梯间的墙、电梯井、住宅单元之间的墙、住宅分户墙	不燃烧体 2.00	不燃烧体 2.00
	非承重外墙、疏散走道两侧的隔墙	不燃烧体 1.00	不燃烧体 1.00
	房间隔墙	不燃烧体 0.75	不燃烧体 0.50
柱		不燃烧体 3.00	不燃烧体 2.50
梁		不燃烧体 2.00	不燃烧体 1.50
楼板、疏散楼梯、屋顶承重构件		不燃烧体 1.50	不燃烧体 1.00
吊顶		不燃烧体 0.25	难燃烧体 0.25

6. 其他

有关其他规范还根据各自设计过程的具体要求把建筑物分为若干类、若干级等，都应在结构设计中具体体现。

五、结构设计的内容、深度和重点

（一）结构设计施工图的内容、深度

结构施工图设计文件分两类：一类是为设计做准备工作，用于归档备查的，如结构设计提纲和结构计算书；一类是不但要归档，而且要发放给施工、监理及建设单位实施的，如结构设计施工图纸及后期发生的变更设计等。

施工图设计的深度应严格遵守上级有关设计深度的规定。

1. 结构设计提纲

结构设计提纲是指导结构设计工作全过程的文件，是对设计工作的指导思想、依据内容、步骤所做的纲领性规定。编写提纲的方法是：应在已批准的技术设计的基础上进行，应在结构施工图设计工作进入结构计算之前完成和批准定案。提纲内容应包括：

（1）工程概况：确定建设单位和工程项目的名称；写明建设地点及该区地震基本烈度；用简图示意结构各独立单元的平面区段划分及结构类型、层数、主要功能，主要设备布置；说明与相邻建筑物的关系以及基坑开挖、围护的注意事项等。

（2）设计依据：写明设计遵循的主要结构规范、规程等；标明结构设计的各类等级，如抗震设防烈度、建筑物抗震重要性类别、抗震等级、结构安全等级、人防等级、建筑防火分类和耐火等级等。必要时还应注明有无防高温、防爆炸、防渗漏、防振动措施和对变形的特别限制等。

（3）随附经审定的完整合格地质勘查报告、建设单位以及上级对该工程项目有关结构部分的具体要求、规定。

（4）结构设计荷载包括地震作用及调整系数的确定。

（5）拟定结构平面布置的区段划分、后浇带的位置、主要用料等级、结构计算主要参数；采用的计算原则、方法和手段以及计算程序的选用；说明主要的设计控制参数指标及关键性的构造措施等。

（6）地基基础方面应说明确定地基处理方案的依据、方法和要达到的目标以及基础采用的形式、用料、计算方法和沉降观测方法、要求等，并作出必要的论证。

2. 结构计算书

计算书内容应包括：荷载的确定和计算；上部结构计算书，地基基础部分的计算书及重要部位和构件计算书。

上部结构计算书中应绘出结构平面简图和计算简图，选用计算方法应与简图特征一致；构件计算应有明晰的编号；选用标准图时应进行必要的复核。

一般建筑构件都应采用电算方法，对选用的软件程序的质量必须认定，特别应考查软件程序对本项目的应用性；对电算过程中处理的结果应严格核对，对各阶段的计算结果必须分阶段监控，发现问题及时调整处理。

对复杂结构可采用几套软件多次计算，互相校正；必要时用手算方法进行控制性复核。

3. 结构施工图

结构施工图文件包括结构设计总说明及图纸两部分内容。

（1）设计总说明是结构施工图的首页，主要是简明阐述对施工技术和质量指标的要求和注意事项。总说明是施工图的补充性文件，是施工人员宏观了解设计工作的主要依据、标准，一般包括：各种结构设计等级；主要荷载、特殊荷载的取值；地质勘察报告的主要结论；对用料要求的指标；对关键部位的质量要求；对特殊施工方法的控制要求和沉降观测方法以及所采用的标准图名、编号等。

（2）结构施工图是具体地全面地体现设计意图的指导性文件，也是控制工程质量、造价和进度的关键性文件。施工图的质量和内容应符合《建筑结构制图标准》（GB/T 50105—2001）的要求，设计深度应满足有关设计深度的规定。

施工图表达应清晰简明，图面布置简洁整齐，剖面图和大样图选取适当，表现方法繁简有度，制图比例、线条粗细、标志符号以及注释说明用语均应符合规范。

施工图中应选用正规的标准图，选用时须核对标准图的适用范围；过时的标准图不得采用；采用套用图必须慎重，对其依据、使用条件应予复核。

结构施工图与其他专业施工图必须互相核对，不得错、碰、漏。

对施工图应坚持审查校对制度，不得出现差错，更不得遗漏、缺项或表述不清。

（二）结构设计注意事项

（1）深入理解地质勘察报告的全部内容和结论。地质勘察报告必须是由正规合格的勘察单位以正式方式提出的合法文件，设计前应认真研究其勘查结论的正确性、勘察范围的完整性和数据的可靠性，对其提出的地基处理方案和基础选型的建议，在结构设计过程中予以充分论证，再正式设计。

对重要项目，结构设计人员应在设计准备阶段就对勘察报告的内容、范围及深度提出具体要求。

（2）对结构方案和结构体系的确定必须慎之又慎，这是影响结构设计质量的关键。"结构概念设计"重于"结构计算"。只有宏观地把握结构方案，驾驭结构体系，才能作出优良的结构设计。

结构方案和结构体系的确定应与建设单位、施工单位以及建筑设计专业人员充分协调论证,次要问题可迁就,对原则问题、本质问题必须坚持。

(3)对结构抗震设计必须重视。我国60%以上的地域都有震害的影响,古今中外的震害实事触目惊心。建设部颁发的《建设工程抗震灾害管理规定》明确规定设计单位应对工程承担相应的抗震设计质量责任,因此在结构设计中必须遵守现行抗震规范和有关规定的要求。

由于一方面受国家经济能力制约抗震设计理论研究水平所限,另一方面自然界的地震现象随机性很强,地域特征及建筑条件千差万别,而震害又直接涉及人身生命安全和巨大经济损失,因此在结构设计中绝不可掉以轻心,不管是对宏观方案的把握或是对细部构造的处理都应高度重视,认真对待。

(4)重视计算简图的设定和计算理论的正确应用。对一般简单结构这方面实践经验已很成熟,基本不存在问题;但对于某些比较复杂的受力模糊的而又是大型和重要的工程项目必须高度重视,不能简单套用一般工程的处理方法,而应抓住难点问题,多做工作,从多方面研究分析,并加以解决,且不能把问题简单化。

(5)细致分析计算结果。电算普及以来,盲目相信电算,忽视对计算结果的分析,对结构设计质量带来一定的不良影响。特别是在对软件程序的编制条件没有弄清,对规范条文的规定理解不透的情况下,问题更为严重。判断和调整计算结果是关系结构设计质量的重要一步。

(6)对重点部位的构造设计不能掉以轻心。对结构宏观计算和分析并不能代替对重要节点等细部构造的设计。由于这些部位一般电算分析并不涉及,而这些部位又极其重要,受力又非常复杂,往往是造成结构破坏的"祸根"。因此结构设计对节点等部位的做法须按规范要求和正规的标准图执行,专门复核计算。

(7)对地基处理方案和基础设计应认真对待。因其在总造价中所占比例很大,占用工期很长,地域特征和施工习惯差异很大,一旦出现问题,不仅影响整体结构安全,且补救办法非常困难,因此在设计中应考虑周全,在施工过程中应注意监控。

六、设计文件

1. 工程设计三个阶段

(1)方案设计。应满足编制初步设计文件的需要。

(2)初步设计。应满足编制施工图设计文件的需要。

(3)施工图设计。应满足设备材料采购、非标准设备制作和施工需要。

2. 施工图设计文件

图纸目录、设计说明、设计图纸、计算书。

第二节 结构设计统一标准

一、设计基准期

设计基准期为确定可变作用及与时间有关的材料性能等取值而选用的时间参数。

它不等同于建筑结构设计的设计使用年限。例如现行荷载规范的荷载统计参数,是在设计基准期50年内最大荷载的概率分布及相应的统计参数。

二、设计使用年限

设计使用年限是设计规定的结构或构件不需进行大修即可按其预定目的使用的时期。即房屋建筑在正常设计、正常施工、正常使用和正常维护下所应达到的使用年限,见《建筑结构可靠度设计统一标准》(GB 50068—2001)第 1.0.5 条,如表 10-7 所列。

表 10-7 　　　　　　　　　　　　　设计使用年限分类

类别	设计使用年限/年	示　　例
1	5	临时性结构
2	25	易于替换的结构构件
3	50	普通房屋和构筑物
4	100	纪念性建筑和特别重要的建筑结构

三、建筑结构的安全等级

见《建筑结构可靠度设计统一标准》(GB 50068—2001)第 1.0.8 条,如表 10-8 所列。

表 10-8 　　　　　　　　　　　　建筑结构的安全等级

安全等级	破坏后果	建筑物类型
一　级	很严重	重要的房屋
二　级	严重	一般的房屋
三　级	不严重	次要的房屋

注:① 对特殊的建筑物,其安全等级应根据具体情况另行确定。

② 地基基础设计安全等级及按抗震要求设计时建筑结构的安全等级,尚应符合国家现行有关规范的规定。

四、作用

作用是施加在结构上的集中力或分布力(直接作用,也称为荷载)和引起结构外加变形或约束变形的原因(间接作用)。

1. 作用代表值

作用代表值是设计中用于验证极限状态所采用的作用值,包括标准值、组合值、频遇值和准永久值。

2. 作用标准值

作用标准值是作用的基本代表值,为设计基准期内最大作用概率分布的某一分位值。

3. 组合值

组合值是对可变作用,使组合后的作用效应在设计基准期内的超越概率与该作用单独出现使得相应概率趋于一致的作用值;或组合后使结构具有统一规定的可靠指标的作用值。

4. 频遇值

频遇值是对可变作用,在设计基准期内被超越的总时间仅为设计基准期一小部分的作用值;或在设计基准期内其超越频率为某一给定频率的作用值。

5. 准永久值

准永久值是对可变作用,在设计基准期内被超越的总时间为设计基准期一半的作用值。

6. 作用设计值

作用设计值是作用代表值乘以作用分项系数所得的值。

7. 材料性能标准值

材料性能标准值是符合规定质量的材料性能概率分布在某一分位值。

8. 材料性能设计值

材料性能设计值是材料性能标准值除以材料性能分项系数所得的值。

9. 作用效应

作用效应是由作用引起的结构或者结构构件的反应,例如内力、变形和裂缝等。

10. 抗力

抗力是结构或者结构构件承受作用效应的能力,例如承载能力等。

五、建筑结构荷载

1. 荷载分项系数

基本组合的荷载分项系数,应按下列规定采用:

(1) 永久荷载的分项系数

① 当其效应对结构不利时

——对由可变荷载效应控制的组合,应取 1.2;

——对由永久荷载效应控制的组合,应取 1.35。

② 当其效应组合对结构有利时

——一般情况下应取 1.0;

——对结构的倾覆、滑移或漂浮验算,应取 0.9。

(2) 可变荷载的分项系数

——一般情况下应取 1.4;

——对标准值大于 4 kN/m² 的工业房屋楼面结构的活荷载,应取 1.3。

注:对于某些特殊情况,可按建筑结构有关设计规范的规定确定。

2. 民用建筑楼面均布活荷载标准值及其组合值、频遇值和准永久值系数

民用建筑楼面均布活荷载标准值及其组合值、频遇值和准永久值系数见表 10-9。

表 10-9　建筑楼面荷载组合

项次	类别	标准值/(kN/m²)	组合值系数 ψ_c	频遇值系数 ψ_f	准永久值系数 ψ_q
1	(1) 住宅、宿舍、旅馆、办公楼、医院病房、托儿所、幼儿园			0.5	0.4
	(2) 教室、实验室、阅览室、会议室、医院门诊室	2.0	0.7	0.6	0.5
2	食堂、餐厅、一般资料档案室	2.5	0.7	0.6	0.5
3	(1) 礼堂、剧院、影院、有固定座位的看台	3.0	0.7	0.5	0.3
	(2) 公共洗衣房	3.0	0.7	0.6	0.5
4	(1) 商店、展览厅、车站、港口、机场、大厅及其旅客等候室	3.5	0.7	0.6	0.5
	(2) 无固定座位的看台	3.5	0.7	0.5	0.3

续表 10-9

项次	类别	标准值 /(kN/m²)	组合值系数 ψ_c	频遇值系数 ψ_f	准永久值系数 ψ_q
5	(1) 健身房、演出舞台	4.0	0.7	0.6	0.5
	(2) 舞厅	4.0	0.7	0.6	0.3
6	(1) 书库、档案室、贮藏室	5.0	0.9	0.9	0.8
	(2) 密集柜书库	12.0			
7	通风机房、电梯机房	7.0	0.9	0.9	0.8
8	汽车通道及停车库 (1) 单向板楼盖(板跨不少于 2 m)				
	客车	4.0	0.7	0.7	0.6
	消防车	35.0	0.7	0.7	0.6
	(2) 双向板楼盖和无梁楼盖(柱网尺寸不少于 6 m×6 m)	2.5	0.7	0.7	0.6
	客车	20.0	0.7	0.7	0.6
	消防车				
9	库房 (1) 一般的	2.0	0.7	0.6	0.5
	(2) 餐厅的	4.0	0.7	0.7	0.7
10	浴室、厕所、盥洗室 (1) 第 1 项中的民用建筑	2.0	0.7	0.5	0.4
	(2) 其他民用建筑	2.5	0.7	0.6	0.5
11	走廊、门厅、楼梯 (1) 宿舍、旅馆、医院病房、托儿所、幼儿园、住宅	2.0	0.7	0.5	0.4
	(2) 办公楼、教室、餐厅、医院门诊部	2.5	0.7	0.6	0.5
	(3) 消防疏散楼梯、其他民用建筑	2.5	0.7	0.5	0.3
12	阳台 (1) 一般情况	2.5	0.7	0.6	0.5
	(2) 当人群有可能密集时	3.5			

注：① 本表所给各项活荷载适用于一般使用条件，当使用荷载较大或情况特殊时，应按实际情况采用。

② 第 6 项书库活荷载当书架高度大于 2 m 时，尚应按每米书架高度不小于 2.5 kN/m² 确定。

③ 第 8 项中的客车活荷载只适用于停放载人少于 9 人的客车；消防车荷载是适用于满载总重为 300 kN 的大型车辆；当不符合本表的要求时，应将车轮的局部荷载按结构效应的等效原则，换算为等效均布荷载。

④ 第 11 项楼梯活荷载，对于预制楼梯踏步平台，尚应按 1.5 kN 集中荷载验算。

⑤ 本表各项荷载不包括隔墙自重和二次装修荷载。对固定隔墙的自重应按恒荷载考虑，当隔墙位置可灵活自由布置时，非固定隔墙的自重应取每延米长墙重(kN/m)的 1/3 作为楼面活荷载的附加值(kN/m²)计入，附加值不小于 1.0 kN/m²。

3. 屋面均布活荷载

屋面均布活荷载见表 10-10。

表 10-10 屋面活荷载组合

项次	类别	标准值 /(kN/m²)	组合值系数 ψ_c	频遇值系数 ψ_f	准永久值系数 ψ_q
1	不上人的屋面	0.5	0.7	0.5	0
2	上人的屋面	2.0	0.7	0.5	0.4
3	屋顶花园	3.0	0.7	0.6	0.5

注：① 不上人的屋面，当施工或维修荷载较大时，应按实际情况采用；对不同结构应按有关设计规范的规定，将标准值作 0.2 kN/m² 的增减。

② 上人的屋面，当兼作其他用途时，应按相应楼面荷载采用。

③ 对于因屋面排水不畅、堵塞等引起的积水荷载，应采取构造措施加以防止；必要时，应按积水的可能深度确定屋面活荷载。

④ 屋顶花园活荷载不包括花圃土石等材料自重。

第三节 常用结构设计标准强制性条文

一、勘察和地基基础

进行工程勘察和地基基础设计时，应注重以下问题：

（1）认真做好勘查工作，遵循"先勘察、后设计、再施工"的原则；

（2）按照变形控制设计；

（3）加强检验和监测；

（4）抓住重点，因地制宜。

（一）地基勘察

（1）各项工程建设在设计和施工之前，必须按基本建设程序进行岩土工程勘察。岩土工程勘察应按工程建设各勘察阶段的要求，正确反映工程地质条件，查明不良地质作用和地质灾害，精心勘察、精心分析，提出资料完整、评价正确的勘察报告。

（2）岩土工程勘察报告应根据任务要求、勘察阶段、工程特点等具体情况编写，并应包括以下内容：

① 勘察目的、任务要求和依据的技术标准；

② 拟建工程概况；

③ 勘察方法和勘察工作布置；

④ 场地地形、地貌、地层、地质结构、岩土性质及其均匀性；

⑤ 各项岩土性质指标，岩土的强度参数、变形参数、地基承载力的建议值；

⑥ 地下水埋藏情况、类型、水位及其变化；

⑦ 土和水对建筑材料的腐蚀性；

⑧ 可能影响工程稳定的不良地质作用的描述和对工程危害程度的评价；

⑨ 场地稳定性和适宜性的评价。

（3）详细勘察应按单体建筑物或建筑群提出详细的岩土工程资料和设计、施工所需的岩土参数；对建筑地基作出岩土工程评价，并对地基类型、基础形式、地基处理、基坑支护、工程降水和不良地质作用的防治等提出建议。主要应进行下列工作：

① 搜集附有坐标和地形的建筑总平面图,场区的地面整平标高,建筑物的性质、规模、荷载、结构特点、基础形式、埋置深度、地基允许变形等资料;

② 查明不良地质作用的类型、成因、分布范围、发展趋势和危害程度,提出整治方案的建议;

③ 查明建筑范围内岩土层的类型、深度、分布、工程特性,分析和评价地基的稳定性、均匀性和承载力;

④ 对需进行沉降计算的建筑物,提供地基变形计算参数,预测建筑物的变形特征;

⑤ 查明埋藏的河道、沟浜、墓穴、防空洞、孤石等对工程不利的埋藏物;

⑥ 查明地下水的埋藏条件,提供地下水位及其变化幅度;

⑦ 在季节性冻土地区,提供场地土的标准冻结深度;

⑧ 判定水和土对建筑材料的腐蚀性。

(4) 详细勘察的单栋高层建筑勘探点的布置,应满足对地基均匀性评价的要求,且不应少于 4 个;对密集的高层建筑群,勘探点可适当减少,但每栋建筑物至少应有 1 个控制性勘探点。

(5) 详细勘察的勘察深度自基础底面算起,应符合下列规定:

① 勘探孔深度应能控制地基主要受力层。当基础底面宽度不大于 5 m 时,勘探孔的深度对条形基础不应小于基础底面宽度的 3 倍,对单独柱基不应小于 1.5 倍,且不应小于 5 m。

② 对高层建筑和需做变形计算的地基,控制性勘探孔的深度应超过地基变形计算深度;高层建筑的一般性勘探孔应达到地基下 0.5～1.0 倍的基础宽度,并深入稳定分布的底层。

③ 对仅有地下室的建筑或高层建筑的裙房,当不能满足抗浮设计要求,需设置抗浮桩或锚杆时,勘探孔深度应满足抗拔承载力评价的要求。

④ 当有大面积地面堆载或软弱下卧层时,应适当加深控制性勘探孔的深度。

⑤ 在上述规定深度内当遇基岩或厚岩碎石土等稳定地层时,勘探孔深度应根据情况进行调整。

(6) 详细勘察采取土试样和进行原位测试应符合下列要求:

① 采取土试样和进行原位测试的勘探点数量,应根据地层结构、地基土的均匀性和设计要求确定,对地基基础设计等级为甲级的建筑物每栋不应少于 3 个;

② 每个场地每一主要土层的原状土试样或原位测试数据不应少于 6 件(组);

③ 在地基主要受力层内,对厚度大于 0.5 m 的夹层或透镜体,应采取土试样或进行原位测试;

④ 当土层性质不均匀时,应增加取土数量或原位测试工作量。

(7) 桩基岩土工程勘察应包括下列内容:

① 查明场地各层岩土的类型、深度、分布、工程特性和变化规律;

② 当采用基岩作为桩的持力层时,应查明基岩的岩性、构造、岩面变化、风化程度,确定其坚硬程度、完整程度和基本质量等级,判定有无洞穴、临空面、破碎岩体或软弱岩层;

③ 查明水文地质条件,评价地下水对桩基设计和施工的影响,判定水质对建筑材料的腐蚀性;

④ 查明不良地质作用,可液化土层和特殊性岩土的分布及其对桩基的危害程度,并提出防治措施的建议;

⑤ 评价成桩可能性,论证桩的施工条件及其对环境的影响。

(8) 当场地水文地质条件复杂,在基坑开挖过程中需要对地下水进行治理(降水或隔渗)时,应进行专门的水文地质勘查。

(9) 地下水位的量测应符合下列规定:

① 遇地下水时应量测水位;

② 稳定水位应在初见水位后经一定的稳定时间后量测;

③ 对多层含水层的水位量测,应采取止水措施,将被测含水层与其他含水层隔开。

(10) 基槽(坑)开挖后,应进行基槽检验。基槽检验可用触探或其他方法,当发现与勘察报告和设计文件不一致或遇到异常情况时,应结合地质条件提出处理意见。

(二) 地基设计

(1) 根据建筑物地基基础设计等级及长期荷载作用下地基变形对上部结构的影响程度,地基基础设计应符合下列规定:

① 所有建筑物的地基计算均应满足承载力计算的有关规定。

② 设计等级为甲级、乙级的建筑物,均应按地基变形设计。

③ 表 10-11 所列范围内设计等级为丙级的建筑物可不做变形验算,如有下列情况之一时,仍应做变形验算:

a. 地基承载力特征值小于 130 kPa,体型复杂的建筑;

b. 在基础上及附近有地面堆载或相邻基础荷载差异较大,可能引起地基产生过大的不均匀沉降时;

c. 软弱地基上的建筑物存在偏心荷载时;

d. 相邻建筑距离过近,可能发生倾斜时;

e. 地基内有厚度较大或厚薄不均的填土,其自重固结未完成时。

表 10-11　　　　　　　可不做地基变形计算设计等级为丙级的建筑物范围

地基主要受力层情况	地基承载力特征值 f_{ak} /kPa		$60{\leqslant}f_{ak}<80$	$80{\leqslant}f_{ak}<100$	$100{\leqslant}f_{ak}<130$	$130{\leqslant}f_{ak}<160$	$160{\leqslant}f_{ak}<200$	$200{\leqslant}f_{ak}<300$
	各土层坡度/%		≤5	≤5	≤10	≤10	≤10	≤10
建筑类型	砌体承重结构、框架结构(层数)		≤5	≤5	≤5	≤6	≤6	≤7
	单层排架结构(6 m柱距) 单跨	吊车额定起重量/t	5~10	10~15	15~20	20~30	30~50	50~100
		厂房跨度/m	≤12	≤18	≤24	≤30	≤30	≤30
	多跨	吊车额定起重量/t	3~5	5~10	10~15	15~20	20~30	30~75
		厂房跨度/m	≤12	≤18	≤24	≤30	≤30	≤30
	烟囱	高度/m	≤30	≤40	≤50	≤75	≤100	
	水塔	高度/m	≤15	≤20	≤30	≤30	≤30	
		容积/m³	≤50	50~100	100~200	200~300	300~500	500~1 000

注:① 地基主要受力层系指条形基础底面下深度为 $3b$(b 为基础底面宽度),独立基础下为 $1.5b$,且厚度均不小于 5 m 的范围(二层以下一般的民用建筑除外);

② 地基主要受力层中如有承载力特征值小于 130 kPa 的土层时,表中砌体承重结构的设计,应符合规范(GB 50007)第七章的有关要求;

③ 表中砌体承重结构和框架结构均指民用建筑,对于工业建筑可按厂房高度、荷载情况折合成与其相当的民用建筑层数;

④ 表中吊车额定起重量、烟囱高度和水塔容积的数值系指最大值。

④ 对经常受水平荷载作用的高层建筑、高耸结构和挡土墙等,以及建造在斜坡上或边坡附近的建筑物和构筑物,尚应验算其稳定性。

⑤ 基坑工程应进行稳定性验算。

⑥ 当地下水埋藏较浅,建筑地下室或地下构筑物存在上浮问题时,尚应进行抗浮验算。

(2) 建筑物的地基变形允许值,按表 10-12 规定采用。对表中未包括的建筑物,其地基变形允许值应根据上部结构对地基变形的适应能力和使用上的要求确定。

表 10-12　　　　　　　　　　　　建筑物的地基变形允许值

变性特征	地基土类别	
	中、低压缩性土	高压缩性土
砌体承重结构基础的局部倾斜	0.002	0.003
工业与民用建筑相邻柱基的沉降差 (1) 框架结构 (2) 砌体墙填充的边排柱 (3) 当基础不均匀沉降时不产生附加应力的结构	0.002 l 0.000 7l 0.005 l	0.003 l 0.001 l 0.005 l
单层排架结构(柱距为 6m)柱基的沉降量/mm	(120)	200
桥式吊车轨面的倾斜(按不调整轨道考虑) 纵向 横向	0.004 0.003	
多层和高层建筑的整体倾斜　$H_g \leqslant 24$ 　　　　　　　　　　　　$24 < H_g \leqslant 60$ 　　　　　　　　　　　　$60 < H_g \leqslant 100$ 　　　　　　　　　　　　$H_g > 100$	0.004 0.003 0.002 5 0.002	
体型简单的高层建筑基础的平均沉降量/mm	200	
高耸结构基础的倾斜　$H_g \leqslant 20$ 　　　　　　　　　$20 < H_g \leqslant 50$ 　　　　　　　　　$50 < H_g \leqslant 100$ 　　　　　　　　　$100 < H_g \leqslant 150$ 　　　　　　　　　$150 < H_g \leqslant 200$ 　　　　　　　　　$200 < H_g \leqslant 250$	0.008 0.006 0.005 0.004 0.003 0.002	
高耸结构基础的沉降量/mm　$H_g \leqslant 100$ 　　　　　　　　　　　$100 < H_g \leqslant 200$ 　　　　　　　　　　　$200 < H_g \leqslant 250$	400 300 200	

注:① 本表数值为建筑物地基实际最终变形允许值;

　② 有括号者仅适用于中压缩性土;

　③ l 为相邻柱基的中心距离(mm);H_g 为自室外地面起算的建筑物高度,m;

　④ 倾斜指基础倾斜方向两端点的沉降差与其距离的比值;

　⑤ 局部倾斜指砌体承重结构沿纵向 6~10 m 内基础两点的沉降差与其距离的比值。

（3）下列建筑物应在施工期间及使用期间进行变形观测：

① 地基基础设计等级为甲级的建筑物；

② 复合地基或软弱地基上的设计等级为乙级的建筑物；

③ 加层、扩建建筑物；

④ 受临近深基坑开挖影响或受场地地下水等环境因素变化影响的建筑物；

⑤ 需要积累建筑经验或进行设计反分析的工程。

（三）基础设计

（1）对以下建筑物的桩基应进行沉降验算：

① 地基基础设计等级为甲级的建筑物桩基；

② 体型复杂、荷载不均匀或桩端以下存在软弱土层的设计等级为乙级的建筑物桩基；

③ 摩擦型桩基。

桩基础的沉降不得超过建筑物的沉降允许值，并应符合规范表 10-12 的规定。

（2）人工挖孔桩终孔时，应进行桩端持力层检验。单桩单柱的大直径嵌岩桩，应视岩性检验桩底下 $3d$ 或 5 m 深度范围内有无空洞、破碎带、软弱夹层等不良地质条件。

（3）施工完成后的工程桩应进行竖向承载力检验。

（4）桩身混凝土应符合下列要求：

混凝土强度等级不得低于 C15，水下灌注混凝土时不得低于 C20，混凝土预制桩尖不得低于 C30。

（四）边坡、基坑支护

（1）基坑开挖与支护设计应包括下列内容：

① 支护体系的方案技术经济比较和选型；

② 支护结构的强度、稳定和变形计算；

③ 基坑内外土体的稳定性验算；

④ 基坑降水或止水帷幕设计以及围护墙的抗渗设计；

⑤ 基坑开挖与地下水变化引起的基坑内外土体的变形及其对基础桩、邻近建筑物和周边环境的影响；

⑥ 基坑开挖施工方法的可行性及基坑施工过程中的监测要求。

（2）土方开挖完成后应立即对基坑进行封闭，防止水浸和暴露，并应及时进行地下结构施工。基坑土方开挖应严格按设计要求进行，不得超挖。基坑周边超载，不得超过设计荷载限制条件。

（3）支护结构设计应考虑其结构水平变形、地下水的变化对周边环境的水平与竖向变形的影响，对于安全等级为一级和对周边环境变形有限定要求的二级建筑基坑侧壁，应根据周边环境的重要性、对变形的适应能力及土的性质等因素确定支护结构的水平变形限值。

（4）当场地内有地下水时，应根据场地及周边区域的工程地质条件、水文地质条件、周边环境情况和支护结构与基础形式等因素，确定地下水控制方法。当场地周围有地表水汇流、排泄或地下水管泄漏时，应对基坑采取保护措施。

（5）根据承载能力极限状态和正常使用极限状态的设计要求，基坑支护应按下列规定进行计算和验算：

① 基坑支护结构均应进行承载能力极限状态的计算,计算内容应包括:

a. 根据基坑支护形式及其受力特点进行土体稳定性计算;

b. 基坑支护结构的受压、受弯、受剪承载力计算;

c. 当有锚杆或支撑时,应对其进行承载力计算和稳定性验算。

② 对于安全等级为一级及对支护结构变形有限定的二级建筑基坑侧壁,尚应对基坑周边环境及支护结构变形进行验算。

③ 地下水控制计算和验算:

a. 抗渗透稳定性验算;

b. 基坑底突涌稳定性验算;

c. 根据支护结构设计要求进行地下水位控制计算。

(6) 锚喷支护的设计与施工,必须做好工程的地基勘察工作,因地制宜、正确有效地加固围岩,合理利用围岩的自承能力。

(7) 喷射混凝土的设计强度等级不应低于 C15;对于竖井及重要隧洞和斜井工程,喷射混凝土的设计强度不应低于 C20;喷射混凝土 1 d 龄期的抗压强度不应低于 5 MPa。钢纤维喷射混凝土的设计强度等级不应低于 C20,其抗拉强度不应低于 2 MPa。

不同强度等级喷射混凝土的设计强度应按表 10-13 采用。

表 10-13　　　　　　　　　　喷射混凝土的强度设计值　　　　　　　　　　MPa

强度种类 ＼ 强度等级	C15	C20	C25	C30
轴心抗压	7.5	10.0	12.5	15.0
抗 拉	0.9	1.1	1.3	1.5

(8) 喷射混凝土支护的厚度,最小不应低于 50 mm,最大不宜超过 200 mm。

(9) 破坏后果很严重、严重的下列建筑边坡工程,其安全等级应定为一级:

① 由外倾软弱结构面控制的边坡工程;

② 危岩、滑坡地段的边坡工程;

③ 边坡塌滑区内或边坡塌方影响区内有重要建筑物的边坡工程。

破坏后果不严重的上述边坡工程的安全等级可定为二级。

(10) 永久性边坡的设计使用年限应不低于受其影响相邻建筑的使用年限。

(五)地基处理

(1) 按地基变形设计或应作变形验算且需进行地基处理的建筑物或构筑物,应对处理后的地基进行变形验算。

(2) 受较大水平荷载或位于斜坡上的建筑物或构筑物,当建造在处理后的地基上时,应进行地基稳定性验算。

(3) 强夯置换法在设计前必须通过现场试验确定其适用性和处理效果。

(4) 水泥土搅拌法用于处理泥炭土、有机质土、塑性指数大于 25 的粘土、地下水具有腐蚀性时以及无工程经验的地区,必须通过现场试验确定其适用性。

(5) 复合地基设计应满足建筑物承载力和变型要求。对于地基土为欠固结土、膨胀土、湿陷性黄土、可液化土等特殊土时，设计时要综合考虑土体的特殊性质，选用适当的增强体和施工工艺。

（6）复合地基承载力特征值应通过现场复合地基荷载试验确定，或采用增强体的荷载试验结果和其周边土的承载力特征值结合经验确定。

二、混凝土结构设计

（一）一般钢筋混凝土结构

（1）未经技术鉴定或设计许可，不得改变结构的用途和使用环境。

（2）混凝土强度等级应按立方体抗压强度标准值确定。立方体抗压强度标准值系指按照标准方法制作养护的边长为 150 mm 的立方体试件，在 28 d 龄期用标准试验方法测得的具有 95％保证率的抗压强度。

（3）钢筋的强度标准值应具有不小于 95％的保证率。

（4）受力预埋件的钢筋应采用 HRB235 级、HRB335 级或 HRB400 级钢筋，严禁采用冷加工钢筋。

（5）预制构件的吊环应采用 HRB235 级钢筋制作，严禁使用冷加工钢筋。吊环埋入混凝土的深度不应小于 $30d$，并应焊接或绑扎在钢筋骨架上。在构件的自重标准值作用下，每个吊环按 2 个截面计算的吊环应力不应大于 50 N/mm^2，当在一个构件上设有 4 个吊环时，设计时应仅取 3 个吊环进行计算。

（二）混凝土结构耐久性

（1）结构所处环境按其对钢筋和混凝土材料的腐蚀机理可分为 5 类，并应按表 10-14 确定。

表 10-14　　　　　　　　　　　　　　　　环境类别

环境类别	名　　称	腐蚀机理
1	一般环境	保护层混凝土碳化引起钢筋锈蚀
2	冻融环境	反复冻融导致混凝土损伤
3	海洋氯化物环境	氯盐引起钢筋锈蚀
4	除冰盐等其他氯化物环境	氯盐引起钢筋锈蚀
5	化学腐蚀环境	硫酸盐等化学物质对混凝土的腐蚀

（2）环境对配筋混凝土结构的作用程度应采用环境作用等级表达，并应符合表 10-15 的规定。

表 10-15　　　　　　　　　　　　　　　　环境作用等级

环境类别 ＼ 环境作用等级	A 轻微	B 轻度	C 中度	D 严重	E 非常严重	F 极端严重
一般环境	1—A	1—B	1—C	—	—	—
冻融环境	—	—	2—C	2—D	2—E	—
海洋氯化物环境	—	—	3—C	3—D	3—E	3—F
除冰盐等其他氯化物环境	—	—	4—C	4—D	4—E	—
化学腐蚀环境	—	—	5—C	5—D	5—E	—

（3）混凝土结构的设计使用年限应按建筑物的合理使用年限确定，不应低于现行国家标准《工程结构可靠性设计统一标准》(GB 50153—2008)的规定；对于城市桥梁等市政工程结构应按照表10-16的规定确定。

表 10-16 混凝土结构的设计使用年限

设计使用年限	适用范围
不低于 100 年	城市快速路和主干道上的桥梁以及其他道路上的大型桥梁、隧道，重要的市政设施等
不低于 50 年	城市次干道和一般道路上的中小型桥梁，一般市政设施

（4）配筋混凝土满足耐久性要求的混凝土最低强度等级应符合表10-17的规定。

表 10-17 满足耐久性要求的混凝土最低强度等级

环境类别与作用等级	设计使用年限		
	100 年	50 年	30 年
Ⅰ—A	C30	C25	C25
Ⅰ—B	C35	C30	C25
Ⅰ—C	C40	C35	C30
Ⅱ—C	Ca35,C45	Ca30,C45	Ca30,C40
Ⅱ—D	Ca40	Ca35	Ca35
Ⅱ—E	Ca45	Ca40	Ca40
Ⅲ—C，Ⅳ—C，Ⅴ—C，Ⅲ—D，Ⅳ—D	C45	C40	C40
Ⅴ—D，Ⅲ—E，Ⅳ—E	C50	C45	C45
Ⅴ—E，Ⅲ—F	C55	C50	C50

注：① 预应力混凝土构件的混凝土最低强度等级不应低于 C40。

② 如能加大钢筋的保护层厚度，大截面受压墩、柱的混凝土强度等级可以低于表中规定的数值，但不应低于第3.4.5 条规定的素混凝土最低强度等级。

③ 在荷载作用下配筋混凝土构件的表面裂缝最大宽度计算值不应超过表 10-18 中的限值。对裂缝宽度无特殊外观要求的，当保护层设计厚度超过 30 mm 时，可将厚度取为 30 mm 计算裂缝的最大宽度。

表 10-18 表面裂缝计算宽度限值 mm

环境作用等级	钢筋混凝土构件	有粘结预应力混凝土构件
A	0.40	0.20
B	0.30	0.20(0.15)
C	0.20	0.10
D	0.20	按二级裂缝控制或按部分预应力 A 类构件控制
E,F	0.15	按一级裂缝控制或按全预应力类构件控制

注：① 括号中的宽度适用于钢丝或钢绞线的先张预应力构件；

② 裂缝控制等级为二级或一级时，按现行国家标准《混凝土结构设计规范》(GB 50010)计算裂缝宽度；部分预应力 A 类构件或全预应力构件按现行行业标准《公路钢筋混凝土及预应力混凝土桥涵设计规范》(JTGD 62—2004)计算裂缝宽度；

③ 有自防水要求的混凝土构件，其横向弯曲的表面裂缝计算宽度不应超过 0.20 mm。

（5）根据结构所处的环境类别与作用等级，混凝土耐久性所需的施工养护应符合表10-19的规定。

表 10-19　　　　　　　　　　　　　　　施工养护制度要求

环境作用等级	混凝土类型	养护制度
Ⅰ—A	一般混凝土	至少养护 1 d
	大掺量矿物掺合料混凝土	浇注后立即覆盖并加湿养护，至少养护 3 d
Ⅰ—B，Ⅰ—C，Ⅱ—C，Ⅲ—C，Ⅳ—C，Ⅴ—C，Ⅱ—D，Ⅴ—D，Ⅱ—E，Ⅴ—E	一般混凝土	养护至现场混凝土的强度不低于 28 d 标准强度的 50%，且不少于 3 d
	大掺量矿物掺合料混凝土	浇注后立即覆盖并加湿养护，养护至现场混凝土的强度不低于 28 d 标准强度的 50%，且不少于 7 d
Ⅲ—D，Ⅳ—D，Ⅲ—E，Ⅳ—E，Ⅲ—F	大掺量矿物掺合料混凝土	浇注后立即覆盖并加湿养护，养护至现场混凝土的强度不低于 28 d 标准强度的 50%，且不少于 7 d。加湿养护结束后应继续用养护喷涂或覆盖保湿、防风一段时间至现场混凝土的强度不低于 28 d 标准强度的 70%

注：① 表中要求适用于混凝土表面大气温度不低于 10 ℃ 的情况，否则应延长养护时间；
　　② 有盐的冻融环境中混凝土施工养护应按Ⅲ、Ⅳ类环境的规定执行；
　　③ 大掺量矿物掺合料混凝土在Ⅰ—A 环境中用于永久浸没于水中的构件。

（6）处于Ⅰ—A、Ⅰ—B 环境下的混凝土结构构件，其保护层厚度的施工质量验收要求按照现行国家标准《混凝土结构工程施工质量验收规范》(GB 50204)的规定执行。

（7）环境作用等级为 C、D、E、F 的混凝土结构构件，应按下列要求进行保护层厚度的施工质量验收：

① 对选定的每一配筋构件，选择有代表性的最外侧钢筋 8～16 根进行混凝土保护层厚度的无破损检测；对每根钢筋，应选取 3 个代表性部位测量。

② 对同一构件所有的测点，如有 95% 或以上的实测保护层厚度 c_1 满足以下要求，则认为合格：

$$c_1 \geqslant c - \Delta$$

式中　c——保护层设计厚度；

　　　Δ——保护层施工允许负偏差的绝对值，对梁柱等条形构件取 10 mm，板墙等面形构件取 5 mm。

③ 当不能满足第 2 款的要求时，可增加同样数量的测点进行检测，按两次测点的全部数据进行统计，如仍不能满足第 2 款的要求，则判定为不合格，并要求采取相应的补救措施。

（8）一般环境对配筋混凝土结构的环境作用等级应根据具体情况按表10-20确定。

表 10-20　　　　　　　　　一般环境对配筋混凝土结构的环境作用等级

环境作用等级	环境条件	结构构件示例
Ⅰ—A	室内干燥环境	常年干燥、低湿度环境中的室内构件；
	永久的静水浸没环境	所有表面均永久处于静水下的构件

环境作用等级	环境条件	结构构件示例
Ⅰ—B	非干湿交替的室内潮湿环境 非干湿交替的露天环境 长期湿润环境	中、高湿度环境中的室内构件； 不接触或偶尔接触雨水的室外构件； 长期与水或湿润土体接触的构件
Ⅰ—C	干湿交替环境	与冷凝水、露水或与蒸汽频繁接触的室内构件； 地下室顶板构件； 表面频繁淋雨或频繁与水接触的室外构件； 处于水位变动区的构件

注：① 环境条件系指混凝土表面的局部环境；
　　② 干燥、低湿度环境指年平均湿度低于 60%，中、高湿度环境指年平均湿度大于 60%；
　　③ 干湿交替指混凝土表面经常交替接触到大气和水的环境条件。

（9）一般环境中的配筋混凝土结构构件，其普通钢筋的保护层最小厚度与相应的混凝土强度等级、最大水胶比应符合表 10-21 的要求。

表 10-21　　　　　　一般环境中混凝土材料与钢筋的保护层最小厚度 c　　　　　　mm

构件类型	环境作用等级	100 年			50 年			30 年		
		混凝土强度等级	最大水胶比	c	混凝土强度等级	最大水胶比	c	混凝土强度等级	最大水胶比	c
板、墙等面形构件	Ⅰ—A	≥C30	0.55	20	≥C25	0.60	20	≥C25	0.60	20
	Ⅰ—B	C35	0.50	30	C30	0.55	25	C25	0.60	25
		≥C40	0.45	25	≥C35	0.50	20	≥C30	0.55	20
	Ⅰ—C	C40	0.45	40	C35	0.50	35	C30	0.55	30
		C45	0.40	35	C40	0.45	30	C35	0.50	25
		≥C50	0.36	30	≥C45	0.40	25	≥C40	0.45	20
梁、柱等条形构件	Ⅰ—A	C30	0.55	25	C25	0.60	25	≥C25	0.60	20
		≥C35	0.50	20	≥C30	0.55	20			
	Ⅰ—B	C35	0.50	35	C30	0.55	30	C25	0.60	30
		≥C40	0.45	30	≥C35	0.50	25	≥C30	0.55	25
	Ⅰ—C	C40	0.45	45	C35	0.50	40	C30	0.55	35
		C45	0.40	40	C40	0.45	35	C35	0.50	30
		≥C50	0.36	35	≥C45	0.40	30	≥C40	0.45	25

注：① Ⅰ—A 环境中使用年限低于 100 年的板、墙，当混凝土骨料最大公称粒径不大于 15 mm 时，保护层最小厚度可降为 15 mm，但最大水胶比不应大于 0.55；
　　② 年平均气温大于 20 ℃且年平均湿度大于 75% 的环境，除 Ⅰ—A 环境中的板、墙构件外，混凝土最低强度等级应比表中规定提高一级，或将保护层最小厚度增大 5 mm；
　　③ 直接接触土体浇筑的构件，其混凝土保护层不应小于 70 mm；有混凝土垫层时，可按上表确定；
　　④ 处于流动水中或同时受水中泥沙冲刷的构件，其保护层厚度宜增加 10~20 mm；
　　⑤ 预制构件的保护厚度可比表中规定减少 5 mm；
　　⑥ 当胶凝材料中粉煤灰和矿渣等掺量小于 20% 时，表中水胶比低于 0.45 的，可适当增加；
　　⑦ 预应力钢筋的保护层厚度按照规范 GB/T 50476 第 3.5.2 条的规定执行。

三、房屋抗震设计

(一)房屋抗震防灾目标"三水准"

强烈地震属于自然灾害。房屋建筑的抗震设计,是在现有技术和经济水平的前提下,处理地震风险与结构安全的关系,减轻房屋的地震损坏和破坏,但不能完全避免损坏和破坏。通常用"三水准"抗震设防目标表示,即所谓"小震不坏、中震可修、大震不倒"。

(1)当遭受相当于本地区 50 年一遇的地震(设计规范称为多遇地震,重现期与设计基准期相同)影响时,房屋一般不受损坏或不需修理仍可继续照常使用。

(2)当遭受相当于本地区 475 年一遇的地震(设计规范称为抗震设防烈度地震)影响时,房屋可能损坏,经一般修理或不需修理仍可继续照常使用。

(3)当遭受相当于本地区 1 600～2 400 年一遇的地震(设计规范称为预估的罕遇地震)影响时,房屋不致倒塌或发生危及生命的严重破坏。

(二)建筑地震破坏物划分

衡量强烈地震后房屋建筑"不坏、可修、不倒"等破坏程度,按《建筑地震破坏等级划分标准》(建设部〔90〕建抗字第 377 号文)的有关规定(表 10-22)划分。

表 10-22　　　　　　　　　　　　　建筑地震破坏等级划分

名称	破坏描述	继续使用的可能性
基本完好 (含完好)	承重构件完好;个别非承重构件轻微损坏;附属构建有不同程度破坏	一般不需修理即可继续使用
轻微损坏	个别承重构件轻微裂缝,个别非承重构件明显破坏;附属构件有不同程度破坏	不需修理或需稍加修理,仍可继续使用
中等破坏	多数承重构件轻微裂缝,不分明显裂缝;个别非承重构件严重破坏	需一般修理。采取安全措施后可适当使用
严重破坏	多数承重构件严重破坏或部分倒塌	应排险大修,局部拆除
倒塌	多数承重构件倒塌	需拆除

注:个别指 5% 以下,部分指 30% 以下,多数指超过 50%。

(三)房屋抗震材料要求

(1)抗震结构对材料和施工质量的特别要求,应在设计文件上注明。

(2)结构材料性能指标,应符合下列最低要求:

① 砌体结构材料应符合下列规定:

a.烧结普通砖和烧结多孔砖的强度等级不应低于 MU10,其砌筑砂浆强度等级不应低于 M5。

b.混凝土小型空心砌块的强度等级不应低于 MU7.5,其砌筑砂浆强度等级不应低于 M7.5。

② 混凝土结构材料应符合下列规定:

a.混凝土的强度等级,框支梁、框支柱及抗震等级为一级的框架梁、柱、节点核心区,不应低于 C30;构造柱、芯柱、圈梁及其他各类构件不应低于 C20。

b.抗震等级为一、二级的框架结构,其纵向受力钢筋采用普通钢筋时,钢筋的抗拉强度实测值与屈服强度实测值的比值不应小于 1.25；钢筋的屈服强度实测值与强度标准值的比值不应大于 1.3；且钢筋在最大拉力下的总伸长率实测值不应小于 9%。

③ 钢结构的钢材应符合下列规定：

a. 钢材的屈服强度实测值与抗拉强度实测值的比值不应大于 0.85。

b. 钢材应有明显的屈服台阶，且伸长率不应小于 20%。

c. 钢材应有良好的焊接性和合格的冲击韧性。

（3）结构材料性能指标，尚宜符合下列要求：

① 普通钢筋宜优先采用延性、韧性和焊接性较好的钢筋；普通钢筋的强度等级，纵向受力钢筋宜选用符合抗震性能指标的 HRB400 级热轧钢筋，也可采用符合抗震性能指标的 HRB335 级热轧钢筋；箍筋宜选用符合抗震性能指标的 HRB335、HRB400 级热轧钢筋。

注：钢筋的检验方法应符合现行国家标准《混凝土结构工程施工质量验收规范》（GB 50204—2002）的规定。

② 混凝土结构的混凝土强度等级，9 度时不宜超过 C60，8 度时不宜超过 C70。

③ 钢结构的钢材宜采用 Q235 等级 B、C、D 的碳素结构钢及 Q345 等级 B、C、D、E 的低合金高强度结构钢；当有可靠依据时，尚可采用其他钢种和钢号。

④ 当需要以强度等级较高的钢筋替代原设计中的纵向受力钢筋时，应按照钢筋承载力设计值相等的原则换算，并应满足最小配筋率、抗裂验算等要求。

⑤ 采用焊接连接的钢结构，当钢板厚不小于 40 mm 且承受沿板厚方向的拉力时，受拉试件板厚方向截面收缩率，不应小于《厚度方向性能钢板》（GB/T 5313）关于 Z15 级规定的容许值。

⑥ 钢筋混凝土构造柱、芯柱和底部框架—抗震墙砖房中砖抗震墙的施工，应先砌墙后浇构造柱、芯柱和框架梁柱。

（4）在施工中，当需要以强度等级较高的钢筋替代原设计中的纵向受力钢筋时，应按照钢筋受拉承载力设计值相等的原则换算，并应满足最小配筋率要求。

（5）钢筋混凝土构造柱和底部框架—抗震墙房屋中的砌体抗震墙，其施工应先砌墙后浇构造柱和框架梁柱。

（6）建筑的场地类别，应根据土层等效剪切波速和场地覆盖层厚度按表 10-23 划分为四类，其中 I 类分为 I_0、I_1 两个亚类。当有可靠的剪切波速和覆盖层厚度且其值处于表 10-23 所列场地类别的分界线附近时，应允许按插值方法确定地震作用计算所用的特征周期。

表 10-23　　　　　　　　　　　　各类建筑场地的覆盖层厚度　　　　　　　　　　　　　　　　　m

岩石的剪切波速或土的等效剪切波速/(m/s)	场地类别				
	I_0	I_1	II	III	IV
$v_S > 800$	0				
$800 \geqslant v_S > 500$		0			
$500 \geqslant v_S > 250$			<5	≥5	
$250 \geqslant v_S > 150$			<3	3—50	>50
$v_S \leqslant 150$			<3	3～15	15～80	>80

注：表中 v_S 系岩石的剪切波速。

（7）钢筋混凝土房屋应根据设防类别、烈度、结构类型和房屋高度采用不同的抗震等级，并应符合相应的计算和构造措施要求。丙类建筑的抗震等级应按表10-24确定。

表 10-24　　　　　　　　　　　现浇钢筋混凝土房屋的抗震等级

结构类型		设防烈度									
		6		7			8			9	
框架结构	高度/m	≤24	>24	≤24	>24		≤24	>24		≤24	
	框架	四	三	三	二		二	一		一	
	大跨度框架	三		二			一				
框架—抗震墙结构	高度/m	≤60	>60	≤24	25~60	>60	≤24	25~60	>60	≤24	25~50
	框架	四	三	四	三	二	三	二	一	二	一
	抗震墙	三		三	二		二	一		一	
抗震墙结构	高度/m	≤80	>80	≤24	25~80	>80	≤24	25~80	>80	≤24	25~60
	剪力墙	四	三	四	三	二	三	二	一	二	一
部分框支抗震墙结构	高度/m	≤80	>80	≤24	25~80	>80	≤24	25~80			
	抗震墙 一般部位	四	三	四	三	二	三	二			
	抗震墙 加强部位	三	二	三	二	一	二	一			
	框支层框架	二		二			一				
框架—核心筒结构	框架	三		二			一			一	
	核心筒	二		二			一			一	
筒中筒结构	外筒	三		二			一			一	
	内筒	三		二			一			一	
板柱—抗震墙结构	高度/m	≤35	>35	≤35	>35		≤35	>35			
	框架、板柱的柱	三	二	二	二		一	一			
	抗震墙	二	二	二	一		二	一			

注：① 建筑场地为Ⅰ类时，除六度外应允许按表内降低一度所对应的抗震等级采取抗震构造措施，但相应的计算要求不应降低。

② 降低或等于高度分界时，应允许结合房屋不规则程度及场地、地基条件确定抗震等级。

③ 大跨度框架指跨度不小于18m的框架。

④ 高度不超过60m的框架—核心筒结构按框架—抗震墙的要求设计时，应按表中框架—抗震墙结构的规定确定其抗震等级。

（8）梁的钢筋配置，应符合下列各项要求：

① 梁端计入受压钢筋的混凝土受压区高度和有效高度之比，一级不应大于0.25，二、三级不应大于0.35。

② 梁端截面的底面和顶面纵向钢筋配筋量的比值，除按计算确定外，一级不应小于

0.5,二、三级不应小于 0.3。

③ 梁端箍筋加密区的长度、箍筋最大间距和最小直径应按表 10-25 采用,当梁端纵向受拉钢筋配筋率大于 2‰时,表中箍筋最小直径数值应增大 2 mm。

表 10-25   梁端箍筋加密区的长度、箍筋最大间距和最小直径   mm

抗震等级	加密区长度(采用较大值)	箍筋最大间距(采用较小值)	箍筋最小直径
一	$2h_b$,500	$h_b/4,6d,100$	10
二	$1.5h_b$,500	$h_b/4,8d,100$	8
三	$1.5h_b$,500	$h_b/4,8d,150$	8
四	$1.5h_b$,500	$h_b/4,8d,150$	6

注:① d 为纵向钢筋直径,h_b 为梁截面高度。

② 箍筋直径大于 12 mm、数量不少于 4 肢且肢距不大于 150 mm 时,一、二级的最大间距应允许适当放宽,但不得大于 150 mm。

(9)柱的钢筋配置,应符合下列各项要求:

① 柱纵向受力钢筋的最小总配筋率应按表 10-26 采用,同时每一侧配筋率不应小于 0.2%;对建造于Ⅳ类场地且较高的高层建筑,最小总配筋率应增加 0.1%。

表 10-26   柱截面纵向钢筋的最小总配筋率   %

类别	抗震等级			
	一	二	三	四
中柱和边柱	0.9(1.0)	0.7(0.8)	0.6(0.7)	0.5(0.6)
角柱、框支柱	1.1	0.9	0.8	0.7

注:① 表中括号内数值用于框架结构的柱;

② 钢筋强度标准值小于 400 MPa 时,表中数值应增加 0.1,钢筋强度标准值为 400 MPa 时,表中数值应增加 0.05。

③ 混凝土强度等级高于 C60 时,上述数值应相应增加 0.1。

② 柱箍筋在规定的范围内应加密,加密区的箍筋间距和直径,应符合下列要求:

a. 一般情况下,箍筋的最大间距和最小直径,应按表 10-27 采用。

表 10-27   柱箍筋加密区的箍筋最大间距和最小直径

抗震等级	箍筋最大间距(采用最小值,mm)	箍筋最小直径/mm
一	$6d$,100	10
二	$8d$,100	8
三	$8d$,150(柱根 100)	8
四	$8d$,150(柱根 100)	6(柱根 8)

注:① d 为柱纵筋最小直径;

② 柱根指底层柱下端箍筋加密区。

b. 一级框架柱的箍筋直径大于 12 mm 且箍筋肢距不大于 150 mm 及二级框架柱的箍筋直径不小于 10 mm 且箍筋直径不大于 200 mm 时,除底层柱下端外,最大间距应允许采用 150 mm;三级框架柱的截面尺寸不大于 400 mm 时,箍筋最小直径应允许采用 6 mm;四级框架柱剪跨比不大于 2 时,箍筋直径不应小于 8 mm。

c. 框支柱和剪跨比不大于 2 的框架柱,箍筋间距不应大于 100 mm。

(10) 抗震墙竖向、横向分布钢筋的配筋,应符合下列要求:

① 一、二、三级抗震墙的竖向和横向分布钢筋最小配筋率均不应小于 0.25%,四级抗震墙分布钢筋最小配筋率不应小于 0.20%。

注:高度小于 24 m 且剪压比很小的四级抗震墙,其竖向分布筋的最小配筋率应允许按 0.15% 采用。

② 部分框支抗震墙结构的落地抗震墙底部加强部位,竖向和横向分布钢筋最小配筋率均不应小于 0.3%。

第四节　常用民用建筑设计标准强制性条文

一、民用建筑设计通则(GB 50352—2005)

民用建筑是供人们居住和进行公共活动的建筑的总称。《民用建筑设计通则》是民用建筑工程使用功能和质量的重要通用标准,主要确保建筑物使用中的人民生命财产的安全和身体健康,维护公共利益,并保护环境,促进社会的可持续发展,也是民用建筑设计和民用建筑设计规范编制必须共同执行的通用规则。

第 4.2.1 条　建筑物及附属设施不得突出道路红线和用地红线建造,不得突出的建筑突出物为:

(1) 地下建筑物及附属设施,包括结构挡土桩、挡土墙、地下室、地下室底板及其基础、化粪池等;

(2) 地上建筑物及附属设施,包括门廊、连廊、阳台、室外楼梯、台阶、坡道、花池、围墙、平台、散水明沟、地下室进排风口、地下室出入口、集水井、采光井等;

(3) 除基地内连接城市的管线、隧道、天桥等市政公共设施外的其他设施。

第 6.6.3 条　阳台、外廊、室内回廊、内天井、上人屋面及室外楼梯等临空处应设置防护栏杆,并应符合下列规定:

(1) 栏杆应以坚固、耐久的材料制作,并能承受荷载规范规定的水平荷载;

(2) 临空高度在 24 m 以下时,栏杆高度不应低于 1.05 m,临空高度在 24 m 及 24 m 以上(包括中高层住宅)时,栏杆高度不应低于 1.10 m;

注:栏杆高度应从楼地面或屋面至栏杆扶手顶面垂直高度计算,如底部有宽度大于或等于 0.22 m,且高度低于或等于 0.45 m 的可踏部位,应从可踏部位顶面起计算。

(3) 栏杆离楼面或屋面 0.10 m 高度内不宜留空;

(4) 住宅、托儿所、幼儿园、中小学及少年儿童专用活动场所的栏杆必须采用防止少年儿童攀登的构造,当采用垂直杆件做栏杆时,其杆件净距不应大于 0.11 m;

(5) 文化娱乐建筑、商业服务建筑、体育建筑、园林景观建筑等允许少年儿童进入活动的场所,当采用垂直杆件做栏杆时,其杆件净距也不应大于 0.11 m。

第 6.7.2 条　墙面至扶手中心线或扶手中心线之间的水平距离即楼梯梯段宽度除应符合防火规范的规定外,供日常主要交通用的楼梯的梯段宽度应根据建筑物使用特征,按每股人流为 0.55＋(0～0.15) m 的人流股数确定,并不应少于两股人流。0～0.15 m 为人流在行进中人体的摆幅,公共建筑人流众多的场所应取上限值。

第 6.7.9 条　托儿所、幼儿园、中小学及少年儿童专用活动场所的楼梯,梯井净宽大于0.20 m 时,必须采取防止少年儿童攀滑的措施,楼梯栏杆应采取不易攀登的构造,当采用垂直杆件做栏杆时,其杆件净距不应大于 0.11 m。

第 6.10.3 条　窗的设置应符合下列规定:

(1) 窗扇的开启形式应方便使用,安全和易于维修、清洗;

(2) 当采用外开窗时应加强牢固窗扇的措施;

(3) 开向公共走道的窗扇,其底面高度不应低于 2 m;

(4) 临空的窗台低于 0.80 m 时,应采取防护措施,防护高度由楼地面起计算不应低于0.80 m;

(5) 防火墙上必须开设窗洞时,应按防火规范设置;

(6) 天窗应采用防破碎伤人的透光材料;

(7) 天窗应有防冷凝水产生或引泄冷凝水的措施;

(8) 天窗应便于开启、关闭、固定、防渗水,并方便清洗。

注:① 住宅窗台低于 0.90 m 时,应采取防护措施;

② 低窗台、凸窗等下部有能上人站立的宽窗台面时,贴窗护栏或固定窗的防护高度应从窗台面起计算。

第 6.12.5 条　存放食品、食料、种子或药物等的房间,其存放物与楼地面直接接触时,严禁采用有毒性的材料作为楼地面,材料的毒性应经有关卫生防疫部门鉴定。存放吸味较强的食物时,应防止采用散发异味的楼地面材料。

第 6.14.1 条　管道井、烟道、通风道和垃圾管道应分别独立设置,不得使用统一管道系统,并应用非燃烧体材料制作。

二、住宅设计规范(GB 50096—1999)(2003 年版)

第 3.1.1 条　住宅应按套型设计,每套住宅应设卧室、起居室(厅)、厨房和卫生间等基本空间。

第 3.3.2 条　厨房应有直接采光、自然通风,并宜布置在套内近入口处。

第 3.3.3 条　厨房应设置洗涤池、案台、炉灶及排油烟机等设施或预留位置,按炊事操作流程排列,操作面净长不应小于 2.10 m。

第 3.4.3 条　卫生间不应直接布置在下层住户的卧室、起居室(厅)和厨房的上层,可布置在本套内的卧室、起居室(厅)和厨房上层;并均应有防水、隔声和便于检修的措施。

第 3.6.2 条　卧室、起居室(厅)的室内净高不应低于 2.40 m,局部净高不应低于 2.10 m,且其面积不应大于室内使用面积的 1/3。

第 3.6.3 条　利用坡屋顶内空间作卧室、起居室(厅)时,其 1/2 面积的室内净高不应低于 2.10 m。

第 3.7.2 条　阳台栏杆设计应防止儿童攀登,栏杆的垂直杆件间净距不应大于 0.11 m;放置花盆处必须采取防坠落措施。

第 3.7.3 条 低层、多层住宅的阳台栏杆净高不应低于 1.05 m,中高层、高层住宅的阳台栏杆净高不应低于 1.10 m。封闭阳台栏杆也应满足阳台栏杆净高要求。中高层、高层住宅及寒冷、严寒地区住宅的阳台宜采用实心栏板。

第 3.9.1 条 外窗窗台距楼面、地面的净高低于 0.90 m 时,应有防护设施。窗外有阳台或平台时可不受此限制。窗台的净高或防护栏杆的高度均应从可踏面起算,保证净高 0.90 m。

第 4.1.2 条 楼梯梯段净宽不应小于 1.10 m。六层及六层以下住宅,一边设有栏杆的梯段净宽不应小于 1 m。

注:楼梯梯段净宽系指墙面至扶手中心之间的水平距离。

第 4.1.3 条 楼梯踏步宽度不应小于 0.26 m,踏步高度不应大于 0.175 m。扶手高度不应小于 0.90 m。楼梯水平段栏杆长度大于 0.50 m 时,其扶手高度不应小于 1.05 m。楼梯栏杆垂直杆件间净空不应大于 0.11 m。

第 4.1.5 条 楼梯井净宽大于 0.11 m 时,必须采取防止儿童攀滑的措施。

第 4.1.6 条 七层及以上住宅或住户入口层楼面距室外设计地面的高度超过 16 m 以上的住宅必须设置电梯。

注:① 底层作为商店或其他用房的多层住宅,其住户入口层楼面距该建筑物的室外设计地面高度超过 16 m 时必须设置电梯。

② 底层做架空层或贮存空间的多层住宅,其住户入口层楼面距该建筑物的室外设计地面高度超过 16 m 时必须设置电梯。

③ 顶层为两层一套的跃层住宅时,跃层部分不计层数。其顶层住户入口层楼面距该建筑物室外设计地面的高度不超过 16 m,可不设电梯。

④ 住宅中间层有直通室外地面的出入口并具有消防通道时,其层数可由中间层起计算。

第 4.2.1 条 外廊、内天井及上人屋面等临空处栏杆净高,低层、多层住宅不应低于 1.05 m,中高层、高层住宅不应低于 1.10 m,栏杆设计应防止儿童攀登,垂直杆件间净空不应大于 0.11 m。

第 4.2.3 条 住宅的公共出入口位于阳台、外廊及开敞楼梯平台的下部时,应采取设置雨罩等防止物体坠落伤人的安全措施。

第 4.2.5 条 设置电梯的住宅公共出入口,当有高差时,应设轮椅坡道和扶手。

第 4.4.1 条 住宅不应布置在地下室内。当布置在半地下室时,必须对采光、通风、日照、防潮、排水及安全防护采取措施。

第 4.5.1 条 住宅建筑内严禁布置存放和使用火灾危险性为甲、乙类物品的商店、车间和仓库,并不应布置产生噪声、振动和污染环境卫生的商店、车间和娱乐设施。

第 4.5.4 条 住宅与附建公共用房的出入口应分开布置。

三、托儿所、幼儿园建筑设计规范(JGJ 39—87)

第 3.1.4 条 严禁将幼儿生活用房设在地下室或半地下室。

第 3.6.5 条 楼梯、扶手、栏杆和踏步应符合下列规定:

(1)楼梯除设成人扶手外,并应在靠墙一侧设幼儿扶手,其高度不应大于 0.60 m。

(2)楼梯栏杆垂直线饰间的净距不应大于 0.11 m。当楼梯井净宽度大于 0.20 m 时,必须采取安全措施。

（3）楼梯踏步的高度不应大于 0.15 m，宽度不应小于 0.26 m。

（4）在严寒、寒冷地区设置的室外安全疏散楼梯，应有防滑措施。

第 3.6.6 条 活动室、寝室、音体活动室应设双扇平开门，其宽度不应小于 1.20 m。疏散通道中不应使用转门、弹簧门和推拉门。

第 3.7.2 条 严寒、寒冷地区主体建筑的主要出入口应设挡风门斗，其双层门中心距离不应小于 1.6 m。幼儿经常出入的门应符合下列规定：

（1）在距地 0.60～1.20 m 高度内，不应装易碎玻璃。

（2）在距地 0.70 m 处，宜加设幼儿专用拉手。

（3）门的双面均宜平滑、无棱角。

（4）不应设置门槛和弹簧门。

（5）外门宜设纱门。

第 3.7.4 条 阳台、屋顶平台的护栏净高不应小于 1.20 m，内侧不应设有支撑。护栏宜采用垂直线饰，其净空距离不应大于 0.11 m。

第 3.7.5 条 幼儿经常接触的 1.30 m 以下的室外墙面不应粗糙，室内墙角、窗台、暖气罩、窗口竖边等棱角部位必须做成小圆角。

四、中小学校建筑设计规范（GBJ 99—86）

第 2.1.1 条 学校校址选择应符合下列规定：

（3）学校主要教学用房的外墙面与铁路的距离不应小于 300 m；与机动车流量超过每小时 270 辆的道路同侧路边的距离不应小于 80 m，当小于 80m 时，必须采取有效地隔声措施。

（5）校区内不得有架空高压输电线通过。

第 3.3.7 条 化学试验室的设计应符合下列规定：

（4）实验室内应设置一个事故急救冲洗水嘴。

第 5.3.2 条 教学用房窗的设计应符合下列规定：

（2）教室、实验室靠外廊、单内廊一侧应设窗。但距地面 2 000 mm 范围内，窗开启后不应影响教室使用、走廊宽度和通行安全。

（5）二层以上的教学楼向外开启的窗，应考虑擦玻璃方便与安全措施。

第 6.3.5 条 室内楼梯栏杆（或栏板）的高度不应小于 900 mm。室外楼梯及水平栏杆（或栏板）的高度不应小于 1 100 mm。

楼梯不应采用易于攀登的花格栏杆。

五、综合医院建筑设计规范（JGJ 49—88）

第 2.2.2 条 医院出入口不应少于两处，人员出入口不应兼做尸体和废弃物出口。

第 2.2.4 条 平间、病理解剖室、焚毁炉应设于医院隐蔽处，并应与主体建筑有适当隔离。尸体运送路线应避免与出入院路线交叉。

第 3.1.4 条 电梯

（1）四层及四层以上的门诊楼或病房楼应设电梯，且不得少于二台；当病房楼高度超过 24 m 时，应设污物梯。

第 3.1.6 条 三层及三层以下无电梯的病房楼以及观察室与抢救室不在同一层又无电梯的急诊部，均应设置坡道，其坡度不应大于 1/10，并应有防滑措施。

第 3.1.14 条　厕所

（3）厕所应设前室,并应设非手动开关的洗手盆。

第 3.4.11 条　儿科病房

（5）儿童用房的窗和散热片应有安全防护措施。

第 3.5.1 条　20 床以下的一般传染病房,宜设在病房楼的首层,并设专用出入口,但其上一层不得设置产科和儿科护理单元;20 床以上,或兼收烈性传染病者,必须单独建造病房,并与周围的建筑物保持一定距离。

第 3.5.3 条　传染病病房应符合下列条件:

（1）平面应严格按照清洁区、半清洁区和污染区布置。

（2）应设单独出入口和入院处理处。

（3）需分别隔离的病种,应设单独通往室外的专用通道。

（4）每间病房不得超过四床。两床之间的净距不得小于 1.10 m。

（5）完全隔离房应设缓冲前室;盥洗、浴厕应附设于病房之内;并应有单独对外出口。

第 3.7.3 条　放射科防护

对诊断室、治疗室的墙身、楼地面、门窗、防护屏障、洞口、嵌入体和缝隙等所采用的材料厚度、构造均应按设备要求和防护专门规定有安全可靠的防护措施。

第 3.8.2 条　核医学科的实验室

（1）分装、标记和洗涤室,应相互贴邻布置,并应联系便捷。

（2）计量室不应与高、中活性实验室贴邻。

（3）高、中活性实验室应设通风柜,通风柜的位置应有利于组织实验室的气流不受扩散污染。

第 3.8.4 条　核医学科防护

（3）γ 照相机室应设专用候诊处;其面积应使候诊者相互之间保持 1 m 的距离。

第 3.17.1 条　营养厨房

（2）严禁设在有传染病科的病房楼内。

第 3.17.4 条　焚毁炉应有消烟除尘的措施。

六、高层民用建筑设计防火规范（GB 50045—95）（2005 年版）

第 3.0.8 条　建筑幕墙的设置应符合下列规定:

（1）窗槛墙、窗间墙的填充材料应采用不燃烧材料。当外墙采用耐火极限不低于 1.00 h 的不燃烧体时,其墙内填充材料可采用难燃烧材料。

（2）无窗槛墙或窗槛墙高度小于 0.80 m 的建筑幕墙,应在每层楼板外沿设置耐火极限不低于 1.00 h、高度不低于 0.80 m 的不燃烧体裙墙或防火玻璃裙墙。

（3）建筑幕墙与每层楼板、隔墙处的缝隙,应采用防火封堵材料封堵。

第 5.3.1 条　电梯井应独立设置,井内严禁敷设可燃气体和甲、乙、丙类液体管道,并不应敷设与电梯无关的电缆、电线等。电梯井井壁除开设电梯门洞和通气孔洞外,不应开设其他洞口。电梯门不应采用栅栏门。

第 5.3.2 条　电缆井、管道井、排烟道、排气道、垃圾道等竖向管道井,应分别独立设置;其井壁应为耐火极限不低于 1.00 h 的不燃烧体;井壁上的检查门应采用丙级防火门。

第 5.3.3 条　建筑高度不超过 100 m 的高层建筑,其电缆井、管道井应每隔 2～3 层在楼板处用相当于楼板耐火极限的不燃烧体做防火分隔;建筑高度超过 100 m 的高层建筑,应在每层楼板处用相当于楼板耐火极限的不燃烧体做防火分隔。

电缆井、管道井与房间、走道等相连通的孔洞,其空隙应采用不燃烧材料填塞密实。

第5.5.1条 屋顶采用金属承重结构时,其吊顶、望板、保温材料等均应采用不燃烧材料,屋顶金属承重构件应采用外包覆不燃烧材料或喷涂防火涂料等措施,并应符合本规范第3.0.2条规定的耐火极限,或设置自动喷水灭火系统。

第5.5.3条 变形缝构造基层应采用不燃烧材料。

电缆、可燃气体管道和甲、乙、丙类液体管道,不应敷设在变形缝内。当其穿过变形缝时,应在穿过处加设不燃烧材料套管,并应采用不燃烧材料将套管空隙填塞密实。

七、建筑内部装修设计防火规范(GB 50222—95)(2001 年版)

第3.1.2条 除地下建筑外,无窗房间的内部装修材料的燃烧性能等级,除 A 级外,应在本章规定的基础上提高一级。

第3.1.5条 消防水泵房、排烟机房、固定灭火系统钢瓶间、配电室、变压器室、通风和空调机房等,其内部所有装修均应采用 A 级装修材料。

第3.1.6条 无自然采光楼梯间、封闭楼梯间、防烟楼梯间的顶棚、墙面和地面均应采用 A 级装修材料。

第3.1.13条 地上建筑的水平疏散走道和安全出口的门厅,其顶棚装饰材料应采用 A 级装修材料,其他部位应采用不低于 B_1 级的装修材料。

第3.1.15条 建筑内部装修不应减少安全出口、疏散出口或疏散走道的设计疏散所需的净宽度和数量。

第3.1.18条 当歌舞厅、卡拉 OK 厅(含具有卡拉 OK 功能的餐厅)、夜总会、录像厅、放映厅、桑拿浴室(除洗浴部分外)、游艺厅(含电子游艺厅)、网吧等歌舞娱乐放映游艺场所(以下简称歌舞娱乐放映游艺场所)设置在一、二级耐火等级建筑的四层及四层以上时,室内装修的顶棚材料应采用 A 级装修材料,其他部位应采用不低于 B_1 级的装修材料;当设置在地下一层时,室内装修的顶棚、墙面材料应采用 A 级装修材料,其他部位应采用不低于 B_1 级的装修材料。

第3.2.3条 除第 3.1.18 条规定外,当单层、多层民用建筑内装有自动灭火系统时,除顶棚外,其内部装修材料的燃烧性能等级可在表 3.2.1 规定的基础上降低一级;当同时装有火灾自动报警装置和自动灭火系统时,其顶棚装修材料的燃烧性能等级可在表 3.2.1 规定的基础上降低一级,其他装修材料的燃烧性能等级可不限制。

第3.4.2条 地下民用建筑的疏散走道和安全出口的门厅,其顶棚、墙面和地面的装修材料应采用 A 级装修材料。

八、建筑内部装修防火施工及验收规范(GB 50354—2005)

第2.0.4条 进入施工现场的装修材料应完好,并应核查其燃烧性能或耐火极限、防火性能型式检验报告、合格证书等技术文件是否符合防火设计要求。核查、检验时,应填写进场验收记录。

第2.0.5条 装修材料进入施工现场后,应按本规范的有关规定,在监理单位或建设单位监督下,由施工单位有关人员现场取样,并应由具备相应资质的检验单位进行见证取样检验。

第2.0.6条 装修施工过程中,装修材料应远离火源,并应指派专人负责施工现场的防火安全。

第 2.0.7 条　装修施工过程中,应对各装修部位的施工过程作详细记录。记录表的格式应符合本规范附录 C 的要求。

第 2.0.8 条　建筑工程内部装修不得影响消防设施的使用功能。装修施工过程中,当确需变更防火设计时,应经原设计单位或具有相应资质的设计单位按有关规定进行。

第 3.0.4 条　下列材料应进行抽样检验:

(1)现场阻燃处理后的纺织织物,每种取 2 m^2 检验燃烧性能;

(2)施工过程中受湿浸、燃烧性能可能受影响的纺织织物,每种取 2 m^2 检验燃烧性能。

第 4.0.4 条　下列材料应进行抽样检验:

(1)现场阻燃处理后的木质材料,每种取 4 m^2 检验燃烧性能;

(2)表面进行加工后的 B_1 级木质材料,每种取 4 m^2 检验燃烧性能。

第 5.0.4 条　现场阻燃处理后的泡沫塑料应进行抽样检验,每种取 0.1 m^3 检验燃烧性能。

第 6.0.4 条　现场阻燃处理后的复合材料应进行抽样检验,每种取 4 m^2 检验燃烧性能。

第 7.0.4 条　现场阻燃处理后的复合材料应进行抽样检验。

第 8.0.2 条　工程质量验收应符合下列要求:

(1)技术资料应完整;

(2)所用装修材料或产品的见证取样检验结果应满足设计要求;

(3)装修施工过程中的抽样检验结果,包括隐蔽工程的施工过程中及完工后的抽样检验结果应符合设计要求;

(4)现场进行阻燃处理、喷涂、安装作业的抽样检验结果应符合设计要求;

(5)施工过程中的主控项目检验结果应全部合格;

(6)施工过程中的一般项目检验结果合格率应达到 80%。

第 8.0.6 条　当装修施工的有关资料经审查全部合格、施工过程全部符合要求、现场检查或抽样检测结果全部合格时,工程验收应为合格。

九、档案馆建筑设计规范(JGJ 25—2000)

第 6.0.5 条　档案库内严禁设置明火设施。档案装具宜采用不燃烧材料或难燃烧材料制成。

十、宿舍建筑设计规范(附条文说明)(JGJ 36—2005)

第 4.2.6 条　居室不应布置在地下室。

第 4.5.3 条　楼梯门、楼梯及走道总宽度应按每层通过人数每 100 人不小于 1 m 计算,且梯段净宽不应小于 1.20 m,楼梯平台宽度不应小于楼梯梯段净宽。

第 4.5.5 条　小学宿舍楼梯踏步宽度不应小于 0.26 m,踏步高度不应大于 0.15 m。楼梯扶手应采用竖向栏杆,且杆件间净宽不应大于 0.11 m。楼梯井净宽不应大于 0.20 m。

第 4.5.6 条　七层及七层以上宿舍或居室最高入口层楼面距室外设计地面的高度大于 21 m 时,应设置电梯。

十一、老年人建筑设计规范(JGJ 122—99)

第 4.3.1 条　老年人居住建筑过厅应具备轮椅、担架回旋条件,并应符合下列要求:

（1）户室内门厅部位应具备设置更衣、换鞋用橱柜和椅凳的空间。

（2）户室内面对走道的门与门、门与邻墙之间的距离，不应小于 0.50 m，应保证轮椅回旋和门扇开启空间。

（3）户室内通过式走道净宽不应小于 1.20 m。

第 4.3.3 条 老年人出入经由的过厅、走道、房间不得设门槛，地面不宜有高差。

第 4.5.1 条 老年人居住建筑的起居室、卧室，老年人公共建筑中的疗养室、病房，应有良好朝向、天然采光和自然通风，室外宜有开阔视野和优美环境。

第 4.8.4 条 供老人活动的屋顶平台或屋顶花园，其屋顶女儿墙护栏高度不应小于 1.10 m；出平台的屋顶突出物，其高度不应小于 0.60 m。

第 5.0.8 条 老年人专用厨房应设燃气泄漏报警装置；老年公寓、老人院等老年人专用厨房的燃气设备宜设总调控阀门。

第 5.0.9 条 电源开关应选用宽板防漏电式按键开关，高度离地宜为 1.00～1.20 m。

第 5.0.11 条 老人院床头应设呼叫对讲系统、床头照明灯和安全电源插座。

十二、城市道路和建筑物无障碍设计规范（附条文说明）（JGJ 50—2001）

第 5.1.1 条 办公、科研建筑进行无障碍设计的范围应符合表 5.1.1 的规定：

表 5.1.1 无障碍设计的范

建 筑 类 别		设 计 部 位
办公、 科研 建筑	• 各级政府办公建筑 • 各级司法部门建筑 • 企、事业办公建筑 • 各类科研建筑 • 其他招商、办公、社区服务建筑	1. 建筑基地（人行通路、停车车位） 2. 建筑入口、入口平台及门 3. 水平与垂直交通 4. 接待用房（一般接待室、贵宾接待室） 5. 公共用房（会议室、报告厅、审判厅等） 6. 公共厕所 7. 服务台、公共电话、饮水器等相应设施

注：县级及县级以上的政府机关与司法部门，必须设无障碍专用厕所。

第 5.1.2 条 商业、服务建筑进行无障碍设计的范围应符合表 5.1.2 的规定。

表 5.1.2 无障碍设计的范围

建 筑 类 别		设 计 部 位
商业 建筑	• 百货商店、综合商场建筑 • 自选超市、菜市场类建筑 • 餐馆、饮食店、食品店建筑	1. 建筑入口及门 2. 水平与垂直交通 3. 普通营业区、自选营业区 4. 饮食厅、游乐用房
服务 建筑	• 金融、邮电建筑 • 招待所、培训中心建筑 • 宾馆、饭店、旅馆 • 洗浴、美容美发建筑 • 殡仪馆建筑等	5. 顾客休息与服务用房 6. 公共厕所、公共浴室 7. 宾馆、饭店、招待所的公共部分与客房部分 8. 总服务台、业务台、取款机、查询台、结算通道、公用电话、饮水器、停车车位等相应设施

注：① 商业与服务建筑的入口宜设无障碍入口。

② 设有公共厕所的大型商业与服务建筑，必须设无障碍专用厕所。

③ 有楼层的大型商业与服务建筑应设无障碍电梯。

第 5.1.3 条　文化、纪念建筑进行无障碍设计的范围应符合表 5.1.3 的规定。

表 5.1.3 　　　　　　　　　　　　　　　　　无障碍设计的范围

建　筑　类　别		设　计　部　位
文化 建筑	· 文化馆建筑 · 图书馆建筑 · 科技馆建筑 · 博物馆、展览馆建筑 · 档案馆建筑等	1. 建筑基地(庭院、人行通路、停车车位) 2. 建筑入口、入口平台及门 3. 水平与垂直交通 4. 接待室、休息室、信息及查询服务
纪念性 建筑	· 纪念馆 · 纪念塔 · 纪念牌 · 纪念物等	5. 出纳、目录厅、阅览室、阅读室 6. 展览厅、报告厅、陈列厅、视听室等 7. 公共厕所 8. 售票处、总服务台、公共电话、饮水器等相应设施

注:① 设有公共厕所的大型文化与纪念建筑,必须设无障碍专用厕所。
　　② 有梯层的大型文化与纪念建筑应设无障碍电梯。

第 5.1.4 条　观演、体育建筑无障碍设计的范围应符合表 5.1.4 的规定。

表 5.1.4 　　　　　　　　　　　　　　　　　无障碍设计范围

建　筑　类　别		设　计　部　位
观演 建筑	· 剧场、剧院建筑 · 电影院建筑 · 音乐厅建筑 · 礼堂、会议中心建筑	1. 建筑基地(人行通路、停车车位) 2. 建筑入口、入口平台及门 3. 水平与垂直交通 4. 前厅、休息厅、观众席 5. 主席台、贵宾休息室
体育 建筑	· 体育场、体育馆建筑 · 游泳馆建筑 · 溜冰馆、溜冰场建筑 · 健身房(风雨操场)	6. 舞台、后台、排练房、化妆室 7. 训练场地、比赛场地 8. 观众厕所 9. 演员、运动员厕所与浴室 10. 售票处、公共电话、饮水器等相应设施

注:① 观演与体育建筑的观众席、听众席和主席台,必须设轮椅席位。
　　② 大型观演与体育建筑的观众厕所和贵宾室,必须设无障碍专用厕所。

第 5.1.5 条　交通、医疗建筑进行无障碍设计的范围应符合表 5.1.5 的规定。

表 5.1.5   **无障碍设计的范围**

建筑类别		设计部位
交通建筑	·空港航站楼建筑 ·铁路旅客客运站建筑 ·汽车客运建筑 ·地铁客运站建筑 ·港口客运站建筑	1. 站前广场、人行通路、庭院、停车车位 2. 建筑入口及门 3. 水平与垂直交通 4. 售票、联检通道,旅客候机、车、船厅及中转区 5. 行李托运、提取、寄存及商业服务区
医疗建筑	·综合医院、专科医院建筑 ·疗养院建筑 ·康复中心建筑 ·急救中心建筑 ·其他医疗、休养建筑	6. 登机桥、天桥、地道、站台、引桥及旅客到达区 7. 门诊用房、急诊用房、住院病房、疗养用房 8. 放射、检验及功能检查用房,理疗用房等 9. 公共厕所 10. 服务台、挂号、取药、公共电话、饮水器及查询台等

注:① 交通与医疗建筑的入口应设无障碍入口。
    ② 交通与医疗建筑必须设无障碍专用厕所。
    ③ 有楼层的交通与医疗建筑应设无障碍电梯。

第 5.1.6 条   学校、园林建筑进行无障碍设计的范围应符合表 5.1.6 的规定。

表 5.1.6   **无障碍设计的范围**

建筑类别		设计部位
学校建筑	·高等院校 ·专业学校 ·职业高中与中小学及托幼建筑 ·培智学校 ·聋哑学校 ·盲人学校	1. 建筑基地(人行通路、停车车位) 2. 建筑入口、入口平台及门 3. 水平与垂直交通 4. 普通教室、合班教室、电教室 5. 实验室、图书阅览室 6. 自然、史地、美术、书法、音乐教室
园林建筑	·城市广场 ·城市公园 ·街心花园 ·动物园、植物园 ·海洋馆 ·游乐园与旅游景点	7. 风雨操场、游泳馆 8. 观展区、表演区、儿童活动区 9. 室内外公共厕所 10. 售票处、服务台、公用电话、饮水器等相应设施

注:大型园林建筑及主要旅游地段必须设无障碍专用厕所。

第 5.2.1 条   高层、中层住宅及公寓建筑进行无障碍设计的范围应符合表 5.2.1 的规定。

表 5.2.1　　　　　　　　　　　　无障碍设计的范围

建 筑 类 别	设 计 部 位
·高层住宅 ·中高层住宅 ·高层公寓 ·中高层公寓	1. 建筑入口 2. 入口平台 3. 候梯厅 4. 电梯桥厢 5. 公共走道 6. 无障碍住房

注:高层、中高层住宅及公寓建筑,每50套住房宜设两套符合乘轮椅者居住的无障碍住房套型。

第6.1.1条　居住区道路进行无障碍设计应包括以下范围:

(1) 居住区路的人行道(居住区级);

(2) 小区路的人行道(小区级);

(3) 组团路的人行道(组团级);

(4) 宅间小路的人行道。

第6.2.1条　居住区公共绿地进行无障碍设计应包括以下范围:

(1) 居住区公园(居住区级);

(2) 小游园(小区级);

(3) 组团绿地(组团级);

(4) 儿童活动场。

第7.1.2条　公共建筑与高层、中高层建筑入口设台阶时,必须设轮椅坡道和扶手。

第7.1.3条　建筑入口轮椅通行平台最小宽度符合表7.1.3的规定。

表 7.1.3　　　　　　　　　　　　入口平台宽度

建 筑 类 别	入口平台最小宽度/m
(1) 大、中型公共建筑	≥2.00
(2) 小型公共建筑	≥1.50
(3) 中、高层建筑、公寓建筑	≥2.00
(4) 多、低层无障碍住宅、公寓建筑	≥1.50
(5) 无障碍宿舍建筑	≥1.50

第7.2.5条　坡道在不同坡度的情况下,坡道高度和水平长度符合表7.2.5的规定。

表 7.2.5　　　　　　　　　不同坡度高度和水平长度

坡度	1:20	1:16	1:12	1:10	1:8
最大高度/m	1.5	1.00	0.75	0.60	0.35
水平长度/m	30.00	16.00	9.00	6.00	2.80

第7.3.1条　乘轮椅者通行的走道和通路最小宽度应符合表7.3.1的规定。

表 7.3.1   轮椅通行最小宽度

建 筑 类 别	最 小 宽 度/m
(1) 大型公共建筑走道	≥1.80
(2) 中小型公共建筑走道	≥1.50
(3) 检票口、结算口轮椅通道	≥0.90
(4) 居住建筑走廊	≥1.20
(5) 建筑基地人行通路	≥1.50

第 7.4.1 条　供残疾人使用的门应符合下列规定：

(1) 应采用自动门，也可采用推拉门、折叠门或平开门，不应采用力度大的弹簧门。

(2) 在旋转门一侧应加设残疾人使用的门。

(3) 轮椅通行门的净宽应符合表 7.4.1 规定。

表 7.4.1   门的净宽

类 别	净 宽/m
(1) 自动门	≥1.00
(2) 推拉门、折叠门	≥0.80
(3) 平开门	≥0.80
(4) 弹簧门（小力度）	≥0.80

(4) 乘轮椅者开启的推拉门和平开门，在门把手一侧的墙面，应留有不小于 0.5 m 的墙面宽度。

(5) 乘轮椅者开启的门扇，应安装视线观察玻璃、横执把手和关门拉手，在门扇的下方应安装高 0.35 m 的护门板。

(6) 门扇在一只手操纵下应易于开启，门槛高度及门内外地面高差不应大于 15 mm，并应以斜面过渡。

第 7.7.1 条　在公共建筑中配备电梯时，必须设无障碍电梯。

第 7.8.1 条　公共厕所无障碍设施与设计要求应符合表 7.8.1 的规定。

表 7.8.1   公共厕所无障碍设施与设计要求

设 施 类 别	设 计 要 求
入 口	应符合本规范第 7 章第 1 节的有关规定
门 扇	应符合本规范第 7 章第 4 节的有关规定
通 道	地面应防滑和不积水，宽度不应小于 1.50 m
洗手盆	1. 距洗手盆两侧和前缘 50 mm 应设安全抓杆 2. 洗手盆前应有 1.10 m×0.80 m 乘轮椅者使用面积
男厕所	1. 小便器两侧和上方，应设宽度 0.60～0.70 m、高 1.20 m 的安全抓杆 2. 小便器下口距地面不应大于 0.50 m

设　施　类　别	设　计　要　求
无障碍厕位	1. 男、女公共厕所应设一个无障碍隔间厕位 2. 新建无障碍厕位面积不应小于 1.80 m×1.40 m 3. 改建无障碍厕位面积不应小于 2.00 m×1.00 m 4. 厕位门扇向外开启后，入口净宽不应小于 0.80 m，门扇内侧应设关门拉手 5. 坐便器高 0.45 m，两侧应设高 0.70 m 水平抓杆，在墙面一侧应设高 1.40 m 的垂直抓杆
安全抓杆	1. 安全抓杆直径应为 30～40 mm 2. 安全抓杆内侧应距墙面 40 mm 3. 抓杆应安装坚固

第 7.8.2 条　专用厕所无障碍设施与设计要求应符合表 7.8.2 的规定。

表 7.8.2　　　　　　　　　　专用厕所无障碍设施与设计要求

设　施　类　别	设　计　要　求
设置位置	政府机关和大型公共建筑及城市的主要地段，应设无障碍专用厕所
入　口	应符合本规范第 7 章第 1 节的有关规定
门　扇	1. 应符合本规范第 7 章第 4 节的有关规定 2. 应采用门外可紧急开启的门插销
面　积	≥2.00 m×2.00 m
坐便器	坐便器高应为 0.45 m，两侧应设高 0.70 m 水平抓杆，在墙面一侧应加设高 1.40 m 的垂直抓杆
洗手盆	两侧和前缘 50 mm 处应设置安全抓杆
放物台	长、宽、高为 0.80 m×0.50 m×0.60 m，台面宜采用木制品或革制品
挂衣钩	可设高 1.20 m 的挂衣钩
呼叫按钮	距地面高 0.40～0.50 m 处应设求助呼叫按钮
安全抓杆	符合本规范第 7.8.1 条的有关规定

第 7.9.1 条　设有观众席和听众席的公共建筑，应设轮椅席位。

第 7.10.1 条　设有客房公共建筑应设无障碍客房，其设施与设计要求应符合表7.10.1 的规定。

表 7.10.1　　　　　　　　　　无障碍设施与设计要求

类　　别	设　计　要　求
客房位置	1. 应便于到达、疏散和进出方便 2. 餐厅、购物和康乐等设施的公共通道应方便轮椅到达
客房数量 （标准间）	1. 100 间以下，应设 1～2 间无障碍客房 2. 100～400 间，应设 2～4 间无障碍客房 3. 400 间以上，应设 3 间以上无障碍客房

续表 7.10.1

类　　别	设 计 要 求
客房内过道	1. 出口及床前过道的宽度不应小于 1.50 m 2. 床间距离不应小于 1.20 m
客房门	应符合本规范第 7 章第 4 节有关规定
卫生间	1. 门扇向外开启,净宽不应小于 0.80 m 2. 轮椅回转直径不应小于 1.50 m 3. 浴盆、坐便器、洗面盆及安全抓杆等应符合本规范第 7 章第 8 节有关规定
电器与家具	1. 位置和高度应方便乘轮椅者靠近和使用 2. 床、坐便器、浴盆高度应为 0.45 m 3. 客房及卫生间应设求助呼叫按钮

十三、地下工程防水设计规范(GB 50108—2008)

第 3.2.1 条　地下工程的防水等级分为四级。各级的标准应符合表 3.2.1 的规定。

第 3.2.2 条　地下工程的防水等级,应根据工程的重要性和使用中对防水的要求按表 3.2.2 选定。

表 3.2.1　　　　　　　　　　　　　**地下工程防水等级标准**

防水等级	标　　准
一级	不允许渗水,结构表面无湿渍
二级	不允许漏水,结构表面可有少量湿渍 工业与民用建筑:总湿渍面积不应大于总防水面积(包括顶板、墙面、地面)的 1/1 000;任意 100 m² 防水面积上的湿渍不超过 2 处,单个湿渍的最大面积不大于 0.1 m² 其他地下工程:总湿渍面积不应大于总防水面积的 2/1 000;任意 100 m² 防水面积上的湿渍不超过 3 处,单个湿渍的最大面积不大于 0.2 m²;其中,隧道工程还要求平均渗水量不大于 0.05 L/(m²·d),任意 100 m² 防水面积上的渗水量不大于 0.15 L/(m²·d)
三级	有少量漏水点,不得有线流和漏泥砂 任意 100 m² 防水面积上的漏水或湿渍点数不超过 7 处,单个漏水点的最大漏水量不大于 2.5 L/d,单个湿渍的最大面积不大于 0.3 m²
四级	有漏水点,不得有线流和漏泥砂 整个工程平均漏水量不大于 2 L/(m²·d);任意 100 m² 防水面积的平均漏水量不大于 4 L/(m²·d)

表 3.2.2　　　　　　　　　　　　　**不同防水等级的适用范围**

防水等级	适 用 范 围
一级	人员长期停留的场所;因有少量湿渍会使物品变质、失效的贮物场所及严重影响设备正常运转和危及工程安全运营的部位;极重要的战备工程、地铁车站
二级	人员经常活动的场所;在有少量湿渍的情况下不会使物品变质、失效的贮物场所及基本不影响设备正常运转和工程安全运营的部位;重要的战备工程
三级	人员临时活动的场所;一般战备工程
四级	对渗漏水无严格要求的工程

十四、人民防空地下室设计规范（GB 50038—2005）

第 3.1.3 条　防空地下室距生产、储存易燃易爆物品厂房、库房的距离不应小于 50 m；距有害液体、重毒气体的贮罐不应小于 100 m。

注：“易燃易爆物品”系指国家标准《建筑设计防火规范》（GBJ 16）中“生产、储存的火灾危险性分类举例”中的甲乙类物品。

第 3.2.13 条　在染毒区与清洁区之间应设置整体浇筑的钢筋混凝土密闭隔墙，其厚度不应小于 200 mm，并应在染毒区一侧墙面用水泥砂浆抹光。当密闭隔墙上有管道穿过时，应采取密闭措施。在密闭隔墙上开设门洞时，应设置密闭门。

第 3.2.15 条　顶板底面高出室外地平面的防空地下室必须符合下列规定。

（1）上部建筑为钢筋混凝土结构的甲类防空地下室，其顶板底面不得高出室外地平面；上部建筑为砌体结构的甲类防空地下室，其顶板底面可高出室外地平面，但必须符合下列规定：

① 当地具有取土条件的核 5 级甲类防空地下室，其顶板底面高出室外地平面的高度不得大于 0.50 m，并应在临战时按下述要求在高出室外地平面的外墙外侧覆土，覆土的断面应为梯形，其上部水平段的宽度不得小于 1.0 m，高度不得低于防空地下室顶板的上表面，其水平段外侧为斜坡，其坡度不得大于 1∶3（高∶宽）；

② 核 6 级、核 6B 级的甲类防空地下室，其顶板底面高出室外地平面的高度不得大于 1.00 m，且其高出室外地平面的外墙必须满足战时防常规武器爆炸、防核武器爆炸、密闭和墙体防护厚度等各项防护要求。

（2）乙类防空地下室的顶板底面高出室外地平面的高度不得大于该地下室净高的 1/2，且其高出室外地平面的外墙必须满足战时防常规武器爆炸、密闭和墙体防护厚度等各项防护要求。

第 3.3.1 条　防空地下室战时使用的出入口，其设置应符合下列规定：

（1）防空地下室的每个防护单元不应小于两个出入口（不包括竖井式出入口、防护单元之间的连通口），其中至少有一个室外出入口（竖井式除外）。战时主要出入口应设在室外出入口（符合第 3.3.2 条规定的防空地下室除外）。

第 3.3.6 条　防空地下室出入口人防门的设置应符合下列规定：

（1）人防门的设置数量应符合表 3.3.6 的规定，并按由外到内的顺序，设置防护密闭门、密闭门；

（2）防护密闭门应向外开启。

表 3.3.6　　　　　　　　　　　出入口人防门设置数量

人防门	工程类型		二等人员掩蔽所、电站控制室、物资库、区域供水站	专业队装备掩蔽部、汽车库、电站发电机房
	医疗救护工程、专业队队员掩蔽部、一等人员掩蔽所、生产车间、食品站			
	主要口	次要口		
防护密闭门	1	1	1	1
密闭门	2	1	1	0

第 3.3.18 条　设置在出入口的防护密闭门和防爆波活门。其设计压力值应符合下列规定：

（1）乙类防空地下室应按表 3.3.18-1 确定；

（2）甲类防空地下室应按表 3.3.18-2 确定。

表 3.3.18-1　　　　乙类防空地下室出入口防护密闭门的设计压力值　　　　MPa

防常规武器抗力级别			常 5 级	常 6 级
室外出入口	直通式	通道长度≤15 m	0.20	0.10
		通道长度≥15 m	0.30	0.15
	单向式、穿廊式、楼梯式、竖井式			
室内出入口				

注：通道长度：直通式出入口按有防护顶盖段通道中心在平面上的投影长计。

表 3.3.18-2　　　　甲类防空地下室出入口防护密闭门的设计压力值　　　　MPa

防核武器抗力级别		核 4 级	核 4B 级	核 5 级	核 6 级	核 6B 级
室外出入口	直通式、单向式	0.90	0.60	0.30	0.15	0.10
	穿廊式、楼梯式、竖井式	0.60	0.40			
室内出入口						

第 3.3.26 条　当电梯通至地下室时，电梯必须设置在防空地下室的防护密闭区以外。

第 3.6.6 条　柴油电站的贮油间应符合下列规定：

（2）贮油间应设置向外开启的防火门，其地面应低于与其连接的房间（或走道）地面 150～200 mm 或设门槛；

（3）严禁柴油机排烟管、通风管、电线、电缆等穿过贮油间。

第 3.7.2 条　平战结合的防空地下室中，下列各项应在工程施工、安装时一次完成：

（1）现浇的钢筋混凝土和混凝土结构、构件；

（2）战时使用的及平战两用的出入口、连通口的防护密闭门、密闭门；

（3）战时使用及平战两用的通风口防护设施；

（4）战时使用的给水引入管、排水出户管和防爆波地漏。

十五、屋面工程技术规范（GB 50345—2004）

第 3.0.1 条　屋面工程应根据建筑物的性质、重要程度、使用功能要求以及防水层合理使用年限，按不同等级进行设防，并应符合 3.0.1 的要求。

表 3.0.1　　　　　　　　　　屋面防水等级和设防要求

项目	屋面防水等级			
	Ⅰ级	Ⅱ级	Ⅲ级	Ⅳ级
建筑物类别	特别重要或对防水有特殊要求的建筑	重要的建筑和高层建筑	一般的建筑	非永久性的建筑
防水层合理使用年限	25 年	15 年	10 年	5 年

项目	屋面防水等级			
	Ⅰ级	Ⅱ级	Ⅲ级	Ⅳ级
设防要求	三道或三道以上防水设防	二道防水设防	一道防水设防	一道防水设防
防水层选用材料	宜选用合成高分子防水卷材、高聚物改性沥青防水卷材、金属板材、合成高分子防水涂料、细石防水混凝土等材料	宜选用高聚物改性沥青防水卷材、合成高分子防水卷材、金属板材、合成高分子防水涂料、高聚物改性沥青防水涂料、细石防水混凝土、平瓦、油毡瓦等材料	宜选用高聚物改性沥青防水卷材、合成高分子防水卷材、三毡四油沥青防水卷材、金属板材、高聚物改性沥青防水涂料、合成高分子防水涂料、细石防水混凝土、平瓦、油毡瓦等材料	可选用二毡三油沥青防水卷材、高聚物改性沥青防水涂料等材料

注：① 本规范中采用的沥青均指石油沥青，不包括煤沥青和煤焦油等材料。

　　② 石油沥青纸胎油毡和沥青复合胎柔性防水卷材，系限制使用材料。

　　③ 在Ⅰ、Ⅱ级屋面防水设防中，如仅作一道金属板材时，应符合有关技术规定。

第4.2.1条　结构层为装配式钢筋混凝土板时，应用强度等级不小于 C20 的细石混凝土将板缝灌填密实；当板缝宽度大于 40 mm 或上窄下宽时，应在缝中放置构造钢筋；板端缝应进行密封处理。

注：无保温层的屋面，板侧缝宜进行密封处理。

第4.2.4条　天沟、檐沟纵向坡度不应小于 1%，沟底水落差不得超过 200 mm；天沟、檐沟排水不得流经变形缝和防火墙。

第4.2.6条　在纬度 40°以北地区且室内空气湿度大于 75%，或其他地区室内空气湿度常年大于 80%时，若采用吸湿性保温材料做保温层，应选用气密性、水密性好的防水卷材或防水涂料做隔汽层。

隔汽层应沿墙面向上铺设，并与屋面的防水层相连接，形成全封闭的整体。

第5.1.3条　卷材防水屋面基层与突出屋面结构（女儿墙、立墙、天窗壁、变形缝、烟囱等）的交接处，以及基层的转角处（水落口、檐口、天沟、檐沟、屋脊等），均应做成圆弧。内部排水的水落口周围应做成略低的凹坑。

第5.3.2条　每道卷材防水层厚度选用应符合表 5.3.2 的规定。

表5.3.2　　　　　　　　　　卷材厚度选用表

屋面防水等级	设防道数	合成高分子防水卷材	高聚物改性沥青防水卷材	沥青防水卷材和沥青复合胎柔性防水卷材	自粘聚酯胎改性沥青防水卷材	自粘聚合物改性沥青防水卷材
Ⅰ级	三道或三道以上设防	不应小于 1.5 mm	不应小于 3 mm	—	不应小于 2 m	不应小于 1.5 mm
Ⅱ级	二道设防	不应小于 1.2 mm	不应小于 3 mm	—	不应小于 2 m	不应小于 1.5 mm
Ⅲ级	一道设防	不应小于 1.2 mm	不应小于 4 mm	三毡四油	不应小于 3 mm	不应小于 2 mm
Ⅳ级	一道设防	—	—	二毡三油	—	—

第 5.3.3 条 屋面设施的防水处理应符合下列规定：

(1) 设施基座与结构层相连时,防水层宜包裹设施基座的上部,并在地脚螺栓周围做密封处理;

(2) 在防水层上放置设施时,设施下部的防水层应做卷材增强层,必要时应在其上浇筑细石混凝土,其厚度应小于 50 mm;

(3) 需经常维护的设施周围和屋面出入口至设施之间的人行道应铺设刚性保护层。

第 6.3.2 条 每道涂膜防水层厚度选用应符合表 6.3.2 的规定。

表 6.3.2   涂膜厚度选用表

屋面防水 等级	设防道数	高聚物改性沥青防水涂料	合成高分子防水涂料和 聚合物水泥防水涂料
Ⅰ级	三道或三道以上设防	—	不应小于 1.5 mm
Ⅱ级	二道设防	不应小于 3 mm	不应小于 1.5 mm
Ⅲ级	一道设防	不应小于 3 mm	不应小于 2 mm
Ⅳ级	一道设防	不应小于 2 mm	

第 7.1.3 条 刚性防水层与山墙、女儿墙以及突出屋面结构的交接处应留缝隙,并应做柔性密封处理。

第 7.1.6 条 刚性防水层应设置分格缝,分格缝内应嵌填密封材料。

第 7.3.3 条 细石混凝土防水层的厚度不应小于 40 mm,并应配置直径为 4~6 mm、间距为 100~200 mm 的双向钢筋网片。钢筋网片在分格缝处应断开,其保护层厚度不应小于 10 mm。

第 7.3.4 条 防水层的分格缝应设在屋面板的支承端、屋面转折处、防水层与突出屋面结构的交接处,并应与板缝对齐。

普通细石混凝土和补偿收缩混凝土防水层的分格缝,其纵横间距不宜大于 6 m。

法律法规试题(A 卷)

一、单项选择题(共 60 题,每题 1 分。每题的备选答案中,只有 1 项是最符合题意的)

1. 《中华人民共和国建筑法》于___B___正式实施。

A. 1997 年 11 月 1 日   B. 1998 年 3 月 1 日

C. 1998 年 11 月 1 日   D. 1999 年 3 月 1 日

2. 建筑工程开工前,建设单位应当按照国家有关规定向工程所在地___D___以上人民政府建设行政主管部门申请领取施工许可证。

A. 省级   B. 直辖市   C. 市级   D. 县级

3. 建设单位应当自领取施工许可证之日起___B___个月内开工。

A. 2   B. 3   C. 4   D. 6

4. 下列情况不属于保修范围的有:___B___。

A. 基础不均匀沉降   B. 不可抗力造成的质量缺陷

C. 线路漏电、电器失灵   D. 屋顶屋面积水渗漏

5. 建设工程重大事故分为___D___个等级。

A. 无级   B. 2   C. 3   D. 4

6. 施工质量事故的处理程序正确的是:___B___。

A. 事故的原因分析—事故调查—事故处理方案—事故处理鉴定验收

B. 事故调查—事故的原因分析—事故处理方案—事故处理鉴定验收

C. 事故调查—事故处理方案—事故的原因分析—事故处理鉴定验收

D. 事故的原因分析—事故处理方案—事故处理—事故处理鉴定验收

7. 加固方案应经___B___取得一致意见后方可实施。

A. 设计、施工、监理   B. 设计、施工、业主

C. 设计、监理、业主   D. 监理、施工、业主

8. 下列属于按事故的责任划分质量事故的是___B___。

A. 未遂事故   B. 指导责任事故

C. 一般质量事故   D. 已遂事故

9. 住宅工程的地暖安装工程,根据《建设工程质量管理》最低保修期限为___B___。

A. 2 年   B. 2 个采暖期   C. 1 个采暖期   D. 1 年

10. 工程事故处理"三不放过"的原则中不包括___B___。

A. 事故原因未查清楚不放过

B. 造成的损失未得到赔偿不放过

C. 事故责任者和职工未受到教育不放过

D. 没有采取有效的防范措施不放过。

11. 下列投诉属于受理范围的是___A___。

A. 未超过质量保修规定期限的

B. 已进入司法诉讼（仲裁）程序的

C. 不具实名或匿名投诉的

D. 质量投诉中涉及经济补偿部分和合同纠纷的

12. 在施工单位与建设单位签订合同时,对屋面防水工程经双方协商同意可以定为____D____年的保修期限。

  A. 1   B. 4   C. 3   D. 6

13. 工程质量投诉解决主要途径顺序正确的是____D____。

  A. 诉讼—整改—调解—协商   B. 整改—调解—协商—诉讼

  C. 调解—协商—整改—诉讼   D. 整改—协商—调解—诉讼

14. 《建筑法》规定,建筑施工企业的____A____对本企业的安全生产负责。

  A. 法定代表人   B. 项目技术负责人

  C. 项目经理   D. 安全监督员

15. 根据《建筑法》,下列不属于领取施工许可证前提条件的是____D____。

  A. 建设资金已经落实

  B. 有保证工程质量和安全的具体措施

  C. 已经确定施工企业

  D. 拆迁工作已经完成

16. 质量监督工程师应满足一定条件,其中研究生学历(学位含本科双学位)须拥有____A____年以上从事建设工程质量管理或设计、施工、监理等工作经历。

  A. 5   B. 7   C. 10   D. 12

17. 根据《建筑法》的规定,建设单位领取施工许可证后因故不能按期开工的,应当向发证机关申请延期;延期以二次为限,每次延期不超过____B____。

  A. 1个月   B. 3个月   C. 半年   D. 1

18. 根据《建筑法》的规定,在建的建筑工程因故中止施工的,建设单位应当自中止施工之日起____D____内,向施工许可证发证机关报告,并按照规定做好建筑工程的维护管理工作。

  A. 7日   B. 10日   C. 15日   D. 1个月

19. 终止施工满1年的工程恢复施工前,建设单位应当报____D____核验施工许可证。

  A. 工商行政管理部门   B. 上级主管单位

  C. 行政机关   D. 发证机关

20. 根据《建筑法》的规定,在建的建筑工程因故中止施工满____D____的工程恢复施工前,建设单位应当报发证机关核验施工许可证。

  A. 1个月   B. 3个月   C. 半年   D. 1年

21. 按照国务院有关规定批准开工报告的建筑工程,因故不能按期开工或者中止施工的,应当及时向批准机关报告情况,因故不能按期开工超过____C____的,应当重新办理开工报告的批准手续。

  A. 1个月   B. 3个月   C.6个月   D. 1年

22. 《工程质量监督工作导则》中规定:____D____是指监督机构根据有关工程技术标准及规定、对责任主体和有关机构履行质量责任的行为,以及对有关工程质量的文件、资料和工程实体质量等随机进行的抽样检查活动。

    A. 监督   B. 见证取样检测   C. 监督检测   D. 监督检查

23. 在建的建筑工程因故中止施工的,建设单位应当自中止施工之日起___B___日内,向发证机关报告,并按照规定做好建筑工程的维护管理工作。

    A. 15   B. 30   C. 60   D. 90

24. 工程建设标准部门应当对工程项目执行强制性标准情况进行检查,监督检查方式不包括___C___。

    A. 重点检查   B. 抽查   C. 平行检查   D. 专项检查

25. 《工程质量监督工作导则》规定:工程质量评估报告由___D___提交。

    A. 建设单位   B. 勘察或设计单位   C. 施工单位   D. 监理单位

26. 监督机构对工程实体质量的监督中,对工程实体质量的监督采取___D___的方式。

    A. 抽查施工作业面的施工质量

    B. 对关键部位重点监督

    C. 抽查实体检测报告

    D. 抽查施工作业面的施工质量与对关键部位重点监督相结合

27. 实体质量检查要辅以必要的监督检测,由监督人员根据结构部位的重要程度及施工现场质量情况进行___C___。

    A. 现场取样   B. 检测   C. 随机抽检   D. 重点抽查

28. 监督机构经监督检测发现工程质量不符合工程建设强制性标准,或对工程质量有怀疑的,应责成___D___进行检测。

    A. 建设单位委托有资质的检测单位

    B. 施工单位委托有资质的检测单位

    C. 原检测单位

    D. 有关单位委托有资质的检测单位

29. 质量监督程序大致可分为___D___个阶段。

    A. 三   B. 四   C. 五   D. 六

30. 《住宅设计规范》(GB 50096—1999)中楼梯梯井净宽大于___B___时,必须采取防止儿童攀滑措施。

    A. 0.10 m   B. 0.11 m   C. 0.12 m   D. 0.16 m

31. 《住宅设计规范》(GB 50096—1999)中规定外窗窗台距地面的净高低于___C___时,应有防护设施。

    A. 0.7 m   B. 0.8 m   C. 0.9 m   D. 1.0 m

32. 不属于《建筑物防雷设计规范》(GB 50057—94)关于二类防雷建筑物的是___D___。

    A. 国家级重点文物保护单位

    B. 国家级的办公建筑、国家级档案馆等特别重要的建筑物

    C. 国际通讯枢纽工程等对国计民生有重要意义的建筑物

    D. 制造、存储炸药、火药等大量爆炸物的建筑,会因火花引起爆炸,造成人员伤亡和巨大破坏的建筑物

33. 属于一类防雷建筑避雷网网格尺寸布置正确的是___B___。

A. ≤20 m×20 m　B. ≤5 m×5 m　　C. ≤12 m×8 m　D. ≤10 m×10 m

34. 《高层民用建筑设计防火规范》(GB 50045—95)中应设计为一类耐火等级的建筑是____C____。

A. 一地级市的广播电视大楼

B. 某高校 7 层高度 21 m 的学生宿舍

C. 某市建立的藏书 120 万册的图书馆

D. 某学校拟建的 48 m 的教学楼

35. 《混凝土结构设计规范中》(GB 50010—2002)中 f'_{cu} 代表____B____。

A. 边长为 150 mm 的混凝土立方体抗压强度标准值

B. 边长为 150 mm 的施工阶段混凝土立方体抗压强度

C. 混凝土轴心抗压强度标准值设计值

D. 混凝土轴心抗拉强度标准值设计值

36. 基本建设程序的原则是____B____。

A. 先设计、后勘察、再施工　　　　B. 先勘察、后设计、再施工

C. 先批准、再建设　　　　　　　　D. 先立项、再建设

37. 建设单位应当将工程发包给____D____的单位。

A. 具有相应技术力量的单位　　　　B. 具有相应设备水平的单位

C. 信誉好的单位　　　　　　　　　D. 具有相应资质等级的单位。

38. 设计单位在设计文件中选用的建筑材料、建筑构配件和设备,应当注明规格、型号、性能等技术指标,其质量要求必须符合国家规定的标准____B____。

A. 并一律不得指定生产厂、供应商

B. 除有特殊要求的建筑材料、专用设备、工艺生产线等外,设计单位不得指定生产厂、供应商

C. 可随便指定生产厂、供应商

D. 没有规定

39. 总承包单位依法将建设工程分包给其他单位的,分包单位应当按照分包合同的约定对其分包工程的质量____A____负责。

A. 向总承包单位　　　　　　　　　B. 向建设单位

C. 向监理单位　　　　　　　　　　D. 向自己

40. 施工人员对涉及结构安全的试块、试件以及有关材料,应当在____D____监督下现场取样,并送具有相应资质等级的质量检测单位进行检测。

A. 建设单位　　　　　　　　　　　B. 工程监理单位

C. 本单位质监人员　　　　　　　　D. 建设单位或者工程监理单位

41. 建设工程在超过合理使用年限后需要继续使用的,产权所有人应当委托具有____B____,并根据鉴定结果采取加固、维修等措施,重新界定使用期。

A. 相应资质等级检测单位鉴定

B. 相应资质等级的勘察、设计单位鉴定

C. 本地建设主管部门鉴定

D. 本地质量技术监督部门鉴定

42.　__A__ 按照国务院规定的职责,组织稽查特派员,对国家出资的重大建设项目实施监督检查。

A. 国务院发展计划部门　　　　　　　B. 国务院建设主管部门

C. 国务院经济贸易部门　　　　　　　D. 国务院联合有关部门

43. 建设单位应当自建设工程竣工验收合格之日起 __B__ 日内,将建设工程竣工验收报告和规划、公安消防、环保等部门出具的认可文件或者准许使用文件报建设行政主管部门或者其他有关部门备案。

A. 10　　　　　B. 15　　　　　C. 30　　　　　D. 60

44. 违反《建设工程质量管理条例》规定,建设单位将建设工程发包给不具有相应资质等级的勘察、设计、施工单位或者委托给不具有相应资质等级的工程监理单位的,责令改正,处 __D__ 的罚款。

A. 5 万元以上 10 万元以下　　　　　B. 10 万元以上 20 万元以下

C. 20 万元以上 50 万元以下　　　　　D. 50 万元以上 100 万元以下

45. 违反《建设工程质量管理条例》规定,建设单位将建设工程肢解发包的,责令改正,处工程合同价款 __B__ 的罚款;对全部或者部分使用国有资金的项目,并可以暂停项目执行或者暂停资金拨付。

A. 0.1%以上 0.5%以下　　　　　B. 0.5%以上 1%以下

C. 1%以上 1.5%以下　　　　　D. 1.5%以上 2%以下

46. 违反《建设工程质量管理条例》规定,建设单位未取得施工许可证或者开工报告未经批准,擅自施工的,责令停止施工,限期改正,处工程合同价款 __A__ 的罚款。

A. 1%以上 2%以下　　　　　B. 1%以上 3%以下

C. 2%以上 3%以下　　　　　D. 2%以上 5%以下

47. 违反《建设工程质量管理条例》规定,建设工程竣工验收后,建设单位未向建设行政主管部门或者其他有关部门移交建设项目档案的,责令改正,处 __C__ 的罚款。

A. 1 万元以上 2 万元以下　　　　　B. 1 万元以上 5 万元以下

C. 1 万元以上 10 万元以下　　　　　D. 2 万元以上 10 万元以下

48. 违反《建设工程质量管理条例》规定,勘察、设计、工程监理单位超越本单位资质等级承揽工程的,责令停止违法行为,对勘察、设计单位或者工程监理单位处合同约定的勘察费、设计费或者监理酬金 __A__ 的罚款。

A. 1 倍以上 2 倍以下　　　　　B. 1 倍以上 3 倍以下

C. 2 倍以上 3 倍以下　　　　　D. 2 倍以上 5 倍以下

49. 监督机构应在工程竣工验收合格后 __B__ 工作日内,向备案机关提交工程质量监督报告。

A. 5 个　　　　　B. 7 个　　　　　C. 10 个　　　　　D. 15 个

50. 在质量监督职能中,提前排除问题和潜在的危险,并弄清原因,采取措施防止实现质量目标过程中出现大的失误的职能是 __A__ 。

A. 预防职能　　　B. 完善职能　　　C. 评价职能　　　D. 补救职能

51. 在质量监督职能中,指导企业的生产检验工作,协助群众或社团参与质量监督活动,促进产品质量和企业管理水平的提高的职能是 __C__ 。

  A. 情报职能   B. 完善职能   C. 参与解决职能 D. 补救职能

52. 在质量监督职能中,宣传经济工作方针、原则和质量目标要求,提高全民的质量意识,推广正面的经验和吸取反面的教训的职能是 ___D___ 。

  A. 预防职能   B. 完善职能   C. 评价职能   D. 教育职能

53. 一般县级监督机构的负责人、技术负责人均应具有工程类 ___B___ 以上技术职称,且应取得工程质量监督岗位证书。

  A. 初级   B. 中级   C. 高级   D. 以上都不是

54. 质量监督机构应具有一定数量的监督人员,且专业结构要合理配套,专业技术人员(执有各类技术职称人员)和监督人员应分别不能不能少于该站人员总数的 ___C___ 。

  A. 80%,50% B. 70%,50%   C. 80%,60%   D. 70%,60%

55. 质量监督机构应具有一定数量的监督人员,其中,建筑土建工程专业技术人员与建筑工程安装专业技术人员和其他专业技术人员的比例至少为 ___A___ 。

  A. 5∶1∶1 B. 4∶1∶1   C. 5∶2∶1   D. 4∶2∶1

56. 地级市监督机构的监督人员中,持证监督人员不应少于 ___B___ 人。

  A. 15   B. 18   C. 20   D. 22

57. 县地级市人民政府所属的工程质量监督机构应按 ___C___ 万 m² 建筑面积或10~15项工程左右的监督工作量配备一个监督小组。

  A. 10~15 B. 15~25   C. 15~20   D. 30~40

58. 按照质量监督机构人员配备要求,县级监督机构直接从事工程质量监督的持证人员不应少于 ___B___ 人。

  A. 4   B. 5   C. 6   D. 7

59. 质量监督机构应按照委托权限对建设责任主体和有关单位的 ___D___ 进行监督管理。

  A. 质量行为 B. 违法、违规行为 C. 质量信誉 D. 以上都是

60. 建筑工程和市政工程按 _____B_____ 的规定,应接受建设工程质量监督站的监督,办理工程质量监督报监登记手续。

  A.《中华人民共和国建筑法》

  B.《建设工程质量管理条例》

  C.《工程建设国家标准管理办法》

  D.《工程建设行业标准管理办法》

二、多项选择题(共40题,每题1.5分。每题的备选答案中有2项或2项以上符合题意。错选,本题不得分;少选,所选的每个选项得0.5分)

1. 民用建筑按使用功能分为 ___AC___ 。

  A. 居住建筑 B. 商业建筑   C. 公共建筑   D. 住宅建筑

2. 玻璃幕墙分隔应与 ___ABC___ 处连接牢固,并满足防火分隔要求。

  A. 楼板   B. 梁   C. 内隔墙   D. 柱

3. ___BCD___ 应分别独立设置,不得使用同一管道系统,并应用非燃烧体材料制作。

  A. 燃气管道 B. 烟道   C. 通风道   D. 垃圾管道

4. 外墙外保温材料应与主体结构和外墙饰面连接牢固,并应防 ___ABCD___ 。

  A. 开裂   B. 水   C. 冻   D. 腐蚀

5. 进行工程勘察和地基基础设计时,应注重 __BCD__ 。

A. 认真做好勘查工作,遵循"先设计、后勘察、再施工"的原则

B. 按照变形控制设计

C. 加强检验和监测

D. 抓住重点、因地制宜

6. 对 __ABC__ 建筑物的桩基应进行沉降验算。

A. 地基基础设计等级为甲级的建筑物桩基

B. 体型复杂、荷载不均匀或桩端以下存在软弱土层的设计等级为乙级的建筑物桩基

C. 摩擦型桩基

D. 端承型桩基

7. __ABC__ 和空气调剂系统中的管道,在穿越隔墙、楼板及防火分区处的缝隙应采用防火封堵材料封堵。

A. 防烟   B. 采暖   C. 通风   D. 排水

8. __ABC__ 等儿童活动场所不应设置在高层建筑内,当必须设在高层建筑内时,应设置在建筑物的首层或二、三层,并应设置单独出入口。

A. 托儿所   B. 幼儿园   C. 游乐厅   D. 放映厅

9. 紧靠防火墙两侧的 __BCD__ 之间最近边缘的水平距离不应小于 2.00 m;当水平间距小于 2.00 m 时,应设置固定乙级防火门、窗。

A. 柱   B. 门   C. 窗   D. 洞口

10. 高层建筑内设 __ABC__ 等灭火系统时,其室内消防用水量应按需要同时开启的灭火系统用水量之和计算。

A. 消火栓   B. 自动喷水   C. 水幕   D. 阻燃材料

11. 下列构筑物和设备的排水管不得与污废水管道系统直接连接,应采取间接排水的方式的是 __ABCD__ 。

A. 开水器、热水器排水

B. 医疗灭菌消毒设备的排水

C. 生活饮用水贮水箱(池)的泄水管和溢流管

D. 蒸发式冷却器、空调设备冷凝水的排水

12. 对勘察设计单位的资质证书检查,主要是检查 __ABC__ 。

A. 是否过期

B. 年检结论是否合格

C. 与要求的勘察、设计单位任务是否相符

D. 签字权的级别是否与拟建工程相符

E. 管理水平是否是与资质等级相应的要求水平

13. 在市政工程及房屋建筑工程项目中,对 __ACDE__ 实行见证。

A. 工程材料   B. 砌体的强度   C. 承重结构的混凝土试块

D. 承重墙体的砂浆试块   E. 结构工程的受力钢筋

14. 《建筑法》规定,实施建筑工程监理前,建设单位应将委托的 __ABE__ ,书面通知被监理的建筑施工企业。

A. 监理单位　　　　B. 监理内容　　　　C. 监理范围

D. 监理目标　　　　E. 监理权限

15.《建设工程质量管理条例》规定，监理工程师应当按照工程监理规范的要求，采取____ABD____等形式，对建设工程实施监理。

A. 巡视　　　　　　B. 旁站　　　　　　C. 设计与技术交底

D. 平行检验　　　　E. 全过程监督

16.《建设工程质量管理条例》第四十条规定了在正常使用条件下，建设工程的最低保修期限，以下描述不正确的是____CDE____。

A. 基础设施工程、房屋建筑的地基基础工程和主体结构工程，为设计文件规定的该工程的合理使用年限

B. 屋面防水工程、有防水要求的设备间、卫生间和外墙面的防渗漏，为 5 年

C. 供热与供冷系统，为 2 年

D. 电气工程、给排水工程、设备安装和装修工程，为 2 年

E. 消防系统，为 2 年

17. 建设单位申请办理竣工备案应提交以下材料____BCDE____。

A. 监督报告　　　　B. 房屋建筑工程竣工验收备案表

C. 建设工程竣工验收报告（包括工程报建日期，施工许可证号，施工图设计文件审查意见，勘察、设计、施工、工程监理等单位分别签署意见及验收人员签署的竣工验收原始文件等）

D. 规划、消防、环保等部门出具的认可文件或者准许使用文件

E. 施工单位签署的工程质量保修书，住宅工程的"住宅工程质量保证书"和"住宅工程使用说明书"

18. 建设单位有下列____ABC____行为之一的，责令改正，处工程合同价款 2% 以上 4% 以下的罚款；造成损失的，依法承担赔偿责任。

A. 未组织竣工验收，擅自交付使用的

B. 验收不合格，擅自交付使用的

C. 对不合格的建设工程按照合格工程验收的

D. 竣工验收后未在 3 个月之内移交建设项目档案的

E. 建设单位未取得施工许可证或者开工报告未经批准，擅自施工的

19. 工程质量验收组主要成员应包括____BCDE____等。

A. 建筑节能施工单位技术负责人

B. 勘察单位的单位（项目）负责人

C. 设计单位的单位（项目）负责人

D. 施工单位的项目经理，单位质量、技术负责人

E. 建设单位的单位（项目）负责人

20. 工程竣工验收报告主要包括____ABCD____等内容。

A. 工程概况　　　　　　　　B. 建设单位执行基本建设程序情况

C. 对工程勘察、设计、施工、监理等方面的评价

D. 工程竣工验收时间、程序、内容和组织形式

E. 工程竣工验收过程

21. 工程竣工验收监督记录的主要内容包括＿＿ABCD＿＿。

A. 对工程建设强制性标准执行情况的检查验收的评价

B. 对工程观感质量检查验收的评价

C. 对工程竣工验收的组织及程序的评价

D. 对工程竣工验收报告的评价

E. 建设单位对工程进行竣工验收组织有关人员的记录

22.《建设工程质量管理条例》规定:实行监理的建设工程,建设单位应当委托具有相应资质等级的工程监理单位进行监理,也可以委托具有工程监理相应资质等级并与被监理工程的施工承包单位没有隶属关系或者其他利害关系的该工程的设计单位进行监理。下列建设工程必须实行监理的是＿＿ACDE＿＿。

A. 国家重点建设工程   B. 公用事业工程

C. 成片开发建设的住宅小区工程

D. 利用外国政府或者国际组织贷款、援助资金的工程

E. 国家规定必须实行监理的其他工程

23. 建设单位收到建设工程竣工报告后,应当组织设计、施工、工程监理等有关单位进行竣工验收。建设工程竣工验收应当具备的条件有＿＿ABCD＿＿。

A. 完成建设工程设计和合同约定的各项内容

B. 有完整的技术档案和施工管理资料

C. 有工程使用的主要建筑材料、建筑构配件和设备的进场试验报告

D. 有勘察、设计、施工、工程监理等单位分别签署的质量合格文件

E. 工程款已经结清

24. 设计单位有＿＿ABCE＿＿的质量责任。

A. 科学设计   B. 选择材料设备   C. 解释设计文件

D. 出具设计变更   E. 参与质量事故分析

25. 重大或一般质量事故书面报告的内容包括＿＿ABD＿＿。

A. 事故发生的简要经过、伤亡人数及直接经济损失的初步估计

B. 事故发生原因的初步分析与判断

C. 事故责任的划分

D. 事故发生后采取的措施及事故控制情况

26. 事故调查组的职责包括＿＿ABC＿＿。

A. 组织技术鉴定

B. 查明事故发生的原因、过程、人员伤亡及财产损失情况

C. 查明事故的性质、责任单位和主要责任人

D. 事故发生后采取的措施及事故控制情况

27. 工程质量事故处理的主要依据有＿＿ABD＿＿。

A. 施工单位的质量事故调查报告

B. 事故调查组研究所获得的第一手材料

C. 工程立项文件

D. 有关的建设法规

28. 下列属于工程竣工验收监督程序的是__ABCD__。

A. 责任主体汇报工程合同履约情况　　　B. 审阅工程档案资料

C. 实地查验工程质量　　　　　　　　　D. 签署工程竣工意见

29. 分户验收的质量应符合__ABCD__的要求。

A. 施工图　　　　B. 设计说明　　　　C. 设计文件　　　D. 相关规范、标准

30. 下列属于检验批资料检查的内容有__ABCD__。

A. 隐蔽工程检查记录　　　　　　　　　B. 施工过程检查记录

C. 质量管理资料　　　　　　　　　　　D. 施工操作依据

31. 工程质量监督机构在工程竣工验收监督过程中,发现其__ABC__存在严重问题时,可提出整改意见。

A. 组织形式　　　　B. 验收程序　　　　C. 实体质量　　　D. 房屋销售情况

32. __AB__由公安消防部门出具验收合格的证明文件。

A. 大型的人员密集场所　　　　　　　　B. 其他特殊建设工程

C. 普通住宅　　　　　　　　　　　　　D. 别墅

33. 工程竣工验收组成员为__ABCD__

A. 建设单位(项目负责人)　　　　　　　B. 勘察单位项目负责人

C. 总监理工程师　　　　　　　　　　　D. 施工单位项目经理

34. 建设部提出的统一标准及相关验收规范编制的指导思想是__ABCD__。

A. 验评分离　　　B. 强化验收　　　C. 完善手段　　　D. 过程控制

35. 工程质量事故按事故责任划分为__BD__。

A. 未遂事故　　　　　　　　　　　　　B. 操作责任事故

C. 已遂事故　　　　　　　　　　　　　D. 指导责任事故

36. 下列情况应划分为重大质量事故的有__BD__。

A. 造成 10 人以上 50 人以下重伤的

B. 造成 10 人以上 30 人以下死亡的

C. 屋面出现漏雨者

D. 直接经济损失在 5 000 万元以上 10 000 万元以下者

37. 事故调查分析报告内容主要包括__ABCD__。

A. 事故项目及各参建单位概况　　　　　B. 事故性质、原因

C. 事故经济损失　　　　　　　　　　　D. 事故防范和整改措施。

38. 质量事故处理所需的资料包括__ABD__。

A. 与事故有关的施工图

B. 与工程施工有关的资料记录

C. 建设行政主管部门

D. 质量事故所涉及的人员与主要责任者的情况

39. 工程质量事故发生后,事故处理主要应__ABCD__。

A. 查清原因　　　B. 落实措施　　　C. 消除隐患　　　D. 界定责任

40. 工程质量检测机构以下哪些情况应予以记录?__ABCD__

A. 未经建设行政主管部门核准,擅自从事工程质量检测业务活动的

B. 超越核准的等级和范围从事工程质量检测业务活动的

C. 出具虚假报告,以及检测报告数据和检测结论与实测数据严重不符合的

D. 其他可能影响检测质量的违法、违规行为

三、判断题(共 30 题,每题 1 分)

1. 三级重大质量事故:死亡 10 人以上,29 人以下或直接经济损失 100 万元以上,不满 300 万元。　　　　　　　　　　　　　　　　　　　　　　　　　　　　　　　　　　　(×)

2. 工程质量投诉是指公民、法人和其他组织(简称投诉人)通过信函、电话、来访等形式向工程所在地建设行政主管部门或其委托的工程质量监督机构反映工程质量问题、请求处理的行为。　　　　　　　　　　　　　　　　　　　　　　　　　　　　　　　　　　　(√)

3. 市、县级投诉处理机构受理的工程质量投诉,原则上应直接派人或与有关部门共同调查处理,不得层层转批。　　　　　　　　　　　　　　　　　　　　　　　　　　　　　(√)

4. 在处理工程质量投诉过程中,不得将工程质量投诉中涉及的检举、揭发、控告材料及有关情况透露或者转发给被检举、揭发、控告的人员和单位。　　　　　　　　　　　　　(√)

5. 发现了质量问题,经及时采取措施,未造成直接经济损失、延误工期或其他不良后果者,均属未遂事故。　　　　　　　　　　　　　　　　　　　　　　　　　　　　　　　　(√)

6. 质量事故调查组在调查工作结束后 15 日内,应当将调查报告送被批准组成调查组的人民政府和建设行政主管部门。　　　　　　　　　　　　　　　　　　　　　　　　　(×)

7. 建设单位不得明示或暗示设计单位或施工单位违反工程建设强制性标准。　(√)

8. 建设单位可以将建设工程肢解发包。　　　　　　　　　　　　　　　　　(×)

9. 建设单位必须向有关的勘察、设计、施工、工程监理等单位提供与建设工程有关的原始资料。　　　　　　　　　　　　　　　　　　　　　　　　　　　　　　　　　　　　　(√)

10. 项目经理必须由具有施工资质的企业受聘,取得注册建造师职业资格的人员承担。　　　(√)

11. 施工单位应当依法取得相应等级的资质证书,并在其资质等级许可的范围内承揽工程。　　(√)

12. 专业监理工程师和监理员可以同时在两个及以上工程项目从事监理工作。　(×)

13. 工程监理实行项目总监负责制,项目总监理工程师必须取得国家监理工程师执业注册证书。　　　　　　　　　　　　　　　　　　　　　　　　　　　　　　　　　　　　　(√)

14. 工程监理单位与承包单位串通,谋取非法利益,给建设单位造成损失的,应当与承包单位承担连带赔偿责任。　　　　　　　　　　　　　　　　　　　　　　　　　　　　　(√)

15. 如果监理单位在责任期内,不按照监理合同约定履行监理职责,给建设单位或其他单位造成损失的,属违约责任,应当向建设单位赔偿。　　　　　　　　　　　　　　　　(√)

16. 工程监理单位可以转让工程监理业务。　　　　　　　　　　　　　　　　(×)

17. 工程竣工验收监督前建设单位可以不按合同约定支付工程款。　　　　　(×)

18. 设计变更可以作为工程竣工验收的依据。　　　　　　　　　　　　　　　(√)

19. 分户验收已选定物业公司的,物业公司应当参加分户验收工作。　　　　(√)

20. 工程质量监督机构应对分户验收情况进行逐户检查。　　　　　　　　　(×)

21. 建筑工程实行施工质量优良评价的工程,应在施工组织设计中制定具体的创优措

施。 (√)

22. 参加分户验收的人员应具备相应的技术能力和资格,并经当地监督机构认可与备案。 (√)

23. 只有大型的人员密集场所和其他特殊工程在竣工验收时需提交公安部门出具的验收合格的证明文件。 (√)

24. 根据《建筑法》的规定,建设单位领取施工许可证后因故不能按期开工的,应当向发证机关申请延期;延期以 2 次为限,每次延期不超过 3 个月。 (√)

25. 终止施工满 1 年的工程恢复施工前,建设单位应当报发证机关核验施工许可证。 (√)

26. 建筑施工企业转让、出借资质证书或者以其他方式允许他人以本企业的名义承揽工程,情节严重的吊销资质证书。 (√)

27. 事故处理的施工方案及相应的技术措施应当报工程项目负责人批准。 (×)

28. 施工总承包的,建筑工程主体结构的施工必须由总承包单位自行完成。 (√)

29.《建设工程质量管理条例》规定,建设工程发包单位不得迫使承包方以低于市场的价格竞标,不得任意压缩合理工期。 (×)

30. 一般质量问题,由各地建设行政主管部门自行管理。 (×)

法律法规试题(B 卷)

一、单项选择题(共 60 题,每题 1 分。每题的备选答案中,只有 1 项是最符合题意的)

1. 从事建筑活动的建筑施工企业、勘察单位、设计单位和工程监理单位,经资质审查合格,取得相应等级的资质证书后,方可在 __D__ 的范围内从事建筑活动。

    A. 其资质许可   B. 业主同意

    C. 合同允许   D. 其资质等级许可

2. 《建筑法》规定:建筑工程招标投标活动,应当遵循 __A__ 的原则,择优选择承包单位。

    A. 公开、公正、平等竞争   B. 平等、互惠

    C. 公平、诚信、公开   D. 公开、公正、诚实信用

3. 《建筑法》规定:建设行政主管部门应当自收到申请之日起 __C__ 日内,对符合条件的申请颁发施工许可证。

    A. 7   B. 14   C. 15   D. 28

4. 《建筑法》规定:建筑工程实行招标发包的,发包单位应当将建筑工程发包给 __C__ 的承包单位。

    A. 标价最低   B. 技术实力最高

    C. 依法中标   D. 资质等级许可

5. 禁止承包单位将其承包的 __A__ 建筑工程转包给他人。

    A. 全部   B. 部分   C. 分部   D. 分项

6. 大型建筑工程或者结构复杂的建筑工程,可以由两个以上的承包单位联合共同承包。共同承包的各方对承包合同的履行承担 __D__ 。

    A. 违约责任   B. 有限责任   C. 无限责任   D. 连带责任

7. 在正常使用(不包括不可抗拒的自然灾害)情况下基础部分、结构部分最低保修期限为 __A__ 。

    A. 设计规定工程合理使用年限   B. 五年

    C. 两年   D. 十年

8. 工程质量事故的技术处理方案按规定程序和要求报签以后,监理工程师应按要求组织施工单位制定详细的 __D__ ,付诸实施。

    A. 施工组织设计   B. 施工进度计划

    C. 施工方案   D. 施工整改计划

9. 由于工程质量不合格或质量缺陷,而引发或造成一定的经济损失、工期延误或危及人的生命安全和社会正常秩序的事件,称为 __D__ 。

    A. 安全事故   B. 质量纠纷   C. 质量缺陷   D. 工程质量事故

10. 建设单位应在申领建筑工程施工许可证 __A__ ,按规定向监督机构办理项目监督签证手续。

A. 之前　　　　　B. 之后　　　　　C. 同时　　　　　D. 之后 3 日内

11. 工程质量事故调查组在调查工作结束后　B　日内,应将调查报告报送被批准组成调查组的人民政府和建设行政主管部门。

A. 5　　　　　B. 10　　　　　C. 15　　　　　D. 30

12. 施工单位不履行保修义务或拖延履行保修义务的,由建设行政主管部门责令改正,处　D　以下的罚款。

A. 1 万元以上 2 万元以下　　　　　B. 2 万元以上 5 万元以下

C. 5 万元以上 10 万元以下　　　　　D. 10 万元以上 20 万元以下

13. 工程竣工验收后,施工单位不向建设单位出具质量保修书的,由建设行政主管部门责令整改并处　A　的罚款。

A. 1 万元以上 3 万元以下　　　　　B. 3 万元以上 5 万元以下

C. 5 万元以上 10 万元以下　　　　　D. 10 万元以上 20 万元以下

14. 发生涉及结构安全的质量缺陷,建设单位或房屋建筑所有人应当立即向　D　报告,采取安全防范措施。

A. 施工单位　　　　　B. 监理单位

C. 设计单位　　　　　D. 当地建设行政主管部门

15. 房屋建筑工程在保修期限内出现质量缺陷,由　B　向施工单位发出保修通知。

A. 监理单位　　　　　B. 建设单位　　　　　C. 物业公司　　　　　D. 设计单位

16. 施工单位不按工程质量保修书约定保修的,建设单位可以另行委托其他单位保修,由　A　承担相应责任。

A. 原施工单位　　　　　B. 建设单位　　　　　C. 监理单位　　　　　D. 业主

17. 施工总承包单位与分包单位依法签订了"幕墙工程分包协议",在建设单位组织竣工验收时发现幕墙工程质量不合格。下列表述正确的是　D　。

A. 分包单位就全部工程对建设单位承担法律责任

B. 分包单位可以不承担法律责任

C. 总包单位就分包工程对建设单位承担全部法律责任

D. 总包单位和分包单位就分包工程对建设单位承担连带责任

18. 下列对分包的有关规定的理解中,错误的有　C　。

A. 禁止承包单位将其承包的全部建筑工程转包给他人

B. 禁止承包单位将其承包的全部建筑工程肢解后以分包的名义转包给他人

C. 总承包单位不能将部分工程发包给具有相应资质条件的分包单位

D. 实行施工总承包的,建筑工程主体结构的施工必须由总承包单位自行完成

19. 关于施工总承包单位与分包单位的叙述中　A　是正确的。

A. 由总承包对施工现场的安全生产负总责

B. 分包单位对分包工程的安全承担独立责任

C. 在分包单位具有合格资质情况下,总包单位可以将建设工程主体结构的施工交与分包单位完成

D. 分包单位应当接受总承包单位的安全生产管理,分包单位不服从管理导致生产安全事故的,由分包单位承担全部责任

20. 可以规定实行强制监理的建设工程的范围的机构是　C　。

A. 国家权力机关　B. 社会组织　　　　C. 国务院　　　　D. 建筑协会

21. 工程监理人员发现工程设计不符合建筑工程质量标准或者合同约定的质量要求的,应当报告　D　要求设计单位改正。

A. 工商行政主管部门　　　　　　B. 所在地人民政府

C. 建设项目投资单位　　　　　　D. 建设单位

22. 在某项工程中,监理企业 A 与施工单位 B 串通起来,为施工单位 B 谋取非法利益,并给建设单位造成了一定损失。根据法律应　B　。

A. 由施工企业独自承担赔偿责任

B. 监理企业也要承担连带赔偿责任

C. 监理企业独自承担赔偿责任

D. 均不承担赔偿责任

23. 承包单位将承包的工程转包的,或者违反本法规定进行分包的,对因转包工程或者违法分包的工程不符合规定的质量标准造成的损失,　C　。

A. 由承包单位独自负责

B. 由接受转包或者分包的单位独自负责

C. 承包单位与接受转包或者分包的单位承担连带赔偿责任

D. 承包单位与接受转包或者分包的单位各自独立承担相应责任

24. 建设单位要求建筑设计单位或者建筑施工企业违反建筑工程　A　标准,降低工程质量的,责令改正,可以处以罚款;构成犯罪的,依法追究刑事责任。

A. 质量、安全　　B. 施工、质量　　C. 法律　　　　D. 国家

25. 违反《建筑法》规定,对不具备相应资质等级条件的单位颁发该等级资质证书的,由上级机关责令收回所发的资质证书,对直接负责的主管人员和其他责任人员给予　B　处分。

A. 警告　　　　　B. 行政　　　　C. 纪律　　　　D. 记过

26. 甲建筑企业通过招标获得工程总承包权,将工程的地基施工包给乙公司,自己负责主体结构的施工,这是　C　行为。

A. 转包　　　　　B. 违法分包　　　C. 分包　　　　D. 再分包

27. 在工程发包与承包中索贿、受贿、行贿,构成犯罪的,依法追究　D　;不构成犯罪的,分别处以罚款、没收贿赂的财物,对直接负责的主管人员和其他直接责任人员给予处分。

A. 行政责任　　　B. 民事责任　　　C. 法律责任　　　D. 刑事责任

28. 工程监理单位与被监理工程的下列单位不得有隶属关系或者其他利害关系。不包括的是　A　。

A. 建设单位　　　　　　　　　　B. 承包单位

C. 建筑材料供应单位　　　　　　D. 建筑设备供应单位

29.《工程质量监督工作导则》中规定:　D　是指监督机构根据有关工程技术标准及规定,对责任主体和有关机构履行质量责任的行为,以及对有关工程质量的文件、资料和工程实体质量等随机进行的抽样检查活动。

A. 监督　　　　　B. 见证取样检测　　C. 监督检测　　　D. 监督检查

30. 在建的建筑工程因故中止施工的,建设单位应当自中止施工之日起　B　日内,向发证机关报告,并按照规定做好建筑工程的维护管理工作。
　　A. 15　　　　　　　B. 30　　　　　　　C. 60　　　　　　　D. 90

31. 分户验收人员应具备相应的技术能力和资格,并经　A　认可与备案。
　　A. 工程质量监督机构　　　　　　　B. 建设单位
　　C. 审图办　　　　　　　　　　　　D. 开发办

32. 下列不属于工程竣工验收报告内容的是　C　。
　　A. 工程概况　　　　　　　　　　　B. 工程竣工验收程序
　　C. 质量保修书　　　　　　　　　　D. 工程竣工验收意见

33. 建设单位自建设工程竣工合格之日起　D　日内,将建设工程竣工验收报告及相关文件报建设行政主管部门或其他有关部门备案。
　　A. 5　　　　　　　　B. 7　　　　　　　C. 10　　　　　　　D. 15

34. 下列不属于分户验收的内容的是　D　。
　　A. 门窗质量　　　　　　　　　　　B. 防水工程质量
　　C. 节能工程质量　　　　　　　　　D. 小区绿化

35. 下列不属于住宅工程分户验收须参加人员的是　D　。
　　A. 物业公司　　　　　　　　　　　B. 分包单位项目经理
　　C. 总监理工程师　　　　　　　　　D. 用户

36. 工程竣工验收监督　B　不需要汇报工程合同履约情况和在工程建设各个环节执行法律、法规和工程建设强制性标准的情况。
　　A. 建设单位　　　B. 检测单位　　　C. 监理单位　　　D. 设计单位

37. 分项工程的验收是在　C　的基础上进行的。
　　A. 工序　　　B. 各分项　　　C. 检验批　　　D. 分部工程

38. 下列不属工程竣工验收方案审查的是　D　。
　　A. 工程概况介绍　　B. 验收依据　　C. 验收程序　　D. 小区容积率

39. 下列不属于设计单位工程质量检查报告审查内容的是　D　。
　　A. 设计变更文件变更程序是否符合要求
　　B. 实体质量是否满足结构安全和设计要求
　　C. 设计单位及项目负责人签章
　　D. 工程技术资料是否完整

40. 下列分部验收不需要设计单位参加的是　D　。
　　A. 地基基础　　　B. 主体结构　　　C. 幕墙工程　　　D. 屋面工程

41. 违反《建设工程质量管理条例》规定,建设单位将建设工程发包给不具有相应资质等级的勘察、设计、施工单位或者委托给不具有相应资质等级的工程监理单位的,责令改正,处　D　的罚款。
　　A. 5 万元以上 10 万元以下　　　　B. 10 万元以上 20 万元以下
　　C. 20 万元以上 50 万元以下　　　D. 50 万元以上 100 万元以下

42. 违反《建设工程质量管理条例》规定,建设单位将建设工程肢解发包的,责令改正,处工程合同价款　B　的罚款;对全部或者部分使用国有资金的项目,并可以暂停项目执行或者暂停资金拨付。

    A. 0.1％以上 0.5％以下   B. 0.5％以上 1％以下

    C. 1％以上 1.5％以下   D. 1.5％以上 2％以下

    43. 违反《建设工程质量管理条例》规定,建设单位未取得施工许可证或者开工报告未经批准,擅自施工的,责令停止施工,限期改正,处工程合同价款__A__的罚款。

    A. 1％以上 2％以下   B. 1％以上 3％以下

    C. 2％以上 3％以下   D. 2％以上 5％以下

    44. 违反《建设工程质量管理条例》规定,建设工程竣工验收后,建设单位未向建设行政主管部门或者其他有关部门移交建设项目档案的,责令改正,处__C__的罚款。

    A. 1 万元以上 2 万元以下   B. 1 万元以上 5 万元以下

    C. 1 万元以上 10 万元以下   D. 2 万元以上 10 万元以下

    45. 违反《建设工程质量管理条例》规定,勘察、设计、工程监理单位超越本单位资质等级承揽工程的,责令停止违法行为,对勘察、设计单位或者工程监理单位处合同约定的勘察费、设计费或者监理酬金__A__的罚款。

    A. 1 倍以上 2 倍以下   B. 1 倍以上 3 倍以下

    C. 2 倍以上 3 倍以下   D. 2 倍以上 5 倍以下

    46. 违反《建设工程质量管理条例》规定,施工单位在施工中偷工减料的,使用不合格的建筑材料、建筑构配件和设备的,或者有不按照工程设计图纸或者施工技术标准施工的其他行为的,责令改正,处工程合同价款__C__的罚款;造成建设工程质量不符合规定的质量标准的,负责返工、修理,并赔偿因此造成的损失;情节严重的,责令停业整顿,降低资质等级或者吊销资质证书。

    A. 1％以上 2％以下   B. 1％以上 3％以下

    C. 2％以上 4％以下   D. 2％以上 5％以下

    47. 违反《建设工程质量管理条例》规定,施工单位未对建筑材料、建筑构配件、设备和商品混凝土进行检验,或未对涉及结构安全的试块、试件以及有关材料取样检测的,责令改正,处__C__的罚款;情节严重的,责令停业整顿,降低资质等级或者吊销资质证书;造成损失的,依法承担赔偿责任。

    A. 2 万元以上 5 万元以下   B. 5 万元以上 10 万元以下

    C. 10 万元以上 20 万元以下   D. 20 万元以上 50 万元以下

    48. 违反《建设工程质量管理条例》规定,施工单位不履行保修义务或者拖延履行保修义务的,责令改正,处__D__的罚款,并对在保修期内因质量缺陷造成的损失承担赔偿责任。

    A. 2 万元以上 5 万元以下   B. 5 万元以上 10 万元以下

    C. 5 万元以上 20 万元以下   D. 10 万元以上 20 万元以下

    49. 违反《建设工程质量管理条例》规定,工程监理单位与被监理工程的施工承包单位以及建筑材料、建筑构配件和设备供应单位有隶属关系或者其他利害关系承担该项建设工程的监理业务的,责令改正,处__B__的罚款,降低资质等级或者吊销资质证书;有违法所得的,予以没收。

    A. 2 万元以上 5 万元以下   B. 5 万元以上 10 万元以下

    C. 5 万元以上 20 万元以下   D. 10 万元以上 20 万元以下

50. 房屋建筑使用者在装修过程中擅自变动房屋建筑主体和承重结构的,责令改正,处__B__的罚款。

A. 2 万元以上 5 万元以下
B. 5 万元以上 10 万元以下
C. 5 万元以上 20 万元以下
D. 10 万元以上 20 万元以下

51. 违反《建设工程质量管理条例》规定,注册建筑师、注册结构工程师、监理工程师等注册执业人员因过错造成质量事故的,责令停止执业__A__年;造成重大质量事故的,吊销执业资格证书,5 年以内不予注册;情节特别恶劣的,终身不予注册。

A. 1
B. 2
C. 3
D. 5

52. 依照《建设工程质量管理条例》规定,给予单位罚款处罚的,对单位直接负责的主管人员和其他直接责任人员处单位罚款数额__D__的罚款。

A. 1% 以上 2% 以下
B. 2% 以上 4% 以下
C. 2% 以上 5% 以下
D. 5% 以上 10% 以下

53. 发生重大工程质量事故隐瞒不报、谎报或者拖延报告期限的,对直接负责的主管人员和其他责任人员__A__。

A. 给予行政处分
B. 给予行政处罚
C. 追究刑事责任
D. 追究民事责任

54. 建设单位、设计单位、施工单位、工程监理单位违反国家规定,降低工程质量标准,造成重大安全事故,构成犯罪的,对直接责任人员依法__C__。

A. 给予行政处分
B. 给予行政处罚
C. 追究刑事责任
D. 追究民事责任

55. 国家机关工作人员在建设工程质量监督管理工作中玩忽职守、滥用职权、徇私舞弊,构成犯罪的,依法追究刑事责任;尚不构成犯罪的,依法__A__。

A. 给予行政处分
B. 给予行政处罚
C. 追究刑事责任
D. 追究民事责任

56. 监督交底现场要对__D__人员到场情况进行检查。

A. 建设单位项目负责人
B. 监理单位总监理工程师
C. 施工单位技术、质量部门管理人员及项目负责人和技术、质量负责人
D. 以上都是

57. 工程质量检测机构必须持有__B__建设行政主管部门发的工程质量检测资质证书。

A. 国家级
B. 省级以上
C. 市级以上
D. 县级以上

58. 监督方案应明确哪些监督重点?__D__

① 重点监督检查的责任主体和有关机构质量行为
② 工程实体质量的监督检查重点部位(包括监督检测)
③ 工程竣工验收的重点监督内容

A. ①②
B. ①③
C. ②③
D. ①②③

59. 质量监督工程师每年应进行业务业绩考核,连续__B__年考核不合格的,取消监督工程师资格。

A. 1
B. 2
C. 3
D. 4

60. 强制性国家标准代号用____A____表示。

A. GB   B. JB   C. HB   D. JC

二、多项选择题(共 40 题,每题 1.5 分。每题的备选答案中有 2 项或 2 项以上符合题意。错选,本题不得分;少选,所选的每个选项得 0.5 分)

1. 对勘察设计单位的资质证书检查,主要是检查____ABC____。

A. 是否过期

B. 年检结论是否合格

C. 与要求的勘察、设计单位任务是否相符

D. 签字权的级别是否与拟建工程相符

E. 管理水平是否是与资质等级相应的要求水平

2. 在市政工程及房屋建筑工程项目中,对____ACDE____实行见证。

A. 工程材料   B. 砌体的强度   C. 承重结构的混凝土试块

D. 承重墙体的砂浆试块   E. 结构工程的受力钢筋

3.《建筑法》规定,实施建筑工程监理前,建设单位应将委托的____ABE____,书面通知被监理的建筑施工企业。

A. 监理单位   B. 监理内容   C. 监理范围

D. 监理目标   E. 监理权限

4.《建设工程质量管理条例》规定,监理工程师应当按照工程监理规范的要求,采取____AD____等形式,对建设工程实施监理。

A. 巡视   B. 工地例会   C. 设计与技术交底

D. 平行检验   E. 全过程监督

5.《建设工程质量管理条例》第四十条规定了在正常使用条件下,建设工程的最低保修期限,以下描述不正确的是____CDE____。

A. 基础设施工程、房屋建筑的地基基础工程和主体结构工程,为设计文件规定的该工程的合理使用年限

B. 屋面防水工程、有防水要求的设备间、卫生间和外墙面的防渗漏,为 5 年

C. 供热与供冷系统,为 2 年

D. 电气工程、给排水工程、设备安装和装修工程,为 2 年

E. 消防系统,为 2 年

6. 建设单位申请办理竣工备案应提交的材料有____BCDE____。

A. 监督报告

B. 房屋建筑工程竣工验收备案表

C. 建设工程竣工验收报告(包括工程报建日期,施工许可证号,施工图设计文件审查意见,勘察、设计、施工、工程监理等单位分别签署意见及验收人员签署的竣工验收原始文件等)

D. 规划、消防、环保等部门出具的认可文件或者准许使用文件

E. 施工单位签署的工程质量保修书,住宅工程的"住宅工程质量保证书"和"住宅工程使用说明书"

7. 建设单位有下列____ABC____行为之一的,责令改正,处工程合同价款 2% 以上 4% 以下

的罚款;造成损失的,依法承担赔偿责任。

A. 未组织竣工验收,擅自交付使用的

B. 验收不合格,擅自交付使用的

C. 对不合格的建设工程按照合格工程验收的

D. 竣工验收后未在 3 个月之内移交建设项目档案的

E. 建设单位未取得施工许可证或者开工报告未经批准,擅自施工的

8. 制定、调整监督方案的依据是＿＿ABC＿＿。

A. 受监工程的规模和特点、投资形式

B. 责任主体和有关机构的质量信誉及质量保证能力

C. 设计图纸以及有关规范性文件

D. 建筑原材料检测报告

9. 以下各条属于工程质量监督报告应有内容的是＿＿ABDE＿＿。

A. 对责任主体和有关机构质量行为及执行工程建设强制性标准的检查情况

B. 工程实体质量监督抽查(包括监督检测)情况

C. 施工合同、监理合同履行情况

D. 工程质量问题的整改和质量事故处理情况

E. 各方质量责任主体及相关有资格的人员的不良记录内容

10. 进行建设工程质量监督交底的目的是＿＿＿ABC＿。

A. 解决工程项目常见质量问题　　　　B. 防治质量通病

C. 规范参建各方主体质量行为　　　　D. 为建设单位提供更优质的服务。

11. 建设工程质量监督交底的主要内容包括＿＿ABCE＿＿。

A. 工程质量监督注册手续的办理　　　B. 对工程参建各方主体质量行为的监督

C. 对建设工程实体质量的监督　　　　D. 工程隐蔽验收

E. 工程检测及原材料、半成品、构配件的检验

12. 工程施工总承包二级企业可承担的工程规模有＿＿ABC＿＿。

A. 28 层及以下的房屋建筑工程

B. 单跨跨度 36 m 及以下的房屋建筑工程

C. 高度 120 m 及以下的构筑物

D. 建筑面积 20 万 m² 及以下的住宅小区或建筑群体

13. 工程施工总承包三级企业可承担的工程是＿＿AB＿＿。

A. 主楼 14 层、最大跨度 22 m 的酒店　　B. 总高度 68 m 的水塔

C. 总建筑面积 8 万 m² 的住宅小区　　　D. 15 层的住宅楼

14. 某项目经理是二级建造师,以下工程的施工任务他可以负责的是＿＿BD＿＿。

A. 32 层的写字楼　　　　　　　　　B. 高度 108 m 的电视发射塔

C. 建筑面积 15 万 m² 的住宅小区　　　D. 单跨跨度 32 m 厂房

15. 质量事故处理的基本要求是＿＿ABCD＿＿。

A. 处理应达到安全可靠,不留隐患,满足生产,使用要求,施工方便,经济合理的目的

B. 重视消除造成事故的原因　　　　　C. 注意综合治理

D. 正确确定处理范围　　　　　　　　E. 写出处理过程及检查

16. 质量事故处理方案的确定应遵循　ABCE　。

A. 应当是在正确地分析和判断事故原因的基础上进行

B. 通常是由原设计单位根据质量事故的实际情况,结合检测报告提供的数据,提出处理方案

C. 经参加建设各方研讨后,必要时还应请专家论证后确定

D. 可以由原施工单位组织实施

E. 由具有特种作业资质的单位组织实施施工。

17. 事故处理的质量检查鉴定要求包括　ABCD　。

A. 严格按施工验收规范及有关标准的规定进行

B. 必要时还应通过实际量测、试验和仪表检测等方法获取必要的数据

C. 对耐久性的结论

D. 经修补、处理后,完全能够满足使用要求

18. 违反国家规定,降低工程质量标准,造成重大安全事故,构成犯罪的,对直接责任人员依法追究刑事责任。此法律责任的单位主体包括　BCDE　。

A. 勘察单位　　　　　B. 设计单位　　　　　C. 建设单位

D. 施工单位　　　　　E. 工程监理单位

19. 违反《建筑法》规定,涉及建筑主体或者承重结构变动的装修工程擅自施工的　ABE　。

A. 责令改正,处以罚款　　　　　B. 造成损失的,承担赔偿责任

C. 责令停业整顿　　　　　D. 吊销资质证书

E. 构成犯罪的,依法追究刑事责任

20. 根据《建设工程质量管理条例》,下列选项中　BDE　是工程质量监督管理部门。

A. 建筑业协会　　　　　B. 国家发展与改革委员会

C. 安全生产监督管理部门　　　　　D. 工程质量监督机构

E. 建设行政主管部门及有关专业部门

21. 招标活动的基本原则有　ABD　。

A. 公开原则　　　　　B. 公平原则　　　　　C. 平等互利原则

D. 公正原则　　　　　E. 诚实信用原则

22. 工程竣工验收监督的主要内容有　ABCD　。

A. 工程观感质量的抽查

B. 对工程竣工验收的组织及程序的抽查

C. 对工程档案资料及竣工验收报告的抽查

D. 对工程建设强制性标准执行情况的抽查

23. 建设单位办理住宅工程竣工验收备案应提交的材料有　ABCD　。

A. 工程竣工验收备案表　　　　　B. 住宅质量保证书

C. 住宅使用说明　　　　　D. 工程竣工验收报告

24. 建设单位在申报住宅工程竣工验收监督时,应当将以下　ABC　等资料一起报送工程监督机构。

A. 住宅工程分户验收表　　　　　B. 住宅工程分户验收汇总表

C. 工程竣工验收报告　　　　　　　D. 售房合同

25. 工程质量检测机构以下情况应视为不良行为并予以记录：___BCD___。

A. 检测人员同时受聘于两个或者两个以上的检测机构

B. 未经批准擅自从事工程质量检测业务活动的

C. 超越核准的检测业务范围从事工程质量检测业务活动的

D. 出具虚假报告，以及检测报告数据和检测结论与实测数据严重不符的

26. ___ABD___应记录工作中发现的建设、勘察、设计、施工单位的不良记录，依照所涉及工程项目的管理权限，向相应的建设行政主管部门或其委托的工程质量监督机构报送。

A. 施工图审查机构　　　　　　　　B. 工程质量检测机构

C. 建设单位　　　　　　　　　　　D. 监理单位

27. 检测机构完成检测业务后，应当及时出具检测报告。检测报告经___AC___并加盖检测机构公章或者检测专用章后方可生效。

A. 检测人员签字　　　　　　　　　B. 报告接收人签字

C. 检测机构法定代表人或者其授权的签字人签署

D. 质量监督机构签署

28. 下列哪些项是建设单位的质量责任和义务？___ACBD___

A. 建设单位应将工程发包给具有相应资质等级的单位

B. 建设工程发包单位不得迫使承包方以低于成本价格竞标，不得任意压缩合理工期

C. 建设单位不得明示或暗示设计单位或施工单位违反工程建设强制性标准

D. 实行监理的建设工程，建设单位应当委托具有相应资质等级的工程监理单位进行监理

29. 较大事故，是指___ACD___的事故。

A. 造成 3 人以上 10 人以下死亡　　B. 造成 3 人以下死亡

C. 造成 10 人以上 50 人以下重伤　　D. 直接经济损失 1 000 万元以上 5 000 万元以下

30. 在保修期内和建设过程中发生的质量问题，___ABCD___属于投诉范围。

A. 建筑安装工程　　　　　　　　　B. 市政工程

C. 公用建筑工程　　　　　　　　　D. 装饰装修工程

31. 施工单位以下哪些情况应予以记录？___ABCD___

A. 未按照经施工图审查批准的施工图或施工技术标准进行施工的

B. 未按规定对隐蔽工程进行检查和记录的；未按规定对建筑材料、建筑构配件、设备和商品混凝土进行检验或检验不合格，擅自使用的；未按规定对涉及结构安全的试块、试件以及有关材料进行现场取样、送检的

C. 未经监理工程师签字，进行下一道工序施工的；使用无从业资格的施工人员进行施工的

D. 因质量原因责令停工的

32. 监理单位的以下哪些情况应予以记录？___ABCD___

A. 总监及监理工程师不具有相应资格

B. 总监及监理工程师未按规定进行签字的

C. 监理工程师未按规定采取旁站、巡视和平行检验等形式进行监理的

D. 未按有关规定、设计文件和监理委托合同对施工质量实施监理的，在未竣工验收时出具工程质量评估报告的

33. 工程质量信息收集要求__ABCD__，把这些环节把握好，才能保证工程质量信息收集的质量，才能为下一项工作打好基础。

A. 及时性　　　　B. 完整性　　　　C. 准确性　　　　D. 连续性

34. 监督交底现场要审查哪些相关资料？__ABCD__

A. 开工报告

B. 施工现场质量管理检查记录，专业分包责任制的落实情况

C. 质量保证体系建立情况，施工组织设计、施工方案的编审情况

D. 施工、监理单位主要人员的资格证书及专业工种执证上岗情况

35. 根据《山东省实施〈房屋建筑工程质量保修办法〉细则》中的规定，下列情况不属于本细则规定的保修范围的是：__BD__。

A. 正常使用造成的质量缺陷

B. 因使用不当或者第三方造成的质量缺陷

C. 施工过程所造成的质量缺陷

D. 不可抗力造成的质量缺陷

36.《山东省实施〈房屋建筑工程和市政基础设施工程竣工验收备案管理暂行办法〉细则》中规定，工程符合竣工验收的条件包括__BCD__。

A. 按建设方的要求进行验收

B. 完成工程设计和合同约定的内容

C. 建设单位已按合同约定支付工程款

D. 建设单位和施工单位已签订工程质量保修书

37.《山东省工程建设监理管理办法》规定，监理单位承担监理业务，必须与建设单位签订书面合同，合同应当具备的主要条款有__ABCDE__。

A. 监理的范围和内容　　　　B. 监理的技术标准和要求

C. 监理酬金及其支付的时间、方式　　　　D. 违约责任

E. 发生争议的解决方式

38. 监理单位以下哪种情况属于应予以记录的不良行为？__BCD__

A. 监理员未参加施工单位的技术交底会

B. 主体施工5层时，总监未签署开工报告

C. 没有对钢结构安装进行旁站监理

D. 暖通专业监理工程师未取得国家监理工程师执业注册证书

39. 以下各项需要监理旁站的是__ABD__。

A. 土方回填　　　　B. 混凝土灌注桩浇筑

C. 砂浆搅拌　　　　D. 卷材防水层细部构造处理

40. 监理工程师对建设工程实施监理的形式有__ABC__。

A. 旁站　　　　B. 巡视　　　　C. 平行检验　　　　D. 重点抽查

三、判断题(共 30 题,每题 1 分)

1. 建筑工程招标的开标、评标、定标应由当地有关行政主管部门依法组织实施。 (√)

2. 禁止承包单位将其承包的全部建筑工程转包给他人,但可将建筑工程肢解以后以分包的名义分别转包他人。 (×)

3. 利用外国政府或者国际组织贷款、援助资金的工程可以不对建设工程委托监理。 (×)

4. 在正常的使用条件下,屋面防水工程、有防水要求的卫生间、房间和外墙面的防渗漏最低保修期限为 5 年;供热与供冷系统,最低保修期限为 1 个采暖期、供冷期。 (×)

5. 建设工程发生质量事故,有关单位应在 24 小时内向当地建设行政主管部门和其他相关部门报告。 (√)

6. 根据《建筑工程质量管理条例》,未按照国家规定办理工程质量监督手续的建设单位应责令整改,处 20 万元以上 50 万元以下的罚款。 (√)

7. 根据《建筑工程质量管理条例》,建筑工程未组织竣工验收,擅自交付使用的建设单位责令改正,处工程合同价款 2% 以上 5% 以下的罚款;造成损失的,依法承担赔偿责任。 (×)

8. 国务院建设行政主管部门负责全国房屋建筑工程质量保修的监督管理。 (√)

9. 如对已完施工部位因轴线、标高引测差错而改变设计平面尺寸,若返工损失严重,在不影响使用功能的前提下,经承发包双方协商验收的可降级处理。 (√)

10. 工程质量事故按造成的后果分未遂事故和已遂事故。 (√)

11. 重大事故、一般事故发生后必须在 48 小时内写出书面报告,上报有关部门。 (×)

12. 工程质量事故发生的原因很多,大致可分为违反基本建设程序、设计原因、建材不合格、施工原因等方面。 (√)

13. 建设工程设计,是指根据建设工程的要求,对建设工程所需的技术、经济、资源、环境等条件进行综合分析、论证,编制建设工程设计文件的活动。 (√)

14. 施工图审查机构是以营利为目的的独立法人。 (×)

15. 建设单位可以自主选择审查机构,但是审查机构不得与所审查项目的建设单位、勘察设计企业有隶属关系或者其他利害关系。 (√)

16. 建设工程质量检测是指工程质量检测机构接受委托,依据国家有关法律、法规和工程建设强制性标准,对涉及结构安全项目的见证取样检测和对进入施工现场的建筑材料、构配件的抽样检测检测。 (×)

17. 检测结果利害关系人对检测结果发生争议的,由原检测机构复检,复检结果由提出复检方报当地建设主管部门备案。 (×)

18. 检测机构不得与行政机关,法律、法规授权的具有管理公共事务职能的组织以及所检测工程项目相关的设计单位、施工单位、监理单位有隶属关系或者其他利害关系。 (√)

19. 检测机构应当将检测过程中发现的建设单位、监理单位、施工单位违反有关法律、法规和工程建设强制性标准的情况,以及涉及结构安全检测结果的不合格情况,及时报告工程所在地其他检测机构。 (×)

20. 检测机构跨省、自治区、直辖市承担检测业务的,应当向本机构所在地的省、自治区、直辖市人民政府建设主管部门备案。 (×)

21. 施工图设计文件未经审查批准的,不得使用。　　　　　　　　　　(√)

22. 建设单位发包建设工程,可以将建设工程项目确定给一个单位总承包,也可以将建设工程的勘察、设计、施工分别发包。　　　　　　　　　　　　　　(√)

23. 监督机构经监督检测发现工程质量不符合工程建设强制性标准或对工程质量有怀疑的,应责成有关单位委托有资质的检测单位进行检测。　　　　　　(√)

24. 建设单位应当在工程竣工验收 7 个工作日前将验收的时间、地点及验收组名单书面通知负责监督该工程的工程质量监督机构。　　　　　　　　　　(√)

25. 监督机构有权对违规违法行为责任单位、责任人实施行政处罚。　(×)

26. 监督机构发现有影响工程质量的问题时,发出"责令整改通知单",限期进行整改。
　　　　　　　　　　　　　　　　　　　　　　　　　　　　　(√)

27. 监督方案由项目监督工程师编制,监督站站长或技术负责人审定。　(√)

28. 未办理工程质量监督登记手续的工程项目,可以继续施工,但质量监督登记手续必须尽快补办。　　　　　　　　　　　　　　　　　　　　　　　(×)

29. 二类和三类环境中设计使用年限为 100 年的混凝土结构不应采取专门有效措施。
　　　　　　　　　　　　　　　　　　　　　　　　　　　　　(×)

30. 《混凝土结构设计规范 》(GB 50010—2002)中要求钢筋的强度标准值应具有不小于 90% 的保证率。　　　　　　　　　　　　　　　　　　　　　　(×)

土建专业试题(A卷)

一、单项选择题(共 60 题,每题 1 分,每题的备选答案中,只有 1 项是最符合题意的)

1. 基坑(槽)的土方开挖时,以下说法不正确的是　C　。

A. 土体含水量大且不稳定时,应采取加固措施

B. 一般应采用"分层开挖,先撑后挖"的开挖原则

C. 开挖时如有超挖应立即整平

D. 在地下水位以下的土,应采取降水措施后开挖

2. 预应力混凝土是在结构或构件的　B　预先施加压应力而成。

A. 受压区　　　　　B. 受拉区　　　　　C. 中心线处　　　　　D. 中性轴处

3. 防水混凝土养护时间不得少于　B　。

A. 7 d　　　　　B. 14 d　　　　　C. 21 d　　　　　D. 28 d

4. 防水混凝土底板与墙体的水平施工缝应留在　C　。

A. 底板下表面处

B. 底板上表面处

C. 距底板上表面不小于 300 mm 的墙体上

D. 距孔洞边缘不少于 100 mm 处

5. 对地下卷材防水层的保护层,以下说法不正确的是　B　。

A. 顶板防水层上用厚度不少于 70 mm 的细石混凝土保护

B. 底板防水层上用厚度不少于 40 mm 的细石混凝土保护

C. 侧墙防水层可用软保护

D. 侧墙防水层可铺抹 20 mm 厚 1∶3 水泥砂浆保护

6. 当屋面坡度大于 15% 或受震动时,沥青防水卷材的铺贴方向应　B　。

A. 平行于屋脊　　　　　　　　　　B. 垂直于屋脊

C. 与屋脊呈 45°角　　　　　　　　D. 上下层相互垂直

7. 采用高强度螺栓连接时,为防止紧固扭矩或预拉力不够,应定期校正电动或手动扳手的扭矩值,使其偏差在　D　以内。

A. 2%　　　　　B. 3%　　　　　C. 4%　　　　　D. 5%

8. 在砖墙中留设施工洞时,洞边距墙体交接处的距离不得小于　C　。

A. 240 mm　　　　　B. 360 mm　　　　　C. 500 mm　　　　　D. 1 000 mm

9. 砌砖墙留直槎时需加拉结筋,对抗震设防烈度为 6 度、7 度地区,拉结筋每边埋入墙内的长度不应小于　D　。

A. 50 mm　　　　　B. 500 mm　　　　　C. 700 mm　　　　　D. 1 000 mm

10. 下列关于砌筑砂浆强度的说发中,　A　是不正确的。

A. 砂浆的强度是将所取试件经 28 d 标准养护后测得的抗剪强度值来评定

B. 砌筑砂浆的强度常分为 6 个等级

C. 每 250 m³ 砌体、每种类型及强度等级的砂浆,每台搅拌机应至少抽检一次

D. 同盘砂浆只能制作一组试样

11. 当连续五天日平均气温降到＿＿C＿＿以下时,混凝土工程必须采取冬季施工技术措施。

A. 0 ℃　　　　B. −2 ℃　　　　C. 5 ℃　　　　D. 10 ℃

12. 当混凝土液相的 pH 值小于＿＿B＿＿时,钢筋锈蚀速度急剧加快。

A. 3　　　　B. 4　　　　C. 5　　　　D. 6

13. 冷拉后的 HPB235 钢筋不得用做＿＿C＿＿。

A. 梁的箍筋　　B. 预应力钢筋　　C. 构件吊环　　D. 柱的主筋

14. 跨度为 8 m、强度为 C30 的现浇混凝土梁,当混凝土强度至少达到＿＿C＿＿时方可拆除梁底模板。

A. 15 N/mm²　　B. 21 N/mm²　　C. 22.5 N/mm²　　D. 30 N/mm²

15. 筏板基础混凝土浇筑完毕后,表面应覆盖和洒水养护时间不少于＿＿A＿＿。

A. 7 d　　　　B. 14 d　　　　C. 21 d　　　　D. 28 d

16. 二级屋面防水层耐用年限为＿＿C＿＿。

A. 25 年　　　　B. 10 年　　　　C. 15 年　　　　D. 5 年

17. 地下结构防水混凝土的抗渗能力不应小于＿＿A＿＿。

A. 0.6 MPa　　B. 0.3 MPa　　C. 0.8 MPa　　D. 1 MPa

18. 水平灰缝厚度一般为＿＿B＿＿。

A. 10±1 mm　　B. 10±2 mm　　C. 10±3 mm　　D. 10±4 mm

19. 对于重要结构、有抗震要求的结构,箍筋弯钩形式应按＿＿A＿＿方式加工。

A. 135°/135°　　B. 90°/180°　　C. 90°/90°　　D. 均可

20. 一般所说的混凝土强度是指＿＿A＿＿。

A. 抗压强度　　B. 抗折强度　　C. 抗剪强度　　D. 抗拉强度

21. 下列冷拉钢筋的机械性能中属于塑性指标的是＿＿B＿＿。

A. 屈服点和抗拉强度　　　　B. 伸长率和冷弯性能

C. 抗拉强度和伸长率　　　　D. 屈服点和冷弯性能

22. 预应力提高了结构(构件)的＿＿C＿＿。

A. 强度　　　　B. 刚度　　　　C. 抗裂度　　　　D. 抗冻性

23. 砌体施工中拉结筋间距沿墙高不应超过＿＿D＿＿mm。

A. 200　　　　B. 300　　　　C. 400　　　　D. 500

24. 施工规范规定,梁跨度大于或等于＿＿B＿＿时,底模板应起拱。

A. 2 m　　　　B. 4 m　　　　C. 6 m　　　　D. 8 m

25. 浇筑有主次梁的肋形楼板时,混凝土施工缝宜留在＿＿C＿＿。

A. 主梁跨中 1/3 的范围内　　　　B. 主梁边跨 1/3 的范围内

C. 次梁跨中 1/3 的范围内　　　　D. 次梁边跨 1/3 的范围内

26. 现浇混凝土悬臂构件跨度小于 2 m,拆模强度须达到设计强度标准值的＿＿D＿＿。

A. 50%　　　　B. 75%　　　　C. 85%　　　　D. 100%

27. 柱施工缝留置位置不当的是＿＿B＿＿。

A. 基础顶面　　　　B. 与吊车梁平齐处　C. 吊车梁上面　　　D. 梁的下面

28. 常温下,水泥混合砂浆应在__C__内使用完毕。

A. 2 h　　　　　　B. 3 h　　　　　　C. 4 h　　　　　　D. 5 h

29. 在砌体施工时,当在使用中对水泥质量有怀疑或水泥出厂超过____C__个月(快硬硅酸盐水泥超过一个月)时,应复查试验,并按其结果使用。

A. 一　　　　　　B. 二　　　　　　C. 三　　　　　　D. 六

30. 屋面施工前应编制__D__的施工方案或技术措施。

A. 抗裂缝　　　　B. 抗渗　　　　　C. 保温、隔热　　　D. 防水工程

31. 伸出屋面的管道、设备或预埋件等,应在____C__施工前安设完毕。

A. 结构层　　　　B. 找平层　　　　C. 防水层　　　　D. 隔热、保温层

32. 当钢筋的品种、级别或规格需作变更时,应办理____B__。

A. 监理认可手续　B. 设计变更文件　C. 施工员签证　　D. 甲方认可签证

33. 施工时所用的普通混凝土小型空心砌块和轻骨料混凝土小型空心砌块的产品龄期不应小于__B__d。

A. 7　　　　　　　B. 28　　　　　　C. 14　　　　　　D. 60

34. 建筑外门窗的安装必须牢固。在砌体上安装门窗严禁用__D__固定。

A. 铁钉　　　　　B. 膨胀螺栓　　　C. 钢钉　　　　　D. 射钉

35. 混凝土结构中,按同一生产厂家、同一等级、同一品种、同一批号且连续进场的水泥,散装不超过__D__t为一批,每批抽样不少于一次。

A. 200　　　　　B. 300　　　　　　C. 400　　　　　　D. 500

36. 钢筋混凝土结构、预应力混凝土结构中,严禁使用含__D__的水泥。

A. 矿渣　　　　　B. 火山灰　　　　C. 粉煤灰　　　　D. 氯化物

37. 建筑装饰装修工程设计必须保证建筑物的结构安全和主要使用功能。当涉及主体和承重结构改动或增加荷载时,必须由__D__核查有关原始资料,对既有建筑结构的安全性进行核验、确认。

A. 设计单位

B. 监理单位

C. 具备相应资质的施工单位

D. 原结构设计单位或具备相应资质的设计单位

38. 隐框、半隐框幕墙所采用的结构粘结材料必须是__B__。

A. 硅酮结构密封胶　　　　　　　　B. 中性硅酮结构密封胶

C. 硅酮耐候密封胶　　　　　　　　D. 中性硅酮耐候密封胶

39. 砌体表面的平整度、垂直度、__B__及砂浆饱满度均应按规定随时检查校正。

A. 砌筑方法　　　B. 灰缝厚度　　　C. 灰缝直顺　　　D. 灰浆配合比

40. 砂浆抽样频率为每一楼层或__D__m³砌体中的各种强度等级的砂浆,应每台搅拌机至少检查一次,每次至少应制作一组试块。

A. 100　　　　　B. 150　　　　　　C. 200　　　　　　D. 250

41. 砌筑砖砌体时,砖应提前___A___d浇水湿润。

A. 1~2　　　　　B. 2~3　　　　　　C. 3~4　　　　　　D. 1~3

42. 在混凝土浇筑完毕后的___C___h 以内应对混凝土加以覆盖和浇水。
    A. 8　　　　　　　　B. 10　　　　　　　　C. 12　　　　　　　　D. 24

43. 同一验收批的混凝土应由强度等级相同、生产工艺和___D___基本相同的混凝土组成,对现浇混凝土结构构件,尚应按单位工程的验收项目划分验收批。
    A. 水泥品种　　　　　B. 养护条件　　　　　C. 使用部位　　　　　D. 配合比

44. 用于检查结构构件混凝土强度的试件,当一次连续浇筑超过 1 000 m³ 时,同一配合比的混凝土每___B___m³ 取样不得少于一次。
    A. 100　　　　　　　B. 200　　　　　　　C. 300　　　　　　　D. 400

45. 卧室、起居室(厅)的室内净高不应低于___B___m,局部净高不应低于 2.10 m,且其面积不应大于室内使用面积的三分之一。
    A. 2.20　　　　　　B. 2.40　　　　　　C. 2.60　　　　　　D. 2.80

46. 住宅的外窗窗台距楼面、地面的净高低于___A___m 时,应有防护设施。
    A. 0.90　　　　　　B. 0.80　　　　　　C. 0.70　　　　　　D. 0.60

47. 混凝土小型空心砌块砌体工程,墙体转角处和纵横墙交接处应同时砌筑。临时间断处应砌成斜槎,斜槎水平投影长度不应小于高度的___C___。
    A. 1/2　　　　　　B. 1/3　　　　　　C. 2/3　　　　　　D. 1/4

48. 现浇板养护期间,混凝土强度大于_____MPa 后,方可后续施工,当混凝土强度小于_____MPa 时,不得在板上吊运、堆放重物。___A___
    A. 1.2　10　　　　B. 1.2　8　　　　C. 1.4　10　　　　D. 1.4　8

49. 女儿墙应设置构造柱,构造柱间距不宜大于_____B___m,构造柱应伸至墙顶并与现浇钢筋混凝土压顶整浇在一起。
    A. 3　　　　　　　　B. 4　　　　　　　　C. 5　　　　　　　　D. 6

50. 混凝土结构工程的验收,除检查有关文件、记录外,尚应进行___A___抽查。
    A. 实测　　　　　　B. 工序　　　　　　C. 外观　　　　　　D. 检测

51. 卫生间防水施工结束后,应做___D___h 蓄水试验。
    A. 4　　　　　　　　B. 6　　　　　　　　C. 12　　　　　　　　D. 24

52. 低层、多层住宅的阳台栏杆净高不应低于_____m,中高层、高层住宅的阳台栏杆净高不应低于_____m。___C___
    A. 0.90　1.00　　　B. 1.00　1.00　　　C. 1.05　1.10　　　D. 1.10　1.10

53. 对水泥土搅拌桩复合地基、高压喷射注浆桩复合地基、砂桩地基、振冲桩复合地基、土和灰土挤密桩复合地基、水泥粉煤灰碎石桩复合地基及夯实水泥土桩复合地基,其承载力检验,数量为总数为 0.5%～1%,但不应少于___A___组。
    A. 3　　　　　　　　B. 4　　　　　　　　C. 2　　　　　　　　D. 5

54. 地下结构防水工程,选用的遇水膨胀止水条应具有缓胀性能,其 7 d 的膨胀率不应大于最终膨胀率的___D___。
    A. 20%　　　　　　B. 30%　　　　　　C. 50%　　　　　　D. 60%

55. 水性涂料涂饰工程施工的环境温度应在___A___℃之间。涂料在使用前应搅拌均匀,并应在规定时间内使用完。
    A. 5～35　　　　　　B. 5～30　　　　　　C. 3～30　　　　　　D. 3～35

56. 钢筋混凝土用热轧带肋钢筋应按批进行检查和验收，每批应由同一牌号、同一炉罐号、同一规格、同一交货状态的钢筋组成，其重量不大于　C　t。
    A. 20　　　　　B. 40　　　　　C. 60　　　　　D. 80

57. 以下关于楼梯构造叙述错误的是　C　。
    A. 室外疏散楼梯和每层出口处平台，均应采取非燃烧材料制作
    B. 楼梯休息平台宽度应大于或等于梯段的宽度；每个梯段的踏步一般不应超过18级，亦不应少于3级
    C. 楼梯平台上部及下部过道处的净高不应小于2 m，楼梯段净高不应小于2.1 m
    D. 室内楼梯扶手高度自踏步前缘线量起不宜小于0.90 m

58. 下列有关大理石的叙述，不正确的说法是　B　。
    A. 大理石板材是一种碱性石材，容易被酸侵蚀而影响使用，因此除极少数石材以外，大理石磨光板材一般不宜用于室外饰面
    B. 大理石是变质岩，为中性石材
    C. 大理石的化学成分是碳酸钙和碳酸镁，为碱性石材
    D. 大理石是隐晶结构，为中等硬度石材

59. 某现浇钢筋混凝土单跨简支梁，梁长6 m，混凝土强度为C40，当混凝土强度至少达到　C　时，方可拆除底模。
    A. C40　　　　　B. C32　　　　　C. C30　　　　　D. C20

60. 竖向结构（墙、柱等）浇筑混凝土时，混凝土的自由下落高度不应超过　B　m。
    A. 1.5　　　　　B. 2　　　　　C. 2.5　　　　　D. 3

二、多项选择题（共40题，每题1.5分。每题的备选答案中有2项或2项以上符合题意。错选，本题不得分，少选，所选的每个选项得0.5分）

1. 预应力提高了结构（构件）的　BC　。
   A. 强度　　　　　B. 刚度　　　　　C. 抗裂度
   D. 抗冻性　　　　E. 耐磨性

2. 地下卷材防水层铺贴施工的正确做法包括　ABCE　。
   A. 选用高聚物改性沥青类或合成高分子类卷材
   B. 冷粘法施工的卷材防水层，应固化7 d以上方可遇水
   C. 冷粘法施工时气温不得低于5 ℃，热熔法施工时气温不得低于-10 ℃
   D. 用外防外贴法铺贴防水层时，应先铺立面，后铺平面
   E. 卷材接缝不得在阴角处

3. 采用热熔法粘贴卷材的工序包括　BCDE　。
   A. 铺撒热沥青胶　　　　B. 滚铺卷材　　　　C. 赶压排气
   D. 辊压粘结　　　　　　E. 刮封接口

4. 合成高分子防水卷材的粘贴方法有　CDE　。
   A. 热熔法　　　　　B. 热粘结剂法　　　　C. 冷粘法
   D. 自粘法　　　　　E. 热风焊接法

5. 为防止焊接时夹渣、未焊透、咬肉，最后一层焊缝距母材表面间距符合要求的是　AB　。

A. 1 mm   B. 1.5 mm   C. 2 mm

D. 2.5 mm   E. 3 mm

6. 钢结构构件的防腐施涂顺序一般是 __ABCE__ 。

A. 先上后下   B. 先易后难   C. 先左后右

D. 先阴角后阳角   E. 先内后外

7. 钢结构采用螺栓连接时,常用的连接形式主要有 __ABC__

A. 平接连接   B. 搭接连接   C. T 形连接

D. Y 形连接   E. X 形连接

8. 砌筑空心砖墙时应符合 __ABCE__ 要求。

A. 不够整砖处用烧结普通砖补砌

B. 承重空心砖的孔洞应呈水平方向砌筑

C. 非承重空心砖墙的底部至少砌三皮实心砖

D. 门口两侧一砖长范围内用实心砖砌筑

E. 半砖厚的空心砖墙应加设水平拉结筋或设置实心砖带

9. 砖墙砌筑时,在 __BD__ 处不得留槎。

A. 洞口   B. 转角   C. 墙体中间

D. 纵横墙交接   E. 隔墙与主墙交接

10. 砖墙上不得留脚手眼的部位包括 __ACE__ 。

A. 空斗墙、半砖墙和砖柱

B. 宽度小于 1 m 的窗间墙

C. 梁或梁垫下及其左右各 500 mm 范围内

D. 距洞口 240 mm 处

E. 距转角 300 mm

11. 砌筑砂浆粘结力的大小,将影响砌体的 __ABCE__ 。

A. 抗剪强度   B. 耐久性   C. 稳定性

D. 抗冻性   E. 抗震能力

12. 施工中混凝土结构产生裂缝的原因是 __BCDE__ 。

A. 接缝处模板拼缝不严,漏浆

B. 模板局部沉浆

C. 拆模过早

D. 养护时间过短

E. 混凝土养护期间内部与表面温差过大

13. 施工中可能造成混凝土强度降低的因素有 __ABD__ 。

A. 水灰比过大   B. 养护时间不足   C. 混凝土产生离析

D. 振捣时间短   E. 洒水过多

14. 在施工缝处继续浇筑混凝土时,应先做到 __ABCE__ 。

A. 清除混凝土表面疏松物质及松动石子

B. 将施工缝处冲洗干净,不得有积水

C. 已浇筑混凝土的强度达到 1.2 N/mm

D. 已浇筑的混凝土的强度达到 0.5 N/mm

E. 在施工缝处先铺一层与混凝土成分相同的水泥砂浆

15. 钢筋混凝土结构的施工缝宜留置在　　AB　　。

A. 剪力较小位置　　　　　　　B. 便于施工位置　　　　　C. 弯矩较小位置

D. 两构件接点处　　　　　　　E. 剪力较大位置

16. 模板拆除的一般顺序是　　BC　　。

A. 先支的先拆　　　　　　　　B. 先支的后拆　　　　　　C. 后支的先拆

D. 后支的后拆　　　　　　　　E. 先拆模板后拆柱模

17. 打桩时应注意观察　　ABDE　　。

A. 打桩入土的速度　　　　　　B. 打桩架的垂直度　　　　C. 桩身压缩情况

D. 桩锤回弹情况　　　　　　　E. 贯入度变化情况

18. 玻璃幕墙可分为　　BCDE　　。

A. 非承重幕墙　　　　　　　　B. 半隐框玻璃幕墙　　　　C. 明框玻璃幕墙

D. 隐框玻璃幕墙　　　　　　　E. 全玻璃幕墙

19. 为提高防水混凝土的密实和抗渗性，常用的外加剂有　　BCDE　　。

A. 防冻剂　　　　　　　　　　B. 减水剂　　　　　　　　C. 引气剂

D. 膨胀剂　　　　　　　　　　E. 防水剂

20. 在冬季施工时，混凝土养护方法有　　CDE　　。

A. 洒水法　　　　　　　　　　B. 涂刷沥青乳液法　　　　C. 蓄热法

D. 加热法　　　　　　　　　　E. 掺外加剂法

21. 大体积钢筋混凝土结构浇筑方案有　　ABE　　。

A. 全面分层　　　　　　　　　B. 分段分层　　　　　　　C. 留施工缝

D. 局部分层　　　　　　　　　E. 斜面分层

22. 钢筋冷拉后会出现的变化是　　ABCE　　。

A. 屈服点提高

B. 塑性降低

C. 弹性模量降低

D. 晶格变形停止

E. 不加外力情况下，屈服强度会随时间的推移而提高

23. 防止混凝土产生温度裂纹的措施是　　ABCD　　。

A. 控制温度差　　　　　　　　B. 减少边界约束作用　　　C. 改善混凝土抗裂性能

D. 改进设计构造　　　　　　　E. 预留施工缝

24. 砖砌体的组砌原则是　　ACDE　　。

A. 砖块之间要错缝搭接

B. 砖体表面不能出现游丁走缝

C. 砌体内外不能有过长通缝

D. 尽量少砍砖

E. 有利于提高生产率

25. 按桩的承载性质不同可分为　　AD　　。

A. 摩擦型桩　　　　　　　　B. 预制桩　　　　　　　　C. 灌注桩

D. 端承型桩　　　　　　　　E. 管桩

26. 地下连续墙具有如下　ABCD　作用

A. 截水　　　　　　　　　　B. 防渗　　　　　　　　　C. 承重

D. 挡土　　　　　　　　　　E. 抗震

27. 井点降水方法有　ABCE　。

A. 轻型井点　　　　　　　　B. 电渗井点　　　　　　　C. 深井井点

D. 集水井点法　　　　　　　E. 管井井点

28. 为了防止井点降水对邻近环境影响,应采取的措施是　ABCD　。

A. 回灌井点法　　　　　　　B. 深层搅拌法　　　　　　C. 压密注浆法

D. 冻结法　　　　　　　　　E. 土层锚杆

29. 普通抹灰的外观质量要求有　AC　。

A. 表面光滑洁净　　　　　　B. 颜色均匀　　　　　　　C. 接槎平整

D. 灰线清晰顺直　　　　　　E. 无抹纹

30. 工程上使用的原材料、半成品和构配件,进场前必须有　ABD　,经监理工程师审查并确认其质量合格后方可进场。

A. 产品出厂合格证　　　　　B. 技术说明书　　　　　　C. 生产厂家的营业执照

D. 检验或试验报告　　　　　E. 质检部门的质量检验合格证明

31. 检验批的质量验收包括　ADE　。

A. 主控项目的检验　　　　　B. 隐蔽工程的检验　　　　C. 观感质量验收

D. 一般项目的验收　　　　　E. 质量资料的检验

32. 土的天然密度随着　ABC　而变化。

A. 颗粒组成　　　　　　　　B. 孔隙多少　　　　　　　C. 水分含量

D. 渗透系数　　　　　　　　E. 水力坡度

33. 土方填筑时常用的压实方法有　BDE　。

A. 水灌法　　　　　　　　　B. 碾压法　　　　　　　　C. 堆载法

D. 夯实法　　　　　　　　　E. 震动压实法

34. 在换土垫层法中,为提高地基承载力、减少沉降、加速软弱土层排水固结、防止冻胀和消除膨胀土的胀缩,可采用　AB　。

A. 砂垫层　　　　　　　　　B. 砂石垫层　　　　　　　C. 灰土垫层

D. 素土垫层　　　　　　　　E. 湿陷性黄土垫层

35. 装修时变动梁、柱对结构的影响,以下说法正确的是　ABCE　。

A. 在原有梁上设置梁、柱、支架等构件时,不得将后加构件的钢筋或连接件与原有梁的钢筋焊接

B. 梁下加柱相当于在梁下增加了支撑点,将改变梁的受力状态

C. 凿掉梁的混凝土保护层,应采用比原梁混凝土强度高一个等级的细石混凝土,重新浇注混凝土保护层

D. 在柱子的中部加梁不会改变柱子的受力状态

E. 梁上增设柱或梁应对原梁进行结构验算

36. 地下连续墙中导墙的作用是 __ACDE__ 。
   A. 挡土作用   B. 分隔空间   C. 作为测量的基准
   D. 作为重物的支撑   E. 存蓄泥浆

37. 某大体积混凝土采用全面分层法连续浇筑时,混凝土初凝时间为 180 min,运输时间为 30 min。已知上午 8 时开始浇筑第一层混凝土,那么可以在上午 __ABC__ 开始浇筑第二层混凝土。
   A. 9 时   B. 9 时 30 分   C. 10 时
   D. 11 时   E. 11 时 30 分

38. 下列关于高强度螺栓施工,叙述正确的是 __BCDE__ 。
   A. 高强度螺栓连接前只需对连接副实物进行检验和复验,检验合格后进入安装施工
   B. 严禁把高强度螺栓作为临时螺栓使用
   C. 高强度螺栓的安装应能自由穿入孔内,严禁强行穿入
   D. 高强度螺栓连接中连接钢板的孔径略大于螺栓直径,并必须采取钻孔成型的方法
   E. 高强度螺栓在终拧以后,螺栓丝扣外露应为 2～3 扣,其中允许有 10% 的螺栓丝扣外露 1 扣或 4 扣

39. 楼地面工程中,计算整体面层工程质量时,应扣除的部位有 __AB__ 。
   A. 凸出地面的构筑物   B. 设备基础   C. 柱
   D. 间壁墙   E. 孔洞

40. 建筑物地基基础破坏形式与土层分布、土体性质及 __ABCD__ 等因素有关。
   A. 加荷速率   B. 基础混凝土强度等级   C. 基础深埋
   D. 基础形状   E. 基础配筋量

三、判断题(共 30 题,每题 1 分)

1. 地下结构后浇带应设在受力和变形较小的部位,间距宜为 30～60 m。 （√）

2. 钢筋机械连接接头的现场检验按验收批进行。同一施工条件下采用同一批材料的同等级、同型式、同规格接头,以 300 个为一个验收批进行检验与验收。 （×）

3. 填充墙砌体应分次砌筑。每次砌筑高度不应超过 1.5 m。 （√）

4. 排水栓和地漏安装应平正、牢固,低于排水表面 5～10 mm。 （√）

5. 排水管道工程铸铁排水立管上应每 2 层设置一个检查口。 （√）

6. 避雷带规格应符合设计要求和规范规定,当采用圆钢时,直径不应小于 6 mm。 （×）

7. 冷凝水排水管坡度,应符合设计文件的规定。当设计无规定时,其坡度宜大于或等于 8‰。 （√）

8. 屋面防水工程、有防水要求的卫生间、房间外墙的防渗漏工程质量保修期限为 5 年。 （√）

9. 建设单位如有明示或者暗示施工单位使用不合格的建筑材料、建筑构配件和设备的,处以 20 万元以上 50 万元以下罚款。 （√）

10. 有防水要求的房间楼板混凝土应一次浇筑,振捣密实。楼板四周应设现浇钢筋混凝土止水台,高度不小于 120 mm。 （√）

11. 当设计要求钢筋末端做 135° 弯钩时,HRB335 级、HRB400 级钢筋的弯弧内直径不

应小于钢筋直径的 4 倍。 （√）

12. 当采用冷拉方法调直钢筋时，HPB 级钢筋的冷拉率不宜大于 4％，HRB335 级、HRB400 级和 RRB400 级钢筋的冷拉率不宜大于 1％。 （√）

13. 钢筋代换时，由大型号、规格的钢筋代换小型号、规格的钢筋，不需征得设计单位意见。 （×）

14. 在同一台班内，由同一焊工完成的 200 个同牌号、同直径钢筋接头应作为一批。 （×）

15. 砌体工程中，施工脚手眼补砌时，灰缝应填满砂浆，不得用干砖填塞。 （√）

16. 现浇板养护期间，当混凝土强度小于 1.2 MPa 时，不得进行后续施工。 （√）

17. 混凝土每次取样应至少留置一组标准养护试件和一组同条件养护试件。 （×）

18. 为增加外窗的牢固性，外窗底框固定时应用螺栓穿框固定。 （×）

19. 水落口四周防水层伸入水落口杯内的尺寸不应小于 50 mm。 （√）

20. 监督报告应由该项目的监督员编写。 （×）

21. 监督机构经监督检测发现工程质量不符合工程建设强制性标准、或对工程质量有怀疑的，应责成施工单位进行检测。 （√）

22. 基坑工程土方开挖的顺序、方法必须与设计工况一致，并遵循"开槽支撑，先挖后撑，分层开挖，严禁超挖"的原则。 （×）

23. 钢筋调直宜采用机械方法，也可采用冷拉方法。 （√）

24. 混凝土中掺用外加剂的质量及应用技术应符合现行国家标准《混凝土外加剂》、《混凝土外加剂应用技术规范》等和有关环境保护的规定。 （√）

25. 地下室、楼梯间等部位踢脚线做法应选用水泥砂浆或板块踢脚线，高度宜为 200 mm，不得采用刮腻子后涂刷水泥漆的做法。 （×）

26. 施工技术资料主要由施工管理、验收和检测、试验资料等文件、图表组成，应随工程进度同步收集、整理、签发并按规定移交，要求书写认真、字迹清晰、内容完整、结论明确、责任方签字齐全。施工技术资料不符合要求的，不得进行工程竣工验收。 （√）

27. 建筑地面工程水泥混凝土垫层强度等级不应小于 C15，找平层混凝土强度等级不应小于 C20，水泥混凝土面层强度等级不应小于 C20，水泥混凝土垫层兼面层强度等级不应小于 C20。 （×）

28. 建设单位收到工程验收报告，应由建设单位（项目）负责人组织施工（含分包单位）、设计、监理等单位（项目）负责人进行单位（子单位）工程验收。 （√）

29. 承担见证检验及有关结构安全检测的单位必须具有相应资质等级。仪器设备检定（校准）满足要求。进行抽样检测的单位应通过市级以上建设行政主管部门对其资质的认可和质量技术监督部门对其计量的认证。 （×）

30. 工程质量监督报告是指工程质量监督机构在工程竣工验收合格后 10 个工作日内向备案机关提交的综合性文件。 （×）

土建专业试题(B卷)

一、单项选择题(共 60 题,每题 1 分。每题的备选答案中,只有 1 项是最符合题意的)

1. 以下关于屋面防水叙述错误的是 __D__ 。

A. 以导为主的屋面防水,一般为坡屋顶

B. 平屋面采用结构找坡不应小于 3%

C. 以阻为主的屋面防水,一般为平屋面

D. 平屋面采用材料找坡宜为 5%

2. 预制构件的吊环,必须采用未经冷拉的 __A__ 级钢筋制作,严禁以其他钢筋代换。

A. HPB235   B. HRB335   C. HRB400   D. RRB400

3. 后张法中预应力筋承受的张拉力是通过 __D__ 传递给混凝土构件的。

A. 粘结力   B. 摩擦力   C. 压力   D. 锚具

4. 停建、缓建工程的档案,暂由 __A__ 保管。

A. 建设单位   B. 监理单位   C. 总承包单位   D. 设计单位

5. 混凝土小型空心砌块应 __C__ 。

A. 正面朝上正砌于墙上   B. 正面朝上反砌于墙上

C. 底面朝上反砌于墙上   D. 底面朝下正砌于墙上

6. 隐框和半隐框玻璃幕墙,其玻璃与铝型材的粘结必须采用 __C__ 硅酮结构密封胶粘结。

A. 酸性   B. 碱性   C. 中性   D. 复合

7. 依据规范规定,混凝土的抗压强度等级分为十四个等级。下列关于混凝土强度等级级差和最高等级的表述中,正确的是 __A__ 。

A. 等级级差 5 N/mm^2,最高等级为 C80

B. 等级级差 4 N/mm^2,最高等级为 C60

C. 等级级差 5 N/mm^2,最高等级为 C70

D. 等级级差 4 N/mm^2,最高等级为 C80

8. 根据《高层建筑混凝土结构技术规程》的规定,高层建筑是指 __A__ 的房屋。

A. 10 层及 10 层以上或高度超过 28 m

B. 12 层及 12 层以上或高度超过 36 m

C. 14 层及 14 层以上或高度超过 42 m

D. 16 层及 16 层以上或高度超过 48 m

9. 我国现行《建筑抗震设计规范》,适用于抗震设防烈度为 __C__ 度地区建筑工程的抗震设计。

A. 4、5、6 和 7   B. 5、6、7 和 8

C. 6、7、8 和 9   D. 7、8、9 和 10

10. 水泥的安定性一般是指水泥在凝结硬化过程中 B 变化的均匀性。

A. 强度 　　　　B. 体积 　　　　C. 温度 　　　　D. 矿物组成

11. 对于低碳钢,在保证要求延伸率和冷弯指标的条件下,进行较小程度的冷加工后,可以达到提高 C 的目的。

A. 焊接质量 　　B. 耐高温 　　C. 强度极限 　　D. 耐腐蚀

12. 依据规范规定,一般民用建筑楼梯的梯段净高不宜小于 B m。

A. 1.8 　　　　B. 2.2 　　　　C. 2.4 　　　　D. 2.8

13. 浇筑混凝土时为避免发生离析现象,混凝土自高处倾落的自由高度一般不应超过 B m。

A. 1 　　　　　B. 2 　　　　　C. 3 　　　　　D. 5

14. 在常温条件下采用自然养护方法时,主体结构混凝土浇筑完毕后,应在 C h 以内加以覆盖和浇水。

A. 8 　　　　　B. 10 　　　　C. 12 　　　　D. 24

15.《砌体工程施工质量验收规范》(GB 50203—2002)规定,凡在砂浆中掺入 A ,应有砌体强度的型式检验报告。

A. 有机塑化剂 　　B. 缓凝剂 　　C. 早强剂 　　D. 防冻剂

16. 关于热轧钢筋分级和性能的表述, D 是错误的。

A. 热轧钢筋是用低碳钢或低合金钢在高温下轧制而成

B. 热轧钢筋分为Ⅰ、Ⅱ、Ⅲ、Ⅳ四个级别

C. 级别越高强度也越高

D. 级别越高塑性也越好

17. 对于砖、砂浆的强度分级和砖砌体的力学特征表述, B 是错误的。

A. 砂浆的强度等级分四级:M15、M10、M7.5、M5

B. 砖砌体的抗拉强度很高

C. 砖的强度等级分五级:MU30、MU25、MU20、MU15、MU10

D. 影响砖砌体的强度的主要因素是砖和砂浆的强度

18. 石灰消解过程的特点是 A 。

A. 放热反应 　　　　　　　　B. 吸热反应

C. 体积不变 　　　　　　　　D. 体积收缩

19. 钢筋调直宜采用机械方法,也可采用冷拉方法。当采用冷拉方法调直钢筋时,HPB235级钢筋的冷拉率不宜大于____,HRB335级、HRB400级和RRB400级钢筋的冷拉率不宜大于____。 C

A. 4％ 2％ 　　B. 2％ 4％ 　　C. 4％ 1％ 　　D. 1％ 4％

20. 凡在我国境内建设下列各项工程中除 A 外,都实行竣工验收备案制度。

A. 新建抢险救灾工程

B. 扩建、改建各类房屋建筑工程

C. 新建300以下低层配套工程

D. 改建市政基础设施工程

21. 当混凝土试件强度评定不合格时,可采用 C 的检测方法,按国家现行有关标准

的规定对结构构件中的混凝土强度进行推定,并作为处理的依据。

A. 现场同条件养护试件   B. 按原配合比、原材料重做试件

C. 非破损或局部破损   D. 混凝土试件材料配合比分析

22. 以下__D__不是影响钢筋与混凝土粘结强度的主要因素。

A. 混凝土的强度   B. 钢筋保护层的厚度

C. 钢筋之间的净距   D. 钢筋的强度

23. 关于钢筋混凝土梁受力特征表述,__D__是错误的。

A. 拉区只考虑钢筋受拉   B. 压区只考虑混凝土受压

C. 梁的正截面破坏形态与配筋量有关   D. 允许设计成超筋梁

24. 下列材料中,凝结硬化最快的是__D__。

A. 生石灰   B. 水泥   C. 粉煤灰   D. 建筑石膏

25. 当抹灰层总厚度大于或等于__D__mm时,应采取加强措施。

A. 20   B. 25   C. 30   D. 35

26. 当用人工挖土,基坑挖好后不能立即进行下道工序时,应预留__C__cm 一层土不挖,待下道工序开始再挖至设计标高。

A. 5~10   B. 10~15   C. 15~30   D. 50~100

27. 对钢筋机械连接接头现场检验的每一验收批,必须在工程结构中随机截取__B__个试件做单向拉伸试验,按设计要求的接头性能等级进行检验与评定。

A. 1   B. 3   C. 5   D. 6

28. 高层建筑宜采用__A__。

A. 平开窗   B. 悬窗   C. 立转窗   D. 推拉窗

29. 随着含碳量的提高,钢材的__B__。

A. 强度、硬度、塑性都提高   B. 强度提高、塑性降低

C. 强度降低、塑性提高   D. 强度和塑性都降低

30. 基坑验槽的重点不应选在__D__。

A. 桩基础   B. 墙角处   C. 承重墙下   D. 非承重墙下

31. 我国现行规范采用__A__。

A. 以概率理论为基础的极限状态   B. 安全系数法

C. 经验系数法   D. 极限状态

32. 超筋梁与少筋梁的破坏是没有预兆的__C__。

A. 弹性破坏   B. 冲击破坏   C. 脆性破坏   D. 弹塑性破坏

33. 钢筋与混凝土能够共同工作主要依靠它们之间的__A__。

A. 粘结强度   B. 抗压强度   C. 抗拉强度   D. 抗剪切强度

34. 砖的强度等级用__C__表示。

A. C   B. M   C. MU   D. Q

35. 每一检查单元计量检查的项目中有 90% 及以上检查点在允许偏差范围内,超过允许偏差范围的偏差值不大于允许偏差值的__B__倍。

A. 1.1   B. 1.2   C. 1.3   D. 1.5

36. 检查楼地面空鼓时,用小锤轻击检查的布点要求,沿房间两个方向均匀布点,一般

情况下每隔__C__布点,可覆盖房间的整个地坪并可保证空鼓面积不大于 400 cm² 。

    A. 20~30 cm   B. 30~40 cm   C. 40~50 cm   D. 50~60 cm

    37. 渣压力焊接头外观检查结果,应符合下列要求:四周焊包凸出钢筋表面的高度不得小于____;钢筋与电极接触处,应无烧伤缺陷;接头处的弯折不得大于____;接头处的轴线偏移不得大于钢筋直径的 0.1 倍,且不得大于 2 mm。__B__

    A. 2 mm 3°   B. 4 mm 3°   C. 2 mm 6°   D. 4 mm 6°

    38. 水泥楼地面裂缝宽度较大是一个定性的概念,一般控制在__B__mm。

    A. 0.1   B. 0.2   C. 0.3   D. 0.5

    39. 楼梯相邻踏步高差不应大于 10 mm,该项要求__C__考虑装修层的高度。

    A. 宜   B. 不宜   C. 应   D. 不应

    40. 室内墙面外观质量检查应距墙__D__进行观察检查。

    A. 50~70 cm   B. 60~80 cm   C. 70~90 cm   D. 80~100 cm

    41. 室内墙面出现风裂或龟裂时,__A__进行处理,通过住户装修解决。

    A. 可不   B. 宜   C. 应   D. 必须

    42. 栏杆垂直杆件的净距不应大于__B__m。

    A. 0.1   B. 0.11   C. 0.12   D. 0.13

    43. 外窗台低于__C__m 时,应有防护措施。

    A. 0.6   B. 0.7   C. 0.8   D. 0.9

    44. 住宅工程质量分户验收时应进行建筑外墙金属窗、塑料窗的__D__。

    A. 原材料检测报告   B. 型式检验报告

    C. 复验报告   D. 现场抽样检测

    45. 由于建筑外墙金属窗、塑料窗现场检测是抽样检测,存在一定的验收风险,所以又规定进行__B__。

    A. 雨后检查   B. 淋水试验   C. 泼水检查   D. 喷水检查

    46. 对有防水、排水要求的房间进行蓄水试验,蓄水深度最浅处大于 2 cm,蓄水时间不少于__C__h。

    A. 6   B. 12   C. 24   D. 48

    47. 混凝土强度等级是用边长__C__的立方体试块确定的。

    A. 50 m   B. 100 m   C. 150 m   D. 75 mm

    48. 砖砌体的转角处和交接处应同时砌筑,对不能同时砌筑而又必须留置的临时间断处应砌成斜槎,斜槎水平投影长度不应小于高度__D__。

    A. 1/3   B. 3/4   C. 1/4   D. 2/3

    49. 涉及结构安全的试块、试件以及有关材料应按规定进行__C__检测。

    A. 安全取样   B. 安全总体

    C. 见证取样   D. 见证总体

    50. 对涉及结构安全和使用功能的重要分部工程应进行__D__。

    A. 全体检测   B. 总体检测

    C. 部分检测   D. 抽样检测

    51. 对涉及__A__和使用功能的重要分部工程应进行抽样检测。

A. 结构安全
B. 结构稳定
C. 结构质量
D. 抗震要求

52. 预应力混凝土结构中 D 。
A. 严禁使用粉煤灰
B. 严禁使用人工砂
C. 严禁使用缓凝外加剂
D. 严禁使用含氯化物的外加剂

53. 对承载力达不到设计要求及桩身质量检测发现的Ⅲ、Ⅳ类桩，应请 A 拿出处理意见(方案)。
A. 设计单位
B. 施工单位
C. 监理单位
D. 检测机构

54. 纵向受力钢筋机械连接接头及焊接接头同一连接区段内，接头面积百分率应符合设计要求，当设计无具体要求时，应符合 B 。
A. 在受拉区不宜大于 30%
B. 在受拉区不宜大于 50%
C. 在受压区不宜大于 30%
D. 在受压区不宜大于 50%

55. 后浇带的保留时间应根据设计确定，若设计无要求时，一般应至少保留 D 。
A. 7 d
B. 14 d
C. 28 d
D. 60 d

56. 大体积防水混凝土的施工，设计无要求时，混凝土中心温度与表面温度的差值不应大于 B 。
A. 20 ℃
B. 25 ℃
C. 30 ℃
D. 35 ℃

57. 对跨度不小于 4 m 的现浇钢筋混凝土梁、板，其模板应按设计要求起拱；当设计无具体要求时，起拱高度宜为跨度的 A 。
A. 1/1 000～3/1 000
B. 1/1 000～5/1 000
C. 2/1 000～5/1 000
D. 3/1 000～8/1 000

58. 工程质量的验收均应在 A 检查评定的基础上进行。
A. 施工单位自行
B. 监理单位
C. 施工单位与监理单位
D. 建设单位

59. 预制构件的吊环，必须采用 A 钢筋制作。
A. 未经冷拉的Ⅰ级热轧
B. 经冷拉的Ⅰ级热轧
C. 未经冷拉的Ⅱ级热轧
D. 经冷拉的Ⅱ级热轧

60. 楼梯及室外台阶踏步的宽度、高度应符合设计及规范要求；相邻踏步高度差不应大于____；室外台阶踏步不宜少于____步。 C
A. 0.20 m 3
B. 0.20 m 5
C. 0.15 m 3
D. 0.15 m 5

二、多项选择题(共 40 题，每题 1.5 分。每题的备选答案中有 2 项或 2 项以上符合题意。错选，本题不得分；少选，所选的每个选项得 0.5 分)

1. 以下各种情况中可能引起混凝土离析的是 ACD 。
A. 混凝土自由下落高度为 3 m
B. 混凝土温度过高
C. 振捣时间过长
D. 运输道路不平
E. 振捣棒慢插快拔

2. 钢筋混凝土结构的施工缝宜留置在 AB 。
A. 剪力较小位置
B. 便于施工位置
C. 弯矩较小位置
D. 两构件接点处
E. 剪力较大位置

3. 在施工缝处继续浇筑混凝土时，应先做到 ABCE 。

A. 清除混凝土表面疏松物质及松动石子

B. 将施工缝处冲洗干净，不得有积水

C. 已浇筑混凝土的强度达到 $1.2\ N/mm^2$

D. 已浇筑混凝土的强度达到 $0.5\ N/mm^2$

E. 在施工缝处先铺一层与混凝土成分相同的水泥砂浆

4. 施工中可能造成混凝土强度降低的因素有＿＿ABD＿＿。

A. 水灰比过大　　　　　　B. 养护时间不足　　　　　C. 混凝土产生离析

D. 振捣时间短　　　　　　E. 洒水过多

5. 砌筑砂浆粘结力的大小，将影响砌体的＿＿ABCE＿＿。

A. 抗剪强度　　　　　　　B. 耐久性　　　　　　　　C. 稳定性

D. 抗冻性　　　　　　　　E. 抗震能力

6. 对设有构造柱的抗震多层砖房，下列做法中正确的有＿＿BC＿＿。

A. 构造柱拆模后再砌墙

B. 墙与柱沿高度方向每 500 mm 设一道拉结筋，每边伸入墙内应不少于 1 m

C. 构造柱应与圈梁连接

D. 与构造柱连接处的砖墙应砌成马牙槎，每一马牙槎沿高度方向的尺寸不得小于 500 mm

E. 马牙槎从每层柱脚开始，应先进后退

7. 屋面铺贴防水卷材应采用搭接法连接，其要求包括＿＿ACDE＿＿。

A. 相邻两副卷材的搭接缝应错开

B. 上下层卷材的搭接缝应对正

C. 平行于屋脊的搭接缝应顺水流方向搭接

D. 垂直于屋脊的搭接缝应顺年最大频率风向搭接

E. 搭接宽度应符合规定

8. 屋面刚性防水层施工的正确做法是＿＿ADE＿＿。

A. 防水层与女儿墙的交接处应做柔性密封处理

B. 防水层内应避免埋设过多管线

C. 屋面坡度宜为 $2\%\sim3\%$，应使用材料做法找坡

D. 防水层的厚度不小于 40 mm

E. 钢筋网片保护层的厚度不应小于 10 mm

9. 钢筋常用的焊接方法有＿＿CDE＿＿。

A. 熔焊　　　　　　　　　B. 钎焊　　　　　　　　　C. 电弧焊

D. 电渣压力焊　　　　　　E. 对焊

10. 填充后浇带混凝土＿＿ABCE＿＿。

A. 要求比原结构强度提高一级

B. 最好选在主体收缩状态

C. 在室内正常的施工条件下后浇带间距为 30 m

D. 不宜采用无收缩水泥

E. 宜采用微膨胀水泥

11. 为防止大体积混凝土由于温度应力作用产生裂缝,可采取的措施有　BCE　。

A. 提高水灰比

B. 减少水泥用量

C. 降低混凝土的入模温度,控制混凝土内外的温差

D. 留施工缝

E. 优先选用低水化热的矿渣水泥拌制混凝土

12. 混凝土结构表面损伤、缺棱掉角产生的原因有　BCD　。

A. 浇筑混凝土顺序不当,造成模板倾斜

B. 模板表面未涂隔离剂,模板表面未处理干净

C. 振捣不良,边角处未振实

D. 模板表面不平,翘曲变形

E. 模板接缝处不平整

13. 与碱骨料反应有关的因素有　ABE　。

A. 水泥的含碱量过高

B. 环境湿度大

C. 空气中二氧化碳的浓度低

D. 混凝土氯离子含量

E. 骨料中含有碱活性矿物成分

14. 冬期施工为提高混凝土的抗冻性可采取的措施有　ABCE　。

A. 配制混凝土时掺引气剂

B. 配制混凝土时减少水灰比

C. 优先选用水化热量大的硅酸盐水泥

D. 采用粉煤灰硅酸盐水泥配制混凝土

E. 采用较高等级水泥配制混凝土

15. 砂浆的砌筑质量与　ACDE　有关。

A. 砂浆的种类　　　　　B. 砂浆的抗冻性　　　C. 砂浆的强度

D. 块材的平整度　　　　E. 砂浆的和易性

16. 保水性差的砂浆,在施工使用中易产生　ABCD　等现象。

A. 灰缝不平　　　　　　B. 泌水　　　　　　　C. 粘结强度低

D. 离析　　　　　　　　E. 干缩性增大

17. 下述砌砖工程的施工方法,错误的是　AD　。

A. "三一"砌砖法即是三顺一丁的砌法

B. 砌筑空心砖砌体宜采用"三一"砌筑法

C. "三一"砌砖法随砌随铺,随即挤揉,灰缝容易饱满,粘结力好

D. 砖砌体的砌筑方法有砌砖法、挤浆法、刮浆法

E. 挤浆法可使灰缝饱满,效率高

18. 为了避免砌块墙体开裂,预防措施包括　ABCD　。

A. 清除砌块表面脱模剂及粉尘

B. 采用和易性好的砂浆

C. 控制铺灰长度和灰缝厚度

D. 设置芯柱、圈梁、伸缩缝

E. 砌块出池后立即砌筑

19. 关于防水混凝土的施工缝、后浇带的构造,以下说法正确的是 __ADE__。

A. 后浇带应采取补偿收缩混凝土浇筑

B. 后浇带混凝土养护时间不得少于 28 d

C. 墙体上可以留垂直施工缝

D. 最低水平施工缝距底板面不小于 200 mm

E. 应不留或少留施工缝

20. 地下防水混凝土施工应符合 __ACE__。

A. 必须采用机械搅拌

B. 搅拌时间不少于 1 min

C. 必须采用机械捣实

D. 掺引气剂的混凝土必须采用中频振捣器振捣

E. 垂直施工缝位置应避开地下水和裂缝水较多的地段

21. 工程实体质量监督,应设置质量监督控制点的部位和工序为 __ABD__。

A. 桩基和地基处理 　　　　B. 地基基础

C. 工序验收 　　　　D. 幕墙隐蔽工程

22. 监督机构应对涉及 __ACD__ 的实体质量或材料进行监督检测,检测记录应列入质量监督报告。

A. 结构安全 　　　　B. 结构质量

C. 使用功能 　　　　D. 关键部位

23. 先张法预应力管桩,施工过程中应检查桩的 __AC__、桩顶完整状况、电焊接桩质量、电焊后的停歇时间。重要工程应对电焊接头做 10%的焊缝探头检查。

A. 贯入情况 　　　　B. 桩体强度

C. 桩体完整情况 　　　　D. 桩体垂直度

24. 大体积防水混凝土的施工,应采取以下措施: __ABC__。

A. 在设计许可的情况下,采用混凝土 60 d 强度作为设计强度

B. 掺入减水剂、缓凝剂、膨胀剂等外加剂

C. 在炎热季节施工时,采取降低原材料温度、减少混凝土运输时吸收外界热量等降温措施

D. 采用高热水泥,掺加粉煤灰、磨细矿渣粉等掺合料

25. 在梁、柱类构件的纵向受力钢筋搭接长度范围内,应按设计要求配置箍筋。当设计无具体要求时,应符合下列规定: __BD__。

A. 箍筋直径不应小于搭接钢筋较大直径的 0.3 倍

B. 受拉搭接区段的箍筋间距不应大于搭接钢筋较小直径的 5 倍,且不应大于 100 mm

C. 受压搭接区段的箍筋间距不应大于搭接钢筋较小直径的 15 倍,且不应大于 200 mm

D. 当柱中纵向受力钢筋直径大于 25 mm 时,应在搭接接头两个端面外 100 mm 范围内各设置两个箍筋,其间距宜为 50 mm。

26. 砂浆用砂不得含有有害杂物。砂浆用砂的含泥量应满足下列要求： __AC__ 。

A. 对水泥砂浆和强度等级不小于 M5 的水泥混合砂浆,不应超过 5%

B. 对强度等级小于 M5 的水泥混合砂浆,不应超过 15%

C. 人工砂、山砂及特细砂,应经试配能满足砌筑砂浆技术条件要求

27. 建筑物需以玻璃作为建筑材料的,下列部位必须使用安全玻璃： __BCD__ 。

A. 10 层及 10 层以上建筑物外开窗

B. 面积大于 1.5 m² 的窗玻璃或玻璃底边离最终装修面小于 500 mm 的落地窗

C. 幕墙(全玻幕墙除外)

D. 倾斜装配窗、各类天棚(含天窗、采光顶)、吊顶

28. 玻纤网布在保温系统下列终端处应进行哪些翻包处理？ __AB__

A. 门窗洞口、管道或其他设备穿墙洞部位

B. 勒脚、阳台、雨篷等系统终端部位

C. 伸缩缝等需终止系统的部位。

D. 保温系统在女儿墙连续的部位

29. 地基土载荷试验用于确定岩土的承载力和变形特性等,包括下列哪些试验： __AC__ 。

A. 载荷试验　　　　　　　　　　B. 现场浸水负荷试验

C. 黄土湿陷性试验　　　　　　　D. 软土现场浸水载荷试验

30. 混凝土抗渗试块,以下取样规定哪些是正确的？ __CD__

A. 抗渗试件的留置组数是连续浇筑混凝土 600 m³

B. 每单位工程不得少于三组

C. 试件应在浇筑地点制作

D. 应采用在标准条件下养护混凝土抗渗试件的试验结果评定抗渗性能

31. 屋面工程所采用的防水材料应有产品合格证书和性能检测报告,材料的 __ABC__ 等应符合现行国家产品标准和设计要求。

A. 品种　　　　B. 规格　　　　C. 性能　　　　D. 名称

32. 用于检查结构构件混凝土强度的试件,应在混凝土的浇筑地点随机抽取。取样与试件留置应符合下列规定： __ABD__ 。

A. 每拌制 100 盘且不超过 100 m³ 的同配合比的混凝土,取样不得少于一次

B. 每工作班拌制的同一配合比的混凝土不足 100 盘时,取样不得少于一次

C. 当一次连续浇筑超过 500 m³ 时,同一配合比的混凝土每 200 m³ 取样不得少于一次

D. 每一楼层、同一配合比的混凝土,取样不得少于一次

33. 钢筋混凝土现浇楼板裂缝,通病表现形式包括： __ABD__ 。

A. 现浇板易产生贯通性裂缝或上表面裂缝

B. 现浇板外角部位易产生斜裂缝

C. 现浇板易产生上表面裂缝

D. 现浇板沿预埋线管易产生裂缝

34. 对原材料、半成品、成品、构配件、器具、设备等产品的进场验收应符合下列哪些要求： __BCD__ 。

A. 进场产品应有质量检测报告

B. 进场产品应有合格证明书和产品识别标志,并应有进场记录

C. 产品进场应分批存放,其数量、种类、规格等应与合同约定相符合

D. 凡涉及安全、功能的有关产品,应按各专业工程质量验收规范规定或合同约定的抽样方案按批进行复验合格

35. 分部(子分部)工程质量验收合格应符合下列规定:__BC__。

A. 各检验批的质量均应验收合格

B. 工程质量控制资料和文件应完整

C. 地基基础、主体结构和设备安装分部等有关安全及功能的检验和抽样检测结果应符合有关规定

D. 各子分部质量验收符合要求

36. 建设单位组织工程竣工验收,建设、__ABCD__单位分别汇报工程合同履约情况和在建工程建设各个环节执行法律、法规和工程建设强制标准的情况。

A. 勘察　　　　B. 设计　　　　C. 施工　　　　D. 监理

37. 工程质量监督报告编写的要求有:__ABD__。

A. 时效性　　B. 真实性　　C. 全面性　　D. 针对性

38. 工程质量监督档案保存期限分为:__AD__。

A. 长期　　B. 永久性　　C. 中期　　D. 短期

39. 由于工程质量事故具有复杂性、严重性、可变性和多发性的特点,所以建设工程质量事故的分类有多种方法,按事故造成损失严重程度划分为:__ABC__。

A. 一般质量事故　　　　B. 严重质量事故

C. 重大质量事故　　　　D. 特大质量事故

40. 工程质量事故发生后,事故处理主要应解决:__ACD__。

A. 搞清原因　　B. 落实责任　　C. 妥善处理　　D. 消除隐患

三、判断题(共30题,每题1分)

1. 建筑设计单位对设计文件选用的建筑材料、建筑构配件和设备,可以指定生产厂、供应商。　　　　(×)

2. 工程投资额在30万元以下或者建筑面积在300 m² 以下的建筑工程,可以不申请施工许可证。　　　　(√)

3. 在正常使用下,房屋建筑工程的最低保修期限为:屋面防水工程、有防水要求的卫生间、房间外墙的防渗漏,为3年。　　　　(×)

4. 工程质量事故中,二级重大事故是指死亡30人以上或直接经济损失100万元以上,不满300万元的事故。　　　　(×)

5. 见证取样数量规定中,涉及结构安全的试块、试件和材料见证取样和送样的比例不得低于有关技术标准中规定应取样数量的20%。　　　　(×)

6. 空间尺寸指住宅工程室内具有独立使用功能的自然间内部净空尺寸,主要包括净开间、进深和净高。　　　　(√)

7. 水流淌后余水深度超过5 mm时即为屋面积水。　　　　(√)

8. 住宅工程质量分户验收由施工单位负责实施。　　　　(×)

9. 建筑物外墙的显著部位镶刻工程铭牌。　　　　　　　　　　　　（√）

10. 住宅工程质量分户验收对参加分户验收的建设、施工、监理单位人员资格提出了明确的要求。　　　　　　　　　　　　　　　　　　　　　　　　　　　（√）

11. 窗用人工淋水试验,每三至四层(有挑檐的每一层)设置一条横向淋水带,淋水时间不少于1 h后进户目测观察检查。　　　　　　　　　　　　　　　　　　（√）

12. 应力筋下料应采用砂轮锯或切断机切断,不得采用电弧切割。　　　　（√）

13. 张法有粘结预应力筋张拉后应尽早进行孔道灌浆,孔道内水泥浆应饱满、密实。（√）

14. 墙上留置临时施工洞口,其侧边离交接处墙面不应小于50 cm,洞口净宽度不应超过2 m。　　　　　　　　　　　　　　　　　　　　　　　　　　　（×）

15. 柱与墙体的连接处应砌成马牙槎,马牙槎应先进后退,预留的拉结钢筋应位置正确,施工中不得任意弯折。　　　　　　　　　　　　　　　　　　　　　　（×）

16. 填充墙砌筑时应错缝搭砌,蒸压加气混凝土砌块搭砌长度不应小于90 mm。（×）

17. 当室外日平均气温连续5 d稳定低于0 ℃时,砌体工程应采取冬期施工措施。（×）

18. 多孔砖和空心砖在气温高于0 ℃条件下砌筑时,应浇水湿润。　　　　（√）

19. 为了防止或减轻房屋顶层墙体的裂缝,女儿墙应设置构造柱,构造柱间距不宜大于6 m,构造柱应伸至女儿墙顶并与现浇钢筋混凝土压顶整浇在一起。　　　（×）

20. 焊接球焊缝质量应符合设计要求,当设计无要求时应符合二级焊缝的质量标准。
　　　　　　　　　　　　　　　　　　　　　　　　　　　　　　　（√）

21. 钢网架结构总拼完成后及屋面工程完成后应分别测量其挠度值,且所测的挠度值不应超过相应设计值的1.5倍。　　　　　　　　　　　　　　　　　　（×）

22. 大体积防水混凝土中心温度与表面温度的差值不应大于20 ℃,混凝土表面温度与大气温度的差值不应大于20 ℃。养护时间不应少于14 d。　　　　　　　（×）

23. 对选定的梁类构件,应对全部纵向受力钢筋的保护层厚度进行检验;对选定的板类构件,应抽取不少于6根纵向钢筋的保护层厚度进行检验。　　　　　　　（√）

24. 钢筋保护层厚度检验时,纵向受力钢筋保护层厚度的允许偏差,对梁类构件为+8 mm,-5 mm;对板类构件为+10 mm,-7 mm。　　　　　　　　　　　（×）

25. 水泥粉煤灰碎石桩复合地基其承载力检验,数量为总数的1%,且不应少于3根。有单桩强度检验要求时,数量为总数的1%,且不应少于3根。　　　　　　　（×）

26. 当换填垫层厚度大于2 m,但设计安全等级为丙级的建筑物和一般不太重要的、小型、轻型或对沉降要求不高的工程,可不做承载力检验。　　　　　　　　（×）

27. 当采用低应变法、高应变法和声波透射法抽检桩身完整性所发现的Ⅲ、Ⅳ类桩之和大于抽检桩数的20%时,宜采用原检测方法,在未检桩中继续加倍抽测。　　（√）

28. 基槽(坑)开挖后,应进行基槽检验。基槽检验可用触探或其他方法,当发现与勘察报告和设计文件不一致或遇到异常情况时,应结合地质条件提出处理意见。　　（√）

29. 按照规范要求,打(压)入桩的桩位偏差中斜桩倾斜度的偏差不得小于倾斜角正切值的15%。　　　　　　　　　　　　　　　　　　　　　　　　　　　（×）

30. 当设计无具体要求时,对一、二级抗震等级的框架结构,其纵向受力钢筋检测所得的强度实测值应符合"钢筋抗拉强度实测值与屈服强度实测值的比值不应大于1.25及屈服强度实测值与强度标准值的比值不应小于1.3"的规定。　　　　　　　　（×）

安装专业试题(A 卷)

一、单项选择题(共 60 题,每题 1 分。每题的备选答案中只有 1 项是最符合题意的)

1. 金属风管的加固:圆形风管(不包括螺旋风管)直径大于等于___A___ mm,且其管段长度大于 1 250 mm 或总表面积大于 4 m² 均应采取加固措施。

A. 800　　　　　　B. 90　　　　　　　C. 100　　　　　　D. 200

2. 矩形风管边长大于等于___D___ mm 和保温风管边长大于等于 800 mm,且其管段长度大于 1 250 mm 或低压风管单边平面积大于 1.2 m²、中、高压风管大于 1.0 m²,均应采取加固措施。

A. 600　　　　　　B. 650　　　　　　C. 700　　　　　　D. 630

3. 对边长小于等于 800 mm 的风管,宜采用楞筋、楞线的方法加固,当中压和高压风管的管段长度大于___B___ m 时,应采用加固框的形式,加固框通常采用角钢来制作,其规格比管段法兰用角钢规格小一号即可。

A. 1.0　　　　　　B. 1.2　　　　　　C. 1.5　　　　　　D. 1.8

4. 在风管穿过需要封闭的防火、防爆的墙体或楼板时,应设预埋管或防护套管,其钢板厚度不应小于___D___ mm。

A. 1.0　　　　　　B. 1.2　　　　　　C. 1.5　　　　　　D. 1.6

5. 输送空气温度高于___B___ ℃的风管,应按设计规定采取防护措施。

A. 50　　　　　　　B. 80　　　　　　　C. 100　　　　　　D. 120

6. 对于薄钢板法兰的风管,其支、吊架间距不应大于___C___ m。

A. 1.0　　　　　　B. 1.0　　　　　　C. 3.0　　　　　　D. 4.0

7. 风管垂直安装,支架间距不应大于___D___ m,单根直管至少应有 2 个固定点。

A. 2.0　　　　　　B. 2.5　　　　　　C. 3.0　　　　　　D. 4.0

8. 支、吊架不宜设置在风口、阀门、检查门及自控机构处,离风口或插接管的距离不宜小于___C___ mm。

A. 100　　　　　　B. 150　　　　　　C. 200　　　　　　D. 300

9. 当水平悬吊的主、干风管长度超过___C___ m 时,应设置防止摆动的固定点,每个系统不应少于 1 个。

A. 10　　　　　　　B. 15　　　　　　　C. 20　　　　　　　D. 25

10. 通风机的叶轮转子与机壳的组装位置应正确;叶轮进风口插入风机机壳进风口或密封圈的深度,应符合设备技术文件的规定,或为叶轮外径值的___A___。

A. 1/100　　　　　B. 1/200　　　　　C. 1/500　　　　　D. 1/1 000

11. 现场组装的轴流风机叶片安装角度应一致,达到在同一平面内运转,叶轮与筒体之间的间隙应均匀,水平度允许偏差为___D___。

A. 1/100　　　　　B. 1/200　　　　　C. 1/500　　　　　D. 1/1 000

12. 安全出口标志灯和疏散标志灯应采用装有___A___或非燃材料的保护罩。

A. 玻璃   B. 树脂   C. 塑料   D. 金属

13. 高效过滤器采用机械密封时,须采用密封垫料,其厚度为6～8 mm,并定位贴在过滤器边框上,安装后热料的压缩应均匀,压缩率为25%～__C__%。

A. 30%   B. 40%   C. 50%   D. 60%

14. 除尘器采用液槽密封时,槽架安装应水平,不得有渗漏现象,槽内无污物和水分,槽内密封液高度宜为2/3槽深。密封液的熔点宜高于__B__℃。

A. 30   B. 50   C. 60   D. 80

15. 风机盘管机组安装前宜进行单机三速试运转及水压试验,压力为系统工作压力的1.5倍,试验观察时间为__D__min,不渗漏为合格。

A. 10.0   B. 5.0   C. 3.0   D. 2.0

16. 整体安装的制冷机组,其机身纵、横向水平度的允许偏差为__D__,并应符合设备技术文件的规定。

A. 1/100   B. 1/200   C. 1/500   D. 1/1 000

17. 制冷设备或制冷附属设备,其隔振器安装位置应正确;各个隔振器的压缩量,应均匀一致,偏差不应大于__B__mm。

A. 1.0   B. 2.0   C. 3.0   D. 5.0

18. 制冷系统管径小于等于__C__mm的铜管道,在阀门外应设置支架;管道上下平行敷设时,吸气管应在下方。

A. 8   B. 15   C. 20   D. 25

19. 制冷剂管道弯管的弯曲半径不应小于__C__D(管道直径),其最大外径与最小外径之差不应大于0.08D,且不应使用焊接弯管及皱褶弯管。

A. 2.5   B. 3.0   C. 3.5   D. 5.0

20. 制冷剂管道分支管应按介质流向弯成90 ℃弧度与主管连接,不宜使用弯曲半径小于__B__的压制弯管。

A. 1.0D   B. 1.5D   C. 2.0D   D. 2.5D

21. 制冷剂阀门安装前应进行强度和严密性试验。强度试验压力为阀门公称压力的__A__倍,时间不得少于5 min。

A. 1.5   B. 1.25   C. 1.75   D. 2.0

22. 制冷系统水平管道上的阀门的手柄不应朝__B__;垂直管道上的阀门手柄应朝向便于操作的地方。

A. 上   B. 下   C. 外   D. 内

23. 安装在室外的壁灯应有__C__,绝缘台与墙面之间应有防水措施。

A. 保护罩   B. 接地线   C. 泄水孔   D. 磨砂罩

24. 固定在建筑结构上的制冷管道支、吊架,不得影响结构的安全。管道穿越墙体或楼板处应设钢制套管,管道接口不得置于套管内,钢制套管应与墙体饰面或楼板底部平齐,上部应高出楼层地面__B__mm,并不得将套管作为管道支撑。

A. 20～30   B. 20～50   C. 30～50   D. 40～50

25. 冷凝水排水管坡度,应符合设计文件的规定。当设计无规定时,其坡度宜大于或等于8‰;软管连接的长度,不宜大于__B__mm。

A. 100   B. 150   C. 200   D. 300

26. 直径为 50 mm 的镀锌钢管在未设保温层的情况下支架的最大间距为 __B__ m。

A. 5   B. 2.5   C. 3   D. 4

27. 制冷系统试压：在各分区管道与系统主、干管全部连通后，对整个系统的管道进行系统的试压。试验压力以最低电（点）的压力为准，但最低点的压力不得超过管道与组成件的承受压力。压力试验升至试验压力后，稳压 10 min，压力下降不得大于 __B__ MPa，再将系统压力降至工作压力，外观检查无渗漏为合格。

A. 0.01   B. 0.02   C. 0.05   D. 0.2

28. 冷却塔安装应水平，单台冷却塔安装水平度和垂直度允许偏差均为 __A__ 。同一冷却水系统的多台冷却塔安装时，各台冷却塔的水面高度应一致，高差不应大于 30 mm。

A. 2/1 000   B. 1/1 000   C. 1/100   D. 2/100

29. 冷却塔垫铁组放置位置正确、平稳，接触紧密，每组不超过 __B__ 块。

A. 2   B. 3   C. 4   D. 5

30. 户外金属保护壳的纵、横向接缝，应顺直；其纵向接缝应位于管道的 __C__ 面。

A. 上   B. 下   C. 侧   D. 正

31. 室内给水管道的水压试验，当设计未注明时，应为工作压力的 __B__ 倍。

A. 1   B. 1.5   C. 2   D. 2.5

32. 阀门的强度试验压力为公称压力的 __B__ 倍。

A. 1.2   B. 1.5   C. 2   D. 2.5

33. 散热器安装前的水压试验时间为 __D__ min 压力不降且不渗不漏。

A. 20~15   B. 15~10   C. 10~8   D. 2~3

34. 自动喷水灭火系统水压严密性试验，试验压力应为设计工作压力，稳压 __B__ h 应无渗漏。

A. 12   B. 24   C. 36   D. 48

35. 隐蔽或埋地的排水管道在隐蔽前必须做 __C__ 。

A. 通球试验   B. 闭水试验   C. 灌水试验   D. 通水试验

36. 自动喷水灭火系统的闭式喷头应进行 __C__ 。

A. 喷水试验   B. 返水试验   C. 密封性能试验   D. 气压严密性试验

37. 地下室或地下构筑物外墙有管道穿过的，应采取防水措施，对有严格防水要求的建筑物必须采用 __C__ 。

A. 套管   B. 非金属垫   C. 柔性防水套管   D. 柔性连接

38. 管道穿过结构伸缩缝、抗震缝、沉降缝，在管道或保温层外皮上、下部留有不小于 __A__ mm 的净空。

A. 150   B. 200   C. 250   D. 300

39. 通球试验的通球球径不小于排水管道管径的 __B__ 。

A. 3/4   B. 2/3   C. 1/2   D. 1/3

40. UPVC 排水管道伸缩节的间距不得大于 __D__ m。

A. 2   B. 3   C. 3.5   D. 4

41. 管径小于或等于 100 mm 的镀锌钢管应采用螺纹连接，破坏的镀锌层及外露螺纹部分应做___D___。

    A. 防锈处理   B. 防水处理   C. 防腐处理   D. 二次镀锌

42. 伸顶通气管高出屋面不小于_____m，当为上人屋面时，通气管应高出层面的_____m。___D___

    A. 0.2 1.5   B. 0.2 2   C. 0.3 1.5   D. 0.3 2

43. 散热器背面与装饰后的墙内表面安装距离应符合设计要求或产品说明书要求，如设计未注明，应为___B___mm。

    A. 35   B. 30   C. 25   D. 20

44. 对进场建筑安装材料的进场控制，要重视材料的___A___，以防错用或使用不合格的材料。

    A. 使用认证   B. 进场验收   C. 检验   D. 试验

45. UPVC 给水管适用于温度不大于 45 ℃，工作压力不大于___C___MPa 的给水系统。

    A. 1   B. 0.5   C. 0.6   D. 1.2

46. 建筑给水聚丙烯管材在安装不便的场所宜采用___A___。

    A. 电熔连接   B. 丝接   C. 热熔连接   D. 法兰连接

47. 当系统由金属管道（金属复合管）和塑料管道混合组成时，系统打压应按要求___C___的管材进行。

    A. 金属管道   B. 塑料管道   C. 高   D. 低

48. 排水立管及水平干管均应做通球试验，通球球径不小于排水管道管径的 2/3，通球率达到___D___。

    A. 65%   B. 75%   C. 80%   D. 100%

49. 在正常使用条件下，房屋建筑工程中给排水管道的最低保修期限为___A___年。

    A. 2   B. 8   C. 5   D. 3

50. 安装在卫生间及厨房的套管，其顶部应高出装饰面___D___mm。

    A. 20   B. 30   C. 40   D. 50

51. 室外埋地的镀锌钢管给水管道螺纹连接处应做好___B___措施。

    A. 保护   B. 防腐   C. 防冻   D. 保温

52. 电气导管应垂直入箱，露出箱内___C___mm，锁口、护口应齐全。

    A. 1   B. 2   C. 3   D. 5

53. 给水引入管与排水管的水平净距不得小于___B___m。

    A. 0.5   B. 1   C. 2   D. 2.2

54. 螺纹连接的管道安装后，螺纹根部应有___C___扣达到外露丝扣。

    A. 1~2   B. 1~3   C. 2~3   D. 3~4

55. 铸铁管道在穿越建筑物沉降缝、伸缩缝处应___B___。

    A. 设置加固装置   B. 设置补偿装置

    C. 加设保温措施   D. 加设保温措施

56. 室内箱式消防栓栓口中心距地面为___B___m。

    A. 1   B. 1.1   C. 1.2   D. 1.5

57. 铸铁给水管承插连接时，橡胶圈接口每个接口的最大转角依据管道规格一般为　C　。

A. 1°~3°
B. 2°~4°
C. 3°~5°
D. 2°~3°

58. 室内明敷安装的镀锌管道应先行　D　。

A. 防腐处理
B. 防锈处理
C. 加装支架
D. 调直处理

59. 管径小于或等于100 mm的镀锌钢管应采用　A　。

A. 螺纹连接
B. 法兰连接
C. 承插连接
D. 卡套式专用管件连接

60. 镀锌钢管道室内明敷安装时,较大管径的管道支架不得设置于　D　上。

A. 承重墙
B. 窗间墙
C. 半砖墙
D. 轻质隔墙

二、多项选择题(共40题,每题1.5分。每题的备选答案中有2项或2项以上符合题意。错选,本题不得分;少选,所选的每个选项得0.5分)

1. 曳引机组上全部紧固件应齐全,加工面无　AC　。

A. 机械损伤　B. 油污　C. 无锈蚀　D. 划痕

2. 承重梁两端如需埋入承重墙内时,其埋入深度　AC　。对砖墙梁下应垫以能承受其重量的钢筋混凝土过梁或金属过梁。

A. 应超过墙厚中心20 mm
B. 应超过墙厚中心30 mm
C. 且不应小于75 mm
D. 且不应小于50 mm

3. 限速器动作时,限速器绳对安全钳连杆的提拉力至少应是以下值中的较大值:　BC　。

A. 200 N
B. 300 N
C. 安全钳起作用所需力的两倍
D. 安全钳起作用所需力的一倍

4. 电梯电源开关不应切断下列供电电路:　ABCD　。

A. 机房中电源插座　B. 轿顶与底坑的电源插座　C. 电梯井道照明
D. 报警装置　E. 曳引机电源

5. 各开关应具有明显的　AD　位置的标识。

A. 断开　B. 启动　C. 停止　D. 闭合

6. 控制柜、屏安装　ABC　。

A. 正面距门、窗不小于600 mm
B. 维修侧距墙不小于600 mm
C. 距机械设备不小于500 mm
D. 距机械设备不小于800 mm

7. 供电系统采用(TN—C)制式中接零保护,下列说法正确的是:　ABD　。

A. 在同一回路中不应将电气设备一部分接零保护,而一部分接地保护
B. 单相回路中,中性线上不得装断路设备
C. 进入电梯机房后应为三相四线制(TN—C)
D. 进入电梯机房后应为三相五线制(TN—C—S)

8. 电梯电气金属线槽及导管敷线规定如下　BC　。

A. 线槽内电线或电缆的总截面(包括外护层)不应超过线槽内截面的40%

B. 线槽内电线或电缆的总截面(包括外护层)不应超过线槽内截面的 60%

C. 导管内导线总面积不应大于导管内净截面积的 40%

D. 导管内导线总面积不应大于导管内净截面积的 60%

9. 电机或曳引轮上应有与轿厢升降方向相对应的标志。__ABD__ 外侧面应漆成黄色。

A. 曳引轮   B. 导向轮   C. 电机   D. 限速器轮

10. 导轨支架安装时,钢筋混凝土墙如__BD__。

A. 采用预埋钢板时,钢板厚度不小于 6 mm

B. 采用预埋钢板时,钢板厚度不小于 10 mm

C. 采用膨胀螺栓固定时,螺栓规格不应小于 M10

D. 采用膨胀螺栓固定时,螺栓规格不应小于 M12

11. 导轨支架规定如下:__ACD__。

A. 最低一挡支架应离底坑小于 1 m

B. 最低一挡支架应离底坑小于 0.5 m

C. 最高一挡支架离导轨顶应小于 0.5 m

D. 每挡间距应在 2.5 m 以内,且每根导轨不少于两个支架

12. 导轨校正用调整垫片,__AC__。

A. 厚度一般控制在 3 mm 之内   B. 厚度一般控制在 5 mm 之内

C. 垫片数量不应超过 3 片   D. 垫片数量不应超过 2 片

13. 不设安全钳的__BD__。

A. 对重导轨接头处缝隙不应大于 0.5 mm

B. 对重导轨接头处缝隙不应大于 1.0 mm

C. 导轨工作面接头处台阶不应大于 0.1 mm

D. 导轨工作面接头处台阶不应大于 0.15 mm

14. 井道电缆敷设规定如下:__AC__。

A. 控制电缆敷设应垂直,固定牢靠,固定间距宜不大于 1.0 m

B. 控制电缆敷设应垂直,固定牢靠,固定间距宜不大于 1.5 m

C. 分支电缆,固定尼龙扎带间距宜 300 mm 左右

D. 分支电缆,固定尼龙扎带间距宜 600 mm 左右

15. 软电缆弯曲半径:__BD__。

A. 8 芯,不小于 200 mm   B. 8 芯,不小于 250 mm

C. 16～24 芯,不小于 300 mm   D. 16～24 芯,不小于 400 mm

16. 轿厢规定如下:__BC__。

A. 轿顶最小空间距离为 0.3 m

B. 轿顶最小空间距离为 0.5 m

C. 小型杂物电梯的轿厢和对重的空程严禁小于 0.3 m

D. 小型杂物电梯的轿厢和对重的空程严禁小于 0.5 m

17. 井道应设置永久照明,__ABD__。

A. 井道最高点 0.5 m 装一盏灯   B. 井道最低点 0.5 m 装一盏灯

C. 中间最大间距每隔 5 m 设一盏灯   D. 中间最大间距每隔 7 m 设一盏灯

18. 当距轿底面在 1.1 m 以下 __AC__ ,且扶手必须独立固定,不得与玻璃有关。

A. 使用玻璃轿壁时

B. 使用塑料轿壁时

C. 必须在距轿底面 0.9~1.1 m 的高度安装扶手

D. 必须在距轿底面 1.2~1.4 m 的高度安装扶手

19. 层门地坎至轿厢地坎之间的 __AD__ 。

A. 水平距离偏差为 0~+3 mm

B. 水平距离偏差为 +2~+5 mm

C. 且最大距离偏差严禁超过 25 mm

D. 且最大距离偏差严禁超过 35 mm

20. 动力操纵的水平滑动门 __BC__ 。

A. 在关门开始的 1/3 行程之前

B. 在关门开始的 1/3 行程之后

C. 阻止关门的力严禁超过 150 N

D. 阻止关门的力严禁超过 200 N

21. 门扇与门扇、门扇与门套、门扇与门楣、门扇与门口处轿壁、门扇下端与地坎的间隙, __BD__ 。

A. 乘客电梯不应大于 5 mm

B. 乘客电梯不应大于 6 mm

C. 载货电梯不应大于 7 mm

D. 载货电梯不应大于 8 mm

22. 电梯运行检查必须达到下列要求: __ABD__ 。

A. 电梯启动、运行和停止,轿厢内无较大的振动和冲击,制动器动作可靠

B. 运行控制功能达到设计要求:指令、召唤、定向、程序转换、开车、载车、停车、平层等准确无误,声光信号显示清晰、正确

C. 减速器油的温升不超过 40 ℃,且最高温度不超过 60 ℃

D. 减速器油的温升不超过 60 ℃,且最高温度不超过 85 ℃

23. 电梯的曳引能力试验: __ABC__ 。

A. 轿厢在行程上部范围空载上行

B. 行程下部范围载有 125% 额定载重量下行

C. 分别停层 3 次以上,轿厢必须可靠地制停

D. 分别停层 5 次以上,轿厢必须可靠地制停

24. 轿厢分别在空载、额定载荷工况下,按产品设计规定的 __BD__ 次(每天不少于 8 h),电梯应运行平稳、制动可靠、连续运行无故障。

A. 每小时启动次数 500

B. 每小时启动次数 1 000

C. 负载持续率 500

D. 负载持续率 1 000

25. 机房噪声检验: __BD__ 。

A. 对额定速度不大于 4 m/s 的电梯,不应大于 60 dB

B. 对额定速度不大于 4 m/s 的电梯,不应大于 80 dB

C. 对额定速度大于 4 m/s 的电梯,不应大于 80 dB

D. 对额定速度大于 4 m/s 的电梯,不应大于 85 dB

26. 平层准确度检验: __AC__ 。

A. 额定速度不大于 0.63 m/s 的交流双速电梯,应在 ±15 mm 的范围内

B. 额定速度大于 0.63 m/s 且不大于 1.0 m/s 的交流双速电梯,应在 ±25 mm 的范围内

C. 其他调速方式的电梯,应在 ±15 mm 的范围内

D. 其他调速方式的电梯,应在±25 mm 的范围内

27. 运行速度检验: __AC__ 。

A. 当电源为额定频率和额定电压,轿厢载有 50% 额定载荷时,向下运行至行程中段时的速度,不应大于额定速度的 105%

B. 当电源为额定频率和额定电压,轿厢载有 100% 额定载荷时,向下运行至行程中段时的速度,不应大于额定速度的 105%

C. 且不应小于额定速度的 92%

D. 且不应小于额定速度的 95%

28. 电梯应做 __ABC__ 和超载运行试验。

A. 空载   B. 半载   C. 满载   D. 3/4 载

29. 轿厢分别以 __ABC__ 三种情况,并在通电持续率 40% 的情况下,到达全行程范围。电梯应平衡运行,制动可靠。

A. 空载   B. 50% 额定载荷   C. 额定载荷   D. 超载

30. 电梯设备进场后,应由 __ABCD__ 单位共同开箱检验,并进行记录,填写《电梯设备开箱检验记录》。电梯工程的主要设备、材料及附件应有出厂合格证、产品说明书及安装技术资料。

A. 建设   B. 监理   C. 施工

D. 供货   E. 安装

31. 硬聚氯乙烯风管不应出现 __ABCD__ 等缺陷。

A. 气泡   B. 分层   C. 碳化   D. 变形和裂纹

32. 对于无机玻璃钢风管,应保证风管及配件不得扭曲,内表面应 __ABC__ ,不应有气泡、分层等缺陷。

A. 整齐美观   B. 厚度均匀   C. 边缘无毛刺   D. 颜色一致

33. 复合玻纤风管要保证内表面 __BC__ 且不会脱落,尤其要保证内壁在使用中不会产生细小的粉尘或颗粒,以免造成空调室内环境污染。

A. 坚固   B. 光滑   C. 平整   D. 美观

34. 风管内严禁其他管线穿越;输送含有 __AC__ 气体或安装在易燃、易爆环境的风管系统应有良好的接地,通过生活区或其他辅助生产房间时必须严密,并不得设置接口;室外立管的固定拉索严禁拉在避雷针或避雷网上。

A. 易燃   B. 有毒   C. 易爆   D. 无毒

35. 风口安装应 __AB__ ,达到美观的要求,风口与风管的连接、风口与装饰的连接应平滑自然,不得漏风。

A. 横平竖直   B. 排列整齐   C. 材料相同   D. 颜色一致

36. 安装在支架上的圆形风管应设 __AB__ ,其圆弧应均匀,且与风管外径相一致。

A. 托座   B. 抱箍   C. 垫块   D. 接地

37. 通风与空调设备应有 __ABCD__ 等随机文件,进口设备还应具有商品合格的证明文件。

A. 装箱清单   B. 设备说明书

C. 产品质量合格证书   D. 产品性能检测报告

38. 设备安装前应进行开箱检查,并形成验收文字记录。参加验收人员为 __ABC__ 等方单位的代表。

    A. 建设   B. 监理   C. 施工和厂商   D. 设计

39. 金属空气处理室壁板及各段的组装位置应正确,表面平整,连接 __BC__ 。

    A. 可靠   B. 牢固   C. 严密   D. 平直

40. 表面式换热器的散热面应保持 __AB__ 。当用于冷却空气时,在下部应设有排水装置,冷凝水的引流管或槽应畅通,冷凝水不外溢。

    A. 清洁   B. 完好   C. 平整   D. 光洁

三、判断题(共 30 题,每题 1 分)

1. 金属板材厚度的适用范围在施工时容易被忽视,往往一个工程只采用同一个厚度的板材,在具体的监督过程中,应对板材厚度进行实测,与设计图纸和规范规定对照,选择相应的板材厚度,以保证风管的强度。　　　　　　　　　　　　　　　　(√)

2. 对于圆形风管直径小于等于 200 mm,且采用承插连接时,插口深度宜为 40~80 mm,粘接处应去除油污,保持干净,并且应严密、牢固。　　　　　　　　　　(√)

3. 风管与防护套管之间应用不燃且对人体无危害的柔性材料封堵。　　(√)

4. 不锈钢风管不得与碳钢支架直接接触。　　　　　　　　　　　　　　(×)

5. 风管水平安装,直径或长边尺寸小于等于 400 mm,风管支、吊架间距不应大于 3 m。　　　　　　　　　　　　　　　　　　　　　　　　　　　　　　　(×)

6. 表面式换热器与围护结构间的缝隙,以及表面式热交换器之间的缝隙,应留 2~3 mm。　　　　　　　　　　　　　　　　　　　　　　　　　　　　　　　　(×)

7. 消声器安装的位置、方向应正确,与风管的连接应严密,不得有损坏与受潮。两组同类型消声器可以直接串联。　　　　　　　　　　　　　　　　　　　　(×)

8. 消声器、消声弯管不应设独立支、吊架。　　　　　　　　　　　　　(×)

9. 制冷设备的混凝土基础必须进行质量交接验收,合格后方可安装。　(√)

10. 制冷附属设备安装的水平度或垂直度允许偏差为 1/1 000,并应符合设备技术文件的规定。　　　　　　　　　　　　　　　　　　　　　　　　　　　　(√)

11. 制冷系统采用承插焊接连接的铜管,其插接深度应符合规范的规定,承插的扩口方向应迎介质流向。　　　　　　　　　　　　　　　　　　　　　　　　　(×)

12. 制冷自控阀门安装的位置应符合设计要求。电磁阀、调节阀、热力膨胀阀、升降式止回阀等的阀头均应向上。　　　　　　　　　　　　　　　　　　　　　　(√)

13. 安全阀应垂直安装在便于检修的位置,其排气管的出口应朝向安全地带,排液管应装在泻水管上。　　　　　　　　　　　　　　　　　　　　　　　　　　　(√)

14. 空调水系统各类耐压塑料管的强度试验压力为 1.5 倍设计工作压力,严密性工作压力为 1.15 倍的设计工作压力。　　　　　　　　　　　　　　　　　　　　(√)

15. 制冷系统滑动支架的滑动面应清洁、平整,其安装位置应从支承面中心向位移反方向偏移 1/3 位移值或符合设计文件规定。　　　　　　　　　　　　　　　(×)

16. 给水系统安装是一个子分部。　　　　　　　　　　　　　　　　　　(√)

17. 排水系统也称下水、污水系统。　　　　　　　　　　　　　　　　　(√)

18. 卫生器具是家庭用具。　　　　　　　　　　　　　　　　　　　　　(×)

19. 管道配件是管道连接的统称。 （×）

20. 钢管内壁衬一定厚度塑料层复合而成的管子称为钢塑复合管。 （√）

21. 各种承压管道系统及设备应做水压试验,非承压管道和设备应做灌水试验。 （√）

22. 给水管道安装采用与管材相同的管件,生活给水系统所涉及材料必须达到饮用水卫生标准。 （×）

23. 整组出厂散热器在现场不需再进行水压试验。 （×）

24. 采暖干管坡度不符合设计要求是管材本身质量不符合要求造成的。 （×）

25. 锅炉在烘炉、煮炉合格后,应进行 48 h 带负荷试运行,同时应进行安全阀的热状态定压检验和调整。 （√）

26. 安装在主干管上起切断作用的闭路阀门应逐个做强度和严密性试验。 （√）

27. 所有排水管都应做通球试验,并做记录。 （×）

28. 管道穿过结构伸缩缝时,穿墙外应采用柔性连接,可不做成弯形补偿器。 （×）

29. 管道安装坡度,当设计无规定时,散热器支管的坡度应为 2%。 （×）

30. 室内消火栓系统安装完成后应取首层和中间层处做试射试验。 （×）

安装专业试题（B卷）

一、单项选择题（共 60 题，每题 1 分。每题的备选答案中，只有 1 项是最符合题意的）

1. 消防系统喷头安装在易受机械损伤的部位时，应加设 __C__ 。

　A. 防水装置　　　　B. 防渗漏装置　　　　C. 防护罩　　　　D. 防腐措施

2. UPVC 排水横管在水流转角小于 135°的干管上应设 __A__ 。

　A. 清扫口　　　　B. 检查口　　　　C. 检查门　　　　D. 通塞口

3. 当两根以上污水立管共用一根通气管时，通气管管径应为 __B__ 。

　A. 其中一根最小排水管管径　　　　　　B. 其中一根最大排水管管径

　C. 不小于 100 mm　　　　　　　　　　D. 不小于 120 mm

4. UPVC 排水立管穿越楼板处为固定支承点时，其伸缩节下（上）的支架应为 __C__ 。

　A. 固定支承点　　　　　　　　　　　　B. U 型螺丝固定

　C. 非固定支承点　　　　　　　　　　　D. 固定支座

5. 排水管穿越承重墙或基础时应预留洞口且管顶上部净空不小于 __A__ ，一般不小于 ____ 。

　A. 建筑物的沉降量　15 mm　　　　　　B. 建筑物的沉降量　20 mm

　C. 套管高度的 1/4　15 mm　　　　　　D. 套管高度的 1/4　20 mm

6. 自动喷淋灭火系统配水干管与配水管的连接，应采用 __D__ ，不应采用 ____ 。

　A. 法兰连接　机械三通　　　　　　　　B. 机械三通　沟槽式管件

　C. 沟槽式管件　法兰连接　　　　　　　D. 沟槽式管件　机械三通

7. 自动喷淋灭火系统压力开关应竖直安装在 __C__ 上。

　A. 公共通道的管道　　　　　　　　　　B. 值班室附近的外墙

　C. 通往水力警铃的管道　　　　　　　　D. 通往报警阀的管道

8. 采用管径为 100 mm 的铸铁排水管的生活污水管管道坡度不应小于 __B__ 。

　A. 0.007　　　　B. 0.012　　　　C. 0.015　　　　D. 0.025

9. 室内消火栓系统安装完成后应取 __A__ 试验消火栓和 ____ 取两处消火栓做试射试验，达到设计要求为合格。

　A. 顶层　首层　　　　　　　　　　　　B. 首层　顶层

　C. 顶层　标准层　　　　　　　　　　　D. 标准层　首层

10. 水泵进出水管道与水泵法兰之间的连接应是 __C__ ，法兰平行度良好，管道重量不支承在泵体上。

　A. 柔性连接　　　　B. 刚性连接　　　　C. 无应力连接　　　　D. 焊接连接

11. 雨水管应在泄水口上部 __D__ 的位置设置固定管夹。

　A. 300～450 mm　　　　　　　　　　　B. 350～500 mm

　C. 300～350 mm　　　　　　　　　　　D. 450～500 mm

12. 承插口采用水泥捻口时，油麻应填塞密实，水泥密实饱满，其接口面凹入承口边缘深度不得大于 __B__ 。

A. 1 mm   B. 2 mm   C. 3 mm   D. 4 mm

13. 采暖管道穿越楼板和墙体时,应设置套管,套管应比穿越管道 __A__ 。

A. 大 15 mm   B. 大 20 mm   C. 大一挡   D. 大两挡

14. __D__ 等非经常性排水场所应设置密闭型地漏。

A. 餐厅   B. 图书室   C. 档案室   D. 手术室

15. 管径小于或等于 DN32 mm 的采暖管道连接方式宜采用 __C__ 。

A. 法兰连接   B. 焊接连接

C. 钢管螺纹连接   D. 热熔连接

16. 安装管径小于或等于 DN32 mm 的不保温采暖双立管时,供水或供气管应置于面向的 __B__ 。

A. 左侧   B. 右侧   C. 上方   D. 下方

17. 散热器支管的坡度应为 __B__ ,坡向应利于排气和泄水。

A. 0.5%   B. 1%   C. 1.5%   D. 3%

18. 散热器背面与装饰后的墙内表面安装距离应符合设计要求,如设计未注明应为 __A__ 。

A. 30 mm   B. 40 mm   C. 50 mm   D. 60 mm

19. 墙壁消防水泵结合器不应安装在 __D__ 。

A. 消火栓下方   B. 消火栓上方

C. 玻璃幕墙上方   D. 玻璃幕墙下方

20. 消防管道在竣工前,必须对管道进行 __D__ 。

A. 气密性试验   B. 灌水试验   C. 加压试验   D. 冲洗

21. 坐式大便器排水口填料严禁采用 __C__ 。

A. 油灰   B. 石灰膏水泥   C. 水泥砂浆   D. 聚氨酯发泡剂

22. 敷设有燃气管道的管井在防火分隔层处应设检修用的 __C__ 。

A. 甲级防火门   B. 乙级防火门   C. 丙级防火门   D. 检查门

23. 实验(化验)室的燃气管道应 __A__ 。

A. 明敷   B. 暗敷   C. 加装套管   D. 采取防腐措施

24. 锅炉的锅筒和水冷壁的下集箱及后棚管的后集箱的最低处排污阀及排污管道不得采用 __B__ 连接。

A. 法兰   B. 螺纹   C. 焊接   D. 卡套式专用管件

25. 对于钟罩型水封装置,按要求此类地漏的水封高度必须保证有 __C__ 。

A. 30 mm   B. 40 mm   C. 50 mm   D. 60 mm

26. 成排淋浴器安装垂直误差应不大于 __B__ 。

A. 3 mm   B. 5 mm   C. 8 mm   D. 10 mm

27. 卫生器具安装时,如用木螺丝固定应预埋木砖,预埋木砖应 __D__ 。

A. 突出墙面 5 mm   B. 突出墙面 10 mm

C. 凹进墙面 5 mm   D. 凹进墙面 10 mm

28. 曳引机底座与承重梁的连接螺孔,若现场需要钻孔的应用机械钻孔。对螺孔大于 __B__ mm 时方可气割开孔,对长腰形螺孔和气割螺孔应垫上斜边垫圈,调整后点焊固定。

A. 20　　　　　　　B. 23　　　　　　　C. 25　　　　　　　D. 30

29. 曳引电机及其风机应工作正常，__A__ 应用规定的润滑油。

A. 轴承　　　　　　B. 电机　　　　　　C. 曲轴　　　　　　D. 风机

30. 曳引轮对铅垂线偏差在空载或满载工况下均不大于 __C__ mm。

A. 1　　　　　　　　B. 1.5　　　　　　　C. 2　　　　　　　　D. 2.5

31. 承重梁的底面应离开机房地坪 __C__ mm 以上，保证电机运行时不使地坪受力。

A. 20　　　　　　　B. 30　　　　　　　C. 50　　　　　　　D. 80

32. 机组如直接安装在地坪上时，其混凝土地坪厚度应大于 __D__ mm，并应有减振橡胶垫装置。

A. 150　　　　　　B. 200　　　　　　C. 250　　　　　　D. 300

33. 固定制动带的铆钉不允许与制动轮接触，制动带磨损量超过制动带厚度 __A__ 时应更换。

A. 1/3　　　　　　B. 1/4　　　　　　C. 1/5　　　　　　D. 1/8

34. 制动器线圈温升不超过 __A__ ℃。

A. 60　　　　　　　B. 45　　　　　　　C. 50　　　　　　　D. 65

35. 当制动器松闸时，两侧闸瓦应同时松开制动轮表面，间隙均匀，其间隙在任何部位均在 __C__ mm 之内。

A. 0.2　　　　　　B. 0.5　　　　　　C. 0.7　　　　　　D. 1.0

36. 限速器的铭牌与电梯参数应相匹配。限速器动作速度应每 __C__ 年整定校验一次。

A. 半　　　　　　　B. 一　　　　　　　C. 两　　　　　　　D. 三

37. 限速器的底座应固定在机房楼板上，采用 __B__ 固定时，当安全钳联动时应无颤动现象。

A. 水泥　　　　　　B. 膨胀螺栓　　　　C. 金属螺栓　　　　D. 金属支架

38. 限速器应由柔性良好的钢丝绳驱动，限速器绳的公称直径应不小于 __B__ mm。

A. 5　　　　　　　　B. 6　　　　　　　　C. 8　　　　　　　　D. 10

39. 限速器的绳轮外缘应用 __A__ 油漆指出。

A. 黄色　　　　　　B. 红色　　　　　　C. 绿色　　　　　　D. 蓝色

40. 限速器的钢丝绳至导轨导向面与顶面两个方向上下的偏差均不超过 __C__ mm。

A. 5　　　　　　　　B. 8　　　　　　　　C. 10　　　　　　　D. 15

41. 导向轮（或复绕轮）的铅垂度偏差在空载或满载工况下均不大于 __B__ mm。

A. 1　　　　　　　　B. 2　　　　　　　　C. 3　　　　　　　　D. 5

42. 每台电梯应有独立的能切断电梯主电源的开关。其开关容量能切断电梯正常使用情况下的最大电流，一般不小于主电机额定电流的 __B__ 倍。

A. 1　　　　　　　　B. 2　　　　　　　　C. 2.5　　　　　　　D. 1.5

43. 电气装置安装位置应靠近机房入口处，能方便、迅速接近，安装标高宜为 __D__ mm。

A. 800～1 000　　　　　　　　　　　B. 1 000～1 200
C. 1 200～1 400　　　　　　　　　　D. 1 300～1 500

44. 控制柜、屏应用螺栓固定于型钢或混凝土基础上，基础应高出地面 __A__ mm。

A. 50～100　　　　B. 100～150　　　　C. 150～200　　　　D. 200～300

45. 柜、屏、箱安装布局应合理，固定牢固，其垂直偏差不大于___B___‰，金属外壳接地可靠。

A. 1　　　　　　　B. 1.5　　　　　　C. 2　　　　　　　D. 5

46. 曳引电机绝缘电阻值相与相、相与地，应大于___A___MΩ。

A. 0.5　　　　　　B. 1　　　　　　　C. 2　　　　　　　D. 4

47. 采用线槽配线严禁使用___A___材料制品。

A. 可燃性　　　　　B. 易燃性　　　　C. 难燃性　　　　D. 不燃性

48. 每根线槽固定点不应少于___A___点，并列安装时，应使槽盖便于开启。

A. 2　　　　　　　B. 3　　　　　　　C. 4　　　　　　　D. 6

49. 电梯动力回路与控制回路应___A___敷设，不应在同一线槽内敷设，以免感应产生误动作。

A. 分别　　　　　　B. 并排　　　　　C. 交叉　　　　　D. 隔开

50. 机房内钢丝绳与楼板孔洞每边间隙均应为___D___mm，通向井道的孔洞四周应筑一高____mm 以上的台阶。

A. 10～20　30　　　　　　　　　　　B. 20～50　30

C. 20～30　50　　　　　　　　　　　D. 20～50　50

51. 手动松闸装置转盘应漆成___C___，松闸装置应漆成____。

A. 红色　黄色　　　B. 黄色　蓝色　　C. 黄色　红色　　D. 红色　蓝色

52. 吊顶部一根导轨之顶端一般应离开井道顶部楼板___A___mm，且保证电梯对重压缩缓冲器蹲底时，轿厢导靴不越出导轨。

A. 50～100　　　　B. 30～50　　　　C. 100～150　　　　D. 150～180

53. 导轨校正的部位在每档支架处，从上至下逐点校正，楼层较高时可采用从整列导轨的___B___高度处往下校正，然后再从下至上校正。

A. 最上端　　　　　B. 1/3　　　　　C. 1/2　　　　　D. 1/4

54. 轿厢与对重间的最小距离为___D___mm。

A. 20　　　　　　　B. 30　　　　　　C. 40　　　　　　D. 50

55. 最底一层的分层接线箱应设在该层的地坪线标高的___C___m 的高度上，以便以后在轿厢顶上仍能方便进行检修。

A. 1.5～2.0　　　　B. 1.5～1.8　　　C. 2.0～3.5　　　　D. 2.5～3.5

56. 曳引绳头组合应安全可靠，并使每根曳引绳受力相近，其张力与平均值偏差不大于___A___%。

A. 2　　　　　　　B. 2.5　　　　　　C. 3　　　　　　　D. 5

57. 门刀与层门地坎、门锁滚轮与轿厢地坎间隙不应小于___A___mm。

A. 5　　　　　　　B. 3　　　　　　　C. 2　　　　　　　D. 6

58. 建筑设备安装工程是单位工程的重要组成部分，其质量必须保证___A___和使用功能。

A. 安全　　　　　　B. 节能　　　　　C. 标准　　　　　D. 规范

59. 建筑电气工程质量必须保证安全和使用功能，对直接影响安全和使用功能的项目，要采取监督　B　和实物测试。

　　A. 审查　　　　　　　B. 抽查　　　　　　　C. 试验　　　　　　　D. 措施

　　60. 建筑电气工程完工后,应按照现行国家规范、标准的要求进行安全和功能的　C　,判定其是否满足规范、标准和设计要求。

　　A. 试验　　　　　　　B. 验收　　　　　　　C. 测试　　　　　　　D. 检查

二、多项选择题(共40题,每题1.5分。每题的备选答案中有2项或2项以上符合题意。错选,本题不得分;少选,所选的每个选项得0.5分)

　　1. 除尘器的　ABC　的安装应严密,并便于操作与维护修理。

　　A. 排灰阀　　　　　　B. 卸料阀　　　　　　C. 排泥阀　　　　　　D. 密封阀

　　2. 风机盘管机组应设独立支、吊架,安装的位置、高度及坡度应　AB　。

　　A. 正确　　　　　　　B. 固定牢固　　　　　C. 便于检修　　　　　D. 做好记录

　　3. 制冷设备、制冷附属设备、管道、管件及阀门的　ABCD　等必须符合设计要求。设备机组的外表应无损伤、密封应良好,随机文件和配件应齐全。

　　A. 型号　　　　　　　B. 规格　　　　　　　C. 性能　　　　　　　D. 技术参数

　　4. 制冷系统铜管切口应　ABC　,切口允许倾斜偏差为管径的1%,管口翻边后应保持同心,不得有开裂和皱褶,并应有良好的密封面。

　　A. 平整　　　　　　　B. 不得有毛刺　　　　C. 不得有凹凸　　　　D. 均匀

　　5. 热力膨胀阀的安装位置应高于感温包,感温包应装在蒸发器末端的回气管上,与管道　CD　。

　　A. 接触不宜过紧　　　B. 留有间隙　　　　　C. 绑扎紧密　　　　　D. 接触良好

　　6. 空调工程水系统的设备与附属设备、管道、管配件及阀门的　ABCD　应符合设计规定。

　　A. 型号　　　　　　　B. 材质　　　　　　　C. 规格　　　　　　　D. 连接形式

　　7. 对于大型或高层建筑垂直位差较大的冷(热)媒水、冷却水管道系统宜采用　CD　试压和系统试压相结合的方法。一般建筑可采用系统试压方法。

　　A. 独立　　　　　　　B. 阶段　　　　　　　C. 分区　　　　　　　D. 分层

　　8. 制冷系统阀门安装的　ABC　应正确,并便于操作;接连应牢固紧密,启闭灵活;成排阀门的排列应整齐美观,在同一平面上的允许偏差为3 mm。

　　A. 位置　　　　　　　B. 进出口方向　　　　C. 高度　　　　　　　D. 型号

　　9. 金属管道的支、吊架的　ABCD　应符合设计或有关技术标准的要求。

　　A. 型式　　　　　　　B. 标高　　　　　　　C. 间距　　　　　　　D. 位置

　　10. 减震器与水泵基础连接应　ABC　。小型整体安装的管道水泵不应有明显偏斜。

　　A. 牢固　　　　　　　B. 平稳　　　　　　　C. 接触紧密　　　　　D. 垂直

　　11. 喷、涂油漆的漆膜,应均匀,无　ABCD　和漏涂等缺陷。

　　A. 堆积　　　　　　　B. 褶皱　　　　　　　C. 气泡　　　　　　　D. 掺杂混色

　　12. 金属保护壳应紧贴绝热层,不得有　BCD　等现象。

　　A. 间隙　　　　　　　B. 强行接口　　　　　C. 褶皱　　　　　　　D. 脱壳

　　13. 风管的　ABC　必须符合设计图纸,用料规格品种正确。

　　A. 规格　　　　　　　B. 走向　　　　　　　C. 坡度　　　　　　　D. 外观

14. 风管穿过需要封闭的防火、防爆的墙体或楼板时,应设预埋管或防护套管,其钢板厚度不应小于 1.6 mm。风管与防护套管之间,应用　AB　柔性的材料封堵。

    A. 不燃　　　　　　　　B. 对人体无危害的　C. 阻燃　　　　　　　D. 耐火

15. 风机传动装置的外露部位以及直通大气的　AB　,必须装设防护罩(网)或采取其他安全设施。

    A. 进口　　　　　　　　B. 出口　　　　　　　C. 检查口　　　　　D. 阀门

16. 接电加热器的风管的法兰垫片,应采用　AB　材料。

    A. 耐热　　　　　　　　B. 不燃　　　　　　　C. 石棉　　　　　　　D. 绝缘

17. 通风与空调工程安装完毕,必须进行系统的测定和调整(简称调试)。系统调试包括　AB　。

    A. 设备单机试运转及调试

    B. 系统无生产负荷下的联合试运转及调试

    C. 设备单机试运转

    D. 系统无生产负荷下的联合调试

18. 防排烟系统联合试运行与调试的结果(风量及正压),必须符合设计与消防的规定。检查数量:按总数抽查 10%,且不得少于 2 个楼层。检查方法:　ABC　。

    A. 观察　　　　　　　　B. 旁站　　　　　　　C. 查阅调试记录　　D. 实测

19. 燃油管道系统必须设置可靠的防静电接地装置,其管道法兰应采用镀锌螺栓连接或在法兰处用铜导线进行跨接,且接合良好。检查数量:系统全数检查。检查方法:　AD　。

    A. 观察检查　　　　　　B. 实测　　　　　　　C. 现场试验　　　　D. 查阅试验记录

20. 铸铁给水管安装完成试压时在　AC　处均应设置支座。

    A. 弯头　　　　　　　　B. 两端处　　　　　　C. 三通接出管

    D. 加装套管处　　　　　E. 端部 1.5 m 处

21. 给水管道回填土管顶上部应用　ACE　回填,并不得用机械回填。

    A. 沙子　　　　　　　　B. 地瓜石　　　　　　C. 无块石和冻土块的土

    D. 碎石　　　　　　　　E. 灰土

22. 管径大于 100 mm 的镀锌钢管应采用　BC　。

    A. 螺纹连接　　　　　　B. 法兰连接　　　　　C. 卡套式专用管件连接

    D. 焊接　　　　　　　　E. 沟槽式管件连接

23. UPVC 给水管最常用的连接方式为　CD　。

    A. 热熔连接　　　　　　B. 电熔连接　　　　　C. 橡胶圈连接

    D. 粘结连接　　　　　　E. 卡套式专用管件连接

24. 采用金属管卡固定塑料管道时,金属管卡与塑料管间应采用　AE　。

    A. 橡胶物隔垫　　　　　B. 密封胶　　　　　　C. 聚氨酯发泡剂

    D. 阻燃密实材料　　　　E. 塑料带

25. 硬聚氯乙烯管道螺纹的填料不宜采用　BC　。

    A. 聚四氟乙烯生料带　　B. 厚白漆　　　　　　C. 油麻

    D. 氟橡胶　　　　　　　E. 硅橡胶

26. 建筑给水三型聚丙烯管的连接方式有___CDE___。
A. 粘结连接　　　　　　B. 橡胶圈连接　　　　　　C. 热熔连接
D. 电熔连接　　　　　　E. 法兰连接

27. 自动消防喷淋系统喷头安装的要求有___ABCE___。
A. 喷头安装应在系统试压、冲洗合格后进行
B. 喷头安装时，不得对喷头进行拆装改动
C. 喷头安装时，严禁给喷头附加任何装饰性涂层
D. 安装喷头的室内地面应有排水设施
E. 喷头安装位置、高度应符合当地消防部门的规定

28. 给水管道保温检查内容有___ACE___。
A. 保温层与管道应紧贴、密实
B. 管道保温材料的选用应满足业主要求
C. 管道穿墙及楼板处保温层应分别过墙过板
D. 室外防冻保温要选用防水保温材料
E. 室外防冻保温要采取防水措施

29. 自动喷淋灭火系统在管道弯头时不宜采用补芯，当需要采取补芯时___ACDE___。
A. 三通上可用一个　　　B. 三通上可用两个　　　C. 四通上可用两个
D. 四通上不应超过两个　E. 公称直径大于 50 mm 的管道不宜采用活接头

30. 自动喷淋灭火系统报警阀组安装应先安装___AB___，然后进行报警阀辅助管道的连接。
A. 水源控制阀　　　　　B. 报警阀　　　　　　　C. 排水管
D. 试验阀　　　　　　　E. 信号阀

31. 暗敷于地坪面层下或墙体内的管道不得采用___CD___。
A. 热熔连接　　　　　　B. 电熔连接　　　　　　C. 丝接
D. 法兰连接　　　　　　E. 粘结连接

32. 建筑给水聚丙烯管道在与金属管或与用水器连接时应采用___CD___。
A. 热熔连接　　　　　　B. 电熔连接　　　　　　C. 丝接
D. 法兰连接　　　　　　E. 粘结连接

33. 自动喷淋灭火系统中的水源控制阀安装应便于操作，且应有___AC___。
A. 明显开闭标志　　　　B. 防护罩　　　　　　　C. 可靠的锁定设施
D. 可靠的固定措施　　　E. 警示标志

34. 自动喷淋灭火系统竖直安装的配水干管应在其___AD___设防晃支架或采用管卡固定。
A. 始端　　　　　　　　B. 始端 150 mm 处　　　C. 中端
D. 终端　　　　　　　　E. 终端 150 mm 处

35. 暗敷管道在管窿或管井内楼板处每层封堵的可不设___AD___。
A. 防火套管　　　　　　B. 检查口　　　　　　　C. 清扫口
D. 阻火圈　　　　　　　E. 检修孔

36. 排水管道不得布置在___AD___的上方。

A. 食堂   B. 手术室   C. 档案室

D. 饮食业的主副食品操作烹调间   E. 教室

37. UPVC 管粘接中___AC___的使用应遵守安全防火规定。

A. 清洁剂   B. 生料带   C. 粘结剂

D. 石棉水泥   E. 缓凝剂

38. 地漏安装中以下做法正确的是___CDE___。

A. 地漏安装应在地面最低处,其格栅板面应低于地平面 10～20 mm

B. 二用地漏、三用地漏的排水管应设置水封

C. 三用地漏排水管不设存水弯,地漏水封不小于 50 mm

D. 手术室应设置密闭性地漏

E. 食堂和公共浴室应设置网格式地漏

39. 敷设于管井的采暖主立管及水平干管,距离较长,自然补偿不能满足膨胀要求时应设置___ABDE___。

A. 补偿装置   B. 固定支架   C. 固定支座

D. 导向支架   E. 滑动支架

40. 燃气管道的选材可选用___BCD___。

A. 铸铁管   B. 碳素钢管   C. 无缝钢管

D. 镀锌钢管   E. 聚氯乙烯管

三、判断题(共 30 题,每题 1 分)

1. 管道安装坡度,当设计注明时,散热器支管的坡度应为 2%。 (×)

2. 散热器组对后,试验压力如设计无要求,应为工作压力的 1 倍,但不小于 0.6 MPa。 (×)

3. 地面下敷设的盘管埋地部分可以有接头。 (×)

4. 硬聚氯乙烯(UPVC)给水管,适用于给水温度大于 45 ℃、工作压力不大于 0.6 MPa 的给水系统,且不得与消防管道相连。 (×)

5. 地漏安装应在地面最低处,气格栅板面应低于地平面 5～10 mm。 (×)

6. 燃气管道的进气管可以设置于半地下室。 (×)

7. 燃气管道与电线、电气设备走向在同一平面时,与电线的间距应大于等于 50 mm。 (√)

8. 湿式系统的水压试验,水压强度试验的测试点应设在系统管网的最高点。 (×)

9. 浴盆软管淋浴器挂钩的高度,如设计无要求,应离地面 1.8 m。 (√)

10. 当采暖热媒为 110～130 ℃的高温水时,管道可拆卸件应用法兰,不得使用长丝和活接头。 (√)

11. 水引入管与排水排出管的水平净距不得小于 1 m。 (√)

12. 排水塑料管必须按设计要求及位置设置伸缩节,如设计无要求,伸缩节间距不得大于 6 m。 (√)

13. 室内采暖系统开工前应编制施工组织设计或施工方案。 (√)

14. 使用塑料管及复合管热水采暖系统应以系统顶点工作压力加 0.2 MPa 做水压试验,同时在系统顶点的试验压力不小于 0.4 MPa。 (√)

15. 散热器背面与装饰后的墙内表面安装距离,应符合设计或产品说明书要求,如设计无说明应为 25 mm。　　　　　　　　　　　　　　　　　　　　（×）

16. 蒸汽、热水系统应以系统顶点工作压力加 0.1 MPa 做水压试验,同时在系统顶点的试验压力不小于 0.3 MPa。　　　　　　　　　　　　　　　　　　（√）

17. 隐蔽工程经专职质检员验收后可交工。　　　　　　　　　　　　　　　（×）

18. 散热器支管坡度过大和倒坡是土建与安装未配合好造成的。　　　　　　（×）

19. 室内排水管道连接应使用斜三通和斜四通。　　　　　　　　　　　　　（√）

20. 曳引机组和承重梁本体的水平度应符合规范规定。　　　　　　　　　　（√）

21. 曳引轮位置偏差,在前后(向着对重看)方向不应超过±2 mm,在左右方向偏差不应超过±1.5 mm。　　　　　　　　　　　　　　　　　　　　　　　（×）

22. 承重梁两端支架在建筑物承重梁(或墙)上时,所采用的混凝土强度等级应大于 C20,厚度应大于 100 mm。　　　　　　　　　　　　　　　　　　（√）

23. 制动器的闸瓦应紧密地贴合于制动轮的工作面上,当松闸时,两侧闸瓦应同时松开,制动轮表面间隙均匀。　　　　　　　　　　　　　　　　　　　（√）

24. 限速器绳轮在机房内安装的位置应按电梯布置图进行施工。　　　　　　（×）

25. 限速器上应标明与安全钳动作相应旋转指示方向。　　　　　　　　　　（√）

26. 导向轮在机房中安装位置应按机房布置图固定。　　　　　　　　　　　（√）

27. 电梯动力电源与电梯照明电源应分开设置。　　　　　　　　　　　　　（√）

28. 消防电梯可以不设消防电源自动切换装置。　　　　　　　　　　　　　（×）

29. 电机接地线应单独敷设,不得串接。　　　　　　　　　　　　　　　　（√）

30. 手动松闸装置应挂在易接近的墙上,中心标高宜为 1 100～1 200 mm。　（×）

参 考 文 献

[1] 中国建筑业协会工程建设质量监督分会.建设工程质量监督机构和人员考核培训教材[M].北京:中国建筑工业出版社,2008.

[2] 中华人民共和国建设部,中华人民共和国国家质量监督检验检疫总局.混凝土结构工程施工质量验收规范(GB 50204—2002)[S].北京:中国建筑工业出版社,2002.

[3] 中华人民共和国建设部,国家质量监督检验检疫总局.建筑装饰装修工程质量验收规范(GB 50210—2001)[S].北京:中国建筑工业出版社,2001.

[4] 中华人民共和国建设部,国家质量监督检验检疫总局.砌体工程施工质量验收规范(GB 50203—2002)[S].北京:中国建筑工业出版社,2002.

[5] 中华人民共和国国家质量监督检验检疫总局,中华人民共和国建设部.钢结构工程施工质量验收规范(GB 50205—2001)[S].北京:中国计划出版社,2002.